머리말

KB091172

고도의 경제 성장과 더⋯⋯⋯⋯⋯⋯ 와 생활상의 여러 가지의 요구가 증대하게 되었고, 이를 충⋯⋯⋯⋯⋯⋯ 식이 날로 다양해지고, 복잡해지는 것이 현실이라고 하겠다.

최근에 들어와서 실내건축 분야는 고유 영역을 확보하여 체계적이고 발전적인 학문적 이론을 바탕으로 현장 실무가 더욱 더 발전하고 있다. 이에 부응하기 위하여 실내건축 분야의 기사 시험도 열기를 더해 급속적인 발전을 하고 있는 추세이다. 이렇게 실내건축의 역할이 중요시되고 있는 가운데 실내건축 분야의 자격증 시험을 준비함에 있어서 이 책 한 권을 습득하면 무난히 자격증 취득을 할 수 있도록 산업인력공단의 출제기준에 의거한 과년도 기출문제를 철저히 분석하여 출제가 예상되는 적중예상문제만을 엄선하여 구성하였다.

이 책의 특징을 보면,

첫째, 2022년 개정된 출제기준에 맞추어 출제 가능성이 매우 높은 문제를 중심으로 과목별, 단원별, 난이도별로 내용을 구성하였다.

둘째, 지난 20여 년간 출제기준에 빠져 있던 건축시공 및 안전관리 분야의 문제를 총망라하여 시험 준비에 만전을 기할 수 있도록 기본적이고, 다양한 문제들로 구성하였다. 특히, 건축 시공과 안전관리 부분은 타 시험에서 출제된 문제를 바탕으로 세심하고, 신중하게 문제를 구성하였다.

셋째, 해당 문제 및 응용문제도 쉽게 풀이할 수 있도록 모든 문제마다 명쾌하고 자세한 해설을 수록하였다.

그러나, 학문적 역량이 부족한 저자로서는 최선을 다 하였다고 하나 본의 아닌 오류가 있을지도 모르므로 차후 여러분의 조언과 지도를 받아 보완하여 완벽을 기할 것을 다짐하는 바이다.

끝으로 이 책의 출판 기회를 마련해 주신 도서출판 성안당 이종춘 회장님, 김민수 사장님, 최옥현 전무님을 비롯한 임직원 여러분 그리고 원고 정리에 힘써준 제자들의 노고에 심심한 사의를 표하는 바이다.

2023. 1. 사무실에서
저 자 드림

출제기준

필기

직무 분야	건설	중직무 분야	건축	자격 종목	실내건축기사	적용 기간	2022.1.1. ~ 2024.12.31.

○ 직무내용 : 기능적, 미적요소를 고려하여 건축 실내공간을 계획하고, 제반 설계도서를 작성하며, 완료된 설계도서에 따라 시공 및 공정관리를 총괄하는 직무이다.

필기검정방법	객관식	문제 수	80	시험시간	2시간

필기과목명	문제수	주요항목	세부항목	세세항목
1. 실내디자인 계획	20	1. 실내디자인 기획	1. 사용자 요구사항 파악	1. 조사방법(문헌, 현장, 관찰, 인터뷰) 2. 실내디자인 역사 및 트렌드 3. 사용자 요구사항 분석
			2. 설계 개념 설정	1. 설계 기본개념 설정 2. 세부공간 개념 설정 3. 디자인 프로세스
		2. 실내디자인 기본 계획	1. 디자인 요소	1. 점, 선, 면, 형태 2. 질감, 문양, 공간 등
			2. 디자인 원리	1. 스케일과 비례 2. 균형, 리듬, 강조 3. 조화, 대비, 통일 등
			3. 공간 기본 구상 및 계획	1. 죠닝 계획 2. 동선 계획
			4. 실내디자인 요소	1. 고정적 요소(1차적 요소) 2. 가동적 요소(2차적 요소)
		3. 실내디자인 세부공간계획	1. 주거세부공간 계획	1. 주거세부공간별 계획
			2. 업무세부공간 계획	1. 업무세부공간별 계획
			3. 상업세부공간 계획	1. 상업세부공간별 계획
			4. 전시세부공간 계획	1. 전시세부공간별 계획
		4. 실내디자인 설계도서 작성	1. 실시설계 도서작성 수집	1. 실내디자인 설계도서의 종류
			2. 실시설계도면 작성	1. 설계도면 작성 기준 2. KS제도통칙 3. 도면의 표시방법
2. 실내디자인 색채 및 사용 자 행태분석	20	1. 실내디자인 프레젠테이션	1. 프레젠테이션 기획	1. 프레젠테이션 방법 2. 커뮤니케이션 방법
			2. 프레젠테이션 작성	1. 프레젠테이션 표현기법
			3. 프레젠테이션	1. 단계별 프리젠테이션
		2. 실내디자인 색채계획	1. 색채 구상	1. 부위 및 공간별 색채구상 2. 도료 색채 구상 3. 색채 트렌드

필기과목명	문제수	주요항목	세부항목	세세항목
2. 실내디자인 색채 및 사용자 행태분석	20	2. 실내디자인 색채계획	2. 색채 적용 검토	1. 부위 및 공간별 색채구상 2. 색채 지각 3. 색채 분류 및 표시 4. 색채 조화 5. 색채 심리 6. 색채 관리
			3. 색채 계획	1. 부위 및 공간별 색채계획 2. 도료 색채 계획
		3. 실내디자인 가구계획	1. 가구 자료 조사	1. 가구 디자인 역사 · 트렌드 2. 가구 구성 재료
			2. 가구 적용 검토	1. 사용자의 행태적 · 심리적 특성 2. 가구의 종류 및 특성
			3. 가구 계획	1. 공간별 가구계획 2. 업종별 가구계획
		4. 사용자 행태분석	1. 인간-기계시스템과 인간요소	1. 인간-기계시스템의 정의 및 유형 2. 인간의 정보처리와 입력 3. 인터페이스 개요
			2. 시스템 설계와 인간요소	1. 시스템 정의와 분류 2. 시스템의 특성
			3. 사용자 행태분석 연구 및 적용	1. 인간변수 및 기준 2. 기본설계 3. 계면설계 4. 촉진물설계 5. 사용자 중심설계 6. 시험 및 평가 7. 감성공학
		5. 인체계측	1. 신체활동의 생리적 배경	1. 인체의 구성 2. 대사 작용 3. 순환계 및 호흡계 4. 근골격계 해부학적 구조
			2. 신체반응의 측정 및 신체역학	1. 신체활동의 측정원리 2. 생체신호와 측정 장비 3. 생리적 부담척도 4. 심리적 부담척도 5. 신체동작의 유형과 범위 6. 힘과 모멘트
			3. 근력 및 지구력, 신체활동의 에너지 소비, 동작의 속도와 정확성	1. 생체 역학적 모형 2. 근력과 지구력 3. 신체활동의 부하측정 4. 작업부하 및 휴식시간
			4. 신체계측	1. 인체 치수의 분류 및 측정원리 2. 인체측정 자료의 응용원칙

필기과목명	문제수	주요항목	세부항목	세세항목
3. 실내디자인 시공 및 재료	20	1. 실내디자인 시공관리	1. 공정 계획 관리	1. 설계도 해석·분석 2. 소요 예산 계획 3. 공정계획서 4. 공사 진도관리 5. 자재 성능 검사
			2. 안전 관리	1. 안전관리 계획 수립 2. 안전관리 체크리스트 작성 3. 안전시설 설치 4. 안전교육 5. 피난계획 수립
			3. 실내디자인 협력 공사	1. 가설공사 2. 콘크리트공사 3. 방수 및 방습공사 4. 단열 및 음향공사 5. 기타 공사
			4. 시공 감리	1. 공사 품질관리 기준 2. 자재 품질 적정성 판단 3. 공사 현장 검측 4. 시공 결과 적정성 판단 5. 검사장비 사용과 검·교정
		2. 실내디자인 마감계획	1. 목공사	1. 목공사 조사 분석 2. 목공사 적용 검토 3. 목공사 시공 4. 목공사 재료
			2. 석공사	1. 석공사 조사 분석 2. 석공사 적용 검토 3. 석공사 시공 4. 석공사 재료
			3. 조적공사	1. 조적공사 조사 분석 2. 조적공사 적용 검토 3. 조적공사 시공 4. 조적공사 재료
			4. 타일공사	1. 타일공사 조사 분석 2. 타일공사 적용 검토 3. 타일공사 시공 4. 타일공사 재료
			5. 금속공사	1. 금속공사 조사 분석 2. 금속공사 적용 검토 3. 금속공사 시공 4. 금속공사 재료
			6. 창호 및 유리공사	1. 창호 및 유리공사 조사 분석 2. 창호 및 유리공사 적용 검토 3. 창호 및 유리공사 시공 4. 창호 및 유리공사 재료

필기과목명	문제수	주요항목	세부항목	세세항목
3. 실내디자인 시공 및 재료	20	2. 실내디자인 마감계획	7. 도장공사	1. 도장공사 조사 분석 2. 도장공사 적용 검토 3. 도장공사 시공 4. 도장공사 재료
			8. 미장공사	1. 미장공사 조사 분석 2. 미장공사 적용 검토 3. 미장공사 시공 4. 미장공사 재료
			9. 수장공사	1. 수장공사 조사 분석 2. 수장공사 적용 검토 3. 수장공사 시공 4. 수장공사 재료
		3. 실내디자인 실무도서 작성	1. 실무도서 작성	1. 물량 산출 적산 기준 2. 물량산출서 3. 공정별 내역서 4. 원가계산서 5. 표준품셈 활용 6. 일위대가 7. 시방서
4. 실내디자인 환경	20	1. 실내디자인 자료 조사 분석	1. 주변 환경 조사	1. 열 및 습기 환경 2. 공기환경 3. 빛환경 4. 음환경
			2. 건축법령 분석	1. 총칙 2. 건축물의 구조 및 재료 3. 건축설비 4. 보칙
			3. 건축관계법령 분석	1. 건축물의 설비기준 등에 관한 규칙 2. 건축물의 피난·방화구조 등의 기준에 관한 규칙 3. 장애인·노인·임산부 등의 편의증진 보장에 관한 법률
			4. 화재예방, 소방시설 설치·유지 및 안전관리에 관한 법령 분석	1. 총칙 2. 소방시설의 설치 및 유지관리 등 3. 소방대상물의 안전관리
		2. 실내디자인 조명계획	1. 실내조명 자료 조사	1. 조명 방법 2. 조도 분포와 조도 측정
			2. 실내조명 적용 검토	1. 조명 연출
			3. 실내조명 계획	1. 공간별 조명 2. 조명 설계도서 3. 조명기구 시공계획 4. 물량 산출

필기과목명	문제수	주요항목	세부항목	세세항목
4. 실내디자인 환경	20	3. 실내디자인 설비계획	1. 기계설비 계획	1. 기계설비 조사·분석 2. 기계설비 적용 검토 3. 각종 기계설비 계획
			2. 전기설비 계획	1. 전기설비 조사·분석 2. 전기설비 적용 검토 3. 각종 전기설비 계획
			3. 소방설비 계획	1. 소방설비 조사·분석 2. 소방설비 적용 검토 3. 각종 소방설비 계획

차 례

PART 1　실내디자인 계획 ···················· 11

Ⅰ. 실내디자인 기획 ···················· 12

Ⅱ. 실내디자인 기본계획 ···················· 28

Ⅲ. 실내디자인 세부 공간계획 ···················· 71

PART 2　실내디자인 색채 및 사용자 행태분석 ···················· 101

Ⅰ. 실내디자인 프레젠테이션 ···················· 102

Ⅱ. 실내디자인 색채계획 ···················· 102

Ⅲ. 실내디자인 가구계획 ···················· 183

Ⅳ. 사용자 행태분석 ···················· 191

Ⅴ. 인간계측 ···················· 203

PART 3　실내디자인 시공 및 재료 ···················· 245

Ⅰ. 실내디자인 시공관리 ···················· 246

Ⅱ. 실내디자인 마감계획 ···················· 308

PART 4　실내디자인 환경 ···················· 363

Ⅰ. 실내디자인 자료조사 분석 ···················· 364

Ⅱ. 실내디자인 조명계획 ···················· 450

Ⅲ. 실내디자인 설비계획 ···················· 457

부 록　과년도 출제문제 ···················· 473

Ⅰ. 2022년 3월 5일 제1회 시행 ···················· 474

Ⅱ. 2022년 4월 24일 제2회 시행 ···················· 492

Ⅲ. 2022년 9월 24일 제4회 시행 ···················· 509

PART 1

실내디자인 계획

ENGINEER INTERIOR ARCHITECTURE

Ⅰ. 실내디자인 기획
Ⅱ. 실내디자인 기본계획
Ⅲ. 실내디자인 세부 공간계획

| 적중예상문제 |

실내디자인 계획

 실내디자인 기획

1 사용자 요구사항 파악

1. 조사방법

01 |

그리드 플래닝(grid planning)에 관한 설명으로 옳지 않은 것은?

① 그리드 플래닝은 논리적이고 합리적인 디자인 전개를 가능하게 한다.
② 그리드가 단순화되고 보편적인 법칙에 종속되면 틀에 박힌 계획이 되기 쉽다.
③ 직사각형 그리드는 가장 기본적인 형태의 그리드로 좌우 대칭이기에 중립적이며 방향성도 없다.
④ 정사각형 그리드는 일반적으로 황금비율에 의한 그리드이거나 경제적 스팬에 준한 그리드를 사용한다.

해설 그리드 플래닝(grid planning)
　㉠ 그리드 플래닝은 관련 디자인상의 재요소를 종합하여 균형 잡힌 계획으로 정리하기 위한 계획 방법이다.
　㉡ 그리드는 단위 작업 공간이 워크스테이션 또는 단위 그룹별의 능률적인 작업을 위한 최소 면적 치수를 기본으로 건축에 적용된 설비, 기둥 간격과 배치를 고려하여 크기, 방향, 형태가 결정된다.
　㉢ 그리드의 형태는 삼각형, 사각형, 육각형 등 다양하다. 그리드의 한 변은 어떠한 가구와도 조합될 수 있는 통일된 치수 체계를 갖도록 한다.

02 |

그리드 플래닝에 사용되는 그리드의 종류 중 각 모서리가 120°로 삼각형 그리드보다 내부 공간에서의 사용이나 시각적 처리에 무리가 적은 그리드는?

① 다이아몬드형 그리드
② 동심원 그리드
③ 육각형 그리드
④ 방사형 그리드

해설 그리드의 형태에 따른 분류
　㉠ 정방형 그리드 : 가장 기본적인 형태로 좌우 대칭이므로 중립적이며 비위계적이고 방향성이 없다. 구조 그리드에 많이 사용된다.
　㉡ 삼각형 그리드 : 삼각형 대지나 기본 축의 방향이 3방향이 될 경우 기념비적 형태의 건축물이나 공간이 되기 쉽다. 기능적, 시각적인 처리에 유의해야 한다.
　㉢ 직사각형 그리드 : 황금 비율에 의한 그리드이다.
　㉣ 육각형 그리드 : 반복되면서 나타나는 패턴의 형태로서 각 모서리 내부가 120°이므로 공간에서 사용하며 시각적 처리가 대체로 무난하다.
　㉤ 동심원 그리드 : 일정한 간격의 중심점을 기준으로 하는 원 그리드이다.

03 |

정육면체 공간에 관한 설명으로 옳은 것은?

① 깊이에 관심이 집중된다.
② 높이에 관심이 집중된다.
③ 방향성은 중립성을 유지하고 긴장감이 없다.
④ 강한 방향성에 따른 극적인 분위기를 갖는다.

해설 정육면체 공간의 특징은 안정감을 주고 방향성이 없으며 중립성을 유지한다.

04 |

실내디자인 계획에 사용되는 버블 다이어그램(bubble diagram)에서 일반적으로 표현하지 않는 것은?

① 공간 간의 관계
② 공간의 상대적인 크기
③ 공간의 상대적인 위치
④ 공간의 구체적인 형태

해설 공간 구성의 기본단계로 공간의 위치, 크기, 공간 간의 관계를 기포망상도로 나타낸 것이다.

05 |

개념화 과정에서 형식에 구애받지 않고 많은 아이디어를 만들어 내는 작업에 사용되는 방법은?

① 브레인스토밍(BRAINSTORMING)
② 시네틱스(SYNECTICS)
③ 버즈 세션(BUZZ SESSIONS)
④ 롤플레잉(ROLE-PLAYING)

해설 ① 브레인스토밍(Brainstorming) : 문제 해결을 위하여 다양한 아이디어를 자유롭게 제시하고, 이러한 아이디어들을 취합하고 수정, 보완하여 독창적인 아이디어를 얻는 방법이다.
② 시네틱스(Synectics) : 친숙하지 않은 것을 보면 무관심의 영역으로 내던져버리는 때가 많다. 그러나 창의적인 사고를 하기 위해서는 주변에서 접하게 되는 친숙하지 않은 상황도 수용하여 새로운 것을 만들어 내야 한다는 것이다.
이 방법은 ① 직접적 유추, ② 의인적 유추, ③ 상징적 유추, ④ 공상적 유추 등 4가지 방법이 있다.
③ 버즈 세션(Buzz session) : 전체 구성원을 4~6명의 소그룹으로 나누고 각각의 소그룹이 개별적인 토의를 벌인 후 각 그룹의 결론을 패널 형식으로 토론 후 전체적인 결론을 내리는 토의법이다. 많은 사람이 짧은 시간에 토론이나 회의를 할 때 사용하는 방법이다.
④ 롤플레잉(Role-playing) : 문제 해결이나 이해를 위해 당사자가 문제의 주인공처럼 실연해서 문제의 핵심을 파악하는 연활 연기법으로 감독자나 세일즈맨에 대한 기술 훈련에 사용된다.

06 |

다음 설명에 알맞은 실내디자인 프로세스에 있어서의 아이디어 창출 기법은?

> 전체 구성원을 소그룹으로 나누고 각각의 소그룹이 개별적인 토의를 벌인 뒤 각 그룹의 결론을 패널 형식으로 토론하고, 전체적인 결론을 내리는 방법이다.

① 시네틱스
② 버즈 세션
③ 롤플레잉
④ 브레인스토밍

해설 ① 시네틱스(Synectics) : 친숙하지 않은 것을 보면 무관심의 영역으로 내던져버리는 때가 많다. 그러나 창의적인 사고를 하기 위해서는 주변에서 접하게 되는 친숙하지 않은 상황도 수용하여 새로운 것을 만들어 내야 한다는 것이다.
이 방법은 직접적 유추, 의인적 유추, 상징적 유추, 공상적 유추 등 4가지 방법이 있다.
② 버즈 세션(Buzz session) : 전체 구성원을 4~6명의 소그룹으로 나누고 각각의 소그룹이 개별적인 토의를 벌인 후 각 그룹의 결론을 패널 형식으로 토론 후 전체적인 결론을 내리는 토의법이다. 많은 사람이 짧은 시간에 토론이나 회의를 할 때 사용하는 방법이다.
③ 롤플레잉(Role-playing) : 문제 해결이나 이해를 위해 당사자가 문제의 주인공처럼 실연해서 문제의 핵심을 파악하는 연활 연기법으로 감독자나 세일즈맨에 대한 기술 훈련에 사용된다.
④ 브레인스토밍(Brainstorming) : 문제 해결을 위하여 다양한 아이디어를 자유롭게 제시하고, 이러한 아이디어들을 취합하고 수정, 보완하여 독창적인 아이디어를 얻는 방법이다.

07 |

실내디자인의 프로세스 중 아이디어를 스케치하려고 할 때 쓰이지 않는 작도법은?

① 스크래치 스케치(scratch sketch)
② 러프 스케치(rough sketch)
③ 프리핸드 스케치(freehand sketch)
④ 프레젠테이션 모델 스케치(presentation model sketch)

해설 ① 스크래치 스케치(scratch sketch) : 표면을 긁어서 표현하는 미술 기법의 일종이다.

② 러프 스케치(rough sketch) : 아이디어를 대략적으로 그려내는 것이다.
③ 프리핸드 스케치(freehand sketch) : 기구나 자 등을 사용하지 않고 대략적으로 그려내는 것이다.
④ 프레젠테이션 모델 스케치(presentation model sketch) : 아이디어를 구체적으로 표현하기 위하여 입체적으로 나타내는 기법이다.

08 |

버내큘러 디자인에 관한 설명으로 옳지 않은 것은?

① 디자인 과정이 다소 불투명하고 익명성을 갖는다.
② 디자인의 기능성보다는 미적 측면을 강조한 디자인이다.
③ 문화적인 사물에 나타난 그 지역의 민속적 특성을 일컫는 표현이다.
④ 전통적인 도구(도끼, 망치 등), 철물류(경첩, 자물쇠 등), 가사도구 등도 해당한다.

해설 버내큘러 디자인(Vernacular Design)
제작 의도나 계획을 갖지 않고 전통적인 노하우나 일상의 지혜를 이용해 문제점을 지방성이나 시대 특유의 디자인 방식으로 '일상 순응적 디자인', '비의도적 디자인'이라고도 하며 미적 측면보다 환경, 사회, 문화적인 측면을 강조하는데, 이는 디자인을 "인간이 환경조건에 적응하기 위한 예사롭고도 불가결한 행위"라고 생각하고 있기 때문이다.

09 |

다음 중 유기적(organic) 디자인의 포괄적인 의미로 가장 알맞은 것은?

① 천연 재료를 사용하는 디자인
② 자연 생명체의 원리와 질서를 적용하는 디자인
③ 자연 형태에 가까운 곡선 형태를 많이 사용하는 디자인
④ 나무, 눈의 결정체 등 자연 생명체의 형태를 적용하는 디자인

해설 유기적 디자인
자연물로부터 그 모티브를 얻는 것으로 동적인 움직임과 함께 편안하고 친근한 분위기를 연출할 수 있다. 꽃, 구름, 나무, 파도 등의 형태를 변형시켜 인공적인 실내에 자연에서 느끼게 한다.

10 |

다음 중 유니버설 공간의 개념적 설명으로 가장 알맞은 것은?

① 상업 공간
② 표준화된 공간
③ 모듈이 적용된 공간
④ 공간의 융통성이 극대화된 공간

해설 유니버설 디자인(Universal Design)
미국의 로널드 메이스에 의해 처음 시도되었으며, 연령과 성별, 국적(언어), 장애의 유무 등의 차이와 관계없이 처음부터 누구에게나 공평하고 사용하기 편리한 제품, 건축, 환경, 서비스 등을 구현하는 디자인으로 '보편적인 디자인' 혹은 '모든 사람을 위한 디자인'이라고도 한다.

11 |

유니버설 디자인(Universal Design)의 개념과 가장 거리가 먼 것은?

① 공용화 설계
② 범용 디자인
③ 모듈 디자인
④ 모든 사람을 위한 디자인

해설 유니버설 디자인(Universal Design)
미국의 로널드 메이스에 의해 처음 시도되었다. 연령과 성별, 국적(언어), 장애의 유무 등의 차이와 관계없이 처음부터 누구에게나 공평하고 사용하기 편리한 제품, 건축, 환경, 서비스 등을 구현하는 디자인으로 '보편적인 디자인' 혹은 '모든 사람을 위한 디자인'이라고도 한다.

12 |

"Design image를 구축한다"는 의미로 가장 알맞은 것은?

① 소유물을 list-up 하는 것
② 사용되는 재료를 선택하는 것
③ 디자인의 우위성을 부각시키는 것
④ 기능적, 정서적, 특징적 공간 이미지를 만드는 것

해설 능률적인 공간이 조성되도록 기능적, 정서적, 환경적 및 디자인의 기본 원리 등을 고려하여 사용자에게 가장 바람직한 생활공간을 만드는 것이다.

13

다음 중 가장 바람직한 디자인 이미지 구축 방법은?

① 전통의 디자인과 최첨단 기술의 접목
② 성공한 디자인 사례의 조합
③ 기능과 용도에 부합된 독창적 디자인 실행
④ 디자이너의 개성 표출

해설 능률적인 공간이 조성되도록 기능적, 정서적, 환경적 및 디자인의 기본 원리 등을 고려하여 사용자에게 가장 바람직한 생활공간을 만드는 것이다.

14

인테리어 이미지에 대한 설명 중 옳지 않은 것은?

① 댄디(Dandy)는 강하고 분명한 디자인으로 활동감과 약동감을 갖게 한다.
② 자연스러움(Natural)은 단순하면서 소박함과 따스함이 있는 형태를 기본으로 한다.
③ 고저스(Gorgeous)는 호화롭고 사치스런 이미지로 전통적인 표현은 물론 현대적 표현도 가능하다.
④ 캐주얼(Casual)은 자유롭고 편한 이미지를 나타내며, 신선한, 활동감, 즐거움 등이 연출 포인트가 된다.

해설 댄디(dandy)
복장에 있어 최고의 엘레강스를 대표하는 19세기 남성을 의미하는 말로 이들의 우아하고 세련된 생활 태도를 댄디즘(dandysme)이라고 한다. 19세기의 보 브럼멜(Beau Brummell)로 알려진 조지 브라이언 브럼멜(Jeorge Bryan Brummell)이 그 대표적인 인물로, 그는 질 좋은 순백의 마로 만든 셔츠와 장식이 없는 의복을 꼭 맞게 착용하였는데, 이후 영국 신사복 유행의 기본 원칙이 되었다. 현대에 와서는 '멋쟁이, 맵시꾼'이라는 의미로 멋쟁이 남성을 지칭하며, 댄디 룩은 매니시 룩(mannish look)과 동의어로 사용되고 있다.

2. 실내디자인 역사 및 트렌드

01

19세기 말부터 20세기 초에 걸쳐 벨기에와 프랑스를 중심으로 모리스와 미술 공예운동의 영향을 받아서 과거의 양식과 결별하고 식물이 갖는 단순한 곡선 형태를 인테리어 가구 구성에 이용한 예술운동은?

① 아르데코   ② 아르누보
③ 아방가르드   ④ 컨템포러리

해설 아르누보(Art Nouveau)
1880년경부터 유럽 대륙에서도 신건축을 위한 여러 가지 조짐이 나타나기 시작하였는데 벨기에에서 앙리 반 데 벨데(Henri Van de Velde)의 지도하에 구조와 형태가 건축의 참된 기반이라는 새로운 방향이 국내 조형예술가 사이에 주장되었다. 이 운동은 간접적으로 모리스의 주장에 영향을 받은 것으로, 일반 식물 형태에 기본을 둔 유연하고 아름다운 선의 표현이 주가 되어 전통적인 기하학적 형태와는 많은 대조를 이루게 되었다.

02

다음과 가장 관계가 깊은 사람은?

- "less is more"
- 인테리어의 엄격한 단순성
- 바르셀로나 파빌리온

① 루이스 설리번
② 르 코르뷔지에
③ 미스 반 데어 로에
④ 프랭크 로이드 라이트

해설 미스 반 데어 로에(Mies van der Rohe, 1886년 3월 27일 ~ 1969년 8월 17일)은 독일 건축가로 극적인 명확성과 단순성으로 나타나는 주요한 20세기 건축양식을 만들어 냈다. 그의 건물은 공업용 강철과 판유리와 같은 현대적인 재료들로 만들어져 내부 공간을 정의하였다. 최소한의 구조 골격이 그 안에 포함된 거침없는 열린 공간의 자유에 대해 조화를 이루는 건축을 위해 노력하였다. 그의 건물을 "피부와 뼈(skin and bones)" 건축으로 불렀다. 미스는 이성적인 접근으로 건축설계의 창조적 과정을 인도하려고 노력했고, 이는 그의 격언인 "less is more(적을수록 많다)"와 "God is in the details(신은 상세 안에 있다)"로 잘 알려져 있다.

03 |

건축과 실내디자인이 구분되지 않은 채, 함께 작업되어 오다가 어떠한 배경에 의해서 실내디자인이 독립된 영역으로 발전되어졌는가?

① 정치화, 통합화   ② 전문화, 통합화
③ 세분화, 정치화   ④ 세분화, 전문화

해설 1960년대 이래로 환경문제가 증식됨에 따라 일반화됨으로써 건축과 실내환경디자인이 구분되기 시작하였으며 건축물의 기본 구성요소인 바닥, 벽, 천장(지붕)에 둘러싸인 내부 공간에 대하여 쾌적한 환경조성을 통하여 능률적인 공간조성이 되도록 인체공학, 심리학, 물리학, 재료학, 환경학 및 디자인의 기본 원리 등을 고려하여 인간생활에 필요한 효율성, 아름다움, 경제성, 개성 등을 갖도록 사용자에게 가장 바람직한 생활공간을 만드는 전문 분야로 계획, 설계를 실내디자인 또는 실내건축이라 한다.

04 |

각 요소의 특징과 연결이 어울리지 않는 것은?

① 수직선의 상승감 – 고딕양식의 성당
② 수평선의 평온함 – 키네틱 아트
③ 곡선의 율동 – 아르누보
④ 절선의 비례미 – 한옥의 창살

해설 키네틱 아트(kinetic art)는 작품 속에 동세(動勢)를 표현하거나 옵아트와 같이 시각적 변화를 나타내는 것과는 달리 작품 자체가 움직이거나 움직이는 부분을 포함하는 예술작품을 뜻한다.

05 |

우리나라의 한옥에 관한 설명으로 옳지 않은 것은?

① 창과 문은 좌식생활에 따른 인체치수를 고려하여 만들어졌다.
② 기단을 높여 통풍이 잘되도록 하여 땅의 습기를 제거하였다.
③ 미닫이문, 들문 등의 사용으로 내부 공간의 융통성을 도모하였다.
④ 남부 지방의 경우 겨울철 난방을 고려하여 기밀하고 폐쇄적인 내부 공간구성으로 계획하였다.

해설 북부 지방의 경우 겨울철 난방을 고려하여 기밀하고 폐쇄적인 내부 공간을 구성하였으나, 남부는 개방적인 내부 공간을 구성하였다.

3. 사용자 요구사항 분석

01 |

실내디자이너가 프로젝트의 수주를 위해 고객(client)과 접촉 시 고려해야 할 사항이 아닌 것은?

① 고객의 요구사항을 정확하게 파악
② 포트폴리오, 질문서 준비
③ 고객에 대한 다양한 자료수집
④ 고객과는 간접적으로만 접촉하여 취향을 객관성 있게 파악

해설 실내디자이너와 고객 사이에는 믿음과 신뢰성이 있어야 하며 고객의 가치관, 심미성, 경제적 여유 등을 충분히 고려하고 디자이너의 의도만을 고집하지 않도록 한다.

02 |

실내디자인 프로젝트에 대한 설명 중 틀린 것은?

① 개보수인 경우는 현장의 정확한 실측과 조사가 필요하다.
② 건축설계와 병행되는 경우는 건축설계자와 협조가 필요하다.
③ 기존 공간의 개보수는 물론 신축 공간의 디자인도 실내디자인에 포함된다.
④ 대수선 허가가 필요한 주요 구조부의 변경은 어떤 상황에서도 할 수 없다.

해설 대수선
① 내력벽 30m^2 이상을 해체하여 수선 또는 변경하는 행위
② 기둥, 보, 지붕틀을 각각 3개 이상을 해체하여 수선 또는 변경하는 행위
③ 방화구획을 위한 바닥, 벽, 주계단, 피난계단, 특별피난계단을 해체하여 수선·변경하는 행위
④ 미관지구에서 건축물의 외부 형태와 색채 또는 담장을 해체·수선하는 행위

03

다음 중 실내디자이너의 역할로 보기 어려운 것은?

① 실내공간에 필요한 그래픽을 제작한다.
② 건물의 내부와 가구의 배치를 계획한다.
③ 사용될 공간의 기능적 요구를 충족시킨다.
④ 인간의 예술적, 서정적 요구에 대한 문제를 해결한다.

해설 실내디자이너

실내공간을 인간의 생활환경에 적합하도록 재창조할 수 있는 기술적이고 감각적인 안목이 필요하며 창의적인 작업의 결과까지도 책임질 수 있는 능력 있는 자이어야 한다.
※ 실내디자이너의 역할
    ㉠ 건물 내부와 가구의 디자인과 배치를 계획한다.
    ㉡ 생활공간의 쾌적성을 추구한다.
    ㉢ 이용 가능한 공간을 추구한다.
    ㉣ 디자인의 기초 원리와 재료들에 대한 폭넓은 지식이 필요하다.
    ㉤ 예술적, 서정적 욕구를 만족시킨다.
    ㉥ 독자적인 개성을 표현한다.
    ㉦ 기능을 확대하고 건축 공간의 내실화를 추구한다.
    ㉧ 기획 단계에서 모든 가능한 문제점을 해결한다.

04

실내디자이너의 역할과 가장 거리가 먼 것은?

① 독자적인 개성의 표현을 한다.
② 전체 메스(mass)의 구조 설비를 계획한다.
③ 생활공간의 쾌적성을 추구하고자 한다.
④ 인간의 예술적, 서정적 욕구를 만족시키고자 한다.

해설 실내디자이너의 역할

    ㉠ 건물 내부와 가구의 디자인과 배치를 계획한다.
    ㉡ 생활공간의 쾌적성을 추구한다.
    ㉢ 이용 가능한 공간을 추구한다.
    ㉣ 디자인의 기초 원리와 재료들에 대한 폭넓은 지식이 필요하다.
    ㉤ 예술적, 서정적 욕구를 만족시킨다.
    ㉥ 독자적인 개성을 표현한다.
    ㉦ 기능을 확대하고 건축 공간의 내실화를 추구한다.
    ㉧ 기획 단계에서 모든 가능한 문제점을 해결한다.

05

실내디자이너의 작업은 크게 3그룹으로 분류할 수 있는데 그 분류에 해당하지 않는 것은?

① interior designer
② furniture designer
③ interior decorator
④ craft designer

해설 실내디자이너의 분류

    ㉠ 실내디자이너(interior designer) : 생활공간을 설계
    ㉡ 실내장식가(interior decorator) : 생활공간에 필요한 설비, 가구, 장식 등을 설계
    ㉢ 가구디자이너(furniture designer) : 생활공간에 필요한 가구 설계
    ㉣ 디스플레이어 : 상업공간의 장식
    ㉤ 실내소품디자이너 : 장식물, 가구 등을 설계
    ㉥ 홈패션디자이너 : 주택에서 필요한 커튼, 쿠션 등의 장식물을 설계

2 설계 개념 설정

1. 설계 기본개념 설정

01 |

실내디자인에 관한 설명으로 옳은 것은?

① 사회의 다원화와 더불어 공간의 질적, 양적 향상이 필요하지만, 대중성은 중요하지 않다.
② 실내공간은 인위적인 공간이므로 정서적 분위기를 수용하는 디자인은 중요한 요소가 아니다.
③ 상업공간 디자인은 수익성을 위한 실내공간 창출이 가장 중요한 가치이나 다른 요소도 고려한다.
④ 실내공간은 목적에 따라 기능성, 수익성, 심미성 등으로 구분할 수 있으며 명확한 구분이 항상 가능하다.

해설 실내디자인의 특성
　　⊙ 대중성이 있어야 한다.
　　ⓒ 정서적, 심미적 분위기를 수용하는 디자인이 되어야 한다.
　　ⓒ 기능성, 수익성, 심미성을 명확하게 구분하기 힘들다.

02 |

실내디자인에 관한 설명으로 옳지 않은 것은?

① 실내디자인은 디자인 요소를 반영하여 인간 환경을 구축하는 작업이다.
② 실내디자인은 예술에 속하므로 미적인 관점에서만 그 성공 여부를 판단할 수 있다.
③ 실내디자인은 목적을 위한 행위나 그 자체가 목적이 아니고 특정한 효과를 얻기 위한 수단이다.
④ 실내디자인은 실내공간을 더욱 편리하고 쾌적한 환경으로 창조해 내는 문제 해결의 과정과 그 결과이다.

해설 실내디자인은 쾌적한 환경조성을 통하여 능률적인 공간조성이 되도록 인체공학, 심리학, 물리학, 재료학, 환경학 및 디자인의 기본 원리 등을 고려하여 인간생활에 필요한 효율성, 아름다움, 경제성, 개성 등을 갖도록 사용자에게 가장 바람직한 생활공간을 만드는 것으로 응용 예술 분야로 볼 수 있다.

03 |

다음 중 실내디자인에 대한 설명으로 가장 부적절한 것은?

① 실내디자인은 사용자의 다양한 요구를 반영하여야 한다.
② 실내디자인 작업은 건축계획의 초기 단계에서부터 병행하는 것이 바람직하다.
③ 인간에게 적합한 환경, 즉 생활공간의 쾌적성을 추구하고자 하는 것이 실내디자인의 과제이다.
④ 도시 가로와의 연계성, 건물 진입 시 효과, 건물 전체의 형태 등은 건축계획의 영역으로 실내디자인에서는 고려하지 않는다.

해설 실내디자인의 영역
　　순수한 내부 공간 이외에도 건축물의 주변 환경, 외부로의 통로 공간, 내부 공간에서 연장되는 외부 공간 및 건축물의 전면(Facade)까지 속한다.

04 |

다음은 실내디자인의 특성을 설명한 것이다. 가장 거리가 먼 것은?

① 공간별 사용자의 생활 자체를 디자인하는 것
② 과학적 기술과 미적 예술의 합의를 도출하는 것
③ 건축의 전반적인 구조와 디자인에 관여하는 것
④ 실내 · 실외 환경을 디자인하는 것

해설 실내디자인의 원리
　　건축물의 내부 공간을 인간생활에 적합하도록 안전하고 편리하며, 쾌적하게 하여 더욱 능률적인 공간이 되도록 하는 것으로, 공간별 사용자가 생활할 수 있는 공간을 설계하는 것이다.

05 |

실내디자인의 개념에 관한 설명으로 옳지 않은 것은?

① 실내디자인은 실내공간의 사용 효율을 증대시킨다.
② 실내디자인은 건축 및 환경과의 상호성을 고려하여 계획되는 것이 좋다.
③ 실내디자인은 인간의 활동을 도와주며 동시에 미적인 만족을 주는 환경을 창조한다.
④ 실내디자인은 일반 이용자의 영향을 벗어나 공간예술 창조의 자유가 보장되어야 한다.

건축물의 내부 공간을 인간생활에 적합하도록 안전하고 편리하며, 쾌적하게 하여 더욱 능률적인 공간이 되도록 하는 것이다.

06

실내디자인의 개념에 대한 설명 중 맞지 않는 것은?

① 디자인의 한 분야로서 인간생활의 쾌적성을 추구하는 활동이다.
② 실내공간만을 대상으로 하여 경제적, 상업적 공간으로 완성하는 전문 과정이다.
③ 예술과 기술을 접목시켜 미적, 기능적 공간을 창출하는 디자인 행위이다.
④ 디자인 요소를 반영하여 인간환경을 구축하는 작업이다.

해설 실내디자인의 영역
순수한 내부 공간 이외에도 건축물의 주변 환경, 외부로의 통로 공간, 내부 공간에서 연장되는 외부 공간 및 건축물의 전면(Facade)까지 속한다.

07

다음 중 실내디자인의 개념과 가장 거리가 먼 것은?

① 순수 예술
② 실행 과정
③ 전문 과정
④ 디자인 활동

해설 쾌적한 환경조성을 통하여 능률적인 공간조성이 되도록 인체공학, 심리학, 물리학, 재료학, 환경학 및 디자인의 기본 원리 등을 고려하여 인간생활에 필요한 효율성, 아름다움, 경제성, 개성 등을 갖도록 사용자에게 가장 바람직한 생활공간을 만드는 것으로 응용 예술 분야로 볼 수 있다.

08

실내디자인의 궁극적인 목적으로 가장 알맞은 것은?

① 공간의 품격을 높이는 것이다.
② 경제성 있는 공간을 창조하는 것이다.
③ 인간생활의 쾌적성을 추구하는 것이다.
④ 공간예술로서 모든 분야의 통합에 의한 감성적 요소의 부여에 있다.

해설 실내디자인은 쾌적한 환경조성을 통하여 능률적인 공간조성이 되도록 인체공학, 심리학, 물리학, 재료학, 환경학 및 디자인의 기본 원리 등을 고려하여 인간생활에 필요한 효율성, 아름다움, 경제성, 개성 등을 갖도록 사용자에게 가장 바람직한 생활공간을 만드는 것이다.

09

실내디자인의 목표에 대한 설명 중 틀린 것은?

① 인간에게 적합한 환경을 추구한다.
② 인간의 편리성을 위해 좌식의 실내디자인을 추구한다.
③ 인간을 존중하고 인간생활환경의 질을 향상시킨다.
④ 인간의 생활 기능(작업, 휴식, 취침, 취식)을 충족시킨다.

해설 실내디자인의 목표는 쾌적한 환경조성을 통하여 능률적인 공간이 되도록 하는 것으로 아래와 같은 내용이 표현되도록 한다.
㉠ **효율성** : 전체적인 공간 구성이 합리적이고, 각 공간의 기능이 최대로 발휘될 수 있는 공간을 말한다.
㉡ **아름다움(美)** : 아름다움의 기준은 시대적 배경이나 문화적 배경에 따라 다르며 개인의 취향이나 기호에 따라 각기 다르다.
㉢ **개성** : 실내공간을 활기 있고 독특하게 만들어 주는 것으로 거주인의 개성이 표현되도록 한다.
㉣ **경제성** : 최소한의 자원을 투입하여 거주자가 최대로 만족할 수 있도록 한다.

10

실내디자인의 영역에 관한 설명으로 가장 알맞은 것은?

① 건축 구조물에 의해 합성된 내부 공간만을 대상으로 한다.
② 건축물의 구조 및 재료에 대한 지식을 가지고 구조적인 해석을 할 수 있어야 한다.
③ 실내디자인의 영역은 건축물의 실내공간을 주 대상으로 하며, 도시환경이나 가로공간에서도 발견된다.
④ 실내디자인은 건축공간의 생리적 문제 해결이나 독자적인 표현을 대상으로 하여 건축물의 매스나 형태디자인을 주영역으로 한다.

해설 실내디자인의 영역

순수한 내부 공간 이외에도 건축물의 주변 환경, 외부로의 통로 공간, 내부 공간에서 연장되는 외부 공간 및 건축물의 전면(Facade)까지 속한다.

11 |

실내디자인의 영역에 관한 설명으로 옳지 않은 것은?

① 사무공간이란 사무 효율성과 경제성, 쾌적성 등을 고려한 공간을 계획하는 것으로 연구소, 호텔 등이 이에 속한다.

② 주거공간이란 의식주를 해결하는 주생활공간으로 취침, 식사 등의 생활행위를 공간에 대응하는 것이다.

③ 상업공간이란 실내공간을 창조적으로 계획하여 판매 신장을 높이는 공간을 말하며 백화점, 식당 등이 이에 속한다.

④ 전시공간이란 기업의 홍보, 판매 촉진을 위한 영리 전시공간과 교육, 문화적 사고 개발을 위한 비영리 전시공간으로 나뉜다.

해설 실내디자인의 대상 공간 분류 기준

㉠ **주거공간** : 주택, 공동주택(연립, APT) 등(호텔의 객실, 콘도미니엄, 방갈로는 주거공간으로 보기 어렵다.)

㉡ **업무공간** : 사무소, 공장, 병원, 작업 공간인 관청 등

㉢ **상업공간** : 상점, 레스토랑, 백화점, 쇼핑센터, 시장 등

㉣ **공공 및 기념 전시공간** : 박물관, 미술관, 전시관, 도서관, 기념관, 쇼룸 등

㉤ **특수 공간** : 자동차, 항공기, 선박, 기차, 캐러밴, 우주선, 우주 정거장 등

12 |

다음 중 좋은 실내디자인을 판단하는 척도로서 우선 순위가 가장 낮은 것은?

① 유행성　　② 기능성

③ 심미성　　④ 경제성

해설 실내디자인의 평가 시 고려하여야 할 사항으로는 기능적 조건, 정서적(심미적) 조건, 환경적 조건, 경제적 조건이 있다.

13 |

다음 중 실내디자인을 평가하는 기준과 가장 거리가 먼 것은?

① 기능성　　② 경제성

③ 심미성　　④ 주관성

해설 실내디자인의 조건

㉠ **기능적 조건** : 공간의 사용 목적에 적합하도록 인간 공학, 공간 규모, 배치 및 동선, 사용 빈도 등 제반 사항을 고려하여야 한다.

㉡ **정서적 조건(심미적)** : 심미적, 심리적 예술 욕구를 충족하기 위해 사용자의 연령, 취미, 기호, 학력 등을 고려하여야 한다.

㉢ **환경적 조건** : 쾌적한 환경을 직·간접적으로 지배하는 공기, 열, 음, 빛, 설비 등 제반 요소를 고려하여야 한다.

㉣ **경제성 조건** : 최소한의 자원을 투입하여 거주자가 최대로 만족할 수 있도록 한다.

14 |

다음 중 좋은 디자인을 판단하는 기준과 가장 거리가 먼 것은?

① 재료의 선택

② 시대성의 반영

③ 기능성의 부여

④ 상징적 표현의 비율

해설 좋은 디자인(Good design)

목적 달성에 따른 설정된 조건들을 해결하는 행위로 조건에는 기능적 조건, 환경적 조건, 정서적 조건으로 구분된다.

㉠ **기능적 조건** : 공간의 사용 목적에 적합하도록 인간 공학, 공간 규모, 배치 및 동선, 사용 빈도 등 제반 사항을 고려하여야 한다.

㉡ **정서적 조건(심미적)** : 심미적, 심리적 예술 욕구를 충족하기 위해 사용자의 연령, 취미, 기호, 학력 등을 고려하여야 한다.

㉢ **환경적 조건** : 쾌적한 환경을 직·간접적으로 지배하는 공기, 열, 음, 빛, 설비 등 제반 요소를 고려하여야 한다.

㉣ **경제성 조건** : 최소한의 자원을 투입하여 거주자가 최대로 만족할 수 있도록 한다.

15|

다음 설명에 알맞은 실내디자인의 조건은?

> 최소의 자원을 투입하여 공간의 사용자가 최대로 만족할 수 있는 효과가 이루어지도록 하여야 한다.

① 기능적 조건　　　　② 심미적 조건
③ 경제적 조건　　　　④ 물리·환경적 조건

해설 실내디자인의 조건
　　㉠ **기능적 조건** : 공간의 사용 목적에 적합하도록 인간공학, 공간 규모, 배치 및 동선, 사용 빈도 등 제반 사항을 고려하여야 한다.
　　㉡ **정서적 조건** : 심미적, 심리적 예술 욕구를 충족하기 위해 사용자의 연령, 취미, 기호, 학력 등을 고려하여야 한다.
　　㉢ **환경적 조건** : 쾌적한 환경을 직·간접적으로 지배하는 공기, 열, 음, 빛, 설비 등 제반 요소를 고려하여야 한다.
　　㉣ **경제성 조건** : 최소한의 자원을 투입하여 거주자가 최대로 만족할 수 있도록 한다.

16|

다음 설명과 관련된 실내디자인의 조건은?

> • 전체 공간 구성이 합리적이어야 한다.
> • 공간의 사용 목적에 적합하도록 인간공학, 공간 규모, 배치 및 동선, 사용 빈도 등 제반 사항을 고려해야 한다.

① 예술적 조건　　　　② 심미적 조건
③ 경제적 조건　　　　④ 기능적 조건

해설 실내디자인의 조건
　　㉠ **기능적 조건** : 공간의 사용 목적에 적합하도록 인간공학, 공간 규모, 배치 및 동선, 사용 빈도 등 제반 사항을 고려하여야 한다.
　　㉡ **정서적 조건** : 심미적, 심리적 예술 욕구를 충족하기 위해 사용자의 연령, 취미, 기호, 학력 등을 고려하여야 한다.
　　㉢ **환경적 조건** : 쾌적한 환경을 직·간접적으로 지배하는 공기, 열, 음, 빛, 설비 등 제반 요소를 고려하여야 한다.
　　㉣ **경제적 조건** : 최소한의 자원을 투입하여 거주자가 최대로 만족할 수 있도록 한다.

17|

실내디자인의 조건 중 기능적 조건의 내용으로 옳지 않은 것은?

① 합목적성, 기능성, 실용성, 효율성 등이 제고되어야 한다.
② 전체 공간 구성이 합리적이고, 각 공간의 기능이 최대로 발휘되어야 한다.
③ 최소의 자원을 투입하여 공간의 사용자가 최대로 만족할 수 있는 효과가 이루어지도록 해야 한다.
④ 공간의 사용 목적에 적합하도록 인간공학, 공간 규모, 배치 및 동선 등 제반 사항을 고려해야 한다.

해설 ③은 경제적 조건에 대한 설명으로 최소한의 자원을 투입하여 거주자가 최대로 만족할 수 있도록 한다.

2. 세부 공간개념 설정

01|

실내디자인의 프로그래밍(programming) 전개 과정으로 가장 알맞은 것은?

① 분석 → 종합 → 목표 설정 → 조사 → 결정
② 목표 설정 → 분석 → 조사 → 종합 → 결정
③ 목표 설정 → 조사 → 분석 → 종합 → 결정
④ 조사 → 분석 → 결정 → 종합 → 목표 설정

해설 실내디자인의 프로그래밍(Programming)
　　목표 설정(공간 설정) - 자료 조사 - 종합 - 결정 - 실행
　　㉠ **목표 설정(공간 설정)** : 대상 공간의 목적성을 갖는 공간적 조건을 설정
　　㉡ **조사** : 요구자의 파악 및 문제의 조사, 정보 및 자료의 수집, 예비적 아이디어의 수집
　　㉢ **분석** : 자료의 분류와 통합, 정보의 번역, 상관성의 체계 분석
　　㉣ **종합** : 부분적 해결안의 작성, 복합적 해결안의 작성, 창조적 사고
　　㉤ **결정** : 합리적 해결안의 결정

02 |

실내디자인의 프로그래밍(programming)은 목표 설정 – 조사 – 분석 – 종합 – 결정의 순서로 진행된다. 다음 중 분석 단계에서 행해져야 할 사항은 어느 것인가?

① 총공사비의 산출
② 계획 도면의 확정
③ 자료 분류 및 정보의 해석
④ 실내 마감재 및 색채 결정

해설 실내디자인의 프로그래밍(programming)
　　⊙ 목표 설정(공간 설정) : 대상 공간의 목적성을 갖는 공간적 조건을 설정
　　ⓛ 조사 : 요구자의 파악 및 문제의 조사, 정보 및 자료의 수집, 예비적 아이디어의 수집
　　ⓒ 분석 : 자료의 분류와 통합, 정보의 번역, 상관성의 체계 분석
　　ⓔ 종합 : 부분적 해결안의 작성, 복합적 해결안의 작성, 창조적 사고
　　ⓜ 결정 : 합리적 해결안의 결정

03 |

실내디자인의 초기 단계 작업인 프로그래밍의 내용이 아닌 것은?

① 환경적 분석
② 사용자 의사 분석
③ 사례 연구
④ 가구, 소품 등의 세부 디자인 요소 설정

해설 실시설계단계
　　⊙ 결정안에 대한 설계도(시공 및 제작을 위한 도면)
　　　• 조명계획 : 조명기구 디자인 및 기구 선정, 조도 계산서, 전기 배선도
　　　• 가구디자인 및 선택 결정 : 가구 배치도, 가구도
　　　• 확대된 실내디자인의 실시 설계 : 평면, 천장, 입면, 전개도, 키플랜, 재료마감표, 상세도, 창호도, 사인, 그래픽
　　　• 각 설비 단계 : 설비 설계도, 난방부하 계산서
　　　• 기타 디자인 세부 설계도
　　ⓛ 확인 : 시방서 작성
　　ⓒ 수정, 보완

04 |

실내디자인의 과정을 "프로그래밍–디자인–시공–사용 후 평가"로 볼 때 사용 후 평가에 관한 설명으로 옳지 않은 것은?

① 문제점을 발견하고 다음 작업의 기초 자료로 활용한다.
② 시공 후 실내디자인에 대한 거주자의 만족도를 조사하는 것이다.
③ 다음 작업의 시행착오를 줄이기 위하여, 디자이너가 평가하는 것이 보통이다.
④ 입주 후 충분한 시간이 경과한 후 실시하는 것이 결과의 정확도를 높일 수 있다.

해설 거주 후 평가(POE : Post Occupancy Evaluation)
　　사용 중인 건물에 대하여 사용자들의 반응을 연구하여 건물에 대한 평가와 다음에 건물의 개조나 유사 건물의 신축에서 최적의 환경을 창출하는 방법을 연구하는 과정을 말한다.

05 |

아래의 설명은 무엇에 대한 정의인가?

> 내용물의 가치를 극대화하기 위해 투입하는 새로운 가치의 선택에 관한 의사결정의 단계

① 실내디자인 개념　　② 실내디자인 구성
③ 실내디자인 이미지　④ 실내디자인 진행과정

해설 실내디자인 진행과정
　　단위 공간별 분위기를 설정하여 계획안 전체의 기본이 되는 요소를 적용하여 2~3개의 대한을 만들고 이를 분석 · 평가하여 극대화하는 의사결정의 단계이다.

06 |

실내디자인의 프로젝트 분류와 대상의 연결이 옳지 않은 것은?

① 전시공간 – 박물관, 미술관, 기념관
② 문화공간 – 도서관, 회의장, 클럽하우스
③ 의료공간 – 종합병원, 재활시설, 건강 상담 사무소
④ 업무공간 – 관공서, 은행, 영업장

해설 클럽하우스는 골프장 내에 있는 휴게 및 판매공간으로 영리를 목적으로 이루어지는 모든 공간영역으로, 직접적 목적은 문화 생활권의 형성이다. 레저공간에 속하는 판매공간 및 유통공간은 이에 속하므로 클럽하우스는 상업공간에 속한다.

07 |

실내디자인의 대상공간을 분류 기준으로 한 영역들에 대한 설명 중 틀린 것은?

① 주거공간 디자인은 개인과 가족생활을 위한 다양한 주택 내부를 디자인하는 영역이다.
② 업무공간 디자인은 기업체 사무공간, 백화점, 공장 등의 실내를 디자인하는 영역이다.
③ 상업공간 디자인은 소매점, 레스토랑 등의 실내를 디자인하는 영역이다.
④ 기념 전시공간 디자인은 박물관, 전시관, 미술관 등의 실내를 디자인하는 영역이다.

해설 실내디자인의 대상공간 분류 기준
　㉠ 주거공간 : 주택, 공동주택(연립, APT) 등(호텔의 객실, 콘도미니엄, 방갈로는 주거공간으로 보기 어렵다.)
　㉡ 업무공간 : 사무소, 공장, 병원, 작업공간인 관청 등
　㉢ 상업공간 : 상점, 레스토랑, 백화점, 쇼핑센터, 시장 등
　㉣ 공공 및 기념 전시공간 : 박물관, 미술관, 전시관, 도서관, 기념관, 쇼룸 등
　㉤ 특수 공간 : 자동차, 항공기, 선박, 기차, 캐러밴, 우주선, 우주 정거장 등

3. 디자인 프로세스

01 |

실내디자인의 진행에 대한 다음 설명 중 옳은 것은?

① 실내디자인 프로젝트의 수행을 위해 의뢰인과 직접 접촉하여 요구사항을 파악하고 이를 객관화 한다.
② 실내디자인의 프로세스 중 요구조건을 파악하고 실행 가능성의 판단은 기본 설계 단계에서 실시한다.

③ 실내디자인 프로세스 중 파악해야 하는 내부적 조건에는 기존 건축물의 용도, 법적 규정이 있다.
④ 실내디자인 프로세스 중 공간 Layout이란 동선계획에 해당하는 과정으로 사람과 물건의 이동 패턴을 대상으로 한다.

해설 실내디자이너와 고객 사이에는 믿음과 신뢰성이 있어야 하며 고객의 가치관, 심미성, 경제적 여유 등을 충분히 고려하고 디자이너의 의도만을 고집하지 않도록 한다.

02 |

실내디자인 프로세스 순서로 가장 알맞은 것은?

① 기획 – 계획 · 설계 – 시공 – 감리 – 평가
② 기획 – 감리 – 계획 · 설계 – 시공 – 평가
③ 계획 · 설계 – 기획 – 시공 – 감리 – 평가
④ 계획 · 설계 – 평가 – 기획 – 감리 – 시공

해설 실내디자인 프로세스
기획 – 기본계획 – 기본설계 – 실시설계 – 시공 – 사용 후 평가
　㉠ 기획 : 공간의 사용 목적, 예산 등을 종합적으로 비교 · 검토하여 설계에 대한 희망, 요구사항 등을 결정하는 작업으로 시공 완성 후 관리 운영에 이르기까지 예견하여 운영 방법, 경영의 타당성까지 포함한다.
　㉡ 기본계획 : 단위 공간별 분위기를 설정하여 계획안 전체의 기본이 되는 형태, 기능, 마감재료 등을 도면이나 스케치, 다이어그램 등으로 표현하는 단계이다.
　㉢ 기본설계 : 2~3개 이상의 기본계획안을 분석 · 평가하여 전체 공간과 조화를 이루도록 하며, 고객 요구조건에 합치되는가를 평가하여 하나의 안이 결정되면 기본설계의 최종 결정안을 결정하는 과정이다.
　㉣ 실시설계 : 기본설계의 최종 결정안을 시공 및 제작을 위한 작업 단계로 본 설계라고도 한다.
　㉤ 시공 : 설계도면에 맞게 실내공간을 만드는 과정이다.
　㉥ 사용 후 평가 : 사용 중인 건물에 대하여 사용자들의 반응을 연구하여 건물에 대한 평가와 다음에 건물의 개조나 유사 건물의 신축에서 최적의 환경을 창출하는 방법을 연구하는 과정을 말한다.
　　[거주 후 평가(POE : Post Occupancy Evaluation)]

03 |

실내디자인 과정을 기획, 구상, 설계, 구현, 완공의 다섯 단계로 구분할 경우, 문제에 대한 인식과 규명 및 정보의 조사, 분석, 종합을 하는 단계는?

① 기획
② 구상
③ 설계
④ 구현

해설 기획

공간의 사용 목적, 예산 등을 종합적으로 비교 검토하여 설계에 대한 희망, 요구사항 등을 결정하는 작업으로 시공 완성 후 관리 운영에 이르기까지 예견하여 운영 방법, 경영의 타당성까지 포함한다.

04 |

실내디자인 프로세스 중 기본 구상에 해당하는 것은?

① 실시하기 위한 워킹 드로잉의 과정이다.
② 실시를 위한 전체 윤곽의 결정으로서 스케치, 모형, 시뮬레이션과 같은 여러 가지 기법이 도모된다.
③ 공간 디자인, 기본 구조, 요소 디자인 및 설비, 전기 등의 각종 엔지니어링 부문의 상세 도면이 작성된다.
④ 상업공간의 경우 수익성 해석은 이 단계에서 가장 핵심적인 작업이 된다.

해설 기본 계획은 단위공간별 분위기를 설정하여 계획안 전체의 기본이 되는 형태, 기능, 마감재료 등을 도면이나 스케치, 모형, 다이어그램, 시뮬레이션 등으로 표현하는 단계이다.

05 |

실내디자인 프로세스의 기본 계획 단계에 포함되지 않는 것은?

① 내부의 요구 분석
② 계획의 평가 기준 설정
③ 기본 계획 대안들의 도면화
④ 건축적 요소와 설비적 요소의 분석

해설 기본 계획은 단위공간별 분위기를 설정하여 계획안 전체의 기본이 되는 형태, 기능, 마감재료 등을 도면이나 스케치, 모형, 시뮬레이션, 다이어그램 등으로 표현하는 단계이며, 기본 계획 대안들의 도면화는 기본 설계 단계로 평면도, 입면도, 천장도와 같은 도면을 그리는 단계이다.

06 |

실내 설계 프로세스 중 디자인 계획 단계의 결과물이 아닌 것은?

① 디자인 콘셉트
② 색채 이미지
③ 실내공간의 이미지
④ 실내공간의 조도 및 조명 개수

해설 기본 계획은 단위공간별 분위기를 설정하여 계획안 전체의 기본이 되는 형태, 기능, 마감재료 등을 도면이나 스케치, 모형, 시뮬레이션, 다이어그램 등으로 표현하는 단계이다.

07 |

실내디자인의 계획 과정에 대한 설명 중 틀린 것은?

① 기획에서는 공간의 사용 목적, 예산, 완성 후 운영에 이르는 사항들을 종합적으로 검토한다.
② 계획은 어느 정도 추상적이고 개념적인 과정으로서 디자인의 목적을 명확히 하는 단계이다.
③ 실시 설계는 경영, 운영, 구상, 경제면의 합리적 실현을 위해 주안점을 두는 과정이다.
④ 설계는 계획의 전개로서 인간의 요구에 부응하는 실제적인 공간을 구체화하는 단계이다.

해설 기획은 공간의 사용 목적, 예산 등을 종합적으로 비교 검토하여 설계에 대한 희망, 요구사항 등을 결정하는 작업으로 시공 완성 후 관리 운영에 이르기까지 예견하여 운영 방법, 경영의 타당성까지 포함한다.
실시 설계는 기본 설계의 최종 결정안을 시공 및 제작을 위한 작업 단계로 본 설계라고도 한다.

08 |

실내디자인의 기본 계획 수립 때 고려하여야 하는 내부적 조건에 해당하지 않는 것은?

① 계획 대상에 대한 입지적, 설비적 조건에 대한 사항
② 의뢰인의 공사 예산 등의 경제적 사항
③ 공간 사용자의 행위, 성격, 개성에 대한 사항
④ 실의 개수와 규모에 대한 사용자의 요구사항

해설 내부적 조건
  ㉠ 사용자의 요구사항 파악(공간 사용자의 수)
  ㉡ 고객의 예산
  ㉢ 주어진 공간의 법적 제한 사항 및 주변 환경
  ㉣ 건축의 3대 요소에 부합
  ※ 외부적 조건
    ㉠ 입지적 조건 : 계획대상지역에 대한 교통수단, 도로 관계, 상권 등 지역의 규모와 방위, 기후, 일조 조건 등 자연적 조건
    ㉡ 건축적 조건 : 공간의 형태, 규모, 건물의 주 출입구에서 대상공간까지의 접근, 천장고, 창문, 문 등 개구부의 위치와 치수, 채광상태, 방음상태, 층수, 규모, 마감재료 상태, 파사드, 비상구 등
    ㉢ 설비적 조건 : 계획대상건물의 위생설비의 설치물, 배관 위치, 급·배수설비의 상하수도 관의 위치, 환기, 냉·난방설비의 위치와 방법, 소화설비의 위치와 방화 구획, 전기설비시설 등
    ㉣ 기타 : 건물주와 의뢰인의 친밀도, 임차계약 관계, 건물 등기, 건물 관리자의 요구사항 등

09 |

실내디자인의 계획 조건을 외부적 조건과 내부적 조건으로 구분할 경우, 다음 중 내부적 조건에 속하는 것은?

① 일조 조건
② 개구부의 위치
③ 소화설비의 위치
④ 의뢰인의 공사 예산

해설 내부적 조건
  ㉠ 사용자의 요구사항 파악(공간 사용자의 수)
  ㉡ 고객의 예산
  ㉢ 주어진 공간의 법적 제한 사항 및 주변 환경
  ㉣ 건축의 3대 요소에 부합

10 |

실내디자인 과정에서 고려할 외부적 조건에 해당하지 않는 것은?

① 일조 조건
② 의뢰인의 공사 예산
③ 개구부의 위치와 치수
④ 공간의 형태 및 규모

해설 외부적 조건
  ㉠ 입지적 조건 : 계획대상지역에 대한 교통수단, 도로 관계, 상권 등 지역의 규모와 방위, 기후, 일조 조건 등 자연적 조건
  ㉡ 건축적 조건 : 공간의 형태, 규모, 건물의 주 출입구에서 대상공간까지의 접근, 천장고, 창문, 문 등 개구부의 위치와 치수, 채광상태, 방음상태, 층수, 규모, 마감재료 상태, 파사드, 비상구 등
  ㉢ 설비적 조건 : 계획대상건물의 위생설비의 설치물, 배관 위치, 급·배수설비의 상하수도 관의 위치, 환기, 냉·난방설비의 위치와 방법, 소화설비의 위치와 방화 구획, 전기설비시설 등
  ㉣ 기타 : 건물주와 의뢰인의 친밀도, 임차계약 관계, 건물 등기, 건물 관리자의 요구사항 등

11 |

실내디자인의 계획 조건을 외부적 조건과 내부적 조건으로 구분할 경우, 다음 중 외부적 조건에 속하지 않는 것은?

① 입지적 조건
② 경제적 조건
③ 건축적 조건
④ 설비적 조건

해설 내부적 조건
  ㉠ 사용자의 요구사항 파악(공간 사용자의 수)
  ㉡ 고객의 예산
  ㉢ 주어진 공간의 법적 제한 사항 및 주변환경
  ㉣ 건축의 3대 요소에 부합

12 |

실내디자인 과정 중 조건 설정 단계에서 고려할 요소가 아닌 것은?

① 의뢰자의 요구사항
② 의뢰자의 예산 및 경제성
③ 주어진 공간의 합리적 동선
④ 설계 대상에 대한 계획의 목적

해설 조건 설정 단계

실내디자인의 대상이 되는 공간은 용도와 목적을 갖기 때문에 목적 달성을 위하여 공간적 조건, 기능적 조건, 환경적 조건, 인간적 조건 등을 분석하는 일이다.

13 |

실내디자인 프로세스 중 조건 설정 단계(프로그래밍 단계)에 관한 설명으로 옳지 않은 것은?

① 프로젝트의 전반적인 방향이 정해지는 단계이다.
② 실내디자이너가 설계 의뢰인과 협의를 통하여 이해를 확립하는 단계이다.
③ 이 단계가 제대로 이루어지지 않으면 프로젝트 진행이 원만하지 못하다.
④ 실내디자인 프로세스에서 기본 설계 단계 이후에 진행되는 단계이다.

해설 조건 설정 단계

실내디자인의 대상이 되는 공간은 용도와 목적을 갖기 때문에 목적 달성을 위하여 공간적 조건, 기능적 조건, 환경적 조건, 인간적 조건 등을 분석하는 과정이며, 기본 설계 단계 이후에 진행되는 단계는 실시 설계 과정이다.

14 |

실내디자인 과정에서 설계를 기본 계획과 실시 설계로 구분할 경우, 다음 중 기본 계획의 내용에 속하는 것은?

① 가구를 디자인하거나 기성품 중에서 선택, 결정한다.
② 전기배선도, 적정 조도 계산서를 작성한다.
③ 투시도, 특기시방서를 작성한다.
④ 계획안 전체의 기본이 되는 형태, 기능 등을 다이어그램으로 표현한다.

해설 기본 계획은 단위 공간별 분위기를 설정하여 계획안 전체의 기본이 되는 형태, 기능, 마감재료 등을 도면이나 스케치, 모형, 시뮬레이션, 다이어그램 등으로 표현하는 단계이다.

15 |

실시 단계 이전의 과정에 속하는 작업의 범위가 다음과 같을 때, 그 순서가 옳게 된 것은?

ㄱ 기획 자료 검토
ㄴ 프레젠테이션
ㄷ 실시 설계를 위한 리포트
ㄹ 기본 설계
ㅁ 기본 계획

① ㄱ - ㄴ - ㄷ - ㄹ - ㅁ
② ㄱ - ㄷ - ㅁ - ㄴ - ㄹ
③ ㄱ - ㅁ - ㄴ - ㄹ - ㄷ
④ ㄱ - ㄹ - ㄷ - ㅁ - ㄴ

해설 실내디자인 프로세스

기획 자료 검토 → 기본 계획 → 프레젠테이션 → 기본 설계 → 실시 설계를 위한 리포트 → 실시 설계

16 |

다음 중 실내디자인 과정에서 실시 설계 단계의 내용에 속하지 않는 것은?

① 창호도 작성
② 평면도 작성
③ 재료 마감표 작성
④ 스터디 모델링(study modeling) 작업 실시

해설 • 실시 설계 : 결정된 설계도로 시공 및 제작을 위한 도면을 작성하는 단계로 단면, 천장, 입면, 전개도, 재료 마감표, 상세도, 창호도, 사인, 그래픽 등과 설비 설계도 및 난방부하도, 시방서를 작성한다.
• 기본 계획 : 단위 공간별 분위기를 설정하여 계획안 전체의 기본이 되는 형태, 기능, 마감재료 등을 도면이나 스케치, 다이어그램, 스터디 모형 등으로 표현한다.

17 |

실내디자인 프로세스에서 실시 설계에 대한 설명으로 옳지 않은 것은?

① 가구는 직접 디자인하거나 기성품 중에서 선택하여 가구배치도 등을 작성한다.
② 마감재료에 대한 도면 표기는 판매되는 제품 명칭을 정확히 사용하여야 한다.
③ 조명 및 전기 사용계획에 의하여 전기배선도, 적정 조도 계산서 등을 작성한다.
④ 실시 설계 도서에는 샘플 보드, 투시도, 특기시방서, 내역서 등도 포함된다.

해설 실시 설계
결정된 설계도로 시공 및 제작을 위한 도면을 작성하는 단계로 단면, 천장, 입면, 전개도, 재료 마감표, 상세도, 창호도, 사인, 그래픽 등과 설비 설계도 및 난방부하도, 시방서를 작성한다.

18 |

공사완료 후 디자인 책임자가 시공이 설계에 따라 성공적으로 진행되었는지를 확인할 수 있는 것은?

① 계약서   ② 시방서
③ 공정표   ④ 감리보고서

해설 건축주를 대신하여 설계도서에 따라 시공사항을 확인 검토하고 공사 진행 상황을 건축주에게 보고하는 업무를 실행하는 자를 감리자라고 한다(감리보고서 작성).

19 |

POE(Post-Occupancy Evaluation)의 의미로 가장 알맞은 것은?

① 건축물을 사용해 본 후에 평가하는 것이다.
② 낙후 건축물의 이상 유무를 평가하는 것이다.
③ 건축물을 사용해 보기 전에 성능을 예상하는 것이다.
④ 건축 도면 완성 후 건축주가 도면의 적정성을 평가하는 것이다.

해설 거주 후 평가(POE : Post Occupancy Evaluation)
사용 중인 건물에 대하여 사용자들의 반응을 연구하여 건물에 대한 평가와 다음에 건물의 개조나 유사 건물의 신축에서 최적의 환경을 창출하는 방법을 연구하는 과정을 말한다.

20 |

다음 중 실내디자인 프로세스를 도식화한 전개 과정으로 가장 옳은 것은?

① 문제점 인식 – 아이디어 수집 – 아이디어 정선 – 분석 – 결정 – 실행
② 아이디어 수집 – 아이디어 정선 – 문제점 인식 – 분석 – 실행 – 결정
③ 문제점 인식 – 아이디어 수집 – 아이디어 정선 – 분석 – 실행 – 결정
④ 아이디어 수집 – 아이디어 정선 – 문제점 인식 – 분석 – 결정 – 실행

해설 실내디자인의 전개과정
문제점 인식(Dentity) – 아이디어 수집(Gathering) – 아이디어 정선(Refine) – 분석(Analysis) – 결정(Decide) – 실행(Implement)

21 |

아래 표는 실내디자인의 프로세스를 나열한 것이다. (   ) 안에 들어갈 가장 알맞은 내용은?

문제점 인식 → 아이디어 수집 → 아이디어 정선 → 분석 → (   ) → 실행

① 견적   ② 설계
③ 결정   ④ 시공

해설 실내디자인의 전개과정
문제점 인식(Dentity) – 아이디어 수집(Gathering) – 아이디어 정선(Refine) – 분석(Analysis) – **결정(Decide)** – 실행(Implement)

Ⅱ 실내디자인 기본계획

1 디자인 요소

1. 점·선·면·형태

01

디자인은 기본적으로 점, 선, 면으로 구성되어 진다.
점에 관한 설명 중 맞는 것은?

① 기하학적인 정의로 크기가 없고 위치만 있다.
② 선의 굴절에서는 나타나지 않는다.
③ 공간에 점이 위치할 때, 한 점으로는 집중 효과
가 없다.
④ 점의 크기는 주변 환경에 따라 절대적으로 지각
된다.

해설 점(point)

㉠ 점의 크기는 일정하지 않다.
㉡ 점이 확대되면 면이 된다.
㉢ 같은 크기의 점이라도 놓이는 면이나 공간의 넓이
에 따라 면이 되든지 점이 된다.
㉣ 점은 공간 내의 위치만을 표시할 뿐 길이, 폭, 깊이
등도 없고 어떤 공간도 형성하지 않는다.
㉤ 1개의 점은 주의력이 집중되는 효과가 있다.
㉥ 2개의 점 사이에는 보이지 않는 선이 생기게 되고,
두 점 사이의 거리가 가까우면 굵게 느껴지고 멀면
가늘게 느껴진다.
㉦ 서로 같은 두 점 사이에는 서로 당기는 힘인 인장
력이 생긴다.
㉧ 점의 크기가 다를 때에는 주의력은 작은 점에서 큰
점으로 이행되며 큰 점이 작은 점을 끌어당기는 것
처럼 지각된다.
㉨ 다수의 점은 선이나 면으로 발전한다.

02

다음 중 디자인의 요소로서 점에 대한 설명이 틀린
것은?

① 같은 크기의 점이라도 놓이는 공간의 위치와 크
기에 따라 각각 다르게 지각된다.
② 공간에 한 점을 두면 구심점으로서 집중 효과가
생긴다.
③ 기하학적으로 점은 크기와 위치만 있다.

④ 많은 점을 일렬로 근접시키면 선으로 지각된다.

해설 점은 공간 내의 위치만을 표시할 뿐 크기, 길이, 폭, 깊이
등도 없고 어떤 공간도 형성하지 않는다.

03

디자인 요소 중 점에 관한 설명으로 옳은 것은?

① 면의 한계, 면들의 교차에서 나타난다.
② 기하학적으로 크기가 없고 위치만 있다.
③ 두 점의 크기가 같을 때 주의력은 한 점에만 작
용한다.
④ 배경의 중심에 있는 점은 동적인 효과를 느끼게
한다.

해설 점(Point)

㉠ 점은 선의 양끝, 교차, 굴절, 면과 선의 교차에서도
나타난다.
㉡ 점은 공간 내의 위치만을 표시할 뿐 크기, 길이,
폭, 깊이 등도 없고 어떤 공간도 형성하지 않는다.
㉢ 점의 크기가 다를 때에는 주의력은 작은 점에서 큰
점으로 이행되며 큰 점이 작은 점을 끌어당기는 것
처럼 지각된다.
㉣ 면 또는 공간에 1개의 점이 주어지면 그 부분에 시각
적인 힘이 생기고 점은 면이나 공간 내에서 안정된다.

04

디자인 요소 중 점에 관한 설명으로 옳지 않은 것은?

① 기하학적으로 크기가 없고 위치만 존재한다.
② 어떤 형상을 규정하거나 한정하고 면적을 분할
한다.
③ 선의 교차, 선의 굴절, 면과 선의 교차에서 나타
난다.
④ 면 또는 공간에 하나의 점이 놓이면 주의력이
집중되는 효과가 있다.

해설 점(Point)

㉠ 점은 선의 양끝, 교차, 굴절, 면과 선의 교차에서도
나타난다.
㉡ 점은 공간 내의 위치만을 표시할 뿐 크기, 길이,
폭, 깊이 등도 없고 어떤 공간도 형성하지 않는다.
㉢ 점의 크기가 다를 때에는 주의력은 작은 점에서 큰
점으로 이행되며 큰 점이 작은 점을 끌어당기는 것
처럼 지각된다.
㉣ 면 또는 공간에 1개의 점이 주어지면 그 부분에 시각
적인 힘이 생기고 점은 면이나 공간 내에서 안정된다.

05 |

디자인 요소 중 점에 대한 설명으로 틀린 것은?

① 점의 크기에 대한 인식은 점을 둘러싸고 있는 주변구조에 따라 상대적으로 지각된다.
② 점은 선의 양 끝, 교차, 굴절, 면과 선의 교차에서 나타난다.
③ 하나의 점은 관찰자의 시선을 화면 안에 특정한 위치로 이끈다.
④ 물리적으로 크기가 같은 점은 색과 관계없이 동일하게 인식된다.

해설 물리적으로 크기가 같은 점이라도 점의 색이 다른 경우에는 색의 명시성(가시성)과 주목성, 색의 진출과 후퇴, 수축과 팽창성에 따라 크기가 다르게 보인다. 보통 명도와 채도가 높은 색이 커 보이며, 명도와 채도가 낮은 색이 작아 보인다.

06 |

점에 관한 설명으로 옳지 않은 것은?

① 점을 연속해서 배열하면 선의 느낌을 받는다.
② 많은 점을 근접시켜 배열하면 면으로 느낀다.
③ 어떤 물체든지 확대하거나 가까이서 보면 점으로 보인다.
④ 나란히 있는 점의 간격에 따라 집합, 분리의 효과를 얻는다.

해설 일반적으로 점은 원형 상태를 가지나 3각형, 4각형, 그 밖의 불규칙적인 형이라도 작으면 점이 되며, 입체라도 작으면 점으로 지각된다.

07 |

다음 중 점의 조형 효과로 틀린 것은?

① 가까운 거리에 있는 점은 삼각형이나 사각형 등과 같은 도형으로 인지된다.
② 공간에 한 점을 두면 집중효과가 생긴다.
③ 나란히 있는 점은 간격에 따라 집합, 분리의 효과를 얻는다.
④ 많은 점의 근접은 입체로 지각된다.

해설 다수의 점은 선이나 면으로 발전한다.

08 |

디자인에서 인장력을 바르게 표시한 것은?

① 점과 점 사이의 끄는 힘
② 굵은 선에서 가는 선으로 이동하는 힘
③ 면이 확대되어 보이는 작용
④ 좌우 형태를 이루는 형상

해설 서로 같은 두 점 사이에는 서로 당기는 힘인 인장력이 생긴다.

09 |

공간에 위치한 두 개의 점과 관련된 설명 중 옳지 않은 것은?

① 점에 대한 집중력이 증가한다.
② 장력의 작용으로 선의 효과가 생긴다.
③ 시선의 이동을 유도할 수 있다.
④ 두 점 간의 거리가 여러 가지 효과의 변수가 된다.

해설 ・1개의 점은 주의력이 집중되는 효과가 있다.
・2개의 점 사이에는 보이지 않는 선이 생기게 되고, 두 점 사이의 거리가 가까우면 굵게 느껴지고 멀면 가늘게 느껴진다.

10 |

다음 그림은 점의 어떤 특성을 설명하고 있는 것인가?

① 점의 시선 방향
② 집중 효과
③ 집합, 분리 효과
④ 도형으로 인지

해설 ... ...
점이 가까이 있는 2개 또는 2 이상이 있을 때 접근성(Factor of proximity)에 의하여 요소들이 집합이나 분리 효과로 지각될 가능성이 크다.

11 |

다음 중 집합, 분리의 효과를 가장 잘 나타낸 것은?

① •—•
② ••• ••• •••
③ • •   • •
④ (점들이 격자로 배열된 그림)

해설 ②번이 점의 집합, 분리의 효과를 얻을 수 있다.
점이 가까이 있는 2개 또는 2 이상이 있을 때 접근성 (Factor of proximity)에 의하여 요소들이 집합이나 분리 효과로 지각될 가능성이 크다.

12 |

방향성을 갖는 디자인 요소는 무엇인가?

① 점
② 선
③ 면
④ 볼륨

해설 선(Line)
㉠ 선은 점이 이동된 궤적으로 점이 확장되어 선이 된다.
㉡ 선은 위치, 길이, 방향의 개념은 있으나 폭과 깊이의 개념은 없다.
㉢ 선은 많은 선이 근접하거나 폭이 넓어지면 면이 되고, 굵기를 늘리면 입체 또는 공간이 된다.
㉣ 어떤 형상을 규정하거나 한정하고 면적을 분할하며 길이, 속도, 굵기, 색깔에 따라 다양한 느낌을 받을 수 있다.
㉤ 모든 표현 및 이차원적인 장식을 위한 기본이 되며 디자인 요소 중 가장 감정적인 느낌을 갖게 한다.

13 |

선에 관한 설명으로 옳지 않은 것은?

① 사선은 너무 많이 사용하면 불안정한 느낌을 줄 수 있다.
② 수직선은 무한, 확대, 영원, 안정, 고요 등 주로 정적인 느낌을 준다.
③ 여러 개의 선을 이용하여 움직임, 속도감, 방향을 시각적으로 표현할 수 있다.
④ 반복되는 선의 굵기와 간격, 방향을 변화시키면 2차원에서 부피와 깊이를 느끼게 표현할 수 있다.

해설 선의 조형적 특성
㉠ 수직선 : 지각적으로는 구조적 높이감을 주며 심리적으로는 상승감, 존엄성, 엄숙함, 위엄, 절대, 고상, 단정, 희망, 신앙 및 강한 의지의 느낌을 준다.
㉡ 수평선 : 가장 단순한 직선 형태로서 안전하고 편안하며 차분, 냉정, 평화, 친근, 안락, 평등, 침착 등의 느낌을 준다.
㉢ 사선 : 역동적이며 시각적으로 위험, 변화, 활동감, 약동감, 생동감 등을 준다.
㉣ 곡선 : 우아함과 부드러움, 미묘, 불명료, 간접, 섬세하고 여성적인 감을 준다.
※ 자유 곡선은 경쾌한 느낌을 주는 반면에 나약함을 느끼게 한다.

14 |

디자인 요소로서 선에 관한 설명으로 옳지 않은 것은?

① 어떤 형상을 규정하거나 한정하고 면적을 분할한다.
② 점이 이동한 궤적이며 면의 한계, 교차에서 나타난다.
③ 기하학적인 관점에서 길이의 개념은 있으나 폭과 부피의 개념은 없다.
④ 선은 수직선, 수평선, 사선, 곡선이 있으며 이 중에서 사선이 가장 안정적이다.

해설 • 수평선 : 가장 단순한 직선 형태로서 안전하고 편안하며 차분, 냉정, 평화, 친근, 안락, 평등, 침착 등의 느낌을 준다.
• 사선 : 역동적이며 시각적으로 위험, 변화, 활동감, 약동감, 생동감 등을 준다.

15 |

선이 갖는 조형 심리적 효과에 관한 설명으로 옳은 것은?

① 곡선은 경쾌하며 남성적인 느낌이 들게 한다.
② 수직선은 구조적인 높이와 존엄성을 느끼게 한다.
③ 사선은 생동감이 넘치는 에너지를 느끼게 하며, 동시에 안정되고 편안함을 준다.
④ 수평선은 확대, 무한 등의 느낌을 줌과 동시에 감정을 동요시키는 특성이 있다.

해설 선의 조형적 특성

해설 선의 조형적 특성
　ⓐ 수직선 : 지각적으로는 구조적 높이감을 주며 심리
　　적으로는 상승감, 존엄성, 엄숙함, 위엄, 절대, 고
　　상, 단정, 희망, 신앙 및 강한 의지의 느낌을 준다.
　ⓑ 수평선 : 가장 단순한 직선 형태로서 안전하고 편안
　　하며 차분, 냉정, 평화, 친근, 안락, 평등, 침착 등
　　의 느낌을 준다.
　ⓒ 사선 : 역동적이며 시각적으로 위험, 변화, 활동감,
　　약동감, 생동감, 불안감을 준다.
　ⓓ 곡선 : 우아함과 부드러움, 미묘, 불명료, 간접, 섬
　　세하고 여성적인 감을 준다.

16 |

다음의 설명에 해당하는 선은?

- 우아하고, 여성적이다.
- 수리적 질서가 있어 이지적이다.

① 자유직선　　　　② 자유곡선
③ 기하곡선　　　　④ 기하직선

해설 곡선은 우아함과 부드러움, 미묘, 불명료, 간접, 섬세
　하고 여성적인 감을 주며, 기하곡선은 수리적 질서감
　이 있어 이지적이다.

17 |

디자인의 요소 중 선에 관한 다음 그림을 가장 잘 설
명한 것은?

① 선을 포개면 패턴을 얻을 수 있다.
② 선의 조밀성의 변화로 깊이를 느낀다.
③ 선을 끊음으로써 점을 느낀다.
④ 많은 선의 근접으로 면을 느낀다.

해설 선(Line)
　ⓐ 선은 점이 이동된 궤적으로 점이 확장되어 선이 된다.
　ⓑ 선은 위치, 길이, 방향의 개념은 있으나 폭과 깊이
　　의 개념은 없다.
　ⓒ 선은 많은 선이 근접하거나 폭이 넓어지면 면이 되
　　고, 굵기를 늘리면 입체 또는 공간이 된다.

　ⓓ 어떤 형상을 규정하거나 한정하고 면적을 분할하며
　　길이, 속도, 굵기, 색깔에 따라 다양한 느낌을 받을
　　수 있다.
　ⓔ 모든 표현 및 이차원적인 장식을 위한 기본이 되며
　　디자인 요소 중 가장 감정적인 느낌을 갖게 한다.

18 |

다음의 면에 대한 설명 중 옳지 않은 것은 어느 것인가?

① 면의 종류는 선의 궤적에 따라 수없이 만들어진다.
② 면은 위치와 방향성을 갖는다.
③ 면 자체의 절단으로 새로운 면을 얻을 수 있다.
④ 면은 선을 조밀하게 함으로써 느낄 수 있다.

해설 · 면은 길이와 폭, 위치, 방향을 가지지만 두께는 없다.
　· 면은 점의 확대, 집합이나 선의 이동, 폭의 증대 및
　　선의 집합 또한 입체의 절단에 의해서 만들어진다.
　· 곡면은 온화, 유연하며 동적인 표정을 갖고, 평면은
　　형태와 공간의 볼륨(volume)을 형성한다.

19 |

다음 중 면에 대한 설명으로 옳지 않은 것은?

① 면의 구성 방법에는 지배적 구성, 분리 구성, 일
　렬 구성, 자유 구성 등이 있다.
② 곡면과 평면을 결합으로 대비 효과를 얻을 수
　있다.
③ 실내공간에서의 모든 형태는 면의 요소로 간주 되
　며, 크게 이념적 면과 현실적 면으로 대별된다.
④ 면의 심리적 인상은 그 면이 놓인 위치, 질감,
　색, 패턴 또는 다른 면과의 관계 등에 따라 차이
　를 나타낸다.

20 |

다음의 디자인 요소에 관한 설명 중 옳지 않은 것은?

① 하나의 점은 관찰자의 시선을 화면 안에 특정한
　위치로 이끈다.
② 선은 길이와 표면의 속성을 갖는다.
③ 두 점의 크기가 같을 때 주의력은 균등하게 작
　용한다.
④ 면은 절단에 의해 새로운 면을 얻을 수 있다.

해설 선은 위치, 길이, 방향의 개념은 있으나 폭과 깊이의 개념은 없다.

21

다음 중 인간과 실내 환경의 이론 중 형태학을 가장 올바르게 설명한 것은?

① 인간 신체의 해부학적 특성을 디자인에 적용시키기 위한 연구
② 인간의 시각, 청각, 촉각적 특징을 디자인에 적용시키기 위한 연구
③ 환경에서 인간의 잠재적 심리상태를 패턴화하여 디자인에 적용시키기 위한 연구
④ 인간의 지각, 심리, 행동의 특질을 패턴화하여 디자인에 적용시키기 위한 연구

해설 형태학

인간의 지각, 심리, 행동의 특징을 파악하고 인간의 신체의 해부학적 특징을 알고 이를 디자인에 적용시키기 위해 연구하는 학문으로 다양한 인간의 행동에 따른 습성 등을 공의 설계에 응용하는 분야이다.

22

형태에 관한 설명으로 옳지 않은 것은?

① 인위적 형태들은 휴먼스케일과 일정한 관계를 지닌다.
② 기하학적인 형태는 불규칙한 형태보다 가볍게 느껴진다.
③ 인위적 형태는 개념적으로만 제시될 수 있는 형태로서 상징적 형태라고도 한다.
④ 자연 형태는 단순한 부정형의 형태를 취하기도 하지만 경우에 따라서는 체계적인 기하학적인 특징을 갖는다.

해설 형태의 분류

㉠ 이념적 형태
• 인간의 지각, 즉 시각과 촉각 등으로는 직접 느낄 수 없고 개념적으로만 제시될 수 있는 형태이다.
• 순수 형태 또는 상징적 형태라고도 한다.
㉡ 인위적 형태 : 인간에 의해 만들어진 사물이나 환경에서 보이는 형태로 디자인에 있어서 형태는 대부분 인위적인 형태로서 3차원적인 모양, 부피, 구조를 가

지며 물리적으로나 감정적으로 우리에게 커다란 영향을 미친다.

23

현실적 형태 중 자연 형태에 관한 설명으로 옳지 않은 것은?

① 자연계에 존재하는 모든 것으로부터 보이는 형태를 말한다.
② 기하학적 형태는 불규칙한 형태보다 비교적 가볍게 느껴진다.
③ 단순한 부정형의 형태를 취하기도 하지만 때에 따라서는 체계적인 기하학적인 특징을 갖는다.
④ 시각과 촉각 등으로 직접 느낄 수 없고 개념적으로만 제시될 수 있는 형태로 순수 형태라고도 한다.

해설 형태의 개념

색과 함께 대상의 시각적 경험을 형성하는 감성적 요소이다.
㉠ 이념적 형태
• 순수 형태 : 인간의 지각, 촉각으로 직접 느낄 수 없는 형태로서 인간의 머릿속에서만 생각되는 것
• 추상 형태 : 점, 선, 면, 입체 등의 형태를 기하학적으로 취급한 형태
㉡ 현실적 형태
• 자연 형태 : 자연계에 존재하는 모든 것으로부터 보이는 형태로서 보편적인 매력을 가지고 있는데 일반적으로 그 형태가 부정형이고 단순한 여러 기하학적인 형태가 많다.
• 인위 형태 : 인간에 의해 만들어진 사물이나 환경에서 보이는 형태로 디자인에 있어서 형태는 대부분 인위적인 형태로서 3차원적인 모양, 부피, 구조를 가지며 물리적으로나 감정적으로 우리에게 커다란 영향을 미친다.

24

다음 설명에 알맞은 형태의 종류는?

• 인간의 지각, 즉 시각과 촉각 등으로는 직접 느낄 수 없고 개념적으로만 제시될 수 있는 형태이다.
• 순수 형태 또는 상징적 형태라고도 한다.

① 자연 형태   ② 인위 형태
③ 이념적 형태   ④ 추상적 형태

형태의 개념

색과 함께 대상의 시각적 경험을 형성하는 감성적 요소이다.

㉠ 이념적 형태
- 순수 형태(상징적 형태) : 인간의 지각, 촉각으로 직접 느낄 수 없는 형태로서 인간의 머릿속에서만 생각되는 것
- 추상 형태 : 점, 선, 면, 입체 등의 형태를 기하학적으로 취급한 형태

㉡ 현실적 형태
- 자연 형태 : 자연계에 존재하는 모든 것으로부터 보이는 형태로서 보편적인 매력을 가지고 있는데 일반적으로 그 형태가 부정형이고 단순한 여러 기하학적인 형태가 많다.
- 인위 형태 : 인간에 의해 만들어진 사물이나 환경에서 보이는 형태로 디자인에 있어서 형태는 대부분 인위적인 형태로서 3차원적인 모양, 부피, 구조를 가지며 물리적으로나 감정적으로 우리에게 커다란 영향을 미친다.

25 |

인위적 형태에 관한 설명으로 옳지 않은 것은?

① 인위적 형태는 그것이 속해 있는 시대성을 갖는다.
② 디자인에 있어서 형태는 대부분이 인위적 형태이다.
③ 모든 인위적 형태는 단순한 부정형의 형태를 취한다.
④ 인간에 의해 인위적으로 만들어진 모든 사물, 구조체에서 볼 수 있는 형태이다.

해설 현실적 형태
- ㉠ 자연 형태 : 자연계에 존재하는 모든 것으로부터 보이는 형태로서 보편적인 매력을 가지고 있는데 일반적으로 그 형태가 부정형이고 단순한 여러 기하학적인 형태가 많다.
- ㉡ 인위 형태 : 인간에 의해 만들어진 사물이나 환경에서 보이는 형태로 디자인에 있어서 형태는 대부분 인위적인 형태로서 3차원적인 모양, 부피, 구조를 가지며 물리적으로나 감정적으로 우리에게 커다란 영향을 미친다.

26 |

기하학적 형태에 관한 설명으로 옳지 않은 것은?

① 유기적 형태를 가진다.
② 인공적 형태의 특징을 느끼게 한다.
③ 규칙적이며 단순 명쾌한 감각을 준다.
④ 수학적인 법칙과 함께 생기며 뚜렷한 질서를 가진다.

해설 기하학적 형태(Geometrical form)

수학적인 기본 요소들이 법칙적 근거로 인위적인 형태의 미를 창출한다는 것을 의미하며, 기하학적인 형태는 불규칙한 형태보다 가볍게 느껴진다.

27 |

추상적 형태에 관한 설명으로 옳은 것은?

① 순수 형태 또는 상징적 형태라고도 한다.
② 기하학적으로 취급되는 점, 선, 면, 입체 등이 속한다.
③ 구체적 형태를 생략 또는 과장의 과정을 거쳐 재구성한 형태이다.
④ 인간에 의해 인위적으로 만들어진 모든 사물, 구조체에서 볼 수 있는 형태이다.

해설
- 추상 형태 : 점, 선, 면, 입체 등의 형태를 기하학적으로 취급한 형태
- 인위 형태 : 인간에 의해 만들어진 사물이나 환경에서 보이는 형태로 디자인에 있어서 형태는 대부분 인위적인 형태로서 3차원적인 모양, 부피, 구조를 가지며 물리적으로나 감정적으로 우리에게 커다란 영향을 미친다.

28 |

디자인의 모티브 가운데 인간과 동물, 식물과 같은 살아 있는 생물로부터 유추하는 것과 관련된 접근방법은?

① 기하학적 모티브
② 토속적 모티브
③ 유기적 모티브
④ 변성적 모티브

해설
- 유기적 형태는 자연물로부터 그 모티브를 얻는 것으로 꽃, 구름, 나무, 파도 등의 형태를 변형시켜 인공적인 실내에 자연에서 느끼는 동적인 움직임과 함께 편안하고 친근한 분위기를 연출할 수 있다.
- 기하학적 형태는 직사각형이나 직육면체, 삼각형이나 피라미드 형태, 원형이나 구 형태 등으로 우리 주변에서 흔히 볼 수 있는 형태로 딱딱하거나 지루한 느낌을 줄 수 있으므로 크기, 색채, 배치 등에 변화를 주는 것이 바람직하다.

29 |

Gestalt 법칙을 설명한 내용 중 틀린 것은?

① Gestalt는 형, 형태를 의미하는 독일어에서 유래되었다.
② 지각에 있어서의 분리(segregation)를 규정하는 요인을 도출하는 법칙이다.
③ 다양한 내용에서 각자 다른 원리를 표현하고자 하는 것의 이론화 작업이다.
④ 최대 질서의 법칙으로서 분절된 Gestalt마다의 어떤 질서를 가지는 것을 의미한다.

해설 • 게슈탈트(Gestalt)는 독일어로 형태, 형상을 의미로 형태(form), 양식(pattern), 부분 요소들이 일정한 관계에 의하여 조직된 전체를 뜻한다.
• 게슈탈트 법칙은 각기 다른 내용을 형태별로 위치나 배열을 통해 군집화하는 형태를 지각하는 방법을 말한다.

30 |

기지각에 영향을 미치는 게슈탈트(Gestalt) 법칙에 해당하지 않는 것은?

① 근접성(Proximity)의 법칙
② 유사성(Similarity)의 법칙
③ 연속성(Continuation)의 법칙
④ 다양성(Diversity)의 법칙

해설 Gestalt의 4법칙
① 접근성(Factor of Proximity) : 보다 더 가까이 있는 2개 또는 2개 이상의 시각 요소들은 패턴이나 그룹으로 지각될 가능성이 크다는 법칙이다. 즉, 공간의 면적이 작으면 작을수록 그것이 형태로 보일 가능성이 크며, 모든 면은 선으로 둘러싸이는데 이러한 선들의 근접성이 크면 클수록 선 안의 면이 모양으로 보일 가능성이 크다.
② 유사성(Factor of Similarity) : 형태, 규모, 색채, 질감 등에 있어서 유사한 시각적 요소들이 서로 연관되게 자연스럽게 그룹핑(grouping)하여 하나의 패턴으로 보이는 법칙이다. 유사성은 형태, 크기, 위치의 유사성과 의미의 유사성으로 대별된다.
③ 연속성(Factor of Continuity) : 유사한 배열이 하나의 그룹핑(grouping)으로 지각되는 것으로 공동 운명의 법칙이라고도 한다.
④ 폐쇄성(Factor of Closure) : 감각 자료에서 얻어진 형태가 완전한 형태를 이룰 수 있는 방향으로

체계화가 이루어진 것이다. 즉, 시각적 요소들이 어떤 형성을 지각하게 하는데 있어서 폐쇄된 느낌을 주는 법칙이다.

31 |

Gestalt의 법칙 중 형태, 규모, 색채, 질감 등에 있어서 비슷한 시각적 요소들이 연관되어 보이는 경향이 있는 법칙은?

① 유사성　　　　② 접근성
③ 연속성　　　　④ 폐쇄성

해설 유사성(Factor of Similarity)
형태, 규모, 색채, 질감 등에 있어서 유사한 시각적 요소들이 서로 연관되게 자연스럽게 그룹핑(grouping)하여 하나의 패턴으로 보이는 법칙이다. 유사성은 형태, 크기, 위치의 유사성과 의미의 유사성으로 대별된다.

32 |

그림과 같은 시각 요소에 해당하는 게슈탈트(Gestalt)의 법칙은?

① 단순성　　　　② 모양성
③ 폐쇄성　　　　④ 유사성

해설 유사성(Factor of Similarity)
형태, 규모, 색채, 질감 등에 있어서 유사한 시각적 요소들이 서로 연관되게 자연스럽게 그룹핑(grouping)하여 하나의 패턴으로 보이는 법칙이다. 유사성은 형태, 크기, 위치의 유사성과 의미의 유사성으로 대별된다.

33 |

다음 설명에 알맞은 형태의 지각 심리는?

두 개 또는 그 이상의 유사한 시각 요소들이 서로 가까이 있으면 하나의 그룹으로 보려는 경향

① 근접성　　　　② 유사성
③ 연속성　　　　④ 폐쇄성

해설 접근성(근접성 Factor of Proximity)

보다 더 가까이 있는 2개 또는 2개 이상의 시각 요소들은 패턴이나 그룹으로 지각될 가능성이 크다는 법칙이다. 즉, 공간의 면적이 작으면 작을수록 그것이 형태로 보일 가능성이 크며, 모든 면은 선으로 둘러싸이는데 이러한 선들의 근접성이 크면 클수록 선 안의 면이 모양으로 보일 가능성이 크다.

34 |

다음 그림을 통하여 가장 잘 이해할 수 있는 시지각의 경험 이론에 해당하는 것은?

① 폐쇄성   ② 유사성
③ 연속성   ④ 접근성

해설 연속성(Factor of Continuity)

유사한 배열이 하나의 그룹핑(grouping)으로 지각되는 것으로 공동운명의 법칙이라고도 한다.

35 |

형태의 지각 심리 중 불완전한 형을 사람들에게 순간적으로 보여줄 때 이를 완전한 형으로 지각한다는 사실과 관련된 것은?

① 근접성   ② 유사성
③ 연속성   ④ 폐쇄성

해설 폐쇄성(Factor of Closure)

감각 자료에서 얻어진 형태가 완전한 형태를 이룰 수 있는 방향으로 체계화가 이루어진 것이다. 즉, 시각적 요소들이 어떤 형성을 지각하게 하는 데 있어서 폐쇄된 느낌을 주는 법칙이다.

36 |

다음 도형을 가장 잘 설명하는 시지각 현상은?

① 가속성   ② 유사성
③ 폐쇄성   ④ 접근성

해설 접근성(근접성; Factor of Proximity)

보다 더 가까이 있는 2개 또는 2개 이상의 시각 요소들은 패턴이나 그룹으로 지각될 가능성이 크다는 법칙이다. 즉, 공간의 면적이 작으면 작을수록 그것이 형태로 보일 가능성이 크며, 모든 면은 선으로 둘러싸이는데 이러한 선들의 근접성이 크면 클수록 선 안의 면이 모양으로 보일 가능성이 크다.

37 |

형태지각에 대한 설명 중 옳은 것은?

① 유사성이란 제반 시각 요소들 중 형태의 경우만 서로 유사한 것들이 연관되어 보이는 경향을 말한다.
② 접근성이란 가까이 있는 시각 요소들을 패턴이나 그룹으로 인지하게 되는 특성을 말한다.
③ 폐쇄성이란 완전한 시각 요소들을 불완전한 것으로 보게 되는 성향을 말한다.
④ 도형과 배경의 법칙이란 양자가 동시에 도형이 되거나 동시에 배경이 될 수 있는 성향이다.

해설 Gestalt의 4법칙

㉠ 접근성(Factor of Proximity) : 보다 더 가까이 있는 2개 또는 2개 이상의 시각 요소들은 패턴이나 그룹으로 지각될 가능성이 크다는 법칙이다. 즉, 공간의 면적이 작으면 작을수록 그것이 형태로 보일 가능성이 크며, 모든 면은 선으로 둘러싸이는데 이러한 선들의 근접성이 크면 클수록 선 안의 면이 모양으로 보일 가능성이 크다.

㉡ 유사성(Factor of Similarity) : 형태, 규모, 색채, 질감 등에 있어서 유사한 시각적 요소들이 서로 연관되게 자연스럽게 그룹핑(grouping)하여 하나의 패턴으로 보이는 법칙이다. 유사성은 형태, 크기, 위치의 유사성과 의미의 유사성으로 대별된다.

㉢ 연속성(Factor of Continuity) : 유사한 배열이 하나의 그룹핑(grouping)으로 지각되는 것으로 공동운명의 법칙이라고도 한다.

㉣ 폐쇄성(Factor of Closure) : 감각 자료에서 얻어진 형태가 완전한 형태를 이룰 수 있는 방향으로 체계화가 이루어진 것이다. 즉, 시각적 요소들이 어떤 형성을 지각하게 하는 데 있어서 폐쇄된 느낌을 주는 법칙이다.

38 |

형태(Form)의 지각 심리에 관한 설명으로 옳지 않은 것은?

① 연속성은 유사 배열로 구성된 형들이 연속되어 보이는 하나의 그룹으로 자각되는 법칙이다.
② 반전도형(反轉圖形)은 루빈의 항아리로 설명되며, 배경과 도형이 동시에 지각되는 법칙이다.
③ 유사성은 비슷한 형태, 색채, 규모, 질감, 명암, 패턴의 그룹을 하나의 그룹으로 지각하려는 경향을 말한다.
④ 폐쇄성은 불완전한 형으로 그룹을 폐쇄하거나 완전한 하나의 형, 혹은 그룹으로 지각하려는 경향을 말한다.

해설 도형과 배경의 법칙[도형과 배경의 법칙, 반전도형(反轉圖形)]
형으로 보이는 영역을 '그림(圖形)'이라고 부르고, 나머지 영역을 '바탕(지각)'이라고 부르며, 그림과 바탕이 교대로 지각되어 보이는 것을 '반전도형'이라고 한다. 두 형이 동시에 그림(圖形)으로 보이는 때는 없다.

39 |

형태의 지각 심리 중 형과 배경의 법칙에 관한 설명으로 옳지 않은 것은?

① 형은 가깝게 느껴지고 배경은 멀게 느껴진다.
② 명도가 낮은 것보다는 높은 것이 배경으로 인식되기 쉽다.
③ 대체적으로 면적이 작은 부분이 형이 되고, 큰 부분은 배경이 된다.
④ 형과 배경이 순간적으로 번갈아 보이면서 다른 형태로 지각되는 심리의 대표적인 예로 '루빈의 항아리'를 들 수 있다.

해설 형과 배경의 법칙(도형과 배경의 법칙, 반전도형)
형태는 반드시 그 형 자체를 지각시키는 물체가 되는데 시각적 대상이 되는 것을 '도형', 그 둘레를 '지각'이라 한다.
㉠ 상하로 구분된 도형은 하부가 도가 되고, 상부는 지가 된다.
㉡ 요철형에서는 대칭형이 도가 되기 쉽다.
㉢ 선에 의해 폐쇄된 공간은 도가 되고, 외부는 지가 된다.

㉣ 면적이 작은 부분이 도가 되고, 큰 부분이 지가 된다.
㉤ 명도가 높은 것은 도형이 되고 낮은 것은 배경으로 인식되기 쉽다.

40 |

착시에 관한 설명으로 적합하지 않은 것은?

① 물체를 볼 때 두 눈에 서로 다른 상이 비친다.
② 분할된 것은 분할되지 않은 것보다 크게 보인다.
③ 같은 크기의 형을 상하로 겹치면 위쪽의 것이 커 보인다.
④ 같은 크기의 원이 외측의 변화에 따라 크기가 달라 보인다.

해설 착시현상
눈이 받은 자극의 지각이 여러 조건에 따라 다르게 보이는 현상을 말한다.

41 |

다음 그림에 나타나는 착시 현상은?

① 반전 착시
② 각도의 착시
③ 만곡 착시
④ 대소의 착시

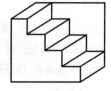

해설 반전의 착시는 다의도형(多義圖形)에 의한 착시라고도 하는데, 같은 도형이면서 보고 있는 동안에 원근 또는 그 밖의 조건이 바뀌어 다른 도형으로 보이는 현상이다. 계단 측면을 보면 채워져 있는 것처럼 보이지만 계단의 표면을 보면 측면은 비어있는 것처럼 보인다.

42 |

'루빈의 항아리'와 관련된 형태의 지각 심리는?

① 유사성
② 그룹핑 법칙
③ 형과 배경의 법칙
④ 프래그낸즈의 법칙

해설 형과 배경의 법칙(도형과 배경의 법칙, 반전도형)
형으로 보이는 영역을 '그림(圖形)'이라고 부르고, 나머지 영역을 '바탕(지각)'이라고 부르며, 그림과 바탕이 교대로 지각되어 보이는 것을 '반전도형'이라고 한다. 두 형이 동시에 그림(圖形)으로 보이는 경우는 없다. 대표적인 도형으로 루빈의 항아리가 있다.

43

다의도형 착시의 사례로 가장 알맞은 것은?

① 헤링의 도형
② 루빈의 항아리
③ 쾨니히의 목걸이
④ 펜로즈의 삼각형

해설 착시의 사례

㉠ 펜로즈의 삼각형(역리 착시) : 막대 세 개로 만들어진 삼각형 모양의 도형으로 3차원의 공간에서 불가능하지만 2차원의 평면에 가능한 것처럼 그려 놓은 도형이다.

㉡ 루빈의 항아리 : 교대되어 지각되는 것에 따라 두 사람이 얼굴을 맞대고 있는 모습과 항아리로 보이게 된다.

㉢ 쾨니히의 목걸이 : 크기가 다른 원의 윗부분이 동일선 상에 위치한 경우 큰 원 부분이 늘어져 보이는 착시현상이다.

㉣ 헤링의 도형 : 만곡 착시는 2개의 평행선이 만곡하여 오목렌즈모양으로 보인다.

㉤ 포겐도르프 도형 : 각도 방향 착시는 빗금이 어긋나 보인다.

㉠ 펜로즈의 삼각형

㉡ 루빈의 항아리

㉢ 쾨니히의 목걸이

㉣ 헤링의 도형

㉤ 포겐도르프 도형

44

뮐러리어 도형과 관련된 착시의 종류는?

① 방향의 착시
② 길이의 착시
③ 다의도형 착시
④ 위치에 의한 착시

해설 뮐러리어 착시(Müller-Lyer illusion)
독일의 사회학자이자 심리학자인 프란츠 뮐러리어(Franz Müller-Lyer, 1857~1916)가 발견한 유명한 기하학적인 착시현상으로 두 선분은 같은 길이이지만 양끝에 붙어 있는 화살표의 영향으로 길이가 다르게 보인다. 그림을 보면 아래쪽의 선분이 더 길어 보이는 게 특징이다.

45

그림과 같이 a와 b의 길이는 동일하나 b가 a보다 더 길게 보이는 현상을 무엇이라 하는가?

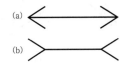

① 죌러(Zöllner)의 착시(방향 착오)
② 헤링(Hering)의 착시(분할 착오)
③ 포겐도르프(Poggendorff)의 착시(위치 착오)
④ 뮐러리어(Müller-Lyer)의 착시(동화 착오)

해설 ① 죌러(Zöllner)의 착시 : 독일의 천체 물리학자이자 심령·심리연구자이기도 한 요한 칼 죌러(Johann Karl Friedrich Zöllner, 1834~1882)가 발견한 착시현상으로 오른쪽 아래로 향하는 사선은 모두 수평이지만 짧은 선의 영향으로 수평이 아닌 것처럼 보이며 뮌스터버그 착시랑 비슷하다.

② 헤링의 도형 : 독일의 물리학자인 칼 에왈드 헤링(Karl Ewald Konstantin Hering, 1834~1918)이 발견한 착시현상으로 만곡 착시는 2개의 평행선이 만곡하여 오목렌즈모양으로 보인다.

③ 포겐도르프 도형 : 독일 물리학자인 요한 포겐도르프(Johann Christian Poggendorff, 1796~1877)가 발견한 착시현상으로 각도 방향 착시는 빗금이 어긋나 보인다.

④ 뮐러리어의 착시(Müller-Lyer illusion) : 독일의 사회학자이자 심리학자인 프란츠 뮐러리어(Franz Müller-Lyer, 1857~1916)가 발견한 유명한 기하학적인

착시현상으로 두 선분은 같은 길이지만 양끝에 붙어 있는 화살표의 영향으로 길이가 다르게 보인다. 그림을 보면 아래쪽의 선분이 더 길어 보이는 게 특징이다.

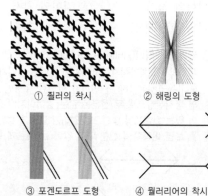

① 죌러의 착시   ② 헤링의 도형

③ 포겐도르프 도형   ④ 뮐러리어의 착시

46

다음 그림의 각각 중앙의 각도는 같은데 B 그림의 각도가 A 그림의 각도보다 작게 보이는 착시 현상은?

① 대비 착시   ② 분할 착시
③ 방향 착시   ④ 각도 착시

해설 대소의 착시
안쪽에 있는 각은 똑같으나, 안에 있는 각을 에워싸고 있는 각이 더 좁은, 왼쪽 그림의 안에 있는 각의 각도가 더 크게 보인다.

47

사선이 2개 이상인 평행선으로 중단되면 서로 어긋나 보이는 방향의 착시 사례에 속하는 것은?

① 쾨니히 목걸이   ② 펜로즈 삼각형
③ 자스트로 도형   ④ 포겐도르프 도형

해설 ① 쾨니히 목걸이 : 크기가 다른 원의 윗부분이 동일선 상에 있는 경우 큰 원 부분이 늘어져 보이는 착시 현상이다.

② 펜로즈 삼각형(역리 착시) : 막대 세 개로 만들어진 삼각형 모양의 도형으로 3차원의 공간에서 불가능하지만 2차원의 평면에 가능한 것처럼 그려 놓은 도형이다.
③ 자스트로 착시 : B가 A보다 더 크게 보이지만, A와 B의 크기와 형상은 똑같다.
④ 포겐도르프 도형 : 사선이 2줄의 평행선으로 중단되면 서로 어긋나 보이는 현상이다.(방향의 착시)

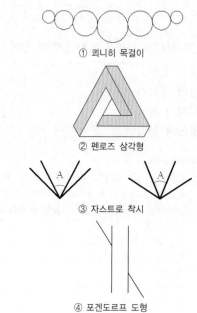

① 쾨니히 목걸이

② 펜로즈 삼각형

③ 자스트로 착시

④ 포겐도르프 도형

48

착시현상 중 포겐도르프 도형을 가장 올바르게 표현한 것은?

① 같은 길이의 수직선이 수평선보다 길어 보인다.
② 같은 길이의 직선이 화살표에 의해 길이가 다르게 보인다.
③ 사선이 2개 이상의 평행선으로 중단되면 서로 어긋나 보인다.
④ 같은 크기의 도형이 상하로 겹쳐져 있을 때 위의 것이 커 보인다.

해설 포겐도르프 도형(방향의 착시)
사선이 2줄의 평행선으로 중단되면 서로 어긋나 보이는 현상이다.
① 분트 도형에 대한 설명이다.
② 뮐러리어 도형에 대한 설명이다.
③ 포겐도르프 도형에 대한 설명이다.
④ 자스트로 도형에 대한 설명이다.

포겐도르프
도형

49 |

착시현상의 사례 중 분트 도형의 내용으로 옳은 것은?

① 같은 길이의 수직선이 수평선보다 길어 보인다.
② 같은 길이의 직선이 화살표에 의해 길이가 다르게 보인다.
③ 사선이 2개 이상의 평행선으로 중단되면 서로 어긋나 보인다.
④ 같은 크기의 2개의 부채꼴에서 아래쪽의 것이 위의 것보다 커 보인다.

해설 ① 분트 도형에 대한 설명이다.
② 뮐러리어 도형에 대한 설명이다.
③ 포겐도르프 도형에 대한 설명이다.
④ 자스트로 도형에 대한 설명이다.

2. 질감, 문양, 공간 등

01 |

질감(texture)에 관한 설명으로 옳은 것은?

① 질감의 형성은 인공적으로만 이루어진다.
② 촉각에 의한 질감과 시각에 의한 질감으로 구분된다.
③ 유리, 거울 같은 재료는 낮은 반사율을 나타내며 차갑게 느껴진다.
④ 좁은 실내공간을 넓게 느껴지도록 하기 위해서는 어둡고 거친 질감의 재료를 사용한다.

해설 질감(Texture)
어떤 물체가 가진 표면상의 특징으로서 만져보거나 눈으로만 보아도 알 수 있는 촉각적, 시각적으로 지각되는 재질감을 말한다.
ㄱ 따뜻함과 차가움, 거칠고 부드러움, 가벼움과 무거움 등의 느낌을 말한다.
ㄴ 색채와 조명을 동시에 고려했을 때 효과적이다.
ㄷ 매끄러운 재질을 사용하면 빛을 많이 반사하므로 가볍고 환한 느낌을 주며, 거칠면 거칠수록 많은 빛을 흡수하여 무겁고 안정된 느낌을 준다.
ㄹ 나무, 돌, 흙 등의 자연 재료는 따뜻함과 친근감을 준다.
ㅁ 단일 색상의 실내에서는 질감 대비를 통하여 풍부한 변화와 드라마틱한 분위기를 연출할 수 있다.

02 |

질감에 관한 설명으로 옳은 것은?

① 재료 표면이 빛을 흡수하는 정도는 질감에 영향을 미치지 않는다.
② 시각으로 인식되는 질감과 촉각으로 인식되는 질감에는 차이가 없다.
③ 효과적인 질감 표현을 위해서는 색채와 조명을 동시에 고려해야 한다.
④ 질감은 재료의 표면 상태에 대한 느낌으로 흡음성과는 상관관계가 없다.

해설 질감(Texture)
어떤 물체가 가진 표면상의 특징으로서 만져보거나 눈으로만 보아도 알 수 있는 촉각적, 시각적으로 지각되는 재질감을 말한다.
ㄱ 따뜻함과 차가움, 거칠고 부드러움, 가벼움과 무거움 등의 느낌을 말한다.
ㄴ 색채와 조명을 동시에 고려했을 때 효과적이다.
ㄷ 매끄러운 재질을 사용하면 빛을 많이 반사하므로 가볍고 환한 느낌을 주며, 거칠면 거칠수록 많은 빛을 흡수하여 무겁고 안정된 느낌을 준다.
ㄹ 나무, 돌, 흙 등의 자연 재료는 따뜻함과 친근감을 준다.
ㅁ 단일 색상의 실내에서는 질감 대비를 통하여 풍부한 변화와 드라마틱한 분위기를 연출할 수 있다.

03 |

질감에 관한 설명으로 옳지 않은 것은?

① 모든 물체는 일정한 질감을 갖는다.
② 시각적으로만 지각되는 재료 표면상의 특징이다.
③ 매끄러운 재료는 빛을 많이 반사하므로 가볍고 환한 느낌을 준다.
④ 효과적인 질감 표현을 위해서는 색채와 조명을 동시에 고려해야 한다.

해설 질감(Texture)
어떤 물체가 가진 표면상의 특징으로서 만져보거나 눈으로만 보아도 알 수 있는 촉각적, 시각적으로 지각되는 재질감을 말한다.
ㄱ 따뜻함과 차가움, 거칠고 부드러움, 가벼움과 무거움 등의 느낌을 말한다.
ㄴ 색채와 조명을 동시에 고려했을 때 효과적이다.
ㄷ 매끄러운 재질을 사용하면 빛을 많이 반사하므로

가볍고 환한 느낌을 주며, 거칠면 거칠수록 많은 빛을 흡수하여 무겁고 안정된 느낌을 준다.
ⓔ 나무, 돌, 흙 등의 자연 재료는 따뜻함과 친근감을 준다.
ⓜ 단일 색상의 실내에서는 질감 대비를 통하여 풍부한 변화와 드라마틱한 분위기를 연출할 수 있다.

04 |

질감에 관한 설명으로 옳지 않은 것은?

① 시각적 질감과 촉각적 질감으로 분류할 수 있다.
② 질감은 재료 자체가 주는 느낌으로서 조명의 효과에 영향을 받지 않는다.
③ 질감은 시각적 환경에서 여러 종류의 물체를 구분하는 데 큰 도움을 줄 수 있는 중요한 특성 중 하나이다.
④ 좁은 실내공간을 넓게 느껴지도록 하기 위해서는 밝은색을 선택하고, 표면이 곱고 매끄러운 재료를 사용한다.

해설 질감(Texture)
어떤 물체가 가진 표면상의 특징으로서 만져보거나 눈으로만 보아도 알 수 있는 촉각적, 시각적으로 지각되는 재질감을 말하며, 색채와 조명을 동시에 고려했을 때 효과적이다.

05 |

재료의 질감(texture)을 선택할 때 고려해야 할 점과 가장 거리가 먼 것은?

① 색조
② 빛의 반사 또는 흡수
③ 촉감
④ 스케일

해설 질감(Texture)
어떤 물체가 가진 표면상의 특징으로서 만져보거나 눈으로만 보아도 알 수 있는 촉각적, 시각적으로 지각되는 재질감을 말한다.
ⓐ 따뜻함과 차가움, 거칠고 부드러움, 가벼움과 무거움 등의 느낌을 말한다.
ⓑ 색채와 조명을 동시에 고려했을 때 효과적이다.
ⓒ 매끄러운 재질을 사용하면 빛을 많이 반사하므로 가볍고 환한 느낌을 주며, 거칠면 거칠수록 많은 빛을 흡수하여 무겁고 안정된 느낌을 준다.
ⓓ 나무, 돌, 흙 등의 자연 재료는 따뜻함과 친근감을 준다.
ⓔ 단일 색상의 실내에서는 질감 대비를 통하여 풍부한 변화와 드라마틱한 분위기를 연출할 수 있다.

06 |

디자인 요소 중 패턴에 관한 설명으로 옳지 않은 것은?

① 인위적인 패턴의 구성은 반복을 명확히 함으로써 이루어진다.
② 패턴을 취급할 때 중요한 것은 그 공간 속에 있는 모든 패턴성을 갖는 것과의 조화 방법이다.
③ 연속성 있는 패턴은 리듬감이 생기는데 그 리듬이 공간의 성격이나 스케일과 맞도록 해야 한다.
④ 패턴은 인위적으로 구성되는 것도 있으나, 어떤 단위화된 재료가 조합될 때 저절로 생기는 것이다.

해설 인위적인 패턴은 반복과 조화나 통일 및 변화 등에 의하여 이루어진다.

07 |

같은 크기의 공간 내에서 같은 색상으로 천장, 벽, 바닥을 마감해도 마감재의 질감, 패턴의 형태에 따라 다르게 느껴지는데, 다음 중 패턴의 형태와 그 느낌의 연결이 옳지 않은 것은?

① 세로줄 무늬 – 방의 천장고를 높아 보이게 한다.
② 가로줄 무늬 – 벽면을 길게 보이게 한다.
③ 테두리 무늬 – 벽의 모양이 변해 보이게 한다.
④ 작은 무늬 – 방을 작게 보이게 한다.

해설 문양(Pattern)
일반적으로 2차원 또는 3차원적인 장식의 질서를 부여하는 배열로서 선, 형태, 공간, 조명, 색채의 사용으로 만들어진다.
ⓐ 세로줄 무늬는 한 공간을 좀더 좁고 높아 보이게 한다.
ⓑ 가로줄 무늬는 공간을 더 넓고 낮아 보이도록 한다.
ⓒ 지루한 긴 벽체에 수직의 선을 규칙적으로 또는 불규칙적으로 사용하거나 수평적인 장식물을 설치하여 지루한 느낌을 없애거나 줄일 수 있다.
ⓓ 세로줄 무늬와 가로줄 무늬를 불안정하게 병용하면 혼란스럽게 된다.
ⓔ 작은 공간에서는 작은 문양을 사용하면 넓어 보이며, 서로 다른 문양의 혼용을 피하는 것이 좋다.

08 |

공간에 관한 설명으로 옳지 않은 것은?

① 모든 사물을 담고 있는 무한한 영역을 의미한다.
② 실내디자인에 있어서 가장 기본적인 요소이다.
③ 실내의 공간은 건축의 구조물에 의해 그 영역이 한정될 수 있다.
④ 사용자의 시각적인 위치에 따라 공간의 형태와 느낌은 변화하지 않는다.

> **해설** 사용자의 시각적인 위치에 따라 공간의 형태와 느낌은 변화가 있다.

09 |

공간에 대한 설명으로 잘못된 것은?

① 공간은 적극적 공간(positive space)과 소극적 공간(negative space)으로 구성되어 있다.
② 좁은 공간은 시간의 개념을 수반하지 않는다.
③ 공간은 사용자가 보는 위치에 따라 시각적으로 수없이 변화한다.
④ 실내공간은 부피로서의 체적 개념을 갖는 넓이로 이해되고 취급되어야 한다.

> **해설** 공간의 크고 작음에 관계없이 시간에 개념을 항상 수반한다.

10 |

다음의 공간 구성 기법에 관한 설명 중 틀린 것은?

① 오픈 플래닝은 공간을 폐쇄된 실로 구획하기 때문에 시각적으로나 청각적으로나 프라이버시가 높다.
② 시스템이 디자인에 적용되면 각각의 많은 구성요소들은 상호 의존적이며 유기적 질서를 유지하면서 동일한 목표를 향하여 체계적인 관계를 갖는다.
③ 그리드 플래닝에 있어 디자인의 각 요소는 그리드가 지정한 위치에 제한되어 질서적으로 논리정연하게 계획되어질 수 있다.
④ 모듈러 플래닝은 모듈을 설정하여 계획하는 것으로 설계 작업을 단순화시켜 주며 대량 생산이 가능한 방식이다.

> **해설** 오픈 플래닝은 공간을 하나의 실로 구획하기 때문에 시각적으로나 청각적으로 프라이버시 확보가 어렵다.

11 |

공간 구성의 유형에 관한 설명으로 옳지 않은 것은?

① 선형 공간 구성이란 일련의 공간의 반복으로 이루어진 선형적인 연속이다.
② 집합형 공간 구성은 구심형 공간 구성과 선형 공간 구성의 두 가지 요소를 조합한 것이다.
③ 구심형 공간 구성은 중앙의 우세한 중심 공간과 그 주위의 수많은 제2의 공간으로 이루어진다.
④ 격자형 공간 구성은 공간 속에서의 위치와 공간 상호 간의 관계가 제3차원적 격자 패턴 속에서 질서정연하게 배열되는 형태 및 공간으로 구성된다.

> **해설** 구심형 공간 구성과 선형 공간 구성의 두 가지 요소의 결합형은 방사형 공간 구성이다.

12 |

실내공간의 형태에 관한 설명으로 옳지 않은 것은?

① 원형의 공간은 내부로 향한 집중감을 주어 중심이 더욱 강조된다.
② 정사각형의 공간은 조용하고 정적인 반면, 딱딱하고 형식적인 느낌을 준다.
③ 천장이 모아진 삼각형의 공간은 방향성의 중립을 유지하여 긴장감이 없다.
④ 직사각형의 공간에서 길이가 폭의 두 배를 넘게 되면 공간의 사용과 가구 배치가 자유롭지 못하게 된다.

> **해설** 천장이 모아지는 삼각형의 공간의 사선적 구성요소는 방향성과 속도감, 긴장감을 준다.

13 |

다음 그림 중 공간과 공간의 표현이 잘못 연결된 것은?

① ②

③ ④

해설 인접된 공간

인접된 공간이란 두 개의 인접된 공간 사이에 공간적·시각적 연속감으로 두 공간을 명확하게 한정하고, 각 공간의 기능적·상징적 요구를 충족시키는 가장 일반적인 공간의 확대 방법이다. 두 개의 인접된 공간 사이에서 일어나는 공간적·시각적 연속의 정도는 두 공간을 상호 분리시키고 결합시키는 평면의 종류에 따라 결정된다.

㉠ 두 개의 공간을 인접시켜 시각적·물리적으로 공간의 제한과 각 공간의 개별성 강화가 가능하며, 두 개의 서로 다른 면을 동시에 수용 가능하다.

㉡ 한 개의 단일 공간 내에 시각적·공간적으로 연속성이 유지되도록 평면을 수직으로 처리한다.

㉢ 한 개의 단일 공간 내에 시각적·공간적으로 연속성이 유지되도록 열주를 세워 한정된 공간을 분할·연결한다.

㉣ 두 공간 사이의 바닥 레벨차나 천장의 높이 변화 또는 표면 분절로서 단지 암시만을 준다. 단일 공간이 상호 연관된 두 개의 공간으로 분할되는 경우이다.

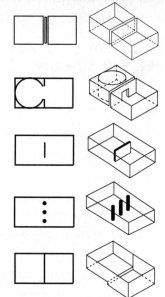

공간 상호 간에는 통행할 수 있으며 자유로이 시선이 통과하므로 영역을 표시하거나 경계를 나타내는 상징적 의미 벽의 높이는 최대 어느 정도인가?

① 600mm   ② 1,100mm
③ 1,200mm   ④ 1,800mm

해설 벽 높이에 따른 종류

㉠ 상징적 벽체 : 영역의 한정을 구분할 뿐 통행이나 시각적인 방해가 되지 않는 600mm 이하의 낮은 벽체이다.

㉡ 개방적 벽체 : 눈높이보다 낮은 모든 벽체로 시각적인 개방감은 좋으나 동작의 움직임은 제한되는 900~1,200mm 정도의 높이로 레스토랑, 사우나, 커피숍 등에 이용된다.

㉢ 차단적 벽체 : 눈높이보다 높은 가장 일반적인 벽체로 자유로운 동작을 완전히 제한하는 1,700~1,800mm 이상의 높이로 시각적 프라이버시가 보장된다.

공간 치수에 관한 고려사항으로서 거리가 가장 먼 것은?

① 치수 계획은 생활과 공간의 상호관계를 고려한 적정치수에 의한다.

② 환기량이나 향(向)을 결정할 때는 용적으로 바꾸어 생각하는 것이 좋다.

③ 출입구의 경우는 주로 문턱의 높이가 출입행위를 규제한다.

④ 복도의 치수는 통행자의 수와 보행 속도에 영향을 미친다.

해설 문은 실내공간의 성격을 규정하는 요소이며 내부 공간에서 동선이나 가구 배치에 결정적인 영향을 미치므로 문의 위치는 중요하다.

공간의 분할방법은 차단적 구획, 심리·도덕적 구획, 지각적 구획으로 구분할 수 있다. 다음 중 지각적 구획에 속하는 것은?

① 커튼의 사용   ② 마감재료의 변화
③ 천장면의 높이 변화   ④ 바닥면의 높이 변화

해설 공간의 분할방법에서 커튼은 공간의 차단적 구획에 사용되며 천장면의 높이 변화나 바닥면의 변화는 심리적 구획에 해당된다.

공간의 분할방법을 차단적, 상징적, 지각적(심리적) 분할로 구분할 경우, 다음 중 상징적 분할에 속하는 것은?

① 조명에 의한 분할

② 고정벽에 의한 분할

③ 식물 화분에 의한 분할

④ 마감재의 변화에 의한 분할

해설 공간의 분할

- ㉠ 차단적 구획(물리적 구획) : 내부 공간을 수평, 수직 방향으로 구획해서 몇 개의 실을 만드는 것으로 고정벽, 이동벽, 커튼, 블라인드, 유리창, 열주, 붙박이형 수납장 등을 사용
- ㉡ 상징적 구획(암시적 분할) : 완전히 공간을 분할하는 것은 아니지만 가구, 기둥, 벽난로, 식물, 물, 조각 등과 같은 실내 구성요소 또는 바닥면이나 천장면의 변화에 의한 방법으로 구획 · 분할하는 방법
- ㉢ 지각적 분할(심리적 분할) : 느낌에 의한 분할 방법으로 조명, 색채, 패턴, 마감재의 변화, 개구부, 동선이나 평면 형태의 변화에 의해서도 자연스럽게 분할

18

공간의 차단적 구획 방법에 속하지 않는 것은?

① 커튼 ② 열주
③ 조명 ④ 유리창

해설 공간의 분할

- ㉠ 차단적 구획(물리적 구획) : 내부 공간을 수평, 수직 방향으로 구획해서 몇 개의 실을 만드는 것으로 고정벽, 이동벽, 커튼, 블라인드, 유리창, 열주, 붙박이형 수납장 등을 사용
- ㉡ 심리적 구획(암시적 분할) : 완전히 공간을 분할하는 것은 아니지만 가구, 기둥, 벽난로, 식물, 물, 조각 등과 같은 실내 구성요소 또는 바닥면이나 천장면의 변화에 의한 방법으로 구획 · 분할하는 방법
- ㉢ 지각적 분할(심리적 분할) : 느낌에 의한 분할 방법으로 조명, 색채, 패턴, 마감재의 변화, 개구부, 동선이나 평면 형태의 변화에 의해서도 자연스럽게 분할된다.

19

공간의 분할 중 심리 · 도덕적 구획의 방법에 속하지 않는 것은?

① 커튼 ② 낮은 칸막이
③ 바닥면의 변화 ④ 천장면의 변화

해설 공간의 분할

- ㉠ 차단적 구획(물리적 구획) : 내부 공간을 수평, 수직 방향으로 구획해서 몇 개의 실을 만드는 것으로 고정벽, 이동벽, 커튼, 블라인드, 유리창, 열주, 붙박이형 수납장 등을 사용
- ㉡ 심리적 구획(암시적 분할) : 완전히 공간을 분할하는 것은 아니지만 가구, 기둥, 벽난로, 식물, 물, 조각 등과 같은 실내 구성요소 또는 바닥면이나 천장면의 변화에 의한 방법으로 구획 · 분할하는 방법

㉢ 지각적 분할(심리적 분할) : 느낌에 의한 분할 방법으로 조명, 색채, 패턴, 마감재의 변화, 개구부, 동선이나 평면 형태의 변화에 의해서도 자연스럽게 분할

20

실내공간에 설치될 가구, 기구, 집기들의 위치를 결정하는 행위와 관련된 실내디자인 용어는?

① 조닝(Zoning)
② 드로잉(Drawing)
③ 레이아웃(Lay Out)
④ 프로그래밍(Programming)

해설 공간의 레이아웃(layout)

생활행위를 분석하여 공간배분계획에 따라 배치하는 것으로 실내디자인의 기본 요소인 바닥, 벽, 천장과 가구, 집기들의 위치를 결정하는 것을 말한다.

21

다음 중 공간의 레이아웃(lay-out) 과정에서 고려하여야 할 사항과 가장 거리가 먼 것은?

① 동선
② 공간별 그룹핑
③ 가구의 크기와 점유 면적
④ 재료의 마감과 색채 계획

해설 공간의 레이아웃(layout)

생활행위를 분석하여 공간배분계획에 따라 배치하는 것으로 실내디자인의 기본 요소인 바닥, 벽, 천장과 가구, 집기들의 위치를 결정하는 것을 말한다.
- ㉠ 공간 상호 간의 연계성(zoning)
- ㉡ 출입 형식
- ㉢ 동선체계와 시선계획 고려
- ㉣ 인체공학적 치수와 가구 설치

22

다음 중 공간의 레이아웃(lay out)과 가장 밀접한 관계를 가지고 있는 것은?

① 재료계획 ② 동선계획
③ 설비계획 ④ 색채계획

해설 공간의 레이아웃(layout)

생활행위를 분석하여 공간배분계획에 따라 배치하는 것으로 실내디자인의 기본 요소인 바닥, 벽, 천장과 가구, 집기들의 위치를 결정하는 것을 말한다.
- ㉠ 공간 상호 간의 연계성(zoning)
- ㉡ 출입 형식
- ㉢ 동선체계와 시선계획 고려
- ㉣ 인체공학적 치수와 가구 설치

23 |

다음 중 기능분석내용을 바탕으로 하여 구성요소의 배치(lay-out)를 할 때 고려해야 할 내용과 가장 거리가 먼 것은?

① 공간 상호 간의 연계성
② 색채 및 재료의 유사성
③ 출입 형식 및 동선체계
④ 인체공학적 치수와 가구 크기

해설 구성요소의 배치(Lay-out)
- ㉠ 공간 상호 간의 연계성
- ㉡ 출입 형식
- ㉢ 동선체계
- ㉣ 인체공학적 치수와 가구 설치

24 |

다음 중 공간의 레이아웃에 관한 설명으로 가장 알맞은 것은?

① 조형적 아름다움을 부각하는 작업이다.
② 생활행위를 분석해서 분류하는 작업이다.
③ 공간에서의 이동 패턴을 계획하는 동선계획이다.
④ 공간을 형성하는 부분과 설치되는 물체의 평면상 배치계획이다.

해설 공간의 레이아웃(layout)

생활행위를 분석하여 공간배분계획에 따라 배치하는 것으로 실내디자인의 기본 요소인 바닥, 벽, 천장과 가구, 집기들의 위치를 결정하는 것을 말한다.
- ㉠ 공간 상호 간의 연계성(zoning)
- ㉡ 출입 형식
- ㉢ 동선체계와 시선계획 고려
- ㉣ 인체공학적 치수와 가구 설치

25 |

다음의 레이아웃 및 디자인 이미지 구축에 관한 설명 중 부적당한 것은?

① 동선계획은 공간이 제공하는 안락함과 편안함의 느낌에 큰 영향을 끼친다.
② 합리적인 공간계획은 동선계획뿐만 아니라 시선계획도 고려하여야 한다.
③ 레이아웃이란 생활행위를 분석하여 디자인의 개념 및 방향을 설정하는 일련의 작업이다.
④ 실내공간은 기능이나 용도, 목적에 맞는 그 공간 특유의 디자인 이미지를 구축하도록 한다.

해설 공간의 레이아웃(layout)

생활행위를 분석하여 공간배분계획에 따라 배치하는 것으로 실내디자인의 기본 요소인 바닥, 벽, 천장과 가구, 집기들의 위치를 결정하는 것을 말한다.
- ㉠ 공간 상호 간의 연계성(zoning)
- ㉡ 출입 형식
- ㉢ 동선체계와 시선계획 고려
- ㉣ 인체공학적 치수와 가구 설치

26 |

다음 중 실내공간에서 공간의 성격과 분위기를 형성하는 요소와 가장 거리가 먼 것은?

① 설비   ② 조명
③ 색채   ④ 질감

해설 설비는 공간의 효율적 사용을 위하여 위생설비, 배관 위치, 급수·배수설비와 상하수도 관계, 환기·냉난방 설비와 소화설비, 전기설비시설 등을 설치하는 환경 장치이다.

27 |

실내의 공간을 실제보다 넓어 보이게 하는 방법에 속하지 않는 것은?

① 큰 가구를 벽에 부착시켜 배치하면 공간이 넓어 보인다.
② 차가운 색보다는 따뜻한 색으로 색채계획을 하면 넓어 보인다.
③ 창이나 문 등의 개구부를 크게 하여 옥외 공간과 시선이 연장되도록 하면 넓어 보인다.
④ 가구의 종류와 수는 적을수록 공간이 넓어 보인다.

해설 명도가 높고 채도가 높은 난색계(따뜻한 색)는 진출, 팽창되어 보이고, 명도가 낮고 채도가 낮은 한색계(차가운 색)는 후퇴, 수축되어 보인다.

28 |

실내의 재료계획에 관한 설명으로 옳지 않은 것은?

① 거울을 이용하여 시각적 확대감을 도모할 수 있다.

② 가로 줄무늬의 재료는 천장이 낮게 느껴지므로 주의한다.

③ 공간에 강한 이미지를 부여하는 문, 창문, 커튼 등의 재료부터 우선 선정한다.

④ 재료계획은 조화를 이루도록 진행하되 시공시 재조정할 수 있는 여지를 남겨 두는 것이 바람직하다.

해설 실내를 구성하는 여러 가지 요소 중 시각적 효과를 강조하고 실내에 활력과 즐거움을 부여하는 방법으로 장식물(Accessory) 선택이 중요하며, 리듬과 짜임새 있는 공간을 구성하며 전체 공간에 있어 주된 포인트와 부수적인 액센트를 강조하여 통일된 분위기와 예술적 세련미를 주어 개성의 표현, 미적 충족과 극적인 효과를 내는 역할을 한다.

29 |

3차원 입체로서의 공간을 가장 적절하게 표현한 용어는?

① 점과 선   ② 기둥과 보

③ 볼륨과 매스   ④ 질감과 색채

해설 볼륨(volume)의 사전적 의미는 물건의 크기나 부피를 나타내기도 하고 총량으로서 풍부하거나 많음을 의미하며, 입체적으로 접근하면 체적이나 용적으로서 양(감)이나 입체감을 나타내기도 한다. 건축적 의미의 매스는 단위나 전체의 큰 덩어리라는 의미로 쓰인다고 할 수 있으며, 덩어리들이 어떠한 상태로 놓여 있고 집적되어 있는가를 나타내기도 한다. 반면 볼륨은 단위나 전체의 크기나 부피가 어떠한 양(감)이나 입체감을 나타내며 건축적인 공간량으로 확대하여 사용하고 있다.

2 디자인 원리

1. 스케일과 비례

01 |

물체의 크기와 인체의 관계 그리고 물체 상호 간의 관계를 무엇이라 하는가?

① 형태(form)   ② 리듬(rhythm)

③ 스케일(scale)   ④ 비례(proportion)

해설 스케일(Scale)

공간과 공간 내에 배치되는 물체들의 상호 간에 유지되어야 할 적정 크기의 관계로 실질적 상호 간의 수리적 관계를 말하며, 실내의 크기나 그 내부에 배치되는 가구, 집기 등의 체적 그리고 인간의 척도의 동작 범위를 고려하는 공간관계의 형성 측정 기준이다.

02 |

스케일(scale)에 관한 설명으로 옳지 않은 것은?

① 스케일은 상대적인 크기 즉, 척도를 의미한다.

② 공간에 있어 스케일의 유형은 다양한 공간 지각을 가져온다.

③ 휴먼 스케일이 잘 적용된 건축물은 안정되고 안락한 감을 주는 환경이 된다.

④ 실내디자인에서 의도된 디자인의 목적을 달성하기 위해서는 휴먼 스케일만이 의미가 있다.

해설 스케일(Scale)

공간과 공간 내에 배치되는 물체들의 상호 간에 유지되어야 할 적정 크기의 관계로 실질적 상호 간의 수리적 관계를 말하며, 실내의 크기나 그 내부에 배치되는 가구, 집기 등의 체적 그리고 인간의 척도의 동작 범위를 고려하는 공간 관계의 형성 측정 기준이다.

03 |

가구 · 실내 · 건축물 등 물체와 인체와의 관계 및 물체 상호 간의 관계를 인간 중심의 비율로 규정하는 것을 무엇이라 하는가?

① 휴먼 스케일(human scale)

② 황금비례(golden section)

③ 심메트리(symmetry)

④ 프로포션(proportion)

해설 휴먼 스케일(Human scale) – 인체 스케일

디자인이 적용되는 실내공간에서 스케일의 기준은 인간을 중심으로 공간 구성의 제요소들이 적절한 크기를 갖고 있어야 한다. 따라서 인체 측정을 통한 비례의 적용은 추상적, 상징적 비율이 아닌 기능적인 비율을 추구하며, 심리적, 시각적으로 안락하고 편안한 감을 준다.

04 |

휴먼 스케일에 관한 설명으로 옳지 않은 것은?

① 인간의 신체를 기준으로 파악되고 측정되는 척도 기준이다.

② 휴먼 스케일은 기념비적 건축물에 주로 적용되며, 엄숙, 경건한 공간을 형성한다.

③ 휴먼 스케일의 적용은 추상적, 상징적이 아닌 기능적인 척도를 추구하는 것이다.

④ 휴먼 스케일이 잘 적용된 실내공간은 심리적, 시각적으로 안정되고 편안한 느낌을 준다.

해설 휴먼 스케일(Human scale) – 인체 스케일

디자인이 적용되는 실내공간에서 스케일의 기준은 인간을 중심으로 공간 구성의 제요소들이 적절한 크기를 갖고 있어야 한다. 따라서 인체 측정을 통한 비례의 적용은 추상적, 상징적 비율이 아닌 기능적인 비율을 추구하며, 심리적, 시각적으로 안락하고 편안한 감을 준다.

05 |

다음의 실내디자인 원리 중 인간생활의 기능적 해결과 가장 밀접한 관계를 가진 것은?

① 리듬　　　　　　② 척도
③ 조화　　　　　　④ 패턴

해설 ① 리듬(Rhythm) : 음악적 감각인 청각적 원리를 시각적으로 표현하는 것으로, 부분과 부분 사이에 시각적으로 강약의 힘이 규칙적으로 연속될 때 나타나며 규칙적인 요소들의 반복으로 나타나는 통제된 운동감이다.
② 척도(Scale)의 기준 : 가구, 실내, 건축물 등 물체와 인체의 관계 및 물체 상호 간의 관계를 말하며, 생활 속의 모든 척도 개념이 인간 중심으로 결정되어야 하고 쾌적한 활동 반경을 측정해 두어야 한다.
③ 조화(Harmony) : 두 개 이상의 조형 요소가 부분과 부분 사이, 부분과 전체 사이에서 공통성과 이

질성이 공존하면서 감각적으로 융합해 새로운 성격을 창출하며, 쾌적한 아름다움이 성립될 때를 말한다.

06 |

디자인이 적용되는 공간과 공간 내에 배치되는 물체들 상호 간에 유지되어야 할 적정 크기의 관계 등을 나타내는 디자인 원리는?

① 모듈　　　　　　② 균형
③ 황금비례　　　　④ 척도

해설 ① 모듈(Module) : 척도 또는 기준 치수를 뜻하며, 치수 측정 단위로는 자(尺), 피트(feet), 미터법(M)을 이용하여 인체 치수를 근거로 하여서 만든 표준 치수이다. 따라서, 건축 전반에 사용되는 재료를 규격화하는 데 의의가 있다.
② 균형(Balance) : 균형은 실내공간에 편안감과 침착함 및 안정감을 주며, 눈이 지각하는 것처럼 중량감을 느끼도록 한다.
③ 황금비례(Golden section) : 고대 그리스인들이 발견한 기하학적 분할법으로 조형에서 작은 부분과 큰 부분 간의 비율이 큰 부분의 전체에 대한 비율과 같도록 하는 분할 방법이며, 비율은 1 : 1.618이다.
④ 척도(Scale) : 가구, 실내, 건축물 등 물체와 인체의 관계 및 물체 상호 간의 관계를 말한다.

07 |

다음 중 디자인에서 형태의 부분과 부분, 부분과 전체 사이의 크기, 모양 등의 시각적 질서, 균형을 결정하는 데 가장 효과적으로 사용되는 디자인 원리는?

① 강조　　　　　　② 비례
③ 리듬　　　　　　④ 통일

해설 ① 강조(Emphasis) : 시각적으로 중요한 것과 그렇지 않은 것을 구별하는 것을 말한다. 흥미나 관심으로 눈이 상대적으로 오래 머무는 곳이며, 한 공간에서의 통일감과 질서를 느끼게 한다.
② 비례(Proportion) : 물체 상호 간의 비교되는 측정 관계를 말한다. 즉, 대소의 분량, 장단의 차이, 부분과 부분 또는 부분과 전체의 수량적 관계로 건축물의 전체 치수와 실내공간, 개구부, 가구 등의 구성요소 간에 폭, 높이, 깊이 관계에 있어서 적절한 치수 관계를 가지며 시각적 질서와 균형을 결정하는 데 효과적이다.

③ 리듬(Rhythm) : 음악적 감각인 청각적 원리를 시각
   적으로 표현하는 것으로, 부분과 부분 사이에 시각
   적으로 강약의 힘이 규칙적으로 연속될 때 나타내
   며 규칙적인 요소들의 반복으로 나타나는 통제된
   운동감이다.
④ 통일(Unity) : 통일성은 공간이든 물체든 질서가 있
   고 미적으로 즐거움을 주는 전체가 창조되도록 그
   부분 등을 선택하고 배열함으로써 이루어진다.

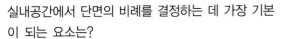

실내공간에서 단면의 비례를 결정하는 데 가장 기본
이 되는 요소는?

① 인간의 시점과 천장고
② 가구의 높이와 이용도
③ 공간의 가로, 세로 비율
④ 개구부와 가구의 폭

해설 비례(Proportion)
물체 상호 간의 비교되는 측정 관계를 말한다. 즉, 대
소의 분량, 장단의 차이, 부분과 부분 또는 부분과 전
체의 수량적 관계로 건축물의 전체 치수와 실내공간,
개구부, 가구 등의 구성요소 간에 폭, 높이, 깊이 관계
에 있어서 적절한 치수 관계를 가지며 시각적 질서와
균형을 결정하는 데 효과적이다.

09 |

디자인 원리 중 비례에 관한 설명으로 옳지 않은 것은?

① 황금비례는 1 : 1.618의 비율을 갖는다.
② 일반적으로 A : B로 표현되며 두 개만의 양적 비
   교를 의미한다.
③ 황금비례는 고대 그리스인들이 착안한 기하학적
   분할 방식이다.
④ 디자인에서 형태의 부분과 부분, 부분과 전체
   사이의 크기, 모양 등의 시각적 질서, 균형을 결
   정하는 데 사용된다.

해설 비례(Proportion)
부분과 부분 또는 부분과 전체의 수량적 관계로 건축
물의 전체 치수와 실내공간, 개구부, 가구 등의 구성
요소들 간에 폭, 높이, 깊이 관계에 있어서 적절한 치
수 관계를 가지며 건축물이 존재하는 한 이러한 비례
는 항상 존재한다.

10 |

한 선분을 길이가 다른 두 선분으로 분할했을 때 긴
선분에 대한 짧은 선분의 길이의 비가 전체 선분에 대한
긴 선분의 길이의 비와 같을 때 이루어지는 비례는?

① 피보나치 비율
② 정수 비례
③ 황금비
④ 비대칭 분할

해설 황금비(Golden ratio)=황금 분할(Golden section)
한 선분의 길이를 다른 두 선분으로 분할했을 때 그
긴 선분(a)에 대한 짧은 선분(b)의 길이의 비가 전체
선분, 즉 짧은 선분과 긴 선분을 더한 선분에 대한 긴
선분의 길이의 비와 같을 때를 말한다.
긴 선분을 a, 짧은 선분을 b라 하면
$$b : a = a : (a+b)$$
$$a^2 = ab + b^2$$
$$a^2 - ab = b^2$$
$b = 1$이라 하면
$$\therefore a = \frac{1+\sqrt{5}}{2} ≒ 1.618$$

11 |

황금비례에 관한 설명으로 옳지 않은 것은?

① 1 : 1.618의 비율이다.
② 고대 로마인들이 창안했다.
③ 몬드리안의 작품에서 예를 들 수 있다.
④ 건축물과 조각 등에 이용된 기하학적 분할 방식
   이다.

해설 황금비례
고대 그리스인들이 발견한 기하학적 분할법으로 조형
에서 작은 부분과 큰 부분 간의 비율이 큰 부분의 전
체에 대한 비율과 같도록 하는 분할 방법이며, 비율은
1 : 1.618이다.

12 |

실내디자인의 구성 원리 중 스케일과 비례에 관한 설명으로 부적당한 것은?

① 스케일은 인간과 물체와의 관계이며, 비례는 물체와 물체 상호 간의 관계를 갖는다.
② 스케일을 검토하는 데 있어 가장 중요한 대상이 되는 것은 공간이다.
③ 비례는 물리적 크기를 선으로 측정하는 기하학적 개념이다.
④ 공간 내의 비례관계는 평면, 입면, 단면에 있어서 입체적으로 평가되어야 한다.

해설 스케일(Scale)
공간과 공간 내에 배치되는 물체들의 상호 간에 유지되어야 할 적정 크기의 관계로 실질적 상호 간의 수리적 관계를 말하며, 실내의 크기나 그 내부에 배치되는 가구, 집기 등의 체적 그리고 인간의 척도의 동작 범위를 고려하는 공간 관계의 형성 측정기준이다.
※ 비례(Proportion)
물체 상호 간의 비교되는 측정 관계를 말한다. 즉, 대소의 분량, 장단의 차이, 부분과 부분 또는 부분과 전체의 수량적 관계로 건축물의 전체 치수와 실내공간, 개구부, 가구 등의 구성요소들 간에 폭, 높이, 깊이 관계에 있어서 적절한 치수 관계를 가지며 건축물이 존재하는 한 이러한 비례는 항상 존재한다.

13 |

일종의 치수 측정 단위로 미터법과 같은 절대적, 추상적 단위가 아니라 건축, 실내가구의 디자인에 있어 그 종류, 규모에 따라 계획자가 정하는 상대적, 구체적인 기준의 단위는?

① 파티션
② 모듈
③ 패턴
④ 모티브

해설 모듈(Module)
척도 또는 기준 치수를 뜻하며, 치수 측정 단위로는 자(尺), 피트(feet), 미터법(M)을 이용하여 인체 치수를 근거로 하여서 만든 표준 치수이다. 따라서, 건축 전반에 사용되는 재료를 규격화하는 데 의의가 있다.

14 |

M.C(Modular Coordination)에 관한 설명으로 옳지 않은 것은?

① 설계 작업이 단순해지고 간편해진다.
② 현장 작업이 단순해지고 공기가 단축된다.
③ 다양한 형태에 따른 개성 있는 디자인을 창출할 수 있다.
④ 건축 재료 부품에서 설계 시공에 이르기까지 건축 생산 전반에 걸쳐 치수상의 유기적 연계성을 만들어 내는 것이다.

해설 척도 조정(Modular Coordination)
건축의 재료, 부품에서 시공에 이르기까지의 건축 생산 전반에 걸쳐 치수상 유기적인 연계성을 만들어 내는 것이다. 즉 건축계획, 설계에서 건축공간을 구성하는 각 부분의 치수가 건설 목적에 적합하고 이용에도 적당하도록 치수계획을 하면서 동시에 건축을 구체화하는 건축재료에 대해서 기성제품의 치수를 사용하므로 낭비를 줄이고 마무리가 잘 되도록 하여야 한다. 따라서, 건축물의 구성재는 물론 건축물 구성요소인 실내공간의 평면, 입면, 단면 및 가구류, 개구부 등 다양하게 적용될 수 있다.

15 |

모듈(module) 시스템을 적용한 실내계획에 대한 설명 중 부적합한 것은?

① 실내 구성재의 위치, 설정이 용이하고 시공 단계에서 조립 등의 현장 작업이 단순해진다.
② 미적 질서는 추구되나 설계 단계에서 조정 작업이 복잡해진다.
③ 기본 모듈이란 기본 척도를 10cm로 하고 이것을 1M으로 표시한 것을 말한다.
④ 공간 구획 시 평면상의 길이는 3M(30cm)의 배수가 되도록 하는 것이 일반적이다.

해설 모듈(module) 시스템을 적용한 실내계획
모듈을 기본 척도로 설정하여 평면, 입면, 단면 등의 공간치수계획에 적용하는 것을 말한다.
㉠ 설계 작업과 시공이 단순화되어 신속하고 정확하다.
㉡ 대량 생산이 가능하며 생산비가 낮아진다.
㉢ 시공의 균질성과 공사 기간이 단축된다.
㉣ 건축물의 형태에 창조성, 인간성의 상실 우려가 있다.
㉤ 건물의 배치와 색채 배색에 신중을 기하여야 한다.

16 |

모듈과 그리드 시스템을 적용한 설계에 가장 거리가 먼 건물의 유형은?

① 사무소   ② 아파트
③ 미술관   ④ 병원

해설 격자형 공간 구성(grid planning)

㉠ 가장 기본적인 구성 기법으로 디자인 계획 시 보조 도구로 디자인을 용이하게 하여 소요 시간의 단축을 꾀할 수 있다.
㉡ 조직화를 통하여 관련 디자인상의 제요소를 종합하므로 균형 잡힌 계획으로 정리하여 논리적이고 질서적인 명확한 작업을 통해 객관적인 접근방법이 가능하다(사무소, 아파트, 병원 등의 계획에 적합함).
㉢ 구태의연하고 무표정한 공간이 되어 창의력이 결여되기 쉽다.
㉣ 형태는 단순성, 획일성을 탈피하기 위하여 정방형, 직사각형, 삼각형, 육각형, 동심원형, 방사형, 다이아몬드형 그리드 등이 있다.

17 |

생활에 적합한 건축을 위해 인체와 관련된 모듈의 사용에 있어 단순한 길이의 배수보다는 황금비례를 이용함이 타당하다고 주장한 사람은?

① 알바 알토
② 르 코르뷔지에
③ 월터 그로피우스
④ 미스 반 데어 로에

해설 건축가 르 코르뷔지에가 인간생활에 적합한 건축을 위해 건축에 인체 치수를 고려한 황금비례를 적용해야 한다고 주장한 개념이다. 모듈러를 창안하여 건축의 공업화에 적용하였다.

18 |

다음 실내디자인 원리 중 인간생활의 기능적 해결과 가장 관계가 깊은 것은?

① 비례   ② 패턴
③ 조화   ④ 척도

해설 • 척도(Scale)의 개념 : 가구, 실내, 건축물 등 물체와 인체의 관계 및 물체 상호 간의 관계를 말한다.

• 척도(Scale)의 기준 : 인간을 중심으로 공간 구성의 제요소들이 적절한 크기를 갖고 있어야 하며, 생활 속의 모든 척도 개념이 인간 중심으로 결정되어야 하고 쾌적한 활동 반경을 측정해 두어야 한다.

2. 균형, 리듬, 강조

01 |

균형의 원리에 관한 설명으로 옳지 않은 것은?

① 크기가 큰 것이 작은 것보다 시각적 중량감이 크다.
② 불규칙적인 형태가 기하학적 형태보다 시각적 중량감이 크다.
③ 복잡하고 거친 질감이 단순하고 부드러운 것보다 시각적 중량감이 크다.
④ 색의 명도가 같을 경우, 고채도의 색이 저채도의 색보다 시각적 중량감이 크다.

해설 색의 중량감

㉠ 색채에 의한 무게의 느낌은 주로 명도에 따라 좌우된다.
㉡ 높은 명도의 색은 가볍게 느끼며, 낮은 명도의 색은 무겁게 느낀다.
㉢ 난색은 가벼운 느낌을 주며 한색은 무거운 느낌을 준다.
㉣ 명도가 같은 경우에는 고채도의 색이 저채도의 색보다 시각적 중량감이 적다.

02 |

디자인의 원리 중 균형의 요인이 아닌 것은?

① 작은 것은 큰 것보다 가볍게 느껴진다.
② 불규칙한 형태는 기하학적 형태보다 가볍게 느껴진다.
③ 거칠거나 복잡한 질감은 무늬가 부드럽거나 단순한 것보다 무거워 보인다.
④ 사선이나 톱니 모양의 선은 수직선이나 수평선보다 가벼워 보인다.

해설 균형의 원리

실내공간에 편안함과 침착함, 안정감을 주며 중량감을 느끼도록 한다.
㉠ 기하학적 형태는 불규칙적인 형태보다 가볍게 느껴진다.

ⓛ 작은 것은 큰 것보다 가볍게 느껴진다.
ⓒ 따뜻한 색이 차가운 색보다 가볍게 느껴진다.
ⓔ 부드럽고 단순한 것이 복잡하고 거친 것보다 가볍게 느껴진다.
ⓜ 밝은색이 어두운색보다 가볍게 느껴진다.
ⓗ 사선은 수직·수평선보다 가볍게 느껴진다.

03

균형의 유형 중 대칭적 균형에 관한 설명으로 옳은 것은?

① 완고하거나 여유, 변화가 없이 엄격, 경직될 수도 있다.
② 가장 완전한 균형의 상태로 공간에 질서를 주기가 어렵다.
③ 자연스러우며 풍부한 개성을 표현할 수 있어 능동의 균형이라고도 한다.
④ 물리적으로 불균형이지만 시각상 힘의 정도에 의해 균형을 이루는 것을 말한다.

해설 • 대칭적 균형(Symmetry balance) – 정형적 균형(Formal balance) : 형태나 크기, 위치 등이 축을 중심으로 양편에 균등하게 놓이는 경우로 안정감과 엄숙함, 완고함, 단순함 등의 느낌을 주며, 공간에 질서를 부여하고 보다 정적이며, 부드러운 느낌을 주나 활기가 부족하고 비독창적이 되기 쉽다.
• 비대칭적 균형(Asymmetry balance) – 비정형적 균형(Unformal balance)
물리적으로 불균형이지만 시각적으로는 균형을 이루는 것으로 자유분방하고 경우에 따라서 아름답고 미묘한 처리가 가능하며, 긴장감, 율동감 등의 생명감을 느끼는 효과가 있다.

04

디자인 원리 중 균형에 대한 설명으로 옳지 않은 것은?

① 인간의 주의력에 의해 감지되는 시각적 무게의 평형 상태를 의미한다.
② 대칭적 균형은 형, 형태의 크기, 위치, 형식, 집합의 정렬 등이 축을 중심으로 서로 대칭적인 관계로 구성되어 있는 경우를 말한다.
③ 대칭적 균형보다 비대칭적 균형은 질서가 있고 안정된 느낌을 준다.

④ 디자인 요소들의 상호작용이 하나의 지점에서 역학적으로 평형을 갖거나 전체의 그룹 안에서 서로 균등함을 이루고 있는 상태를 말한다.

해설 균형(Balance)
균형은 실내공간에 편안감과 침착함 및 안정감을 주며, 눈이 지각하는 것처럼 중량감을 느끼도록 한다.
ⓐ 대칭적 균형(Symmetry balance) – 정형적 균형(Formal balance) : 형태나 크기, 위치 등이 축을 중심으로 양편에 균등하게 놓이는 경우로 안정감과 엄숙함, 완고함, 단순함 등의 느낌을 주며, 공간에 질서를 부여하고 보다 정적이며, 부드러운 느낌을 주나 활기가 부족하고 비독창적이 되기 쉽다.
ⓑ 비대칭적 균형(Asymmetry balance) – 비정형적 균형(Unformal balance) : 물리적으로 불균형이지만 시각적으로는 균형을 이루는 것으로 자유분방하고 경우에 따라서 아름답고 미묘한 처리가 가능하며, 긴장감, 율동감 등의 생명감을 느끼는 효과가 있다.
ⓒ 방사성 균형(Radiative balance) : 하나의 점을 중심으로 규칙적인 방사상 또는 환상으로 퍼져나가는 것을 말한다.

05

합리적인 디자인을 위해 균형을 고려하여야 할 사항이 아닌 것은?

① 디자이너의 희망과 고객의 요구사항
② 경제적인 것과 합리적인 것
③ 이상적인 디자인과 실현 가능한 디자인
④ 미적인 것과 기능적인 것

해설 합리적인 디자인을 위한 고려 사항
ⓐ 이상적인 디자인으로 실현 가능한 디자인이어야 한다.
ⓑ 고객의 요구사항에 대한 디자이너로서의 전문적인 의견을 피력한다.
ⓒ 미적 요구사항과 기능적인 요구사항을 충족시킨다.

06

다음 중 균형의 종류와 그 실례의 연결이 적절치 않은 것은?

① 판테온의 돔 – 방사형 균형
② 타지마할 궁 – 대칭적 균형
③ 눈의 결정체 – 비대칭적 균형
④ 반복되는 패턴의 카펫 – 결정학적 균형

해설 눈의 결정체는 육각형의 기둥 모양으로 무늬는 다양하며 방사형 균형을 이루고 있다.

07

비대칭 균형에 관한 설명으로 옳은 것은?

① 완고하거나 여유, 변화가 없이 엄격, 경직될 수 있다.
② 가장 완전한 균형의 상태로 공간에 질서를 주기가 용이하다.
③ 자연스러우며 풍부한 개성을 표현할 수 있어 능동의 균형이라고도 한다.
④ 형이 축을 중심으로 서로 대칭적인 관계로 구성되어 있는 경우를 말한다.

해설 비대칭적 균형(Asymmetry balance) – 비정형적 균형(Unformal balance)
물리적으로 불균형이지만 시각적으로는 균형을 이루는 것으로 자유분방하고 경우에 따라서 아름답고 미묘한 처리가 가능하며, 긴장감, 율동감 등의 생명감을 느끼는 효과가 있다.

08

비대칭형 균형에 대한 설명 중 잘못된 것은?

① 물리적으로 균형이지만 시각적인 무게나 시선을 끄는 정도가 불균형을 이루는 것이다.
② 진취적이고 긴장된 생명감각을 느끼게 한다.
③ 능동적이며 비형식적인 느낌을 준다.
④ 대칭 균형보다 자연스러운 균형의 형태이다.

해설 비대칭적 균형(Asymmetry balance) – 비정형적 균형(Unformal balance)
물리적으로 불균형이지만 시각적으로는 균형을 이루는 것으로 자유분방하고 경우에 따라서 아름답고 미묘한 처리가 가능하며, 긴장감, 율동감 등의 생명감을 느끼는 효과가 있다.

09

시각적 중량감에 관한 설명으로 옳지 않은 것은?

① 밝은색이 어두운색보다 시각적 중량감이 크다.

② 크기가 큰 것이 작은 것보다 시각적 중량감이 크다.
③ 불규칙한 형태가 기하학적 형태보다 시각적 중량감이 크다.
④ 색의 중량감은 색의 속성 중 특히 명도, 채도에 영향을 받는다.

해설 균형(Balance)
실내공간에 편안감과 침착함, 안정감을 주며 중량감을 느끼도록 한다.
㉠ 기하학적 형태는 불규칙적인 형태보다 가볍게 느껴진다.
㉡ 작은 것은 큰 것보다 가볍게 느껴진다.
㉢ 따뜻한 색이 차가운 색보다 가볍게 느껴진다.
㉣ 부드럽고 단순한 것이 복잡하고 거친 것보다 가볍게 느껴진다.
㉤ 밝은색이 어두운색보다 가볍게 느껴진다.
㉥ 사선은 수직 · 수평선보다 가볍게 느껴진다.

10

디자인 표현 중에서 반복, 교체, 점진 등을 통해 나타나는 디자인 원리는?

① 균형   ② 강조
③ 리듬   ④ 대비

해설 리듬(Rhythm)
음악적 감각인 청각적 원리를 시각적으로 표현하는 것으로, 부분과 부분 사이에 시각적으로 강약의 힘이 규칙적으로 연속될 때 나타내며 규칙적인 요소들의 반복으로 나타나는 통제된 운동감이다.
㉠ 반복
㉡ 점이(점진, 점층, 계조)
㉢ 대립(교체)
㉣ 변이(대조)
㉤ 방사

11

실내디자인의 구성 원리 중 규칙적인 요소들의 반복으로 디자인에 시각적인 질서를 부여하는 통제된 운동 감각은?

① 비례   ② 리듬
③ 균형   ④ 통일

해설 ① 비례(Proportion) : 부분과 부분 또는 부분과 전체의 수량적 관계로 건축물의 전체 치수와 실내공간, 개구부, 가구 등의 구성요소들 간에 폭, 높이, 깊이 관계에 있어서 적절한 치수 관계를 가지며 건축물이 존재하는 한 이러한 비례는 항상 존재한다.

③ 균형(balance) : 실내공간에 편안함과 침착함 및 안정감을 주며, 눈이 지각하는 것처럼 중량감을 느끼도록 한다.
  ㉠ 대칭적 균형(Symmetry balance) – 정형적 균형 (Formal balance)
  ㉡ 비대칭적 균형(Asymmetry balance) – 비정형적 균형(Unformal balance)
  ㉢ 방사상 균형(Radiative balance)

④ 통일(Unity) : 공간이든 물체든 질서가 있고 미적으로 즐거움을 주는 전체가 창조되도록 그 부분 등을 선택하고 배열함으로써 이루어진다.
  ㉠ 통일은 변화(Variety)와 함께 모든 조형에 대한 미의 근원이 된다.
  ㉡ 변화는 단순히 무질서한 변화가 아니라 통일 속의 변화이다.
  ㉢ 통일과 변화는 서로 대립되는 관계가 아니라 상호 유기적인 관계 속에서 성립되는 것이다.
  ㉣ 변화는 실내공간에 생동감을 불어넣어 즐겁고 흥미롭게 하지만 적절한 절제가 되지 않으면 통일성을 깨뜨리게 된다.

12

다음 중 리듬(rhythm)에 의한 디자인 사례가 아닌 것은?

① 강렬한 붉은 색의 의자가 반복적으로 배열된 객석
② 교회의 높은 천장고
③ 나선형의 계단
④ 위쪽의 밝은색에서 아래쪽의 어두운색으로 변화하는 벽면

해설 리듬(Rhythm)
규칙적인 요소들의 반복으로 나타나는 통제된 운동감이다. 특히 색채, 문양, 질감, 선이나 형태가 되풀이됨으로써 이루어지는 리듬을 반복이라 한다.
  ㉠ 반복
  ㉡ 점이(점진, 점층, 계조)
  ㉢ 대립(교체)
  ㉣ 변이(대조)
  ㉤ 방사

13

디자인 원리 중 점이(gradation)에 관한 설명으로 가장 알맞은 것은?

① 서로 다른 요소들 사이에서 평형을 이루는 상태
② 공간, 형태, 색상 등의 점차적인 변화로 생기는 리듬
③ 이질의 각 구성요소들이 전체로서 동일한 이미지를 갖게 하는 것
④ 시각적 형식이나 한정된 공간 안에서 하나 이상의 형이나 형태 등이 단위로 계속 되풀이되는 것

해설 점이(Gradation)
  ㉠ 형태의 크기, 방향 및 색채의 점차적인 변화로 생기는 리듬이다.
  ㉡ 극적이고 창의적인 효과를 얻을 수 있다.
  ㉢ 점진, 점층, 계조라고도 한다.

14

아동실을 더욱 생동감 있게 만들어 주려고 한다. 다음 중 가장 효과적인 디자인 원리는?

① 리듬   ② 조화
③ 통일   ④ 대칭

해설 ① 리듬(Rhythm) : 음악적 감각인 청각적 원리를 시각적으로 표현하는 것으로, 부분과 부분 사이에 시각적으로 강약의 힘이 규칙적으로 연속될 때 나타나며 규칙적인 요소들의 반복으로 나타나는 통제된 운동감이다.

② 조화(Harmony) : 두 개 이상의 조형 요소가 부분과 부분 사이, 부분과 전체 사이에서 공통성과 이질성이 공존하면서 감각적으로 융합해 새로운 성격을 창출하며, 쾌적한 아름다움이 성립될 때를 말한다.

③ 통일(Unity) : 통일성은 공간이든 물체든 질서가 있고 미적으로 즐거움을 주는 전체가 창조되도록 그 부분 등을 선택하고 배열함으로써 이루어진다.

④ 대칭(Symmetry) : 형태나 크기, 위치 등이 축을 중심으로 양편에 균등하게 놓이는 경우로 안정감과 엄숙함, 완고함, 단순함 등의 느낌을 주며, 공간에 질서를 부여하고 보다 성적이며 부드러운 느낌을 주나 활기가 부족하고 비독창적이 되기 쉽다.

3. 조화, 대비, 통일 등

01

이질(異質)의 각 구성요소들이 전체로서 동일한 이미지를 갖게 하는 것으로, 변화와 함께 모든 조형에 대한 미의 근원이 되는 원리는?

① 조화
② 강조
③ 통일
④ 균형

해설 ① 조화(Harmony) : 두 개 이상의 조형 요소가 부분과 부분 사이, 부분과 전체 사이에서 공통성과 이질성이 공존하면서 감각적으로 융합해 새로운 성격을 창출하며, 쾌적한 아름다움이 성립될 때를 말한다.
② 강조(Emphasis) : 시각적으로 중요한 것과 그렇지 않은 것을 구별하는 것을 말한다. 흥미나 관심으로 눈이 상대적으로 오래 머무는 곳이며, 한 공간에서의 통일감과 질서를 느끼게 한다.
③ 통일성은 변화와 함께 모든 공간과 조형에 대한 미의 근원이 되며 변화는 단순히 무질서한 변화가 아니라 통일 속의 변화이다.
④ 균형(Balance) : 균형은 실내공간에 편안감과 침착함 및 안정감을 주며 눈이 지각하는 것처럼 중량감을 느끼도록 한다.

02

디자인 원리 중 조화를 가장 적절히 표현한 것은?

① 중심축을 경계로 형태의 요소들이 시각적으로 균형을 이루는 상태
② 전체적인 구성방법이 질적, 양적으로 모순 없이 질서를 이루는 것
③ 저울의 원리와 같이 중심축을 경계로 양측이 물리적으로 힘의 안정을 구하는 현상
④ 규칙적인 요소들의 반복으로 디자인에 시각적인 질서를 부여하는 통제된 운동 감각

해설 디자인의 원리
㉠ 대칭(Symmetry) : 형태나 크기, 위치 등이 축을 중심으로 양편에 균등하게 놓이는 경우로 안정감과 엄숙함, 완고함, 단순함 등의 느낌을 주며, 공간에 질서를 부여하고 보다 정적이며 부드러운 느낌을 주나 활기가 부족하고 비독창적이 되기 쉽다.
㉡ 조화(Harmony) : 두 개 이상의 조형 요소가 부분과 부분 사이, 부분과 전체 사이에서 공통성과 이질성이 공존하면서 감각적으로 융합해 새로운 성

격을 창출하며, 쾌적한 아름다움이 성립될 때를 말한다.
㉢ 균형(balance) : 실내공간에 편안함과 침착함 및 안정감을 주며, 눈이 지각하는 것처럼 중량감을 느끼도록 한다.
㉣ 리듬(Rhythm) : 음악적 감각인 청각적 원리를 시각적으로 표현하는 것으로, 부분과 부분 사이에 시각적으로 강약의 힘이 규칙적으로 연속될 때 나타나며 규칙적인 요소들의 반복으로 나타나는 통제된 운동감이다.

03

조화에 관한 설명으로 가장 적합한 것은?

① 둘 이상의 요소가 동일한 공간에 배열될 때 서로의 특징을 돋보이게 하는 현상
② 저울의 원리와 같이 중심에서 양측에 물리적 법칙으로 힘의 안정을 구하는 현상
③ 선, 색채, 형태 등의 요소들이 규칙적이거나 조화된 순환으로 나타나는 통제된 운동감
④ 둘 이상의 요소가 한 공간 내에서 결합될 때 발생하는 미적 현상

해설 조화(Harmony)
두 개 이상의 조형 요소가 부분과 부분 사이, 부분과 전체 사이에서 공통성과 이질성이 공존하면서 감각적으로 융합해 새로운 성격을 창출하며, 쾌적한 아름다움이 성립될 때를 말한다.

04

조화에 관한 설명으로 옳은 것은?

① 단순 조화는 대체적으로 온화하며 부드럽고 안정감이 있다.
② 유사 조화는 통일보다 대비에 더 치우쳐 있다고 볼 수 있다.
③ 단순 조화는 다양한 주제와 이미지들이 요구될 때 주로 사용하는 방식이다.
④ 대비 조화는 형식적, 외형적으로 시각적인 동일 요소의 조합을 통하여 주로 성립된다.

해설 조화(Harmony)
두 개 이상의 조형 요소가 부분과 부분 사이, 부분과 전체 사이에서 공통성과 이질성이 공존하면서 감각적으로 융합해 새로운 성격을 창출하며 쾌적한 아름다움이 성립될 때를 말한다.

㉠ 유사 조화(Similar harmony)
- 형식적, 외형적으로 시각적인 동일한 요소의 조합에 의해 성립되는 것으로 개개의 요소 중에는 공통성이 존재한다.
- 온화하며 부드럽고 여성적인 안정감이 있으나, 지나치면 단조롭게 되며 신선함을 상실할 우려가 있다.

㉡ 대비 조화(Contrast harmony)
- 질적, 양적으로 전혀 상반된 두 개의 요소가 조합되었을 때 상호 간의 반대성에 의해 성립되는 것으로 상반 요소가 밀접하게 접근하면 할수록 대비의 효과는 증대된다.
- 강력, 화려, 남성적이나 지나치게 큰 대비는 난잡하며 혼란스럽고 공간의 통일성을 방해할 우려가 있다.
- 조형 요소로서의 대비 개념은 직선과 곡선, 밝음과 어두움, 크고 작음, 길고 짧음, 무거움과 가벼움, 투명과 불투명, 높음과 낮음, 추위와 더위, 두꺼움과 얇음, 집중과 반사, 움직임과 고요함, 나옴과 들어감 등이 있다.

05 |

디자인의 조화(통일성과 다양성)에 대한 다음 설명 중 잘못된 것은?

① 통일성을 이루기 위해서는 전체가 개개의 부분들을 지배해야 한다.
② 여러 가지 형태나 색의 다양성을 통일하면 조화가 이루어진다.
③ 분명한 디자인의 개념은 통일성 있는 디자인의 기초가 된다.
④ 통일성을 얻기 위한 구체적인 방법은 주로 강조, 대칭 등이 있다.

해설 계획 조건의 구성 형식
㉠ 통일과 변화(다양성)
- 부분과 부분의 관계, 부분과 전체의 관계에서 시각적 힘의 정리를 의미한다.
- 변화란 무질서한 변화가 아니라 통일된 변화를 의미한다.
- 통일은 변화인 것이다.
㉡ 조화
- 부분과 부분, 부분과 전체의 안정된 관련성의 조합
- 상호 간에 공감을 일으키는 효과
㉢ 균형
- 서로 다른 물체 사이의 평행

- 정지된 물체, 움직이는 물체의 평형 상태를 포함한 균형
- 균형은 사람에게 안정감을 준다.
- 가장 기본적인 형태는 대칭이다.
  - 정적 균형 : 대칭 균형
  - 동적 균형 : 비대칭 균형

06 |

디자인 원리 중 대비에 관한 설명으로 옳지 않은 것은?

① 극적인 분위기를 연출하는 데 효과적이다.
② 상반된 요소의 거리가 멀수록 대비의 효과는 증대된다.
③ 지나치게 많은 대비의 사용은 통일성을 방해할 우려가 있다.
④ 모든 시각적 요소에 대하여 상반된 성격의 결합에서 이루어진다.

해설 대비 조화(Contrast harmony)
㉠ 질적, 양적으로 전혀 상반된 두 개의 요소가 조합되었을 때 상호 간의 반대성에 의해 성립되는 것으로 상반 요소가 밀접하게 접근하면 할수록 대비의 효과는 증대된다.
㉡ 강력, 화려, 남성적이나 지나치게 큰 대비는 난잡하며 혼란스럽고 공간의 통일성을 방해할 우려가 있다.
㉢ 조형 요소로서의 대비 개념은 직선과 곡선, 밝음과 어두움, 크고 작음, 길고 짧음, 무거움과 가벼움, 투명과 불투명, 높음과 낮음, 추위와 더위, 두꺼움과 얇음, 집중과 반사, 움직임과 고요함, 나옴과 들어감 등이 있다.

07 |

다음 설명에 알맞은 디자인 원리는?

질적, 양적으로 전혀 다른 둘 이상의 요소가 동시적 혹은 계속적으로 배열될 때 상호의 특질이 한 층 강하게 느껴지는 통일적 현상을 말한다.

① 균형　　　　　　　② 대비
③ 조화　　　　　　　④ 리듬

해설 ① 균형(Balance) : 실내공간에 편안함과 침착함 및 안정감을 주며, 눈이 지각하는 것처럼 중량감을 느끼도록 한다.

③ 조화(Harmony) : 두 개 이상의 조형 요소가 부분과 부분 사이, 부분과 전체 사이에서 공통성과 이질성이 공존하면서 감각적으로 융합해 새로운 성격을 창출하며, 쾌적한 아름다움이 성립될 때를 말한다.

④ 리듬(Rhythm) : 음악적 감각인 청각적 원리를 시각적으로 표현하는 것으로, 부분과 부분 사이에 시각적으로 강약의 힘이 규칙적으로 연속될 때 나타내며 규칙적인 요소들의 반복으로 나타나는 통제된 운동감이다.

08 |

다음 중 조형 요소로서 대비의 개념을 갖지 않는 것은?

① 직선과 곡선
② 투명과 불투명
③ 청색과 녹색
④ 두꺼움과 얇음

[해설] 대비 조화(Contrast harmony)

㉠ 질적, 양적으로 전혀 상반된 두 개의 요소가 조합되었을 때 상호 간의 반대성에 의해 성립되는 것으로 상반 요소가 밀접하게 접근하면 할수록 대비의 효과는 증대된다.

㉡ 강력, 화려, 남성적이나 지나치게 큰 대비는 난잡하며 혼란스럽고 공간의 통일성을 방해할 우려가 있다.

㉢ 조형 요소로서의 대비 개념은 직선과 곡선, 밝음과 어두움, 크고 작음, 길고 짧음, 무거움과 가벼움, 투명과 불투명, 높음과 낮음, 추위와 더위, 두꺼움과 얇음, 집중과 반사, 움직임과 고요함, 나옴과 들어감 등이 있다.

09 |

디자인 원리 중 통일에 관한 설명으로 가장 알맞은 것은?

① 대립, 변이, 점층 등의 방법이 사용된다.
② 상반된 성격의 결합으로 극적인 분위기를 조성한다.
③ 규칙적인 요소들의 반복으로 시각적인 질서를 이루게 한다.
④ 각각 다른 구성요소들이 전체로서 같은 의미를 이루게 한다.

[해설] 통일성은 공간이든 물체든 질서가 있고 미적으로 즐거움을 주는 전체가 창조되도록 그 부분 등을 선택하고 배열함으로써 이루어진다.
통일은 변화(Variety)와 함께 모든 조형에 대한 미의 근원이 된다.

①, ③ 리듬, ② 대비에 대한 설명이다.

10 |

디자인 원리 중 통일에 관한 설명으로 옳지 않은 것은?

① 통일은 변화와 함께 모든 조형에 대한 의미 근원이 된다.
② 통일과 변화는 서로 대립되는 관계가 아니라 상호 유기적인 관계 속에서 성립된다.
③ 동적 통일은 균일한 대상물이 연속적으로 배치됨으로써 안정감을 확보할 수 있게 해준다.
④ 양식 통일(style unity)은 동시대적 양식을 나열하거나 관련된 기능의 유사성을 이용하여 통일성을 형성하는 방법이다.

[해설] • 정적 통일 : 보통 정삼각형, 원 등의 구조가 번복된 눈(雪)의 확대 결정이나 광물의 형태 중에서 볼 수 있다. 수동적, 반복적에 의한 형태, 정통적인 반복을 강한 주제로 할 때 이용된다.
• 동적 통일 : 식물, 동물의 동적 형태에서 볼 수 있다. 능동적이고 수학적이며 변화와 상징성이 있는 디자인 요소가 작용되는 경우에 사용된다. 생동감을 주며 상업 공간, 다목적 공간에 많이 이용된다.

11 |

디자인 원리 중 디자인 대상의 전체에 미적 질서를 부여하는 것으로 변화와 함께 모든 조형에 대한 미의 근원이 되는 것은?

① 리듬
② 통일
③ 강조
④ 대비

[해설] ① 리듬(Rhythm) : 음악적 감각인 청각적 원리를 시각적으로 표현하는 것으로, 부분과 부분 사이에 시각적으로 강약의 힘이 규칙적으로 연속될 때 나타내며 규칙적인 요소들의 반복으로 나타나는 통제된 운동감이다.
③ 강조(Emphasis) : 시각적으로 중요한 것과 그렇지 않은 것을 구별하는 것을 말한다. 흥미나 관심으로 눈이 상대적으로 오래 머무는 곳이며, 한 공간에서의 통일감과 질서를 느끼게 한다.
④ 대비(Contrast) : 질적, 양적으로 전혀 상반된 두 개의 요소가 조합되었을 때 상호 간의 반대성에 의해 성립되므로 상반 요소가 밀접하게 접근하면 할수록 대비의 효과는 증대한다.

12 |

모든 조형에 대한 미의 근원이 되는 디자인 원리는?

① 리듬과 변화   ② 균형과 비례
③ 통일과 대비   ④ 조화와 통일

해설 통일(unity)

질서 있고 미적으로 즐거움을 주는 전체가 창조되도록 그 부분들을 선택하고 배열함으로써 이루어진다. 반복이나 유사 조화도 통일성에 기여하지만 이것을 지나치게 사용하면 지루하고 무미건조한 디자인이 되기 쉽다.

13 |

디자인의 원리에 관한 설명으로 옳은 것은?

① 균형은 정적인 경우에만 시각적 안정성을 가져올 수 있다.
② 강조는 힘의 조절로서 전체 조화를 파괴하는데 주로 사용된다.
③ 리듬은 청각의 원리가 시각적으로 표현된 것이라 할 수 있다.
④ 통일과 변화는 서로 대립되는 관계로, 동시사용이 불가능하다.

해설 ① 균형(Balance) : 실내공간에 편안함과 침착함 및 안정감을 주며, 눈이 지각하는 것처럼 중량감을 느끼도록 한다.
② 강조(Emphasis) : 시각적으로 중요한 것과 그렇지 않은 것을 구별하는 것을 말한다. 흥미나 관심으로 눈이 상대적으로 오래 머무는 곳이며, 한 공간에서의 통일감과 질서를 느끼게 한다.
③ 리듬(Rhythm) : 음악적 감각인 청각적 원리를 시각적으로 표현하는 것으로, 부분과 부분 사이에 시각적으로 강약의 힘이 규칙적으로 연속될 때 나타내며 규칙적인 요소들의 반복으로 나타나는 통제된 운동감이다.
④ 통일과 변화 : 서로 대립하는 관계가 아니라 상호 유기적인 관계 속에서 성립되는 것이다.

14 |

디자인의 원리에 관한 설명으로 옳은 것은?

① 객관적이고 과학적인 판단만이 중요하다.
② 다수의 사람에 의한 보편적 객관성을 따른다.
③ 점, 선, 척도, 비례, 조형, 조화, 통일 등을 포함한다.

④ 조형 요소를 결합하여 착시 현상을 유도하는 것이 대부분이다.

해설 쾌적한 환경 조성을 통하여 능률적인 공간 조성이 되도록 인체공학, 심리학, 물리학, 재료학, 환경학 및 디자인의 기본 원리 등을 고려하여 인간생활에 필요한 효율성, 아름다움, 경제성, 개성 등을 갖도록 사용자에게 가장 바람직한 생활공간을 만드는 것으로 응용 예술 분야로 볼 수 있다.

15 |

디자인의 원리에 관한 설명으로 옳은 것은?

① 동일성이 높은 요소들의 결합은 조화를 이루기 어렵지만 생동적이고 활발할 수 있다.
② 비정형 균형은 물리적으로는 불균형이지만 시각적으로 힘의 정도에 의해 균형을 이룬 것을 말한다.
③ 리듬은 성질이나 질량이 전혀 다른 둘 이상의 것이 동일한 공간에 배열될 때 서로의 특질을 한층 돋보이게 하는 현상이다.
④ 시각적으로 동일한 요소 간에 이루어지는 유사 조화는 남성적인 화려하고 강력한 감정의 경직성, 강인성 등을 느끼게 한다.

해설 ① 동일성이 높은 요소들의 결합은 조화를 이루기 쉽지만 단조로울 수 있다.
③ 리듬(Rhythm)은 음악적 감각인 청각적 원리를 시각적으로 표현하는 것으로, 부분과 부분 사이에 시각적으로 강약의 힘이 규칙적으로 연속될 때 나타내며 규칙적인 요소들의 반복으로 나타나는 통제된 운동감이다.
④ 유사 조화는 부드럽고 유한 분위기를 풍기며 안정된 느낌을 준다.

16 |

디자인 원리에 대한 설명 중 잘못된 것은?

① 리듬의 효과는 음악적 감각이 조형화된 것으로 청각의 원리가 시각적으로 표현된 것이다.
② 통일은 디자인 대상의 전체에 미적 질서를 부여하는 것으로 모든 형식의 출발점이며 구심점이다.
③ 대칭적인 균형은 안정감과 정적인 표현을 연출한다.
④ 조화에는 유사와 대비로 분류되며, 시각적으로 동일한 요소들을 통해 이루어지는 조화방법을 대비 조화라고 한다.

해설 조화(Harmony)

두 개 이상의 조형 요소가 부분과 부분 사이, 부분과 전체 사이에서 공통성과 이질성이 공존하면서 감각적으로 융합해 새로운 성격을 창출하며 쾌적한 아름다움이 성립될 때를 말한다.

ㄱ 유사 조화(Similar harmony)
- 형식적, 외형적으로 시각적인 동일한 요소의 조합에 의해 성립되는 것으로 개개의 요소 중에는 공통성이 존재한다.
- 온화하며 부드럽고 여성적인 안정감이 있으나, 지나치면 단조롭게 되며 신성함을 상실할 우려가 있다.

ㄴ 대비 조화(Contrast harmony)
- 질적, 양적으로 전혀 상반된 두 개의 요소가 조합되었을 때 상호 간의 반대성에 의해 성립되는 것으로 상반 요소가 밀접하게 접근하면 할수록 대비의 효과는 증대된다.
- 강력, 화려, 남성적이나 지나치게 큰 대비는 난잡하며 혼란스럽고 공간의 통일성을 방해할 우려가 있다.
- 조형 요소로서의 대비 개념은 직선과 곡선, 밝음과 어두움, 크고 작음, 길고 짧음, 무거움과 가벼움, 투명과 불투명, 높음과 낮음, 추위와 더위, 두꺼움과 얇음, 집중과 반사, 움직임과 고요함, 나옴과 들어감 등이 있다.

17

디자인 원리에 관한 설명으로 옳지 않은 것은?

① 대비는 극적인 분위기를 연출하는데 효과적이다.
② 균형은 정적이든 동적이든 시각적 안정성을 가져올 수 있다.
③ 리듬은 규칙적인 요소들의 반복으로 나타나는 통제된 운동감이다.
④ 강조는 규칙성이 갖는 단조로움을 극복하기 위해 공간 전체의 조화를 파괴하는 것이다.

해설 강조(Emphasis)

시각적으로 중요한 것과 그렇지 않은 것을 구별하는 것을 말하며, 비대칭적 균형에서 많이 나타난다. 흥미나 관심으로 눈이 상대적으로 오래 머무는 곳이며, 한 공간에서의 통일감과 질서를 느끼게 한다.

18

디자인 원리에 대한 설명 중 잘못된 것은?

① 황금비(golden section)는 가장 균형잡힌 비례로 직사각형이 지니는 1:2.68의 비례를 말한다.
② 재료표면의 질감을 텍스처(texture)라 한다.
③ 수직선은 상승, 권위와 같은 이미지를 부여한다.
④ 휴먼 스케일(human scale)이란 인간의 신체를 기준으로 하여 측정되는 척도를 말한다.

해설 황금비

고대 그리스인들이 발견한 기하학적 분할법으로 조형에서 작은 부분과 큰 부분간의 비율이 큰 부분의 전체에 대한 비율과 같도록 하는 분할 방법이며, 비율은 1:1.618이다.

19

실내디자인의 원리 중 조화, 통일, 변화에 대한 설명으로 옳지 않은 것은?

① 조화란 전체적인 조립 방법이 모순 없이 질서를 잡는 것을 말한다.
② 조화에는 시각적으로 동일한 요소 간에 이루어지는 유사 조화와 이질적인 요소 간에 이루어지는 대비 조화가 있다.
③ 통일은 변화와 함께 모든 조형에 대한 미의 근원이 되는 원리이다.
④ 통일과 변화는 각각 독립된 것으로 상호 대립 관계에 있다.

해설 통일(Unity)

통일성은 공간이든 물체든 질서가 있고 미적으로 즐거움을 주는 전체가 창조되도록 그 부분 등을 선택하고 배열함으로써 이루어진다.

ㄱ 통일은 변화(Variety)와 함께 모든 조형에 대한 미의 근원이 된다.
ㄴ 변화는 단순히 무질서한 변화가 아니라 통일 속의 변화이다.
ㄷ 통일과 변화는 서로 대립되는 관계가 아니라 상호 유기적인 관계 속에서 성립되는 것이다.
ㄹ 변화는 실내공간에 생동감을 불어넣어 즐겁고 흥미롭게 하지만 적절한 절제가 되지 않으면 통일성을 깨뜨리게 된다.

3 공간 기본 구상 및 계획

1. 조닝계획

01 |

단위 공간 사용자의 특성, 목적 등에 따라 몇 개의 생활권으로 구분하는 작업을 의미하는 실내디자인 용어는?

① 모듈(module)
② 샘플링(sampling)
③ 조닝(zoning)
④ 드로잉(drawing)

해설 조닝(zoning)

단위 공간을 사용자의 특성, 사용목적, 사용시간, 사용빈도, 행위의 연결 등을 고려하여 공간의 기능이나 성격이 유사한 것끼리 묶어 배치하여 전체 공간을 몇 개의 기능적인 공간으로 구분하는 것이다.

02 |

다음 중 조닝(zoning)계획에서 존(zone)의 설정 시 고려할 사항과 가장 거리가 먼 것은?

① 사용빈도
② 사용시간
③ 사용행위
④ 사용재료

해설 조닝(zoning)

단위 공간을 사용자의 특성, 사용목적, 사용시간, 사용빈도, 행위의 연결 등을 고려하여 공간의 기능이나 성격이 유사한 것끼리 묶어 배치하여 전체 공간을 몇 개의 기능적인 공간으로 구분하는 것이다.

2. 동선계획

01 |

동선계획에 관한 설명으로 옳은 것은?

① 동선의 속도가 빠른 경우 단차이를 두거나 계단을 만들어 준다.
② 동선의 빈도가 높은 경우 동선거리를 연장하고 곡선으로 처리한다.
③ 동선이 복잡해 질 경우 별도의 통로공간을 두어 동선을 독립시킨다.
④ 동선의 하중이 큰 경우 통로의 폭을 좁게 하고 쉽게 식별할 수 있도록 한다.

해설 동선계획

㉠ 중요한 동선부터 우선 처리한다.
㉡ 교통량이 많은 동선은 직선으로 최단 거리로 한다.
㉢ 빈도와 하중이 큰 동선은 중요한 동선으로 처리한다.
㉣ 서로 다른 동선은 가능한 분리시키고 필요 이상의 교차는 피해야 한다.

02 |

실내공간의 동선에 관한 설명으로 옳지 않은 것은?

① 동선은 사람이나 물건이 움직이는 선을 연결한 것을 말한다.
② 동선은 성격이 다른 동선일지라도 교차시켜서 계획하는 것이 바람직하다.
③ 동선은 짧으면 효율적이지만 공간의 성격에 따라 길게 처리하기도 한다.
④ 동선은 빈도, 속도, 하중의 3요소를 가지며, 이들 요소의 정도에 따라 거리의 장단, 폭의 대소가 결정된다.

해설 동선계획

㉠ 중요한 동선부터 우선 처리한다.
㉡ 교통량이 많은 동선은 직선으로 최단 거리로 한다.
㉢ 빈도와 하중이 큰 동선은 중요한 동선으로 처리한다.
㉣ 서로 다른 동선은 가능한 분리시키고 필요 이상의 교차는 피해야 한다.

03 |

동선의 3요소에 속하지 않는 것은?

① 시간
② 하중
③ 속도
④ 빈도

해설 동선

사람이나 물건이 이동할 때 나타내는 궤적을 동선이라고 하며 동선의 3요소는 속도, 빈도, 하중이다.

04 |

다음 중 실내공간의 평면계획에서 가장 우선으로 고려해야 할 것은?

① 마감재료
② 공간의 동선
③ 공간의 색채
④ 공간의 환기

해설 실내공간의 평면계획에서 가장 먼저 고려하여야 할 사항은 각 공간 사이의 동선 관계이다.

4 실내디자인 요소

1. 고정적 요소(1차적 요소)

01 |

실내공간을 구성하는 기본요소 중 천장에 관한 설명으로 옳은 것은?

① 천장의 형태는 실내공간의 음향에 영향을 주지 않는다.
② 내부 공간의 어느 요소보다도 조형적으로 제약을 많이 받는다.
③ 천장 일부를 높이거나 낮추는 것을 통해 공간의 영역을 한정할 수 있다.
④ 천장은 시각적 흐름이 시작되는 곳이기에 지각의 느낌에 영향을 주지 않는다.

해설 천장
바닥과 함께 수평적 요소로서 인간을 외기로부터 보호해 주는 역할을 하며, 형태나 색채와 다양성을 통하여 시대적 양식의 변화가 다양하였다.
천장은 바닥과 함께 실내공간을 형성하는 수평적 요소로서 다양한 형태나 패턴 처리로 공간의 형태를 변화시킬 수 있다.

02 |

실내 기본요소 중 천장에 관한 설명으로 옳은 것은?

① 바닥에 함께 실내공간을 구성하는 수직적 요소이다.
② 바닥이나 벽에 비해 접촉 빈도가 높으며 공간의 크기에 영향을 끼친다.
③ 바닥은 시대와 양식에 의한 변화가 현저한 데 비해 천장은 매우 고정적이다.
④ 천장을 낮추면 친근하고 아늑한 공간이 되고, 높이면 확대감을 줄 수 있다.

해설 천장(ceiling)
천장은 바닥과 함께 실내공간을 형성하는 수평적 요소로서 다양한 형태나 패턴 처리로 공간의 형태를 변화시킬 수 있다. 즉 천장이 낮으면 친근하고 포근하며 아늑한 공간이 될 뿐만 아니라 공간의 영역 구분이 가능하며, 천장을 높이면 시원함과 확대감 및 풍만감을 주어 공간의 활성화를 기대할 수 있다. 또한 내림 천

장 등 천장의 고저차나 천창(skylight)을 설치하여 정적인 실내공간 분위기를 동적인 공간으로 활성화할 수가 있다.

03 |

천장에 대한 설명 중 옳은 것은?

① 천장을 낮추면 영역의 구분이 가능하며 친근하고 아늑한 공간이 될 수 있다.
② 천장의 형태는 실내공간의 음향에 영향을 주지 않는다.
③ 천장은 시각적 흐름이 시작되는 곳이기에 지각의 느낌에 영향을 주지 않는다.
④ 내부 공간의 어느 요소보다도 조형적으로 제약을 많이 받는다.

해설 천장(ceiling)
천장은 바닥과 함께 실내공간을 형성하는 수평적 요소로서 다양한 형태나 패턴 처리로 공간의 형태를 변화시킬 수 있다. 즉 천장이 낮으면 친근하고 포근하며 아늑한 공간이 될 뿐만 아니라 공간의 영역 구분이 가능하며, 천장을 높이면 시원함과 확대감 및 풍만감을 주어 공간의 활성화를 기대할 수 있다. 또한 내림 천장 등 천장의 고저차나 천창(skylight)을 설치하여 정적인 실내공간 분위기를 동적인 공간으로 활성화할 수가 있다.

04 |

실내디자인을 구성하는 제요소 중 천장의 유형에 관한 그림이다. 잘못 짝지어진 그림은?

① 단저형 –
② 반원형 –
③ 물매형 –
④ 호형 –

해설

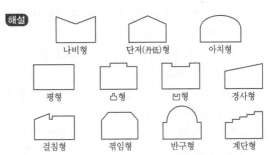

나비형　　단저(丹低)형　　아치형

평형　　凸형　　凹형　　경사형

걸침형　　꺾임형　　반구형　　계단형

05

인간의 감각적 요소 중 촉각적 요소와 가장 관련이 깊은 실내공간 구성요소는?

① 벽
② 바닥
③ 천장
④ 반자

해설 바닥은 실내공간을 형성하는 가장 기본적인 요소로 접촉 빈도가 높다.

06

바닥의 기능을 설명한 것 중 틀린 것은?

① 생활을 지탱하는 기본적 요소이다.
② 사람과 물건을 지지한다.
③ 공간의 영역을 조정할 수 있다.
④ 바닥의 고저차가 없는 경우 다른 면보다 강조할 수 없다.

해설 바닥
실내공간을 구성하는 수평적 요소로서 인간생활이 자유롭게 행해지는 가장 기본적인 요소이다. 안전성이 가장 먼저 고려되어야 하며 내구성, 관리성, 유지성, 마모성, 차단성, 시각성 등의 성능이 요구된다.
※ 기준 바닥면보다 바닥을 높이거나 낮게 하면 공간 영역을 구분 분리할 수 있고 스케일 간의 변화를 줄 수도 있다.

07

실내공간 구성요소 중 바닥에 관한 설명으로 옳지 않은 것은?

① 바닥차가 없는 경우 색, 질감, 재료 등으로 공간의 변화를 줄 수 있다.
② 신체와 직접 접촉되는 요소로서 촉각적인 만족감을 중요시해야 한다.
③ 상승된 바닥면은 공간의 흐름이 연속되고 주위 공간과 위계성이 강조된다.
④ 다른 요소들이 시대와 양식에 의한 변화가 현저한 데 비해 매우 고정적이다.

해설 상승된 바닥면은 공간의 흐름이나 동선을 차단하지만, 주변의 공간과는 다른 중요한 공간으로 인식된다.

08

실내공간을 구성하는 기본요소 중 바닥에 관한 설명으로 옳지 않은 것은?

① 천장과 더불어 공간을 구성하는 수평적 요소이다.
② 외부로부터 추위와 습기를 차단하고 사람과 물건을 지지한다.
③ 바닥은 고저차를 둘 수 있으므로 필요에 따라 공간의 영역을 조정할 수 있다.
④ 인간의 시선이나 동선을 차단하고 공기의 움직임, 소리의 전파, 열의 이동을 제어한다.

해설
• 벽 : 인간의 시선과 동작을 차단하며, 공기의 움직임을 제어하고 소리의 전파, 열의 이동을 제어할 수 있는 수직적 요소이다.
• 바닥 : 천장과 더불어 실내공간을 구성하는 수평적 요소로서 외부로부터 추위와 습기를 차단하고, 인간의 감각 중 시각적, 촉각적 요소와 밀접한 관계를 갖는 가장 기본적인 요소이다. 고저차가 가능하므로 필요에 따라 공간의 영역을 조정할 수 있다.

09

공간의 구성요소 중 일반적으로 가장 먼저 인지되는 요소로, 시각적 대상물이 되거나 공간에 초점적 요소가 되기도 하는 것은?

① 천장
② 바닥
③ 벽
④ 보

해설 벽(Wall)
인간의 시선과 동작을 차단하며, 공기의 움직임을 제어할 수 있는 실내공간을 형성하는 수직 구성요소로서 가장 먼저 눈에 지각되므로 벽의 재질감, 색채, 패턴, 조명 등에 의하여 공간이 갖는 기본적인 성격을 결정짓는다.

10 |

실내공간 구성요소 중 벽(wall)에 관한 설명으로 옳지 않은 것은?

① 시각적 대상물이 되거나 공간에 초점적 요소가 되기도 한다.
② 가구, 조명 등 실내에 놓이는 설치물에 대해 배경적 요소가 되기도 한다.
③ 벽은 공간을 에워싸는 수직적 요소로 수평 방향을 차단하여 공간을 형성한다.
④ 다른 요소들이 시대와 양식에 의한 변화가 현저한데 비해 벽은 매우 고정적이다.

해설 벽(Wall)

인간의 시선과 동작을 차단하며, 공기의 움직임을 제어할 수 있는 실내공간을 형성하는 수직 구성요소로서 가장 먼저 눈에 지각되므로 벽의 재질감, 색채, 패턴, 조명 등에 의하여 공간이 갖는 기본적인 성격을 결정짓는다. 따라서 시대적으로 다양한 형태의 구성과 재료의 변화에 따라 자유롭게 표현되었다.

11 |

실내공간 구성요소 중 벽(wall)에 관한 설명으로 옳지 않은 것은?

① 공간을 에워싸는 수직적 요소이다.
② 다른 요소에 비해 조형적으로 가장 자유롭다.
③ 외부 세계에 대한 침입 방어의 기능을 갖는다.
④ 가구, 조명 등 실내에 놓이는 설치물에 대해 배경적 요소가 된다.

해설 다른 요소에 비하여 조형적으로 자유도가 높은 것은 천장과 바닥, 지붕으로 형태나 색채와 다양성을 통하여 시대적 양식의 변화가 다양하다.

12 |

실내공간을 구성하는 기본요소 중 벽에 관한 설명으로 옳지 않은 것은?

① 선형의 수직 요소로 크기, 형상을 가지고 있다.
② 수평 방향을 차단하여 공간을 형성하는 기능을 갖는다.
③ 시각적 대상물이 되거나 공간에 초점적 요소가 되기도 한다.
④ 실내 분위기를 형성하여 색, 패턴, 질감, 조명 등에 의해 그 분위기가 조절된다.

해설 벽(Wall)

인간의 시선과 동작을 차단하며, 공기의 움직임을 제어할 수 있는 실내공간을 형성하는 수직 구성요소로서 가장 먼저 눈에 지각되므로 벽의 재질감, 색채, 패턴, 조명 등에 의하여 공간이 갖는 기본적인 성격을 결정짓는다.

13 |

벽에 관한 설명 중 옳지 않은 것은?

① 공간과 공간을 구분하고 분리함으로써 시각적, 청각적 프라이버시를 제공해 준다.
② 벽의 높이는 인체와 관련되므로 높이에 따라 시각적, 심리적으로 다른 효과를 준다.
③ 벽의 높이가 600mm 정도이면 한정된 공간의 모서리를 규정할 수 있을 뿐 아니라 감싸는 효과도 있다.
④ 벽의 높이가 키를 넘어서거나 천장까지 맞닿아 있으면 두 영역은 완전히 차단되며 분리된다.

해설 벽 높이에 따른 종류
㉠ 상징적 벽체 : 영역의 한정을 구분할 뿐 통행이나 시각적인 방해가 되지 않는 600mm 이하의 낮은 벽체이다.
㉡ 개방적 벽체 : 눈높이보다 낮은 모든 벽체로 시각적인 개방감은 좋으나 동작의 움직임은 제한되는 900~1,200mm 정도의 높이로 레스토랑, 사우나, 커피숍 등에 이용된다.
㉢ 차단적 벽체 : 눈높이보다 높은 가장 일반적인 벽체로 자유로운 동작을 완전히 제한하는 1,700~1,800mm 이상의 높이로 시각적 프라이버시가 보장된다.

14

벽에 관한 설명으로 옳지 않은 것은?

① 공간을 둘러싸는 수직적 요소이다.
② 공간의 형태와 크기를 결정하는 요소이다.
③ 벽의 높이가 600mm 정도이면 공간을 시각적으로 차단하는 기능을 한다.
④ 공간과 공간을 구분하고 분리함으로써 시각적, 청각적 프라이버시를 제공할 수 있다.

해설 벽 높이에 따른 종류
ⓐ **상징적 벽체** : 영역의 한정을 구분할 뿐 통행이나 시각적인 방해가 되지 않는 600mm 이하의 낮은 벽체이다.
ⓑ **개방적 벽체** : 눈높이보다 낮은 모든 벽체로 시각적인 개방감은 좋으나 동작의 움직임은 제한되는 900~1,200mm 정도의 높이로 레스토랑, 사우나, 커피숍 등에 이용된다.
ⓒ **차단적 벽체** : 눈높이보다 높은 가장 일반적인 벽체로 자유로운 동작을 완전히 제한하는 1,700~1,800mm 이상의 높이로 시각적 프라이버시가 보장된다.

15

실내를 구성하는 요소 중 벽에 관한 설명으로 옳지 않은 것은?

① 자연, 재해, 타인 등 외부세계에 대한 침입 방어의 기능을 갖는다.
② 공간을 에워싸는 수직적 요소로 수평 방향을 차단하여 공간을 형성하는 기능을 갖는다.
③ 높이 1,800mm 정도의 벽은 두 공간을 상징적으로만 분리, 구분한다.
④ 실내분위기를 형성하며 특히 색, 패턴, 질감, 조명 등에 의해 그 분위기가 조절된다.

해설 벽 높이에 따른 종류
ⓐ **상징적 벽체** : 영역의 한정을 구분할 뿐 통행이나 시각적인 방해가 되지 않는 600mm 이하의 낮은 벽체이다.
ⓑ **개방적 벽체** : 눈높이보다 낮은 모든 벽체로 시각적인 개방감은 좋으나 동작의 움직임은 제한되는 900~1,200mm 정도의 높이로 레스토랑, 사우나, 커피숍 등에 이용된다.
ⓒ **차단적 벽체** : 눈높이보다 높은 가장 일반적인 벽체로 자유로운 동작을 완전히 제한하는 1,700~1,800mm 이상의 높이로 시각적 프라이버시가 보장된다.

16

다음 설명에 알맞은 벽의 높이에 따른 공간구획 방법은?

> 공간상호 간에는 통행이 용이하며 자유로이 시선이 통과하므로 영역을 표시하거나 경계를 나타낸다.

① 시각적 개방
② 상징적 경계
③ 시각적 차단
④ 칸막이 벽체

해설 벽 높이에 따른 종류
ⓐ **상징적 벽체** : 영역의 한정을 구분할 뿐 통행이나 시각적인 방해가 되지 않는 600mm 이하의 낮은 벽체이다.
ⓑ **개방적 벽체** : 눈높이보다 낮은 모든 벽체로 시각적인 개방감은 좋으나 동작의 움직임은 제한되는 900~1,200mm 정도의 높이로 레스토랑, 사우나, 커피숍 등에 이용된다.
ⓒ **차단적 벽체** : 눈높이보다 높은 가장 일반적인 벽체로 자유로운 동작을 완전히 제한하는 1,700~1,800mm 이상의 높이로 시각적 프라이버시가 보장된다.

17

벽의 높이와 그 심리적 효과를 잘 설명하고 있는 것은?

① 90cm 정도 높이는 공간의 윤곽을 규정할 뿐 공간을 감싸는 느낌이 안 든다.
② 눈높이의 벽은 공간의 영역성을 완전하게 준다.
③ 45cm 정도의 높이는 어떠한 영역적 느낌을 주지 못한다.
④ 가슴 높이의 정도는 주변 공간에 연속성을 주면서 감싸는 분위기를 조성한다.

해설 벽 높이에 따른 종류
ⓐ **상징적 벽체** : 영역의 한정을 구분할 뿐 통행이나 시각적인 방해가 되지 않는 600mm 이하의 낮은 벽체이다.
ⓑ **개방적 벽체** : 눈높이보다 낮은 모든 벽체로 시각적인 개방감은 좋으나 동작의 움직임은 제한되는 900~1,200mm 정도의 높이로 레스토랑, 사우나, 커피숍 등에 이용된다.
ⓒ **차단적 벽체** : 눈높이보다 높은 가장 일반적인 벽체로 자유로운 동작을 완전히 제한하는 1,700~1,800mm 이상의 높이로 시각적 프라이버시가 보장된다.

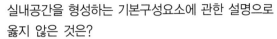

18 |

실내공간을 형성하는 기본구성요소에 관한 설명으로 옳지 않은 것은?

① 개구부는 벽체를 대신하여 건축구조요소로 사용된다.
② 벽은 공간을 에워싸는 수직적 요소로 수평 방향을 차단하여 공간을 형성하는 기능을 갖는다.
③ 천장은 시각적 흐름이 최종적으로 멈추는 곳으로 내부 공간 요소 중 조형적으로 가장 자유롭다.
④ 바닥은 천장과 함께 공간을 구성하는 수평적 요소이며 고저차로 공간의 영역을 조정할 수 있다.

해설 개구부
　㉠ 벽을 구성하지 않는 부분을 총칭한다.
　㉡ 실내공간의 성격을 규정하는 요소이다(채광, 통풍, 조망).
　㉢ 동선이나 가구 배치에 결정적인 영향을 미친다.

19 |

개구부에 관한 설명으로 옳지 않은 것은?

① 한 공간과 인접된 공간을 연결시킨다.
② 가구 배치와 동선계획에 영향을 미친다.
③ 벽체를 대신하여 건축구조요소로 사용된다.
④ 창의 크기와 위치, 형태는 창에서 보이는 시야의 특징을 결정한다.

해설 개구부
　㉠ 벽을 구성하지 않는 부분을 총칭한다.
　㉡ 실내공간의 성격을 규정하는 요소이다.
　㉢ 동선이나 가구 배치에 결정적인 영향을 미친다.

20 |

개구부에 관한 설명으로 옳지 않은 것은?

① 가구 배치와 동선계획에 영향을 미친다.
② 고정창은 크기와 형태에 제약없이 자유로이 디자인할 수 있다.
③ 측창은 같은 크기의 천창보다 3배 정도의 많은 빛을 실내로 유입시킬 수 있다.
④ 회전문은 출입하는 사람이 충돌할 위험이 없으며 방풍실을 겸할 수 있는 장점이 있다.

해설 천창(Skylight, Toplight)
건축의 지붕이나 천장면에 따라 채광, 환기의 목적으로 설치하는 채광 방식이다.
㉠ 같은 면적의 측창보다 3배 정도 광량(光量)이 많다.
㉡ 조도 분포가 균일하여 광창(光窓)이라고도 한다.
㉢ 형태는 넓고 얇은 것이 좁고 깊은 것보다 빛의 손실이 적어 효과적이다.

21 |

창과 문이 가지는 실용적인 기능과 가장 거리가 먼 것은?

① 공기와 빛의 통과(통풍과 채광)
② 전망과 프라이버시의 확보
③ 사람을 통과시키는 개구부
④ 공간의 크기와 형태를 결정

해설 공간의 크기와 형태를 결정하는 것은 벽의 기능에 속한다.

22 |

실내구성요소 중 문에 관한 설명으로 옳지 않은 것은?

① 실내에서의 문의 위치는 내부 공간에서의 동선을 결정한다.
② 사람이 출입하는 문의 폭은 일반적으로 900mm 정도이다.
③ 문의 치수는 기본적으로 사람의 출입을 기준으로 결정된다.
④ 여닫이문은 문틀의 홈으로 2~4개의 문이 미끄러져 닫히는 문으로 일반적으로 슬라이딩 도어라고 한다.

해설 • 여닫이문 : 출입문의 가장 일반적인 형태로 문틀에 경첩을 사용하여 개폐하거나 유리문처럼 상하 모서리에 플로어 힌지를 사용하여 내외 어느 쪽으로도 개폐가 가능한 문으로 개폐를 위한 면적이 필요하다.
　• 미서기문 : 문틀 홈으로 2~4개의 문이 미끄러지듯 움직여 개폐되는 것으로 문짝이 서로 겹쳐지는 것이 특징이다.
　• 미닫이문 : 미서기문과 같은 방법으로 개폐 되나 문이 벽체의 내부로 들어가도록 처리하거나 좌우 옆벽에 밀어 붙여 개폐하도록 처리한다. 슬라이딩 도어라고도 한다.

23 |

다음과 같은 특징을 갖는 문의 종류는?

- 출입하는 사람이 충돌할 위험이 없으며 방풍실을 겸할 수 있는 장점이 있다.
- 호텔이나 은행 등 사람의 출입이 많은 장소에 설치된다.

① 회전문
② 접이문
③ 미닫이문
④ 여닫이문

해설 ① 회전문 : 4장의 유리문을 기밀하게 한 원통형의 중심축에 서로 직교하게 달아 회전시켜 출입하는 문으로 방풍, 방한, 방수 및 출입 인원을 조절할 목적으로 호텔이나 대형 건물 등의 출입문으로 사용한다.
② 접이문 : 주름문, 아코디언 도어, 폴딩 도어라고도 하며 칸막이 역할을 하는 간이문이나 커튼의 대용으로 사용된다.
③ 미닫이문 : 미서기문과 같은 방법으로 개폐가 되나 문이 벽체의 내부로 들어가도록 처리하거나 좌우 옆벽에 밀어붙여 개폐하도록 처리한다. 슬라이딩 도어라고도 한다.
④ 여닫이문 : 출입문의 가장 일반적인 형태로 문틀에 경첩을 사용하여 개폐하거나 유리문처럼 상하 모서리에 플로어 힌지를 사용하여 내외 어느 쪽으로도 개폐가 가능한 문으로 개폐를 위한 면적이 필요하다.

24 |

방풍 및 열손실을 최소로 줄여주면서 통행의 흐름을 완만하게 해주는 문의 형태는?

① 자동문
② 회전문
③ 접이문
④ 여닫이문

해설 ② 회전문 : 4장의 유리문을 기밀하게 한 원통형의 중심축에 서로 직교하게 달아 회전시켜 출입하는 문으로 방풍, 방한, 방수 및 출입 인원을 조절할 목적으로 호텔이나 대형 건물 등의 출입문으로 사용한다.
③ 접이문 : 주름문, 아코디언 도어, 폴딩 도어라고도 하며 칸막이 역할을 하는 간이문이나 커튼의 대용으로 사용된다.
④ 여닫이문 : 출입문의 가장 일반적인 형태로 문틀에 경첩을 사용하여 개폐하거나 유리문처럼 상하 모서리에 플로어 힌지를 사용하여 내외 어느 쪽으로도 개폐가 가능한 문으로 개폐를 위한 면적이 필요하다.

25 |

창의 기본적 기능과 가장 거리가 먼 것은?

① 채광
② 통풍
③ 장식
④ 환기

해설 창의 기본적 기능은 채광, 조망, 통풍 및 환기이다.

26 |

설치위치에 따른 창의 종류에 관한 설명으로 옳지 않은 것은?

① 천창은 같은 면적의 측창보다 광량이 많으며 조도분포도 비교적 균일하다.
② 고창은 천장면 가까이에 높게 위치한 창으로 주로 환기를 목적으로 설치된다.
③ 정측창은 직사광선의 실내유입이 많아 미술관, 박물관에서는 사용이 곤란하다.
④ 편측창은 실의 구석 부분은 조도가 부족하고 실 전체의 조도 분포가 비교적 균일하지 못한 것이 단점이다.

해설 정측창은 천창의 채광효과를 크게 얻기 위해 지붕면에 수직 또는 수직에 가깝게 설치한 창으로 주로 높은 조도를 필요로 하는 미술관, 박물관이나 주광율 분포가 균일해야 하는 공장 등에 사용된다.

27 |

창(window)에 관한 설명으로 옳은 것은?

① 고정창은 크기와 형태의 제약없이 자유로이 디자인할 수 있다.
② 미서기창은 경사지게 열리므로 비나 눈이 올 때도 창을 열 수 있는 장점이 있다.
③ 여닫이창은 2짝 이상의 창문이 좌우로 개폐되며, 개폐에 있어 실내공간을 고려할 필요가 없다.
④ 윈도우 월(window wall)은 밖으로 창과 함께 평면이 돌출된 형태로, 아늑한 구석 공간을 형성할 수 있나.

해설 • 미서기창 : 문틀 홈으로 문이 미끄러지듯 움직여 개폐되는 것으로 문짝이 서로 겹치는 것이 특징이다.
• 여닫이창 : 열리는 범위를 조절할 수 있으며 완전 개폐를 할 수 있고 환기가 잘 된다.

- 윈도우 월(window wall) : 벽면 전체를 창으로 처리하는 것으로 어떠한 창보다 커 조망과 채광상 유리하나 일사에 의한 복사열과 냉난방 부하가 큰 것이 문제이다.
- 베이 윈도우(bay window) : 창이 벽을 경계로 하여 튀어나온 것으로 창과 벽 사이의 창에 아늑한 공간을 형성하여 간이 휴식공간이나 식물이나 장식품 등을 놓아두는 공간이다.

28 |

고정창에 관한 설명으로 옳지 않은 것은?

① 적정한 자연 환기량 확보를 위해 사용된다.
② 크기와 관계없이 자유롭게 디자인할 수 있다.
③ 형태와 관계없이 자유롭게 디자인할 수 있다.
④ 유리와 같이 투명재료일 경우 창이 있는 것을 알지 못해 부딪힐 위험이 있다.

해설 고정창(붙박이창)

창을 열지 못하도록 고정된 창으로 채광과 조망을 위하여 형태와 크기를 자유롭게 디자인할 수 있으며, 시각적으로 내·외부 공간을 연장시켜 주므로 실내공간을 더 넓게 보이게 하는 장점이 있다.

29 |

측창에 관한 설명으로 옳지 않은 것은?

① 천창에 비해 채광량이 많다.
② 천창에 비해 비막이에 유리하다.
③ 편측창의 경우 실내 조도 분포가 불균일하다.
④ 근린의 상황에 의한 채광 방해의 우려가 있다.

해설
- 측창 : 벽체에 수직으로 설치되는 가장 일반적인 창 형태로 눈부심이 적고, 입체감이 우수하다. 편측창, 양측창, 고창 등이 있다.
- 천창(Skylight, Top light) : 지붕이나 천장면을 따라 채광, 환기의 목적으로 설치하는 채광 방법으로 같은 면적의 측창보다 3배 정도 광량이 많고, 조도 분포가 균일하며 광창이라고도 한다.

30 |

건물의 지붕 부분에 채광 또는 환기를 목적으로 수평면이나 약간의 경사면을 두어 상부 채광하는 형태로 최소의 크기로 최대의 빛을 받아들이는 데 효과적인 것은?

① 측창 형식
② 천창 형식
③ 정측창 형식
④ 경사창 형식

해설 창의 위치에 따른 분류
- ㉠ 측창 : 벽체에 수직으로 설치되는 가장 일반적인 창 형태로 눈부심이 적고, 입체감이 우수하다. 편측창, 양측창, 고창 등이 있다.
- ㉡ 정측창 : 천창의 채광효과를 크게 얻기 위해 지붕면에 수직 또는 수직에 가깝게 설치한 창으로 주로 높은 조도를 필요로 하는 미술관, 박물관이나 주광율 분포가 균일해야 하는 공장 등에 사용된다.
- ㉢ 천창(Skylight, Top light) : 지붕이나 천장면을 따라 채광, 환기의 목적으로 설치하는 채광 방법으로 같은 면적의 측창보다 3배 정도 광량이 많고, 조도 분포가 균일하며 광창이라고도 한다.

31 |

천창을 건축에 사용했을 때 장점으로 옳지 않은 것은?

① 건축계획의 자유도가 증가한다.
② 비막이 및 유지 보수가 용이하다.
③ 벽면을 더욱 다양하게 활용할 수 있다.
④ 밀집된 건물에 둘러싸여 있어도 일정량의 채광을 확보할 수 있다.

해설 천창(Skylight, Toplight)

건축의 지붕이나 천장면에 따라 채광·환기의 목적으로 설치하는 채광 방식이다.
- ㉠ 같은 면적의 측창 보다 3배 정도 광량(光量)이 많다.
- ㉡ 조도 분포가 균일하여 광창(光窓)이라고도 한다.
- ㉢ 형태는 넓고 얇은 것이 좁고 깊은 것보다 빛의 손실이 적어 효과적이다.
- ㉣ 구조와 시공이 불리하며, 특히 비처리에 불리하고 조작과 유지 관리 불리하다.
- ㉤ 비개방적이고 폐쇄된 느낌을 주며, 통풍 차열에 불리하다.

32 |

다음과 같은 특징을 갖는 창의 종류는 어느 것인가?

> 건물의 지붕이나 천장면에 채광 또는 환기를 목적으로 수평면이나 약간 경사진 면에 낸 창으로 상부에서 채광하는 방식이다.

① 측창   ② 천창
③ 정측창   ④ 고창

해설 창의 위치에 따른 분류
- ㉠ 측창 : 벽체에 수직으로 설치되는 가장 일반적인 창 형태로 눈부심이 적고, 입체감이 우수하다. 편측창, 양측창, 고창 등이 있다.
- ㉡ 정측창 : 천장의 채광효과를 크게 얻기 위해 지붕면에 수직 또는 수직에 가깝게 설치한 창으로 주로 높은 조도를 필요로 하는 미술관, 박물관이나 주광율 분포가 균일해야 하는 공장 등에 사용된다.
- ㉢ 천창(Skylight, Top light) : 지붕이나 천장면을 따라 채광, 환기의 목적으로 설치하는 채광 방법으로 같은 면적의 측창보다 3배 정도 광량이 많고, 조도 분포가 균일하며 광창이라고도 한다.

33 |

다음 설명에 알맞은 창의 종류는?

> 벽면 전체를 창으로 처리하는 것으로 어떤 창보다도 큰 조망과 보다 많은 투과광량을 얻는다.

① 윈도우 월   ② 보우 윈도우
③ 베이 윈도우   ④ 픽쳐 윈도우

해설 ① 윈도우 월(window wall) : 벽면 전체를 창으로 처리하는 것으로 어떠한 창보다 커 조망과 채광 상 유리하나 일사에 의한 복사열과 냉난방 부하가 큰 것이 문제이다.
② 보우 윈도우(bow window) : 내민창(bay window)의 일종으로 부드러운 곡선형태의 창이며, 평면형 이원호를 이룬 것이다.
③ 베이 윈도우(bay window) : 창이 벽을 경계로 하여 튀어나온 것으로 창과 벽사이의 창에 아늑한 공간을 형성하여 간이 휴식공간이나 식물이나 장식품 등을 놓아두는 공간이다.
④ 픽쳐 윈도우(picture window) : 바닥에서 천장까지 닿는 커다란 창으로 전망이 한 폭의 그림과 같은 효과를 얻을 수 있다.

34 |

실내의 채광 조절을 위한 장치에 속하지 않는 것은?

① 루버   ② 커튼
③ 블라인드   ④ 벤틸레이터

해설 벤틸레이터(Ventilator)
환기통 상부에 설치하는 것으로 비의 침입을 방지하고 흡입 효과를 늘려 역류 현상을 방지하기 위한 목적으로 설치한다.

35 |

블라인드(blind)에 관한 설명으로 옳지 않은 것은?

① 롤 블라인드는 셰이드라고도 한다.
② 베니션 블라인드는 수평형 블라인드이다.
③ 로만 블라인드는 날개의 각도로 채광량을 조절한다.
④ 베니션 블라인드는 날개 사이에 먼지가 쌓이기 쉽다.

해설 로만 블라인드(roman blind)
천의 내부에 설치된 풀 코드나 체인에 의해 당겨져 아래가 접혀 올라가므로 풍성한 느낌과 우아한 실내 분위기를 만든다.

36 |

다음 설명에 알맞은 블라인드의 종류는?

> • 셰이드 블라인드라고도 한다.
> • 천을 감아 올려 높이 조절이 가능하며 칸막이나 스크린의 효과도 얻을 수 있다.

① 롤 블라인드   ② 로만 블라인드
③ 버티컬 블라인드   ④ 베니션 블라인드

해설 ② 로만 블라인드(roman blind) : 천의 내부에 설치된 풀 코드나 체인에 의해 당겨져 아래가 접혀 올라가므로 풍성한 느낌과 우아한 실내 분위기를 만든다.
③ 버티컬 블라인드(vertical blind) : 수직 블라인드로 날개를 세로로 하여 180° 회전하는 홀더 체인으로 연결되어 있으며, 좌우 개폐가 가능하고 천장 높이가 높은 은행 영업장이나 대형 창에 많이 쓰인다.
④ 베니션 블라인드(venetian blind) : 수평 블라인드로 각도 조절, 승강 조절이 가능하나 먼지가 쌓이면 제거하기가 어려운 단점이 있다.

37 |

그림 중 로만 블라인드(Roman blind)라 불리우는 일광 조정 방식은?

① 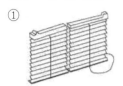 ②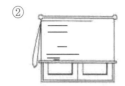

③  ④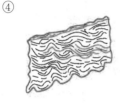

> **해설** 로만 블라인드(roman blind)
> 천의 내부에 설치된 풀 코드나 체인에 의해 당겨져 아래가 접혀 올라가므로 풍성한 느낌과 우아한 실내 분위기를 만든다.
> ① 베니션 블라인드
> ② 롤 블라인드
> ③ 버티컬 블라인드

38 |

창문 전체를 커튼으로 처리하지 않고 반 정도만 친 형태를 갖는 커튼의 종류는?

① 새시 커튼
② 글라스 커튼
③ 드로우 커튼
④ 드레이퍼리 커튼

> **해설** ① 새시 커튼(Sash curtain) : 부분 커튼으로 창문의 1/2 정도만 가리도록 만든 것이다.
> ② 글라스 커튼(Glass curtain) : 투시성이 있는 얇은 커튼의 통칭으로 일명 레이스 커튼이라고도 한다. 실내에 유입되는 빛을 부드럽게 한다.
> ③ 드로우 커튼(Draw curtain) : 드레이퍼리와 글라스 커튼의 중간 것으로 일명 케이스먼트라 하며, 좌우 이동성을 의미하기도 한다.
> ④ 드레이퍼리 커튼(Drapery curtain) : 두꺼운 커튼의 통칭으로 중후함과 호화로움을 준다.

39 |

실내계획 중 치수계획에 관한 설명으로 옳지 않은 것은?

① 치수계획은 인간의 심리적, 정서적 반응을 유발시킨다.
② 복도의 폭과 넓이는 통행인의 수와 관계있지만 보행 형태를 규정하지 않는다.
③ 최적 치수를 구하는 방법으로는 a를 조정 치수라 할 때 최소치 +a, 최대치 −a, 목표치 ±a가 있다.
④ 치수계획은 생활과 물품, 공간과의 적정한 상호 관계를 만족시키는 치수 체계를 구하는 과정이다.

> **해설** 복도의 폭과 넓이는 통행인의 수, 통행량과 보행의 형태에 따라 결정되며, 공간의 사용목적에 따라 치수가 달라진다.

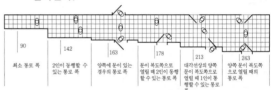

90	142	163	178	213	243
최소 통로 폭	2인이 통행할 수 있는 통로 폭	양쪽에 문이 있는 경우의 통로 폭	문이 복도쪽으로 열릴 때 2인이 통행할 수 있는 통로 폭	대각선상의 양쪽 문이 복도쪽으로 열릴 때 1인이 통행할 수 있는 통로 폭	양쪽 문이 복도쪽으로 열릴 때의 통로 폭

40 |

실내공간의 계단에 관한 설명으로 옳지 않은 것은?

① 계단의 경사도는 30~35° 정도가 일반적이다.
② 계단의 난간 높이는 500~650mm 정도가 일반적이다.
③ 계단은 수직 방향으로 공간을 연결하는 상하 통행 공간이다.
④ 계단은 통행자의 밀도, 빈도, 연령 등에 따른 사용상의 고려가 필요하다.

> **해설** 계단, 경사로
> 각 공간을 수직적으로 연결하는 통행 공간이다.
> ㉠ 계단의 경사도는 30~35°이다.
> ㉡ 경사로의 각도는 8~15°(1/8)가 가장 이상적이다.
> ㉢ 계단의 난간 높이는 860~900mm가 이상적이다.
> ㉣ 계단의 단 높이, 단 너비는 건물의 용도에 따라 다르다.

41 |

실내공간 구성요소에 대한 설명 중 옳지 않은 것은?

① 일정한 간격으로 배열된 기둥은 실내에서 수직적 요소로 볼 수 있다.

② 벽의 걸레받이는 천장을 따라 돌려진 몰딩과 함께 실내에서 수평적 요소로 작용한다.

③ 노출된 계단은 사선의 역동성을 갖는다.

④ 아치형의 개구부는 수평선과 수직선의 조합으로 시각적으로 평온하다.

> **해설** 아치(arch)는 상부에서 오는 수직압력을 아치의 축선에 따라 좌우로 나누어져 아래로는 직압력만 전달되도록 하여 부재의 하부에 인장력이 생기지 않도록 한 특수한 형태의 개구부이다.

42 |

실내공간을 구성하는 요소에 관한 설명으로 옳지 않은 것은?

① 상승된 바닥은 다른 부분보다 중요한 공간이라는 것을 나타낸다.

② 벽과 천장은 시대와 양식에 의한 변화가 현저한데 비해 천장은 매우 고정적이다.

③ 벽, 문틀, 문과의 관계에서 색상은 실내 분위기 연출에 영향을 주는 중요한 요소가 된다.

④ 벽의 높이가 가슴 정도이면 주변 공간에 시각적 연속성을 주면서도 특정 공간을 감싸주는 느낌을 준다.

> **해설** • 천장 : 바닥과 함께 수평적 요소로서 인간을 외기로부터 보호해 주는 역할을 하며, 형태나 색채와 다양성을 통하여 시대적 양식의 변화가 다양하였다.
> • 바닥 : 실내공간을 구성하는 수평적 요소로서 인간의 감각 중 시각적, 촉각적 요소와 밀접한 관계를 갖는 가장 기본적인 요소로 매우 고정적이다.

43 |

실내공간을 형성하는 기본 구성요소에 관한 설명으로 옳지 않은 것은?

① 개구부는 벽체를 대신하여 건축구조요소로 사용된다.

② 벽은 공간을 에워싸는 수직적 요소로 수평 방향을 차단하여 공간을 형성하는 기능을 갖는다.

③ 천장은 시각적 흐름이 최종적으로 멈추는 곳으로 내부 공간 요소 중 조형적으로 가장 자유롭다.

④ 바닥은 천장과 함께 공간을 구성하는 수평적 요소이며 고저차로 공간의 영역을 조정할 수 있다.

> **해설** 개구부
> ㉠ 벽을 구성하지 않는 부분을 총칭한다.
> ㉡ 실내공간의 성격을 규정하는 요소이다(채광, 통풍, 조망).
> ㉢ 동선이나 가구 배치에 결정적인 영향을 미친다.

44 |

실내공간을 형성하는 주요 기본요소인 바닥, 벽, 천장에 관한 설명으로 옳지 않은 것은?

① 벽은 가구, 조명 등 실내에 놓여지는 설치물에 대해 배경적 요소가 된다.

② 다른 요소들이 시대와 양식에 의한 변화가 현저한데 비해 천장은 매우 고정적이다.

③ 벽은 공간을 에워싸는 수직적 요소로 수평 방향을 차단하여 공간을 형성하는 기능을 한다.

④ 바닥은 천장과 함께 공간을 구성하는 수평적 요소로서 생활을 지탱하는 가장 기본적인 요소이다.

> **해설** 천장
> 바닥과 함께 수평적 요소로서 인간을 외기로부터 보호해 주는 역할을 하며, 형태나 색채와 다양성을 통하여 시대적 양식의 변화가 다양하다.

45 |

실내기본요소에 관한 설명으로 옳은 것은?

① 바닥은 공간의 영역조정기능이 없다.

② 천장을 낮추면 친근하고 아늑한 공간이 되고 높이면 확대감을 줄 수 있다.

③ 눈높이보다 낮은 벽은 공간을 분할하고 높은 벽은 영역을 표시하거나 경계를 나타낸다.

④ 천장은 공간을 에워싸는 수직적 요소로 수평 방향을 차단하여 공간을 형성하는 기능을 한다.

해설 실내기본요소

 ㉠ 바닥 : 천장과 더불어 실내공간을 구성하는 수평적 요소로서 외부로부터 추위와 습기를 차단하고, 인간의 감각 중 시각적, 촉각적 요소와 밀접한 관계를 갖는 가장 기본적인 요소이다. 색, 질감, 마감재료 등을 사용하여 다양한 변화를 줄 수 있고 고저차가 가능하므로 필요에 따라 공간의 영역을 조정할 수 있다.

 ㉡ 천장 : 바닥과 함께 수평적 요소로서 인간을 외기로부터 보호해 주는 역할을 하며, 형태나 색채와 다양성을 통하여 시대적 양식의 변화가 다양하다. 낮추면 친근하고 아늑한 공간이 되고 높이면 확대감을 줄 수 있다.

 ㉢ 벽 : 인간의 시선과 동작을 차단하며, 공기의 움직임을 제어하고 소리의 전파, 열의 이동을 제어할 수 있는 수직적 요소이다.

 ※ 개방적 벽체 : 눈높이보다 낮은 모든 벽체로 시각적인 개방감은 좋으나 동작의 움직임은 제한되는 900~1,200mm 정도의 높이로 레스토랑, 사우나, 커피숍 등에 이용된다.

46 |

실내공간을 구성하는 기본요소에 관한 설명으로 옳지 않은 것은?

① 벽은 다른 요소들에 비해 조형적으로 가장 자유롭다.

② 바닥은 고저차를 통해 공간의 영역을 조정할 수 있다.

③ 다른 요소들이 시대와 양식에 의한 변화가 현전한데 비해 바닥은 매우 고정적이다.

④ 천장은 시각적 흐름이 최종적으로 멈추는 곳이기에 지각의 느낌에 영향을 미친다.

해설 벽(Wall)

 ㉠ 인간의 시선과 동작을 차단하며, 소리의 전파, 열의 이동, 공기의 움직임을 제어할 수 있는 수직적 요소이다.

 ㉡ 공간 구성요소 중 가장 많은 면적을 차지하며 가장 먼저 눈에 지각된다.

 ㉢ 재질감이나 색채, 패턴, 조명 등은 바닥이나 천장, 특히 실내·외벽은 내부 공간을 한정하여 공간이 갖는 기본적인 성격을 결정짓는다.

47 |

실내공간의 기본요소에 대한 설명으로서 잘못된 것은?

① 다른 요소들이 시대와 양식에 의한 변화가 현저한 데 비하여 바닥은 매우 고정적이다.

② 천장의 형태는 그 재료와 질감과 함께 실내공간의 음향적인 부분에 영향을 미친다.

③ 벽은 수직적 요소이므로 보는 시점의 높낮이에 의한 시각적 특성의 변화가 거의 없다.

④ 기둥은 하중과 관계없이 실내에 설치되어 강조적, 상징적 요소로도 사용된다.

해설 실내의 기본적 요소

 ㉠ 바닥
- 실내공간을 구성하는 수평적 요소로서 인간의 감각 중 시각적, 촉각적 요소와 밀접한 관계를 갖는 가장 기본적인 요소이다.
- 고저의 정도에 따라 시간이나 공간의 연속성 조절도 가능하다.
- 바닥면의 모서리는 형태나 색채, 질감, 마감재를 다르게 하거나 조명을 설치함으로써 시각적인 구분을 명확하게 한다.
- 바닥 재료의 색채는 저명도에 중채도나 저채도의 색상으로 선택하는 것이 좋다.

 ㉡ 천장
- 바닥과 함께 실내공간을 형성하는 수평적 요소로서 다양한 형태나 패턴 처리로 공간의 형태를 변화시킬 수 있다.
- 천장이 낮으면 친근하고 포근하며, 아늑한 공간이 되며, 공간의 영역 구분이 가능하다.
- 천장이 높으면 시원함, 확대감, 풍만감을 주어 공간의 활성화를 기대할 수 있다.

 ㉢ 벽
- 인간의 시선과 동작을 차단하며, 공기의 움직임을 제어할 수 있는 수직적 요소이다.
- 공간 구성요소 중 가장 많은 면적을 차지하며 가장 먼저 눈에 지각된다.
- 재질감이나 색채, 패턴, 조명 등은 바닥이나 천장, 특히 실내·외벽은 내부 공간을 한정하여 공간이 갖는 기본적인 성격을 결정짓는다.

2. 가동적 요소(2차적 요소)

01 |

다음 중 연색성이 가장 우수한 것은?

① 할로겐 전구
② 고압 수은 램프
③ 고압 나트륨 램프
④ 메탈할라이드 램프

해설 연색성

조명에 의한 물체색의 보이는 상태 및 물체색의 보이는 상태를 결정하는 광원의 성질을 말한다. 연색성이 우수한 조명순서는 할로겐 전구 > 메탈할라이드 램프 > 고온 수은 램프 > 고압 나트륨 램프 순이다.

02 |

실내 장식물에 관한 설명으로 옳지 않은 것은?

① 공간을 강조하고 흥미를 높여주는 효과가 있다.
② 주변 물건들과의 조화 등을 고려하여 선택한다.
③ 개성을 표현하는 자기표현의 수단이 될 수 있다.
④ 기능은 없고 미적 효용성을 더해 주는 물품을 말한다.

해설 장식물의 종류

㉠ 실용적 장식물(기능적 장식물) : 실생활용품으로 사용되지만 장식적인 효과도 무시 못 하는 물품으로 가전제품류(전자레인지, TV, 에어컨, 전기밥통, 냉장고, 비디오, 오디오 등), 조명기구류(플로어 스탠드, 테이블 램프, 샹들리에, 브래킷, 펜던트 등), 담배세트(담배함, 라이터, 재떨이 등), 꽃꽂이 용구(화병, 수반) 등이다.
㉡ 감상용 장식물 : 실생활의 사용보다는 실내 분위기를 북돋우는 감상 위주의 물품으로 실내 전체 디자인과 조화를 고려하여 적당한 수량, 크기, 색채와 주제가 결정되어야 한다. 골동품, 조각, 수석, 모형, 인형, 완구류, 분재, 관상수, 화초류 등이 이에 속한다.
㉢ 기념적 장식물 : 개인의 취미 활동이나 전문직종의 활동 실적에 따른 기념적 요소가 강한 물품이다. 트로피, 상패, 뺏지, 메달, 펜던트, 탁본, 박제류, 총포, 악기류, 운동 기구, 악기, 악보, 서적, 기념사진 등이 이에 속한다.

03 |

장식품(accessory)에 관한 설명으로 옳지 않은 것은?

① 실내디자인을 완성하게 하는 보조적인 역할을 한다.
② 실내공간의 성격, 크기, 마감재료, 색채 등을 고려하여 그 종류를 선정한다.
③ 디자인의 의도에 따라 실의 분위기나 시각적 효과를 좌우하는 요소가 될 수 있다.
④ 디자인의 완성도를 높이기 위하여 도입하는 것으로서 심미적 감상 목적의 물품만을 말한다.

해설 장식물의 종류

㉠ 실용적 장식물(기능적 장식물) : 실생활용품으로 사용되지만 장식적인 효과도 무시 못 하는 물품으로 가전제품류(전자레인지, TV, 에어컨, 전기밥통, 냉장고, 비디오, 오디오 등), 조명기구류(플로어 스탠드, 테이블 램프, 샹들리에, 브래킷, 펜던트 등), 담배 세트(담배함, 라이터, 재떨이 등), 꽃꽂이 용구(화병, 수반) 등이다.
㉡ 감상용 장식물 : 실생활의 사용보다는 실내 분위기를 북돋우는 감상 위주의 물품으로 실내 전체 디자인과 조화를 고려하여 적당한 수량, 크기, 색채와 주제가 결정되어야 한다. 골동품, 조각, 수석, 모형, 인형, 완구류, 분재, 관상수, 화초류 등이 이에 속한다.
㉢ 기념적 장식물 : 개인의 취미 활동이나 전문직종의 활동 실적에 따른 기념적 요소가 강한 물품이다. 트로피, 상패, 뺏지, 메달, 펜던트, 탁본, 박제류, 총포, 악기류, 운동 기구, 악기, 악보, 서적, 기념사진 등이 이에 속한다.

04 |

다음 중 기능성과 가장 관련이 먼 장식물(accessories)은?

① 수석
② 화초
③ 벽시계
④ 조명기기

해설 • 실용적 장식물(기능적 장식물) : 실생활용품으로 사용되지만 장식적인 효과도 무시 못 하는 물품으로 가전제품류(전자레인지, TV, 에어컨, 전기밥통, 냉장고, 비디오, 오디오 등), 조명기구류(플로어 스탠드, 테이블 램프, 샹들리에, 브래킷, 펜던트 등), 담배세트(담배함, 라이터, 재떨이 등), 꽃꽂이 용구(화병, 수반) 등이다.

• 감상용 장식물(시각적 장식물) : 실생활의 사용보다는 실내 분위기를 북돋우는 감상 위주의 물품으로 실내 전체 디자인과 조화를 고려하여 적당한 수량, 크기, 색채와 주제가 결정되어야 한다. 골동품, 조각, 수석, 모형, 인형, 완구류, 분재, 관상수, 화초류 등이 이에 속한다.

05 |

장식물의 선정과 배치상의 일반적인 주의사항으로 옳지 않은 것은?

① 좋고 귀한 것은 돋보일 수 있도록 많이 진열한다.
② 계절에 따른 변화를 시도할 수 있는 여지를 남긴다.
③ 여러 장식품들이 서로 균형을 유지하도록 배치한다.
④ 형태, 스타일, 색상 등이 실내공간과 어울리도록 한다.

해설 장식물의 선정, 배치상 주의할 점
  ㉠ 좋은 장식물이라도 많이 전시하지 말 것
  ㉡ 형태, 스타일, 색상이 실내공간과 잘 어울릴 것
  ㉢ 주인의 개성이 반영되도록 할 것
  ㉣ 각 요소가 서로 균형 있게 유지될 것
  ㉤ 계절에 따른 변화를 시도할 수 있는 여지는 남길 것

06 |

계단에 부딪히며 떨어지는 계단식 폭포를 무엇이라 하는가?

① 벽천　　　　　② 브라켓
③ 타피스트리　　④ 캐스케이드

해설 캐스케이드(cascade)
  작은 폭포라는 뜻으로 물이 계단식으로 물이 쏟아지는 폭포처럼 쏟아지는 물을 형상화하여 풍성하게 늘어뜨리는 모양의 장식을 뜻한다.

III 실내디자인 세부 공간계획

1 주거 세부 공간계획

01 |

주거공간에 관한 설명으로 옳은 것은?

① 한식 침실이 양식 침실보다 가구의 점유 면적이 크다.
② 한식 침실은 소박하고 안정되기보다는 화려하고 복잡하다.
③ 양식 침실이 한식 침실보다 용도면에 있어서 융통성이 크다.
④ 전통 한옥의 공간 구조는 남성과 여성의 생활공간이 분리되어 있다.

해설 한식 주택과 양식 주택의 차이점
  ㉠ 평면상 : 양식은 방의 기능적 분리이며, 한식은 방의 다용도성이다.
  ㉡ 구조상 : 양식은 바닥이 낮고 창이 작으며 벽돌 구조로 되어 있으며, 한식은 바닥이 높고 개구부가 크며 대부분이 나무 구조이다.
  ㉢ 관습 : 양식은 의자식이고, 한식은 좌식이다.
  ㉣ 용도 : 양식은 단일 용도로서 프라이버시가 보장되나, 한식은 혼용도로 프라이버시가 보장되지 못한다.
  ㉤ 가구 : 양식은 가구의 종류와 형태에 따라 크기와 너비가 결정되며, 한식은 가구와 거의 관계없이 각 방의 크기와 설비가 결정된다.

02 |

주거공간의 리노베이션 계획에 대한 설명 중 옳지 않은 것은?

① 가족 전체나 개인에 필요한 사항이나 불만을 수집하여 발전, 개선해야 한다.
② 사용하지 않는 것은 과감히 버리는 지혜가 필요하다.
③ 종합적이고 장기적인 계획이어야 한다.
④ 리노베이션이므로 건축법의 적용 여부는 고려치 않아도 된다.

해설 주거공간 리노베이션 계획
  ㉠ 가족의 생활주기, 가족의 생활양식, 가족의 고유한 특성을 고려하여야 한다.
  ㉡ 세월의 흐름에 따른 성장, 발전으로 공간의 변화 가능성을 고려하여야 한다.

03 |

다음 중 주거공간의 효율을 높이고, 데드 스페이스
(dead space)를 줄이는 방법과 가장 거리가 먼 것은?

① 플랫폼 가구를 활용한다.
② 기능과 목적에 따라 독립된 실로 계획한다.
③ 침대, 계단 밑 등을 수납공간으로 활용한다.
④ 가구와 공간의 치수체계를 통합하여 계획한다.

해설 기능이나 목적이 같은 실은 통합하여 계획한다.

04 |

주택의 동선계획에 관한 설명으로 옳지 않은 것은?

① 가사노동의 동선은 가능한 남측에 위치시키도록
한다.
② 사용 빈도가 높은 공간은 동선을 길게 처리하는
것이 좋다.
③ 동선이 교차하는 곳은 공간적 두께를 크게 하는
것이 좋다.
④ 개인, 사회, 가사노동권 등의 동선은 상호 간 분
리하는 것이 좋다.

해설 동선계획
　　㉠ 중요한 동선부터 우선 처리한다.
　　㉡ 교통량이 많은 동선은 직선으로 최단 거리로 한다.
　　㉢ 빈도와 하중이 큰 동선은 중요한 동선으로 처리한다.
　　㉣ 서로 다른 동선은 가능한 분리하고 필요 이상의 교
　　　차는 피해야 한다.

05 |

다음 중 주거공간의 영역 구분(zoning) 방법과 가장
거리가 먼 것은?

① 행동의 목적에 따른 구분
② 공간의 분위기에 따른 구분
③ 사용자의 범위에 따른 구분
④ 공간의 사용시간에 따른 구분

해설 주택의 공간 구역 구분(zoning)
　　　㉠ 주행동에 의한 구분
　　　㉡ 사용시간에 따른 분류
　　　㉢ 행동 반사에 따른 분류

공간의 기능이나 성격이 유사한 것끼리 묶어 배치하여
전체 공간을 몇 개의 기능적인 공간으로 구분하는 것
이다.

06 |

주택의 기능별 공간계획이 바른 것은?

① 정적 공간 – 침실, 서재, 거실
② 동적 공간 – 식사실, 현관, 서재
③ 생리적 기능 공간 – 침실, 식당, 욕실
④ 정서적 기능 공간 – 거실, 서재, 작업실

해설 ① 정적 공간 – 침실, 서재
　　　② 동적 공간 – 거실, 식당, 부엌
　　　④ 정서적 기능 공간 – 작업실, 서재

07 |

주거공간에서 유틸리티 공간(utility area)과 가장 밀
접하게 연결되는 실은?

① 침실　　　　　　　② 거실
③ 부엌　　　　　　　④ 아동실

해설 주거공간에서 주부가 가장 활동적인 공간은 부엌이다.

08 |

주거공간을 주행동에 따라 개인 공간, 작업 공간, 사
회적 공간으로 분류할 때 다음 중 작업공간에 속하
는 것은?

① 서재　　　　　　　② 침실
③ 응접실　　　　　　④ 다용도실

해설 주거공간의 주행동에 의한 구분
　　㉠ 개인 공간 : 각 개인의 사적 생활공간으로, 프라이
　　　버시가 요구되는 공간이다(침실, 노인방, 자녀방,
　　　작업실, 서재 등).
　　㉡ 사회적 공간 : 모든 가족의 공동 이용 공간으로 놀
　　　이, 단란, 휴식을 위한 공간이다(거실, 식당, 응접
　　　실, 현관 등).
　　㉢ 작업 공간(노동 공간) : 주부의 가사노동 공간으로
　　　작업 공간이라고도 한다(부엌, 세탁실, 창고, 다용
　　　도실, 가사실 등).
　　㉣ 보건 · 위생 공간 : 화장실, 욕실 등

09

주거공간을 주행동에 따라 개인 공간, 작업 공간, 사회적 공간으로 구분할 때 다음 중 개인 공간에 속하는 것은?

① 부엌   ② 서재
③ 창고   ④ 식당

해설 개인 공간
각 개인의 사적 생활공간으로 프라이버시가 요구되는 공간이다(침실, 노인방, 자녀방, 작업실, 서재 등).

10

일반적인 주거공간의 각 실 배치 방법 중 가장 적절하지 못한 것은?

① 거실 – 남쪽
② 아동실, 노인실 – 남쪽
③ 현관 – 동쪽이나 서쪽
④ 부엌, 욕실 – 서쪽

해설 부엌은 동쪽이나 동남쪽에 배치하는 것이 좋으며, 서쪽은 여름에 햇빛이 깊숙이 비쳐 음식물이 상하기 쉬우므로 피한다.

11

다음 각 공간의 관계가 주택 평면 계획 시 고려되는 인접의 원칙에 속하지 않는 것은?

① 거실 – 현관   ② 식당 – 주방
③ 거실 – 식당   ④ 침실 – 다용도실

해설
• 침실 : 소음원이 있는 쪽은 피하고, 정원 등의 공지에 면하도록 하는 것이 좋으며, 평면상의 위치로는 동적인 공간과 정적인 공간 사이에 욕실, 화장실 등을 두어 분리하는 경우가 많다.
• 식사실 : 취침과 식사를 분리하면서 가족의 역할을 하며, 즐거운 시간을 만들기 위해서는 통풍, 조망, 채광 등을 고려하여야 하고 위치는 거실을 가깝게 배치하는 것이 이용하는데 편리하고 기본적으로 주방과 근접 배치하는 것이 좋다.
• 다용도실은 부엌에 근접하여 배치하는 것이 좋다.

12

주택의 침실계획에 관한 설명으로 옳지 않은 것은?
① 침대의 측면을 외벽에 붙이는 것이 이상적이다.

② 침대에 누운 채로 출입문이 보이도록 하는 것이 좋다.
③ 침실의 출입문은 안여닫이로 하는 것이 좋다.
④ 침대 하부(머리 부분의 반대편) 쪽에는 통행에 불편하지 않도록 여유공간을 두는 것이 좋다.

해설 침대의 배치 방법
㉠ 침대 상부 머리 쪽은 외벽에 면하도록 한다.
㉡ 누운 채로 출입구가 보이도록 하며, 안여닫이로 한다.
㉢ 침대의 측면은 외벽에 붙이지 않으며 75cm 이상의 **통로를** 둔다.
㉣ 침대 하부 발치 쪽은 90cm 이상의 여유를 둔다.
㉤ 더블 침대에는 양측에 통로를 둔다.

13

주택의 침실계획에 관한 설명으로 옳지 않은 것은?
① 입구에서 옷장 등 수납공간까지의 동선을 짧게 하는 것이 좋다.
② 침실의 독립성 확보에 있어서 출입문과 창문의 위치는 매우 중요하다.
③ 문은 옷을 갈아입는 공간과 똑바로 일치되지 않는 것이 프라이버시 확보를 위해 유리하다.
④ 문이 두 개면 멀리 분산되는 것이 가구 배치와 독립성 확보를 위해 더 효과적이다.

해설 문은 실내공간의 성격을 규정하는 요소이며 내부 공간에서 동선이나 가구 배치에 결정적인 영향을 미치므로 문의 위치는 중요하다.

14

주거공간의 아동실계획에 관한 설명 중 틀린 것은?
① 아동은 육체적, 정신적인 면에서 성장 속도가 매우 빠르므로 아동실은 그 성장에 대응할 수 있는 공간이어야 한다.
② 채광이 좋고 테라스, 데크 등 옥외 생활공간과 연결되는 곳에 있는 것이 이상적이다.
③ 아동실의 조명은 밝은 것이 좋으며, 형광등으로 전체 조명을 하고 어떤 경우든 국부조명은 사용하지 않는다.
④ 아동실은 다목적 공간이므로 가구가 차지하는 면적을 가능한 한 최소화하여 충분한 놀이 공간을 확보한다.

해설 책상 위 및 침대, 기타 필요한 곳에는 국부조명을 사용한다.

15 |

주택의 거실계획에 관한 설명으로 옳지 않은 것은?

① 실내의 다른 공간과 유기적으로 연결될 수 있도록 통로화시킨다.
② 거실을 가능한 남향으로 하여 일조와 조망, 통풍이 잘 되도록 한다.
③ 거실의 규모는 가족 수, 가족 구성, 전체 주택의 규모 등에 영향을 받는다.
④ 거실의 평면은 정사각형보다 한 변이 너무 짧지 않은 직사각형이 가구배치 등에 효과적이다.

해설 거실의 위치는 온 가족이 쉽게 모일 수 있는 주택의 중심에 두는 것이 좋으며, 각 실을 연결하는 동선의 분기점 역할을 하도록 하되 통로화가 되지 않도록 한다.

16 |

다음 중 단독주택의 거실 크기를 결정하는 요소와 가장 거리가 먼 것은?

① 가족 구성
② 생활 방식
③ 거실의 조도
④ 주택의 규모

해설
• 거실의 규모는 가족 수, 가족 구성, 전체 주택의 규모, 접객 빈도 등에 따라 결정된다.
• 거실의 면적을 일정하게 규정지을 수는 없으나 주택 면적의 20~25%, 가족 1인당 5m² 정도로 한다.

17 |

단독주택의 거실에 관한 설명으로 옳지 않은 것은?

① 현관과 직접 면하도록 배치하는 것이 좋다.
② 식당, 부엌과 가까운 곳에 배치하는 것이 좋다.
③ 평면의 한쪽 끝에 배치할 경우 통로의 면적 증대의 우려가 있다.
④ 거실의 규모는 가족 수, 가족 구성, 전체 주택의 규모 등에 따라 결정된다.

해설 거실은 주택의 중심에 두는 것이 좋으나 현관과 직접 면하기보다는 복도나 중문 등으로 공간을 구분하는 것이 좋다.

18 |

주택 부엌에서 작업 삼각형(Work Triangle)의 꼭짓점에 해당하지 않는 것은?

① 냉장고
② 가열대
③ 배선대
④ 개수대

해설 주택 부엌의 작업 삼각형(Work triangle)은 냉장고, 개수대, 가열대의 중간 지점을 연결한 삼각형의 각 변의 길이가 1,800mm 이하이고 세 변의 합이 4,000~6,000mm이면 적당하다.

19 |

단독주택의 부엌에 관한 설명으로 옳은 것은?

① 작업대의 배치 유형 중 일렬형은 대규모 부엌에 가장 적당하다.
② 일반적으로 부엌의 크기는 주택 연면적의 3% 정도가 가장 적당하다.
③ 일반적으로 작업대의 높이는 500~600mm, 깊이는 750~800mm가 적당하다.
④ 작업대는 일반적으로 준비대 → 개수대 → 조리대 → 가열대 → 배선대의 순서로 배치한다.

해설
• 일렬형 : 소규모 부엌 형태에 알맞은 형식으로 동선의 혼란이 없고 한 눈에 작업 내용을 알아볼 수 있는 이점이 있다. 작업대 전체 길이가 2,700mm 이상이 넘지 않도록 한다.
• 부엌의 크기 : 주택의 크기, 가족 수, 식생활의 방식, 생활수준에 따라 다르나 일반적으로 주택 면적의 10%로 한다.
• 작업대의 깊이는 50cm 이상으로 하되 60cm이 넘지 않도록 하고 작업대의 높이는 82~85cm 정도 (85cm를 기준으로 2~3cm 범위에서 조정)로 한다.

20

다음 중 주택의 부엌계획에 관한 설명으로 옳지 않은 것은?

① 부엌의 작업대 배치는 준비대 – 개수대 – 조리대 – 가열대 – 배선대의 순서로 한다.
② 부엌은 될 수 있는 한 밝게 한다.
③ 벽, 천장, 바닥의 내장재를 방습, 내화, 내수성 및 청결 관리가 용이한 재료로 선택하도록 한다.
④ 시대적 추세를 고려하여 다양한 기능보다는 취사라는 단일기능을 충족시키는 데 주안점을 두어 계획한다.

해설 부엌은 주부가 장시간 머무는 곳으로 항상 쾌적하고 일광에 의한 건조 소독을 할 수 있는 남쪽이나 동쪽이 이상적이며 주부의 동선이나 피로를 감소시킬 수 있는 공간 계획이 되어야 한다.

21

주택에서 부엌의 합리적인 규모 결정과 가장 관계가 먼 것은?

① 가족 구성
② 작업대의 면적
③ 주택의 연면적
④ 작업인의 동작에 필요한 공간

해설 부엌의 크기는 주택의 연면적, 가족 수, 식생활의 방식, 생활수준, 작업인의 동작에 따른 공간 크기, 작업대의 면적에 따라 다르나 일반적으로 주택 면적의 10%로 한다.

22

다음과 같은 특징을 갖는 부엌의 유형은?

• 다른 유형에 비해 부엌의 기능성과 청결감을 크게 할 수 있다.
• 음식을 식탁까지 운반해야 하는 불편이 있으며 주부가 작업할 때 가족 간의 대화가 단절되기 쉽다.

① 오픈 키친
② 독립형 부엌
③ 다이닝 키친
④ 반독립형 부엌

해설 ① 오픈 키친(Open kitchen) : 부엌과 인접한 거실이나 식당을 겸하는 부엌으로 칸막이와 같은 구획 시설물이 없이 완전히 개방된 형식이다.
② 독립형 부엌 : 부엌이 일실로 독립된 형태이다. 주택의 규모가 크고 가족 수가 많으며 손님 초대가 많은 경우에 적합하다. 작업공간만으로 사용되므로 다른 유형에 비해 기능성, 청결함을 유지할 수 있으나 음식의 운반이 불편하고 주부의 작업 시 가족 간 대화가 단절되기 쉽다.
③ 다이닝 키친(Dining kitchen ; DK형) : 거실을 독립시키고 식당과 부엌을 한 공간에 둔 평면 형식으로 가족의 대화 장소이며, 휴식 공간인 거실을 독립시킴으로써 거실다운 기능을 수행할 수 있다.
④ 반독립형 부엌 : 부엌이 인접한 거실이나 식당과 겸하는 리빙 키친(LK)이나 다이닝 키친(DK), 리빙 다이닝 키친(LDK)형식이다. 핵가족에 적합하며 작업동선은 공간을 넓게 활용할 수 있다. 해치도어, 칸막이, 커튼 등으로 공간을 구획한다. 특히 환기 설비를 하여야 한다.

23

다음 설명에 알맞은 주택 부엌의 유형은?

• 작업대 길이가 2m 정도인 소형 주방가구가 배치된 간이 부엌의 형식이다.
• 사무실이나 독신자 아파트에 주로 설치된다.

① 키치네트
② 오픈 키친
③ 독립형 부엌
④ 다용도 부엌

해설 ① 키치네트(Kitchenette) : 작업대의 길이가 2m 내외인 간이부엌의 형태로 사무실이나 독신자 아파트에 적합하다(간이부엌).
② 오픈 키친(Open kitchen) : 부엌과 인접한 거실이나 식당을 겸하는 부엌으로 칸막이와 같은 구획 시설물이 없이 완전히 개방된 형식이다.
③ 독립형 부엌 : 부엌이 일실로 독립된 형태이다. 주택의 규모가 크고 가족 수가 많으며 손님 초대가 많은 경우에 적합하다. 작업 공간만으로 사용되므로 다른 유형에 비해 기능성, 청결함을 유지할 수 있으나 음식의 운반이 불편하고 주부의 작업 시 가족 간 대화가 단절되기 쉽다.

24 |

주택의 부엌 가구 배치 유형에 관한 설명으로 옳지 않은 것은?

① ㄷ자형은 작업 면이 넓어 작업효율이 높다.
② 一자형은 좁은 면적 이용에 효과적이므로 소규모 부엌에 주로 이용되는 형식이다.
③ 병렬형은 작업대 사이에 식탁을 설치하여 부엌과 식당을 겸할 때 많이 활용된다.
④ ㄴ자형은 두 벽면을 작업대를 배치한 형태로 한쪽 면에 싱크대를, 다른 면에는 가스레인지를 설치하면 능률적이다.

해설 • 병렬형 : 작업 동선을 단축할 수 있지만, 몸을 앞뒤로 바꾸면서 작업을 해야 하는 불편이 있어 양쪽 작업대 사이가 너무 길면 오히려 불편하므로 약 1,200~1,500mm가 이상적인 간격이다.
• ㄱ자(L자, 코너)형 : 정방형의 부엌에 적당하며, 두 벽면을 이용하여 작업대를 배치한 형태로, 한쪽에 싱크대를, 다른 면에는 가스레인지를 설치하면 능률적이며, 작업대를 설치하지 않은 남은 공간을 식사나 세탁 등의 용도로 사용할 수 있다. 비교적 넓은 부엌에서 능률이 높으나 두 면의 어느 쪽도 너무 길어지지 않도록 하고 모서리 부분의 이용도가 낮다.

25 |

부엌 작업대의 배치 유형 중 ㄱ자형에 관한 설명으로 옳지 않은 것은?

① 일반적으로 작업대의 길이는 1,500mm 미만이 적당하다.
② 작업을 위한 동작 범위가 일정한 범위에 놓이므로 편리하다.
③ 한쪽 면에 싱크대를, 다른 면엔 가스레인지를 설치하면 능률적이다.
④ 여유 공간에 식탁을 배치하여 식당 겸 부엌으로 사용할 때 적합하다.

해설 ㄱ자형
㉠ 두 벽면을 이용하여 작업대를 배치한 형태로 한쪽 면에 싱크대를, 다른 면에는 가스레인지를 설치하면 능률적이며, 작업대를 설치하지 않은 남은 공간을 식사나 세탁 등의 용도로 사용할 수 있다.
㉡ 일반적으로 작업대 전체 길이가 2,700mm 이상이 넘지 않도록 한다.

26 |

다음 설명에 알맞은 주택 부엌 가구의 배치 유형은?

• 작업면이 넓어 작업 효율이 좋다.
• 평면 계획상 부엌에서 외부로 통하는 출입구의 설치가 곤란하다.

① 일렬형　　　　　　② ㄷ자형
③ 병렬형　　　　　　④ ㄱ자형

해설 ㄷ자형
부엌 내의 세 벽면을 이용하여 작업대를 배치한 형태로써 매우 효율적인 형태가 된다. 다른 동선과 완전 분리가 가능하며 ㄷ자형의 사이를 1,000~1,500mm 정도 확보하는 것이 좋으나 외부로 통하는 출입구의 설치가 곤란하다.

27 |

다음 설명 중 옳지 않은 것은?

① DK(Dining Kitchen)형은 작업대와 식탁의 거리가 짧아 식사 전후의 일을 하는 데 편리하다.
② LK(Living Kitchen)형은 거실과 식사 공간 사이에 간단한 스크린이나 칸막이 또는 식물로 심리적 차단을 하여 주는 것이 바람직하다.
③ LDK(Living Dining Kitchen)형은 소요 면적이 크므로 대규모 주택에 적합하다.
④ DK(Dining Kitchen)형은 작업대가 노출되거나 조리 시 냄새가 발생하는 등 이상적인 식사 분위기를 조성하기 어렵다.

해설 LDK(Living Dining Kitchen)
㉠ 거실, 식당, 부엌의 기능을 한 곳에서 수행할 수 있도록 계획된 것이다.
㉡ 공간을 효율적으로 활용할 수 있어서 소규모의 주택이나 아파트에서 많이 이용되는 형식으로, 가족 수가 적은 핵가족에서 적합하다.
㉢ 부엌에서 일하면서 다른 가족과 대화할 수 있고 식당이나 거실에 있는 자녀를 돌볼 수 있는 장점이 있다.
㉣ 손님이 방문한 경우 독립성 유지가 곤란하며, 식사할 때나 거실에서 휴식할 때 안정된 분위기를 즐길 수 없다.
㉤ 복잡한 조리를 즐기는 가족에는 적당하지 않다.

28 |

주택에서 부엌의 일부에 간단한 식탁을 설치하거나 식당과 부엌을 한 공간에 구성한 형식은?

① 독립형
② 다이닝 키친
③ 리빙 다이닝
④ 다이닝 테라스

해설 다이닝 키친(Dining kitchen : DK형)
거실을 독립시키고 식당과 부엌을 한 공간에 둔 평면 형식으로 가족의 대화 장소이며, 휴식 공간인 거실을 독립시킴으로써 거실다운 기능을 수행할 수 있다(조리 시 냄새와 음식 찌꺼기 등에 의해 분위기를 해칠 우려가 있다).

29 |

주택의 욕실계획에 관한 설명으로 옳지 않은 것은?

① 방수성, 방오성이 큰 마감재료를 사용한다.
② 욕실의 조명은 방습형 조명기구를 사용한다.
③ 욕실 바닥은 미끄럼을 방지할 수 있는 재료를 사용한다.
④ 모든 욕실에는 기능상 욕조, 변기, 세면기가 통합적으로 갖추어져야 한다.

해설 욕실 계획 시 욕조, 변기, 세면기가 통합적으로 설치 될 필요는 없다. 의뢰자의 의견을 고려하며, 샤워실(욕조), 세면실, 화장실을 구분하여 설치하여 쾌적성과 편리성을 높일 수 있다.

30 |

단독주택의 현관에 관한 설명으로 옳지 않은 것은?

① 거실, 계단, 공용 화장실과 가까이 위치하는 것이 좋다.
② 거실 일부를 현관으로 만드는 것은 피하도록 한다.
③ 현관의 위치는 도로의 위치와 대지의 형태에 영향을 받는다.
④ 주택 측면에 현관을 배치한 경우 동선처리가 편리하고 복도길이 단축에 유리하다.

해설 현관의 위치 결정 요소
㉠ 도로의 위치   ㉡ 경사로
㉢ 대지의 형태   ㉣ 방위와는 무관
※ 현관은 주택 내·외부의 동선이 연결되는 곳으로 거실이나 침실에 직접 연결하지 않도록 하며 출입

문과 출입문 밖의 포치(porch), 출입문 안의 현관, 홀 등으로 구성된다.
④ 주택 측면에서 현관의 배치는 복도의 길이와 무관하다.

31 |

주택의 현관에 관한 설명으로 옳지 않은 것은?

① 거실이나 침실의 내부와 직접 연결되도록 배치한다.
② 복도나 계단실 같은 연결 통로에 근접시켜 배치한다.
③ 현관의 위치는 도로와의 관계, 대지의 형태 등에 의해 결정된다.
④ 바닥 마감재로는 내수성이 강한 석재, 타일, 인조석 등이 바람직하다.

해설 주택 내·외부의 동선이 연결되는 곳으로 거실이나 침실에 직접 연결하지 않도록 하며 출입문과 출입문 밖의 포치(porch), 출입문 안의 현관, 홀 등으로 구성된다.

32 |

다음 중 주택의 실내치수계획으로 가장 부적절한 것은?

① 현관의 폭 : 1,200mm
② 세면기의 높이 : 550mm
③ 부엌 작업대의 높이 : 800mm
④ 주택 내부의 복도 폭 : 900mm

해설 세면기의 높이는 700~750mm 정도로 한다.

33 |

주택의 공간구성기법 중 원룸 시스템에 관한 설명으로 옳지 않은 것은?

① 수납공간이 부족하므로 이에 대한 고려가 필요하다.
② 공간 사용에 있어 융통성이 부족하므로 붙박이 가구 등의 도입이 요구된다.
③ 데드 스페이스를 만들지 않음으로써 공간 사용의 극대화를 도모할 수 있다.
④ 실내에 통행에 필요한 공간을 별도로 구획하지 않으므로 그로 인한 공간 손실이 없다.

해설 원룸 시스템의 특성

㉠ 공간 이용의 극대화가 가능하다.

㉡ 주어진 공간을 더욱 넓게 이용할 수 있다.

㉢ 공간의 활용이 자유로우며 공간 분할은 칸막이 또는 가구로 자연스럽게 할 수 있다.

㉣ 소음 조절이 어렵다.

㉤ 개인 프라이버시의 보장이 어렵다.

㉥ 에너지의 손실이 커 비경제적이다.

㉦ 설비의 고도화가 요구된다.

34

공동주택의 평면형식에 관한 설명으로 옳지 않은 것은?

① 계단실형은 거주의 프라이버시가 높다.

② 중복도형은 엘리베이터 이용효율이 높다.

③ 편복도형은 거주성이 균일한 배치구성이 가능하다.

④ 집중형은 대지의 이용률은 낮으나 대규모 세대의 집중적 배치가 가능하다.

해설 공동주택의 평면형식

㉠ 집중형 : 중앙에 엘리베이터와 계단을 배치하고, 그 주위에 많은 단위 주거를 집중시켜 배치하는 형식으로 대지의 이용률이 높고 대규모 세대에 적합하다. 단위 주거의 수가 적을 때 탑 모양으로 계단실형에 가까운 모양이 되지만, 단위 주거의 위치에 따라 일조 조건이 불균등해지므로, 평면 계획에서 특별한 배려가 있어야 한다.

㉡ 계단실형(홀형) : 계단실 또는 엘리베이터 홀에서 직접 단위 주거로 들어가는 형식으로 단위 주거에 따라 2단위 주거형, 다수 단위 주거형으로 구분하며 1대의 엘리베이터에 대한 이용률이 가장 낮다.

㉢ 편복도형 : 엘리베이터 1대당 이용 단위 주거의 수를 늘릴 수 있기 때문에 계단실형보다 효율적이며 공용 복도를 통해 각 세대에 출입하는 형식으로 긴 주동 계획에 이용된다.

㉣ 중복도형 : 대지의 이용률이 높아 시가지 내에서 소규모 단위 주거를 고밀도로 계획할 때 적당하고 도심부의 독신자 아파트에도 적합하다.

35

공동주택의 평면형식 중 계단실형에 관한 설명으로 옳지 않은 것은?

① 각 세대의 채광 및 통풍이 양호하다.

② 각 세대의 프라이버시 확보가 용이하다.

③ 도심지 내의 독신자용 공동 주택에 주로 사용된다.

④ 통행부 면적이 작은 관계로 건축물의 이용도가 높다.

해설
• 계단실형(홀형) : 계단실 또는 엘리베이터 홀에서 직접 단위 주거로 들어가는 형식으로 단위 주거에 따라 2단위 주거형, 다수 단위 주거형으로 구분하며 1대의 엘리베이터에 대한 이용률이 가장 낮다.

• 중복도형 : 대지의 이용률이 높아 시가지 내에서 소규모 단위 주거를 고밀도로 계획할 때 적당하고 도심부의 독신자 아파트에도 적합하다.

36

1층의 단위 주택이 벽을 공유하고 수평적으로 연결되어 조합된 형태의 연립주택의 명칭은?

① 다세대 주택

② 타운 하우스

③ 집합 주택

④ 듀플렉스 하우스

해설 ① 다세대 주택 : 도시의 소가족 또는 중·저소득층을 위하여 지하 1층, 지상 2~3층의 단일 건물에 층별로 2~4세대가 출입구를 달리하여 입주한 공동주택이며, 1966년부터 우리나라 대도시에 많이 건립되었다.

② 타운 하우스(Town house) : 토지의 효율적인 이용 및 건설비, 유지 관리비의 절약을 잘 고려한 연립주택의 형태로서 단독 주택의 장점을 최대로 활용하고 있다. 대개 1층은 거실, 식당, 부엌 등의 생활 공간이고 2층은 침실, 서재 등 휴식 및 수면 공간이 위치한다.

③ 집합 주택 : 주택이 집합화해서 세워진 것의 총칭으로 형식에 독립·연속·공동주택이 있고, 높이에 따라 저층·중층·고층 주택으로 분류되며, 통로 형식에 따라 계단실형·편복도형·중복도형·집중형·스킵 플로어형으로 나눈다.

37

아파트의 2세대 이상이 공동으로 사용하는 복도의 유효 폭은 최소 얼마 이상이어야 하는가? (단, 갓복도의 경우)

① 90cm

② 120cm

③ 150cm

④ 180cm

해설 갓복도(편복도)

공동주택의 각 세대별 출입방식 중 각 층의 계단 또는 엘리베이터에서 한쪽 복도를 이용해 각 세대로 진입하는 평면 형식을 말한다. 2세대 이상이 공동으로 사용하는 복도의 유효 폭은 갓복도(편복도) 일 때는 120cm 이상, 중복도 일 때는 180cm이상. 다만 세대수가 5세대 이하인 경우에는 150cm 이상으로 할 수 있다.

38 |

아파트의 평면형식 중 중복도형에 관한 설명으로 옳지 않은 것은?

① 부지의 이용률이 높다.
② 프라이버시가 좋지 않다.
③ 각 주호의 일조 조건이 동일하다.
④ 도심지 내의 독신자용 아파트에 적용된다.

해설 중복도형

건물의 중앙에 복도가 있는 형식으로, 복도 양쪽으로 단위 주거가 배치되어 고밀화될 때 유리한 형식이다.
㉠ 단위 주거가 대부분 한쪽으로만 외부에 면하게 되어 평면 계획의 배치가 어렵다.
㉡ 단위 주거의 일조·채광·통풍이 균등하지 못하다.
㉢ 복도의 환경이 불량하다.
㉣ 단위 주거의 독립성이 좋지 못하며, 화재 시 방연도 문제가 된다.
㉤ 고밀도가 가능한 형식으로, 시가지 내에서 소규모 단위 주거를 고밀도로 계획할 때 적당하다.
㉥ 도심부의 독신자 아파트에도 적합하다.

2 업무 세부 공간계획

01 |

사무공간의 실내디자인 시 설정해야 할 기본 조건의 내용으로 적당하지 않은 것은?

① 현재의 직원 수   ② 사용공간의 면적
③ 운영 방법   ④ 과거의 기자재 수량

해설 기본 조건
㉠ 사무실의 사용인원 수
㉡ 업무의 성격과 작업의 흐름
㉢ 운영 방법 및 기능의 검토

02 |

사무자동화(Office Automation)의 근본 개념이 아닌 것은?

① 가구 설비의 고급화
② 사무 기능의 합리화
③ 정보의 효율화
④ 사무작업의 기계화

해설 사무자동화(Office Automation)

사무실 제반 업무의 처리 능률을 향상시키고 기업 운영, 경제적, 사회 환경적, 기술적 이유로 도입되어 컴퓨터, 기술, 통신, 기술 시스템, 행동 과학의 혁신을 가져왔다.

03 |

오피스에서 업무를 수행하는 사람이 업무수행을 효율적으로 하는 데 필요한 기기, 가구, 집기를 포함하는 최소 단위의 기능 공간은?

① 오피스 랜드스케이프(Office Landscape)
② 시스템 가구(System Furniture)
③ 모듈러 시스템(Modular System)
④ 워크스테이션(Work Station)

해설 워크스테이션(work station)

여러 가지 지적(知的) 작업자의 작업을 수행하는 데 편리하고 효율적이며 양호한 환경을 제공하는, 개인용으로 사용하는 컴퓨터로 하드웨어적으로는 수 밉스(MIPS) 정도의 처리 능력을 갖는 32비트 중앙 처리 장치(CPU),

수~수십 Mbps의 주기억 장치, 대형의 비트맵 표시 장치, 구내 정보 통신망(LAN) 기능 등을 가지며, 소프트웨어적으로는 다중 창구 기능, 도형 기능, 망 기능 등을 갖는 것이 일반적이다. 워크스테이션이 제공하는 환경으로는 고도의 사용자 인터페이스, 다른 컴퓨터와의 자유 통신, 자원의 공유, 부하분배의 기능, 문서, 화상, 음성 등 매체의 통합 등을 들 수 있다.

04 |

업무공간에 칸막이(partition)를 계획할 때 주의할 사항으로 옳지 않은 것은?

① 흡음을 고려한 마감재를 사용한다.
② 기둥과 보의 위치를 고려해야 한다.
③ 창의 중간에 배치되는 것을 피한다.
④ 설비적인 분포에 차별화를 두어야 한다.

해설 설비적 요소는 모듈에 의해 균질하게 배치하는 것이 사용, 관리 및 운영상 유리하다.

05 |

사무소 건축과 관련하여 다음 설명에 알맞은 용어는?

• 고대 로마 건축이 실내에 설치된 넓은 마당 또는 주위에 건물이 둘러 있는 안마당을 의미한다.
• 실내에 자연광을 유입시켜 여러 환경적 이점을 갖게 할 수 있다.

① 코어
② 바실리카
③ 아트리움
④ 오피스 랜드스케이프

해설 아트리움(Atrium)

고대 로마 건축의 실내에 설치된 넓은 마당 또는 주위에 건물이 둘러있는 안마당을 뜻하며, 현대 건축에서는 실내에 자연광을 유입시켜 옥외 공간의 분위기를 조성하기 위하여 설치한 자그마한 정원이나 연못이 딸린 정원을 뜻한다.
㉠ 실내 조경을 통한 자연 요소의 도입이 근무자의 정서를 돕는다.
㉡ 풍부한 빛 환경의 조건에 있어 전력 에너지의 절약이 이루어진다.
㉢ 아트리움은 방위와 관련되지만, 어느 정도 공기 조화의 자연화가 가능하다.
㉣ 각종 이벤트가 가능할 만한 공간적 성능이 마련된다.
㉤ 내부 공간의 긴장감을 이완(弛緩)시키는 지각적 카타르시스가 가능하다.

06 |

사무소 건축의 코어 유형에 관한 설명으로 옳지 않은 것은?

① 중앙코어형은 기준층 바닥 면적이 작은 경우에 주로 사용된다.
② 양단코어형은 2방향 피난에 이상적이므로 피난 시 유리하다.
③ 편단코어형은 코어의 위치를 사무소 평면상의 어느 한쪽에 편중하여 배치한 유형이다.
④ 외코어형은 설비 덕트나 배관을 코어로부터 사무실 공간으로 연결하는데 제약이 많다.

해설 중심코어형(중앙코어형)

고층, 초고층에 내력벽 및 내진 구조의 역할을 하므로 구조적으로 가장 바람직하며, 바닥 면적이 클 경우에 적합하다.

07 |

사무소 건축의 코어 유형에 관한 설명으로 옳지 않은 것은?

① 중심코어형은 유효율이 높은 계획이 가능한 형식이다.
② 편심코어형은 기준층 바닥 면적이 작은 경우에 적합하다.
③ 양단코어형은 2방향 피난에 이상적이며, 방재상 유리하다.
④ 독립코어형은 코어 프레임을 내진 구조로 할 수 있어 구조적으로 가장 바람직한 유형이다.

해설 독립코어형(외코어형)

㉠ 편심코어형에서 발전된 형이며, 편심코어형과 거의 같은 특징을 가진다.
㉡ 자유로운 사무실 공간을 코어와 관계없이 마련할 수 있다.
㉢ 설비덕트나 배관을 코어로부터 사무실까지 끌어내는데 제약이 있다.
㉣ 방재상 불리하고 바닥 면적이 커지면 피난시설을 포함한 서브 코어가 필요해진다.
㉤ 코어의 접합부 변형이 과대해지지 않도록 계획할 필요가 있다.
㉥ 사무실 부분의 내진벽은 외주부에서만 하게 되는 경우가 많다.

ⓐ 코어 부분은 그 형태에 맞는 구조 방식을 취할 수 있다.
ⓞ 내진 구조에는 불리하다.

08

다음과 같은 특징을 갖는 사무소 건축의 코어 유형은?

- 단일 용도의 대규모 전용사무소에 적합한 유형
- 2방향 피난에 이상적인 관계로 방재/피난상 유리

① 양단코어 ② 독립코어
③ 편심코어 ④ 중심코어

해설 • 양단코어형(분리코어형) : 한 개의 대 공간을 필요로 하는 전용 사무소에 적합하고, 2방향 피난에 이상적이며 방재상 유리하다.
  • 독립코어형(외코어형) : 편심코어형에서 발전된 형이며, 자유로운 사무실 공간을 코어와 관계없이 마련할 수 있고 설비 덕트나 배관을 코어로부터 사무실까지 끌어내는데 제약이 있다. 방재상 불리하고 바닥 면적이 커지면 피난시설을 포함한 서브 코어가 필요해진다.
  • 편심코어형(편단코어형) : 기준층 바닥 면적이 적은 경우에 적합하며, 바닥 면적이 커지면 코어 이외에 피난 시설, 설비 샤프트 등이 필요해진다. 너무 저층인 경우 구조상 좋지 않게 된다.
  • 중심코어형(중앙코어형) : 고층, 초고층에 내력벽 및 내진 구조의 역할을 하므로 구조적으로 가장 바람직하며, 바닥 면적이 클 경우에 적합하다.

09

사무소 건축의 실 단위계획 중 개실 시스템에 관한 설명으로 옳지 않은 것은?

① 독립성 확보가 용이하다.
② 공간의 길이에 변화를 줄 수 있다.
③ 연속된 복도 때문에 공간의 깊이에 변화를 줄 수 없다.
④ 전 면적을 유효하게 이용할 수 있어 공간 절약상 유리하다.

해설 • 개실 사무소(single office : 복도형) : 복도를 통하여 각층의 여러 부분으로 들어가는 방법으로 독립성과 쾌적성 및 자연 채광 조건이 좋으나 공사비가 비교적 높으며 방 길이에는 변화를 줄 수 있지만 연속된 복도 때문에 방 깊이에는 변화를 줄 수 없다.

• 개방식 계획(open plan) : 보편적으로 개방된 대규모 공간을 기본적으로 계획하고 그 내부에 작은 개실들을 분리하여 구성하는 형식이다. 이 유형은 모든 면적을 유용하게 이용할 수 있으며, 칸막이벽이 없는 관계로 공사비가 저렴하다는 특성이 있다.

10

오픈 플래닝(Open Planning)에 관한 설명으로 적합하지 않은 것은?

① 개방된 공간으로 계획하는 것으로 소음이나 시각적 문제는 고려하지 않아도 된다.
② 실내공간에 있어 내부 공간의 분할을 최소한으로 나누어 계획하는 것이다.
③ 고정된 벽체보다는 가동 칸막이를 사용하여 공간에 융통성을 부여한다.
④ 오픈 플래닝의 장점을 이용하여 공간 사용을 접목시킨 것이 원룸 시스템(one room system)이다.

해설 개방된 공간으로 계획하므로 소음 조절이나 개인 프라이버시의 보장이 어렵다.

11

사무소 건축의 실 단위계획 중 개방식 배치에 관한 설명으로 옳지 않은 것은?

① 독립성과 쾌적성이 우수하다.
② 자연 채광에 인공조명이 필요하다.
③ 전 면적을 유효하게 이용할 수 있다.
④ 방의 길이나 깊이에 변화를 줄 수 있다.

해설 개방식 계획(open plan)
  보편적으로 개방된 대규모 공간을 기본적으로 계획하고 그 내부에 작은 개실들을 분리하여 구성하는 형식이다.
  ㉠ 모든 면적을 유용하게 이용할 수 있으며, 칸막이벽이 없는 관계로 공사비가 저렴하다는 특성이 있다.
  ㉡ 방의 길이나 깊이에 변화를 줄 수 있다.
  ㉢ 소음이 크고 독립성이 떨어지며 자연 채광에 인공조명이 필요하다.

12 |

1959년경 독일의 자문회사에 의해 소개되었으며, 오피스 작업을 사람의 흐름과 정보의 흐름을 매체로 효율적인 네트워크가 되도록 배치하는 방법은?

① 조닝
② 버블다이어그램
③ 매트릭스
④ 오피스 랜드스케이프 플래닝

해설 오피스 랜드스케이프(Office landscape)
　개방식 배치 형식으로 배치는 의사 전달과 작업 흐름의 실제적 패턴에 기초로 하여 작업장의 집단을 자유롭게 그룹핑하여 불규칙한 평면 유도하는 방식으로 칸막이를 제거함으로써 청각적 문제에 주의를 요하게 되며 독립성도 떨어진다.

13 |

오피스 랜드스케이프에 관한 설명으로 옳은 것은?

① 복도를 사이에 두고 양쪽에 작은 방들을 배치한 사무소 평면 계획이다.
② 사무실에 업무 능률 상승을 위해 조경을 도입한 방식을 말한다.
③ 배치는 의사전달과 작업흐름과 같은 실제적 패턴을 고려한다.
④ 세포형 오피스라고도 하며 개인별 공간을 확보하여 스스로 작업공간의 연출과 구성이 가능하다.

해설 오피스 랜드스케이프(Office landscape)
　개방식 배치 형식으로 배치는 의사 전달과 작업 흐름의 실제적 패턴에 기초로 하여 작업장의 집단을 자유롭게 그룹핑하여 불규칙한 평면유도하는 방식으로 칸막이를 제거함으로써 청각적 문제에 주의를 요하게 되며 독립성도 떨어진다.

14 |

오피스 랜드스케이프(office landscape)에 관한 설명으로 옳지 않은 것은?

① 시각적인 프라이버시 확보가 어렵고, 소음 상의 문제가 발생할 수 있다.
② 산만하고 인위적인 분위기를 정리하기 위해 고정된 칸막이벽으로 구획한다.

③ 오피스 작업을 사람의 흐름과 정보의 흐름을 매체로 효율적인 네트워크가 되도록 배치하는 방법이다.
④ 사무공간의 능률향상을 위한 배려와 개방공간에서의 근무자의 심리적 상태를 고려한 사무공간 계획 방식이다.

해설 오피스 랜드스케이프(Office landscape)
　1950년대에 독일의 퀴보너라는 한 경영자문회사에 의해 소개된 것으로 고정된 벽을 헐어내고 낮은 칸막이나 규정적 분위기를 만들기 위해 그림이나 회화, 조각, 적절한 식물들을 배치하여 업무 환경을 부드럽게 만들고 최종적으로 업무 효율을 높이는 방법이다.
　㉠ 사무 환경을 효율성이 높은 공간으로 형성한다.
　㉡ 작업 흐름을 고려하여 능률적인 layout을 실시한다.
　㉢ 칸막이벽과 복도가 없어 소음 발생이 우려되므로 카펫, 흡음 천장, 마감재, 식물 등을 배치한다.
　㉣ 이동식 칸막이 등을 사용하므로 공간 절약과 친밀한 인간관계가 가능하여 작업 능률이 향상된다.
　㉤ 모듈에 대한 개념이 희박해졌다.

15 |

개방식 배치의 일종으로 오피스 작업을 사람의 흐름과 정보의 흐름을 매체로 효율적인 네트워크가 되도록 배치하는 것은?

① 유니버설 플랜
② 세포형 오피스
③ 복도형 오피스
④ 오피스 랜드스케이프

해설 ① 유니버설 플랜 : 연령과 성별, 국적(언어), 장애의 유무 등의 차이와 관계없이 처음부터 누구에게나 공평하고 사용하기 편리한 제품, 건축, 환경, 서비스 등을 구현하는 계획이다.
② 세포형 오피스 : 개실의 규모는 20~30m² 정도로 일반 사무원 1~2인 정도의 소수 인원을 위해 부서별로 개별적인 사무실을 제공하는 것이다.
③ 복도형 오피스 : 복도를 사이에 두고 작은 방이 나란히 있고, 각 실은 창에 면한다. 규모가 작은 사무실이 많은 임대 빌딩이나 연구실, 교수실 및 간부 개인 사무실에서 많이 볼 수 있다.
④ 오피스 랜드스케이프(Office landscape) : 개방식 배치 형식으로 배치는 의사 전달과 작업 흐름의 실제적 패턴에 기초로 하여 작업장의 집단을 자유롭게 그룹핑하여 불규칙한 평면 유도하는 방식으로 칸막이를 제거함으로써 청각적 문제에 주의를 요하게 되며 독립성도 떨어진다.

16 |

사무소 건축의 평면유형에 관한 설명으로 옳지 않은 것은?

① 2중지역 배치는 중복도식의 형태를 갖는다.
② 3중지역 배치는 저층의 소규모 사무소에 주로 적용된다.
③ 2중지역 배치에서 복도는 동서 방향으로 하는 것이 좋다.
④ 단일지역 배치는 경제성보다는 쾌적한 환경이나 분위기 등이 필요한 곳에 적합한 유형이다.

해설 사무소 건축의 복도 형태에 의한 평면유형
  ㉠ 단일지역 배치(single zone layout, 편복도식)
    • 복도의 한쪽에만 사무실을 둔 형식(소규모)으로, 자연채광이 좋으며 비교적 고가이다.
    • 통풍이 유리하고 경제성보다 건강이나 분위기 등이 필요한 곳에 많이 적용된다.
  ㉡ 2중지역 배치(double zone layout, 중복도식)
    • 동·서 방향으로 사무실을 둔 형식(중규모)이다.
    • 주계단과 부계단을 두어 사용할 수 있고, 유틸리티 코어의 설계에 주의가 필요하다.
    • 인공조명, 환기설비가 필요하나, 임대비율이 높다.
  ㉢ 3중지역 배치(triple zone layout, 2중 복도식)
    • 대여 사무실을 포함하는 건물에는 적합하지 않으며 일반적인 특성상 전용 사무실이 위주인 고층 건물에서 사용된다.
    • 교통 시설, 위생 설비는 건물 내부의 중심 지역(3지역)에 위치하여 사무실은 외벽을 따라서 배치한다.
    • 사무소 내부 지역에 인공조명, 기계 설비가 필요하다.

17 |

업무공간의 책상 배치유형에 관한 설명으로 옳지 않은 것은?

① 십자형은 팀 작업이 요구되는 전문직 업무에 적용할 수 있다.
② 좌우대향(대칭)형은 비교적 면적 손실이 크며 커뮤니케이션 형성도 다소 힘들다.
③ 동향형은 책상을 같은 방향으로 배치하는 형태로 비교적 프라이버시의 침해가 적다.
④ 대향형은 커뮤니케이션 형성이 불리하여, 주로 독립성 있는 데이터 처리 업무에 적용된다.

해설 대향형
  책상이 서로 마주보도록 하는 배치로 면적 효율이 좋고 커뮤니케이션의 형성이 유리하며 전화와 전기 등의 배선 관리가 용이하다. 반면에 대면 시선에 의해 프라이버시가 침해당하기 쉽다. 일반 업무, 특히 공동 작업으로 처리하는 영업 관리 업무에 적합하다.

18 |

사무실의 책상 배치 유형 중 면적효율이 좋고 커뮤니케이션(communication)형성에 유리하여 공동 작업의 형태로 업무가 이루어지는 사무실에 적합한 유형은?

① 동향형   ② 대향형
③ 자유형   ④ 좌우대칭형

해설 책상 배치 유형
  ㉠ 동향형 : 책상을 같은 방향으로 배치하는 가장 일반적인 형식으로 대면 시선에 의한 프라이버시의 침해를 최소화할 수 있다. 통로가 명확히 구분되고 잡담을 줄일 수 있지만 대향형에 비해 면적 효율이 떨어진다(강의식, 배면식이라고도 함).
  ㉡ 대향형 : 책상이 서로 마주보도록 하는 배치로 면적 효율이 좋고 커뮤니케이션의 형성이 유리하며 전화와 전기 등의 배선 관리가 용이하다. 반면에 대면 시선에 의해 프라이버시가 침해당하기 쉽다. 일반 업무, 특히 공동 작업으로 처리하는 영업 관리 업무에 적합하다.
  ㉢ 좌우 대향형 : 대향형과 동향형의 양쪽 특성을 절충한 형태로 조직의 화합을 꾀하는 생산관리 업무에 적당하고 정보 처리나 직무 동작의 효율이 높고 커뮤니케이션의 형성에 불리하고 배치에 따른 면적 손실이 크다.
  ㉣ 자유형 : 개개인의 작업을 위하여 독립된 영역이 주어지는 형태로 전문 직종에 적합하다.

19 |

다음 설명에 알맞은 사무실의 책상 배치 유형은?

• 강의식 또는 배면식이라고도 한다.
• 대향식에 비해 면적 효율이 떨어지나, 프라이버시의 침해가 적다.

① 동향식   ② 벤젠식
③ 서가식   ④ 좌우 대향식

해설 동향형

책상을 같은 방향으로 배치하는 가장 일반적인 형식으로 대면 시선에 의한 프라이버시의 침해를 최소화할 수 있다. 통로가 명확히 구분되고 잡담을 줄일 수 있지만 대향형에 비해 면적 효율이 떨어진다(강의식, 배면식이라고도 함).

20 |

다음 중 사무소 건축의 화장실 계획에 대한 설명으로 부적합한 것은?

① 대변기의 문은 안에서 밖으로 열게 하는 것(밖여닫이)이 원칙이다.

② 복도에서 변기가 보이지 않도록 한다.

③ 화장실은 복도를 사이에 두고 사무실과 서로 마주보고 있지 않도록 한다.

④ 바닥은 흡수성이 작은 자기질 타일, 모자이크 타일로 마감한다.

해설 대변기의 문은 밖에서 안으로 여는 안여닫이로 한다.

21 |

은행의 실내계획에 관한 설명으로 옳지 않은 것은?

① 은행 고유의 색채, 심볼 마크 등을 실내에 도입하여 이미지를 부각시킨다.

② 객장은 대기 공간으로 고객에게 안전하고 편리한 서비스를 제공하는 시설을 구비하도록 한다.

③ 영업장과 객장의 효율적 배치로 사무 동선을 단순화하여 업무가 신속히 처리되도록 한다.

④ 도난 방지를 위해 고객에게 심리적 긴장감을 주도록 영업장과 객장은 시각적으로 차단시킨다.

해설 영업장과 고객장은 은행 내에서 가장 중요한 부분으로 실내 전체가 보이도록 하는 것이 이상적이다. 도난 방지를 위해서 출입구는 전실을 배치하고 문은 안여닫이로 한다. 천장높이는 3.5~4.5m 범위로 일반 사무소보다 다소 높게 하여 넓이에 대한 비례와 고창에서 채광을 충분히 할 수 있도록 해야 한다.

22 |

은행의 영업장 계획에 관한 설명으로 옳지 않은 것은?

① 고객이 지나는 동선은 되도록 짧게 한다.

② 책임자석은 담당계가 보이는 위치에 배치한다.

③ 사무의 흐름을 고려하여 서로 상관관계가 깊은 부분은 가능한 접근 배치한다.

④ 시선을 차단시키는 구조벽체나 기둥을 사용하여 고객부문과 업무부문을 차단한다.

해설 영업장과 고객장은 은행 내에서 가장 중요한 부분으로 실내 전체가 보이도록 하는 것이 이상적이다. 도난 방지를 위해서 출입구는 전실을 배치하고 문은 안여닫이로 한다. 천장 높이는 3.5~4.5m 범위로 일반 사무소보다 다소 높게 하여 넓이에 대한 비례와 고창에서 채광을 충분히 할 수 있도록 해야 한다.

23 |

다음 중 은행의 영업 카운터의 전체 높이로 가장 알맞은 것은?

① 60~75cm

② 70~85cm

③ 100~105cm

④ 120~135cm

해설 은행 영업 카운터(Tellers counter)

높이는 100~105cm 정도이며, 폭은 60~75cm로 한다.

3 상업 세부 공간계획

01 |

상점의 실내계획에 관한 설명으로 옳지 않은 것은?

① 고객의 동선은 가능한 한 길게 배치하는 것이 좋다.
② 바닥, 벽, 천장은 상품에 대해 배경 역할을 할 수 있도록 한다.
③ 실내의 바닥면은 큰 요철을 두어 공간의 변화를 연출하는 것이 좋다.
④ 전체 색의 배분에서 분위기를 지배하는 주조색은 약 60% 정도로 적용하는 것이 좋다.

해설 상점 매장의 바닥은 손님의 안전과 이동의 편의성을 위해 고저차를 주지 않으며, 자연스럽게 매장으로 유도되면서 매장 내부는 미끄러지거나 요철이 없도록 한다.

02 |

상점계획에 대한 설명 중 옳지 않은 것은?

① 상점 내의 고객 동선은 길고 원활하게 하는 것이 좋다.
② 실내 분위기 연출에 보색 효과를 사용할 때 활발하고 개성적인 분위기를 연출한다.
③ 상점 출입구에 대한 인식성을 강화하기 위해 출입구 부분에는 요철 및 경사, 계단 등을 설치한다.
④ 피난에 관련된 동선은 고객이 쉽게 인지할 수 있도록 위치 설정 및 접근성을 고려한 계획이 요구된다.

해설 상점 매장의 바닥은 손님의 안전과 이동의 편의성을 위해 고저차를 주지 않으며, 자연스럽게 매장으로 유도되면서 매장 내부는 미끄러지거나 요철이 없도록 한다.

03 |

상점건축에서 쇼윈도, 출입구 및 홀의 입구 부분을 포함한 평면적인 구성요소와 아케이드, 광고판, 사인, 외부 장치를 포함한 입체적인 구성요소의 총체를 의미하는 것은?

① 파사드(facade)
② 스테이지(stage)
③ 쇼 케이스(show case)
④ P.O.P(point of purchse)

해설 파사드(facade)

쇼윈도, 출입구 및 홀의 입구 부분을 포함한 평면적인 구성요소와 광고판, 사인, 외부 장치를 포함한 입체적인 구성요소의 총칭이다.

04 |

쇼룸의 공간구성은 상품 전시 공간, 상담 공간, 어트랙션(attraction) 공간, 서비스 공간, 통로 공간, 출입구를 포함한 파사드로 구성된다. 다음 중 어트랙션 공간에 관한 설명으로 가장 알맞은 것은?

① 구매상담을 도와주고 관람자를 통제하는 공간이다.
② 전시상품에 대한 정보를 알리거나 관람자를 안내하기 위한 공간이다.
③ 입구에서 관람객의 시선을 집중시켜 쇼룸의 내부로 관람객을 유인하는 역할을 한다.
④ 진열되는 상품을 디스플레이기 하기 위한 공간으로 진열대와 진열기구, 연출기구 등이 필요하다.

해설 쇼룸의 공간구성

㉠ 상품 진열 공간 : 전시상품을 디스플레이 하기 위한 공간으로 진열장 쇼케이스, 디스플레이 테이블, 진열 소기구, 연출기구가 필요하다.
㉡ 어트랙션 공간 : 입구에서 관객을 쇼룸의 내부로 유도하고 관람객의 시선을 끌어 전시에 흥미를 갖게 하는 것으로 입구 부분과 전시 공간 내에서 비중이 크므로 중심이 되는 곳에 배치하는 것이 일반적이다.
㉢ 서비스 공간 : 전시장의 입구나 입구 부근에 전시상품에 대한 정보를 알리기 위한 진열대, 안내 카운터 책상 등이 배치된 공간이다.
㉣ 상담 공간 : 관람자에게 상품에 대한 지식, 효용성 등의 정보를 설명하거나 구매 상담을 하기 위한 공간이다.
㉤ 파사드 : 쇼윈도, 출입구, 홀의 입구뿐만 아니라 광고판, 광고탑, 사인 등으로 기업 및 상품에 대한 첫인상을 주는 곳이며 강한 이미지를 줄 수 있도록 계획한다.

05

쇼룸의 실내계획에 관한 설명으로 옳지 않은 것은?

① 동선 계획 시 관람자가 한 번 지났던 곳은 다시 지나지 않도록 한다.
② 전시상품에 대한 정보를 알리거나 관람자를 안내하기 위한 서비스공간이 필요하다.
③ 입구에는 관람자의 시선을 끌기 위해 많은 양의 전시물과 세심한 디스플레이를 한다.
④ 파사드는 실내에 대한 기대감과 기업 및 상품에 대한 첫인상을 좌우하는 곳이므로 강한 이미지를 줄 수 있도록 한다.

해설 쇼룸의 실내계획
거리의 경관을 형성하고 통행인의 시선과 관심을 유도하고 상점의 종류, 삼품의 내용, 판매 시기, 내부 행사, 생활 정보 등을 핵심적으로 집약하여 전달하는 기능과 함께 가장 중요한 것은 외부로부터 고객들에게 신뢰감을 주어 상점내로 유도하는 것이다.

06

상점 쇼윈도의 눈부심 방지 방법으로 옳지 않은 것은?

① 곡면 유리를 사용한다.
② 쇼윈도 상부에 차양을 설치하여 햇빛을 차단한다.
③ 내부 조도를 외부 도로 면의 조도보다 어둡게 처리한다.
④ 유리를 경사지게 처리하여 외부 영상이 시야에 들어오지 않게 한다.

해설 쇼윈도의 눈부심 방지법
㉠ 차양을 상부에 설치하여 햇빛을 차단한다.
㉡ 내부 조도를 외부 조도보다 밝게 하여 되비침 현상을 방지한다.
㉢ 경사 유리나 곡면 유리를 사용하여 빛의 반사에 의한 눈부심을 방지한다.
㉣ 전면 도로에 가로수를 설치하여 전면 건물의 되비침을 방지한다.

07

상점의 쇼윈도에 관한 설명으로 옳지 않은 것은?

① 쇼윈도의 평면 형식 중 만입형은 점두의 진열면이 크다.
② 쇼윈도의 진열바닥높이는 일반적으로 상품의 종류에 따라 결정된다.
③ 쇼윈도의 단면 형식 중 다층형은 넓은 도로폭을 지닌 상점에 적용하는 것이 좋다.
④ 쇼윈도의 배면 처리 형식 중 개방형은 폐쇄형에 비해 쇼윈도 진열 자체에 대한 주목성이 강조된다.

해설 쇼윈도의 배면 처리 형식에서 개방형은 상점 내부가 보이므로 폐쇄형에 비해 상품에 대한 주목성이 떨어진다.

08

디스플레이의 정보전달요소로 옳지 않은 것은?

① 외부 및 내부 디스플레이와 진열장 연출에 의한 스케일 등의 위계성
② 사용목적, 기능성, 신뢰감, 경제성에 관한 상품성
③ 계절, 행사, 새 상품의 입하에 대한 시기성
④ 정치, 경제, 문화 등의 생활성

해설 디스플레이(display)의 목적
㉠ 교육적 목적 : 신상품의 소개, 상품의 사용법, 가치 등을 교육적 차원에서 사전에 알린다.
㉡ 선전 효과의 기능 : 신상품을 눈에 띄도록 보다 알기 쉽고 보기 쉽게 하여 선전의 효과를 갖도록 한다.
㉢ 이미지 차별화 : 쾌적한 환경 조성으로 다른 가게 다른 브랜드와의 이미지 차별화를 꾀한다.
㉣ 신유행 유도 : 신상품에 대한 새로운 유행을 창조, 주지, 유도한다.
㉤ 지역의 문화공간 조성 : 새로운 문화공간의 조성으로 지역발전에 기여한다.

09

상점 계획에서 파사드 구성에 요구되는 소비자 구매 심리 5단계에 속하지 않는 것은?

① 욕망(desire) ② 기억(memory)
③ 주의(attention) ④ 유인(attraction)

해설 소비자의 구매 심리 5단계(AIDCA 법칙)

ⓐ 주의(Attention ; A) : 상품에 대한 관심으로 주의를 갖게 한다.

ⓑ 흥미(Interest ; I) : 상품에 대한 흥미를 갖게 한다.

ⓒ 욕망(Desire ; D) : 상품구매에 대한 강한 욕망을 갖게 한다.

ⓓ 확신(Conviction ; C) : 상품구매에 대한 신뢰성으로 확신을 갖게 한다.

ⓔ 행동(Action ; A) : 구매행위를 실행케 한다.

10

소비자의 구매심리에 대한 시나리오이다. 이러한 연출의 올바른 순서는?

ⓐ 구매한다.(action)
ⓑ 확신을 심어준다.(conviction)
ⓒ 주의를 끈다.(attention)
ⓓ 흥미를 준다.(interest)
ⓔ 욕망을 느끼게 한다.(desire)

① ⓔ – ⓓ – ⓒ – ⓑ – ⓐ
② ⓔ – ⓓ – ⓒ – ⓐ – ⓑ
③ ⓓ – ⓔ – ⓑ – ⓒ – ⓐ
④ ⓒ – ⓓ – ⓔ – ⓑ – ⓐ

해설 소비자의 구매심리 5단계(AIDCA 법칙)

ⓐ 주의(Attention ; A) : 상품에 대한 관심으로 주의를 갖게 한다.

ⓑ 흥미(Interest ; I) : 상품에 대한 흥미를 갖게 한다.

ⓒ 욕망(Desire ; D) : 상품구매에 대한 강한 욕망을 갖게 한다.

ⓓ 확신(Conviction ; C) : 상품구매에 대한 신뢰성으로 확신을 갖게 한다.

ⓔ 행동(Action ; A) : 구매 행위를 실행케 한다.

11

상품 계획, 상점 계획, 판촉, 접객 서비스 등의 제반 요소를 시각적으로 구체화시켜 상점 이미지를 고객에게 인식시키는 표현 전략을 무엇이라 하는가?

① POP
② VMD
③ TOKEN DISPLAY
④ VOLUME SPACE DISPLAY

해설 VMD(Visual Merchandising)

상품 계획, 상점 계획, 판촉 등을 시각화시켜 상점 이미지를 고객에게 인식시키는 판매 전략으로 상점의 이미지 형성, 타상점과의 차별화, 자기 상점의 주장 과정으로 전개된다.

12

상업공간에서 비주얼 머천다이징(VMD) 전개 시스템에 관한 설명으로 옳은 것은?

① 아이템 프레젠테이션(IP)은 테이블, 벽면 상단이나 상판 등에서 기본상품을 표현한다.

② 아이템 프레젠테이션(IP)은 블록별 상품의 포인트를 표현하며, 블록의 이미지를 높인다.

③ 비주얼 프레젠테이션(VP)은 고객의 시선이 처음 닿는 곳을 중심으로 상점 이미지를 표현한다.

④ 포인트 프레젠테이션(PP)은 쇼 윈도우, 층별 메인 스테이지 등에서 블록 이미지를 표현한다.

해설 VMD(Visual Merchandising)

ⓐ 상품계획, 상점계획, 판촉 등을 시각화시켜 상점 이미지를 고객에게 인식시키는 판매 전략으로 상점의 이미지 형성, 타상점과의 차별화, 자기 상점의 주장 과정으로 전개된다.

ⓑ VMD(Visual Merchandising) 요소
• VP(visual presentation) : 상점 연출의 종합적 표현으로, 상점과 상품의 이미지를 높인다. (쇼윈도우, 층별 메인 스테이지)
• PP(point of sale presentation) : 블록별 상품 이미지를 높이며, 상품의 중요점을 표현한다. (테이블, 벽면 상단, 집기류 상판)
• IP(item presentation) : 상품을 분리·정리하여 구매하기 쉽고 판매하기 쉬운 매장을 만든다. (행거, 선반, 쇼케이스)

13

상점 매장의 상품 구성과 배치에 관한 설명으로 옳지 않은 것은?

① 중점 상품은 주통로에 접하는 부분에 배치한다.

② 전략 상품은 상점 내에서 가장 눈에 잘 띄는 곳에 배치한다.

③ 고객을 위한 휴게시설은 충동구매 상품과 격리하여 배치한다.

④ 진열대가 굴절 또는 곡선으로 처리된 곳에는 소형 상품을 배치한다.

[해설] 충동구매 상품은 눈에 잘 띄는 곳에 배치하며, 고객의 휴게시설과 접근시켜 배치한다.

14 |

상점의 실내디자인에서 진열장의 유효 진열범위에 관한 설명으로 옳지 않은 것은?

① 고객의 흥미를 유지하게 시키면서 보기 쉽고 사기 쉽도록 진열하는 것이 중요하다.
② 신체조건과 시선을 고려하여 상품의 종류와 특성에 따라 합리적인 진열이 되도록 한다.
③ 사람의 시각적 특성은 우측에서 좌측으로, 큰 상품에서 작은 상품으로 이동하므로 진열의 흐름도 이에 따르는 것이 필요하다.
④ 유효 진열범위 내에서도 고객의 시선이 가장 편하게 머물고 손으로 잡기에도 가장 편안한 높이는 850~1,250mm이며, 이 범위를 골든 스페이스(Golden Space)라 한다.

[해설] 사람의 시각적 특성은 좌측에서 우측으로, 작은 상품에서 큰 상품으로 이동하므로 진열의 흐름도 이에 따른 것이다.

15 |

다음 중 상점의 매장 내 진열장을 배치 계획할 때 가장 중심적으로 고려해야 할 사항은?

① 고객 동선
② 영업시간
③ 조명의 조도
④ 진열 케이스의 수

[해설] 고객의 동선은 원활하게 가능한 한 길게 배치하고 자연스럽게 상품에 접근할 수 있도록 진열장(show case)을 배치하며, 시선계획을 함께 고려한다.

16 |

상점의 동선계획에 관한 설명으로 옳지 않은 것은?

① 고객 동선과 종업원 동선은 서로 교차하지 않도록 한다.
② 고객 동선은 가능한 한 짧게 하여 쇼핑으로 인한 피로도를 적게 한다.
③ 고객 동선과 종업원 동선이 만나는 곳에 카운터나 쇼케이스를 배치하는 것이 좋다.

④ 상품 동선은 관리 동선이라고도 하며 상품의 반입, 보관, 포장, 발송 등이 이루어지는 동선이다.

[해설] 상점의 동선계획
 ㉠ 고객 동선
  • 가능한 한 길게 배치한다.
  • 동선이 자연스럽게 상품에 접근할 수 있어야 하며 시선 계획을 함께 고려한다.
  • 성별, 연령층에 따른 행동, 습관, 심리적 상태 등을 고려하여 계획한다.
  • 주 동선의 최소폭은 900mm 이상으로 한다.
 ㉡ 종업원 동선
  • 최대한 짧게 계획하는 것이 좋다.
  • 종업원 동선과 고객 동선은 교차하지 않도록 하며 교차부에는 카운터, 쇼케이스를 배치한다.
  • 성격이 다른 동선은 교차시키지 않도록 한다.
  • 관리 동선은 사무실을 중심으로 종업원실, 창고, 매장 등이 최단 거리로 연결되도록 한다.

17 |

상점의 실내계획에 대한 설명으로 옳지 않은 것은?

① 실내의 바닥면은 큰 요철이 없으며 미끄럽지 않도록 한다.
② 바닥, 벽, 천장은 상품에 대해 배경역할을 할 수 있도록 한다.
③ 고객의 동선이 원활하게 흐를 수 있도록 계획한다.
④ 실내의 사용 색채는 상품과 무관하게 강렬한 인상을 주는 색으로 한다.

[해설] 상품 구성을 유리하게 이끌기 위해서는 배경색으로 보색 계통을 쓰는 것이 좋다(난색계의 상품에는 한색계의 배경색을 활용). 배경색으로 흔히 쓰이는 중간색은 더욱 선명하고 진한 색채가 주목성을 높인다.

18 |

다음과 같은 특징을 갖는 상점 진열대의 배치형식은?

• 진열대의 설치가 간단하여 경제적이다.
• 매장이 단조로워지거나 국부적인 혼란을 일으킬 우려가 있다.

① 복합형
② 직렬배치형
③ 환상배열형
④ 굴절배치형

상점의 진열대 배치형식

ㄱ 복합 형식 : 직렬, 굴절, 환상 형식을 적절히 조합시킨 형식으로 뒷면부에 대면 판매 또는 접객 부분을 설치한다. 부인복점, 피혁 제품점, 서점 등에 적합하다.

ㄴ 직렬(직선) 형식 : 진열 케이스, 진열대, 진열창 등을 입구부터 안을 향해 직선적으로 구성하는 형식으로 고객의 흐름이 빠르고 부분별 진열이 용이하며 대량 판매가 가능하다. 주로 서점, 침구, 실용의복, 가전, 식기코너 등에 적합하다.

ㄷ 환상 형식 : 중앙 쇼케이스, 테 등으로 직선 또는 곡선에 의한 환상 부분을 설치하며 레지스터리, 포장대 등을 안에 놓는 형식으로 중앙의 대면 부분에서는 소형 상품과 고액 상품을 진열하고 벽에는 대형 상품을 진열한다. 주로 민예품점, 수예품점 등에 적합하다.

ㄹ 굴절 형식 : 진열 케이스 배치와 고객의 동선을 굴절시켜 곡선으로 구성하여 대면 판매와 측면 판매를 조합하여 이루어지도록 한 형식이다. 주로 양품, 모자, 안경, 문구 코너 등에 적합하다.

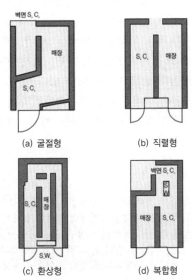

(a) 굴절형

(b) 직렬형

(c) 환상형

(d) 복합형

• S.C. : Show Case의 약자
• S.W. : Show Window의 약자

19

상점의 가구 배치에 따른 평면 유형 중 직렬형에 관한 설명으로 옳지 않은 것은?

① 부분별로 상품 진열이 용이하다.
② 협소한 매장에서는 적용이 곤란하다.
③ 쇼케이스를 일직선 형태로 배열한 형식이다.
④ 상품의 전달 및 고객의 동선상 흐름이 빠르다.

직렬 형식

진열 케이스, 진열대, 진열창 등을 입구부터 안을 향해 직선적으로 구성하는 형식으로 고객의 흐름이 빠르고 부분별 진열이 용이하며 대량 판매가 가능하며, 주로 서점, 침구, 실용의복, 가전, 식기 코너 등에 적합하다.

20

상점의 공간구성 중 판매 부분에 속하지 않는 것은?

① 통로 공간
② 서비스 공간
③ 상품 관리 공간
④ 상품 전시 공간

• 상품권 : 상품의 매입, 보관, 관리, 배달이 행하여지는 장소로 판매권과 접한다.
• 판매권 : 가장 중요한 부분으로 상품 전시 및 영업장소이다. 매상고는 판매 부분, 즉 매장 면적에 비례하고 고객 동선에 의존한다.

21

상점의 판매형식 중 대면 판매에 관한 설명으로 옳지 않은 것은?

① 포장대나 계산대를 별도로 둘 필요가 없다.
② 귀금속과 같은 소형 고가품 판매점에 적합하다.
③ 고객과 마주 대하기 때문에 상품 설명이 용이하다.
④ 진열된 상품을 자유롭게 직접 접촉하므로 선택이 용이하다.

대면 판매

고객과 종업원이 진열장을 사이에 놓고 상담 판매하는 형식으로 소형 상품의 고가품인 귀금속, 의약품, 카메라, 화장품 판매점에 적합하다.

ㄱ 장점
• 고객과 마주 대하고 상품을 설명하므로 상품 설명이 용이하다.
• 종업원 동선이 안정적이다.
• 포장대나 계산대를 별도로 둘 필요가 없다.

ㄴ 단점
• 판매원의 고정 통로에 의해서 진열 면적이 협소하다.
• 대면에 따른 심리적 부담감으로 분위기가 딱딱해질 수 있다.
• 진열된 상품과 자유롭게 직접 접촉하지 못하므로 선택이 불리하다.

22 |

상품 진열 계획에서 고객에게 가장 편한 진열 높이를 말하는 골든 스페이스(golden space)의 범위는?

① 400~850mm

② 850~1,250mm

③ 1,250~1,500mm

④ 1,500~1,800mm

해설 상품 유효 진열범위
- ㉠ 눈높이는 1,500mm 기준으로 하며 시야 범위는 상향 10°에서 하향 20°가 가장 좋다.
- ㉡ 상품 진열범위는 바닥에서 600~2,100mm 이하이며 가장 편안한 높이(golden space)는 850~1,250mm이다.

23 |

연면적 200m²를 초과하는 판매시설에 설치하는 계단의 유효너비는 최소 얼마 이상으로 하여야 하는가?

① 90cm　　　　② 120cm

③ 150cm　　　　④ 180cm

해설 문화 및 집회시설(공연장, 집회장, 관람장), 판매 및 영업시설(도매·소매시장, 상점) 등 용도의 건축물은 계단 및 계단참의 유효너비는 120cm 이상으로 한다.

24 |

기업체가 자사 제품의 홍보, 판매 촉진 등을 위해 제품 및 기업에 관한 자료를 소비자들에게 직접 호소하여 제품의 우위성을 인식시키고자 하는 전시 공간은?

① 캐럴　　　　② 쇼룸

③ 애리나　　　　④ 랜드스케이프

해설 쇼룸(Show room)은 기업의 제품 및 기업 자료를 전시하여 제품의 홍보 및 판매 촉진을 위하여 전시하는 공간이다.

25 |

가전제품 판매장에 있어 전시(display)의 목적으로 적당하지 않은 것은?

① 판매율을 높인다.

② 기업과 상품의 이미지를 높인다.

③ 타점과의 차별화를 꾀한다.

④ 제품의 기능을 높인다.

해설 가전제품점
- ㉠ 다양한 품목의 상품을 소비자가 쉽게 찾을 수 있도록 배치한다.
- ㉡ 단일 브랜드의 상품을 취급하는 매장은 브랜드의 이미지를 최대한 이용한다.
- ㉢ 다양한 브랜드를 함께 취급하는 매장은 가격과 기능의 비교가 용이하도록 한다.

26 |

백화점의 공간구성을 고객권, 종업원권, 상품권, 판매권으로 구분할 때, 다음 설명 중 옳은 것은?

① 고객권은 백화점의 경영을 좌우하는 가장 중요한 부분으로 상품을 전시하여 판매, 영업하는 장소이다.

② 종업원권은 고객을 맞이하는 현관, 매장 내 고객용 교통 부분인 통로, 계단, 엘리베이터, 에스컬레이터 등으로 구성되어 있다.

③ 상품권은 판매권과 접하며 고객권과는 분리된다.

④ 판매권은 상품의 반입, 보관, 배달, 발송을 위한 부분이다.

해설 백화점의 공간
- ㉠ **고객권** : 고객용 출입구, 통로, 계단, 휴게실, 식당 등의 서비스 시설 부분을 말한다. 대부분은 판매권 등 매장에 결합하며 종업원권과 접하게 된다.
- ㉡ **종업원권** : 종업원의 입구, 통로, 계단, 사무실, 식당, 기타를 말한다. 고객권과는 별개의 계통으로 독립되고 매장 내에 접하고 있으며 매장 외의 상품권과 접하게 된다.
- ㉢ **상품권** : 상품의 반입, 보관, 배달을 행하는 계층이며 판매권으로부터 상품의 보급·조정 및 점외 배달 등을 원활히 행하는 시설이다. 판매권과 접하며 고객권과는 절대 분리시킨다.
- ㉣ **판매권** : 백화점의 가장 중요한 부분인 매장이며 상품을 전시하여 영업하는 장소이다. 고객의 구매욕을 환기시키고 종업원에 대해서는 능률이 좋은 작업 환경을 만들지 않으면 안 된다.

27

백화점 매장의 배치유형 중 직각배치형에 대한 설명으로 옳지 않은 것은?

① 판매대의 매장 면적을 최대한도로 확보할 수 있다.
② 판매대의 설치가 간단하고 경제적이다.
③ 고객의 통행량에 따라 부분적으로 통로 폭을 조절하기 어렵다.
④ 매장의 획일성에서 탈피하여 단조로움을 피할 수 있다.

해설 직각배치법
　㉠ 가구를 열 지어 직각배치 함으로써 직교하는 통로가 나게 하는 배치하는 형식이다.
　㉡ 가장 간단한 배치 방법으로 매장 면적을 최대한으로 이용할 수 있다.
　㉢ 단조로운 배치 방법으로 고객의 통행량에 따른 통로 폭을 조절하기 어려워 국부적 혼란을 일으키기 쉽다.

28

다음 그림과 같이 백화점 매장의 사행 배치에 적합한 동선 계획으로, 45°의 구성에 의하여 상품의 벽면 전시를 중시하는 동선의 유형은?

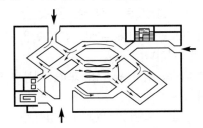

① 스퀘어 타입　　② 엔클로저 타입
③ 바이어스 타입　　④ 방사 배치형

해설 동선의 유형
백화점의 동선에는 여러 가지 방법이 있으나, 기본적인 유형은 다음과 같다.
　㉠ 스퀘어 타입(Square type) : 미국에서 많이 볼 수 있으며, 각자 목적하는 매장에 바로 갈 수 있다는 장점이 있지만, 동선따라 통행량에 차이가 생기는 결점이 있다.
　㉡ 엔클로저 타입(Enclosed type) : 스퀘어 타입을 약간 복잡하게 한 것으로서, 스퀘어 타입에 비교하면 플로어의 회유성이 훨씬 좋게 된다.

　㉢ 바이어스 타입(Bias type) : 45°에 굴곡하는 동선을 기본으로 구성되어 있기 때문에 통로와 매장이 직각 또는 45°의 각도로 마주치는 장소가 많아지며, 그곳에 시선 유도를 위한 연출을 함으로써 고객을 끌어들이게끔 한다.
　㉣ 부스 투 부스 타입(Booth to booth type) : 개별 점포에서 다음 점포로, 또는 그 점포를 지나서 다른 블록으로 돌아다니는 각각의 블록을 약간 애매모호하게 한 가운데서 매장의 공통성을 갖게 하려는 방법이다.
　㉤ 센터 코어 타입(Center core type) : 중앙 매장의 구성을 오픈 부스화하여 벽면 매장의 상품을 보다 쉽게 구매할 수 있도록 개방화하였으며, 매장의 이동이 자유롭다.
　㉥ 라운드 타입(Round type) : 에스컬레이터(중앙 중심) 주변의 동선을 중심으로 고객이 목적하고자 하는 방향으로 고객의 회유성을 짧게 한다.

• 동선의 유형별 타입

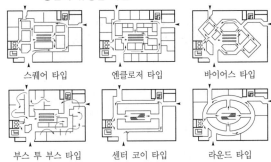

스퀘어 타입　　엔클로저 타입　　바이어스 타입

부스 투 부스 타입　　센터 코이 타입　　라운드 타입

29

백화점의 에스컬레이터 배치유형 중 교차식 배치에 관한 설명으로 옳은 것은?

① 연속적으로 승강할 수 없다.
② 점유면적이 다른 유형에 비해 작다.
③ 고객의 시야가 다른 유형에 비해 넓다.
④ 고객의 시선이 1방향으로만 한정된다는 단점이 있다.

해설 백화점의 에스컬레이터 배열방법
　㉠ 복렬형 : 승강과 하강이 분리되어 순서대로 갈아타면서 승 하강 할 수 있다. 중소규모의 백화점에 많으며, 일반적으로 승강 또는 하강 전용으로 되어있다.
　㉡ 교차형 : 승강과 하강을 모두 연속적으로 갈아타면서 승하강 할 수 있으며, 승하강시 승강구가 혼잡하지 않으며 일반적으로 대형 백화점에서 많이 설치한다. 고객의 시야가 좁고 점유 면적이 가장 작다.

30 |

6층 규모 백화점의 층별 상품배치 계획에 대한 내용 중 가장 적합하지 못한 것은?

① 지하 1층 : 식품점, 슈퍼마켓
② 1층 : 가구, 주방용품
③ 2층 : 숙녀의류
④ 6층 : 가전제품

해설 층별 상품배치 계획
  ㉠ 지하층 : 고객이 마지막으로 구매하는 상품 배치 – 식료품, 주방용품, 슈퍼
  ㉡ 1층 : 상품 선택에 시간이 많이 걸리지 않는 상품 배치 – 화장품, 신발, 구두, 핸드백, 속옷(내의)
  ㉢ 2~3층 : 고가의 상품으로 매상이 가장 큰 상품 배치 – 귀금속, 신사복, 숙녀복, 아동복, 고급 잡화
  ㉣ 4~5층 : 잡화 상품 배치 – 문구, 식기류, 침구류, 장난감류
  ㉤ 6~7층 : 견적을 넓게 차지하는 상품 배치 – 가전제품, 악기류, 가구류, 식당, 휴게 공간, 사무실

4 전시 세부 공간계획

01 |

전시 공간에 관한 설명으로 옳지 않은 것은?

① 전시의 성격은 영리적 전시와 비영리적 전시로 나눌 수 있다.
② 공간의 형태와 규모에 관련된 물리적 요건들이 전시 공간 특성을 좌우한다.
③ 전체 동선 체계는 이용자 동선과 관리자 동선으로 크게 나뉘며 서로 통합되도록 계획한다.
④ 전시실 순회 유형에 따라 전시실 상호 간 결합 형식이 결정되며 전체의 전시 계획에 영향을 미친다.

해설 전시 공간의 동선은 이용자 동선, 관리자 동선, 자료 동선으로 분리하여 계획한다.
  ㉠ 동선은 홀 등의 공간을 관류하는 경우를 제외하고는 대부분 복도 형식으로 이루어지며, 이때 복도는 3m 이상의 폭과 3m 이상의 높이로 사람과 물품의 통행을 동시에 고려한다.
  ㉡ 관람객 동선은 진입 홀 – 전시실 – 출구 – 야외 전시 순으로 이루어지는 것이 일반적이다.

02 |

전시에 대한 설명으로 가장 알맞은 것은?

① 전시 용도만을 위해 설계된 전시 전용 공간에서만 이루어진다.
② 일반적으로 전시는 감상, 교육, 계몽의 역할을 한다.
③ 전시 공간은 호환성이 없는 고정형이어야만 한다.
④ 전시는 실내공간에 국한되어 이루어진다.

해설 전시 공간의 종류
  전시 공간은 일반적으로 감상 · 교육 · 계몽 · 전달 · 판매 · 서비스 등을 목적으로 전시되며, 영리적인 측면에서 보면 비영리적인 전시와 구분된다.
  ㉠ 비영리적인 전시는 예술성이 강한 작품의 발표 또는 일반 대중의 문화적인 사고개발과 교육을 목적으로 하며, 미술관 · 박물관 · 기념관 · 박람회 등이 여기에 속한다.
  ㉡ 영리적 전시는 전시자의 명성이나 선전 효과를 이용하여 판매 촉진을 목적으로 하는 것으로, 쇼룸(showroon)이 대표적이다.

03 |

다음의 전시 공간의 동선에 관한 설명 중 가장 적절하지 않은 것은?

① 동선의 정체 현상은 입구와 출구가 분리되었을 때 일반적으로 마지막 전시장과 출구 부분에서 가장 심하다.
② 동선은 대부분 복도 형식으로 이루어지는데, 일반적으로 복도는 3m 이상의 폭과 높이가 요구된다.
③ 전시 공간 내의 전체 동선 체계는 주체별로 분류하면 관람객 동선, 관리자 동선 및 자료의 동선으로 구분된다.
④ 관람객 동선은 일반적으로 접근, 입구, 전시실, 출구, 야외 전시 순으로 연결된다.

해설 동선의 종류는 이용자 동선, 관리자 동선, 자료 동선으로 이루어진다.
　㉠ 동선은 홀 등의 공간을 관류하는 경우를 제외하고는 대부분 복도 형식으로 이루어지며, 이때 복도는 3m 이상의 폭과 3m 이상의 높이로 사람과 물품의 통행을 동시에 고려한다.
　㉡ 관람객 동선은 진입 홀 – 전시실 – 출구 – 야외 전시순으로 이루어지는 것이 일반적이다.

04 |

일종의 전시 공간인 쇼룸(show room)의 계획에 관한 설명으로 옳지 않은 것은?

① 관람의 흐름은 막힘이 없어야 한다.
② 입구에는 세심한 디스플레이를 피한다.
③ 관람자가 한 번 지나간 곳을 다시 지나가도록 한다.
④ 관람에 있어 시각적 혼란을 초래하지 않도록 전후좌우를 한꺼번에 다 보게 해서는 안 된다.

해설 동선계획의 기본 원리
　㉠ 관람객의 흐름을 의도하는 대로 유도할 수 있어야 한다.
　㉡ 관객의 흐름에 막힘이 없도록 하고 한번 지나간 곳은 다시 지나가지 않도록 한다.
　㉢ 관람객에게 피로를 느끼지 않게 한다.
　㉣ 관람객의 시각적 혼란이 없도록 하며, 전후 · 좌우를 한꺼번에 다 관람하지 않도록 한다.

05 |

전시 공간의 평면 형태에 관한 설명으로 옳지 않은 것은?

① 직사각형은 공간 형태가 단순하고 분명한 성격을 지니기 때문에 지각이 쉽다.
② 부채꼴형은 관람자의 자유로운 선택이 가능하므로 대규모 전시 공간에 적합하다.
③ 원형은 고정된 축이 없이 안정된 상태에서 지각이 어려워 방향 감각을 잃을 수도 있다.
④ 자유형은 형태가 복잡하여 전체를 파악하기 곤란하므로 큰 규모의 전시 공간에는 부적당하다.

해설 부채꼴형
　㉠ 관람객에게 폭넓은 가능성을 제공하며 관람객은 빠른 선택을 할 수 있게 한다.
　㉡ 많은 양을 전시할 경우와 관람객에게 너무 많은 것을 요구하여 지나치게 부담을 준다.
　㉢ 많은 관람객이 밀집할 경우 입구에서는 병목 현상이 발생할 수 있다.

06 |

다음 설명과 같은 특징을 갖는 전시 공간의 평면 형태는?

- 형태가 복잡하며 한눈에 전체를 파악하는 것이 어려우므로 일반적으로 전체적인 조망이 가능한 규모에 적합하다.
- 많은 관람객이 밀집할 경우 입구에서 병목 현상의 발생우려가 높다.

① 원형　　　　　　　② 사각형
③ 자유형　　　　　　④ 부채꼴형

해설 전시 공간의 평면 형태
　㉠ 부채꼴형
　　• 관람객에게 폭넓은 가능성을 제공하며 관람객은 빠른 선택을 할 수 있게 한다.
　　• 많은 양을 전시할 경우 관람객에게 너무 많은 것을 요구하여 지나치게 부담을 준다.
　　• 많은 관람객이 밀집할 경우 입구에서는 병목 현상이 발생할 수 있다.
　㉡ 사각형
　　• 관람객은 체계적으로 예정된 경로를 따라 안내받을 수 있다.

- 공간 형태가 단순하고 분명한 성격을 지니기 때문에 지각이 쉽고 명쾌하며 변화있는 전시 계획이 시도될 수 있다.
- 관리적 측면에서 통제와 감시가 다른 유형의 평면에 비해 수월한 장점이 있다.

ⓒ 원형
- 고정된 축이 없어 안정된 상태에서 지각하기 어렵다.
- 배경이 동적이기 때문에 관람자의 주의를 집중하기 어렵고 위치 파악도 어려워 방향 감각을 자칫 잃어버리기 쉽다.
- 전시실 중앙에 핵이 되는 전시물을 중심으로 주변에 그와 관련되거나 유사한 성격의 전시물을 전시함으로써 공간이 주는 불확실성을 극복할 수 있다.

ⓔ 자유형
- 형태가 복잡하여 대규모 공간에는 부적합하며 내부를 전체적으로 볼 수 있는 제한된 공간에서 사용하는 것이 바람직하다.
- 미로와 같은 복잡한 공간을 피하기 위해서는 강제적인 동선이 필수적이다.

ⓜ 작은 실의 조합형
- 관람자가 자유로이 둘러볼 수 있도록 공간의 형태에 의한 동선의 유도가 필요하다.
- 한 전시실의 규모는 작품을 고려한 시선 계획 하에 결정되지 아니하면 자칫 동선이 흐트러지기 쉽다.

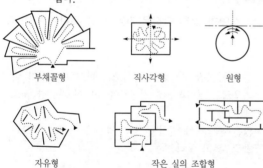

부채꼴형 　　직사각형 　　원형

자유형 　　작은 실의 조합형

07 |

전시 공간 전시실의 순회 유형에 대한 설명으로 옳은 것은?

① 연속 순회형식은 각 전시실을 독립적으로 폐쇄할 수 있다.
② 연속 순회형식은 각각의 전시실에 바로 들어갈 수 있다는 장점이 있다.
③ 중앙홀 형식에서 중앙홀이 크면 동선의 혼란은 없으나 장래의 확장에는 무리가 있다.

④ 갤러리 및 복도 형식은 하나의 전시실을 폐쇄하면 전체 동선의 흐름이 막히게 되므로 비교적 소규모 전시실에 적합하다.

해설 전시실의 형식
ⓐ **연속 순회형** : 다각형의 전시실을 연속적으로 동선을 형성하는 형식으로, 단순함과 공간 절약 등 소규모 전시실에 적합하나 많은 실을 순서대로 순회하여야 하며 중간실을 폐쇄하면 동선이 막힌다.
ⓑ **갤러리 및 복도형** : 복도에 의해 각 실을 연결하는 형식으로 복도가 중정을 둘러싸고 회랑을 구성하는 경우도 많으며 필요에 따라 실의 독립적 폐쇄가 가능하다.
ⓒ **중앙 홀형** : 중앙에 큰 홀을 두고 그 주위에 전시실을 배치하는 형식으로 부지 이용률이 높고 중앙 홀이 크면 동선의 혼잡이 없다.

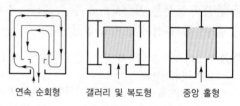

연속 순회형 　　갤러리 및 복도형 　　중앙 홀형

08 |

전시 공간의 순회유형 중 연속 순회형식에 관한 설명으로 옳지 않은 것은?

① 각 실을 필요에 따라 독립적으로 폐쇄할 수 있다.
② 전시 벽면이 최대화되고 공간절약효과가 있다.
③ 관람객은 연속적으로 이어진 동선을 따라 관람하게 된다.
④ 비교적 동선이 단순하며 다소 지루하고 피곤한 느낌을 줄 수 있다.

해설 연속 순회형
다각형의 전시실을 연속적으로 동선을 형성하는 형식으로, 단순함과 공간 절약 등 소규모 전시실에 적합하나 많은 실을 순서대로 순회하여야 하며 중간실을 폐쇄하면 동선이 막힌다.

연속 순회형

09 |

전시 공간의 순회형식 중 중앙 홀형식에 관한 설명으로 옳은 것은?

① 대지 이용률이 낮아 소규모 전시 공간에 주로 사용된다.

② 중앙 홀이 크면 동선의 혼잡이 없으나 장래의 확장에 무리가 따른다.

③ 직사각형 또는 다각형 평면의 전시실이 연속적으로 연결된 형식이다.

④ 중앙의 중정이나 오픈 스페이스를 중심으로 형성된 복도를 따라 각 실이 배치된다.

해설 중앙 홀형
중앙에 큰 홀을 두고 그 주위에 전시실을 배치하는 형식으로 부지 이용률이 높고 중앙 홀이 크면 동선의 혼잡이 없다.

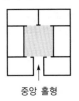

중앙 홀형

10 |

전시 공간의 실내계획에 관한 기술 중 옳지 않은 것은?

① 전시장 내의 자료 보존을 위하여 자료가 직사광선에 노출되지 않도록 한다.

② 전시장 바닥의 재료는 관람에 집중할 수 있도록 발소리가 나지 않는 재료를 사용한다.

③ 천장면을 메시(mesh)나 루버식으로 처리하면 설비 기기가 눈에 잘 띄지 않아 시각적으로 편안하다.

④ 전시장의 벽면은 예술적인 분위기를 주기 위해 여러 가지 색으로 화려하게 한다.

해설 전시장의 벽면은 외벽 구조체와 공극을 두고 단열성이 높고 온 · 습도의 변화에 적응성이 있는 재료로 된 전시벽을 별도로 설치한다.
ⓐ 바탕이 불연판인 얇은 목판(base panel)에 아주 조밀한 포 등으로 마감한다.
ⓑ 전시 벽면의 줄눈과 벽 마감재의 바탕 모양이 눈에 띄지 않도록 한다.

ⓒ 너무 평활한 마감으로 처리하면 정반사에 눈부심이 발생할 수 있고, 접착 부위가 쉽게 눈에 띄고 변질 부분이 쉽게 인지된다.

11 |

전시 공간의 바닥에 대한 설명 중 옳지 않은 것은?

① 요철이나 잦은 단차는 피한다.

② 색은 벽보다 밝고 반사율이 높은 것이 좋다.

③ 바닥재의 문양은 전시실을 압도하지 않는 것으로 한다.

④ 미끄럽지 않고 발소리가 나지 않는 마감재료가 요구된다.

해설 실내 조명상 바닥은 중명도의 색이 좋으며 반사율은 20~40% 정도이다.

12 |

전시 공간의 특수전시 기법에 관한 설명으로 옳은 것은?

① 하모니카 전시는 통일된 전시 내용이 규칙적으로나 반복적으로 나타날 때 적용이 용이하다.

② 파노라마 전시는 벽이나 천장을 직접 이용하지 않고 전시 공간의 중앙에 전시물을 배치하는 전시 기법이다.

③ 아일랜드 전시는 현장감을 가장 실감나게 표현하는 기법으로, 한정된 공간 속에서 배경 스크린과 실물의 종합 전시가 가능하다.

④ 디오라마 전시는 연속적인 주제를 연관성 깊게 표현하기 위해 선형으로 연출하는 전시 기법으로, 맥락이 중요하다고 생각될 때 사용된다.

해설 전시 공간의 특수전시 기법
ⓐ 하모니카(Harmonica) 전시 : 사각형 평면을 반복시켜 전시 공간을 구획하는 가장 기본적인 공간 구성 방법으로, 벽면의 진열장 전시에서 전시 항목이 짧고 명확할 때 채택하면 전시 효율을 높일 수 있다.
ⓑ 파노라마(Panorama) 전시 : 연속적인 주제를 선적으로 구성하여 연계성 깊게 연출하는 방법으로 단일화 정황을 파노라마로 연출하는 방법, 시각적 연속성을 위한 플로우 차트로 구성하는 방법, 사건과 인물의 맥락을 전시하기 위해 수평으로 연속된 화면을 구성하는 방법 등이 있다.

ⓒ 아일랜드(Island) 전시 : 사방에서 감상해야 할 필요가 있는 조각물이나 모형을 전시하기 위해 벽면에서 띄어놓아 전시하는 방법으로, 관람자의 동선을 자유롭게 변화시킬 수 있어 전시 공간을 다양하게 사용할 수 있다.

ⓓ 디오라마(Diorama) 전시 : 깊이가 깊은 벽장 형식으로 구성하여 어떤 상황을 배경과 실물 또는 모형으로 재현하는 수법으로, 현장감과 공간을 표현하고 배경에 맞는 투시적 효과와 상황을 만든다.

13

특수전시 방법 중 현장감을 실감나게 표현하는 방법으로 하나의 사실 또는 주제의 시간 상황을 고정시켜 연출하는 것은?

① 멀티비전
② 디오라마 전시
③ 아일랜드 전시
④ 하모니카 전시

해설
• 멀티비전(Multivision) : 여러 대의 모니터를 상하좌우로 배치하여 큰 화면을 만들어 멀티 디스플레이를 하기 위하여 만든 연출 설비이다.
• 디오라마(Diorama) 전시 : 깊이가 깊은 벽장 형식으로 구성하여 어떤 상황을 배경과 실물 또는 모형으로 재현하는 수법으로, 현장감과 공간을 표현하고 배경에 맞는 투시적 효과와 상황을 만든다.

14

연속적인 주제를 시간적인 연속성을 가지고 선형으로 연출하는 전시 방법은?

① 하모니카 전시
② 파노라마 전시
③ 아일랜드 전시
④ 아이맥스 전시

해설
파노라마(Panorama) 전시
연속적인 주제를 선적으로 구성하여 연계성 깊게 연출하는 방법으로 단일화 정황을 파노라마로 연출하는 방법, 시각적 연속성을 위한 플로우 차트로 구성하는 방법, 사건과 인물의 맥락을 전시하기 위해 수평으로 연속된 화면을 구성하는 방법 등이 있다.

15

전시 공간의 특수전시 방법 중 사방에서 감상해야 할 필요가 있는 조각물이나 모형을 전시하기 위해 벽면에서 띄어놓아 전시하는 방법은?

① 디오라마 전시
② 파노라마 전시
③ 하모니카 전시
④ 아일랜드 전시

해설 전시 공간의 특수전시 기법
ⓐ 디오라마(Diorama) 전시 : 깊이가 깊은 벽장 형식으로 구성하여 어떤 상황을 배경과 실물 또는 모형으로 재현하는 수법으로, 현장감과 공간을 표현하고 배경에 맞는 투시적 효과와 상황을 만든다.
ⓑ 파노라마(Panorama) 전시 : 연속적인 주제를 선적으로 구성하여 연계성 깊게 연출하는 방법으로 단일화 정황을 파노라마로 연출하는 방법, 시각적 연속성을 위한 플로우차트로 구성하는 방법, 사건과 인물의 맥락을 전시하기 위해 수평으로 연속된 화면을 구성하는 방법 등이 있다.
ⓒ 하모니카(Harmonica) 전시 : 사각형 평면을 반복시켜 전시 공간을 구획하는 가장 기본적인 공간 구성 방법으로, 벽면의 진열장 전시에서 전시 항목이 짧고 명확할 때 채택하면 전시 효율을 높일 수 있다.

5 극장 세부 공간계획

01 |

극장의 관객석에서 무대 위 연기자의 세밀한 표정이나 몸동작을 볼 수 있는 시선 거리의 생리적 한도는?

① 10m
② 15m
③ 22m
④ 35m

해설 극장 객석의 시선 거리와 시각
ㄱ 극장 관람석에서 무대 중심 허용 한계는 중심선에서 60° 이내 범위이다.
ㄴ 15m 이내로 배우의 표정, 동작 등을 자세히 감상할 수 있는 한도로 인형극, 아동극의 객석 범위이다.
ㄷ 22m 이내로 1차 허용 한계라 하며 국악, 신극, 실내악 등의 객석 범위이다.
ㄹ 35m 이내로 2차 허용 한계라 하며 배우의 일반적 동작만 감상할 수 있는 한도로 연극, 발레, 뮤지컬의 객석 한계이다.

02 |

다음과 같은 특징을 갖는 극장의 평면형은?

- 중앙 무대형이라고도 하며 관객이 연기자를 360도로 둘러싸고 관람하는 형식이다.
- 무대의 배경을 만들지 않으므로 경제적이지만 무대장치의 설치에 어려움이 따른다.

① 가변형
② 애리나형
③ 프로세니움형
④ 오픈 스테이지형

해설 애리나(Arena)형, 센트럴 스테이지형
중앙에 무대를 설치하고 관객이 연기자를 360°로 둘러싸고 관람하는 형식이다.
ㄱ 가까운 거리에서, 많은 관객을 수용할 수 있다.
ㄴ 관람석과 무대가 하나의 공간으로 관객에게는 친근감을, 연기자에게는 긴장감을 주는 공간을 형성한다.
ㄷ 무대의 배경을 만들지 않으므로 경제적이다.
ㄹ 무대 장치나 소품은 주로 낮은 것으로 구성한다.
ㅁ 관객의 시점이 현저하게 다르고 연기자가 전체적인 통일 효과를 얻기 위한 극을 구성하기가 곤란하다.
ㅂ 연기자가 서로 가리는 경우가 있다.

03 |

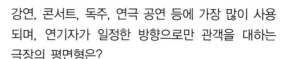

강연, 콘서트, 독주, 연극 공연 등에 가장 많이 사용되며, 연기자가 일정한 방향으로만 관객을 대하는 극장의 평면형은?

① 애리나(Arena)형
② 프로시니엄(Proscenium)형
③ 오픈 스테이지(Open Stage)형
④ 센트럴 스테이지(Central Stage)형

해설 극장의 평면 형식
ㄱ 프로세니움 스테이지(proscenium stage, picture frame stage) : 프로세니움 벽에 의해 연기공간이 분리되어 관객이 프로세니움 아치의 개구부를 통해서 무대를 보는 형식
- 어떤 배경이라도 창출할 수 있다.
- 관객에게 장치, 광원을 보이지 않고도 여러 가지의 장면을 연출할 수 있다.
- 무대에 가깝게 많은 관객을 넣는 것은 곤란하다.
- 무대 전면의 오케스트라 박스 등을 이용해서 에이프런 스테이지로 사용하는 것도 좋은 방법이다.
- 배경을 한 폭의 그림과 같은 느낌을 준다.
- 연기자가 제한된 방향으로만 관객을 대하게 된다.
- 강연, 음악회, 독주, 연극 공연에 가장 좋으며 일반 극장 대부분이 여기에 속한다.
ㄴ 오픈 스테이지(Open stage)형 : 무대를 중심으로 객석이 동일 공간에 있는 형식
- 무대와 객석이 동일 공간에 있는 것으로 관객석에 의해서 무대 대부분을 둘러싸고 많은 사람은 시각 거리 내에 수용된다.
- 배우는 관객석 사이나 무대 아래로부터 출입한다.
- 연기자와 관객 사이의 친밀감을 한층 더 높일 수 있다.
ㄷ 가변형 무대(adaptable stage)형 : 필요에 따라 무대의 객석이 변화될 수 있는 형으로 하나의 극장 내에 몇 개의 다른 형태로 무대를 만들 수 있게 구성된 형식이다.

04 |

호텔의 실내계획에 대한 설명 중 옳은 것은?

① 호텔의 동선은 이동하는 대상에 따라 고객, 종업원, 물품 등으로 구분되며, 물품 동선과 고객 동선은 교차시키는 것이 좋다.
② 프런트 오피스는 수평 동선이 수직 동선으로 전이되는 공간일 뿐 아니라, 외관과 함께 호텔의 전체적인 인상을 보여 주는 역할을 하는 공간이다.
③ 현관은 퍼블릭 스페이스의 중심으로 로비, 라운지와 분리하지 않고 통합시킨다.
④ 주 식당(main dining room)은 숙박객 및 외래객을 대상으로 하며 외래객이 편리하게 이용할 수 있도록 출입구를 별도로 설치하는 것이 좋다.

해설 호텔의 실내계획
　㉠ 호텔 각부의 기능
　　• 로비 : 고객 움직임의 중심이며 객실을 포함하여 모든 공공시설로 진입하는 통로이다.
　　• 프런트 : 리셉션 서비스를 제공하는 곳이다.
　　　– 손님 영접이나 접수하는 레지스트레이션(regi-straion) 서비스
　　　– 출납과 회계, 환전, 안전금고 등의 캐셔(casher) 서비스
　　　– 안내, 열쇠, 우편물, 메시지, 홍보용 책자 비치 등의 인포메이션(information) 서비스
　　• 객실 : 주거 기능적 성격을 지니도록 하며 투숙객에게 안락함과 쾌적함 속에서 개인적이고도 친밀감을 느낄 수 있도록 한다.
　　• 현관 : 호텔 이용객들이 주로 출입하는 부분이며 내부 공간과 연결되는 부분으로 내부 동선의 원점이 된다.
　㉡ 공간의 분할
　　• 관리 부분 : 프런트 오피스, 지배인실, 사무실, 공작실, 창고, 복도, 변소, 전화교환실
　　• 퍼블릭 스페이스(공용 부분) : 현관, 홀, 로비 라운지, 연회장, 오락실, 다방, 무도장, 독서실, 진열장, 미용실, 엘리베이터, 계단
　　• 요리 관계 부분 : 배선실, 부엌, 식사실, 냉장고, 창고
　　• 숙박 부분 : 객실, 보이실, 메이드실, 린넨룸, 트렁크룸
　　• 설비 부분 : 보일러실, 전기 · 기계 · 세탁실
　　• 임대실 : 상업 창고, 임대 사무실, 클럽실

05 |

호텔 운영의 중심부로서 인체의 두뇌에 비유할 수 있는 호텔 운영의 중추가 되는 곳은?

① 로비　　　　　　② 프런트 오피스
③ 벨보이실　　　　④ 라운지

해설 프런트
리셉션 서비스를 제공하는 곳이다.
　㉠ 손님 영접이나 접수하는 레지스트레이션(regist-raion) 서비스
　㉡ 출납과 회계, 환전, 안전금고 등의 캐셔(casher) 서비스
　㉢ 안내, 열쇠, 우편물, 메시지, 홍보용 책자 비치 등의 인포메이션(information) 서비스

MEMO

PART 2

실내디자인 색채 및 사용자 행태분석

ENGINEER INTERIOR ARCHITECTURE

Ⅰ. 실내디자인 프레젠테이션
Ⅱ. 실내디자인 색채계획
Ⅲ. 실내디자인 가구계획
Ⅳ. 사용자 행태분석
Ⅴ. 인간계측

| 적중예상문제 |

실내디자인 색채 및 사용자 행태분석

Ⅰ 실내디자인 프레젠테이션

01 |

다음 중 디자인 프레젠테이션에 대한 설명과 가장 관계가 먼 것은?

① 디자이너와 고객 간의 긴요한 의사전달방법이다.
② 2차원, 3차원 도면이나 모델 등을 활용하여 고객의 이해를 돕는다.
③ 디자이너가 1개의 디자인을 결정하여 고객에게 전달하는 과정이다.
④ 컴퓨터나 멀티미디어 등 최신의 표현기법이 점차 일반화되는 경향이다.

> **해설** 기본 설계
> 2~3개 이상의 기본 계획안을 분석 평가하여 전체 공간과 조화를 이루도록 하며, 고객 요구 조건에 합치되는 가를 평가하여 하나의 안이 결정되도록 하는 과정이다.

Ⅱ 실내디자인 색채계획

1 색채 구상

1. 부위 및 공간별 색채구상

01 |

디자인의 대상이나 용도에 적합한 배색을 적용하고 기능적으로나 심미적으로 효과적인 배색 효과를 얻을 수 있도록 미리 설계하는 것은?

① 색채 조절
② 색채 관리
③ 색채 응용
④ 색채 계획

> **해설** 색채 계획(Color planning)은 제품 디자인이나 시각 디자인, 환경 디자인 등에서 그 디자인의 적용 상황 (소비자 심리, 시장 상황) 등을 연구하여 색채를 선정하고 적용하는 과정이다.

02 |

색채 디자인의 목적으로 적합하지 않은 것은?

① 상품의 이미지를 보다 효과적으로 만들어 낸다.
② 사용자의 감성적 요구를 반영하여 상품 구매율을 높인다.
③ 색체의 체계적인 사용을 통하여 상품의 부가가치를 높인다.
④ 최대의 다양한 색상 조합을 통하여 소비자의 시선을 유도한다.

> **해설** 색채 계획의 필요성
> ㉠ 색채가 다른 제품보다 특색이 있어야 한다.
> ㉡ 기능적으로 우수함이 명시되기를 원한다.
> ㉢ 제품에 의해 기분 좋은 생활환경이 만들어지기를 원한다.
> ㉣ 언제까지나 여러 사람에게 호감이 가는 색채로 디자인되기를 원한다.

03 |

컬러 매니지먼트의 필요조건으로 적합한 것은?

① 컬러 매니지먼트 시스템은 복잡해도 전문가는 쉽게 이용할 수 있도록 해야 한다.
② 처리 속도는 중요하지 않다.
③ 컬러로 된 그래픽의 작성이나 화상의 준비에 각종 프로그램과의 호환성을 필요로 한다.
④ 컬러 매니지먼트에 필요한 데이터를 사용자 자신이 입력할 수는 없다.

해설 ① 컬러 매니지먼트 시스템은 색 영역을 명료하게 단순화하고 누구나 사용할 수 있도록 한다.
② 처리 속도가 빨라야 한다.
④ 컬러 매니지먼트에 필요한 테이터를 사용자가 입력할 수 있도록 한다.

04 |

컬러 매니지먼트에 대한 설명 중 틀린 것은?

① 화상이나 그래픽의 컬러를 정확하게 재현하도록 데이터를 변환하기 위해서 그 외 관련되는 모든 주변기기의 컬러 공간을 조정하는 것이다.
② 하나의 출력 프로세서를 다른 출력 장치 상에서 볼 수 있도록 하는 것이다.
③ 컬러 매니지먼트 시스템에 의해서 컬러 재현의 반복 및 예측이 가능한 것은 아니다.
④ 컬러 매니지먼트 시스템은 초심자라도 쉽게 이용할 수 있도록 간단해야 한다.

해설 컬러 매니지먼트 시스템에 의해서 컬러 재현의 반복 및 예측을 할 수 있다.

2. 색채 트렌드

01 |

도시의 잡다하고 상스럽고 저속한 양식에 대한 숭배로부터 비롯되었으며 전체적으로 어두운 톤을 사용하고 그 위에 혼란한 강조색을 사용하는 예술 사조는?

① 아방가르드
② 다다이즘
③ 팝아트
④ 포스트모더니즘

해설 ① 아방가르드(avant-garde) : 20세기 초 유럽에서 일어난 다다이즘이나 초현실주의 따위의, 기성 예술의 관념이나 형식을 부정한 혁신적인 예술 운동을 통틀어 이르는 말이다.
② 다다이즘(dadaism) : 기존의 모든 가치나 질서를 철저히 부정하고 야유하면서, 비이성적, 비심미적, 비도덕적인 것을 지향하는 예술 사조이다.
③ 팝아트(pop art) : 현대 미술에 나타난 양식의 하나. 1950년대 중후반에 주로 미국과 영국을 중심으로 전개되었다. 전통적인 예술 개념의 타파를 시도하는 전위적(前衛的)인 미술 운동으로 광고 디자인, 만화, 사진, 텔레비전 영상 따위를 그대로 그림의 주제로 삼는 것이 특징이다. 주요 예술가로는 리히텐슈타인(Lichtenstein, R.), 올덴버그(Oldenburg, E.), 워홀(Warhol, A.) 등이 있다.
④ 포스트모더니즘(postmodernism) : 모더니즘의 연속선상에 있으면서 동시에 그에 대한 비판적 반작용으로, 비역사성, 비정치성, 주변적인 것의 부상, 주체 및 경계의 해체, 탈장르화 등의 특성을 갖는 예술상의 경향과 태도이다. 대표자로는 바스(Barth, J.), 호크스(Hawkes, J.), 베케트(Beckett), 뷔토르(Butor, M.), 로브그리예(Robbe-Grillet, A.) 등이 있다.

02 |

디자인 사조에서의 양식과 색채의 관계를 묶은 것이다. 잘못된 조합은?

① 미니멀리즘 – 단순한 기하학적 형태를 사용하지만 색채는 다양하게 사용
② 팝아트 – 전체적으로 어두운 색조를 사용하고 그 위에 혼란한 강조색 사용
③ 데스틸 – 검정, 흰색과 빨강, 노랑, 파랑의 순수한 원색
④ 아르누보 – 연한 파스텔 계통의 부드러운 색조

해설 미니멀리즘(minimalisms)
디자인에서 미니멀은 '최소한의, 최소의, 극미의' 뜻으로서 일반적인 '최소한 주의'를 말한다. 즉, 심플의 극치로 직선적인 라인이나 필요한 것만을 사용하여 표현한 단순미를 지향한다.

03 |

한국의 전통색 중 오방색이 아닌 것은?

① 빨강   ② 파랑
③ 검정   ④ 녹색

해설 오방색

오정색, 오색, 오채라고도 한다. 오방색 사이의 중간색이 오간색이다.

- ⊙ 황(黃) : 토(土)로 우주 중심에 해당하고 오방색의 중심으로 가장 고귀한 색으로 인식되어 임금만이 황색 옷을 입을 수가 있었다.
- ⓒ 청(靑) : 목(木)으로써 동쪽에 해당하고 만물이 생성하는 봄의 색으로 창조, 생명, 신생을 상징하며, 요사스러운 귀신을 물리치고 복을 비는 색으로 사용되었다.
- ⓒ 백(白) : 금(金)으로 서쪽에 해당되고 결백과 진실, 삶, 순결 등을 뜻하며, 우리 민족이 흰 옷을 즐겨 입는 원인이기도 하다.
- ⓐ 적(赤) : 화(火)에 상응하며 만물이 무성한 남쪽이며 태양, 불, 피 등과 같이 생성과 창조, 정열과 애정, 적극성을 뜻하며, 가장 강력한 벽사의 빛깔로 쓰여졌다.
- ⓜ 흑(黑) : 수(水)에 상응하며 북쪽이고 인간의 지혜를 관장한다.

04 |

한국의 전통색 중 금속, 호랑이, 가을을 상징하는 색채는?

① 백색   ② 청색
③ 흑색   ④ 녹색

해설 한국의 전통색 중 백색은 금(金), 서쪽, 가을 등을 상징한다.

05 |

한국의 전통색 중 동쪽, 봄을 의미하는 오방색은?

① 녹색   ② 청색
③ 백색   ④ 홍색

해설 오방색

화(火 : 빨강-남쪽-여름-양기), 수(水 : 검정-북쪽-겨울), 목(木 : 파랑-동-봄-양기), 금(金 : 흰색-서-가을-음기), 토(土 : 노랑-중앙)이다. 오정색, 오색, 오채

라고도 한다. 오방색 사이의 중간색이 오간색이다. 서방과 동방 사이는 벽색, 동방과 중앙 사이는 녹색, 남방과 서방 사이는 홍색, 남방과 북방 사이는 자색, 북방과 중앙 사이는 유황색이 놓인다.

06 |

한국의 전통적인 오방색과 방위 표시가 잘못 대응된 것은?

① 청 - 동쪽   ② 흑 - 북쪽
③ 황 - 남쪽   ④ 백 - 서쪽

해설 색으로 방위를 표시하는 경우 파랑이 동쪽, 빨강이 남쪽, 흰색이 서쪽, 검정이 북쪽, 노랑이 중앙을 상징한다.

2 색채 적용 검토

1. 색채 지각

01 | ▢▢▢

눈의 구조에 대한 설명으로 틀린 것은?

① 망막 상에서 상의 초점이 맺히는 부분을 중심와라 한다.
② 망막의 맹점에는 광수용기가 없다.
③ 눈에서 시신경 섬유가 나가는 부분을 유리체라 한다.
④ 홍채는 눈으로 들어오는 빛의 양을 조절한다.

해설 눈에서 시신경 섬유가 나가는 부분을 맹점이라 한다.

02 | ▢▢▢

눈 – 카메라의 구조 – 역할이 옳게 연결된 것은?

① 각막 – 렌즈 – 핀트 조절
② 홍채 – 조리개 – 빛을 굴절시키고 초점을 만듦
③ 망막 – 필름 – 상이 맺히는 부분
④ 수정체 – 렌즈 – 빛의 강약에 따라 동공의 크기 조절

해설 ① 각막 : 눈알의 바깥벽 전면에 있는 둥근 접시 모양의 투명한 막으로 안구를 보호하는 방어막의 역할과 광선을 굴절시켜 망막으로 도달시키는 창의 역할로 빛을 받아들이는 부분이다.
② 홍채 : 각막과 홍채 사이는 방수로 가득 차 있고 홍채의 근육은 빛의 강약에 따라 긴장 또는 이완되기도 하여 동공의 크기를 변화시키는데, 이것은 카메라의 조리개와 같은 역할을 한다.
③ 망막 : 수정체에서 굴절되어 상하가 거꾸로 된 상을 받는 막으로 시세포가 있는 곳으로 추상체와 간상체에 의해 빛에너지를 흡수하여 색을 구분하며 카메라의 필름 역할을 한다.
④ 수정체 : 마음대로 두께를 변화시킬 수 있어서 무한대 거리부터 눈앞의 물체까지 초점을 이동시킬 수 있어 카메라의 렌즈 역할을 한다.

03 | ▢▢▢

물체가 가지고 있는 정확한 색채와 형체를 감지할 수 있는 것은?

① 각막
② 망막
③ 맥락막
④ 공막

해설 망막
수정체에서 굴절되어 상하가 거꾸로 된 상을 받는 막으로 시세포가 있는 곳으로 추상체와 간상체에 의해 빛에너지를 흡수하여 색을 구분하며 카메라의 필름 역할을 한다.

04 | ▢▢▢

다음 중 추상체와 간상체에 대한 설명이 틀린 것은?

① 추상체는 밝은 곳에서, 간상체는 어두운 곳에서 주로 활동한다.
② 망막의 중심부에는 간상체가, 망막 주변에는 추상체가 분포되어 있다.
③ 간상체는 추상체에 비해 해상도가 떨어지지만 빛에는 더 민감하다.
④ 추상체는 장파장에, 간상체는 단파장에 민감하다.

해설 • 추상체(추상세포, 원추세포, 원추체 ; cone cell) : 낮처럼 빛이 많을 때의 시각과 색의 감각을 담당하고 있으며, 망막 중심 부근에 6~7백만 개의 세포로서 가장 조밀하고 주변으로 갈수록 적게 된다.
• 간상체(간상세포) : 망막 주변 표면에 널리 분포되어 있으며, 세포는 1.1~1.25억 개 정도로 추산되고 전색맹으로서 흑색, 백색, 회색만을 감지하는데 명암정보를 처리하고 초록색에 가장 예민하다.

05 | ▢▢▢

시세포에 대한 설명 중 옳은 것은?

① 눈의 망막 중 중심와에는 간상체만 존재한다.
② 추상체는 색을 구별하며, 간상체는 명암을 구별하는 데 사용된다.
③ 망막에는 약 1억 2천만 개의 추상체가 있다.
④ 간상체 시각은 장파장에 민감하다.

해설 시세포
- ㉠ 간상세포는 밤처럼 조도 수준이 낮을 때 기능을 하며 흑백의 음영만을 구분한다.
- ㉡ 원추세포는 낮처럼 조도 수준이 높을 때 기능을 하며 색을 구별한다.
- ㉢ 간상세포 수는 약 1억 3천만 개, 원추세포는 600~700만 개 정도이다.

06 |

망막에서 명소시의 색채 시각과 관련된 광수용이 이루어지는 부분은?

① 간상체　　　　② 추상체
③ 봉상체　　　　④ 맹점

해설 추상체(추상세포, 원추세포, 원추체 ; cone cell)
낮처럼 빛이 많을 때의 시각과 색의 감각을 담당하고 있으며, 망막 중심 부근에 6~7백만 개의 세포로서 가장 조밀하고 주변으로 갈수록 적게 된다. 색 혼합, 색 교정 등의 작업을 정확하게 하기 위해서는 추상체만이 작용할 수 있는 시각 상태를 명소시라 한다.
※ 간상체(간상세포) : 망막 주변 표면에 널리 분포되어 있으며, 세포는 1.1~1.25억 개 정도로 추산되고 전색맹으로서 흑색, 백색, 회색만을 감지하는데 명암 정보를 처리하고 초록색에 가장 예민하다.

07 |

우리 눈의 망막 상에서 어두운 곳에서는 약한 광선을 받아들이며 색상은 보이지 않고 명암만을 판별하는 시세포는?

① 추상체　　　　② 간상체
③ 수정체　　　　④ 홍채

해설 ① 추상체 : 망막의 중심와에 밀집된 시세포의 일종. 밝은 곳에서 움직이고 색각 및 시력에 관계되는 것으로 망막 중심부에 약 6~7백만 개의 세포가 밀집되어 있다.
② 간상체(간상세포) : 망막 주변 표면에 널리 분포되어 있으며, 세포는 1.1~1.25억 개 정도로 추산되고 전색맹으로서 흑색, 백색, 회색만을 감지하는데 명암 정보를 처리하고 초록색에 가장 예민하다.
③ 수정체 : 탄력성 있는 볼록렌즈 모양의 투명한 조직으로 수정체의 두께에 따라 빛이 굴절되는 정도가 달라진다.

④ 홍채 : 동공 주위 조직으로 눈으로 들어오는 빛의 양을 조절하는 조리개 역할

08 |

우리 눈에서 무채색의 지각뿐만 아니라 유채색의 지각도 함께 일으키는 능력은 어디에서 이루어지는가?

① 추상체　　　　② 간상체
③ 수정체　　　　④ 홍채

해설 추상체(추상세포, 원추세포, 원추체)는 무수히 많은 색 차이를 알아낼 수 있게 하는 작용을 하고 있으며 색 혼합, 색 교정 등의 작업을 정확하게 하기 위해서는 추상체만이 작용할 수 있는 시각 상태를 명소시라 한다. 유채색 구별뿐만 아니라 명암도 구별하여 볼 수 있다.

09 |

정상적인 눈을 가진 사람도 미소(微少)한 색을 볼 때 일어나는 색각 혼란은?

① 색상 이상
② 잔상 현상
③ 소면적 제3색각 이상
④ 주관색 현상

해설 소면적 제3색각 이상
보이는 것과 같이 정상적인 눈을 가지고 있어도 미세한 색을 볼 때는 색각 이상자와 같은 색각의 혼란이 오는 상태

10 |

제3색맹은 다음 어떤 색에 대한 지각이 결손된 것인가?

① 초록, 파랑　　　② 빨강, 초록
③ 파랑, 노랑　　　④ 빨강, 노랑

해설 색맹
색상과 채도를 비정상적으로 지각함으로서 색지각을 달리 느끼는 것으로, 제3색맹 색은 노랑색이다.

11 │

다음 색에 관한 설명 중 틀린 것은?

① 푸르킨예 현상이란 명소시에서 암소시로 바뀔 때 단파장에 대한 효율이 높아지는 것이다.

② 적록 색맹이란 적색과 녹색을 식별할 수 없는 색각 이상자를 말한다.

③ 색약은 채도가 낮은 색과 밝은 데서 보이는 색은 이상 없으나 채도가 높고 원거리의 색을 분별하는 능력이 부족한 것을 말한다.

④ 색맹이란 색을 지각하는 추상체의 결함으로 색을 분별하지 못하는 것을 말한다.

해설 색각이상(色覺異常)

시력의 이상으로 인해 색상을 정상적으로 구분하지 못하는 증상을 말한다. 흔히 색맹(色盲), 또는 색약(色弱)이라고도 부른다. 색을 구분하는 원추세포(추상체, 추상 세포)는 600~700만 개 정도이며 원추세포 이상 증세는 색맹이나 색약으로 올 수 있다.

12 │

올빼미나 부엉이가 밝은 낮에는 사물을 볼 수 없는 이유는?

① 추상체만 가지고 있기 때문이다.

② 간상체만 가지고 있기 때문이다.

③ 낮에는 추상체가 활동을 억제하기 때문이다.

④ 간상체의 수가 추상체보다 훨씬 많이 분포되어 있기 때문이다.

해설 야행성 동물은 물체의 상이 맺히는 망막의 시세포가 사람과 다르게 구성되어 있다. 시세포는 막대 모양의 간상세포(rod)와 원뿔 모양의 원추세포(cone) 두 가지로 구성되며 간상세포는 명암을 구분하고 원추세포는 색깔을 구분하는 역할을 한다. 대부분의 야행성 동물 눈의 간상세포는 사람을 비롯한 주행성 동물과 비교해 훨씬 길고 그 수도 많다. 심지어 어떤 동물의 눈은 아예 원추세포가 없이 간상세포로만 이루어진 때도 있다.
예를 들어 고양이의 망막에는 개보다 간상세포가 많으며 올빼미의 눈에는 대부분 간상세포만 있어 사람 눈에 들어오는 빛의 1백분의 1 정도만 있어도 뚜렷하게 볼 수 있는 것이다.

13 │

사람이 물체의 색을 지각하는 3요소는?

① 광원, 관찰자, 물체

② 관찰자, 흡수판, 물체

③ 광원, 관찰자, 반사판

④ 반사판, 물체, 광원

해설 우리가 물체를 보고 색을 감지하는 것은 빛과 눈의 구조를 이해하면 쉽게 알 수 있듯이 물체, 빛, 눈과의 관계에서 뇌의 작용이 있어야만 색을 지각하게 되는 것이다.

14 │

똑같은 에너지를 가진 각 파장의 단색광에 의하여 생기는 밝기의 감각은?

① 시감도   ② 명순응

③ 색순응   ④ 항상성

해설 ① 시감도(視感度, spectral luminous efficacy) : 각 파장의 단색광이 모두 같은 에너지를 가졌다고 해도 눈은 그것을 같은 밝기로 느끼지 않는다. 이러한 똑같은 에너지를 가진 각 파장의 단색광에 의하여 생기는 밝기의 감각을 말한다.
② 명순응(明順應, light adaptation) : 어두운 곳으로부터 밝은 곳을 갑자기 나왔을 때 점차로 밝은 빛에 순응하게 되는 것. 광적응(光適應)이라고도 한다.
③ 색순응(色順應 ; chromatic adaption) : 물체를 비추는 빛의 종류에 따라 반사되는 빛의 성질은 많이 달라진다. 같은 물건이라도 태양빛에서 볼 때와 전등 밑에서 볼 때 각각 다른 색을 띠지만 시간이 지나면 그 물건의 색은 원상태로 보인다.
④ 색의 항상성(color constancy)은 조명이나 관측 조건이 변화함에도 불구하고, 우리는 주어진 물체의 색을 동일한 것으로 간주하는 것이다. 색각 항상 이나 색채 불변성이라고도 한다.

15 │

가시광선이 주는 밝기의 감각이 파장에 따라서 달라지는 정도를 나타내는 것은?

① 비시감도   ② 시감도

③ 명시도   ④ 암시도

해설 시감도((luminosity factor)
가시광선의 밝기에 따라 감각의 파장이 달라지는 정도를 나타내는 것이다.

16 |

오팔 원석이나, 컴팩트 디스크 등 금속이나, 유리, 보석 등에 나타나는 색채 현상은?

① 반사에 의한 간섭현상
② 흡수에 의한 반사현상
③ 간섭에 의한 산란현상
④ 산란에 의한 회절현상

해설 간섭현상
빛의 반사 에너지가 물체에 부딪혀 일어나는 표면색은 물체의 표면에서 빛을 반사하거나 흡수를 반복하면서 일어나는 현상으로 비눗방울 표면이나 CD 뒷면, 나비 날개의 반짝임 등에서 나타난다.

17 |

비누 거품이나 전복 껍데기 등에서 무지개 같은 색이 나타나는 것은 빛의 어떠한 현상에 의한 것인가?

① 왜곡현상
② 투과현상
③ 간섭현상
④ 직진현상

해설 간섭현상
빛의 반사 에너지가 물체에 부딪혀 일어나는 표면색은 물체의 표면에서 빛을 반사하거나 흡수를 반복하면서 일어나는 현상으로 비눗방울 표면이나 CD 뒷면, 나비 날개의 반짝임 등에서 나타난다.

18 |

저녁노을이 붉게 보이는 현상은 다음 중 어떤 빛의 특성과 관련이 가장 깊은가?

① 굴절
② 산란
③ 회절
④ 투과

해설 산란은 파동이나 입자선이 물체와 충돌하여 각 방향으로 흩어지는 현상으로, 노을은 태양의 붉은 빛이 퍼져나가는 현상이다.

19 |

유리컵과 같은 투명체 속의 일정한 공간이 꽉 차 있는 듯한 부피감을 느끼게 해주는 색은?

① 표면색
② 투과색
③ 공간색
④ 물체색

해설 공간색 : 공간에 색 물질로 차 있는 상태에서 색 지각을 느끼는 색
① 표면색 : 물체의 표면에서 빛을 반사하거나 흡수하여 나타내는 색이다.
② 투과색 : 색유리와 같이 빛을 투과하여 나타내는 색이다.
④ 물체색 : 광선의 반사, 흡수에 따라 보이는 물체의 색을 말한다.

20 |

표면 지각이나 용적 지각이 없는 색으로 구름 한 점 없이 맑고 푸른 하늘을 볼 때의 느낌처럼 순수하게 색만이 보이는 상태를 말하는 것은?

① 면색
② 표면색
③ 공간색
④ 거울색

해설 ① 면색 : 독일의 심리학자 카츠(David Katz)의 색채 분류에서 맑고 푸른 하늘과 같이 순수하게 색만이 있는 느낌으로서 실체감, 구조, 음영이 아니라 깊이가 애매해 끝이 없이 들어갈 수 있게 보이는 색으로, 가장 원초적인 색이 나타난다.
② 표면색(surface color) : 물체 표면으로부터 반사하는 빛에 의한 색을 말한다. 거의 대부분의 불투명한 물체의 표면에서 볼 수 있는 색을 표면색(surface color)이라 한다. 이 표면색은 거리를 정확히 느낄 수 있고, 표면의 질감을 알 수 있으며, 방향감이나 위치를 확인할 수 있는 특징이 있다. 그러므로 표면색은 색의 즐거움을 제공하는데 보다는 사물의 상태를 나타내는데 적용된다.
③ 공간색(volume color) : 투명한 착색액이 투명 유리에 들어 있는 것을 볼 때처럼 어느 용적을 차지하는 투명체 색의 현상이다. 색의 존재감이 그 내부에서도 느껴진다.
④ 경영색(鏡映色, mirrored color) : 거울과 같이 불투명한 물질의 광택면에 나타나는 색을 경영색 또는 거울색(mirrored color)이라 한다. 거울처럼 비쳐서 보이는 색으로 좌우가 바뀌어 보인다. 경영색은 거울 면에서의 물체감만 크게 의식하지 않는다면 사물의 고유색과 거의 같게 지각된다.

정답 16. ① 17. ③ 18. ② 19. ③ 20. ①

※ 광원색(illuminant color) : 형광물질을 이용한 도료의 색도 특정한 파장의 강한 반사를 일으키며, 금속색과 구별해서 형광색이라 부른다. 빛을 발하는 광원에서 나오는 빛이 직접 인식되어 그 광원에 색 기운이 느껴지는 것을 말한다. 백열등, 형광등, 네온사인 등 조명기구에서 볼 수 있다.

21 |

스펙트럼(Spectrum)에 관한 설명으로 틀린 것은?

① 파장이 길면 굴절률도 높고, 파장이 짧으면 굴절률도 낮다.
② 스펙트럼은 1666년 Newton이 프리즘으로 실험하여 광학적으로 증명하였다.
③ 스펙트럼이란 무지개의 색과 같이 연속된 색의 띠를 말한다.
④ 모든 발광체의 스펙트럼은 모두 같지 않으며, 그 빛의 성질에 따라 파장의 범위를 지닌다.

해설 1666년 뉴턴(Newton Isaac ; 1642~1727)은 프리즘(prism)을 가지고 태양광선을 빨강, 주황, 노랑, 녹색, 파랑, 남색, 보라 등으로 나누는 실험을 하였다. 이렇게 나누어진 색의 띠를 스펙트럼(spectrum)이라 부르는데, 이것은 빛의 굴절 때문에 생기는 현상으로 파장이 짧을수록 굴절률이 높고 파장이 길면 굴절률이 낮다.

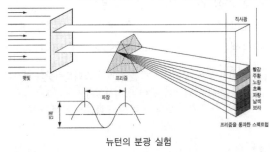

뉴턴의 분광 실험

22 |

스펙트럼 현상을 바르게 설명한 것은?

① 적외선이라고도 한다.
② 우주에 존재하는 모든 발광체의 스펙트럼은 모두 같다.
③ 무지개색과 같이 연속된 색의 띠를 말한다.
④ 장파장 쪽이 자색광이고, 단파장 쪽이 적색광이다.

해설 1666년 뉴턴(Newton Isaac ; 1642~1727)은 프리즘(prism)을 가지고 태양광선을 빨강, 주황, 노랑, 녹색, 보라 등으로 나누는 실험을 하였다. 이렇게 나누어진 색의 띠를 스펙트럼(spectrum)이라 부르는데, 이것은 빛의 굴절 때문에 생기는 현상으로 파장이 짧을수록 굴절률이 높고 파장이 길면 굴절률이 낮다.

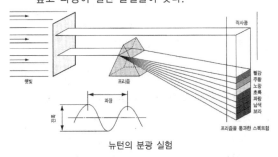

뉴턴의 분광 실험

23 |

빛에 대한 설명으로 옳은 것은?

① 분광된 빛을 프리즘에 통과시키면 또 분광이 된다.
② 가시광선에서 파장이 긴 부분은 푸른색을 띤다.
③ 가시광선의 범위는 380nm에서 780nm라고 한다.
④ 자외선은 열작용을 하므로 열선이라고도 한다.

해설 ① 분광된 빛은 프리즘에 다시 통과시켜도 분광되지 않는다.
② 가시광선에서 파장이 긴 부분은 붉은색을 띠며, 자외선은 살균작용을 한다.

24 |

빛의 파장 단위로 사용되는 nm(nanometer)의 단위를 올바르게 나타낸 것은?

① 1nm = 1/1만mm   ② 1nm = 1/10만mm
③ 1nm = 1/100만mm   ④ 1nm = 1/1000만mm

해설 빛의 파장 단위인 nm(nanometer)는 1m = 1/100만mm이다.

25 |

가시광선의 파장 범위로 가장 적합한 것은?

① 200~700nm   ② 380~780nm
③ 600~900nm   ④ 1000~1500nm

태양광선의 분류
  ㉠ 380nm보다 짧은 파장의 것은 자외선으로 화학작용 및 살균작용을 하며, X선, 건강선이라고도 한다.
  ㉡ 780~380nm의 파장 범위는 우리의 눈으로 지각하는 가시광선이다.
  ㉢ 780nm보다 긴 파장의 것은 적외선, 전파 등이다.

26 |

인간이 느낄 수 있는 빛의 파장은 380~780nm이다. 서로 다른 색의 인식에 영향을 주는 빛의 속성이 아닌 것은?

① 파장의 차이
② 빛의 길이
③ 파장의 순도
④ 빛의 강도

해설 빛에 파장의 차이, 파장의 순도, 빛의 강도에 의하여 색채를 구분할 수 있다.

27 |

우리가 보통 빛이라고 말하는 것은 방사되는 수많은 전자파 중 우리가 지각하는 범위를 말한다. Red 계열과 가장 근접하면서 눈에 보이지 않는 광선은?

① 자외선
② 적외선
③ X선
④ 감마선

해설 빨강의 파장은 780nm에 가까우며 780nm보다 긴 파장의 것으로는 적외선과 전파 등이 있다. 이것은 우리가 눈으로 볼 수 없기 때문에 불가시광선이라 한다.

28 |

다음 스펙트럼상에 나타난 색 중 단파장에서 장파장의 순서로 바르게 배열된 것은?

① 빨강 – 노랑 – 녹색 – 보라
② 빨강 – 녹색 – 보라 – 노랑
③ 보라 – 녹색 – 노랑 – 빨강
④ 보라 – 노랑 – 녹색 – 빨강

해설 뉴턴의 분광 실험에서 파장이 짧은 순서로 다음과 같이 정의하였다.

색상	파장(nm)	색상	파장(nm)
빨강	780~627	초록	566~495
주황	627~589	파랑	495~436
노랑	589~566	보라	436~380

보라 → 남색 → 파랑 → 녹색 → 노랑 → 주황 → 빨강

29 |

단색광과 파장의 범위가 틀리게 짝지어진 것은?

① 파랑 : 약 450~500mm
② 빨강 : 약 360~450mm
③ 초록 : 약 500~570mm
④ 노랑 : 약 570~590mm

해설 색의 파장

색상	파장(nm)	색상	파장(nm)
빨강	780~627	초록	566~495
주황	627~589	파랑	495~436
노랑	589~566	보라	436~380

30 |

빛을 프리즘에 통과시켰을 때 나타난 스펙트럼상의 색 중 가장 긴 파장이 있는 것은?

① 노랑
② 빨강
③ 녹색
④ 보라

해설 뉴턴(Newton)은 프리즘을 통과한 스펙트럼상의 파장이 긴 순서로 다음과 같이 정의하였다.
  빨강 → 주황 → 노랑 → 녹색 → 파랑 → 남색 → 보라

31 |

색에 관한 용어에서 물체의 색(색채)을 크게 두 종류로 분류한 것으로 맞는 것은?

① 탁색과 순색
② 표면색과 투과색
③ 한색과 난색
④ 흰색과 검정색

해설 물체의 색을 색채라 하며 표면색과 투과색으로 나눈다.

32 |

물체 표면의 색은 빛이 각 파장에 어떠한 비율로 반사되는가에 따라 판단되는데, 이것을 무엇이라 하는가?

① 분광 분포율
② 분광 반사율
③ 분광 조성
④ 분광

해설 분광 반사율(Spectral reflectance)

물체가 빛에 대하여 반사되는 색의 파장과 투과되는 파장에 대한 분광 분포 비율로 물체색이 결정되는 반사율을 말한다.

33 |

다음 중 물체색에 대한 설명으로 옳은 것은?

① 빛에너지가 사물에 부딪혀 일어나는 표면색
② 빛에너지가 공간에 부딪혀 일어나는 공간색
③ 에너지가 사물을 투과하여 일어나는 현상
④ 광원의 색에서 보이는 색

해설 물체의 색은 물체의 표면에서 반사하는 빛의 분광 분포로 여러 가지 색으로 보이며, 대부분의 파장을 모두 반사하면 그 물체는 흰색으로 보이고, 대부분의 파장을 흡수하면 그 물체는 검정으로 보이게 된다. 현실적으로는 0~100%의 물체색은 존재하기 어렵다.

34 |

물체색에 대한 설명 중 틀린 것은?

① 빛을 대부분 반사하면 흰색이 된다.
② 빛을 완전히 흡수하면 이상적인 검정색이 된다.
③ 빛에 일부는 반사하고 일부는 흡수하면 회색이 된다.
④ 빛의 반사율은 0~100%가 현실적으로 존재한다.

해설 물체의 색은 물체의 표면에서 반사하는 빛의 분광 분포로 여러 가지 색으로 보이며, 대부분의 파장을 모두 반사하면 그 물체는 흰색으로 보이고, 대부분의 파장을 흡수하면 그 물체는 검정으로 보이게 된다. 현실적으로는 0~100%의 물체색은 존재하기 어렵다.

35 |

색의 속성에 관한 설명 중 틀린 것은?

① 여러 파장의 빛이 고루 섞이면 백색이 된다.
② 무채색 이외의 모든 색은 유채색이다.
③ 무채색은 채도가 0인 상태인 것을 말한다.
④ 물체색에는 백색, 회색, 흑색이 없다.

해설 물체색

㉠ 물체의 색채는 표면색(surface color)과 투과색(transparent color)으로 나뉜다.
㉡ 표면색은 물체의 표면에서 빛을 반사하거나 흡수하여 나타내는 색이다.
㉢ 투과색은 색유리와 같이 빛을 투과하여 나타내는 색이다.
㉣ 물체의 색채는 광선의 반사, 흡수에 따라 보이는 물체의 색을 말한다.
㉤ 물체의 색은 물체의 표면에서 반사하는 빛의 분광 분포에 따라 여러 가지 색으로 보이며, 대부분의 파장을 모두 반사하면 그 물체는 흰색으로 보이고, 대부분의 파장을 흡수하면 그 물체는 검정으로 보이게 된다.

36 |

다음 중 빨간 사과를 빨갛게 느끼는 이유로 옳은 것은?

① 사과 표면에 비친 빛 중 빨강 파장은 흡수, 나머지는 반사하기 때문
② 사과 표면에 비친 빛 중 빨강 파장은 투과, 나머지는 굴절하기 때문
③ 사과 표면에 비친 빛 중 빨강 파장은 반사, 나머지는 흡수하기 때문
④ 사과 표면에 비친 빛 중 빨강 파장은 굴절, 나머지는 반사하기 때문

해설 물체의 표면에서 반사하는 빛의 분광 분포에 의하여 여러 가지 색으로 보인다. 즉 빨간 사과가 빨갛게 느끼는 까닭은 빨강 파장은 반사하고 나머지는 흡수하기 때문이다.

37 |

석유나 가스의 저장 탱크를 흰색이나 은색으로 칠하는 가장 큰 이유는?

① 반사율이 높은 색이므로
② 흡수율이 높은 색이므로
③ 명시성이 높은 색이므로
④ 팽창성이 높은 색이므로

해설 물체의 색은 물체의 표면에서 반사하는 빛의 분광 분포에 의해 여러 가지 색으로 보이며, 대부분의 파장을 모두 반사하면 그 물체는 흰색으로 보인다. 따라서 가스나 석유 저장 탱크는 빛을 반사하는 색채로 나타내어 태양광선의 반사율을 높여야 한다. 또한 흰색이나 은색은 빛의 반사율이 높은 색으로 태양 빛의 흡수에 의한 용기의 온도상승을 방지할 수 있다.

38 |

다음 색에 대한 설명 중 틀린 것은?

① 색의 3속성은 색상, 명도, 채도이다.
② 섞어서 만들 수 없는 색을 기본색이라 한다.
③ 물체색은 빛과 관계없이 고유한 것이다.
④ 감산 혼합에 있어 보색 간의 혼합은 검정에 가까운 회색을 나타낸다.

해설 물체색은 스스로 빛을 내는 것이 아니라 빛을 받아 반사나 투과 때문에 생긴다.

39 |

가법 혼색, 감법 혼색, 중간 혼색 등으로 분류할 때, 이러한 분류 기준은 어떤 요소와 가장 관계가 있는가?

① 명도
② 색상
③ 조도
④ 보색

해설 색광 혼합(가법 혼색, 가색 혼합)은 빨강(R), 녹색(G), 파랑(B)의 색광을 서로 비슷한 밝기로 혼합하여 노랑, 청록, 자주의 2차색들을 얻는데, 이 색들은 1차색보다 모두 명도가 높아지고 채도는 낮아진다.

40 |

혼합되는 각각의 색 에너지(energy)가 합쳐져서 더 밝은색을 나타내는 혼합은?

① 감산 혼합
② 중간 혼합
③ 가산 혼합
④ 색료 혼합

해설 ③ 가산 혼합(색광 혼합, 가법 혼합) : 색광을 혼합하면 명도가 높아지며, 색광 3원색인 빨강(Red), 녹색(Green), 파랑(Blue)의 혼합은 백광색이 된다.
① 감법 혼합(감산 혼합, 색료 혼합)의 3원색인 자주(M), 노랑(Y), 청록(C)의 색료를 혼합하면 명도가 낮아지며 검정색에 가까워진다.
② 중간 혼합은 회전 혼합(계시 가법 혼색, 순차 가법 혼색)과 병치 혼합(가법 혼색)으로 분류한다.
　㉠ 회전 혼합(맥스웰 원판 : Maxwell disk)은 원판 회전 혼합의 경우를 말하는데, 예를 들면 2개 이상의 색료를 회전 원판에 적당한 비례의 넓이로 붙여 1분 동안에 2,000~3,000회의 속도로 회전하면 원판의 면이 혼색되어 보인다.
　㉡ 병치 혼합 : 색을 혼합하기보다는 각기 다른 색을 서로 인접하게 배치해 놓고 본다는 뜻으로, 신인상파 화가의 점묘화, 직물, 컬러텔레비전의 영상화면 등이 그 예이다.

41 |

색의 혼합에서 그 결과가 혼합 전의 색보다 명도가 높아지는 것은?

① 색광 혼합
② 색료 혼합
③ 병치 혼합
④ 중간 혼합

해설 색광 혼합(가법 혼색, 가색 혼합)은 빨강(R), 녹색(G), 파랑(B)의 색광을 서로 비슷한 밝기로 혼합하여 노랑, 청록, 자주의 2차색들을 얻는데, 이 색들은 1차색보다 모두 명도가 높아지고 채도는 낮아진다.

42 |

색의 혼합에 관한 설명으로 틀린 것은?

① 색료 혼합의 3원색은 magenta, yellow, cyan이다.
② 색광 혼합의 2차색은 색료 혼합의 3원색이다.
③ 색료 혼합은 혼합하면 할수록 채도가 낮아진다.
④ 색광 혼합은 혼합하면 할수록 명도와 채도가 높아진다.

해설 색광 혼합되는 색의 수가 많으면 많을수록 채도는 낮아지나 명도가 높아진다는 뜻으로 가법 혼합 또는 가산 혼합이라고 한다.

43

2개 이상의 색을 혼합할 때 혼합되는 색의 수가 많을수록 명도가 높아지는 경우의 혼합은?

① 감산 혼합
② 중간 혼합
③ 병치 혼합
④ 가산 혼합

해설 색광 혼합(가법 혼색, 가색 혼합)은 빨강(R), 녹색(G), 파랑(B)의 색광은 혼합할수록 명도가 높아진다는 뜻에서 가법 혼색 또는 가색 혼색이라는 말을 사용한다. 2차색인 청록을 혼합하면 1차색보다 모두 명도가 높아지며(채도는 낮아짐), 3색이 모두 합쳐지면 흰색이 된다.

44

가법 혼색이란?

① 마젠타(magenta), 노랑(yellow), 시안(cyan)이 기본색인 안료의 혼합이다.
② 빨강, 녹색, 파랑이 기본인 색광 혼합이다.
③ 기본색을 혼합하면 더 어둡고 칙칙해진다.
④ 마이너스 효과라고도 한다.

해설 색광 혼합
㉠ 빨강(R) + 녹색(G) = 노랑(Y)
㉡ 녹색(G) + 파랑(B) = 청록(C)
㉢ 파랑(B) + 빨강(R) = 자주(M)
㉣ 빨강(R) + 녹색(G) + 파랑(B) = 흰색(W)
※ 색광 혼합에서 노랑, 청록, 자주의 2차색들은 1차색보다 모두 명도가 높아지며(채도는 낮아짐), 3색을 합하면 흰색이 된다. 따라서 자주색은 어두운색으로 명도가 낮은 저명도의 색이라 할 수 있다.

45

다음 중 빛의 3원색의 조건인 것은?

① 다른 색으로 분해할 수 있다.
② 다른 색광의 혼합으로 만들 수 있다.
③ 이들 색을 모두 혼합하면 백색광이 된다.
④ 이들로부터 모든 색을 만들 수 없다.

해설 색광 혼합(가법 혼색, 가산 혼합)
색광을 혼합하면 명도가 높아지며, 색광 3원색인 빨강(Red), 녹색(Green), 파랑(Blue)의 혼합은 백광색이 된다.
㉠ 빨강(R) + 녹색(G) = 노랑(Y ; Yellow)
㉡ 녹색(G) + 파랑(B) = 청록(C ; Cyan)
㉢ 파랑(B) + 빨강(R) = 자주(M ; Magenta)

46

색광의 3원색이 아닌 것은?

① 빨강(Red)
② 녹색(Green)
③ 파랑(Blue)
④ 노랑(Yellow)

해설 • 색료의 3원색은 자주(M ; Magenta), 노랑(Y ; Yellow), 청록(C ; Cyan)이다.
• 색광의 3원색은 빨강(R ; Red), 녹색(G ; Green), 파랑(B ; Blue)이다.

47

가법 혼색 중 틀린 것은?

① green + blue = cyan
② red + blue = magenta
③ green + red = black
④ red + green + blue = white

해설 색광 혼합 – 가법 혼색, 가색 혼합(Additive color mixture)
색광 혼합의 3원색인 빨강(R), 녹색(G), 파랑(B)의 색광을 서로 비슷한 밝기로 혼합하면 다음과 같다.
㉠ 빨강(Red) + 녹색(Green) = 노랑(Y ; Yellow)
㉡ 녹색(Green) + 파랑(Blue) = 청록(C ; Cyan)
㉢ 파랑(Blue) + 빨강(Red) = 자주(M ; Magenta)
㉣ 빨강(Red) + 녹색(Green) + 파랑(Blue) = 흰색(W ; White)

48

가법 혼색(색광)의 3원색을 나타낸 것이다. 빈칸 A, B, C 순서대로 맞게 나열한 것은?

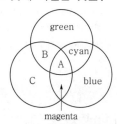

① A : white, B : yellow, C : red
② A : white, B : red, C : yellow
③ A : black, B : yellow, C : red
④ A : black, B : red, C : yellow

[해설]

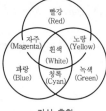 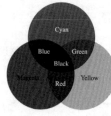

가산 혼합   감산 혼합

49

가산 혼합에서 녹색과 파랑을 혼합하면 어떤 색이 되는가?

① 회색(gray)   ② 시안(cyan)
③ 보라(purple)   ④ 검정(black)

[해설] 색광 혼합 – 가법 혼색, 가색 혼합(Additive color mixture) : 3원색인 빨강(R), 녹색(G), 파랑(B)의 색광을 서로 비슷한 밝기로 혼합하면 다음과 같다.
ㄱ 빨강(R) + 녹색(G) = 노랑(Y ; Yellow)
ㄴ 녹색(G) + 파랑(B) = 청록(C ; Cyan)
ㄷ 파랑(B) + 빨강(R) = 자주(M ; Magenta)
ㄹ 빨강(R) + 녹색(G) + 파랑(B) = 흰색(W ; White)

50

빨강(Red)과 초록(Green)을 가산 혼합하면 무슨 색이 되는가?

① 검정   ② 파랑
③ 노랑   ④ 흰색

[해설] 가산 혼합(색광 혼합, 가법 혼합)
색광을 혼합하면 명도가 높아지며, 색광 3원색인 빨강(Red), 녹색(Green), 파랑(Blue)의 혼합은 백광색이 된다.
ㄱ 빨강(R) + 녹색(G) = 노랑(Y ; Yellow)
ㄴ 녹색(G) + 파랑(B) = 청록(C ; Cyan)
ㄷ 파랑(B) + 빨강(R) = 자주(M ; Magenta)

51

보색의 색광을 혼합한 결과는?

① 흰색   ② 회색
③ 검정   ④ 보라

[해설] 색광 혼합(가법 혼색, 가산 혼합)
색광을 혼합하면 명도가 높아지며, 색광 3원색인 빨강(Red), 녹색(Green), 파랑(Blue)의 혼합은 백광색이 된다.

52

무대 조명의 혼색 방법과 관계가 깊은 것은?

① 병치 가법 혼색   ② 동시 가법 혼색
③ 계시 가법 혼색   ④ 평균 가법 혼색

[해설] 계시 가법 혼색(순차 가법 혼색)은 서로 다른 색자극이 차례대로 눈에 들어올 때 생기는 것이다.

53

가법 혼색에 대하여 '그라스만(Grassman)'은 '색자극의 규정 표시에 있어서는 상호 독립된 3량이 필요하다'고 하였다. 다음 중 3량에 속하지 않는 것은?

① 순색   ② 순도
③ 휘도   ④ 주파장

[해설] 그라스만의 법칙(Grassmann's law)
파장(波長)이 다른 2~3종의 빛을 동시 또는 짧은 간격으로 망막(網膜)에 비추어 임의의 색각(色覺)을 유발하는 일. 예를 들면 671nm의 붉은색과 536nm 초록색을 일정한 비율로 혼합함으로써 노란색으로 느껴지는 색을 만들 수 있다. 아노말로스코프는 이 원리에 바탕하여 색각이상(색맹·색약)을 판별하는 혼색기의 한 종류이다. 이것을 가법(加法) 혼색이라 하며, 그라스만의 법칙(Grassmann's law)이 성립한다. 즉, 일반

적으로 서로 독립한 3가지 임의 색자극(R, G, B)의 가법 혼색에 따라 임의의 색자극 C가 얻어진다. 이 관계를 색방정식으로 나타내면, $C \equiv rR + gG + bB$가 된다. 이 때의 $r \cdot g \cdot b$는 각 색자극의 양(量)이다.

한편, 감법(減法) 혼색은 색필터 · 염료 · 안료 같이 스펙트럼을 선택적으로 흡수하는 매질(媒質)을 겹쳐 투과광(透過光)이 다른 색깔로 보이는 현상이다. 그림물감 혼합 등이 그 예이다.

54 |

감법 혼색에 대한 설명 중 옳은 것은?

① 색광 혼합 또는 감산 혼합이라고 한다.
② 감법 혼색의 삼원색은 빨강(R), 녹색(G), 파랑(B)이다.
③ 혼합하면 할수록 명도가 높아진다.
④ 혼합하면 할수록 채도가 낮아진다.

해설 감법 혼합(감산 혼합)
빛의 흡수와 선택적 투과, 반사와 관계가 있다. 감산 혼합은 안료나 염료 같은 착색제를 섞을 때나, 단일 백색 광선에 여러 개의 착색 필터가 부착되어 있을 때 일어난다. 색을 혼합하면 혼합할수록 명도나 채도가 낮아진다.

55 |

감산 혼합에 대한 설명 중 틀린 것은?

① 원색인 시안과 마젠타를 섞으면 2차색은 파랑색이 된다.
② 그 예로 인쇄 출력물 등이 있다.
③ 2차색들은 색광 혼합의 3원색과 같다.
④ 2차색들은 명도는 낮아지고 채도가 높아진다.

해설 감법 혼합(감산 혼합)
빛의 흡수와 선택적 투과, 반사와 관계가 있다. 감산 혼합은 안료나 염료 같은 착색제를 섞을 때나, 단일 백색 광선에 여러 개의 착색 필터가 부착되어 있을 때 일어난다. 색을 혼합하면 혼합할수록 명도나 채도가 낮아진다.

56 |

광원 앞에서 투명한 색유리판을 계속 겹쳐 점점 어두워지는 것과 같은 색채 혼색법은?

① 감법 혼색
② 가법 혼색
③ 중간 혼색
④ 연속 혼색

해설 감법 혼합(감산 혼합)은 빛의 흡수와 선택적 투과, 반사와 관계가 있다. 감산 혼합은 안료나 염료 같은 착색제를 섞을 때나, 단일 백색 광선에 여러 개의 착색 필터가 부착되어 있을 때 일어난다. 색을 혼합하면 혼합할수록 명도나 채도가 낮아진다. 색상환에서 근거리의 혼합은 중간색이 나타나고, 원거리의 혼합은 명도나 채도가 낮아지며, 회색에 가깝다. 보색끼리의 혼합은 검정에 가까워진다. 컬러 사진, 슬라이드, 영화 필름이 이에 속한다.

57 |

감법 혼색으로 틀린 것은?

① magenta + yellow = red
② cyan + magenta = blue
③ yellow + cyan = green
④ yellow + blue = white

해설 감법 혼합(색료 혼합)의 3원색인 자주(M), 노랑(Y), 청록(C)의 색료를 서로 같은 비율로 혼합하면 다음과 같다.
㉠ 자주(M) + 노랑(Y) = 빨강(R)
㉡ 노랑(Y) + 청록(C) = 녹색(G)
㉢ 자주(M) + 청록(C) = 파랑(B)
㉣ 자주(M) + 노랑(Y) + 청록(C) = 검정(BL)

58 |

감법 혼색의 3원색이 아닌 것은?

① Blue
② Cyan
③ Yellow
④ Magenta

해설 감법 혼합(색료 혼합)의 3원색인 자주(Magenta : M), 노랑(Yellow : Y), 청록(Cyan : C)이다.
㉠ 자주(M) + 노랑(Y) = 빨강(R)
㉡ 노랑(Y) + 청록(C) = 녹색(G)
㉢ 자주(M) + 청록(C) = 파랑(B)
㉣ 자주(M) + 노랑(Y) + 청록(C) = 검정(BL)

59 |

감법 혼색에서 3원색을 같은 비율로 섞었을 때 결과 색은?

① 흰색
② 검정에 가까운 회색
③ 짙은 남색
④ 밝은 자주색

해설 색료 3원색인 자주(M), 노랑(Y), 청록(C)을 혼합하면 검정(BL ; Black)에 가까운 회색이 된다.

60 |

다음 중 색료를 혼합하여 만들 수 없는 색은?

① 주황
② 노랑
③ 연두
④ 남색

해설 감법 혼합(색료 혼합, 감산 혼합)의 3원색인 자주(M), 노랑(Y), 청록(C)의 색료를 서로 같은 비율로 혼합하면 2차 색상을 만든다. 노랑(Y)은 3원색의 기본색으로 색료 혼합에서는 만들 수가 없다.

61 |

감산 혼합의 결과 중 채도가 가장 높은 것은?

① 주황의 순색에 흰색을 혼합한 색
② 빨강과 녹색의 순색에 흰색을 혼합한 색
③ 주황의 순색에 밝은 회색을 혼합한 색
④ 빨강과 노랑의 순색에 밝은 회색을 혼합한 색

해설 색료 혼합에 있어서 혼합하면 할수록 명도와 채도가 낮아지지만, 주황 색상의 밝은색을 만들되 고채도의 색을 원한다면 주황 물감의 순색에다 흰색만을 혼합하면 밝은 고채도의 색을 얻는다.

62 |

컬러 인화 사진은 대부분 어떤 혼색 방법을 이용한 것인가?

① 가법 혼색
② 평균 혼색
③ 감법 혼색
④ 색광 혼색

해설 감법 혼합(감산 혼합)

빛의 흡수와 선택적 투과, 반사와 관계가 있다. 감산 혼합은 안료나 염료 같은 착색제를 섞을 때나, 단일 백색 광선에 여러 개의 착색 필터가 부착되어 있을 때 일어난다. 색을 혼합하면 혼합할수록 명도나 채도가 낮아진다. 색상환에서 근거리의 혼합은 중간색이 나타나고, 원거리의 혼합은 명도나 채도가 낮아지며, 회색에 가까워진다. 보색끼리의 혼합은 검정에 가까워진다. 컬러 사진, 슬라이드, 영화 필름이 이에 속한다.

63 |

감법 혼색과 관련이 있는 것은?

① 옵셋(offset) 인쇄
② 3원색은 Red, Green, Blue
③ 3원색의 혼합색은 백색
④ 색광의 혼합

해설 감법 혼합(감산 혼합, 색료 혼합, 감색 혼합-subtractive color mixture)

㉠ 3원색인 자주(M), 노랑(Y), 청록(C)의 색료를 혼합하면 혼합할수록 명도나 채도가 낮아진다.
㉡ 색상환에서 근거리의 혼합은 중간색이 나타나고, 원거리의 혼합은 명도나 채도가 낮아지며, 회색에 가깝다. 보색끼리의 혼합은 검정에 가까워진다.
㉢ 컬러 사진, 슬라이드, 영화 필름이 이에 속한다.

64 |

4도 옵셋 인쇄에 적용된 색채 혼합의 원리는?

① 감법 혼색과 가법 혼색
② 병치 혼색과 중간 혼색
③ 감법 혼색과 병치 혼색
④ 연속 혼색과 감법 혼색

해설 4도 옵셋 인쇄

인쇄판과 고무롤러를 사용해서 종이에 인쇄하는 인쇄법으로 금속 인쇄판에 칠해진 잉크가 고무롤러를 통해서 종이에 묻게 하는 방식을 사용한다. 단행본, 달력, 잡지 등 대량인쇄 또는 컬러인쇄가 필요한 분야에 널리 사용되고 있다. CMYK(4도)는 인쇄에 쓰이는 4가지 색을 이용한 잉크체계를 뜻하며, 각각 시안(Cyan), 마젠타(Magenta), 옐로(Yellow), 블랙(Black)을 나타낸다(감산 혼합).

65 | ▢▢▢▢

옵셋 인쇄 과정에 있어서 기본 색도는?

① 6도   ② 5도

③ 4도   ④ 3도

해설 CMYK(감산 혼합)는 인쇄와 사진에서의 색 재현에 사용된다. 주로 옵셋 인쇄에 쓰이는 4가지 색을 이용한 잉크 체계를 뜻하며, 각각 시안(Cyan), 마젠타(Magenta), 옐로(Yellow), 블랙(Black)을 나타낸다.

66 | ▢▢▢▢

인쇄에 있어서 망점에 관한 설명 중 옳지 않은 것은?

① 망점은 %로 나타낸다.

② 망점은 입체감을 나타낸다.

③ 망점이 0%나 100%인 경우에는 중간 계조의 농도를 나타낸다.

④ 컬러 인쇄물(4 color)은 대부분 망점으로 형성되어 있다.

해설 인쇄에서 망점이 없이 감광한 부분은 감광 점도에 따라 잉크가 부착하여 중간조에서 어두운 부분이 표현되어 연속 계조가 인쇄되는 독특한 방식이 있다.

67 | ▢▢▢▢

다음 (　　) 안에 알맞은 것은?

> (　　)에는 회전 혼합과 병치 혼합의 두 가지 종류가 있다.

① 감산 혼합   ② 색료 혼합

③ 중간 혼합   ④ 보색 혼합

해설 중간 혼합은 계시 가법 혼합(회전 혼합, 계시 가법 혼색, 순차 가법 혼색)과 병치 혼합(가법 혼색)으로 분류한다.
　㉠ 회전 혼합(맥스웰 원판 : Maxwell disk)은 원판 회전 혼합의 경우를 말하는데, 예를 들면 2개 이상의 색표를 회전 원판에 적당한 비례의 넓이로 붙여 1분 동안에 2,000~3,000회의 속도로 회전하면 원판의 면이 혼색되어 보인다.
　㉡ 병치 혼합 : 색을 혼합하기보다는 각기 다른 색을 서로 인접하게 배치해 놓고 본다는 뜻으로, 신인상파 화가의 점묘화, 직물, 컬러텔레비전의 영상화면 등이 그 예이다.

68 | ▢▢▢▢

일정한 거리를 두고 보면 두 개의 색이 하나의 색으로 보이는 병치 현상을 설명하였고, 인상파 화가에게 큰 영향을 준 색채학자는?

① 오그덴 루드   ② 맥스웰

③ 오스트발트   ④ 알버트 먼셀

해설 오그덴 루드
　㉠ 현대색채론 : 빛의 혼합과 물감 혼합의 차이에 관해 기술하였다.
　㉡ 물감의 혼합은 색을 어둡게 만드는 것을 '감산 혼합', 빛의 혼합은 색을 밝게 만드는 '가산 혼합'이라고 규명하였다.
　㉢ '색상의 자연 연쇄'를 주장하였다. 자연광 아래에서 물체를 관찰했을 때 자연스럽게 보이는 명도의 차이를 색상의 자연 연쇄라고 하며, 이 색들에는 일정한 질서가 있다는 주장이다.
　　(예 자연광 아래에서 새싹을 관찰하면 빛이 비추는 부분은 노랑, 중간은 초록, 빛이 가려지는 부분은 검정색으로 보인다.)
　㉣ 자연 색채 조화 : 색상의 자연연쇄에 근거한 배색법이다. 빛이 비치는 부분에 해당하는 밝은색을 노랑 계열, 그늘 부분에 해당하는 어두운색을 파랑 계열로 모으면 자연스러운 배색 조화를 얻을 수 있다.

69 | ▢▢▢▢

모자이크, 직물 등의 병치 혼합의 특징이 아닌 것은?

① 회전 혼합과 같은 평균 혼합이다.

② 중간 혼색으로 기법 혼색에 속한다.

③ 채도가 낮아지는 상태에서 중간색을 얻을 수 있다.

④ 병치 혼합의 원리를 이용한 효과를 '베졸드 효과(Bezold effect)'라고 한다.

해설 병치 혼합
　고흐, 쇠라, 시냑 등 인상파 화가들의 표현 기법으로 여러 가지 색이 조밀하게 분포되어 있을 경우에 멀리서 보면 각각의 색들이 주위의 색들과 혼합되어 보이는 현상으로 채도는 그대로 유지되면서 중간색으로 보이거나 선명하고 밝아 보이는 혼합이다. 모자이크, 직물, TV의 영상, 신인상파의 점묘화, 옵아트 등에서 찾아볼 수 있다.

70

인상파 화가 쇠라의 『그랑자트섬에서의 일요일 오후』에서 보여 주는 점묘법과 관련된 혼색법은?

① 감법 혼색
② 회전 가법 혼색
③ 병치 가법 혼색
④ 계시 혼색

해설 중간 혼합(평균 혼합 ; Mean color mixture)

㉠ 병치 혼합은 색을 혼합하기보다는 각기 다른 색을 서로 인접하게 배치하여 놓고 본다는 뜻으로, 신인상파 화가의 점묘화, 직물, 컬러 텔레비전의 영상화면 등이다.

㉡ 회전 혼합(맥스웰 원판 : Maxwell disk)은 원판 회전 혼합의 경우를 말하는데 예를 들면 2개 이상의 색표를 회전 원판에 적당한 비례의 넓이로 붙여 1분 동안에 2,000~3,000회의 속도로 회전하면 원판의 면이 혼색되어 보인다.

71

점묘법으로 그린 그림이 일정 거리에서 보면 혼색되어 보인다. 이와 관련 있는 적합한 혼색은?

① 색료 혼색
② 감법 혼색
③ 병치 혼색
④ 계시 가법 혼색

해설 병치 혼합

색을 혼합하기보다는 각기 다른 색을 서로 인접하게 배치해 놓고 본다는 뜻으로, 신인상파 화가의 점묘화, 직물, 컬러텔레비전의 영상화면 등이 그 예이다.

72

컬러 TV의 브라운관 형광면에는 적(Red), 녹(Green), 청(Blue)색들이 발광하는 미소한 형광 물체에 의하여 혼색된다. 이러한 혼색 방법은?

① 동시 감법 혼색
② 계시 가법 혼색
③ 병치 가법 혼색
④ 색료 감법 혼색

해설 중간 혼합은 계시 가법 혼합(회전 혼합, 계시 가법 혼색, 순차 가법 혼색)과 병치 혼합(가법 혼색)으로 분류한다.

㉠ 회전 혼합(맥스웰 원판 : Maxwell disk)은 원판 회전 혼합의 경우를 말하는데, 예를 들면 2개 이상의 색표를 회전 원판에 적당한 비례의 넓이로 붙여 1분 동안에 2,000~3,000회의 속도로 회전하면 원판의 면이 혼색되어 보인다.

㉡ 병치 혼합 : 색을 혼합하기보다는 각기 다른 색을 서로 인접하게 배치해 놓고 본다는 뜻으로, 신인상파 화가의 점묘화, 직물, 컬러텔레비전의 영상화면 등이 그 예이다.

73

두 가지 색이 회전으로 혼합되는 경우는?

① 가산 혼합
② 감산 혼합
③ 중간 혼합
④ 색광 혼합

해설 중간 혼합(평균 혼합 ; Mean color mixture)

㉠ 병치 혼합은 색을 혼합하기보다는 각기 다른 색을 서로 인접하게 배치하여 놓고 본다는 뜻으로, 신인상파 화가의 점묘화, 직물, 컬러텔레비전의 영상화면 등이다.

㉡ 회전 혼합(맥스웰 원판 : Maxwell disk)은 원판 회전 혼합의 경우를 말하는데 예를 들면 2개 이상의 색표를 회전 원판에 적당한 비례의 넓이로 붙여 1분 동안에 2,000~3,000회의 속도로 회전하면 원판의 면이 혼색되어 보인다.

74

맥스웰 디스크(Maxwell Disk)와 관계가 깊은 것은?

① 병치 혼합
② 회전 혼합
③ 감산 혼합
④ 색료 혼합

해설 맥스웰(Maxwell, J. C.)이 처음 사용했기 때문에 맥스웰 원판(Maxwell's disk)이라고 한다. 이 혼합은 착시 현상으로 시간이 지나면 소멸되고, 혼합의 결과는 혼합된 색의 평균치가 나타난다.

75

다음 중 회전 혼합과 관계가 없는 것은?

① 가법 혼합
② 색광 혼합
③ 색료 혼합
④ 중간 혼합

해설 중간 혼합은 회전 혼합(계시 가법 혼색, 순차 가법 혼색)과 병치 혼합(가법 혼색)으로 분류한다.

㉠ 회전 혼합(맥스웰 원판 : Maxwell disk)은 원판 회전 혼합의 경우를 말하는데, 예를 들면 2개 이상의 색표를 회전 원판에 적당한 비례의 넓이로 붙여 1분 동안에 2,000~3,000회의 속도로 회전하면 원판의 면이 혼색되어 보인다.

ⓛ 병치 혼합 : 색을 혼합하기보다는 각기 다른 색을 서로 인접하게 배치해 놓고 본다는 뜻으로, 신인상파 화가의 점묘화, 직물, 컬러텔레비전의 영상화면 등이 그 예이다.

76

빛의 강도가 바뀌거나 눈의 순응상태가 바뀌어도 눈에 보이는 색은 변하는 것이 아니라는 것을 경험하는 현상은?

① 색순응　　　　　② 암순응
③ 명순응　　　　　④ 무채순응

해설 ① 색순응(色順應 ; chromatic adaption) : 물체를 비추는 빛의 종류에 따라 반사되는 빛의 성질은 많이 달라진다. 같은 물건이라도 태양빛에서 볼 때와 전등 밑에서 볼 때 각각 다른 색을 띠지만 시간이 지나면 그 물건의 색은 원상태로 보인다.
② 암순응(暗順應, Dark Adaptation) : 밝은 곳에서 어두운 곳으로 이동할 때 동공이 천천히 열리므로 약간의 시간이 지나서 사물을 볼 수 있는 현상으로 간상체가 시야의 어둠에 순응하는 것으로 어둡게 되면 가장 먼저 보이지 않는 색은 빨강이며, 파란 계통의 밝은색으로 하면 어두운 가운데서는 쉽게 식별할 수 있다.
③ 명순응(明順應, light adaptation) : 어두운 곳으로부터 밝은 곳을 갑자기 나왔을 때 점차로 밝은 빛에 순응하게 되는 것. 광적응(光適應)이라고도 한다.
④ 무채순응(achromatic adaptation) : 백색광에 대해 순응하는 것이다.

77

조명광이나 물체색을 오랫동안 계속 쳐다보고 있을 때 색의 지각이 약해져서 생기는 현상은?

① 색온도　　　　　② 색순응
③ 박명시　　　　　④ 푸르킨예 현상

해설 ① 색온도(color temperature) : 발광되는 빛이 온도에 따라 색상이 달라지는 것을 흰색(White Color)을 기준으로 절대온도 °K(Kelvin Degree)로 표시한 것으로 빛을 전혀 반사하지 않는 완전 흑체를 가열하면 온도에 따라 각기 다른 색의 빛이 나온다. 온도가 높을수록 파장이 짧은 청색 계통의 빛이 나오고, 온도가 낮을수록 적색 계통의 빛이 나온다.
② 색순응(色順應 ; chromatic adaption) : 물체를 비추는 빛의 종류에 따라 반사되는 빛의 성질은 많이

달라진다. 같은 물건이라도 태양빛에서 볼 때와 전등 밑에서 볼 때 각각 다른 색을 띠지만 시간이 지나면 그 물건의 색은 원상태로 보인다.
③ 박명시 : 날이 저물어 엷은 어둠이 되면 추상체와 간상체의 양쪽이 작용하는데, 이때는 상이 흐릿하여 보기 어려운 현상의 상태이다.
④ 푸르킨예 현상 : 명소시에서 암소시 상태로 옮겨질 때 물체색의 밝기가 어떻게 변하는가를 살펴보면 빨강 계통의 색은 어둡게 보이게 되고, 파랑 계통의 색은 반대로 시감도가 높아져서 밝게 보이기 시작하는 현상을 말한다

78

태양빛과 형광등에서 다르게 보이는 물체색이 시간이 지나면 같은 색으로 느껴지는 현상은?

① 연색성　　　　　② 색순응
③ 박명시　　　　　④ 푸르킨예 현상

해설 ① 연색성 : 조명에 의한 물체색의 보이는 상태 및 물체색의 보이는 상태를 결정하는 광원의 성질을 말한다.
② 색순응(色順應 ; chromatic adaption) : 물체를 비추는 빛의 종류에 따라 반사되는 빛의 성질은 많이 달라진다. 같은 물건이라도 태양빛에서 볼 때와 전등 밑에서 볼 때 각각 다른 색을 띠지만 시간이 지나면 그 물건의 색은 원상태로 보인다.
③ 박명시 : 날이 저물어 엷은 어둠이 되면 추상체와 간상체의 양쪽이 작용하는데, 이때는 상이 흐릿하여 보기 어려운 현상의 상태이다.
④ 푸르킨예 현상 : 명소시에서 암소시 상태로 옮겨질 때 물체색의 밝기가 어떻게 변하는가를 살펴보면 빨강 계통의 색은 어둡게 보이게 되고, 파랑 계통의 색은 반대로 시감도가 높아져서 밝게 보이기 시작하는 현상을 말한다.

79

물체를 조명하는 광원색의 성질(분광 분포)에 따라서 같은 물체라도 색이 달라져 보이게 되는 것은?

① 명시성(明視性)　　② 연색성(演色性)
③ 메타메리즘　　　　④ 푸르킨예 현상

해설 백열등 아래에서는 물체의 색이 따뜻한 색으로 기울고, 같은 물체의 색도 형광등 아래에서는 차가운 색으로 기울어져 보이듯이 조명에 의하여 물체의 색을 결정하는 광원의 성질을 연색성이라 한다.

80 |

조명등과 연색성에 관한 설명 중 틀린 것은?

① 청색은 백열등에서 약간 녹색을 띤다.
② 청색은 형광등에서 크게 변하지 않는다.
③ 나트륨등에서는 빨강이 강조된다.
④ 빨강은 백열등에서 더욱 선명하다.

해설 백열등 아래에서는 물체의 색이 따뜻한 색으로 기울고, 같은 물체의 색도 형광등, 나트륨등 아래에서는 차가운 색으로 기울어져 보이듯이 조명에 의하여 물체의 색을 결정하는 광원의 성질을 연색성이라 한다.

81 |

형광등 아래서 물건을 고를 때 외부로 나가면 어떤 색으로 보일까 망설이게 된다. 이처럼 조명광에 의하여 물체의 색을 결정하는 광원의 성질은?

① 등색   ② 연색성
③ 혼색   ④ 색순응

해설 백열등 아래에서는 물체의 색이 따뜻한 색으로 기울고, 같은 물체의 색도 형광등, 나트륨등 아래에서는 차가운 색으로 기울어져 보이듯이 조명에 의하여 물체의 색을 결정하는 광원의 성질을 연색성이라 한다.

82 |

정육점에서 싱싱해 보이던 고기가 집에서는 그 색이 다르게 보이는 이유는?

① 색의 순응현상   ② 색의 동화현상
③ 색의 연색성   ④ 색의 항상성

해설 ① 색순응(色順應 ; chromatic adaption) : 물체를 비추는 빛의 종류에 따라 반사되는 빛의 성질은 많이 달라진다. 같은 물건이라도 태양빛에서 볼 때와 전등 밑에서 볼 때 각각 다른 색을 띠지만 시간이 지나면 그 물건의 색은 원상태로 보인다.
② 동화현상(베졸드 효과) : 인접한 주위의 색과 가깝게 느껴지거나 비슷해 보이는 현상을 말하며, 색을 직접 섞지 않고 색 점을 섞어 배열함으로써 전체 색조를 변화시키는 효과로 문양이나 선의 색이 배경색에 혼합되어 보이는 것으로 회색 배경 위에 검정의 문양을 그리면 회색 배경은 실제보다 더 검게 보인다. 색의 전파 효과, 혼색 효과라고도 부른다.

또는 줄눈과 같이 가늘게 형성되었을 때 뚜렷이 나타난다고 하여 줄눈 효과라고도 부른다.
③ 색의 연색성 : 조명에 의한 물체색의 보이는 상태 및 물체색의 보이는 상태를 결정하는 광원의 성질을 말한다.
④ 색의 항상성(color constancy) : 조명이나 관측 조건이 변화함에도 불구하고, 우리는 주어진 물체의 색을 동일한 것으로 간주하는 것이다. 색각 항상이나 색채 불변성이라고도 한다.

83 |

무대 디자인과 디스플레이를 할 때 색광을 다르게 하여 한정된 공간이 여러 가지 색으로 보여질 수 있다. 이처럼 조명에 의하여 물체의 색이 결정되는 광원의 성질은?

① 조건 등색   ② 연색성
③ 색각이상   ④ 발광성

해설 연색성
백열등 아래에서는 물체의 색이 따뜻한 색으로 기울고, 같은 물체의 색도 형광등 아래에서는 차가운 색으로 기울어져 보이는 현상이 일어나듯이 조명에 의하여 물체의 색을 결정하는 광원의 성질이다.

84 |

다음 중 어두운 곳에서 밝은 곳으로 나왔을 경우 눈의 절대감도가 저하하는 것을 무엇이라 하는가?

① 명순응   ② 암순응
③ 명암시   ④ 운동시

해설 명순응과 암순응
㉠ 명순응(明順應, light adaptation) : 어두운 곳으로부터 밝은 곳을 갑자기 나왔을 때 점차로 밝은 빛에 순응하게 되는 것. 광적응(光適應)이라고도 한다.
㉡ 암순응(暗順應, Dark Adaptation) : 밝은 곳에서 어두운 곳으로 이동할 때 동공이 천천히 열리므로 약간의 시간이 지나서 사물을 볼 수 있는 현상으로 간상체가 시야의 어둠에 순응하는 것으로 어둡게 되면 가장 먼저 보이지 않는 색은 빨강이며, 파란 계통의 밝은색으로 하면 어두운 가운데서는 쉽게 식별할 수 있다.

85

어둠이 깔리기 시작하면 추상체와 간상체가 작용하여 상이 흐릿하게 보이는 상태는?

① 시감도　　　　　② 박명시
③ 항상성　　　　　④ 색순응

해설 ① 시감도 : 각 파장의 단색광이 모두 같은 에너지를 가졌다고 해도 눈은 그것을 같은 밝기로 느끼지 않는다. 이러한 똑같은 에너지를 가진 각 파장의 단색광에 의하여 생기는 밝기의 감각을 말한다.
② 박명시 : 날이 저물어 엷은 어둠이 되면 추상체와 간상체의 양쪽이 작용하는데, 이때는 상이 흐릿하여 보기 어려운 현상의 상태이다.
③ 색의 항상성(color constancy)은 조명이나 관측 조건이 변화함에도 불구하고, 우리는 주어진 물체의 색을 동일한 것으로 간주하는 것이다. 색각 항상이나 색채 불변성이라고도 한다.
④ 색순응(色順應 ; chromatic adaption) : 물체를 비추는 빛의 종류에 따라 반사되는 빛의 성질은 많이 달라진다. 같은 물건이라도 태양빛에서 볼 때와 전등 밑에서 볼 때 각각 다른 색을 띠지만 시간이 지나면 그 물건의 색은 원상태로 보인다.

86

추상체와 간상체 양쪽이 작용하지만, 상이 흐릿하여 보기 어렵게 되는 시각 상태는?

① 색순응　　　　　② 박명시
③ 암순응　　　　　④ 중심시

해설 박명시는 날이 저물어 엷은 어둠이 되면 추상체와 간상체의 양쪽이 작용하는데, 이때는 상이 흐릿하여 보기 어려운 현상의 상태이다.

87

낮에는 빨갛게 보이는 물체가 날이 저물어 어두워지면 어둡게 보이고, 또 낮에는 파랗게 보이는 물체가 어두워지면 더 밝게 보이는 것은 무엇 때문인가?

① 연색성　　　　　② 메타메리즘
③ 푸르킨예 현상　　④ 색각 항상

해설 ① 연색성 : 조명에 의한 물체색의 보이는 상태 및 물체색의 보이는 상태를 결정하는 광원의 성질을 말한다.
② 메타메리즘(metamerism) : 광원에 따라 물체의 색이 달라져 보이는 것과는 달리 분광 반사율이 다른 2가지의 색이 어떤 광원 아래에서는 같은 색으로 보이는 현상이다.
④ 색의 항상성(color constancy) : 조명이나 관측 조건이 변화함에도 불구하고, 우리는 주어진 물체의 색을 동일한 것으로 간주하는 것이다. 색각 항상이나 색채 불변성이라고도 한다.

88

어두워지기 시작하는 저녁 무렵에 적색계의 색보다 청색계의 색이 더 밝아 보이는 지각 현상은?

① 항상성　　　　　② 유목 효과
③ 베졸트 효과　　　④ 푸르킨예 현상

해설 ① 항상성 : 광원이 바뀌어도 물체의 색변화를 느끼지 못하고 항상 같은 색으로 인식하는 현상이다. 조명의 자극이 변해도 어떤 물체의 색이 변해 보이지 않는 현상으로 조명을 밝게 비춰도 검은색 종이는 그대로 검은색으로 보인다.
③ 베졸트 효과 : 크게 병치 혼합에 속하며 멀리서 보면 직조된 색채들이 시각적으로 혼색되어 새로운 중간 색채를 만들어내는 것을 말한다.

89

밝은 곳에서 어두운 곳으로 갈수록 단파장의 감도가 높아져 파란색이 더 눈에 띄게 되는 현상을 무엇이라 하는가?

① 명소시 현상　　　② 푸르킨예 현상
③ 암소시 현상　　　④ 메타메리즘 현상

해설 ① 명소시 : 무수히 많은 색 차이를 알아낼 수 있게 하는 작용을 하고 있으며 색혼합, 색교정 등의 작업을 정확하게 하기 위해서는 추상체만이 작용할 수 있는 시각 상태이다.
③ 암소시 : 아주 약한 빛의 곳에서 우리의 눈이 암순응하는 시각의 상태로 간상체가 주로 작용하고 있는 경우의 시각 상태이다.
④ 메타메리즘(metamerism) : 한두 가지의 물체색이 다르더라도 어떤 조명 아래에서는 같은 색으로 보이는 현상을 조건등색이라고도 한다.

90 |

다음 중 암순응 현상에 관한 설명으로 틀린 것은?

① 암순응을 위하여 원추세포가 왕성하게 작용한다.
② 들어오는 빛의 양을 늘리기 위해 동공이 확대된다.
③ 명순응보다 오래 걸리며, 완전 암순응에는 30~
40분 정도가 소요된다.
④ 암순응이 되어 있는 눈은 적색이나 보라색에 둔
감해진다.

해설 암순응(暗順應, Dark Adaptation)
밝은 곳에서 어두운 곳으로 이동할 때 동공이 천천히
열리므로 약간의 시간이 지나서 사물을 볼 수 있는 현
상으로 간상체가 시야의 어둠에 순응하는 것으로 어둡
게 되면 가장 먼저 보이지 않는 색은 빨강이며, 파란
계통의 밝은색으로 하면 어두운 가운데서는 쉽게 식별
할 수 있다.

91 |

터널의 출입구 부분에 조명이 집중되어 있고, 중심
부로 갈수록 광원의 수가 적어지며 조도 수준이 낮
아지고 있다. 이것은 어떤 순응을 고려한 설계인가?

① 색순응   ② 명순응
③ 암순응   ④ 무채순응

해설 ① 색순응(色順應 ; chromatic adaption) : 물체를 비추
는 빛의 종류에 따라 반사되는 빛의 성질은 많이 달라
진다. 같은 물건이라도 태양빛에서 볼 때와 전등 밑
에서 볼 때 각각 다른 색을 띠지만 시간이 지나면 그
물건의 색은 원상태로 보인다.
② 명순응(明順應 ; light adaptation) : 어두운 곳으로
부터 밝은 곳을 갑자기 나왔을 때 점차로 밝은 빛에
순응하게 되는 것. 광적응(光適應)이라고도 한다.
③ 암순응(暗順應 ; Dark Adaptation) : 밝은 곳에서
어두운 곳으로 이동할 때 동공이 천천히 열리므로
약간의 시간이 지나서 사물을 볼 수 있는 현상으로
간상체가 시야의 어둠에 순응하는 것으로 어둡게
되면 가장 먼저 보이지 않는 색은 빨강이며, 파란
계통의 밝은색으로 하면 어두운 가운데서는 쉽게
식별할 수 있다.
④ 무채순응(achromatic adaptation) : 백색광에 대
해 순응하는 것이라 한다.

92 |

터널에서 입구 부근은 밝게 하고, 서서히 조도를 저
하하는 조명방법은?

① 전반조명   ② 국부조명
③ 완화조명   ④ 투과조명

해설 완화조명(緩和照明, Adaptational lighting)
터널의 출입구 등에서 일어나는 명암의 급격한 변화를
완화하기 위해 설치하는 조명으로 밝은 곳에서 어두운
곳으로 이동할 때 동공이 천천히 열리므로 약간의 시
간이 지나서 사물을 볼 수 있는 암순응 현상으로 순응
하는 데 걸리는 시간은 약 15분 정도이다. 완전한 암
순응에 도달할 때까지는 30분 정도가 소요된다.

93 |

암순응(dark adaptation)이 되어 있는 눈에 가장 둔
감한 색상은?

① 백색   ② 황색
③ 초록색   ④ 보라색

해설 암순응(暗順應, Dark Adaptation)
밝은 곳에서 어두운 곳으로 이동할 때 동공이 천천히
열리므로 약간의 시간이 지나서 사물을 볼 수 있는 현
상으로 간상체가 시야의 어둠에 순응하는 것으로 어둡
게 되면 가장 먼저 보이지 않는 색은 빨강이며, 파란
계통의 밝은색으로 하면 어두운 가운데서는 쉽게 식별
할 수 있다.

94 |

분광 반사율의 분포가 서로 다른 두 개의 색자극이
광원의 종류와 관찰자 등의 관찰 조건을 일정하게
할 때만 같은 색으로 보이는 경우는?

① 조건 등색   ② 연색성
③ 색각이상   ④ 발광성

해설 같은 물체색이라도 조명에 따라 색이 달라져 보이는 성
질을 광원의 연색성이라고 한다. 또한 두 가지의 물체색
이 다르더라도 어떤 조명 아래에서는 같은 색으로 보이
는 현상을 조건 등색 또는 메타메리즘(metamerism)이
라고 한다.

95

광원에 따라 물체의 색이 달라 보이는 것과는 달리, 서로 다른 두 색이 어떤 광원 아래서는 같은 색으로 보이는 현상은?

① 연색성　　　　　② 잔상
③ 분광 반사　　　　④ 메타메리즘

해설 ① 연색성 : 조명에 의한 물체색의 보이는 상태 및 물체색의 보이는 상태를 결정하는 광원의 성질을 말한다.
② 잔상 : 어떤 자극을 주어 색각이 생긴 뒤에 자극을 제거하면 제거한 후에도 그 흥분이 남아서 원자극과 같은 성질 또는 반대되는 성질의 감각 경험을 일으키는 것을 말한다.
③ 분광 반사율(Spectral reflectance) : 물체가 빛에 대하여 반사되는 색의 파장과 투과되는 파장에 대한 분광 분포 비율로 물체색이 결정되는 반사율을 말한다.
④ 메타메리즘(metamerism) : 광원에 따라 물체의 색이 달라져 보이는 것과는 달리 분광 반사율이 다른 2가지의 색이 어떤 광원 아래에서는 같은 색으로 보이는 현상이다(조건 등색).

96

색과 색의 관계가 가까워져 색의 차이를 좁히는 현상은?

① 잔상　　　　　　② 리프만 효과
③ 동화현상　　　　④ 푸르킨예 현상

해설 ① 잔상 : 어떤 자극을 주어 색각이 생긴 뒤에 자극을 제거하면 제거한 후에도 그 흥분이 남아서 원자극과 같은 성질 또는 반대되는 성질의 감각 경험을 일으키는 것을 말한다.
② 리프만 효과 : 색상 차이가 커도 명도가 비슷하면 두 색의 경계가 모호해져 명시성이 떨어져 보이는 현상을 말한다.
③ 동화현상(베졸드 효과) : 인접한 주위의 색과 가깝게 느껴지거나 비슷해 보이는 현상을 말하며, 색을 직접 섞지 않고 색 점을 섞어 배열함으로써 전체 색조를 변화시키는 효과로 문양이나 선의 색이 배경색에 혼합되어 보이는 것으로 회색 배경 위에 검정의 문양을 그리면 회색 배경은 실제보다 더 검게 보인다. 색의 전파효과, 혼색효과라고도 하며, 줄눈과 같이 가늘게 형성되었을 때 뚜렷이 나타난다고 하여 줄눈효과라고도 부른다.

④ 푸르킨예(Purkinje effect) 현상 : 명순응에서 암순응 상태로 옮겨질 때 물체색의 밝기가 어떻게 변하는가를 살펴보면 빨강 계통의 색은 어둡게 보이게 되고, 파랑 계통의 색은 반대로 시감도가 높아져서 밝게 보이기 시작하는데 이러한 현상을 푸르키예 현상이라고 한다.

97

대비현상과는 달리 인접된 색과 닮아 보이는 현상은?

① 잔상현상　　　　② 퇴색현상
③ 동화현상　　　　④ 연상 감정

해설 동화현상(베졸드 효과)
인접한 주위의 색과 가깝게 느껴지거나 비슷해 보이는 현상을 말하며, 색을 직접 섞지 않고 색 점을 섞어 배열함으로써 전체 색조를 변화시키는 효과로 문양이나 선의 색이 배경색에 혼합되어 보이는 것으로 회색 배경 위에 검정의 문양을 그리면 회색 배경은 실제보다 더 검게 보인다. 색의 전파효과, 혼색효과라고도 부른다. 또는 줄눈과 같이 가늘게 형성되었을 때 뚜렷이 나타난다고 하여 줄눈효과라고도 부른다.

98

색의 동화현상이 가장 잘 발생하는 경우는?

① 좁은 시야에 복잡하고 섬세하게 배치되었을 때
② 채도 차이가 클 때
③ 명도는 비슷하며 색상이 서로 보색 관계에 있을 때
④ 조명이 밝고 무늬가 클 때

해설 동화현상(베졸드효과)
인접한 주위의 색과 가깝게 느껴지거나 비슷해 보이는 현상을 말하며, 색을 직접 섞지 않고 색 점을 섞어 배열함으로써 전체 색조를 변화시키는 효과로 문양이나 선의 색이 배경색에 혼합되어 보이는 것으로 회색 배경 위에 검정의 문양을 그리면 회색 배경은 실제보다 더 검게 보인다. 색의 전파효과, 혼색효과라고도 부른다. 또는 줄눈과 같이 가늘게 형성되었을 때 뚜렷이 나타난다고 하여 줄눈효과라고도 부른다.

99

다음 중 동화효과와 관련이 없는 것은?

① 베졸드효과　　　　② 전파효과
③ 혼색효과　　　　　④ 헤르만 그리드 효과

해설 헤르만 그리드 현상(Hermann Grid Illusion)

인접하는 2색을 망막세포가 지각할 때, 두 색의 차이가 본래의 상태보다 강조된 상태로 지각되는 경우가 있는데, 교차되는 지점에 회색 잔상이 보이며 대비효과를 보이는 현상이다.

4각의 검정 사각형 사이로 백색 띠가 교차하는 곳에 그림자가 보이게 된다. 이는 백색 교차 부분이 다른 것에 비해 검은색으로부터 거리가 있기 때문에 대비가 약해져 거무스름하게 보이는 것이다.

100 |

다음 중 노란색과 배색하였을 때 가장 부드러운 느낌으로 조화되는 색은?

① 회색　　　　　② 빨강
③ 보라　　　　　④ 남색

해설 동화현상(Assimilation effect)

주위색의 영향으로 오히려 인접색에 가깝게 느껴지는 경우를 말하며 하나의 색이 다른 색 위에서 넓혀가는 것처럼 보이기 때문에 전파효과, 혼색이 되려고 하므로 때문에 혼색효과라 부르기도 한다.
　※ **동시 대비** : 주변색의 영향으로 인접색과 서로 반대되는 색으로 보이는 현상

101 |

조명이나 관측 조건이 달라도 주관적 색채 지각으로는 물체색의 변화를 느끼지 못하는 현상은?

① 색의 항상성
② 색의 시인성
③ 색의 주목성
④ 색의 연색성

해설 ① 색의 항상성(color constancy) : 조명이나 관측조건이 변화하지만, 우리는 주어진 물체의 색을 같은 것으로 간주하는 것이다. 색각 항상이나 색채 불변성이라고도 한다.
② 명시성(시인성, 가시성) : 배색에 있어서 바탕과 무늬의 명도 차이를 크게 하며, 같은 명도의 색은 색상 차이나 채도 차이를 크게 하면 명시성이 높아진다. 이것은 색의 형(形)이 크고 작은 것과 채도의 강약, 거리의 원근, 조도의 강약에서 일어나는 현상이다.
③ 주목성 : 색이 우리의 눈을 끄는 힘을 말하며 명시도와는 차이가 있다. 일상적으로 잘 보지 않은 색

이나 특수한 연상을 일으키는 색, 면적이나 모양 등에 따라 변한다. 색의 진출, 후퇴, 팽창, 수축의 현상과 직접 관련이 있으며 채도가 높은 난색 계열의 밝은색이 채도가 낮은 한색 계열의 어두운색보다 눈에 잘 띈다.
④ 연색성 : 조명에 의한 물체색의 보이는 상태 및 물체색의 보이는 상태를 결정하는 광원의 성질을 말한다.

102 |

밝은 곳에 있는 백지와 어두운 곳에 있는 백지를 비교해 볼 때 분명히 후자의 것이 어둡게 보이는데도 불구하고 우리는 둘 다 백지로 받아들인다. 이것은 어떠한 성질 때문인가?

① 명시성　　　　② 항상성
③ 상징성　　　　④ 유목성

해설 ① 명시성 : 같은 거리에 같은 크기의 색이 있을 때 확실하게 보이는 색과 확실히 보이지 않는 색이 있다. 이때 얼마만큼 잘 보이는가를 나타내는 것으로 명시도, 가시성이라고도 한다.
③ 상징성 : 색의 연상은 많은 사람에게 공통성을 가지며 전통과 결합하여 일반화되면 하나의 색은 특정한 것을 뜻하는 상징성을 띠게 된다. 예를 들어 빨간색은 흥분, 피, 위험 등의 상징성을 가지고 있다.
④ 유목성 : 어떤 대상을 의도적으로 보고자 하지 않아도 사람의 시선을 끄는 색의 성질로 글자나 기호, 그림글자(픽토그램) 등 알아보기 쉬운 정도를 가리킨다.

103 |

밝은 태양 아래에 있는 석탄은 어두운 곳에 있는 벽지보다 빛을 많이 반사하고 있는데도 불구하고 석탄은 검게, 백지는 희게 보이는 현상은?

① 비시감도
② 명암 순응
③ 시감 반사율
④ 항상성

해설 색의 항상성(color constancy)은 조명이나 관측조건이 변화하지만, 우리는 주어진 물체의 색을 동일한 것으로 간주하는 것이다. 색각 항상이나 색채 불변성이라고도 한다.

104

검정 사각형 사이로 백색 띠가 교차하는 공간 중앙에 회색 잔상이 느껴지게 되는데 이와 같은 현상은?

① 푸르킨예 현상
② 동화현상
③ 융합현상
④ 헤르만 그리드 현상

해설 헤르만 그리드 현상(Hermann Grid Illusion)
인접하는 2색을 망막세포가 지각할 때, 두 색의 차이가 본래의 상태보다 강조된 상태로 지각되는 경우가 있는데, 교차되는 지점에 회색 잔상이 보이며 대비효과를 보이는 현상이다.
4각의 검정 사각형 사이로 백색 띠가 교차하는 곳에 그림자가 보이게 된다. 이는 백색 교차 부분이 다른 것에 비해 검은색으로부터 거리가 있기 때문에 대비가 약해져 거무스름하게 보이는 것이다.

105

어떤 대상의 필요조건을 보다 합리적으로 해결하여 그 결과로써 선택된 배색을 기능배색이라고 한다. 기능배색에는 신호등, 표지류 등이 있는데 다음 중 가장 고려해야 할 점은?

① 기호성(嗜好性)
② 유목성(誘目性)
③ 유행성(流行性)
④ 환경성(環境性)

해설 색채 조절을 기능배색이라고도 하며, 색을 단순히 개인적인 기호에 의해서 사용하는 것이 아니라 색 자체가 가지고 있는 여러 가지 성질을 이용하여 인간의 생활이나 작업의 분위기, 또는 환경을 쾌적하고 능률적인 것으로 만들기 위하여 색이 가지고 있는 기능이 발휘되도록 조절한다는 것이다.

106

색채의 유목성(주목성)에 관한 설명 중 거리가 먼 것은?

① 어떤 대상을 의도적으로 보고자 하지 않아도 사람의 시선을 끄는 색의 성질을 말한다.
② 어떤 색 자체보다도 배경색이 무엇이냐에 따라 그 정도가 달라진다.
③ 글자나 기호, 그림글자(픽토그램) 등 알아보기 쉬운 정도를 가리킨다.

④ 보통 잘 보지 않는 색, 특수한 연상을 일으키는 색 등은 주목성이 변할 수 있다.

해설 고속도로변이나 비행장의 표지, 도로 구획선의 표시 등은 짧은 순간에 눈에 잘 띄게 해야 하므로 명시성과 주목성이 높은 색이어야 한다.

107

색의 명시성의 주요인이 되는 것은?

① 감정
② 색상
③ 채도
④ 명도

해설 명시도는 주위 색과의 차이에 의존하고 3속성의 차가 커질수록 높아지며, 3속성 중 특히 명시도의 요인이 되는 것은 명도차이다.

108

명시도에 관한 설명 중 틀린 것은?

① 색이 잘 보인다는 것은 이웃하는 색과의 관계에 의해 결정된다.
② 검은 종이 위의 파란색 글씨보다 노란색 글씨가 명시도가 낮다.
③ 노란색 바탕 위의 검은색 글씨가 가장 명시도가 높다.
④ 빨간 배경에 녹색 글씨는 색상차가 크지만 명도차가 적어 명시도가 낮다.

해설 바탕색을 검정으로 하였을 경우 순색의 가시도(명시성)가 큰 순위의 색은 노랑, 노랑 기미의 주황, 황록, 주황, 빨강, 녹색, 자주, 청록, 파랑, 청자, 보라의 순이며, 흰색 바탕일 경우에는 검정을 바탕으로 했을 때의 반대 순이다.

109

명시도가 가장 높은 배색은?

① 흰 종이 위의 노란색 글씨
② 빨간색 종이 위의 보라색 글씨
③ 노란색 종이 위의 검은색 글씨
④ 파란색 종이 위의 초록색 글씨

해설 명시도는 주위 색과의 차이에 의존하고, 색상, 채도, 명도의 차가 클수록 높아지며, 명시도의 요인이 되는 것은 명도차이다. 따라서 노란색 바탕의 검정색이 명시도가 가장 높아서 교통 표지판에 많이 사용하며, 노란색 바탕의 녹색도 명시도가 높다.

110 |

다음 색 중 백색 배경에서 가장 명시도가 낮은 색은?

① 황색　　　　　　　② 보라색
③ 파랑색　　　　　　④ 청보라색

해설 바탕색을 검정으로 하였을 경우 순색의 가시도(명시성)가 큰 순위의 색은 노랑, 노랑 기미의 주황, 황록, 주황, 빨강, 녹색, 자주, 청록, 파랑, 청자, 보라의 순이며, 흰색 바탕일 경우에는 검정을 바탕으로 했을 때의 반대 순이다.

111 |

색의 주목성에 관한 설명 중 틀린 것은?

① 한색 계통이 주목성이 높다.
② 난색 계통이 주목성이 높다.
③ 고채도의 색이 주목성이 높다.
④ 명시도가 높은 색이 주목성이 높다.

해설 색의 주목성(명시도)은 색의 진출, 후퇴, 팽창, 수축의 현상과 직접 관련이 있으며 채도가 높은 난색 계열의 밝은색이 채도가 낮은 한색 계열의 어두운색보다 눈에 잘 띈다.

112 |

다음 중 색의 시인성을 높이기 위한 가장 좋은 방법은?

① 난색보다는 한색을 선택한다.
② 배경색과 명도차를 같게 한다.
③ 흰색 바탕의 빨간색을 흰색 바탕의 보라색으로 바꾼다.
④ 바탕색과 비교해 명도와 채도 차이를 크게 한다.

해설 색의 시인성
　　㉠ 일반적으로 고명도, 고채도의 색과 차가운 색보다 따뜻한 색이 눈에 잘 띈다.

　　㉡ 채도가 높은 난색 계열의 밝은색이 채도가 낮은 한색 계열의 어두운색보다 눈에 잘 띈다.
　　㉢ 명시도가 높은 색은 어느 정도 주목성도 높다.

113 |

다음 배색에서 명도차가 가장 큰 배색은?

① 빨강, 파랑　　　　② 노랑, 검정
③ 빨강, 녹색　　　　④ 노랑, 주황

해설 바탕색을 검정으로 하였을 경우 순색의 가시도(명시성)가 큰 순위의 색은 노랑, 노랑 기미의 주황, 황록, 주황, 빨강, 녹색, 자주, 청록, 파랑, 청자, 보라의 순이며, 흰색 바탕일 경우에는 검정을 바탕으로 했을 때의 반대 순이다.

114 |

다음 중 동일 색상의 배색은?

① 주황 – 갈색　　　② 주황 – 빨강
③ 노랑 – 연두　　　④ 노랑 – 검정

해설 동일 색상 배색
　　색상환에서 색상의 차이가 0으로 한 가지의 색상을 가지고 명도나 채도를 달리한 톤의 일부나 전부를 배색하는 방법이다. 무난하면서 세련된 느낌을 준다.

115 |

동일 색의 큰 면적의 색은 작은 면적의 색견본을 보는 것보다 어떠한 효과가 나는가?

① 실제보다 어둡고, 색분별이 없어진다.
② 실제보다 밝고, 채도가 높아 보인다.
③ 실제와 다른 보색으로 보인다.
④ 같은 색상이면 아무런 차이가 없다.

해설 동일 색에서 큰 면적의 색은 작은 면적의 색 견본을 보는 것보다 화려하고 박력이 가해진 인상을 준다.

116 |

점진적인 변화를 주어 리듬감을 얻는 배색기법은?

① 악센트　　　　　　② 그라데이션
③ 세퍼레이션　　　　④ 도미넌트

정답　110. ①　111. ①　112. ④　113. ②　114. ①　115. ②　116. ②

해설 ② 바림(gradation) : 착색에 있어서 한 편은 진하게 칠하고 다른 편으로 가면서 점차 연하게 칠하는 것
③ 세퍼레이션 배색 : 분리 배색의 효과는 배색을 이루는 색과 색 사이에 분리 색을 넣어 조화를 이루게 하는 것을 말한다. 즉 두 색 사이에 대비가 너무 강할 때 분리 색을 넣어 조화를 이루게 하거나 너무 유사한 경우 분리 색을 넣어 리듬감을 주게 하는 것이다.
④ 도미넌트 배색 : 색이 가지고 있는 여러 속성 중 공통된 요소를 갖추어 전체 통일감이나 융합된 느낌을 표출할 때 중요한 기본 원리가 되는 효과이다. 색상에 의한 도미넌트 배색과 톤(명도와 채도)에 의한 도미넌트 배색으로 구분한다.

117

한 가지 색이 다른 색으로 옮겨갈 때 진행되는 색의 변조를 뜻하는 것은?

① 그라데이션
② 색의 잔상
③ 등간격의 조화
④ 주조색의 조화

해설 그라데이션(gradation)
그래픽에서 사용되는 기법으로 어두운 데서 밝은 값으로, 큰 모양에서 작은 모양으로, 껄끄러운 결에서 매끈한 결로, 또는 한 색상에서 다른 색상으로 등과 같이 점진적이며 매끄럽게, 단계적으로 변해가는 것을 말한다. 디자인 원리로서의 그라데이션은 일련의 점진적인 변화를 사용함으로써, 미술 요소들을 결합하는 방법을 의미한다.
그라데이션은 요소들 내에서 갑작스러운 변화를 강조하는 콘트라스트(대비)와는 다르다.

118

다음 배색 중 그라데이션(gradation) 효과가 가장 적은 경우는?

① 노랑 – 초록 – 파랑
② 흰색 – 회색 – 검정
③ 분홍 – 빨강 – 자주
④ 파랑 – 보라 – 노랑

해설 그라데이션(gradation)
그래픽에서 사용되는 기법으로 어두운 데서 밝은 값으로, 큰 모양에서 작은 모양으로, 껄끄러운 결에서 매끈한 결로, 또는 한 색상에서 다른 색상으로 등과 같이 점진적이며 매끄럽게, 단계적으로 변해가는 것을 말한다. 디자인 원리로서의 그라데이션은 일련의 점진적인 변화를 사용함으로써, 미술 요소들을 결합하는 방법을 의미한다.
그라데이션은 요소들 내에서 갑작스러운 변화를 강조하는 콘트라스트(대비)와는 다르다.

119

동일 색상 내에서 '톤을 겹친다'라는 의미로 두 가지 색의 명도차를 비교적 크게 두어 배색하는 방법은?

① 톤 온 톤(Tone on Tone) 배색
② 톤 인 톤(Tone in Tone) 배색
③ 리피티션(Repetition) 배색
④ 세퍼레이션(Separation) 배색

해설 ① 톤 온 톤 배색(Tone on Tone) : 색상은 같게, 명도 차이를 크게 하는 배색(동일 색상으로 톤의 차이)으로, 통일성을 유지하면서 극적인 효과를 얻을 수 있어 일반적으로 많이 사용한다(톤을 겹친다).
② 톤 인 톤 배색(Tone in Tone) : 유사 색상의 배색과 같이 톤은 같게, 색상을 조금씩 다르게 하는 배색으로 온화하고 부드러운 효과를 얻을 수 있다.
③ 리피티션(Repetition) 배색 : 반복 효과에 의한 배색으로 두 가지 이상의 색을 사용하여 통일감이나 밸런스가 좋지 않은 배색에 조화를 주기 위한 효과를 얻을 수 있다.
④ 세퍼레이션(Separation) 배색 : 세퍼레이션(Separation)은 "분리시키다", "갈라놓다" 등의 의미로 두 가지 또는 많은 색의 배색 관계가 애매하거나 너무 대비가 강한 경우 접하게 되는 색과 색 사이에 무채색, 금색, 은색 등을 이용하여 조화를 주기 위한 배색이다.

120

색조(tone)의 개념에 대한 설명 중 옳은 것은?

① 채도를 나타내는 개념
② 색상과 명도를 포함하는 복합 개념
③ 명도와 채도를 포함하는 복합 개념
④ 명도를 나타내는 개념

해설 색조
색의 선명도, 순수한 정도의 상태로 명도의 경우에는 밝거나 어두운 상태에 따라 '밝은 색조', '어두운 색조'라고 하고 채도의 경우에는 '맑은 색조', '흐린 색조'라고 한다.

121 |

다음 중 비비드(vivid)를 말하는 것은?

① 가장 채도가 낮은 영역
② 가장 채도가 높은 영역
③ 가장 명도가 낮은 영역
④ 가장 명도가 높은 영역

해설 비비드(vivid)는 선명하고 화려한 원색의 톤이므로 채도가 가장 높다.

122 |

유채색의 수식 형용사 중 '선명한'을 뜻하는 것은?

① pale
② light
③ vivid
④ dull

해설 톤(Tone)은 색조, 색의 농담, 명암으로 미국에서의 톤은 명암을 뜻하고, 영국에서는 그림의 주조명암과 색채를 의미한다. 명암 기조(value key)는 회화, 석판화, 동판화 등에서 명암들의 특수한 관계를 말하고 구성에 있어서 주조 명암과 가장 어두운 명암, 가장 밝은 명암 등에 따라서 분류된다고 할 수 있다. 즉, 채도의 강한 느낌의 색을 톤(tone)으로 말하면 브라이트(bright ; 밝은), 비비드(vivid ; 선명한) 등으로 표현할 수 있다.

123 |

A와 B는 같은 색이지만 면적의 대비로 인해 다르게 보인다. 다음 중 보완 방법으로 바른 것은?

```
┌─────────┐
│         │   ┌───┐
│    A    │   │ B │
│         │   └───┘
└─────────┘
```

① B의 명도를 높인다.
② B의 명도를 낮춘다.
③ A의 명도를 높인다.
④ A의 채도를 높인다.

해설 면적 대비
면적 대비는 면적이 크고 작음에 따라 색이 다르게 보이는 현상이다. 즉, 면적이 커지면 명도 및 채도가 증대되어 그 색은 실제보다 더 밝고 선명하게 높아 보인다. 반대로 면적이 작아지면 명도와 채도가 감소되어 보이는 대비의 현상이다. 그러나 원색의 면적 대비는 큰 면적보다도 작은 면적의 쪽이 효과적이다. 일반적으로 넓은 면적은 저채도로, 좁은 면적은 고채도로 하는 것이 효과적이다.

124 |

R과 P의 색종이를 인접하면 R은 더욱 선명해 보이고 P는 더욱 탁해 보이는 이유는 무엇 때문인가?

① 채도 대비
② 한난 대비
③ 계시 대비
④ 명도 대비

해설 채도 대비
채도가 서로 다른 두 색이 배색되어 있을 때에 채도가 높은 색은 더욱 선명하게, 채도가 낮은 색은 더욱 흐려 보이는 현상을 채도 대비라 한다. 따라서 채도가 높은 노랑을 채도가 낮은 노랑 바탕과 채도가 낮은 회색 바탕에 각각 놓았을 때, 회색 위의 노랑이 채도가 더 높아 보인다. 즉 채도 차가 있는 배색에서 작은 면적의 색이 채도가 변하여 보이는 현상을 말한다.

125 |

유사 색상 배색의 특징은?

① 자극적이다.
② 극적이며 동적이다.
③ 원만하며 부드럽다.
④ 진출적이다.

해설 유사 색상의 배색은 동일 색상의 배색(색상에 의하여 따뜻함, 차가움, 부드러움, 딱딱함 등의 일관된 통일감)과 비슷하며, 빨강, 주황, 노랑, 자주의 유사는 즐거운 느낌, 녹색, 청록, 파랑, 청자는 쓸쓸한 느낌을 준다.

126 |

동시 대비 중 무채색과 유채색 사이에 일어나지 않는 대비는?

① 명도 대비
② 색상 대비
③ 채도 대비
④ 보색 대비

해설 색상 대비
색상이 서로 다른 색끼리 배색되었을 때 각 색상은 색상환 둘레에서 반대 방향으로 기울어져 보이는 현상으로 유채색에서만 대비가 이루어진다.

127 |

다음 중 색상 대비의 효과가 가장 명료한 것은?

① 빨강/자주
② 빨강/파랑
③ 파랑/보라
④ 보라/검정

해설 색상 대비란 서로 다른 두 가지 색을 서로 대비했을 때, 원래의 색보다 색상의 차이가 더욱 크게 느껴지는 것이다.

128 |

동시 대비 현상과 관계없는 것은?

① 명도 대비
② 마하밴드 효과
③ 진출과 후퇴
④ 잔상 효과

해설 동시 대비는 두 색 이상을 동시에 볼 때 일어나는 대비 현상으로 색상 대비, 명도 대비, 채도 대비, 보색 대비가 있다.

129 |

보색 잔상의 영향으로 먼저 본 색의 보색이 나중에 보는 색에 혼합되어 보이는 것과 관련된 대비는?

① 동시 대비
② 채도 대비
③ 명도 대비
④ 계시 대비

해설 ① 동시 대비 : 두 색 이상을 동시에 볼 때 일어나는 대비 현상으로 색상 대비, 명도 대비, 채도 대비, 보색 대비가 있다.
② 채도 대비 : 채도가 서로 다른 두 색이 배색되어 있을 때는 채도가 높은 색은 더욱 선명하게, 채도가 낮은 색은 더욱 흐려 보인다.
③ 명도 대비 : 명도가 다른 두 색을 이웃하거나 배색하였을 때, 밝은색은 더욱 밝게, 어두운색은 더욱 선명하게 보이는 현상이다.

130 |

연변 대비란?

① 면적이 커지면 실제보다 명도, 채도가 높아 보이는 현상이다.
② 색의 차고 따뜻함에 변화가 오는 대비 현상이다.
③ 어떤 두 색이 맞붙어 있을 때 그 경계 부분에서 대비 현상이 더 강하게 나타나는 현상이다.
④ 어떤 색을 보고 난 뒤 다른 색을 보는 경우 먼저 본 색의 영향으로 색이 다르게 보이는 현상이다.

해설 연변 대비
어떤 두 색이 맞붙어 있을 때 그 경계가 되는 언저리

가 경계에서 멀리 떨어져 있는 부분보다 색의 3속성별로 색상 대비, 명도 대비, 채도 대비의 현상이 더욱 강하게 일어나는 현상이다.

131 |

이웃한 색이 서로 인접한 부근에서 더 강한 대비가 느껴지는 현상은?

① 푸르킨예 현상
② 연변 대비
③ 계시 대비
④ 한난 대비

해설 ① 푸르킨예 현상 : 명소시에서 암소시 상태로 옮겨질 때 물체색의 밝기가 어떻게 변하는가를 살펴보면 빨강 계통의 색은 어둡게 보이게 되고, 파랑 계통의 색은 반대로 시감도가 높아져서 밝게 보이기 시작하는 현상을 말한다.
③ 계시 대비(계속 대비, 연속 대비) : 먼저 본 색의 보색 잔상과 나중에 본 색이 혼색이 되어 시간적으로 계속해서 생기는 대비이다. 빨강 색지를 보다가 흰 색지를 보면 청록색이 보이며 채도는 낮아진다.
④ 한난 대비 : 색의 차고 따뜻함에 따라 변화가 생기는 대비로 유채색에서 연두, 녹색 계통이나 보라, 자주 계통의 색상은 중성색인데 이들 중성색 옆에 차가운 한색이나 난색을 놓으면 한난 대비의 현상이 일어나서 같은 중성색이라도 따뜻하게, 혹은 차갑게 느껴지는 현상이다.

132 |

그림과 같이 유채색의 두 색을 맞붙여 놓았을 때의 대비 현상에 관한 설명 중 맞는 것은?

① 두 색의 외곽선(D) 부분이 크게 영향을 받아 채도가 강하게 일어난다.
② 어느 한쪽 색의 중심(C) 부분이 색상 대비가 강하게 일어난다.
③ 모서리 부분(B)에서는 명도 대비 현상이 강하게 일어난다.
④ 경계 부분(A)이 명도, 채도, 색상 대비 현상이 강하게 일어난다.

해설 연변 대비

어떤 두 색이 맞붙어 있을 경우 그 경계가 되는 언저리가 경계에서 멀리 떨어져 있는 부분보다 색의 3속성별로 색상 대비, 명도 대비, 채도 대비의 현상이 더욱 강하게 일어나는 현상이다. 문제의 그림과 같이 교차점에 희미한 회색 망점이 보이는 현상은 색과 색이 만나는 경계 부분보다 거리가 멀고 자극이 약하기 때문에 나타나는 현상이다.

133|

어떤 색이 같은 색상의 선명한 색 위에 위치할 때는 원래의 색보다 훨씬 탁한 색으로 보이고 무채색 위에 위치할 때는 원래의 색보다 맑은 색으로 보이는 대비 현상은?

① 명도 대비
② 채도 대비
③ 색상 대비
④ 연변 대비

해설 ① 명도 대비 : 명도가 다른 두 색을 이웃하거나 배색하였을 때, 밝은색은 더욱 밝게, 어두운색은 더욱 선명하게 보이는 현상이다.
③ 색상 대비 : 색상이 서로 다른 색끼리 배색되었을 때 각 색상은 색상환 둘레에서 반대 방향으로 기울어져 보이는 현상이다.
④ 연변 대비 : 어떤 두 색이 맞붙어 있을 때 그 경계가 되는 언저리가 경계에서 멀리 떨어져 있는 부분보다 색의 3속성별로 색상 대비, 명도 대비, 채도 대비의 현상이 더욱 강하게 일어나는 현상이다.

134|

반대 색상의 배색은 어떤 느낌을 주는가?

① 화합적이고 고요하다.
② 정적이고 차분하다.
③ 박력 있고 동적인 느낌을 준다.
④ 대비가 약하고 안정감을 준다.

해설 반대 색상의 배색은 보색 관계의 배색으로 분명함, 강함, 예리함과 동적인 화려함 등의 이미지를 느끼게 한다.

135|

녹색 잔디 구장 위에서 가장 눈에 잘 띄는 유니폼 색은?

① 자주
② 주황
③ 파랑
④ 연두

해설 반대 색상의 배색

보색 관계의 배색으로 분명함, 강함, 예리함과 동적인 화려함 등의 이미지를 느끼게 한다. 따라서 녹색의 잔디에 보색에 가장 가까운 빨간색 유니폼이 가장 눈에 잘 띈다.

136|

보색에 관한 설명으로 틀린 것은?

① 보색인 2색은 색상환상에서 90° 위치에 있는 색이다.
② 두 가지 색광을 섞어 백색광이 될 때 이 두 가지 색광을 서로 상대색에 대한 보색이라고 한다.
③ 두 가지 색의 물감을 섞어 회색이 되는 경우, 그 두 색은 보색 관계이다.
④ 물감에서 보색의 조합은 적 – 청록, 녹 – 자주이다.

해설 보색

㉠ 색상환에서 가장 먼 정반대쪽(180°)의 색은 서로 보색 관계이다.
㉡ 보색은 여색이라고도 하는데, 보색인 두 색을 혼합하면 무채색이 된다.
㉢ 빨강(Red) – 청록(Cyan), 파랑(Blue) – 노랑(Yellow), 녹색(Green) – 자주(Magenta)는 서로 보색 관계이다.

137|

다음 색 중 보색 관계가 아닌 것은?

① 초록(Green) – 마젠타(Magenta)
② 빨강(Red) – 시안(Cyan)
③ 노랑(Yellow) – 파랑(Blue)
④ 마젠타(Magenta) – 시안(Cyan)

해설 색상환에서 가장 먼 정반대쪽(180°)의 색은 서로 보색 관계이다. 보색은 여색이라고도 하는데, 보색인 두 색을 혼합하면 무채색이 된다. 빨강(Red) – 청록(Cyan), 파랑(Blue) – 노랑(Yellow), 녹색(Green) – 자주(Magenta)의 관계는 서로 보색 관계이다.

정답 133. ② 134. ③ 135. ① 136. ① 137. ④

138 |

다음 중 두 색료를 혼합하여 무채색이 되는 것은?

① 검정 + 보라   ② 주황 + 노랑

③ 회색 + 초록   ④ 청록 + 빨강

해설 빨강(Red) – 청록(Cyan), 파랑(Blue) – 노랑(Yellow), 녹색(Green) – 자주(Magenta)의 관계는 서로 보색 관계이며 혼합하면 무채색인 회색이나 검정색이 된다.

139 |

색을 띤 그림자라는 의미로 주변색의 보색이 중심에 있는 색에 겹쳐서 보이는 현상은?

① 색음 현상   ② 메타메리즘

③ 애브니 효과   ④ 메카로 효과

해설 ② 메타메리즘(metamerism) : 광원에 따라 물체의 색이 달라져 보이는 것과는 달리 분광 반사율이 다른 2가지의 색이 어떤 광원 아래에서는 같은 색으로 보이는 현상이다.
③ 애브니 효과(Abney's effect) : 색의 채도와 관계되는 것으로 순도(채도)가 높아짐에 따라 색상도 함께 변화하는 현상이다.
④ 메카로 효과 : 대외에서 인지한 사물의 방향에서 일어나는 현상으로 보색 잔상이 이동하는 경우를 말한다.

2. 색채 분류 및 표시

01 |

색의 3속성이 아닌 것은?

① 색상 – Hue   ② 명도 – Value

③ 채도 – Chroma   ④ 색조 – Tone

해설 색의 3속성
㉠ 색상(Hue) : 빨강, 노랑, 파랑, 보라 등으로 색채를 구별하는 데 필요한 색채의 명칭으로 검은색, 회색, 흰색은 색상을 띠지 않은 색을 무채색, 색상을 가지고 있는 그 밖의 모든 색을 유채색이라 한다.
㉡ 명도(Lightness) : 같은 계통의 색상이라도 색의 밝고 어두운 정도를 나타내며 가장 밝은색을 10에서 어두운색을 0으로 11단계로 구분한다.
㉢ 채도(Saturation) : 색의 선명하고 탁한 정도, 즉 색의 순수한 정도를 나타내며 무채색을 0으로 하고, 순색에서 채도가 가장 높은 빨강의 채도를 14로 한다.

※ 색조 : 색의 선명도, 순수한 정도의 상태로 명도의 경우에는 밝거나 어두운 상태에 따라 '밝은 색조', '어두운 색조'라고 하고 채도의 경우에는 '맑은 색조', '흐린 색조'라고 한다.

02 |

색의 3속성에 관한 설명 중 틀린 것은?

① 순도란 채도의 개념이다.

② 명도는 색의 밝고 어둡기를 의미하며 V로 표기한다.

③ 먼셀 색체계에서 채도 0은 무채색이고, 최고 채도값은 10이다.

④ 색의 3속성은 색상, 명도, 채도이다.

해설 채도 단계는 모두 14단계로 구분하는데, 흰색과 검정색은 채도가 없으므로 무채색이라고 하여 채도가 0이며, 가장 낮은 채도가 1이고, 가장 높은 채도는 14도이다(채도가 14도인 색 – 노랑, 빨강).

03 |

색의 3속성 중 명도의 의미는?

① 색의 이름

② 색의 맑고 탁함의 정도

③ 색의 밝고 어두움의 정도

④ 색의 순도

해설 색의 3속성
㉠ 색상(Hue) : 빨강, 노랑, 파랑, 보라 등으로 색채를 구별하는 데 필요한 색채의 명칭으로 검은색, 회색, 흰색은 색상을 띠지 않은 색을 무채색, 색상을 가지고 있는 그 밖의 모든 색을 유채색이라 한다.
㉡ 명도(Lightness) : 같은 계통의 색상이라도 색의 밝고 어두운 정도를 나타내며 가장 밝은색을 10에서 어두운색을 0으로 11단계로 구분한다.
㉢ 채도(Saturation) : 색의 선명하고 탁한 정도, 즉 색의 순수한 정도를 나타내며 무채색을 0으로 하고, 순색에서 채도가 가장 높은 빨강의 채도를 14로 한다.

04 |

다음 중 명도가 가장 높은 색은?

① 회색   ② 검정색

③ 흰색   ④ 녹색

해설 무채색(無彩色 ; achromatic color)

백색에서 회색을 거쳐 흑색에 이르는, 채색이 없는 물체색(物體色)의 총칭이다. 유채색에 대응되는 말로, 감각상 색상, 채도(彩度)가 없고 명도(明度)만으로 구별된다. 빛의 반사율로 정해진 부호나 숫자로 명암의 단계를 표시하며 백색은 반사율이 85%, 회색은 30%, 흑색은 3%이다.

05 |

채도(彩陶, Chroma)란?

① 색채의 이름
② 색채의 선명도
③ 색채의 밝기
④ 색채의 배합

해설 채도(Chroma)

㉠ C자로 표시하며, 색의 맑고 깨끗하고 순수한 정도를 말한다.
㉡ 색상이 있는 유채색에만 있고 무채색에는 채도가 없다.
㉢ 어떠한 색상의 순색에 무채색(검정이나 흰색)의 포함량이 많을수록 채도가 낮아지고, 포함량이 적을수록 채도가 높아진다.
㉣ 채도를 '순도' 또는 '포화도'라고도 한다.
㉤ 채도 단계는 모두 14단계로 구분하는데, 가장 낮은 채도가 1이고, 가장 높은 채도는 14이다(채도가 14도인 색 – 노랑, 빨강).

06 |

채도에 관한 설명 중 틀린 것은?

① 색이 순수할수록 채도가 높고, 탁하거나 흐릴수록 채도가 낮다.
② 무채색이 포함되지 않은 색이 채도가 가장 높고 이를 순색이라 한다.
③ 순색에 흰색을 섞는 양이 많을수록 채도는 높아진다.
④ 무채색은 채도가 없다.

해설 채도는 어떠한 색상의 순색에 무채색(검정이나 흰색)의 포함량이 많을수록 채도가 낮아지고, 포함량이 적을수록 채도가 높아지며 색의 맑고 깨끗하고 순수한 정도를 말한다.

07 |

채도 조화에 관한 설명 중 맞는 것은?

① 색채 자극은 채도를 약하게 할수록 높아진다.
② 채도가 강하면 명도를 저명도로 한다.
③ 큰 면적은 채도를 약하게 한다.
④ 채도가 낮을수록 친화도가 높다.

해설 채도가 높을 때는 그 독특함을 강하게 나타내고, 채도가 낮을 때에는 그 독특함을 낮추게 된다. 따라서 배색에 있어서는 채도를 보다 높여서 다른 색과의 타협성을 구하는 것도 조화의 기초이다.

08 |

색채의 강약감과 관련이 있는 색의 속성은?

① 채도   ② 명도
③ 색상   ④ 배색

해설 채도(Chroma)

색의 순수한 정도, 색의 강약, 포화도를 나타내는 성질. 유채색의 순수한 정도를 뜻하므로 순도라고도 한다.

09 |

색상 중 가장 깨끗한 색가(色價)를 지닌 고채도의 색은?

① 한색   ② 탁색
③ 순색   ④ 난색

해설 어떤 하나의 색상에서 무채색의 포함량이 가장 적은 색을 순색(full color)이라 하며, 색광에 있어서 스펙트럼의 단색광도 순색이라 하지만 물체색에 있어서 오늘날 안료의 발달로 말미암아 비교적 높은 채도의 강한 색을 얻을 수 있으므로 순색이라 해도 무방하다. 채도가 높고 강한 색은 고채도의 색이다.

10 |

순색에 무채색의 포함량이 많아지면 채도의 변화는?

① 채도가 높아진다.   ② 채도가 맑아진다.
③ 채도가 밝아진다.   ④ 채도가 낮아진다.

해설 • 채도(Saturation)란 색을 느끼는 지각적인 면에서 본다면 색의 강약이며 맑기라고 한다. 진한색과 연한색, 흐린색과 맑은색 등은 모두 색의 선명도, 즉 색채의 강하고 약한 정도로 채도의 높고 낮음을 가리키는 말이다.

- 채도 단계는 모두 14단계로 구분하는데, 흰색과 검정색은 채도가 없으므로 무채색이라고 하여 채도가 0이며, 가장 낮은 채도가 1이고, 가장 높은 채도는 14도이다(채도가 14도인 색 – 노랑, 빨강).

11 |

다음 중 색의 채도가 가장 높은 색상은?

① 5R 4/14

② 5G 5/8

③ 5B 6/6

④ 5P 3/10

해설 먼셀 색의 표시 기호는 색상(H), 명도(V)/채도(C)의 순으로 기입하므로 5R 4/14는 5R은 색상, 4는 명도, 14는 채도이다. 채도 단계는 모두 14단계로 구분하는데, 가장 낮은 채도가 1이고, 가장 높은 채도는 14도이다. (채도가 14도인 색 – 노랑, 빨강)

12 |

채도에 따른 색의 구분을 할 때 명도는 높고 채도가 낮은 색은?

① 청색

② 명청색

③ 암청색

④ 탁색

해설 어떤 색이든지 흰색을 혼합하면 명도가 높아지고, 검은색을 혼합하면 명도가 낮아지며, 빛의 반사율이 높은 색일수록 명도가 높아지며 동일한 색상 중에서 채도가 가장 높은 색을 순색(full color)이라 하고, 순색에 무채색을 혼합하면 혼합할수록 채도가 낮아진다.

13 |

청색에 흰색 물감을 혼합하였을 때의 변화는?

① 청색보다 명도, 채도 모두 높아졌다.

② 청색보다 명도는 높아졌고 채도는 낮아졌다.

③ 청색보다 명도는 낮아졌고 채도는 높아졌다.

④ 청색보다 명도, 채도 모두 낮아졌다.

해설 청색에 흰색 물감을 혼합할 경우 연한 하늘색으로 밝아지면서 명도는 높아지지만, 무채색의 혼합으로 탁해지면서 채도는 낮아진다.

14 |

다음 중 화려하게 느껴지는 색은?

① 채도가 높은 색

② 채도가 낮은 색

③ 낮은 명도의 색

④ 중간 명도의 색

해설 한 색상 중에서 가장 채도가 높은 색을 그 색상 중에서 순색이라고 하며 같은 색상이라고 하더라도 선명도가 높은 쪽을 채도가 높다고 할 수 있다. 이런 색은 강약감의 감정에서 가장 강한 느낌으로 화려하게 느끼는 색상이다.

15 |

주면의 색에 순도를 올리면 그대로 색상이 유지되지 않고 채도의 단계에 따라 색상이 달라져 보이는 현상은?

① 베졸트 브뤼케 현상

② 색음 현상

③ 색각 항상 현상

④ 애브니 효과 현상

해설 애브니 효과(Abney Effect)

순도(채도)를 높이면 같은 파장의 색상이 다르게 보인다. 예를 들어 같은 파장의 녹색 하나는 순도를 높이고 다른 하나는 그대로 둔다면 순도를 높인 색은 연두색으로 보인다.

16 |

다음 유채색과 무채색에 대한 설명 중 잘못된 것은?

① 유채색이란 채도가 있는 색이란 뜻이다.

② 빨강, 노랑 등의 색감을 미세한 정도로 느낄 수 있는 것은 무채색으로 구분한다.

③ 순수한 무채색은 검정, 백색을 포함하여 그 사이 색을 말한다.

④ 반사율이 약 85%인 경우는 흰색, 약 30% 정도이면 회색, 약 3% 정도는 검정이다.

해설 색채

ⓐ 무채색(achromatic color) : 흰색, 회색, 검정 등 색의 기미가 없는 것을 말한다.

ⓑ 유채색(chromatic color) : 무채색을 제외한 모든 색으로 스펙트럼의 단색에 의한 색상을 이룬 모든 색을 말한다.

17

다음 중 무채색에 대한 설명으로 옳은 것은?

① 채도는 없고 색상, 명도만 있다.
② 색상은 없고 명도, 채도만 있다.
③ 색상, 명도가 없고 채도만 있다.
④ 색상, 채도가 없고 명도만 있다.

해설 무채색(achromatic color)
ㄱ 흰색에서 검정색까지의 사이에 들어가는 회색의 단계를 만들어 그 명암의 차이에 의하여 차례대로 배열할 수가 있다.
ㄴ 무채색의 구별은 밝고 어두운 정도의 차이로 되는 것이며, 여러 가지의 표색계에서는 그 표색계 나름대로 명암의 단계를 빛의 반사율로 정하여 거기에다 적당한 부호나 숫자를 붙여서 표기한다.
ㄷ 물리적인 면으로 볼 때 무채색과 빛과의 관계에서 가시광선을 구성하는 스펙트럼 각 색의 반사율은 곡선을 이루지 않고 거의 평행선에 가깝다.
ㄹ 반사율이 약 85%인 경우가 흰색이고, 약 30% 정도이면 회색, 약 3% 정도는 검정이다.
ㅁ 온도감은 따뜻하지도 차지도 않은 중성이다.
ㅂ 의복의 경우에 검은색 옷을 입으면 빛의 반사율이 낮은 대신 흡수율이 높기 때문에 따뜻하며, 흰색 옷은 반사율이 높고 흡수율이 낮기 때문에 서늘하다.
ㅅ 회색은 완전한 중성색이라고 볼 수 있다.

18

다음 색 중 무채색은?

① 황금색   ② 회색
③ 적색   ④ 밤색

해설 색채
ㄱ 무채색(Achromatic color) : 흰색, 회색, 검정 등 색의 기미와 채도가 없는 것을 말한다.
ㄴ 유채색(Chromatic color) : 무채색을 제외한 모든 색으로, 스펙트럼의 단색에 의한 색상을 이룬 모든 색을 말한다.

19

색입체를 수평으로 절단하면 중심축의 회색 주위에 나타나는 모양은? (단, 먼셀 표색계 기준)

① 같은 채도의 여러 색상
② 같은 색상의 채도 변화

③ 같은 명도의 여러 색상
④ 같은 명도의 같은 색상

해설 색입체에서 수평으로 절단한(명도 5에서) 등명도면의 배열인 수평 단면도이다. 따라서 명도는 같고 채도는 다르게 나타남을 알 수 있다.

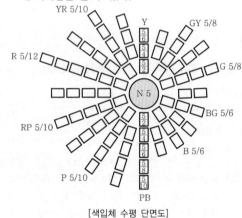

[색입체 수평 단면도]

20

색입체에 관한 설명으로 틀린 것은?

① 색의 3속성을 3차원 공간에 계통적으로 배열한 것이다.
② 오스트발트 색체계의 색입체는 원형이다.
③ 먼셀 색체계의 색입체는 나무의 형태를 닮아 color tree라고 한다.
④ 색입체의 중심축은 무채색축이다.

해설 먼셀 색입체는 색의 3속성인 색상, 명도, 채도 중 색상은 원으로, 명도는 직선으로, 채도는 방사선으로 각각 배열할 수 있다(원형이다).
※ 오스트발트의 색입체는 삼각형을 회전시켜서 이루어지는 원뿔 2개를 맞붙여 놓은 복원뿔체이며, 색상기호, 백색량, 흑색량의 순으로 표시한다.

21

색의 이미지를 통일하기 위하여 고려할 사항이 아닌 것은?

① 색의 3속성 중 하나 혹은 2가지는 공통되게 한다.
② 따뜻한 색 계통과 찬 색 계통을 고루 선택해야 한다.
③ 모두 동일한 색조에서는 악센트 색상이 필요하다.
④ 색이 흩어져 떨어지는 느낌을 주어서는 안 된다.

해설 색의 3속성은 색상, 명도, 채도로 우리가 색채를 표현할 때 색을 지각하는 데 구별하여야 할 필요성질이다.

22 |

디바이스 종속 색체계에 대한 설명으로 옳은 것은?

① CIE XYZ 색체계 예시를 들 수 있다.
② 동일한 제조 회사에서 생산하는 모든 컬러 디바이스 모델은 서로 색체계가 같다.
③ 디지털 색채를 다루는 전자장비들 간에 호환성이 없다.
④ 제조업체가 다른 컬러 디바이스 모델 간에는 색채정보가 같다.

해설 디바이스 종속 색체계
  ㉠ 디지털 색채 영상을 생성하거나 출력하는 전자장비(디지털카메라, 모니터, 휴대폰 등)들은 각각의 특성에 따라 다른 색 공간을 지니기 때문에 구현할 수 있는 색채의 범위가 각각 다르다.
  ㉡ 문제점은 호환성이 없으며, 색채 정보가 서로 다르며, 모델에 따라 다른 색체계로 재현된다.
  ㉢ 색체계로 RGB색체계, CMY색체계, HSV색체계, Lab색체계가 해당한다.

23 |

어떤 색채가 매체, 주변색, 광원, 조도(照度) 등이 서로 다른 환경 하에서 관찰될 때 다르게 보이는 현상은?

① 색영역 맵핑(color gamut mapping)
② 컬러 어피어런스(color appearance)
③ 메타메리즘(metamerism)
④ 디바이스 조정(device calibration)

해설 현색계(Color appearance system)
  색채(물체색)를 표시하는 표색계이다. 이는 물체 표준으로서 표준 색표의 번호나 기호를 붙이는 방법으로 색의 조명 조건, 재질, 매체, 주변색, 관측 위치에 따라 변화하는 특성이 있다. 일반적으로 색지각의 심리적인 속성에 따라서 행해진다.

24 |

현색계(color appearance system)와 관계있는 것은?

① 색광의 색   ② 빛의 색
③ 심리·물리 색   ④ 물체의 색

해설 현색계 : 색의 3속성에 따라 번호와 기호로 정량적 표시, 느끼는 색지각에 바탕, 심리적 개념기준
  ㉠ 장점 : 사용과 이해 쉬움, 용도에 맞게 배열/개수 조절
  ㉡ 단점 : 색 표를 봐야 함, 정밀한 색 표를 구하기 어려움, 광원 영향에 따라 다르게 지각될 수 있음, 변색하기 쉬움

25 |

현색계에 대한 설명으로 옳은 것은?

① 정확한 측정이 가능하다.
② 빛의 혼색 실험 결과에 기초를 둔 것이다.
③ 색편의 배열 및 색채수를 용도에 맞게 조정할 수 있다.
④ 색 사이의 간격이 좁아 정밀한 색좌표를 구할 수 있다.

해설 색을 표시하는 방법
  ㉠ 색감각에 기초, 심리 물리색을 표시하는 혼색계
  ㉡ 색지각에 기초, 지각색을 표시하는 현색계
    ※ 현색계 : 색의 3속성에 따라 번호와 기호로 정량적 표시, 느끼는 색지각에 바탕, 심리적 개념기준
    • 장점 : 사용과 이해 쉬움, 용도에 맞게 배열/개수 조절
    • 단점 : 색 표를 봐야 함, 정밀한 색 표를 구하기 어려움, 광원 영향에 따라 다르게 지각될 수 있음, 변색하기 쉬움

26 |

먼셀 표색계의 설명으로 맞는 것은?

① 색상, 명도, 채도를 시각적으로 고른 단계가 이루어지도록 구성하였다.
② 먼셀 휴(hue)라 부르는 색상은 마젠타, 노랑, 시안을 기본색으로 한다.
③ 명도는 17단계이다.
④ 먼셀의 색입체는 좌우 대칭의 완전 구형이다.

해설 먼셀 표색계
  ㉠ 색입체는 색상과 명도에 따라 채도(순색)의 한계가 다르기 때문에 그 모양이 복잡한 것으로 되어 있다.
  ㉡ 무채색 축을 줄기로 한 나무와 흡사하기 때문에 먼셀은 이것을 '색의 나무'(Color tree)라 하였다.
  ㉢ 색입체에는 수평으로 절단한(명도 5에서) 등명도면의 배열인 수평 단면도와 수직으로 절단한 색상

5PB(남색)와 5Y(노랑)의 등색상면의 배열인 수직 단면도가 있다.

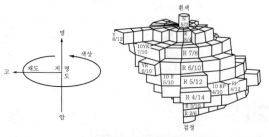

[먼셀의 색입체 모형]

27 |

먼셀의 표색계를 설명한 것으로 틀린 것은?

① 먼셀 표색계의 주요 5색은 빨강(R), 노랑(Y), 녹색(G), 파랑(B), 보라(P)이다.

② 색의 3속성에 의한 방법으로 색상(Hue), 명도(Value), 채도(Chroma)의 표기 방법은 HV/C이다.

③ 먼셀 색상환에서 각 색상의 180° 반대쪽에 위치하는 색상을 그 색상의 보색(補色)이라 한다.

④ 먼셀 밸류(Munsell Value)라고 불리는 명도(V)축에서는 1에서 10까지 번호가 붙여지고 있다.

해설 먼셀은 색상을 휴(Hue), 명도를 밸류(Value), 채도를 크로마(Chroma)라 부르고 있다.
또 색상, 명도, 채도의 기호는 머리글자를 따서 H, V, C라 하며, 이것을 표기하는 순서는 HV/C이다. 빨강의 순색을 보기로 들면, 5R 4/14로 적고, "5R 4의 14"라 읽는다. 이때 5R은 색상, 4는 명도, 14는 채도이다. 색상은 다섯 가지를 주요 색상(빨강, 노랑, 녹색, 파랑, 보라)으로 하고 채도는 1~14단계로 나누며, 명도는 0~10단계로 나눈다.

28 |

먼셀 표색계에 대한 설명 중 옳은 것은?

① 모든 색은 흑(B)+백(W)+순색(C)=100%가 되는 혼합비에 의하여 구성되어 있다.

② 먼셀의 색상에서 기본색은 빨강, 노랑, 녹색, 파랑, 보라의 5색이다.

③ 먼셀 표색계는 복원추체 모양이다.

④ 무채색 축을 중심으로 24색상을 가진 등색상 삼각형이 배열되어 있다.

해설 오스트발트 표색계에는 어떤 색상이라도 B+W+C 혼합량이 100%로 되어 있다.
①, ③, ④는 오스트발트 표색계에 대한 설명이다.

29 |

먼셀 색입체에 관한 설명 중 옳은 것은?

① 색의 3요소에서 색상은 방사선으로 명도는 수직, 채도는 원으로 배열한 것이다.

② 색의 4가지 속성을 3차원 공간에다 계통적으로 배열한 것이다.

③ 무채색 축을 중심으로 수직 절단하면, 좌우 면에 유사 색상을 가진 두 가지의 동일 색상 면이 보인다.

④ 색입체에서의 명도는 위로 갈수록 높고 아래로 갈수록 낮다.

해설 ① 색의 3요소에서 색상은 원으로 명도는 수직, 채도는 방사선으로 배열한 것이다.
② 색의 3가지 속성을 3차원 공간에다 계통적으로 배열한 것이다.
③ 무채색 축을 중심으로 수직 절단하면, 좌우 면에 보색 대의 동일 색상 면이 보인다.

30 |

먼셀(Munsell) 표기법에 맞는 물체색의 3속성은?

① 색채, 혼색, 현색

② 색상, 명도, 채도

③ 색각, 색감, 색약

④ 색상, 순도, 흰색도

해설 색의 3속성
㉠ 색상(Hue) : 빨강, 노랑, 파랑, 보라 등으로 색채를 구별하기 위해 필요한 색채의 명칭으로 검은색, 회색, 흰색은 색상을 띠지 않은 색을 무채색, 색상을 가지고 있는 그 밖의 모든 색을 유채색이라 한다.
㉡ 명도(Lightness) : 같은 계통의 색상이라도 색의 밝고 어두운 정도를 나타내며 가장 밝은색을 10에서 어두운색을 0으로 11단계로 구분한다.
㉢ 채도(Saturation) : 색의 선명하고 탁한 정도, 즉 색의 순수한 정도를 나타내며 무채색을 0으로 하고, 순색에서 채도가 가장 높은 빨강의 채도를 14로 한다.

31 |

먼셀 색입체에 관한 설명 중 틀린 것은?

① 색상은 명도 축을 중심으로 원주상에 구성되어 있다.
② 명도는 직선적으로 변한다.
③ 채도는 수평선으로 배열된다.
④ 명도는 위로 올라갈수록, 채도는 색입체의 중심에 가까울수록 증가한다.

해설 먼셀 색입체
ㄱ 색의 3속성인 색상, 명도, 채도 중 색상은 원으로, 명도는 직선으로, 채도는 방사선으로 각각 배열할 수 있다.
ㄴ 색을 3속성에 의하여 3차원의 공간 속에 계통적으로 배열한 것을 색입체(color solid)라 한다.
  • 색입체를 무채색 축을 중심으로 수직으로 자르면 무채색 축 좌우에 보색 관계를 가진 2가지 동일한 색상 면이 보인다.
  • 명도 순서로 된 무채색 축과 일치하게 올라가며 동일한 색상 면은 위로 갈수록 명도가 높고, 아래로 갈수록 명도가 낮게 보인다.
  • 채도는 무채색에 축에 들어가면 저채도, 바깥 둘레로 나오면 고채도가 되도록 배열한 것을 말한다.

32 |

먼셀 색체계에 관한 설명 중 틀린 것은?

① 모든 색상의 채도 위치가 같아 배색이 용이하다.
② 색상, 명도, 채도의 3속성을 기호로 한 3차원 체계이다.
③ 먼셀 색상은 R, Y, G, B, P를 기본색으로 한다.
④ 한국산업표준으로 제정되고 교육용으로 제정된 색체계이다.

해설 채도는 무채색 축에 들어가면 저채도, 바깥둘레로 나오면 고채도가 되도록 배열한 것을 말한다.

33 |

먼셀 색채 조화의 원리로 틀린 것은?

① 명도는 같으나 채도가 다른 반대색끼리는 강한 채도에 넓은 면적을 주면 조화된다.
② 채도가 같고 명도가 다른 반대색끼리는 회색척도에 관하여 정연한 간격을 주면 조화된다.

③ 중간 채도의 반대색끼리는 중간 회색 N5에서 연속성이 있으며, 같은 넓이로 배합하면 조화된다.
④ 명도와 채도가 모두 다른 반대색끼리는 회색 척도에 준하여 정연한 간격을 주면 조화된다.

해설 명도는 같으나 채도가 다른 보색을 배색할 때 저채도 색상은 넓게, 고채도의 색상은 좁게 하면 조화롭다.

34 |

먼셀의 색입체를 수평으로 잘랐을 때 나타나는 것은?

① 등색상면　　　　② 등명도면
③ 등채도면　　　　④ 등대비면

해설 색입체에는 수평으로 절단한(명도 5에서) 등명도면의 배열인 수평 단면도와 수직으로 절단한 색상 5PB(남색)와 5Y(노랑)의 등색상면의 배열인 수직 단면도가 있다.

35 |

먼셀 색입체를 무채색 축을 통하여 수직으로 절단한 단면은?

① 등색상면
② 등명도면
③ 등채도면
④ 등명도면과 등채도면

해설 색입체에는 수평으로 절단한(명도 5에서) 등명도면의 배열인 수평 단면도와 수직으로 절단한 색상 5PB(남색)와 5Y(노랑)의 등색상면의 배열인 수직 단면도가 있다.

36 |

그림에 대한 가장 올바른 설명은?

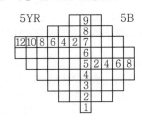

① 동일 채도면
② 동일 명도면
③ 보색 관계의 색상면
④ 연두의 채도 12

해설 색입체를 무채색에 따라 자른 모양으로 무채색 좌우의 색은 보색 관계에 있다. 따라서 5YR(주황), 5B(파랑)는 서로 보색 관계임을 알 수 있다.

37 |

먼셀(Munsell)의 색상환에서 주요 5색상에 해당하지 않는 조건은?

① Blue
② Purple
③ Orange
④ Green

해설 먼셀 표색계의 주요 5색은 빨강(R), 노랑(Y), 녹색(G), 파랑(B), 보라(P)이다.

38 |

어떤 색을 먼셀 기호로 표시할 때는 어떠한 순서로 기록하는가?

① 색상, 명도, 채도 순으로 한다.
② 명도, 채도, 색상 순으로 한다.
③ 채도, 명도, 색상 순으로 한다.
④ 색상, 채도, 명도 순으로 한다.

해설 먼셀 색의 표시 기호는 색상(H), 명도(V)/채도(C)의 순으로 기입한다.

39 |

먼셀 색체계에서 명도의 설명으로 틀린 것은?

① 명도가 0에 해당하는 검정은 존재하지 않는다.
② 색의 밝고 어두움을 나타낸다.
③ 인간의 눈은 색의 3속성 중에서 명도에 대한 감각이 가장 둔하다.
④ 명도가 10에 해당하는 물체색은 존재하지 않는다.

해설 명도(Value)
명도 단계는 11단계로 구분하는데, 검정은 0으로서 명도가 가장 낮고, 흰색은 10으로서 명도가 가장 높다. 색의 밝고 어두운 정도를 나타내며 감각적으로 가장 민감하다.

40 |

먼셀 색체계의 색표기 방법 중 명도가 가장 높은 색은?

① 2.5R 2/8
② 10R 9/1
③ 5R 4/14
④ 7.5Y 7/12

해설 먼셀 색의 표시 기호는 색상(H), 명도(V)/채도(C)의 순으로 기입하므로 10R 9/1는 명도 값이 9로 가장 높다.

41 |

KS 규격에서 순색의 노랑을 나타내는 먼셀 기호는?

① 5Y 14/9
② 10Y 8.5/10
③ 5Y 8.5/14
④ 10Y 10/8

해설 먼셀 색의 표시 기호는 색상(H), 명도(V)/채도(C)의 순으로 기입하므로 5Y 8.5/14에서 5Y는 노랑의 중심색(순색)으로 명도 8.5, 채도 값이 14로 가장 높다.

42 |

한국산업표준(KS)을 기준으로 기본색 빨강의 색상 범위에 해당하는 것은?

① 5RP 3.5/4.5
② 5YR 8/4
③ 10R 9/5
④ 7.5R 4/14

해설

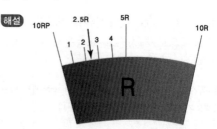

Red 부분을 확대한 사진으로 오른쪽으로 갈수록 숫자가 커진다. R부터 RP까지 기본 10색상은 각각 10개의 단계로 다시 세분화된다. 그림과 같이 하나의 색상을 크게 확대해 보면 5R은 노란빛이나 보랏빛이 없는 순수한 빨강으로 기준이 되는 색이다. 시계 방향으로 숫자가 커지면 인접한 색(YR)에 점점 가까워진다. 또한 숫자 5를 기준으로 시계 반대 방향으로 숫자가 작아지면 인접색(RP)에 가까워진다.

43

우리나라에서 채택하고 있는 한국산업규격 색채 표기법은?

① 오스트발트 표색계   ② 먼셀 표색계
③ 문·스펜서 표색계   ④ 저드 표색계

해설 먼셀 표색계는 현재 우리나라의 산업규격(KS A 0062-71 색의 3속성에 의한 표시 방법)으로 제정되어 사용되고 있다.

44

먼셀 색체계에서 색상 기호 앞에 붙는 숫자로, 각 색상의 대표 색상을 의미하는 숫자는?

① 2   ② 5
③ 8   ④ 3

해설 먼셀의 다섯 가지 주요색상인 R(빨강), Y(노랑), G(녹색), B(파랑), P(보라)에서 그 사이에 색상을 더하여 BG(청록), PB(남색), RP(자주), YR(주황), GY(연두)의 다섯 가지 색상을 더하여 기본 10색상에 각 색상을 10단계로 나누고 대표 색상에 숫자 5가 붙는다.

45

Munsell 표색계에 기본을 둔 표준 색표의 구성에서 R의 경우 1R, 2R, 3R, ……, 10R로 10등분하여 나눈다. 다음 중 5R에 해당하는 색은?

① 스칼렛   ② 다홍색
③ 마젠타   ④ 빨강의 중심색

해설 먼셀 표색계에서 빨간(R) 색상은 10단계로 나누어지며 5R은 순색 빨간색의 기준(중심)이 되는 색이다.

46

먼셀의 색체계에서 5R의 보색은?

① 5Y   ② 5G
③ 5PB   ④ 5BG

해설 빨강(R) - 청록(BG), 파랑(B) - 노랑(Y), 녹색(G) - 자주(PB)의 관계는 서로 보색 관계이다.

47

혼색 원판의 색채 분할 면적의 비율을 변화함으로써 여러 색채를 만들어 이것을 색표로 구현하여 백색량과 흑색량의 기호로 색을 표시한다는 원리는 무슨 표색계인가?

① 오스트발트   ② 먼셀
③ 그레이브스   ④ 비렌

해설 오스트발트 표색계의 특징
    ㉠ 색량의 많고 적음에 의하여 만들어진 것으로 혼합하는 색량의 비율에 따른 표색계이다.
    ㉡ 색은 흰색, 검정, 순색의 혼합에서 이루어지는 것으로 보고 모든 색을 색상, 흰색량, 검정색량으로 표시하는 방법이다.
    ㉢ 혼합의 정도를 양으로 표시하지 않고 흰색, 검정, 순색을 기준으로 하는 삼각형을 만들어 그것을 분할하고, 각 구분에 붙인 기호로 혼합률을 대용하였다.

48

회전 혼색에 의한 색의 면적비를 색표 구성의 기초로 하여 '백색량 + 흑색량 + 순색량 = 100%'로 한 색체계는?

① 먼셀 색채계
② 오스트발트 색체계
③ JIS 색체계
④ KS 색체계

해설 오스트발트 표색계에는 어떤 색상이라도 B + W + C 혼합량이 100%로 되어 있다.

49

"B+C+W=100"이란 이론을 만들어낸 학자는?

① 먼셀
② 뉴턴
③ 오스트발트
④ 맥스웰

해설 오스트발트 표색계에는 어떤 색상이라도 W+B+C 혼합량이 100%로 되어 있다.

50 |

오스트발트 색 입체를 명도를 축으로 하여 수직으로 절단했을 때의 단면 모양은?

① 삼각형　　　　　② 타원형
③ 직사각형　　　　④ 마름모형

해설 오스트발트의 색입체는 삼각형을 회전시켜서 이루어지는 원뿔 2개를 맞붙여 놓은 복원뿔체로 수직단면으로 절단하면 마름모형으로 색상기호, 백색량, 흑색량의 순으로 표시한다.

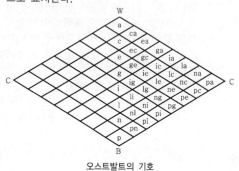

오스트발트의 기호

51 |

오스트발트(Ostwald) 표색계에 대한 설명 중 틀린 것은?

① 혼합하는 색량의 비율에 의하여 만들어진 체계이다.
② 빨강(R), 노랑(Y), 녹색(G), 파랑(B), 보라(P)의 5색을 같은 간격으로 배열하였다.
③ 기본이 되는 색채는 완전색 C, 이상적 백색 W, 이상적 흑색 B이다.
④ 헤링(E. Hering)의 4원색설을 기본으로 하였다.

해설 오스트발트 표색계의 특징
　㉠ 색량의 많고 적음에 의하여 만들어진 것으로 혼합하는 색량의 비율에 따른 표색계이다.
　㉡ 색은 흰색, 검정, 순색의 혼합에서 이루어지는 것으로 보고 모든 색을 색상, 흰색량, 검정량으로 표시하는 방법이다.
　㉢ 혼합의 정도를 양으로 표시하지 않고 흰색, 검정, 순색을 기준으로 하는 삼각형을 만들어 그것을 분할하고, 각 구분에 붙인 기호로 혼합률을 대용하였다.
　※ 먼셀은 R(빨강), Y(노랑), G(녹색), B(파랑), P(보라)의 5가지 색상을 주요 색상으로 하였다.

52 |

오스트발트 색상환은 무엇을 기본으로 하여 만들어졌는가?

① 먼셀의 5원색
② 뉴턴의 프리즘
③ 헤링의 4원색
④ 영·헬름홀츠의 3원색

해설 헤링(Hering)의 색각 과정에서 보듯이 빨강, 녹색, 노랑, 파랑이 헤링의 4원색설이며, 오스트발트의 색상환에 대한 기본 설명이라고 할 수 있다.

53 |

오스트발트 색체계에 관한 설명으로 틀린 것은?

① 노랑을 기준으로 전체 24색상으로 이루어져 있다.
② 톤은 무채색을 제외하고 각 색상 당 28색으로 이루어져 있다.
③ 원래 색채의 배색을 위한 조화를 목적으로 제작되었다.
④ 색채 조화 메뉴얼(CHM)은 모두 40색상으로 구성된다.

해설 색채 조화 매뉴얼(CHM)은 지각적 간격 조정을 위해 24색의 기본 색상에 6색을 추가하여 30색상으로 구성한다.

54 |

오스트발트 색체계에 대한 설명으로 틀린 것은?

① B에서 W 방향으로 a, c, e, g, i, l, n, p로 나누어 표기한다.
② 등색상 삼각형에서 BC와 평행선상에 있는 색들은 백색량이 같은 색계열이다.
③ 등색상 삼각형에서 WB와 평행선상에 있는 색들은 순색량이 같은 색계열이다.
④ 순색량(C) + 백색량(W) + 흑색량(B) = 100%가 되는 3색 혼합에 따라 물체색을 체계화하였다.

해설 B에서 W방향으로 p, n, l, i, g, e, c, a로 나누어 표기한다.

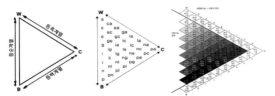

- 등백계열 : 흰색량이 같은 계열(C와 B)
- 등흑계열 : 검정량이 같은 계열(W와 C)
- 등순계열 : 순색량이 같아 보이는 계열(B와 W)

55

오스트발트 색체계의 색상에 대한 설명이 틀린 것은?

① 24색 상환으로 1~24로 표기한다.
② 색상은 헤링의 4원색을 기본으로 한다.
③ Red의 보색은 Sea Green이다.
④ Red는 1R~3R로, 색상번호는 1~3에 해당된다.

해설 색상번호 1~3은 노랑색 번호이다.

56

오스트발트 색체계의 설명으로 틀린 것은?

① 3색 이상의 회색은 채도가 등간격이면 조화롭다.
② 색입체가 대칭구조를 이루고 있다.
③ 기본색은 노랑, 빨강, 파랑, 초록이다.
④ la-na-pa는 등흑색계열을 나타낸다.

해설 오스트발트의 색상은 모든 빛깔은 순색 함유량(F), 백색 함유량(W) 및 흑색 함유량(B)의 혼색에 의하여 표시될 수 있다고 하고 색삼각좌표(色三角座標)를 고안하였다. F, W, B는 제각기 3원색의 위치이고 따라서 3각좌표상의 빛깔은 FWB의 혼색비로 표시된다. 이와 같은 등색상 3각좌표에서는 WB계열은 무채색 단계를, WF계열은 밝고 맑은 색조를 FB계열은 어둡고 맑은 색조의 빛깔을 표시하여, 이른바 탁색조(濁色調)의 빛깔은 내부에 위치하게 된다. 이 3각좌표를 전색상(全色相) 집결하면 복원추상(複圓錐狀)의 색입체가 된다.

57

오스트발트 표색계의 설명 중 틀린 것은?

① 24색상환이다.

② 사용상에서 보면 혼색계이다.
③ 색상환에서 마주보는 쪽은 보색이다.
④ 헤링의 반대색설을 기본으로 하였다.

해설 이상적인 검정(B), 흰색(W), 순색(C)은 실제로 물체색에는 없고, 이론적으로 가상적인 유채색에 대하여 근거를 둔 체계이기 때문에 성립면으로 보면 하나의 혼색계이고 사용면으로 보면 일종의 현색계이다.

58

오스트발트 표색계의 설명으로 틀린 것은?

① 영·헬름홀츠의 설에 근거를 두고 있다.
② 색입체는 복원추체이다.
③ 모든 색은 순색량 + 흰색량 + 검정색량 = 100% 가 된다.
④ 안료로서 발색이 가능한 명도는 a, c, e, g, i, l, n, p의 8단계이다.

해설 독일의 헤링(Hering Karl Eward Konstantin ; 1834~1918)이 1872년에 발표한 학설로서 영·헬름홀츠의 3원색설에 대하여 4원색과 무채색광을 가정하고 있다.

59

오스트발트 표색계에 대한 다음 설명 중 맞는 것은?

① Hering의 4원색설을 기본으로 하였기 때문에 원주의 4등분이 서로 인근색 관계가 된다.
② 혼합하는 색량의 비율에 의하여 만들어진다.
③ 무채색의 혼합량은 W + B + C = 100%가 되도록 하였다.
④ 기본 5색상에 다시 중간색을 넣어 10색상환으로 하였다.

해설 오스트발트 표색계의 특징
　㉠ 먼셀 표색계와 같이 색의 3속성에 따른 지각적으로 고른 감도를 가진 체계적인 배열 방식이 아니다.
　㉡ 색량의 많고 적음에 의하여 만들어진 것이다.
　㉢ 혼합하는 색량의 비율에 따른 표색계이다.
　㉣ 색은 흰색, 검정, 순색의 혼합에서 이루어지는 것으로 보고 모든 색을 색상, 흰색량, 검정량으로 표시하는 방법이다.
　㉤ 혼합의 정도를 양으로 표시하지 않고 흰색, 검정, 순색을 기준으로 하는 삼각형을 만들어 그것을 분할하고, 각 구분에 붙인 기호로 혼합률을 대용하였다.

60 |

오스트발트(Ostwald) 표색계에 관한 설명 중 틀린 것은?

① 색의 합리적인 계획보다 색채 계획이나 색채 조화에 장점을 가지고 있다.
② 색상환은 24색상을 원칙으로 한다.
③ 최상단은 검정, 최하단은 하양으로 하여 정삼각형을 만들었다.
④ W+B+C=100이라는 이론이다.

해설 오스트발트 표색계에는 어떤 색상이라도 B+W+C 혼합량이 100%로 되어 있다.

61 |

오스트발트 표색계의 순색량은 무엇으로 표기하는가?

① C   ② W
③ H   ④ B

해설 오스트발트 표색계의 기본이 되는 색채(related color)
　㉠ 모든 파장의 빛을 완전히 흡수하는 이상적인 검정 : B
　㉡ 모든 파장의 빛을 완전히 반사하는 이상적인 흰색 : W
　㉢ 완전한 색(Full color ; 순색) : C
　㉣ 순색량이 있는 무채색은 W+B=100%, 순색량이 있는 유채색은 W+B+C=100%가 된다.

62 |

오스트발트 색체계에서 17gc의 'c'는 무엇을 뜻하는가?

① 색상   ② 순색량
③ 백색량   ④ 흑색량

해설 오스트발트 색체의 기호 표시법
　㉠ 색상기호 – 백색량 – 흑색량의 순서로 표기한다.
　㉡ 17gc는 색상기호 17(청록색) – g(백색량 22%) – c (흑색량 44%) = 회색계열의 청록색이다.
　㉢ 오스트발트의 기호와 혼합비 : a는 가장 밝은색 표의 흰색이며, p는 가장 어두운색표의 검정이다.

기호	a	c	e	g	i	l	n	p
흰색량(W)	89	56	35	22	14	8.9	5.6	3.5
검정량(B)	11	44	65	78	86	91.1	94.4	96.5

63 |

오스트발트 색체계의 색표기 방법인 '8pa' 중 'p'가 의미하는 것은?

① 색상기호
② 흑색량
③ 백색량
④ 순색량

해설 오스트발트 표색계의 표기 방법은 색상 기호 – 백색량 – 흑색량 순으로 한다.
8pa 중 'p'가 의미하는 것은 색상 8, p 백색량, a 흑색량 순이다.

64 |

오스트발트 표색계에서 무채색을 나타내는 원리는?

① 순색량+백색량=100%
② 백색량+흑색량=100%
③ 순색량+회색량=100%
④ 순색량+흑색량+백색량=100%

해설 오스트발트 표색계에는 어떤 색상이라도 B+W+C 혼합량이 100%로 되어 있다.

65 |

색광을 표시하는 표색계로 심리적이고 물리적인 빛의 혼색 실험 결과에 그 기초를 두는 것은?

① 현색계
② 지각색계
③ 혼색계
④ 물체색계

해설 혼색계(Color mixing system)는 심리적, 물리학적 빛의 혼합에 기초하여 측색(測色)을 하고, 빛의 반사 파장역에 맞추어 색의 특성을 나타내는 방법으로 색광을 표시하는 표색계로 대표적인 것은 CIE 표준 표색계(XYZ 표색계)이다.
각 표색계의 기초가 되고 있으며, 물리학자 T, 야크가 발견하고 후에 H, 헬름홀츠가 확충한 빛의 3원색(R=적, G=녹, B=청자)의 가법 혼색의 원리에 기초를 두고 발전한 것으로 색도를 사용하여 색을 Yxy의 세 가지 값으로 나타내고 Y가 반사율로 명도에 대응하고 xy가 색도가 된다.

66 |

색표로 물체의 표준색을 미리 정하여 비교하는 색표시 체계는?

① L*a*b* 색체계 ② 먼셀 색체계
③ CIE 색체계 ④ XYZ 색체계

해설 • 혼색계(Color mixing system)는 색광을 표시하는 표색계로 대표적인 것은 CIE 표준 표색계(XYZ 표색계)이다.
• 현색계(Color appearance system) : 색채(물체색)를 표시하는 표색계이다. 이는 물체 표준으로서 표준 색표의 번호나 기호를 붙이는 방법으로, 일반적으로 색지각의 심리적인 속성에 따라서 행해진다. 먼셀 표색계와 오스트발트 표색계가 해당된다.

67 |

다음 중 색광의 표시법과 관련 있는 것은 어느 것인가?

① Munsell 표색법 ② Ostwald 표색법
③ CIE 표색법 ④ NCS 표색법

해설 • 혼색계(Color mixing system)는 색광을 표시하는 표색계로 대표적인 것은 CIE 표준 표색계(XYZ 표색계)이다.
• 현색계(Color appearance system) : 색채(물체색)를 표시하는 표색계이다. 이는 물체 표준으로서 표준 색표의 번호나 기호를 붙이는 방법으로, 일반적으로 색지각의 심리적인 속성에 따라서 행해진다. 먼셀 표색계와 오스트발트 표색계가 해당된다.

68 |

다음 중 혼색계에 대한 설명으로 틀린 것은?

① 물리적인 변색이 일어나지 않는다.
② 색표계로 변환이 가능하며 오차를 적용할 수 있다.
③ 광원의 영향에 따라 다르게 지각될 수 있다.
④ 측색기로 측색하여 출력된 데이터의 수치나 좌표로 표현한다.

해설 혼색계는 색광을 표시하는 표색계로 심리적이고 물리적인 빛의 혼색 실험으로 기초를 두는 것이며, 현재 측색학의 근본을 이루고 CIE 표준 표색계(XYZ 표색계)가 대표적이다.

69 |

조화와 부조화를 쾌적한 간격과 불쾌한 간격으로 구분하였으며 이것을 색공간에 좌표로 표시한 것은?

① Ostwald 색채 조화론
② CIE 표색계
③ Moon · Spencer의 색채 조화론
④ CHM(Color Harmony Manual)

해설 문 · 스펜서가 배색에는 조화하는 것과 부조화하는 것이 있다고 전제하고 색채 조화론을 주장하였다.

70 |

분광 광도계를 이용하여 색편의 분광 반사율을 측정했을 때 가장 정확하게 색 좌표가 계산되는 색체계는?

① Munsell 색체계 ② Hering 색체계
③ CIE 색체계 ④ Ostwald 색체계

해설 분광 광도계는 분광 반사율을 측정하여 색채 값을 1931년 이후부터 CIE 표준 표색계에 의하여 그 단위와 체계가 완전히 정립하여 색광을 표시하는 표색계로 현재 측색학의 근본을 이루며 오늘날은 CIE 표준 표색계를 사용한다.

71 |

색의 전달을 위한 표시 방법 중 1931년 국제 조명위원회에 의하여 결정한 가장 과학적이고 국제적 기준이 되는 색표시 방법은?

① CIE 측색법
② 먼셀 표색법
③ 오스트발트 표색법
④ ISCC-NBS 색명법

해설 CIE 측색법
1931년 국제조명위원회(CIE)는 총회를 열어 눈의 표준이 되는 표준 관측자와 조명의 표준이 되는 표준 조명 A, B, C 등 및 관측 시야의 거리와 크기(2° 시야) 등을 모두 정하였다.
결국 색의 세계는 1931년 이후부터 그 단위와 체계가 완전히 정량화된 셈이다.

72 |

CIE 색도도에 관한 설명 중 틀린 것은?

① 빛의 혼색 실험에 기초한 것이다.
② 백색광은 색도도 중앙에 위치한다.
③ 순수 파장의 색은 바깥 둘레에 위치한다.
④ 색도도의 모양은 타원형으로 되어 있다.

해설 CIE 색도도(chromaticity diagram)
스펙트럼 궤적과 단색광 궤적으로 둘러싸인 말발굽 형태의 색도도로 그 부분은 실제 광자극의 좌표를 발견할 수 있는 최대색도범위를 나타낸다.
물리학자 T. 야크가 발견하고 후에 H. 헬름홀츠가 확충한 빛의 3원색(R=적, G=녹, B=청자)의 가법 혼색의 원리에 기초를 두고 발전한 것으로 색도도를 사용하여 색을 Yxy의 세 가지 값으로 나타내고 Y가 반사율로 명도에 대응하고 xy가 색도가 된다.

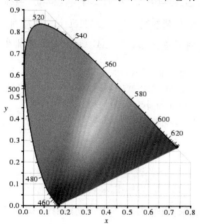

73 |

CIE 색체계에 대한 설명 중 옳은 것은?

① 국제색채위원회에서 정한 표색법이다.
② 현색계의 가장 대표적인 표색계이다.
③ XYZ 좌표계를 사용한다.
④ 적, 황, 청의 원색광을 적절히 혼합하여 모든 색을 만들 수 있다는 것에 기초한다.

해설 CIE 표준 표색계(XYZ 표색계)에서 혼색계는 색광을 표시하는 표색계로 심리적이고 물리적인 빛의 혼색 실험에 의하여 기초를 두는 것으로 현재 측색학의 근본을 이루고 있다. 빛의 3원색인 R(적)/G(녹)/B(청)를 X/Y/Z의 양으로 나타낸다. 이중에서 X와 Y를 각각 X축, Y축으로 하여 도표로 만든 것이 색도도(色度圖)이다.

74 |

스캔된 원본의 색들과 인쇄된 출력물의 색들을 맞추기 위한 색채 관리 시스템(Color Management System, CMS)의 기준이 되는 색공간은?

① RGB 색체계
② CMYK 색체계
③ CIE XYZ 색체계
④ HSB 색체계

해설 ① RGB는 빛의 3원색을 이용하여 색을 표현하는 방식이다. Red, Green, Blue 세 종류의 광원(光源)을 이용하여 색을 합하며 색을 섞을수록 밝아지기 때문에 '가산 혼합'이라고 한다.
② CMYK(감산 혼합)는 인쇄와 사진에서의 색 재현에 사용된다. 주로 옵셋 인쇄에 쓰이는 4가지 색을 이용한 잉크체계를 뜻하며, 각각 시안(Cyan), 마젠타(Magenta), 옐로(Yellow), 블랙(Black)을 나타낸다. RGB나 HSB(HSV)보다 표현 가능한 색이 적다.
③ CIE 표준 표색계(XYZ 표색계)에서 혼색계는 색광을 표시하는 표색계로 심리적이고 물리적인 빛의 혼색 실험에 의하여 기초를 두는 것으로 현재 측색학의 근본을 이루고 있다.
④ HSB 형식 : 색을 구성하는 방법의 하나로, 색상(Hue), 채도(Saturation), 명도(Brightness/Value)의 3요소로 구성된다. B가 파랑과 약자가 중복되기 때문에 HSV라고도 많이 표기하며 HSL이라는 표기도 종종 쓰인다.

75 |

CIE(국제조명위원회)에서 규정한 표준광(光) 중 맑은 하늘의 평균 낮 광선을 대표하는 광원은?

① 표준광 A
② 표준광 D
③ 표준광 C
④ 표준광 B

해설 표준광원의 종류
㉠ 표준광원 A : 가스 충전 상태의 텅스텐 백열전구에 의한 조명 시 색 묘사를 위함(상관 색온도 2,856K). 2,856K의 흑체가 발하는 빛
㉡ 표준광원 B : 대낮 태양의 평균 직사량을 나타냄(상관 색온도 4,900K). 현재는 사용하지 않음

ⓒ 표준광원 C : 맑은 하늘 낮의 평균 직사량을 나타냄(상관 색온도 6,800K). 표준광원 A에 데이비드–깁슨 필터(David–Gibson Filter)로 필터링하여 얻어지는 것으로 엄밀성이 다소 결여됨

ⓓ 표준광원 D : 실제 대낮의 태양광(자연 일광, daylight)을 측정하여 얻은 평균 데이터. 표준광 C를 보완하고, 임의의 색온도를 조정한 것

76 |

광원의 온도가 높아짐에 따라 광원의 색이 변한다. 색온도 변화의 순으로 옳게 짝지어진 것은?

① 빨간색, 주황색, 노란색, 파란색, 흰색
② 빨간색, 주황색, 노란색, 흰색, 파란색
③ 빨간색, 주황색, 파란색, 보라색, 흰색
④ 빨간색, 주황색, 노란색, 파란색, 보라색

해설 색온도(color temperature)

발광되는 빛이 온도에 따라 색상이 달라지는 것을 흰색(White Color)을 기준으로 절대온도 °K(Kelvin Degree)로 표시한 것. 빛을 전혀 반사하지 않는 완전 흑체를 가열하면 온도에 따라 각기 다른 색의 빛이 나온다. 온도가 높을수록 파장이 짧은 청색 계통의 빛이 나오고, 온도가 낮을수록 적색 계통의 빛이 나온다.
색온도는 빨간색 → 주황색 → 노란색 → 흰색 → 파란색 순으로 변화한다.

77 |

두 종류 이상의 색을 상호 비교하는데 사용되는 색 공간의 상호 비교에서 정확한 결과를 얻을 수 있는 유니폼 색 공간(uniform color space)은?

① CIE LAB 색 공간과 CIE LUV 색 공간
② 디바이스 종속 RGB 색 공간과 CIE LAB 색 공간
③ CIE XYZ 색 공간과 CIE Yxy 색 공간
④ 디바이스 종속 CMYK 색 공간과 CIE LUV 색 공간

해설 CIE 색 공간이란 컬러 매칭 실험을 통하여 생성된 RGB 데이터를 바탕으로 만들어진 CIE XYZ 색 공간과 CIE LUV 색 공간이 대표적인 색 공간이다.

78 |

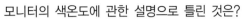

모니터의 색온도에 관한 설명으로 틀린 것은?

① 색온도의 단위는 K(Kelvin)를 사용하고, 사용자가 임의로 모니터의 색온도를 설정할 수 있다.
② 모니터의 색온도가 높아지면 전반적으로 불그스레한 느낌을 준다.
③ 자연에 가까운 색을 구현하기 위해서는 모니터의 색온도를 6,500K로 설정하는 것이 좋다.
④ 모니터의 색온도가 9,300K로 설정되면 흰색이나 회색 계열의 색들은 청색이나 녹색조의 색을 띤다.

해설 모니터 색상의 출력 여부에 따라 색온도를 조절한다. 색온도가 6,500K일 때는 주광의 상태가 되며 색온도가 낮을 때는 붉게, 높을 때는 푸르게 나타난다.

79 |

모니터 화면의 검은색 조정에 관한 설명으로 옳은 것은?

① 모니터 화면의 가장자리가 마치 검은색 띠를 두른 것처럼 보이는 부분은 전압(voltage)이다.
② 모니터 화면 중에서 영상이나 텍스트를 디스플레이하는 부분은 전류의 전압이 0인 무전압(non voltage)영역이다.
③ 모니터에 부착된 이미지 사이즈 조절버튼으로 전압영역 폭의 넓이를 약 2~3cm가 되도록 한다.
④ RGB 각각에 R=0, G=0, B=0과 같은 수치를 주어 디스플레이 하면 전압영역이 검은색이 된다.

해설 RGB모드

ⓐ 모니터에서 표현(빛의 3원색으로 각각의 색의 량에 따라 색상을 표시)
ⓑ RGB 채널당 각각 8비트(0~255까지 256단계)로 각각 세 개의 컬러가 별도로 작용하여 표현 가능한 색상은 256×256×256=1,600만 컬러이다.
ⓒ RGB 컬러 값에 따른 색상
• (0,0,0) : 검은색
• (255,255,255) : 흰색
• (128,128,128) : 회색
• (255,255,0) : 노란색
• (255,0,255) : 마젠타
• (0,255,255) : 사이안

80 |

다음 중 시안이 되는 RGB 코드는?

① (0, 255, 255) ② (255, 255, 0)
③ (255, 0, 255) ④ (255, 0, 0)

해설 시안(Cyan)은 녹색, 파랑색이 혼합된 2차 색상이다. R =255, G=255, B=255 → 시안은 (0, 255, 255)이다.

81 |

전자장비들 간에 RGB 정보가 서로 호환성이 없는 이유가 아닌 것은?

① 입력 장비마다 각각 다른 감광도(感光度)를 가지고 있으므로
② 입력 장비마다 각각 다른 인간의 시감체계를 가지고 있으므로
③ 디스플레이 장비의 전자총(電子銃) 성능이 다르므로
④ 모니터마다 화면의 표면을 코팅하는 컬러 발광물질이 다르므로

해설 전자장비들 간에 RGB 정보가 서로 호환성을 이루지 못하는 것은 입력 장비 특성과 관계가 있으며 인간의 시감 체계와는 관계가 없다.

82 |

색차에 대한 설명 중 틀린 것은?

① 색차(color difference)란 동일한 조건 하에서 계산하거나 측정한 두 색들 간의 차이를 말한다.
② 색차에서 동일한 조건이란 동일한 종류의 조명, 동일한 크기의 시료(샘플), 동일한 주변색, 동일한 관측 시간, 동일한 측색 장비, 동일한 관측자 등을 말한다.
③ 색차의 계산 및 색차의 측정은 색채 관련 학계 및 산업계에서 필수적인 요소이다.
④ 색차의 계산 및 색차의 측정은 컴퓨터를 활용한 원색 재현 과정의 핵심적인 부분은 아니다.

해설 색차(color difference)의 계산 및 측정은 디자인이나 디지털 색 처리에 기본적으로 사용되며 모니터, 컬러 프린터, 스캐너, 카메라 등의 컬러 영상 장비 개발 및 응용 단계에서 정확한 색을 재현하기 위하여 필수적으로 활용되고 있다.

83 |

스웨덴의 색채 표준으로 채용된 색체계로 헤링의 심리 4원색과 백, 흑 등 6색을 원색으로 하는 색체계는?

① 먼셀 색체계 ② 오스트발트 색체계
③ NCS 색체계 ④ PCCS 색체계

해설 NCS 색체계
Natural Color System의 약자로 스웨덴 색채연구소가 발표한 색체계로 백색(W), 흑색(B), 노랑(Y), 빨강(R), 파랑(B), 초록(G)의 구성비로 색을 나타낸 NCS 표색계의 기원은 독일의 심리학자 헤링(Hering)의 반대색설을 기초로 발전되었으며, 그 원형은 오스트발트 Ostwald 표색계이다.

84 |

NCS 표기법의 "S2030-Y90R"에 대한 설명 중 틀린 것은?

① NCS색 견본 두 번째 판(second edition)을 뜻한다.
② 20%의 검정색도와 30%의 유채색도이다.
③ YR의 혼합비율로 90%의 빨강색도를 띤 노란색이다.
④ 90%의 노란색도를 띤 빨간색을 뜻한다.

해설 NCS 표기법에서 S2030-Y90R이란 색의 2030은 20% 검정색도와 30% 유채색도를 가진 색이고, 색상 Y70R은 두 기본색 Y와 R에 대한 유사퍼센트를 가리킨다. 즉, Y90R은 90%의 빨간색 정도와 10%의 노란색 정도를 나타낸다.

85 |

JPEG 이미지 파일 형식에 대한 설명으로 틀린 것은?

① 파일 용량이 작고 풍부한 색감의 표현이 가능하여 웹디자인 시 많이 사용된다.
② JPEG 포맷은 256색이라는 한계를 갖는다.
③ 압축률을 높일수록 이미지의 손상이 커지므로 사용 시 압축정도를 조절해야 한다.
④ 호환성이 우수하다.

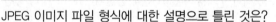

해설 디지털 색채의 이해 – 비트와 표형색상
- ㉠ 1bit=2컬러-0.1 검정/흰색
- ㉡ 4bit=16컬러
- ㉢ 8bit=256컬러
- ㉣ 16bit=65,000컬러
- ㉤ 32bit=167,000컬러

※ JPEG는 파일 용량이 작고 풍부한 색감의 표현이 가능하여 웹디자인과 사진 등 정교한 색상 표현에 많이 쓰인다.

86

JPG와 GIF의 장점만을 가진 포맷으로 트루 컬러를 지원하고 비손실 압축을 사용하여 이미지 변형 없이 원래 이미지를 웹상에 그대로 표현할 수 있는 포맷 형식은?

① PCX
② BMP
③ PNG
④ PDF

해설 포터블 네트워크 그래픽스(Portable Network Graphics ; PNG)는 비손실 그래픽 파일 포맷의 하나이다. 트루 컬러를 지원하고 비손실 압축을 사용하여 이미지 변형 없이 원래 이미지를 웹상에 그대로 표현할 수 있는 포맷 형식이다.

87

비트(bit)에 대한 내용이 아닌 것은?

① 2의 1승인 픽셀(pixel)은 1비트(bit) 픽셀(pixel)이다.
② 더 많은 비트(bit)를 시스템에 추가하면 할수록 가능한 조합의 수가 늘어나 생성되는 컬러의 수가 증가됨을 뜻한다.
③ 24비트(bit) 컬러는 사람의 육안으로 볼 수 있는 전체 컬러를 망라하지는 못하지만 거의 그에 가깝게 표현할 수 있다.
④ 디지털 컬러에서 각 픽셀(pixel)은 CMYK의 조합으로 표현된다.

해설 디지털 컬러에서 각 픽셀은 RGB의 조합으로 표현한다.

88

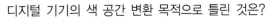

디지털 기기의 색 공간 변환 목적으로 틀린 것은?

① 디지털 컬러를 처리하는 장비들 사이의 컬러 영역을 분리시키기 위함
② 영상처리 과정에서 분할, 특징추출, 복원, 향상 등을 정확하게 수행하기 위함
③ 영상물 제작 과정에서 합성, 수정, 보완 등을 정확하고 용이하게 수행하기 위함
④ 컴퓨터 그래픽스에서 렌더링, 특수효과처리, 실사 영상과 CG 영상의 합성 등을 정확하고 용이하게 수행하기 위함

해설 색공간의 변환은 디지털 컬러를 처리하는 장비들 사이의 색 영역에 따라 조합함으로써 색을 만들기 위한 것이다.

89

디지털 색채 시스템 중 HSB시스템에 대한 설명으로 틀린 것은?

① 먼셀의 색채개념인 색상, 명도, 채도를 중심으로 선택하도록 되어 있다.
② 프로그램상에서는 H모드, S모드, B모드를 볼 수 있다.
③ H모드는 색상을 선택하는 방법이다.
④ B모드는 채도 즉, 색채의 포화도를 선택하는 방법이다.

해설 HSB 형식

색을 구성하는 방법의 하나로, 색상(Hue), 채도(Saturation), 명도(Brightness/Value)의 3요소로 구성된다. B가 파랑과 약자가 중복되기 때문에 HSV라고도 많이 표기하며 HSL이라는 표기도 종종 쓰인다. RGB로는 색상이 점진적으로 바뀌는 그러데이션을 구현하기가 힘들지만, 이 HSB를 사용하면 두 개의 파라미터를 고정하고 하나의 파라미터만 움직이는 방법으로 음영 변화(그림자), 채도 변화(먼 곳의 물체 또는 물속으로 들어가는 물체가 점점 잿빛으로 보이는 현상), 그리고 무지개 표현이 아주 쉬워진다. 그러니까 여러 색을 조화롭게 섞어서 칠하기에는 RGB 보다 HSB 팔레트가 편하다. 반대로 원색 계열로 초현실적, 비사실적인 그림을 그릴 때는 RGB보다 불편하다.

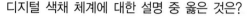

90

디지털 색채 체계에 대한 설명 중 옳은 것은?

① RGB색 공간에서 각 색의 값은 0~100%로 표기한다.
② RGB색 공간에서는 모든 원색을 혼합하면 검은색이 된다.
③ L*a*b*색 공간에서 L*은 명도를, a*는 빨강과 초록을, b*는 노랑과 파랑을 나타낸다.
④ CMYK색 공간은 RGB색 공간보다 컬러의 범위가 넓어 RGB 데이터를 CMYK 데이터로 변환하면 컬러가 밝아진다.

해설 디지털 색채 체계
    ㉠ RGB은 빛의 삼원색을 이용하여 색을 표현하는 방식이다. 색광 혼합(가법 혼색, 가산 혼합)
    ㉡ RGB 색 공간에서 각 색의 값은 0~255이다.
    ㉢ RGB 색 공간에서 모든 원색을 혼합할수록 명도가 높아져 백색광에 가까워진다. 즉, 빨강(R)＋녹색(G)＋파랑(B)＝흰색(W : White)
    ㉣ CMYK(감산 혼합)의 색 공간은 RGB나 HSB(HSV) 색 공간보다 표현 가능한 색이 적다.
    ㉤ CMYK(4도)는 인쇄에 쓰이는 4가지 색을 이용한 잉크체계를 뜻하며, 각각 시안(Cyan), 마젠타(Magenta), 옐로(Yellow), 블랙(Black)을 나타낸다(감산 혼합).

91

디지털 색채 체계의 유형 중 설명이 틀린 것은?

① HSB : 색의 3가지 기본 특성인 색상, 채도, 명도에 의해 표현하는 방식이다.
② RGB : 컴퓨터 모니터와 스크린 같은 빛의 원리로 컬러를 구현하는 장치에서 사용된다.
③ CMYK : 표현할 수 있는 컬러 범위는 RGB 형식보다 넓다.
④ L*a*b* : CIE가 1976년에 추천하여 지각적으로 거의 균등한 간격을 가진 색 공간에 의한 색상 모형이다.

해설 CMYK(감산 혼합)는 인쇄와 사진에서의 색 재현에 사용된다. 주로 옵셋 인쇄에 쓰이는 4가지 색을 이용한 잉크체계를 뜻하며, 각각 시안(Cyan), 마젠타(Magenta), 옐로(Yellow), 블랙(Black)을 나타낸다. RGB나 HSB(HSV)보다 표현 가능한 색이 적다.

92

디지털 색채의 유형 중 RGB 형식에 대한 설명으로 옳은 것은?

① 인쇄물이나 그림과 같이 컬러 재생 매체에 사용된다.
② 3가지 기본색인 빨강(red), 초록(green), 파랑(blue)를 모두 100%씩 혼합하면 검은색이 된다.
③ 감법 혼색으로 2차색은 원색보다 어두워진다.
④ 컴퓨터 화면의 스크린은 24비트 색배열 조정 장치를 사용할 경우 최대 약 1,677만 가지의 색을 만들어낼 수 있다.

해설 RGB 형식
    ㉠ RGB는 빛의 3원색을 이용하여 색을 표현하는 방식이다. 색광 혼합(가법 혼색, 가산 혼합)
    ㉡ RGB 색 공간에서 각 색의 값은 0~255이다.
    ㉢ RGB 색 공간에서 모든 원색을 혼합할수록 명도가 높아져 백색광에 가까워진다. 즉, 빨강(R) + 녹색(G) + 파랑(B) = 흰색(W ; White)

93

디지털 이미지의 특징 중 해상도(resolution)에 대한 설명으로 잘못된 것은?

① 동일한 해상도에서는 큰 모니터가 더 선명하고, 작은 모니터일수록 선명도가 떨어진다.
② 하나의 이미지 안에 몇 개의 픽셀을 포함하는가에 대한 척도 단위로는 dpi를 사용한다.
③ 해상도는 픽셀들의 집합으로 한 시스템 내에서 픽셀의 개수는 정해져 있다.
④ 해상도는 디스플레이모니터 안에 있는 픽셀의 숫자로 가로방향과 세로방향의 픽셀 개수를 곱하면 된다.

해설 모니터의 해상도는 화면에 색채를 띄워주는 픽셀이 한 화면에 몇 개나 포함되어 있는지가 알려주는 것으로 보통 가로의 픽셀 수와 세로의 픽셀 수를 나타낸다. 같은 해상도라도 크기가 작은 모니터가 더 선명하고 깨끗한 색채를 나타낸다.

94 |

다음 중 모든 디지털화된 이미지의 기본적 색채 특징이 아닌 것은?

① 해상도(resolution)
② 트루 컬러(true color)
③ 비트 깊이(bit depth)
④ 컬러 모델(color model)

해설 트루 컬러(True color)는 24비트에 해당하는 색으로, 16,777,216개의 색상을 사용할 수 있다.
컬러 모니터에 표시되는 색상의 규격으로, 하이 컬러가 16비트 값을 사용하는 데 비하여 24비트 값을 사용한다. 사람이 볼 수 있는 색이라는 뜻에서 트루(true)라는 명칭을 붙였으며 풀 컬러(full color)라고도 한다. 모니터의 색상은 빛의 3원색인 빨간색·녹색·파란색의 배합으로 이루어지며, 이때 배합의 단위를 픽셀이라고 한다. 한 픽셀에 24비트를 할당하고 나머지 8비트는 투명도에 관련이 있는 알파채널에 할당한다. 빨간색·녹색·파란색에 각각 8비트씩 할당하므로 한 번에 2의 24제곱인 1,677만 7,216색을 표현할 수가 있다.

95 |

포맷형식에 대한 내용으로 틀린 것은?

① EPS 포맷은 대표적인 Post Script 그래픽의 포맷이다.
② DCS 포맷은 파일을 비트맵 모드에서 사용할 경우 이미지의 흰색 부분을 투명하게 지원하는 유일한 포맷이다.
③ DCS 포맷은 네 개의 분리된 CMYK의 Post Script 파일들과 문서에서 위치 지정을 위한 추가적인 다섯 번째의 EPS 마스터로 구성된 포맷이다.
④ TIFF 포맷은 컬러 및 회색 음영의 이미지를 페이지 조판 프로그램으로 보내기 위해 사용할 수 있는 유용한 포맷이다.

해설 밀봉형 포스트스크립트(Encapsulated Post Script, EPS) : Post Script 언어에서 사용되는 그래픽 파일 포맷이다. 바이너리와 ASCII 방식으로 저장될 수 있으며, 미리보기 이미지를 포함할 수 있다. 손실률이 낮고, 용량이 작다. 전자출판에서 ISBN 등에 널리 사용되는 그래픽 파일 형식이기도 하다.

96 |

색역 압축 방법(color gamut compression method)은 무엇을 극복하기 위하여 고안된 방법인가?

① 색역이 다른 컬러간의 차이
② 색역이 다른 컬러들의 좌표 재현
③ 색역이 다른 컬러들의 색역 맵핑 수행
④ 색역이 다른 클립핑 방법

해설 색역(color gamut compression)
원색을 혼합하여 얻어지는 색의 범위로 특정 조건에 따라 발색되는 모든 색을 포함하는 색도 그림 또는 색 공간 내의 영역을 말한다.

97 |

KS의 일반 색명이 근거를 두고 있는 국제 표준은?

① ASA
② CIE
③ ISCC-NIST
④ NCS

해설 KS A 0011(규정 색명)에는 일반 색명에 대하여 자세하게 규정되어 있으며 ISCC-NBS 색명법(미국)에 근거를 두고 있다.

98 |

일반 색명에 관한 내용으로 옳은 것은 어느 것인가?

① 동물, 식물 등에서 따온 색명
② 광물이나 원료 이름에서 따온 색명
③ 자연이나 자연 현상에서 따온 색명
④ 색상, 명도, 채도를 나타내는 수식어를 붙인 색명

해설 일반 색명은 계통 색명(systematic color name)이라고도 하며 색상, 명도, 채도를 표시하는 색명이다.

99 |

관용 색명에 대한 설명이 아닌 것은?

① 고대 색명과 현대 색명으로 나눌 수 있다.
② 계통 색명을 말한다.
③ 동물이나 식물 등에서 따온 색명을 말한다.
④ 옛날부터 습관상 사용하는 색명을 말한다.

해설 색명

ⓐ 일반 색명은 계통 색명(systematic color name)이라고도 하며 색상, 명도 및 채도를 표시하는 색명이다.

ⓑ 관용 색명은 옛날부터 전해 내려오면서 습관상으로 사용하는 색 하나하나의 고유 색명(traditional color name)을 말하는 것으로 동물, 식물, 광물, 자연 현상, 땅, 사람 등의 이름을 따서 붙인 것이다.

ⓒ 유채색의 기본 색명은 먼셀 10색상에 따라 10개의 색명으로 빨강(적), 노랑(황), 파랑(청), 주황, 연두, 녹, 청록, 남, 보라(자), 자주(적자)색으로 읽는다.

100

한국산업표준 KS에 의한 관용 색명과 색계열의 연결이 틀린 것은?

① 벽돌색(Copper Brown) – R 계열
② 올리브그린(Olive Green) – GY 계열
③ 라벤더(Lavender) – RP 계열
④ 크림색(Cream) – Y 계열

해설 라벤더(lavender-식물명)
박하 향기가 나는 라벤더의 꽃 이름에서 유래된 연한 보라색 – P계열(보라색)

101

관용 색명 중 동물의 이름과 관련된 색명은?

① prussian blue　　② peach
③ cobalt blue　　④ salmon pink

해설 관용 색명이란 예부터 관습적으로 사용한 색명. 일반적으로 이미지의 연상어로 만들어지거나, 이미지의 연상어에 기본적인 색명을 붙여서 만들어진 것으로, 식물, 동물, 광물 등의 이름을 따서 붙인 것과 시대, 장소, 유행 같은 데서 유래된 것이 있다.
① prussian blue : 청색 안료
② peach : 복숭아색
③ cobalt blue : 녹색을 띤 짙은 파랑
④ salmon pink : 연어의 살색인 노란 분홍

102

관용 색명 중 원료에 따른 색명으로 맞는 것은?

① 피콕그린　　② 베이지
③ 라벤더　　④ 세피아

해설 관용 색명

옛날부터 전해 내려오면서 습관상으로 사용하는 색으로 동물, 식물, 광물, 사람의 이름을 따서 하나하나의 색에 이름을 붙인 것으로 고유 색명이라고도 한다.

ⓐ 피콕 블루(peacock blue) – 동물명 : 새롭고 산뜻한 청록색이라 하여 비비드 블루 그린(vivid blue green)이라고도 한다. 수컷 공작이 날개를 펼쳤을 때 연출되는 산뜻하고 화려한 날개털에서 볼 수 있는 청록색을 말한다. 블루와 그린을 넘나드는 화려하고 부유해 보이는 분위기를 연출한다.

ⓑ 세피아(sepia) – 지명 : 오징어의 먹물에서 뽑은 불변색의 암갈색(흑갈색) 물감, 수채화와 펜화에 쓰이며 그림자를 흐리게 하는 데도 쓰인다.

ⓒ 에메랄드 그린(emerald green) – 바다물빛 : 에메랄드같이 맑고 아름다운 녹색, 홍해 근처에 매장된 고대 에메랄드 색은 비교적 맑았는데, 현재는 약간 진한 황록색을 가리킨다.

ⓓ 올리브(olive) – 식물명 : 올리브 열매의 그을린 듯한 가라앉은 황록색. 올리브는 기름이라는 의미의 라틴어 oliva에서, 그리고 그리스어 elaia에서 유래한 말이다.

103

관용 색명 '베이비 핑크'와 관련이 없는 것은?

① 흐린 분홍　　② 5R 8/4
③ 7Y 8.5/4　　④ baby pink

해설 관용 색명은 옛날부터 전해 내려오면서 습관상으로 사용하는 색으로 동물, 식물, 광물, 사람의 이름을 따서 하나하나의 색에 이름을 붙인 것으로 고유 색명이라고도 한다.
7Y 8.5/4는 올리브(Olive)색이다.

104

관용색 중 채도가 가장 높은 색은? (KS 표준 기준)

① 산호색
② 벽돌색
③ 옥색
④ 올리브색

해설 먼셀 표색계의 색표기는 HV/C이며, H : 색상, V : 명도, C : 채도이다.
산호색(2.5R 7.0/10.5), 벽돌색(8.5R 7.5/7.5)
옥색(7.5B 4.5/2.0), 올리브색(3.0GY 3.5/3.0)

105 |

SD법으로 제품의 색체 이미지를 조사하려고 한다. 단어의 이미지가 잘못 짝지어진 것은?

① 부드럽다 – 딱딱하다
② 따뜻하다 – 차갑다
③ 동적이다 – 정적이다
④ 화려하다 – 아름답다

해설 SD법(Semantic Differential Method 언어척도법)
미국의 심리학자이며, 행동 심리학자인 오스굿(C.E. Osgood)에 의해서 대표되는 화행의미론적(話行意美論的)이라는 방법을 사용하는 색의 이미지로 색의 감정적인 표현 효과를 크게 3개의 인자로 분류하며, 이러한 감정 인자들은 서로 반대되는 감정 인자들의 쌍으로 되어 있는 것이 특징이며, 수식어를 사용하여 5~7단계의 이미지 강도를 척도화한다. 상반된 의미는 '화려하다 – 수수하다'이다.

※ 세 개의 감정 인자에 대한 인상

제1인자	제2인자	제3인자
아름다움 (美)	경연감 (硬軟感)	동정감 (動靜感)
호감 (好感)	강약감 (强弱感)	남녀성감 (男女性感)
조화감 (調和感)	난냉감 (暖冷感)	긴장감 (緊張感)
양기(陽氣) 또는 음기(陰氣)	경중감 (經重感)	화려하고 수수한 느낌

3. 색채 조화

01 |

색채 조화에 관한 설명 중 틀린 것은?

① 색의 3속성을 고려한다.
② 색채 조화에서 명도는 중요하지 않다.
③ 색상이 다르면 색조를 유사하게 한다.
④ 면적비에 따라 조화의 느낌이 달라질 수 있다.

해설 색채 조화는 보기 좋은 색채의 조합을 만드는 것으로 명도와 채도는 중요한 역할을 한다.

02 |

색채 조화에 관한 설명 중 틀린 것은?

① 동일·유사 조화는 강렬한 느낌을 준다.
② 보색 배색은 동적인 느낌을 준다.
③ 대비 조화는 동적인 느낌을 준다.
④ 배색된 색채들의 상태와 속성이 서로 반대되면서도 모호한 점이 없을 때 조화된다.

해설 유사 조화(Similar harmony)
형식적, 외형적으로 시각적인 동일한 요소의 조합에 의해 성립된다. 개개의 요소 중에는 공통성이 존재하므로 온화하며 부드럽고, 여성적인 안정감이 있으나 지나치면 단조롭게 되어 신성함을 상실할 우려가 있다.

03 |

서로 조화되지 않는 두 색을 조화되게 하기 위한 일반적인 방법으로 가장 타당한 것은?

① 두 색의 사이에 백색 또는 검정색을 배치하였다.
② 두 색 중 한 색과 반대되는 색을 두 색 사이에 배치하였다.
③ 두 색 중 한 색과 유사한 색을 두 색의 사이에 배치하였다.
④ 두 색의 혼합색을 만들어 두 색의 사이에 배치하였다.

해설 서로 조화가 되지 않을 때 두 색의 사이에 백색 또는 검정색을 배치하면 조화가 이루어진다.

04 |

색채 조화론과 관련된 설명 중 틀린 것은?

① 천연적인 색소의 영역은 합성 안료와 염료보다 범위가 넓다.
② 색채 조화론을 본격적으로 취급하게 된 것은 합성색소의 발전과 색입체의 완성 이후라 할 수 있다.
③ 1931년경부터 정량적 색채 조화가 가능하게 되었다.
④ 19세기 말엽의 슈브럴(M. E. Chevreul)의 업적이 오늘날 색채 조화론의 기초가 되었다.

해설 동류성의 원리는 배색에 있어서 색들끼리 공통된 상태와 성질이 내포되어 있을 때 그 색채군은 조화한다는 원칙으로 합성 안료, 염료에 비해 범위가 좁다.

05

색채 조화론에 관한 설명 중 틀린 것은 어느 것인가?

① 문·스펜서 조화론에서의 미도(美度)는 배색이 복잡할수록 커진다.
② 문·스펜서 조화론에서는 먼셀의 색채계와 마찬가지로 명쾌한 기하학적인 관계를 중시하였다.
③ 색채 조화론에서는 정량적인 것과 정성적인 것이 있다.
④ 오스트발트 조화론은 정량적인 것이다.

해설 M=O/C에서 복잡성 요소의 수 C가 최소일 때 미도 M은 최대가 된다. 즉 아름다움은 복잡한 것을 피하고 질서를 넓히는 데 얻어지는 것이다.

06

슈브뢸(M.E.Chevreul)은 그의 저서 "Contrast on Color"에서 배색 조화 이론을 체계적으로 설명하였다. 다음 중 그의 배색 조화론과 맞지 않는 것은?

① 2색의 대비적 조화는 2개의 대립 색상에 의하여 나타난다.
② 2색이 부조화일 때는 그사이에 2색의 중간색을 넣으면 조화된다.
③ 색료의 3원색(적, 황, 청) 중 2색의 배색은 중간 배색보다 조화된다.
④ 전체적으로 하나의 주된 색의 배색은 조화된다.

해설 슈브뢸(M. E. Chevreul)의 색채 조화론
  ㉠ 인접색의 조화 : 색상환에서 유사색은 난색과 한색으로 나누어지는데, 이들 그룹 속에서 배열이 가까운 관계에 있는 인접 색채끼리는 시각적 안정감이 있는 인접색의 조화가 이루어진다는 것으로 원색이나 2차색은 그 양쪽에 있으면서 2색의 개성을 설명해 주는 동시에 조화를 만들어 준다.
  ㉡ 반대색의 조화 : 반대색의 동시 대비 효과는 서로 상대색의 강도를 높여 주며, 오히려 쾌적감을 준다고 표현할 수 있다. 즉, 하나의 원색과 그 반대 위치의 2차색의 배합이 더 단순한 느낌을 준다.

  ㉢ 근접 보색의 조화 : 하나의 기조색이 그 양옆 정반대 색의 두 색과 결합하는 것으로 적, 황, 청과 2차색(주황, 녹색, 자색)을 기조로 하고 그 상대되는 두 근접 보색을 택하는 것이 중간색(황록, 청록, 청자색 등)을 기조로 해서 그 상대되는 두 인접 보색을 택하는 것보다 일반적으로 보기 좋다.
  ㉣ 등간격 3색의 조화 : 색상환에서 등간격 3색의 배열에 있는 3색의 배합을 가리키는 말이다.
  ㉤ 주조색의 조화 : 주조한 한 가지가 전체에 부드럽게 깔리면 여러 색들을 효과적으로 종합 유도해 낼 수 있다.

07

슈브뢸(M.E. Chevreul)의 색채 조화론과 관계가 없는 것은?

① 도미넌트 컬러
② 보색 배색의 조화
③ 세퍼레이션 컬러
④ 동일 색상의 조화

해설 슈브뢸(M.E. Chevreul)의 색채 조화론에는 인접색의 조화, 보색 배색(두 색을 원색의 강한 대비로 성격을 강하게 표현하면 조화된다.), 근접 보색의 조화, 도미넌트 컬러(전체를 주도하는 색이 있음으로 조화된다.), 세퍼레이션 컬러(선명한 윤곽이 있음으로 조화된다.)이 있다.

08

다음 배색 중 인접색의 조화에 가장 가까운 것은?

① 연두 - 보라 - 빨강
② 주황 - 청록 - 자주
③ 빨강 - 파랑 - 노랑
④ 자주 - 보라 - 남색

해설 슈브뢸(M. E. Chevreul)의 인접색 조화
  색상환에서 유사 색은 난색과 한색으로 나누어지는데, 이들 그룹 속에서 배열이 가까운 관계에 있는 인접 색채끼리는 시각적 안정감이 있는 인접 색의 조화가 이루어진다는 것으로 원색이나 2차색은 그 양쪽에 있으면서 2색의 개성을 설명해 주는 동시에 조화를 만들어 준다.
  색상환에서 자주 - 보라 - 남색이 가장 근거리에 있다.

09 |

영 · 헬름홀츠의 3원색설에 대하여 4원색설을 주장한 사람은?

① 아리스토텔레스　　② 헤링
③ 맥니콜　　　　　　④ 테모크리토스

해설 독일의 헤링(Hering Karl Eward Konstantin ; 1834~1918)이 1872년에 발표한 학설로서 영 · 헬름홀츠의 3원색설에 대하여 4원색과 무채색광을 가정하고 있다.

10 |

영 · 헬름홀츠의 3원색설에 관한 설명으로 옳은 것은?

① 세 가지 시세포가 망막에 분포하여 여러 가지 색지각이 일어난다는 설이다.

② 반대색설이라고도 한다.

③ 이화 작용과 동화 작용에 의해서 색감각이 이루어진다.

④ 순응, 대비, 잔상현상으로 색각 현상을 설명할 수 있다.

해설 영 · 헬름홀츠의 3원색설
색각의 기본이 되는 색이 세 종류라고 생각하고, 눈의 구조 중 망막 조직에는 빨강, 녹색, 파랑의 색각 세포와 색광을 감지하는 시신경 섬유가 있다는 가설을 영국의 과학자 영(Young Thomas ; 1773~1829)이 1801년에 발표하였다. 그 후 1852년 독일의 헬름홀츠(Helmholtz Hermann Ludwig Ferdinand Von ; 1821~1894)가 시신경이 뇌에 전달되는 과정을 보충 설명하였다.

11 |

영 · 헬름홀츠 색 지각설의 3원색은?

① 빨강(red), 녹색(green), 파랑(blue)
② 시안(cyan), 마젠타(magenta), 노랑(yellow)
③ 흰색(white), 회색(gray), 검정(black)
④ 빨강(red), 노랑(yellow), 파랑(blue)

해설 영 · 헬름홀츠의 3원색설은 사람의 눈 구조 중 망막 조직에는 빨강, 녹색, 파랑의 색각 세포와 색광을 감지하는 시신경 섬유가 있다는 가설을 발표한 것이다.

12 |

오스트발트의 색채 조화론에 관한 설명 중 틀린 것은?

① 무채색 단계에서 같은 간격으로 선택한 배색은 조화된다.

② 등색상 3각형의 아래쪽 사변에 평행한 선상의 색들은 조화된다.

③ 색입체의 중심축에 대해 수평으로 잘라진 색들은 조화된다.

④ 색상 일련번호의 차가 6~8일 때 반대색 조화가 생긴다.

해설 오스트발트의 조화(24색상 기준)
㉠ 보색 조화 : 색상의 차이가 12 간격대의 조화를 말한다.
㉡ 유사 조화 : 색상의 차이가 2, 3, 4 간격대의 조화를 말한다.
㉢ 이색 조화 : 색상의 차이가 6, 7, 8 간격대의 조화를 말한다.

13 |

오스트발트 등가 색환에 있어서의 조화를 기호로 나타낸 것 중 보색 조화에 해당하는 것은?

① 2ic – 4ic　　　　② 8ni – 14ni
③ 4pg – 12pg　　　④ 2pa – 14pa

해설 오스트발트의 조화(24색상 기준)
㉠ 보색 조화 : 색상의 차이가 12 간격대의 조화를 말한다.
㉡ 유사 조화 : 색상의 차이가 2, 3, 4 간격대의 조화를 말한다.
㉢ 이색 조화 : 색상의 차이가 6, 7, 8 간격대의 조화를 말한다.

14 |

오스트발트 색채 조화론의 내용과 관련된 용어가 아닌 것은?

① 등백 계열의 조화　　② 등순 계열의 조화
③ 동등 조화　　　　　④ 윤성 조화

해설 • 문 · 스펜서의 색채 조화론의 조화는 동일(동등)의 조화, 유사의 조화, 대비의 조화가 있다.

• 오스트발트의 색채 조화론 중 등색상 삼각형에서의 조화는 등백 계열의 조화, 등흑 계열의 조화, 등순색 계열의 조화, 등색상 계열의 조화가 있다.

15 |

오스트발트 색채 조화에서 gc-lg-pl의 기호는 어떤 조화에 해당하는가?

① 등백 계열 조화
② 등흑 계열 조화
③ 등순 계열 조화
④ 무채색의 조화

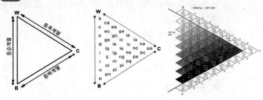

• 등백 계열 : 흰색량이 같은 계열(B-C)
• 등흑 계열 : 검정량이 같은 계열(W-C)
• 등순 계열 : 순색량이 같아 보이는 계열(B-W)

16 |

오스트발트의 등색상 삼각형에 있어서 등백색 계열을 나타내는 것은?

① pl – pi – pg
② la – na – pa
③ nl – ni – pi
④ lg – ni – pl

해설 • 등백 계열 : 흰색량이 같은 계열(백색+흑색으로 백색량이 일정할 때)
(예 p – pn – pl – pi – pg – pe – pc – pa 계열)
• 등흑 계열 : 검정량이 같은 계열
(예 pa – na – la – ia – ga – ea – ca – a 계열)
• 등순 계열 : 순색량이 같은 계열
(예 ca – ec – ge – li – nl – pn 계열)

17 |

오스트발트의 조화 배열 중 등흑색 조화에 해당하는 색으로 연결된 것은?

① ie – ia – pc
② ea – ie – ni
③ ge – le – pe
④ pn – pg – pa

해설 • 등백 계열 : 흰색량이 같은 계열
(예 p – pn – pl – pi – pg – pe – pc – pa 계열)
• 등흑 계열 : 검정량이 같은 계열(백색+흑색으로 흑색량이 일정할 때)
(예 pa – na – la – ia – ga – ea – ca – a 계열)
• 등순 계열 : 순색량이 같은 계열
(예 ca – ec – ge – li – nl – pn 계열)

18 |

오스트발트 색채 조화의 설명으로 틀린 것은?

① 유사색 가운데 색상 간격이 2~4인 2색의 배색은 약한 대비의 조화가 된다.
② 순도가 같은 계열의 색은 조화된다.
③ 흰색량이 같은 색은 조화된다.
④ 색상환의 중심에 대하여 반대 위치에 있는 2색의 배색을 이색 조화라고 한다.

해설 오스트발트의 조화(24색상 기준)
㉠ 보색 조화 : 색상의 차이가 12 간격대의 조화를 말한다.
㉡ 유사 조화 : 색상의 차이가 2, 3, 4 간격대의 조화를 말한다.
㉢ 이색 조화 : 색상의 차이가 6, 7, 8 간격대의 조화를 말한다.

19 |

오스트발트의 등색상면에서 밝음에서 어두운 순서대로 나열된 것은?

① pn-ig-ca
② li-ge-ca
③ ec-nl-ge
④ ca-ec-ig

해설 오스트발트의 기호와 혼합비
a는 가장 밝은색 표의 흰색이며, p는 가장 어두운색 표의 검정이다.

기호	a	c	e	g	i	l	n	p
흰색량 (W)	89	56	35	22	14	8.9	5.6	3.5
검정량 (B)	11	44	65	78	86	91.1	94.4	96.5

20 |

오스트발트의 색채 조화론 중에서 틀린 것은?

① 색의 기호가 동일한 두 색은 조화한다.
② 색의 기호 중 앞의 문자가 동일한 두 색은 조화한다.
③ 색상이 동일한 두 색은 조화한다.
④ 색의 기호 중 앞의 문자와 뒤의 문자가 동일한 색은 조화하지 않는다.

해설 오스트발트의 색채 조화에서 색의 기호 중 앞과 뒤의 문자가 동일한 색상으로 조화를 이루는 것은 무채색에 의한 조화이다.

21 |

오스트발트의 색채 조화론에 관한 설명으로 틀린 것은?

① 무채색의 여러 단계 속에서 같은 간격으로 선택된 배색은 조화를 이루게 된다.
② 색입체를 수평으로 자르면 백색량, 흑색량, 순색량이 같은 28개의 등가색환이 된다.
③ 윤성조화(輪星調和)란 다색 조화를 설명하는 것이며, 37개의 조화색을 얻어낼 수 있다.
④ 배색의 아름다움을 계산으로 구하고 수치적으로 미도(美度)를 비교할 수 있다.

해설 오스트발트(Ostwald) 조화론
　　　㉠ 무채색에 의한 조화
　　　㉡ 등백색, 등흑색 조화
　　　㉢ 등색삼각형의 조화
　　　㉣ 등순색의 조화
　　　㉤ 등가색환 보색 조화
　　　㉥ 등가색환조화
　　　④는 문스펜서의 색채 조화론에 관한 설명이다.

22 |

오스트발트의 색채 조화에서 등색상 3각형의 C와 B의 평행선상에 있는 색은?

① 등백 계열
② 등흑 계열
③ 등순 계열
④ 등흑 계열과 무채색

23 |

해설

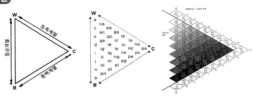

- 등백 계열 : 흰색량이 같은 계열(C와 B)
- 등흑 계열 : 검정량이 같은 계열(W와 C)
- 등순 계열 : 순색량이 같아 보이는 계열(B와 W)

헤링(Hering)의 반대색설에 관한 설명 중 옳은 것은?

① 영·헬름홀츠의 3원색설에 대하여 5원색과 보색광을 가정하고 있다.
② 보색이나 대비의 현상을 설명하는 데는 부합되지만, 혼색이나 색맹을 설명하는 데는 부합되지 않는다.
③ 물리학적인 측면에 중점을 두고 가정한 학설이다.
④ 동화(합성) 작용의 방향으로 나가면 따뜻한 느낌인 백, 황, 적의 느낌이 생긴다.

해설 헤링(Hering)은 망막에는 세 가지의 광화학 물질, 즉 각각 쌍으로 된 빨강 – 녹색 물질(red – green substance), 노랑 – 파랑 물질(yellow – blue substance), 흰색 – 검정 물질(white – black substance)이 있다고 가정하고, 그것들은 빨강, 노랑과 무색의 빛은 분해를, 녹색, 파랑의 빛과 빛이 없는 경우는 합성을 일으키며, 그것에 의하여 색각과 밝음의 감각이 생겨난다고 주장하였다.
보기를 들면 빨강 – 녹색 물질이 빨간 색광을 받아 자극되면 분해되어 빨간 감각이 생기고, 녹색광을 받으면 합성되어 녹색 감각을 일으킨다는 것이다. 이와 같이 빨강과 녹색, 노랑과 파랑은 각각 쌍으로 되어 각 쌍의 2색은 보색 또는 반대색의 관계에 있다. 이 설을 반대색설이라 한다. 또한 흰색 – 검정 물질은 합성과 분해가 동시에 진행할 수 있으며, 회색 감각은 두 과정의 평행 상태에서 일어난다고 주장하고 있다.

24 |

잔상이나 대비 현상을 간단하게 설명할 수 있는 색각이론을 만든 사람은?

① 영·헬름홀츠
② 헤링
③ 오스트발트
④ 먼셀

해설 헤링은 헤르만 폰 헬름홀츠의 색각 이론에 이의를 제기하여 1쌍의 색깔(노랑–파랑, 빨강–초록, 검정–흰색 등)

에 각각 이중으로 반응할 수 있는 3가지 유형의 수용기를 가정했다(색채 인식).

25 |

다음 컬러모드 중 헤링의 4원색설에 기초를 두고 있는 것은?

① RGB 컬러모드　　② CMYK 컬러모드
③ WEB 컬러모드　　④ Lab 컬러모드

해설　빨강, 녹색, 노랑, 파랑이 헤링의 4원색이다.
Lab : Lightness(밝기), a(빨강와 초록의 정도), b(파랑과 노랑의 정도)로 컬러를 표현하는 방법이다.

26 |

헤링의 4원색이 아닌 것은?

① Blue　　　　　② Yellow
③ Purple　　　　④ Green

해설　빨강, 녹색, 노랑, 파랑이 헤링의 4원색이다.

27 |

헤링의 반대색설은 4원색설이라고도 한다. 무채색을 제외한 4색이 짝을 이루어 동화 작용 또는 이화 작용을 일으키게 되는데, 4색이 올바르게 짝을 이룬 것은?

① 빨강 – 노랑, 파랑 – 초록
② 노랑 – 파랑, 빨강 – 초록
③ 파랑 – 빨강, 노랑 – 초록
④ 빨강 – 파랑, 검정 – 보라

해설　헤링은 망막에는 3가지의 광화학적 물질, 즉 각각 쌍으로 된 빨강 – 녹색, 노랑 – 파랑, 흰색 – 검정이 있다고 가정한 학설이다.

28 |

헤링(E. Hering)의 색각 이론(色覺理論)은 색의 동화 작용(assimilation)과 이화 작용(dissimilation)으로 설명할 수 있다. 다음 색 중 동화 작용에 관계되는 색은?

① red　　　　　② green
③ white　　　　④ yellow

해설　영 · 헬름홀츠의 3원색설
색각의 기본이 되는 색이 세 종류라고 생각하고, 눈의 구조 중 망막 조직에는 빨강, 녹색, 파랑의 색각 세포와 색광을 감지하는 시신경 섬유가 있다는 가설을 영국의 과학자 영(Young Thomas ; 1773~1829)이 1801년에 발표하였다. 그 후 1852년 독일의 헬름홀츠(Helmholtz Hermann Ludwig Ferdinand Von ; 1821~1894)가 시신경이 뇌에 전달되는 과정을 보충 설명하였다.

29 |

정량적 색채 조화론으로 1944년에 발표되었으며, 고전적인 색채 조화의 기하학적 공식화, 색채 조화의 면적, 색채 조화에 적용되는 심미도 등의 내용으로 구성되어 있는 것은?

① 슈브뢸(M.E. Chevruel)의 조화론
② 저드(judd)의 조화론
③ 문(P. Moon)과 스펜서(D.E. Spencer)의 조화론
④ 그레이브스(M. Graves)의 조화론

해설　문 · 스펜서의 색채 조화론은 기하학적 관계, 색채에 따른 면적 관계, 색채 조화에 적응되는 심미도, 지각적으로 고른 감동의 오메가 공간, 3속성의 조화 이론을 주장한 것이다. 동일 색상, 동일 채도의 단순한 디자인은 많은 색상을 사용한 복잡한 디자인보다 좋은 조화가 된다. 균형있게 선택된 무채색의 배색은 유채색의 배색에 못지 않은 아름다움을 나타낸다.

30 |

복잡한 가운데 질서의 요소를 미(美)의 기준으로 보고, 색의 3속성을 고려한 독자적인 색공간을 가정하여 조화 관계를 주장한 사람은?

① W. Ostwald
② Munsell
③ P. Moon & D. E. Spencer
④ Faber Birren

해설　문 · 스펜서의 색채 조화론은 기하학적 관계, 색채에 따른 면적 관계, 색채 조화에 적응되는 심미도, 지각적으로 고른 감동의 오메가 공간, 3속성의 조화 이론을 주장한 것이다. 동일 색상, 동일 채도의 단순한 디자인은 많은 색상을 사용한 복잡한 디자인보다 좋은 조화가 된다. 균형 있게 선택된 무채색의 배색은 유채색의 배색에 못지 않은 아름다움을 나타낸다.

정답　25. ④　26. ③　27. ②　28. ②　29. ③　30. ③

$$M=\frac{O}{C}$$

여기서, M : 미도
O : 질서성의 요소
C : 복잡성의 요소

31 |

문·스펜서가 색채 조화에 적용하는 미도의 일반적 논리가 아닌 것은?

① 균형 있게 잘 선택된 무채색의 배색 미도가 높다.
② 등색상의 조화는 매우 쾌적한 경향이 있다.
③ 등색상 및 등채도의 단순한 배색이 미도가 높다.
④ 명도 차이가 작을수록 미도가 높다.

해설 문·스펜서는 여러 가지 조화의 분류에 대한 미도를 계산하여 다음과 같은 결론을 발표하였다.
 ㉠ 균형있게 선택된 무채색의 배색은 유채색의 배색에 못지않은 아름다움을 나타낸다.
 ㉡ 동일 색상의 조화는 매우 좋은 느낌을 주는 경향이 있다.
 ㉢ 같은 명도의 조화는 대체로 미도가 낮다.
 ㉣ 동일 색상, 동일 채도의 단순한 디자인은 많은 색상을 사용한 복잡한 디자인보다 좋은 조화가 된다.

32 |

Moon Spencer 색채 조화론의 내용으로 틀린 것은?

① 배색의 심리적인 효과는 균형점(balance point)에 의해 정해진다.
② 배색 조화를 동일 조화, 유사 조화, 대비 조화로 구분하였다.
③ 어느 기준점에 대하여 각 색채의 스칼라 모멘트가 같을 때 조화된다.
④ 미도(美度)는 M=C/O 로 C 는 복잡성 요소의 수이고, O 는 질서성 요소의 수를 나타낸다.

해설 미국의 학자 버크호프(Birkhoff G. D.)는 미의 척도(미도)라는 척도를 제안하였다.
$M=\dfrac{O}{C}$ 에서 M은 미도, O는 질서성의 요소, C는 복잡성의 요소로 복잡성의 요소의 수가 최소일 때 미도 M은 최대가 된다.

33 |

Moon-Spencer의 색채 조화론에 대한 설명 중 틀린 것은?

① 조화는 동등 조화, 유사 조화, 대비 조화로 구분된다.
② 부조화는 제1부조화, 제2부조화, 눈부심(glare)이다.
③ 색채 조화는 색상의 범위로만 국한되어 있다.
④ 색상에서 유사조화 범위는 7~12(100등분 색상)이다.

해설 조화와 부조화
 ㉠ 문·스펜서(Moon-Spencer)의 색채 조화론에서 조화
  • 동일(Identity)의 조화 – 같은 색의 조화
  • 유사(Similarity)의 조화 – 유사한 색의 조화
  • 대비(Comtrast)의 조화 – 반대색의 조화
 ㉡ 문·스펜서(Moon-Spencer)의 색채 조화론에서 부조화
  • 제1부조화(First ambiguity) – 아주 유사한 색의 부조화
  • 제2부조화(Second ambiguity) – 약간 다른색의 부조화
  • 눈부심(Glare) – 극단적 반대색의 부조화

34 |

색채 조화 이론 중 문·스펜서 이론과 가장 거리가 먼 것은?

① 조화와 부조화
② 색삼각형의 원리
③ 조화의 면적 효과
④ 조화와 부조화의 미도 계산

해설 문·스펜서의 색채 조화론
 ㉠ 조화, 부조화의 종류 : 조화에는 동일 조화(identity), 유사 조화(similarity), 대비 조화(contrast)가 있고, 부조화에는 제1부조화(first ambiguity), 제2부조화(second ambiguity), 눈부심(glare)이 있다.
 ㉡ 면적 효과 : 작은 면적의 강한 색과 큰 면적의 약한 색은 조화를 이룬다.
 ㉢ 미도(美度 ; aesthetic measure) $M=O$(질서성의 요소 ; element of order)$/C$(복잡성의 요소 ; element of complexity) 이 식에서 C가 최소일 때 M이 최대가 되는 것이다. M이 0.5 이상이 되면 그 배색은 좋다고 한다.

② 균형 있게 선택된 무채색의 배색은 아름다움을 나타낸다.
⑩ 동일 색상은 조화를 이룬다.
⑭ 색상 채도를 일정하게 하고 명도만 변화시킨 경우 많은 색상 사용시 보다 미도가 높다.

35 |

미도(美度) $M = O/C$라는 버크호프(G. D. Birkhoff) 공식에서 O는 질서성의 요소일 때, C는?

① 복잡성의 요소
② 대비성의 요소
③ 색온도의 요소
④ 색의 중량적 요소

해설 미국의 학자 버크호프(Birkhoff G. D.)는 미의 척도(미도)라는 척도를 제안하였다.
$M = O/C$에서 M은 미도, O는 질서성의 요소, C는 복잡성의 요소로 복잡성의 요소의 수가 최소일 때 미도 M은 최대가 된다.

36 |

문·스펜서의 색상에 대한 균형점(Balance Point)에서 채도의 경우 자극을 못 느끼는 수치는?

① 5 이하
② 3 이상
③ 7 이하
④ 7 이상

해설 명도 및 채도에 대한 균형점의 심리적 효과
문·스펜서는 배색된 색을 면적비에 따라서 회전 원판 위에 놓고 회전 혼색할 때 나타나는 색을 균형점(balance point)이라고 하고, 색에 의하여 배색의 심리적 효과가 결정된다고 한다. 이 표에 의하면 색은 강한 색의 6.5배의 면적으로 하면 두 색은 어울리게 된다. 명도가 6.5 이상이면 명랑 쾌활하고 3.5 이하이면 침울한 느낌을 준다. 채도는 N5를 규준으로 하며 5 이하에서 무자극이 된다.

37 |

스칼라 모멘트(scalar moment)라는 면적 비례를 적용하여 조화론을 전개한 학자는?

① 오스트발트
② 먼셀
③ 문·스펜서
④ 비렌

해설 문·스펜서는 면적 효과에서 정량적으로 이론화함에 있어서 스칼라 모멘트라는 양을 도입하였다. 좋은 균형은

여러 가지 채색면의 스칼라 모멘트가 간단한 정수비(1 : 3, 1 : 2, 2 : 1, 3 : 1 등)를 이룰 때 얻어진다.

38 |

미국의 색채학자 저드(D. B. Judd)의 일반적인 4가지 색채 조화의 원리가 아닌 것은?

① 유사성의 원리
② 명료성의 원리
③ 대비성의 원리
④ 친근성의 원리

해설 저드의 색채 조화 4가지 원리
㉠ 질서의 원리 : 색의 체계에서 규칙적으로 선택된 색들끼리의 조화된다.
㉡ 숙지의 원리(친근성의 원리) : 사람들에게 쉽게 어울릴 수 있는 배색이 조화된다.
㉢ 동류(공통성)의 원리 : 배색된 색들끼리 공통된 양상과 성질(색상, 명도, 채도)이 내포되어 있을 때 조화된다.
㉣ 비모호성(명료성)의 원리 : 색상, 명도, 채도 또는 면적의 차이가 분명한 배색이 조화롭다.

39 |

정성적(定性的) 색채 조화론에서 공통되는 원리의 조합으로 올바른 것은?

① 질서성 – 친근성 – 동류성 – 명료성
② 질서성 – 자연성 – 동류성 – 상대성
③ 주관성 – 동류성 – 비모호성 – 객관성
④ 동류성 – 비모호성 – 자연성 – 합리성

해설 저드의 정성적 색채 조화 4가지 원리
㉠ 질서의 원리
㉡ 숙지의 원리(친근성의 원리)
㉢ 동류(공통성)의 원리
㉣ 비모호성(명료성)의 원리

40 |

두 색이 부조화한 색일 경우, 공통의 양상과 성질을 가진 것으로 배색하면 조화한다는 저드(D. B. Judd)의 색채 조화 원리는?

① 질서의 원리
② 숙지의 원리
③ 유사의 원리
④ 비모호성의 원리

해설 저드의 색채 조화 4가지 원리
- ㉠ 질서의 원리 : 색의 체계에서 규칙적으로 선택된 색들끼리의 조화된다.
- ㉡ 숙지의 원리(친근성의 원리) : 사람들에게 쉽게 어울릴 수 있는 배색이 조화된다.
- ㉢ 유사(동류, 공통성)의 원리 : 배색된 색들끼리 공통된 양상과 성질(색상, 명도, 채도)이 내포되어 있을 때 조화된다.
- ㉣ 비모호성(명료성)의 원리 : 색상, 명도, 채도 또는 면적의 차이가 분명한 배색이 조화롭다.

41 |

저드(D. B. Judd)의 색채 조화론에서 '친근성의 원리'를 옳게 설명한 것은?

① 공통점이나 속성이 비슷한 색은 조화된다.
② 자연계의 색으로 쉽게 접하는 색은 조화된다.
③ 규칙적으로 선택된 색들끼리 잘 조화된다.
④ 색의 속성차이가 분명할 때 조화된다.

해설 저드의 색채 조화 4가지 원리
- ㉠ 질서의 원리 : 색의 체계에서 규칙적으로 선택된 색들끼리는 조화된다.
- ㉡ 친근감의 원리(숙지의 원리) : 사람들에게 쉽게 어울릴 수 있는 배색이 조화된다. 자연환경에 처해 있는 인간들이 자연과 동화함으로써 안정감을 얻고자 하는 본능적인 심리가 있어 자연풍경과 같이 사람들에게 잘 알려진 색들은 조화를 이룬다.
- ㉢ 동류(공통성)의 원리 : 배색된 색들끼리 공통된 양상과 성질(색상, 명도, 채도)이 내포되어 있을 때 조화된다.
- ㉣ 비모호성(명료성)의 원리 : 색상, 명도, 채도 또는 면적의 차이가 분명한 배색이 조화롭다.

42 |

저드(D. B. Judd)의 색채 조화론 중 다음 내용이 설명하는 것은?

색채 조화는 두 색 이상의 배색에 있어서 애매하지 않은 명료한 배색에서만 조화롭다.

① 질서의 원리
② 비모호성의 원리
③ 유사의 원리
④ 친근성의 원리

43 |

비렌의 색채 조화론에서 사용되는 색조군에 대한 설명 중 옳은 것은?

① 흰색과 검정이 합쳐진 밝은 색조(Tint)
② 순색과 흰색이 합쳐진 톤(Tone)
③ 순색과 검정이 합쳐져 어두운 색조(Shade)
④ 순색과 흰색 그리고 검정이 합쳐진 회색조(Gray)

해설 비렌의 색채 조화론에서 사용되는 색조군
- ㉠ Tint : 순색과 흰색이 합쳐진 밝은 색조
- ㉡ Tone : 순색과 흰색 그리고 검정이 합쳐진 톤
- ㉢ Shade : 순색과 검정이 합쳐진 어두운 농담
- ㉣ Gray : 흰색과 검정이 합쳐진 회색조

44 |

비렌(Faber Birren)의 색채 조화론에서, 다음 중 가장 밝으면서 부드러운 톤은?

① Shade
② Tint
③ Gray
④ Color

해설 비렌의 색채 조화론에서 사용되는 색조군
- ㉠ Tint : 순색과 흰색이 합쳐진 밝은 색조
- ㉡ Tone : 순색과 흰색 그리고 검정이 합쳐진 톤
- ㉢ Shade : 순색과 검정이 합쳐진 어두운 농담
- ㉣ Gray : 흰색과 검정이 합쳐진 회색조

45 |

비렌의 색채 조화론 중 순색과 흰색의 조화로 이루어지는 용어는?

① Tint
② Shade
③ Tone
④ Gray

해설 비렌의 색채 조화론에서 사용되는 색조군
　　㉠ Tint : 순색과 흰색이 합쳐진 밝은 색조
　　㉡ Tone : 순색과 흰색 그리고 검정이 합쳐진 톤
　　㉢ Shade : 순색과 검정이 합쳐진 어두운 농담
　　㉣ Gray : 흰색과 검정이 합쳐진 회색조

46 |

색채의 공감각 중에서 쓴맛이 나는 배색은?

① Red, Pink
② Brown-maroon, Olive green
③ Green, Grey
④ Yellow, Yellow green

해설 비렌의 색채와 미각 관계
　　㉠ 단맛은 빨강 기미의 주황색, 붉은 기미의 노랑 배색(Red, Pink)
　　㉡ 신맛은 녹색 기미의 노랑에 노랑 기미의 녹색 배색(Yellow, Yellow green)
　　㉢ 달콤한 맛은 분홍색
　　㉣ 쓴맛은 진한 파랑, 브라운, 올리브 그린, 보라 배색(Brown-maroon, Olive green)
　　㉤ 짠맛은 연한 녹색과 회색의 배색, 연한 파랑과 회색의 배색(Green, Grey)

47 |

다음 색채 배색 중 신맛의 느낌을 수반하는 배색은?

① 노랑, 연두　　　　② 빨강, 주황
③ 파랑, 갈색　　　　④ 초록, 회색

해설 비렌의 색채와 미각 관계
　　㉠ 단맛은 빨강 기미의 주황색, 붉은 기미의 노랑 배색
　　㉡ 신맛은 녹색 기미의 노랑에 노랑 기미의 녹색 배색
　　㉢ 달콤한 맛은 분홍색
　　㉣ 쓴맛은 진한 파랑, 브라운, 올리브 그린, 보라 배색
　　㉤ 짠맛은 연한 녹색과 회색의 배색, 연한 파랑과 회색의 배색

48 |

다음 색채 배색 중 단맛의 느낌을 수반하는 배색은?

① 빨강, 핑크　　　　② 브라운, 올리브
③ 파랑, 갈색　　　　④ 초록, 회색

해설 비렌의 색채와 미각 관계
　　㉠ 단맛은 빨강 기미의 주황색, 붉은 기미의 노랑 배색
　　㉡ 신맛은 녹색 기미의 노랑에 노랑 기미의 녹색 배색
　　㉢ 달콤한 맛은 분홍색
　　㉣ 쓴맛은 진한파랑, 브라운, 올리브그린, 보라 배색
　　㉤ 짠맛은 연한 녹색과 회색의 배색, 연한 파랑과 회색의 배색

49 |

파버 비렌(Faber Birren)의 색채와 형태 연결이 맞는 것은?

① 빨강 : 정사각형
② 주황 : 삼각형
③ 노랑 : 직사각형
④ 파랑 : 육각형

해설 비렌의 색채 형태
　　㉠ 빨간색 : 정사각형, 입방체
　　㉡ 주황색 : 직사각형
　　㉢ 노란색 : 삼각형, 삼각추
　　㉣ 녹색 : 육각형, 이십 면체
　　㉤ 파란색 : 원, 구
　　㉥ 보라색 : 타원형

50 |

색채와 모양에 대한 공감각이 삼각형의 형태를 상징하는 색으로 명시도가 높아 날카로운 이미지를 갖고 있어서 항상 유동적이고 운동량이 많은 느낌의 색은?

① 빨강
② 보라
③ 노랑
④ 녹색

해설 비렌의 색채 형태
　　㉠ 빨간색 : 정사각형, 입방체
　　㉡ 주황색 : 직사각형
　　㉢ 노란색 : 삼각형, 삼각추
　　㉣ 녹색 : 육각형, 이십 면체
　　㉤ 파란색 : 원, 구
　　㉥ 보라색 : 타원형

정답 46. ②　47. ①　48. ①　49. ①　50. ③

51 |

장파장의 색상은 시간의 경과를 길게 느끼고, 단파장의 색상은 시간의 경과를 짧게 느낀다는 색채의 기능주의적 사용법을 역설한 사람은?

① 먼셀
② 문 · 스펜서
③ 파버 비렌
④ 오스트발트

해설 비렌(Birren)은 장파장 계통의 색채(난색 계열 : 빨간색계)로 칠해져 있는 실내에서는 시간의 흐름이 길게 느껴지고, 단파장 계통의 색채(한색 계열 : 푸른색계)로 칠해져 있는 실내에서는 시간의 경과가 짧게 느껴진다고 하였다. 따라서 식당은 식욕을 돋우고 손님들이 머무는 시간을 짧게 하기 위하여 빨간색, 주황색 기구 등을 사용하는 것이 좋으며, 병원이나 대합실은 지루한 시간을 잊게 하기 위하여 파란색 계통의 색을 사용하는 색채의 기능주의를 주장하였다.

52 |

색채의 시간성과 속도감에 대한 설명 중 옳은 것은?

① 3속성 중 명도가 주로 큰 영향을 미친다.
② 장파장의 색은 시간이 길게 느껴진다.
③ 단파장의 색은 속도가 빠르게 느껴진다.
④ 저명도의 색은 속도가 빠르게 느껴진다.

해설 • 비렌(Birren)은 장파장 계통의 색채(난색 계열 : 빨간색계)로 칠해져 있는 실내에서는 시간의 흐름이 길게 느껴지고, 단파장 계통의 색채(한색 계열 : 푸른색계)로 칠해져 있는 실내에서는 시간의 경과가 짧게 느껴진다고 하였다.
• 고명도, 고채도, 난색 계통의 색상(빨강, 노랑, 주황)은 장파장 계열로 시감도가 좋고 진출 · 팽창되어 보이고, 흥분을 일으키며, 난색(warm color) 계통은 스피드 감을 준다.

53 |

황색이나 레몬색에서 과일 냄새를 느끼는 것과 같은 감각 현상은?

① 시인성
② 상징성
③ 공감각
④ 시감도

해설 색을 보면 맛과 냄새, 음과 촉각 등이 공명적으로 느껴지는데, 이처럼 색이 다른 감각 기관의 느낌을 수반하는 것을 색의 수반 감정이라 하며, 이를 공감각이라고도 한다.

54 |

후각과 색채의 연결 중 옳은 것은?

① 회색을 보면 커피향을 느낀다.
② 노란색에서 레몬향을 느낀다.
③ 빨강에서 잘 구워진 빵 냄새를 느낀다.
④ 갈색에서 숙성한 과일향을 느낀다.

해설 후각
㉠ 좋은 냄새 – 순색, 고명도, 고채도의 색
㉡ 나쁜 냄새 – 어둡고 탁한 색
㉢ 톡 쏘는 냄새 – 오렌지색
㉣ 은은한 향기 – 라일락 색
㉤ 커피 향기 – 커피색, 밤색

4. 색채 심리

01 |

색의 지각 현상에 대한 설명 중 틀린 것은?

① 명시도는 그 색 고유의 특성이라기보다는 배경과의 관계에 의해 결정된다.
② 장파장 쪽의 색상은 진출 · 팽창해 보이고, 단파장 쪽의 색상은 후퇴 · 수축해 보인다.
③ 부의 잔상이란 자극을 제거한 후에도 원자극과 동일한 감각 경험을 일으키는 것이다.
④ 고명도, 고채도, 난색이 일반적으로 주목성이 높다.

해설 부의 잔상(Negative after image)은 음성 잔상이라고도 하며 자극이 생긴 후 정반대의 상을 느끼는 것으로 보색(색상환에서 서로 반대의 색) 잔상의 현상이 일어날 수 있다.

02 |

색의 지각 현상에 관한 설명 중 잘못된 것은?

① 난색이 한색보다 팽창되어 보인다.
② 검정색 배경 위의 고명도 색이 저명도 색보다 명시도가 높다.
③ 한색이 난색보다 주목성이 높다.
④ 고명도 색이 저명도 색보다 팽창되어 보인다.

해설 색의 주목성은 색의 진출, 후퇴, 팽창, 수축의 현상과 직접 관련이 있으며 채도가 높은 난색 계열의 밝은색이 채도가 낮은 한색 계열의 어두운색보다 눈에 잘 띈다.

03 |

색채가 가지는 심리, 생리 작용에 대한 설명으로 맞는 것은?

① 명도가 높은 색은 작게, 명도가 낮은 색은 크게 보인다.
② 명도가 높은 색은 진출하는 것 같고, 명도가 낮은 색은 후퇴하는 것 같이 보인다.
③ 명도가 높은 색은 아래쪽에, 명도가 낮은 색은 위쪽에 조합되었을 경우 안정감이 있다.
④ 차가운 색은 암순응에 저해하는 경우가 적고, 따뜻한 색은 암순응을 저해하는 경우가 많다.

해설 • 명도가 높은 색은 크게(팽창), 진출(가깝게), 가볍게 보이며, 암순응을 저해하는 경우가 작다.
• 명도가 낮은 색은 작게(축소), 후퇴(멀게), 무겁게 보이며, 암순응을 저해하는 경우가 많다.

04 |

무거운 상품을 가볍게 보이기 위해 포장하려 한다면 색의 어떤 속성을 조정해야 하나?

① 색상   ② 명도
③ 채도   ④ 색도

해설 색채에 의한 무게의 느낌은 주로 명도에 따라 좌우되며, 높은 명도의 색은 가볍게 느끼며, 낮은 명도의 색은 무겁게 느낀다.

05 |

색의 설명 중 잘못된 것은?

① 황색은 녹색보다 진출하여 보인다.
② 주황색은 녹색보다 따뜻하게 느껴진다.
③ 황색은 청색보다 커 보인다.
④ 황색은 녹색보다 무겁게 느껴진다.

해설 색채에 의한 무게의 느낌(중량감)은 주로 명도에 따라 좌우된다. 높은 명도의 색(빨강, 주황, 노랑)은 가볍게, 낮은 명도의 색은 무겁게 느껴진다.

06 |

가장 딱딱한 느낌의 색은?

① 녹색을 띤 명도가 높은 색
② 황색을 띤 채도가 낮은 색
③ 청색을 띤 명도가 낮은 색
④ 황색을 띤 명도가 높은 색

해설 • 난색(warm color)은 고명도, 고채도, 난색 계통의 색상(빨강, 노랑, 주황)은 장파장 계열로 시감도가 좋고 진출·팽창, 가벼워 보이고, 흥분을 일으키며, 스피드감을 준다.
• 한색은 저명도, 저채도, 한색 계통의 색상(청록, 파랑, 청자)은 단파장 쪽의 색이며 이들 색상은 수축, 후퇴성이 있고 심리적으로 긴장감을 가진 색이다.

07 |

다음 중 난색계의 특징으로 틀린 것은?

① 따뜻함
② 진출색
③ 활동색
④ 차분함

해설 R(빨강), YR(주황), Y(노랑)은 난색으로 따뜻하고 자극적이며 흥분시키고 강하며 능동적이나, BG(청록), B(파랑)은 한색으로 차갑고 차분하며 조용하면서 마음이 가라앉는 느낌이다.

08 |

색의 연상에 관한 내용 중 틀린 것은?

① 빨강, 주황 등은 식욕을 증진하게 시키는데 효과적인 색이다.

② 파랑, 하늘색 등은 일반적으로 청결한 이미지를 나타낸다.

③ 금속색(주로 은회색 등)은 첨단적, 현대적인 이미지를 나타낸다.

④ 검정색은 죽음, 공포, 암흑을 연상시켜 공업제품의 색으로는 부적합하므로 사용하고 있지 않다.

해설 검정(Black)은 엄격, 죄악, 공포, 죽음, 증오, 고민, 부정, 음산, 암흑 등의 느낌을 주며 중량감을 주어 공업제품에도 많이 사용한다.

09 |

색의 추상적 연상으로 틀린 것은?

① 노랑 – 명랑, 온화, 화려, 질투, 환희, 팽창

② 검정 – 추위, 혁명, 흥분, 생명, 열광, 에너지

③ 흰색 – 청결, 순결, 순수, 소박, 신성, 정직, 시작

④ 보라 – 고귀, 고독, 창조, 신비, 우아, 위엄

해설 색의 상징적 표현

　㉠ 빨강(Red) : 정열, 애정, 혁명, 유쾌, 위험

　㉡ 노랑(Yellow) : 화사, 영과, 쾌활, 성실, 교만, 질투

　㉢ 녹색(Green) : 평화, 이상, 착실, 지성, 삶, 공평, 안정

　㉣ 파랑(Blue) : 고요, 신비, 진리, 침착, 비애, 양심, 소극

　㉤ 보라(Purple) : 고귀, 장엄, 우아, 불안, 경솔

　㉥ 흰색(White) : 순결, 평화, 냉정, 무기력, 신성

　㉦ 회색(Gray) : 비애, 절제, 경솔, 우둔

　㉧ 검정(Black) : 엄격, 죄악, 공포, 사망, 증오, 고민, 부정, 음산

10 |

다음 색상에 따른 연상으로 일반적이지 않은 것은?

① 노랑 : 여성, 꽃, 종교, 고귀

② 검정 : 암흑, 종교, 장의

③ 녹색 : 구호, 안전, 진행

④ 주황 : 고압, 경계, 위험

해설 노랑(Yellow)의 색상은 희망, 광명, 팽창, 접근, 가치, 금, 금발, 명랑, 유쾌, 대담, 경박, 냉담 등의 상징적 표현으로 나타나고 신경질, 염증, 신경제, 완화제, 주의색(공장, 도로), 방부제, 피로회복 등의 효과로 표현된다.

11 |

7월 탄생석(보석)의 색으로 힘, 권력 등을 상징하고, 심장질환치료 등의 효과와 의미를 갖는 색은?

① 초록　　　　　② 빨강

③ 파랑　　　　　④ 보라

해설 색의 감정효과

색상	추상적 연상(개념)	구체적 연상(현실)	치료 효과
연두 (GY)	휴식, 안일, 친애, 위안, 신성, 생장, 청순, 젊음, 신선, 생동, 안정, 순진	잔디, 새싹, 초여름, 완두콩, 푸른 대나무, 자연	피로회복, 방부, 강장제, 위안
빨강 (R)	정열, 애정, 혁명, 유쾌, 위험, 흥분, 피, 활동, 야만, 더위 자극적, 위험, 혁명, 피, 열, 일출	저녁노을, 태양, 사과, 불	빈혈, 방화, 정지, 노쇠
파랑 (B)	고요, 신비, 진리, 침착, 비애, 양심, 소극, 냉정, 경계, 정숙, 성실, 명상, 영원, 젊음, 차가움, 심원, 냉혹, 추위	물, 바다, 하늘, 깊은 계곡	눈의 피로회복, 염증, 피서
보라 (P)	고귀, 장엄, 우아, 불안, 경솔, 예술, 위험, 병약, 신비, 영원, 창조, 우아, 고독, 공포, 신앙, 위엄	포도	예술감, 신앙심을 유발, 중성색

12 |

파란색의 감정효과에 가장 근접한 것은?

① 흥분되는 색이다.

② 혁명을 나타낸다.

③ 냉담, 냉정의 색이다.

④ 자연, 평범, 안일 등을 상징한다.

해설 • 파랑(B) : 고요, 신비, 진리, 침착, 비애, 양심, 소극, 경계, 정숙, 성실, 명상, 영원, 젊음, 차가움, 심원, 냉혹, 추위

　• 빨강(R) : 정열, 애정, 혁명, 유쾌, 위험, 흥분, 피, 활동, 야만, 더위, 자극적, 위험, 혁명, 피, 열, 일출

　• 녹색(G) : 평온, 평화, 안전, 성장, 생명력, 자연, 미술, 불안, 안정, 안식, 건강, 식물, 초원, 잔디, 여름

13 |

색채가 주는 감정적 효과에 관한 내용으로 틀린 것은?

① 난색, 고채도일수록 무거운 느낌이다.
② 저채도, 저명도일수록 어두운 느낌이다.
③ 고채도, 고명도일수록 화려한 느낌이다.
④ 한색, 저채도일수록 차분한 느낌이다.

해설 색채가 주는 감정적 효과
　㉠ 난색 계통의 색상(빨강, 노랑, 주황)은 채도가 높을 때 흥분을 일으키고, 붉은 색채 속에서의 시간은 길게 느껴지며 푸른 색채 속에서의 시간은 짧게 느껴진다. 또한 색의 중량감은 명도에 의해서 좌우되며, 굳어 있는 느낌의 색(채도와 명도가 낮은 색)은 긴장감을 준다.
　㉡ 색의 감정적 효과 중 중량감, 즉 색채에 의한 무게의 느낌은 주로 명도에 따라 좌우되어 높은 명도의 색은 가볍게, 낮은 명도의 색은 무겁게 느껴진다.
　㉢ 장파장의 빨간색은 따뜻하게 느껴지므로 따뜻한 색(난색)이라 한다.

14 |

색이 주는 감정적 효과와 색의 3속성과의 관계에서 가장 타당성이 낮은 것은?

① 온도감 – 색상
② 중량감 – 명도
③ 경연감 – 채도
④ 흥분과 침정 – 명도

해설 색의 감정적 효과와 3속성의 관계
　㉠ 색상(Hue) : 색채를 구별하는 데 필요한 색채의 명칭으로 온도감은 색상에 의한 효과가 극히 강하다.
　㉡ 명도(Lightness) : 색의 밝고 어두운 정도를 나타내며 색의 중량감은 명도차에 따라 크게 좌우된다.
　㉢ 채도(Saturation) : 색의 강약, 진한 색과 연한 색, 흐린 색과 맑은 색, 부드러움과 딱딱함 등을 나타내는 것

15 |

색채의 감정에 대한 설명으로 옳은 것은?

① 주황색·황색 등의 색상은 수축감을 느끼게 하며 생리적, 심리적으로 긴장감을 준다.
② 붉은색 계통의 색은 시간의 경과가 짧게 느껴지고, 푸른색 계통은 시간의 경과가 길게 느껴진다.

③ 난색계통의 고명도·고채도를 사용하면 흥분감을 준다.
④ 색의 중량감은 주로 채도에 의하여 좌우된다.

해설 • 비렌(Birren)은 장파장 계통의 색채(난색 계열 : 빨간색계)로 칠해져 있는 실내에서는 시간의 흐름이 길게 느껴지고, 단파장 계통의 색채(한색 계열 : 푸른색계)로 칠해져 있는 실내에서는 시간의 경과가 짧게 느껴진다고 하였다.
　• 난색 계통의 색상(빨강, 노랑, 주황)은 채도가 높을 때 흥분을 일으키고, 부드러운 느낌을 주며, 한색 계통의 채도가 낮은 색은 침정을 가져오고 차갑고 딱딱한 느낌을 준다. 또한, 색의 중량감은 명도에 의해서 좌우되며 굳어 있는 느낌의 색(채도와 명도가 낮은색)은 긴장감을 주고 수수한 느낌을 준다.

16 |

실제의 위치보다 가깝게 있는 것처럼 보이는 색을 뜻하는 것은?

① 후퇴색
② 수축색
③ 무채색
④ 진출색

해설 배경색보다 앞으로 진출하는 것처럼 느껴지는 색을 진출색(advancing color)이라고 한다.

17 |

색의 설명 중 잘못된 것은?

① 황색은 녹색보다 진출하여 보인다.
② 주황색은 녹색보다 따뜻하게 느껴진다.
③ 황색은 청색보다 커 보인다.
④ 황색은 녹색보다 무겁게 느껴진다.

해설 색채에 의한 무게의 느낌(중량감)은 주로 명도에 따라 좌우된다. 높은 명도의 색(빨강, 주황, 노랑)은 가볍게, 낮은 명도의 색은 무겁게 느껴진다.

18 |

색의 진출성에 대한 설명으로 틀린 것은?

① 어두운색보다 밝은색일수록 진출색이 높다.
② 순색과 혼색의 경우 혼색이 진출성이 높다.
③ 저채도의 배경에서는 고채도 색이 진출성이 높다.
④ 한색보다 난색이 진출성이 높다.

해설 색의 진출성

㉠ 두 가지 색을 똑같은 거리에서 주시하고 있으면 어느 한쪽이 다른 쪽보다 가깝게 보이는 것이 있다.
- 검정 종이 위에 노랑과 파랑을 놓고 일정한 거리에서 보면 노란색 쪽이 파란색보다도 가깝게 보이는 것처럼 느껴진다.
- 노란색은 진출성이 있고 파란색은 후퇴성이 있다고 볼 수 있다.

㉡ 배경색보다 앞으로 진출하는 것처럼 느껴지는 색을 진출색(advancing color)이라 한다.

㉢ 후퇴한 것처럼 느껴지는 색을 후퇴색(receding color)이라 한다.

㉣ 색광의 경우에도 동일하며 색의 명도 차와 면적 차에 의해 나타나는 경우도 있다.

㉤ 색채에 따라 같은 형체, 같은 면적이라도 그 크기가 다르게 보이는 경우가 있다.

㉥ 밝은색이 어두운색보다 크게 보이며, 같은 명도의 색상 사이에 있어서 노랑 및 빨강 계통이 파랑 및 청록 계통보다 크게 보인다.

㉦ 고명도, 고채도, 난색계의 색은 진출·팽창되어 보이고, 저명도, 저채도, 한색계의 색은 후퇴·수축되어 보이며, 배경색은 채도가 낮은 것에 비해 높은 색이 진출성이 있다.

㉧ 색의 면적이 실제 면적보다 작게, 또는 크게 느껴지는 것 같은 심리 현상을 색의 팽창성과 수축성이라 한다.

㉨ 명도가 높은 색은 외부로 확산되려는 현상을 나타내고, 낮은 색은 내부로 움츠려들려는 현상을 나타낸다.

㉩ 팽창의 느낌을 주는 색을 팽창색(expansive color)이라 한다.

㉪ 수축의 느낌을 주는 색을 수축색(contractive color)이라 한다.

19 |

다음 중 속도감이 가장 느린 느낌의 색상은?

① 노랑
② 빨강
③ 주황
④ 청록

해설 색채에서 속도감을 주는 색상은 황록, 노랑, 빨강 등 장파장 계통의 색이며, 또 고명도의 페일(pale ; 엷은, 저채도), 베리 페일(very pale : 아주 엷은) 톤(tone)쪽이 속도감을 더욱 증가시키고, 둔한 느낌을 주는 색상은 청록색으로 저명도의 색이 둔한 느낌을 준다.

20 |

다음 중 페일(pale) 톤과 가장 가까운 것은?

① 저명도 저채도의 색
② 강하고 힘 있는 고채도의 색
③ 우아하고 부드러운 고명도와 저채도의 색
④ 탁하고 침울한 저명도와 고채도의 색

해설 페일(pale) 톤은 아주 밝은 명도 특징은 맑고, 깨끗한 느낌을 주고 채도가 낮아 또렷하지 않은 희미한 색감은 힘이 빠진듯 연약한 느낌을 전달하기도 한다.

5. 색채 관리

01 |

다음 중 색채조절의 목적에 해당하는 것은?

① 수익 증대를 주목적으로 한다.
② 작업의 활동적인 의욕을 높인다.
③ 주변 환경과의 조화를 무엇보다 우선시 한다.
④ 심미적인 조화를 우선적으로 한다.

해설 색채조절

건물이나 설비 등의 색채를 통하여 마음의 안정을 찾고 눈이나 정신의 피로에서 회복시키며 일의 능률을 향상하고자 하는 목적을 가짐으로써, 사고나 재해를 감소시키고 눈의 긴장과 피로를 적게 하여 능률이 향상되고 생산력이 높아지는 효과 등을 볼 수 있다.

02 |

색채조절의 효과로 가장 거리가 먼 것은?

① 마음의 안정을 찾는다.
② 일의 능률을 향상시킨다.
③ 눈과 정신의 피로를 완화시킨다.
④ 개인의 취향을 반영할 수 있다.

해설 색채조절

건물이나 설비 등의 색채를 통하여 마음의 안정을 찾고 눈이나 정신의 피로에서 회복시키며 일의 능률을 향상하고자 하는 목적을 가짐으로써, 사고나 재해를 감소시키고 눈의 긴장과 피로를 적게 하여 능률이 향상되고 생산력이 높아지는 효과 등을 볼 수 있다.

03

색채조절을 함에 있어 주의해야 할 사항으로 옳은 것은?

① 색을 볼 때 피로를 느끼는 것은 주로 명도의 정도 여하에 달려있다.
② 도색 되어야 할 기기에 특별한 주의를 환기시킬 필요가 있을 때는 채도를 높이는 것이 좋다.
③ 보통 기기에는 채도를 4 이상으로 유지하지 않으면 나쁜 영향이 나타난다.
④ 기계의 움직이는 부분과 조작의 중심점 같이 접점이 되는 부분은 다른 부분과 비슷한 색채를 사용하는 것이 좋다.

해설 색채조절
색채가 가지는 기능을 과학적으로 이용하는 기술로 기능 배색, 색채관리라고도 한다. 색채조절은 건전한 심신의 유지, 작업 능률의 증진, 위험 방지 등에 직접적으로 영향을 준다.
ㄱ 색채조절 순서
• 명도 결정
• 채도 결정
• 색상 결정
ㄴ 색의 선택 조건
• 차분하고 밝은색 선택
• 안정감을 주는 색 선택
• 순백색 및 강한 자극을 주는 색은 피한다.
ㄷ 색채조절효과
• 생산량 증가
• 근로 의욕 향상
• 피로 예방
• 재해율(사고율) 감소
• 밝기 증가

04

색채가 지닌 심리적, 생리적, 물리학적 성질을 잘 활용하는 일을 색채조절(color conditioning)이라고 한다. 다음 중 색채조절이 특히 중요시되는 곳은?

① 상점   ② 공공단체
③ 음식점   ④ 생산공장

해설 색채조절은 건물이나 설비 등의 색채를 통하여 마음의 안정을 찾고, 눈이나 정신의 피로를 회복시키며, 일의 능률을 향상시키고자 하는 목적을 가지고 있다.

05

색채조절의 일반적인 기준이 적용된 예로 타당성이 가장 낮은 것은?

① 달리는 자동차에는 명시도가 높은 색을 사용하는 것이 안전하다.
② 주택의 큰 가구에 주목성이 강한 색을 사용하여 내부에 통일성을 준다.
③ 산업시설에서의 창틀은 흰색으로 하거나 외부 밝기와의 대조를 줄이기 위해 밝은 색조로 한다.
④ 유치원은 연노랑, 산호색, 복숭아색과 같은 온색의 밝은 환경이 적합하다.

해설 주택의 색체조절은 공간의 목적에 따라 명도와 채도가 높은 색채보다는 따뜻하고 마음을 진정시킬 수 있는 중성색을 중심으로 선택한다.

06

색채조절에 대한 설명으로 맞는 것은?

① 보통 기기는 채도를 8 이상으로 유지해야 한다.
② 색을 볼 때 피로를 느끼는 것은 주로 명도에 영향을 받기 때문이다.
③ 기계류의 중요한 부분은 주의를 집중시킬 수 있는 색으로 두드러지게 한다.
④ 기계의 움직이는 부분과 조작의 중심점같이 집점이 되는 부분은 다른 부분과 비슷한 색채를 사용하는 것이 좋다.

해설 설치한 기계의 큰 면적 부분은 한색 계열의 청색으로 칠하여 냉정하고 침착하며 마음의 진정성과 눈의 피로 회복을 얻어 안전한 작업이 이루어지도록 한다.

07

배색된 색채들이 서로 공통되는 상태와 속성을 가질 때, 즉 유사(類似)의 원리가 있을 때 그 색채들은 조화가 된다. 다음 중 유사의 원리에 의하여 조화가 되는 것은?

① 노랑 – 주황   ② 노랑 – 빨강
③ 노랑 – 보라   ④ 노랑 – 파랑

유사 색상의 배색(연변 대비)이란 어떤 두 색이 맞붙어 있을 때 그 경계가 되는 언저리가 경계로부터 멀리 떨어져 있는 부분보다 색의 3속성별로 색상 대비, 명도 대비, 채도 대비의 현상이 더욱 강하게 일어나는 현상이다.

08 |

배색에 대한 설명으로 틀린 것은?

① 화려하고 강렬한 느낌을 위해서는 색상 차를 크게 하여 배색한다.

② 채도 차가 큰 배색은 면적을 조절하여 안정감을 주어야 한다.

③ 유사 색상 배색 시에는 명도 차, 채도 차를 비슷하게 하여 조화되게 한다.

④ 명쾌한 배색이 되기 위해서는 명도 차를 크게 배색한다.

유사 색상의 배색(연변 대비)이란 어떤 두 색이 맞붙어 있을 때 그 경계가 되는 언저리가 경계로부터 멀리 떨어져 있는 부분보다 색의 3속성별로 색상 대비, 명도 대비, 채도 대비의 현상이 더욱 강하게 일어나는 현상이다.

09 |

소극적인 인상을 주는 것이 특징으로 중명도, 중채도인 중간 색조의 덜(dull) 톤을 사용하는 배색 기법은?

① 포 카마이외 배색

② 카마이외 배색

③ 토널 배색

④ 톤 온 톤 배색

① 포 카마이외 배색(Faux Camaieu) : 카마이외 배색과 거의 동일하나 주위의 톤으로 배색하는 차이점이 있으며, 까마이외 배색처럼 변화의 폭이 매우 작다.

② 카마이외 배색(Camaieu) : 거의 동일한 색상에 미세한 명도차를 주는 배색으로 톤 온 톤과 비슷하나 변화폭이 매우 작다.

③ 토널 배색(Tonal Color) : 톤 인 톤 배색과 비슷하며, 중명도, 중채도의 다양한 색상을 사용하고 안정되고 편안한 느낌을 얻을 수 있다.

④ 톤 온 톤 배색(Tone on Tone) : 색상은 같게, 명도 차이를 크게 하는 배색(동일 색상으로 톤의 차이)으로, 통일성을 유지하면서 극적인 효과를 얻을 수 있어 일반적으로 많이 사용한다.

10 |

강함, 동적임, 화려함 등을 느낄 수 있는 배색은?

① 동일 색상의 배색

② 유사 색상의 배색

③ 반대 색상의 배색

④ 포 카마이의 배색

• 반대 색상의 배색 : 보색 관계의 배색으로 분명함, 강함, 예리함과 동적인 화려함 등의 이미지를 느끼게 한다.

• 동일 색상 배색 : 색상환에서 색상의 차이가 0으로 한가지의 색상을 가지고 명도나 채도를 달리한 톤의 일부나 전부를 배색하는 방법이다. 무난하면서 세련된 느낌을 준다.

11 |

살찐 사람이 입었을 때 날씬하게 보이는 옷의 배색은?

① 가로줄 무늬, 고채도, 저명도, 난색

② 세로줄 무늬, 저채도, 저명도, 한색

③ 가로줄 무늬, 저채도, 고명도, 한색

④ 세로줄 무늬, 고채도, 고명도, 난색

동화현상(베졸드 효과)

인접한 주위의 색과 가깝게 느껴지거나 비슷해 보이는 현상을 말하며, 색을 직접 섞지 않고 색 점을 섞어 배열함으로써 전체 색조를 변화시키는 효과로 문양이나 선의 색이 배경색에 혼합되어 보이는 것으로 회색 배경 위에 검정의 문양을 그리면 회색 배경은 실제보다 더 검게 보인다. 색의 전파효과, 혼색효과라고도 부른다. 또는 줄눈과 같이 가늘게 형성되었을 때 뚜렷이 나타난다고 하여 줄눈효과라고도 부른다.

12 |

어두운색 가운데서 대비된 밝은색은 한층 더 밝게 느껴지고, 밝은색 가운데 있는 어두운색은 더욱 어둡게 느껴지는 현상은?

① 동화 현상   ② 색상 대비

③ 명도 대비   ④ 채도 대비

① 동화 현상(베졸드 효과) : 인접한 주위의 색과 가깝게 느껴지거나 비슷해 보이는 현상을 말하며, 색을 직접 섞지 않고 색 점을 섞어 배열함으로써 전체 색조를 변화시키는 효과로 문양이나 선의 색이 배경색에 혼합되어

보이는 것으로 회색 배경 위에 검정의 문양을 그리면 회색 배경은 실제보다 더 검게 보인다. 색의 전파효과, 혼색효과라고도 부른다. 또는 줄눈과 같이 가늘게 형성되었을 때 뚜렷이 나타난다고 하여 줄눈효과라고도 부른다.

② 색상 대비 : 색상이 서로 다른 색끼리 배색되었을 때 각 색상은 색상환 둘레에서 반대 방향으로 기울어져 보이는 현상이다.

④ 채도 대비 : 채도가 서로 다른 두 색이 배색되어 있을 때에는 채도가 높은 색은 더욱 선명하게, 채도가 낮은 색은 더욱 흐려 보인다.

13 |

흰색 바탕에 검은색 정방형을 일정한 간격으로 나열하면 격자의 교차 부분에서 검은색 점이 지각된다. 이와 같은 현상을 설명할 수 있는 색채 대비 현상은?

① 명도 대비　　② 보색 대비
③ 색상 대비　　④ 계시 대비

해설 ① 명도 대비 : 명도가 다른 두 색을 이웃하거나 배색하였을 때, 밝은색은 더욱 밝게, 어두운색은 더욱 어둡게 보이는 현상이다.
② 보색 대비 : 보색관계인 두 색이 서로의 영향으로 각각의 채도가 더 높게 보이는 것으로 색을 뚜렷하게 만들어 주는 대비이다.
③ 색상 대비 : 색상이 서로 다른 색끼리 배색되었을 때 각 색상은 색상환 둘레에서 반대 방향으로 기울어져 보이는 현상이다.
④ 계시 대비(계속 대비, 연속 대비) : 먼저 본 색의 보색 잔상과 나중에 본 색이 혼색이 되어 시간적으로 계속해서 생기는 대비이다. 빨강 색지를 보다가 흰색지를 보면 청록색이 보이며 채도는 낮아진다.

14 |

흰색 배경의 회색보다 검정색 배경의 회색이 더 밝게 보이는 것은?

① 보색 대비　　② 채도 대비
③ 명도 대비　　④ 색상 대비

해설 명도 대비
명도가 다른 두 색을 이웃하거나 배색하였을 때, 밝은색은 더욱 밝게, 어두운색은 더욱 선명하게 보이는 현상이다. 검은 바탕과 흰 바탕의 경우, 동일한 명도를

가진 회색이라도 흰 바탕으로 했을 때가 훨씬 어둡게 보인다.

15 |

같은 색의 물체를 동일한 광원에서 보더라도 면의 크기가 변하면 색이 다르게 보일 수 있는 것은?

① 면적 효과　　② 색상 대비
③ 연변 대비　　④ 메타메리즘

해설 ① 면적 효과 : 면적의 크고 작음에 따라 색이 다르게 보이는데, 즉 면적이 커지면 명도와 채도가 높아져서 그 색은 실제보다 밝게, 선명하게 보이고 반대로 면적이 작아지면 명도와 채도가 낮아져 보이는 현상이 일어난다. 넓은 면적은 채도가 낮은 색으로, 좁은 면적은 채도가 높은 색으로 배색하는 것이 좋다.
② 색상 대비 : 색상이 서로 다른 색끼리 배색되었을 때 각 색상은 색상환 둘레에서 반대 방향으로 기울어져 보이는 현상이다.
③ 연변 대비 : 어떤 두 색이 맞붙어 있을 경우 그 경계가 되는 언저리가 경계에서 멀리 떨어져 있는 부분보다 색의 3속성별로 색상 대비, 명도 대비, 채도 대비의 현상이 더욱 강하게 일어나는 현상이다.
④ 메타메리즘(metamerism) : 광원에 따라 물체의 색이 달라져 보이는 것과는 달리 분광 반사율이 다른 2가지의 색이 어떤 광원 아래에서는 같은 색으로 보이는 현상이다.

16 |

색의 대비 현상에 관한 내용 중에서 잘못된 것은?

① 명도 대비 : 명도가 다른 두 색이 서로의 영향으로 명도 차가 더 크게 나타나는 것
② 연변 대비 : 두 색의 경계 부분에서 색의 3속성별로 대비 현상이 더욱 강하게 나타나는 것
③ 계시 대비 : 먼저 본 색의 영향으로 다음에 보는 색이 먼저 본 색의 보색으로 보이는 것
④ 보색 대비 : 보색 관계인 두 색이 서로의 영향으로 각각의 채도가 더 높게 보이는 것

해설 계시 대비(계속 대비, 연속 대비)
먼저 본 색의 보색 잔상과 나중에 본 색이 혼색이 되어 시간적으로 계속해서 생기는 대비이다. 빨강 색지를 보다가 흰 색지를 보면 청록색이 보이며 채도는 낮아진다.

17

적색을 본 후 황색을 보게 되면 색상이 황록색으로 보이게 된다. 이러한 현상은?

① 명도 대비
② 연변 대비
③ 동시 대비
④ 계시 대비

해설 계시(계속) 대비
어떤 색을 보고 난 후에 다른 색을 보는 경우 먼저 본 색의 영향으로 다음에 보는 색이 다르게 보이는 현상으로 빨강 다음에 본 색이 노랑이면 색상은 황록색(연두색)을 띠어 보이는데, 이와 같이 시간적으로 전후하여 나타나는 시각 현상을 말한다.

18

주황색을 강한 인상으로 보여주려 할 때, 그 전에 어떤 색을 15초간 보여주는 것이 효과적인가?

① 주황색
② 빨강색
③ 녹색
④ 감청색

해설 계시 대비(계속 대비, 연속 대비)
먼저 본 색의 보색 잔상과 나중에 본 색이 혼색이 되어 시간적으로 계속해서 생기는 대비이다. 녹색을 본 후 보색에 가까운 색을 보면 강한 느낌을 받게 된다.

19

흰 종이 위에 있는 빨간 사과를 한참 보다가 치워 버렸다. 그 자리에 같은 모양의 어떠한 색이 연상되어 보이는가?

① 청록
② 파랑
③ 보라
④ 자주

해설 계시 대비(계속 대비, 연속 대비)
먼저 본 색의 보색 잔상과 나중에 본 색이 혼색이 되어 시간적으로 계속해서 생기는 대비이다. 빨강 색종이를 보다가 흰 색종이를 보면 청록색이 보이며 채도는 낮아진다.

20

면적 대비에 관한 설명 중 옳은 것은?

① 같은 색이라도 면적이 작은 쪽이 큰 쪽보다 명도가 높게 느껴진다.
② 같은 색이라도 면적이 작은 쪽이 큰 쪽보다 채도가 높게 느껴진다.
③ 실제 적용한 색이 견본의 색보다 채도가 낮아 보이므로 이를 고려하여 색을 선택해야 한다.
④ 면적의 크고 작음에 의해서 색이 다르게 보이는 현상이다.

해설 면적 대비
면적 대비는 면적이 크고 작음에 따라 색이 다르게 보이는 현상이다. 즉, 면적이 커지면 명도 및 채도가 증대되어 그 색은 실제보다 더 밝고 선명하게 높아 보인다. 반대로 면적이 작아지면 명도와 채도가 감소되어 보이는 대비의 현상이다. 그러나 원색의 면적 대비는 큰 면적보다도 작은 면적의 쪽이 효과적이다. 일반적으로 넓은 면적은 저채도로, 좁은 면적은 고채도로 하는 것이 효과적이다.

21

색의 동시 대비 현상에 관한 내용 중 가장 거리가 먼 것은?

① 하얀 바탕에 명도 5인 회색을 놓았을 때 회색이 실제보다 더 어둡게 보인다.
② 노란 바탕에 녹색을 놓았을 때 녹색은 실제보다 약간 노란색 기미를 띤 것처럼 보인다.
③ 선명한 파란색 바탕에 연한 하늘색을 놓았을 때 하늘색은 실제보다 더 흐리게 보인다.
④ 청록색 바탕에 회색을 놓았을 때 회색은 붉은색 기미를 띤 것처럼 보인다.

해설 중성색 옆에 차가운 한색이나 따뜻한 난색을 놓으면 한란 대비의 현상이 일어나게 된다.

22

민속의상, 자수, 민예품에서 보여지는 원시적 환희로 주로 느낄 수 있는 대비는?

① 명도 대비
② 색상 대비
③ 연변 대비
④ 계시 대비

해설 색상 대비

색상이 서로 다른 색끼리 배색되었을 때 각 색상은 색상환 둘레에서 반대 방향으로 기울어져 보이는 현상으로 유채색에서만 대비가 이루어진다.

23 |

같은 형태(形態), 같은 면적에서 그 크기가 가장 크게 보이는 색은? (단, 그 색이 동일한 배경색 위에 있을 때이다.)

① 고명도의 청색(blue)

② 고명도의 녹색(green)

③ 고명도의 황색(yellow)

④ 고명도의 자색(purple)

해설 고명도, 고채도, 난색계의 색은 진출·팽창되어 보이고, 저명도, 저채도, 한색계의 색은 후퇴·수축되어 보이며, 배경색은 채도가 낮은 것에 비해 높은 색이 진출성이 있다.

24 |

어떤 자극을 주어 감각을 일으키게 한 후 그 자극을 급히 제거하면 그 자극의 흥분이 남아 본래의 자극과 동일 또는 이질의 감각적 경험이 일어나는 현상은?

① 색의 대비   ② 색의 동화

③ 잔상   ④ 항상성

해설 잔상

ⓐ 어떤 자극을 주어 색각이 생긴 뒤 자극을 제거하면 제거한 후에도 그 흥분이 남아서 원자극과 같은 성질 또는 반대되는 성질의 감각 경험을 일으키는 것이다.

ⓑ 유채색의 경우에는 원래 자극의 보색상이 보인다.

ⓒ 병원 수술실 벽면의 색을 밝은 청록색으로 칠하는 것도 수술 도중 의사가 시선을 벽면으로 옮겼을 때 생기는 잔상으로 인한 시각의 흥분 상태를 방지하기 위한 것이다.

25 |

잔상에 관한 설명 중 틀린 것은?

① 색의 자극이 없어지고 잠시 지나면 그 상이 나타나는 것을 잔상이라 한다.

② 잔상이 원래의 색자극과 같은 색상일 때 이를 음성 잔상이라 한다.

③ 수술실의 벽면을 녹색으로 처리하는 것은 잔상 현상 때문이다.

④ 물체색에 있어서 잔상은 거의 원래 색과 보색 관계에 있는 색으로 나타난다.

해설 • 정의 잔상(Positive after image : 적극적 잔상-양성적 잔상)은 자극이 생긴 후에 이제까지 보고 있던 상을 계속해서 볼 수 있는 경우에 자극이 지속되는 것을 말한다. 햇불놀이나 TV, 영화 등에서 나타나는 색의 현상이다.

• 부의 잔상(Negative after image : 음성 잔상)은 자극이 생긴 후 정반대의 상을 느끼는 것으로 보색(색상환에서 서로 반대의 색) 잔상의 현상이 일어날 수 있다.

26 |

잔상에 관한 설명으로 잘못된 것은?

① 시신경이나 뇌의 이상으로 원래의 자극과 다른 감각을 일으키는 현상이다.

② 어떤 자극 때문에 원자극과 동질 또는 이질의 감각 경험을 일으키는 현상이다.

③ 망막의 흥분 상태의 지속성에 기인하는 현상이다.

④ 충동이 시신경에 발한 그대로 계속되고 있는 결과이다.

해설 잔상은 시신경의 자극으로 느껴 0.2초 정도에서 감각이 최고에 이르러 서서히 저하되므로 병적 현상이 아니라 감응 반응이다.

27 |

잔상에 대한 설명 중 옳은 것은?

① 잔상은 색의 대비와는 전혀 관계없이 일어난다.

② 수술실 벽면을 청록색으로 칠하는 것은 잔상을 막기 위해서이다.

③ 자극이 끝난 후에도 보고 있던 상을 그대로 계속하여 볼 수 있는 경우는 음성적 잔상에 속한다.

④ 계시 대비는 잔상의 영향을 받지 않는다.

정답 23. ③   24. ③   25. ②   26. ①   27. ②

해설 잔상이란 어떤 자극을 주어 색각이 생긴 뒤에 자극을 제거하면 제거한 후에도 그 흥분이 남아서 원자극과 같은 성질 또는 반대되는 성질의 감각 경험을 일으키는 것을 말한다.

㉠ 정의 잔상(Positive after image : 적극적 잔상–양성적 잔상)은 자극이 생긴 후에 이제까지 보고 있던 상을 계속해서 볼 수 있는 경우에 자극이 지속되는 것을 말한다. 횃불놀이나 TV, 영화 등에서 나타나는 색의 현상이다.

㉡ 부의 잔상(Negative after image : 음성 잔상)은 자극이 생긴 후 정반대의 상을 느끼는 것으로 보색(색상환에서 서로 반대의 색) 잔상의 현상이 일어날 수 있다.

㉢ 병원 수술실은 녹색 보색 잔상이 빨간색으로 나타나므로 흰색보다는 엷은 청록색의 색상이 좋다.

28 |

잔상(after-images)에 대한 설명 중 틀린 것은?

① 음성 잔상에서는 흑백이 뒤바뀐다.
② 음성 잔상에서는 색의 보색이 보인다.
③ 잔상과 시각의 뒤바뀜은 관계가 없다.
④ 잔상이란 망막이 자극을 받은 후 시신경의 흥분이 남아있다는 것이다.

해설 잔상은 시신경의 자극으로 느껴 0.2초 정도에서 감각이 최고에 이르러 서서히 저하되므로 병적 현상이 아니라 감응 반응이다.

29 |

우리가 영화를 볼 때 규칙적으로 화면이 연결되어 언제나 상이 지속되어 보이는 것은 어떤 현상에 의한 것인가?

① 푸르킨예 현상
② 잔상 현상
③ 동화 현상
④ 베졸드 브뤼케 현상

해설 모든 물체는 사람이 눈을 통해서 뇌에서 사물을 감지하는 시간은 약 0.03초이다. 그런데 이 시간보다 짧은 시간 내에 그림을 바꿔주게 되면 마치 움직이는 것처럼 보이게 되는데, 이러한 현상을 잔상 효과라 한다. 잔상 효과를 이용한 가장 대표적인 것은 만화영화이다. 우리 눈에는 움직이는 것처럼 보이지만 실제로는 여러 장의 정지 화면을 모아 짧은 간격으로 보여주는 것이다.

30 |

횃불놀이, TV나 영화 등에서 나타나는 색의 현상은?

① 정의 잔상
② 부의 잔상
③ 연변 대비
④ 색상 동화

해설 • 정의 잔상(Positive after image : 적극적 잔상–양성적 잔상)은 자극이 생긴 후에 이제까지 보고 있던 상을 계속해서 볼 수 있는 경우에 자극이 지속되는 것을 말한다. 횃불놀이나 TV, 영화 등에서 나타나는 색의 현상이다.
• 부의 잔상(Negative after image : 음성 잔상)은 자극이 생긴 후 정반대의 상을 느끼는 것으로 보색(색상환에서 서로 반대의 색) 잔상의 현상이 일어날 수 있다.

31 |

빨간색의 육류나 과일이 노란색 접시 위에 담겨 있을 때 육류와 과일의 빨간색이 자색으로 보여 신선미를 감소시킨다. 이러한 현상은 무엇 때문에 일어나는가?

① 색의 동화(color assimilation)
② 잔상(after image)
③ 항상성(constancy)
④ 기억색(memory color)

해설 잔상이란 어떤 자극을 주어 색각이 생긴 뒤에 자극을 제거하면 제거한 후에도 그 흥분이 남아서 원자극과 같은 성질 또는 반대되는 성질의 감각 경험을 일으키는 것을 말한다.

32 |

음성적 잔상이란?

① 원래의 감각과 반대의 밝기 또는 색상을 가지는 잔상
② 원래의 감각과 같은 질의 밝기 또는 색상을 가지는 잔상
③ 원래의 색상과 다른 무채색으로 나타나는 잔상
④ 원래 색상의 밝기 또는 색상이 약하게 나타나는 잔상

해설 부의 잔상(Negative after image)은 음성 잔상이라고
도 하며 자극이 생긴 후 정반대의 상을 느끼는 것으로
보색(색상환에서 서로 반대의 색) 잔상의 현상이 일어날
수 있다.

33 |

부의 잔상(negative after image)에 대한 설명으로
맞는 것은?

① 어떤 색을 응시하다가 눈을 옮기면 먼저 본 색
  의 반대색이 잔상으로 생긴다.
② 빨간 성냥불을 어두운 곳에서 돌리면 길고 선명
  한 빨간 원이 그려진다.
③ 사진 원판과 같이 원자극의 흑색은 흑색으로,
  백색은 백색으로 변화를 갖지 않는다.
④ 원자극과 흡사한 잔상으로 등색(等色) 잔상이 있다.

해설 부의 잔상(Negative after image)은 음성 잔상이라고
도 하며 자극이 생긴 후 정반대의 상을 느끼는 것으로
보색(색상환에서 서로 반대의 색) 잔상의 현상이 일어날
수 있다.

3 색채계획

1. 부위 및 공간별 색채계획

01 |

색채계획에 있어서 가장 요구되는 디자이너의 자질은?

① 즉흥적이고 연상적인 감각을 가져야 한다.
② 기능성에 주안을 둔 과학적, 이성적 처리 능력
  이 필요하다.
③ 감각적인 것에 치중하여야 한다.
④ 심미적인 관점에서 계획해야 한다.

해설 색채계획 디자이너는 색채계획의 과정 중 디자인의 적
용에서의 연구 항목은 색채규격과 색채품목번호, 색채
품목번호 자료철의 작성이며, 디자인에는 미적 감각의
능력이 있어야 한다. 또한 합리적인 색채계획을 하기 위
해서는 색채에 대한 관념을 감각적인 것에서 기능적인
방향으로 바꾸어야 하며, 아울러 객관적이고 과학적인
연구 자세를 가지도록 한다.

02 |

색채환경분석, 색채심리분석, 색채전달계획 등을 디
자인에 적용하는 단계는 어떠한 색채작업 시 이루어
지는 것이 타당한가?

① 색채조절   ② 색채관리
③ 색채응용   ④ 색채계획

해설 색채계획단계
  ㉠ 색채환경분석 – 색채변별능력, 색채조색능력, 자료
    수집능력
    • 경쟁 업체의 사용 색채 분석
    • 색채 재료의 사용색 분석
    • 색채 예측 데이터의 분석
  ㉡ 색채심리분석 – 심리조사능력, 색채구성능력
    • 기업 이미지의 측정
    • 컬러 이미지의 측정
    • 유행 이미지의 측정
    • 색채 기호의 측정
    • 상품 이미지의 측정
    • 전시물 이미지의 측정
    • 광고물 이미지의 측정
  ㉢ 색채전달계획 – 컬러 이미지의 계획 능력, 컬러 컨
    설턴트의 능력, 마케팅 능력
    • 판매 데이터와 대조

- 색재현의 코디네이션
- 기업의 이상상 책정
- 상품 이미지의 예측 계획
- 소비계층의 선택 계획
- 컬러 이미지의 등가 변환
- 유행 요인의 코디네이션
- 기업 색채의 결정
- 상품 색채의 결정
- 광고물 색체의 결정
- 타사 계획과의 차별화
ⓔ 디자인에 적용 – 아트 디렉션(Art Direction)의 능력
- 색채 규격과 색채 시방
- 컬러 매뉴얼의 작성

03 |

다음 색채계획과정 중 옳은 것은?

① 색채환경분석 → 색채심리분석 → 색채전달계획 →
  디자인의 적용
② 색채심리분석 → 색채환경분석 → 색채전달계획 →
  디자인의 적용
③ 색채환경분석 → 색채전달계획 → 색채심리분석 →
  디자인의 적용
④ 색채심리분석 → 색채전달계획 → 색채환경분석 →
  디자인의 적용

해설 색채계획과정
색채환경분석 – 색채심리분석 – 색채전달계획 – 디자
인에 적용

04 |

색채계획의 과정에서 색채심리분석에 해당되지 않는
것은?

① 색채 이미지 측정
② 유행 이미지 측정
③ 상품 이미지 측정
④ 경영 이미지 측정

해설 경영 이미지 측정은 소비자의 색채 심리를 과학적으로
조사 분석하여 적시, 적소, 적량으로 전략화하기 위한
계획과정으로 색채 심리 마케팅과 관계가 있다.

05 |

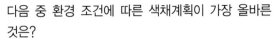

다음 중 환경 조건에 따른 색채계획이 가장 올바른
것은?

① 빛이 부족한 장소 : 명도가 낮은 색을 사용하여
  자연 광선의 부족을 보완해 준다.
② 비교적 고온의 작업 장소 : 붉은 계열의 따뜻한
  색을 주로 사용한다.
③ 넓고 천장이 높은 장소 : 면의 분할이나 슈퍼 그
  래픽 등을 활용하여 쾌적한 분위기를 연출한다.
④ 회색의 기계류가 많은 장소 : 무채색으로 모든
  것을 통일하여 단조로움을 강조한다.

해설 사무실, 공장, 학교, 병원, 도서관 등의 공공 건축 공간
은 많은 사람이 이용하는 생활공간이므로 목적에 맞는
색채 환경을 만들어야 한다. 따라서 색 자체가 가지고
있는 심리적, 물리적, 생리적 성질을 이용하여 인간의
생활이나 작업 분위기, 환경을 보다 쾌적하고 안전하고,
능률적인 것으로 만들기 위하여 각 색채의 기능을 조절
하는 것이 색채조절이다.

06 |

실내디자인의 경우 좋은 느낌의 색을 선택하기 위한
색채설계에서 고려할 내용으로 가장 거리가 먼 것은?

① 환경에 적합한 색
② 쓰는 사람에게 적합한 색
③ 기능적 특성에 조화되는 색
④ 더러움이 덜 타는 색

해설 색채계획의 필요성
ⓐ 색채가 다른 제품보다 특색이 있어야 한다.
ⓑ 기능적으로 우수함이 명시되기를 원한다.
ⓒ 제품에 의해 기분 좋은 생활 환경이 만들어지기를
  원한다.
ⓓ 언제까지나 여러 사람에게 호감을 가지는 색채로
  디자인되기를 원한다.

07 |

실내 배색의 일반적인 원리로 적합하지 않은 것은?

① 벽은 실내에서 가장 많이 시야에 들어오는 부위로 벽색이 실내 분위기에 큰 영향을 준다.
② 천장색은 보통 고명도색이 좋고, 이 경우 조명 효율도 향상된다.
③ 걸레받이는 변화를 주기 위해 벽색과 현저히 구별되는 색상의 고명도색이 좋다.
④ 바닥색은 벽과 구별되는 것이 좋고, 동색상일 경우는 벽보다 명도가 낮은 것이 무난하다.

해설 걸레받이는 벽의 맨 아래의 부분에 바닥과 벽이 닿는 곳에 마무리하는 수평부재로 물걸레질 청소할 때 벽이 오염되어 보이는 것을 방지하기 위하여 명도가 낮은 어두운 색채를 선택한다.

08 |

실내 색채계획에 관한 내용으로 적절하지 않은 것은?

① 먼저 주조색을 결정한 다음, 그 색과 조화되는 색을 적절한 비율로 선택한다.
② 휴식 공간 색채는 대비 조화, 난색 계열, 부드러운 색조가 좋다.
③ 명도와 채도를 점이의 수법으로 변화시켜 배색하면 리듬감이 생긴다.
④ 밝은색은 위로, 어두운색은 아래로 배색하면 안정성이 있다.

해설 실내 색채계획은 반사율 50~60%인 청록색의 부드러운 중간색을 권장한다. 청록색은 보편성이 있고, 일반적인 조명 조건에서도 이상적인 명도를 지니고 있으며, 또 조명에 의한 눈부심을 낮추기도 한다. 공장의 휴게실, 면회실 등에는 밝고 청결한 색상이 좋다.

09 |

용도별 실내 색채에 관한 다음 설명 중 틀린 것은?

① 한색계의 색채 공간은 정신적 활동에 적합하다.
② 병원 수술실에 가장 많이 쓰이는 색은 청록색이다.
③ 공장에서 안전이 요구되는 부위에는 안전색채를 배색하는 것이 좋다.
④ 독서실 벽은 순백색으로 배색한 것이 눈의 피로를 줄여서 좋다.

해설 독서실 벽의 바람직한 배색은 눈을 쉬게 하는 녹색(eye rest green)이라는 엷은 녹색으로 기분을 편하고 조용하게 하여 눈에 주는 자극도 적고 피로나 긴장에서 해방되는 등의 효과를 준다.

10 |

상품 제작 시 전달 색채계획의 첫 조건은?

① 쇼윈도의 이미지를 높인다.
② 상품의 가치를 시각에 돋보이게 한다.
③ 상품의 모양을 생각한다.
④ 점포의 분위기를 높인다.

해설 상품의 색채관리
ⓐ 소비자는 상품의 질보다는 포장이나 색채에 대한 심리적 기능에 따라 구매를 결정하는 경향이 있다.
ⓑ 사람은 청각이나 취각 등의 감각에 의한 것 보다 눈으로 보고 받아들이는 시각적 정보에 의한 느낌이 가장 중요한 요소로 작용된다.
ⓒ 좋은 색의 제품을 생산할 수 있는가, 생산된 좋은 색의 제품을 더욱 발전시킬 수 있는가, 생산된 좋은 색의 제품을 많이 판매할 수 있는가의 3단계 목표를 만족시키는 기업체의 상품은 좋은 색(소비자가 원하는 통제된 색)으로 만들어지므로 잘 팔리는 상품이 될 것이다.

11 |

상품의 색채에 대하여 고려해야 할 사항으로 틀린 것은?

① 책상과 캐비닛의 회색 명도는 N5 이하로 유지해야만 효율적이다.
② 색료를 선택할 때 내광, 내후성을 고려해야 한다.
③ 재현성을 항상 염두에 두고 색채관리를 해야 한다.
④ 제품의 표면이 클수록 더욱 정밀한 색채의 통제가 요구된다.

해설 상품의 면적이 클 경우에는 무채색과 유채색을 최대한 면적 대비시켜 이 콘트라스트(contrast ; 대비, 대조)에 의해서 제품의 이미지를 강조하여 고성능적인 느낌의 색채 효과를 올려야 한다.

12 |

상자가 너무 무거워 보이는 것을 해결하려 한다. 이 문제 해결에 참고사항으로 적절치 못한 내용은?

① 밝은색은 가볍고, 어두운색은 무겁다.

② 황색은 가볍고 자색은 무겁다.

③ 무채색에서는 흰색이 가장 가볍고, 검정색이 가장 무겁다.

④ 동일한 명도의 경우에 채도가 높은 색은 무겁고, 채도가 낮은 색채는 가볍다.

해설 동일한 명도의 색채일 경우 채도가 높으면 가볍고, 채도가 낮으면 무거워 보인다.

13 |

다음 중 안전 색과 그 일반적인 의미의 사용 예가 바르게 짝지어진 것은?

① 빨강 – 가전제품의 경고 표지

② 녹색 – 방사능 표지

③ 파랑 – 지시 표지

④ 노랑 – 방화 표지

해설 ① 빨강 : 멈춤, 방화, 위험 및 긴급을 표시하는 것 또는 장소
② 녹색 : 안전(광산 갱도의 대피소를 표시하는 녹색등, 비상구를 표시하는 색광) 진행, 구급
③ 파랑 : 방사성 물질의 저장 장소, 항공기의 지상 유도 및 차량을 유도하는 것 또는 장소
④ 노랑 : 주의를 촉구할 필요가 있는 것 또는 장소

14 |

안전색채 사용에 대한 설명이 틀린 것은?

① 제품 안전 라벨에 안전 색을 사용하여 주목성을 높인다.

② 초록은 지시의 의미가 있으며 의무실, 비상구, 대피소 등에 사용된다.

③ 안전색채는 다른 물체의 색과 쉽게 식별되어야 한다.

④ 노랑과 검정 대비색 조합 안전표지는 잠재적 위험을 경고하는 의미를 가진다.

해설 녹색
㉠ 표시 사항 : 안전, 진행, 구급
㉡ 사용 장소 : 안전(광산 갱도의 대피소를 표시하는 녹색등, 비상구를 표시하는 색광)

15 |

안전을 위한 색채의 활용으로 옳은 것은?

① 빨강 : 귀중하고 값있는 물질

② 노랑 : 정지, 금지

③ 녹색 : 비상구, 안전 물질

④ 파랑 : 주의, 운반차

해설 ① 빨강 : 멈춤, 방화, 위험 및 긴급을 표시하는 것 또는 장소
② 노랑 : 주의를 촉구할 필요가 있는 것 또는 장소
④ 파랑 : 지시 표지

16 |

공장 안에서 통행에 충돌위험이 있는 기둥은 무슨 색으로 처리하는 것이 안전색채에 적절한가?

① 빨강   ② 노랑
③ 파랑   ④ 초록

해설 안전색채와 안전 색광은 색채 조절 중에서 여러 사고를 막기 위해 도로, 공장, 학교, 병원 등 각 분야에서 사용되고 있는 것으로, 제일 중요한 점은 눈에 잘 띄고 쉽게 확인할 수 있도록 주목성 및 시인성이 높은 색이어야 한다. 교통 표지판에서 흔히 노랑과 검정의 줄무늬를 볼 수 있는데, 이것은 명도차가 가장 큰 색끼리 배색함으로써 명시도를 높이기 위한 것이다.
※ 노랑
㉠ 표시 사항 : 주의
㉡ 사용 장소 : 주의를 촉구할 필요가 있는 것 또는 장소
㉢ 보기 : 신호등의 주의, 회전 색광, 건널목에서 열차의 진행 방향을 표시하는 노란 표시등 등

17 |

우리나라 산업규격의 안전 색광 사용 통칙에 있어서 위험과 긴급을 표시하는 색광은?

① 노랑   ② 빨강
③ 녹색   ④ 자주

해설 빨강

   ㉠ 표시 사항 : 멈춤, 방화, 위험, 긴급
   ㉡ 사용 장소 : 멈춤, 방화, 위험 및 긴급을 표시하는
      것 또는 장소

18 |

교통 표지판에 주로 이용된 시각적 성질은?

① 명시성   ② 심미성
③ 반사성   ④ 편의성

해설 명시도는 주위 색과의 차이에 의존하고, 색상, 채도, 명도의 차가 클수록 높아지며, 명시도의 요인이 되는 것은 명도 차이다. 따라서 노랑색 바탕의 검정색이 명시도가 가장 높아서 교통 표지판, 안전사고 방지시설 등에 많이 사용하며, 노랑색 바탕의 녹색도 명시도가 높다.

19 |

주택의 색채계획에 관한 설명 중 가장 타당한 것은?

① 거실은 즐거운 분위기를 주기 위해 고채도의 색을 사용한다.
② 부엌의 작업대는 지저분해지기 쉬우므로 저명도의 색을 사용한다.
③ 욕실은 일반적으로 청결한 분위기를 위해 고명도의 색을 사용한다.
④ 침실은 차분한 분위기를 주기 위해 저명도의 한 색을 사용한다.

해설 욕실, 화장실

전체를 밝은 느낌의 색조로 처리하는 것이 바람직하다. 타일은 엷은 청록이나 밝은 아이보리가 흔히 사용되며, 욕조는 밝은 청색을 사용하면 거기에 가득 찬 물의 색이 깊고 아름답게 보인다. 바닥색은 아이보리나 베이지색이 조화를 이룬다. 간혹 욕실의 벽을 분홍색으로 하는 경우도 있는데 분홍색은 동양인의 살색에는 부적합한 편이다.

20 |

다음 중 주택의 색채조절에 있어서 조명이 가장 밝아야 하는 곳은?

① 거실   ② 침실
③ 부엌   ④ 복도

해설 부엌은 음식을 만들기 위한 작업공간이므로 다른 공간에 비해 조명이 가장 밝아야 한다.

21 |

가장 온도감이 높은 난색으로 식당, 침실 등에 사용하여 안락한 분위기 연출에 좋은 색상은?

① 청록색   ② 파랑색
③ 노랑색   ④ 주황색

해설 난색(warm color)은 고명도, 고채도, 난색 계통의 색상(빨강, 노랑, 주황)은 장파장 계열로 시감도가 좋고 진출·팽창, 가벼워 보이고, 흥분을 일으키며, 스피드 감을 준다.

22 |

백화점 실내공간의 색채계획에 관한 설명으로 옳지 않은 것은?

① 색상은 조명 효과와 고객의 시각심리를 함께 고려하여 정한다.
② 구매 욕구를 북돋우기 위해 악센트 색을 넓은 면적에 적용한다.
③ 밝은 색조를 사용하면 어두운색보다 공간의 크기가 확장되어 보인다.
④ 다양한 상품색이 혼합된 곳에서는 중 채도의 색을 위주로 한 배색을 한다.

해설 백화점의 색채계획

   ㉠ 공간의 질서감을 부여하기 위하여 전체적으로 색상을 통일시키는 것이 유리하다.
   ㉡ 여러 가지 상품색이 서로 혼합되어 있으므로 중채도의 색을 위주로 한 백색으로 시각적인 혼란감을 억제하는 것이 바람직하다.
   ㉢ 상품의 종류와 고객의 성별, 연령이 다르므로 어느 정도 융통성이 있는 배색이 되도록 한다.

23 |

다음 중 작업장의 광선 조절을 위한 차광창의 재료와 색으로 가장 적합한 것은?

① 백색천 재료
② 백색 페인트의 망창
③ 불연재의 회색 블라인드
④ 금속재의 검정발 형태

작업장에 비추는 태양광선을 실내에 효과적으로 투사하기 위하여 즉, 눈의 피로와 사고율을 줄이기 위해 저채도인 색이 바람직하므로 불에 타지 않는 회색 계통의 색이 차광창으로 유리하다.

24

사무실의 색채계획에 관한 설명 중 가장 거리가 먼 것은?

① 능률적이고 쾌적한 업무 환경을 위해 밝은 색상을 벽면에 사용한다.
② 정신적 업무 공간에서는 한색 계통을 사용한다.
③ 생동감, 시각적 효과를 위해 부분적으로 강조색을 사용한다.
④ 사무실의 이상적인 빛 반사를 위해서는 벽면의 반사율을 60% 이상으로 조정해야 한다.

 건축에 대한 색채 조화론의 작용에서 천장면은 명도 9 이상, 벽면은 8 전후, 바닥과 실내 배치 물건은 6 전후가 좋다. 다음은 사무실의 각 면의 명도를 나타낸 것이다.

종별	반사율(%)	먼셀 명도
천장	80~92	9 이상
벽	40~60	7~8
가구	26~44	5.5~7
사무용 기기	26~55	5.5~7
상변	21~39	5~7

25

다음 중 식당에서 식욕을 증진시키기 위한 색으로 사용하기 가장 적절한 것은?

① R-RP 계통의 명도 4 정도
② Y-GY 계통의 명도 4 정도
③ B-PB 계통의 채도 6 정도
④ R-YR 계통의 채도 6 정도

 식욕을 자극하는 색상은 다홍, 주황, 노랑 등의 난색계의 색상이다.

26

온도감이 높은 난색으로 식당에서 식욕을 돋우기에 적합한 것은?

① 청록
② 파랑
③ 노랑
④ 주황

 • 난색(warm color)은 고명도, 고채도, 난색 계통의 색상(빨강, 노랑, 주황)은 장파장 계열로 시감도가 좋고 식욕을 돋우며, 진출·팽창, 가벼워 보이고, 흥분을 일으키며, 스피드 감을 준다.
• 한색은 저명도, 저채도, 한색 계통의 색상(청록, 파랑, 청자)은 단파장 쪽의 색이며 이들 색상은 수축, 후퇴성이 있고 심리적으로 긴장감을 가진 색이다.

27

공공건축공간(공장, 학교, 병원)의 색채 환경을 위한 색채조절 시 고려해야 할 사항으로 거리가 먼 것은?

① 능률성
② 안전성
③ 쾌적성
④ 내구성

 공공건축공간의 색채 환경을 위한 색채조절 시 고려 사항으로는 능률성, 안전성, 쾌적성이다.

28

아파트 건축물의 색채계획 시 고려해야 할 사항이 아닌 것은?

① 개인적인 기호에 의하지 않고 객관성이 있어야 한다.
② 주변에서 가장 부각될 수 있게 독특한 색채를 사용한다.
③ 전체적으로 질서가 있어야 하며 적당한 변화가 있어야 한다.
④ 주거만을 위한 편안한 색채 디자인이 되어야 한다.

 공공건축공간은 많은 사람이 이용하는 생활공간이므로 주변 환경과 건물 목적에 맞는 색채 환경을 만들어야 한다.

29

공공성을 가진 차량을 도장할 때 주의해야 할 사항으로 틀린 것은?

① 도장 공정이 간단할수록 좋다.
② 보수 도장을 위해 조색이 용이할수록 좋다.
③ 일반인들이 사용하지 못하게 하기 위해 특수 색료를 사용한다.
④ 변색, 퇴색하지 않는 색료가 좋다.

해설 일반적으로 사용 가능하면서 쉽게 구입하고 친근감이 가는 색료를 사용한다.

30

다음 병원의 색채계획에 관한 기술 중 기능성을 고려할 때 가장 적절하지 못한 것은? (단, R – 적색, Y – 황색, YR – 주황색, W – 백색)

① 병실 – 색상은 10YR~2.5Y, 명도는 7~8, 채도는 2 정도
② 대합실 – 색상은 R~Y, 명도는 8 전후, 채도는 3 정도
③ 수술실 – 색상은 W, 명도는 8 전후, 채도는 2 이하
④ 진료실(소아과) – 색상은 YR~Y, 명도는 8 전후, 채도는 2 정도

해설 병원 수술실은 잔상이 빨간색으로 나타나므로 흰색보다는 빨간색의 보색인 옅은 청록색의 색상이 좋다.

31

다음 중 색의 시간성에 대한 색채계획으로 잘못된 것은?

① 운동선수나 난색 계열 유니폼은 속도감이 높아져 보여 상대편의 심리를 위축시킨다.
② 대합실에 난색 계열을 사용하여 기다리는 시간을 짧게 느끼게 했다.
③ 커피숍에 난색 계열을 사용하여 테이블 회전수를 늘렸다.
④ 사무실에 한색 계열을 사용하여 시간의 지루함을 없앴다.

해설 대합실이나 병원 내부의 벽은 지루한 시간을 잊어버리게 하기 위하여 한색 계통으로 칠하는 것이 좋다. 즉, 실내에서 시간의 경과가 짧게 느껴지게 하는 단파장 계통의 색채를 칠하여야 한다.

32

다음 색채 디자인에 관한 내용 중 가장 타당도가 높은 것은?

① 고등학교 교실 벽면의 색채계획은 활동성과 창

의성을 고려하여 화려하고 복잡한 배색을 시도하였다.
② 어린이 놀이방 벽면의 유지관리를 고려하여 저채도, 저명도의 붉은색을 계획하였다.
③ 패스트푸드점의 주조색을 청보라색으로 선정하였다.
④ 오랜 시간 기다려야 하는 병원 대기실 벽면에 중명도 저채도의 청록색을 사용하였다.

해설 ① 교실은 오랜 시간 체류하고 있어야 하므로, 차분하고 집중력이 산만해지지 않는 색채계획이 필요하다. 벽은 칠판의 색과 유사 또는 대비, 칠판은 3~4도의 명도, 4~6의 채도
② 어린이집의 천장, 벽, 바닥 같이 면적이 큰 곳은 채도가 낮은 색을 사용하고, 가구나 시설물 같이 적은 면적은 채도가 높은 색을 사용하여 눈에 띄게 한다. 또한 재료의 자연색을 사용하여 심리적 효과를 높이고 실내 분위기를 밝게 하는 것이 좋다.
③ 상점은 가장 자연스러운 느낌을 주는 색상환대로 나열한다. 기본 색상 외에도 중간색(올리브색, 갈색 계통)들과 무채색(회색, 검정색)의 배열순서도 고려한다.

33

가스 용기(gas bombe) 중 산소 용기의 표면색을 상징하는 것은?

① 초록   ② 노랑
③ 회색   ④ 검정

해설 색의 상징 중 가스봄베(bombe)의 초록은 산소를, 노랑은 아세틸렌 가스를, 회색은 프로판 가스를 상징한다.

34

공업 디자인의 경우 좋은 느낌의 색이 어떠한 색인가를 결정짓는 요인과 거리가 먼 것은?

① 용도에 적합한 것   ② 제품에 적합한 것
③ 환경에 적합한 것   ④ 제작자에게 적합한 것

해설 상품 색채계획
㉠ 친밀감을 느낄 수 있고 색명과 색깔에 대하여 많은 이해를 가질 수 있는 색깔로 보기를 들면 흰색, 빨강, 다홍, 노랑, 녹색, 파랑, 보라의 색상을 기준으로 하여 소비자가 좋아하는 색채를 택해야 한다.

ⓛ 배색은 비슷한 색상끼리의 배합으로 2색 배합, 3색 배합 등 적은 색 수의 단순한 배색이 좋다.
ⓒ 상품을 연상할 수 있는 색채를 배색해야 한다. 미국의 비렌은 커피통은 갈색으로 포장하고 아이스크림은 푸른색 그릇에 넣어서 차가운 기분을 내도록 해야 한다고 주장했다.
ⓔ 색채의 경중감에 대한 주의를 해야 한다. 대개 밝은 색깔은 경쾌한 감이 드나 무게가 없고 불안정하다. 이와 반대로 어두운 색깔을 쓰면 무게는 있어 보이나 우울한 느낌을 주기 쉽다.
ⓜ 큰 물건이나 책의 장정은 너무 화려한 색채를 쓰면 오히려 품위가 없어 보이고 호감을 사지 못한다.
ⓗ 식품 포장으로서는 밝은 YR, Y, 밝은 BG, Y 등은 식욕을 돋우어 주지만 B, P, YG 등은 그렇지 못하다. 그리고 과일통의 포장지로서는 YR, Y에 G를 약간 배치시키는 색채로 포장하는 것이 좋으며, 모든 상품의 색채는 시인성, 판독성, 주목성, 식별성이 좋아야 한다.

35

좋은 느낌의 색을 선택하는 데 있어 기본적인 상황을 설명한 것 중 틀린 것은?

① 제품에 적합한 것
② 용도에 적합한 것
③ 개성이 있는 것
④ 계획자 기호에 맞는 것

해설 색채계획의 필요성
ⓐ 색채가 다른 제품보다 특색이 있어야 한다.
ⓑ 기능적으로 우수함이 명시되기를 원한다.
ⓒ 제품에 의해 기분좋은 생활환경이 만들어지기를 원한다.
ⓓ 언제까지나 여러 사람이 호감을 가지는 색채로 디자인되기를 원한다.

36

기업 색채(corporate color) 선택에 있어서 거리가 먼 것은?

① 보편적으로 모든 사람들이 좋아할 수 있으며, 명도, 채도가 높은 색채
② 사람에게 불쾌감을 주지 않고 주위 경관을 손상시키지 않으며 조화되는 색채
③ 여러가지 소재로 응용할 수 있으며 관리하기 쉬운 색채
④ 눈에 띄기 쉽고 타사(다른 회사)와의 차별성이 뛰어난 색채

해설 기업 색채
ⓐ 기업에서 생산되는 모든 제품들은 운송이나 보관의 편리를 위해 포장 디자인의 과정을 거쳐 소비자의 손에 들어가게 된다.
ⓑ 판매를 증가시키기 위해 상품 정보를 소비자에게 자세히 알려주는 방법으로써, 각종 광고와 선전을 하고 있다.
ⓒ 광고 선전은 신문이나 잡지, 텔레비전, 라디오 등을 이용하고 있으며, 기업에서 업무용으로 쓰이는 각종 인쇄물, 운송차량, 편지나 봉투 등의 각종 서식류, 표지, 간판 등도 기업의 인상을 좋게 하는 광고와 같은 역할을 하고 있다.
ⓓ 국내·외의 많은 기업들은 생산 제품의 다양화와 기업의 확대, 국제 시장의 진출, 경쟁 상품의 속출로 인하여 생길 수 있는 여러 가지 어려운 점에 대응하는 경영 전략의 하나로 모든 디자인과 색채를 통일하여 좋은 기업상을 만들기 위해 노력하고 있다.
ⓔ 오늘날 많은 기업이나 단체에서 사업성격에 알맞은 특정한 색을 제정하여 기업색으로 사용하고 있는 것은 색이 가지고 있는 시각적 효과를 이용하여 통일된 기업상을 형성하기 위한 수단의 하나이다.
ⓕ 파란색의 유엔기는 희망과 평화를 상징하고 소생과 건강을 상징하는 녹색이 제약회사의 기업색으로 많이 이용하고 있는 것도 기업의 이미지를 뚜렷하게 해주는 좋은 보기이다.

37

기업 색채의 선택 요건으로 부적당한 것은?

① 기업의 이념과 실체에 맞는 이상적 이미지를 표현할 수 있는 색채 요건
② 눈에 띄기 쉬운 색이며 타사와 구별성이 뛰어난 색채 요건
③ 기업의 독특한 이미지를 살리기 위한 복잡하고 개성적인 색채 요건
④ 여러 가지 소재로 재현이 용이하고 관리하기 쉬운 색채 요건

해설 기업 색채의 선택 요건
ⓐ 기업의 이념과 실체에 맞는 이상적 이미지를 나타내는 데 어울리는 색채를 선택한다.
ⓑ 눈에 띄기 쉬운 색으로 타사와의 차별성이 뛰어난 색채를 선택한다.
ⓒ 여러 가지 소재로써의 재현이 용이하고 관리하기 쉬운 색채를 선택한다.
ⓓ 사람에게 불쾌감을 주거나 경관을 손상시켜서는 안 되며 주위와 조화되기 쉬운 색채를 선택한다.

38 |

제품 색채 디자인을 하기 위한 조사, 연구에 있어서 생각할 수 있는 내용과 거리가 가장 먼 것은?

① 경쟁사의 제품 색채 사용 사항조사
② 인생경험이 풍부한 어른들의 의견 청취조사
③ 제품을 놓는 배경이 되는 환경의 색채조사
④ 기능, 용도에 적합한 색채를 실험적으로 조사

해설 색채계획의 필요성
ⓖ 색채가 다른 제품보다 특색이 있어야 한다.
ⓛ 기능적으로 우수함이 명시되기를 원한다.
ⓔ 제품에 의해 기분좋은 생활환경이 만들어지기를 원한다.
ⓗ 언제까지나 여러 사람에게 호감을 가지는 색채로 디자인되기를 원한다.

39 |

제품의 색채관리는 통상 4단계로 나눌 수 있는데 (3 단계)에 해당되는 것은?

> 1. 색의 결정(디자인) → 2. 시색(발색 및 착색)
> → (3단계   ) → 4. 판매(광고 및 세일즈)

① 색 이미지 조사
② 기호색 조사
③ 검사(시감 측색, 계기 측색)
④ 색의 감정 효과 적용

해설 제품의 색채관리 4단계
색의 결정(디자인) → 시색(발색 및 착색) → 검사(시감 측색, 계기 측색) → 판매(광고 및 세일즈)

40 |

제품의 디자인의 색채계획 중 고려하지 않아도 되는 것은?

① 주관성
② 심미성
③ 실용성
④ 조형성

해설 제품 디자인의 색채계획 중 고려사항은 소비자의 기호색과 유행색, 색채의 연상 이미지와 상징성을 고려하며 심미성, 조형성, 실용성, 객관성을 갖추어야 한다.

41 |

제품의 배색 원리로 적절한 것은?

① 제품의 품질은 배색과 관련이 없다.
② 기호색이 반영된 배색은 상품의 소유감을 높인다.
③ 배색에 소비자의 라이프 스타일은 관계없다.
④ 유행하는 배색 트렌드를 그대로 적용하는 것이 좋다.

해설 다른 회사의 제품에 비교해서 뚜렷한 디자인과 색채의 특징을 가진다는 것은 그 제품을 소비자가 선택하는 뚜렷한 동기가 된다.

42 |

제품의 색채계획에 있어서 가장 먼저 선택해야 할 속성은?

① 색상
② 채도
③ 명도
④ 보색

해설 친밀감을 느낄 수 있고 색명과 색깔에 대하여 많은 이해를 가질 수 있는 색깔로 보기를 들면 흰색, 빨강, 다홍, 노랑, 녹색, 파랑, 보라의 색상을 기준으로 하여 소비자가 좋아하는 색채를 택해야 한다.

43 |

다음 중 제품의 크기를 가장 커 보이게 하는 포장지 색은?

① 파랑
② 자주
③ 노랑
④ 녹색

해설 제품 크기에 있어서 밝은색, 고채도의 색은 크게 두드러져 보이고, 난색은 전진·팽창하여 보이며, 한색은 후퇴·수축되어 보인다.

44 |

소생과 건강을 상징하는 제약 회사의 기업색으로 가장 많이 이용되고 있는 색은?

① 빨강
② 녹색
③ 파랑
④ 흰색

45 |

수송 기관의 대표적인 시내버스, 지하철, 기차 등의
색채설계 방법으로 적합하지 않은 것은?

① 도장 공정이 간단할수록 좋다.
② 조색이 용이할수록 좋다.
③ 변색, 퇴색하지 않는 도료가 좋다.
④ 특수한 도료라 구입하기 어려운 색료가 좋다.

해설 대중교통인 시내버스, 지하철, 기차 등의 색채설계 방법
으로는 도장 공정이 간단하고 조색이 용이하며 변색, 퇴
색이 되지 않는 특수 도료로 구입이 쉬운 색료가 좋다.

46 |

수송 기관의 색채 디자인에서 배색 조건과 가장 거
리가 먼 것은?

① 환경과의 조화
② 쾌적과 안전감
③ 재질의 조화
④ 항상성과 계절성

해설 수송 기관의 색채계획
㉠ 색채의 명시도를 높게 한다.
㉡ 경쾌감이 있어야 한다.
㉢ 복잡한 구조를 피한다.
㉣ 광택이 없는 도료나 재료를 사용한다.
㉤ 자극을 주는 것이 없도록 한다.

2. 도료 색채계획

01 |

색 감각을 표현한 다음 설명 중 옳은 것은?

① 회색 가방은 검정색 가방에 비해 가볍게 느껴진다.
② 컵에 담긴 빨간색 액체보다 노란색 액체의 온도
가 높게 느껴진다.

③ 원색의 자동차는 관료적인 권위를 상징한다.
④ 무거운 도구에 명도가 높은 색을 도장하면 심리
적으로 더 무겁게 느껴진다.

해설 색 감각
㉠ 색의 온도감은 빨강, 주황, 노랑, 연두, 초록, 파랑,
하양 등의 순서로 즉 파장이 긴 쪽이 따뜻하게 느껴지
고, 파장이 짧은 쪽이 차갑게 느낀다.
㉡ 검정색의 자동차는 관료적인 권위를 상징한다.
㉢ 가벼운 느낌의 색은 명도가 높은 색, 밝은색으로
부드럽고 경쾌한 느낌을 주며 흰색, 노랑, 밝은 하
늘색 등이 해당된다.
㉣ 무거운 느낌의 색은 명도가 낮은 색으로 어두운색
은 가라앉은 중압감과 무거운 느낌을 주는데 검정,
남색, 남보라, 감청 등이 해당된다.

02 |

21세기 첨단과학과 기술의 발전은 색채로도 그 변화
를 읽을 수 있다. 다음 중에서 사이버틱한 분위기 연
출을 위한 배색으로 적당한 것은?

① 블랙 앤 화이트
② 메탈릭 블루와 실버
③ 파랑과 초록
④ 빨강과 주황

해설 개성적인 배색에는 온화하고 부드러운 느낌의 배색보다
는 대조적인 느낌이 목적에 알맞은 경우가 많다.

03 |

맵핑의 방향에 따른 분류 방법이 아닌 것은?

① 명도 불편 클리핑 방법
② 명도의 중심점 클리핑 방법
③ 돌출점 클리핑 방법
④ 최장거리 클리핑 방법

해설 맵핑의 방향에 따른 분류 방법
㉠ 명도 불편 클리핑 방법
㉡ 명도의 중심점 클리핑 방법
㉢ 돌출점 클리핑 방법

04

색채관리 시 효율적으로 쓰이고 있는 CCM의 특징과 거리가 먼 것은?

① 컬러런트와 관계없이 염료나 도료를 섞는 방식이 장점이고, 메타메리즘이 발생할 수 있는 것은 단점이다.
② 색채관리에 있어 사람의 눈이나 광원에 의한 오차들을 배제할 수 있다.
③ 컴퓨터 외에 분광 측색기, 소프트웨어 등의 구성이 필요하다.
④ 염료와 조제의 정리 및 표준화가 가능하다.

해설 CCM의 특징

인간이 물체의 색을 볼 때 여러 가지 주변 환경의 조건이나 물체 자체의 광학적 특성의 영향으로 같은 색이라도 여러 가지 조건에 따라 다르게 보일 수도 있다. 또 사용된 염료나 안료의 조합 차이 등에 의해서도 변화된다. 이러한 현상은 색 제품의 제조단계에서 많은 트러블을 발생시키고 있다. 이를 해결하기 위한 한 방법으로 염색이나 착색을 하기 위한 염료나 안료의 조합 비율을 처방할 수 있는 CCM(Computer Color Matching : 자동배색장치)이 있다. CCM은 염색회사나 페인트 제조회사, 플라스틱 발색업체, 잉크회사 등의 색채산업에서 활용하고 있다.

05

육안 검색에 대한 설명이 틀린 것은?

① 조명에 사용하는 광원은 표준광 D_{65}와 상대 분광 분포도가 비슷한 상용 광원 D_{65}를 사용한다.
② 조도는 원칙적으로 500lx 이상, 균제도는 0.5 이상으로 한다.
③ 작업면의 색은 무광택이며 명도가 5인 무채색으로 한다.
④ 관찰자는 색에 영향을 주는 선명한 색의 의복은 착용해서는 안 된다.

해설 육안 검색

조색 후 정확하게 조색이 되었는지를 인간의 눈으로 검사하는 것을 말한다.
㉠ 가장 적당한 조도는 1,000Lx, 표준광원으로 D_{65} 광원이나 C 광원을 사용한다.

㉡ 색체계는 Lab표색계, 명도수치는 N5~N7로 한다.
㉢ 관찰자와 대상물의 관찰각도는 45°로 한다.
㉣ 비교하는 색의 면적은 눈의 각도가 2°, 10°로 한다.
㉤ 시감측색의 표기는 한국산업규격(KS)의 먼셀기호로 표기한다.
㉥ 조명의 균제도는 0.8 이상이어야 한다.
㉦ 검색 시 직사광선은 피하고 환경색에 영향을 받지 않도록 해야 한다(유리창, 커튼 등의 투과광선을 피한다).
㉧ 마스크는 광택이나 형광이 없는 무채색이 좋다.

Ⅲ 실내디자인 가구계획

1 가구 자료 조사

01 |

마르셀 브로이어(Marcel Breuer)가 디자인한 의자는?

① 흔들의자(rocking chair)
② 체스카 의자(Cesca chair)
③ 투겐하트 의자(Tugendhat chair)
④ 바르셀로나 의자(Barcelona chair)

해설 ① 흔들의자(rocking chair) : 2개의 굽은 로커(rocker)가 다리 아래에 부착되어 있으며 각 다리가 다른 다리를 연결하고 있다. 로커는 2개의 지점에서만 바닥과 접촉하며 의자를 쓰는 사람이 자신의 발로 살짝 밀거나 무게를 이동시켜 앞뒤로 움직일 수 있게 만들어준다.
② 체스카 의자(Cesca chair) : 1928년 마르셀 브로이어에 의해 디자인된 의자로, 강철 파이프를 구부려서 지지대 없이 만든 캔버터리식 의자로 등나무 네트로 좌판과 등받이를 만든 것이다.
③ 투겐하트 의자(Tugendhat chair) : 바르셀로나 체어의 몸체에 컨틸레버 형식의 골조를 부착한 디자인으로 팔걸이가 있는 것과 팔걸이가 없는 것으로 되어있다. 투겐하트 주택을 위하여 디자인된 의자이다.
④ 바르셀로나 체어(Barcelona chair) : 1929년 미스 반 데어 로에에 의하여 디자인된 의자로, X자로 된 강철 파이프 다리 및 가죽으로 된 등받이와 좌석으로 구성된다.

02 |

마르셀 브로이어가 바우하우스의 칸딘스키 연구실을 위해 디자인한 것으로 다음 그림과 같은 형태를 갖는 의자는?

① 바르셀로나 체어
② 바실리 체어
③ 페이란 체어
④ 바페트 체어

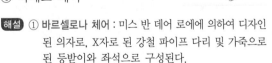

해설 ① 바르셀로나 체어 : 미스 반 데어 로에에 의하여 디자인된 의자로, X자로 된 강철 파이프 다리 및 가죽으로 된 등받이와 좌석으로 구성된다.
② 바실리 체어 : 마르셀 브로이어에 의해 디자인된 의자로, 강철 파이프의 틀에 가죽을 접합하여 만들었다.

※ 체스카 의자 : 마르셀 브로이어에 의해 디자인된 의자로, 강철 파이프를 구부려서 지지대 없이 만든 캔버터리식 의자이다.

03 |

미스 반 데어 로에가 디자인한 의자로, X자로 된 강철 파이프 다리 및 가죽으로 된 등받이와 좌석으로 구성되어 있는 것은?

① 체스카 의자   ② 바실리 의자
③ 파이미오 의자   ④ 바르셀로나 의자

해설 ① 체스카 의자 : 마르셀 브로이어(Marcel Lajos Breuer)
② 바실리 의자 : 마르셀 브로이어(Marcel Lajos Breuer)
③ 파이미오 의자 : 알바 알토(Alvar Aalto)

04 |

의자와 디자이너의 연결이 옳지 않은 것은?

① 파이미오 의자 – 알바 알토
② 레드 블루 의자 – 미하엘 토넷
③ 체스카 의자 – 마르셀 브로이어
④ 힐 하우스 레더백 의자 – 찰스 레니 매킨토시

해설 레드 블루 의자(Red/Blue chair, 1918/1923)
게이트 리트벨트(Gerrit Rietveld)가 가공되지 않은 나무 그대로 마감한 이 독창적인 의자는 1917~1918년 처음 디자인되었으나, 리트벨트는 1921년 데 스틸 운동(De Stijl movement) 참여의 결과로 이 혁신적인 의자를 페인팅하였다.

05 |

한국의 전통가구 중 반닫이에 관한 설명으로 옳지 않은 것은?

① 반닫이는 우리나라 전역에 걸쳐서 사용되었다.
② 전면 상반부를 문짝으로 만들어 상하로 여는 가구이다.
③ 반닫이는 주로 양반층에서 장이나 농 대신에 사용하던 가구이다.
④ 반닫이 안에는 의복, 책, 제기 등을 보관하였고, 위에는 이불을 얹거나 항아리, 소품 등을 얹어두었다.

해설 반닫이

전면(前面) 상반부를 상하로 열고 닫는 문판(門板)을 가진 장방형의 단층의류궤(單層衣類櫃)로 표준치수 높이 60~100cm, 앞면 너비 65~90cm, 옆면 너비 30~45cm. 지방에 따라 의류뿐만 아니라 귀중한 두루마리 문서 · 서책 · 유기류(鍮器類) · 제기류(祭器類) 등의 기물을 보관, 저장하는 가구로서 서민층에서는 천판 위에 침구를 얹거나 생활용구를 올려놓을 수 있어서 일반가정에서 가장 요긴하고 폭넓게 쓰였던 실용성 높은 가구이다. 지역에 따라 강화반닫이, 경상도반닫이, 박천(博川)반닫이, 제주반닫이 등이 있다

06 |

한국의 전통가구 중 장에 관한 설명으로 옳지 않은 것은?

① 단층장은 머릿장이라고도 부른다.
② 이층장이나 삼층장은 보통 남성공간인 사랑방에서 사용되었다.
③ 이불장은 금침과 베개를 겹겹이 쌓아두는 장으로 보통 2층으로 된 것이 많다.
④ 의걸이장은 외관의장에 따라 만살의걸이, 평의걸이, 지장의걸이로 구분할 수 있다.

해설 전통주거공간의 가구 배치
  ㉠ 안방 : 여주인이 일상적으로 거처하는 곳이며, 밤에는 침실의 역할을 하는 곳으로, 직계 존속 이외의 남자는 출입이 금지되어 있었다. 가구로는 단층장으로 머릿장이라 하며, 보료에서 가까운 위치에 두고 버선 등을 보관하는 데 사용하였으며, 이층장, 삼층장은 의복을 보관하는 데 사용하였다. 반닫이는 장방형의 궤로 전면 상부를 문짝으로 만들어 상하로 여는 가구이며, 의복이나 잡물, 수장구를 보관하는 데 사용하였다. 이외에 경대(화장대), 빗접(경대와 유사함), 함, 궤 등이 사용되었다.
  ㉡ 사랑방 : 주택 내의 가장 좋은 위치에 있으며, 남주인의 일상생활공간으로 내객의 접대 및 문객들과의 대화같은 사회적, 정치적 교류를 위한 장소로 사용되었다. 가구로는 문갑, 사방탁자, 서안, 장침, 서장, 경축장, 고비, 필통, 함, 방장 등이 사용되었다.

2 가구 적용 검토

1. 사용자의 형태적 · 심리적 특성

01 |

인체공학적 가구분류기준에 관한 설명에 포함되지 않는 것은?

① 인체 지지용 가구 – 인체를 직접 지지시켜 휴식과 안락을 취하는 가구
② 작업용 가구 – 학습, 작업, 식사 행위 등을 위한 가구
③ 칸막이 가구 – 개방감을 주면서 영역을 구획할 수 있는 가구
④ 수납용 가구 – 물품의 정리, 보관, 진열을 위한 가구

해설 칸막이 가구는 공간의 영역을 구획할 수 있는 가구이다.

02 |

가구를 인체공학적 입장에서 분류하였을 때에 관한 설명으로 옳지 않은 것은?

① 침대는 인체계 가구이다.
② 책상은 준인체계 가구이다.
③ 수납장은 준인체계 가구이다.
④ 작업용 의자는 인체계 가구이다.

해설 가구의 분류(인체학적)
  ㉠ 인체계 가구 : 의자, 침대, 소파, 벤치 등과 같이, 가구 자체가 직접 인체를 지지하는 가구로 인체 지지용 가구 또는 에르고노믹스(ergonomics)계 가구라 한다.
  ㉡ 준인체계 가구 : 사람과 물체, 물체와 물체의 관계를 갖는 가구로 테이블, 책상, 조리대, 카운터, 판매대 등 작업용 가구를 말하며 세미 에르고노믹스(semi ergonomics)계 가구라고 한다.
  ㉢ 건축계 가구 : 물체와 물체, 물체와 공간과의 관계를 갖는 가구로 선반, 옷장, 칸막이 등 수납용 가구로 셸터(shelter)계 가구라고도 한다.

정답 06.② / 01.③ 02.③

03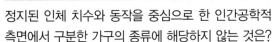

셸터계(Shelter계)의 가구 중 대표적인 것은?

① 의자, 침대　　　② 책상, 탁자
③ 카운터　　　　　④ 벽장, 옷장

해설 건축계 가구
　　물체와 물체, 물체와 공간과의 관계를 갖는 가구로 선반, 옷장, 칸막이 등 수납용 가구로 셸터(shelter)계 가구라고도 한다.

04

정지된 인체 치수와 동작을 중심으로 한 인간공학적 측면에서 구분한 가구의 종류에 해당하지 않는 것은?

① 칸막이 가구　　　② 작업용 가구
③ 수납용 가구　　　④ 인체 지지용 가구

해설 인체 공학적 가구분류
　㉠ 인체계 가구 : 의자, 침대, 소파, 벤치 등과 같이 가구 자체가 직접 인체를 지지하는 가구로 인체지지용 가구 또는 에르고노믹스(ergomics)계 가구라 한다.
　㉡ 준인체계 가구 : 사람과 물체, 물체와 물체의 관계를 갖는 가구로 테이블, 책상, 조리대, 카운터, 판매대 등 작업용 가구를 말하며 세미 에르고노믹스(semi ergomics)계 가구라고 한다.
　㉢ 건축계 가구 : 물체와 물체, 물체와 공간과의 관계를 갖는 가구로 선반, 옷장, 칸막이 등 수납용 가구로 셸터(shelter)계 가구라고도 한다.

2. 가구의 종류 및 특성

01

다음의 가구에 관한 설명 중 (　) 안에 들어갈 말로 알맞은 것은?

> 자유로이 움직이며 공간에 융통성을 부여하는 가구를 (㉠)라 하며, 특정한 사용 목적이나 많은 물품을 수납하기 위해 건축화된 가구를 (㉡)라 한다.

① ㉠ 고정 가구　　　㉡ 가동 가구
② ㉠ 이동 가구　　　㉡ 가동 가구
③ ㉠ 이동 가구　　　㉡ 붙박이 가구
④ ㉠ 붙박이 가구　　㉡ 이동 가구

해설 이동 가구와 붙박이식 가구
　㉠ 이동 가구 : 움직임이 자유로워 융통성 있는 공간 구성이 가능한 가구이다.
　　• 유닛 가구(Unit furniture) : 조립, 분해가 가능하며 필요에 따라 가구의 형태를 고정, 이동으로 변경이 가능한 가구이다.
　　• 시스템 가구(System furniture) : 서로 다른 기능을 단일 가구에 결합시킨 가구이다.
　　• 조립식 가구(DIY ; Do It Yourself) : 손쉽게 누구나 조립, 해체가 가능하도록 부품의 기능성을 개별화시킨 가구이다.
　㉡ 붙박이식 가구(Built in furniture) : 건축물을 지을 때부터 미리 계획하여 함께 설치하는 가구로 고정 가구라고도 하며, 특정한 사용 목적이나 많은 물품을 수납하기 위해 건축화된 가구로 공간의 효율성을 높일 수 있는 가구이다.

02

특정한 사용 목적이나 많은 물품을 수납하기 위해 건축화된 가구를 의미하는 것은?

① 유닛 가구　　　② 모듈러 가구
③ 붙박이 가구　　④ 수납용 가구

해설 붙박이식 가구(Built in furniture)
　　건축물을 지을 때부터 미리 계획하여 함께 설치하는 가구로 고정 가구라고도 하며, 특정한 사용 목적이나 많은 물품을 수납하기 위해 건축화된 가구로 공간의 효율성을 높일 수 있는 가구이다.

03

다음 설명에 알맞은 가구의 종류는?

> 가구와 인간과의 관계, 가구와 건축 구체와의 관계, 가구와 가구와의 관계 등을 종합적으로 고려하여 적합한 치수를 산출한 후 이를 모듈화시킨 각 유닛이 모여 전체 가구를 형성한 것이다.

① 시스템 가구　　　② 붙박이 가구
③ 그리드 가구　　　④ 수납용 가구

해설 ① 시스템 가구(System furniture) : 이동식 가구의 일종으로 인체 치수와 동작을 위한 치수 등을 고려하여 규격화(modular)된 디자인으로 각 유닛이 조합하여 전체 가구를 구성하는 것으로 대량생산이 가능하여 생산비가 저렴하고, 형태나 성격 또는 기능에 따라 여러 가지와 배치를 할 수 있어 자유롭고, 합리적이며 융통성이 큰 다목적용 공간구성이 가능하다.

② 붙박이식 가구(Built in furniture) : 건축물을 지을 때부터 미리 계획하여 함께 설치하는 가구로 고정 가구라고도 하며, 특정한 사용 목적이나 많은 물품을 수납하기 위해 건축화된 가구로 공간의 효율성을 높일 수 있는 가구이다.
④ 수납용 가구 : 물체와 물체, 물체와 공간과의 관계를 갖는 가구로 선반, 옷장, 칸막이 등 건축계 가구로 셸터(shelter)계 가구라고도 한다.

04

시스템 가구에 관한 설명으로 옳지 않은 것은?

① 단순미가 강조된 가구로 수납기능은 떨어진다.
② 규격화된 단위 구성재의 결합으로 가구의 통일과 조화를 도모할 수 있다.
③ 기능에 따라 여러 가지 형태로 조립, 해체가 가능하여 배치의 합리성을 도모할 수 있다.
④ 모듈 계획을 근간으로 규격화된 부품을 구성하여 시공기간단축 등의 효과를 가져올 수 있다.

해설 시스템 가구(System furniture)
이동식 가구의 일종으로 인체 치수와 동작을 위한 치수 등을 고려하여 규격화(modular)된 디자인으로 각 유닛이 조합하여 전체 가구를 구성하는 것으로 대량생산이 가능하여 생산비가 저렴하고, 형태나 성격 또는 기능에 따라 여러 가지와 배치를 할 수 있어 자유롭고, 합리적이며 융통성이 큰 다목적용 공간 구성이 가능하다.

05

시스템 디자인(system design)에 관한 설명으로 옳은 것은?

① 디자인에서 시스템 적용은 모듈에 의한 표준화, 조립화와 연결된다.
② 시스템 가구는 형태적 측면에서 고려된 것으로 대량 생산과는 관계가 없다.
③ 시스템 키친(system kitchen)은 주방용기인 그릇 등의 디자인을 통합하는 작업이다.
④ 서비스 코어 시스템(service core system)은 가구나 조명 등 실내공간을 보조하는 시스템을 말한다.

해설 시스템 디자인(System design)
여러 개의 구성요소들이 유기적, 조직적으로 관련하여 기능을 수행하도록 결합된 단일 내지 복합으로서의 전체를 말한다.

③ 시스템 가구(System furniture) : 가구와 인간, 건축, 가구 사이의 관계 등을 종합적이고 과학적으로 평가하여 사용에 편리한 규격을 만들고 각 유닛을 조합하여 전체 가구를 구성하는 것으로 대량생산이 가능해진다.
⑥ 시스템 키친(System kitchen) : 부엌에서의 동작이나 동선, 인체 및 사용 방식을 이용하여 각 유닛을 생활 방식, 공간의 크기 및 성격에 따라 알맞게 조립하여 사용함으로써 합리적이고 과학적인 부엌이 되도록 하는 것이다.

06

유닛 가구(unit furniture)에 관한 설명으로 옳은 것은?

① 규격화된 단일 가구로 다목적으로 사용이 불가능하다.
② 가구의 형태를 변화시킬 수 없으며 고정적인 성격을 갖는다.
③ 특정한 사용 목적이나 많은 물품을 수납하기 위해 건축화된 가구를 의미한다.
④ 공간의 조건에 맞도록 조합시킬 수 있으므로 공간의 이용 효율을 높일 수 있다.

해설 유닛 가구(unit funiture)
디자인 · 치수 등이 통일된 1세트의 가구
책꽂이 · 책상 · 서랍장 · 양복장 · 선반 등이 일정한 규격으로 만들어져 있어 이것들을 필요에 따라 여러 가지 형태로 짝을 맞추어 사용할 수 있다. 방의 크기나 사용 목적에 따라서 적당히 선택할 수 있고, 쉽게 구성 방법을 바꿀 수도 있는 것이 특징이다. 양복장과 장식 선반 등을 맞추어서 칸막이로 사용할 수 있도록 치수가 되어있는 것이 많다.

07

유닛 가구(unit furniture)에 관한 설명으로 옳지 않은 것은?

① 고정적이면서 동시에 이동적인 성격을 갖는다.
② 특정한 사용 목적이나 많은 물품을 수납하기 위해 건축화된 가구이다.
③ 공간의 조건에 맞도록 조합시킬 수 있으므로 공간의 이용효율을 높여 준다.
④ 규격화된 단일가구를 원하는 형태로 조합하여 사용할 수 있으므로 다목적 사용이 가능하다.

해설 • 유닛 가구(Unit furniture) : 조립, 분해가 가능하며 필요에 따라 가구의 형태를 고정, 이동으로 변경이 가능한 가구이다.
• 붙박이식 가구(Built in furniture) : 건축물을 지을 때부터 미리 계획하여 함께 설치하는 가구로 고정 가구라고도 하며, 특정한 사용 목적이나 많은 물품을 수납하기 위해 건축화된 가구로 공간의 효율성을 높일 수 있는 가구이다.

08 |

의자 및 소파에 관한 설명으로 옳지 않은 것은?

① 카우치(Couch)는 몸을 기댈 수 있도록 좌판의 한쪽 끝이 올라간 형태를 갖는다.
② 체스터필드(Chesterfield)는 쿠션성이 좋도록 솜, 스펀지 등을 채워 넣은 소파이다.
③ 풀업 체어(Pull-up chair)는 필요에 따라 이동시켜 사용할 수 있는 간이 의자로 가벼운 느낌의 형태를 갖는다.
④ 세티(Settee)는 몸을 축 늘여 쉰다는 의미를 가진 소파로 머리와 어깨 부분을 받칠 수 있도록 한쪽 부분이 경사져 있다.

해설 • 세티(Settee) : 러브시트와 달리 동일한 2개의 의자를 나란히 놓아 2인이 앉을 수 있도록 한 의자이다.
• 카우치(Couch) : 고대 로마시대에 음식물을 먹거나 잠을 자기 위해 사용했던 긴 의자로 몸을 기댈 수 있고 소파와 침대를 겸용할 수 있도록 좌판 한쪽을 올린 소파이다.

09 |

소파의 골격에 쿠션성이 좋도록 솜, 스펀지 등의 속을 많이 채워 넣고 천으로 감싼 소파로 구조, 형태상 뿐만 아니라 사용상 안락성이 매우 큰 것은?

① 스툴　　　　　② 카우치
③ 풀업 체어　　　④ 체스터필드

해설 ① 스툴(Stool) : 등받이가 없고 좌판과 다리만 있는 형태의 의자를 말한다.
② 카우치(Couch) : 고대 로마시대에 음식물을 먹거나 잠을 자기 위해 사용했던 긴 의자로 몸을 기댈 수 있고 소파와 침대를 겸용할 수 있도록 좌판 한쪽을 올린 소파이다.

③ 풀업 체어(pull-up chair) : 필요에 따라 이동시켜 사용할 수 있는 간이 의자로서 일반적으로 벤치라 하며 그리 크지 않고 가벼운 형태를 갖는다. 이 의자는 잡기 편해야 하고 들어올리기에 가벼워야 하며, 이리저리 옮기므로 튼튼해야 한다.
④ 체스터필드(Chesterfield) : 소파의 안락성을 위해 솜, 스펀지 등을 두툼하게 채워 넣은 소파이다.

10 |

다음 설명에 알맞은 가구의 종류는?

> 고대 로마시대에 음식물을 먹거나 잠을 자기 위해 사용했던 긴 의자로, 몸을 기댈 수 있도록 좌판의 한쪽 끝이 올라간 형태이다.

① 세티(settee)
② 카우치(couch)
③ 체스터필드(chesterfield)
④ 라운지 소파(lounge sofa)

해설 ① 세티(Settee) : 러브시트와 달리 동일한 2개의 의자를 나란히 놓아 2인이 앉을 수 있도록 한 의자이다.
② 카우치(Couch) : 고대 로마시대에 음식물을 먹거나 잠을 자기 위해 사용했던 긴 의자로 몸을 기댈 수 있고 소파와 침대를 겸용할 수 있도록 좌판 한쪽을 올린 소파이다.
③ 체스터필드(Chesterfield) : 소파의 안락성을 위해 솜, 스펀지 등을 두툼하게 채워 넣은 소파이다.
④ 라운지 소파(Lounge sofa) : 편안히 누울 수 있도록 신체의 상부를 받칠 수 있게 경사가 진 소파이다.

11 |

천으로 마감된 소파로 침대로 전환할 수도 있는 소파는?

① 세티(Settee)
② 카우치(Couch)
③ 다이밴(Divan)
④ 대븐포트(Davenport)

해설 ① 세티(Settee) : 두 사람 이상이 앉는 긴 안락의자
② 카우치(Couch) : 몸을 비스듬히 기대어 휴식하는 소파
③ 다이밴(Divan) : 등받이와 팔걸이가 없는 긴 의자

12 |

의자에 관한 설명으로 옳지 않은 것은?

① 스툴은 등받이와 팔걸이가 없는 형태의 보조 의자이다.
② 오토만은 라운지체어에 비해 등받이의 각도가 완만하다.
③ 풀업 체어는 필요에 따라 이동시켜 사용할 수 있는 간이 의자이다.
④ 라운지체어는 비교적 크기가 큰 의자로 편하게 휴식을 취할 수 있는 안락의자이다.

해설 오토만(ottoman)
등받이나 팔걸이가 없이 천을 씌운 낮은 의자만을 말하는데, 앉기보다는 실제로 다리를 올려놓는데 많이 쓰인다.

13 |

의자 중에서도 가장 간단한 형식으로, 화장이나 작업 보조용 등의 용도로 사용되고 있지만, 등받이가 없어서 장시간의 작업이나 휴식에 적합하지 않은 것은?

① 라운지체어(lounge chair)
② 이지체어(easy chair)
③ 스툴(stool)
④ 카우치(couch)

해설 스툴은 보조 의자로 등받이와 팔걸이가 없으며 가벼운 작업이나 잠시 걸터 앉아 휴식할 때 사용되며 더욱 편안한 휴식을 위해 발을 올려놓는 데 사용되는 스툴을 오토만이라 한다.

14 |

스툴의 종류 중 편안한 휴식을 위해 발을 올려놓는 데도 사용되는 것은?

① 세티
② 오토만
③ 카우치
④ 풀업 체어

해설 스툴은 보조 의자로 등받이와 팔걸이가 없으며 가벼운 작업이나 잠시 걸터 앉아 휴식할 때 사용되며 더욱 편안한 휴식을 위해 발을 올려놓는 데 사용되는 스툴을 오토만이라 한다.

① 세티(Settee) : 러브시트와 달리 동일한 2개의 의자를 나란히 놓아 2인이 앉을 수 있도록 한의자이다.
③ 카우치(Couch) : 몸을 기댈 수 있고 소파와 침대를 겸용할 수 있도록 좌판 한쪽을 올린 소파이다.
④ 풀업 체어(pull-up chair) : 필요에 따라 이동시켜 사용할 수 있는 간이 의자로서 일반적으로 벤치라 하며 그리 크지 않고 가벼운 형태를 갖는다. 이 의자는 잡기 편해야 하고 들어올리기에 가벼워야 하며, 이리저리 옮기므로 튼튼해야 한다.

15 |

다음 설명에 알맞은 의자의 종류는?

• 필요에 따라 이동시켜 사용할 수 있는 간이 의자로, 크지 않으며 가벼운 느낌의 형태를 갖는다.
• 이동하기 쉽도록 잡기 편하고 들기에 가볍다.

① 카우치
② 이지 체어
③ 풀업 체어
④ 체스터필드

해설 ① 카우치(Couch) : 고대 로마시대에 음식물을 먹거나 잠을 자기 위해 사용했던 긴 의자로 몸을 기댈 수 있고 소파와 침대를 겸용할 수 있도록 좌판 한쪽을 올린 소파이다.
② 이지 체어(Easy chair) : 가볍게 휴식을 취할 수 있는 단순한 형태의 안락의자로, 라운지체어보다 작다.
④ 체스터필드(Chesterfield) : 소파의 안락성을 위해 솜, 스펀지 등을 두툼하게 채워 넣은 소파이다.

16 |

침대의 종류와 크기의 연결이 옳지 않은 것은?

① 싱글 : 1,000×2,000mm
② 더블 : 1,350×2,000mm
③ 퀸 : 1,500×2,000mm
④ 킹 : 2,300×2,300mm

해설 침대의 종류 및 크기

종류	폭(mm)	길이(mm)
싱글(Single)	900~1,000	1,950~2,050
트윈(Twin)	980~1,100	1,950~2,050
세미 더블 (Semi double)	1,200~1,300	1,950~2,050
더블(Double)	1,350~1,450	1,950~2,050
퀸(Queen)	1,500	1,950~2,050
킹(King)	1,900~2,000	1,950~2,050

17 |

작업대 높이의 설계 시 고려해야 할 사항으로 옳지 않은 것은?

① 개개인에게 맞는 조절식이 좋다.
② 거친 작업에는 팔꿈치 높이보다 약간 낮은 편이 좋다.
③ 섬세한 작업일수록 팔꿈치 높이보다 약간 낮아야 한다.
④ 입식 작업대는 선 자세에서 팔을 굽혔을 때의 팔꿈치 높이를 기준으로 설계한다.

해설 작업대의 높이
ㄱ 섬세한 작업일수록 높게, 거친 작업 시는 약간 낮은 것이 적당하다.
ㄴ 서서하는 작업 시 작업대는 팔꿈치보다 5~10cm 낮은 것이 좋다.
ㄷ 의자를 사용하는 작업대 높이는 의자 자리면의 높이, 작업대 두께 등을 고려하여 설계한다.
ㄹ 체격의 개인차를 고려하여 높이 조절식이 유리하다.

18 |

입식 작업대의 높이는 작업의 종류 및 내용에 따라 달라진다. 다음 중 일반적으로 입식 작업대 높이의 기준이 되는 것은?

① 어깨높이　　　② 가슴높이
③ 허리높이　　　④ 팔꿈치높이

해설 의자에 앉아서 작업하는 작업대는 적당한 의자 높이에 앉아 팔꿈치높이를 더한 높이가 기준이 되며, 입식 작업대는 선 자세에서의 팔을 굽힌 팔꿈치높이를 기준으로 설계하여야 한다.

19 |

다음 중 입식 작업대의 높이를 결정하는 방법으로 적절하지 않은 것은?

① 일반적으로 섬세한 작업인 경우 팔꿈치 높이보다 높아야 한다.
② 경조립의 경우 작업대의 높이는 팔꿈치보다 5~10cm 정도 낮은 것이 적당하다.
③ 힘을 가하는 중작업의 경우에는 팔꿈치보다 5~10cm 정도 높은 것이 적당하다.
④ 작업대의 높이는 개인, 작업의 종류에 따라 조절할 수 있도록 제작하는 것이 좋다.

해설 작업대의 높이
ㄱ 섬세한 작업일수록 높게, 거친 작업시는 약간 낮은 것이 적당하다.
ㄴ 서서하는 작업 시 작업대는 팔꿈치보다 5~10cm 낮은 것이 좋다.
ㄷ 의자를 사용하는 작업대 높이는 의자 자리면의 높이, 작업대 두께 등을 고려하여 설계한다.
ㄹ 체격의 개인차를 고려하여 높이 조절식이 유리하다.

20 |

작업용 의자에 관한 설명으로 가장 적당하지 않은 것은?

① 좌판의 높이와 허리의 지지부는 높이가 조정될 수 있도록 해야 한다.
② 등받이는 자리면에서 8cm에서 14cm에 요철(凹凸)형의 패드를 설치하여 등뼈가 완만한 형태가 되게 한다.
③ 좌판의 높이는 책상의 윗면 모서리에서 밑으로 27~30cm가 적당하다.
④ 앞으로 숙인 자세 또는 중립 자세용으로, 때로는 등받이 또는 허리를 받치기 위해서 기대는데 적합한 것이어야 한다.

해설 가구의 종류 및 특성
ㄱ 작업용 의자
• 앞으로 숙인 자세 또는 중립자세용으로 때로는 등받이 또는 허리를 받치기 위해 기대기에 적합한 것이어야 한다.
• 자리면의 높이는 책상의 윗면 모서리에서 밑으로 27~30cm로 해야 한다.
• 자리면과 등받이의 경사각이 적당한 가구가 부착되어 가구로 자유롭게 설정할 수 있도록 한다.
• 자리면의 높이와 허리의 지지부는 높이가 조절될 수 있도록 한다.
• 바닥에서 0~18cm의 위치에 발을 올려놓은 발 받침대를 계획하지 않으면 안 된다.
ㄴ 휴식용 안락의자
• 완전히 등의 여러 근육을 이완시키며, 동시에 척추를 자연스럽게 유지시켜 줄 수 있어야 한다.
• 충분히 스펀지를 두어야 하고 엉덩이, 허벅지 부분의 가라앉는 깊이는 6~10cm 정도가 기준이 되게 한다.
• 등받이는 자리면에서 8cm에서 14cm에 凸형의 패드를 설치하여 등뼈가 완만한 凹형태가 되게 한다.
• 자리면의 높이는 39~41cm 사이가 되도록 하고 그 깊이는 47~48cm 사이가 되도록 해야 한다.
• 자리면은 20~26°의 경사를 갖게 하고 자리면과 등받이의 각도는 105~110°가 되게 해야 한다.

3 가구계획

1. 공간별 가구계획

01 |

가구의 배치 결정 시 먼저 고려되어야 할 사항은?

① 질감　　　　　② 색채
③ 기능　　　　　④ 스타일

해설 가구는 인간의 행위를 보다 편안하고 능률적으로 향상 시키기 위한 도구로 사용되며 보관, 정리, 진열 등 수납 의 기능과 장식적 요소로 사용된다.

02 |

공간의 목적이나 행위가 비교적 자유로운 장소에 배 치를 하는 가구 방식은?

① 분산적 가구 배치
② 집중적 가구 배치
③ 붙박이 가구 배치
④ 부분적 가구 배치

해설 가구 배치
　　가구 배치는 동선이나 작업 능률에 따라 집중 배치와 분산적 배치로 구별된다.
　　㉠ 집중 배치 : 행동이나 목적이 명확한 경우 사용되며 실내가 정돈되어 보이기는 하지만 딱딱하고 경직된 느낌이 든다.
　　㉡ 분산적 배치 : 목적이나 행동이 자유로운 경우 사용 되며 다소 혼란스러운 느낌이 들지만 색다른 실내 구성이 될 수 있다.

03 |

가구 배치에 관한 설명 중 옳지 않은 것은 어느 것 인가?

① 가구의 크기 및 형상은 전체 공간의 스케일과 시각적, 심리적 균형을 이루도록 한다.
② 실의 천장고가 높으면 수평적 형상의 가구를, 낮으면 수직적 형상의 가구를 배치한다.
③ 문이나 창문이 있는 부분에 위치하는 가구는 이 들의 개폐를 위한 여유 공간을 고려해야 한다.

④ 실의 크기에 비해 가구의 종류나 그 수가 너무 많으면 활동 면적이 작을 뿐 아니라 답답한 실 이 되므로 되도록 사용 목적 이외의 가구는 배 치하지 않는다.

해설 가구 배치 시 주의 사항
　　㉠ 사용 목적과 행위에 맞는 가구를 배치하고 사용 목 적 이외의 것은 놓지 않는다.
　　㉡ 사용자의 동선에 알맞게 배치하되 타인의 동작을 방해해서는 안 된다.
　　㉢ 크고 작은 가구를 적당히 조화롭게 배치한다.
　　㉣ 심리적 안정감을 고려하여 적당한 양만 배치하고, 충분한 여유 공간을 두어 사용시 불편함이 없도록 한다.
　　㉤ 큰 가구는 벽에 붙여 실의 통일감을 갖게 하며, 가 구는 그림이나 장식물 등 액세서리와의 조화를 고 려한다.
　　㉥ 문이나 창이 있는 경우 높이를 고려한다.
　　㉦ 전체 공간의 스케일과 시각적, 심리적 균형을 고려 한다.

04 |

거실의 가구 배치에 관한 설명으로 옳지 않은 것은?

① ㄱ자형은 시선이 마주치지 않아 안정감이 있다.
② 일자형은 거실의 폭이 좁은 경우에 많이 이용된다.
③ 대면형은 일자형에 비해 가구 자체가 차지하는 면적이 작다.
④ ㄷ자형은 단란한 분위기를 주며 여러 사람과의 대화 시에 적합하다.

해설 대면형
　　좌석이 서로 마주 보게 배치하는 형식으로서, 서로 시 선이 마주쳐 어색한 분위기가 연출될 수 있으며, 일자 형에 비하여 통로의 폭이 넓어야 하고 가구가 차지하 는 면적이 크다.

05 |

다음 설명에 알맞은 거실의 가구 배치 방법은?

- 시선이 마주치지 않아 안정감이 있다.
- 비교적 작은 면적을 차지하기 때문에 공간 활용이 높고 도선이 자연스럽게 이루어지는 장점이 있다.

① 대면형　　　　② ㄱ자형
③ ㄷ자형　　　　④ 자유형

정답 01. ③　02. ①　03. ②　04. ③　05. ②

해설 거실의 가구 배치 방법

   ⊙ **대면형** : 좌석이 서로 마주 보게 배치하는 형식으로서, 서로 시선이 마주쳐 어색한 분위기가 연출 될 수 있다.

   ⓒ **ㄱ자형(코너형)** : 서로 직각이 되도록 배치하는 것으로, 주로 코너 공간을 잘 이용한다. 시선이 부딪히지 않아 심리적 부담감이 적다. 좁은 공간이면서 활동 면적이 커져 공간 활용성이 크다.

   ⓒ **ㄷ자형(U자형)** : 중앙의 탁자를 중심으로 좌석을 정원, 벽난로, TV 등을 향하도록 하는 배치법이다. 시선이 부딪히지 않게 초점을 형성할 수 있어 부드러운 분위기를 만들 수 있다.

   ⓔ **자유형** : 어떤 유형에도 구애받지 않고 자유롭게 배치한 형태로 개성적인 실내 연출이 가능하다.

2. 업종별 가구계획

01

호텔 객실의 평면 계획에서 침대 또는 가구의 배치에 영향을 끼치는 요인과 가장 거리가 먼 것은?

① 객실의 층수
② 욕실의 위치
③ 반침의 위치
④ 실의 폭과 길이의 비

해설 호텔의 객실 평면 계획

   ⊙ **폭의 산정** : 출입 통로 폭＋욕실 폭＋반침 깊이

   ⓒ **길이 산정** : 주 출입 공간＋욕실 길이＋침실 공간＋거실 공간

   ⓒ 일반적으로 $\dfrac{\text{폭의산정}}{\text{길이산정}} = 0.8 \sim 1.6$ 정도이다.

02

사무용 가구디자인에 있어서 기본적으로 고려하여야 할 요소 중 가장 거리가 먼 것은?

① 인체 규격
② 작업 환경
③ 작업 특성
④ 개인의 취향

해설 사무용 가구디자인에 있어서 기본적으로 고려해야 할 사항은 인체 규격, 작업 환경, 작업 특성 등이 있다.

Ⅳ   사용자 행태분석

❶ 인간-기계시스템과 인간요소

1. 인간-기계시스템의 정의 및 유형

01

인간-기계시스템의 기본 기능이 아닌 것은?

① 정보 보관
② 행동 기능
③ 작업 환경 검토
④ 정보 처리 및 의사 결정

해설 인간-기계 기본 기능

   ⊙ 감지 기능(인간 : 시각, 청각, 촉각, 기계 : 전자 장치, 기계적 장치, 사진)

   ⓒ 정보 보관 기능(기계 : 자기 테이프, 문서, 기록 등)

   ⓒ 정보 처리 및 의사 결정 기능

   ⓔ 행동 기능(물리적 조정 행위, 통신 행위)

02

인간-기계 통합 체계에서 인간 또는 기계에 의해서 수행되는 기본 기능과 가장 거리가 먼 것은?

① 감지 기능
② 상호 보완 기능
③ 정보 보완 기능
④ 정보 처리 및 의사 결정 기능

해설 인간-기계 기본 기능

   ⊙ 감지 기능(인간 : 시각, 청각, 촉각, 기계 : 전자 장치, 기계적 장치, 사진)

   ⓒ 정보 보관 기능(기계 : 자기 테이프, 문서, 기록 등)

   ⓒ 정보 처리 및 의사 결정 기능

   ⓔ 행동 기능(물리적 조정 행위, 통신 행위)

---

03 |

다음과 같이 인간 또는 기계에 의해 수행되는 기본 기능의 과정 중 ( ) 안에 해당하는 기능은 어느 것인가?

"입력 정보(information input) → ( ) → 정보 보관 및 처리(information storage & processing) → 행동(action function) → 출력(output)"

① 감지(sensing)
② 피드백(feedback)
③ 대응 선택(respunse selection)
④ 시스템 환경(system environment)

해설 인간-기계 기능체계

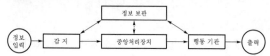

04 |

넓은 의미에서 인간 -기계시스템을 특징짓는 방법 중 인간에 의한 제어 역할의 정도에 따라 분류했을 때 적당하지 않은 것은?

① 제어 시스템
② 자동화 시스템
③ 수동 시스템
④ 기계화 시스템

해설 인간에 의한 제어의 정도에 따른 분류

시스템의 분류	수동 시스템	기계화 시스템	자동화 시스템
구성	수공구 및 기타 보조물	동력기계 등 고도로 통합된 부품	동력기계화 시스템 고도의 전자회로
동력원	인간 사용자	기계	기계
인간의 기능	동력원으로 작업을 통제	표시장치로부터 정보를 얻어 조종장치를 통해 기계를 통제	감시 (Monitoring) 정비유지 (Maintenance) Programming
기계의 기능	인간의 통제를 받아 제품을 생산	동력원을 제공 인간의 통제 아래에서 제품을 생산	감지, 정보처리, 의사결정 및 행동을 Program에 의해 수행
예	목수와 대패 대장장이와 화로	Press 기계, 자동차 Milling M/C	자동교환대, Robot, 무인 공장, NC 기계

05 |

인간-기계 체계(Man-machine System) 분류 중 기계화 체계의 예로 적합한 것은?

① 자동교환기
② 자동차의 운전
③ 컴퓨터공정제어
④ 장인과 공구의 사용

해설 인간-기계 체계의 분류
　㉠ 수동 체계 : 표시 장치로부터 정보를 얻어 인간이 조종장치를 통해 기계를 통제한다. 수공구, 기타 보조물(신체적 힘이 동력원)
　㉡ 기계화 체계 : 반자동 체계, 수동식 동력 제어장치가 공작 기계와 같이 고도로 통합된 부품으로 구성
　㉢ 자동화 체계 : 기계 자체가 감지, 정보 처리 및 의사 결정 행동을 포함한 모든 업무수행

06 |

인간-기계 체계(human-machine system)에 대한 설명으로 적합하지 않은 것은?

① 인간과 기계가 유기적으로 결합되어 있다.
② 인간과 기계는 일반적으로 독립적으로 행위를 수행한다.
③ 기계의 작동 결과를 알기 위해서는 표시 장치가 필요하다.
④ 인간의 의도를 기계에 전달하기 위해서는 조종 장치가 필요하다.

해설 인간-기계시스템(Man-machine System)
　한 사람이나 그 이상이 하나 또는 그 이상의 물리적 성분과 상호작용하여 주어진 입력에 대하여 목적하는 출력을 얻는 것

07 |

인간-기계의 통합 체계 중 반자동 체계에 해당하는 것은?

① 수동 체계
② 기계화 체계
③ 인력 이용 체계
④ 정보 체계

해설 인간-기계 체계의 분류
　㉠ 수동 체계 : 표시 장치로부터 정보를 얻어 인간이 조종장치를 통해 기계를 통제한다. 수공구, 기타 보조물(신체적 힘이 동력원)
　㉡ 기계화 체계 : 반자동 체계, 수동식 동력 제어장치가 공작 기계와 같이 고도로 통합된 부품으로 구성

ⓒ 자동화 체계 : 기계 자체가 감지, 정보 처리 및 의사 결정 행동을 포함한 모든 업무수행

08 |

그림과 같은 인간-기계 통합 체계를 컴퓨터 시스템과 비교할 때 빗금 친 (가) 부분에 해당하는 것으로 옳은 것은?

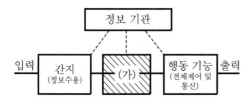

① 프린터(Printer) ② 중앙 처리 장치(CPU)
③ 감지 장치(Sensor) ④ 펀치 카드(Punch card)

해설 인간-기계 통합 체계

09 |

인간과 기계의 기능을 비교한 설명으로 틀린 것은?
① 단순 반복적인 작업은 기계에 적합하다.
② 장기간에 걸친 작업 수행은 인간이 더 적합하다.
③ 신속하고 일관성 있는 작업은 기계가 인간보다 우수하다.
④ 예기치 못한 사건에 대한 감지 및 대응은 인간이 더 유리하다.

해설 인간-기계 체계 비교

인간의 우수성	㉠ 판단이 요구되는 창조적 작업 가능 ㉡ 개념으로부터 결론을 유추하는 작업 가능 ㉢ 귀납적 추론 작업 가능 ㉣ 유형을 인지하고 보편화하는 작업 가능 ㉤ 감시 작업 가능 ㉥ 문제 해결을 위한 독창력이 요구되는 작업 가능
기계의 우수성	㉠ 정보의 신속한 처리 능력 가능 ㉡ 장시간에 걸친 처리 능력 가능 ㉢ 정밀도 높은 작업 가능 ㉣ 제어 장치 신호에 신속 대처 가능 ㉤ 다량의 정보를 단기간에 기억·재생 가능 ㉥ 반복적인 작업을 신뢰성 있게 수행한다.

10 |

기계가 인간을 능가하는 기능이 아닌 것은?
① 암호화된 정보를 대량으로 신속하게 보관한다.
② 입력신호에 대해 정확하고 일관성 있는 반응을 한다.
③ 비상사태에 대처하여 임기응변할 수 있다.
④ 반복적인 작업을 신뢰성 있게 수행한다.

해설 인간-기계 체계 비교

인간의 우수성	㉠ 판단이 요구되는 창조적 작업 가능 ㉡ 개념으로부터 결론을 유추하는 작업 가능 ㉢ 귀납적 추론 작업 가능 ㉣ 유형을 인지하고 보편화하는 작업 가능 ㉤ 감시 작업 가능 ㉥ 문제 해결을 위한 독창력이 요구되는 작업 가능
기계의 우수성	㉠ 정보의 신속한 처리 능력 가능 ㉡ 장시간에 걸친 처리 능력 가능 ㉢ 정밀도 높은 작업 가능 ㉣ 제어 장치 신호에 신속 대처 가능 ㉤ 다량의 정보를 단기간에 기억·재생 가능 ㉥ 반복적인 작업을 신뢰성 있게 수행한다.

2. 인간의 정보처리와 입력

01 |

다음 중 인간을 정보처리 시스템으로 볼 때 정보처리 속도가 가장 느린 것은?
① 감각 기관 ② 신경 전달 기관
③ 뇌의 판단 기관 ④ 뇌의 저장 기관

해설 뇌의 저장 기관이 정보처리 속도가 가장 느리다.

02 |

실현 가능성이 같은 2개의 대안 중 하나가 명시되었을 때 얻을 수 있는 정보량은 얼마인가?
① 1bit ② 2bit
③ 4bit ④ 8bit

해설 $H = \log_2 N$
$= \log_2 2 = 1(\text{bit})$
총 정보량(H), 동일한 대안(N)

03 |

인간의 절대적 판단(absolute judgement) 능력을
정보량으로 나타낼 때 가장 적합한 것은?

① 3bits   ② 8bits

③ 10bits   ④ 16bits

해설 인간이 절대 판단에 의해 정보를 처리할 수 있는 능력
한계는 2~3bit 정도이고, 식별할 수 있는 능력은 4~9개
정도이다.

04 |

인간이 한 자극 차원 내의 자극을 절대적으로 식별
할 수 있는 능력은 정보량으로 몇 bit 정도인가?

① 0.5~1   ② 2~3

③ 4~5   ④ 6~7

해설 인간이 절대 판단으로 정보를 처리할 수 있는 능력 한계
는 2~3bit 정도이고, 식별할 수 있는 능력은 4~9개 정
도이다.

05 |

Miller는 인간의 절대식별 한계를 "magical number
7±2"라 하였는데 이것의 의미로 맞는 것은?

① 장기기억의 한계

② 감각보관의 한계

③ 작업 기억의 한계

④ 감각수용기의 한계

해설 작업 기억

감각보관으로부터 정보를 암호화하여 작업 기억 또는
단기기억으로 이전한다. 작업 기억에 유지할 수 있는
최대 항목수는 자극 차원의 절대 식별과 관련하여 살
펴본 "신비의 수(magical number) 7에 가감 2(7±2)"
이다.

06 |

작업 기억(Working Memory) 중에서 정보를 유지하
는 적절한 방법이 아닌 것은?

① 정보를 의미 있는 청크(chunk)로 제시한다.

② 정보를 분석하고, 과거의 지식과 연관시킨다.

③ 정보를 청크(chunk)로 만들어 상기하는 방법을
훈련시킨다.

④ 가능한 한 10개 정도의 정보를 제시한다.

해설 작업 기억(working memory)

   ⊙ 단기기억(short-term memory)이라는 용어가 기억
을 단순히 저장 시간을 토대로 구분하는 개념(기억
현상을 설명하는 것에 약점이 많음)

   ⓒ 단기기억이라는 용어 대신에 작업 기억이라는 용어
선호

   ⓒ 의식상태 필수조건

   ※ 작업 기억의 부호화

작업 기억이란 컴퓨터에 비유하면 전원이 들어온 상
태에서 현재의 작업을 위해 정보를 '떠 있는' 상태로
유지하며, 활동 기억(active memory)이란 새로운
정보를 끄집어내어 작업하는 것과 같다.

   ⊙ 작업 기억의 부호화 단계에서는 다른 부호도 사
용되지만 주로 청각 부호(acoustic code)가 사용
된다. 우리가 글을 눈으로 읽을 때 입속말을 하고
있다는 즉, 청각 부호화하고 있다는 것으로 알 수
있다.

   ⓒ 작업 기억에 살아남지 못하면 장기기억에 저장
될 것으로는 기대할 수 없으므로 작업 기억이
주로 청각 부호를 이용한다는 사실은 광고에서
는 특히 상표명을 기억시키는 방법에 중요한
시사점을 제공한다.

   ※ chunk의 사전적 의미는 "덩어리, 상당한 양,
덩어리로 나누다" 등의 의미이다.

07 |

단기기억(short term memory)의 특성에 대한 설명
중 옳지 않은 것은?

① 단기기억 용량은 한계가 있다.

② 저장된 기억은 빠르게 소멸된다.

③ 훈련에 의해 능력이 향상될 수 있다.

④ 문제 해결을 위한 지식 저장 창고이다.

해설 단기기억(short-term memory, 短期記憶)

기억을 유지시간에 따라 분류할 경우의 수 시간까지의
기억. 단 유지시간이 수 초 이내의 즉시 기억을 제외
하는 경우 또는 수일에 걸치는 경우도 있다. 일반적으
로 장기기억에 비해 용량이 적고, 불안전한 특징이 있
다. 예를 들면 동시에 유지할 수 있는 항목의 수는
7±2로 한정되고 연습을 반복하지 않는 한, 수 십초에
서 수 분 내로 감소해 버린다.

3. 인터페이스 개요

01

다음 중 사용자 인터페이스의 요소가 아닌 것은?

① 데이터 모델
② 내비게이션 모델
③ 대화 모델
④ 윈도즈

해설 사용자 인터페이스

㉠ 사용자 인터페이스는 사용자와 컴퓨터 프로그램이 의사소통을 할 수 있도록 일시적 또는 영구적인 접근을 목적으로 만들어진 물리적·가상적 매개체를 뜻한다.

㉡ 사용자 인터페이스의 종류
- 문자 입력 방식(CUI) : CUI(Character User Interface)는 문자를 이용한 명령 입력 방식으로, CLI(Command Line Interface)라고도 한다.
  예 DOS 등
- 그래픽 방식 : GUI(Graphic User Interface)는 그림을 이용한 명령 입력 방식이다.
  예 윈도, 매킨토시 OS 등
- 내추럴 방식(NUI) : NUI(Natural User Interface)는 사람의 촉각이나 음성, 몸동작 등을 이용한 명령 입력 방식이다.
  예 닌텐도 Wii, 키넥트(Kinect) 등
  ※ 윈도는 인터페이스 요소보다는 인터페이스의 한 종류로 입력방식에 해당된다.

02

인간-기계 인터페이스를 좌우하는 사용 환경 요인으로만 나열된 것은?

① 연령, 성별, 학력
② 온도, 습도, 조명
③ 생활습관, 언어, 생활양식
④ 문화의 성숙도, 시대상황, 유행

해설 인간-기계 인터페이스의 사용 환경 요인은 온도, 습도, 조명 등이다.

03

다음 내용 중 괄호 속에 적절한 용어는?

> 인간-기계 시스템에서 인터페이스의 구성요소는 ( ) 및 ( )이다.

① 인간, 기계
② 정보처리, 피드백
③ 표시장치, 조종장치
④ 스크린, GUI

해설 인간-기계 시스템에서 인터페이스의 구성요소는 표시장치나 조종장치이다. 이는 인간의 감각, 정보처리, 동작의 생리학적, 심리학적 특성에 부하되도록 설계한다.

04

정보 입력 시 청각장치보다 시각장치를 이용하는 것이 더 유리한 경우는?

① 정보의 내용이 복잡한 경우
② 수신자가 자주 이동하는 경우
③ 수신 장소가 너무 밝거나 어두울 경우
④ 정보의 내용이 즉각적인 행동을 요구하는 경우

해설 시각 표시 장치와 청각 표시 장치 비교

시각 표시 장치	청각 표시 장치
전언이 길고 복잡	전언이 짧고 간단
전언이 공간적 위치를 다룸	전언이 시간적인 사상을 다룸
전언이 즉각적 행동을 요구하지 않음	전언이 즉각적인 행동을 요구함
전언이 후에 재참조됨	전언이 후에 재참조되지 않음
수신자의 청각 계통이 과부하 상태일 때	수신자의 시각 계통이 과부하 상태일 때
수신 장소가 너무 시끄러울 때	수신 장소가 너무 밝거나 암조명 유지가 필요할 때
직무상 수신자가 한 곳에 머무르는 경우	직무상 수신자가 자주 움직이는 경우

05 |

다음 중 시각장치보다 청각장치를 사용하는 것이 바람직한 경우는?

① 정보의 내용이 복잡한 경우
② 정보의 내용이 후에 재참조 되는 경우
③ 정보가 즉각적인 행동을 요구하는 경우
④ 직무상 정보의 수신자가 한 곳에 머무르는 경우

해설 시각 표시 장치와 청각 표시 장치 비교

시각 표시 장치	청각 표시 장치
전언이 길고 복잡	전언이 짧고 간단
전언이 공간적 위치를 다룸	전언이 시간적인 사상을 다룸
전언이 즉각적 행동을 요구하지 않음	전언이 즉각적인 행동을 요구함
전언이 후에 재참조됨	전언이 후에 재참조되지 않음
수신자의 청각 계통이 과부하 상태일 때	수신자의 시각 계통이 과부하 상태일 때
수신 장소가 너무 시끄러울 때	수신 장소가 너무 밝거나 암조명 유지가 필요할 때
직무상 수신자가 한 곳에 머무르는 경우	직무상 수신자가 자주 움직이는 경우

2 시스템 설계와 인간요소

1. 시스템 정의와 분류 및 유형

01 |

다음 중 "인간관계가 작업 및 작업공간의 설계에 못지않게 생산성에 큰 영향을 미친다"라는 의미의 법칙은?

① 호손(Hawthorne) 법칙
② 페히너(Fechner) 법칙
③ 웨버(Weber) 법칙
④ 밀러(Miller) 법칙

해설 호손(Hawthorne) 법칙

인간관계(Human Relations)라는 말이 학문적으로 쓰이기 시작한 것은 1930년대 미국의 벨식 전화기 제조 회사인 웨스턴 일렉트릭사(Western Electric Company)의 호손(Hawthorne) 공장에서 이루어진 소위 호손 실험(Hawthorne Experiment : 1927~1932)에서 채택된 인간관계적 접근법(Human relations approach)으로부터 유래되었다. 이 실험에서 종업원들의 정감적 요인이 생산성 향상에 중대 요인이었다는 사실이 밝혀지면서 그동안 사회 심리적 만족에 중점을 두는 인사관리를 인간관계론이라고 부르게 되었다. 인간관계란 조직이든 개인이든 갈등 관계든 협력적 관계든 두 사람 이상이 상호작용을 하는 것을 말한다. 다시 말해 상호 심리적 대응 관계라고 말하기도 한다.

02 |

"작업을 경제적으로 한다."는 의미의 그리스어로 작업이나 작업 환경을 사람에 맞추어 설계한다는 뜻의 단어로 적합한 것은?

① Automatic System
② Ergonomics
③ Man-Machine System
④ Aerobics

해설 Ergon(작업) + Nomos(관리) + ics(학문)

에르고노믹스(Ergonomics)를 유럽에서는 "인간과 직업 · 기기 · 환경 · 일 등의 관계를 과학적으로 연구하는 학문"이라고 정의하고 있다. 여기에는 다음과 같은 내용이 포함된다.

⊙ 인간의 특성
ⓒ 기계와 작업 공간의 디자인
ⓒ 환경 조건
ⓔ 조직과 시스템

03 |

다음 중 인간-기계 시스템의 인간공학적 평가 방법이 아닌 것은?

① 시뮬레이션 평가법
② 자동 제어 평가법
③ 관능검사 평가법
④ 체크리스트 평가법

해설 자동 제어 평가법은 기계 시스템 평가에 관련된 방법이다.

04 |

시스템 분석 및 설계에 있어서 인간공학적인 가치기준으로 적합하지 않은 것은?

① 성능의 향상
② 고급감의 향상
③ 사고 및 오용으로부터의 손실 감소
④ 사용의 편리성

해설 인간공학의 목적
⊙ 인간과 기계의 합리화의 추구
ⓒ 효율적인 사용
ⓒ 사고 방지
ⓔ 안전성과 능률의 향상
ⓜ 기계 조작의 능률과 생산성 향상
ⓗ 제품 개발비의 절감

05 |

다음 중 시스템(체계) 설계 과정의 주요 단계에 있어가장 먼저 시작되는 것은?

① 기본 설계
② 시스템의 정의
③ 계면(인터페이스) 설계
④ 시스템의 목표와 성능 명세 결정

해설 시스템(체계) 설계 과정의 주요 단계
⊙ **목표 및 성능 명세 결정** : 체계가 설계되기 전에 우선 그 목적이나 존재 이유가 있어야 한다.
ⓒ **체계의 정의** : 목적의 달성을 위해 어떤 기능들이 필요한가에 관심을 두어야 한다.
ⓒ **기본 설계** : 주요 인간공학 활동으로는 인간, 하드웨어, 소프트웨어에 기능을 할당하여 인간 성능 요건 명세, 직무 분석, 작업 설계가 있다.
ⓔ **계면 설계** : 인간에게 할당된 기능과 직무에 대한 윤곽이 잡히면 인간 – 기계, 인간 – 소프트웨어의 계면 특성에 신경을 쓸 수 있다.
ⓜ **촉진물 설계** : 주초점은 만족스러운 인간 성능을 증진시킬 보조물에 대해서 계획하는 것이다.
ⓗ **시험 및 평가** : 체계 개발의 산물이 의도한대로 작동하는가를 입증하는 단계이다.

06 |

시스템을 개발하는 전형적인 3단계인 기본 설계 단계에서 인간공학적 활동에 해당하는 것을 모두 고른 것은?

ㄱ. 인간, 하드웨어 및 소프트웨어에 대한 기능할당 (function allocation)
ㄴ. 과업분석(task analysis)
ㄷ. 인간 성과(performance) 요건의 규정
ㄹ. 기능 흐름도 작성(functional flow diagram)
ㅁ. 직무설계(job design)
ㅂ. 실급평가(test and evaluation)

① ㄱ, ㄴ, ㅁ, ㅂ
② ㄱ, ㄴ, ㄷ, ㅁ
③ ㄴ, ㄷ, ㄹ, ㅁ
④ ㄷ, ㄹ, ㅁ, ㅂ

해설 기본 설계
주요 인간공학 활동으로는 인간, 하드웨어, 소프트웨어에 기능할당, 인간성능요건명세, 직무분석, 작업설계가 있다.

07 |

다음 그림은 인간-기계 시스템을 개략적으로 묘사한 것이다. 빈칸에 들어갈 내용을 올바르게 연결한 것은?

〈작업 환경〉

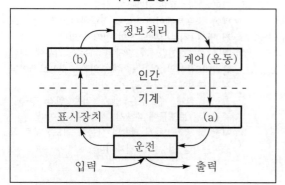

① (a) : 전원, (b) : 신경
② (a) : 신경, (b) : 전원
③ (a) : 감지, (b) : 조종장치
④ (a) : 조종장치, (b) : 감지

해설

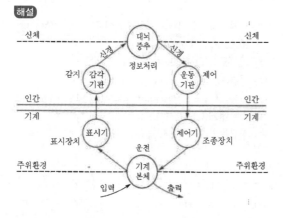

2. 시스템의 특성

01 |

인간공학에 있어 자극들 사이, 반응들 사이, 혹은 자극-반응 조합의 공간, 운동 혹은 개념적 관계가 인간의 기대와 모순되지 않도록 하는 것을 무엇이라하는가?

① 순응(adaptation)
② 양립성(compatibility)

③ 접근 용이성(accessibility)
④ 조절 가능성(adjustability)

해설 양립성

인간의 기대와 모순되지 않는 외부의 자극들 간이나 반응들 간, 혹은 자극-반응 조합의 관계에서 서로 일치하는 것이다.

㉠ 공간적 양립성 : 표시장치나 조종장치에서 물리적 형태나 공간적인 배치는 양립성 - 왼쪽 조종장치는 왼쪽에 오른쪽 조종장치는 오른쪽에 위치하는 것
㉡ 운동 양립성 : 표시장치, 조종장치, 체계반응의 운동방향의 양립성 - 자동차의 핸들 조작방향으로 바퀴의 방향이 회전하는 것
㉢ 개념적 양립성 : 사람들이 가지고 있는 개념적 연상의 양립성 - 온수는 빨간색으로 냉수는 파랑색으로 표시하는 것

※ 순응 : 넓은 뜻으로는 적응(adaptation)과 마찬가지로 개체가 환경 조건에 잘 적응하는 일, 좁은 뜻으로는 조절 또는 순화(accommodation)와 마찬가지로 감각기관의 작용이 외계의 상황에 익숙해지는 것을 뜻한다.

02 |

다음 중 양립성(compatibility)에 관한 설명으로 틀린 것은?

① 청색이 정상을 나타내는 것은 개념적 양립성에 해당한다.
② 공간적 양립성은 표시장치의 이동 방향이 조종장치의 이동 방향과 일치할 때를 가리킨다.
③ 표시장치의 이동 방향과 조종장치의 이동 방향이 다르면 인간 실수가 증가된다.
④ 양립성이 클수록 자극에 대한 반응 속도는 빨라진다.

해설 • 공간적 양립성 : 표시장치나 조종장치에서 물리적 형태나 공간적인 배치는 양립성 - 왼쪽 조종장치는 왼쪽에 오른쪽 조종장치는 오른쪽에 위치하는 것
• 운동 양립성 : 표시장치, 조종장치, 체계반응의 운동방향의 양립성 - 자동차의 핸들 조작방향으로 바퀴의 방향이 회전하는 것

03

시스템의 설계에서 고려되어야 하는 요소 중 자동차의 핸들을 왼쪽으로 돌리면 자동차의 왼쪽으로 회전하도록 하는 것과 관련이 있는 것은?

① 안전성(safety)
② 양립성(compatibility)
③ 판별성(discriminability)
④ 표준성(standardization)

해설 양립성

인간의 기대와 모순되지 않는 외부의 자극들 간이나 반응들 간, 혹은 자극-반응 조합의 관계에서 서로 일치하는 것이다.
㉠ 공간적 양립성 : 표시장치나 조종장치에서 물리적 형태나 공간적인 배치는 양립성 – 왼쪽 조종장치는 왼쪽에, 오른쪽 조종장치는 오른쪽에 위치하는 것
㉡ 운동 양립성 : 표시장치, 조종장치, 체계반응의 운동방향의 양립성 – 자동차의 핸들 조작방향으로 바퀴의 방향이 회전하는 것
㉢ 개념적 양립성 : 사람들이 가지고 있는 개념적 연상의 양립성 – 온수는 빨간색으로, 냉수는 파랑색으로 표시하는 것

04

다음 중 암호 체계의 사용에 있어서 수행해야 할 직무가 최소의 정보 변환이 필요할 때 최대가 되는 것은?

① 검출성(detectability)
② 변별성(discriminability)
③ 양립성(compatibility)
④ 표준화(standardization)

해설 양립성

인간의 기대와 모순되지 않는 외부의 자극들 간이나 반응들 간, 혹은 자극-반응 조합의 관계에서 서로 일치하는 것이다.

05

다음 설명에 해당하는 양립성(compatibility)의 종류는?

> 냉·온수기의 손잡이 색상 중 빨간색은 뜨거운 물, 파란색은 차가운 물이 나오도록 설계한다.

① 개념 양립성
② 운동 양립성
③ 공간 양립성
④ 지각 양립성

해설 개념적 양립성

사람들이 가지고 있는 개념적 연상의 양립성 – 온수는 빨간색으로, 냉수는 파랑색으로 표시하는 것

06

다음 설명에 해당하는 양립성의 종류로 옳은 것은?

> 가스레인지의 우측 조절기를 돌리면 우측 노즐의 불 조절이 가능하고, 좌측 조절기를 돌리면 좌측 노즐의 불 조절이 가능하도록 설계하였다.

① 공간 양립성
② 개념 양립성
③ 운동 양립성
④ 제어 양립성

해설 공간적 양립성

표시장치나 조종장치에서 물리적 형태나 공간적인 배치는 양립성 – 왼쪽 조종장치는 왼쪽에, 오른쪽 조종장치는 오른쪽에 위치하는 것

07

다른 평면상의 표시장치(직선 화살표)와 회전식 조종장치 간의 운동 관계에서 양립성이 가장 작은 것은?

①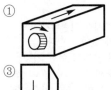
②
③
④

해설 운동 양립성

표시장치, 조종장치, 체계반응의 운동방향의 양립성 – 조절장치가 시계방향으로 회전하면 표시장치(화살표)는 위로 올라가야 한다.

3 사용자 행태분석 연구 및 적용

1. 기본설계

01 |

다음 중 SIMO Chart(Simultaneous Motion Cycle Chart)와 가장 관련이 있는 것은?

① Micro motion study
② Motion time analysis
③ Memo motion analysis
④ Basic motion time study

> **해설** SIMO Chart(simultaneous motion standard)와 연관이 있는 인간공학의 방법은 Basic motion study(기본동작 시간 연구법)이다.

2. 계면설계

01 |

다음과 같은 체계 설계 과정의 주요 단계를 순서대로 올바르게 나열한 것은?

> ㄱ. 계면(界面) 설계　　ㄴ. 체계의 정의
> ㄷ. 시험 및 평가　　　　ㄹ. 기본 설계
> ㅁ. 목표 및 성능 명세 결정

① ㄴ→ㄱ→ㅁ→ㄹ→ㄷ
② ㅁ→ㄴ→ㄹ→ㄱ→ㄷ
③ ㄹ→ㅁ→ㄴ→ㄱ→ㄷ
④ ㄱ→ㄴ→ㄹ→ㅁ→ㄷ

> **해설** 체계 설계 과정의 주요 단계
> ㉠ 목표 및 성능 명세 결정 : 체계가 설계되기 전에 우선 그 목적이나 존재이유가 있어야 한다.
> ㉡ 체계의 정의 : 목적의 달성을 위해 어떤 기능들이 필요한가에 관심을 두어야 한다.
> ㉢ 기본 설계 : 주요 인간 공학 활동으로는 인간, 하드웨어, 소프트웨어에 기능을 할당하여 인간 성능 요건 명세, 직무 분석, 작업 설계가 있다.
> ㉣ 계면 설계 : 인간에게 할당된 기능과 직무에 대한 윤곽이 잡히면 인간 - 기계, 인간 - 소프트웨어의 계면 특성에 신경을 쓸 수 있다.
> ㉤ 촉진물 설계 : 주초점은 만족스러운 인간 성능을 증진시킬 보조물에 대해서 계획하는 것이다.

㉥ 시험 및 평가 : 체계 개발의 산물이 의도한대로 작동하는가를 입증하는 단계이다.

3. 사용자 중심설계

01 |

다음 중 영상표시단말기(VDT) 작업 시 작업환경으로 가장 적합한 것은?

① 작업면에 도달하는 빛의 각도를 화면으로부터 45° 이내가 되도록 조명 및 채광을 제한한다.
② 작업장 주변 환경의 조도를 화면의 바탕 색상이 검정색 계통일 때 500~700lx를 유지하도록 하여야 한다.
③ 작업장 주변 환경의 조도를 화면의 바탕 색상이 흰색 계통일 때 300~500lx를 유지하도록 하여야 한다.
④ 영상 표시 단말기 작업을 주목적으로 하는 작업 실내의 온도를 15~20℃, 습도는 40% 이하로 유지하여야 한다.

> **해설** • 영상표시단말기(VDT : Visual Display Terminal)를 취급하는 작업장 주변 환경의 조도는 화면의 바탕 색상이 검은색 계통일 때 300~500lx 이하, 화면의 바탕 색상이 흰색 계통일 때 500~700lx 이하를 유지하도록 한다.
> • 영상표시단말기 작업을 주목적으로 하는 작업실내의 온도를 18~24℃, 습도는 40%~70%를 유지하여야 한다.

02 |

영상표시단말기(VDT) 취급에 관한 설명으로 틀린 것은?

① 눈으로부터 화면까지의 시거리는 40cm 이상을 유지할 것
② 작업자의 시선은 수평선상으로부터 아래로 10~15° 이내일 것
③ 단색 화면일 경우 색상을 일반적으로 어두운 배경에 밝은 청색 또는 적색 문자를 사용할 것
④ 작업자의 손목을 지지해 줄 수 있도록 작업대 끝면과 키보드 사이는 15cm 이상을 확보할 것

해설 • VDT 화면까지 시거리는 45~50cm 정도가 적당하고 70cm를 넘어서는 안 된다.
  • 시선이 수평으로부터 약 10~15° 밑에 있을 때 편안하게 읽을 수 있다.
  • 단색 화면일 경우 색상을 일반적으로 어두운 배경에 밝은 황·녹색 또는 백색 문자를 사용하고, 적색이나 청색의 문자는 가급적 사용하지 않는다.

03 |

영상표시단말기(VDT) 취급근로자 작업관리 지침상 영상표시단말기를 취급하는 작업장에서 화면의 바탕 색상이 검정 계통인 경우 주변 환경의 조도(Lux) 범위로 옳은 것은?

① 100~300　　　　② 300~500

③ 500~700　　　　④ 700~1,000

해설 영상표시단말기(VDT ; Visual Display Terminal)를 취급하는 작업장 주변 환경의 조도는 화면의 바탕 색상이 검은색 계통일 때 300~500lx 이하, 화면의 바탕 색상이 흰색 계통일 때 500~700lx 이하를 유지하도록 한다.

04 |

영상표시단말기(VDT)를 취급하는 근로자에게 사업주가 제공해야 하는 키보드의 경사 범위로 옳은 것은?

① 5~15°　　　　② 5~45°

③ 10~35°　　　　④ 10~45°

해설 키보드의 경사는 상단에 있는 행거에 쉽게 닿을 수 있도록 사용자 쪽으로 5° 이상 15° 이하, 두께는 3cm 이하로 한다.

05 |

다음 중 컴퓨터 단말기(VDT)의 화면 반사를 줄이는 방법으로 가장 좋지 않은 것은?

① 반사원의 위치를 바꾼다.
② 화면에 직접조명을 사용한다.
③ 근원의 강도나 광도를 줄인다.
④ 빛의 근원과 화면 사이에 차폐물이나 칸막이를 세운다.

해설 눈부심 방지
  작업면에 도달하는 빛의 각도를 화면으로부터 45° 이내가 되도록 조명 및 채광을 제한한다.
  ㉠ 화면의 경사를 조정할 것
  ㉡ 저휘도형 조명기구를 사용할 것
  ㉢ 화면상의 문자와 배경과의 휘도비(contrast)를 낮출 것
  ㉣ 화면에 후드를 설치하거나 조명기구에 간이 차양막 등을 설치할 것
  ㉤ 기타 눈부심을 방지하기 위한 조사를 강구할 것

06 |

의자 좌면의 너비를 결정하는데 가장 적합한 규격은?

① 사용자의 평균 엉덩이 너비에 맞도록 규격을 정한다.
② 사용자의 중위수(median) 엉덩이 너비에 맞도록 규격을 정한다.
③ 사용자의 5퍼센타일(percentile) 엉덩이 너비에 맞도록 규격을 정한다.
④ 사용자의 95퍼센타일(percentile) 엉덩이 너비에 맞도록 규격을 정한다.

해설 의자 좌면의 크기는 사용자의 95퍼센타일(분위수 percentile) 엉덩이 너비에 맞도록 규격을 정한다. 즉 퍼센타일(percentile)은 일정한 부위의 신체 규격을 가진 사람들과 이보다 작은 사람들의 비율을 말한다.

07 |

다음 중 의자를 디자인할 때 고려해야 할 사항과 가장 거리가 먼 것은?

① 체압의 분포를 고려하여 좌면의 형을 디자인한다.
② 강의용 좌면의 쿠션은 가급적 푹신한 것이 좋다.
③ 자세가 고정되도록 하지 않고 조정이 용이해야 한다.
④ 척추의 허리 부분은 정상 상태에서 자연적으로 앞쪽으로 휘어 있는 형태를 취하도록 한다.

해설 의자 좌면의 쿠션은 2~4cm 정도가 적당하다.

08 |

다음 중 의자에 앉아서 작업하는 작업대의 높이를 결정할 때 참고 되는 신체 치수와 가장 거리가 먼 것은?

① 오금높이　　　　② 가슴높이
③ 대퇴높이　　　　④ 팔꿈치높이

해설 작업대의 높이
　　㉠ 위팔이 자연스럽게 수직으로 늘어뜨려지고 앞 팔은 수평 또는 약간 아래로 비스듬하여 수평면과 만족스러운 관계를 유지할 수 있는 높이가 되도록 개개인에 맞는 조절식이 좋다.
　　㉡ 섬세한 작업일수록 높아야하며, 거친 작업에는 약간 낮은 편이 낫다.
　　㉢ 의자에 앉아서 작업하는 작업대는 적당한 의자 높이에 앉아 팔꿈치높이를 더한 높이가 기준이 되며, 입식 작업대는 선 자세에서의 팔을 굽힌 팔꿈치높이를 기준으로 설계하여야 한다.

09 |

의자의 디자인과 관련된 설명 중 틀린 것은?

① 팔받침은 때로는 없는 편이 낫다.
② 의자의 디자인은 작업의 특성이 고려되어야 한다.
③ 좌판의 높이는 일반적으로 오금 높이보다 높아야 한다.
④ 의자에 앉아 있을 때의 체중이 주로 좌골 관절에 실려 있어야 한다.

해설 의자 디자인의 원칙
　　㉠ 깊이는 장딴지에 여유를 주고 대퇴부를 압박하지 않도록 한다.
　　㉡ 좌판은 오금보다 높지 않아야 한다.
　　㉢ 좌판의 앞 모서리는 50mm 정도 낮아야 한다.
　　㉣ 모든 사람이 수용할 수 있어야 한다.
　　㉤ 의자는 몸통의 안전을 고려해 좌골결점에 실려야 한다.
　　㉥ 사무용 의자 좌판 각도는 3°, 등판 각도는 100°가 추천된다.
　　㉦ 휴식용 의자 좌판 각도는 25~26°, 등판 각도는 105~108°가 추천된다.

10 |

인간공학적 의자 디자인 시 고려해야 할 사항과 가장 거리가 먼 것은?

① 사람의 앉은키
② 좌판(坐板)의 높이와 폭, 깊이
③ 좌판(坐板)에서의 무게, 부하 분포
④ 동작의 안정성과 위치변동의 편리성

해설 인간공학적 의자 설계 시 고려사항
　　㉠ 좌면의 체중 분포
　　㉡ 좌판의 깊이와 폭
　　㉢ 몸체의 안전성과 위치 변동의 편리성
　　㉣ 등받이 각도

11 |

다음 중 의자의 일반적인 설계에 있어 체중의 분포는 인체의 어느 부분에 집중되는 것이 가장 바람직한가?

① 대퇴골(femur)
② 척추골(vertebra)
③ 경추골(neck vertebrae)
④ 좌골결절(ischial tuberosity)

해설 •둔부의 좌골결절에 몸통이 실려야 안전하다.
　　•피부의 통증을 유발하므로 둔부 전체에 분포하도록 한다.

4. 시험 및 평가

01 |

과학적 관리법의 창시자인 테일러(Fredrick W. Taylor)가 1881년 생각해낸 작업 연구 방법은?

① 시간 연구　　　　② 동작 연구
③ 작업 환경 연구　　④ 노동 과학 연구

해설 •시간 연구(작업 연구) : 기업이 생산 과정에서 일정한 품질과 제품의 수량을 경제적으로 생산하기 위하여, 생산에 필요한 작업·공정 등에 관하여 주로 실제로 작업하는 종사자를 주체로 조사·연구하는 일
　　•동작 연구 : 작업 동작을 최소의 요소 단위(要素單位)로 분해하여, 그 각 단위의 변이를 측정해서 표준 작업 방법을 알아내기 위한 연구

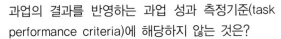

02 |

과업의 결과를 반영하는 과업 성과 측정기준(task performance criteria)에 해당하지 않는 것은?

① 출력량(quantity of output)
② 성과시간(performance time)
③ 내용의 타당성(content validity)
④ 출력의 질적 수준(quality of output)

> **해설** 과업 성과 측정기준(task performance criteria)
> ㉠ 출력량(quantity of output)
> ㉡ 성과시간(performance time)
> ㉢ 출력의 질적 수준(quality of output)

03 |

인간공학의 연구 분석 방법 중 직접적 관찰법과 관련이 없는 것은?

① Layout에 의한 방법
② 반응 조사에 의한 방법
③ Time Motion Study에 의한 방법
④ 조사자의 의견, 면접 또는 제안에 의한 방법

> **해설** 직접적 관찰법
> ㉠ 조작자의 의견에 의한 방법
> ㉡ 시간 동작 연구(time and motion study)에 의한 방법
> ㉢ Layout 분석에 의한 방법

V 인간계측

1 신체활동의 생리적 배경

1. 인체의 구성

01 |

인간의 눈의 구조에 관한 설명으로 옳은 것은?

① 망막의 중심부에는 간상체만 있다.
② 간상체는 색을 구별할 수 있게 한다.
③ 광 수용기는 간상세포와 추상세포로 나눌 수 있다.
④ 수정체는 눈으로 들어오는 빛의 양을 조절한다.

> **해설** 눈의 구조
> ㉠ 간상체 : 전색맹으로서 흑색, 백색, 회색만을 감지하는데 명암정보를 처리하고 초록색에 가장 예민하다.
> ㉡ 수정체 : 물체의 거리에 따라 먼 곳을 볼 때는 두께가 얇아지고 가까운 곳을 볼 때는 두께가 두꺼워지면서 망막에 상이 분명히 맺히도록 하는 카메라의 렌즈 역할을 한다.
> ㉢ 동공(홍채) : 각막과 홍채 사이는 방수로 가득 차 있고 홍채의 근육은 빛의 강약에 따라 긴장 또는 이완되기도 하여 동공의 크기를 변화시키는데, 이것은 카메라의 조리개와 같은 역할을 한다.
> ㉣ 망막 : 수정체에서 굴절되어 상하가 거꾸로 된 상을 받는 막으로 안에는 실제적인 광수용기인 간상세포와 원추세포(圓錐細胞)가 있다.

02 |

다음 중 눈에 관한 설명으로 틀린 것은?

① 동공 : 눈에 들어오는 광선의 양을 조절한다.
② 안근 : 보려고 하는 대상 쪽으로 눈을 돌려주는 작용을 한다.
③ 수정체 : 상의 초점을 맞추며, 먼 곳을 볼 때는 두꺼워지고 가까운 곳을 볼 때는 얇아진다.
④ 망막 : 대상물에서 오는 빛을 받으며, 이 빛은 수정체에서 굴절되어 상하가 거꾸로 된 상을 비춘다.

> **해설** 수정체 : 물체의 거리에 따라 먼 곳을 볼 때는 두께가 얇아지고 가까운 곳을 볼 때는 두께가 두꺼워지면서 망막에 상이 분명히 맺히도록 하는 카메라의 렌즈 역할을 한다.

03 |

다음 중 인간의 눈에 관한 설명으로 옳은 것은?

① 암순응이 명순응보다 빠르다.
② 원추세포는 색을 구별할 수 있다.
③ 수정체가 두꺼워지면 원시안이 된다.
④ 빛을 감지하는 간상세포는 수정체에 존재한다.

해설 • 눈이 암순응 하는데 걸리는 시간은 약 15분 정도이다. 완전한 암순응에 도달할 때까지에는 30분 정도가 소요되나, 명순응은 암순응에 비해 시간이 빠르다.
 • 원시 : 안구 길이가 짧거나 수정체가 얇아진 상태로 남아 있어 상이 망막 뒤에 맺히는 현상이다.
 • 근시 : 안구 길이가 너무 길거나 수정체가 두꺼워진 상태로 남아 상이 망막 앞에 맺히는 현상이다.
 • 원추세포(추상체)는 망막의 중앙부에 많이 분포되어 있고 색을 구별할 수 있으며, 간상세포(간상체)는 망막의 주변부에 많이 분포되어 무채색만 구분한다.

04 |

다음 중 인간의 눈에 대한 설명으로 옳은 것은?

① 망막을 구성하고 있는 감광 요소 중 간상세포는 색의 구분을 담당한다.
② 황반 부위에는 간상세포가 집중적으로 분포되어 있다.
③ 시각이란 보는 물체에 의한 눈에서의 대각이며, 일반적으로 분(′) 단위로 나타낸다.
④ 시력은 시각 1분의 역자승수를 표준 단위로 사용한다.

해설 • 추상체(추상세포, 원추세포, 원추체 cone cell) : 낮처럼 빛이 많을 때의 시각과 색의 감각을 담당하고 있으며, 망막 중심 부근에 5~7백만 개의 세포로서 가장 조밀하고 주변으로 갈수록 적게 된다.
 • 간상체(간상세포) : 망막 주변 표면에 널리 분포되어 있으며, 세포는 1.1~1.25억 개 정도로 추산되고 전색맹으로서 흑색, 백색, 회색만을 감지하는데 명암 정보를 처리하고 초록색에 가장 예민하다.
 • 황반 : 망막은 안구의 안쪽을 덮는 신경조직으로, 망막의 중심부에 1.5mm 정도 함몰된 부위로 눈의 중심 시력을 담당하며, 빛이 초점을 맺는 부위로 추상세포가 집중적으로 분포되어 있고 시각정보를 받아들여 대뇌로 보내주어 사물을 인식할 수 있도록 한다. 특히 사물의 명암, 색, 형태를 감지한다.

05 |

다음 중 인간의 눈의 구조에서 눈으로 들어오는 빛의 양을 조절하는 것은?

① 망막　　　　　　② 동공
③ 각막　　　　　　④ 수정체

해설 눈의 구조
 ㉠ 망막 : 수정체에서 굴절되어 상하가 거꾸로 된 상을 받는 막으로 시세포가 있는 곳으로 추상체와 간상체에 의해 빛에너지를 흡수하여 색을 구분하며 카메라의 필름 역할을 한다.
 ㉡ 동공(홍채) : 눈으로 들어오는 빛의 양을 조절하며, 카메라의 조리개 역할을 한다.
 ㉢ 각막 : 눈알의 바깥 벽 전면에 있는 둥근 접시모양의 투명한 막으로 안구를 보호하는 방어막의 역할과 광선을 굴절시켜 망막으로 도달시키는 창의 역할로 빛을 받아들이는 부분이다.
 ㉣ 수정체 : 마음대로 두께를 변화시킬 수 있기 때문에 무한대 거리부터 눈앞의 물체까지 초점을 이동시킬 수 있어 카메라의 렌즈 역할을 한다.

06 |

인간의 눈과 카메라의 구조를 유사한 기능으로 비교할 때 연결이 잘못된 것은?

① 홍채 – 셔터　　　② 동공 – 조리개
③ 망막 – 필름　　　④ 수정체 – 렌즈

해설 홍채
 각막과 홍채 사이는 방수로 가득 차 있고 홍채의 근육은 빛의 강약에 따라 긴장 또는 이완되기도 하여 동공의 크기를 변화시키는데, 이것은 카메라의 조리개와 같은 역할을 한다.

07 |

인간의 눈 구조 중 사진기의 필름(Film) 역할을 하는 곳은?

① 수정체　　　　　② 초자체
③ 홍채　　　　　　④ 망막

해설 눈의 구조와 카메라 비교
 ㉠ 안검 : 카메라 셔터
 ㉡ 홍채(동공) : 카메라의 조리개
 ㉢ 수정체 : 카메라 렌즈
 ㉣ 망막 : 카메라 필름

08 |

눈의 동공은 카메라의 무엇과 비슷한가?

① 셔터　　　　　② 조리개
③ 렌즈　　　　　④ 필름

해설 눈의 구조와 카메라 비교
　　ㄱ 안검 : 카메라 셔터
　　ㄴ 홍채(동공) : 카메라의 조리개
　　ㄷ 수정체 : 카메라 렌즈
　　ㄹ 망막 : 카메라 필름

09 |

다음 중 눈의 홍채는 카메라의 무엇과 동일한 역할을 하는가?

① 셔터　　　　　② 조리개
③ 렌즈　　　　　④ 필름

해설 눈의 구조와 카메라 비교
　　ㄱ 안검 : 카메라 셔터
　　ㄴ 홍채(동공) : 카메라의 조리개
　　ㄷ 수정체 : 카메라 렌즈
　　ㄹ 망막 : 카메라 필름

10 |

눈의 구조 중 맥락막에 관한 설명으로 옳은 것은?

① 안구의 가장 바깥쪽 표면에 있어서 눈에서 제일 먼저 빛이 통과하는 부분이다.
② 안구벽의 가장 안쪽에 위치하고, 수정체에서 굴절되어 온 상이 생기는 부분이다.
③ 안구벽의 중간층을 형성하는 막으로 모양체근이 있어 원근조절에 관여하는 부분이다.
④ 안구 대부분을 싸고 있는 흰색의 막으로 안구의 움직임을 조절하는 근육이 부착된 부분이다.

해설 눈의 구조
- 각막 : 안구(眼球)의 외벽의 전면에 원형의 접시 모양으로 된 투명한 막이다.
- 망막 : 빛의 수정체에 골절되어 망막 위에 상하가 거꾸로 된 상을 맺게 한다.
- 맥락막 : 각막에 영양을 공급하는 것으로 망막의 시세포를 통과한 빛을 흡수하고 선명한 상을 얻도록 빛의 산란을 막는 암막의 역할을 한다.

- 공막 : 안구의 외벽을 싸고 있는 백색의 섬유막으로 카메라 구조와 비교할 때 최상층 부분이다.

11 |

눈의 구조에 대한 설명으로 맞는 것은?

① 원추체 – 색 구별, 황반에 밀집
② 원시 – 수정체가 두꺼워진 상태
③ 망막 – 두께 조절로 초점을 맞춤
④ 명순응 – 동공확대, 30~40분 소요

해설 ② 원시 : 안구 길이가 짧거나 수정체가 얇아진 상태로 남아 있어 상이 망막 뒤에 맺히는 현상이다.
③ 망막 : 수정체에서 굴절되어 상하가 거꾸로 된 상을 받는 막으로 안에는 실제적인 광수용기인 간상 세포와 원추세포(圓錐細胞)가 있다.
④ 눈이 암순응 하는데 걸리는 시간은 약 15분 정도이다. 완전한 암순응에 도달할 때까지에는 30분 정도가 소요되나, 명순응은 암순응에 비해 시간이 빠르다.

12 |

다음 중 망막 위치에서 전시 위치의 최대 범위를 가장 올바르게 나타낸 것은?

① 좌측 최대 65°, 우측 최대 65°
② 좌측 최적 45°, 우측 최적 45°
③ 상측 최대 40°, 하측 최대 20°
④ 상측 최적 25°, 하측 최적 10°

해설 망막 위치에서 전시 위치의 최대 범위는 상측 최대 40°, 하측 최대 20°이다.

13 |

망막의 두 가지 광수 용기에 대한 설명으로 틀린 것은?

① 간상체는 명암(흑백)을 인식한다.
② 간상체는 주로 밤에 기능을 한다.
③ 원추체는 황반(fovea)에 집중되어 있다.
④ 원추체에 이상이 생길 경우에는 야맹증에 걸리게 된다.

해설
- 간상세포(간상체)수는 약 1억 3천만 개 정도이며 간상세포 이상 증세는 야맹증이 올 수 있다.
- 원추세포(추상체, 추상세포)는 600~700만 개 정도이며 추상세포 이상 증세는 색맹이나 색약으로 올 수 있다.

14 |

눈의 시세포에 관한 설명으로 맞는 것은?

① 원추세포는 색을 구분할 수 없다.
② 원추세포의 수는 간상세포의 수보다 많다.
③ 간상세포는 난색 계열의 색을 구분할 수 있다.
④ 사람의 한쪽 눈에는 1억 3천만여 개의 간상세포가 있다.

해설 · 추상체(추상세포, 원추세포, 원추체 cone cell) : 낮처럼 빛이 많을 때의 시각과 색의 감각을 담당하고 있으며, 망막 중심 부근에 5~7백만 개의 세포로서 가장 조밀하고 주변으로 갈수록 적게 된다.
· 간상체(간상세포) : 망막 주변 표면에 널리 분포되어 있으며, 세포는 1.1~1.25억 개 정도로 추산되고 전색맹으로서 흑색, 백색, 회색만을 감지하는데 명암 정보를 처리하고 초록색에 가장 예민하다.

15 |

망막이 자극을 받은 다음에도 시신경이 흥분하여 남아 있는 상태는?

① 잔상
② 이중상
③ 착시 현상
④ 누가(summation) 작용

해설 잔상은 시신경의 자극으로 느껴 0.2초 정도에서 감각이 최고에 이르러 서서히 저하되므로 병적 현상이 아니라 감응 반응이다.

16 |

다음 중 망막의 간상세포에 관한 설명으로 옳은 것은?

① 채도를 식별하는 작용을 한다.
② 명암을 식별하는 기능을 한다.
③ 색을 식별하는 기능을 한다.
④ 신체의 평형을 감지하는 기능을 한다.

해설 원추세포(추상체, 추상세포, 원추체 cone cell)
무수히 많은 색 차이를 알아낼 수 있게 하는 작용을 하고 세포 수는 5~7백만 개 정도이다. 색 혼합, 색 교정 등의 작업을 정확하게 하기 위해서는 추상체만이 작용할 수 있는 시각 상태를 명소시라 한다.

17 |

다음 ( ) 안에 들어갈 알맞은 것은?

수정체의 ( )은/는 망막 위에 물체의 초점을 맞추는 과정으로 물체가 가까우면 수정체에 붙어있는 근육(모양체)이 수축하여 수정체가 볼록해지고, 물체가 멀면 모양체가 이완되어 수정체가 평평해져 초점을 맞춘다.

① 음영(shade)
② 적응(adaptation)
③ 조절작용(accommodation)
④ 신경충동(neural impulse)

해설 ① 음영(shade) : 빛이 불투명한 물체에 비칠 때, 그 일부나 반대쪽에 닿지 않아 어두워지는 상태(그림자)
② 적응(adaptation) : 환경에 순응하여 나타내는 현상
③ 조절기능(accommodation) : 눈의 망막과 수정체의 거리를 적당히 맞추거나 수정체의 모양을 바꾸어 외부의 상(像)을 망막 위에 맺도록 하는 작용
④ 신경충동(neural impulse) : 생체가 가지고 있는 신경을 자극하였을 때 나타나는 반응 현상

18 |

다음 중 조절능력(Accommodation)의 설명으로 가장 적합한 것은?

① 망막에 상을 맺히게 하려고 수정체를 조절하는 것
② 망막에 상을 맺히게 하려고 홍채를 조절하는 것
③ 망막에 상을 맺히게 하려고 각막의 두께를 조절하는 것
④ 망막에 상을 맺히게 하려고 초자체(vitreous body)의 물성(굴절)을 조절하는 것

해설 조절기능(accommodation)
눈의 망막과 수정체의 거리를 적당히 맞추거나 수정체의 모양을 바꾸어 외부의 상(像)을 망망 위에 맺도록 하는 작용

19 |

눈의 조절작용의 양을 나타내는 단위는?

① SIL
② diopter
③ dB
④ clo

해설 • Diopter(D) : 렌즈의 굴절률을 나타내는 단위
  • D×초점 거리(m)=1

20

시력에 대한 일반적인 설명으로 틀린 것은?

① 홍채(iris)는 어두우면 커지고 밝으면 작아진다.
② 색을 구별하는 색각은 빛의 파장의 차이에 의해 일어난다.
③ 암순응 과정은 간상체 순응 후에 원추체 순응으로 진행된다.
④ 시력은 세부내용을 판별할 수 있는 능력으로서 주로 눈의 조절능력에 따라 달라진다.

해설 암순응(暗順應, Dark Adaptation)
  밝은 곳에서 어두운 곳으로 이동할 때 동공이 천천히 열리므로 약간의 시간이 지나서 사물을 볼 수 있는 현상으로 간상체가 시야의 어둠에 순응하는 것으로 눈이 순응하는데 걸리는 시간은 약 15분 정도이다. 완전한 암순응에 도달할 때까지에는 30분 정도가 소요된다.
  ㉠ 추상체(추상세포, 원추세포, 원추체 cone cell) : 무수히 많은 색 차이를 알아낼 수 있게 하는 작용을 하고 세포수는 5~7백만 개의 세포로서 정도이다.
  ㉡ 간상체(간상세포) : 망막 주변 표면에 널리 분포되어 있으며, 세포는 1.1~1.25억 개 정도로 추산되고 전색맹으로서 흑색, 백색, 회색만을 감지하는데 명암 정보를 처리하고 초록색에 가장 예민하다.

21

인간의 시력에 관한 설명으로 틀린 것은?

① 정상 시각에서의 원점은 거의 무한하다.
② 눈이 초점을 맞출 수 없는 가장 가까운 거리를 근점, 가장 먼 거리를 원점이라 한다.
③ 시력은 정확히 식별할 수 있는 최소의 세부사항을 볼 때 생기는 시각(Visual angle)에 정비례한다.
④ 최소 분간 시력은 눈이 식별할 수 있는 과녁의 최소 특징이나 과녁 부분들 간의 최소공간을 의미한다.

해설 시력은 정확히 식별할 수 있는 최소의 세부사항을 볼 때 생기는 시각(Visual angle)의 역수로 측정한다.
최소각 2분 – 시력 0.5, 최소각 1분 – 시력 1.0, 최소각 30초 – 시력 2.0, 최소각 15초 – 시력 4.0이다.

22

다음 중 눈과 대상물이 이루는 시각이 2분(′)인 사람의 시력(최소 가분 시력)으로 옳은 것은?

① 0.05   ② 0.5
③ 1.5   ④ 2.0

해설 최소각과 시력

최소각	시력
2분	0.5
1분	1
30초	2
15초	4

23

시력 1.0에 대한 설명으로 가장 적절한 것은?

① 인간의 평균적인 시력을 말한다.
② 최소 시각이 1분(分)인 시력을 말한다.
③ 수정체의 굴절력이 10디옵터인 시력을 말한다.
④ 시력측정표를 안경없이 읽을 수 있는 시력을 말한다.

해설 최소각과 시력

최소각	시력
2분	0.5
1분	1
30초	2
15초	4

24 |

시각(표적세부의 대각)의 측정공식으로 옳은 것은? [단, L은 시선과 직각으로 측정한 물체크기, D는 물체와 눈 사이의 거리이고 57.3과 60은 시각이 600분 이하일 때, 라디안(Radian) 단위를 분으로 환산하기 위한 상수이다.]

① 시각(分) $= \dfrac{L}{(57.3)(60)D}$

② 시각(分) $= \dfrac{D}{(57.3)(60)L}$

③ 시각(分) $= \dfrac{(57.3)(60)D}{L}$

④ 시각(分) $= \dfrac{(57.3)(60)L}{D}$

해설 시각$(분 \; visual \; \angle, \; VA) = \dfrac{(57.3)(60)L}{D}$
- L : 시선과 지각으로 측정한 물체 크기
- D : 물체와 눈 사이의 거리
- 라디안으로 환산하기 위한 상수 : 57.3

25 |

표적 물체나 관측자 또는 모두가 움직이는 경우에는 시력의 역치(threshold)가 감소하게 되는데 이러한 상황에서의 시식별 능력을 무엇이라 하는가?

① 버니어 시력(vernier acuity)

② 입체 시력(stereoscopic acuity)

③ 동체 시력(dynamic visual acuity)

④ 최소 가분 시력(minimum separable acuity)

해설 ① 버니어 시력(vernier acuity) : 둘 혹은 그 이상의 물체들을 평면에 배열해 놓고 그것이 일렬로 서있는지의 여부를 판별하는 능력이며 입체시는 물체의 원근을 파악하는 능력을 말한다.
② 입체 시력(stereoscopic acuity) : 두 눈을 동시에 사용하여 망막에 투영된 평면상의 감각 정보가 대뇌 피질의 시각 중추에서 통합되어 3차원 공간의 입체로 인지되는 것을 말한다.
③ 동체 시력(動體視力 : dynamic visual acuity) : 일반적으로 움직이고 있는 물체를 주시하고 있을 때의 시력을 말하나 자신이 움직이고 있을 때의 시력도 동체 시력이라고 할 수 있다. 일반적으로 속도가 높으면 동체 시력은 저하되는 것으로 알려지고 있다. 정지 상태에서의 시력이 1.2인 경우 10km/h에

서는 평균 1.0이고, 40km/h에서는 0.8, 80km/h에서는 0.7로 저하된다고 한다. 속도가 빠르면 빠를수록 노면이나 주위 풍경의 흐름이 빨라져 물체가 무엇인지 인지하기 곤란하게 된다.
④ 최소 가분 시력(minimum separable acuity) : 떨어져 있는 두 점이나 선을 두 개로 인식할 수 있는 능력을 말하는데 해상력이라고 생각하면 된다. 일반적으로 시력이라고 불리는 능력과 비슷하다.

26 |

다음 중 시각에 대한 설명이 맞는 것은?

① 시선 이동 – 한 눈이 한 곳으로 혼란을 일으키며 움직임

② 폭주 작용 – 한 눈으로 같은 점을 볼 수 있게 하는 것으로 안근과 홍채의 협동에 의해 이루어짐

③ 원근 조절 – 멀거나 가까운 물체를 볼 때 각막을 변화시키지 않고 초점을 맞추는 작용

④ 시야 – 어느 한 점에 눈을 돌렸을 때 보이는 범위를 시각으로 나타낸 것

해설 폭주 작용(輻輳作用)
두 눈의 주시선이 눈앞의 한 점으로 집중하는 것

27 |

다음 중 시각의 특징에 관한 설명으로 옳은 것은?

① 물체의 형을 변별할 수 있는 능력을 "순응"이라 한다.

② 머리와 안구를 움직여서 보이는 범위를 "시야"라 한다.

③ 어두운 곳에서 밝은 곳으로 나왔을 경우에 빛을 느끼는 정도가 저하되는 것을 "명순응"이라 한다.

④ 20세가 필요한 조도수준을 1이라고 하면 60세가 되면 약 10배 정도의 조도가 필요하다.

해설 • 순응 : 넓은 뜻으로는 적응(adaptation)과 마찬가지로 개체가 환경 조건에 잘 적응하는 일, 좁은 뜻으로는 조절 또는 순화(accommodation)와 마찬가지로 감각기관의 작용이 외계의 상황에 익숙해지는 것을 뜻한다.
• 시야(視野, visual field) : 한 점을 주시하였을 때 눈을 움직이지 않고 볼 수 있는 범위이다.

28 |

두 개의 물체를 적당한 위치에서 서로 교대로 제시하면 물체가 그 공간에서 움직이는 것처럼 느껴지는 현상은?

① 잔상(Afterimage)
② 착시(Optical Illusion)
③ 가현 운동(Apparent Movement)
④ 단일상과 이중상(Single & Double Image)

해설 ① 잔상 : 시신경의 자극으로 느껴 0.2초 정도에서 감각이 최고에 이르러 서서히 저하되므로 병적 현상이 아니라 감응 반응이다.
② 착시 현상 : 눈이 받은 자극의 지각이 여러 조건에 따라 다르게 보이는 현상을 말한다.
③ 가현 운동 : 두 개의 정지 대상을 0.06초의 시간 간격으로 다른 장소에 제시하면 마치 한 개의 대상이 움직이는 것처럼 보이는 운동 현상이다.
④ 단일상과 이중상 : 단일상은 물체가 거리에 관계없이 하나로 보이는 현상이며, 이 증상은 가까이 있는 것이나 먼 곳에 있는 것이나 망막에 이중상을 맺는 것으로 공간 지각에 단서가 된다.

29 |

암실 내의 고정된 빛을 응시하고 있으면 움직이는 것처럼 보이는 현상을 무엇이라 하는가?

① 가현 운동
② 자동 운동
③ 암순응
④ 자극 운동

해설 ① 가현 운동 : 인접된 두 점에 초당 12~20회의 속도로 광선을 쏘면 두 점 사이에 광선이 이동하는 것처럼 보이는 현상
② 자동 운동 : 캄캄한 방에 불을 켜면 정지된 불빛이 움직이는 것처럼 보이는 현상
③ 암순응 : 밝은 곳에서 어두운 곳에 들어갔을 때 처음에는 사물이 보이지 않다가 차츰 보이기 시작하는 현상(반대는 명순응)

30 |

다음은 운동의 시지각 중 무엇에 대한 설명인가?

내가 타고 있는 지하철은 정지되어 있지만, 반대편의 지하철이 출발함에 따라 내가 타고 있는 지하철이 움직이는 것처럼 느껴진다.

① 안구 운동
② 운동 잔상
③ 유도 운동
④ 자동 운동

해설 운동 지각(運動知覺 ; motion perception)
대상의 움직임에 대한 지각 및 대상의 위치의 연속적인 이동에 대한 지각. 시각적·촉각적·청각적 운동 등이 있다. 이 중 가장 전형적인 지각은 시각적 운동에 대한 것으로 운동시(運動視)라고도 한다.
㉠ 안구 운동 : 눈을 움직이는 데 사용하는 근육을 운동시켜 평형을 유지하고 조절력을 강화해 시력을 좋게 하는 것으로 보통 안구 운동이라고 불린다.
㉡ 운동 잔상 : 폭포의 물 흐름을 잠시 응시한 뒤에 근처의 경치를 보면, 경치가 완만하게 상승되어 보인다(폭포의 착시). 이처럼 시야 속에서 넓은 부분을 차지하는 일정 방향으로 이동하는 대상을 지속적으로 관찰한 뒤에 정지해 있는 대상으로 눈을 돌리면, 관찰한 운동과는 반대 방향으로 완만하게 움직이는 잔상을 볼 수가 있다. 이 잔상 효과는 한쪽 눈으로 이동체를 관찰한 뒤 다른 쪽 눈으로 정지 대상을 볼 때도 인정된다. 잔상의 지속 시간은 이동체를 응시하는 시간의 증가에 비례하여 증가한다.
㉢ 유도 운동 : 흘러가는 구름에 달이 휩싸이면, 구름이 멈추고 달이 반대 방향으로 움직이는 것처럼 보이는 현상이다. 또 자기가 타고 있는 전동차는 움직이지 않고 맞은편의 차가 움직이기 시작하면, 자기가 타고 있는 차가 맞은편 차가 움직이는 방향의 반대 방향으로 움직이는 것처럼 느껴지는 현상을 말한다. 아주 느린 속도로 대상 간에 상대적인 운동이 생기면, 객관적으로 어느 것이 운동하고 있고 어느 것이 정지하고 있는가에 관계없이 공간적 틀로서의 역할을 하는 것이 정지하고, 그 내부에 있는 것이 움직이고 있는 것처럼 보이기 쉽다. 천천히 흐르는 강물을 보고 있으면 갑자기 자기 자신이 강 상류 쪽으로 거슬러 올라가는 것처럼 느껴지는데 이것은 자신을 둘러싼 대상의 움직임에 유도되어 자신이 움직이고 있는 것 같이 느껴지기 때문이다. 이것은 자신과 대상간의 유도 운동이다.
㉣ 자동 운동 : 암실에서 정지한 작은 광점을 응시하면 광점은 정지해 있는데도 불구하고 여러 방향으로 퍼져 나가는 것처럼 보이는 현상을 말한다. 광점의 운동 범위는 시각(視角)으로 20~30°이다. 운동의 속도는 모두 다르지만 매초 시각 2~20° 정도이다. 광점이 작을 때는 빠르고, 커지면 느리게 보인다. 이 현상은 자극 조건이나 개인차에 따라 크게 변동하며 관찰 시간이 길어지면 현상의 출현 빈도가 증가한다. 또 눈을 다른 방향으로 돌렸다가 광점을 응시하면 반대 방향으로의 자동 운동이 생긴다.
㉤ 실제 운동 : 자극 대상의 움직임이 직접 운동으로서 지각되는 경우이다. 대상의 움직임이 너무 빠르거나 느리면 운동은 지각되지 않고 정지되어 보인다.

대상의 움직임이 처음으로 인정되는 최소의 이동 속도를 속도역이라고 하며, 대체로 1~2'(시각/s)이다. 대상의 움직임이 인정되는 최대의 이동 속도는 속도정(速度頂)이라고 하며, 대체로 30°(시각/s)이다. 속도역과 속도정 사이의 속도로 대상이 운동할 때 운동 현상이 나타난다. 운동의 속도는 대상의 크기, 운동의 장(場)의 구조(명암, 배치의 모양), 관찰법(中心視·周邊視), 운동의 장의 크기, 운동 방향 등에 의해 규정된다.

31

시각적 점멸 융합 주파수(VFF)에 영향을 주는 변수들에 대한 설명으로 옳은 것은?

① 연습의 효과는 아주 크다.
② 휘도만 같으면 색은 VFF에 영향을 주지 않는다.
③ VFF는 조명 강도의 대수치에 지수적으로 비례한다.
④ 시표와 주변의 휘도가 같을 때에 VFF는 최소가 된다.

해설 ㉠ 점멸 융합 주파수(flicker fusion frequency)
시각 혹은 청각적 점멸 융합 주파수란 계속되는 자극들이 점멸하는 것 같이 보이지 않고 연속적으로 느껴지는 주파수이다. 이것은 시각 연구에 오랫동안 사용되어 왔으며 망막의 함수라 생각되어 왔다. 그러나 최근에는 점멸 융합 주파수가 피질(cortex)의 기능이라 밝혀지고 있으며 중추 신경계의 피로 즉 "정신 피로"의 척도로 사용될 수 있다.
㉡ VFF에 영향을 주는 변수들은 다음과 같다.
• VFF는 조명 강도의 대수치에 선형적으로 비례한다.
• 시표와 주변의 휘도가 같을 때에 VFF는 최대로 된다.
• 휘도만 같으면 색은 VFF에 영향을 주지 않는다.
• 암조응시는 VFF가 감소한다.
• VFF는 사람들 간에는 큰 차이가 있으나 개인의 경우 일관성이 있다.
• 연습의 효과는 아주 적다.

32

시각 피로 원인 중 조절성 안정 피로를 의미하는 것은?

① 신경 쇠약이나 히스테리의 경우
② 망막에 맺히는 상이 두 눈에 차이가 날 경우
③ 노인과 원시, 난시, 초점 조절력의 쇠퇴 또는 마비되는 경우

④ 시선을 대상물에 집중시키는 기능의 이상이나 사시가 있는 경우

해설 안정 피로란 눈을 많이 쓰는 일을 계속하면 눈이 흐려지고 아프며 눈물이 나오며 두통, 피로감, 불쾌감을 느끼며, 사물을 보는 데 곤란함을 느낀다.
㉠ 조절성 안정 피로 : 원시, 난시, 노안의 초기 등, 주로 모양 근의 조절 피로가 원인
㉡ 근성 안정 피로 : 사시, 사위, 폭주부전 등, 주로 외안근의 피로가 원인
㉢ 증후성 안정 피로 : 결막염, 녹내장 등이 원인
㉣ 부등시성 안정 피로 : 좌우의 근시의 도수가 현저하게 다른 좌우의 눈에 생기는 동일 물체의 상이 다른 경우가 원인
㉤ 신경성 안정 피로 : 신경 쇠약, 히스테리 등이 원인

33

시각 피로의 원인 중 망막에 맺히는 상이 두 눈에 차이가 날 때 생기는 안정 피로의 종류는?

① 조절성 안정 피로　② 근육성 안정 피로
③ 증후성 안정 피로　④ 부등시성 안정 피로

해설 안정 피로
㉠ 조절성 안정 피로 : 원시, 난시, 노안의 초기 등, 주로 모양근의 조절피로가 원인이다.
㉡ 근성 안정 피로 : 사시, 사위, 폭주부전 등, 주로 외안근의 피로가 원인이다.
㉢ 증후성 안정 피로 : 결막염, 녹내장 등이 원인이다.
㉣ 부등시성 안정 피로 : 좌우의 근시의 도수가 현저하게 다른 등 좌우의 눈에 생기는 동일 물체의 상이 다른 경우가 원인이다.
㉤ 신경성 안정 피로 : 신경쇠약, 히스테리 등이 원인이다.

34

다음 중 시각 현상의 특성과 가장 관계가 적은 것은?

① 역측 판단　　　② 루빈 이론
③ 착시 현상　　　④ 게슈탈트 법칙

해설 ② 루빈의 항아리 : 교대되어 지각되는 것에 따라 두 사람이 얼굴을 맞대고 있는 모습과 항아리로 보이게 된다.
③ 착시 현상 : 눈이 받은 자극의 지각이 여러 조건에 따라 다르게 보이는 현상을 말한다.
④ 게슈탈트(Gestalt) 법칙 : 지각을 통해 대상의 형태에 대한 구분(segregation)을 규정하는 요인으로서 근

접성의 법칙(law of proximity), 유사성의 법칙(law of similarity), 연속성의 법칙(law of continuance), 폐쇄성의 법칙(law of closure), 공동 운명의 법칙(law of uniform destiny), 방향성의 법칙, 도형과 바탕의 법칙 일곱 가지를 제시했다.

35

다음 보기의 ㉠과 ㉡의 빈칸 안에 들어갈 내용으로 알맞게 짝지어진 것은?

> "머리와 안구를 고정하여 한 점을 응시하였을 때 동시에 보이는 외계의 범위를 (㉠)(이)라 하고 이것은 (㉡)의 순으로 넓어진다."

① ㉠ 시력 – ㉡ 백색, 청색, 황색, 적색, 녹색
② ㉠ 시야 – ㉡ 백색, 청색, 황색, 적색, 녹색
③ ㉠ 시력 – ㉡ 녹색, 적색, 황색, 청색, 백색
④ ㉠ 시야 – ㉡ 녹색, 적색, 황색, 청색, 백색

해설 머리와 안구를 고정하여 한 점을 응시하였을 때 동시에 보이는 외계의 범위를 시야라 하고 이것은 백색, 청색, 황색, 적색, 녹색의 순으로 넓어진다.

36

대상 물체를 시각적으로 인식할 때보다 잘 인식할 수 있는 경우는?

① 물체가 움직인다.
② 물체의 크기가 작다.
③ 물체와 배경과의 대비가 좋다.
④ 물체가 멀리 있다.

해설 대비
대(大) · 소(小), 빨강 · 파랑, 기쁨 · 슬픔 등과 같이 성질이 반대되는 것, 또는 성질이 서로 다른 것을 경험할 때 이들 성질의 차이가 더욱더 과장되어 느껴지는 것

37

시각적 표시장치의 지침 설계 요령으로 가장 적절한 것은?

① 끝이 부드러운 지침을 사용하여 안정감을 높인다.
② 원형 눈금의 경우 지침의 색은 선단의 끝에만 칠한다.

③ 지침의 끝은 작은 눈금과 맞닿되 겹치지는 않게 한다.
④ 정확한 가독을 위하여 지침은 눈금면과 가능한 한 분리시킨다.

해설 시각적 표시장치 지침 설계 원칙
㉠ 선각이 약 20° 정도되는 뾰족한 지침을 사용한다.
㉡ 지침의 끝은 가장 가는 눈금선과 같은 폭으로 하며 지침의 끝과 눈금 사이는 가급적 좁은 것이 좋으며 1.5mm 이상이어서는 안 된다.
㉢ 시차를 없애기 위하여 지침을 눈금 면과 밀착시킨다.
㉣ 지침의 두 끝을 판독할 필요가 있을 때는 구별이 되도록 형태를 달리한다.

38

시각적 표시장치를 가장 편히 볼 수 있는 설치 각도는?

① 수평보다 10°~15° 위쪽
② 수평보다 20°~35° 위쪽
③ 수평보다 10°~15° 아래쪽
④ 수평보다 20°~35° 아래쪽

해설 시각적 표시장치를 가장 편안히 볼 수 있는 각도는 수평보다 10°~15° 아래쪽으로 설치하는 것이다.

39

시각적 표시장치에 있어 표지 도안의 원칙에 관한 설명으로 가장 적절하지 않은 것은?

① 표지는 가능한 한 통일성이 있어야 한다.
② 테두리 속의 그림은 지각과정을 감소시킨다.
③ 그림의 경계는 대비(contrast)가 좋아야 한다.
④ 그림과 바탕의 구별이 분명하고 안정되어야 한다.

해설 표지 도안의 원칙
㉠ 단순성(simplicity) : 표지는 필요한 특성을 포함하면서 가급적 단순하여야 한다.
㉡ 단일성(unity) : 표지는 가능한 한 통일성이 있어야 한다.
㉢ 그림의 경계(figure boundary) : 그림의 경계는 대비(contrast)의 경계(➡)가 선 경계(⇨, →)보다 좋다.
㉣ 테두리(closure) : 테두리 속의 그림은 지각과정을 향상시킨다.
㉤ 그림과 바탕(figure to ground) : 그림과 바탕의 구별이 분명하고 안정되어야 한다.

40 |

다음 중 시각표시장치에서 시차(parallax)를 줄이는
방법으로 가장 적절한 것은?

① 지침을 다이얼면과 최소한으로 붙여야 한다.
② 숫자와 눈금을 같은 색으로 칠한다.
③ 지침이 계속해서 회전하는 계기의 영점은 3시
  방향에 둔다.
④ 가능한 한 끝이 둥근 지침을 사용한다.

해설 시차 줄이는 법
　㉠ 지침은 최소가 되도록 부착한다.
　㉡ 숫자와 눈금은 같은 색으로 칠한다.
　㉢ 가능한 등간격 눈금을 사용한다.

41 |

다음 중 시각표시장치의 가독성에 영향을 미치는 요
소와 가장 관계가 적은 것은?

① 지침의 무게
② 눈금의 폭과 길이
③ 지침의 형태와 크기
④ 숫자와 문자의 배열 방법

해설 시각표시장치의 가독성에 영향을 미치는 요소
　㉠ 문자나 숫자의 배열 방법
　㉡ 눈금의 폭과 길이
　㉢ 지침의 형태와 크기
　㉣ 지침의 회전 방향

42 |

시각적 표시장치의 유형 중 원하는 값으로부터의 대
략적인 편차 또는 고도 등 그 시간적인 변화방향을
알아보는 데 가장 적합한 형태는?

① 계수형(digital)
② 동목형(moving scale)
③ 그림 표시형(pictogram)
④ 동침형(moving pointer)

해설 시각적 표시장치의 유형
　㉠ 계수형(Digital) : 정확한 값 표시(가스미터, 수도 계
　　량기, 전력계, 전력계, 택시요금 계기, 카세트 테이프

레코더) 변수의 대략적 값이나 변화의 추세, 비율 등
을 알고자 할 때 사용
　㉡ 지침 이동형(동침형) : 원하는 값으로부터의 대략적
　　인 편차나 변화방향과 비율 등을 알아보는데 쓰인
　　다. (주파수 사이클, 라디오 볼륨)
　㉢ 지침 고정형(동목형) : 지침 고정되고 눈금 이동되
　　는 형(체중계)
　㉣ 정성적 정보 : 가변 변수의 대략적인 값(그림 표시
　　형-사물, 지역, 구성 등을 사진, 그림, 그래프로
　　묘사)

43 |

시각적 표시장치 설계에 따른 특성을 설명한 것으로
옳지 않은 것은?

① 동침형 표시장치는 인식적인 암시 신호(Cue)를
  준다.
② 계수형 표시장치의 판독오차는 원형 표시장치보
  다 많다.
③ 수치를 정확히 읽어야 할 경우는 계수형 표시장
  치가 적합하다.
④ 수직, 수평형태 동목형이 동침형에 비해 계기반
  (Panel)의 공간을 적게 차지한다.

해설 계수형(Digital)
　㉠ 정확한 값으로 표시하며 자릿수가 많은 경우에 기계,
　　전자적으로 숫자가 표시되는 원형표시 장치보다 정
　　확한 값을 얻을 수 있다.
　㉡ 특징
　　• 변수의 대략적 값이나 변화의 추세, 비율 등을
　　　알고자 할 때 사용한다.
　　• 판독오차가 적으며, 판독 반응 시간이 짧다.
　　• 시각 피로가 많으며, 값이 빨리 변하는 경우 읽
　　　기 어렵다.
　　• 가스미터, 수도 계량기, 전력계, 택시미터 계기,
　　　카세트 레코드 등에 사용한다.

44 |

연속적으로 변화하는 값을 표시하기에 가장 적합한
표시장치(display)는?

① 계수형(digital)
② 회화형(pictogram)
③ 동목형(moving scale)
④ 동침형(moving pointer)

동침형(지침 이동형 moving pointer) : 눈금이 고정되고 지침이 움직이는 형
　㉠ 지침의 위치가 일종의 인식상의 단서로 작용한다.
　㉡ 원하는 값으로부터의 대략적인 편차나 변화방향과 비율 등을 알아보는 데 쓰인다.
　㉢ 라디오의 주파 사이클, 오디오의 볼륨 레벨의 표시

45

계기판의 형(型) 가운데 측정치의 평가, 즉 목표치로부터의 편차(偏差)나 편차의 방향 평가에 가장 적합한 것은?

① 가동 지침(可動指針 : 눈금은 고정)
② 고정 지침(固定指針 : 눈금은 가동)
③ 계수기
④ 계수기와 가동 지침의 겸용

계기판의 형태
　㉠ 계수형(Digital) : 정확한 값 표시(가스미터, 수도 계량기, 전력계, 전력계, 택시요금 계기, 카세트 테이프 레코더) 변수의 대략적 값이나 변화의 추세, 비율 등을 알고자 할 때 사용한다.
　　• 판독오차가 적으며, 판독 반응 시간이 짧다.
　　• 시각 피로가 많으며, 값이 빨리 변하는 경우 읽기 어렵다.
　㉡ 동침형(지침 이동형 moving pointer) : 눈금이 고정되고 지침이 움직이는 형
　　• 지침의 위치가 일종의 인식상의 단서로 작용한다.
　　• 원하는 값으로부터의 대략적인 편차나 변화방향과 비율 등을 알아보는 데 쓰인다.
　　• 라디오의 주파 사이클, 오디오의 볼륨 레벨의 표시
　㉢ 동목형(지침 고정형 moving scale) : 지침이 고정되고 눈금이 움직이는 형
　　• 나타내고자 하는 값의 범위가 클 때 작은 계기판에 나타낼 수 없는 지침 이동형의 단점을 보완한 것이다.
　　• 표시장치의 공간을 작게 차지한다.
　　• 체중계

46

다음 중 계수형 표시장치를 갖는 온도계가 주로 다루고 있는 정보는?

① 정량적 정보　　② 정성적 정보
③ 상태 정보　　　④ 묘사적 정보

시각표시장치
　㉠ 정략적 정보 : 변수의 정략적인 값(온도계)

　㉡ 정성적 정보 : 가변 변수의 대략적인 값(그림 표시형)
　㉢ 상태 정보 : 체계의 상황
　㉣ 묘사적 정보 : 사물, 지역, 구성 등을 사진, 그림, 그래프로 묘사

47

다음 중 계기판(計器板)의 눈금숫자를 표시하는 방법으로 가장 적절하지 않은 것은?

① 0 – 1 – 2 – 3 – 4 – 5
② 0 – 3 – 6 – 9 – 12 – 15
③ 0 – 5 – 10 – 15 – 20 – 25
④ 0 – 100 – 200 – 300 – 400 – 500

계기판의 눈금숫자

좋음	나쁨	보통	비고
1, 2, 3, 4, 5	3, 6, 9, 12, 15	2, 4, 6, 8, 10	눈금은 오독률, 착오, 착각을 고려해야 한다.
5, 10, 15, 20, 25	4, 8, 12, 16, 20	–	
10, 20, 30, 40, 50	2.5, 5, 7, 7.5	20, 40, 60, 80, 100	

0, 3, 6, 9, 12, … 나 0, 4, 8, 12, … 같은 눈금 표시 방법은 등 간격이기는 하지만 눈금숫자 표시방법으로는 적합하지 않다.

48

다음 중 다이얼(Dial)식 계기의 표시방법으로 가장 적합하지 않은 것은?

① 눈금이 고정되고 지침이 움직이는 Dial형의 글자는 수직으로 한다.
② 지침이 여러 번 회전하는 형태의 Dial식 계기에서는 0점을 꼭대기에 두어야 한다.
③ Dial형으로 지침이 고정되고 눈금이 움직이는 형에서 숫자는 시계방향으로 써 넣는다.
④ Dial형으로 눈금이 유한할 때는 최대 눈금과 시발 눈금(보통 0)과의 사이를 떼지 않고 표시하여야 한다.

최대 눈금과 시발 눈금은 구분이 명확하고 눈금의 수열은 1씩 증가하는 수열이 가장 좋으며 5의 수열도 좋으나 2.5, 3, 4, 6씩 증가하는 것은 좋지 않다. 정확하게 읽고 쉽게 이해할 수 있어야 한다.

49 |

다음과 같은 경우에 적용할 시각적 표시장치 중 가장 적절한 것은?

- 휴대폰 전지의 잔량을 나타내는 표시기
- 비행 고도의 변화율 또는 추세
- 화학 설비의 반응 온도 범위

① 정량적 표시장치   ② 정성적 표시장치
③ 묘사적 표시장치   ④ 신호 및 경보등

해설 정성적 표시장치
ㄱ 연속적으로 변하는 변수의 대략적인 값이나 변화 추세, 비율 등을 알고자 할 때 주로 사용된다.
ㄴ 상태 점검의 판정에 사용한다.
ㄷ 그림 표시형(회화형, pictogram)을 사용한다.
ㄹ 전 구간의 값을 몇 개의 범위로 나눌 수 있다면 색채를 이용하여 각 범위의 값을 따로 암호화하여 설계를 최적화시킬 수 있다.
ㅁ 색채 암호가 부적합할 경우에는 계기 구간을 형상 암호화할 수 있다.

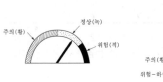

정성적 표시장치의 색채 및 형상 암호화

50 |

다음은 시각적 표시장치와 조종장치(control)를 포함하는 패널 설계 시 고려되어야 할 내용으로 우선순위가 높은 것부터 낮은 순서대로 바르게 나열한 것은?

A : 자주 사용하는 부품은 편리한 위치에 배치
B : 조종장치/표시장치 간의 관계(양립성 있는 운동 관계)
C : 주된 시각적 임무
D : 주 시각임무와 교호(交互) 작용하는 주 조종장치

① C – A – B – D   ② C – D – B – A
③ A – C – D – B   ④ B – A – D – C

해설 주된 시각적 임무 → 주 시각임무와 교호(교호) 작용하는 주 조종장치 → 조종장치/표시장치 간의 관계(양립성

있는 운동 관계) → 자주 사용하는 부품은 편리한 위치에 배치

51 |

시각 표시에서 명도와 채도 관계를 설명한 것으로 가장 적합한 것은?

① 광택이나 반사력이 높은 금속 재료를 글자나 바탕 재료로 사용한다.
② 정상적인 조명 상태에서는 진한 바탕에 밝은색의 글씨를 사용한다.
③ 보는 이가 어둠에 익숙해져야만 하는 상황에서는 밝은 바탕에 밝은색의 글씨를 사용한다.
④ 가장 읽기 쉽게 하기 위해서는 글자 혹은 숫자가 놓여있는 바탕과의 색상 대비가 적절해야 한다.

해설 기기의 색채는 채도보다 명도차를 두는 것이 시인성을 높일 수 있고, 정확하게 구별되는 색채를 사용하는 것이 좋다.

52 |

귀를 외이, 중이, 내이로 구분할 때 중이에 속하는 것은?

① 고막   ② 와우
③ 정원창   ④ 귀지선

해설 귀의 구조
ㄱ 외이 : 귀를 위치에 따라 크게 세 부분으로 나누었을 때 가장 바깥쪽에 있는 부분으로, 귀에서 우리가 볼 수 있는 부분인 귓바퀴와 외이도를 합쳐서 부르는 말이다.
ㄴ 중이 : 고막에서 달팽이관까지의 부분으로 음파에 의해 고막이 떨리면 중이에 있는 이소골이라는 세 개의 뼈(망치뼈, 모루뼈, 고리뼈)가 진동에 의해 차례대로 움직인다.
ㄷ 내이
- 와우(달팽이관) : 소리를 감지한다. 달팽이처럼 생겼으며 내이액(림프액)으로 채워져 있고 여기에는 유모세포라고 하는 민감한 감각 세포들이 있으며 각 세포 끝에 미세한 머리카락 같은 모양으로 붙어 있다. 이 유모세포는 내이액의 움직임에 따라 그 운동을 전기적인 신호로 바꾸어 뇌로 전달한다.
- 전정미로(세반고리관) : 소뇌와 같이 작용하여 몸의 평형감각을 유지하고, 이상이 있을 경우 현기증이 오며 몸의 균형에 이상을 초래한다.
- 청신경 : 소리 정보가 와우에서 뇌로 전달되는 경로이다.

53

내이(內耳)에 관한 설명으로 옳은 것은?

① 목과 코로 연결되어 있다.

② 소리를 모아주는 역할을 한다.

③ 소리를 청신경 중추에 보내는 역할을 한다.

④ 고막, 고실, 이관, 정원창, 난원창으로 구성되어 있다.

해설 내이

ㄱ 와우(달팽이관) : 소리를 감지한다. 달팽이처럼 생겼으며 내이액(림프액)으로 채워져 있고 여기에는 유모 세포라고 하는 민감한 감각 세포들이 있으며 각 세포 끝에 미세한 머리카락 같은 모양으로 붙어 있다. 이 유모 세포는 내이액의 움직임에 따라 그 운동을 전기적인 신호로 바꾸어 뇌로 전달한다.

ㄴ 전정미로(세반고리관) : 소뇌와 같이 작용하여 몸의 평형감각을 유지하고, 이상이 있을 경우 현기증이 오며 몸의 균형에 이상을 초래한다.

ㄷ 청신경 : 소리정보가 와우에서 뇌로 전달되는 경로이다.

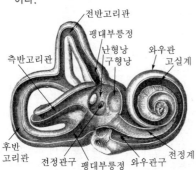

54

다음 중 고막의 미세한 운동을 조절하고, 내이에 전달하는 기능을 가진 귀의 내부 기관은?

① 중이   ② 외이

③ 외이도   ④ 귓바퀴

해설 소리의 전달 과정

사람이 듣는 소리는 외이, 중이, 내이로 구분되는 청각 기관인 귀에 의하여 소리를 듣게 되는데, 소리는 외이(이개)에 의하여 집음이 되며, 외이도가 집음된 모든 음파를 고막에 전달해 주고, 이소골(추골, 침골, 등골)을 통하여 달팽이관으로 전달이 되며, 내이 즉 달팽이관 안에서 파동을 일으키는 음파를 코르티기의 유모세포에서 전기적 에너지로 바꿔주어 뇌로 전달한다.

이러한 전달 과정에 의하여 소리를 듣게 되는데, 그 전달하는 기관들의 내부 · 외부의 원인으로 인하여 청각 장애가 일어나게 된다.

55

귀의 구조에 있어, 수직으로부터의 자세를 감지하는 기능과 가속 및 감속에도 감수성이 있는 기능을 가진 귀의 구조 명칭은?

① 난원창(oval window)

② 구씨관(eustachian tube)

③ 체성감관(proprioceptor)

④ 전정낭(vetibular sac)

해설 ① 난원창(oval window) : 중이(中耳)와 내이 사이에 있는 달걀 모양의 구멍으로 달팽이관에 직접 연결되어 있으며 음파가 난원창의 울림이 달팽이관 속의 림프액을 진동시켜 음을 인식하게 된다.

② 구씨관(eustachian tube) : 중이(中耳)와 인두(咽頭)를 연결하는 관으로 주로 습도를 조절하거나 귀 내 · 외부의 공기압력을 조절하는 환기통과 같은 역할을 하며, 이관(耳管)이라고도 불린다.

③ 체성감관(proprioceptor) : 근육, 뼈의 표면, 내장을 둘러싼 근육조직, 피하조직 등에 퍼져 있는 감각수용기로서, 주로 생체자체의 움직임과 체위를 느끼는 수용기이다.

④ 전정낭(vestibular sac) : 신체의 위치를 감각하는 기관으로 내이에 전정낭이 있다. 내부에 모상 세포가 있고 아교질로 차있는 난형낭과 구형낭으로 구성되며 자세가 변하면 아교질이 중력의 영향을 받아 모상세포를 자극하여 신경충동을 일으킨다. 주 기능은 수직으로부터 자세를 감지하는 것이지만 가속 및 감속에도 감수성이 있어 세반고리관을 보조한다.

56

상하, 전진, 좌우 운동을 탐지하는 귀 내부의 평형기관은?

① 고막   ② 외이

③ 중이   ④ 세반고리관

해설 귀 내부의 기관

ㄱ 고막 : 외이도를 통해 외부에서 들어오는 소리를 진동시키고 내이로 전달하는 역할을 하며, 외이도의 끝에 달린 얇고 투명한 원추형의 막으로 피부층, 섬유층, 점막층으로 구성되어 있다.

ㄴ 외이 : 귀를 위치에 따라 크게 세 부분으로 나누었을 때 가장 바깥쪽에 위치한 부분으로, 귀에서 우리

가 볼 수 있는 부분인 귓바퀴와 외이도를 합쳐서 부르는 말이다.

ⓒ 중이 : 고막에서 달팽이관까지의 부분으로 음파에 의해 고막이 떨리면 중이에 있는 이소골이라는 세 개의 뼈(망치뼈, 모루뼈, 고리뼈)가 진동에 의해 차례대로 움직인다.

ⓓ 전정미로(세반고리관) : 소뇌와 같이 작용하여 몸의 평형감각을 유지하고, 이상이 있을 경우 현기증이 오며 몸의 균형에 이상을 초래한다.

57 |

다음 중 소리가 전달되는 경로로 올바른 것은 어느 것인가?

① 고막 → 소골 → 임파액 → 기저막
② 고막 → 기저막 → 난원창 → 소골
③ 고막 → 임파액 → 소골 → 기저막
④ 고막 → 나원창 → 임파액 → 소골

해설 소리의 전달

외이도 → 고막 → 중이소골 → 임파액 → 기저막 → Corti씨 기관 → 청신경 → 뇌

58 |

소리(Sound)의 특징에 대한 설명으로 옳지 않은 것은?

① 소리를 끈 뒤에도 실내에 남아있는 잔향이 있다.
② 음의 열에너지가 진동에너지로 변화하는 흡음 감쇄 현상이 있다.
③ 진동수가 조금씩 다른 두 소리가 간섭되어 일정한 합성파를 만드는 현상이 있다.
④ 소리가 흡수될 때 굴절 현상이 생기며, 소리가 굴절되어도 진동수는 변하지 않는다.

해설 음의 진동에너지가 열에너지로 변화하는 흡음 감쇄 현상이 있다.

59 |

소리의 크기를 정하는 세 가지 단위가 아닌 것은?

① 크기에 대하여 등간격 눈금으로 되어 있는 폰 (phon)
② 소리의 식별역에서 데시벨로 눈금지은 감각의 크기(sensation level)

③ 주관적인 크기에 대하여 등간격 눈금으로 되어 있는 존(sone)
④ 진동수가 다르거나, 일정 진동수의 밴드(band)

해설 소리 크기의 수준

ⓐ sone : 40dB의 1,000Hz 순음의 크기로 음의 상대적인 크기이다. 1sone은 40phon이다.
ⓑ phon : 음의 감각적, 주관적 크기의 수준
ⓒ dB : 소리의 강도 레벨로 소리의 음압과 기준 음압의 비

60 |

다음 소리의 특성 중 잘못된 것은?

① 소음은 단시간일 경우 근육노동에서 능률을 향상시킬 수도 있다.
② 정신적인 일에서도 소음은 순응된다.
③ 불규칙적 소리는 사람을 초조하게 한다.
④ 낮은 진동수의 소음이 높은 진동수의 소음보다 시끄럽다.

해설 소리의 특성

ⓐ 높은 진동수의 소음은 낮은 진동수의 것보다 시끄럽다.
ⓑ 음악은 반복 작업 시 작업을 용이하게 하고 때로는 사고를 감소시킨다.
ⓒ 음악은 노동하는 자의 사기를 높여 준다.
ⓓ 음악은 권태, 피로를 막아준다.
ⓔ 음악은 휴식, 편안한 느낌을 주며 노동자의 화합을 도와준다.

61 |

소리와 능률의 관계에 관한 내용 중 옳은 것은?

① 낮은 진동수의 소음은 높은 진동수의 소음보다 시끄럽다.
② 불규칙하게 변하는 소리는 사람을 안정되게 한다.
③ 단순 반복 작업일수록 소음에 대한 영향이 크다.
④ 시각의 원근 조정, 원근감, 암순응, 거리 판정 등에서 소음은 영향받지 않는다.

해설 소음

사람의 귀에 들리는 소리 중 지나치게 강렬하여 불쾌하거나 강하지 않아도 불필요하여 방해가 되는 소리를 말한다.

ⓐ 불규칙한 폭발음은 일정 소음보다 더욱 위험하다.
ⓑ 소음은 총 작업량의 저하보다 작업의 정밀도를 저하시킨다.
ⓒ 복잡한 작업은 단순 작업보다 소음에 의해 나쁜 영향을 더 많이 받는다.

62 |

다음 중 소리와 청각에 대한 설명으로 적절하지 않은 것은?

① 기온이 오르면 소리의 전달 속도가 감소한다.
② 2가지 음의 주파수 비율이 2 : 1일 때 이것을 1옥타브라 한다.
③ 인간의 감각은 일반적으로 주파수가 낮은 음보다 높은 음이 감도가 좋다.
④ 점음원으로부터의 단위 면적당 출력은 반사나 굴절이 없는 한 거리의 제곱에 반비례하여 작아진다.

해설 20℃의 공기 중에서의 소리의 속도는 약 340m/s이다. 온도가 1℃ 올라감에 따라 소리의 속도는 0.6m/s씩 증가한다.
$v = (331\text{m/s})(1 + 0.6T)$
여기서, T : 섭씨온도

63 |

소리를 구성하는 3요소가 아닌 것은?

① 진폭
② 진동수
③ 파형
④ 가청 최소음

해설 소리를 구성하는 3요소
ⓐ 진폭 : 소리의 강도
ⓑ 파형 : 소리의 음색
ⓒ 진동수 : 소리의 높고 낮음. 단위는 Hz와 cps로 나타내며, 인간의 가청 주파수는 20~20,000Hz이다.

64 |

소리의 강도를 나타내는 단위로 맞는 것은?

① dB
② rem
③ SHU
④ cycle

해설 dB : 소리의 강도 레벨로 소리의 음압과 기준 음압의 비
∴ dB 수준 $= 10\log\left(\dfrac{I_1}{I_0}\right)$
② rem : 이온화 방사선량 단위
③ SHU : 스코빌 척도(Scoville scale)은 고추의 매운 정도를 나타내며, 고추에 포함된 캡사이신의 농도를 스코빌 매움 단위(Scoville Heat Unit, SHU)로 계량화하여 표시한다.
④ cycle : 물체의 상태가 어느 변화를 한 후, 다시 원래와 똑같은 상태로 되돌아가는 것. 정현파 교류에서는 어느 시각을 원점으로 하여 ($\pm 2n\pi(\text{red})$ = 사이클) 위상이 다른 시각까지의 과정을 n사이클이라고 한다.

65 |

다음 중 소리의 특성을 결정하는 물리량이 아닌 것은?

① 진동수
② 음의 강도
③ 음원
④ 음량

해설 소리를 구성하는 3요소(물리 음향)
ⓐ 진폭 : 소리의 강도
ⓑ 파형 : 소리의 음색
ⓒ 진동수 : 소리의 높고 낮음

66 |

소리의 현상이 아닌 것은?

① 순응(順應)
② 반사(反射)
③ 회절(回折)
④ 공명(共鳴)

해설 순응
외계의 자극에 따라 감각, 감도가 변화하는 일로 시각 현상에 관계된다.

67 |

인간이 감지할 수 있는 주파수의 범위는?

① 1~10,000Hz
② 20~20,000Hz
③ 1~30,000Hz
④ 4,000~20,000Hz

해설 가청 주파수 범위(사람의 귀로 들을 수 있는 범위)는 20~20,000Hz이다.

68 |

다음 중 인간의 귀가 4,000Hz 부근에서 가장 민감한 이유를 올바르게 설명한 것은?

① 4,000Hz 부근에서 머리의 공명이 가장 잘 일어나기 때문이다.
② 고막이 특정 주파수에 민감하게 반응하기 때문이다.
③ 귀의 구조상 귀의 공진 주파수가 4,000Hz 부근이기 때문이다.
④ 4,000Hz의 음이 가장 멀리 퍼지기 때문이다.

해설 인간의 귀가 가장 민감하게 들을 수 있는 소리의 진동수는 4,000Hz 부근이며, 조용한 방에서 가까스로 들을 수 있는 4,000Hz의 소리의 세기를 0dB이라고 표시한다.

69 |

일반적으로 청력 손실이 가장 크게 나타나는 진동수는 약 몇 Hz인가?

① 500
② 2,000
③ 4,000
④ 10,000

해설 주파수
ㄱ 가청 주파수는 20~20,000Hz이다.
ㄴ 난청 주파수는 4,000Hz로 공장의 기계 소음 수준이다.
ㄷ 정상적인 사람의 귀에 가장 민감한 소리의 주파수는 1,000~5,000Hz이다.

70 |

인체의 감각 기관을 통해 현존하는 환경의 자극에 대한 정보를 받아들이게 되는 과정을 무엇이라 하는가?

① 지각
② 반응
③ 주의
④ 선호도

해설 ① 지각(知覺) : 감각 정보들이 변함에도 불구하고 물체가 안정된 특성을 항상 지니고 있는 것으로 지각하는 현상
② 반응(反應) : 외부의 자극에 대해 생체 · 기관 · 조직 또는 세포가 나타내는 상태의 변화 또는 활동
③ 주의(主義) : 특정한 일에 대한 일관성 있는 인식과 행동의 원칙
④ 선호도(選好度) : 여러 가지 중에서 가리어 특별히 더 좋아하거나 덜 좋아하거나 하는 정도를 나타냄

71 |

사람들은 매 순간 물체들로부터 받는 감각 정보들이 변함에도 불구하고 물체가 안정된 특성을 항상 지닌 것으로 지각한다. 이러한 현상을 무엇이라 하는가?

① 지각의 체제화
② 지각의 항상성
③ 공간지각
④ 운동지각

해설 지각의 항상성
ㄱ 감각 정보들이 변함에도 불구하고 물체가 안정된 특성을 항상 지니고 있는 것으로 지각하는 현상
ㄴ 정보들의 중요성을 구별하고 추리
ㄷ 항상성의 유형
 • 시대적 대상에 관계되는 크기의 항상성과 모양의 항상성
 • 시대적 대상의 속성에 관계되는 색조의 항상성과 색채의 항상성
 • 시대적 대상들 간의 관계에 관한 것으로 위치의 항상성과 방향의 항상성
ㄹ 지각 과정 : 복잡하고 동적이며 능동적인 과정
※ 지각 – 인지 – 태도

72 |

일반적으로 보통 글자의 경우 가장 알맞은 종횡비(세로 : 가로)는? [단, 계기판(計器板)이나 눈금에서의 경우이다.]

① 2 : 1
② 2 : 3
③ 3 : 2
④ 4 : 3

해설 보통 글자의 세로, 가로비는 3 : 2 정도로 한다.

73 |

문자 – 숫자의 획폭은 보통 문자나 숫자의 높이에 대한 획 굵기의 비로써 나타내는데 조도가 충분한 장소에서 흰 바탕에 검은 숫자의 인쇄물의 경우 가장 적정한 획폭비는?

① 1 : 6
② 1 : 8
③ 1 : 13
④ 1 : 20

해설 • 밝은 바탕에 진한 글씨를 쓸 경우 굵기비는 1 : 6 정도로 한다.
 • 진한 바탕에 밝은 글씨를 쓸 경우 굵기비는 1 : 7~1 : 8 정도로 한다.

74 |

문자의 바탕과 대비에서 흰 바탕에 검은 글씨를 쓸 때 글자의 높이에 대한 가장 알맞은 획의 굵기 비율은?

① $\frac{1}{6}$ ② $\frac{1}{4}$

③ $\frac{1}{3}$ ④ $\frac{1}{2}$

> **해설** • 밝은 바탕에 진한 글씨를 쓸 경우 굵기비는 1/6이다.
> • 진한 바탕에 밝은 글씨를 쓸 경우 굵기비는 1/7~1/8이다. (획의 굵기/글자의 높이)

75 |

문자와 도형의 디자인에서 고려되어야 할 시각 특성과 가장 관련이 적은 것은?

① 감각성 ② 가시성

③ 명시성 ④ 가독성

> **해설** • 명시성 : 같은 거리에 같은 크기의 색이 있을 때 확실하게 보이는 색과 확실히 보이지 않는 색이 있다. 이 때 얼마만큼 잘 보이는가를 나타내는 것으로 명시도, 가시성이라고도 한다.
> • 가독성(legibility 可讀性) : 문자, 기호 또는 도형이 얼마나 쉽게 읽히는가 하는 능률의 정도. 색채의 경우 시인성 혹은 명시성이 높아 멀리서도 잘 보이는 정도를 말한다.

76 | ·

흰 글자와 검은 글자의 최적 획폭비에 관한 것으로 틀린 것은?

① 글자의 색에 따라 최적 획폭비가 흰 바탕에 검은 글자의 경우보다 가늘어야 한다.
② 검은 바탕에 흰 글자의 획폭이 흰 바탕에 검은 글자의 경우보다 가늘어야 한다.
③ 흰 바탕에 검은 글자의 획폭이 검은 바탕에 흰 글자의 경우보다 가늘어야 한다.
④ 조도가 높을수록 흰 모양이 검은 배경으로 더욱 번져 보인다.

> **해설** • 밝은 바탕에 진한 글씨를 쓸 경우 굵기비는 1 : 6 정도로 한다(흰 바탕에 검은 글씨).
> • 진한 바탕에 밝은 글씨를 쓸 경우 굵기비는 1 : 7~1 : 8 정도로 한다(검은 바탕에 흰 글씨).

77 |

모니터에서 나타내는 텍스트에 대한 가독성을 높이는 방안으로 적절하지 않은 것은?

① 텍스트와 바탕 사이의 명도대비를 최대화한다.
② 한눈에 들어올 수 있도록 색상이 될 수 있으면 화려하게 한다.
③ 불필요한 정보를 피하며, 단어 배열을 간략하게 하여 표의 형식을 취한다.
④ 어두운 바탕에 진한 적색과 청색, 또는 청색과 녹색 등의 텍스트를 사용하지 않도록 한다.

> **해설** 가독성(legibility 可讀性)
> 문자, 기호 또는 도형이 얼마나 쉽게 읽히는가 하는 능률의 정도. 색채의 경우 시인성 혹은 명시성이 높아 멀리서도 잘 보이는 정도를 말한다.

78 |

촉각에 관한 설명으로 틀린 것은?

① 촉각과 압각의 경계는 분명하게 구분된다.
② 촉각 수용기의 분포와 밀도는 신체 부위에 따라 다르다.
③ 온도 감각은 일반적으로 점막에는 거의 분포되어 있지 않다.
④ 통각은 피부뿐 아니라 피부 밑의 심부 및 내장에도 분포하고 있다.

> **해설** • 피부 감각의 종류는 촉각(압각), 통각, 냉각, 온각으로 구분되며 화학 감각과 더불어 가장 원시적인 감각이다.
> • 촉각(압각) 수용기의 분포와 밀도는 신체의 부위에 따라 다르게 분포되어 있어 피부 부위에 따라 민감도가 다르다.
> • 촉각과 압각은 명확하게 구분하기가 어렵다.

79 |

촉각에 의한 체험의 분류가 아닌 것은?

① 표면촉　　　　② 투촉면
③ 공간촉　　　　④ 시간촉

해설 촉각에 의한 체험의 분류
　　㉠ 표면촉 : 손가락 끝이 대상의 표면에 접촉했을 때 미끄럽거나 거친 정도 등으로 표현되는 느낌
　　㉡ 공간에 충만한 촉감 : 기류가 손이나 얼굴 등에 닿았을 때의 느낌
　　㉢ 공간촉 : 물체와 손 사이에 끼워진 두께의 느낌 (예 의자의 쿠션 두께 느낌)
　　㉣ 투촉면 : 공간촉과 유사하지만 장갑이나 축이 등 좀 더 얇은 경우를 투과하여 느끼는 경우

80 |

카츠(Katz)에 의한 "촉각에 의한 체형의 분류" 중 물체와 손 사이에 끼워진 두께의 느낌을 가지게 하는 것은?

① 공간촉　　　　② 표면촉
③ 방향촉　　　　④ 기압촉

해설 공간촉
　　물체와 손 사이에 끼워진 두께의 느낌(예 의자의 쿠션 두께 느낌)

81 |

피부 감각에 관한 설명으로 옳지 않은 것은?

① 통각의 순응은 거의 없고, 자극이 없어질 때까지 계속된다.
② 촉각 수용기의 분포와 밀도는 신체 부위에 일정하게 분포되어 있다.
③ 촉각 중의 진동감각은 모든 피부에 기계적 자극이 가해질 때 일어나는 감각이다.
④ 온도감각에는 온각과 냉각이 있으며 일반적으로 점막에는 거의 되어 있지 않으나 구강, 인두의 점막에는 분포되어 있다.

해설 피부 감각
　　㉠ 촉각 수용기의 분포와 밀도는 신체의 부위에 따라 다르게 분포되어 있어 피부 부위에 따라 민감도가 다르다.

㉡ 1cm^{2}당 피부의 자극분포
　• 통각 : 100~200개
　• 압각 : 15~30개
　• 냉각 : 6~23개
　• 온각 : 0~3개

82 |

일반적으로 피부의 단위 면적당 신경의 수가 많은 것에서 적은 순으로 올바르게 나열된 것은?

① 통점 > 압점 > 냉점 > 온점
② 압점 > 냉점 > 온점 > 통점
③ 냉점 > 온점 > 통점 > 압점
④ 온점 > 통점 > 압점 > 냉점

해설 1cm^{2}당 피부의 자극분포
　　㉠ 통각 : 100~200개
　　㉡ 압각 : 15~30개
　　㉢ 냉각 : 6~23개
　　㉣ 온각 : 0~3개

83 |

피부 감각의 특성에 관한 설명으로 틀린 것은?

① 촉각을 가지고 있다.
② 뇌는 통각을 가지고 있다.
③ 통각, 압각, 온각, 냉각을 가지고 있다.
④ 같은 크기의 자극이 반복되면 적응된다.

해설 통각 수용체(nociceptor)는 피부, 내장, 골격근, 심근에 존재하며 혈관과 관련되어 발견되기도 하며, 뇌는 직접적인 통각 수용체가 아니다.

84 |

피부로 느낄 수 있는 감각 중 감수성이 가장 높은 것은?

① 통각　　　　② 압각
③ 냉각　　　　④ 온각

해설 통각은 피부 표면에 1m^{2}당 100~200개 통점이 분포되어 감수성이 가장 높으며, 온각은 1m^2 당 0~3개로 가장 낮다.

85 |

촉각, 온각, 냉각에 대한 설명 중 잘못된 것은?

① 피부의 온도순응은 동시에 이루어진다.
② 정상적인 피부 표면은 36℃이다.
③ 위치의 지각은 손, 발, 입술 등이 예민하다.
④ 완전하게 순응되는 온도를 넘으면 부분적 순응이 이루어진다.

해설 정상적인 체온은 36.5℃, 피부 표면은 5~6℃ 정도 낮은 31℃이다.

86 |

피부 감각 기능이 아닌 것은?

① 온도를 지각한다.
② 모양을 지각한다.
③ 평형을 유지한다.
④ 위치를 지각한다.

해설 피부 감각점의 종류와 분포
　㉠ **온점** : 온도 자극을 느끼는 감각점으로 온도가 올라가는 변화를 느낀다.
　㉡ **냉점** : 온도 자극을 느끼는 감각점으로 주로 20℃ 이하에서 반응을 잘 한다.
　㉢ **통점** : 아픈 감각을 느끼는 감각점으로 내장, 눈의 각막, 근육과 뼈를 둘러싸는 조직 등에도 분포한다.
　㉣ **압점** : 물체가 누르는 것을 느끼는 감각점으로 손가락과 입술에 많이 분포한다.
　※ 평형 감각은 세 개의 반고리관과 이석기가 담당한다. 반고리관의 감각모와 이석기가 기울기와 회전을 감지해서 전기신호로 바꿔 대뇌로 보낸다.

87 |

피부 표면에 어떤 대상이 닿았을 때 느끼게 되는 감각은?

① 시각
② 촉각
③ 후각
④ 미각

해설 촉각은 피부에 닿아서 느껴지는 감각으로 눌리는 감각인 압각, 아픈 감각인 통각, 차가운 감각인 냉각, 따뜻함을 느끼는 감각인 온각 등이 있다.

88 |

다음 내용 중 괄호 안에 들어갈 용어는?

> "최근에는 기술 개발에 힘입어 광학적 영상을 (　) 적 진동으로 변화시켜 맹인이 해석할 수 있도록 한 optacon(optical-to-tactile converter) 장치가 개발되고 있다."

① 시각
② 촉각
③ 통각
④ 미각

해설 촉각은 피부에 닿아서 느껴지는 감각으로 눌리는 감각인 압각, 아픈 감각인 통각, 차가운 감각인 냉각, 따뜻함을 느끼는 감각인 온각 등이 있다.

89 |

물체를 위치시키는 동작에 관한 설명으로 옳지 않은 것은?

① 최초반응시간은 이동거리에 따라 다르다.
② 동작시간은 거리의 함수이기는 하지만, 비례하지는 않는다.
③ 위치 동작의 시간과 정확도는 그 방향에 따라서 달라진다.
④ 동작을 보면서 통제할 수 없는 경우를 맹목 위치 동작이라 한다.

해설 이동거리는 기준점에 관계가 없다.

90 |

손의 기본 지각기능을 활용한 정보수집의 종류와 거리가 가장 먼 것은?

① 색 식별
② 입체 식별
③ 중량 식별
④ 경도 식별

해설 우리가 물체를 보고 색을 감지하는 것은 빛과 눈의 구조를 이해하면 쉽게 알 수 있듯이 물체, 빛, 눈과의 관계에서 뇌의 작용이 있어야만 색을 지각하게 되는 것이다.

91 |

미각(맛)에 사용되는 단위는?

① 거스트(gust) ② 그래비티(gravity)
③ 휘발도(volatility) ④ 시럽(syrup)

해설 ① 거스트(gust) : 맛의 단위(미각)
② 그래비티(Gravity) : 중력, 인력, 무게
③ 휘발도(volatility) : 휘발성
④ 시럽(syrup) : 시럽, 당밀

92 |

미각을 느끼는 혀의 기능 중 혀의 안쪽에서 느끼는 맛은?

① 단맛 ② 쓴맛
③ 짠맛 ④ 신맛

해설 혀의 부위에 따른 맛에 대한 감수성
혀끝은 단맛, 혀 양 측면은 신맛, 혀끝과 양 측면에서 짠맛, 혀의 안쪽에서 쓴맛을 잘 느낀다.

93 |

다음 중 후각에 관한 설명으로 옳은 것은?

① 후각의 민감도는 특정 물질과 그 냄새를 맡는 사람들에게 일정한 영향을 나타낸다.
② 후각은 많은 자극 중 하나를 식별하는 데보다 냄새의 존재를 탐지하는데 효과적이다.
③ 강도 차만 있는 냄새의 경우 15~20 수준 정도를 식별할 수 있다.
④ 특정한 냄새를 절대적으로 식별하는 데에는 뛰어나다.

해설 후각
기체 상태의 화학 물질의 자극에 대한 감각으로 사람은 콧구멍 위쪽의 끈끈한 막(점막)에 후세포가 분포되어 있어 공기에 섞여 코로 들어온 냄새를 가진 화학 물질이 이 후세포를 자극하면 그것이 후신경에 의해 대뇌로 전해져 냄새를 느끼도록 되어 있다. 비교적 예민하기는 하지만, 피로하기 쉬우므로, 같은 냄새를 계속해서 오래 맡으면 그 냄새를 느끼지 못하게 된다.

94 |

후각에 관한 설명으로 틀린 것은?

① 식별이 가능한 냄새의 수는 훈련에 의하여 늘릴 수 있다.
② 후각에 대한 민감도는 특정 물질과 냄새를 맡는 개인에 따라 다르다.
③ 후각은 특정한 냄새를 절대적으로 식별하는 데에는 뛰어나지 못하다.
④ 전반적으로 후각은 냄새의 존재를 탐지하는 것보다 많은 자극 중 하나를 식별하는 데 효과적이다.

해설 후각
기체 상태의 화학 물질의 자극에 대한 감각으로 사람은 콧구멍 위쪽의 끈끈한 막(점막)에 후세포가 분포되어 있어 공기에 섞여 코로 들어온 냄새를 가진 화학 물질이 이 후세포를 자극하면 그것이 후신경에 의해 대뇌로 전해져 냄새를 느끼도록 되어 있다. 비교적 예민하기는 하지만, 피로하기 쉬우므로, 같은 냄새를 계속해서 오래 맡으면 그 냄새를 느끼지 못하게 된다.

95 |

다음 중 가장 많은 힘을 낼 수 있는 손잡이의 위치는?

① 서 있을 때 어깨높이
② 앉아있을 때 어깨높이
③ 서 있을 때 팔꿈치높이
④ 앉아있을 때 발목높이

해설 제어장치 위치
㉠ 앉아있을 때 : 팔꿈치 높이에서 쥔 손잡이에 가장 힘이 많이 들어간다.
㉡ 서 있을 때 : 어깨높이
㉢ 가장 빈번히 사용되는 제어장치 : 팔꿈치에서 어깨의 높이 사이
㉣ 조작할 때 : 어깨 전방 약간 아래쪽
㉤ 고정된 위치에서 조작하는 제어장치 : 작업원 어깨로부터 70cm 이내
㉥ 빨리 돌릴 때 : 신체 전면에서 60~90°

96 |

다음 중 촉각을 이용한 손잡이 설계 시 필요한 조건으로 가장 적절하지 않은 것은?

① 미끄러움이 적어야 한다.
② 방향성은 한정시키지 않아야 한다.
③ 촉각에 의해 식별할 수 있어야 한다.
④ 작업에 필요한 형에 대하여 적당한 크기가 되어야 한다.

해설 손잡이의 필요조건
  ㉠ 손이 벗어날 우려가 없을 것
  ㉡ 표면을 매끄럽게 하여 부드러운 촉감을 줄 것
  ㉢ 촉각에 의하여 식별할 수 있도록 할 것
  ㉣ 미끄럼이 적을 것
  ㉤ 위치에 따라 구별이 쉬울 것
  ㉥ 방향성을 한정할 것
  ㉦ 손에 상해를 주지 않을 것

97 |

손잡이에 대한 일반적인 설명으로 맞는 것은?

① 손잡이의 치수는 조작에 필요한 힘의 크기와 관련이 없다.
② 작업 용도에 따라 손잡이의 모양을 고려하여 설계하여야 한다.
③ 서랍의 손잡이는 재질의 차이에 따른 치수를 고려할 필요가 없다.
④ 조작력은 적으나 정밀한 눈금을 맞출 때에는 가급적 손잡이의 크기를 크게 한다.

해설 손잡이
  ㉠ 손잡이는 모양에 따라 손이 걸리는 방법이 다르므로 이 점을 고려해야 한다.
  ㉡ 손잡이의 치수는 각 개인의 손의 크기와 밀접한 관계가 있다.
  ㉢ 조작력은 적으나 정밀한 눈금을 맞출 때는 가급적 손잡이의 크기를 작게 한다.

98 |

각종 손잡이를 설계할 때 촉각적인 배려에 속하지 않는 것은?

① 형태   ② 재질
③ 크기   ④ 색채

해설 손잡이의 색채는 시각적 배려에 속한다.

99 |

다음 중 수공구의 손잡이 설계조건으로 적당하지 않은 것은?

① 손목을 곧게 유지하도록 한다.
② 예리한 모서리나 끝을 제거시킨다.
③ 가능하면 접촉 면적을 줄이고, 표면은 매끄럽게 한다.
④ 빈번한 동작 시에는 둘째손가락보다는 엄지손가락을 사용하도록 한다.

해설 수공구의 설계원칙
  ㉠ 손목을 곧게 유지한다.
  ㉡ 조직에 가해지는 압력을 피한다.
  ㉢ 반복적인 손가락 동작을 피한다.
  ㉣ 예리한 모서리나 끝을 제거시킨다.
  ㉤ 빈번한 동작 시에는 둘째손가락보다는 엄지손가락을 사용하도록 한다.
  ㉥ 가능하면 접촉 면적을 늘리고, 표면이 미끄러지지 않게 한다.

100 |

그림과 같은 손잡이(knob)를 촉각 정보를 통하여 분별, 확인할 수 있는 코딩(coding) 방법은?

① 위치에 의한 코딩   ② 크기에 의한 코딩
③ 모양에 의한 코딩   ④ 색에 의한 코딩

해설 손잡이는 모양에 따라 손에 걸리는 방법에 차이가 있으므로 모양에 따른 촉각 정보를 이용하여 분별 및 확인하는 코딩 방법이다.

101 |

스위치 노브(knob)를 촉각적으로 분별, 확인할 수 있도록 디자인한 것은 어떠한 암호화(coding) 방법을 활용한 것인가?

① 색에 의한 암호화   ② 모양에 의한 암호화
③ 위치에 의한 암호화   ④ 크기에 의한 암호화

> **해설** 손잡이의 촉각적 암호화
> ㉠ 모양(형상)에 의한 식별 : 단회전용, 다회전용, 이산 멈춤 위치용
> ㉡ 표면 촉감에 의한 식별 : 매끄러운 면, 세로 홈, 깔쭉 면 등
> ㉢ 크기에 의한 식별 : 직경 1.3cm, 두께 0.95cm 차이만 있으면 구별 가능

102 |

다음 중 다회전용(多回轉用) 손잡이로 적절하지 않은 것은?

①
②
③
④

> **해설**
>
> 다회전용
>
> 단회전용

103 |

단회전용 조종장치로 가장 적절한 것은?

①
②
③
④

> **해설**
>
> 다회전용

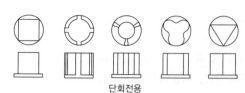
단회전용

2. 대사 작용

01 |

다음 중 기초 대사량에 관한 설명으로 가장 적절한 것은?

① 단위 시간당 소비되는 산소 소비량
② 생명 유지에 필요한 단위 시간당 에너지량
③ 단위시간 동안 운동한 후 소비된 에너지량
④ 에너지 섭취 시 소요되는 단위 시간당 에너지량

> **해설** 기초 대사량
> ㉠ 안정 상태에서 생명 유지에 필요한 최소한의 작용을 유지하기 위해 소비되는 대사량(에너지량)
> ㉡ 성인의 경우 보통 1,500~1,800kcal/일이며, 기초 대사와 여가에 필요한 대사량은 약 2,300kcal/일이다.

02 |

생명 유지에 필요한 최소한의 활동에 소비되는 에너지 즉, 기초 대사량을 구하는 식은?

① $\dfrac{\text{산소 }1l\text{당 소비 칼로리}}{\text{체표면적}\times\text{산소 소비량}}$

② $\dfrac{\text{산소 소비량}\times\text{체표면적}}{\text{산소 }1l\text{당 소비 칼로리}}$

③ $\dfrac{\text{산소 }1l\text{당 소비 칼로리}\times\text{체표면적}}{\text{산소 소비량}}$

④ $\dfrac{\text{산소 }1l\text{당 소비 칼로리}\times\text{산소 소비량}}{\text{체표면적}}$

> **해설** 기초 대사량
> ㉠ 안정 상태에서 생명 유지에 필요한 최소한의 작용을 유지하기 위해 소비되는 대사량
> ㉡ 성인의 경우 보통 1,500~1,800kcal/일이며, 기초 대사와 여가에 필요한 대사량은 약 2,300kcal/일이다.
> ㉢ 기초 대사량
> $= \dfrac{O_2\ 1l\text{당 소비 칼로리}\times O_2\text{ 소비량}}{\text{체표면적}}$

정답 102. ① 103. ③ / 01. ② 02. ④

03

성인이 하루에 평균적으로 소모하는 에너지는 약 4,300kcal이고, 기초 대사와 여가(leisure)에 필요한 에너지는 2,300kcal이다. 8시간의 근로시간 동안 소요되는 분당 에너지는 약 얼마인가?

① 2kcal/min
② 4kcal/min
③ 8kcal/min
④ 10kcal/min

해설 1일 작업 시 필요한 에너지는 4,300kcal−2,300kcal
= 2,000kcal
8시간은 480분이므로 2,000kcal/480min
= 4.17kcal/min ≒ 4kcal/min
※ 기초 대사량
㉠ 안정 상태에서 생명 유지에 필요한 최소한의 작용을 유지하기 위해 소비되는 대사량(에너지량)
㉡ 성인의 경우 보통 1,500~1,800kcal/일이며, 기초 대사와 여가에 필요한 대사량은 약 2,300kcal/일이다.

04

에너지 대사율(RMR)을 나타내는 식으로 맞는 것은? (단, A는 작업 시간의 기초 대사량, B는 작업 시간의 기초 소비량, C는 작업 시간의 전체 산소 소비량, D는 작업 시간 내 안정 시 산소 소비량이다.)

① $\dfrac{C-A}{D}$
② $\dfrac{A-C}{D}$
③ $\dfrac{D-A}{A}$
④ $\dfrac{C-D}{A}$

해설 에너지 대사율(%)
$$= \frac{(\text{활동 대사량} - \text{안정 시 대사량})}{\text{기초 대사량}} \times 100$$

3. 순환계와 호흡계

01

다음 중 인체의 각 기관계와 해당하는 기관이 올바르게 연결된 것은?

① 순환계 : 신경
② 호흡기계 : 림프관
③ 호흡기계 : 후두
④ 순환계 : 위장

해설 • 순환계 : 혈액을 만들고 혈액이 몸 전체로 보내거나 받는 작용을 하는 기관이다.
• 호흡계 : 호흡 작용을 하는 기관으로 외비(外鼻), 비강(鼻腔), 인두(咽頭), 기관(氣管), 기관지, 폐로 구성되어 있다.

02

작업으로 인한 근육에 필요한 산소는 순환기 계통을 통해 혈액으로 배달된다. 다음 중 순환기 반응으로만 나열된 것은?

① 심박출량 증가, 산소 부재, 혈압 감소
② 혈압 감소, 혈류의 재분배, 흡기량 증가
③ 혈압 증가, 심박출량 증가, 흡기량 감소
④ 심박출량 증가, 혈압 상승, 혈류의 재분배

해설 • 순환기 반응 : 심박출량 증가, 혈압의 변화, 혈액 분포의 조정(재분배), 폐환기량 증가
• 호흡기 반응 : 산소 부재, 흡기량 증가 및 감소

03

호흡기계에 관한 설명으로 틀린 것은?

① 폐포는 허파 안에서 기체가 교환될 수 있도록 넓은 표면적을 제공한다.
② 호흡기계는 산소를 공급하고 이산화탄소를 제거하는 일을 수행한다.
③ 허파에서 공기와 혈액 사이의 기체 교환을 외호흡이라 한다.
④ 호흡기계는 비강, 인두, 후두, 식도, 입 등 공기가 접촉되는 기관들을 모두 포함한다.

해설 • 호흡계
호흡 작용을 하는 기관으로 외비(外鼻), 비강(鼻腔), 인두(咽頭), 기관(氣管), 기관지, 폐로 구성되어 있다.
• 소화계
소화 작용을 하는 기관으로 입, 위(胃), 소장(小腸), 대장(大腸), 항문(肛門)으로 구성되어 있다.

04 |

다음 중 호흡계(respiratory system)에 관한 설명으로 틀린 것은?

① 호흡계는 산소를 공급하고 이산화탄소를 제거하는 일을 수행한다.
② 호흡계는 비강, 후두 등의 전도부와 폐포, 폐포관 등의 호흡부로 이루어진다.
③ 허파에서 공기와 혈액 사이에 일어나는 기체 교환을 내호흡 또는 조직 호흡이라 한다.
④ 호흡이란 생명 현상을 유지하기 위하여 산소를 섭취하고 이산화탄소를 배출하는 일련의 과정을 말한다.

해설 • 외호흡(external respiration)은 폐포에서 체내에 들이쉰 O_2는 혈액을 통해서 온몸의 각 조직으로 운반되어 조직의 세포에 공급되고 CO_2가 배출된다.
• 내호흡(internal respiration)은 폐를 지나면서 O_2를 얻은 혈액이 모세혈관을 지날 때, 모세혈관에 있던 O_2가 조직 세포로 이동하고, 조직 세포에 있던 CO_2가 모세혈관으로 교환되는 것이다.

4. 근골격계 해부학적 구조

01 |

다음 중 근력 및 지구력에 관한 설명으로 틀린 것은?

① 지구력이란 근력을 사용하여 특정 힘을 유지할 수있는 능력이다.
② 신체 부위를 실제로 움직이는 상태일 때의 근력을 등속성 근력이라 한다.
③ 신체 부위를 실제로 움직이지 않으면서 고정 물체에 힘을 가하는 상태일 때의 근력을 등척성 근력이라 한다.
④ 근력이란 반복의 수의적인 노력으로 근육이 등척성으로 내는 힘의 최대치를 말한다.

해설 근력
근육이나 근조직이 단 한 번 수축할 때 발휘할 수 있는 최대의 힘을 뜻한다. 보통 사람의 경우 kg 단위로 표시하며, 근력계(筋力計)·배근력계(背筋力計) 등으로 계측한다. 대체로 근육의 횡단면 $1cm^2$당 5~10kg이다.
㉠ 등척성 활동(isometric action)
정적(static)운동. 등척성 활동은 일반적으로 신체

의 자세를 유지하기 위해 정적인 신체위치를 유지하기 위한 근활동 형태이다. 예를 들어 팔꿈치를 살짝 구부린 상태에서 덤벨을 들고 움직임의 변화없이 버티기 위해서는 힘은 들어가지만 근육 길이의 변화는 없는 형태이다.
㉡ 등장성 활동(isotonic action)
동적(dynamic)운동. 등척성운동과 반대로 아령을 들어 올리고 내릴 때와 같이 근육 내 장력의 증가와 함께 관절의 변화도 함께 일어나는 경우이다.
㉢ 단축성 활동(concentric action)
덤벨을 들어 올릴 때의 위팔 두 갈래 근의 작용 같은 신체의 움직임과 함께 근육의 길이가 짧아지는 활동
㉣ 신장성 활동(eccentric action)
덤벨을 들고 천천히 팔꿈치를 펼 때의 위팔두갈래근의 작용과 같은 신체의 움직임과 함께 근육의 길이가 늘어나는 활동

02 |

다음 중 지구력에 관한 설명으로 가장 적절한 것은?

① 생성면에 직각으로 작용하는 힘이다.
② 외력에 대하여 저항하는 힘을 상대적으로 나타낸 것이다.
③ 근육을 사용하여 특정한 힘을 유지할 수 있는 시간으로 나타낸다.
④ 신체의 부위를 실제로 움직이는 상태에서 나타내는 힘이다.

해설 지구력은 근육을 사용하여 특정한 힘을 유지할 수 있는 시간으로 부하와 근력의 비에 대한 함수이다.

03 |

근력(Strength)에 관한 설명으로 옳지 않은 것은?

① 근력은 일반적으로 등척적으로 근육이 낼 수 있는 최대 힘을 의미한다.
② 근력은 힘의 발휘 조건에 따라 정적 근력과 동적 근력의 두 가지 유형으로 구분될 수 있다.
③ 동적 근력을 등척력이라 하며, 정지된 상태에서 움직이기 시작할 때의 힘을 의미한다.
④ 동적 근력의 측정이 어려운 것은 가속, 관절 각도의 변화 등이 측정에 영향을 미치기 때문이다.

정답 04. ③ / 01. ④ 02. ③ 03. ③

근육이나 근조직이 단 한 번 수축할 때에 발휘할 수 있는 최대의 힘을 뜻한다. 보통 사람의 경우 kg단위로 표시하며, 근력계(筋力計)·배근력계(背筋力計) 등으로 계측한다. 대체로 근육의 횡단면 $1cm^2$당 5~10kg이다.

㉠ 등척성 활동(isometric action) : 정적(static)운동. 등척성 활동은 일반적으로 신체의 자세를 유지하기 위해 정적인 신체 위치를 유지하기 위한 근활동 형태이다. 예를 들어 팔꿈치를 살짝 구부린 상태에서 덤벨을 들고 움직임의 변화 없이 버티기 위해서는 힘은 들어가지만, 근육 길이의 변화는 없는 형태이다.

㉡ 등장성 활동(isotonic action) : 동적(dynamic)운동, 등척성운동과 반대로 아령을 들어 올리고 내릴 때와 같이 근육 내 장력의 증가와 함께 관절의 변화도 함께 일어나는 경우이다.

04

인체의 구조 중에서 운동 기관계의 구성을 적합하게 표현한 것은?

① 골격계(skeletal system) + 근육계(muscular system)
② 근육계(muscular system) + 신경계(nervous system)
③ 골격계(skeletal system) + 소화기계(digestive system)
④ 기초대사(basal metabolism) + 신경계(nervous system)

해설 운동 기관계
　　골격계와 근육계로 이루어져 있다.

05

다음 중 근골격계 질환 예방을 위한 수공구의 설계 원리로 적절하지 않은 것은?

① 양손잡이를 모두 고려하여 설계한다.
② 손목이 꺾이지 않도록 곧게 유지시킨다.
③ 손잡이는 안정적으로 잡기 위해 접촉 면적을 작게 하고, 원형 단면은 피하도록 한다.
④ 동력 공구의 손잡이는 최소 두 손가락 이상으로 작동되도록 설계한다.

해설 수공구의 설계원칙
　㉠ 손목을 곧게 유지한다.
　㉡ 조직에 가해지는 압력을 피한다.
　㉢ 반복적인 손가락 동작을 피한다.
　㉣ 예리한 모서리나 끝을 제거시킨다.
　㉤ 빈번한 동작 시에는 둘째손가락보다는 엄지손가락을 사용하도록 한다.
　㉥ 가능하면 접촉면적을 늘리고, 표면이 미끄러지지 않게 한다.

06

인체 골격의 주요 기능으로 볼 수 없는 것은?

① 몸을 지탱하여 그 외형을 지지한다.
② 골격 내부의 골수는 조혈 작용을 한다.
③ 체형을 유지하며 신경 신호를 전달한다.
④ 골격근의 기동적 수축에 따라 운동을 한다.

해설 골격계의 기능
　㉠ 지지(support) : 골격은 인체의 연한 조직과 기관들이 부착된 견고한 틀을 이루고 있다.
　㉡ 보호(protection) : 두개골과 척추는 뇌와 척수를 감싸고 있다. 흉곽은 심장, 허파, 대동맥, 간, 지라를 보호하며, 골반강은 골반의 내장들을 지지하고 보호한다.
　㉢ 인체의 운동(body movement) : 뼈들은 대부분의 골격근들을 위한 부착 장소를 제공한다.
　㉣ 조혈(hemopoiesis) : 혈액세포를 만드는 과정을 조혈이라고 한다. 조혈은 뼈의 내부에 있는 골수라는 조직에서 일어난다.
　㉤ 무기물 저장고(mineral storage) : 뼈의 무기질들은 주로 칼슘과 인으로 구성되어 있다.

07

다음 중 인체 골격의 주요 기능이 아닌 것은?

① 조혈 작용
② 체내의 장기 보호
③ 신체의 지지 및 형상 유지
④ 수축과 이완을 통한 관절의 움직임

해설 골격계의 기능
　골격계의 뼈들은 인체의 움직임을 위한 지지, 보호, 인체의 운동학적 기능과 조혈, 미네랄 저장의 대사적 기능을 수행한다.

08 |

척추를 구성하는 뼈의 개수로 맞는 것은?

① 24 ② 26
③ 29 ④ 31

해설 인체 뼈의 개수는 총 206개이며, 이 중 몸통뼈 80개(척추뼈 26개와 갈비뼈 24개), 사지(팔, 다리)뼈 126개로 이루어져 있다.

09 |

근육 운동을 시작한 직후에는 혐기성 대사에 의하여 에너지가 공급된다. 이때 소비되는 에너지원이 아닌 것은?

① 지방
② 글리코겐
③ 크레아틴인산(CP)
④ 아데노신삼인산(ATP)

해설 근육 운동이 시작되면 근육 내에 저장된 에너지원인 아데노신삼인산(ATP), 아데노신이인산(ADP), 인산염(P)으로 분해될 때 에너지가 발생되며, 운동 전에는 글리코겐을 최대한 축척시키는 것이 유리하고, 강한 운동을 수행시키기 위해 크레아틴 보충제를 섭취하는 것이 유리하다.

10 |

근육, 뼈의 표면, 건(tendon) 등 피하조직에 퍼져 있는 감각 수용기는?

① 시각
② 청각
③ 후각
④ 체성감관

해설 체성감관(Proprioceptors)
근육, 뼈의 표면, 내장을 둘러싼 근육 조직 등과 피하 조직에 퍼져 있는 감각 수용기로서, 주로 생체 자체 움직임과 체위를 느끼는 수용기이다.

11 |

근육에 공급되는 산소량이 부족한 경우 나타나는 현상으로 옳은 것은?

① 당원은 산소 없이 호기성(aerobic) 과정에 의해 젖산으로 축적된다.
② 젖산은 혐기성(anaerobic) 과정에 의해 물과 CO_2로 분해되어 열과 에너지로 발산된다.
③ 젖산과 신체의 활동 수준은 관계가 없다.
④ 혈액 중에 젖산이 축적된다.

해설 산소부채(oxygen debt)
젖산이 제거되는 속도가 젖산의 생성속도를 따라가지 못할 경우에는 활동이 끝난 후에도 젖산이 쌓이게 된다. 이 젖산을 제거하기 위해서는 산소가 더 필요한 상태가 되는 것을 말한다.

12 |

근육을 사용하여 작업 활동을 할 때 소비되는 열량을 고려하여 효율을 거론할 수 있다. 다음 에너지 효율에 대한 설명으로 가장 올바른 것은?

① 작업 활동의 속도가 느릴수록 에너지 효율은 향상한다.
② 총 에너지 소비량이 같으므로 효율은 속도와 관계없다.
③ 작업 활동의 속도가 빠를수록 에너지 효율은 향상한다.
④ 특정한 작업 활동에는 주어진 사람에 따른 적정 속도가 있다.

13 |

근육의 대사 작용에서 근육 피로의 원인이 되는 물질은?

① 젖산 ② 단백질
③ 포도당 ④ 글리코겐

해설 심한 운동을 할 때나 산소가 부족한 환경에서는 산소 공급이 불충분하므로 젖산 처리가 빠르게 이루어지지 않아 근육 중에 축적되고, 이것이 혈액 중에도 나타나서 혈중 젖산 농도가 높아진다.

14 |

다음 중 근육의 대사(代謝)에 대한 설명으로 틀린 것은?

① 운동에 의한 산소 소비량은 일정 수준 이상 증가하지 않는다.
② 젖산은 유기성 과정에 의하여 물과 CO_2로 분해되어 발산된다.
③ 일반적으로 신체 활동 시 산소의 공급이 충분할 때 젖산이 많이 축적된다.
④ 일정 수준 이상의 활동이 종료된 후에도 일정 기간은 산소가 더 필요하게 된다.

해설 심한 운동을 할 때나 산소가 부족한 환경에서는 산소 공급이 불충분하므로 젖산 처리가 빠르게 이루어지지 않아 근육 중에 축적되고, 이것이 혈액 중에도 나타나서 혈중 젖산 농도가 높아진다.

15 |

사람의 근육은 운동(훈련)하면 근육이 발달하고 힘이 증가하는데 그 이유는?

① 지방질의 축적이 이루어지기 때문
② 근육의 섬유(fiber) 숫자가 증가하기 때문
③ 근육의 섬유 숫자도 늘고 각각의 섬유도 발달하기 때문
④ 근육의 섬유 숫자는 일정하나 각각의 섬유가 발달하기 때문

해설 운동은 근육의 두께를 증가시켜 힘을 강하게 하거나 오랜 시간 반복해서 움직일 수 있는 능력을 향상시켜 준다. 웨이트 트레이닝과 같은 운동이 근육발달에 가장 효과적이라고 할 수 있다. 일반적으로 무거운 무게를 가지고 하는 운동은 근육의 두께와 힘을 증가시키는 효과가 있고 가벼운 무게로 장시간 하는 운동은 근육의 지구력을 증가시키는 효과가 있다.

16 |

관절에서 몸의 뼈와 뼈를 결합해 주는 기능을 하는 것은?

① 건(tendon)
② 근육(muscles)
③ 척수(spinal cord)
④ 인대(ligament)

해설 ① 힘줄(건[腱] tendons) : 근육과 뼈를 연결해준다.
② 근육(muscle) : 근육조직은 주로 운동에 관여하는데 수축성 세포로 이루어진다. 질긴 힘줄로 뼈와 연결한다.
③ 척수(spinel cord) : 척추 뼈 안에 들어 있는 신경 세포로 척추에 의해 보호받으며, 척추 내에는 감각 뉴런과 운동 뉴런이 모여 있다. 척수의 가장 중요한 기능은 뇌와 온몸의 신경계를 잇는 역할이다. 즉, 말초 신경계에서 받아들이는 자극은 척수를 통해 뇌로 올라가고, 마찬가지로 뇌에서 보내는 운동 신호는 척수로 내려와서 말초 신경계로 보내진다(자극→척수→뇌→척수→반응).
④ 인대(ligament) : 뼈와 뼈를 연결해준다.

17 |

다음 중 가장 자유도가 큰 관절은?

① 어깨
② 팔꿈치
③ 손목
④ 무릎

해설 자유도
㉠ 손목 : 외전 10°, 내전 15°
㉡ 주먹 : 상향 90°, 하향 80°
㉢ 팔꿈치 : 굴곡 145°, 외선 30°, 내선 100°
㉣ 어깨 : 굴곡 180°, 신전 60°, 외전 130°, 내전 50°
㉤ 대퇴부(장딴지) : 굴곡 120°, 신전 45°, 외전 45°, 내전 45°
㉥ 무릎 : 외선 30°, 내선 35°, 굴곡 135°
㉦ 발바닥 : 내선 45°, 외선 50°
㉧ 발목 : 굴곡 20°, 신전 40°

18 |

신체 각 부위의 운동에 대한 설명으로 틀린 것은?

① 굴곡(flexion) : 관절에서의 각도가 감소하는 동작
② 신전(extension) : 관절에서의 각도가 증가하는 동작
③ 외전(adduction) : 몸의 중심선으로부터의 회전 동작
④ 내선(medial rotation) : 몸의 중심선을 향하여 안쪽으로 회전하는 동작

해설 신체 각 부위의 운동
㉠ 굴곡(flexion) : 신체의 각 부위 간의 각도를 감소시키는 동작

ⓛ 신전(extension) : 신체의 각 부위 간의 각도가 증가하는 동작
ⓒ 외전(abduction) : 신체의 중심이나 신체의 부분이 붙어있는 부위에서 멀어지는 방향으로 움직이는 동작
ⓔ 내전(adduction) : 몸의 중심선상으로의 이동
ⓜ 내선(medial rotation) : 몸의 바깥에서 중앙으로 회전하는 운동
ⓗ 외선(lateral rotation) : 몸의 중양에서 바깥으로 회전하는 운동

19 |

팔, 다리 또는 다른 신체 부위의 동작에서 몸의 중심선을 향하는 이동 동작을 무엇이라 하는가?

① 신전(extention)
② 내전(adduction)
③ 외전(abduction)
④ 상향(supination)

해설 ① 신전(extension) : 신체의 각 부위 간의 각도가 증가하는 동작
② 내전(adduction) : 몸의 중심선상으로의 이동
③ 외전(abduction) : 신체의 중심이나 신체의 부분이 붙어있는 부위에서 멀어지는 방향으로 움직이는 동작
④ 상향(supination) : 손바닥을 위로 돌리고, 전단을 측방으로 회전하는 동작

20 |

신체 부위의 운동 동작에서 몸의 중심선으로부터 멀어지는 이동을 의미하는 것은?

① 굴곡(flexion)
② 신전(extension)
③ 외전(abduction)
④ 내전(adduction)

해설 ① 굴곡(flexion) : 부위 간의 각도를 감소시키거나 굽히는 동작
② 신전(extension) : 부위 간의 각도를 증가시키는 동작으로 굴곡에서 정상으로 돌아오는 동작
③ 외전(abduction) : 몸의 중심으로부터 이동하는 동작
④ 내전(adduction) : 몸의 중심선상으로의 이동

21 |

신체 동작의 유형 중 굽은 팔꿈치를 펴는 동작과 같이 관절이 만드는 각도가 커지는 동작을 무엇이라 하는가?

① 굴곡(flexion)
② 내전(adduction)
③ 외전(abduction)
④ 신전(extension)

해설 ① 굴곡(flexion) : 부위 간의 각도를 감소시키거나 굽히는 동작
② 내전(adduction) : 몸의 중심선상으로의 이동
③ 외전(abduction) : 몸의 중심으로부터 이동하는 동작
④ 신전(extension) : 부위 간의 각도를 증가시키는 동작으로 굴곡에서 정상으로 돌아오는 동작

22 |

팔꿈치를 굽히는 동작과 같이 관절이 만드는 각도가 감소하는 신체 부분의 동작을 무엇이라 하는가?

① 굴곡(flexion)
② 신전(extension)
③ 내전(adduction)
④ 외전(abduction)

해설 ① 굴곡(flexion) : 부위 간의 각도를 감소시키거나 굽히는 동작
② 신전(extension) : 부위 간의 각도를 증가시키는 동작으로 굴곡에서 정상으로 돌아오는 동작
③ 내전(adduction) : 몸의 중심선상으로의 이동
④ 외전(abduction) : 몸의 중심으로부터 이동하는 동작

2 신체반응의 측정 및 신체역학

1. 신체활동의 측정원리

01 |

다음 인간공학 분야 중 인체 측정학(anthropometry)을 가장 많이 이용하는 분야는?

① 생체역학(biomechanics)
② 작업생리학(work physiology)
③ 인공두뇌학(cybernetics)
④ 생체공학(bioengineering)

해설 인체 측정 치수
    ㉠ 형태학적 측정(정적 측정) : 각 부위의 길이, 둘레, 나비, 두께 등 측정
    ㉡ 생리학적 측정(동적 측정) : 각 구조의 운동 기능 관찰 측정
    ※ 인체 측정학(anthropometry)을 가장 많이 이용하는 분야는 생체역학(biomechanics)이다.

02 |

신체 반응의 척도와 척도의 판정을 위한 측정대상이 잘못 연결된 것은?

① 골격활동의 척도 – 부정맥
② 정신활동의 척도 – 뇌파 기록
③ 국소적 근육활동의 척도 – 근전도
④ 생리적 부담의 척도 – 맥박 수

해설 척도와 판정을 위한 측정대상
    ㉠ 정신활동의 척도 : 뇌파 기록(EGG) 및 근전도(EMG), 부정맥 측정법, 점멸융합주파수(flicker fusion frequence, 플리커치)
    ㉡ 국소적 근육활동의 척도 : 근전도(EMG)
    ㉢ 생리적 부담의 척도 : 맥박수, 산소 소비량, 심전도
    ㉣ 심장활동의 척도 : 심전도(ECG)
    ㉤ 골격활동의 척도 : 근전도(EMG)

03 |

다음 인체의 긴장을 나타내는 신체적 척도(지표)가 아닌 것은?

① 심박수   ② 심전도
③ 혈압   ④ 호흡수

해설 신체적 증상
    ㉠ 위장 질환 : 스트레스를 받으면 속 쓰림이나 소화불량, 구역질, 복부 팽만감, 위궤양, 변비와 설사, 복통 등이 생길 수 있다.
    ㉡ 근골격계 질환 : 스트레스를 받으면 긴장성 두통, 편두통, 뒷목이나 등의 통증, 근육통, 전신 통증, 가슴 통증 등이 생길 수 있다.
    ㉢ 순환계 질환 : 스트레스를 받으면 심장에서 혈관으로 나오는 혈액의 압력이 높아져 고혈압을 일으킨다. 또한 협심증, 심장 발작, 뇌졸중 등이 생길 수 있다.

04 |

다음 중 EMG(electromyography)를 이용하여 측정하는 것은?

① 심장 박동수   ② 뇌의 활동량
③ 안구의 초점 이동   ④ 근육의 활동

해설
    • ECG : 심장 박동수를 알아보기 위한 심전도 검사
    • EEG : 뇌의 기능 상태를 알아보기 위한 뇌파 검사
    • EOG : 눈동자의 움직임을 알아보기 위한 안전도 검사
    • EMG : 근육의 상태를 알아보기 위한 근전도 검사

05 |

생리적 상태 변동을 전류로 변환하여 측정되는 것으로 뇌파 전위도를 기록하는 것은?

① EEG   ② EMG
③ ECG   ④ EOG

해설
    • ECG : 심장 박동수를 알아보기 위한 심전도 검사
    • EEG : 뇌의 기능 상태를 알아보기 위한 뇌파 검사
    • EOG : 눈동자의 움직임을 알아보기 위한 안전도 검사
    • EMG : 근육의 상태를 알아보기 위한 근전도 검사

06 |

다음 중 신체 부위의 운동 형태와 그 예를 바르게 나열한 것은?

① 조작 동작 : 망치질하기
② 연속 동작 : 부품이나 공구잡고 있기
③ 반복 동작 : 자동차 핸들 조종하기
④ 계열 동작 : 피아노 연주나 타이핑하기

해설 신체 부위 운동 동작 6가지 구분

　　㉠ 연속(계속) 동작 : 자동차 핸들 조정, 페인트 칠하기
　　㉡ 조작 동작 : 속도계 조작
　　㉢ 반복 동작 : 망치질
　　㉣ 계열(연관) 동작 : 피아노 연주, 타이핑
　　㉤ 위치 동작 : 자동차 브레이크 밟기, 기계 스위치 개폐
　　㉥ 정지 동작 : 물체 들기

2. 생리적 부담척도

01

사람이 자동차나 비행기를 조종할 때 긴장감의 정도를 파악하기 위하여 심박수, 호흡률, 뇌전위, 혈압 등을 조사하는데, 이는 어느 것을 지표로써 이용하는 상황에 해당하는가?

① 생리적 변화　　　　② 심리적 변화
③ 육체적 변화　　　　④ 정신적 변화

해설 생리적 지표

비행기나 자동차를 운전할 때의 경우처럼 긴장감을 파악하기 위하여 심박수, 호흡수, 뇌전위, 혈압 등의 변화를 측정하여 지표로 이용하는 것이다.

02

생리적 활동 척도에 해당하지 않는 것은?

① 혈압　　　　　　　② 점멸융합주파수
③ 분당 호흡용량　　　④ 최대 산소소비능력

해설 점멸융합주파수(flicker fusion frequency, 點滅融合周波數)

계속되는 자극들이 점멸하는 것 같이 보이지 않고 연속적으로 느껴지는 주파수로 중추 신경계의 피로 즉 정신피로의 척도로 사용될 수 있다.

03

생리적 긴장을 나타내는 척도(지표)가 아닌 것은?

① 혈압　　　　　　　② 심박수
③ 작업 속도　　　　　④ 호흡수

해설 생리적 긴장의 척도

심전도 검사(ECG), 혈압 검사, 산소 소비량 검사

04

인체의 생리적 부담척도에 해당하지 않는 것은?

① 심박수　　　　　　② 뇌전도
③ 근전도　　　　　　④ 산소 소비량

해설 생리학적 측정법 및 작업의 종류에 따른 생리학적 측정법

　㉠ 생리학적 측정법
　　• 근전도(EMG) : 근육활동의 전위차를 기록한 것으로 심장근의 근전도를 특히 심전도라고 하며, 신경 활동전위차의 기록은 ENG라고 한다.
　　• 피부전기 반사(GSR) : 작업부하의 정신적 부담도가 피로와 함께 증대하는 양상을 수장 내측의 전기 저항의 변화에서 측정하는 것으로 피부전기저항 또는 정신전류현상이라고도 한다.
　　• 프릿가 값 : 정신적 부담이 대뇌피질의 활동 수준에 미치고 있는 영향을 측정한 것이다.
　㉡ 작업의 종류에 따른 생리학적 측정법
　　• 정적근력작업 : 에너지대사량과 맥박수(심작수)와의 상관관계 및 시간적 경과, 근전도(ENG) 등
　　• 동적근력작업 : 에너지대사량, 산소소비량, CO_2배출량, 호흡량, 맥박수, 근전도 등
　　• 신경적 작업 : 맥박수, 피부전기반사, 매회 평균호흡진폭
　　• 심적 작업 : 프릿가 값
　　• 작업부하, 피로 등의 측정 : 호흡량, 근전도, 프릿가 값
　　• 긴장감 측정 : 맥박수, 피수전기반사

05

생체 리듬에 관한 설명으로 옳지 않은 것은?

① 위험일은 각각의 리듬이 (−)에서 (+)로, 또는 (+)에서 (−)로 변화하는 점을 말한다.
② 육체적 리듬(Physical Rhythm)은 식욕, 소화력, 활동력, 스태미나 및 지구력과 밀접한 관계가 있다.
③ 지성적 리듬(Intellectual Rhythm)은 상상력, 사고력, 기억력, 의지 판단 및 비판력과 밀접한 관계가 있다.
④ 감성적 리듬(Sensitivity Rhythm)은 33일의 주기로 반복하며, 주의력, 창조력 예감 및 통찰력 등을 좌우한다.

해설 생체 리듬

- ⊙ 육체적 리듬(physical rhythm) : 육체적으로 건전한 활동기(11.5일)와 휴식기(11.5일)가 23일의 반복 주기로 활동력, 지구력 등과 밀접한 관계가 있다.
- ⓒ 감성적 리듬(sensitivity rhythm) : 감성적으로 예민한 기간(14일)과 둔한 기간(14일)이 28일의 반복 주기로 신체 조직의 모든 기능을 통하여 발현되는 감정, 즉 정서적 희로애락, 주의력, 예감 및 통찰력 등을 좌우한다.
- ⓒ 지성적 리듬(intellectual rhythm) : 기성적 사고 능력이 재빨리 발휘되는 날(16.5일)과 그렇지 못한 날(16.5일)이 33일의 반복 주기로 사고력, 기억력, 의지, 판단 및 비판력과 밀접한 관계가 있다.
- ⓔ 위험일(critical day) : 3개의 서로 다른 육체(P), 감성(S), 지성(I) 리듬은 안정기(+)와 불안정기(−)를 교대하면서 반복하여 곡선을 그려지는데 (+)에서 (−)로, 또는 (−)에서 (+)로 변화하는 점을 0(zero) 또는 위험일이라 하며, 이런 위험일은 1개월에 6일 정도 발생된다.

3. 심리적 부담척도

01 □□□

다음 중 정신적 작업부하의 측정 척도의 내용으로 올바른 것은?

① 다른 부하의 영향을 받는 척도여야 한다.
② 시간 경과와 관계가 있는 척도여야 한다.
③ 피측정자가 수용할 수 없는 측정 척도도 가능하다.
④ 다른 과업의 상황을 직관적으로도 구별할 수 있는 척도여야 한다.

해설 정신적 작업부하 측정 척도

- ⊙ 감도(Sensitivity) : 필요한 정신적 작업부하의 수준이 다른 과업 상황을 직관적으로도 구별할 수 있는 척도
- ⓒ 선택성(Selectivity) : 정신적 부하가 아닌 것에 영향을 받지 않는 척도
- ⓒ 간섭성(Interference) : 기본 과업이 실행을 간섭하거나 오염시키거나 교란시키지 않는 것
- ⓔ 신뢰성(Reliability) : 시간의 경과에 관계없이 재현성이 있는 결과
- ⓜ 수용성(Acceptability) : 측정 대상자가 수용하는 것

02 □□□□

정신적 피로도를 평가하기 위한 측정 방법과 가장 거리가 먼 것은?

① 대뇌피질활동 측정
② 호흡순환기능 측정
③ 근전도(EMG) 측정
④ 점멸융합주파수(Flicker) 측정

해설
- 정신활동의 척도 : 뇌파 기록(EGG) 및 근전도(EMG), 부정맥 측정법, 점멸융합주파수(flicker fusion frequence, 플리커치)를 측정한다.
- 국소적 근육활동의 척도 : 근전도(EMG)
- 국부 근육활동의 척도 : 활동 근육의 피부 표면에 전극을 설치하고 근육 수축에서 생기는 전기적 활성(electric activity)을 기록하는 방법으로 근전도법(EMG)이라 하며, 근육이 피로해지기 시작하면 EMG 신호의 저주파수 범위의 활성이 증가하고, 고주파수 범위의 활성이 감소한다.

03 □□□□

정신적 활동이 둔화되고 반응이 늦으며 착오가 시작되는 실내온도는?

① 10℃　　　　　② 18℃
③ 24℃　　　　　④ 29℃

해설 실내온도와 인체의 현상

실내온도(℃)	인체 현상
49	1시간 정도 견딜 수 있다.
29	정신적 활동이 둔화되고 반응이 느리며 착오가 시작된다.
24	육체가 태만해진다.
18	활동이 가장 양호한 상태
17	몸이 냉하기 시작
10	손과 발등이 굳기 시작
18~24	여름철 쾌적 온도 범위
17~22	겨울철 쾌적 온도 범위

04 □□□□

압박(stress)의 주요 근원 중 환경에 따라 생기는 생리적인 원인은?

① 정보의 과부하　　② 소음, 진동
③ 중노동　　　　　④ 수면 부족

4. 신체동작의 유형과 범위

01

동작경제의 원칙에 관한 설명으로 적합하지 않는 것은?

① 가능하다면 낙하식 운반 방법을 이용한다.

② 공구의 기능을 결합하여 사용하도록 한다.

③ 양손은 움직일 때 가능하면 좌우 대칭으로 한다.

④ 계속적인 곡선 운동보다는 갑작스런 방향 전환을 하여 시간을 절약한다.

해설 동작경제의 원칙

ⓘ 작업에 도움이 되도록 가급적 물체의 관성을 활용하고, 근육 운동으로 작업을 수행하는 경우 최소한으로 줄일 것

ⓛ 두 팔을 동시에 반대 방향에서 대칭적으로 운동시킬 것

ⓒ 방향이 갑자기 변하는 직선적인 동작은 피하고 연속된 곡선에 따라 부드럽게 동작할 것

ⓔ 동작의 순서를 자연스럽고 부드럽게 하려면 합리적으로 할 것

02

다음 중 동작경제의 원칙에 있어 작업장의 배치에 관한 원칙에 해당하는 것은?

① 공구의 기능을 결합하여 사용하도록 한다.

② 모든 공구나 재료는 자기 위치에 있도록 한다.

③ 가능하다면 쉽고도 자연스러운 리듬이 생기도록 동작을 배치한다.

④ 눈의 초점을 모아야 작업을 할 수 있는 경우는 가능하면 없애도록 한다.

해설 작업장의 배치에 관한 원칙

ⓘ 모든 공구나 재료는 지정된 위치에 있도록 한다.

ⓛ 공구, 재료 및 제어장치는 사용 위치에 가까이 두도록 한다. (정상작업영역, 최대작업영역)

ⓒ 중력이송원리를 이용한 부품상자(gravity feed bin)나 용기를 이용하여 부품 사용 장소에 가까이 보낼 수 있도록 한다.

ⓔ 가능하다면 낙하식 운반(drop delivery) 방법을 사용한다.

ⓜ 공구나 재료는 작업동작이 원활하게 수행하도록 그 위치를 정해준다.

ⓗ 작업자가 잘 보면서 작업을 할 수 있도록 적절한 조명을 비추어 준다.

ⓢ 작업자가 작업 중 앉거나 서는 것을 임의로 할 수 있도록 작업대와 의자 높이가 조정되도록 한다.

ⓞ 작업자가 좋은 자세를 취할 수 있도록 높이가 조절되는 의자를 제공한다.

03

동작경제의 원칙으로 틀린 것은?

① 동작의 범위는 최소로 한다.

② 손의 동작은 항상 직선으로 동작한다.

③ 가능한 한 관성, 중력 등을 이용하여 작업한다.

④ 휴식 시간을 제외하고는 양손을 동시에 쉬지 않도록 한다.

해설 동작경제의 원칙

ⓘ 작업에 도움이 되도록 가급적 물체의 관성을 활용하고, 근육 운동으로 작업을 수행하는 경우 최소한으로 줄일 것

ⓛ 동작의 범위를 최소로 할 것

ⓒ 방향이 갑자기 변하는 직선적인 동작은 피하고 연속된 곡선에 따라 부드럽게 동작할 것

ⓔ 동작의 순서를 자연스럽고 부드럽게 하기 위해 합리적으로 할 것

※ 동작경제 원리의 3원칙 : 동작 범위의 최소화, 동작 수의 조합화, 동작 순서의 합리화

04

다음 중 부품 배치의 원칙에 해당하지 않는 것은?

① 중요성의 원칙

② 사용 빈도의 원칙

③ 기능별 배치의 원칙

④ 작업 범위의 원칙

해설 부품 배치의 원칙

ⓘ 중요성의 원칙 : 부품을 작동하는 성능이 체계의 목표 달성에 긴요한 정도에 따른 우선순위 설정의 원칙

ⓛ 사용 빈도의 원칙 : 부품이 사용되는 빈도에 따른 우선순위 설정의 원칙

ⓒ 기능별 배치의 원칙 : 기능적으로 관련된 부품들을 모아서 배치한다.

ⓔ 사용 순서의 원칙 : 사용 순서에 따라 장치들을 가까이에 배치한다.

05 |

바닥의 물건을 선반 위로 올려놓는 자세와 같이 팔을 펴서 위아래로 움직였을 때 그려지는 범위를 무엇이라 하는가?

① 필요 공간
② 수평면 작업영역
③ 입체 작업영역
④ 수직면 작업영역

> **해설**
> • 수직면 작업영역(vertical working area) : 작업자가 수직면에서 작업할 때의 작업영역을 말한다. 패널을 설계할 때 제어기의 자리 잡기나 선반의 작업 같은 경우에 적용된다.
> • 수평면 작업영역(horizontal working area) : 책상 위의 작업과 같이 작업영역이 수평으로 되어 있는 것이며, 작업 중에서 가장 많은 것이다.
> • 정상영역(normal area) : 위팔을 자연스럽게 수직으로 늘어뜨린 채 아래팔만으로 편하게 뻗어 닿을 수 있는 영역을 말하는 것으로서, 이 작업영역이 가장 편한 자세로 작업할 수 있는 영역이다.
> • 최대영역(maximum area) : 아래팔과 위팔을 곧게 펴서 닿을 수 있는 지역으로 이 작업영역도 역시 몸의 자세를 흐트리지 않고 손이 도달할 수 있는 최대 범위로 결정된다. 따라서, 작업장의 도구나 재료를 배치할 때는 이러한 최대 작업영역을 고려해 주어야 한다.

06 |

수평 작업대 설계 시, 상완을 자연스럽게 수직으로 늘어뜨린 상태에서 전완을 뻗어 파악할 수 있는 영역은?

① 최대작업영역
② 통상작업영역
③ 정상작업영역
④ 대칭작업영역

> **해설** 정상작업영역
> 위팔을 수직으로 자연스럽게 내린 후 아래팔만으로 편안하게 뻗어 파악할 수 있는 영역

07 |

양팔을 곧게 편 상태로 파악할 수 있는 최대영역을 무엇이라 하는가?

① 정상작업영역(normal working area)
② 수평면 작업영역(working area in horizontal plan)
③ 최대작업영역(maximum working area)
④ 수직면 작업영역(working area in vertical plan)

> **해설** 최대작업영역(maximum working area)
> 아래팔과 위팔을 곧게 펴서 닿을 수 있는 지역으로 이 작업영역도 역시 몸의 자세를 흐트리지 않고 손이 도달할 수 있는 최대범위로 결정된다. 따라서, 작업장의 도구나 재료를 배치할 때는 이러한 최대작업영역을 고려해 주어야 한다.

08 |

다음 중 최대작업영역으로 옳은 것은 어느 것인가?

① 위팔과 아래팔을 곧게 펴서 닿을 수 있는 영역
② 정상적으로 앉은 자세에서 머리는 고정하고, 눈으로 확인 가능한 최대 영역
③ 두 발은 고정 상태에서 상체를 이용하여 손 끝이 도달할 수 있는 최대 영역
④ 위팔은 자연스럽게 수직으로 늘어뜨린 채 아래팔만으로 편안하게 뻗어 닿을 수 있는 영역

> **해설** 최대작업영역(maximum working area)
> 아래팔과 위팔을 곧게 펴서 닿을 수 있는 지역으로 이 작업영역도 역시 몸의 자세를 흐트리지 않고 손이 도달할 수 있는 최대범위로 결정된다. 따라서, 작업장의 도구나 재료를 배치할 때는 이러한 최대 작업영역을 고려해 주어야 한다.

09 |

능률 향상과 피로를 덜어주기 위한 최소한으로 필요한 작업공간에 해당하는 것은?

① 최대 공간
② 입체 공간
③ 필요 공간
④ 통상 공간

> **해설** 작업공간의 능률 향상과 피로를 줄이기 위해 최소 필요 공간을 제공하려면 작업 자세, 작업 높이, 작업에 필요한 영역 등이 충분히 고려되어야 한다.

10 |

다음 중 사람이 팔을 펴서 상하로 움직이는 작업을 수행할 때 인간공학적으로 가장 좋은 영역은?

① 허리를 구부린 높이의 영역
② 손을 머리 위로 뻗어야 하는 영역
③ 허리와 무릎을 구부려야 하는 영역
④ 손을 어깨높이 정도로 올릴 필요가 있는 영역

정답 05. ④ 06. ③ 07. ③ 08. ① 09. ③ 10. ④

제4영역
손을 위로 뻗어야 하는 영역

1,879mm

제2영역
손을 위로 올릴 필요가 있는 영역

1,530mm
1,412mm
1,244mm

제1영역
자연스럽게 손이 닿는 영역

943mm

제3영역
허리를 구부린 높이의 영역

586mm

제5영역
허리와 무릎을 구부려야 하는 영역

수직 작업 영역

㉠ 제1영역 : 손을 위로 뻗어야 하는 영역
㉡ 제2영역 : 자연스럽게 손이 닿는 영역
㉢ 제3영역 : 허리를 구부린 높이의 영역
㉣ 제4영역 : 허리와 무릎을 구부려야 하는 영역

11

제어장치 위치의 인간공학적 설계에 관한 설명으로 틀린 것은?

① 크랭크(crank)는 회전축이 신체 전면에서 60~90°가 좋다.
② 앉아있을 때는 어깨의 높이에서 잡을 때 가장 큰 힘이 작용한다.
③ 작업원의 중심선보다는 좌·우 어느 쪽으로든 쏠리는 것이 좋다.
④ 힘을 요하는 크랭크(crank)의 축은 신체 전면과 평행일 때 좋다.

해설 제어장치 위치

㉠ 앉아있을 때 : 팔꿈치 높이에서 쥔 손잡이에 가장 힘이 많이 들어간다.
㉡ 서 있을 때 : 어깨높이
㉢ 가장 빈번히 사용되는 제어장치 : 팔꿈치에서 어깨의 높이 사이
㉣ 조작할 때 : 어깨 전방 약간 아래쪽
㉤ 고정된 위치에서 조작하는 제어장치 : 작업원 어깨로부터 70cm 이내
㉥ 빨리 돌릴 때 : 신체 전면에서 60~90°

12

제어장치의 배치에 있어 복잡한 경우 해당하는 부분이나 그룹을 확실하게 구분하는 방법 중 가장 적절하지 않은 것은?

① 부착 면을 달리한다.
② 각 부분마다 다른 색깔로 한다.
③ 각 그룹마다 확실한 경계선을 긋는다.
④ 수직으로 간격을 두는 것이 수평으로 간격을 두는 것보다 좋다.

해설 제어장치의 배치에 있어 수평으로 간격을 두는 것이 수직으로 가격을 두는 것보다 시각적 구분이 명확하다.

㉠ 제어장치의 배치가 복잡한 경우 그룹핑(grouping)하여 구별한다.
㉡ 각 그룹마다 확실한 경계선을 긋는다.
㉢ 시각적 표시가 중앙에 위치하게 하고, 제어장치가 주변에 위치하도록 한다.
㉣ 부분 간의 구별은 색을 이용하고 대칭 배치한다.

13

제어장치의 설계에 있어서 바람직하지 않은 것은?

① 제어장치는 작업원의 몸 중심선상에 정확히 두는 것이 좋다.
② 가장 빈번하게 쓰는 제어장치는 팔꿈치에서 어깨높이 사이에 둔다.
③ 빨리 돌려야 하는 크랭크는 회전축이 신체 전면에서 60~90° 정도가 좋다.
④ 제어장치의 운동과 위치는 이에 의하여 움직이는 표시장치운동의 축과 평행이 되는 것이 좋다.

해설 제어장치는 작업자의 중심으로부터 좌우로 이동하여 손으로 동작하기 쉬운 위치에 둔다.

3 근력 및 지구력, 신체활동의 에너지 소비, 동작의 속도와 정확성

1. 생체역학적 모형

01 |

생체역학(biomechanics) 모델의 입력 자료와 관계가 가장 먼 것은?

① 각 지체(손, 팔, 다리 등)의 길이
② 각 지체의 무게 중심(center of gravity)
③ 폐활량(lung volume)
④ 몸무게(body weight)

해설 인체 측정 치수
　ㄱ 형태학적 측정(정적 측정) : 각 부위의 길이, 둘레, 나비, 두께 등 측정
　ㄴ 생리학적 측정(동적 측정) : 각 구조의 운동 기능 관찰 측정

02 |

다음 중 생체역학에 있어 힘과 모멘트에 관한 설명으로 틀린 것은?

① 평형을 이루는 경우 작용하는 모멘트들의 합은 0이 된다.
② 힘의 작용선상에서 돌아가려는 힘은 거리에 반비례하여 발생한다.
③ 힘의 평형은 각 힘의 작용선에 작용한 힘과 반작용들의 합이 0이라는 의미이다.
④ 물체가 정적 평형 상태를 유지하기 위해서는 힘의 평형과 모멘트의 평형이 충족되어야 한다.

해설 모멘트의 크기는 회전축(원점)으로부터의 거리와 힘의 크기에 비례한다. 모멘트는 시계 바늘이 돌아가는 방향을 (+)로 반대 방향을 (−)의 부호로 구별한다.
　※ $M = P \times L$(P : 힘, L : 원점으로부터 힘까지의 수직 길이)

2. 근력과 지구력

01 |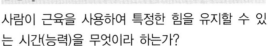

사람이 근육을 사용하여 특정한 힘을 유지할 수 있는 시간(능력)을 무엇이라 하는가?

① 염력　　　　　　　② 완력
③ 지구력　　　　　　④ 전단응력

해설 ① 염력(念力) : 정신을 집중함으로써 물체에 손을 대지 아니하고 그 물체의 위치를 옮기는 힘
② 완력(腕力) : 물리적으로 억누르는 힘
③ 지구력(持久力) : 사람이 일정한 일을 장기적으로 하는 힘
④ 전단응력(剪斷應力) : 가해진 응력에 대해 평행한 평면을 따라서 미끄러지는 정도에 의해 물질에 변형을 일으키는 힘

02 |

사람이 정확하고 정밀한 동작을 수행할 때는 근육들이 반대 방향으로 작용을 하며 정적인 반응을 보이는데, 이때 근육의 잔잔한 떨림(진전, 振顫)이 일어난다. 진전을 감소시킬 수 있는 방법이 아닌 것은?

① 시각적인 참조
② 손을 심장 높이보다 높게 함
③ 작업 대상물에 기계적인 마찰을 생성함
④ 몸과 작업에 관계되는 부위를 잘 받침

해설 진전을 감소시키는 방법
　ㄱ 시각적 참조
　ㄴ 몸과 작업에 관계되는 부위를 잘 받친다.
　ㄷ 손이 심장 높이에 있을 때가 손 떨림이 적다.
　ㄹ 작업 대상물에 기계적인 마찰을 생성한다.

03 |

다음 중 전신 진동에 의한 신체적 영향으로 틀린 것은?

① 산소 소비량이 증가하고, 폐환기도 촉진된다.
② 머리와 안면부에서는 20~30Hz의 진동에 공명한다.
③ 혈액 순환의 장애로 레이노(Raynaud) 현상이 발생한다.
④ 말초 혈관이 수축하고, 혈압 상승과 맥박이 증가한다.

해설 **전신 진동에 의한 신체적 영향**

㉠ 1~30Hz 범위에서는 전신 진동은 자세 유지의 부담이 증가하고 10~200Hz 범위의 진동에서는 근육의 반사기능이 저하된다.

㉡ 20Hz 미만의 진동에 노출될 때 심박수가 증가하며 말초혈관 수축반응은 영향을 받지 않는다.

㉢ 산소 소비량과 호흡수를 증가시키며, 약간의 과도 호흡이 일어나기도 한다.

㉣ 다른 스트레스와 같이 반응물질이 혈액 및 요의 검사에서 검출된다.

㉤ 중추 신경계를 피로하게 하여 소화불량, 구토, 시력 저하 등을 유발한다.

㉥ 소화계 내의 출혈 현상이 일어난다.

㉦ 저주파(0.63Hz 이하)의 수직 방향의 진동은 멀미를 유발한다.

※ 레이노(Raynaud) 현상은 추운 곳에 나간 경우, 찬물에 손발을 담그는 경우, 과도한 스트레스에 노출된 경우에 손가락, 발가락, 코, 귀 등의 끝부분 혈관이 발작적으로 수축하여 색깔이 창백하게 변하는 질환을 의미한다.

04

전신 진동이 성능(Performance)에 끼치는 영향이 가장 작은 것은?

① 시력의 손상
② 청력의 손상
③ 추적능력의 저하
④ 정확한 근육조절 능력의 저하

해설 **전신 진동에 의한 신체적 영향**

㉠ 1~30Hz 범위에서는 전신 진동은 자세 유지의 부담이 증가하고 10~200Hz 범위의 진동에서는 근육의 반사 기능이 저하된다.

㉡ 20Hz 미만의 진동에 노출될 때 심박수가 증가하며 말초 혈관 수축반응은 영향을 받지 않는다.

㉢ 산소 소비량과 호흡수를 증가시키며, 약간의 과도 호흡이 일어나기도 한다.

㉣ 다른 스트레스와 같이 반응물질이 혈액 및 요의 검사에서 검출된다.

㉤ 중추 신경계를 피로하게 하여 소화불량, 구토, 시력 저하 등을 유발한다.

㉥ 소화계 내의 출혈 현상이 일어난다.

㉦ 저주파(0.63Hz 이하)의 수직 방향의 진동은 멀미를 유발한다.

05

다음 중 진동의 영향을 가장 많이 받는 것은?

① 시력
② 반응 시간
③ 감시(monitoring)작업
④ 형태 식별(pattern recognition)

해설 **시각**

㉠ 진동의 영향을 가장 먼저 받는다.

㉡ 노화에 따라 가장 먼저 기능이 저하되는 감각 기관이다.

㉢ 인간은 정보 자극의 80% 이상을 시각 자극으로 얻는다.

06

진동이 인간 성능에 끼치는 일반적인 영향으로 옳지 않은 것은?

① 진동은 진폭에 비례하여 시력을 손상시킨다.
② 안정되고 정확한 근육조절을 요하는 작업은 진동에 의해서 저하된다.
③ 진동은 진폭에 비례하여 추적능력을 손상하며 낮은 진동수에서 가장 심하다.
④ 반응 시간, 형태 식별 등 주로 중앙 신경 처리에 달린 임무는 진동의 영향을 많이 받는다.

해설 **진동은 주로 시성능과 운동성능에 영향을 미친다.**

㉠ 시성능 : 진동은 진동수가 클수록 시 성능이 저하되는데 특히 10~25Hz의 경우 가장 심하다.

㉡ 운동성능 : 진동은 진동수가 클수록 추적 작업의 성능을 저하시키며, 5Hz 이하의 낮은 진동수에서 더욱 심하다. 안정되고 정확한 근육 동작을 필요로 하는 작업일수록 진동에 의한 민감한 성능 저하를 보인다.

㉢ 신경계 : 반응 시간, 감시, 형태 인식(pattern recognition) 등 주로 중앙 신경계의 처리과정과 관련되는 과업의 성능은 진동의 영향을 비교적 덜 받는다.

3. 신체활동의 부하측정

01

다음 중 신체활동에 따르는 에너지 소비량(kcal/min)이 가장 큰 작업은?

①

②

③

④

해설 신체활동에 따른 에너지 소비량
- ㉠ 짐나르기 : 16.2
- ㉡ 삽질 : 10.2
- ㉢ 도끼질 : 8.0
- ㉣ 톱질 : 6.8
- ㉤ 벽돌쌓기 : 4.0
- ㉥ 타이핑 : 2.7

02

동일한 무게의 중량물을 취급할 때 가장 많은 에너지 소비량(산소 소비량)이 필요한 방법은?

① 등을 이용하는 방법
② 양손을 이용하는 방법
③ 배낭을 이용하는 방법
④ 목도를 이용하는 방법

해설 짐 나르기에 따른 산소 소비량(=에너지 소비량)
양손(144) > 목도(129) > 쌀자루(123) > 이마(114) > 배낭(109) > 머리(103) > 등·가슴(100)

03

고압 환경이 인체에 미치는 영향과 가장 거리가 먼 것은?

① 폐수종이 발생한다.
② 질소마취 현상이 일어난다.
③ 울혈, 부종, 출혈 등이 발생한다.
④ 압치통 또는 부비가통을 호소한다.

해설 뇌에 산소부족으로 인한 질소마취 현상으로 두통, 구토와 함께 울혈, 부종, 출혈 등이 발생하고 치아근과 관련된 압치통 또는 부비가통을 호소한다.

4. 작업부하 및 휴식시간

01

서서 일할 때의 작업대 높이는 작업의 종류에 따라 달라진다. 다음 중 작업내용에 따른 작업대의 높이가 높은 것에서 낮은 순으로 맞게 배치된 것은?

① 경작업 – 정밀작업 – 중작업
② 정밀작업 – 경작업 – 중작업
③ 중작업 – 경작업 – 정밀작업
④ 정밀작업 – 중작업 – 경작업

해설 작업대 높이
- ㉠ 작업 내용이 섬세할수록 작업대는 높아야 한다.
- ㉡ 거친 작업은 약간 낮은 편이 좋다.
- ㉢ 서서 하는 작업 시 작업대 높이는 팔꿈치보다 5~10cm 낮은 편이 좋다.

02

서서 하는 작업을 위한 작업대의 높이를 설계할 때 참고하여야 할 인체 측정 치수는?

① 눈높이
② 어깨높이
③ 오금높이
④ 팔꿈치높이

해설 작업대의 높이
- ㉠ 섬세한 작업일수록 높게, 거친 작업 시는 약간 낮은 것이 적당하다.
- ㉡ 서서 하는 작업 시 작업대는 팔꿈치보다 5~10cm 낮은 것이 좋다.
- ㉢ 의자를 사용하는 작업대 높이는 의자 자리면의 높이, 작업대 두께 등을 고려하여 설계한다.
- ㉣ 체격의 개인차를 고려하여 높이 조절식이 유리하다.

4 신체계측

1. 인체치수의 분류 및 측정원리

01

사람의 신체 모양과 크기를 수량적으로 표현하기 위하여 인체를 계측하고 그 자료를 활용하는 분야는?

① 작업생리학　　　② 생산관리
③ 인체측정학　　　④ 작업관리학

해설 인체계측
　　인간은 일상생활을 영위하면서 신체의 모양이나 치수와 관계가 있는 테이블, 의자, 책상, 카운터, 침대, 수납장 등 제반설비를 사용하게 되며, 이러한 설비들은 인간에게 직·간접적으로 커다란 영향을 미친다. 따라서 인체계측학이나 신체역학에서는 인체의 길이·중량·형태·운동범위 등을 포함하여 신체의 모양이나 기능을 측정하게 된다. 일반적으로 인체의 치수측정은 구조적 치수와 기능적 치수로 구분된다.

02

다음 중 신체 측정치에 영향을 끼칠 수 있는 변수(Variability)로만 나열된 것은?

① 직업, 종교, 성별
② 인종, 계측 장비, 종교
③ 인종, 나이, 성별
④ 나이, 직업, 계측 장비

해설 인체계측치는 연령, 성별, 민족 등의 차이 외에 지역차 혹은 장기간의 근로조건, 스포츠의 경험에 따라서 차이가 생길 수 있으므로 설계집단에 적용할 때 여러 요인을 고려해야 하며, 계측치의 표본수는 신뢰성을 높여야 함은 물론 재현성을 고려해야 하고, 최소 표본수는 50~100명으로 하는 것이 적당하다.

03

인체계측의 방법 중 길이, 무게, 면적 등을 구하는 계측을 무엇이라 하는가?

① 동적 계측　　　② 생리적 계측
③ 형태적 계측　　　④ 체육적 계측

해설 인체계측방법
　㉠ 정적 인체계측(형태학적 측정)
　　• 체위를 일정하게 규제한 정지 상태에서의 기본자세, 설계의 표준이 되는 기초적 치수 결정(선 자세, 앉은 자세)
　　　인체의 길이, 무게, 면적 등을 계측한다.
　　• 마틴식 인체계측기(측정점 : 57점, 측정항목 : 205항)
　　• 측정 원칙은 나체 측정이다.
　㉡ 동적 인체계측(기능적 인체치수)
　　• 상지나 하지의 운동, 체위의 움직임에 따른 상태의 계측
　　• 실제의 작업 및 실제 조건에 밀접한 관계를 갖는 현실성 있는 인체치수를 구하는 것이다.
　　• 사진 및 시네마 필름을 사용한 3차원(공간) 해석 장치나 새로운 계측 시스템이 요구된다.

04

인체계측에 있어서 구조적 인체치수에 관한 설명으로 맞는 것은?

① 표준자세에서 움직이지 않는 피측정자를 대상으로 신체의 각 부위를 측정한다.
② 신체의 각 부위 간에 수행하는 기능에 따라 영향을 받으며 여러 가지 변수가 내재해 있다.
③ 손을 뻗어 잡을 수 있는 한계는 팔길이만의 함수가 아니고 어깨 움직임, 몸통회전, 등 구부림 등에 의해서도 영향을 받는다.
④ 신체적 기능을 수행할 때 각 신체부위가 독립적으로 움직이는 것이 아니라 서로 조화를 이루어 움직이기 때문에 이 치수가 사용된다.

해설 인체계측치수
　㉠ 구조적 인체치수 : 표준자세에서 움직이지 않는 피측정자를 대상으로 신체의 각 부위를 측정한다.
　㉡ 기능적 인체치수 : 움직이는 몸의 자세를 대상으로 측정하는 것으로 구조적 치수보다 널리 사용된다.

05 |

다음 중 한국인 인체치수조사사업에 있어 인체 측정의 부위별 기준점과 그 정의가 잘못 연결된 것은?

① 머리마루점 : 머리 수평면을 유지할 때 머리 부위 정중선상에서 가장 위쪽
② 목앞점 : 목 밑 둘레 선에서 앞 정중선과 만나는 곳
③ 손끝점 : 셋째 손가락의 끝
④ 발끝점 : 셋째 발가락의 끝

해설 표준인체 측정법에서 발끝점은 첫째 또는 둘째 발가락 중 더 긴 발가락의 끝으로 정의한다.

06 |

다음 중 인체 측정에 대한 설명 중 잘못된 것은?

① 키는 발바닥에서부터 머리 윗부분 끝까지의 거리를 말한다.
② 곧게 앉은키는 허리를 곧게 뻗어 세운 상태에서 의자 자리판으로부터 머리끝까지의 거리를 말한다.
③ 엉덩이의 폭은 엉덩이의 가장 넓은 폭을 잰 측정값을 말한다.
④ 넓적다리의 허용 높이는 의자 자리판으로부터 넓적다리와 골반이 만나는 윗부분까지의 수직길이이다.

07 |

머리둘레를 측정하는 방법 중 가장 적합한 것은?

① 눈썹보다 높은 위치에서 세 번 측정한 값의 중간값
② 눈썹보다 높은 위치에서 세 번 측정한 값의 평균값
③ 눈썹보다 높은 위치에서 세 번 측정한 값의 최댓값
④ 눈썹보다 높은 위치에서 세 번 측정한 값의 최솟값

해설 머리둘레의 측정은 눈썹보다 높은 위치에서 세 번 재어 가장 큰 것으로 한다.

08 |

발의 길이를 측정할 때 가장 긴 발가락 끝에서 뒤꿈치까지의 길이로 맞는 것은?

① 체중을 두 발에 균등하게 주고 섰을 때의 왼발
② 체중을 두 발에 균등하게 주고 섰을 때의 오른발
③ 체중을 왼발에 주고 섰을 때의 오른발
④ 체중을 오른발에 주고 섰을 때의 왼발

해설 발길이 측정
서서 양발에 체중을 등분포 하였을 때 왼쪽 발뒤꿈치에서 가장 긴 발가락까지의 거리

2. 인체측정자료의 응용원칙

01 |

인체계측치를 응용할 때 주의할 점으로 적합하지 않은 것은?

① 사람은 항상 움직이므로 여유있는 치수를 설정해야 한다.
② 일반적으로 신체 각 부위의 너비와 두께는 체중과 반비례 관계이다.
③ 모든 신체치수가 평균치에 속하는 사람이 매우 적음을 유의해야 한다.
④ 조절식 또는 극단치의 적용이 부적절한 경우에는 평균치를 기준으로 설계한다.

해설 인체계측자료의 응용원칙
㉠ 평균치 설계
• 인체측정학적인 면에서 보면 여러 치수가 평균치와 같은 평균인은 없고 사용자로서는 불편하므로 평균치 인체계측자료를 쓰는 경우는 드물다.
• 최대치나 최소치를 기준으로 설계하기가 부적절하거나 가변식(조절식) 설계가 불가능한 경우에 사용된다. 예를 들어 슈퍼마켓의 계산대나 은행의 카운터 등에 사용된다.
㉡ 최소 집단치 설계 – 최소 치수
• 인체계측 변수 분포의 1%, 5%, 10% 같은 하위 백분위수를 기준으로 하며, 도달거리에 관련된 설계에 사용된다.
• 조종장치까지의 거리, 선반의 높이, 엘리베이터 조작 버튼의 높이, 의자의 높이, 버스의 손잡이 등이 해당된다.

ⓒ 최대 집단치 설계 – 최대 치수
- 대상 집단에 대한 인체계측 변수의 상위 백분위수를 기준으로 하며 90%, 95%, 99%치가 사용된다.
- 최대 집단치로 측정해야 할 사항은 문, 탈출구, 통로, 시내버스의 천장 높이 등의 여유 공간과 그네, 줄사다리와 같은 지지물, 등산용 로프의 강도 등이 있다.
ⓔ 가변식(조절식) 설계
- 어떤 설비나 장치를 설계할 때 최대치나 최소치를 사용하는 것이 기술적으로 어려운 경우에 사용한다.
- 체격이 다른 여러 사람을 수용할 수 있도록 가변적으로 만드는 것이 좋다. 예를 들어 자동차의 좌석이나 사무실 의자, 책상 등이 조절에 사용될 수 있다.
- 인체계측치의 5%치에서 95%치까지의 90% 조절 범위를 대상으로 한다.

02 |

인체 측정 데이터를 산정할 때 고려해야 할 사항으로 맞는 것은?

① 평균치를 사용하는 것이 가장 적절한 방법이다.
② 계측자의 응용에 있어서 누드 상태의 계측치에 여유 치수를 더 하여야 한다.
③ 수용 공간이 중요한 고려사항이라면 하위 5%나 이보다 작은 값이 적용되어야 한다.
④ 앉은 자세나 선 자세에서 팔의 도달을 문제점으로 한다면 상위 95%의 자료가 사용되어야 한다.

해설 인체계측방법
ⓐ 정적 인체계측(형태학적 측정)
- 체위를 일정하게 규제한 정지 상태에서의 기본자세, 설계의 표준이 되는 기초적 치수 결정(선 자세, 앉은 자세)
  인체의 길이, 무게, 면적 등을 계측한다.
- 마틴식 인체계측기(측정점 : 57점, 측정항목 : 205항)
- 측정 원칙은 나체 측정이다.
ⓑ 동적 인체계측(기능적 인체치수)
- 상지나 하지의 운동, 체위의 움직임에 따른 상태의 계측
- 실제의 작업 및 실제 조건에 밀접한 관계를 갖는 현실성 있는 인체치수를 구하는 것이다.
- 사진 및 시네마 필름을 사용한 3차원(공간) 해석 장치나 새로운 계측 시스템이 요구된다.

03 |

백분위(퍼센타일)에 관한 사항으로 적용되는 예와 사용하는 백분위수가 잘못된 것은?

① 문의 높이 : 95퍼센타일
② 시내버스의 천정 높이 : 95퍼센타일
③ 좌식방에서의 창턱 높이 : 95퍼센타일
④ 운동 경기장 맨 앞자리 스탠드 난간 높이 : 5퍼센타일

해설 인체 측정치 적용의 원칙
ⓐ 최대 집단치 설계 – 최대 치수
- 대상집단에 대한 인체계측 변수의 상위 백분위수를 기준으로 하며 90%, 95%, 99%치가 사용된다.
- 최대 집단치로 측정해야 할 사항은 문, 탈출구, 통로, 시내버스의 천장 높이 등의 여유 공간과 그네, 줄사다리와 같은 지지물, 등산용 로프의 강도 등이 있다.
ⓑ 최소 집단치 설계 – 최소 치수
- 인체계측 변수 분포의 1%, 5%, 10% 같은 하위 백분위수를 기준으로 하며, 도달거리에 관련된 설계에 사용된다.
- 조종장치까지의 거리, 선반의 높이, 엘리베이터 조작 버튼의 높이, 의자의 높이, 버스의 손잡이, 좌식방에서의 창턱 높이 등이 해당한다.

04 |

인체계측자료의 응용원칙 중에서 인체계측 변수 분포의 1, 5, 10 백분위수 등과 같은 최소 집단치를 적용하여 설계해야 하는 것은?

① 문의 높이　　　　② 선반의 높이
③ 그네의 지지중량　④ 의자의 너비

해설 인체계측자료의 응용원칙
ⓐ 최소 집단치 설계 – 최소 치수
- 인체계측 변수 분포의 1%, 5%, 10% 같은 하위 백분위수를 기준으로 하며, 도달거리에 관련된 설계에 사용된다.
- 조종장치까지의 거리, 선반의 높이, 엘리베이터 조작 버튼의 높이, 의자의 높이, 버스의 손잡이 등이 해당된다.
ⓑ 최대 집단치 설계 – 최대 치수
- 대상집단에 대한 인체계측 변수의 상위 백분위수를 기준으로 하며 90%, 95%, 99%치가 사용된다.

- 최대 집단치로 측정해야 할 사항은 문, 탈출구, 통로, 시내버스의 천장 높이 등의 여유 공간과 그네, 줄사다리와 같은 지지물, 등산용 로프의 강도 등이 있다.

05 |

인체 측정 자료의 응용원리에서 최소 집단치를 적용하는 것이 가장 바람직한 경우는?

① 문틀 높이
② 등산용 로프의 강도
③ 제어 버튼과 조작자 사이의 거리
④ 비행기에서의 비상 탈출구 크기

해설 인체 측정 자료의 응용원칙
　㉠ 최소 집단치 설계 – 최소 치수
　　• 인체계측 변수 분포의 1%, 5%, 10% 같은 하위 백분위수를 기준으로 하며, 도달거리에 관련된 설계에 사용된다.
　　• 조종장치까지의 거리, 선반의 높이, 엘리베이터 조작 버튼의 높이, 의자의 높이, 버스의 손잡이 등이 해당된다.
　㉡ 최대 집단치 설계 – 최대 치수
　　• 대상집단에 대한 인체계측 변수의 상위 백분위수를 기준으로 하며 90%, 95%, 99%치가 사용된다.
　　• 최대 집단치로 측정해야 할 사항은 문, 탈출구, 통로, 시내버스의 천장 높이 등의 여유 공간과 그네, 줄사다리와 같은 지지물, 등산용 로프의 강도 등이 있다.

06 |

인체 측정치의 최대 집단치를 적용하는 대상으로 적절하지 않은 것은?

① 탈출구의 넓이
② 출입문의 높이
③ 그네의 지지 하중
④ 버스의 손잡이 높이

해설 인체 측정치 적용의 원칙
　㉠ 최대 집단치 설계 – 최대 치수
　　• 대상집단에 대한 인체계측 변수의 상위 백분위수를 기준으로 하며 90%, 95%, 99%치가 사용된다.
　　• 최대 집단치로 측정해야 할 사항은 문, 탈출구, 통로 등의 여유 공간과 그네, 줄사다리와 같은 지지물, 등산용 로프의 강도 등이 있다.

㉡ 최소 집단치 설계 – 최소 치수
　• 인체계측 변수 분포의 1%, 5%, 10% 같은 하위 백분위수를 기준으로 하며, 도달거리에 관련된 설계에 사용된다.
　• 조종장치까지의 거리, 선반의 높이, 엘리베이터 조작 버튼의 높이, 의자의 높이, 버스의 손잡이 등이 해당된다.

07 |

다음 중 인체 측정 자료를 이용하여 설계할 때 응용 원칙과 적용의 연결이 적절하지 않은 것은 어느 것인가?

① 최대치 – 문의 높이
② 조절식 – 의자의 높이
③ 최소치 – 그네의 줄 강도
④ 최소치 – 버스의 손잡이 높이

해설 인체 측정치 적용의 원칙
　㉠ 최대 집단치 설계 – 최대 치수
　　• 대상집단에 대한 인체계측 변수의 상위 백분위수를 기준으로 하며 90%, 95%, 99%치가 사용된다.
　　• 최대 집단치로 측정해야 할 사항은 문, 탈출구, 통로 등의 여유 공간과 그네, 줄사다리와 같은 지지물, 등산용 로프의 강도 등이 있다.
　㉡ 최소 집단치 설계 – 최소 치수
　　• 인체계측 변수 분포의 1%, 5%, 10% 같은 하위 백분위수를 기준으로 하며, 도달거리에 관련된 설계에 사용된다.
　　• 조종장치까지의 거리, 선반의 높이, 엘리베이터 조작 버튼의 높이, 의자의 높이 등이 해당된다.

PART 3

실내디자인 시공 및 재료

ENGINEER INTERIOR ARCHITECTURE

I. 실내디자인 시공관리
II. 실내디자인 마감계획

| 적중예상문제 |

실내디자인 시공 및 재료

I 실내디자인 시공관리

1 공정계획관리

건축시공의 현대화 방안 중 3S system과 거리가 먼 것은?

① 작업의 표준화 ② 작업의 단순화
③ 작업의 전문화 ④ 작업의 기계화

해설 건축시공의 현대(근대)화 방안에는 3S system[단순화 (Simplification), 전문화(Specialization), 표준화(Standardization)], 시공의 기계화, 시공기술개발(신기술, 신공법), 재료의 건식화, 건식 공법화, 도급 기술의 근대화, 건축 생산의 공업화와 양산화(PC화), 신기술 및 과학적 품질관리 기법의 도입, 새로운 경영기법의 도입 및 활용, 생산기술의 종합화(복합화), 생산의 합리화, 품질보증의 시스템의 확보로 고객 만족의 실현 등이 있다.

02 |

건설사업이 대규모화, 고도화, 다양화, 전문화되어 감에 따라 종래의 단순 기술에 의한 시공만이 아닌 고부가가치를 추구하기 위하여 업무영역의 확대를 의미하는 것은?

① CM ② EC
③ BOT ④ SOC

해설 CM(Construction Management)은 전문가 집단에 의해 설계와 시공을 통합관리하는 조직으로 건설업 전과정(기획, 설계, 시공, 유지관리 등)에서 사업 수행을 효율적, 경제적으로 수행하기 위해 각 부분 전문가 집단의 통합관리기술을 건축주에게 서비스하는 것으로 발주처와의 계약으로 수행한다. 건축주의 위임을 받아 시공조직과 설계조직을 조정하므로, 시공조직과 설계조직의 의사소통이 원활하고, 원가절감, 공사기간의 단축

과 품질을 확보할 수 있는 특성이 있다. BOT(Build Operate Transfer)방식은 사회간접시설의 확충을 위하여 민간이 자금 조달과 공사를 완성하고, 투자한 자본의 회수를 위하여 일정기간 운영하고 공공에 양도하는 방식이다. SOC(Social Overhead Capital)는 사회간접자본을 뜻하는 말로서, 생활을 편리하게 하고, 경제활동을 원활하게 하기 위한 사회간접자본 즉 사회기반시설로서 대규모 토목사업(고속도로, 도로, 철도, 지하철, 항만 등)이다.

03 |

공사계약방식 중 직영공사방식에 관한 설명으로 옳은 것은?

① 사회간접자본(SOC:Social Overhead Capital)의 민간투자유치에 많이 이용되고 있다.
② 영리목적의 도급공사에 비해 저렴하고 재료선정이 자유로운 장점이 있으나, 고용기술자 등에 의한 시공관리능력이 부족하면 공사비 증대, 시공성의 결함 및 공기가 연장되기 쉬운 단점이 있다.
③ 도급자가 자금을 조달하면 설계, 엔지니어링, 시공의 전부를 도급받아 시설물을 완성하고 그 시설을 일정기간 운영하는 것으로, 운영수입으로부터 투자자금을 회수한 후 발주자에게 그 시설을 인도하는 방식이다.
④ 수입을 수반한 공공 혹은 공익 프로젝트(유료도로, 도시철도, 발전도 등)에 많이 이용되고 있다.

해설 ①, ③ 및 ④는 최근 사회간접자본에 대한 필요성이 급격히 증가되나, 정부의 투자력에 한계가 있어 생겨난 방식으로 민간개발계약방식(BOT, RTO, BOO, BTL 등)에 대한 내용이다. BOT(Build-Operate-Transfer), RTO(Build-Transfer-Oprate), BOO(Build-Oprate-Own), BTL(Build-Transfer-Lease) 등이 있고, Build (민간이 수주하여, 설계, 시공), Oprate(일정 기간동안 운영), Transfer(소유권 이전), Own(민간이 소유)이다.

04

대규모공사에서 지역별로 공사를 분리하여 발주하는 방식이고 각 공구마다 총괄도급으로 하는 것이 보통이며, 중소업자에게 균등기회를 주고 또 업자 상호 간의 경쟁으로 공사기일 단축, 시공기술 향상 및 공사의 높은 성과를 기대할 수 있어 유리한 도급방법은?

① 전문공종별 분할도급
② 공정별 분할도급
③ 공구별 분할도급
④ 직종별 · 공종별 분할도급

해설 분할도급의 종류

ⓐ **전문공종별 분할도급** : 시설공사 중 설비공사(전기, 난방 등)를 주체 공사에서 분리하여 전문 공사업자와 직접 계약하는 방식이고, 설비업자의 자본, 기술이 강화되고 복잡한 공사 내용이 전문화되므로 기업주와 시공자와의 의사소통이 잘 되는 반면에 공사 전체의 관리가 곤란하고 가설 및 시공 기계의 설치가 중복되어 공사비가 증대될 우려가 있다.

ⓑ **공정별 분할도급** : 건축공사에 있어서 정지, 기초, 구체, 마무리 공사 등의 과정별로 나누어 도급주는 방식으로 설계의 완료분만 발주하거나 예산 배정상 구분될 때에 편리하나, 후속 공사를 다른 업자로 바꾸거나 후속 공사 금액의 결정이 곤란하며, 업자에 대한 불만이 있어도 변경하기가 어려우므로 특수할 때 외에는 채용하지 않는다.

ⓒ **직종별 · 공종별 분할도급** : 전문직별 또는 각 공종별로 세분하여 도급주는 방식이고, 직영제도에 가까운 것으로서 총괄도급자의 하도급에 많이 적용되며, 재료와 노무를 분리하여 노무만을 도급 줄때도 있다. 이것은 현장 종합관리사무가 번잡하고 경비도 가산되지만 전문 직공에게 건축주의 의도를 철저하게 시공시킬 필요가 있을 때 채용한다.

05

아파트, 지하철공사, 고속도로공사 등 대규모 공사에서 지역별로 공사를 구분하여 발주하는 도급방식은?

① 전문공종별 분할도급
② 공구별 분할도급
③ 공정별 분할도급
④ 직종별, 공정별 분할도급

해설 공구별 분할도급은 대규모 공사에서 지역별로 공사를 분리하여 발주하는 방식이고, 각 공구마다 총괄도급으로 하는 것이 보통이며, 중소업자에게 균등 기회를 주고 업자 상호 간의 경쟁으로 공사기일의 단축, 시공기술 향상 및 공사의 높은 성과를 기대할 수 있어 유리하다.

06

1개 회사가 단독으로 도급을 수행하기에는 규모가 큰 공사일 경우 2개 이상의 회사가 임시로 결합하여 연대책임으로 공사를 하고, 공사완성 후 해산하는 방식은?

① 단가도급   ② 분할도급
③ 공동도급   ④ 일식도급

해설 단가도급은 전체 공사의 수량을 예측하기 곤란한 경우와 공사를 빨리 착공하고자 할 때 채용되는 방식으로, 단위 공사 부분에 대한 단가만을 확정하고, 공사가 완료되면 실시 수량에 따라 정산하는 방식이다. 분할도급은 전체 공사를 여러 유형으로 분할하여 시공자를 선정, 건축주와 직접 도급계약을 체결하는 방식으로, 전문공종별, 공정별, 공구별 분할도급 등으로 나눈다. 일식도급은 건축공사 전체를 한 사람의 도급자에게 도급을 주는 제도로서, 일반적으로 일식 도급자는 자기 자신이 직접 공사 전체를 완성하는 것이 아니고 그 공사를 적당히 분할하여 각각 전문직의 하도급자에게 시공시키고, 전체 공사를 감독하여 완공시키는 것이 보통이다.

07

공동도급(Joint Venture Contract)의 장점이 아닌 것은?

① 융자력의 증대   ② 위험의 분산
③ 이윤의 증대   ④ 시공의 확실성

해설 공동도급의 특징

두 명 이상의 도급업자가 어느 특정한 공사에 한하여 협정을 체결하고 공동 기업체를 만들어 협동으로 공사를 도급하는 방식으로, 공사가 완성되면 해산된다.

ⓐ **융자력의 증대** : 중소업자가 결합하여 소자본으로 대규모 공사를 도급할 수 있으므로, 자금의 부담이 경감된다.

ⓑ **위험의 분산** : 각 회사가 분담하는 이해관계의 비율에 의해 출자하고 이익을 분배하며, 만일 손실이 발생할 때에도 그 비율로 분담한다.

ⓒ 기술의 확충 : 대규모이고, 특수한 새로운 기술 경험을 필요로 하는 공사일 경우에는 상호 기술을 확충, 강화할 수 있으며, 새로운 경험도 얻을 수 있다.

ⓔ 시공의 확실성 : 자금 및 기술적인 면에서 개개의 회사에 비해 그 능력이 증대되고 계약 이행의 책임도 연대 부담하게 되므로 주문자로서 시공의 확실성을 기대할 수 있다.

ⓜ 공동 도급 구성원 상호 간의 이해 충돌이 많고, 현장 관리가 어렵다. 특히, 일식도급공사보다 공사비가 증가된다. 또한, 단일회사 도급보다 경비가 증대되므로 이윤은 감소한다.

08

공사계약방식에서 공사실시방식에 의한 계약제도가 아닌 것은?

① 일식도급
② 분할도급
③ 실비정산보수가산도급
④ 공동도급

해설 공사계약방식의 구분에는 공사실시방식(일식도급, 분할도급, 공동도급 등)과 공사비 지불방식(단가도급, 정액도급, 실비정산보수가산도급 등) 등으로 분류된다.

09

설계도와 시방서가 명확하지 않거나 설계는 명확하지만 공사비 총액을 산출하기 곤란하고 발주자가 양질의 공사를 기대할 때 채택될 수 있는 가장 타당한 방식은?

① 실비정산보수가산식 도급
② 단가도급
③ 정액도급
④ 턴키도급

해설 단가도급은 전체 공사의 수량을 예측하기 곤란한 경우와 공사를 빨리 착공하고자 할 때 채용되는 방식으로, 단위 공사 부분에 대한 단가만을 확정하고, 공사가 완료되면 실시 수량에 따라 정산하는 방식이다. 정액도급은 공사 금액을 공사 시작 전에 결정하고, 계약하는 도급계약방식으로 일식도급, 분할도급 등의 도급제도와 병용되고, 정액일식도급제도가 가장 많이 채용되고 있다.
턴키도급은 주문받은 건설업자가 대상계획의 기업, 금융, 토지 조달, 설계, 시공, 기계기구의 설치와 시운전

까지 주문자가 필요로 하는 것을 조달하여 주문자에게 인도하는 도급계약의 방식이다.

10

주문받은 건설업자가 대상계획의 기업, 금융, 토지조달, 설계, 시공 등 기타 모든 요소를 포괄하는 도급계약방식을 무엇이라 하는가?

① 실비정산보수가산도급
② 정액도급
③ 공동도급
④ 턴키도급

해설 실비정산(청산)보수가산도급방식은 건축주가 시공자에게 공사를 위임하고, 실제로 공사에 소요되는 실비와 보수, 즉 공사비와 미리 정해 놓은 보수를 시공자에게 지불하는 방식 또는 공사의 실비를 건축주와 도급자가 확인하여 청산하고 시공주는 정한 보수율에 따라 도급자에게 보수액을 지불하는 방식으로 부실공사, 폭리 등 도급자나 건축주 입장에서 불이익 없이 가장 정확하고 양심적으로 건축공사를 충실히 수행하는, 즉 사회 정의상 이론적으로 가장 이상적인 도급이다. **정액도급**은 공사금액을 공사 시작 전에 결정하고, 계약하는 도급계약방식으로 일식도급, 분할도급 등의 도급제도와 병용되고, 정액일식도급제도가 가장 많이 채용되고 있다. **공동도급방식**(Joint venture)은 두 명 이상의 도급업자가 어느 특정한 공사에 한하여 협정을 체결하고 공동 기업체를 만들어 협동으로 공사를 도급하는 방식으로, 공사가 완성되면 해산된다.

11

CM 제도에 관한 설명으로 옳지 않은 것은?

① 대리인형 CM(CM for fee)방식은 프로젝트 전반에 걸쳐 발주자의 컨설턴트 역할을 수행한다.
② 시공자형 CM(CM at risk)방식은 공사관리자의 능력에 의해 사업의 성패가 좌우된다.
③ 대리인형 CM(CM for fee)방식에 있어서 독립된 공종별 수급자는 공사관리자와 공사계약을 한다.
④ 시공자형 CM(CM at risk)방식에 있어서 CM조직이 직접 공사를 수행하기도 한다.

해설 ① CM for fee(대리인형)는 팀의 구성은 발주자, 설계자, 공사관리자로 하고, 독립된 공종별 수급자는 발주자와 직접 공사계약을 하며, **공사관리자는 발주자 대리인의 역할**을 한다. 또한, 공사관리 및 설계 단계의 서비스에 대한 전문보수를 받는다.

② CM at risk(시공자형)는 팀은 원수급자(발주자, 설계자, 공사관리자의 역할을 담당)로 구성하고, 직접 공사를 수행하며, 독립된 공종별 하수급자와 공사계약을 직접 수행하며 공사 전반을 책임지는 형태로서 공사 결과의 이익과 손해에 대한 책임이 주어진다.

12 |

건설의 전 과정에 걸쳐 프로젝트를 보다 효율적이고 경제적으로 수행하기 위하여 각 부문의 전문가들로 구성된 통합관리기술을 발주자에세 서비스하는 것을 무엇이라고 하는가?

① Cost Management
② Cost Manpower
③ Construction Manpower
④ Construction Management

해설 공사관리계약(Construction Management Contract)은 발주자, 설계자, 공사관리자(construction manager)의 세 전문집단에 의해 프로젝트가 운영되고, 공사관리자가 발주자를 대신하여 설계 및 시공을 관리, 최종 완성물을 발주자의 의도에 적합하게 인도할 수 있도록 한다. 발주자, 설계자, 수급자의 역할은 기본적으로 설계·시공분리계약과 유사하며, 공사관리자는 전체 프로젝트 일정과 비용의 계획 및 조정, 설계도서의 검토 및 시공성 향상, 건축가와 시공자 사이의 중재 등의 업무를 수행하게 된다.

13 |

공사관리계약(Construction Management Contract) 방식의 장점이 아닌 것은?

① 시공 시 단계별 시공법을 적용할 수 있어 설계 및 시공기간을 단축시킬 수 있다.
② 설계과정에서 설계가 시공에 미치는 영향을 예측할 수 있어 설계도서의 현실성을 향상시킬 수 있다.
③ 기획 및 설계과정에서 발주자와 설계자 간의 의견대립 없이 설계대안 및 특수공법의 적용이 가능하다.
④ 대리인형 CM(CM for Free)방식은 공사비와 품질에 직접적인 책임을 지는 공사관리계약방식이다.

해설 CM for fee(대리인형)는 팀의 구성은 발주자, 설계자, 공사관리자로 하고, 독립된 공종별 수급자는 발주자와 직접 공사계약을 하며, 공사관리자는 발주자 대리인의 역할을 한다. 또한, 공사관리 및 설계단계의 서비스에 대한 전문보수를 받는다. CM at risk(시공자형)는 공사비와 품질에 직접적인 책임을 지는 공사관리계약방식이다. 즉 ④항은 시공자형에 대한 설명이다.

14 |

다음 각 도급공사에 관한 설명으로 옳지 않은 것은?

① 분할도급은 전문공종별, 공정별, 공구별 분할도급으로 나눌 수 있으며 이 경우 재료는 건축주가 직접 조달하여 지급하고 노무만을 도급하는 것이다.
② 공동도급이란 대규모 공사에 대하여 여러 개의 건설회사가 공동출자 기업체를 조직하여 도급하는 방식이다.
③ 공구별 분할도급은 대규모 공사에서 지역별로 분리하여 발주하는 방식이다.
④ 일식도급은 한 공사 전부를 도급자에게 맡겨 재료, 노무, 현장시공업무 일체를 일괄하여 시행시키는 방법이다.

해설 분할도급방식은 전체 공사를 여러 유형으로 분할하여 시공자를 선정, 건축주와 직접 도급계약을 체결하는 방식으로, 전문공사 종류별, 공정별, 공구별 등으로 나눈다. 장점은 전문업자가 직접적인 책임자이므로 우수한 시공을 기대할 수 있으나, 단점은 공사 전체의 통제 관리가 일식도급에 비하여 어렵다. ①항은 직영방식(도급업자에게 위탁하지 않고 건축주 자신이 재료의 구입, 기능인 및 인부의 고용, 그 밖의 실무를 담당하거나 공사부를 조직하여 자기의 책임하에 직접 공사를 지휘, 감독하는 방식)에 대한 설명이다.

15 |

도급업자의 선정방식 중 공개경쟁입찰에 대한 설명으로 틀린 것은?

① 입찰참가자가 많아지면 사무가 번잡하고 경비가 많이 든다.
② 부적격업자에게 낙찰될 우려가 없다.
③ 담합의 우려가 적다.
④ 경쟁으로 인해 공사비가 절감된다.

해설 공개경쟁입찰(일반경쟁입찰) : 관보, 신문, 게시 등을 통해 계약과 입찰조건, 공사의 종류, 입찰자의 자격 및 규정 등을 공고하여 입찰참가자를 널리 공모함으로써 입찰시키는 방법 또는 건축주가 둘 이상의 시공업자로 하여금 동시에 견적한 금액을 입찰시켜 가장 유리한 시공업자를 선택하는 입찰방법 및 당해 공사 수행에 필요한 최소한의 자격요건을 갖춘 불특정 다수 업체를 대상으로 자유 시장 경제 원리에 가장 적합한 입찰방법으로, 장·단점은 다음과 같다.

ㄱ 장점
- 입찰희망자에게 균등한 기회를 주고, 담합(Combination)의 우려가 적다.
- 공정하고 자유로운 경쟁으로 공사비를 절감할 수 있다.
- 입찰참가 지명에 관한 개입이 적으므로 입찰자의 선정이 공정하다.

ㄴ 단점
- 입찰참가업자가 많아지면 사무가 번잡해지고 경비가 많이 든다.
- 경쟁이 격렬하여 낙찰가격이 부당하게 저하되기 때문에 조잡한 공사(공사시공의 정밀도가 부족)가 될 우려가 있고, 부적격자에게 낙찰될 우려도 있다.
- 과다한 경쟁의 결과로 업계의 건전한 발전이 저해될 수 있다.

16

건축주가 시공회사의 신용, 자산, 공사경력, 보유기술 등을 고려하여 그 공사에 가장 적격한 단일업체에게 입찰시키는 방법은?

① 일반공개입찰 ② 특명입찰
③ 지명경쟁입찰 ④ 대안입찰

해설 공개경쟁입찰(일반경쟁입찰)은 관보, 신문, 게시 등을 통해 계약과 입찰조건, 공사의 종류, 입찰자의 자격 및 규정 등을 공고하여 입찰참가자를 널리 공모함으로써 입찰시키는 방법 또는 건축주가 둘 이상의 시공업자로 하여금 동시에 견적한 금액을 입찰시켜 가장 유리한 시공업자를 선택하는 입찰방법 및 당해 공사 수행에 필요한 최소한의 자격요건을 갖춘 불특정 다수 업체를 대상으로 자유 시장 경제 원리에 가장 적합한 입찰방법이다. **지명경쟁입찰**은 공사 규모, 내용에 따라 지명할 도급회사의 자본금, 과거 실적, 보유 기재, 자재 및 기술능력을 감안하여 공사에 가장 적격하다고 인정되는 3~7개 정도의 시공회사를 선정하여 입찰시키는 방법으로 건축주는 미리 기술과 경험이 풍부하고, 신용있는 업자를 선정하여, 이 업자들 사이에 경쟁을 시켜 공사비를 내리게 함과 동시에 일정 수준

으로 공사의 질(양질의 시공결과 기대)을 확보하고, 특히 부적당한 업자를 제거하는 것이 지명경쟁입찰의 목표이다. 대안입찰은 대규모 또는 신규 공사에 주로 적용하는 방식으로 발주자가 입찰시 의뢰한 기본설계의 대체가 가능한 범위 안에서 동등 이상의 기능, 효과 및 품질 등을 보장하고, 공사기간을 초과하지 않는 범위 내에서 공사비용을 절감할 수 있는 공법을 제안하여 입찰하는 방식이다.

17

건설공사의 입찰 및 계약의 순서로 옳은 것은?

① 입찰통지 → 입찰 → 개찰 → 낙찰 → 현장설명 → 계약
② 입찰통지 → 현장설명 → 입찰 → 개찰 → 낙찰 → 계약
③ 입찰통지 → 입찰 → 현장설명 → 개찰 → 낙찰 → 계약
④ 현장설명 → 입찰통지 → 입찰 → 개찰 → 낙찰 → 계약

해설 건설공사의 입찰 및 계약의 순서

입찰통지 → { 설계도서 교부 / 현장설명 / 질의응답 / 적산 } → 입찰 → { 개찰 / 재입찰 / 수의계약 } → 낙찰 → 계약

18

다음 설명에 해당하는 공사낙찰자 선정방식은?

예정가격 대비 88% 이상 입찰자 등 가장 낮은 금액으로 입찰한 자를 선정하는 방식으로, 최저 낙찰자를 통한 덤핑의 우려를 방지할 목적을 지니고 있다.

① 부찰제
② 최저가 낙찰제
③ 제한적 최저가 낙찰제
④ 최적격 낙찰제

해설 부찰제(제한적 평균가 낙찰제)는 예정가격과 예정가격의 85% 이상 금액의 입찰자 사이에서 평균 금액을 산출하여 이 평균 금액의 밑으로 가장 접근된 입찰자를 낙찰자로 선정하는 방식이다. **최저가 낙찰제**는 예정가격의 범위 내에서 최저 가격으로 입찰한 자를 선정하

는 방식으로 덤핑으로 인한 부실 시공이 우려되는 방식이다. 최적격 낙찰제는 최저가 낙찰제와 PQ제도를 종합한 제도로서 최저가 2~3개 업체 중 기술능력을 포함한 종합적인 판단으로 낙찰자를 선정하는 제도로서 100억 이상의 공사에 적용한다.

19 |

공사의 도급계약에 명시하여야 할 사항과 가장 거리가 먼 것은? (단, 첨부 서류가 아닌 계약서상 내용을 의미)

① 공사내용
② 구조설계에 따른 설계방법의 종류
③ 공사착수의 시기와 공사완성의 시기
④ 하자담보책임기간 및 담보방법

해설 도급계약서에 명시하여야 할 사항에는 **공사개요**(규모, 도급금액 등), **공사착수의 시기와 공사완성의 시기**, 공사기간, 계약금액, 계약보증금, 공사금액의 지불방법과 시기, 하자 보증에 대한 사항(**하자담보책임기간 및 담보방법**), 공사시공으로 인한 제3자가 입은 손해부담에 대한 사항, 설계변경과 공사지연에 관한 사항, 연동제에 관한 사항, 천재지변 및 기타 불가항력에 대한 사항, 정산에 관한 사항, 지급 자재, 장비에 관한 사항, 계약에 대한 분쟁발생 시 해결방법, 안전에 관한 사항, 작업범위, 분쟁발생 시 해결방법, 인도 및 검사시기 등이 있다.

20 |

공사계약 중 재계약 조건이 아닌 것은?

① 설계도면 및 시방서(Specification)의 중대결함 및 오류에 기인한 경우
② 계약상 현장조건 및 시공조건이 상이(Difference)한 경우
③ 계약사항에 중대한 변경이 있는 경우
④ 정당한 이유 없이 공사를 착수하지 않은 경우

해설 공사계약의 재계약 조건에는 **계약사항이 변경된 경우**, 현장의 조건이 변경된 경우, 천재지변에 준하는 피해가 발생한 경우, 물가의 변동이 심한 경우, 도면과 시방서의 내용이 서로 상이하거나, 오류가 발생한 경우, 건축물의 규모 및 구조의 변경, 설비 기능의 추가를 요구하는 경우 등이 있고, ④항은 공사계약 파기조건에 해당된다.

21 |

건축공사를 수행하기 위하여 필요한 서류 중 시방서에 기재하지 않아도 되는 사항은?

① 사용재료의 품질시험방법
② 건물의 인도시기
③ 각 부위별 시공방법
④ 각 부위별 사용재료의 품질

해설 시방서의 기재 내용
  ㉠ 공사 전체의 개요, 시방서의 적용범위, 공통의 주의사항 및 특기사항 등
  ㉡ 사용재료(종류, 품질, 수량, 필요한 시험, 저장방법, 검사방법 등)
  ㉢ **시공방법**(준비사항, 공사의 정도, 사용기계·기구, 주의사항 등) 및 담당원
  ㉣ 공법의 일반사항, 유의사항, 시공정밀도 등
  ※ 건물의 인도시기는 공사계약서에 명시하여야 할 내용이다.

22 |

시방서의 작성원칙으로 옳지 않은 것은?

① 지정 고시된 신재료 또는 신기술을 적극 활용한다.
② 공사 전반에 대한 지침을 세밀하고 간단명료하게 서술한다.
③ 공종을 세밀하게 나누고, 단위 시방의 수를 최대한 늘려 상세히 서술한다.
④ 시공자가 정확하게 시공하도록 설계자의 의도를 상세히 기술한다.

해설 시방서 작성 원칙에는 ①, ②, ④ 이외에 도면과 중복되지 않고, 간결하게 기재하며, 시공 순서에 맞게 빠짐없이 기술한다. 재료, 공법을 정확하게 지시하고, 공사범위를 명시하며, 내용이 중복되지 않도록 해야 한다.

23 |

공사 중 시방서 및 설계도서가 서로 상이할 때의 우선순위에 관한 설명으로 옳지 않은 것은?

① 설계도면과 공사시방서가 상이할 때는 설계도면을 우선한다.
② 설계도면과 내역서가 상이할 때는 설계도면을 우선한다.
③ 일반시방서와 전문시방서가 상이할 때는 전문시방서를 우선한다.
④ 설계도면과 상세도면이 상이할 때는 상세도면을 우선한다.

시방서와 설계도서의 우선 순위는 공사시방서 → 설계
도면 → 전문시방서 → 표준시방서 → 산출내역서 →
승인된 상세시공도면 → 관계 법령의 유권 해석 → 감
리자의 지시사항의 순이고, 공사시방서와 표준시방서
는 공사시방서, 도면과 시방서는 시방서, 일반 도면보
다 상세도면을 우선 적용한다.

24 |

해당 공사의 특수한 조건에 따라 표준시방서에 대하
여 추가, 변경, 삭제를 규정한 시방서는?

① 안내시방서   ② 특기시방서
③ 자료시방서   ④ 공사시방서

시방서

시방서는 설계자가 도면에 표시하기 어려운 사항을 자
세히 기술하여 설계자의 의사를 충분히 전달하기 위한
문서로서, 종류는 다음과 같다.
㉠ 일반시방서 : 공사의 기일 등 공사 전반에 걸친 비
   기술적인 사항을 규정한 시방서이다.
㉡ 표준시방서 : 모든 공사의 공통적인 사항을 국토교
   통부가 제정한 시방서이다.
㉢ 특기시방서 : 특정한 공사별로 건설공사 시공에 필
   요한 사항을 규정한 시방서이다.
㉣ 안내시방서 : 공사시방서를 작성하는 데, 안내 및
   지침이 되는 시방서이다.
㉤ 공사시방서 : 특정공사를 위하여 작성된 시방서를
   말하는 것으로 실시 설계도면과 더불어 공사의 내
   용을 보여주는 시방서이다.

25 |

건설공사의 시공계획수립 시 작성할 필요가 없는 것은?

① 현치도
② 공정표
③ 실행예산의 편성 및 조정
④ 재해방지계획

건설공사의 시공계획수립 시 작성할 사항에는 ②, ③,
④ 이외에 현장원의 편성, 하도급업체의 선정, 자재
및 설비의 설치계획(가설준비물), 노무의 수배 및 조
달계획 등이 있다. 현치(원척)도[설계에 있어서 각 요
소의 형과 끝맺음을 실체 치수로 기재한 것 또는 시공
도면에 있어서 실체 치수로 그려진 도면(상세도)]는
시공계획과는 무관한 도면이다.

26 |

건축시공계획 · 수립에 있어 우선순위에 따른 고려사
항으로 가장 거리가 먼 것은?

① 공종별 재료량 및 품셈
② 재해방지대책
③ 공정표 작성
④ 원척도(原尺圖)의 제작

건설공사의 시공계획수립 시 작성할 사항에는 ①, ②,
③ 이외에 현장원의 편성, 하도급업체의 선정, 자재
및 설비의 설치계획(가설준비물), 노무의 수배 및 조
달계획 등이 있다. 현치(원척)도[설계에 있어서 각 요
소의 형과 끝맺음을 실체 치수로 기재한 것 또는 시공
도면에 있어서 실체 치수로 그려진 도면(상세도)]는
시공계획과는 무관한 도면이다.

27 |

[보기]의 항목을 시공계획 순서에 맞게 옳게 나열한
것은?

[보기]	
㉮ 계약조건 확인	㉯ 시공계획 입안
㉰ 현지조사	㉱ 설계도서 파악
㉲ 주요 수량파악	

① ㉮ - ㉱ - ㉰ - ㉲ - ㉯
② ㉮ - ㉯ - ㉰ - ㉱ - ㉲
③ ㉰ - ㉮ - ㉱ - ㉲ - ㉯
④ ㉰ - ㉮ - ㉯ - ㉱ - ㉲

시공계획의 순서는 계약조건의 확인 → 설계도서의 파
악 → 현지조사 → 주요 수량파악 → 시공계획의 입안 등
의 순으로 실시한다.

28 |

네트워크 공정표의 단점이 아닌 것은?

① 다른 공정표에 비하여 작성시간이 많이 필요하다.
② 작성 및 검사에 특별한 기능이 요구된다.
③ 진척관리에 있어서 특별한 연구가 필요하다.
④ 개개의 관련 작업이 도시되어 있지 않아 내용을
   알기 어렵다.

해설 네트워크 공정표의 장점과 단점
  ㉠ 장점
    • 개개의 관련 작업이 도시되어 있어 내용이 알기 쉽고, 작성자 이외의 사람도 이해하기 쉽다.
    • 숫자화되고, 신뢰도가 높으며 전자계산기 이용이 가능하다.
    • 개개 공사의 완급 정도와 상호관계가 명료하므로 크리티컬 일에는 현장 직원, 작업인원의 배치가 가능하다.
  ㉡ 단점
    • 다른 공정표보다 익숙해질 때까지의 작성시간이 더 필요하고, 진척 관리에 있어서 특별한 연구가 필요하다.
    • 작성 및 검사에 특별한 기능이 필요하다.

29

네트워크 공정표에 사용되는 용어에 관한 설명으로 옳지 않은 것은?

① 크리티컬 패스(Critical Path) : 시작에서 종료 결합점까지의 가장 많은 소요날수의 경로
② 더미(Dummy) : 결합점이 가지는 여유시간
③ 플로트(Float) : 작업의 여유시간
④ 디펜던트 플로트(Dependent Float) : 후속작업의 토탈 플로트에 영향을 주는 플로트

해설 더미는 화살표형 네트워크에서 정상 표현으로 할 수 없는 작업 상호 관계를 표시하는 화살표이고, 결합점이 가지는 여유시간은 슬랙이다.

30

네트워크 공정표에서 후속작업의 가장 빠른 개시시간(EST)에 영향을 주지 않는 범위 내에서 한 작업이 가질 수 있는 여유시간을 의미하는 것은?

① 전체여유(TF)
② 자유여유(FF)
③ 독립여유(IF)
④ 종속여유(DF)

해설 ① 토털 플로트(Total Float : TF, 전체여유) : 작업을 EST로 시작하고 LFT로 완료할 때 생기는 여유시간, 즉 TF=그 작업의 LFT-그 작업의 EFT=후속작업의 LST-그 작업의 EFT=△-(ㅁ+소요일수)
  ② 프리 플로트(Free Float : EF, 자유여유) : 작업을 EST로 시작하고 후속작업을 EST로 시작하여도 존재하

는 여유시간, 즉 FF=후속작업의 EST-그 작업의 EFT=ㅁ-(ㅁ+소요일수)
  ③ 인디펜던트 플로트(Independent Float : IF, 독립여유) : 어떤 최악의 사태, 즉 선행 작업이 가장 늦은 개시시간에 착수되고 후속작업이 가장 빠른 시간에 착수된다고 하더라도 그 작업 기일을 수행한 후에 발생되는 여유시간으로 정상적인 작업조건 하에서는 발생하지 않으므로 일반적으로 생략되고 있다.
  ④ 디펜던트 플로트(Depentent Float : DF, 종속여유) : 후속작업의 토털 플로트에 영향을 미치는 여유시간으로, 크리티컬 패스상의 디펜던트 플로트는 0이다. 그러므로, DF=TF-FF

31

네트워크 공정표의 주공정(Critical Path)에 관한 설명으로 옳지 않은 것은?

① TF가 0(Zero)인 작업을 주공정작업이라 한다.
② 총 공기는 공사착수에서부터 공사완공까지의 소요시간의 합계이며, 최장시간이 소요되는 경로이다.
③ 주공정은 고정적이거나 절대적인 것이 아니고 가변적이다.
④ 주공정에 대한 공기단축은 불가능하다.

해설 공기단축은 주공정선상 등의 일부 작업에 대하여만 가능한 한 최소의 비용이 추가되는 작업 순으로 공기를 촉진시키므로 주공정선상에서 공기단축이 가능하다.

32

품질관리(TQC)를 위한 7가지 도구 중에서 불량수, 결점수 등 셀 수 있는 데이터를 분리하여 항목별로 나누었을 때 어디에 집중되어 있는가를 알기 쉽도록 한 그림 또는 표를 무엇이라 하는가?

① 히스토그램
② 체크시트
③ 파레토도
④ 산포도

해설 품질관리(TQC)를 위한 7가지 도구
  ㉠ 히스토그램 : 데이터가 어떤 분포를 하고 있는지를 알아보기 위해 작성하는 그림으로서, 계량치의 데이터(길이, 무게, 강도 등)의 분포를 쉽게 파악할 수 있다.

ⓛ **파레토도** : 불량 등의 발생건수(불량, 결점, 고장 등)를 분류 항목별로 구분하여 크기의 순서대로 나열해 놓은 그림이다.

ⓒ **특성요인도(생선뼈 그림)** : 결과에 원인이 어떻게 관계하고 있는가를 한 눈에 알 수 있도록 작성한 그림으로서, 품질특성에 대한 결과와 품질특성에 영향을 주는 원인이 어떤 관계가 있는가를 한 눈에 파악할 수 있다.

ⓔ **체크시트** : 주로 계수치의 데이터(불량, 결점 등의 수)가 분류 항목별의 어디에 집중되어 있는가를 알아보기 쉽게 나타낸 그림이나 표를 의미한다.

ⓜ **각종 그래프** : 한 눈에 파악되도록 한 각종 그래프로서, 꺾은선 그래프에서 데이터의 점에 이상이 없는가 있는가를 판단하기 위하여 중심선을 긋고 아래로 한계선(관리 상한선, 관리 하한선)을 기입한다.

ⓗ **산점도(산포도, Scatter Diagram)** : 서로 대응하는 두 개의 짝으로 된 데이터를 그래프 용지 위에 점으로 나타낸 그림이다. 산점도로부터 상관관계를 알 수 있다.

ⓢ **층별** : 집단으로 구성하고 있는 데이터를 특징에 따라 몇 개의 부분 집단으로 나누는 것으로서, 측정치에는 산포가 있고, 이 산포의 원인이 되는 인자에 관하여 층별하면 산포의 발생원인을 규명할 수 있게 되고, 산포를 줄이거나, 공정의 평균을 양호한 방향으로 개선하는 등의 품질 향상에 도움이 된다.

33 |

불량품, 결점, 고장 등의 발생건수를 현상과 원인별로 분류하고, 여러 가지 데이터를 항목별로 분류해서 문제의 크기 순서로 나열하여 그 크기를 막대 그래프로 표기한 품질관리도구는?

① 파레토그램　　　　② 특성요인도
③ 히스토그램　　　　④ 체크시트

해설 ② **특성요인도(생선뼈 그림)** : 결과에 원인이 어떻게 관계하고 있는가를 한 눈에 알 수 있도록 작성한 그림으로서, 품질특성에 대한 결과와 품질특성에 영향을 주는 원인이 어떤 관계가 있는가를 한 눈에 파악할 수 있다.
③ **히스토그램** : 데이터가 어떤 분포를 하고 있는지를 알아보기 위해 작성하는 그림으로서, 계량치의 데이터(길이, 무게, 강도 등)의 분포를 쉽게 파악할 수 있다.
④ **체크시트** : 주로 계수치의 데이터(불량, 결점 등의 수)가 분류 항목별의 어디에 집중되어 있는가를 알아보기 쉽게 나타낸 그림이나 표를 의미한다.

34 |

품질관리(TQC)를 위한 7가지 도구 중에서 불량수, 결점수 등 셀 수 있는 데이터가 분류 항목별로 어디에 집중되어 있는가를 알기 쉽도록 나타낸 그림은?

① 히스토그램　　　　② 파레토도
③ 체크시트　　　　　④ 산포도

해설 ① **히스토그램** : 데이터가 어떤 분포를 하고 있는지를 알아보기 위해 작성하는 그림으로서, 계량치의 데이터(길이, 무게, 강도 등)의 분포를 쉽게 파악할 수 있다.
② **파레토도** : 불량 등의 발생건수(불량, 결점, 고장 등)를 분류 항목별로 구분하여 크기의 순서대로 나열해 놓은 그림이다.
④ **산점도(산포도, Scatter Diagram)** : 서로 대응하는 두 개의 짝으로 된 데이터를 그래프 용지 위에 점으로 나타낸 그림이다.

35 |

시공의 품질관리를 위하여 사용하는 통계적 도구가 아닌 것은?

① 작업표준　　　　② 파레토도
③ 관리도　　　　　④ 산포도

해설 품질관리(TQC)를 위한 7가지 도구에는 히스토그램, 파레토도, 특성요인도(생선뼈 그림), 체크시트, 각종 그래프(관리도), 산점도(산포도, Scatter Diagram), 층별 등이 있다.

36 |

품질관리를 위한 통계수법으로 이용되는 7가지 도구(Tools)를 특징별로 조합한 것 중 잘못 연결된 것은?

① 히스토그램 – 분포도
② 파레토그램 – 영향도
③ 특성요인도 – 원인결과도
④ 체크시트 – 상관도

해설 품질관리(TQC)를 위한 7가지 도구 중 체크시트는 계수치의 데이터가 분류 항목의 어디에 집중되어 있는가를 알아보기 쉽게 나타낸 그림이나 표(집중도)로서, 주로 계수치의 데이터(불량, 결점 등의 수)가 분류 항목별의 어디에 집중되어 있는가를 알아보기 쉽게 나타낸 그림이나 표를 의미한다. 또한, 상관도는 산점도, 산포도를 의미하고, 층별은 부분집단도를 의미한다.

2 안전관리

01

무재해운동 기본원칙 3가지(이념의 3원칙)에 해당되지 않는 것은?

① 무(無)의 원칙 ② 선취의 원칙
③ 참가의 원칙 ④ 경영의 원칙

해설 무재해운동 이념의 3법칙에는 무의 원칙(뿌리에서부터 재해를 없앤다는 원칙), 선취의 원칙(안전제일의 원칙, 재해를 예방·방지하자는 원칙) 및 참여의 원칙(문제해결행동을 실천하자는 원칙) 등이 있다.

02

무재해운동의 3원칙에 해당하지 않는 것은?

① 참가의 원칙 ② 무의 원칙
③ 선취해결의 원칙 ④ 수정의 원칙

해설 무재해운동의 3법칙에는 무의 원칙(뿌리에서부터 재해를 없앤다는 원칙), 선취의 원칙(안전제일의 원칙, 재해를 예방·방지하자는 원칙) 및 참여의 원칙(문제해결행동을 실천하자는 원칙) 등이 있다.

03

무재해운동의 기본이념을 이루는 3대 원칙이 아닌 것은?

① 무의 원칙 ② 분배의 원칙
③ 선취의 원칙 ④ 참가의 원칙

해설 무재해운동의 기본원칙(3대 원칙, 이념의 3원칙) 3가지는 무(Zero)의 원칙, 선취의 원칙, 참가의 원칙이다.

04

하인리히의 재해발생(도미노) 5단계가 옳게 나열된 것은?

① 사회적 환경과 유전적 요인 → 개인적 결함 → 불안전한 행동, 상태 → 사고 → 재해
② 사회적 환경과 유전적 요인 → 불안전한 행동, 상태 → 개인적 결함 → 사고 → 재해
③ 개인적 결함 → 사회적 환경과 유전적 요인 → 불안전한 행동, 상태 → 재해 → 사고

④ 개인적 결함 → 불안전한 행동, 상태 → 사회적 환경과 유전적 요인 → 사고 → 재해

해설 하인리히의 재해발생 요인 : 유전적, 사회적 환경과 유전적 요인(개인의 성격과 특성) → 개인적 결함(전문지식 부족과 신체적, 정신적 결함) → 불안전행동, 상태(안전장치의 미흡과 안전수칙의 미준수) → 사고(인적 및 물적사고) → 재해(사망, 부상, 건강장애, 재산손실)의 순으로 이루어진다.

05

사고예방대책수립의 기본원리 5단계에 해당하지 않는 것은?

① 시정방법의 선정 ② 분석
③ 시정책의 적용 ④ 교육훈련

해설 사고예방대책의 기본원리 5단계는 제1단계 안전조직 → 제2단계 사실의 발견 → 제3단계 평가분석 → 제4단계 시정방법의 선정 → 제5단계 시정책의 적용의 순이다.

06

사고예방대책의 5단계 중 FAT법, BDA법, FMEA법 등이 이루어지는 단계는?

① 발견단계 ② 분석단계
③ 선정단계 ④ 적용단계

해설 사고예방대책의 기본원리 5단계 중 제2단계(발견단계) 사실의 발견은 FAT, BDA법 및 FMEA법 등이 이루어지는 단계이다.

07

사고예방대책 기본원리 5단계가 옳게 나열된 것은?

① 안전조직 → 분석 → 사실의 발견 → 시정방법의 선정 → 시정책의 적용
② 안전조직 → 사실의 발견 → 분석 → 시정책의 적용 → 시정방법의 선정
③ 안전조직 → 사실의 발견 → 분석 → 시정방법의 선정 → 시정책의 적용
④ 안전조직 → 분석 → 시정방법의 선정 → 사실의 발견 → 시정책의 적용

해설 사고예방대책의 기본원리 5단계는 제1단계 안전조직 →
제2단계 사실의 발견 → 제3단계 평가분석 → 제4단계
시정방법의 선정 → 제5단계 시정책의 적용의 순이다.

08 |

다음 [보기]의 사고예방대책 기본원리를 순서대로
나열한 것은?

[보기]
㉮ 조직   ㉯ 분석
㉰ 시정책의 적용   ㉱ 사실의 발견
㉲ 시정책의 선정

① ㉮ – ㉲ – ㉱ – ㉯ – ㉰
② ㉮ – ㉱ – ㉯ – ㉲ – ㉰
③ ㉮ – ㉰ – ㉱ – ㉯ – ㉲
④ ㉮ – ㉯ – ㉰ – ㉲ – ㉱

해설 사고예방대책 기본원리의 5단계는 제1단계(안전 조직)
→ 제2단계(사실의 발견) → 제3단계(분석 및 평가) →
제4단계(시정방법의 선정) → 제5단계(시정 정책의 적
용 및 사후 처리 등)의 단계이다.

09 |

다음의 [보기]는 하인리히(Heinrich H. W.)의 산업재
해의 발생 원인들이다. 재해의 발생 요인을 순차적
으로 나열한 것은?

[보기]
㉮ 불안전 행동, 상태
㉯ 재해
㉰ 개인적 결함
㉱ 유전적, 사회적 환경
㉲ 사고

① ㉮ → ㉱ → ㉰ → ㉲ → ㉯
② ㉱ → ㉮ → ㉰ → ㉯ → ㉲
③ ㉱ → ㉰ → ㉮ → ㉲ → ㉯
④ ㉱ → ㉰ → ㉮ → ㉯ → ㉲

해설 하인리히의 재해발생 요인은 유전적, 사회적 환경(개
인의 성격과 특성) → 개인적 결함(전문지식 부족과
신체적, 정신적 결함) → 불안전행동, 상태(안전장치

의 미흡과 안전수칙의 미준수) → 사고(인적 및 물적
사고) → 재해(사망, 부상, 건강장애, 재산손실)의 순
으로 이루어진다.

10 |

사고예방대책의 기본원리 5단계에 속하지 않는 것은?

① 안전 관리 조직
② 사실의 발견
③ 분석 평가
④ 예비 점검

해설 사고예방대책의 기본원리 5단계에는 안전관리의 조
직, 사실의 발견, 원인 규명을 위한 분석 평가, 시정
방법의 선정 및 목표 달성을 위한 시정책의 적용 등이
있고, 예비 점검과는 무관하다.

11 |

결함수분석법(FTA : Fault Tree Analysis)의 활용 및
기대효과와 거리가 먼 것은?

① 사고원인 규명의 간편화
② 사고원인 분석의 정량화
③ 사고원인 발생의 책임화
④ 사고원인 분석의 일반화

해설 결함수분석법의 활용 및 기대효과는 ①, ② 및 ④ 이
외에 시스템의 결함진단, 노력시간의 절감 및 안전점
검표 작성 등이 있다.

12 |

하인리히의 재해발생빈도법칙을 적용한다면 중상해
가 3회 발생 시 경상해는 몇 회 발생한다고 할 수 있
는가?

① 84회   ② 87회
③ 94회   ④ 116회

해설 하인리히의 재해구성의 비율은 중상사고 : 경상사고 :
무상해사고=1 : 29 : 300의 법칙으로, 중대재해(중상)
가 3건이면 경상재해는 29×3=87건이다.

13 |

다음 중 중대재해에 해당되지 않는 것은?

① 사망자 1명 이상 발생한 재해
② 2개월의 요양을 요하는 질병자가 2명 이상 발생한 재해
③ 부상자가 동시에 10명 이상 발생한 재해
④ 직업성 질병자가 동시에 10명 이상 발생한 재해

해설 중대재해의 종류(산업안전보건법 시행규칙 제3조)에는 ①, ③ 및 ④ 이외에 3개월 이상의 요양이 필요한 부상자가 동시에 2명 이상 발생한 재해이다.

14 |

하인리히(Heinrich, H. W.)의 도미노이론을 이용한 재해발생원리 중 3단계에 속하는 것은?

① 포악한 품성과 격렬한 기질
② 작업장 내의 위험한 시설상태, 어두운 조명, 소음, 진동
③ 가정불화와 열악한 생활환경
④ 사람의 추락 또는 비래물의 타격

해설 하인리히의 재해발생(도미노)의 5단계에 있어서 제1단계는 사회적 환경과 유전적 요소, 제2단계는 개인적 결함, 제3단계는 불안전한 행동과 불안전한 상태(작업장 내의 위험한 시설상태, 어두운 조명, 소음 및 진동), 제4단계는 사고, 제5단계는 상해의 순이다.

15 |

하인리히의 재해구성비율에서 중대재해가 4건이 발생하였다면 경상재해는 몇 건이 발생하였다고 볼 수 있는가?

① 30건
② 116건
③ 120건
④ 147건

해설 하인리히의 재해구성비율은 중상 : 경상 : 무상해사고 =1 : 29 : 300의 법칙으로 중대재해(중상)가 3건이면 경상재해는 29×4=116건이다.

16 |

인간공학의 정의를 가장 잘 설명한 것은?

① 기계설비의 효과적인 성능개발을 하는 학문
② 인간과 기계와의 환경조건의 관계를 연구하는 학문
③ 기계의 자동화 및 고도화를 연구하는 학문
④ 기계설비로 인간의 노동을 대치하기 위해 연구하는 학문

해설 인간공학의 정의는 인간과 기계에 의한 산업이 쾌적, 안전, 능률적으로 되게 기계와 인간을 적합하게 하려는 것 또는 인간과 기계와의 환경조건의 관계를 연구하는 학문이다.

17 |

인간-기계체계에서 기계계의 이점에 해당되는 것은?

① 신속하며 대량의 정보를 기억할 수 있다.
② 복잡 다양한 자극형태를 식별한다.
③ 주관적으로 추리하고 평가한다.
④ 예측하지 못한 사건을 감지한다.

해설 기계계의 이점
　ⓐ 인간의 정상적인 감지범위 밖에 있는 자극을 감지한다.
　ⓑ 사전에 명시된 사상 및 드물게 발생하는 사상을 감지한다.
　ⓒ 암호화된 정보를 신속하게 대량 보관한다.
　ⓓ 신속하며 대량의 정보를 기억할 수 있다.
　※ ②, ③ 및 ④항은 인체계의 이점에 해당되는 사항이다.

18 |

인간에 대한 모니터링방식 중 작업자의 태도를 보고 작업자의 상태를 파악하는 방법은?

① 셀프모니터링방법
② 생리학적 모니터링방법
③ 반응에 의한 모니터링방법
④ 비주얼모니터링방법

해설 인간에 대한 모니터링방법
　　⊙ 셀프모니터링 : 자신의 상태를 알고 행동하는 감시
　　　 방법
　　⊙ 생리학적 모니터링 : 인간 자체의 상태를 생리적으
　　　 로 감시하는 방법
　　⊙ 비주얼모니터링 : 작업자의 태도를 보고 상태를 파
　　　 악하는 방법
　　⊙ 반응에 대한 모니터링 : 자극에 의한 반응을 감시하
　　　 는 방법
　　⊙ 환경에 대한 모니터링 : 환경적인 조건을 개선으로
　　　 인체의 상태를 감시하는 방법

19

인간에 대한 모니터링(monitoring) 중 동작자의 태도를 보고 동작자의 상태를 파악하는 방법은 무엇인가?

① 환경에 대한 모니터링
② 생리학적 모니터링
③ 비주얼모니터링
④ 반응에 대한 모니터링

해설 인간에 대한 모니터링(monitoring)의 방법에는 셀프 모니터링(자신의 상태를 알고 행동하는 감시방법), 생리학적 모니터링(인간 자체의 상태를 생리적으로 감시하는 방법), 비주얼모니터링(작업자의 태도를 보고 상태를 파악하는 방법), 반응에 대한 모니터링(자극에 의한 반응을 감시하는 방법), 환경에 대한 모니터링(환경적인 조건을 개선으로 인체의 상태를 감시하는 방법) 등이 있다.

20

기계가 인간을 능가하는 기능에 해당되지 않는 것은?

① 반복작업을 신뢰성 있게 수행
② 장기간에 걸쳐 작업 수행
③ 주위 소란 시에도 효율적인 작업 수행
④ 완전히 새로운 해결책 제시 수행

해설 기계가 인간을 능가하는 기능에는 ①, ② 및 ③ 이외에 여러 가지 다른 기능들을 동시에 수행하며, 인간이 기계를 능가하는 기능에는 융통성이 있고 발생할 결과를 추리하며 정보와 관련된 사실을 적절한 시기에 상기할 수 있다.

21

인간과 기계의 기능을 비교할 때 인간이 기계를 능가하는 기능으로 옳지 않은 것은?

① 융통성이 있다.
② 발생할 결과를 추리한다.
③ 여러 가지 다른 기능들을 동시에 수행한다.
④ 정보와 관련된 사실을 적절한 시기에 상기할 수 있다.

해설 인간이 기계를 능가하는 기능은 ①, ②, ④이고, 기계가 인간을 능가하는 기능은 반복 작업 및 동시에 여러 가지 작업을 수행할 수 있는 기능이다.

22

인간과 기계의 상대적인 기능 중 기계의 기능에 해당되는 것은?

① 융통성이 없다.
② 회수의 신뢰도가 낮다.
③ 임기응변을 할 수 있다.
④ 원칙을 적용하여 다양한 문제를 해결한다.

해설 인간과 기계의 상대적인 기능 중 기계의 기능은 융통성이 없고, 회수의 신뢰도가 높으며, 임기응변을 할 수 없다. 특히, 원칙을 적용하나 다양한 문제를 해결하기는 어렵다.

23

인간과 기계의 상대적 기능 중 인간이 기계를 능가하는 기능이 아닌 것은?

① 어떤 종류의 매우 낮은 수준의 시각, 청각, 촉각, 후각, 미각 등의 자극을 감지하는 기능
② 예기치 못한 사건들을 감지하는 기능
③ 연역적으로 추리하는 기능
④ 원칙을 적용하여 다양한 문제를 해결하는 기능

해설 기계가 인간의 능력을 능가하는 기능에는 연역적으로 추리하는 기능, 인간과 기계의 모니터 기능 및 장기간 중량 작업을 할 수 있는 기능 등이 있다.

24

인간 또는 기계에 과오나 동작상의 실수가 있어도 안전사고를 발생시키지 않도록 2중 또는 3중으로 통제를 가하도록 한 체계는?

① 페일세이프　　　　② 로크시스템
③ 시퀀스제어　　　　④ 피드백제어방식

해설 제어장치의 종류
　ⓐ 로크시스템 : 기계에는 interlock system, 사람에게는 intralock system, 사람과 기계에는 translock system을 두어 불완전한 요소에 대하여 통제를 가하는 요소이다.
　ⓑ 시퀀스제어 : 미리 정해진 순서에 따라 제어의 각 단계를 차례로 진행시키는 제어로서 신호는 한 방향으로만 전달된다.
　ⓒ 피드백제어 : 폐회로를 형성하여 출력신호를 입력신호로 되돌아오도록 하는 제어로서 피드백에 의한 목표값에 따라 자동적으로 제어한다.

25

미리 정하여진 순서에 따라 제어의 각 단계를 차례로 진행시키는 제어로서 신호는 한 방향으로만 전달되게 제어하는 체계는 무엇인가?

① 시퀀스 제어
② 페일 세이프
③ 록 시스템
④ 피드백 제어

해설 페일 세이프는 인간 또는 기계에 과오나 동작상의 실수가 있어도 안전사고를 발생시키지 않도록 2중 또는 3중으로 통제를 가하도록 한 체계이고, 록 시스템은 기계에는 interlock system, 사람에게는 intralock system, 기계와 사람 사이에 translock system을 두어 불안전한 요소에 대하여 통제를 가하는 제어이며, 피드백 제어(feedback control)는 폐회로를 형성하여 출력신호를 입력신호로 되돌아 오도록 하는 제어로서 입력과 출력을 비교하는 장치가 있다.

26

인간의 동작특성 중 인지과정 착오의 요인이 아닌 것은?

① 생리적, 심리적, 능력의 한계
② 적성, 지식, 기술 등에 관련된 능력 부족

③ 정보량저장능력의 한계
④ 공포, 불안, 불만 등 정서 불안정

해설 인간의 동작특성 중 착오의 요인 내용
　ⓐ 인지과정의 착오 : 생리적, 심리적 능력의 한계, 정보량저장능력의 한계, 감각차단현상, 정서 불안정(공포, 불안, 불만 등)
　ⓑ 판단과정의 착오 : 능력 부족(지식, 기술 등), 정보 부족, 합리화, 환경조건의 불비(표준 불량, 규칙 불충분, 작업조건 불량 등)
　ⓒ 조치과정의 착오 : 작업자의 기능 미숙, 작업경험의 부족 등

27

대뇌의 정보처리 에러에 해당되지 않는 것은?

① 시간 지연　　　　② 인지 착오
③ 판단 착오　　　　④ 조작 미스

해설 대뇌의 정보처리 에러에 해당되는 요인은 인지 착오, 판단 착오 및 조작 착오 등이 있다.

28

인간에 대한 셀프모니터링(self monitoring)방법에 대해 옳게 설명한 것은?

① 자극을 가하여 정상 또는 비정상을 판단하는 방법이다.
② 인간 자체의 상태를 생리적으로 모니터링하는 방법이다.
③ 인체의 안락과 기분을 좋게 하여 정상작업을 할 수 있도록 만드는 방법이다.
④ 지각에 의해서 자신의 상태를 알고 행동하는 감시방법이다.

해설 인간에 대한 모니터링방법
　ⓐ 셀프모니터링 : 자신의 상태를 알고 행동하는 감시방법
　ⓑ 생리학적 모니터링 : 인간 자체의 상태를 생리적으로 감시하는 방법
　ⓒ 비주얼모니터링 : 작업자의 태도를 보고 상태를 파악하는 방법
　ⓓ 반응에 대한 모니터링 : 자극에 의한 반응을 감시하는 방법
　ⓔ 환경에 대한 모니터링 : 환경적인 조건을 개선으로 인체의 상태를 감시하는 방법

※ ①은 반응에 대한 모니터링, ②는 생리학적 모니터링, ③은 환경에 대한 모니터링에 대한 설명이다.

29 |

작업자의 태도를 보고 상태를 파악하는 인간에 대한 모니터링(monitoring) 방법은?

① 반응모니터링
② 셀프(self)모니터링
③ 환경모니터링
④ 비주얼(visual)모니터링

해설 인간에 대한 모니터링(monitoring)의 방법에는 셀프 모니터링(자신의 상태를 알고, 행동하는 감시 방법), 생리학적 모니터링(인간 자체의 상태를 생리적으로 감시하는 방법), 비주얼모니터링(작업자의 태도를 보고 상태를 파악하는 방법), 반응에 대한 모니터링(자극에 의한 반응을 감시하는 방법), 환경에 대한 모니터링(환경적인 조건을 개선으로 인체의 상태를 감시하는 방법) 등이 있다.

30 |

어느 일정한 기간 안에 발생한 재해발생의 빈도를 나타내는 것은?

① 강도율
② 안전활동률
③ 도수율
④ Safe-T-Score

해설 ① 강도율 : 재해자수나 재해 발생빈도에 관계없이 그 재해내용을 측정하려는 하나의 척도로서 일정한 근무기간(1년 또는 1개월) 동안에 발생한 재해로 인한 근로손실일수를 일정한 근무기간의 연근로시간수로 나누어 이것을 1,000배 한 것이다.

$$강도율 = \frac{근로손실일수}{연근로시간수} \times 1,000이다$$

② 안전활동률 $= \dfrac{안전활동건수}{근로시간수 \times 평균근로자수} \times 10^6$

④ Safe-T-Score : 사업자의 과거와 현재의 안전성적을 비교, 평가하는 방법으로 산정결과 양수(+)이면 나쁜 기록으로, 음수(-)이면 과거에 비해 현재의 안전성적이 좋은 기록으로 평가한다.

31 |

사고예방기본원리의 5단계인 시정책 적용은 3E를 완성함으로써 이루어진다고 할 수 있다. 다음 중 3E에 해당되지 않는 것은?

① 기술
② 교육
③ 경비 절감
④ 독려

해설 사고예방기본원리 5단계 중 시정책 적용은 3E(기술, 교육, 독려)를 완성함으로써 이루어진다고 할 수 있다.

32 |

연평균근로자수가 200명이고 1년 동안 발생한 재해자수가 10명이라면 연천인율은?

① 20
② 30
③ 40
④ 50

해설 연천인율은 1년간 평균근로자 1,000명당 재해발생건수를 나타내는 통계로서, 즉

$$연천인율 = \frac{재해자의 수}{연평균근로자의 수} \times 1,000이다.$$

문제에서 재해자의 수는 10명, 연평균근로자의 수는 200명이므로 연천인율 $= \dfrac{10}{200} \times 1,000 = 50$이다. 연천인율 50의 의미는 1년간 근로자 1,000명당 50건의 재해가 발생하였다는 의미이다.

33 |

어느 공장에서 200명의 근로자가 1일 8시간, 연간 평균근로일수를 300일, 이 기간 안에 재해발생건수가 6건일 때 도수율은?

① 12.5
② 17.5
③ 22.5
④ 24

해설 도수율은 100만 시간을 기준으로 한 재해발생건수의 비율로 빈도율이라고도 한다. 즉

$$도수(빈도)율 = \frac{재해발생건수}{총근로시간수} \times 1,000,000이다.$$

재해발생건수는 6건, 총근로시간수는 $200 \times 8 \times 300 = 480,000$시간이다. 그러므로

$$도수(빈도)율 = \frac{재해발생건수}{총근로시간수} \times 1,000,000$$

$$= \frac{6}{480,000} \times 1,000,000 = 12.5$$

즉, 도수(빈도)율이 12.5란 100만 시간당 12.5건의 재해가 발생하였다는 의미이다.

34

산업재해지표 중 도수율의 산출식으로 옳은 것은?

① $\dfrac{재해발생건수}{연근로시간수} \times 1,000,000$

② $\dfrac{재해발생건수}{평균근로자수} \times 1,000,000$

③ $\dfrac{연근로시간수}{재해발생건수} \times 1,000,000$

④ $\dfrac{평균근로자수}{재해발생건수} \times 1,000,000$

해설 도수율의 산정식

도수율은 어느 일정한 기간(1,000,000시간) 안에 발생한 재해발생의 빈도를 나타내는 것으로, 도수율 $= \dfrac{재해발생건수}{연근로시간수} \times 1,000,000$이다.

35

100명의 근로자가 공장에서 1일 8시간, 연간 근로일수를 300일이라 하면 강도율은 얼마인가? (단, 연간 3명의 부상자를 냈고, 총휴업 일수가 730일이다.)

① 1.5   ② 2.5

③ 3.5   ④ 4.0

해설 강도율 $= \dfrac{근로손실일수}{총근로시간수} \times 1,000$

근로손실일수 $=$ 총휴업일수 $\times \dfrac{300}{365}$

$= 730 \times \dfrac{300}{365} = 600$일

총근로시간수 $= 8 \times 300 \times 100 = 240,000$시간

그러므로, 강도율 $= \dfrac{근로손실일수}{총근로시간수} \times 1,000$

$= \dfrac{600}{240,000} \times 1,000 = 2.5$

36

근로자 200명의 A공장에서 1일 8시간씩 1년간 300일을 작업하는 동안 재해발생건수가 12건이 발생하였다. 도수율은?

① 1.5   ② 2.5

③ 25   ④ 120

해설 도수율은 100만 시간을 기준으로 한 재해발생건수의 비율로, 빈도율이라고도 한다. 즉,

도수(빈도)율 $= \dfrac{재해발생건수}{총근로시간수} \times 1,000,000$

재해발생건수는 12건, 총근로시간수는 $200 \times 8 \times 300$ $= 480,000$시간

도수(빈도)율 $= \dfrac{재해발생건수}{총근로시간수} \times 1,000,000$

$= \dfrac{12}{480,000} \times 1,000,000 = 25$

즉, 도수(빈도)율이 25란 100만 시간당 25건의 재해가 발생하였다는 의미이다.

37

연평균근로자수가 440명인 공장에서 1년간에 사상자 수가 4명 발생하였을 경우 연천인율은?

① 4.26

② 5.9

③ 9.1

④ 13.6

해설 연천인율은 1년간 평균 근로자 1,000명당 재해발생건수를 나타내는 통계로서 즉,

연천인율 $= \dfrac{사상자의 수}{연평균근로자의 수} \times 1,000$이다.

사상자의 수는 4명, 연평균근로자의 수는 440명이므로 연천인율 $= \dfrac{4}{440} \times 1,000 = 9.09 \fallingdotseq 9.1$이다. 연천인율 9.1의 의미는 1년간 근로자 1,000명당 9.1건의 재해가 발생하였다는 의미이다.

38

다음과 같은 조건을 갖는 경우 연천인율은?

㉠ 평균근로자수 : 500명
㉡ 1년 동안 발생한 재해자수 : 25명

① 20   ② 30

③ 40   ④ 50

해설 연천인율 $= \dfrac{재해자수}{평균근로자수} \times 1,000$

$= \dfrac{25}{500} \times 1,000$

$= 50$

39 |

재해율 중 도수율을 구하는 식으로 옳은 것은?

① $\dfrac{손실일수}{연근로시간수} \times 1,000$

② $\dfrac{재해발생건수}{연근로시간수} \times 1,000$

③ $\dfrac{재해발생건수}{연근로시간수} \times 1,000,000$

④ $\dfrac{손실일수}{연근로시간수} \times 10,000$

해설 도수율 = $\dfrac{재해발생건수}{연근로시간수} \times 1,000,000$ 이다.

40 |

다음 중 상해의 종류에 속하지 않는 것은?

① 중독　　　　　② 동상
③ 감전　　　　　④ 화상

해설 상해란 사고 발생으로 인하여 사람이 입은 질병이나 부상으로 말하는 것으로 골절, 동상, 부종, 자상, 좌상, 절상, 중독, 질식, 찰과상, 창상, 화상, 청력장애, 시력장애, 그 밖의 상해 등으로 분류한다.
※ 감전은 상해 발생형태의 종류에 속한다.

41 |

재해의 발생형태 중 사람이 건축물, 비계, 사다리, 경사면 등에서 떨어지는 것을 무엇이라 하는가?

① 낙하　　　　　② 추락
③ 전도　　　　　④ 붕괴

해설 ① 낙하 : 떨어지는 물건에 의해 충격을 받는 경우
③ 전도 : 과속, 미끄러짐 등으로 평면에서 넘어진 경우
④ 붕괴 : 적재물, 비계, 건축물이 무너진 경우

42 |

사람이 평면상으로 넘어졌을 때를 의미하는 상해 발생형태는?

① 추락　　　　　② 전도
③ 파열　　　　　④ 협착

해설 ① 추락 : 사람이 건축물, 비계, 기계, 사다리, 계단, 경사면, 나무 등에서 떨어지는 것
③ 파열 : 용기 또는 장치가 물리적인 압력에 의해 파열한 경우
④ 협착 : 물건에 끼워진 상태 또는 말려진 상태

43 |

타박, 충돌, 추락 등으로 피하조직 또는 근육부를 다친 상해를 의미하는 것은?

① 좌상　　　　　② 자상
③ 창상　　　　　④ 절상

해설 자상은 스스로 자기 몸을 해하는 행위로 칼처럼 끝이 뾰족하고 날카로운 기구에 찔린 상처이고, 창상(베임)은 창과 칼에 베인 상태이며, 절상은 신체 부위가 절단된 상태이다.

44 |

각종 상해에 관한 설명으로 옳은 것은?

① 자상 : 신체부위가 절단된 상해
② 절상 : 창, 칼 등에 베인 상해
③ 찰과상 : 문질러서 벗겨진 상해
④ 좌상 : 날카로운 물건에 찔린 상해

해설 ① 자상(찔림) : 칼날 등 날카로운 물건에 찔린 상태
② 절상 : 신체의 일부가 절단된 상태
④ 좌상(타박상) : 타박, 충돌, 추락 등으로 피부표면 보다는 피하조직 또는 근육부를 다친 상태

45 |

산업재해 중 협착에 대해 옳게 설명한 것은?

① 사람이 정지물에 부딪힌 상태
② 사람이 물건에 끼인 상태
③ 사람이 평면상으로 넘어진 상태
④ 사람이 물건에 맞은 상태

해설 산업재해 중 협착은 사람이 물건에 끼인 상태를 의미하고, ①항은 충돌, ③항은 전도, ④항은 비래에 대한 설명이다.

46 |

목재 가공용 회전대패, 띠톱기계의 위험점은?

① 끼임점(shear point)

② 물림점(nip point)

③ 절단점(cutting point)

④ 협착점(squeeze point)

해설 끼임점(shear point)은 움직임이 없는 고정 부분과 회전 동작 부분이 만드는 위험점이고, 물림점(nip point)은 회전하는 2개의 회전체의 물려 들어갈 위험점이며, 협착점(squeeze point)는 움직임이 없는 고정 부분과 왕복 운동을 하는 기계 부품 사이에 생기는 위험점이다.

47 |

안전조직의 3가지 유형에 해당되지 않는 것은?

① 라인식 조직

② 스태프식 조직

③ 리더식 조직

④ 라인 스태프식 조직

해설 안전조직의 3가지 유형에는 라인식 조직, 스태프식 조직 및 라인 앤 스탭식 조직 등이 있고, 리더식 조직과는 무관하다.

48 |

다음 그림은 사고 발생의 모형 중 어느 것에 속하는가?

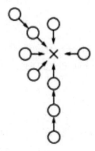

① 단순 연쇄형

② 복합 연쇄형

③ 집중형

④ 복합형

해설 재해발생의 모형

단순 사슬(연쇄)형   복합 사슬(연쇄)형

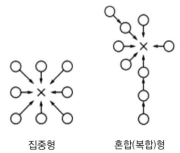

집중형   혼합(복합)형

49 |

건축공사현장의 안전관리조직형태 중 소규모 사업장에 가장 적합한 것은?

① 스탭형

② 라인형

③ 프로젝트 조직형

④ 라인-스탭 복합형

해설 ① 스탭형 : 안전관리를 담당하는 참모를 두어 안전관리의 계획, 조사, 검토, 권고 및 보고 등을 관리하는 방식으로 명령체계가 생산과 안전으로 이원화되므로 안전관계지시의 전달이 확실하지 못하게 되기 쉽다.

③ 프로젝트 조직형 : 과제별로 조직을 구성하고 특정한 건설과제(플랜트, 도시개발 등)를 처리하며 시간적 유한성을 가진 일시적이고 잠정적인 조직이다.

④ 라인-스탭 복합형 : 직계식 조직과 참모식 조직의 장점을 취하여 절충한 조직으로 대규모 사업장에 적용되며 안전대책은 참모부서에서 계획하고 생산부서에서 실행한다.

50 |

대규모 기업에서 채택하고 있는 방법으로 사업장의 각 계층별로 각각 안전업무를 겸임하도록 안전부서에서 수립한 사업을 추진하는 조직방법은?

① 직계식 조직

② 참모식 조직

③ 직계 · 참모식 조직

④ 라인조직

해설 기업의 조직형태

㉠ 직계식(직선식, 라인) 조직 : 안전보건관리에 관한 계획에서부터 실시에 이르기까지 모든 안전보건업무를 생산라인을 통하여 이루어지도록 편성된 조직이다. 소규모(100인 미만) 사업장에 적합한 조직이다.

㉡ 참모식 조직 : 안전보건업무를 담당하는 참모를 두고 안전관리에 관한 계획, 조사, 검토, 보고 등을 할 수 있도록 편성된 조직이다. 중규모(100~1,000인 미만) 사업장에 적합한 조직이다.

ⓒ 직계 · 참모식 조직 : 안전보건업무를 담당하는 참모를 두고 생산라인의 각 계층에서도 안전보건업무를 수행할 수 있도록 편성된 조직이다. 대규모(1,000인 이상) 사업장에 적합한 조직이다.

51 |

다음 중 브레인스토밍(brain storming)의 4원칙과 가장 거리가 먼 것은?

① 자유 분방　　　　② 대량 발언
③ 수정 발언　　　　④ 예지 훈련

해설 브레인스토밍의 4원칙에는 자유분방(마음대로 자유로이 발표), 대량 발언(무엇이든 좋으며, 많이 발언), 수정 발언(타인의 생각에 동참하거나, 보충 발언) 및 비판 금지(남의 의견을 비판하지 않는 발언) 등이 있고, 예지 훈련과는 무관하다.

52 |

안전위원회의 업무내용이라 볼 수 없는 것은?

① 안전관리에 관한 모든 예산집행
② 안전사고의 조사
③ 안전계몽 및 실천
④ 안전점검의 실시

해설 안전위원회의 업무내용에는 안전관리에 관한 모든 예산집행과는 무관하다.

53 |

불안전한 행동을 하게 하는 인간의 외적인 요인이 아닌 것은?

① 근로시간　　　　② 휴식시간
③ 온열조건　　　　④ 수면 부족

해설 불안전한 행동(안전지식이나 기능 또는 안전태도가 좋지 않아 실수나 잘못 등과 같이 안전하지 못한 행위를 하는 것)에는 외적인 요인(인간관계, 설비적 요인, 직접적 요인, 관리적 요인 등)으로 근로 및 휴식시간, 온열조건 등이 있고, 내적인 요인에는 심리적 요인(망각, 주변 동작, 무의식행동, 생략행위, 억측판단, 의식의 우회, 습관적 동작, 정서 불안정 등)과 생리적 요인(피로, 수면 부족, 신체기능의 부적응, 음주 및 질병 등)이 있다.

54 |

안전사고 발생의 심리적 요인에 해당되는 것은?

① 피로감　　　　　② 중추신경의 이상
③ 육체적 과로　　　④ 불쾌한 감정

해설 안전사고 발생의 원인 중 신체적 요인에는 ①, ② 및 ③항 등이 있고, ④항의 불쾌한 감정은 심리적 요인에 해당된다.

55 |

다음 피로의 원인 중 환경 조건에 속하지 않는 것은?

① 온도 및 습도
② 조도 및 소음
③ 공기 오염 및 유독 가스
④ 식사 및 자유 시간

해설 피로의 원인 중 환경 조건에는 온도 및 습도, 조도 및 소음, 공기 오염 및 유독 가스 등이 있고, 식사 및 자유 시간과는 무관하다.

56 |

건구온도가 30℃, 습구온도가 45℃인 경우 불쾌지수는 얼마인가?

① 30.4　　　　　② 75.6
③ 82.4　　　　　④ 94.6

해설 불쾌지수(DI, Discomfortable Index)=(건구온도+습구온도)×0.72+40.6=(30+45)×0.72+40.6=94.6

57 |

안전 · 보건표지의 기본모형 중 하나인 다음 그림이 의미하는 것은?

① 금지표지　　　　② 지시표지
③ 경고표지　　　　④ 안내표지

58 |

다음 안전 · 보건표지가 의미하는 내용으로 옳은 것은?

① 레이저광선경고
② 위험장소경고
③ 고온경고
④ 낙하물경고

해설 안전 · 보건표지

레이저광선경고	고온경고	낙하물경고

59 |

안전 · 보건표지에 사용하는 색채의 종류와 용도의 연결이 옳지 않은 것은?

① 흰색 – 지시
② 빨간색 – 금지
③ 노란색 – 경고
④ 녹색 – 안내

해설 안전 · 보건표지

구분	색채		
	바탕	기본모형	부호 및 그림
금지표지	흰색	빨강	검정
경고표지	노랑	검정	
지시표지	파랑	흰색	
안내표지	흰색	녹색	
	녹색	흰색	

60 |

안전 · 보건표지의 색채 중 정지신호, 소화설비 및 그 장소, 유해행위의 금지 등을 의미하는 것은?

① 빨간색　　　　② 녹색
③ 흰색　　　　　④ 노란색

해설 안전 · 보건표지의 색채, 색도 기준 및 용도

색채	색도	용도	사용 예
빨간색	7.5R 4/14	금지	정지신호, 소화설비 및 그 장소, 유해행위의 금지
		경고	화학물질 취급 장소에서의 유해 · 위험 경고
노란색	5Y 8.5/12	경고	화학물질 취급 장소에서의 유해 · 위험 경고, 이외의 위험 경고, 주의표지 또는 기계방호물
파란색	2.5PB 4/10	지시	특정 행위의 지시 및 사실의 고지
녹색	2.5G 4/10	안내	비상구 및 피난소, 사람 또는 차량의 통행표지
흰색	N9.5		파란색 또는 녹색에 대한 보조색
검은색	N0.5		문자 및 빨간색 또는 노란색에 대한 보조색

61 |

안전보호구의 선택 시 유의사항 중 옳지 않은 것은?

① 사용목적에 적합하여야 한다.
② 품질이 좋아야 한다.
③ 손질하기가 쉬워야 한다.
④ 크기가 근로자 체형에 관계없이 일정해야 한다.

해설 안전보호구는 사용자의 체형에 맞아 착용이 용이하고 보호성능이 보장되며 작업 시 방해가 되지 않아야 한다.

62 |

안전보호구에 관한 설명으로 옳지 않은 것은?

① 한번 충격 받은 안전대는 정비를 철저히 한다.
② 겉모양과 표면이 섬세하고 외관이 좋아야 한다.
③ 사용하는 데 불편이 없도록 관리를 철저히 한다.
④ 벨트, 로프, 버클 등을 함부로 바꾸어서는 안 된다.

해설 안전보호구 중 안전대는 한번 충격을 받은 경우 추후에 어떠한 사고를 일으킬지 모르므로 사용을 금지한다.

63

보호구의 보관방법으로 옳지 않은 것은?

① 직사광선이 바로 들어오며 가급적 통풍이 잘 되는 곳에 보관할 것
② 유해성·인화성 액체, 기름, 산 등과 함께 보관하지 말 것
③ 발열성 물질을 보관하는 곳에 가까이 두지 말 것
④ 땀으로 오염된 경우에 세척하고 건조하여 변형되지 않도록 할 것

해설 안전보호구(안전모, 안전대, 안전화, 안전장갑 및 보안면)와 위생보호구(방진마스크, 방독마스크, 송기마스크, 보안경, 귀마개 및 귀덮개)의 보관방법은 직사광선은 피하고 가급적 통풍이 잘 되는 곳에 보관할 것

64

안전모를 구성하는 재료의 성질과 조건으로 옳지 않은 것은?

① 모체의 표면은 명도가 낮아야 한다.
② 쉽게 부식하지 않아야 한다.
③ 피부에 해로운 영향을 주지 않아야 한다.
④ 내열성, 내한성 및 내수성을 가져야 한다.

해설 안전모를 구성하는 재료의 성질과 조건 중 모체의 표면은 안전하도록 명도가 높아야 한다.

65

안전모의 일반구조 조건에 대한 설명 중 옳지 않은 것은?

① 안전모의 착용 높이는 85mm 이상이고, 외부수직거리는 80mm 미만일 것
② 안전모의 내부 수직거리는 25mm 이상 50mm 미만일 것
③ 안전모의 수평간격은 5mm 이상일 것
④ 안전모의 모체, 착장체를 포함한 질량은 550g을 초과하지 않을 것

해설 안전모의 일반구조 조건은 ①, ②, ③ 이외에 머리 받침끈이 섬유인 경우에는 각각 폭 15mm 이상으로 하여야 하고, 교차되는 끝의 목의 합계는 72mm 이상이며, 턱

끈의 폭은 10mm 이상일 것. 특히, 안전모의 모체, 착장체를 포함한 질량은 440g을 초과하지 않아야 한다.

66

착용자의 머리 부위를 덮는 주된 물체로서 단단하고 매끄럽게 마감된 재료를 무엇이라 하는가?

① 충격흡수재   ② 챙
③ 모체   ④ 착장체

해설 충격흡수재는 외부로부터의 충격을 완화하는 재료이고, 챙은 모자의 테두리 부분을 뜻하는 표현이다. 착장체는 머리 받침끈, 머리 고정대 및 머리 받침고리 등으로 구성되어 추락 및 위험방지용 안전모의 머리 부위에 고정시켜 주며, 안전모에 충격이 가해졌을 때 착용자의 머리 부위에 전해지는 충격을 완화시켜 주는 기능을 갖는 부품이다.

67

보안경이 갖추어야 할 일반적인 조건으로 옳지 않은 것은?

① 견고하게 고정되어 쉽게 움직이지 않아야 한다.
② 내구성이 있어야 한다.
③ 소독이 되어 있고 세척이 쉬워야 한다.
④ 보안경에 적용하는 렌즈에는 도수가 없어야 한다.

해설 보안경(차광 보호, 유리 보호, 플라스틱 보호 및 도수 렌즈 보호용)은 근시, 원시 또는 난시인 근로자가 빛이나 비산물 및 기타 유해물로부터 눈을 보호함과 동시에 시력 교정을 위한 것으로 렌즈에 도수가 있어야 한다.

68

방진마스크의 선정기준으로 옳은 것은?

① 흡기저항이 높은 것일수록 좋다.
② 흡기저항 상승률이 낮은 것일수록 좋다.
③ 배기저항이 높은 것일수록 좋다.
④ 분진포집효율이 낮은 것일수록 좋다.

해설 방진마스크의 구비조건은 흡기 및 배기저항이 낮은 것일수록 좋고 분진포집효율이 높은 것일수록 좋다.

69 |

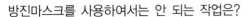

방진마스크를 사용하여서는 안 되는 작업은?

① 산소결핍장소 내 작업
② 암석의 파쇄작업
③ 철분이 비산하는 작업
④ 갱내 채광

해설 방진마스크 사용 장소
ⓐ 특급 : 독성이 강한 물질을 함유한 분진 등의 발생 장소와 석면취급 장소
ⓑ 1급 : 특급을 제외한 분진, 열적으로 생기는 분진, 기계적으로 생기는 분진 등 발생장소
ⓒ 2급 : 특급 및 1급 마스크 착용장소를 제외한 분진 등 발생장소

70 |

방독마스크를 사용할 수 없는 경우는?

① 소화작업 시
② 공기 중의 산소가 부족할 때
③ 유해가스가 있을 때
④ 페인트 제조 작업 시

해설 방독마스크 사용 시 주의사항은 방독마스크를 과신하지 말고, 수명이 지난 것과 가스의 종류에 따른 용도 이외의 것의 사용은 절대 금한다. 특히, 산소 농도가 18% 미만인 장소에서는 절대로 사용하지 않아야 한다.

71 |

다음 중 방독마스크의 정화통과 색의 조합이 옳지 않은 것은?

① 할로겐용 방독마스크의 정화통 : 회색
② 황화수소용 방독마스크의 정화통 : 회색
③ 암모니아용 방독마스크의 정화통 : 녹색
④ 유기화합물용 방독마스크의 정화통 : 백색

해설 방독마스크의 정화통과 색의 조합에서 유기화합물용 마스크의 정화통은 갈색이고, 복합의 정화통은 해당 가스를 모두 표시하며, 겸용의 정화통은 백색과 해당 가스를 모두 표시한다.

72 |

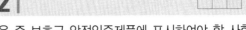

다음 중 보호구 안전인증제품에 표시하여야 할 사항으로 옳지 않은 것은?

① 규격 또는 등급
② 형식 또는 모델명
③ 시험 방법 및 성능 기준
④ 제조 번호 및 제조 연월

해설 보호구 안전인증제품에 표시하여야 할 사항은 ①, ②, ④ 이외에 제조자명, 안전인증번호 등이 있다.

73 |

구명줄이나 안전벨트의 용도로 옳은 것은?

① 작업능률 가속용
② 추락 방지용
③ 작업대 승강용
④ 전도 방지용

해설 구명줄이나 안전벨트의 용도는 추락 방지용으로 사용된다.

74 |

건축목공사에서 고소작업 중 추락사고 예방을 위한 직접적인 대책이 아닌 것은?

① 안전모 착용
② 안전난간대 설치
③ 안전작업발판 설치
④ 안전대 착용

해설 고소작업의 추락을 방지하기 위한 설비로는 작업내용, 작업환경 등에 따라 여러 가지 형태가 있으나 비계, 달비계, 작업발판, 수평통로, 안전난간대, 추락 방지용 방지망, 난간, 울타리, 안전대, 구명줄, 안전대 부착설비 등이 있다.

75 |

건축목공사현장에서 근로자가 착용하는 안전보호구의 구비조건이 아닌 것은?

① 착용 시 작업이 용이해야 한다.
② 대상물(유해물)에 대하여 방호가 완전해야 한다.
③ 보호구별 성능기준을 따른 것이어야 한다.
④ 무겁고 튼튼해서 오래 착용할 수 있어야 한다.

해설 안전보호구의 구비조건
　　ㄱ 외관상 보기 좋고 착용이 편리할 것
　　ㄴ 작업에 방해를 주지 않고 재료의 품질이 우수할 것
　　ㄷ 구조 및 표면가공이 우수하고 유해위험요소에 대한 방호가 확실할 것

76 |

건설공사 시 설치하는 낙하물 방지망의 수평면과의 각도로 옳은 것은?

① 0도 이상 10도 이하
② 10도 이상 20도 이하
③ 20도 이상 30도 이하
④ 30도 이상 40도 이하

해설 낙하물 방지망의 설치에 있어서 설치 높이는 10m 이내, 3개 층마다 설치하고, 내민 길이는 비계 외측 2m 이상, 겹친 길이 15cm 이상, 각도는 수평면에 대하여 20°~30° 정도이며, 버팀대는 가로 1m 이내마다, 세로 1.8m 이내 간격으로 설치한다.

77 |

공기 중에 분진이 존재하는 작업장에 대한 대책으로 옳지 않은 것은?

① 보호구를 착용한다.
② 재료나 조작방법을 변경한다.
③ 장치를 밀폐하고 환기집진장치를 설치한다.
④ 작업장을 건조하게 하여 공기 중으로 분진의 부유를 방지한다.

해설 공기 중에 분진의 부유를 방지하기 위하여 작업장을 습하게(습도의 상승)하여야 한다.

78 |

분진입자가 포함된 가스로부터 정전기장을 이용하여 분진을 분리, 제거하는 방법으로 미세한 분진의 집진에 가장 널리 사용되는 방식은?

① 응집집진법　　　② 침전집진법
③ 전기집진법　　　④ 여과집진법

해설 ① 응집집진법 : 분진입자를 집합시켜 큰 입자를 만드는 방식의 집진법이다.
② 침전집진법 : 분진입자가 중력에 의해 침강하는 방식의 집진법이다.
④ 여과집진법 : 분진입자를 다공질의 여과재를 거쳐 여과재의 표면에 부착시키는 방식의 집진법이다.

79 |

분진이 많은 장소에서 일하는 사람이 걸리기 쉬운 병은?

① 폐렴
② 폐암
③ 폐수종
④ 진폐증

해설 부유 분진에 의한 병증에는 진폐증, 중독, 피부 및 점막의 장해, 알레르기성 질환, 암, 전염성 질환 등이 있으나, 진폐증의 위험에 가장 많이 노출되어 있다.

80 |

다음은 소음작업에 대한 정의이다. ( ) 안에 적합한 것은?

"소음작업"이란 1일 8시간 작업을 기준으로 ( )데시벨 이상의 소음이 발생하는 작업을 말한다.

① 85　　　　　　　② 95
③ 105　　　　　　④ 120

해설 "소음작업"이란 1일 8시간의 작업을 기준으로 85데시벨(dB) 이상의 소음이 발생하는 작업을 말한다.

81 |

소음의 측정단위로 옳은 것은?

① dB
② ppm
③ lux
④ mg/m³

해설 ② ppm은 백만분율, ③ lux는 조도의 단위, ④ mg/m³는 함유량을 의미한다.

82 |

다음 중 조명설계에 필요한 조건이 아닌 것은?

① 작업대의 밝기보다 주위의 밝기를 더 밝게 할 것
② 광원이 흔들리지 않을 것
③ 보통 상태에서 눈부심이 없을 것
④ 작업대와 그 바닥에 그림자가 없을 것

해설 조명설계에 있어서 광원이 흔들리지 않고, 눈부심이 없으며, 작업대와 그 바닥에 그림자가 없어야 한다. 특히, 작업대의 밝기를 주위의 밝기보다 더 밝게 할 것

83 |

다음 반사광의 처리 방법 중 옳지 않은 것은?

① 광택의 도료, 윤기가 있는 종이를 사용한다.
② 발광체의 휘도를 줄이고, 일반 조명 수준을 높인다.
③ 반사광이 눈에 비치지 않도록 광원의 위치를 조정한다.
④ 산란광, 간접광, 차양 등을 이용하여 처리한다.

해설 무광택의 도료, 윤기가 없는 종이 및 빛을 산란시키는 표면색의 사무용 기기를 사용한다.

84 |

다음 중 장갑을 끼고 할 수 있는 작업은?

① 용접작업   ② 드릴작업
③ 연삭작업   ④ 선반작업

해설 드릴작업, 연삭작업 및 선반작업은 회전기계를 사용하므로 장갑의 사용을 금지하나, 용접작업은 장갑을 사용하여야 한다.

85 |

다음 중 장갑을 끼지 않고 작업할 수 없는 작업은?

① 용접작업   ② 드릴작업
③ 연삭작업   ④ 선반작업

해설 용접작업은 장갑을 끼고 작업할 수 있으나, 회전작업(드릴작업, 연삭작업 및 선반작업 등)은 장갑을 끼고 작업할 수 없다.

86 |

높은 곳에서 작업할 때 유의사항이 아닌 것은?

① 조립, 해체, 수선 등의 순서나 준비는 숙련공이 한다.
② 사다리에 의하여 높은 곳을 올라갈 때는 손에 물건을 쥐고 올라가지 않는다.
③ 재료, 기구 등을 올릴 때나, 내릴 때 가까운 위치에서는 작업 효율을 높이기 위해 던진다.
④ 작업상 불가피할 때를 제외하고는 양손을 자유롭게 쓸 수 있도록 한다.

해설 높은 곳에서 작업할 경우, 재료, 기구 등을 올릴 때나, 내릴 때 가까운 위치라고 하더라도 던져서는 아니 된다.

87 |

건축재료 취급 시 안전대책으로 거리가 먼 것은?

① 통로나 물건 적치 금지장소에는 적치하지 않는다.
② 재료를 바닥판 끝단에 둘 때에는 끝단과 직각이 되도록 한다.
③ 재료는 한 곳에 집중적으로 쌓아 안전 공간을 되도록 넓게 확보한다.
④ 길이가 다르거나 이형인 것을 혼합하여 적치하지 않는다.

해설 재료는 한 곳에 집중적으로 쌓지 말고 여러 곳에 분산시켜야 한다.

88 |

목재 및 나무제품 제조업(가구 제외)에서 안전관리자를 최소 2명 이상 두어야 하는 상시근로자 수의 기준은?

① 50명 이상   ② 100명 이상
③ 300명 이상   ④ 500명 이상

해설 목재 및 나무제품 제조업(가구 제외)은 상시근로자의 수에 따라 안전관리자를 두어야 한다(산업안전보건법 시행령 제16조, 별표 3).
㉠ 50명 이상 500명 미만인 경우 : 1명 이상
㉡ 500명 이상인 경우 : 2명 이상

89 |

사다리식 통로 등을 설치하는 경우 사다리의 상단은 걸쳐놓은 지점으로부터 얼마 이상 올라가도록 하여야 하는가?

① 30cm　　　　　② 40cm
③ 50cm　　　　　④ 60cm

해설 사다리식 통로의 구조
　ㄱ 발판의 간격은 동일하게 하고, 발판과 벽과의 사이는 15cm 이상의 간격을 유지하며, 폭은 30cm 이상으로 할 것
　ㄴ 사다리의 상단은 걸쳐놓은 지점으로부터 60cm 이상 올라가도록 할 것
　ㄷ 사다리식 통로의 길이가 10m 이상인 경우에는 5m 이내마다 계단참을 설치할 것
　ㄹ 이동식 사다리식 통로의 기울기는 75° 이하로 할 것 (다만, 고정식 사다리식 통로의 기울기는 90° 이하로 하고, 높이 7m 이상인 경우에는 바닥으로부터 2.5m 되는 지점으로부터 등받이울을 설치할 것

90 |

강관비계조립 시 안전과 관련하여 비계기둥을 강관 2개로 묶어 세워야 하는 경우는 비계기둥의 최고부로부터 아랫방향으로의 길이가 최소 몇 m를 넘는 경우인가?

① 21m　　　　　② 31m
③ 41m　　　　　④ 51m

해설 비계기둥의 최고부로부터 31m 되는 지점 밑부분의 비계기둥은 2본의 강관으로 묶어 세울 것

91 |

다음은 강관틀비계를 조립하여 사용하는 경우 준수해야 할 기준이다. ( ) 안에 알맞은 것은?

> 길이가 띠장 방향으로 (A)m 이하이고, 높이가 (B)m를 초과하는 경우 (C)m 이내마다 띠장 방향으로 버팀 기둥을 설치할 것

① A - 5, B - 10, C - 10
② A - 4, B - 10, C - 8
③ A - 5, B - 10, C - 8
④ A - 4, B - 10, C - 10

해설 강관틀의 안전 기준에는 수직 방향으로 6m, 수평 방향으로 8m이내 마다 벽이음을 하고, 길이가 띠장 방향으로 4m 이하이고, 높이가 10m를 초과하는 경우 10m 이내마다 띠장 방향으로 버팀 기둥을 설치하여야 한다.

92 |

건설공사장에서 이루어지는 각종 공사의 안전에 관한 설명으로 옳지 않은 것은?

① 조적공사를 할 때는 다른 공정을 중지시켜야 한다.
② 기초말뚝시공 시 소음, 진동을 방지하는 시공법을 계획한다.
③ 지하를 굴착할 경우 지층상태, 배수상태, 붕괴위험도 등을 수시로 점검한다.
④ 철근을 용접할 때는 거푸집의 화재 발생에 주의한다.

해설 조적공사를 할 때에는 다른 공정과 병행한다.

93 |

건설 재해의 특징이 아닌 것은?

① 재해의 발생 형태가 다양하다.
② 재해 발생 시 중상을 입거나 사망하게 된다.
③ 복합적인 재해가 동시에 자주 발생한다.
④ 위험의 감지가 어렵다.

해설 건설 재해의 특징은 발생의 형태가 다양하고, 중상을 입거나, 사망의 위험이 있으며, 복합적으로 동시에 발생한다. 특히, 위험의 감지가 쉽다. 즉, 대책에 만전을 기하면 안전하다.

94 |

재해 조사의 가장 중요한 목적은?

① 책임을 추궁하기 위해
② 원인을 정확하게 알기 위해
③ 통계를 위한 자료 수집을 위해
④ 피해 보상을 위해

해설 재해 조사의 목적은 원인을 정확하게 알기 위함이다.

95 |

재해를 조사하는 궁극적인 목적으로 가장 적합한 것은?

① 관련자를 처벌하기 위하여
② 동일 재해 재발방지를 위하여
③ 사고 발생 빈도를 조사하기 위하여
④ 목격자 및 관련 자료의 수집을 위하여

해설 재해조사는 그 조사 자체에 목적이 있는 것이 아니라 조사를 통하여 그 원인을 정확하게 파악하여 사고 예방(동일 재해재발 방지)을 위한 자료를 얻을 수 있도록 하는 데 목적이 있고, 사건 개요의 내용에는 발생일시, 발생장소, 발생과정, 사고형태, 사고원인 등이 있으며, 피해상황 및 사후대책 등을 조사하여야 한다.

96 |

산업재해조사방법에 관한 설명으로 옳지 않은 것은?

① 객관적인 입장에서 공정하게 조사하며 조사는 2인 이상이 한다.
② 목격자 등이 증언하는 사실 이외의 추측의 말은 참고만 한다.
③ 책임을 추궁하는 방향으로 조사를 실시하여야 한다.
④ 사람, 기계설비 양면의 재해요인을 모두 도출한다.

해설 산업재해의 조사방법 중 책임을 추궁하는 방향보다는 과거의 사고 발생경향, 재해사례, 조사기록 등을 참고하여 재발 방지를 우선하여 조사한다.

97 |

재해 조사의 방법으로 틀린 것은?

① 객관적 입장에서 조사한다.
② 책임을 추궁하여 같은 사고가 되풀이 되지 않도록 한다.
③ 재해발생 즉시 조사한다.
④ 현장 상황은 기록으로 보존한다.

해설 재해 조사의 방법
책임 추궁보다 재발 방지를 우선으로 하는 기본적인 태도를 갖고, 조사는 2인 이상으로 한다.

98 |

산업재해조사표 작성 시 주요 기록 내용이 아닌 것은?

① 재해발생의 일시와 장소
② 재해유발자 및 재해자 주변인의 신상명세서
③ 재해자의 상해 부위 및 정도
④ 재해발생과정 및 원인

해설 산업재해조사표를 작성하는데 주요 기록내용에는 사업체, 재해발생 개요(일시와 장소), 재해발생 피해(인적, 물적 피해), 재해발생 과정 및 원인, 재발방지 계획서 등이 있다.

99 |

재해조사 시 보존 자료의 사고 개요에 해당하지 않는 것은?

① 사고형태　　　　② 발생일시
③ 후속조치방안　　④ 발생장소

해설 재해조사는 그 조사 자체에 목적이 있는 것이 아니라 조사를 통하여 그 원인을 정확하게 파악하여 사고 예방을 위한 자료를 얻을 수 있도록 하는 데 목적이 있고, 사건 개요의 내용에는 발생일시, 발생장소, 발생과정, 사고형태, 사고원인 등이 해당된다.

100 |

사고가 발생하였다고 할 때 응급조치를 잘못 취한 것은?

① 상해자가 있으면 관계 조사관이 현장을 확인한 후 전문의의 치료를 받게 한다.
② 기계의 작동이나 전원을 단절시켜 사고의 진행을 막는다
③ 사고현장은 사고조사가 끝날 때까지 그대로 보존하여야 한다.
④ 현장에 관중이 모이거나 흥분이 고조되지 않도록 하여야 한다.

해설 사고가 발생한 경우 상해자가 있으면 즉시 전문의의 치료를 받게 한 후 관계 조사관이 현장을 확인하도록 하여야 한다. 즉 상해자의 치료가 가장 우선되어야 한다.

101

사고를 발생시키는 원인 중 설비적 요인에 해당되는 것은?

① 기계장치의 설계상 결함, 표준화 미흡, 방호장치 불량 등
② 교육훈련 부족과 부하에 대한 감독 결여, 적성배치 불충분, 작업환경의 부적합 등
③ 작업정보와 작업방법의 부적절, 작업 자세와 작업 동작의 결함, 작업환경의 부적합 등
④ 직장의 인간관계, 리더십의 부족, 팀워크의 결여, 대화 부족 등

해설 ② 관리적 요인, ③ 작업적 요인, ④ 인적 요인에 해당된다.

102

장기간 동안 단순 반복 작업 시 안전수칙으로 옳은 것은?

① 작업 속도와 작업 강도를 늘린다.
② 물체를 잡을 때는 손가락의 일부분만 이용한다.
③ 팔을 구부리고 작업할 때에는 가능한 한 몸에 가깝게 한다.
④ 손목은 항상 힘을 주어 경직도를 유지한다.

해설 장기간 동안 단순 작업 시 안전 수칙은 작업속도와 강도를 줄이고, 물체를 잡을 때에는 손가락의 전부를 사용하며, 손목은 힘을 빼어 유연성을 유지한다.

103

산업재해 예방대책 중 불안전한 상태를 줄이기 위한 방법으로 옳은 것은?

① 쾌적한 작업환경을 유지하여 근로자의 심리적 불안감을 해소한다.
② 기계설비 등의 구조적인 결함 및 작업방법의 결함을 제거한다.
③ 안전수칙을 잘 준수하도록 한다.
④ 근로자 상호 간에 불안전한 행동을 지적하여 이해시킨다.

해설 산업재해의 예방대책 중 불완전한 상태를 줄이기 위한 방법으로는 기계설비 등의 구조적인 결함 및 작업방법의 결함을 제거한다.

104

안전교육의 종류 중 지식교육에 포함되지 않는 사항은?

① 취급 기계와 설비의 구조, 기능, 설비의 개념을 이해시킨다.
② 재해발생의 원리를 이해시킨다.
③ 작업에 필요한 법규 및 규정을 습득시킨다.
④ 작업방법 및 기계장치의 조작방법을 습득시킨다.

해설 안전교육의 종류 중 지식교육은 강의, 시청각교육을 통한 지식의 전달과 이해 단계로서 교육의 내용을 보면, 안전의식의 고취, 안전 책임감의 부여, 기능, 태도 등의 다음 단계의 교육에 필요한 기초지식의 주입 및 안전규정의 숙지 등이 있다. 작업방법 및 기계장치의 조작방법을 습득시키는 것은 안전교육 2단계의 기능교육의 내용이다.

105

알고는 있으나 그대로 실천하지 않는 사람을 위해 실시하는 교육은?

① 안전지식교육
② 안전기능교육
③ 안전태도교육
④ 안전관리교육

해설 안전교육의 3단계
  ㉠ 안전지식교육(제1단계) : 강의, 시청각교육을 통한 지식의 전달과 이해의 교육
  ㉡ 안전기능교육(제2단계) : 시범, 실습, 현장실습교육 및 견학을 통한 이해와 경험의 교육
  ㉢ 안전태도교육(제3단계) : 생활지도, 작업동작지도 등을 통한 안전의 습관화 교육

106

안전교육방법 중 Off-JT(Off the job training)교육의 특징이 아닌 것은?

① 훈련에만 전념하게 된다.
② 전문가를 강사로 활용할 수 있다.
③ 개개인에게 적절한 지도훈련이 가능하다.
④ 다수의 근로자에게 조직적 훈련이 가능하다.

해설 안전교육방법 중 Off-JT(Off the job training)교육(교육 목적이 동일한 근로자를 일정한 장소에서 외부 강사를 활용하여 실시하는 교육)의 특징은 ①, ②, ④ 이외에 특별설치기구를 이용하는 것이 가능하고, 근로자끼리 많은 지식과 경험을 교류할 수 있으나, 교육 훈련 목표에 대해서 집단적 노력이 부족할 수 있다. ③은 OJT(On the job training)교육의 특징에 해당한다.

107

안전교육의 추진방법 중 안전에 관한 동기부여에 대한 내용으로 옳지 않은 것은?

① 자기보존본능을 자극한다.
② 물질적 이해관계에 관심을 두게 한다.
③ 동정심을 배제하게 한다.
④ 통솔력을 발휘하게 한다.

해설 안전교육의 동기부여는 자기보존본능을 자극하고, 물질적인 이해관계에 관심을 두게 하며, 통솔력을 발휘하게 한다. 특히, 동정심을 유발하게 하여야 한다.

108

작업 전, 작업 중, 작업 종료 후에 실시하는 안전점검은?

① 정기점검   ② 일상점검
③ 수시점검   ④ 임시점검

해설 안전점검의 종류
- ㉠ 정기(계획)점검 : 매주 또는 매월 1회 주기로 해당 분야의 작업책임자가 기계설비의 안전상 주요 부분의 마모, 피로, 부식, 손상 등 장치의 변화 유무 등에 대해 실시하는 점검이다.
- ㉡ 임시점검 : 기계설비의 갑작스러운 이상발견 시 임시로 실시하는 점검이다.

109

산업재해의 여러 가지 원인 분류 방법 중 관리적인 원인에 해당되지 않는 것은?

① 기술활동 미비   ② 교육활동 미비
③ 작업관리상 부족   ④ 불안전한 행동

해설 산업재해의 원인 분류 방법 중 관리적인 원인(재해의 간접 원인)에는 기술적인 원인(건물·기계장치의 설계 불량, 구조·재료의 부적합, 생산공정의 부적당, 점검 및 보존 불량), 교육적 원인(안전의식의 부족, 안전수칙의 오해, 경험훈련의 미숙, 작업방법 및 유해위험작업의 교육 불충분), 작업관리상의 원인(안전관리조직의 결함, 안전수칙의 미제정, 작업준비의 불충분, 인원배치 및 작업지시의 부적당) 등이 있다. 특히, 불안전한 상태(물적 원인)와 불안전한 행동(인적 원인)은 재해의 직접적인 원인이다.

110

기업경영자나 근로자가 산업안전에 대한 충분한 관심을 기울여서 얻게 되는 특징과 거리가 먼 것은?

① 인간의 생명과 기업의 재산을 보호한다.
② 근로자와 기업에 대하여 계속적인 발전을 도모한다.
③ 기업의 경비를 절감시킬 수 있다.
④ 지속적인 감시로 근로자의 사기와 생산의욕을 저하시킨다.

해설 기업경영자나 근로자가 산업안전에 대한 충분한 관심을 기울여서 얻게 되는 특징은 지속적인 관심으로 근로자의 사기와 생산의욕을 증대시키는 것이다.

111

재해 다발 요인 중 관리감독자 측의 책임에 속하지 않는 것은?

① 작업 조건
② 소질, 성격
③ 환경에 미적응
④ 기능 미숙, 무지

해설 재해 다발 요인 중 관리감독자 측의 책임에는 작업 조건, 환경의 미적응, 기능 미숙과 무지 등이 있다.

112

대팻날의 귀를 접는 이유로 옳은 것은?

① 거스러미가 생기지 않게 하기 위하여
② 대팻밥이 끼지 않도록 하기 위하여
③ 대팻날을 쉽게 빼기 위하여
④ 두껍게 깎이는 것을 방지하기 위하여

해설 대팻날의 귀부분에 대팻밥이 끼지 않도록 하기 위하여 귀(모서리)부분을 약간 모치기(모접기)를 한다.

113

목공용 망치를 사용할 때 주의사항으로 옳은 것은?

① 필요에 따라 망치의 측면으로 내리친다.
② 맞는 표면에 평행하도록 수직으로 내리친다.
③ 맞는 표면과 같은 직경의 망치를 사용한다.
④ 못을 박을 때는 못 아래쪽을 잡고 최대한 빨리 내리친다.

해설 못을 박는 경우 등에 있어서 목공용 망치를 사용 시 정확하고 충분한 힘이 전달될 수 있도록 망치의 표면과 맞는 부분의 표면이 평행이 되도록 수직으로 내리친다.

114

목공용 끌질을 할 때 지켜야 할 유의사항으로 옳지 않은 것은?

① 한 번에 무리하게 깊이 파려고 하지 않는다.
② 처음에는 끌구멍의 먹금선 1~2mm 안쪽에 맞춘 다음 경사지게 망치질하여 때려낸다.
③ 절삭날은 날카롭게 한다.
④ 끌의 진행 방향에 손이 있어서는 안 된다.

해설 목공용 끌은 앞날이 앞쪽으로 향하도록 끌의 자루를 왼손으로 잡고 끌구멍의 먹금섬 1~2mm 안쪽에 맞춘 다음 수직으로 망치질을 하여 때려낸다.

115

다음 중 대패질의 자세와 요령으로 옳지 않은 것은?

① 부재의 왼쪽에 서서 내디딘 왼쪽 발에 체중을 싣는다.
② 몸 전체를 뒤로 당기면서 대패질한다.
③ 손가락이 대패 밑바닥보다 더 내려가게 하여 대패질한다.
④ 대패를 사용하지 않을 때는 옆으로 세워 놓는다.

해설 대패질의 자세와 요령에서 손가락이 대패 밑바닥보다 더 내려가지 않게 대패질을 한다.

116

드라이버의 사용 시 유의사항에 관한 설명으로 옳지 않은 것은?

① 드라이버손잡이는 청결을 유지한다.
② 처음부터 끝까지 힘을 한 번에 주어 조인다.
③ 전기작업 시 절연손잡이로 된 드라이버를 사용한다.
④ 작업물을 확실히 고정시킨 후 작업한다.

해설 드라이버 사용 시 처음에는 작은 힘을 가하여 조이고 점진적으로 큰 힘을 가하여 조인다.

117

띠톱기계의 크기는 무엇으로 나타내는가?

① 전동기의 마력
② 회전속도
③ 톱날과 암 사이의 최대 수평거리
④ 톱니바퀴의 지름

해설 띠톱기계의 크기는 톱니바퀴의 지름으로 나타낸다.

118 |

목재가공용 기계인 둥근톱기계의 안전수칙으로 옳지 않은 것은?

① 거의 다 켜갈 무렵에 더욱 주의하여 가볍게 서서히 켠다.
② 톱 위에서 15cm 이내의 개소에 손을 내밀지 않는다.
③ 가공재를 송급할 때 톱니의 정면에서 실시한다.
④ 톱이 먹히지 않을 때는 일단 후퇴시켰다가 켠다.

해설 둥근톱기계의 안전수칙

①, ② 및 ④ 이외에 다음 사항에 유의하여야 한다.
㉠ 둥근톱은 흔들림이 발생하지 않도록 확실히 장치해야 한다.
㉡ 반발예방장치와 톱과의 간격을 12mm 이내로 설치한다.
㉢ 가공재를 송급할 때 톱니의 정면은 피하고 측면에서 실시한다.
㉣ 작은 재료를 켤 때는 적당한 치공구를 사용해야 한다.
㉤ 알맞은 작업복과 안전화, 방진마스크, 보호안경을 착용해야 한다.

119 |

목공사 중 화재 발생 시 불이 확산되는 것을 방지하기 위한 목재의 방화법이 아닌 것은?

① 불연성 막이나 층에 의한 피복
② 방화 페인트류의 도포
③ 절연처리
④ 대단면화

해설 목공사 중 화재 발생 시 불이 확산되는 것을 방지하기 위한 목재의 방화법에는 물리적인 작용(불연성 막이나 층에 의한 피복, 방화 페인트류의 도포, 대단면화 등)과 화학적인 작용이 있다.

120 |

연소의 3요소에 해당되지 않는 것은?

① 가연물
② 소화
③ 산소공급원
④ 착화원

해설 연소의 3요소에는 산소공급원, 가연물, 발화(점화, 착화)점이 있고, 연소의 4요소에는 연소의 3요소 외에 연쇄반응이 있다.

121 |

화재가 일어나기 위한 연소의 3요소에 해당하지 않는 것은?

① 연료
② 온도
③ 공기
④ 점화원

해설 화재 연소의 3요소에는 연료(가연물), 공기(산소) 및 점화원 등이 있고, 3요소에 연쇄반응을 합하여 연소의 4요소라고 한다.

122 |

다음 중 소화 시 물을 사용하는 이유로 가장 적합한 것은?

① 취급이 간단하다.
② 산소를 흡수한다.
③ 기화열에 의해 열을 탈취한다.
④ 공기를 차단한다.

해설 소화 시에 물을 사용하는 이유는 물이 기화열에 의해 열을 탈취하기 때문이다.

123 |

화재의 종류 중 금속화재를 의미하며 건조된 모래를 사용하여 소화시켜야 하는 것은?

① A급 화재
② B급 화재
③ C급 화재
④ D급 화재

해설 화재의 분류

분류	색깔
A급 화재 일반화재	백색
B급 화재 유류화재	황색
C급 화재 전기화재	청색
D급 화재 금속화재	무색
E급 화재 가스화재	황색
F급 화재 식용유화재	

124 |

종이, 목재 등의 고체 연료성 화재의 종류는?

① A급 화재   ② B급 화재
③ C급 화재   ④ D급 화재

해설 화재의 분류

구분	A급	B급	C급	D급	E급	F급
종류	일반	유류	전기	금속	가스	식용유

125 |

다음 중 B급 화재에 속하는 것은?

① 유류에 의한 화재
② 일반가연물에 의한 화재
③ 전기장치에 의한 화재
④ 금속에 의한 화재

해설 화재의 분류

구분	A급 (일반)	B급 (유류)	C급 (전기)	D급 (금속)	E급 (가스)	F급 (식용유)
색깔	백색	황색	청색	무색	황색	

126 |

화재의 종류 중 B급 화재에 해당하는 것은?

① 금속화재   ② 유류화재
③ 전기화재   ④ 일반화재

해설 화재의 분류

구분	A급 (일반)	B급 (유류)	C급 (전기)	D급 (금속)	E급 (가스)	F급 (식용유)
색깔	백색	황색	청색	무색	황색	

127 |

화재의 분류 중 가연성 금속 등에서 일어나는 화재와 관계 있는 것은?

① A급 화재   ② B급 화재
③ C급 화재   ④ D급 화재

해설 화재의 분류

분류	색깔	분류	색깔
A급 화재 (일반화재)	백색	C급 화재 (전기화재)	청색
B급 화재 (유류화재)	황색	D급 화재 (금속화재)	무색

128 |

A급, B급, C급 화재에 모두 적용 가능한 분말소화기는?

① 제1종 분말소화기   ② 제2종 분말소화기
③ 제3종 분말소화기   ④ 제4종 분말소화기

해설 제1종 분말소화기는 주성분이 탄산수소나트륨으로 B급 화재(유류화재), C급 화재(전기화재)에 적용하고, 제2종 분말소화기는 주성분이 탄산수소칼륨으로 B급 화재(유류화재), C급 화재(전기화재)에 적용하며, 제3종 분말소화기는 주성분이 제1인산암모늄으로 A급 화재(일반화재), B급 화재(유류화재), C급 화재(전기화재)에 적용한다. 또한 제4종 분말소화기는 주성분이 탄산수소칼륨과 요소로 B급 화재(유류화재), C급 화재(전기화재)에 적용한다.

129 |

다음 중 화재의 분류로 옳지 않은 것은?

① 일반화재 – A급   ② 유류화재 – B급
③ 전기화재 – C급   ④ 목재화재 – D급

해설 화재의 분류

화재의 분류	A급 화재	B급 화재	C급 화재	D급 화재	E급 화재	F급 화재
	일반 화재	유류 화재	전기 화재	금속 화재	가스 화재	식용유 화재
색깔	백색	황색	청색	무색	황색	

130 |

다음 중 소화설비에 속하지 않는 것은?

① 자동화재탐지설비   ② 옥내소화전설비
③ 스프링클러설비   ④ 소화기구

해설 소화설비(물 또는 그 밖의 소화약제를 사용하여 소화하는 기계·기구 또는 설비)의 종류에는 소화기구, 자동소화장치, 옥내소화전설비, 스프링클러설비, 물분무 등 소화설비 및 옥외소화전설비 등이 있고, 자동화재탐지설비는 경보설비에 속한다.

131

다음 소방시설 중 경보설비에 속하지 않는 것은?

① 자동화재탐지설비
② 누전경보기
③ 스프링클러설비
④ 자동화재속보설비

해설 소방시설 중 경보설비(화재 발생사실을 통보하는 기계·기구 또는 설비)의 종류에는 단독형 감지기, 비상경보설비(비상벨설비, 자동식 사이렌설비 등), 시각경보기, 자동화재탐지설비, 비상방송설비, 자동화재속보설비, 통합감시시설, 누전경보기, 가스누설경보기 등이 있고, 스프링클러설비는 소화설비에 속한다.

132

다음의 소방시설 중 경보설비에 속하지 않는 것은?

① 비상콘센트설비
② 통합감시시설
③ 자동화재탐지설비
④ 자동화재속보설비

해설 소방시설 중 경보설비(화재발생 사실을 통보하는 기계·기구 또는 설비)의 종류에는 단독경보형감지기, 비상경보설비(비상벨설비, 자동식사이렌설비 등), 시각경보기, 자동화재탐지설비, 비상방송설비, 자동화재속보설비, 통합감시시설, 누전경보기 및 가스누설경보기 등이 있고, 비상콘센트설비는 소화활동설비에 속한다.

133

다음은 어떤 소화기에 대한 설명인가?

탄산수소나트륨의 수용액이 들어있는 바깥 관 안에 진한 황산이 들어있는 용기가 있으며, 이 용기를 파괴하여 두 액을 혼합하여 탄산가스를 발생시켜 그 압력으로 탄산가스수용액을 분출시키는 소화기이다.

① 포말 소화기
② 분말 소화기
③ 할론가스 소화기
④ 산·알칼리 소화기

해설 ① 포말 소화기 : 탄산수소나트륨과 황산알루미늄을 혼합하여 반응하면 거품을 발생하여 방사하는 거품은 이산화탄소를 내포하고 있으므로 냉각과 질식작용에 의해 소화하는 소화기이다.
② 분말 소화기 : 탄산수소나트륨을 주제로 한 소화분말을 본 용기에 넣고, 따로 탄산가스를 넣은 소형 용기를 부속시켜 이 가압에 의하여 소화분말을 방사해서 질식과 냉각작용에 의해 소화하는 소화기이다.
③ 할론가스 소화기 : 연료와 산소의 화학적 반응을 차단하는 힘이 강하여 소화능력이 이산화탄소 소화기의 2.5배 정도이며 컴퓨터, 고가의 전기기계, 기구의 소화에 많이 이용되는 소화기이다.

134

이산화탄소는 상온, 상압에서 무색, 무취의 기체로서 공기보다 약 얼마나 더 무거운가?

① 1.13
② 1.28
③ 1.52
④ 1.86

해설 이산화탄소는 상온, 상압에서 무색, 무취의 기체로서 공기보다 약 1.52배 무거운 가스이다.

135

중조를 주제로 한 소화분말을 본 용기에 넣고, 따로 탄산가스를 넣은 소형 용기를 부속시켜 이 가압에 의하여 소화분말을 방사해서 질식과 냉각작용에 의해 소화하는 소화기는?

① 분말 소화기
② 이산화탄소 소화기
③ 강화액 소화기
④ 포말 소화기

해설 ② 이산화탄소 소화기 : 가연성 액체의 화재에 사용되며, 전기기계·기구 등의 화재에 효과적이고, 소화한 뒤에도 피해가 적은 소화기이다.
③ 강화액 소화기 : 물에 탄산칼륨을 녹여 빙점을 −17~30℃까지 낮추어 한랭지역이나 겨울철의 소화, 일반화재, 전기화재에 이용된다.
④ 포말 소화기 : 소화효과는 질식 및 냉각효과로서, 포말소화약제의 종류에는 기계포(에어졸)와 화학포 등이 있다.

136

연료와 산소의 화학적 반응을 차단하는 힘이 강하여 소화 능력이 이산화탄소 소화기의 2.5배 정도이며 컴퓨터, 고가의 전기기계, 기구의 소화에 많이 이용되는 소화기는?

① 분말 소화기   ② 포말 소화기

③ 강화액 소화기   ④ 할론가스 소화기

해설 ① 분말 소화기 : 소화효과는 질식 및 냉각효과로서, 분말소화약제에는 제1종 분말소화약제(중탄산나트륨), 제2종 분말소화약제(중탄산칼륨) 및 제3종 분말소화약제(인산암모늄) 등이 있다.
② 포말 소화기 : 소화효과는 질식 및 냉각효과로서, 포말소화약제의 종류에는 기계포(에어졸)와 화학포 등이 있다.
③ 강화액 소화기 : 물에 탄산칼륨을 녹여 빙점을 -17~30℃까지 낮추어 한랭지역이나 겨울철의 소화, 일반화재, 전기화재에 이용된다.

137

다음은 어떤 소화기에 대한 설명인가?

> 탄산수소나트륨과 황산알루미늄을 혼합하여 반응하면 거품을 발생하여 방사하는 거품은 이산화탄소를 내포하고 있으므로 냉각과 질식 작용에 의해 소화하는 소화기이다.

① 산 · 알칼리 소화기   ② 강화액 소화기

③ 분말 소화기   ④ 포말 소화기

해설 산 · 알칼리 소화기는 중조 수용액이 들은 바깥 관 안에 농유산이 들은 용기가 있으며, 이 용기를 파괴하여 2액을 혼합하여 탄산가스를 발생시켜 그 압력으로 탄산가스 수용액을 분출시키는 소화기이고, 강화액 소화기는 물의 소화력을 높이기 위하여 화재 억제 효과가 있는 염류를 첨가(염류로 알칼리금속염의 중탄산나트륨, 탄산칼륨, 초산칼륨, 인산암모늄, 기타 조성물)하여 만든 소화약제를 사용한 소화기이며, 분말 소화기는 중조를 주제로 한 소화분말을 본 용기에 넣고, 따로 탄산가스를 넣은 소형 용기를 부속시켜 이 가압에 의하여 소화분말을 방사해서 질식과 냉각작용에 의해 소화하는 소화기이다.

138

가연성 액체의 화재에 사용되며, 전기기계 · 기구 등의 화재에 효과적이고, 소화한 뒤에도 피해가 적은 것은?

① 산 · 알칼리 소화기   ② 강화액 소화기

③ 이산화탄소 소화기   ④ 포말 소화기

해설 산 · 알칼리 소화기는 탄산수소나트륨의 수용액과 용기 내의 황산을 봉입한 앰플을 유지하고 있으며, 누름 금구에 충격을 가함으로써 황산 앰플이 파괴되어 중화 반응으로 인한 이산화탄소에 의해 소화하는 소화기이고, 강화액 소화기는 강화액(탄산칼륨 등의 수용액을 주성분으로 하며 강한 알칼리성(pH 12 이상)으로 비중은 1.35/15℃ 이상의 것)을 사용하는 소화기로 축압식, 가스가압식 및 반응식 등이 있으며, 포말 소화기는 탄산수소나트륨과 황산알루미늄을 혼합하여 반응하면 거품을 발생하여 방사하는 거품은 이산화탄소를 내포하고 있으므로 냉각과 질식 작용에 의해 소화하는 소화기이다.

139

탄산칼륨 등의 수용액을 주성분으로 하며 강한 알칼리성(pH 12 이상)으로 비중은 1.35/15℃ 이상의 것을 사용하는 소화기로 축압식, 가스가압식 및 반응식 등이 있는 소화기는?

① 포말 소화기   ② 분말 소화기

③ 산 · 알칼리 소화기   ④ 강화액 소화기

해설 포말 소화기는 탄산수소나트륨과 황산알루미늄을 혼합하여 반응하면 거품을 발생하여 방사하는 거품은 이산화탄소를 내포하고 있으므로 냉각과 질식 작용에 의해 소화하는 소화기이고, 분말 소화기는 미세한 분말을 이용한 소화기로서 냉각 작용(열분해), 질식 작용(불연성 가스와 수증기) 및 억제 작용(연쇄 반응 정지)에 의해 소화하는 소화기이며, 산 · 알칼리 소화기는 탄산수소나트륨의 수용액과 용기 내의 황산을 봉입한 앰플을 유지하고 있으며, 누름 금구에 충격을 가함으로써 황산 앰플이 파괴되어 중화 반응으로 인한 이산화탄소에 의해 소화하는 소화기이다.

140

C급 화재(전기화재)가 발생되었다. 사용하기에 부적당한 소화기는?

① 포말 소화기

② 이산화탄소 소화기

③ 할론(halon)가스 소화기

④ 분말 소화기

해설 C급 화재(전기화재)에 사용하는 소화기에는 이산화탄소 소화기, 할론가스 소화기 및 분말 소화기 등을 사용하고, 포말 소화기는 일반화재에 사용한다.

정답   136. ④   137. ④   138. ③   139. ④   140. ①

3 실내디자인 협력 공사

1. 가설공사

01

가설공사에서 건물의 각 부 위치, 기초의 너비 또는 길이 등을 정확히 결정하기 위한 것은?

① 벤치마크　　　　② 수평 규준틀
③ 세로 규준틀　　　④ 현상측량

해설 벤치마크(기준점)는 고저 측량을 할 때 표고의 기준이 되는 점으로 이동될 염려가 없는 인근 건축물의 벽이나 담장을 이용한다. 수평 규준틀은 기초파기와 기초공사를 할 때, 말뚝과 꿸대를 사용하여 공사의 수직과 수평의 기준이 되는 규준틀이며, 세로 규준틀은 조적공사(벽돌, 블록, 돌공사)에서 고저 및 수직면의 기준으로 사용하는 규준틀이다.

02

공사 현장의 가설건축물에 대한 설명으로 옳지 않은 것은?

① 하도급자 사무실은 후속 공정에 지장이 없는 현장사무실과 가까운 곳에 둔다.
② 시멘트 창고는 통풍이 되지 않도록 출입구 외에는 개구부 설치를 금하고, 벽, 천장, 바닥에는 방수, 방습처리한다.
③ 변전소는 안전상 현장사무실에서 가능한 멀리 위치시킨다.
④ 인화성 재료 저장소는 벽, 지붕, 천장의 재료를 방화구조 또는 불연구조로 하고 소화설비를 갖춘다.

해설 변전소는 안전상 현장사무실에서 가능한 가까이 위치시킨다.

03

건축공사 시 가설건축물에 대한 설명으로 옳지 않은 것은?

① 시멘트 창고는 통풍이 되지 않도록 출입구 외에는 개구부 설치를 금한다.

② 화기 위험물인 유류·도료 등의 인화성 재료 저장소는 벽, 지붕, 천장의 재료를 방화구조 또는 불연구조로 하고 소화설비를 갖춘다.
③ 변전소의 위치는 안전을 고려하여 현장사무소에서 최대한 멀리 떨어진 곳이 좋다.
④ 현장사무소의 경우 필요면적은 $3.3m^2$/인 정도로 계획한다.

해설 변전소의 위치는 안전을 고려하여 현장사무소에서 최대한 가까운 곳이 좋다.

04

가설공사에 관한 기술 중 틀린 것은?

① 비계 및 발판은 직접 가설공사에 속한다.
② 비계 다리참의 높이는 7m마다 설치한다.
③ 파이프 비계에서 비계기둥 간 적재하중은 7kN 이하로 한다.
④ 낙하물 방지망은 수평에 대하여 45° 정도로 하고, 높이는 지상 2층 바닥 부분부터 시작한다.

해설 파이프 비계에서 비계기둥 간 적재하중은 4kN 이하로 한다.

05

공사현장에 135명이 근무할 가설사무소를 건축할 때 기준면적으로 옳은 것은?

① $445.5m^2$　　　② $405m^2$
③ $420m^2$　　　　④ $400m^2$

해설 사무소의 기준면적 $= 3.3m^2 \times$ 인원수
$$= 3.3 \times 135 = 445.5m^2$$

06

기준점(bench mark)에 대한 설명으로 틀린 것은?

① 바라보기 좋고 공사에 지장이 없는 곳에 설치한다.
② 공사 착수 전에 설정되어야 한다.
③ 이동의 우려가 없는 곳에 설치한다.
④ 반드시 기준점은 1개만 설치한다.

해설 기준점(bench mark)은 공사 중에 높이를 잴 때의 기준으로 하기 위하여 설정하는 것으로 기준점은 ①, ②, ③ 외에 건축물의 각 부에서 헤아리기 좋도록 2개소 이상 보조 기준점을 표시해 두어야 한다. 수직 규준틀에 설치하고, 공사 착수 전에 설정해야 하며, 공사 완료 시까지 존치되어야 한다.

07 |

□□□

다음 중 기준점(bench mark)에 관한 설명으로 옳지 않은 것은?

① 신축할 건축물의 높이의 기준을 삼고자 설정하는 것으로 대개 발주자, 설계자 입회 하에 결정된다.
② 바라보기 좋고 공사에 지장이 없는 1개소에 설치한다.
③ 부동의 인접 도로 경계석이나 인근 건물의 벽 또는 담장을 이용한다.
④ 공사가 완료된 뒤라도 건축물의 침하, 경사 등을 확인하기 위해 사용되는 경우가 있다.

해설 기준점(bench mark)은 건축물의 각 부에서 헤아리기 좋도록 2개소 이상 보조 기준점을 표시해 두어야 한다.

08 |

□□□

고층 건물공사 시 많은 자재를 올려놓고 작업해야 할 외장공사용 비계로서 적합한 것은?

① 겹비계
② 외줄비계
③ 쌍줄비계
④ 달비계

해설 겹비계는 하나의 기둥에 띠장만을 붙인 비계로 띠장이 기둥의 양쪽에 2겹으로 된 것이다. 외줄비계는 비계기둥이 1줄이고, 띠장을 한쪽에만 단 비계로서 경작업 또는 10m 이하의 비계에 이용된다. 달비계는 건축물에 고정된 돌출보 등에서 밧줄로 매단 비계로서 권양기가 붙어 있어 위·아래로 이동시키는 비계이다. 외부 마무리, 외벽 청소, 고층 건축물의 유리창 청소 등에 쓰인다.

09 |

□□□□

강관비계 설치에 대한 설명 중 옳지 않은 것은?

① 비계기둥의 간격은 도리 방향 1.5~1.8m, 간사이 방향 0.9~1.5m로 한다.
② 띠장의 간격은 1.8m 이내로 한다.
③ 지상 제 1띠장은 지상에서 2m 이하의 위치에 설치한다.
④ 비계장선의 간격은 1.5m 이내로 한다.

해설 띠장의 간격은 1.5m 내외로 한다.

10 |

□□□□

가설공사에서 강관비계 시공에 대한 내용으로 옳지 않은 것은?

① 가새는 수평면에 대하여 40~60°로 설치한다.
② 강관비계의 기둥 간격은 띠장 방향 1.5~1.8m를 기준으로 한다.
③ 띠장의 수직 간격은 2.5m 이내로 한다.
④ 수직 및 수평 방향 5m 이내의 간격으로 구조체에 연결한다.

해설 강관비계 설치에 있어서 띠장의 간격은 1.5m 내외로 하고 지표에서 첫 번째 띠장은 지상에서 2m 이하의 부분에 설치한다.

2. 콘크리트공사

01 |

□□□□

다음에서 일반적인 철근의 조립순서로 옳은 것은?

A. 계단 철근	B. 기둥 철근
C. 벽 철근	D. 보 철근
E. 바닥 철근	

① A – B – C – D – E
② B – C – D – E – A
③ A – B – C – E – D
④ B – C – A – D – E

해설 철근의 조립 순서는 기초 철근 → 기둥 철근 → 벽 철근 → 보 철근 → 바닥 철근 → 계단 철근의 순이다.

02 |

다음 중 철근공사의 배근순서로 옳은 것은?

① 벽 → 기둥 → 슬래브 → 보
② 슬래브 → 보 → 벽 → 기둥
③ 벽 → 기둥 → 보 → 슬래브
④ 기둥 → 벽 → 보 → 슬래브

해설 철근의 조립 순서는 기초 철근 → 기둥 철근 → 벽 철근 → 보 철근 → 바닥 철근 → 계단 철근의 순이다.

03 |

철근콘크리트 구조의 철근 선조립 공법의 순서로 옳은 것은?

① 시공도 작성 – 공장절단 – 가공 – 이음·조립 – 운반 – 현장부재양중 – 이음·설치
② 공장절단 – 시공도 작성 – 가공 – 이음·조립 – 이음·설치 – 운반 – 현장부재양중
③ 시공도 작성 – 가공 – 공장절단 – 운반 – 현장부재양중 – 이음·조립 – 이음·설치
④ 시공도 작성 – 공장절단 – 운반 – 가공 – 이음·조립 – 현장부재양중 – 이음·설치

해설 철근 선조립 공법의 순서는 시공도 작성 → 공장절단 → 가공 → 이음 및 조립 → 운반 → 현장부재양중 → 이음 및 설치의 순이다.

04 |

철근의 정착에 대한 설명 중 틀린 것은?

① 철근을 정착하지 않으면 구조체가 큰 외력을 받을 때 철근과 콘크리트가 분리될 수 있다.
② 큰 인장력을 받는 곳일수록 철근의 정착길이는 길다.
③ 후크의 길이는 정착길이에 포함하여 산정한다.
④ 철근의 정착은 기둥이나 보의 중심을 벗어난 위치에 둔다.

해설 철근의 정착에 있어서 후크의 길이는 정착길이(위험단면에서 철근의 설계기준 항복강도를 발휘하는 데 필요한 최소묻힘길이)에 포함되지 않고, 정착 및 이음길이의 건축구조설계기준 및 철근배근도에 제시된 길이

보다 짧을 수 없으며, 건축구조설계기준 및 철근배근도에 제시된 길이를 초과하는 경우의 허용차는 소정길이의 10% 이내로 한다.

05 |

부재별 철근의 정착위치에 관한 설명으로 옳지 않은 것은?

① 작은 보의 주근은 슬래브에 정착한다.
② 기둥의 주근은 기초에 정착한다.
③ 바닥 철근은 보 또는 벽체에 정착한다.
④ 벽 철근은 기둥, 보 또는 바닥판에 정착한다.

해설 철근의 정착 위치

구분	기둥	보	작은 보	지중보	벽 철근	바닥 철근
정착 위치	기초	기둥	큰 보, 직교하는 단부 보 밑	기초, 기둥	기둥, 보, 바닥판	보, 벽체

※ 직교하는 단부보에 있어서 기둥이 없는 경우의 철근의 정착위치는 보와 보 상호 간에 정착시킨다.

06 |

철근의 이음방법에 해당되지 않는 것은?

① 겹침이음
② 병렬이음
③ 기계식 이음
④ 용접이음

해설 철근의 이음방법에는 겹침이음(결속선을 철근이음 1개소마다 2군데 이상 두겹으로 겹쳐 결속하는 일반적인 이음), 가스압접이음(철근의 접합면을 직각으로 절단하여 맞대어 압력을 가하면서 옥시 아세틸렌가스의 중성염으로 약 1,00~1,300℃ 정도로 가열하여 접합부가 부풀어 올라 접합하는 방식으로 구조적으로 유리하고, 가공 공사비가 감소), 기계적 이음(철근의 이음 부분에 슬리브를 끼우고 양쪽 마구리의 틈새는 석면 등으로 막은 후 슬리브 내부에 녹인 금속재를 충진하여 잇는 방법), 용접이음(용접봉과 철근 사이에 전류를 통하여 용접하는 방식) 등이 있다.

07 |

철근이음에 관한 설명으로 옳지 않은 것은?

① 철근의 이음부는 구조내력상 취약점이 되는 곳이다.
② 이음위치는 되도록 응력이 큰 곳을 피하도록 한다.
③ 이음이 한 곳에 집중되지 않도록 엇갈리게 교대로 분산시켜야 한다.
④ 응력 전달이 원활하도록 한 곳에서는 철근수의 반 이상을 이어야 한다.

해설 철근의 이음 시 주의사항은 응력이 큰 곳은 피하고, 후크(갈고리)의 길이는 이음길이에 포함하지 않으며, 철근의 직경이 상이한 경우에는 가는 철근의 직경을 기준으로 한다. 특히, 엇갈리게 이음을 하고, 이음의 1/2 이상을 한 곳에 집중시키지 않는다. 즉 철근의 이음 위치를 분산시킨다.

08 |

가스압접에 관한 설명 중 옳지 않은 것은?

① 접합온도는 대략 1,200~1,300℃이다.
② 압접작업은 철근을 완전히 조립하기 전에 행한다.
③ 철근의 지름이나 종류가 다른 것을 압접하는 것이 좋다.
④ 기둥, 보 등의 압접위치는 한 곳에 집중되지 않게 한다.

해설 가스압접이음은 철근의 접합면을 직각으로 절단하여 맞대어 압력을 가하면서 옥시 아세틸렌가스의 중성염으로 약 1,200~1,300℃ 정도로 가열하여 접합부가 부풀어올라 접합하는 방식으로 구조적으로 유리하고, 가공 공사비가 감소한다. 주의사항은 다음과 같다.
  ㉠ 철근의 가공은 용접 후 소정의 형태, 치수가 되도록 정확하게 절단하여 가공한다.
  ㉡ 용접면의 처리는 용접작업 당일에 유해한 부착물을 완전히 연삭 제거한다.
  ㉢ 압접을 금지하는 경우는 철근의 지름 차가 6mm 이상인 경우, 철근의 재질이 서로 다른 경우, 항복점 또는 강도가 서로 다른 경우 등이다.

09 |

철근콘크리트 공사에서 가스압접을 하는 이점에 해당되지 않는 것은?

① 철근조립부가 단순하게 정리되어 콘크리트 타설이 용이하다.
② 불량부분의 검사가 용이하다.
③ 겹친이음이 없어 경제적이다.
④ 철근의 조직변화가 적다.

해설 가스압접이음의 특성
  ㉠ 장점
    • 19mm 이상일 때에는 겹침이음보다 경제적이다.
    • 철근의 간격을 확보할 수 있어 콘크리트 타설이 용이하다.
    • 가공이 단순하고 공사비가 저렴하다.
  ㉡ 단점
    • 철근 배근 작업 시 철근공과 용접공이 동시에 작업해야 한다.
    • 가조립 후 용접을 끝내고 다시 조립해야 하는 등 공정상 불리하다.
    • 외관검사로 불량 여부를 발견할 수 없으므로 불량 부분의 검사가 난해하다.
    • 거푸집 위에서 압접을 실시할 때 연소방지의 준비가 필요하다.

10 |

철근 용접이음방식 중 Cad Welding이음의 장점이 아닌 것은?

① 실시간 육안검사가 가능하다.
② 기후의 영향이 적고 화재위험이 감소된다.
③ 각종 이형철근에 대한 적용범위가 넓다.
④ 예열 및 냉각이 불필요하고 용접시간이 짧다.

해설 Cad Welding이음은 철근에 슬리브를 끼워 연결하고 철근과 슬리브 사이에 화약과 합금의 혼합물을 충진하여 순간 폭발로 녹여 공간을 메꾸어 이음하는 방식으로 특성은 다음과 같다.
  ㉠ 기후에 영향을 받지 않고 작업할 수 있으며, 화재의 위험이 없다.
  ㉡ 외관 검사가 불가하고, 동일 규격의 철근을 사용하여야 한다.
  ㉢ D28 이상인 굵은 철근에 주로 사용한다.

11

외관검사 결과 불합격된 철근 가스압접 이음부의 조치내용으로 옳지 않은 것은?

① 심하게 구부러졌을 때는 재가열하여 수정한다.
② 압접면의 엇갈림이 규정값을 초과했을 때는 재가열하여 수정한다.
③ 형태가 심하게 불량하거나 또는 압접부에 유해하다고 인정되는 결함이 생긴 경우는 압접부를 잘라내고 재압접한다.
④ 철근중심축의 편심량이 규정값을 초과했을 때는 압접부를 떼어내고 재압접한다.

해설 외관검사 결과 불합격된 철근 가스압접 이음부의 조치사항은 ①, ③, ④항 이외에 압접면의 엇갈림이 규정값을 초과했을 때는 압접부를 잘라내고 재압접한다.

12

철근배근 시 콘크리트의 피복두께를 유지해야 되는 가장 큰 이유는?

① 콘크리트의 인장강도 증진을 위하여
② 콘크리트의 내구성, 내화성 확보를 위하여
③ 구조물의 미관을 좋게 하기 위하여
④ 콘크리트 타설을 쉽게 하기 위하여

해설 철근콘크리트 구조물을 내화, 내구적으로 유지하려면 적당한 피복두께[철근의 표면(기둥은 대근, 보는 늑근)에서부터 콘크리트 표면까지의 거리]가 있어야 한다.

13

프리스트레스 하지 않는 부재의 현장치기 콘크리트의 최소피복두께 기준 중 가장 큰 것은?

① 수중에 치는 콘크리트
② 흙에 접하여 콘크리트를 친 후 영구히 흙에 묻혀 있는 콘크리트
③ 옥외의 공기나 흙에 직접 접하지 않는 콘크리트 중 슬래브로서 D35
④ 옥외의 공기나 흙에 직접 접하지 않는 콘크리트 중 벽체로서 D38

해설 피복두께의 규정

(단위 : mm)

구분	수중에서 치는 콘크리트	흙에 접하여 콘크리트를 친 후 영구히 흙에 묻히는 콘크리트	흙에 접하거나 옥외 공기에 직접 노출되는 콘크리트		옥외의 공기나 흙에 접하지 않는 콘크리트			
			D19 이상	D16 이하, 16mm 이하 철선	슬래브, 벽체, 장선구조		보, 기둥	셸, 절판부재
					D35 초과	D35 이하		
피복두께	100	75	50	40	40	20	40	20

※ 보와 기둥의 경우 콘크리트의 설계기준압축강도(f_{ck})가 40MPa 이상인 경우에는 규정된 값에서 10mm를 저감할 수 있다.
①은 100mm 이상, ②는 80mm 이상, ③은 20mm 이상, ④는 40mm 이상이므로 가장 피복두께가 두꺼운 경우는 ①이다.

14

흙에 접하거나 옥외공기에 직접 노출되는 현장치기 콘크리트로서 D16 이하 철근의 최소피복두께는?

① 20mm   ② 40mm
③ 60mm   ④ 80mm

해설 피복 두께

구분	흙에 접하여 콘크리트를 친 후 영구히 흙에 묻히는 콘크리트	흙에 접하거나 옥외 공기에 직접 노출되는 콘크리트	
		D19 이상	D16 이하, 16mm 이하 철선
피복두께	75	50	40

15

슬래브에서 4변 고정인 경우 철근배근을 가장 많이 하여야 하는 부분은?

① 단변 방향의 주간대   ② 단변 방향의 주열대
③ 장변 방향의 주간대   ④ 장변 방향의 주열대

해설 철근콘크리트 2방향 슬래브의 배근에 있어서 철근을 많이 배근하여야 하는 곳부터 나열하면 단변 방향의 단부(주열대) – 단변 방향의 중앙부(중간대) – 장변 방향의 단부(주열대) – 장변 방향의 중앙부(중간대)의 순이다.

16

철근콘크리트 공사에 있어서 철근이 D19, 굵은 골재의 최대치수는 25mm일 때 철근과 철근의 순간격으로 옳은 것은? (단, 보의 경우)

① 37.5mm 이상　　② 33.4mm 이상
③ 29.5mm 이상　　④ 27.8mm 이상

해설 철근의 순간격(배근간격)

ⓐ 철근지름의 1.5배 이상 : $19 \times 1.5 = 28.5$mm 이상

ⓑ 굵은 골재 최대치수의 4/3배 이상 : $25 \times \dfrac{4}{3} = 33.34$mm 이상

ⓒ 25mm 이상(기둥의 경우에는 40mm 이상)

∴ ①, ②, ③ 중 가장 큰 값인 33.34mm 이상이 철근과 철근의 순간격으로 결정되는 것이다. 따라서 가장 근사치인 33.4mm 이상이 정답이다.

17

철근콘크리트 공사에서 거푸집의 간격을 일정하게 유지시키는데 사용되는 것은?

① 클램프　　　　② 시어커넥터
③ 세퍼레이터　　④ 인서트

해설 클램프는 당겨 매는데 사용하는 V자형, Z자형 등의 철제부품이다. 시어커넥터는 2개의 구조부재(철골과 철근콘크리트)를 접합하여 일체로 연결할 때 그 접합 부분에 생기는 전단력에 저항하기 위하여 배치한 접합구로서 강재에 한하지 않고, 콘크리트 바닥과 철골보, 목재와 목재를 결합할 때 필요하며, 바닥판의 강성을 증가시키는 효과가 크며, 자재를 절감하므로 경제적이다. 또한, 스팬이 큰 경우에 적합하다. 인서트는 콘크리트 바닥 밑에 반자를 설치하기 위해서 미리 콘크리트 속에 묻어 두는 재료이며 대용품으로 익스팬션볼트, 스크루앵커, 철근, 앵커 볼트, 드라이브 틴 등을 사용하기도 한다. 또, 수장용이나 장식용으로 사용한다.

18

철근콘크리트 구조물(5~6층)을 대상으로 한 벽, 지하 외벽의 철근 고임재 및 간격재의 배치표준으로 옳은 것은?

① 상단은 보 밑에서 0.5m
② 중단은 상단에서 2.0m 이내
③ 횡간격은 0.5m 정도
④ 단부는 2.0m 이내

해설 철근 고임재 및 간격재의 표준

부위	종류	최소 수량 또는 최대 배치간격
기초	강재, 플라스틱, 콘크리트	8개/4m² 20개/16m²
지중보	강재, 플라스틱, 콘크리트	간격은 1.5m 단부는 1.5m 이내
벽, 지하 외벽	강재, 플라스틱, 콘크리트	상단 보 밑에서 0.5m 중단은 상단에서 1.5m 이내 횡간격은 1.5m 단부는 1.5m 이내
기둥	강재, 플라스틱, 콘크리트	상단은 보 밑에서 0.5m 이내 중단은 주각과 상단의 중간 기둥 폭 방향은 1m 미만 2개 1m 이상 3개
보	강재, 플라스틱, 콘크리트	간격은 1.5m 단부는 1.5m 이내
슬래브	강재, 플라스틱, 콘크리트	간격은 상·하부 철근 각각 가로 세로 1.3m

※ 수량 및 배치간격은 5~6층 이내의 철근콘크리트 구조물을 대상으로 한 것으로서, 구조물의 종류, 크기, 형태 등에 따라 달라질 수 있다.

19

콘크리트의 측압력을 부담하지 않고 거푸집 상호 간의 간격을 유지시켜 주는 것은?

① 세퍼레이터(Separator)
② 플랫타이(Flat Tie)
③ 폼타이(Form Tie)
④ 스페이서(Spacer)

해설 플랫타이(Flat Tie)는 유로 폼 사용 시 거푸집과 거푸집 사이의 간격을 일정하게 유지 또는 고정시켜서 내부에 콘크리트 타설하여 양생이 이루어지도록 하며, 콘크리트 양생 후 매립되는 소모품 자재이다. 폼타이(Form Tie, 긴장재)는 거푸집이 벌어지지 않게 하기 위하여 사용한다. 스페이서(spacer, 간격재)는 거푸집과 철근, 철근과 철근 사이의 간격을 유지하기 위한 간격재이다.

20 |

거푸집공사에서 사용되는 격리재(Separator)에 대한 설명으로 옳은 것은?

① 철근과 거푸집의 간격을 유지한다.
② 철근과 철근의 간격을 유지한다.
③ 골재와 거푸집과의 간격을 유지한다.
④ 거푸집 상호 간의 간격을 유지한다.

해설 ①, ②는 간격재(Spacer)에 대한 설명이다.

21 |

폼타이, 컬럼밴드 등을 의미하며, 거푸집을 고정하여 작업 중의 콘크리트 측압을 최종적으로 부담하는 것은?

① 박리제   ② 간격재
③ 격리재   ④ 긴결재

해설 박리제는 거푸집널의 제거를 쉽게 하기 위해 미리 거푸집널에 바르는 물질로서, 거푸집과 콘크리트의 부착 및 거푸집널의 흡수성을 방지 또는 감소시킬 목적으로 쓰이는 약제로서, 콘크리트와 철근에 무해한 것으로 동·식물유, 중유, 석유와 아마인유, 파라핀유, 합성수지 등이 쓰이며, 비눗물도 사용된다. 간격재(spacer)는 거푸집과 철근, 철근과 철근 사이의 간격을 유지하기 위한 간격재이다. 격리재(Separator)는 거푸집 상호 간의 일정한 간격을 유지하여 버티어 대는 것으로서 철판재, 철근재, 파이프재 또는 모르타르재가 보통 쓰인다.

22 |

콘크리트 타설과 관련하여 거푸집 붕괴사고 방지를 위하여 우선적으로 검토·확인하여야 할 사항 중 가장 거리가 먼 것은?

① 콘크리트 측압 확인
② 조임 철물 배치간격 검토
③ 콘크리트의 단기 집중타설 여부 검토
④ 콘크리트의 강도 측정

해설 콘크리트 타설 시 유의사항은 거푸집의 붕괴를 막기 위하여 ①, ②, ③ 이외에 다음 사항을 유의하여야 한다.
ㄱ 콘크리트의 측압에 맞는 거푸집 두께의 선정, 띠장, 멍에 간격을 검토한다.
ㄴ 파단을 일으키는 집중응력을 배제하기 위하여 조임 철물의 조임 정도를 균등하게 한다.

ㄷ 약한 쪽으로 응력이 작용되므로 부재 간의 강성 차이가 큰 것끼리 조합하지 않는다.
ㄹ 진동기의 장시간, 집중적 투입을 피하고, 저온일 때 콘크리트의 타설을 피한다(측압의 증대).

23 |

거푸집 구조설계 시 고려해야 하는 연직하중에서 무시해도 되는 요소는?

① 작업하중   ② 거푸집 중량
③ 콘크리트 자중   ④ 충격하중

해설 거푸집을 설계할 때 고려하여야 할 하중

부위	고려하여야 할 하중
보, 슬래브의 밑면	생콘크리트 중량(자중), 충격하중, 작업하중
벽, 기둥, 보 옆	생콘크리트 중량(자중), 생콘크리트 측압

24 |

거푸집의 강도 및 강성에 대한 구조계산 시 고려할 사항과 가장 거리가 먼 것은?

① 동바리 자중   ② 작업하중
③ 콘크리트 측압   ④ 콘크리트 자중

해설 거푸집의 강도 및 강성에 대한 구조계산 시 고려할 사항에는 작업하중, 콘크리트 측압, 생콘크리트 중량(자중), 충격하중 등이 있다.

25 |

바닥판 거푸집의 구조계산 시 고려해야 하는 연직하중에 해당하지 않는 것은?

① 굳지 않은 콘크리트 중량
② 작업하중
③ 충격하중
④ 굳지 않은 콘크리트 측압

해설 거푸집을 설계할 때 고려하여야 할 하중

부위	고려하여야 할 하중
보, 슬래브의 밑면	생콘크리트 중량(자중), 충격하중, 작업하중
벽, 기둥, 보 옆	생콘크리트 중량(자중), 생콘크리트 측압

26

콘크리트 측압에 관한 설명으로 옳지 않은 것은?

① 콘크리트의 비중이 클수록 측압이 크다.

② 외기의 온도가 낮을수록 측압은 크다.

③ 거푸집의 강성이 작을수록 측압이 크다.

④ 진동다짐의 정도가 클수록 측압이 크다.

해설 거푸집의 측압

㉠ 거푸집의 측압이 큰 경우는 콘크리트의 시공 연도(슬럼프값)가 클수록, 부배합일수록, 콘크리트의 붓기 속도가 빠를수록, 온도가 낮을수록, 부재의 수평 단면이 클수록, 콘크리트 다지기(진동기를 사용하여 다지기를 하는 경우 30~50% 정도의 측압이 커진다)가 충분할수록, 벽 두께가 두꺼울수록, 거푸집의 강성이 클수록, 거푸집의 투수성이 작을수록, 콘크리트의 비중이 클수록, 물·시멘트 비가 클수록, 묽은 콘크리트일수록, 철근량이 적을수록, 거푸집의 강성이 클수록, 중량 골재를 사용할수록 측압은 증가한다.

㉡ 측압은 수압과 같이 생 콘크리트의 높이가 클수록 커지나, 어느 일정한 높이(기둥에서 약 1m, 벽에서 약 50cm)에서 측압의 커짐은 없다.

㉢ 콘크리트의 측압 : 콘크리트의 헤드는 벽에서는 0.5m, 기둥에서는 1m에서 측압이 최대가 된다.

장소	콘크리트의 헤드(m)	측압의 최댓값 (t/m²)	측압의 표준값(t/m²)	
			진동다짐	진동다짐이 아닌 경우
벽	약 0.5	약 1.0	3	2
기둥	약 1.0	약 2.5	4	3

27

콘크리트 타설 시 거푸집에 작용하는 측압에 관한 설명으로 옳지 않은 것은?

① 기온이 낮을수록 측압은 작아진다.

② 거푸집의 강성이 클수록 측압은 커진다.

③ 진동기를 사용하여 다질수록 측압은 커진다.

④ 조강시멘트 등을 활용하면 측압은 작아진다.

해설 거푸집의 측압이 큰 경우는 콘크리트의 시공 연도(슬럼프값)가 클수록, 부배합일수록, 콘크리트의 붓기 속도가 빠를수록, 온도가 낮을수록, 부재의 수평 단면이 클수록, 콘크리트 다지기(진동기를 사용하여 다지기를 하는 경우 30~50% 정도의 측압이 커진다)가 충분할수록, 벽 두께가 두꺼울수록, 거푸집의 강성이 클수

록, 거푸집의 투수성이 작을수록, 콘크리트의 비중이 클수록, 물·시멘트 비가 클수록, 묽은 콘크리트일수록, 철근량이 적을수록, 거푸집의 강성이 클수록, 중량 골재를 사용할수록 측압은 증가한다.

28

콘크리트의 압축강도를 시험하지 않을 경우 거푸집 널의 해체시기로 옳은 것은? (단, 기타 조건은 아래와 같음)

• 평균 기온 : 20℃ 이상
• 보통 포틀랜드 시멘트 사용
• 대상 : 기초, 보, 기둥 및 벽의 측면

① 2일 ② 3일

③ 4일 ④ 6일

해설 거푸집널 해체 시기

㉠ 콘크리트의 압축강도를 시험할 경우 거푸집널의 해체 시기

부재		콘크리트 압축강도
기초, 보, 기둥, 벽 등의 측면		5MPa 이상
슬래브 및 보의 밑면, 아치 내면	단층구조인 경우	설계기준 압축강도의 2/3배 이상
	다층구조인 경우	설계기준 압축강도 이상(필러 동바리 구조를 이용할 경우는 구조계산에 의해 기간을 단축할 수 있다. 단, 이 경우라도 최소 강도는 14MPa 이상으로 함)

㉡ 콘크리트의 압축강도를 시험하지 않을 경우 거푸집널의 해체 시기(기초, 보, 기둥, 벽의 측면)

시멘트의 종류 / 평균 기온	조강 포틀랜드 시멘트	보통 포틀랜드 시멘트, 고로 슬래그 시멘트(1종), 플라이애시 시멘트(1종), 포틀랜드 포졸란 시멘트(A종)	고로 슬래그 시멘트(2종), 플라이애시 시멘트(2종), 포틀랜드 포졸란 시멘트(B종)
20℃ 이상	2일	3일	4일
20℃ 미만 10℃ 이상	3일	4일	6일

29 |

거푸집 해체 시 확인해야 할 사항이 아닌 것은?

① 거푸집의 내공 치수
② 수직, 수평부재의 존치기간 준수 여부
③ 소요강도 확보 이전에 지주의 교환 여부
④ 거푸집 해체용 압축강도 확인시험 실시 여부

해설 거푸집 해체 시 확인해야 할 사항은 ②, ③, ④ 등이 있고, 해체의 순서는 기둥, 벽의 폼타이 및 기타 보강재 → 기둥 패널 → 슬래브, 작은 보 지주 및 보강재 → 슬래브 작은 보 패널 → 큰 보의 지주 및 보강재 → 큰 보의 패널 순이다.

30 |

경량형강과 합판으로 구성되며 표준형태의 거푸집을 변형시키지 않고 조립함으로써 현장제작에 소요되는 인력을 줄여 생산성을 향상시키고 자재의 전용횟수를 증대시키는 목적으로 사용되는 거푸집은?

① 목재 패널   ② 합판 패널
③ 워플 폼   ④ 유로 폼

해설 목재 패널은 보통 거푸집널과 장선으로 구성되어 있으며, 크기는 여러 가지가 있으나, 가장 많이 이용되는 것은 60×180cm로 평균 전용횟수는 3~4회 정도이다. 합판 패널은 인건비의 절약과 능률상의 문제로 대부분 합판 패널을 사용하고 있으며, 목재 패널과 비교하면 정밀도, 내구성, 수밀성이 우수하고 전용 횟수의 증가 등 많은 장점이 있다. 워플 폼은 층고를 낮추거나 스팬을 크게 하기 위한 목적으로 사용하는 무량판 구조 또는 평판 구조에서 사용하는 특수 상자 모양으로 된 기성제의 거푸집이다.

31 |

수평, 수직적으로 반복된 구조물을 시공이음 없이 균일한 형상으로 시공하기 위하여 요크(Yoke), 로드(Rod), 유압잭(Jack)을 이용하여 거푸집을 연속적으로 이동시키면서 콘크리트를 타설할 수 있는 시스템 거푸집은?

① 슬라이딩 폼   ② 갱 폼
③ 터널 폼   ④ 트레블링 폼

해설 갱 폼은 사용할 때마다 작은 부재의 조립·해체를 반복하지 않고, 대형화·단순화하여 한 번에 설치하고 해체하는 거푸집으로 특수 거푸집(옹벽, 피어, 벽식 구조의 아파트 등)으로 고안된 거푸집이다.
터널 폼은 수평적 또는 수직적으로 반복된 구조물을 시공 이음이 없이 균일한 형상으로 시공하기 위하여 거푸집을 연속적으로 이동시키면서 콘크리트를 타설하여 구조물을 시공하는 거푸집으로 한 구획 전체의 벽판과 바닥면을 ㄱ자형, ㄷ자형으로 견고하게 짠 이동식 거푸집이다. 트레블링 폼은 거푸집 전체를 그대로 떼어 내어 사용 장소로 이동시켜 사용할 수 있도록 한 대형 거푸집 또는 바닥에 콘크리트를 타설하기 위한 거푸집으로서 장선, 멍에, 서포트 등을 일체로 제작하여 부재화한 거푸집이다.

32 |

거푸집 공사에 적용되는 슬라이딩 폼 공법에 관한 설명으로 옳지 않은 것은?

① 형상 및 치수가 정확하며 시공오차가 적다.
② 마감작업이 동시에 진행되므로 공정이 단순화된다.
③ 1일 5~10m 정도 수직시공이 가능하다.
④ 일반적으로 돌출물이 있는 건축물에 많이 적용된다.

해설 슬라이딩 폼은 아래 부분이 약간 벌어진 거푸집을 1~1.2m 정도의 높이로 설치하고 콘크리트가 경화하기 전에 요크로 천천히 끌어 올려 연속 작업을 할 수 있는 거푸집 또는 벽체용 거푸집으로 거푸집과 벽체 마감공사를 위한 비계틀을 일체로 조립하여 한꺼번에 인양시켜 설치하는 거푸집으로 특성은 다음과 같다.
ㄱ 장점
  • 공사기간이 단축(1/5 정도) 된다.
  • 거푸집의 재료와 조립, 제거에 소요되는 노력이 절감된다.
  • 안팎의 비계 가설이 필요 없다.
  • 사일로 교각, 건축물의 코어 및 굴뚝 공사에 사용한다.
ㄴ 단점 : 돌출물이 있는 벽체, 기둥의 시공에는 이용할 수 없다.

33 |

갱 폼(Gang Form)에 관한 설명으로 옳지 않은 것은?

① 타워크레인, 이동식 크레인 같은 양중장비가 필요하다.
② 벽과 바닥의 콘크리트 타설을 한 번에 가능하게 하기 위하여 벽체 및 슬래브 거푸집을 일체로 제작한다.
③ 공사초기 제작기간이 길고 투자비가 큰 편이다.
④ 경제적인 전용횟수는 30~40회 정도이다.

해설 갱 폼은 사용할 때마다 작은 부재의 조립·해체를 반복하지 않고, 대형화·단순화하여 한 번에 설치하고 해체하는 거푸집으로 특수 거푸집(옹벽, 피어, 벽식 구조의 아파트 등)으로 고안된 거푸집으로 특성은 다음과 같다.
ㄱ 장점
• 조립·분해가 생략되고 설치와 탈형만 하므로 인력이 절감된다.
• 콘크리트 줄눈의 감소로 마감 단순화 및 비용 절감할 수 있다.
ㄴ 단점
• 대형 양중장비가 필요하고, 초기 투자비가 많다.
• 기능공의 교육 및 작업 숙달 기간이 필요하고, 기능공의 기능도에 좌우된다.

34 |

바닥전용 거푸집으로서 테이블 폼이라고도 부르며 거푸집판, 장선, 멍에, 서포트 등을 일체로 제작하여 수평, 수직방향으로 이동하는 시스템거푸집은?

① 슬라이딩 폼 ② 클라이밍 폼
③ 플라잉 폼 ④ 트래블링 폼

해설 슬라이딩 폼은 아래 부분이 약간 벌어진 거푸집을 1~1.2m 정도의 높이로 설치하고 콘크리트가 경화하기 전에 요크로 천천히 끌어 올려 연속 작업을 할 수 있는 거푸집 또는 벽체용 거푸집으로 거푸집과 벽체 마감공사를 위한 비계틀을 일체로 조립하여 한꺼번에 인양시켜 설치하는 거푸집이다. 클라이밍 폼은 벽체 전용 거푸집으로서 거푸집과 벽체 마감 공사를 위한 비계틀을 일체로 조립하여 한꺼번에 인양시켜 거푸집 또는 갱 폼에 거푸집 설치를 위한 비계틀과 마감용 비계를 일체로 제작한 거푸집이다. 트래블링 폼은 거푸집 전체를 그대로 떼어 내어 사용 장소로 이동시켜 사용할 수 있도록 한 대형 거푸집 또는 바닥에 콘크리트를 타설하기 위한 거푸집으로서 장선, 멍에, 서포트 등을 일체로 제작하여 부재화한 거푸집이다.

35 |

특수 거푸집 가운데 무량판구조 또는 평판구조와 가장 관계가 깊은 거푸집은?

① 워플 폼
② 슬라이딩 폼
③ 메탈 폼
④ 갱 폼

해설 슬라이딩 폼은 아래 부분이 약간 벌어진 거푸집을 1~1.2m 정도의 높이로 설치하고 콘크리트가 경화하기 전에 요크로 천천히 끌어 올려 연속 작업을 할 수 있는 거푸집 또는 벽체용 거푸집으로 거푸집과 벽체 마감공사를 위한 비계틀을 일체로 조립하여 한꺼번에 인양시켜 설치하는 거푸집이다. 메탈 폼은 철판, 앵글 등을 써서 패널로 제작된 철제 거푸집이다. 콘크리트면이 정확하며 평활하다. 갱 폼은 사용할 때마다 작은 부재의 조립·해체를 반복하지 않고, 대형화·단순화하여 한 번에 설치하고 해체하는 거푸집으로 특수 거푸집(옹벽, 피어, 벽식 구조의 아파트 등)으로 고안된 거푸집이다.

36 |

각 거푸집 공법에 관한 설명으로 옳지 않은 것은?

① 플라잉 폼 : 벽체전용 거푸집으로 거푸집과 벽체 마감공사를 위한 비계틀을 일체로 조립한 거푸집을 말한다.
② 갱 폼 : 대형벽체 거푸집으로써 인력절감 및 재사용이 가능한 장점이 있다.
③ 터널 폼 : 벽체용, 바닥용 거푸집을 일체로 제작하여 벽과 바닥 콘크리트를 일체로 하는 거푸집 공법이다.
④ 트래블링 폼 : 수평으로 연속된 구조물에 적용되며 해체 및 이동에 편리하도록 제작된 이동식 거푸집공법이다.

해설 플라잉 폼은 바닥전용 거푸집으로서 거푸집판, 장선, 멍에, 서포트 등을 일체로 제작하여 수평·수직 방향으로 이동하는 거푸집이다. 클라이밍 폼은 벽체전용 거푸집으로서 거푸집과 벽체 마감 공사를 위한 비계틀을 일체로 조립하여 한꺼번에 인양시킨 거푸집이다.

37 |

벽식 철근콘크리트구조를 시공할 경우 벽과 바닥의 콘크리트 타설을 한 번에 가능하게 하기 위하여 벽체용 거푸집과 슬래브 거푸집을 일체로 제작하여 한 번에 설치하고, 해체할 수 있도록 한 거푸집은?

① 유로 폼(Euro Form)
② 갱 폼(Gang Form)
③ 터널 폼(Tunnel Form)
④ 워플 폼(Waffle Form)

해설 유로 폼(Euro Form)은 경량형강과 합판으로 구성되며 표준형태의 거푸집을 변형시키지 않고 조립함으로써 현장제작에 소요되는 인력을 줄여 생산성을 향상시키고 자재의 전용횟수를 증대시키는 목적으로 사용되는 거푸집이다. 갱 폼(Gang Form)은 사용할 때마다 작은 부재의 조립·해체를 반복하지 않고, 대형화·단순화하여 한 번에 설치하고 해체하는 거푸집으로 특수 거푸집(옹벽, 피어, 벽식 구조의 아파트 등)으로 고안된 거푸집이다. 워플 폼(Waffle Form)은 층고를 낮추거나 스팬을 크게 하기 위한 목적으로 사용하는 무량판 구조 또는 평판 구조에서 사용하는 특수 상자 모양으로 된 기성제의 거푸집이다.

38 |

터널 폼에 관한 설명으로 옳지 않은 것은?

① 거푸집의 전용횟수는 약 10회 정도로 매우 적다.
② 노무 절감, 공기단축이 가능하다.
③ 벽체 및 슬래브 거푸집을 일체로 제작한 거푸집이다.
④ 이 폼의 종류에는 트윈 쉘(twin shell)과 모노 쉘(mono shell)이 있다.

해설 터널 폼(Tunnel form)은 터널과 같이 동일한 구조로 계속하여 콘크리트를 부어 나갈 때 사용하는 거푸집 또는 수평적 또는 수직적으로 반복된 구조물을 시공 이음이 없이 균일한 형상으로 시공하기 위하여 거푸집을 연속적으로 이동시키면서 콘크리트를 타설하여 구조물을 시공하는 거푸집으로 한 구획 전체의 벽판과 바닥면을 ㄱ자형, ㄷ자형으로 견고하게 짠 이동식 거푸집이다. 장점으로는 보와 기둥을 없앨 수 있고, 실내 공간이 넓어지며, 노무 절감과 공사 기간이 단축된다. 특히, **전용횟수는 100회 정도이다.** 단점으로는 거푸집의 중량이 크므로 양중장비가 필요하고, 초기 투자가 크며, 거푸집이 강재이므로 부식으로 인하여 콘크리트 표면이 오염된다.

39 |

해체 및 이동에 편리하도록 제작된 수평활동 시스템 거푸집으로서 터널, 교량, 지하철 등에 주로 적용되는 거푸집은?

① 유로 폼(Euro Form)
② 트래블링 폼(Traveling Form)
③ 와플 폼(Waffle Form)
④ 갱 폼(Gang Form)

해설 유로 폼(Euro Form)은 경량형강과 합판으로 구성되며 표준형태의 거푸집을 변형시키지 않고 조립함으로써 현장제작에 소요되는 인력을 줄여 생산성을 향상시키고 자재의 전용횟수를 증대시키는 목적으로 사용되는 거푸집이다. 와플 폼(Waffle Form)은 층고를 낮추거나 스팬을 크게 하기 위한 목적으로 사용하는 무량판 구조 또는 평판 구조에서 사용하는 특수 상자 모양으로 된 기성제의 거푸집이다. 갱 폼(Gang Form)은 사용할 때마다 작은 부재의 조립·해체를 반복하지 않고, 대형화·단순화하여 한 번에 설치하고 해체하는 거푸집으로 특수 거푸집(옹벽, 피어, 벽식 구조의 아파트 등)으로 고안된 거푸집이다.

40 |

지하 합벽 거푸집에서 측압에 대비하여 버팀대를 삼각형으로 일체화한 공법은?

① 1회용 리브라스 거푸집
② 와플 거푸집
③ 무폼타이 거푸집
④ 단열 거푸집

해설 1회용 리브라스 거푸집은 거푸집의 제거가 필요 없이 콘크리트 속에 매입시켜 콘크리트의 균열을 방지하는 거푸집이다. 와플 거푸집(waffle form)은 2방향 장선 바닥판과 같이 의장 효과와 층고를 확보하기 위한 방식으로 격자 형식의 거푸집으로 작은 보를 설치하지 않고, 스팬을 길게 할 수 있고, 실내 장식의 효과가 있으며, 철근의 배근이 쉽다. 반면에 설계계획 시부터 격자의 규격이 정해지므로 거푸집의 전용성이 없다. 단열 거푸집은 단열재로 열손실이 차단된 상태의 거푸집으로서 겨울철(동절기)에 기존 방식에 비하여 타설된 콘크리트의 강도가 약 15% 정도 향상된다.

41

거푸집공사(Form Work)에 대한 설명 중 옳지 않은 것은?

① 거푸집은 일반적으로 콘크리트를 부어넣어 콘크리트 구조체를 형성하는 거푸집널과 이것을 정확한 위치로 유지하는 동바리, 즉 지지틀의 총칭이다.
② 콘크리트 표면에 모르타르, 플라스터 또는 타일붙임 등의 마감을 할 경우에는 평활하고 광택있는 면이 얻어질 수 있도록 철제 거푸집(Metal Form)을 사용하는 것이 좋다.
③ 거푸집공사비는 건축공사비에서의 비중이 높으므로 설계단계부터 거푸집 공사의 개선과 합리화 방안을 연구하는 것이 바람직하다.
④ 폼 타이(Form Tie)는 콘크리트를 부어넣을 때 거푸집이 벌어지거나 우그러들지 않게 연결, 고정하는 긴결재이다.

해설 콘크리트 표면에 모르타르, 플라스터 또는 타일붙임 등의 마감을 할 경우에는 마감재료의 부착성이 요구되므로 메탈 폼 또는 플라스틱 패널을 사용하여 콘크리트의 면이 너무 평활하면 미장모르타르가 부착되지 않고, 후에 박락의 원인이 되므로 콘크리트 표면이 거칠게 되도록 하는 거푸집이 요구된다.

42

고층건축물 시공 시 적용되는 거푸집에 대한 설명으로 옳지 않은 것은?

① ACS(Automatic Climbing System) 거푸집은 거푸집에 부착된 유압장치시스템을 이용하여 상승한다.
② ACS(Automatic Climbing System) 거푸집은 초고층건축물 시공 시 코어 선행시공에 유리하다.
③ 알루미늄 거푸집의 주요 시공부위는 내부벽체, 슬래브, 계단실 벽체이며, 슬래브 필러시스템이 있어서 해체가 간편하다.
④ 알루미늄 거푸집은 녹이 슬지 않는 장점이 있으나 전용횟수가 적다.

해설 알루미늄 거푸집은 녹이 슬지 않는 점과 전용횟수(약 50회 정도)가 많다는 장점이 있는 거푸집이다.

43

콘크리트 골재의 비중에 따른 분류로서 초경량골재에 해당하는 것은?

① 중정석
② 펄라이트
③ 강모래
④ 부순자갈

해설 콘크리트용 골재의 분류
  ㉠ 보통골재는 전건 비중이 2.5~2.7 정도의 것으로서, 강모래, 강자갈, 산모래, 산자갈, 깬모래, 깬자갈 등이 있다.
  ㉡ 경량골재는 비중이 2 이하인 골재로서 천연경량골재와 인공경량골재로 구분하고, 천연경량골재에는 화산재, 경석 등이 있고, 인공경량골재에는 질석, 펄라이트 등이 있다.
  ㉢ 중량골재는 비중이 2.8 이상인 것으로서 중정석, 철광석 등이 있다.

44

콘크리트의 재료로 사용되는 골재에 관한 설명으로 옳지 않은 것은?

① 골재는 밀도가 크고, 내구성이 커서 풍화가 잘 되지 않아야 한다.
② 콘크리트나 모르타르를 만들 때 물, 시멘트와 함께 혼합하는 모래, 자갈 및 부순돌 기타 유사한 재료를 골재라고 한다.
③ 콘크리트 중 골재가 차지하는 용적은 절대용적으로 50%를 넘지 않도록 한다.
④ 일반적으로 골재의 강도는 시멘트 페이스트 강도 이상이 되어야 한다.

해설 콘크리트 중 골재가 차지하는 용적은 전 콘크리트량의 70~80%를 차지하고 있으므로, 단위 무게당 가격은 저렴하나, 막대한 양이 소모되므로 운반비에 제약을 받는다.

45

KS L 5201에 정의된 포틀랜드 시멘트의 종류가 아닌 것은?

① 고로 포틀랜드 시멘트
② 조강 포틀랜드 시멘트
③ 저열 포틀랜드 시멘트
④ 중용열 포틀랜드 시멘트

정답 41. ②　42. ④　43. ②　44. ③　45. ①

KS L 5201에 정의된 포틀랜드 시멘트의 종류에는 1종(보통 포틀랜드 시멘트), 2종(중용열 포틀랜드 시멘트), 3종(조강 포틀랜드 시멘트), 4종(저열 포틀랜드 시멘트), 5종(내황산염 포틀랜드 시멘트) 등이 있다. 고로 시멘트는 혼합시멘트에 속한다.

46

콘크리트 공사에서 사용되는 혼화재료 중 혼화제에 속하지 않는 것은?

① 공기연행제　　　② 감수제
③ 방청제　　　　　④ 팽창재

해설 콘크리트의 혼화재료에는 혼화제와 혼화재가 있고, 혼화제에는 사용량이 비교적 적어 약품적인 사용에 그치는 것으로 AE(공기연행)제, 감수제, 유동화제, 응결 시간 조정제, 방수제, 방청제, 기포제, 발포제, 착색제 등이 있다. 혼화재에는 사용량이 비교적 많아 그 자체의 용적이 콘크리트의 배합 계산에 포함되는 것으로 포졸란, 고로 슬래그, 플라이 애시 및 **팽창재** 등이 있다.

47

다음 중 콘크리트에 AE제를 넣어주는 가장 큰 목적은?

① 압축강도 증진　　② 부착강도 증진
③ 워커빌리티 증진　④ 내화성 증진

해설 AE제는 콘크리트 내부에 미세한 독립된 기포(직경 0.025~0.05mm)를 콘크리트 속에 균일하게 분포를 발생시켜 **콘크리트의 작업성(워커빌리티) 및 동결 융해 저항(내구)성능**을 향상시키기 위해 사용되는 화학 혼화제이다.

48

콘크리트 공사용 재료의 취급 및 저장에 관한 설명으로 옳지 않은 것은?

① 시멘트는 종류별로 구분하여 풍화되지 않도록 저장한다.
② 골재는 잔골재, 굵은 골재 및 각 종류별로 저장하고, 먼지, 흙 등의 유해물의 혼입을 막도록 한다.
③ 골재는 잔·굵은 입자가 잘 분리되도록 취급하고, 물빠짐이 좋은 장소에 저장한다.
④ 혼화재료는 품질의 변화가 일어나지 않도록 저장하고 또한 종류별로 저장한다.

해설 골재의 저장 및 취급에 있어서 잔·굵은 입자(조세립)이 분리되지 않도록 하고, 저장 장소는 평탄하고, 배수(물빠짐)가 좋아야 하며, 콘크리트에 유해한 물질이 혼입되지 않도록 하여야 한다.

49

철근콘크리트 공사의 일정계획에 영향을 주는 주요 요인이 아닌 것은?

① 요구품질 및 정밀도 수준
② 거푸집의 존치기간 및 전용횟수
③ 시공 상세도 작성기간
④ 강우, 강설, 바람 등의 기후조건

해설 철근콘크리트 공사의 일정계획에 영향을 주는 요인에는 ①, ②, ④ 이외에 반입해야 할 재료, 자재의 종류 및 수량, 노동력 확보, 공사용 기계설비의 능력 등이 있고, ③의 시공 상세도 작성기간은 철근콘크리트 공사의 일정계획에 영향을 주지 않는다.

50

콘크리트 배합 시 시멘트 15포대(600kg)가 소요되고 물·시멘트비가 60%일 때 필요한 물의 중량(kg)은?

① 360kg　　　　② 480kg
③ 520kg　　　　④ 640kg

해설 W/C(물·시멘트의 비)$=\dfrac{W(물의\ 중량)}{C(시멘트의\ 중량)}\times100\%$ 이므로, 물의 중량=시멘트의 중량×물·시멘트의 비이다. 그런데, 물·시멘트의 비는 60%=0.6이고, 시멘트의 중량은 600kg이므로
물의 중량=시멘트의 중량×물·시멘트의 비
$=600\times0.6=360$kg이다.

51

보통 콘크리트의 슬럼프시험 결과 중 균등한 슬럼프를 나타내는 가장 좋은 상태는?

① 　　②
③ 　　④

해설 슬럼프시험 결과 중 좋은 형태는 균등한 슬럼프, 충분한 끈기, 무너져 내리나 끈기가 있는 경우, 미끈하게 넓혀지고 골재의 분리가 없는 형태가 좋다. 균등한 슬럼프를 나타내는 것으로 가장 좋은 상태는 ④이다.

52 |

콘크리트 구조물의 품질관리에서 활용되는 비파괴검 사방법과 가장 거리가 먼 것은?

① 슈미트해머법
② 방사선투과법
③ 초음파법
④ 자기분말탐상법

해설 콘크리트의 비파괴시험은 콘크리트 압축강도의 추정과 함께 철근 및 균열의 위치, 내구성 진단 등을 하는 데 유효한 시험으로 기계적, 전기적, 음향적인 방법으로 사용하는 데, 비파괴시험의 종류에는 슈미트해머법, 초음파법(음속법), 방사선투과법, 인발법, 철근 탐사법 등이 있다. 자기분말탐상법(magnetic particle test)은 용접 시 표면의 용접결함을 검출하는 시험 방법이다.

53 |

슈미트해머를 이용하여 측정 후 콘크리트의 강도를 계산할 때 실시하는 보정과 관계없는 것은?

① 타격방향에 따른 보정
② 콘크리트 습윤상태에 따른 보정
③ 압축응력에 따른 보정
④ 반발경도에 따른 보정

해설 슈미트해머법(타격법, 반발경도법)은 콘크리트의 표면을 타격하여 반발경도로 구하는 것으로 콘크리트 강도를 추정하는 방법이고, 장치가 소형, 경량이므로 조작이 용이하고 광범위하게 사용된다. 반발경도의 보정 방법은 다음과 같다.
　㉠ 타격 방향이 수평이 아닌 경우, 경사각도에 따른 보정을 한다.
　㉡ 수중양생을 지속한 콘크리트를 건조시키지 않고 측정한 경우, 반발경도 5.0을 더한다.
　㉢ 타격방향에 수직인 압축응력을 받고 있는 경우, 압축응력의 크기에 따른 보정을 한다.
　㉣ 재령에 따른 보정을 다음 표에 의한다.

재령	10	20	28	50	100	150	200	300	500	1,000	3,000
보정계수	1.55	1.15	1.0	0.87	0.78	0.74	0.72	0.70	0.67	0.66	0.63

54 |

콘크리트를 타설 시 주의사항으로 옳지 않은 것은?

① 콘크리트는 그 표면이 한 구획 내에서는 거의 수평이 되도록 타설하는 것을 원칙으로 한다.
② 한 구획 내의 콘크리트는 타설이 완료될 때까지 연속해서 타설하여야 한다.
③ 타설한 콘크리트를 거푸집 안에서 횡방향으로 이동시켜 밀실하게 채워질 수 있도록 한다.
④ 콘크리트 타설의 1층 높이는 다짐능력을 고려하여 결정하여야 한다.

해설 콘크리트 타설 시 타설한 콘크리트를 거푸집 안에서 종방향으로 이동시켜 밀실하게 채워질 수 있도록 한다.

55 |

콘크리트 타설 시 진동기를 사용하는 가장 큰 목적은?

① 콘크리트 타설 시 용이함
② 콘크리트의 응결, 경화 촉진
③ 콘크리트의 밀실화 유지
④ 콘크리트의 재료 분리 촉진

해설 진동기는 콘크리트에 대단히 빠른 충격을 주어 콘크리트를 밀실하게 안정시키는 것으로서 내부 진동기(일반 건축공사용), 거푸집 진동기[PC공장의 몰드(Mold)용], 표면 진동기(도로공사용) 등이 있다.

56 |

콘크리트 타설 후 진동다짐에 관한 설명으로 옳지 않은 것은?

① 진동기는 하층 콘크리트에 10cm 정도 삽입하여 상하층 콘크리트를 일체화시킨다.
② 진동기는 가능한 연직방향으로 찔러 넣는다.
③ 진동기를 빼낼 때는 서서히 뽑아 구멍이 남지 않도록 한다.
④ 된비빔콘크리트의 경우 구조체의 철근에 진동을 주어 진동효과를 좋게 한다.

해설 콘크리트 시공의 진동다짐 시 주의 사항
　㉠ 철근과 철근의 끝에 닿지 않도록 하여 철근의 위치가 변동되지 않도록 한다(철근의 진동으로 부착력이 감소한다).

ⓒ 진동 시간은 콘크리트의 표면에 시멘트 풀이 얇게 떠오를 정도(약 30~40초)를 표준으로 하고, 최대 1분으로 하며, 진동 다짐을 하는 경우에는 측압이 증가하므로 일반 거푸집보다 20~30% 정도 견고하게 한다.

ⓒ 진동 콘크리트의 두께는 진동기의 꽂이를 넘지 않게 30~60cm로 하고, 진동기 꽂이의 간격은 보통 60cm 이하로 한다.

ⓔ 응결(시멘트에 적당한 양의 물을 부어 뒤섞은 시멘트 풀은 천천히 점성이 늘어남에 따라 유동성이 점차 없어져 굳어지는 상태)이 시작된 콘크리트는 진동을 삼가야 하고, 콘크리트에 구멍이 나지 않도록 서서히 뽑아 올린다.

ⓜ 콘크리트의 진동다짐은 유동성이 적은 콘크리트에 진동을 주면 플라스틱한 성질을 나타내기 때문에 좋은 배합의 콘크리트보다 빈배합의 저슬럼프 콘크리트에 유효하다. 진동기는 가능한 한 꽂이식 진동기를 사용해야 한다.

57

콘크리트의 진동다짐 진동기의 사용에 대한 설명으로 틀린 것은?

① 진동기는 될 수 있는 대로 수직방향으로 사용한다.
② 묽은 반죽에서 진동다짐은 별 효과가 없다.
③ 진동의 효과는 봉의 직경, 진동수, 진폭 등에 따라 다르며, 진동수가 큰 것일수록 다짐효과가 크다.
④ 진동기는 신속하게 꽂아 넣고 신속하게 뽑는다.

해설 콘크리트의 진동다짐은 유동성이 적은 콘크리트에 진동을 주면 플라스틱한 성질을 나타내기 때문에 좋은 배합의 콘크리트보다 빈배합의 저슬럼프 콘크리트에 유효하다. 진동기는 가능한 한 꽂이식 진동기를 사용해야 하고, 서서히 꽂아 넣고 서서히 뽑는다.

58

콘크리트 타설 시 일반적인 주의사항으로 옳지 않은 것은?

① 운반거리가 가까운 곳으로부터 타설을 시작한다.
② 자유낙하 높이를 작게 한다.
③ 콘크리트를 수직으로 낙하한다.
④ 거푸집, 철근에 콘크리트를 충돌시키지 않는다.

해설 콘크리트 타설 시 주의사항
ⓐ 수직부인 기둥, 벽에 먼저 부어 넣는데, 이 때에 손

수레에 직접 붓지 않고, 일단 판위에 붓고 삽으로 다시 개면서 수평이 되도록 부어넣는다.

ⓒ 각 부분에 부어 넣을 때에는 호퍼로부터 먼 곳에서 가까운 곳으로 부어 나오지만, 한쪽에만 치우쳐서 전체의 변형을 가져오게 해서는 안 된다.

ⓒ 기둥에 부어 넣을 때에는 한꺼번에 부어 넣지 말고, 여러 번에 나누어 충분히 다지면서 부어 넣도록 하며(콘크리트 최초 층이 안정된 후에 계속적으로 타설), 재료 분리 현상을 막고 균일한 콘크리트가 되게 한다. 춤이 큰 벽이나 기둥의 경우에는 보에 비하여 가능한 한 묽은 비빔 콘크리트로 하고, 시간을 두고 나누어 친다.

ⓔ 벽체는 수평으로 주입구를 많이 설치해 충분히 다지면서 천천히 부어 넣도록 하고, 낙하구는 분산시켜 설치한다.

ⓜ 보에 부어 넣을 때에는 바닥과 동시에 부어 넣으며 양끝에서 중앙으로, 바닥판은 먼 곳에서 가까운 곳으로 수평지게 부어 넣는다.

ⓗ 수직부에 콘크리트를 부어 넣을 때에는 철근의 배근 상태 및 거푸집의 견고성과 관계되지만 보통 2m 이하로 하는 것이 좋다.

59

콘크리트 타설에 관한 설명으로 옳은 것은?

① 콘크리트 타설은 바닥판→보→계단→벽체→기둥의 순서로 한다.
② 콘크리트 타설은 운반거리가 먼 곳부터 시작한다.
③ 콘크리트 타설할 때에는 다짐이 잘 되도록 타설 높이를 최대한 높게 한다.
④ 콘크리트 타설 준비 시 콘크리트가 닿았을 때 흡수할 우려가 있는 곳은 미리 건조시켜 두어야 한다.

해설 각 부분에 부어 넣을 때에는 호퍼로부터(운반거리) 먼 곳에서 가까운 곳으로 부어 나오지만, 한쪽에만 치우쳐서 전체의 변형을 가져오게 해서는 안 된다.

60

결함부위로 균열의 집중을 유도하기 위해 균열이 생길만한 구조물의 부재에 미리 결함부위를 만들어 두는 것을 무엇이라 하는가?

① 신축줄눈 　　　　　② 침하줄눈
③ 시공줄눈 　　　　　④ 조절줄눈

　　㉠ Expansion joint(신축줄눈) : 온도 변화에 의한 부재(모르타르, 콘크리트 등)의 신축에 의해 균열·파괴를 방지하기 위해 일정한 간격으로 줄눈 이음을 하는 것이다. 구조물의 안전성과 시공의 편의성을 고려하여 신축이음의 위치를 정하며, 일반적으로 콘크리트 구조물의 중간 부분을 콘크리트 절단기를 이용해 줄눈을 시공한다.

　　㉡ Settlement Joint(침하줄눈) : 부동침하 등의 변위량을 미리 예측하고 예상침하깊이만큼 미리 높여서 설치하는 줄눈이다.

　　㉢ Control joint(조절줄눈) : 균열 등을 방지하기 위해 설치하는 줄눈으로 수축줄눈이라고도 한다.

　　㉣ Construction joint(시공줄눈) : 콘크리트 부어 넣기 작업을 일시 중지해야 할 경우에 만드는 줄눈이다.

　　㉤ Cold joint(콜드 조인트) : 1개의 PC부재 제작 시 편의상 분할하여 부어 넣을 때의 이어붓기 이음새 또는 먼저 부어 넣은 콘크리트가 완전히 굳고 다음 부분을 부어 넣는 이음새를 말한다. 가장 일체화가 잘 되도록 해야 하는 줄눈으로 계획되지 않은 줄눈이다.

61 |

콘크리트 타설 중 응결이 어느 정도 진행된 콘크리트에 새로운 콘크리트를 이어 치면 시공불량이음부가 발생하여 경화 후 누수의 원인 및 철근의 녹 발생 등 내구성에 손상을 일으키는 것은?

① Expansion joint
② Construction joint
③ Cold joint
④ Sliding joint

해설 Cold joint(콜드 조인트) : 1개의 PC부재 제작 시 편의상 분할하여 부어 넣을 때의 이어붓기 이음새 또는 먼저 부어 넣은 콘크리트가 완전히 굳고 다음 부분을 부어 넣는 이음새를 말한다. 가장 일체화가 잘 되도록 해야 하는 줄눈으로 계획되지 않은 줄눈이다.

62 |

콘크리트의 양생에 관한 설명 중 틀린 것은?

① 콘크리트 표면의 건조에 의한 내부콘크리트 중의 수분증발방지를 위해 습윤양생을 실시한다.
② 동해를 방지하기 위해 5℃ 이상을 유지한다.
③ 거푸집판이 건조될 우려가 있는 경우에라도 살수는 금하여야 한다.
④ 응결 중 진동 등의 외력을 방지해야 한다.

해설 콘크리트 양생 시 주의사항

　　㉠ 콘크리트 양생 시 온도를 유지하는 방법으로 가열하고, 수분 유지를 위해 피복을 하며, 콘크리트의 경화에 충분한 물이 필요하므로 거푸집판이 건조될 우려가 있는 경우는 살수를 하여야 한다.

　　㉡ 초기 양생에서 콘크리트의 어느 부분도 양생 온도가 5℃ 이하로 되지 않게 하고, 강도에 영향이 크다.

　　㉢ 양생은 기록과 강도 시험에 의해 소요 배합 강도가 얻어질 때까지 계속 양생한다.

　　㉣ 초기 양생은 콘크리트 강도가 50kg/cm^{2}로 될 때까지 하며, 매우 중요한 시기의 양생이고, 반드시 필요하며, 강도와 관계가 깊다.

　　㉤ 콘크리트 시공 완료 후 3일간(72시간)은 그 위를 보행하거나 가설 재료, 기계, 공구를 쌓아 두는 것은 금지해야 하고, 콘크리트는 재령 3일의 압축강도가 4주 압축강도의 30~40% 정도이므로 콘크리트 자체뿐만 아니라 거푸집에도 충격을 주거나, 짐 쌓아 두기 등은 금지되어야 한다.

63 |

철근콘크리트에서 염해로 인한 철근부식 방지대책으로 옳지 않은 것은?

① 콘크리트 중의 염소 이온량을 적게 한다.
② 에폭시 수지 도장 철근을 사용한다.
③ 방청제 투입을 고려한다.
④ 물-시멘트비를 크게 한다.

해설 철근의 부식 방지대책

　　㉠ 철근 표면에 아연 도금을 하고, 에폭시를 코팅한 철근을 사용하며, 방청제를 콘크리트에 혼합하여 피막을 형성한다.

　　㉡ 내식성의 철근을 사용하거나 철근의 피복두께를 두껍게 하고, 밀실한 콘크리트를 타설하고 물·시멘트비를 작게(단위 수량을 적게)하며, 양생을 철저히 한다.

64 |

콘크리트의 중성화에 대한 설명으로 옳지 않은 것은?

① 물-시멘트비가 클수록 중성화는 빨라진다.
② 조강 포틀랜드 시멘트를 사용하면 중성화가 지연된다.
③ 천연경량골재를 사용하면 중성화가 지연된다.
④ 표면활성제를 사용하면 중성화가 지연된다.

해설 콘크리트의 중성화[콘크리트는 원래 알칼리성(pH로 12정도)이므로 철근의 녹을 보호하는 역할을 하고 있으나, 시일의 경과와 더불어 공기 중의 이산화탄소의 작용을 받아 수산화칼슘이 서서히 탄산칼슘으로 되며, 알칼리성을 잃어가는 현상]에서 경량골재는 골재 자체의 공극이 크고, 투수성이 크므로 일반적으로 경량 콘크리트는 보통 콘크리트보다 중성화의 속도가 빠르다.

65 |

다음 중 레디믹스트콘크리트(Ready Mixed Concrete)의 슬럼프가 80mm 이상일 때의 슬럼프 허용오차 기준으로 옳은 것은?

① ± 10mm
② ± 15mm
③ ± 20mm
④ ± 25mm

해설 레디믹스트콘크리트의 슬럼프와 공기량의 허용오차

슬럼프			공기량
25mm	50mm 및 65mm	80mm 이상	
±10mm	±15mm	±25mm	±1.5%

66 |

한중콘크리트의 제조에 대한 설명으로 틀린 것은?

① 콘크리트의 비빔온도는 기상조건 및 시공조건 등을 고려하여 정한다.
② 재료를 가열하는 경우, 물 또는 골재를 가열하는 것을 원칙으로 하며, 골재는 직접 불꽃에 대어 가열한다.
③ 타설 시의 콘크리트 온도는 5℃ 이상, 20℃ 미만으로 한다.
④ 빙설이 혼입된 골재, 동결상태의 골재는 원칙적으로 비빔에 사용하지 않는다.

해설 한중콘크리트 재료의 가열에 있어서 기온이 2~5℃ 이하일 때 물을 가열, 기온이 0℃ 이하가 되면 잔골재(모래)도 가열, −10℃ 이하가 되면 물, 골재 모두를 가열하여 쓰고, 최고 가열 온도는 60℃ 이하로 한다. 재료를 가열할 경우, 물 또는 골재(모래, 자갈)를 가열하는 것으로 하고, 시멘트는 어떠한 경우라도 가열해서는 안 되며, 골재의 가열은 온도를 균등하게 한다.

67 |

경량 콘크리트의 범주에 들지 않는 것은?

① 신더콘크리트
② 톱밥콘크리트
③ AE콘크리트
④ 경량기포콘크리트

해설 경량콘크리트(건축물을 경량화하고, 열을 차단하는 데 유리한 콘크리트로 기건비중이 2.0 이하, 단위중량 1,700kg/cm² 정도의 콘크리트)의 종류에는 ①, ②, ④ 이외에 보통 경량 콘크리트(경량골재를 사용하여 제작한 콘크리트), 다공질 콘크리트(입도가 유사한 골재를 시멘트풀에 주입한 콘크리트) 등이 있다.

68 |

ALC 블록공사 시 내력벽 쌓기에 관한 내용으로 옳지 않은 것은?

① 쌓기 모르타르는 교반기를 사용하여 배합하여, 1시간 이내에 사용해야 한다.
② 가로 및 세로줄눈의 두께는 3~5mm 정도로 한다.
③ 하루쌓기 높이는 1.8m를 표준으로 하며, 최대 2.4m 이내로 한다.
④ 연석되는 벽면의 일부를 나중쌓기로 할 때에는 그 부분을 층단 떼어쌓기로 한다.

해설 ALC 블록공사 시 내력벽 쌓기에 있어서, 가로 및 세로줄눈의 두께는 1~3mm 정도로 한다.

69 |

ALC(Autoclaved Lightweight Concrete)의 특징으로 거리가 먼 것은?

① 경량성이 있다.
② 내화성이 좋다.
③ 내진성능이 좋다.
④ 시공성이 우수하다.

해설 ALC(Autoclaved Lightweight Concrete)의 특징은 ①, ②, ④ 이외에 열전도율이 보통 콘크리트의 1/10 정도로 단열성이 우수하고, 팽창 수축률이 비교적 작은 편이며, 다공질이므로 흡수성이 크다는 단점이 있다.

70

ALC의 특징 및 장·단점에 대한 설명으로 옳지 않은 것은?

① 흡수율이 낮은 편이며, 동해에 대해 방수·방습 처리가 불필요하다.

② 열전도율은 보통 콘크리트의 약 1/10로써 단열성이 우수하다.

③ 불연재인 동시에 내화재료이다.

④ 경량으로 인력에 의한 취급이 가능하고, 필요에 따라 현장에서 절단 및 가공이 용이하다.

> **해설** ALC의 특징 및 장·단점으로는 ②, ③, ④ 이외에 다공질이기 때문에 흡수성이 높은 단점이 있다. 따라서 동해에 대한 방수 및 방습처리를 하여야 하고, 미장마감을 하기 전에 흡수를 방지하기 위한 표면 접착력을 강화한 바탕 처리가 필수적이다.

71

수중콘크리트 공사 시 굵은 골재의 최대 치수로 옳은 것은? (단, 수중 속에 부어넣는 현장 타설 콘크리트 말뚝일 경우이다.)

① 25mm   ② 30mm

③ 35mm   ④ 50mm

> **해설** 수중 콘크리트 공사 시 굵은 골재의 최대 치수
>
> | 구조물의 종류 | 굵은 골재의 최대 치수(mm) |
> |---|---|
> | 일반적인 경우 | 20 또는 25 |
> | 단면이 큰 경우 | 40 |
> | 무근 콘크리트 | 40(부재 최소 치수의 1/4을 초과해서는 안 됨) |

72

진공콘크리트(Vacuum Concrete)에 대한 설명으로 옳지 않은 것은?

① 콘크리트의 경화수축량이 크게 감소한다.

② 콘크리트의 초기강도가 낮아진다.

③ 콘크리트의 장기강도가 증가한다.

④ 콘크리트의 동해저항성이 증대된다.

> **해설** 진공콘크리트(진공펌프와 진공매트 등을 이용하여 콘크리트 속에 잔류해 있는 잉여수를 제거함으로써 콘크리트의 강도를 증대시킨 콘크리트 또는 타설 직후 콘크리트 내의 수분 중 수화에 필요한 수분 이외에 물을 제거한 콘크리트)는 초기와 장기강도가 증대되고, 경화수축(소성 수축균열과 침하 균열)이 감소하며, 표면의 경도와 콘크리트 마모 저항이 증대된다. 또한, 동해에 대한 저항성이 증대된다.

73

서모콘(Thermo-con)의 설명으로 옳은 것은?

① 제물치장콘크리트이며 주로 바닥공사 마무리를 하는 것으로 콘크리트를 부어 넣은 후 그 콘크리트가 경화하지 않은 시간에 흙손으로 마감하는 것이다.

② 콘크리트가 경화하기 전에 진공매트(Vacuum Mat)로 수분과 공기를 흡수하여 내구성을 향상시킨 것이다.

③ 자갈, 모래 등의 골재를 사용하지 않고 시멘트와 물 그리고 발포제를 배합하여 만드는 일종의 경량콘크리트이다.

④ 건나이트(Gunite)라고도 하며 모르타르를 압축공기로 분사하여 바르는 것이다.

> **해설** ① 제치장 콘크리트, ② 진공콘크리트, ③ 서모콘, ④ 쇼트크리트에 대한 설명이다.

74

특수콘크리트에 관한 설명 중 옳지 않은 것은 무엇인가?

① 한중콘크리트는 동해를 받지 않도록 시멘트를 가열하여 사용한다.

② 경량콘크리트는 자중이 적고, 단열효과가 우수하다.

③ 중량콘크리트는 방사선 차폐용으로 사용된다.

④ 매스콘크리트는 수화열이 적은 시멘트를 사용한다.

> **해설** 한중콘크리트 재료의 가열에 있어서 기온이 2~5℃ 이하일 때 물을 가열, 기온이 0℃ 이하가 되면 잔골재(모래)도 가열, -10℃ 이하가 되면 물, 골재 모두를

가열하여 쓰고, 최고 가열 온도는 60℃ 이하로 한다. 재료를 가열할 경우, 물 또는 골재(모래, 자갈)를 가열하는 것으로 하고, 시멘트는 어떠한 경우라도 가열해서는 안 되며, 골재의 가열은 온도를 균등하게 한다.

3. 방수 및 방습공사

01 │ □□□

지하실 방수공사에 대한 설명 중 잘못된 것은?

① 지하실 내방수는 수압이 작은 경우 적용한다.
② 지하실 내방수는 시공 시기의 조정이 가능하다.
③ 지하실 외방수는 본공사 진행에 영향을 미치지 않는다.
④ 지하실 외방수는 비교적 시공비가 높다.

해설 지하실 외방수는 본공사 진행에 영향을 미친다.

02 │ □□□

지하방수에 대한 설명으로 옳지 않은 것은?

① 바깥방수는 깊은 지하실에서 유리하다.
② 바깥방수에는 보통 시트나 아스팔트 방수 및 벤토나이트 방수법이 많이 쓰인다.
③ 안방수는 시공이 어렵고 보수가 쉽지 않은 단점이 있다.
④ 안방수는 시트나 아스팔트 방수보다 액체 방수를 많이 활용한다.

해설 안방수는 시공이 쉽고 보수가 쉬운 장점이 있다.

03 │ □□□

바깥방수와 비교한 안방수의 특징에 관한 설명으로 옳지 않은 것은?

① 공사가 간단하다.
② 공사비가 비교적 싸다.
③ 보호 누름이 없어도 무방하다.
④ 수압이 작은 곳에 이용된다.

해설 보호 누름이 반드시 필요하다.

04 │ □□□

시멘트 액체 방수에 대한 기술 중 옳지 않은 것은?

① 시멘트 방수제를 모체에 침투시키거나 방수제를 혼합한 모르타르를 바르는 방수공법이다.
② 방수 모르타르 바름은 방수제를 혼합 반죽한 모르타르를 2~3회 발라 총두께가 10~20mm 정도가 되게 바른다.
③ 방수층이 넓을 때에는 적당한 위치에 신축줄눈을 시공한다.
④ 하절기에는 낮시간을 이용하여 작업을 실시하여 능률을 높인다.

해설 하절기에는 새벽이나 저녁시간을 이용하여 작업을 실시하여 능률을 높인다.

05 │ □□□

시멘트 액체 방수에 대한 설명으로 옳지 않은 것은?

① 모체 표면에 시멘트 방수제를 도포하고 방수 모르타르를 덧발라 방수층을 형성하는 공법이다.
② 옥상 등 실외에서는 효력의 지속성을 기대할 수 없다.
③ 시공은 바탕처리 → 지수 → 혼합 → 바르기 → 마무리 순으로 진행한다.
④ 시공 시 방수층의 부착력을 위하여 방수할 콘크리트 바탕면은 충분히 건조시키는 것이 좋다.

해설 시공 시 방수층의 부착력을 위하여 방수할 콘크리트 바탕면은 충분히 물축임을 하는 것이 좋다.

06 │ □□□

시멘트 액체 방수에 대한 설명으로 옳지 않은 것은?

① 값이 저렴하고 시공 및 보수가 쉬운 편이다.
② 바탕의 상태가 습하거나 수분이 함유되어 있더라도 시공할 수 있다.
③ 바탕 콘크리트의 침하, 경화 후의 건조수축, 균열 등 구조적 변형이 심한 부분에도 사용할 수 있다.
④ 옥상 등 실외에서는 효력의 지속성을 기대할 수 없다.

해설 바탕 콘크리트의 침하, 경화 후의 건조수축, 균열 등 구조적 변형이 심한 부분에는 사용할 수 없다.

07

도막 방수에 관한 설명 중 옳지 않은 것은?

① 도막 방수의 바탕솔칠은 시멘트 액체 방수에 준하여 실시한다.
② 도막 방수에는 노출공법과 비노출공법이 있다.
③ 유제형 도막 방수는 인화성이 강하므로 시공 시 화기를 엄금한다.
④ 용제형 도막 방수는 강풍이 불 경우 방수층 접착이 불량하다.

해설 용제형 도막 방수는 인화성이 강하므로 시공 시 화기를 엄금한다.

08

유리섬유, 합성섬유 등의 망상포를 적층하여 도포하는 도막 방수 공법은?

① 코팅 공법
② 라이닝 공법
③ 멤브레인 공법
④ 루핑 공법

해설 유제형 도막 방수는 수지유제를 바탕 콘크리트 면에 여러 번 발라 두께 0.5~1.0mm 정도의 바름막을 형성하여 방수층을 형성하는 공법으로, 도막의 보강 및 두께를 확보하기 위하여 유리섬유, 비닐론, 데빌론 등의 망상포를 사용하는 공법을 라이닝 공법이라고 한다.

09

건축공사의 방수 공법 중 신장성과 내후성이 우수하고 보호 누름이 필요하며 결함부의 발견이 매우 어려운 것은?

① 아스팔트 방수
② 시멘트 액체 방수
③ 시트 방수
④ 도막 방수

해설 아스팔트 방수는 아스팔트가 방수, 내수, 내구성이 있는 것을 이용한 방수법이다. 시멘트 액체 방수는 모체에 방수제를 침투시키거나, 방수제를 혼합한 시멘트풀을 칠하고 또 방수 모르타르를 바르는 과정을 적당히 배열 반복하여 방수층을 만드는 것이다. 도막 방수(도포, 수지, 고분자 방수)는 도료상의 방수제를 바탕면

에 여러 번 칠하여 상당한 살두께의 방수막을 만드는 공법이다.

10

합성고무와 열가소성 수지를 사용하여 1겹으로 방수 효과를 내는 공법은?

① 도막 방수
② 시트 방수
③ 아스팔트 방수
④ 표면 도포 방수

해설 도막 방수는 액체로 된 방수도료를 한 번 또는 여러 번 칠하여 상당한 두께의 방수막을 형성하는 방수법이다. 아스팔트 방수는 널리 사용되는 공법으로, 아스팔트 펠트, 루핑 등을 여러 층 접합하여 방수층을 형성하는 방수법이다. 표면 도포 방수는 표면에 방수제를 도포하여 방수하는 방법이다.

11

시트 방수 공법에 관한 설명 중 틀린 것은?

① 접착제 도포에 앞서 먼저 도포한 프라이머의 적정한 건조를 확인한다.
② 시트의 너비와 길이에는 제한이 없고, 3겹 이상 적층하여 방수하는 것이 원칙이다.
③ 수용성의 프라이머는 저온 시 동결 피해 발생에 주의한다.
④ 접착공법은 모서리부, 드레인 주변 등 특수한 부위를 먼저 세심하게 작업한다.

해설 시트 방수 공법에 있어 시트는 너비와 길이의 제한이 있고, 1겹으로 방수하는 것을 원칙으로 한다.

12

시트 방수 공법에 관한 기술 중 옳지 않은 것은?

① 건축용 시트의 두께는 0.8~2.0mm 정도의 것이 사용된다.
② 시트의 너비와 길이에 제한이 없고, 3겹 이상 적층하여 방수하는 것이 원칙이다.
③ 상온에서 용제형의 접착제를 도포한 후 약 20분 정도가 경과되어야 압착이 가능하다.
④ 시트 상호 간의 이음은 겹친이음 5cm 이상, 맞댄이음 10cm 이상으로 한다.

해설 시트의 너비와 길이에 제한이 있고, 시트 1겹으로 방수하는 것이 원칙이다.

13

프리패브 건축, 커튼월 공법의 성행에 따른 건축물의 각 부분의 접합부, 특히 스틸 새시 주위, 균열부 보수 등에 많이 이용되는 방수공법은?

① 아스팔트 방수　　　② 시트 방수
③ 도막 방수　　　　　④ 실재 방수

해설 아스팔트 방수는 아스팔트가 방수, 내수, 내구성이 있는 것을 이용한 방수법이다. 시트 방수는 콘크리트의 강도 증진, 공기 단축 등에 따른 콘크리트의 균열 발생 증가와 복잡한 현대 건축 구조(고층화, 경량화, 돔, 셸 등의 특수 구조체)에 따른 방수 처리 미비점을 우수한 성능의 고분자 재료로 처리하는 방수법이다. 도막 방수(도포, 수지, 고분자 방수)는 도료상의 방수제를 바탕면에 여러 번 칠하여 상당한 살두께의 방수막을 만드는 공법이다.

14

무기질 또는 무기유기질계가 혼합된 방수제를 솔·롤러 또는 저압력의 기구로 콘크리트 바탕에 분사·코팅하여 방수층을 형성하는 공법은?

① 실재 방수　　　　　② 침투 방수
③ 발수성 방수　　　　④ 그라우팅 방수

해설 실재 방수는 실링재(퍼티, 개스킷, 코킹 및 실란트 등)를 콘크리트 바탕에 접착하여 방수층을 형성하는 공법이고, 발수성 방수는 발수 용도로 사용하는 실리콘 화합물계 또는 기타 발수성 물질의 침투성 용액을 붓, 롤러, 뿜칠 등으로 시공 부위에 균일하게 도포하여 방수층을 형성하는 공법이다. 그라우팅 방수는 방수제를 콘크리트 바탕에 그라우팅하여 방수층을 형성하는 공법이다.

15

다음 방수공사에 대한 설명 중 옳은 것은?

① 보통 수압이 적고 얕은 지하실에는 바깥방수법, 수압이 크고 깊은 지하실에는 안방수법이 유리하다.

② 지하실에 안방수법을 채택하는 경우, 지하실 내부에 설치하는 칸막이벽, 창문틀 등은 방수층 시공을 하기 전에 먼저 하는 것이 유리하다.
③ 지하실이 바깥방수 아스팔트 방수층일 경우, 바닥 방수층 치켜올림을 고려하여 밑창 콘크리트는 60cm 이상 넓게 하고 방수층도 접어 올릴 수 있게 한다.
④ 바깥방수법은 보호 누름이 필요하지만, 안방수법은 없어도 무방하다.

해설 보통 수압이 적고 얕은 지하실에는 안방수법, 수압이 크고 깊은 지하실에는 바깥방수법이 유리하다. 지하실에 안방수법을 채택하는 경우, 지하실 내부에 설치하는 칸막이벽, 창문틀 등은 방수층 시공 후 하는 것이 유리하다. 바깥방수법은 보호 누름이 필요하지 않지만, 안방수법은 반드시 필요하다.

16

건축 방수공사의 성능 확인을 위한 가장 일반적인 시험방법은?

① 수밀시험　　　　　② 기밀시험
③ 실물시험　　　　　④ 담수시험

해설 건축 방수공사에 있어서 성능 확인을 위한 시험방법은 방수성(투수 저항성) 시험, 내피로성 시험, 내외상성(충격시험, 패임 등) 시험, 내풍시험, 부품(들뜸)시험, 방수성 안전시험, 내화학 열화성 및 방습층 시험 등이 있으나, 가장 일반적인 방수성능시험법은 담수시험이다.

17

실링 공사의 재료에 관한 기술 중 옳지 않은 것은?

① 개스킷은 콘크리트의 균열 부위를 충전하기 위해 사용하는 부정형 재료이다.
② 프라이머는 접착면과 실링재와의 접착성을 좋게 하기 위해 도포하는 바탕처리 재료이다.
③ 백업재는 소정의 줄눈 깊이를 확보하기 위해 줄눈 속을 채우는 재료이다.
④ 마스킹 테이프는 시공 중에 실링재 충전 개소 이외의 오염방지와 줄눈 선을 깨끗이 마무리하기 위한 보호 테이프이다.

해설 에폭시수지 접착제는 콘크리트의 균열 부위를 충전하기 위해 사용하는 부정형 재료이다.

18 |

다음의 방수법에서 아스팔트 방수공법은 어느 것에 속하는가?

① 피막 방수법
② 모체 방수법
③ 도포 방수법
④ 시트 방수법

해설 모체 방수법은 구조 부재인 콘크리트 자체를 수밀하게 하는 방수법이다. 도포 방수법은 방수제를 도포하여 방수하는 방법이다. 시트 방수법은 시트 1층에 의한 방수 효과를 기대하는 공법이다.

19 |

아스팔트 방수재료에 관한 설명으로 옳지 않은 것은?

① 아스팔트 콤파운드는 블론 아스팔트에 동·식물성 유지나 광물질 분말을 혼합한 것이다.
② 아스팔트 프라이머는 스트레이트 아스팔트를 용제로 녹인 것이다.
③ 아스팔트 펠트는 섬유 원지에 스트레이트 아스팔트를 가열 용해하여 흡수시킨 것이다.
④ 아스팔트 루핑은 원지에 스트레이트 아스팔트를 침투시키고 양면에 콤파운드를 피복한 후 광물질 분말을 살포시킨 것이다.

해설 아스팔트 프라이머는 블론 아스팔트를 휘발성 용제로 녹인 것이다.

20 |

아스팔트 방수공사에 관한 설명 중 틀린 것은?

① 아스팔트 펠트, 루핑은 빈틈, 들뜨기, 주름, 늘어남이 없이 바탕에 밀착시켜야 한다.
② 기온이 영하이거나 우중에는 공사를 중지해야 한다.
③ 구석, 내민 부분 귀모서리는 모두 직각으로 하여 시공해야 한다.
④ 선홈통과 낙수구 부근의 연결 부분은 특별히 시공에 주의해야 한다.

해설 구석, 내민 부분 귀모서리는 둥글게 3~10cm 면을 접어서 시공해야 한다.

21 |

아스팔트 방수공사에 관한 설명 중 옳지 않은 것은?

① 아스팔트의 용융 중에는 최소한 30분에 1회 정도로 온도를 측정하며, 접착력 저하 방지를 위하여 200℃ 이하가 되지 않도록 한다.
② 한랭지에서 사용되는 아스팔트는 침입도 지수가 적은 것이 좋다.
③ 지붕 방수에는 침입도가 크고 연화점(軟化点)이 높은 것을 사용한다.
④ 아스팔트 용융솥은 가능한 한 시공 장소와 근접한 곳에 설치한다.

해설 한랭지에서 사용되는 아스팔트는 침입도 지수가 크고, 연화점이 낮은 것이 좋다.

22 |

콘크리트 지붕의 아스팔트 방수공사에 대한 내용 중 옳지 않은 것은?

① 절연공법이란 방수층을 바탕재에 대부분 밀착시키지 않는 공법이다.
② 한랭지에서 사용하는 방수공사용 아스팔트는 침입도가 큰 것을 택한다.
③ 밀착공법일 때는 아스팔트 루핑의 겹침을 길이 방향 및 폭 방향 모두 10 cm 정도로 한다.
④ 아스팔트 루핑을 붙이는 시기는 아스팔트 프라이머를 도포한 후 즉시 붙이기 작업을 한다.

해설 아스팔트 루핑을 붙이는 시기는 아스팔트 프라이머를 도포한 후 용제를 휘발 건조시킨 후 붙이기 작업을 한다.

23 |

지붕 아스팔트 방수층 누름 모르타르에 줄눈 나누기를 하는 이유와 내용으로 옳은 것은?

① 부분적 보수가 용이하게 하기 위함
② 누름 모르타르의 수축, 팽창에 의한 균열방지를 위함
③ 모체에 균열이 생기는 것을 조절하기 위함
④ 누름 모르타르의 줄눈 나누기의 단위면적을 크게 할수록 유리함

해설 아스팔트 방수층의 신축줄눈은 누름 모르타르 또는 지붕 마무리면의 팽창, 수축 등에 의한 균열을 방지하기 위해 설치한다. 신축줄눈은 방수 보호 누름의 콘크리트에 줄눈 너비 1.5 cm 정도로 끊어두고, 줄눈파기를 한 다음 마무리면에서 3cm 밑까지 모래를 채우고 위에는 아스팔트를 녹여 넣는다.

24 |

아스팔트 방수층에 신축줄눈을 설치하는 이유로서 가장 옳은 것은?

① 부분적인 보수를 쉽게 하기 위해서
② 방수층 보호 누름을 떠올리지 못하게 하기 위해서
③ 보기 좋게 하기 위해서
④ 지붕 마무리면의 팽창, 수축 등에 의한 균열을 방지하기 위해서

해설 아스팔트 방수층의 신축줄눈은 누름 모르타르 또는 지붕 마무리면의 팽창, 수축 등에 의한 균열을 방지하기 위하여 신축줄눈을 설치한다.

25 |

철근콘크리트조 건물의 지하실 방수공사에서 시공의 어려움, 공비의 고저를 생각하지 않고 시공하는 경우 가장 좋은 것은?

① 콘크리트 방수제를 넣는다.
② 콘크리트에 AE제를 넣는다.
③ 방수 모르타르를 바른다.
④ 아스팔트 바깥방수법으로 시공한다.

해설 방수방법 중 철근콘크리트조 건축물의 지하실 방수공사에서 시공의 난이, 공비의 고저 등을 생각하지 않는 경우 아스팔트 바깥방수법이 유효하다.

26 |

개량 아스팔트 시트 방수공사 중 최상층에 노출용의 개량 아스팔트 시트를 사용하여 전면 밀착으로 하는 공법을 나타내는 기호는?

① M－PrF
② M－MiF
③ M－MiT
④ M－RuF

해설 ① 보행용 전면접착공법, ② 노출용 전면부착공법, ③ 노출용 단열재 삽입공법이다.

27 |

건축물의 창호나 조인트의 충전재로서 사용되는 실(seal)재에 대한 설명 중 옳지 않은 것은?

① 퍼티 : 탄산칼슘, 연백, 아연화 등의 충전재를 각종 건성유로 반죽한 것을 말한다.
② 유성 코킹재 : 석면, 탄산칼슘 등의 충전재와 천연유지 등을 혼합한 것을 말하며 접착성, 가소성이 풍부하다.
③ 2액형 실링재 : 휘발 성분이 거의 없어 충전 후의 체적 변화가 적고 온도 변화에 따른 안정성도 우수하다.
④ 아스팔트성 코킹재 : 전색재로서 유지나 수지 대신에 블론 아스팔트를 사용한 것으로 고온에 강하다.

해설 아스팔트 코킹재는 아스팔트를 주원료로 하고 충전재(석면 등)를 합쳐 만든 재료로서 값은 싸나 흑색이고 고온에서 용융(고온에 약함)하므로 세로면의 시공에 적절하지 못하며 자외선에 의해 노화되기 쉬우므로 용도가 한정된다.

28 |

알칼리 황화물과 폴리할로겐 탄화수소의 반응으로 얻어지는 고무상의 고분자 물질로 줄눈재 또는 구멍 메움재로 사용되는 접착제는?

① 네오프렌
② 치오콜
③ 카세인
④ 알부민

해설 네오프렌은 합성고무의 상품명으로 천연고무보다 우수한 점이 많고, 석유계 기름에는 녹지 않는다. 카세인은 우유에 포함된 단백질로서 접착제로 사용한다. 알부민은 가축의 혈액 중에 포함된 접착성 물질로 아교 제조에 사용된다.

29 |

아스팔트의 분류 중 천연 아스팔트에 해당하는 것은?

① 스트레이트 아스팔트
② 블론 아스팔트
③ 아스팔트 컴파운드
④ 레이크 아스팔트

해설 아스팔트의 종류는 천연 아스팔트(로크 아스팔트, 레이크 아스팔트, 아스팔트 타이트 등), 석유계 아스팔트(스트레이트 아스팔트, 블론 아스팔트, 아스팔트 컴파운드 등) 등이 있다.

30

아스팔트 방수에서 아스팔트 방수층과 콘크리트 바탕과의 접착을 좋게 하기 위하여 도포하는 재료는?

① 스트레이트 아스팔트 ② 블론 아스팔트
③ 아스팔트 프라이머 ④ 아스팔트 콤파운드

해설 스트레이트 아스팔트는 아스팔트의 성분을 될 수 있는 대로 분해, 변하지 않도록 만든 것으로, 점성·신성·침투성 등이 크나, 증발 성분이 많으며, 온도에 의한 강도·신성·유연성의 변화가 크다. 용도로는 아스팔트 펠트, 아스팔트 루핑의 바탕재에 침투시키기도 하고, 지하실의 방수에 사용한다. 블론 아스팔트는 증류탑에 뜨거운 공기를 불어넣어 만든 것으로 점성이나 침투성이 작지만, 온도에 의한 변화가 작아서 열에 대한 안정성이 크며, 내후성도 크다. 아스팔트 루핑의 표층, 지붕 방수, 아스팔트 콘크리트의 재료로 사용된다. 아스팔트 콤파운드는 블론 아스팔트의 성능(내열성, 점성, 내구성 등)을 개량하기 위해 동·식물성 유지와 광물질 미분 등을 혼입하여 만든 것으로 방수 재료, 아스팔트 방수 공사에 사용된다.

31

온도에 대한 감수성 및 신도가 적어 지붕의 방수 공사에 가장 적합한 아스팔트는?

① 블론 아스팔트 ② 천연 아스팔트
③ 피치 ④ 스트레이트 아스팔트

해설 천연 아스팔트의 종류에는 레이크 아스팔트(지구 표면의 낮은 곳에 괴어 반액체 또는 고체로 굳은 것), 록 아스팔트(사암, 석회암 또는 모래 등의 틈에 침투되어 있는 것) 및 아스팔타이트(많은 역청분을 포함한 검고 견고한 것) 등이 있고, 피치는 유기물(석유 원유, 각종 석탄, 수목 등)을 건류하여 얻은 진한 흑색유 상태의 물질이며, 스트레이트 아스팔트는 아스팔트의 성분을 가능한 한 분해해 변화하지 않도록 만든 것으로 점성, 신축성, 침투성 등이 크나, 증발 성분이 많고, 온도에 의한 강도, 신축성, 유연성의 변화가 크다. 용도로는 지하실 방수에 사용한다.

32

아스팔트 루핑에 대한 설명으로 옳은 것은?

① 펠트의 양면에 스트레이트 아스팔트를 가열 용융시켜 피복한 것이다.
② 블론 아스팔트를 용제에 녹인 것으로 액상을 하고 있다.
③ 석유, 석탄 공업에서 경유, 중유 및 중유분을 뽑은 나머지로, 대부분은 광택이 없는 고체로 연성이 전혀 없다.
④ 평지붕의 방수층, 슬레이트 평판, 금속판 등의 지붕 깔기 바탕 등에 이용된다.

해설 ① 아스팔트 펠트, ② 아스팔트 프라이머, ③ 피치에 대한 설명이다.

33

스트레이트 아스팔트와 비교한 합성고무혼입 아스팔트의 특징이 아닌 것은?

① 감온성이 크다.
② 인성이 크다.
③ 내노화성이 크다.
④ 탄성 및 충격 저항이 크다.

해설 스트레이트 아스팔트는 합성고무혼입 아스팔트에 비하여 인성, 내노화성, 탄성 및 충격 강도가 약하나, 감온성[온도에 따른 아스팔트의 컨시스턴시(반죽질기)가 변하는 정도]이 크다.

34

목면, 마사, 양모, 폐지 등을 혼합하여 만든 원지에 스트레이트 아스팔트를 침투시킨 두루마리 제품으로 주로 아스팔트 방수의 중간층 재료로 이용되는 것은?

① 아스팔트 펠트
② 아스팔트 루핑
③ 아스팔트 싱글
④ 아스팔트 블록

해설 아스팔트 루핑은 아스팔트의 펠트[유기질의 섬유(목면, 마사, 폐지, 양털, 무명, 삼, 펠트 등)로 원지를 증기로 건조하여 이것에 스트레이트 아스팔트를 침투시켜 롤러로 압착하여 만든 것] 양면에 아스팔트 콤파운드를 피복한 다음, 그 위에 활석, 운모, 석회석, 규조토 등의 미분말을 부착시킨 것이고, 아스팔트 싱글은 아스팔트 루핑을 절단하여 만든 것으로 지붕 재료로 주로 사용되는 아스팔트 제품 또는 특수하게 품질을 개량한 아스팔트 사이에 심재로 유리 섬유(글라스 매트)나 목재의 섬유질(다공성 원지)을 사용하며, 표면에는 채색된 돌입자로 코팅한 지붕재(기와, 슬레이트)로 각광을 받고 있으며, 모래 붙임 루핑과 유사하다. 아스팔트 블록은 가열한 아스팔트에 모래, 깬 자갈, 광재를 섞어서 정해진 틀에 넣어 강압하여 만든 블록으로 공장, 창고 및 철도 플랫폼 등의 바닥에 사용되며, 보행감이 좋고, 내마멸성이 크며, 먼지가 덜 난다.

35 |

멤브레인(membrane) 방수층에 포함되지 않는 것은?

① 아스팔트 방수층
② 스테인리스 시트 방수층
③ 합성고분자계 시트 방수층
④ 도막 방수층

해설 멤브레인 방수(구조물의 외부에 피막을 구성시키는 공법)의 종류에는 아스팔트 방수, 시트 방수 및 도막 방수 등이 있다.

36 |

도료상태의 방수재를 바탕면에 여러 번 칠하여 얇은 수지피막을 만들어 방수효과를 얻는 것으로 에멀션형, 용제형, 에폭시계 형태의 방수공법은?

① 시트 방수
② 도막 방수
③ 침투성 도포 방수
④ 시멘트 모르타르 방수

해설 시트 방수는 합성고무계, 합성수지계, 고무화 아스팔트계를 바탕과 접착시키는 공법으로 1층 시트 방식에 의한 방수효과를 기대하는 공법이고, 침투성 도포 방수는 노출된 부위나 실내의 콘크리트, 조적조 및 미장의 표면에 방수제를 침투시켜 방수효과를 기대하는 공법으로 시공성이 좋고 공사기간이 빠른 공법이며, 시멘트 모르타르 방수는 방수제를 시멘트 모르타르에 혼합하여 시공하는 방수 공법으로 방수층 자체의 수축성이 있어 균열이 발생하는 단점이 있다.

37 |

방수공사에 사용하는 아스팔트의 양부(良否)를 판정하는 데 필요치 않은 것은 다음 중 어느 것인가?

① 침입도(針入度)
② 신도(伸度)
③ 연화점(軟化点)
④ 마모도(磨耗度)

해설 아스팔트의 품질 판정 시 고려할 사항은 침입도, 연화점, 이황화탄소(가용분), 감온비, 늘음도(신도, 다우스미스식), 비중 등이 있고, 마모도와는 무관하다.

38 |

다음 중 역청 재료의 침입도 값과 비례하는 것은?

① 역청재의 온도
② 역청재의 중량
③ 대기압
④ 역청재의 비중

해설 역청 재료의 침입도(아스팔트의 견고성 정도를 침의 관입 저항으로 평가하는 방법)값은 역청재의 온도와 비례(온도의 상승에 따라 증가)하고, 스트레이트 아스팔트가 블론 아스팔트보다 변화 정도가 현저하다. 침입도의 측정은 소정의 온도, 하중 및 시간에 있어서 규정된 침이 시료 중에 수직으로 관입한 길이로 나타낸다.

39 |

다음 중 아스팔트의 물리적 성질에 있어 아스팔트의 견고성 정도를 평가한 것은?

① 신도
② 침입도
③ 내후성
④ 인화점

해설 아스팔트의 품질 판정 시 고려할 사항은 침입도(아스팔트의 견고성 정도를 침의 관입 저항으로 평가하는 방법), 연화점, 이황화탄소(가용분), 감온비, 늘음도(신도, 다우스미스식), 비중 등이 있다.

40 |

아스팔트 방수재료의 침입도가 20이라면 재료시험 시 25℃ 온도로 하중 100g에 시간 5초인 표준조건에서 표준봉이 몇 mm 침입한 것을 의미하는가?

① 0.2mm
② 2mm
③ 20mm
④ 200mm

아스팔트의 침입도 단위는 0.1mm, 즉 침입도 1＝0.1mm
이고, 표준 침의 굵기는 1.0mm이다. 그러므로 침입도가
20이면 0.1×20＝2mm이다.

41 |

건축공사의 방수용 아스팔트 콤파운드의 침입도는
다음 중 어떤 것을 사용하는가?

① 5° ② 15°
③ 30° ④ 35°

해설 블론 아스팔트는 한랭지에서 10~20°, 온난지에서 20~30°,
아스팔트 콤파운드는 15~25° 정도이다.

42 |

벤토나이트 방수재료에 관한 설명으로 옳지 않은 것은?

① 팽윤특성을 지닌 가소성이 높은 광물이다.
② 콘크리트 시공조인트용 수팽창 지수재로 사용된다.
③ 콘크리트 믹서를 이용하여 혼합한 벤토나이트와
토사를 롤러로 전압하여 연약한 지반을 개량한다.
④ 염분을 포함한 해수에서는 벤토나이트의 팽창반
응이 강화되어 차수력이 강해진다.

해설 벤토나이트 방수재료는 응회암, 석영, 조면암 등의 유
리질 부분이 풍화, 분해된 진흙으로서 주성분은 몬모
릴로나이트인데 물을 많이 흡수하면 팽윤(고분자 화합
물이 용매를 흡수하여 부피가 늘어나는 일)하고 건조
하면 극도로 수축하는 점토 광물이다. 또한, 염분을
포함한 해수에서는 벤토나이트의 팽창반응이 약화되
어 차수력이 약해진다.

4. 단열 및 음향공사

01 |

무기질 단열재료 중 규산질 분말과 석회분말을 오토
클레이브 중에서 반응시켜 얻은 겔에 보강섬유를 첨
가하여 프레스 성형하여 만드는 것은?

① 유리면
② 세라믹섬유
③ 펄라이트판
④ 규산칼슘판

해설 유리면(유리솜, 또는 글라스울)은 유리를 용융하여 섬
유화한 것으로 보온, 방음, 흡음, 방화, 전기 절연재 등
으로 사용하고, 경질판으로 만들어 장식재, 간격, 스크
린으로 사용한다. 세라믹섬유는 실리카-알루미나계 섬
유를 말하며 1,000℃ 이상의 고온에서도 사용할 수 있
다. 단열성, 유연성, 전기 절연성, 화학 안정성이 뛰어
난 섬유이다. 펄라이트판은 천연 암석을 원료로 한 천
연 유리질의 펄라이트 입자를 무기 바인더로 하여 프레
스 성형하여 만들어진 판으로 내열성은 650℃ 정도로
높으므로 주로 배관용 단열재로 사용된다.

02 |

단열재가 갖추어야 할 조건으로 옳지 않은 것은?

① 열전도율이 낮을 것 ② 비중이 클 것
③ 흡수율이 낮을 것 ④ 내화성이 좋을 것

해설 단열재의 구비 조건
  ㉠ 비중이 작고, 열전도율 및 흡수율이 낮으며, 투기
    성이 작을 것
  ㉡ 시공성(가공, 접착 등), 내화성 및 내부식성이 좋을
    것
  ㉢ 어느 정도의 기계적인 강도가 있을 것
  ㉣ 유독성 가스가 발생하지 않고, 사용 연한에 따른
    변질이 없으며, 균질한 품질일 것

03 |

단열재에 대한 설명 중 맞지 않은 것은?

① 유리면 – 유리 섬유를 이용하여 만든 제품으로
서 유리 솜 또는 글라스 울이라고 한다.
② 암면 – 상온에서 열전도율이 낮은 장점을 가지
고 있으며 철골 내화피복재로서 많이 이용되고
있다.
③ 석면 – 불연성, 보온성이 우수하고 습기에도 강
하여 선진국에서 적극적으로 사용을 권장하고
있다.
④ 펄라이트 보온재 – 경량이며 수분침투에 대한
저항성이 있어 배관용의 단열재로 사용된다.

해설 석면(12~14% 정도의 수분을 포함하는 섬유 모양의 사
문석)은 내화성, 보온성, 절연성이 우수하고, 인장강
도가 크나, 습기를 흡수하기 쉬운 단점이 있으며, 특
히, 최근에는 1급 발암물질로 사용이 금지되고 있다.

04 |

다음의 단열재에 대한 설명 중 옳지 않은 것은?

① 암면의 암석으로부터 인공적으로 만들어진 내열성이 높은 광물섬유를 이용하여 만드는 제품으로 단열성, 흡음성이 뛰어나다.

② 세라믹 파이버의 원료는 실리카와 알루미나이며, 알루미나의 함유량을 늘리면 내열성이 상승한다.

③ 경질 우레탄폼은 방수성, 내투습성이 뛰어나기 때문에 방습층을 겸한 단열재로 사용된다.

④ 펄라이트 판은 천연의 목질섬유를 원료로 하며, 단열성이 우수하여 주로 건축물의 외벽 바름에 사용된다.

해설 펄라이트 판은 진주암, 흑요석, 송지암 또는 이에 준하는 석질(유리질의 화산암)을 포함한 암석을 포함하여 소성, 팽창시켜 제조한 백색 다공질의 경석으로 성질은 경량, 단열, 흡음, 보온, 방화, 내화성이 우수하므로 바름벽 재료, 뿜칠 재료 및 바닥 단열재료로 사용된다.

05 |

단열재에 관한 설명 중 옳지 않은 것은?

① 열전도율이 낮은 것일수록 단열효과가 좋다.

② 열관류율이 높은 재료는 단열성이 낮다.

③ 같은 두께인 경우 경량 재료인 편이 단열효과가 나쁘다.

④ 열전달 계수가 낮은 재료가 단열성이 크다.

해설 단열재
 ⊙ 열을 차단하는 성능을 가진 재료로서 열전도율의 값이 0.02~0.05kcal/m · h · ℃ 내외의 값을 갖는 재료를 말한다.
 ⊙ 밀도가 낮고 열전도율, 열전달 계수 및 열관류율이 낮아야 단열효과가 높다.
 같은 두께인 경우, 경량 재료(밀도가 낮은)인 편이 단열효과가 좋다. 또한, 단열재는 다공질 재료가 많다.

06 |

단열재의 일반적인 성질에 대한 설명으로 옳지 않은 것은?

① 흡습과 흡수를 하면 단열 성능이 떨어진다.

② 열전도율은 재료가 표건상태일 때 가장 작다.

③ 일반적으로 재료 밀도가 크면 열전도가 커진다.

④ 재료의 관류 열량은 재료 표면에 생기는 대류 현상에 영향을 받는다.

해설 단열재로서 단열효과를 극대화하는 것은 열전도율이 가장 작은 물질, 즉 공기층으로 마감하는 것이나, 물로 채워있으면 열전도율의 값이 커지므로 단열효과가 낮아지며, 열전도율은 재료가 절대건조(전건)상태인 경우가 가장 작다.

07 |

단열재의 단열효과에 대한 설명으로 옳지 않은 것은?

① 공기층의 두께와는 무관하며, 단열재의 두께에 비례한다.

② 단열재의 열전도율, 열전달률이 작을수록 단열효과가 크다.

③ 열전도율이 같으면 밀도 및 흡수성이 작은 재료가 단열효과가 더 작다.

④ 열관류율(K) 값이 클수록 열저항력이 작아지므로 단열 성능은 떨어진다.

해설 단열재
 ⊙ 열을 차단하는 성능을 가진 재료로서 열전도율의 값이 0.02~0.05kcal/m · h · ℃ 내외의 값을 갖는 재료를 말한다.
 ⊙ 밀도가 낮고 열전도율, 열전달 계수 및 열관류율이 낮아야 단열효과가 높다.
 같은 두께인 경우, 경량 재료(밀도가 낮은)인 편이 단열효과가 좋다.

08 |

재료나 구조 부위의 단열성에 영향을 미치는 요인이 아닌 것은?

① 재료의 두께   ② 재료의 밀도

③ 재료의 강도   ④ 재료의 표면 상태

단열성에 영향을 끼치는 요소에는 재료의 두께, 재료의 밀도 및 재료의 표면 상태(표면의 반사 등) 등이 해당되며, 재료의 강도와는 무관하다.

09 |

단열재의 특성에서 전열의 3요소가 아닌 것은?

① 전도　　　　　　② 대류
③ 복사　　　　　　④ 결로

해설 단열재의 특성에서 전열의 3요소에는 열의 전도, 열의 대류 및 열의 복사 등이 있다.

10 |

다음 건축재료 중 열전도율이 가장 작은 것은?

① 시멘트 모르타르　　② 알루미늄
③ ALC　　　　　　④ 유리 섬유

해설 건축재료의 열전도율은 시멘트 모르타르는 1.4W/mk, 알루미늄은 200W/mk, ALC는 0.13~0.19W/mk, 유리 섬유는 0.035~0.038W/mk이다.

11 |

목재의 열전도율을 다른 재료와 비교 설명한 것으로 옳지 않은 것은?

① 목재의 열전도율은 콘크리트의 열전도율보다 작다.
② 동일 함수율에서 소나무는 오동나무보다 열전도율이 작다.
③ 목재의 열전도율은 철의 열전도율보다 작다.
④ 목재의 열전도율은 화강암의 열전도율보다 작다.

해설 목재의 열전도율에 있어서, 동일 함수율 상태에서 소나무는 오동나무보다 열전도율이 크다.

12 |

열전도율이 큰 순서에서 작은 순서로 옳게 나열한 것은?

A : 구리　　　　　　B : 철
C : 보통 콘크리트　　D : 유리

① A – B – D – C　　② A – B – C – D
③ B – A – D – C　　④ A – C – B – C

해설 열전도율을 보면, 구리는 332Kcal/mh℃, 철은 42Kcal/mh℃, 보통 콘크리트는 0.96Kcal/mh℃, 유리는 0.48Kcal/mh℃ 정도이다. 즉, 구리 → 철 → 콘크리트 → 유리의 순이다.

13 |

다음의 단열재료 중에서 가장 높은 온도에서 사용할 수 있는 것은?

① 세라믹 파이버　　② 암면
③ 석면　　　　　　④ 글라스울

해설 ① 1,260℃, ② 600℃, ③ 550℃, ④ 350℃ 정도이다.

14 |

다음 재료 중 단열재료에 해당하는 것은?

① 우레아 폼　　　　② 아코스틱텍스
③ 유공 석고보드　　④ 테라초판

해설 단열재료는 열을 차단할 수 있는 성능을 가진 재료로서 열전도율의 값이 0.05kcal/mh℃ 내외의 값을 갖는 재료를 말하며, 대표적인 제품은 우레아 폼 등이 있다.

15 |

재료의 열팽창계수에 대한 설명으로 옳지 않은 것은?

① 온도의 변화에 따라 물체가 팽창·수축하는 비율을 말한다.
② 길이에 관한 비율인 선팽창계수와 용적에 관한 체적팽창계수가 있다.
③ 일반적으로 체적팽창계수는 선팽창계수의 3배이다.
④ 체적팽창계수의 단위는 W/m·K이다.

해설 재료의 열팽창계수의 단위는 /℃이고, W/m·K는 열전도율의 단위이다.

16 |

다음 중 고음역 흡음재료로 가장 적당한 것은?

① 파티클보드
② 구멍 뚫린 석고보드
③ 구멍 뚫린 알루미늄판
④ 목모시멘트판

해설 다공질 재료 또는 섬유질 재료(목모시멘트판)와 같이 통기성이 있는 재료에 음파가 입사하면 재료 내부의 공기 진동에 의하여 점성 마찰이 생기고, 음에너지가 열에너지로 변환되어져 흡음된다. 이 흡음은 고음역, 즉 주파수가 큰 영역에서의 효과가 크다.

17 |

흡음재료의 특성에 대한 설명으로 옳은 것은?

① 유공판 재료는 연질섬유판, 흡음텍스가 있다.
② 판상 재료는 뒷면의 공기층에 강제진동으로 흡음 효과를 발휘한다.
③ 유공판 재료는 재료 내부의 공기 진동으로 고음역의 흡음 효과를 발휘한다.
④ 다공질 재료는 적당한 크기나 모양의 관통 구멍을 일정 간격으로 설치하여 흡음 효과를 발휘한다.

해설 다공질 재료에는 연질섬유판, 흡음텍스, 암면, 유리면 등이 있고, 재료 내부의 공기 진동으로 고음역의 흡음 효과를 발휘하며, 유공판 재료는 적당한 크기와 모양의 관통 구멍을 일정한 간격으로 설치하여 흡음 효과를 발휘한다.

18 |

차음 재료의 요구 성능에 관한 설명으로 옳은 것은?

① 비중이 작을 것
② 음의 투과손실이 클 것
③ 밀도가 작을 것
④ 다공질 또는 섬유질이어야 할 것

해설 차음 재료(음의 전파를 막는 재료)의 요구 성능에는 비중과 밀도가 크고, 음의 투과손실(어느 재료에 침투한 소리의 에너지와 반대쪽으로 투과해 나간 소리의 에너지의 비의 역수의 상용대수를 10배로 한 값으로 단위는 dB. 어느 재료로 소리를 차단했을 때에, 어느

정도 소리가 저하하는가 하는 기준)이 크며, 치밀하고 균일한 재료이어야 한다.

19 |

건물의 바닥 충격음을 저감시키는 방법에 관한 설명으로 옳지 않은 것은?

① 완충재를 바닥 공간 사이에 넣는다.
② 부드러운 표면마감재를 사용하여 충격력을 작게 한다.
③ 바닥을 띄우는 이중바닥으로 한다.
④ 바닥 슬래브의 중량을 작게 한다.

해설 바닥 충격음을 저감하는 방법 중 차음 대책은 차음 재료의 밀도(비중)가 높고, 단단하며, 투과손실이 큰 재료, 중량이 큰 재료와 두꺼운 재료를 사용하여야 한다.

20 |

다음 중 건축재료와 사용 용도의 결합이 옳지 않은 것은?

① 황동 – 창호철물
② 트래버틴 – 실내 장식재
③ 알루미늄 – 방화 셔터
④ 염화비닐 – 도료

해설 알루미늄은 100℃가 넘으면 연화(융점은 658℃)되기 시작하여 내화성이 약하므로 방화 셔터로 사용하기에는 부적당하다.

21 |

재료와 그 용도가 잘못 짝지어진 것은?

① 인슐레이션보드 – 방화
② 크레오소트 – 방부
③ 유공 보드 – 흡음
④ 블론 아스팔트 – 방수

해설 인슐레이션보드는 식물섬유(볏짚, 톱밥, 폐펄프, 파지 등)를 주원료로 하여 잘 다져 혼합한 것을 탈수 성형하여 건조시킨 연질섬유판으로 내장, 흡음, 단열을 목적으로 사용하며, 텍스라고도 한다.

Ⅱ 실내디자인 마감계획

1 목공사

01

건축구조재료의 요구 성능을 역학적 성능, 화학적 성능, 내화성능 등으로 구분할 때 다음 중 역학적 성능에 해당되지 않는 것은?

① 내열성　　　　② 강도
③ 강성　　　　　④ 내피로성

해설 건축구조재료의 역학적 성능에는 강도, 강성, 내피로성 등이 있고, 화학적 성능에는 녹, 부식, 중성화 등이 있으며, 방화·내화 성능에는 불연성, 내열성 등이 있다. 또한, 물리적 성능에는 비수축성 등이 있다.

02

건축재료의 요구 성능 중 마감 재료에서 필요성이 가장 적은 항목은?

① 화학적 성능　　② 역학적 성능
③ 내구 성능　　　④ 방화·내화 성능

해설 건축재료 중 마감 재료의 요구 성능은 물리적 성능(열·음·광투과와 반사 등), 내구 성능(동해, 변질, 부패 등), 화학적 성능(녹, 부식, 중성화 등), 방화·내화 성능(비발연성, 비유독 가스), 감각적 성능(색채, 촉감 등) 및 생산 성능(가공성, 시공성 등) 등이 있고, 역학적 성능과는 무관하다.

03

건축용 목재의 일반적인 성질에 대한 기술 중 옳지 않은 것은?

① 목재의 함수율이 섬유포화점 이하에서는 함수율이 증가함에 따라 강도는 감소한다.
② 목재의 함수율이 섬유포화점 이상에서는 함수율이 증가함에 따라 팽창한다.
③ 목재의 심재는 변재보다 건조에 의한 수축이 적다.
④ 기건 상태의 목재의 함수율은 15% 정도이다.

해설 목재의 함수율이 섬유포화점 이상에서는 함수율이 변하더라도 팽창과 수축은 변하지 않는다.

04

건축 구조물에 쓰이는 일반적인 목재의 성질에 대한 설명으로 옳지 않은 것은?

① 색채 무늬가 있어 미장에 유리하다.
② 비중이 작고 연질이어서 가공이 쉽다.
③ 방부제와 방화 자재를 사용하면 내구성을 연장할 수 있다.
④ 무게에 비해 강도가 작아 구조용으로 부적합하다.

해설 무게에 비해 강도가 커서 구조용으로 적합하다.

05

경목재(hardwood lumber)에 대한 설명 중 틀린 것은?

① 경목재는 침엽수재이다.
② 경목재는 규격목재, 마감목재, 구조목재로 구분된다.
③ 경목재의 용도는 바닥, 벽, 내부수장, 난간두겁대, 디딤판, 가구, 선반, 널말뚝 등이다.
④ 품질, 성장 특성, 최종 용도 등이 근본적으로 연목재와 다르다.

해설 연목재는 침엽수재이고, 경목재는 활엽수재이다.

06

목조재료로 사용되는 침엽수의 특징에 해당하지 않는 것은?

① 직선 부재의 대량생산이 가능하다.
② 비중이 커 무거우며 가공이 어렵다.
③ 병충해에 약하여 방부 및 방충 처리를 해야 한다.
④ 수고(樹高)가 높으며 곧다.

해설 비중이 작고, 가벼우며 가공이 쉽다.

07 |

목재를 조성하고 있는 원소 중 차지하는 비중이 가장 큰 것은?

① 탄소　　　　　② 산소
③ 질소　　　　　④ 수소

해설 목재의 원소 조성은 대개 탄소 50%, 산소 44%, 수소 5%, 질소 1% 정도이고, 이외에도 회분, 석회, 칼슘, 마그네슘, 나트륨, 망간, 알루미늄, 철 등이 미량 들어 있다.

08 |

목재의 구조와 조직에 관한 설명으로 옳지 않은 것은?

① 목재의 방향에서 수목의 생장방향을 섬유방향이라 한다.
② 춘재(春材)는 추재(秋材)에 비하여 세포가 비교적 크고, 세포막은 엷으며 연약하다.
③ 변재는 심재보다 짙은 색을 띤다.
④ 평균 연륜폭(mm)은 나이테가 포함되는 길이를 나이테 수로 나눈 값을 말한다.

해설 심재(변재에서 변화되어 세포는 고화되고, 수지, 색소, 광물질 등이 고결화된 부분으로 암갈색)는 변재(수분을 많이 함유하므로 제재 후에 부패하기 쉬우며 담황색)보다 짙은 색을 띤다.

09 |

목재의 심재와 변재를 비교한 설명 중 옳지 않은 것은?

① 심재가 변재보다 다량의 수액을 포함하고 있어 비중이 작다.
② 심재가 변재보다 신축이 적다.
③ 심재가 변재보다 내후성, 내구성이 크다.
④ 일반적으로 심재가 변재보다 강도가 크다.

해설 심재와 변재의 비교

구분	비중	신축성	내구성	강도	폭	품질
심재	크다	작다	크다	크다	노목일수록 크다.	좋음
변재	작다	크다	작다	작다	어린나무일수록 크다.	나쁨

※ 변재가 심재보다 다량의 수액을 포함하고 있어 비중이 작다.

10 |

다음 중 목재에 관한 기술로 옳지 않은 것은?

① 가력방향이 섬유에 평행할 경우 압축강도가 인장강도보다 크다.
② 함수율이 섬유포화점 이상에서는 함수율이 변해도 강도의 변화는 거의 없다.
③ 타 재료에 비해 목재는 비강도가 큰 편이다.
④ 목재의 열의 전도가 더딘 것은 조직 가운데 공간이 있기 때문이다.

해설 목재의 강도를 큰 것부터 작은 것의 순으로 나열하면, 인장강도 → 휨강도 → 압축강도→ 전단강도의 순이고, 섬유방향의 평행방향의 강도가 섬유방향의 직각방향의 강도보다 크고, 섬유평행방향의 인장강도 → 섬유평행방향의 압축강도→ 섬유직각방향의 인장강도 → 섬유직각방향의 압축강도의 순이다. 어떠한 경우라도 압축강도가 인장강도보다 작다.

11 |

다음의 목재에 대한 설명 중 옳지 않은 것은?

① 목재 건조의 목적으로는 목재강도의 증가, 도장성의 개선, 전기절연성의 증가 등이 있다.
② 목재는 450℃에서 장시간 가열하면 자연 발화하므로 이 온도를 화재위험온도라고 한다.
③ 열기건조는 건조실에 목재를 쌓고 온도, 습도, 풍속 등을 인위적으로 조절하면서 건조하는 방법이다.
④ 프린트합판은 합판 표면에 각종 무늬와 색채를 인쇄하거나 인쇄한 치장지를 붙인 합판이다.

해설 목재의 연소

구분	100℃	인화점	착화점 (화재위험온도)	자연발화점
온도	100℃	160~180℃	260~270℃	400~450℃
현상	수분 증발	가연성 가스 발생	불꽃에 의해 목재에 착화	화기가 없어도 발화

12

목재는 함수율이 섬유포화점 이상에서는 강도가 일정하나 그 이하에서는 함수율의 감소에 따라 강도가 증가한다. 섬유포화점의 함수율은 얼마 정도인가?

① 10% 　　　　　② 20%
③ 30% 　　　　　④ 40%

해설 목재의 함수율

구분	전건재	기건재	섬유포화점
함수율	0%	10~15% (12~18%)	30%
비고		습기와 균형	섬유 세포에만 수분 함유, 강도가 커지기 시작하는 함수율

13

목재의 성질에 관한 설명 중 옳지 않은 것은?

① 기건 상태는 목재가 통상 대기의 온도, 습도와 평형된 수분을 함유한 상태를 말하며, 이때의 함수율은 평균 10%이다.
② 섬유포화상태는 세포막 내부가 완전히 수분으로 포화되어 있고 세포내공과 공극 등에는 액체 수분이 존재하지 않는 상태를 말한다.
③ 섬유포화점 이상의 함수상태에서는 함수율의 증감에도 불구하고 신축을 일으키지 않는다.
④ 섬유 방향에 따라서 전기전도율은 다르며 축방향이 최대이고, 반경방향이 최소이다.

해설 기건재의 함수율은 10~15%(12~18%) 정도이다.

14

수목이 성장도중 세로방향의 외상으로 수피가 말려 들어간 것을 뜻하는 흠의 종류는?

① 옹이
② 송진구멍
③ 혹
④ 껍질박이

해설 옹이는 줄기나 가지 등이 목부에 파묻힌 대소 가지의 기부이며, 목재의 피할 수 없는 결점 중의 하나 또는 수목이 성장하는 도중에 줄기에서 가지가 생기게 되면, 나뭇가지와 줄기가 붙은 곳에 줄기의 세포와 가지의 세포가 교차되어 생기는 흠으로 산옹이, 죽은옹이, 썩은 옹이 및 옹이구멍 등이 있다. 지선(송진구멍)은 소나무에 많으며 송진과 같은 수지가 모인 부분의 비정상 발달에 따라, 목질부에서 수지가 흘러나오는 구멍이 생겨서 목재를 건조한 후에도 수지가 마르지 않으며, 사용 중에도 계속 나오는 곳으로 가공 및 목재 사용에 극히 곤란하여 그 부분을 메우거나 절단하여 사용한다. 혹은 섬유가 집중되어 볼록하게 된 부분으로 뒤틀리기 쉬우며 가공하기도 어렵다.

15

목재의 절대건조비중이 0.46일 때 목재 내부의 공극률은 대략 얼마인가?

① 10% 　　　　　② 30%
③ 50% 　　　　　④ 70%

해설 목재의 공극률(목재에서 공기가 차지하는 비율)

$$= \left(1 - \frac{w}{1.54}\right) \times 100(\%)$$

여기서, w는 절건비중이다. 그러므로,

$$V = \left(1 - \frac{w}{1.54}\right) \times 100(\%) = \left(1 - \frac{0.46}{1.54}\right) \times 100 = 70.13$$
$$\fallingdotseq 70\%$$

16

각재의 마구리치수가 12cm×12cm, 길이가 240cm, 목재의 건조 전 질량이 25kg, 절대건조상태가 될 때까지 건조 후 질량이 20kg이었다면 이 목재의 함수율을 구하면?

① 10% 　　　　　② 15%
③ 20% 　　　　　④ 25%

해설 목재의 함수율

$$= \frac{함수량}{절대건조 시 중량} \times 100(\%)$$

$$= \frac{건조 전 중량 - 절대건조 시 중량}{절대건조 시 중량} \times 100(\%)$$

$$= \frac{25-20}{20} \times 100 = 25\%$$

17 |

목재의 신축에 대한 설명 중 옳은 것은?

① 동일 나뭇결에서 심재는 변재보다 신축이 크다.
② 섬유포화점 이상에서는 함수율에 따른 신축 변화가 크다.
③ 일반적으로 곧은결폭보다 널결폭의 신축의 정도가 크다.
④ 신축의 정도는 수종과는 상관없이 일정하다.

해설 동일 나뭇결에서 변재는 심재보다 신축이 크고, 섬유포화점 이상에서는 함수율 변화에 따른 신축 변화가 거의 없으며, 신축의 정도는 수종에 따라 다르다.

18 |

목재의 수분·습기의 변화에 따른 팽창수축을 감소시키는 방법으로 옳지 않은 것은?

① 사용하기 전에 충분히 건조시켜 균일한 함수율이 된 것을 사용할 것
② 가능한 한 곧은결 목재를 사용할 것
③ 가능한 한 저온 처리된 목재를 사용할 것
④ 파라핀·크레오소트 등을 침투시켜 사용할 것

해설 목재의 수분, 습기의 변화에 따른 팽창수축을 감소하기 위한 방법으로는 ①, ②, ④ 이외에 가능한 한 고온 처리된 목재를 사용하여야 한다.

19 |

목재의 용적변화 팽창 및 수축에 관한 설명으로 옳지 않은 것은?

① 변재는 심재보다 용적변화가 일반적으로 크다.
② 비중이 클수록 용적변화가 적다.
③ 널결폭이 곧은결폭보다 크다.
④ 함수율이 섬유포화점보다 크게 되면 함수율이 증가하여도 용적변화는 거의 없다.

해설 목재의 수축과 팽창은 수종 이외에도 생장 상태나 수령에 따라 일정하지 않고, 같은 목재라 하더라도 변재는 심재보다 크고, 비중이 클수록 용적변화가 크다.

20 |

목재의 압축강도에 영향을 미치는 원인에 대하여 설명한 것으로 틀린 것은?

① 기건 비중의 클수록 압축강도는 증가한다.
② 가력방향이 섬유방향과 평행일 때 압축강도는 최대가 된다.
③ 섬유포화점 이상에서 목재의 함수율이 커질수록 압축강도는 계속 낮아진다.
④ 옹이가 있으면 압축강도는 저하하고 옹이 지름이 클수록 더욱 감소한다.

해설 목재의 함수율이 30%인 섬유포화점 이상에서 목재의 함수율이 커지거나, 작아진다고 하더라도 목재의 강도에는 변함이 없고, 섬유포화점 이하에서는 함수율이 감소할수록 강도는 증대한다.

21 |

침엽수의 섬유방향 강도에 대한 일반적인 대소 관계를 옳게 표기한 것은?

① 압축강도 > 휨강도 > 인장강도 > 전단강도
② 휨강도 > 인장강도 > 압축강도 > 전단강도
③ 인장강도 > 휨강도 > 압축강도 > 전단강도
④ 휨강도 > 압축강도 > 인장강도 > 전단강도

해설 목재의 제강도는 섬유평행방향의 강도가 섬유직각방향의 강도보다 크고, 각 방향의 강도는 강도가 큰 것부터 작은 것의 순으로 나열하면, 인장강도 → 휨강도 → 압축강도 → 전단강도의 순이다.

22 |

목재의 건조방법 중 인공건조법이 아닌 것은?

① 열기건조법
② 전기건조법
③ 침수건조법
④ 증기건조법

해설 인공건조법은 건조실에 제재품을 쌓아 넣고 처음에는 저온 다습의 열기를 통과시키다가 점차로 고온 저습으로 조절하여 건조시키는 방법으로 종류는 다음과 같다.
㉠ **증기건조법** : 건조실을 가열하여 건조시키는 방법
㉡ **열기건조법** : 건조실 내의 공기를 가열하거나 가열 공기를 넣어 건조시키는 방법
㉢ **훈연법** : 연기(짚이나 톱밥 등을 태운)를 건조실에 도입하여 건조시키는 방법

ⓔ 진공법 : 원통형의 탱크 속에 목재를 넣고 밀폐하여 고온, 저압 상태하에서 수분을 빼내는 방법

ⓜ 전기건조법 : 전열기로 가열하여 목재를 건조시키는 방법이다.

※ 침수건조법은 건조 전 처리방법의 일종으로 원목을 2주 이상 물에 담그는 것으로 계속 흐르는 물이 좋으며, 바닷물보다 민물인 담수가 좋다. 목재의 전체를 수중에 잠기게 하거나 상하를 돌려서 고르게 침수시키지 않으면 부식할 우려가 있다.

23 |

목재의 건조 목적으로 적합하지 않은 것은?

① 사용 후의 수축 및 균열 방지
② 강도 및 내구성의 증진
③ 균류에 의한 부식과 벌레의 피해를 방지
④ 부피의 감소

해설 목재의 건조

생나무 원목을 기초 말뚝으로 사용하는 경우를 제외하고는 일반적으로 사용 전에 건조시킬 필요가 있다. 건조의 정도는 대략 생나무 무게의 1/3 이상 경감될 때까지로 하지만, 구조용재는 기건 상태, 즉 함수율 15% 이하로, 마감 및 가구재는 10% 이하로 하는 것이 바람직하다.
㉠ 무게를 줄일 수(중량의 경감) 있고, 강도 및 내구성이 증진되며, 사용 후 변형(수축 균열, 비틀림 등)을 방지할 수 있다.
㉡ 부패균의 발생이 억제되어 부식을 방지[목재의 부패 조건 : 적당한 온도(25~35℃), 수분 또는 습도(30~60%), 양분(리그닌) 및 공기(산소) 등이 있다.]할 수 있고, 도장재료, 방부재료 및 접착제 등의 침투 효과가 크다.

24 |

목재의 건조방법 중 자연건조법으로 옳은 것은?

① 열기건조법
② 전기건조법
③ 침수건조법
④ 증기건조법

해설 목재의 인공건조법에는 증기건조법(건조실을 증기로 가열하여 건조), 열기건조법(건조실 내의 공기를 가열하거나 가열 공기를 넣는 방법), 훈연법(짚이나 톱밥을 태운 연기를 건조실에 도입하여 건조시키는 방법), 진공건조법(원통형의 탱크 속에 목재를 넣고, 밀폐하여 고온, 저압상태에서 수분을 빼내는 방법) 및 전기건조법 등이 있고, 침수건조법은 건조 전 처리 방법의 일종이다.

25 |

목재를 천연 건조시킬 때의 장점이 아닌 것은?

① 비교적 균일한 건조가 가능하다.
② 시설투자비용 및 작업비용이 적다.
③ 시간적 효율이 높다.
④ 옥외용으로 사용 시 예상되는 수축, 팽창의 발생을 감소시킬 수 있다.

해설 시간적 효율이 낮다.

26 |

다음 재료 중 목재의 방부제에 해당하지 않는 것은?

① 아스팔트(asphalt)
② 아스팔트 펠트(asphalt felt)
③ 콜타르(coal-tar)
④ 크레오소트유(creosote oil)

해설 목재 방부제의 종류에는 유용성 방부제(크레오소트, 콜타르, 아스팔트, 펜타클로로페놀 및 페인트 등)와 수용성 방부제(황산구리용액, 염화아연용액, 염화 제2수은용액 및 플루오르화나트륨용액 등) 등이 있고, 아스팔트 펠트(asphalt felt)는 유기질의 섬유(목면, 마사, 폐지, 양털, 무명, 삼, 펠트 등)로 원지포를 만들어, 원지포에 스트레이트 아스팔트를 침투시켜 롤러로 압착하여 만든 것으로 흑색 시트 형태이다. 방수와 방습성이 좋고 가벼우며, 넓은 지붕을 쉽게 덮을 수 있어 기와 지붕의 밑에 깔거나, 방수 공사를 할 때 루핑과 같이 사용한다.

27 |

목재 방부제 중 방부성은 좋으나 목질부를 약화시켜 전기전도율이 증가되고 비내구성인 수용성 방부제는?

① 황산동 1% 용액
② 염화 제2수은 1% 용액
③ 불화소다 2% 용액
④ 염화아연 4% 용액

해설 목재의 방부제 중 황산동 용액은 방부성은 좋으나 금속을 부식시키고, 염화 제2수은 용액은 방부효과는 우수하나 금속을 부식시키고 인체에 유해하며, 불화소다 용액은 방부효과가 우수하고 인체와 금속에 무해하며 페인트 도장도 가능하나, 내구성이 부족하고 가격이 고가이다.

28

목재에 사용하는 방부제가 아닌 것은?

① 크레오소트(creosote)
② 콜타르(coal-tar)
③ 카세인(casein)
④ PCP(Penta Chloro Phenol)

해설 목재의 방부제에는 크레오소트(흑갈색 용액으로 방부력이 우수하고 내습성이 있으며, 값이 저렴), 콜타르(방부력이 약하고 흑색이므로 사용 장소가 제한되고 도포용으로만 사용) 및 P.C.P(무색이고 가장 방부력이 우수하며, 그 위에 페인트를 칠할 수 있으나, 크레오소트에 비해 값이 비싸고, 석유 등의 용제로 녹여 사용) 등을 사용하고, 카세인은 지방질을 뺀 우유를 자연 산화시키거나, 카세인을 분리한 다음 건조시킨 접착제이다.

29

석탄의 고온 건류 시 부산물로 얻어지는 흑갈색의 유성 액체로서 가열 도포하면 방부성은 좋으나 목재를 흑갈색으로 착색하고 페인트칠도 불가능하게 하므로 보이지 않는 곳에 주로 이용되는 유성 방부제는?

① 캐로신
② PCP
③ 염화아연 4% 용액
④ 콜타르

해설 콜타르는 유기물(석유 원유, 각종 석탄, 수목 등)의 고온 건류 시 부산물로 얻어지는 흑색의 유성 액체이다. 비교적 휘발성이 있고, 특수한 냄새가 나며, 비중은 1.1~1.2 정도이다. 가열하여 도포하면 방부성이 우수하나, 목재를 흑갈색으로 착색하고 페인트칠도 불가능하게 하므로 보이지 않는 곳에 사용한다.

30

목재 방부제의 종류와 그 특징에 관한 설명으로 옳지 않은 것은?

① 크레오소트유 : 도장이 불가능하며, 독성이 적고 자극적인 냄새가 난다.
② CCA : 도장이 가능하고 독성이 없으며 처리제는 무색이다.
③ PCP : 도장이 가능하며 처리제는 무색으로, 성능이 우수한 유용성 방부제이다.

④ PF : 도장이 가능하고 독성이 있으며 처리제는 황록색이다.

해설 CCA(크롬 · 구리 · 비소화합물계 목재 방부제)는 도장이 가능하나, 독성이 있으며, 처리제는 녹색을 띠고, 토대의 부패 방지에 사용되는 방부제이다.

31

목재의 방부제 처리법에 해당되지 않는 것은?

① 자비법
② 침지법
③ 주입법
④ 도포법

해설 목재의 방부제 처리법에는 도포법, 침지법, 상압 주입법, 가압 주입법 및 생리적 주입법 등이 있고, 자비법(목재를 끓는 물에 삶는 방법)은 목재의 건조 전 처리법이다.

32

목재의 방화에 관한 설명 중 옳지 않은 것은?

① 목재 표면에 방화페인트 등을 도포하여 화염의 접근을 방지한다.
② 암모니아 염류의 약제를 도포 또는 주입하여 가연성 가스의 발생을 적게 하거나 인화를 곤란하게 한다.
③ 크레오소트 오일을 사용하여 가연성 분해가스의 발산을 방지한다.
④ 목재 표면에 플라스터 바름을 하여 위험 온도에 달하지 않도록 한다.

해설 크레오소트 오일은 목재의 방부제로서 목재의 부패를 방지하기 위한 약제이고, 가연성 분해가스의 발산을 방지하는 약제는 방화페인트, 규산나트륨 등이다.

33

합판에 관한 설명 중 틀린 것은?

① 방향에 따른 강도차가 원재에 비해 적다.
② 곡면가공을 하여도 균열이 생기지 않는다.
③ 목재의 장식적 가치를 증가시킬 수 있다.
④ 함수율 변화에 의한 신축변형이 크다.

해설 합판의 특성

ⓐ 합판은 판재에 비하여 균질이고, 목재의 이용률을 높일 수 있다.

ⓑ 베니어를 서로 직교시켜서 붙인 것으로 잘 갈라지지 않으며, 방향에 따른 강도의 차가 작다.

ⓒ 베니어는 얇아서 건조가 빠르고 뒤틀림이 없으므로 팽창과 수축을 방지할 수 있다.

ⓓ 아름다운 무늬가 되도록 얇게 벗긴 단판을 합판의 양쪽 표면에 사용하면, 값싸게 무늬가 좋은 판을 얻을 수 있다.

ⓔ 너비가 큰 판을 얻을 수 있고, 쉽게 곡면판으로도 만들 수 있다.

34 |

합판에 관한 설명으로 옳지 않은 것은?

① 함수율 변화에 의한 신축변형이 크고 방향성이 있다.

② 3장 이상의 홀수의 단판(Veneer)을 접착제로 붙여 만든 것이다.

③ 곡면가공을 하여도 균열이 생기지 않는다.

④ 표면가공법으로 흡음효과를 낼 수가 있고 의장적 효과도 높일 수 있다.

해설 합판[보통 합판은 3장 이상의 단판(얇은 판)을 1장마다 섬유 방향이 다른 각도(90°)로 교차, 즉 직교되도록 한다. 단판을 겹치는 장수는 3, 5, 7장 등의 홀수이며, 이와 같이 겹쳐서 만든 것]의 특성은 ②, ③, ④ 이외에 방향에 따른 강도의 차가 작고, 베니어(단판)는 얇아서 건조가 빠르고 뒤틀림이 없으므로 팽창과 수축을 방지할 수 있다.

35 |

집성목재에 관한 설명 중 옳지 않은 것은?

① 접착제로는 요소수지가 많이 쓰인다.

② 두께 1.5~5cm의 목재 단판을 섬유방향이 상호 직각되게 접착시킨다.

③ 목재보로 이용 시 응력에 따라 단면 크기를 다르게 할 수 있다.

④ 곡면의 부재를 만들 수 있다.

해설 두께 1.5~5cm의 목재 단판을 섬유방향이 거의 평행이 되게 접착시킨 것은 집성목재이고, 단판을 서로 직각이 되게 접착시킨 것은 합판이다.

36 |

목재 또는 기타 식물질을 작은 조각으로 하여 충분히 건조시킨 후 합성수지 접착제와 같은 유기질 접착제를 첨가하여 열압 제조한 목재 제품은?

① 집성목재

② 파티클보드

③ 코펜하겐리브

④ 코르크보드

해설 집성목재는 두께 15~50mm의 단판을 제재하여 섬유방향을 거의 평행이 되도록 여러 장을 겹쳐 접착한 목재 제품이고, 코펜하겐리브는 긴 판에 리브를 가공한 것으로 강당, 극장, 집회장 등의 음향 조절용, 일반 건축물의 벽수장재로 사용하며, 코르크보드는 코르크나무 수피의 탄력성 있는 부분을 원료로 하여 그 분말로 가열, 성형, 접착하여 판형으로 만든 것이다.

37 |

섬유판 중 파티클보드의 일반적인 특성에 대한 설명 중 틀린 것은?

① 강도에 방향성이 없다.

② 방충, 방부성이 크다.

③ 두께는 비교적 자유로이 선택할 수 있다.

④ 못이나 나사못 등의 지보력이 약하다.

해설 파티클보드의 특성

ⓐ 강도와 섬유방향에 따른 방향성이 없고, 변형(뒤틀림)도 극히 적지만 수분이나 고습도에 대해 약하기 때문에 별도의 방습 및 방수처리가 필요하다.

ⓑ 방충·방부·방화성을 높일 수 있고, 가공성·흡음성과 열차단성이 크다.

ⓒ 두께를 비교적 자유롭게 선택할 수 있고, 강도가 크므로 구조용으로도 적합하다.

ⓓ 합판에 비하여 휨강도가 떨어지나, 면내 강성은 우수하다.

ⓔ 표면이 평활하고 경도가 크므로 균질한 판을 대량으로 얻을 수 있다.

ⓕ 못이나 나사못 등의 지보력이 목재와 거의 비슷할 정도로 강하다.

38

파티클보드의 성질에 관한 설명으로 옳지 않은 것은?

① 고습도의 조건에서 사용하기 위해서는 방습 및 방수처리가 필요하다.
② 상판, 칸막이벽, 가구 등에 이용된다.
③ 음 및 열의 차단성이 우수하다.
④ 합판에 비해 면내 강성은 떨어지나 휨강도는 우수하다.

해설 파티클보드(목재 섬유와 소편을 방향성 없이 열압, 성형, 제판한 것)의 특성은 ①, ②, ③ 이외에 강도와 섬유방향에 따른 방향성이 없고, 변형(뒤틀림)도 극히 적지만 방습 및 방수처리가 필요하며, 방부·방화성을 높일 수 있고, 가공성·흡음성과 열차단도도 좋다는 것이다. 합판에 비하여 휨강도가 떨어지나, 면내 강성은 우수하다.

39

적층 목재(glue-laminated timber)에 대한 설명 중 틀린 것은?

① 적층 목재는 아치 살대(archirib)와 적층 부재(glulam timber)이다.
② 접착시키기 전 적층 원자재의 함수율은 평균 18~20%이다.
③ 적층재는 또한 곡선보, 아치, 트러스, 기타 특수 용도에 맞게 다양한 형태로 생산된다.
④ 표면처리된 무거운 목재는 발화하기 어렵고, 발화하지 않는 부분은 그대로 강도를 유지한다.

해설 적층(집성) 목재를 접착시키기 전에 적층 원자재의 함수율은 평균 12~14% 정도이다.

40

톱밥을 압축 가공하여 만드는 인조 목재판인 MDF (Medium Density Fiberboard)의 장점이 아닌 것은?

① 천연 목재보다 강도가 크고 변형이 작다.
② 재질이 천연 목재보다 균일하다.
③ 천연 목재에 비해 습기에 강하다.
④ 다양한 형태의 시공이 용이하다.

해설 MDF(Medium Density Fiberboard)는 톱밥을 압축가 공해서 목재가 가진 리그닌 단백질을 이용하여 목재 섬유를 고착시켜서 만든 인조 목재판으로 합판 대용으로 사용하고, 시공이 용이하나, 습기에 약하며, 무게가 매우 무겁다.

41

MDF의 특성에 관한 설명 중 옳지 않은 것은?

① 한 번 고정 철물을 사용한 곳에는 재시공이 어렵다.
② 천연 목재보다 강도가 크고 변형이 적다.
③ 재질이 천연 목재보다 균일하다.
④ 무게가 가볍고 습기에 강하다.

해설 MDF는 내수성이 작고, 팽창이 심하며, 재질도 약하고, 습도에 의한 신축이 큰 단점이 있으나, 비교적 가격이 낮으므로 건축용 등의 다양한 용도에 많이 사용하고 있다. 특히, 무게가 무겁고 습기에 매우 약한 단점이 있다.

42

2개의 목재를 접합할 때 두 부재 사이에 끼워 볼트와 병용하여 전단력에 저항하도록 한 철물을 의미하는 것은?

① 듀벨   ② 띠쇠
③ 감잡이쇠   ④ 꺾쇠

해설 띠쇠는 좁고 긴 철판을 적당한 길이로 잘라 양쪽에 볼트, 가시못 구멍을 뚫은 철물로서 두 부재의 이음새, 맞춤새에 대어 두 부재가 벌어지지 않도록 보강하는 철물이고, 감잡이쇠는 ㄷ자형으로 구부려 만든 띠쇠로서 평보를 대공에 달아맬 때 또는 평보와 ㅅ자보의 밑에 기둥과 들보를 걸쳐대고 못을 박을 때 사용하는 보강 철물이며, 꺾쇠는 강봉 토막의 양 끝을 뾰족하게 하고 ㄷ자형으로 구부려 2부재를 이어 연결 또는 엇갈리게 고정시킬 때 사용하는 철물이다.

43

목재 제품 중 강당, 집회장 등의 음향 조절용 및 일반 건물의 벽 수장재로 사용되는 대표적인 것은?

① 코르크판   ② 코펜하겐리브판
③ 경질 섬유판   ④ 샌드위치판넬

해설 코르크판은 참나무의 수피, 떡갈나무의 외피를 부수어 가루를 만들고, 금속 형틀 속에 넣고 압축하여 열기 또는 과열 증기로 가열하여 만든 것이고, 경질 섬유판은 섬유판 중 밀도가 $0.8g/m^3$ 이상의 판이며, 샌드위치패널은 패널의 진동을 억제하는, 또는 소음을 차단하기 위해, 강판과 강판 사이에 제진재(制振材) 등을 끼워 넣은 적층구조의 패널이다.

44

말구지름 20cm, 길이가 5.5m인 통나무가 5개가 있다. 이 통나무의 재적으로 옳은 것은?

① $0.3m^3$ ② $1.1m^3$

③ $1.8m^3$ ④ $2.1m^3$

해설 통나무의 길이가 6m 미만이므로 다음의 식을 사용한다.

V(통나무의 재적) $= D^2$(말구지름, cm)

$\times L$(통나무의 길이, m) $\times \dfrac{1}{10,000}$ (m^3)이다.

$V = D^2 \times L \times \dfrac{1}{10,000}$ 에서, $D = 20cm$, $L = 5.5m$

$V = D^2 \times L \times \dfrac{1}{10,000}$

$\quad = 20^2 \times 5.5 \times \dfrac{1}{10,000}$

$\quad = 0.22m^3$

통나무가 5개이므로 통나무의 총 재적은

$0.22 \times 5 = 1.1m^3$

45

목조건물의 뼈대 세우기 순서로서 가장 옳은 것은?

① 기둥 – 층도리 – 인방보 – 큰 보
② 기둥 – 인방보 – 층도리 – 큰 보
③ 기둥 – 큰 보 – 인방보 – 층도리
④ 기둥 – 인방보 – 큰 보 – 층도리

해설 목조건물의 뼈대 세우기 순서는 기둥 – 인방보 – 층도리 – 큰 보의 순이다.

46

목조 가새에 관한 설명 중 잘못된 것은?

① 목조 벽체를 수평력에 견디게 하기 위해 수직부에 배치하는 부재를 가새라 한다.

② 인장력을 부담하는 가새는 기둥 단면적의 1/5 이상, 압축력을 받는 것은 1/3 이상으로 한다.
③ 가새는 수평재와 수직재가 만나는 점과 일치하도록 하고 대칭형으로 배치하는 것이 좋다.
④ 샛기둥과 가새를 맞춤 시에는 가새를 따내어 빗턱통 넣기 또는 큰못치기로 한다.

해설 샛기둥과 가새를 맞춤 시에는 샛기둥을 따내어 빗턱통 넣기 또는 큰못치기로 한다.

47

목공사의 철물제작 및 설치공법에서 못박기법에 대한 설명 중 옳지 않은 것은?

① 못의 지름은 목재두께의 1/6 이하로 하고, 못의 길이는 측면 부재두께의 2배~4배 정도로 한다.
② 섬유에 평행한 방향으로 못의 간격은 못 지름의 5배 이상으로 해야 한다.
③ 경사 못박기를 하는 경우에 못은 부재와 약 30°의 경사각을 갖도록 하며, 부재의 끝면에서 못 길이의 1/3 되는 지점에서부터 못을 박기 시작한다.
④ 옹이 등으로 인하여 못을 박기 곤란한 경우에는 못 지름의 80% 이하의 지름을 갖는 구멍을 미리 뚫고 못을 박는다.

해설 섬유에 평행한 방향으로 못의 간격은 못 지름의 10배 이상(미리 구멍을 뚫은 경우와 뚫지 않은 경우)으로 해야 한다.

48

목공사에 사용되는 철물에 대한 설명이다. 틀린 것은?

① 꺾쇠의 접합에서 갈고리 끝에서 갈고리 길이의 1/3 이상 되는 부분을 네모뿔형으로 만든다.
② 감잡이쇠는 큰 보에 걸쳐 작은 보를 받게 하고, 안장쇠는 평보를 대공에 달아매는 경우 또는 평보와 ㅅ자보의 밑에 쓰인다.
③ 볼트는 목재에 볼트의 지름보다 1.5mm 이하만큼 더 크게 미리 뚫은 구멍에 삽입하여 접합하며, 볼트는 너트를 조였을 때 너트 위로 볼트의 끝부분이 나사산 2개 정도 나오는 길이로 한다.
④ 듀벨은 볼트와 같이 사용하여 듀벨에는 전단력, 볼트에는 인장력을 분담시킨다.

정답 44. ②   45. ②   46. ④   47. ②   48. ②

해설 안장쇠는 큰 보에 걸쳐 작은 보를 받게 하고, 감잡이 쇠는 평보를 대공에 달아매는 경우 또는 평보와 ㅅ자 보 밑에 쓰인다.

49 |

목조 지붕틀 구조에 있어서 중도리와 ㅅ자보를 연결 하는 데 가장 적합한 철물은?

① 띠쇠　　　　　② 감잡이쇠
③ 주걱볼트　　　④ 엇꺾쇠

해설 목조 지붕틀 중 왕대공 지붕틀 구조에 있어서 중도리 와 ㅅ자보를 연결하는 데 가장 적합한 철물은 엇꺾쇠 등이고, 띠쇠는 ㅅ자보와 왕대공, 감잡이쇠는 왕대공 과 평보, 평주걱 볼트는 기둥과 보의 접합 부분에 사 용한다.

50 |

목공사의 이음 및 맞춤의 가공마무리에 대한 설명으 로 틀린 것은?

① 이음 및 맞춤의 접촉면은 필요 이상으로 끌파기, 깎아내기 등을 하지 않도록 한다.
② 특별히 정한 바가 없을 때는 산지구멍은 네모구 멍으로 한다.
③ 토대, 도리, 중도리 등으로 이어 쓸 때 그 짧은 재의 길이는 50cm 이상으로 한다.
④ 목재이음의 위치는 엇갈림으로 배치함을 원칙으 로 한다.

해설 토대, 도리, 중도리 등으로써 이어 쓸 때에 그 짧은 재 의 길이는 1.0m 이상으로 한다.

2 석공사

01 |

석재의 일반적 성질에 대한 설명으로 옳지 않은 것은?

① 석재의 비중은 조암광물의 성질·비율·공극의 정도 등에 따라 달라진다.
② 석재의 강도에서 인장강도는 압축강도에 비해 매우 작다.
③ 석재의 공극률이 클수록 흡수율이 작아져 동결 융해 저항성은 우수해진다.
④ 석재의 흡수율은 암석의 종류에 따라 다르다.

해설 석재의 공극률이 클수록 흡수율이 커져 동결융해 저항 성은 저하된다.

02 |

석재의 일반적인 성질에 관한 설명 중 옳지 않은 것은?

① 불연성이고 압축강도가 크므로 내수성, 내구성, 내화학성이 크다.
② 외관이 장중하고 종류가 다양하나 가공성이 불 량하다.
③ 인장강도가 커서 장스팬이 가능한 부재를 얻을 수 있다.
④ 화강암과 대리석 등은 내화적으로 불리하다.

해설 석재의 특성 중 장점은 압축강도가 크고, 불연·내 구·내마멸·내수성이 있으며, 아름다운 외관을 가지 고 있으며, 풍부한 양이 생산된다. 단점은 비중이 커 서 무겁고 견고하여 가공이 어렵다. 길고 큰 부재를 얻기 힘들고, 압축강도에 비하여 인장강도가 매우 작 으며, 일부 석재는 고열에 약하다.

03 |

다음 중 흡수율이 가장 높은 석재는?

① 대리석　　　　② 점판암
③ 화강암　　　　④ 응회암

해설 석재의 흡수율을 보면, 대리석은 0.02~0.25%, 점판 암은 0.18~0.25%, 화강암은 0.1~0.4%, 응회암은 1.3~2.0% 정도이다.

04

석재의 성인에 의한 분류 중 화성암에 속하지 않는
것은?

① 화강암   ② 안산암
③ 응회암   ④ 현무암

해설 화성암의 종류에는 심성암(화강암, 섬록암, 반려암,
현무암), 화산암(휘석·각섬·운모·석영안산암, 석
영, 조면암) 등이 있고, 응회암은 수성암(쇄설성 퇴적
암)에 속한다.

05

변성암이 아닌 석재는?

① 대리석   ② 사문암
③ 석회암   ④ 트래버틴

해설 변성암의 종류에는 수성암계의 대리석, 화성암계의 사
문암, 트래버틴 등이 있고, 석회암은 화강암이나 동·
식물의 잔해 중에 포함되어 있는 석회분이 물에 녹아
침전되어 퇴적, 응고한 석재로 수성암의 유기적 퇴적
암에 속한다.

06

다음 각 석재에 대한 설명 중 옳지 않은 것은?

① 화강암의 내화도는 응회암보다 낮다.
② 규산질 사암의 강도는 석회질 사암보다 높다.
③ 점판암은 슬레이트로써 지붕 등에 쓰인다.
④ 대리석은 석영, 장석, 운모 등으로 구성되어 있다.

해설 대리석은 석회암이 오랜 세월 동안 땅속에서 지열, 지
압으로 인하여 변질되어 결정화된 석재로 주성분은 탄
산석회이고, 석영, 장석, 운모, 휘석, 각섬석 등은 화
강암의 성분이다.

07

건축석재에서 석영, 장석, 운모석으로 이루어졌으며
통상 강도가 크고, 내구성이 커서 내·외부 벽체, 기
둥 등에 다양하게 사용되는 석재는?

① 화강암   ② 석영암
③ 대리석   ④ 점판암

해설 화강암의 성분은 석영, 장석, 운모, 휘석, 각섬석 등으
로 되어 있다.

08

질이 단단하고 내구성 및 강도가 크며 외관이 수려
하나 함유광물의 열팽창계수가 달라 내화성이 약한
석재로 외장, 내장, 구조재, 도로포장재, 콘크리트 골
재 등에 사용되는 것은?

① 응회암   ② 화강암
③ 화산암   ④ 대리석

해설 응회암은 화산재, 화산모래 등이 퇴적·응고되거나, 물
에 의하여 운반되어 암석 분쇄물과 혼합되어 침전된 것
이고, 화산암은 지구 표면에 암장이 유출되어 갑자기
냉각, 응고된 석재이며, 대리석은 석회암이 오랜 세월
동안 땅속에서 지열, 지압으로 인하여 변질되어 결정화
된 것으로 주성분은 탄산석회($CaCO_3$)이며 그밖에 탄소
질, 산화철, 휘석, 각섬석, 녹니석 등을 함유한다.

09

석회암이 변성된 것으로 강도가 높고 색채와 결이
아름다우나, 풍화하기 쉬우므로 주로 내장재로 사용
되는 것은?

① 화강암   ② 안산암
③ 응회암   ④ 대리석

해설 화강암은 다양한 색상을 지닌 석재로, 경도, 강도, 내마
모성, 내구성, 광택 등이 우수하고, 흡수성이 적고 큰
재료를 얻을 수 있다. 석재 중에서 가공성이 가장 풍부하
여 구조용과 장식용으로 널리 사용되지만, 불에 노출되
면 균열이 생기기 쉽다. 안산암은 경도, 강도, 내구성이
좋으나 큰 부재를 얻기 어렵고 색상이 좋지 않으며 구조
재로 사용된다. 응회암은 화산 분출물로 생성된 암석이
어서 경량이고 가공성과 내화성이 좋으나, 흡수율이 높
고 풍화되기 쉽다. 경량골재, 내화재 등으로 사용된다.

10

다음 중 인조석에 대한 설명이 잘못된 것은?

① 각종 재료를 혼합 성형한 천연석의 모조품이다.
② 주로 바닥의 마무리 재료로 쓰인다.
③ 안산암을 종석으로 한 것을 테라초라 부른다.
④ 의석도 인조석의 일종이다.

해설 테라초는 대리석의 쇄석을 종석으로 하여 시멘트로 사용하여, 콘크리트판의 한쪽 면에 타설한 후 가공 연마하여 대리석과 같이 미려한 광택을 갖도록 마감한 것 또는 인조석의 종석을 대리석의 쇄석으로 사용하여 대리석 계통의 색조가 나도록 표면을 물갈기한 것을 말한다. 테라초의 원료는 종석(대리석의 쇄석), 백색 시멘트, 강모래, 안료, 물 등이다.

11 |

대리석, 사문암, 화강암의 쇄석을 종석으로 하여 보통 포틀랜드 시멘트 또는 백색 포틀랜드 시멘트에 안료를 섞어 충분히 다진 후 양생하여 가공 연마한 것으로 미려한 광택을 나타내는 시멘트 제품은?

① 테라초판   ② 펄라이트 시멘트판
③ 듀리졸   ④ 펄프 시멘트판

해설 펄라이트 시멘트판은 시멘트, 석면, 펄프, 펄라이트 및 무기질 혼합재를 주원료로 하여 성형한 판으로 천장판이나 치장판으로 사용되고, 듀리졸은 목모시멘트판의 제품명이며, 펄프 시멘트판은 포틀랜드 시멘트 또는 조강 포틀랜드 시멘트와, 파지를 용해 처리한 펄프와 팽창성이 작은 석면분, 암분 등의 무기질을 주원료로 하여 압축, 성형한 판으로 건축물의 수장재로 사용한다.

12 |

이면층(보강용 모르타르층)의 상부에 대리석, 화강암 등의 부순골재, 안료, 시멘트 등을 혼합한 콘크리트로 성형하고, 경화한 후 표면을 연마 광택을 내어 마무리한 판은?

① 펄라이트판   ② 기성 테라초
③ 수지계 인조석   ④ 트래버틴

해설 펄라이트판은 천연 암석을 원료로 한 일종의 천연 유리질의 펄라이트 입자를 무기 바인더로 하여 프레스 성형한 것으로 배관용에 사용한다. 수지계 인조석은 시멘트를 사용하지 않고, 폴리에스테르 수지나 에폭시 수지 등을 액상으로 하여 모조석, 테라초 등으로 제조한 것이다. 트래버틴은 대리석의 한 종류로서 다공질이며, 석질이 균일하지 못하고 암갈(황갈)색의 무늬가 있다. 석판으로 만들어 물갈기를 하면 평활하고 광택이 나는 부분과 구멍이 골이 진 부분이 있어 특수한 실내 장식재로 이용된다.

13 |

진주석 등을 800~1,200℃로 가열 팽창시킨 구상 입자 제품으로 단열, 흡음, 보온 목적으로 사용되는 것은?

① 펄라이트 보온재   ② 암면 보온판
③ 유리면 보온판   ④ 팽창 질석

해설 암면 보온판은 암면을 물속에서 불순물을 제거한 후 접착제를 혼합하여 텍스 제조기로 제판하여 건조한 판이다. 유리면 보온판은 유리 섬유로 만든 솜 모양 물질의 섬유 사이에 공기가 삽입되어 단열성을 갖는 판이다. 팽창 질석은 비중이 0.12~0.2 정도인 단열용 인공 경량 골재로서 질석을 입경 3mm 정도로 파쇄하고 소성하여 팽창시킨 골재이다.

14 |

인조식 갈기 및 테라초 현장갈기 등에 사용되는 줄눈철물의 명칭은?

① 인서트(insert)
② 앵커볼트(anchor bolt)
③ 펀칭메탈(punching metal)
④ 줄눈대(metallic joiner)

해설 인서트는 콘크리트 슬래브에 묻어 천장 달림재를 고정시키는 철물이다. 앵커볼트는 보통 굵기 16~32 mm의 것이 많이 사용되며, 인장력이 작은 경우에는 기초 콘크리트에서 빠지지 않도록 끝을 구부린 것을 사용한다. 묻어 두는 길이는 볼트 직경의 40배 정도가 필요하다. 펀칭메탈은 두께 1.2 mm 이하의 박강판을 여러 가지 무늬 모양으로 구멍을 뚫어 환기 구멍, 라디에이터 커버 등에 사용한다.

15 |

대리석의 일종으로 다공질이며 황갈색의 반문이 있고 갈색 광택이 나서 우아한 실내 장식에 사용되는 것은?

① 테라초   ② 트래버틴
③ 석면   ④ 점판암

해설 테라초는 대리석의 쇄석을 종석으로 하여 시멘트를 사용, 콘크리트판의 한쪽 면에 타설한 후 가공 연마하여 대리석과 같이 미려한 광택을 갖도록 마감한 것이다.

석면은 사문암이나 각섬암이 열과 압력을 받아 변질되어 섬유상으로 된 변성암이다. 점판암은 이판암(점토가 바닥 밑에 침전, 응결된 것)이 다시 오랜 세월 동안 지열, 지압으로 인하여 변질되어 층상으로 응고된 것이다.

16

트래버틴(Travertine)에 관한 설명으로 옳지 않은 것은?

① 석질이 불균일하고 다공질이다.
② 변성암으로 황갈색의 반문이 있다.
③ 탄산석회를 포함한 물에서 침전, 생성된 것이다.
④ 특수 외장용 장식재로써 주로 사용된다.

해설 트래버틴은 대리석의 한 종류로서 다공질이며, 석질이 균일하지 못하고, 암갈(황갈)색의 무늬가 있고, 석판으로 만들어 물갈기를 하면 평활하고 광택이 나는 부분과 구멍, 골이 진 부분이 있어 특수한 실내 장식재로 이용된다.

17

석재의 인력 가공에 의한 가공 순서로 옳은 것은?

① 혹두기 – 정다듬 – 잔다듬 – 물갈기
② 혹두기 – 물갈기 – 정다듬 – 잔다듬
③ 정다듬 – 혹두기 – 물갈기 – 잔다듬
④ 정다듬 – 잔다듬 – 혹두기 – 물갈기

해설 석재의 가공 순서는 혹두기(쇠메) → 정다듬(정) → 도드락다듬(도드락 망치) → 잔다듬(양날 망치) → 물갈기의 순으로 가공한다.

18

돌의 맞댐 면에 모르타르 또는 콘크리트를 깔고 뒤에는 잡석 다짐으로 하는 견치돌 석축쌓기 방법은?

① 귀갑쌓기
② 건쌓기
③ 찰쌓기
④ 모르타르 사춤쌓기

해설 귀갑쌓기는 거북등의 껍질 모양(정육각형)으로 된 무늬, 돌면이 육각형으로 두드러지게 특수한 모양을 한 쌓기법이다. 건쌓기(건성쌓기)는 돌, 석축 등을 모르타르나 콘크리트 등을 쓰지 않고 잘 물려서 그냥 쌓는 쌓기법이다. 찰쌓기는 돌, 벽돌쌓기 등에 있어서 콘크리트나 모르타르를 써서 쌓는 쌓기법이다.

19

건식공법에 의한 석재 붙이기에 필요한 연결 철물로 석재의 상하 양단에 설치하여 1차 연결 철물은 지지용으로, 2차 연결 철물은 고정용으로 사용하는 것은?

① 꽂음촉
② 파스너
③ 앵커볼트
④ 꺾쇠

해설 꽂음촉은 두 부재의 이음에 따라 토막 나무를 꽂아 넣은 맞힌 장부의 일종 또는 PC재의 조인트 부분에 매설되는 금속재의 촉이다. 앵커볼트는 토대, 기둥, 보, 도리 또는 기계류 등을 기초나 돌, 콘크리트 구조체에 정착시킬 때 사용하는 본박이 철물이다. 꺾쇠는 강봉 토막의 양 끝을 뾰족하게 하고 ㄷ자형으로 구부려 2부재(목재)를 이어 연결 또는 엇갈리게 고정시킬 때 쓰이는 철물이다.

20

돌다듬기 종류를 시공 순서와 같게 나열한 것은?

A. 정다듬
B. 혹두기
C. 도드락다듬
D. 물갈기
E. 잔다듬

① A – B – C – D – E
② B – A – C – E – D
③ B – C – A – E – D
④ C – B – A – E – D

해설 석재의 가공 순서(공구)는 혹두기(쇠메) → 정다듬(정) → 도드락다듬(도드락 망치) → 잔다듬(양날 망치) → 물갈기(숫돌, 기타) 순이다.

21

석재의 표면 마무리의 물갈기 및 광내기에 사용하는 재료가 아닌 것은?

① 금강사
② 숫돌
③ 황산
④ 산화주석

해설 물갈기와 광내기에 사용되는 재료에는 초벌에는 철사, 금강사 등이 있다. 재벌에는 카보런덤 등의 인조숫돌을 사용하고, 정벌에는 인조숫돌 및 산화주석(산화주석을 헝겊에 묻혀 사용)을 사용한다.

22 |

면이 네모진 돌을 수평줄눈이 부분적으로 연속되고, 세로줄눈이 일부 통하도록 쌓는 돌쌓기 방식은?

① 바른층쌓기   ② 허튼층쌓기
③ 층지어쌓기   ④ 허튼쌓기

해설 허튼층쌓기는 돌쌓기의 가로(수평)줄눈이 직선으로 되지 않게 불규칙한 돌을 흩트려 쌓는 방법이다.

23 |

다음 석재의 주용도로서 부적당하게 연결된 것은?

① 화강암 – 구조용, 외부 장식용
② 안산암 – 구조용
③ 응회암 – 경량골재
④ 트래버틴 – 외부 장식용

해설 트래버틴은 대리석의 한 종류로서 다공질이며 석질이 균일하지 못하나 석판으로 만들어 물갈기를 하면 평활하고 광택이 나는 부분과 구멍과 골이 진 부분이 있어 특수한 실내장식재로 쓰인다. 외장용으로는 화강암, 안산암, 점판암 등이 있으며, 내장용으로는 대리석, 사문암, 응회암 등이 있다.

24 |

돌공사 중 건식공법의 설명으로 옳지 않은 것은?

① 뒤사춤을 하지 않고 긴결철물을 사용하여 고정하는 공법이다.
② 앵커 철물 혹은 합성수지 접착제를 이용하여 정착시킨다.
③ 구조체의 변형, 균열의 영향을 받지 않는 곳에 주로 사용한다.
④ 경화시간과는 관계없으나 시공 정밀도가 요구되므로 작업능률은 저하한다.

해설 돌공사 중 건식공법은 모르타르의 사용량이 적고 급결제를 사용하므로 경화시간과 관계가 적으나 시공의 정밀도가 요구되며 작업능률이 증대된다.

❸ 조적공사

01 |

점토의 성질에 대한 설명으로 틀린 것은?

① 양질의 점토는 건조 상태에서 현저한 가소성을 나타내며 점토입자가 미세할수록 가소성은 나빠진다.
② 점토의 주성분은 실리카와 알루미나이다.
③ 인장강도는 점토의 조직에 관계하며 입자의 크기가 큰 영향을 준다.
④ 점토제품의 색상은 철산화물 또는 석회물질에 의해 나타난다.

해설 점토의 성질 중 양질의 점토는 습윤 상태에서 현저한 가소성을 나타내고, 점토의 입자가 미세할수록 가소성은 커진다.

02 |

점토의 물리적 성질에 관한 설명 중 옳은 것은?

① 압축강도는 인장강도의 약 5배 정도이다.
② 가소성은 점토입자가 클수록 좋다.
③ 기공률 20~50%로 보통 상태에서 10% 내외이다.
④ 철산화물이 많으면 황색을 띠게 되고, 석회물질이 많으면 적색을 띠게 된다.

해설 가소성은 점토의 입자가 작을수록(양질일수록) 크고, 기공률은 점토 전 용적의 백분율로 표시하여 30~90%인데 평균적으로는 50% 내외이며, 철산화물이 많으면 적색이 되고, 석회물질이 많으면 황색을 띠게 된다.

03 |

점토제품 중 소성온도가 가장 고온이고 흡수성이 매우 작으며 모자이크 타일, 위생도기 등에 주로 쓰이는 것은?

① 토기   ② 도기
③ 석기   ④ 자기

해설 토기의 소성온도는 790~1,000℃ 정도이고, 흡수율이 20% 정도이며, 기와, 벽돌, 토관 등에 쓰인다. 도기의 소성온도는 1,100~1,230℃ 정도이고, 흡수율이 10% 정도이며, 타일, 위생도기, 테라코타 타일 등에 쓰이고, 석기의 소성온도는 1,160~ 1,350℃ 정도이고, 흡수율이 3~10% 정도이며, 마루타일, 클링커타일 등에 쓰인다.

04 |

점토제품 공정에 관한 설명으로 옳지 않은 것은?

① 소성은 보통 터널요에 넣어서 서서히 가열한다.
② 시유의 경우 유약을 착색하기 위하여 석회, 아연유, 식염유 등의 재료가 사용된다.
③ 건조는 자연건조 또는 소성가마의 여열을 이용한다.
④ 반죽은 조합된 점토에 물을 부어 비벼 수분이나 경도를 균질하게 하고, 필요한 점성을 부여한다.

해설 점토제품의 시유는 유약을 바른 것으로 점토제품의 표면에 유리질의 피막을 형성하는 물질로서 투명유와 불투명유가 있고, 식염유는 최초 소성할 때 염료에 식염을 투입하여 제품의 표면에 규산나트륨의 피막을 생성시키나, 기타 대부분의 유약은 성형, 건조 후 또는 1차 소성 후 유약바름을 한 다음 본 소성을 행한다. 또한, 석회, 아연유, 식염유 등은 투명유약에 조성재료이다.

05 |

건축용 세라믹 재료의 특성에 대한 설명으로 옳지 않은 것은?

① 토기 : 흡수율이 높고 강도가 약하다.
② 도기 : 회색이나 백색의 색상을 가지고 있으며 가볍다.
③ 석기 : 소성 후 밝은 백색이 되며, 강도가 크고 유약으로 다양한 색상을 낼 수 있다.
④ 자기 : 흡수성이 거의 없고 매우 높은 강도를 가지고 있다.

해설 석기는 소성온도가 1,160~1,350℃ 정도이고, 소지의 흡수성이 작으며(3~10% 정도), 빛깔은 유색, 불투명하고, 시유약을 사용하지 않고 식염유를 사용하며, 제품으로는 마루타일, 클링커타일 등이 있다.

06 |

점토제품 중 흡수율이 1% 이하로 흡수율이 가장 작은 제품은?

① 토기   ② 도기
③ 석기   ④ 자기

해설 점토제품의 분류와 특성

종류	소성온도(℃)	소지 흡수성	소지 빛깔	투명도	건축 재료	비고
토기	790 ~ 1,000	크다. (20% 이상)	유색	불투명	기와, 벽돌, 토관	최저급 원료(전답토)로 취약하다.
도기	1,100 ~ 1,230	약간 크다. (10%)	백색 유색	불투명	타일, 위생도기, 테라코타 타일	다공질로서, 흡수성이 있고, 질이 굳으며, 두드리면 탁음이 난다. 유약을 사용한다.
석기	1,160 ~ 1,350	작다. (3~10%)	유색	불투명	마루타일 클링커 타일	시유약은 쓰지 않고 식염유를 쓴다.
자기	1,230 ~ 1,460	아주 작다. (0~1%)	백색	투명	위생도기, 자기질 타일	양질의 도토 또는 장석분을 원료로 하고, 두드리면 금속음이 난다.

흡수율이 작은 것부터 큰 것의 순으로 나열하면, 자기 < 석기 < 도기 < 토기이고, 소성온도가 낮은 것부터 높은 것의 순으로 나열하면, 토기 < 도기 < 석기 < 자기의 순이다.

07 |

다음 점토제품 중 소성온도가 높은 것에서 낮은 순서로 배열된 것은?

① 자기 – 석기 – 도기 – 토기
② 자기 – 도기 – 석기 – 토기
③ 도기 – 자기 – 석기 – 토기
④ 도기 – 석기 – 자기 – 토기

해설 흡수율이 작은 것부터 큰 것의 순으로 나열하면, 자기 < 석기 < 도기 < 토기이고, 소성온도가 낮은 것부터 높은 것의 순으로 나열하면, 토기(790~1,000℃) < 도기(1,100~1,230℃) < 석기(1,160~1,350℃) < 자기(1,230~1,460℃)의 순이다.

08 |

점토제품의 품질에 관한 설명으로 옳지 않은 것은?

① 점토소성벽돌 표면의 은회색 그라우트는 소성이 불충분할 때 발생한다.

② 포장도로용 벽돌이나 타일은 내마모성의 보유가 매우 중요하다.

③ 점토벽돌의 품질은 압축강도, 흡수율 등으로 평가할 수 있다.

④ 화학적 안정성은 고온에서 소성한 제품이 유리하다.

해설 건축용 벽돌의 색은 철화합물, 망간화합물, 소경상황, 소성온도에 따라 달라진다. 특히, 적벽돌의 색은 점토가 함유하는 산화철이 큰 영향을 주며 지나치게 소성하면 벽돌 표면에 그라우트가 생성되어 은회색이 되기도 한다.

09 |

소성점토벽돌의 붉은색을 결정하는 가장 중요한 요소는?

① 구리   ② 산화철

③ 아연   ④ 니켈

해설 점토제품의 색상은 철산화물과 석회물질에 의해 나타나며, 철산화물은 적색, 석회물질은 황색을 띠게 된다.

10 |

점토 반죽에 샤모테를 첨가하여 사용하는 경우가 있는데 이 샤모테의 사용 목적은?

① 가소성 조절용

② 용융성 조절용

③ 경화시간 조절용

④ 강도 조절용

해설 가소성은 점토의 성형에 있어서 중요한 성질로서, 양질의 점토일수록 가소성이 좋고 가소성(점성)이 너무 큰 경우에는 제점제(모래 또는 샤모테 등)를 섞어서 조절한다.

11 |

보통벽돌로서 표준형의 규격으로 옳은 것은?

① 190mm × 90mm × 60mm

② 210mm × 100mm × 60mm

③ 190mm × 90mm × 57mm

④ 210mm × 100mm × 57mm

해설 벽돌의 표준 치수에서 표준형(블록 혼합형)은 190mm × 90mm × 57mm이고, 기존형(재래형)은 210mm × 100mm × 60mm이다.

12 |

2종 점토벽돌의 압축강도는 최소 얼마 이상이어야 하는가? (1kgf=9.80N)

① 5.87MPa

② 10.78MPa

③ 14.70MPa

④ 15.69MPa

해설 점토벽돌의 품질

품질	종류	
	1종	2종
흡수율(% 이하)	10	15
압축강도 (MPa 이상)	24.50	14.70

13 |

점토제품에서 SK번호가 나타내는 것은?

① 소성온도

② 제품종류

③ 점토의 성분

④ 수분함유량

해설 점토제품의 SK번호는 소성온도를 의미한다.

14 |

점토제품 시공 후 발생하는 백화에 관한 설명으로 옳지 않은 것은?

① 타일 등의 시유소성한 제품은 시멘트 중의 경화체가 백화의 주된 요인이 된다.

② 작업성이 나쁠수록 모르타르의 수밀성이 저하되어 투수성이 커지게 되고, 투수성이 커지면 백화 발생이 커지게 된다.

③ 점토제품의 흡수율이 크면 모르타르 중의 함유수를 흡수하여 백화 발생을 억제한다.

④ 모르타르의 물시멘트비가 크게 되면 잉여수가 증대되고, 이 잉여수가 증발할 때 가용 성분의 용출을 발생시켜 백화 발생의 원인이 된다.

해설 백화현상은 모르타르의 석회분이 빗물에 의해서 공기 중의 탄산가스와 결합하여 벽돌이나 조적 벽면에 흰 가루가 도는 현상으로 방지대책으로는 흡수율을 작게 하거나, 모르타르의 단위 시멘트량을 낮게 한다.

15 |

저급점토, 목탄가루, 톱밥 등을 혼합하여 성형 후 소성한 것으로 단열과 방음성이 우수한 벽돌은?

① 내화벽돌　　　　② 보통벽돌
③ 중량벽돌　　　　④ 경량벽돌

해설 내화벽돌은 높은 온도를 요하는 장소(용광로, 시멘트 및 유리 소성 가마, 굴뚝 등)에 사용하는 벽돌이고, 보통벽돌은 진흙을 빚어 소성하여 만든 벽돌로서 불완전 연소로 구운 검정 벽돌, 완전 연소로 구운 붉은 벽돌 등이 있다.

16 |

다공질 벽돌에 관한 설명으로 옳지 않은 것은?

① 살 두께가 매우 얇고 벽돌 속이 비어 있는 구조로 중공벽돌이라고도 한다.

② 점토에 톱밥, 겨, 탄가루 등을 30~50% 정도 혼합, 소성하여 제조된다.

③ 방음, 흡음성이 좋으나 강도가 약해 구조용으로는 사용이 불가능하다.

④ 절단, 못치기 등의 가공성이 우수하다.

해설 공동(중공)벽돌은 블록과 비슷하게 속을 비게 하여 만든 벽돌로서 가볍고, 단열과 방음성 및 보온성이 우수하여 방음벽, 단열층 및 보온벽에 사용되며, 칸막이벽이나 외벽 등에 사용하며, 다공질 벽돌과는 다른 벽돌이다.

17 |

내화벽돌로 인정받기 위하여 필요한 내화도(SK)의 기준은 최소 얼마 이상인가? (단, 내화벽돌의 종류별 등급 중 7종 기준)

① SK20 이상　　　　② SK26 이상
③ SK30 이상　　　　④ SK34 이상

해설 내화벽돌의 종별과 내화도

종별	1종	2종	3종	4종	5종	6종	7종
내화도	SK34	SK33	SK32	SK31	SK30	SK28	SK26

18 |

소성점토벽돌에 관한 설명으로 옳지 않은 것은?

① 소성온도가 높을수록 흡수율이 적다.

② 붉은 벽돌은 점토에 안료를 넣어서 붉게 만든 것이다.

③ 소성이 잘 된 것일수록 맑은 금속성 소리가 난다.

④ 과소품(過燒品)은 소성온도가 지나치게 높아서 질이 견고하고, 흡수율이 낮으나 형상이 일그러져 부정형이다.

해설 점토제품의 색상은 철산화물 또는 석회물질에 의해 나타나며, 철산화물이 많으면 적색이 되고, 석회물질이 많으면 황색을 띠게 된다.

19 |

외부에 노출되는 마감용 벽돌로써 벽돌면의 색깔, 형태, 표면의 질감 등의 효과를 얻기 위한 것은?

① 광재벽돌　　　　② 내화벽돌
③ 치장벽돌　　　　④ 포도벽돌

해설 광재벽돌은 광재를 주원료로 하는 벽돌이다. 내화벽돌은 내화점토를 원료로 하여 만든 점토제품으로, 보통벽돌보다 내화성이 크고, 종류로는 샤모트벽돌, 규석

벽돌 및 고토벽돌이 있다. 포도(포도용)벽돌은 마멸과 충격에 강하고 흡수율이 작으며 내화력이 강한 것으로, 도로 포장용이나 옥상 포장용으로 사용하는 벽돌이다.

20 |

표준형 벽돌을 사용해 줄눈 10mm로 시공할 때 2.0B 벽돌벽의 두께는?

① 210mm   ② 390mm

③ 320mm   ④ 430mm

해설 2.0B = 1.0B+10mm+1.0B = 190+10+190 = 390mm 이다.

21 |

다음 중 조적식 구조에 대한 설명으로 옳지 않은 것은?

① 조적식 구조인 각 층의 벽은 편심하중이 작용하지 않도록 설계해야 한다.
② 조적식 구조인 칸막이벽의 두께는 90mm 이상으로 해야 한다.
③ 폭이 1.2m를 넘는 개구부의 상부에는 철근콘크리트 윗인방을 설치해야 한다.
④ 조적식 구조인 내어쌓기창은 철골 또는 철근콘크리트로 보강해야 한다.

해설 폭이 1.8m를 넘는 개구부의 상부에는 철근콘크리트 윗인방을 설치해야 한다.

22 |

다음 중 벽돌공사에 대한 설명으로 옳지 않은 것은?

① 치장줄눈의 줄눈파기 깊이는 15mm 정도로 한다.
② 쌓기용 모르타르의 강도는 벽돌강도와 동등하거나 그 이상으로 한다.
③ 하루에 쌓는 높이는 1.2~1.5m를 표준으로 한다.
④ 모르타르에 사용되는 모래는 제염된 것을 사용한다.

해설 치장줄눈의 줄눈파기 깊이는 6mm 정도로 한다.

23 |

조적조 벽체에 관한 기술 중 옳지 않은 것은?

① 화란식 쌓기에서는 모서리 부분에 반토막을 사용하게 된다.
② 공간쌓기에서 안벽과 바깥벽의 어느 한쪽은 내력벽이라야 한다.
③ 통줄눈을 피하는 이유는 집중하중으로 인한 균열과 파괴를 방지하기 위함이다.
④ 벽의 길이는 벽체의 두께를 결정하는 데 관계가 있다.

해설 화란식 쌓기에서는 모서리 부분에 칠오토막을 사용하게 된다.

24 |

벽돌쌓기 공사에 대한 설명 중 틀린 것은?

① 가로 및 세로줄눈의 너비는 도면 또는 공사시방서에 정한 바가 없을 때에는 20mm를 표준으로 한다.
② 벽돌쌓기는 도면 또는 공사시방서에서 정한 바가 없을 때에는 영식 쌓기 또는 화란식 쌓기로 한다.
③ 세로줄눈의 모르타르는 벽돌 마구리면에 충분히 발라 쌓도록 한다.
④ 하루의 쌓기 높이는 1.2m(18켜 정도)를 표준으로 하고, 최대 1.5m(22켜 정도) 이하로 한다.

해설 가로 및 세로줄눈의 너비는 도면 또는 공사시방서에 정한 바가 없을 때에는 10mm를 표준으로 한다.

25 |

조적공사의 벽돌쌓기에 관한 다음 내용 중 틀린 것은?

① 벽돌은 충분히 물에 축여 표면의 물기가 빠진 뒤에 쌓는다.
② 1일 쌓는 높이는 통상 1.2m를 표준으로 한다.
③ 세로줄눈은 특별한 경우를 제외하고는 통줄눈이 되게 한다.
④ 연속되는 벽면의 일부를 트이게 하여 나중쌓기로 할 때에는 그 부분을 층단 들여쌓기로 한다.

해설 세로줄눈은 특별한 경우(보강블록조, 불식쌓기)를 제외하고 막힌줄눈이 되게 한다.

26 |

벽돌쌓기에 대한 설명 중 옳지 않은 것은?

① 벽돌쌓기의 하루 높이는 최대 1.5m 이내로 한다.
② 벽돌쌓기의 세로줄눈은 보통 막힌줄눈으로 쌓는다.
③ 모르타르는 벽돌강도와 동등 이상의 것을 사용한다.
④ 내화벽돌은 충분하게 물축임하여 표면의 물기가 빠진 뒤 쌓는다.

해설 내화벽돌은 기건성이므로 물축임을 하지 않고, 일반벽돌은 물축임을 한다.

27 |

벽돌쌓기의 시공에 관련된 설명으로 옳지 않은 것은?

① 연속되는 벽면의 일부를 나중쌓기할 때에는 그 부분은 층단 들여쌓기로 한다.
② 내력벽쌓기에서는 세워쌓기나 옆쌓기가 주로 쓰인다.
③ 벽돌쌓기 시 줄눈 모르타르가 부족하면 하중 분담이 일정하지 않아 벽면에 균열이 발생할 수 있다.
④ 창대쌓기는 물흘림을 위해 벽돌을 15° 정도 기울여 벽면에서 3~5cm 정도 내밀어 쌓는다.

해설 내력벽쌓기에서는 길이쌓기나 마구리쌓기가 주로 쓰인다.

28 |

벽돌쌓기 시 벽돌의 물축임에 대한 설명으로 옳지 않은 것은?

① 콘크리트벽돌은 전날 물을 축여 표면이 어느 정도 마른 상태에서 쌓는 것이 좋다.
② 내화벽돌은 점토벽돌보다 물축임을 많이 하는 것이 좋다.
③ 벽돌 흡수율이 8% 이하일 때는 물축임을 하지 않아도 된다.

④ 물축임을 하지 않으면 모르타르의 수분을 벽돌이 흡수하여 모르타르 강도가 저하한다.

해설 내화벽돌은 기건성이므로 물축임을 하지 않는 것이 좋다.

29 |

다음은 벽돌쌓기 방식에 대한 설명이다. 설명에 맞는 쌓기 방식은?

> 한 켜는 마구리쌓기, 다음 켜는 길이쌓기로 하고, 길이 켜의 모서리와 벽 끝에 칠오토막을 사용한다.

① 영식쌓기　　　　② 네덜란드식 쌓기
③ 불식쌓기　　　　④ 미식쌓기

해설 화란식(네덜란드식) 쌓기는 영식쌓기와 거의 같으나 모서리나 끝에서는 칠오토막을 써서 길이쌓기의 켜 다음에 마구리쌓기를 하고, 모서리가 다소 견고하고 일하기가 쉬우므로 대개 이 방법을 사용한다.

30 |

벽돌벽에 장식적으로 구멍을 내어 쌓는 벽돌쌓기 방식은?

① 엇모쌓기　　　　② 영롱쌓기
③ 무늬쌓기　　　　④ 층단 떼어쌓기

해설 영롱쌓기는 벽돌벽에 장식적으로 구멍을 내어 쌓는 벽돌쌓기 방식 또는 벽돌벽에 삼각형, 사각형, 십자형 등의 구멍을 벽면 중간에 규칙적으로 만들어 쌓는 방식이다.

31 |

일반적으로 가장 많이 사용되는 벽돌 중 조적조 벽체의 줄눈 모양은?

① 평줄눈　　　　　② 민줄눈
③ 오목줄눈　　　　④ 내민줄눈

해설 민줄눈은 조적조에서 벽면과 같은 면이 되게 한 줄눈이다. 오목줄눈은 단면의 형상이 오목한 줄눈이다. 내민줄눈은 민줄눈 위에 다시 내밀어서 볼록하게 나오게 한 줄눈이다.

32 |

조적조의 치장줄눈 표기로 옳지 않은 것은?

① 민줄눈 :
② 오목줄눈 :
③ 내민줄눈 :
④ 빗줄눈 :

해설 ③ 치장줄눈은 볼록줄눈이고, 내민줄눈은 그림과 같다.

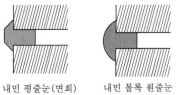

내민 평줄눈(면회)　　내민 볼록 원줄눈

33 |

대린벽으로 구획된 조적조의 벽에서 벽 길이가 9m인 경우 이 벽체에 설치할 수 있는 개구부 폭의 합계는?

① 1.5m 이하
② 3.0m 이하
③ 4.5m 이하
④ 6.0m 이하

해설 각 층의 대린벽으로 구획된 벽에서 문골 너비의 합계는 그 벽 길이의 1/2 이하로 하므로 9×1/2=4.5m 이하이다.

34 |

창문 위에 건너질러 상부에서 오는 하중을 좌우 벽으로 전달시키기 위해 설치하는 보는?

① 기초보
② 인방보
③ 토대
④ 테두리보

해설 기초보는 땅속에 넣은 보(기초에 연결된 보)로서 기둥과 기둥을 연결하는 보이다. 토대는 목조건축물의 기초 위에 가로대어 기둥을 고정하는 벽체의 최하부 수평부재이다. 테두리보는 조적조의 벽체를 보강하며, 지붕, 처마, 층도리 부분에 둘러댄 철근콘크리트보이다.

35 |

벽돌공사 중 창대쌓기에서 창대벽돌은 공사시방에 정한 바가 없을 때에는 그 윗면을 몇 도의 경사로 옆세워 쌓는가?

① 10°
② 15°
③ 20°
④ 25°

해설 창대쌓기에 있어서 창대벽돌은 윗면을 15° 내외로 경사지게 하여 옆 세워 쌓고, 창대벽돌의 앞 끝은 밑의 벽돌 벽면에 일치시키거나, B/8~B/4 정도 내밀어 쌓으며, 위 끝은 창틀 밑에 1.5cm 정도 들어가 끼우게 한다.

36 |

벽돌 결원아치(segmental arch)쌓기의 줄눈에 대한 기술 중 옳은 것은?

① 줄눈은 원호(圓弧)의 중심에 모이게 한다.
② 줄눈은 양 지점 간(spring line)의 1/2점에 모이게 한다.
③ 줄눈은 반드시 양 지점 간의 2배 되는 대칭축상에 모이게 한다.
④ 줄눈 방향에 관계없이 호형(弧形)으로 쌓는다.

해설 벽돌 결원아치(segmental arch)쌓기에서 아치의 줄눈 방향은 원호의 중심에 모이도록 한다.

37 |

다음 중 벽돌벽의 균열 원인이 아닌 것은?

① 기초의 부동침하
② 건물 벽면의 불합리한 배치
③ 벽돌강도보다 강한 모르타르 사용
④ 이질재와 접합

해설 벽돌벽의 균열에서 시공상의 결함에는 벽돌 및 모르타르의 강도 부족(모르타르의 강도가 벽돌의 강도보다 약한 경우에 균열이 발생), 재료의 신축성, 이질재와의 접합부, 통줄눈 시공, 콘크리트보 밑 모르타르 다져넣기 부족, 세로줄눈의 모르타르 채움 부족 등이 있다.

38

벽돌벽 균열의 원인 중 계획 설계상의 미비와 가장 거리가 먼 것은?

① 건물의 평면, 입면의 불균형
② 온도 및 습기에 의한 재료의 신축성
③ 벽돌벽의 길이, 높이에 비해 부족한 두께
④ 문골 크기의 불합리 및 불균형 배치

해설 온도 및 습기에 의한 재료의 신축성은 시공상의 결함이다.

39

벽돌에 생기는 백화를 방지하는 데 효과가 없는 것은?

① 잘 소성된 벽돌을 사용한다.
② 창대 기타 돌출부의 상부에 우수가 침투하지 않도록 한다.
③ 줄눈 모르타르에 방수제를 넣는다.
④ 줄눈 모르타르에 석회를 넣어 바른다.

해설 줄눈 모르타르에 석회를 사용하면 백화현상을 촉진시킨다.

40

벽돌에 생기는 백화를 방지하기 위한 방법으로 옳지 않은 것은?

① 10% 이하의 흡수율을 가진 양질의 벽돌을 사용한다.
② 벽돌면 상부에 빗물막이를 설치한다.
③ 파라핀 도료를 발라 염류가 나오는 것을 방지한다.
④ 줄눈 모르타르에 석회를 넣어 바른다.

해설 줄눈 모르타르에 석회를 사용하면 백화현상을 촉진시킨다.

41

조적벽에 발생하는 백화(efflorescence)를 방지하기 위한 방법으로 효과가 없는 것은?

① 줄눈 모르타르에 방수제를 넣는다.

② 줄눈 모르타르에 석회를 사용한다.
③ 처마를 충분히 내고 벽에 직접 비가 맞지 않도록 한다.
④ 벽면에 실리콘 방수를 한다.

해설 줄눈 모르타르에 석회를 사용하면 백화현상을 촉진시킨다.

42

조적조 건물의 벽체 균열에 대한 계획 설계상 대책으로 틀린 것은?

① 건축물의 복잡한 평면구성을 피한다.
② 건축물의 자중을 크게 한다.
③ 테두리보를 설치한다.
④ 상하층의 창문 위치 및 너비를 일치시킨다.

해설 벽돌벽의 균열에서 건축계획 설계상의 미비에는 기초의 부동침하, 건물의 평면, 입면의 불균형 및 벽의 불합리 배치, 불균형 하중, 큰 집중하중, 횡력 및 충격, 문골 크기의 불합리 및 불균형 배치, 벽돌벽의 길이, 높이, 두께에 대한 벽돌 벽체의 강도 부족 등이 있다.

43

백화현상에 대한 설명으로 옳지 않은 것은?

① 시멘트는 수산화칼슘의 주성분인 생석회(CaO)의 다량 공급원으로서 백화의 주된 요인이다.
② 백화현상은 사용하는 미장 표면뿐만 아니라 벽돌 벽체, 타일 및 착색 시멘트 제품 등의 표면에도 발생한다.
③ 배합수 중에 용해되는 가용 성분이 시멘트 경화체의 표면건조 후 나타나는 백화를 1차 백화라 한다.
④ 겨울철보다 여름철의 높은 온도에서 백화 발생 빈도가 높다.

해설 겨울철보다 여름철의 높은 온도에서 백화 발생빈도가 낮다.

44 |

벽돌벽에 발생하는 백화를 방지하는 방법으로 옳지 않은 것은?

① 줄눈 모르타르에 석회를 넣어 사용한다.
② 흡수율이 적고 소성이 잘된 벽돌을 사용한다.
③ 구조적으로 차양, 돌림띠 등의 비막이를 설치한다.
④ 파라핀 도료 등의 뿜칠로서 벽면에 방수처리를 한다.

해설 줄눈 모르타르에 석회를 사용하면 백화현상을 촉진시킨다.

45 |

블록조 벽체에 와이어메시를 가로줄눈에 묻어 쌓기도 하는데 이에 관한 설명 중 틀린 것은?

① 전단작용에 대한 보강이다.
② 횡력, 편심하중을 분산시키는데 유리하다.
③ 블록과 모르타르의 부착을 좋게 하기 위한 것이다.
④ 교차부의 균열을 방지하는데 유리하다.

해설 와이어메시(wire mesh)는 속빈 시멘트 블록을 쌓을 때 수평줄눈에 묻어 쌓아, 전단작용에 대한 보강이고, 횡력, 편심하중을 분산시키는 데 유리하며, 벽체, 벽체의 모서리 및 교차부의 균열을 방지하는 역할을 한다.

46 |

블록쌓기에서 와이어메시(wire mesh)를 줄눈에 묻어 쌓는 효과로 틀린 것은 다음 중 어느 것인가?

① 블록벽의 수직하중을 경감하는 효과가 있다.
② 블록벽의 교차부의 균열을 보강하는 효과가 있다.
③ 블록벽에 균열을 방지하는 효과가 있다.
④ 블록에 가해지는 횡력에 효과가 있다.

해설 블록벽의 횡력, 편심하중을 분산하는 효과가 있다.

47 |

블록구조에서 인방블록 설치 시 창문틀의 좌우 옆 턱에 최소 얼마 이상 물려야 하는가?

① 5cm
② 10cm

③ 15cm
④ 20cm

해설 문골의 너비가 1.8m 이상 되는 문골의 상부에는 철근 콘크리트구조의 윗인방을 설치하고, 양쪽 벽에 물리는 부분의 길이는 20cm 이상으로 한다.

48 |

벽돌조 건물에서 벽량이란 해당 층의 바닥면적에 대한 무엇의 비를 말하는가?

① 벽면적의 총합계
② 높이
③ 벽두께
④ 내력벽 길이의 총합계

해설 조적조에 있어서 벽량이란 내력벽 길이의 총합계를 그 층의 바닥면적으로 나눈 값으로 단위는 cm/m^2이다. 즉, 벽량이란 해당 층의 바닥면적에 대한 내력벽 길이의 총합계를 의미한다.

49 |

다음 중 블록쌓기에 대한 설명으로 옳지 않은 것은?

① 살두께가 큰 편을 아래로 쌓는다.
② 특별한 지정이 없으면 줄눈은 10mm가 되게 한다.
③ 하루의 쌓기 높이는 1.5m 이내를 표준으로 한다.
④ 줄눈 모르타르는 쌓은 후 줄눈 누르기 및 줄눈 파기를 한다.

해설 사춤을 쉽게 하기 위하여 살두께가 큰 편을 위로 쌓는다.

50 |

블록조 벽에 철근콘크리트 테두리보를 설치하는 가장 중요한 이유는?

① 목조 트러스 구조를 올려놓기 위해
② 인방보를 보호하기 위해
③ 내력벽과 일체가 되어 건물의 강성을 높이기 위해
④ 지붕의 하중을 벽체에 균등하게 전달하기 위해

해설 테두리보의 설치는 분산된 벽체를 일체로 하여 하중을 균등히 분포시키고, 세로 철근의 정착 및 집중하중을 받는 부분을 보강하기 위함이다.

정답 44. ① 45. ③ 46. ① 47. ④ 48. ④ 49. ① 50. ③

4 타일공사

01

바닥용으로 사용되는 모자이크 타일의 재질로서 가장 적당한 것은?

① 도기질   ② 자기질
③ 석기질   ④ 토기질

해설 바닥용으로 사용하는 모자이크 타일은 자기질이고, 내장 타일은 자기질, 석기질, 도기질이며, 외장 및 바닥 타일은 자기질, 석기질이다. 또한, 클링커 타일은 석기질 타일이다.

02

다음의 타일 중 흡수율이 가장 적은 것은?

① 석기질 타일   ② 자기질 타일
③ 토기질 타일   ④ 도기질 타일

해설 타일의 흡수율

타일의 소지질	자기질	석기질	도기질	클링커 타일
흡수율	3% 이하	5% 이하	18% 이하	8% 이하

03

연질타일계 바닥재에 대한 설명 중 옳지 않은 것은?

① 고무계 타일은 내마모성이 우수하고 내수성이 있다.
② 리놀륨계 타일은 내유성이 우수하고 탄력성이 있으나 내알칼리성, 내마모성, 내수성이 약하다.
③ 전도성 타일은 정전기 발생이 우려되는 반도체, 전기 전자 제품의 생산 장소에 주로 사용된다.
④ 아스팔트 타일은 내마모성과 내유성이 우수하여 실내 주차장 바닥재로 많이 사용한다.

해설 아스팔트 타일은 아스팔트와 쿠마론인덴수지, 염화비닐수지에 석면, 돌가루를 혼합한 다음, 높은 열과 압력으로 녹여 얇은 판을 알맞은 크기로 자른 것으로, 아스팔트 타일은 비닐 타일에 비하여 가열 변형의 정도가 크고, 유기용제에 연화되기 쉬우므로 중량물이나 기름 용제 등을 많이 취급하는 건물 바닥에는 부적당하다.

04

점토기와 중 훈소와에 해당하는 설명은?

① 소소와에 유약을 발라 재소성한 기와
② 기와 소성이 끝날 무렵에 식염증기를 충만시켜 유약 피막을 형성시킨 기와
③ 저급점토를 원료로 900~1,000℃로 소소하여 만든 것으로 흡수율이 큰 기와
④ 건조제품을 가마에 넣고 연료로 장작이나 솔잎 등을 써서 검은 연기로 그을려 만든 기와

해설 ① 시유와, ② 오지기와, ③ 소소와에 대한 설명이다.

05

다음 중 면처리 타일이 아닌 것은?

① 스크래치 타일   ② 태피스트리 타일
③ 천무늬 타일   ④ 보더 타일

해설 면처리 타일에는 스크래치 타일(표면에 미끄럼을 방지하기 위하여 표면을 긁어놓은 타일), 태피스트리 타일(색실 등을 이용하여 타일의 표면에 그림을 그린 타일), 천무늬 타일(타일에 천무늬를 입힌 타일), 클링커 타일(비교적 두꺼운 바닥 타일로서 시유 또는 무유의 석기질 타일) 등이 있고, 보더 타일은 선두르기 등 기타 장식에 사용하는 타일로서 징두리벽 등에 많이 사용되는 타일이다.

06

점토제품에 관한 설명 중 옳은 것은?

① 1종 점토벽돌의 흡수율은 13% 이하이어야 한다.
② 테라코타는 주로 장식용으로 사용되며 석재보다 경량이고, 거의 흡수성이 없다.
③ 표준형 내화벽돌의 크기는 250mm×120mm×60mm이다.
④ 평타일의 표면 넓이가 160cm² 이하인 것을 모자이크 타일이라고 한다.

해설 ① 1종 점토벽돌의 흡수율은 10% 이하이어야 한다.
③ 표준형 내화벽돌의 크기는 230×114×65mm이다.
④ 평타일의 표면 넓이가 16cm²(40mm 각 이하) 이하인 것을 모자이크 타일이라고 한다.

07

점토제품으로 화강암보다 내화성이 강하고 대리석보다 풍화에 강하므로 주로 건축물의 패러핏, 주두 등의 외부 장식에 사용되는 것은?

① 클링커 타일
② 테라코타
③ 테라초
④ 내화벽돌

해설 클링커 타일은 비교적 두꺼운 바닥 타일로 시유 또는 무유의 석기질 타일이고, 테라초는 인조석 중 대리석의 쇄석을 사용하여 대리석 계통의 색조가 나도록 표면을 물갈기한 것이며, 내화벽돌은 높은 온도를 요하는 장소(용광로, 시멘트 및 유리 소성 가마, 굴뚝 등)에 사용하는 벽돌이다.

08

테라코타에 관한 설명으로 옳지 않은 것은?

① 장식용 점토제품으로 미술적 효과가 크다.
② 천연 석재보다 가볍다.
③ 화강암보다 내화성이 작다.
④ 주조법이나 압출성형을 통해 제작한다.

해설 테라코타는 석재 조각물 대신에 사용되는 장식용 공동의 대형 점토 소성 제품으로서 속을 비게 하여 가볍게 만들고, 건축물의 패러핏, 버팀벽, 주두, 난간벽, 창대, 돌림띠 등의 장식에 사용한다. 특성으로는 일반 석재보다 가볍고, 압축강도는 $800 \sim 900 \mathrm{kg/cm^2}$로서 화강암의 1/2 정도이며, 화강암보다 내화력이 강하고 대리석보다 풍화에 강하므로 외장에 적당하다.

09

타일공사에 관한 설명 중 옳은 것은?

① 모자이크 타일의 줄눈 너비의 표준은 5mm이다.
② 벽체타일이 시공되는 경우 바닥타일은 벽체타일을 붙이기 전에 시공한다.
③ 타일을 붙이는 모르타르에 시멘트 가루를 뿌리면 백화가 방지된다.
④ 바탕 모르타르를 바른 후 타일을 붙일 때까지는 여름철(외기온도 25℃ 이상)은 3~4일 이상의 기간을 두어야 한다.

해설 모자이크 타일의 줄눈 너비의 표준은 2mm이고, 벽체타일이 시공되는 경우 바닥타일은 벽체타일을 붙인 후에 시공하며, 타일을 붙이는 모르타르에 시멘트 가루를 뿌리면 백화가 촉진된다.

10

건축공사 중 타일공사에 관한 내용으로 가장 부적합하게 서술된 것은?

① 내장타일은 자기질, 석기질, 도기질이 모두 사용되며 외장타일은 자기질, 석기질이 사용된다.
② 타일 붙임 모르타르는 붙임면 뒤에 틈이 남아 있으면 빗물의 침입으로 백화의 원인이 되므로 주의한다.
③ 외장타일은 외기에 저항력이 강하고 단단하며, 흡수성이 큰 것이 좋다.
④ 타일을 붙일 때에는 시멘트 모르타르를 사용하거나 접착제를 사용하며 타일용 접착제는 초기의 접착성이 높은 것이 좋다.

해설 외장타일은 외기에 저항력이 강하고 단단하며, 흡수성이 작은 것이 좋다.

11

타일시공 시 유의사항으로 옳지 않은 것은?

① 여름에 외장 타일을 붙일 경우에는 하루 전에 바탕면에 물을 충분히 적셔둔다.
② 타일을 붙이기 전에 바탕의 들뜸, 균열 등을 검사하여 불량 부분을 보수한다.
③ 타일면은 일정 간격의 신축줄눈을 두어 탈락, 동결융해 등을 방지할 수 있도록 한다.
④ 타일을 붙이는 모르타르에 백화방지를 위해 시멘트 가루를 뿌리는 것이 좋다.

해설 타일을 붙이는 모르타르에 백화방지를 위해 시멘트 가루를 뿌리는 것은 좋지 않다.

12

타일의 동해(凍害)를 방지하기 위한 설명 중 틀린 것은?

① 타일은 소성온도가 높은 것을 사용한다.
② 타일은 흡수성이 높은 것일수록 모르타르가 잘 밀착되므로 동해방지에 효과가 크다.
③ 붙임용 모르타르의 배합비를 좋게 한다.
④ 줄눈 누름을 충분히 하여 빗물의 침투를 방지하고 타일 바름 밑바탕의 시공을 잘한다.

해설 타일은 흡수성이 낮은 것일수록 모르타르가 잘 밀착이 되므로 동해방지에 효과가 크다.

13

타일공사에서 시공 후 타일 접착력 시험에 대한 설명 중 틀린 것은?

① 타일의 접착력 시험은 600m²당 한 장씩 시험한다.
② 시험할 타일은 먼저 줄눈 부분을 콘크리트 면까지 절단하여 주위의 타일과 분리시킨다.
③ 시험은 타일시공 후 4주 이상일 때 행한다.
④ 시험 결과의 판정은 접착강도가 1MPa 이상이어야 한다.

해설 시험 결과의 판정은 접착강도가 0.39MPa 이상이어야 한다.

14

타일공사의 외벽 떠붙임 공법에 대한 설명으로 옳지 않은 것은?

① 건비빔한 모르타르는 3시간 이내에, 가수한 비빔 모르타르는 적어도 1시간 이내에 사용하는 것이 좋다.
② 서열기에는 하루 전에 바탕면을 물로 충분히 적셔두어야 한다.
③ 타일의 1일 붙임 높이의 한도는 1.5m 정도로 하며 타일 붙임면이 풍우 등에 의해 손상 우려가 크면 시트 등으로 보양한다.
④ 흡수성이 있는 타일에는 백화, 탈락 등의 결함을 방지하기 위해 물을 접촉시켜 사용하면 안 된다.

해설 흡수성이 있는 타일에는 제조업자의 시방에 따라 물을 축여 사용한다.

15

타일시공에 관한 다음 기술 중 틀린 것은?

① 타일 나누기는 먼저 기준선을 정확히 정하고 될 수 있는 대로 온장을 사용하도록 한다.
② 타일을 붙이기 전에 바탕의 불순물을 제거하고 청소를 해야 한다.
③ 타일 붙임 바탕의 건조상태에 따라 뿜칠 또는 솔질로 물을 고루 축인다.
④ 외부 대형 타일시공 시 줄눈의 표준 너비는 5mm 정도가 적당하다.

해설 타일 시공 시 줄눈의 표준 너비는 대형 타일(외부용)은 9mm 정도, 대형 타일(내부용)은 5~6mm 정도, 소형 타일은 3mm 정도, 모자이크 타일은 2mm 정도가 가장 적당하다.

16

테라초(terrazzo) 현장 바름공사에 대한 내용으로 옳지 않은 것은?

① 줄눈 나누기는 최대 줄눈 간격 2m 이하로 한다.
② 바닥 바름 두께의 표준은 접착공법(초벌바름)일 때 20mm 정도이다.
③ 갈기는 테라초를 바른 후 손갈기일 때 2일, 기계 갈기일 때 3일 이상 경과한 후 경화 정도를 보아 실시한다.
④ 마감은 수산으로 중화 처리하여 때를 벗겨내고, 헝겊으로 문질러 손질한 후 왁스 등을 바른다.

해설 테라초 현장 바름공사에서 테라초의 물갈기는 정벌 바른 후 손갈기일 때 2일, 기계갈기일 때 5~7일 이상 경과한 후 경화 정도를 보아 실시한다.

17 |

테라초(terrazzo) 현장갈기에 대한 시공 내용 중 옳지 않은 것은?

① 여름철 갈기는 3일 이상 충분히 경화시킨 다음 갈기 시작한다.
② 초벌갈기는 돌알이 균등하게 나타나도록 하고 바로 이어서 중갈기를 행한다.
③ 정벌갈기는 중갈기가 끝나고 시멘트 풀먹임을 2~3회 거듭한 후 행한다.
④ 광내기 왁스칠은 시간을 두고 얇게 여러 번 행하는 것이 좋다.

해설 카보런덤 숫돌로 돌알이 균등하게(최대 면적이 될 때까지) 나타나도록 갈고, 물씻기 청소 후 테라초와 동일한 색의 시멘트풀을 문질러서 잔구멍과 튄 돌알의 구멍을 메운다. 그 후 시멘트 풀먹임이 경화된 다음 중갈기를 하며, 중갈기와 시멘트 풀먹임을 2~3회 거듭하고 정벌갈기를 하고 고운 숫돌로 마무리한 후 청소한다.

18 |

테라초 현장갈기에 관한 기술 중 옳지 않은 것은?

① 바닥 테라초의 밑바름은 모르타르로 하고 정벌바름에는 대리석의 종석을 반죽하여 사용한다.
② 줄눈의 간격은 최대 2m로 하는데, 일반적으로 60~100cm로 하는 것이 보통이다.
③ 백시멘트와 종석과의 비율은 1 : 2.5 정도로 하고, 두께는 9~15mm 정도로 펴 바른다.
④ 바름이 끝난 후 보통 28일 경과한 다음 물갈기한다.

해설 테라초 현장 바름공사에서 테라초의 물갈기는 정벌 바른 후 손갈기일 때 2일, 기계갈기일 때 5~7일 이상 경과한 후 경화 정도를 보아 실시한다.

5 금속공사

01 |

강재 시편의 인장시험 시 나타나는 응력–변형률 곡선에 관한 설명으로 옳지 않은 것은?

① 하위항복점까지 가력한 후 외력을 제거하면 변형은 원상으로 회복된다.
② 인장강도점에서 응력값이 가장 크게 나타난다.
③ 냉간 성형한 강재는 항복점이 명확하지 않다.
④ 상위항복점 이후에 하위항복점이 나타난다.

해설 강재의 인장시험 시 탄성한도점까지 가력한 후 외력을 가하면 변형은 원상으로 회복된다.

02 |

다음 중 구조용 강재의 응력도–변형률 곡선에서 가장 먼저 나타나는 것은?

① 상위항복점   ② 비례한계점
③ 하위항복점   ④ 인장강도점

해설 강재의 응력과 변형률 곡선

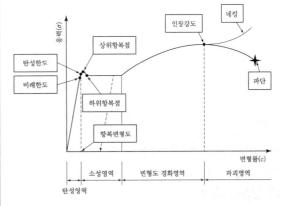

03 |

강재의 항복비를 옳게 나타낸 것은?

① 탄성한도/인장강도   ② 인장강도/탄성한도
③ 인장강도/항복점   ④ 항복점/인장강도

해설 강재의 응력과 변형률과의 곡선에서 인장강도에 대한 항복점(통상은 상항복점), 또는 내력의 비율을 항복비라고 말한다. 또한, 파괴강도에 대하는 하항복점의 비율도 항복비라고 불리는 경우가 있다.

즉, 항복비 = $\dfrac{\text{항복점}}{\text{인장강도}}$ 이다.

04 |

재료에 하중이 반복하여 작용할 때 정적 강도보다 낮은 강도에서 파괴되는 것을 무엇이라고 하는가?

① 크리프 파괴
② 전단 파괴
③ 피로 파괴
④ 충격 파괴

해설 크리프 파괴는 하중을 장시간 받고 있을 때 부재가 나타내는 소성 변형 현상에 의한 파괴이고, 전단 파괴는 전단 응력 또는 전단 변형에 의해 발생하는 파괴이며, 충격 파괴는 충격(순간적으로 끝나는 힘의 작용)에 의한 파괴이다.

05 |

건축용 강재(철근, 철골, 리벳 등)의 재료시험 항목에서 일반적으로 제외되는(중요시되지 않는) 항목은?

① 압축강도시험
② 인장강도시험
③ 굽힘시험
④ 연신율

해설 건축용 강재의 재료시험 항목에는 일반 구조용[항복점, 인장강도, 연신율, 굴곡(굽힘)시험 등], 용접구조용[항복점, 인장강도, 연신율, 굴곡(굽힘)시험, 충격시험 등] 및 리벳용 압연강재[인장강도, 항복점, 연신율, 굴곡(굽힘)시험 등] 등이 있다.

06 |

직경이 18mm인 강봉을 대상으로 인장시험을 행하여 항복하중 27kN, 최대하중 41kN을 얻었다. 이 강봉의 인장강도는?

① 약 106.3MPa
② 약 133.9MPa
③ 약 161.1MPa
④ 약 182.3MPa

해설 인장강도

$= \dfrac{P(\text{최대하중})}{A(\text{단면적})}$

$= \dfrac{P}{\dfrac{\pi D^2}{4}} = \dfrac{4P}{\pi D^2} = \dfrac{4 \times 41{,}000}{\pi \times 18^2}$

$= 161.12 \text{N/mm}^2 = 161.1 \text{MPa}$

07 |

TMCP강에 관한 설명으로 옳지 않은 것은?

① 항복비가 높아 내진성능이 낮다.
② 저탄소당량으로 용접성이 우수하다.
③ 강재의 두께가 증가하더라도 항복강도의 저하가 없다.
④ 제어압연을 기본으로 하고, 급랭에 의한 가속냉각법을 이용하여 필요성질을 확보한다.

해설 TMCP강은 용접성과 내진성이 뛰어난 극후판의 고강도의 강재로서 두께 40mm 이상 80mm 이하의 후판에서도 항복강도가 저하하지 않으므로 구조물의 고층화와 대형화가 가능한 강재이다.

08 |

탄소강의 물리적 성질과 탄소량과의 관계에 대한 설명 중 옳은 것은?

① 탄소량이 일정하면 가공 상태나 열처리 조건에 따른 물리적 성질의 변화는 없다.
② 탄소강의 비중, 열팽창계수, 열전도도는 탄소량이 증가할수록 증가한다.
③ 탄소강의 비열, 전기저항, 항장력은 탄소량이 증가할수록 증가한다.
④ 탄소강의 내식성은 탄소량이 증가할수록 증가한다.

해설 ① 탄소량이 일정하면 가공 상태나 열처리 조건에 따른 물리적 성질이 변화한다.
② 탄소강의 비중, 열팽창계수, 열전도도는 탄소량이 증가할수록 감소한다.
④ 탄소강의 내식성은 탄소량이 증가할수록 감소한다.

09 |

다음 철금속 재료의 탄소함유량이 0.025%에서 2.11%로 변화하는 데 따른 제반 물성 변화에 대한 설명으로 옳지 않은 것은?

① 인장강도는 증가한다.
② 탄성계수는 증가한다.
③ 신율은 증가한다.
④ 경도는 증가한다.

해설 철에 함유된 성분 중 탄소량이 증가하는 경우에는 강도(인장과 압축), 경도, 비열, 전기저항, 탄성계수 등을 증가시키고, 내식성은 좋으나, 연율(신율), 수축률, 비중, 열전도율, 용접성 등은 감소시킨다.

10

다음 중 강(鋼)의 일반적 성질에 대한 설명으로 옳지 않은 것은?

① 탄소함유량이 증가함에 따라 열전도율은 떨어진다.

② 탄소함유량이 증가함에 따라 비열은 커진다.

③ 융점은 대략 1,425~1,528℃이다.

④ 항복비란 상위항복점과 하위항복점의 비를 말한다.

해설 강재의 응력과 변형률과의 곡선에서 인장강도에 대한 항복점(통상은 상항복점), 또는 내력의 비율을 항복비라고 말한다. 또한, 파괴강도에 대하는 하항복점의 비율도 항복비라고 불리는 경우가 있다. 즉, 항복비= $\dfrac{항복점}{인장강도}$ 이다.

11

온도에 따른 탄소강의 기계적 성질에 관한 설명으로 옳지 않은 것은?

① 연신율은 200~300℃에서 최소로 된다.

② 인장강도는 500℃ 정도에서 상온 강도의 약 1/2로 된다.

③ 인장강도는 100℃ 정도에서 최대가 된다.

④ 항복점과 탄성한계는 온도가 상승함에 따라 감소한다.

해설 강재의 온도에 의한 영향

온도	0~250℃	250℃	500℃	600℃	900℃
영향	강도 증가	최대 강도	0℃ 강도의 1/2	0℃ 강도의 1/3	0℃ 강도의 1/10

12

상온에서 인장강도가 360MPa인 강재가 500℃로 가열되었을 때 강재의 인장강도는 얼마 정도인가?

① 약 120MPa ② 약 180MPa

③ 약 240MPa ④ 약 360MPa

해설 강재의 온도에 의한 강도를 보면, 500℃인 경우, 0℃ 강도의 1/2이므로 $360 \times \dfrac{1}{2} = 180MPa$

13

강의 열처리 방법에 속하지 않는 것은?

① 불림 ② 풀림

③ 단조 ④ 담금질

해설 강의 열처리 방법에는 불림(소준), 풀림(소순), 담금질(소입) 및 뜨임(소려) 등이 있고, 단조는 강괴를 기계 해머나 수압 프레스 등으로 불순물을 제거하여 강의 질을 치밀하게 만드는 것이다.

14

강의 열처리 방법 중 조직을 개선하고 결정을 미세화하기 위해 800~1,000℃로 가열하여 소정의 시간까지 유지한 후에 대기 중에서 냉각하는 것을 무엇이라 하는가?

① 불림 ② 풀림

③ 담금질 ④ 뜨임질

해설 열처리 방법

구분	불림(소준)	풀림(소순)	담금질(소입)	뜨임(소려)
가열 온도	800~1,000℃			200~600℃
냉각 장소	공기 중	로 속	찬물, 기름 중	공기 중
냉각 속도	서냉		급랭	서냉
특성	결정의 미세화, 변형 제거, 조직의 균일화, 강의 조직 개선	강을 연화, 내부 응력을 제거	강도와 경도의 증가, 담금이 어렵고, 담금질 온도의 상승	변형 제거, 강인한 강 제조

15 |

다음 중 강의 열처리 방법과 그 목적의 연결이 옳지 않은 것은?

① 뜨임질 - 인성 증대
② 풀림 - 경도 증가
③ 불림 - 조직 개선
④ 담금질 - 강도 증가

해설 풀림(소순)은 불림에서와 같이 높은 온도(800~1,000℃)로 가열된 강을 노속에서 천천히 냉각시키는 것으로 강의 결정이 미세화되는 동시에 연화되기도 한다. 또한, 경도의 증가는 담금질(소입)의 효과이다.

16 |

건축용으로는 박판으로 제작하여 지붕 재료로 이용되며, 못 등으로도 이용되나 알칼리성에 약하므로 시멘트, 콘크리트 등에 접하는 곳에서는 부식의 속도가 빠르므로 주의하여야 하는 비철 금속은?

① 동
② 납
③ 주석
④ 니켈

해설 납은 금속 중에서 비교적 비중이 크고 연하며 방사선을 잘 흡수하므로 X선 사용 개소의 천장·바닥에 방호용으로 사용되는 금속이다. 주석은 철판에 도금하여 양철판으로 쓰이며 음료수용 금속 재료의 방식 피복 재료로도 사용되는 금속이다. 니켈은 전성과 연성이 좋고, 내식성이 커서 공기와 습기에 대하여 산화가 잘 되지 않으며, 주로 도금을 하여 장식용으로 쓰일 뿐이며, 대부분 합금하여 사용한다.

17 |

동(銅)에 관한 설명으로 옳지 않은 것은?

① 연성이고 가공성이 풍부하여 판재, 선재, 봉 등으로 만들기가 용이하다.
② 열전도율 및 전기전도율이 매우 크다.
③ 염수 또는 해수에 침식되지 않는다.
④ 콘크리트 등 알칼리에 접하는 장소에서는 빨리 부식된다.

해설 동(구리)은 암모니아 등의 알칼리 용액에는 침식이 잘 되고, 진한 황산에는 잘 용해되므로 염수나 해수에 잘 침식된다.

18 |

동과 그 합금에 대한 설명으로 옳은 것은?

① 황동은 구리와 아연을 주성분으로 한다.
② 청동은 구리와 니켈을 주성분으로 한다.
③ 구리는 녹청색으로 부식이 발생되므로 내식성이 우수하지 않다.
④ 암모니아나 해수에 강하다.

해설 ② 청동은 구리와 주석의 합금이고, ③ 동(구리)은 습기를 받으면 이산화탄소의 작용으로 부식하여 녹청색을 나타내는데, 내부까지는 부식되지 않으므로 내식성이 우수하며, ④ 암모니아 등의 알칼리성 용액에는 침식이 잘 되고, 진한 황산에 잘 용해된다.

19 |

표면에 청록색을 띠고 있으며, 건축 장식철물 또는 미술공예품으로 이용되는 금속은?

① 니켈
② 청동
③ 황동
④ 주석

해설 니켈은 전성과 연성이 좋고, 내식성이 커서 공기와 습기에 대하여 산화가 잘 되지 않으며, 대부분 합금, 도금에 사용된다. 황동(놋쇠)은 구리에 아연을 10~45% 정도를 가하여 만든 합금이며, 주석은 청백색의 광택이 있고 전성과 연성이 풍부하며, 내식성이 크고 산소나 이산화탄소의 작용을 받지 않는다. 또한, 유기산에 거의 침식되지 않고 공기 중이나 수중에서 녹슬지 않으나, 알칼리에는 천천히 침식된다.

20 |

알루미늄에 대한 설명으로 옳지 않은 것은?

① 반사율이 극히 크므로 열 차단재로 쓰인다.
② 내화성이 적고 산에 침식되기 쉽다.
③ 알칼리에 침식되지 않아 콘크리트에 접하여 사용할 수 있다.
④ 압연, 인발 등의 가공성이 좋다.

해설 알루미늄은 원광석인 보크사이트로부터 알루미나를 만들고, 이것을 다시 전기분해하여 만든 은백색의 금속으로 전기나 열전도율이 크고, 전성과 연성이 크며, 가공하기 쉽고, 가벼운 정도에 비하여 강도가 크다. 공기 중에서 표면에 산화막이 생기면 내부를 보호하는 역할을 하므로 내식성이 크다. 특히, 가공성(압연, 인발 등)이 우수하다. 반면 산, 알칼리나 염에 약하므로 이질 금속 또는 콘크리트, 시멘트 모르타르, 회반죽 및 철강재 등에 접하는 경우에는 방식처리를 하여야 한다.

21

알루미늄의 성질에 관한 설명으로 옳지 않은 것은?

① 알루미늄은 비중이 철의 1/3 정도로 경량인 반면, 열·전기전도성이 크고 반사율이 높다.
② 알루미늄의 내식성은 그 표면에 치밀한 산화피막을 형성하기 때문에 부식이 쉽게 일어나지 않으며 알칼리나 해수에도 강하다.
③ 알루미늄의 부식률은 대기 중의 습도와 염분함유량, 불순물의 양과 질 등에 관계된다.
④ 알루미늄은 상온에서 판, 선으로 압연가공하면 경도와 인장강도가 증가하고 연신율이 감소한다.

해설 알루미늄의 내식성은 순도가 높으면 그 표면에 치밀한 산화피막을 형성하기 때문에 부식이 쉽게 일어나지 않으며, 산이나 알칼리 및 해수에 침식되기 쉬우므로 콘크리트 및 해수에 접하거나, 흙속에 매립될 경우에는 사용을 금지하거나, 특히 주의하여 사용하여야 한다.

22

비철금속 중 알루미늄 재료에 대한 설명으로 옳은 것은?

① 알루미늄은 독특한 흰 광택을 지닌 중금속으로 광선 및 열반사율이 크다.
② 산이나 알칼리 및 해수에 침식되기 쉬우므로 해안가 공사 시 특히 주의해야 한다.
③ 순도가 높은 것은 표면에 산화 피막이 생겨 잘 부식된다.
④ 연성, 전성이 나빠서 가공하기 어렵고 얇은 부재로 만들기도 어렵다.

해설 알루미늄은 독특한 흰 광택을 지닌 경금속(비중이 2.8)으로 광선 및 열반사율이 크고, 순도가 높은 것은 표면에 치밀한 산화 피막(알루마이트)을 표면에 형성하여 부식을 방지하며, 연성, 전성이 좋아서 가공하기 쉽고, 얇은 부재를 만들기 쉽다. 산이나 알칼리 및 해수에 침식되기 쉬우므로 콘크리트 및 해수에 접하거나, 흙속에 매립될

경우에는 사용을 금지하거나, 특히 주의하여 사용하여야 한다.

23

비철금속 중 아연에 관한 설명으로 옳지 않은 것은?

① 건조한 공기 중에서는 거의 산화되지 않는다.
② 묽은 산류에 쉽게 용해된다.
③ 철판의 아연도금으로 사용된다.
④ 불순물인 철(Fe)·카드뮴(Cd)·주석(Sn) 등을 소량 함유하게 되면 광택이 매우 우수해진다.

해설 아연은 원광석(섬아연광 또는 농아연광)에서 증류법 또는 전해법에 의해서 제조되는 비철 금속으로 내식성이 우수하고 대기 중에서는 어느 정도 광택을 유지하지만 불순물이 연(Pb), 철(Fe), 카드뮴(Cd), 주석(Sn) 등을 소량 함유하게 되면 광택이 매우 떨어진다.

24

합금에 대한 설명으로 옳지 않은 것은?

① 구조용 특수강은 탄소강에 니켈·망간 등을 첨가하여 강인성을 높인 것이다.
② 황동은 구리와 주석으로 된 합금이며 산·알칼리에 침식되지 않는다.
③ 스테인리스강은 크롬 및 니켈 등을 함유하며 탄소량이 적고 내식성이 우수하다.
④ 강의 합금인 내후성 강은 부식되는 정도가 보통 강의 1/3~1/10 정도이다.

해설 황동은 구리와 아연의 합금으로 가공하기 쉽고, 내식성이 크며, 창호철물로 주로 사용되나, 암모니아 등의 알칼리성 용액에는 잘 침식된다. 구리와 주석의 합금은 청동이다.

25

다른 종류의 금속을 접촉시켰을 때 전기분해가 일어나서 이온화 경향이 큰 금속이 부식된다. 다음 중 이온화 경향이 가장 큰 것은?

① Mg
② Al
③ Fe
④ Mn

해설 전기 작용에 의한 부식

서로 다른 금속이 접촉하여, 그 곳에 수분이 있을 경우에는 전기분해가 일어나 이온화 경향이 큰 쪽이 음극으로 되고 전기적 부식작용을 받는다. 금속의 이온화 경향이 큰 것부터 차례대로 열거해 보면 다음과 같다.
K → Ca → Na → Mg → Al → Cr → Mn → Zn → Fe → Ni → Sn → Pb → (H) → Cu → Hg → Ag → Pt → Au
위치가 (H)보다 왼쪽일수록 금속의 이온화 영향이 큰 금속으로, 이는 단독으로도 습기나 물속에서 부식되고, 또 단일금속이라도 내부 조직에 조밀의 차이가 있으므로 국부 전류가 생겨 조잡한 부분일수록 먼저 부식된다.

26 |

서로 다른 종류의 금속재가 접촉하는 경우 부식이 일어나는 경우가 있는데 부식성이 큰 금속 순으로 나열된 것은?

① 알루미늄 > 철 > 구리
② 철 > 알루미늄 > 구리
③ 철 > 구리 > 알루미늄
④ 구리 > 철 > 알루미늄

해설 서로 다른 금속이 접촉하고, 그곳에 수분이 있으면 전기분해가 일어나 이온화 경향이 큰 쪽이 음극이 되어 전기부식작용을 받는다. 이온화 경향이 큰 것부터 나열하면 Mg > Al > Cr > Mn > Zn > Fe > Ni > Sn > H > Cu > Hg > Ag > Pt > Au의 순이다.

27 |

비철금속재료의 특성에 관한 설명 중 옳지 않은 것은?

① 동은 상온의 건조 공기 중에서 변화하지 않으나 습기가 있으면 광택을 소실하고 녹청색으로 된다.
② 알루미늄은 비중이 비교적 작고 연질이며 강도도 낮다.
③ 납은 비중이 크고 연질이며 전성, 연성이 풍부하다.
④ 아연은 산 및 알칼리에 강하나 공기 중 및 수중에서는 내식성이 작다.

해설 아연은 묽은 산류에 쉽게 용해되고, 알칼리에는 침식되며, 해수에는 서서히 침식된다. 또한, 아연은 내식성이 우수하고, 대기 중에서 어느 정도의 광택을 갖는다.

28 |

다음 비철금속에 관한 설명 중 옳지 않은 것은?

① 동에 아연을 합금시킨 것이 황동으로 일반적인 황동은 아연 함유량이 40% 이하이다.
② 구조용 알루미늄 합금은 4~5%의 동을 함유하므로 내식성이 좋다.
③ 주로 합금 재료로 쓰이는 주석은 유기산에는 거의 침해되지 않는다.
④ 아연은 철강의 방식용에 피복재로서 사용할 수 있다.

해설 알루미늄에 동을 첨가하면 순도가 낮아져 내식성이 나빠지나, 동과 알루미늄의 합금은 강도가 증가하고, 내열성과 연신율이 향상된다.

29 |

다음 금속재료에 관한 설명 중 옳지 않은 것은?

① 이(異)종 금속이 습기가 있는 곳에서 접촉하고 있으면 이온화 경향이 작은 금속이 부식된다.
② 납은 방사선의 투과도가 낮아 방사선 차폐용으로 이용된다.
③ 주철은 다양한 성질을 갖는 철제 합금의 일종으로 선철에 다소의 철부스러기를 넣어 조제한 것이다.
④ 콘크리트 속의 철근이 부식하지 않는 것은 콘크리트가 알칼리성이기 때문이다.

해설 전기 작용에 의한 부식은 서로 다른 금속이 접촉하여, 그 곳에 수분이 있을 경우에는 전기분해가 일어나 이온화 경향이 큰 쪽이 음극으로 되고 전기적 부식 작용을 받는다.

30

각종 금속에 대한 설명으로 틀린 것은?

① 동은 건조한 공기 중에서는 산화하지 않으나, 습기가 있거나 탄산가스가 있으면 녹이 발생한다.
② 납은 비중이 비교적 작고 융점이 높아 가공이 어렵다.
③ 알루미늄은 비중이 철의 1/3 정도로 경량이며 열·전기전도성이 크다.
④ 청동은 구리와 주석을 주체로 한 합금으로 건축 장식부품 또는 미술공예재료로 사용된다.

해설 납은 비중(11.4)이 가장 크고, 연한 금속으로 주조 가공성과 단조성이 풍부하며, 융점이 낮고 가공이 쉽다.

31

금속재료에 관한 설명으로 옳지 않은 것은?

① 스테인리스강은 내화, 내열성이 크며, 녹이 잘 슬지 않는다.
② 동은 화장실 주위와 같이 암모니아가 있는 장소에서는 빨리 부식하기 때문에 주의해야 한다.
③ 알루미늄은 콘크리트에 접할 경우 부식되기 쉬우므로 주의하여야 한다.
④ 청동은 구리와 아연을 주체로 한 합금으로 건축 장식철물 또는 미술공예재료에 사용된다.

해설 청동은 구리와 주석의 합금으로 주석의 함유량은 보통 4~12%이고, 주석의 양에 따라 그 성질이 달라지며, 청동은 황동보다 내식성이 크고 주조하기 쉬우며, 표면은 특유의 아름다운 청록색으로 되어 있어 건축장식철물, 미술공예재료로 사용한다. 또한, 구리와 아연의 합금은 황동이다.

32

금속의 부식을 방지하기 위한 방법 중 옳은 것은?

① 큰 변형을 받은 금속은 불림하여 사용한다.
② 이중 금속의 인접 또는 접촉 사용을 금한다.
③ 표면은 가급적 포습된 상태로 사용한다.
④ 부분적인 녹은 제거하지 않고 사용해도 좋다.

해설 ① 가공 중에 생긴 변형은 풀림, 뜨임 등에 의해 제거한다.
③ 표면은 깨끗(녹 제거)하게 하고, 물기나 습기가 없도록 한다.
④ 부분적인 녹은 즉시 제거하고 사용한다.

33

철재의 부식방지를 위한 관리 대책으로 옳지 않은 것은?

① 가능한 한 이중 금속을 인접 또는 접촉시켜 사용하지 말 것
② 표면을 평활하고 깨끗이 하며 가능한 한 습윤 상태로 유지할 것
③ 큰 변형을 준 것은 가능한 한 풀림하여 사용할 것
④ 부분적으로 녹이 나면 즉시 제거할 것

해설 가공 중에 생긴 변형은 풀림, 뜨임 등에 의해 제거하고, 표면은 깨끗(녹 제거)하게 하고, 물기나 습기가 없도록 하여 건조 상태를 유지한다.

34

벽·기둥 등의 모서리를 보호하기 위하여 미장바름질을 할 때 붙이는 보호용 철물은?

① 논슬립   ② 인서트
③ 코너비드   ④ 크레센트

해설 논슬립은 미끄럼을 방지하기 위하여 계단의 코 부분에 사용하며 놋쇠, 황동제 및 스테인리스 강재 등이 있다. 인서트는 콘크리트 슬래브에 묻어 천장 달림재를 고정시키는 철물이다. 크레센트는 초생달 모양으로 된 것으로 오르내리창의 윗막이대 윗면에 대어 다른 창의 밑막이에 걸리게 하는 걸쇠이다. 즉, 오르내리창의 잠금 장치이다.

35

연강 철선을 전기 용접하여 정방형 또는 장방형으로 만든 것으로 블록을 쌓을 때나 보호 콘크리트를 타설할 때 사용하며 균열을 방지하고 교차 부분을 보강하기 위해 사용하는 금속제품은?

① 와이어로프   ② 코너비드
③ 와이어메시   ④ 메탈 폼

해설 와이어로프는 경강 선재를 열처리한 후 신장한 소선을 다수 꼬아서 스트랜드(새끼줄)를 만들고, 중심에 심강(섬유 또는 와이어로프)을 넣고 수개의 스트랜드를 꼬아 합친 로프이다. 코너비드는 기둥 및 벽체의 모서리 면에 미장을 쉽게 하고, 모서리를 보호할 목적으로 설치하는 철물이다. 메탈 폼(metal form)은 철판, 앵글 등을 써서 패널로 제작된 철제 거푸집이다. 콘크리트 면이 정확하며 평활하다.

36 |

얇은 강판에 마름모꼴의 구멍을 연속적으로 뚫어 그물처럼 만든 것으로, 천장, 벽 등의 미장 바탕에 사용되는 것은?

① 메탈라스
② 리벳
③ 논슬립
④ 인서트

해설 리벳은 머리가 둥글고 두툼한 버섯 모양의 굵은 못으로 철골 부재의 체결용 부품이다. 논슬립은 미끄럼을 방지하기 위하여 계단의 코 부분에 사용하며 놋쇠, 황동제 및 스테인리스 강재 등이 있다. 인서트는 콘크리트 슬래브에 묻어 천장 달림재를 고정시키는 철물이다.

37 |

판두께 1.2mm 이하의 얇은 판에 여러 가지 모양으로 도려낸 철판으로서 환기공, 인테리어벽, 천장 등에 이용되는 금속 성형 가공제품은?

① 익스펜디드메탈
② 키스톤 플레이트
③ 펀칭메탈
④ 스팬드럴패널

해설 익스펜디드메탈은 연강판을 망상으로 만든 것이고, 키스톤 플레이트는 규칙적으로 골이 되게 주름잡은 강판으로 데크 플레이트에 비해 춤이 작아 강성이 작으며 지붕이나 외벽 등에 주로 사용한다. 스팬드럴패널은 스팬드럴(수평이 되게 하기 위하여 고이는 모든 삼각형 부재 또는 계단 바깥쪽 옆판 밑에 대는 삼각형틀이나 판을 말함) 부분을 덮고 있는 패널이다.

38 |

목조, 철골조 등의 벽, 천장에 모르타르 바탕이 되어 부착이 잘 되게 하며 미장재의 균열을 방지할 수 있는 금속재료로서 적당하지 않은 것은?

① 메탈라스
② 와이어라스
③ 익스팬디드메탈
④ 펀칭메탈

해설 펀칭메탈은 박강판 제품의 하나로 여러 가지 모양의 구멍을 뚫은 철판 제품으로 주로 환기구멍, 라디에이터 커버 등으로 사용한다.

39 |

수장 및 장식용 금속제품으로 천장, 벽 등에 보드를 붙이고 그 이음새를 감추는데 사용하는 것은?

① 코너비드
② 조이너
③ 펀칭메탈
④ 스팬드럴패널

해설 코너비드는 기둥 및 벽의 모서리면에 미장을 쉽게 하고, 모서리를 보호할 목적으로 사용하고, 펀칭메탈은 얇은 강판에 여러 가지 모양의 구멍을 뚫어 만든 것으로 환기 구멍이나 라디에이터 커버로 사용하며, 스팬드럴패널은 스팬드럴 부분(아치의 바깥 둘레 곡선과 이것을 둘러싼 방형 사이의 삼각형 부분)을 덮고 있는 패널이다.

40 |

규칙적으로 골이 되게 주름잡은 강판으로서 강판의 두께는 0.6~1.2mm 정도이며, 지붕, 외벽 등에 주로 쓰이고 철근 콘크리트 슬래브의 거푸집 패널로도 사용되는 것은?

① 메탈라스
② 와이어메시
③ 키스톤 플레이트
④ 와이어라스

해설 메탈라스는 두께 0.4~0.8mm의 연강판에 일정한 간격으로 그물눈을 내어 늘여 철강 모양으로 만든 것이고, 와이어메시는 연강 철선을 전기용접(가로와 세로의 교차점)을 하여 정방형 또는 장방형으로 만든 것이며, 와이어라스는 보통 또는 아연도금철선을 여러 형태(마름모형, 갑옷형, 둥근형 등)로 꼬아서 만든 것이다.

41 |

일종의 못박기총을 사용하여 콘크리트나 강재 등에 박는 특수못을 의미하는 것은?

① 드라이브핀
② 인서트
③ 익스팬션볼트
④ 듀벨

해설 인서트는 콘크리트 타설 후 달대를 매달기 위하여 사전에 매설시키는 부품이고, 익스팬션볼트는 스크류 앵커(삽입된 연질 금속 플러그에 나사못을 끼운 것)와 똑같은 원리의 볼트이며, 듀벨은 볼트와 함께 사용하는데 듀벨은 전단력에, 볼트는 인장력에 작용시켜 접합재(목재와 목재 사이에 끼워서 전단에 대한 저항 작용을 목적으로 한 철물) 상호 간의 변위를 막는 강한 이음을 얻는 데 사용하는 긴결철물로 큰 간사이의 구조, 포갬보 등에 사용한다.

42

다음 금속철물 중 장부가 구멍에 끼어 돌게 만든 철물로서 회전창에 사용되는 것은 어느 것인가?

① 나이트래치 ② 지도리
③ 크레센트 ④ 챌판

해설 나이트래치는 실내에서는 열쇠 없이 열고, 외부에서는 열쇠가 있어야만 열 수 있는 자물쇠이다. 크레센트는 오르내리창 또는 미서기창의 잠금장치이고, 챌판은 계단의 디딤판 밑에 새로 막아댄 널이다.

43

각종 금속제품에 대한 설명으로 틀린 것은?

① 메탈라스는 금속제 창호로서 내화성, 수밀성, 기밀성이 있다.
② 와이어라스는 아연 도금한 연강선을 마름모꼴, 귀갑형, 둥근형 등으로 한 미장 바탕용 철망이다.
③ 펀칭메탈은 금속판에 무늬 구멍을 낸 것으로 환기구, 각종 커버 등에 쓰인다.
④ 논슬립은 계단 모서리 끝 부분의 보강 및 미끄럼막이를 목적으로 사용한다.

해설 메탈라스(Metal lath)는 두께 0.4~0.8mm의 연강판에 일정한 간격으로 그물눈을 내고 늘여 철망모양으로 낸 금속 제품이다.

44

다음의 금속제품에 대한 설명 중 옳지 않은 것은?

① 메탈라스(Metal lath)는 박강판에 구멍을 뚫어 그물처럼 만든 것으로 천장, 벽 등의 미장 바탕에 사용한다.

② 조이너(Joinner)는 계단의 디딤판 끝에 대어 오르내릴 때 미끄러지지 않도록 하는 철물로서 미끄럼막이라고도 한다.
③ 코너비드(Corner Bead)는 벽, 기둥 등의 모서리 부분에 미장 바름을 보호하기 위한 것으로 모서리 쇠라고도 한다.
④ 메탈 폼(Metal Form)은 금속재의 콘크리트용 거푸집으로서 치장 콘크리트에 사용된다.

해설 조이너(Joinner)는 텍스, 보드, 금속판, 합성수지판 등의 줄눈에 대어 붙이는 것으로서 못박기나 나사죄기로 한다. 논슬립(미끄럼막이)은 계단의 디딤판 끝에 대어 오르내릴 때 미끄러지지 않도록 하는 철물로서 미끄럼막이라고도 한다.

45

다음 중 경량형 강재의 특징에 관한 설명으로 옳지 않은 것은?

① 경량형 강재는 중량에 대한 단면계수, 단면 2차 반경이 큰 것이 특징이다.
② 경량형 강재는 일반구조용 열간압연한 일반형 강재에 비하여 단면형이 크다.
③ 경량형 강재는 판두께가 얇지만 판의 국부좌굴이나 국부변형이 생기지 않아 유리하다.
④ 일반구조용 열간압연한 일반형 강재에 비하여 재두께가 얇고 강재량이 적으면서 휨강도는 크고 좌굴강도도 유리하다.

해설 경량형 강재는 판두께가 얇아 판의 국부좌굴이나 국부변형이 생겨 불리하다.

46

인서트(insert)의 재질로 가장 적합한 것은?

① 주철 ② 알루미늄
③ 목재 ④ 구리

해설 인서트는 콘크리트 슬래브에 묻어 천장 달림재(달대)를 고정시키는 철물로서, 재질로는 주철을 사용한다. 또한, 알루미늄과 구리는 알칼리에 약하고, 목재는 부식이 되므로 사용이 불가능하다.

6 창호 및 유리공사

01

유리에 관한 설명으로 옳은 것은?

① 보통 판유리의 비중은 6.5 정도이다.
② 보통 판유리의 열전도율은 철재보다 매우 작다.
③ 창유리의 강도는 일반적으로 압축강도를 말한다.
④ 강화유리는 강도가 크고 현장가공성이 좋다.

해설 ① 보통 판유리의 비중은 2.5 정도이다.
③ 창유리의 강도는 일반적으로 휨강도를 의미한다.
④ 강화유리는 강도가 보통 유리의 3~5배, 충격강도는 7~8배 정도이고, 현장가공이 불가능하다(열응력에 의한 파손우려가 있다).

02

유리의 일반적 성질에 관한 설명으로 옳지 않은 것은?

① 청결한 창유리의 흡수율은 2~6%이나 두께가 두꺼울수록 또는 불순물이 많고 착색이 진할수록 크게 된다.
② 일반적으로 열전도율 및 팽창계수는 크고 비열은 적으므로 부분적으로 급히 가열하거나 냉각해도 쉽게 파괴되지 않는다.
③ 창유리 등의 소다석회유리의 비중은 약 2.5로 석영보다 약간 가볍다.
④ 전기에 대해서는 건조 상태에서 부도체이나 공중의 습도가 많게 되면 유리표면에 습기가 흡착되므로 절연성이 적어진다.

해설 유리의 열적 성질에 있어서, 열전도율(보통 유리의 열전도율은 0.48kcal/m·h·℃로서, 이는 대리석, 타일보다 작고, 콘크리트의 1/2 정도)이 작고 팽창계수나 비열이 크기 때문에, 유리를 부분적으로 가열하면 비틀림이 발생하는데, 이로 인하여 유리의 인장강도보다 큰 인장력이 발생하여 유리는 파괴된다.

03

유리의 성질에 관한 설명으로 옳지 않은 것은?

① 굴절율은 1.5~1.9 정도이고 납을 함유하면 낮아진다.

② 열전도율 및 열팽창율이 작다.
③ 광선에 대한 성질은 유리의 성분, 두께, 표면의 평활도 등에 따라 다르다.
④ 약한 산에는 침식되지 않지만 염산·황산·질산 등에는 서서히 침식된다.

해설 유리의 광선에 대한 성질은 유리의 성분, 두께, 표면의 평활도, 맑은 정도 등에 따라 다르고, 굴절률은 1.5~1.9(보통 판유리는 1.5)이고, 납을 함유하면 굴절률은 높아진다. 유리면에서는 정반사와 난반사가 일어나고, 입사각이 클수록 확산도는 적어지고, 90° 정도에서는 정반사가 되며, 전반사에 가깝게 된다. 반사는 굴절률과 입사각에 비례하여 증대한다.

04

다음 중 유리의 주성분으로 옳은 것은?

① Na_2O
② CaO
③ SiO_2
④ K_2O

해설 유리 성분의 비율은 SiO_2(71~73%)−Na_2O(14~16%)−CaO(8~15%)−MgO(1.5~3.5%)−Al_2O_3(0.5~1.5%)이므로 주성분은 SiO_2이다.

05

무늬유리 및 망 유리의 제조방식으로 가장 적합한 것은?

① 프레스 방식
② 롤아웃 방식
③ 플로트 방식
④ 인양 방식

해설 유리의 제조 방법에는 판인법(유리물을 좁은 틈으로 흘러내리게 하면 얇은 막이 되므로 그것을 냉각탑 속에서 식히는 방법)과 롤러법(롤아웃법, 두꺼운 판유리나 표면에 요철이 있는 무늬 유리와 망유리의 제조법) 등이 있고, 롤러법에는 단롤러법(수평의 철판 위에 녹인 유리액을 흘려 롤러로 압연하는 방식)과 복롤러법(서로 반대로 회전하는 몇 개의 롤러로 압연하는 방식) 등이 있으며, 인양방식에는 콜번, 푸르콜, 피츠버그 방식 등이 있다.

06

파손방지, 도난방지 또는 진동이 심한 장소에 적합한 망입(網入)유리의 제조 시 사용되지 않는 금속선은?

① 철선(철사)

② 황동선

③ 청동선

④ 알루미늄선

해설 망입 유리는 용융 유리 사이에 금속 그물(지름이 0.4 mm 이상의 철선, 놋쇠(황동)선, 아연선, 구리선, 알루미늄선)을 넣어 롤러로 압연하여 만든 판유리로서 도난방지, 화재방지 및 파편에 의한 부상방지 등의 목적으로 사용한다.

07

다음 중 건축 일반용 창호유리, 병유리에 주로 사용되는 유리는?

① 물유리

② 고규산유리

③ 칼륨석회유리

④ 소다석회유리

해설 물유리는 방화도료와 내산도료로 사용한다. 고규산(석영)유리는 전구, 살균등용, 글라스울 원료로 사용한다. 칼륨석회(칼륨유리, 경질유리, 보헤미아 유리)유리는 고급용품, 이화학기구, 기타 장식품, 공예품, 식기 등에 사용한다.

08

보통 판유리의 일반적 성질에 관한 설명으로 옳지 않은 것은?

① 비중은 2.5 정도이다.

② 보통 판유리의 강도는 인장강도를 말한다.

③ 열전도율이 콘크리트보다 작다.

④ 연화점은 720~730℃ 정도이다.

해설 판유리의 강도라 함은 휨강도를 의미하고, 같은 두께의 반투명유리는 80%, 망입유리는 90% 정도이다. 두께가 두꺼울수록 휨강도가 작아진다. 즉, 1.9mm의 휨강도는 70MPa, 3.0mm의 휨강도는 65MPa, 5.0mm의 휨강도는 50MPa, 6.0mm의 휨강도는 45MPa 정도이다.

09

유리가 불화수소에 부식하는 성질을 이용하여 판유리면에 그림, 문자 등을 새긴 유리는?

① 스테인드유리

② 샌드블라스트유리

③ 에칭유리

④ 내열유리

해설 스테인드유리는 색유리나 색을 칠해 무늬나 그림을 나타낸 유리이고, 샌드블라스트유리는 유리면에 오려낸 모양판을 붙이고, 모래를 고압 증기로 뿜어 오려낸 부분은 마모시켜 유리면에 무늬 모양을 만든 판유리이며, 내열유리는 규산분이 많은 유리로서 성분은 석영유리에 가까운 유리로서, 열팽창계수가 작고 연화온도가 높아 내열성이 강한 유리이다.

10

유리 내부 중심에 철, 황동, 알루미늄 등의 금속망을 삽입하고 압착 성형한 판유리로 파손방지, 내열효과가 있으며 도난 방지, 방화 목적으로 사용하는 유리는?

① 강화유리

② 무늬유리

③ 망입유리

④ 복층유리

해설 강화유리는 고열에 의한 특수 열처리를 하여 기계적인 강도를 향상시킨 특수유리의 하나이다. 무늬유리는 밑면에 무늬가 새겨진 주형에 용융유리를 부어서 제조하거나, 무늬가 새겨진 롤러 사이를 통과시켜서 만든 유리이다. 복층유리는 2장 또는 3장의 판유리를 일정한 간격으로 띄워 금속테로 기밀하게 테두리를 한 다음 유리 사이의 내부에는 건조한 일반 공기층을 둔 유리이다.

11

강화유리에 관한 설명으로 옳지 않은 것은?

① 보통 판유리를 2장 이상으로 접합한 것이다.

② 강화열처리 후에 절단·구멍 뚫기 등의 재가공이 극히 곤란하다.

③ 보통유리에 비해 3~5배 정도 강하다.

④ 충격을 받아 파손되면 유리조각이 잘게 부서진다.

해설 강화판유리는 유리를 열처리(500~600℃로 가열한 다음 특수 장치를 이용하여 균등하게 급격히 냉각시키는 것)한 것으로, 그로 인하여 그 강도가 보통 유리의 3~5배에 이르며, 특히 충격 강도는 보통 유리의 7~8배나

된다. 또 파괴되면 열처리에 의한 내응력 때문에 모래처럼 잘게 부서지므로 유리 파편에 의한 부상이 적어진다. ① 접합 유리에 대한 설명이다.

12 |

넓은 의미에서 안전유리로 볼 수 없는 것은?

① 망입유리 　　② 접합유리
③ 형판유리 　　④ 강화유리

해설 안전유리의 종류에는 접합유리, 강화판(담금)유리, 배강도유리 및 망입유리 등이 있고, 형판유리는 보통 판유리의 한쪽 면 또는 양쪽 면에 각종 무늬를 둔 반투명유리로서 일반 판유리와 유사하므로 안전유리에 속하지 않는다.

13 |

KS L 2003에 규정된 유리로서 2장 이상의 판유리 등을 나란히 넣고, 그 틈새에 대기압에 가까운 압력의 건조한 공기를 채우고 그 주변을 밀봉 · 봉착한 것은?

① 열선흡수유리 　　② 배강도유리
③ 강화유리 　　④ 복층유리

해설 열선흡수(단열)유리는 철, 니켈, 크롬 등을 가하여 만든 유리로서 태양광선 중 열선을 흡수하므로 주로 서향의 창, 차량의 창에 사용하고, 배강도유리는 판유리를 열처리하여 유리표면에 적절한 크기의 압축응력층을 만들어 파괴강도를 증대시키고, 파손 시 판유리와 유사한 유리이며, 강화유리는 유리를 가열(500~ 600℃)한 다음 특수 장치를 이용하여 균등하게 급격히 냉각시킨 유리이다.

14 |

다음 유리 중 결로 현상의 발생이 가장 적은 것은?

① 보통유리 　　② 후판유리
③ 복층유리 　　④ 형판유리

해설 복층유리(페어글라스, 이중유리)는 2장 또는 3장의 판유리를 일정한 간격으로 띄어 금속테로 기밀하게 테두리를 한 다음, 유리 사이의 내부를 진공으로 하거나 특수 기체를 넣은 유리로서 방음, 방서, 차음 및 단열의 효과가 크고, 결로 방지용으로도 우수하다. 또한,

현장에서 절단 가공이 불가능하다.

15 |

방탄유리의 구성과 가장 관련이 깊은 유리는?

① 강화유리 　　② 복층유리
③ 접합유리 　　④ 스팬드럴유리

해설 후판유리 또는 강화판유리를 여러 장 겹쳐 접착한 접합유리는 방탄 성능이 있어 이를 방탄유리 또는 트리플렉스 글라스(Triplex glass)라고도 한다.

16 |

Low-E 유리의 특징으로 옳지 않은 것은?

① 가시광선(0.4~0.78μm) 투과율은 맑은 유리와 비교할 때 큰 차이가 없다.
② 근적외선(0.78~2.5μm) 영역의 열선 투과율은 현저히 낮다.
③ 색유리를 사용했을 때보다 실내는 훨씬 밝아진다.
④ 실외의 물체들이 자연색 그대로 실내로 전달되지 않는다.

해설 실외의 물체들이 자연색 그대로 실내로 전달된다.

17 |

스팬드럴유리에 관한 설명으로 옳지 않은 것은?

① 건축물의 외벽 층간이나 내 · 외부 장식용 유리로 사용한다.
② 판유리 한쪽 면에 세라믹질의 도료를 도장한 후 고온에서 융착, 반강화한 것으로 내구성이 뛰어난다.
③ 색상이 다양하고 중후한 질감을 갖고 있으며 건축물의 모양에 따라 선택의 폭이 넓다.
④ 열깨짐의 위험이 있으므로 유리표면에 페인트도장을 하거나, 종이테이프 등을 부착하지 않는다.

해설 스팬드럴유리는 플로트 판유리의 한쪽 면에 세라믹질의 도료를 코팅한 다음 고온으로 융착과 반강화시킨 불투명한 색유리로서, 강도와 내구성이 뛰어나며, 중후하고 다양한 컬러를 지니고 있으며, 건축물의 외벽 층간, 내벽 마감재로 사용하고, 강화 공정에서 열처리

가 되어 일반 유리보다 2~3배 정도의 높은 강도를 지니고 있어 열에 강하고, 색상이 다양하여 선택의 폭이 넓은 유리이다. 또한, 규산분이 많은 유리로서 그 성분이 석영유리와 비슷한 유리는 내열유리이다. 뿐만 아니라, 스팬드럴유리는 열처리에 의하여 열깨짐에 위험이 없으므로 유리표면에 페인트를 도장하거나, 종이테이프 등을 부착하지 않는다.

18 |

유리의 종류에 따른 용도를 표기한 것으로 옳지 않은 것은?

① 강화유리 – 테두리 없는 유리문, 엘리베이터의 창
② 복층유리 – 일반 주택 및 고층 빌딩 등의 외부 창
③ 망입유리 – 방화 및 방범용 창
④ 자외선 투과유리 – 의류의 진열창, 식품·약품 창고의 창유리용

해설 보통의 판유리가 자외선을 거의 투과시키지 않는 것은 바로 산화제이철 때문인데, 자외선 투과유리는 산화제이철의 함유율을 극히 줄인 유리로서, 자외선 투과율은 석영 및 코렉스 글라스는 약 90%, 비타 글라스는 약 50%로서 온실이나 병원의 일광욕실 등에 이용되고 있다. 또한, 자외선 흡수(차단)유리는 직물 등 염색 제품의 퇴색을 방지할 필요가 있는 상점(의류품)의 진열창, 식품이나 약품의 창고 또는 용접공의 보안경 등에 쓰인다.

19 |

각종 유리에 관한 설명으로 옳지 않은 것은?

① 망입유리는 방화, 방재용으로 사용된다.
② 복층유리는 단열 목적의 유리이다.
③ 열선흡수유리는 실내의 냉방효과를 좋게 하기 위해 사용된다.
④ 자외선 투과유리는 의류품의 진열장, 식품이나 약품의 창고 등에 사용된다.

해설 자외선 투과유리는 유리에 함유되어 있는 성분 가운데 산화제이철을 산화제일철로 환원하여 상당량의 자외선을 투과시킬 수 있는 유리로서 온실이나 병원의 일광욕실 등에 사용한다. 자외선 흡수(차단)유리는 상점(의류상점)의 진열창, 식품이나 약품의 창고 또는 용접공의 보안경 등에 사용한다.

20 |

다음 중 판유리에 관한 설명으로 옳지 않은 것은?

① 망입유리는 파손되더라도 파편이 튀지 않으므로 진동에 의해 파손되기 쉬운 곳에 사용된다.
② 복층유리는 단열 및 차음성이 좋지 않아 주로 선박의 창 등에 이용된다.
③ 강화유리는 압축강도를 한층 강화한 유리로 현장 가공 및 절단이 되지 않는다.
④ 자외선 투과유리는 병원이나 온실 등에 이용된다.

해설 복층유리는 단열 및 차음성이 좋아 주로 건물의 외부창 등에 이용되고, 선박의 창에는 강화유리가 사용된다.

21 |

각 부분의 시공방법에 관한 기술 중 옳지 않은 것은?

① 창호의 틀 먼저 세우기 공법은 새시 주위의 누수 우려가 거의 없다.
② 지붕에 금속 골판을 바탕에 고정하는 것은 골의 두둑(높은 곳)에서 하는 것이 원칙이다.
③ 알루미늄 창호의 세우기는 강재 창호에 준하나 먼저 세우기를 하는 것은 강도상 무리이므로 나중 세우기를 한다.
④ 외부에 면한 창호의 유리 끼우기는 내부마감공사 후에 하는 것이 좋다.

해설 외부에 면한 창호는 내부공사 시 보온과 작업의 편리를 도모하기 위하여 내부마감공사 전에 끼우는 것이 좋다.

22 |

창호공사에 관한 기술 중 옳지 않은 것은?

① 널 양면 붙임문의 널을 제혀쪽매로 한 것을 쓸 때 쪽매두께는 15mm 정도로 한다.
② 빈지문의 널은 같은 나비의 것을 2장으로 나누어 대고 맞댄 쪽매로 하는 것이 원칙이다.
③ 비늘살문의 비늘살 길이가 600mm 이상일 때는 세로살을 넣는다.
④ 플러시문 널막이 가로살의 거리 간격은 250~450mm 정도로 한다.

해설 빈지문은 마루널과 같이 반턱 또는 제혀쪽매로 해 대는 것이 보통이며, 두꺼운 널에 띠장을 댄 것을 덧문으로 사용하며, 언제든지 떼어낼 수 있다.

23 |

강재 창호에 대한 기술 중 옳지 않은 것은?

① 창호의 수명은 방청처리의 가부에 좌우된다.
② 멀리온(mullion)은 한 창문틀의 면적이 작을수록 유효하다.
③ 창호의 현장 설치는 보통 나중 세우기 방법을 많이 취한다.
④ 창문틀 주위에는 된반죽 모르타르로 채운 후 코킹재를 채우기도 한다.

해설 멀리온(mullion)은 한 창문틀의 면적이 클수록 유효하다.

24 |

보통 창유리에 관한 설명 중 옳지 않은 것은?

① 투명유리로서 흠이 없는 것은 90% 광선을 투과시킨다.
② 자외선을 잘 투과시킨다.
③ 불연재이지만 방화용은 아니다.
④ 유리의 판매단위는 한 상자로 약 $9.2m^2$이다.

해설 보통의 창유리는 많은 양의 적외선을 투과시키는 편이다.

25 |

각종 건축용 유리에 대한 설명 중 옳지 않은 것은?

① 복층유리는 열관류율이 작아 단열창 등에 사용된다.
② 강화유리는 강도가 보통 유리의 3~5배 정도이며, 파괴될 때도 안전하다.
③ 열선흡수유리는 단열유리라고도 하며 적외선을 잘 흡수한다.
④ 보통 판유리는 자외선의 투과율이 크고 가시광선 영역을 강하게 흡수한다.

해설 보통 판유리는 90%의 광선을 투과시키나, 자외선은 거의 투과시키지 못한다.

26 |

다음 중 창호의 기능검사와 가장 관계가 먼 것은?

① 내열성   ② 내풍압성
③ 기밀성   ④ 수밀성

해설 창호의 기능검사에는 내풍압성, 기밀성, 수밀성, 차음성, 단열성, 방화성 및 내구성 등이 있다.

27 |

창호공사에서 창호의 기능검사 내용으로 옳지 않은 것은?

① 내풍압성 : 내벽에 있는 창호의 기본적 요구 조건으로서, 시험에서 파괴가 일어나지 않음은 물론이고, 중앙부의 최대 변위가 틀 안목치수의 1/50 이하이어야 한다.
② 기밀성 : 창호 내외의 압력 차에 의한 통기량을 단위면적에 대하여 단위시간 동안에 측정하여 기준 상태로 환산한다.
③ 차음성 : 주파수가 커지면 음향 투과 손실도 커지는데, 차음성을 표준 상태로 환산하여 등급을 매긴다.
④ 단열성 및 방화성 : 단열성은 열관류 저항치($m^2 h ℃/kcal$)를 기준으로 측정하며, 방화성은 화재 시 일정 시간 불을 막는 역할에 대하여 등급을 매긴다.

해설 내풍압성은 내벽에 있는 창호의 기본적 요구 조건으로서, 시험에서 파괴가 일어나지 않음은 물론이고, 중앙부의 최대 변위가 틀 안목치수의 1/70 이하이어야 한다.

28 |

문 위틀과 문짝에 설치하여 문이 자동적으로 닫혀지게 하는 장치로서 도어클로저(door closer)라고 명명되는 것은?

① 도어체크(door check)
② 함자물쇠
③ 체인로크
④ 피벗힌지(pivot hinge)

해설 함자물쇠는 문 면에 달고 함 속에는 끝이 경사진 혓자물대와 작은 밀어 잠그기대가 있는 자물쇠이다. 체인로크는 체인으로 된 잠금쇠이다. 피벗힌지는 플로어힌지를 사용할 때 문의 위 촉의 돌대로 사용하는 철물이다.

29 |

다음 항목 중에서 창호 부속 철물의 내용이 틀린 것은?

① 외여닫이문으로서 창고의 출입문에 사용하는 door lock은 store type의 cylinder lock 1개이다.
② 850mm×2,050mm의 steel door에 사용하는 butt hinge는 규격 100mm×100mm 2개이다.
③ 알루미늄 커튼월의 pull down 창호에는 일반적으로 hinge가 2개 필요하다.
④ 갑종방화문인 양개문에는 순위 조절기가 2개조 필요하다.

해설 갑종방화문인 양개문에는 순위 조절기가 1개조 필요하다.

30 |

건축물에 사용되는 금속제품과 그 용도가 바르게 연결되지 않은 것은?

① 지도리 : 문의 하부 발이 닿는 부분에 문짝이 손상되는 것을 방지하는 철물
② 코너비드 : 벽, 기둥 등에 사용하는 모서리쇠
③ 논슬립 : 계단에 사용하는 미끄럼 방지 철물
④ 조이너 : 천장, 벽 등의 이음새 감춤용 철물

해설 문지방은 문의 하부 발이 닿는 부분에 문짝이 손상되는 것을 방지하는 것이고, 지도리는 장부가 구멍에 들어 끼어 돌게 한 철물이다.

7 도장공사

01 |

도료의 원료 중 테레빈유를 사용하는 주목적은?

① 착색 용이   ② 내구성 증대
③ 시공성 증대   ④ 건조 향상

해설 유성페인트는 안료, 보일드유(건성유+건조제), 희석제로 구성되며, 희석제는 일반적으로 탄화수소용제(테레빈유, 미네랄스피릿, 석유 등)가 사용되며, 보일드유를 용해시키고 붓칠이 원활히 되도록(시공성의 증대) 그 양은 최소 3% 내지 10% 정도 사용된다.

02 |

도료의 도막을 형성하는 데 필요한 유동성을 얻기 위하여 첨가하는 것은?

① 안료   ② 가소제
③ 수지   ④ 용제

해설 안료는 물, 기름 기타 용제에 녹지 않는 착색분말로서 불투명한 것으로 도료를 착색하고, 유색의 불투명한 도막을 만듦과 동시에 기계적인 성질을 보강한다. 가소제는 도막에 탄성과 가소성을 주어 내구력을 증대시키기 위한 보조 재료이며, 수지는 천연수지(송진, 셀락, 다마르 등)와 합성수지(열경화성 수지, 열가소성 수지 등)가 있다.

03 |

도장재료 중 래커(lacquer)에 대한 설명으로 옳지 않은 것은?

① 내구성은 크나 도막이 느리게 건조된다.
② 클리어 래커는 투명 래커로 도막은 얇으나 견고하고 광택이 우수하다.
③ 클리어 래커는 내후성이 좋지 않아 내부용으로 주로 쓰인다.
④ 래커 에나멜은 불투명 도료로서 클리어 래커에 안료를 첨가한 것을 말한다.

해설 래커는 오일 바니시의 지건성과 랙 도막의 취약성을 보완한 것으로 목재면, 금속면 등의 외부면에 사용한다. 건조가 빠르고(10~20분), 내구성, 내수성, 내후성, 내유성이 우수하나 도막이 얇고 부착력이 약하다.

심한 속건성이므로 뿜칠을 하여야 한다. 우천 시나 고온 시에 도막이 때때로 흐려지거나 백화 현상이 일어나는 이유는 용제가 증발할 때 열을 도막에서 흡수하기 때문이며, 시너 대신 지연제를 사용하면 방지할 수 있다. 특히, 심한 속건성이어서 바르기가 어려우므로 스프레이어를 사용하는데, 바를 때에는 래커 : 시너 = 1 : 1로 섞어서 쓴다.

04 |

스프레이 건(spray gun)을 사용해서 표면 마감을 할 때 가장 유리한 도료는?

① 래커　　　　　　　② 바니쉬
③ 유성 페인트　　　　④ 에나멜

해설 래커는 심한 속건성이어서 바르기 어려우므로 스프레이(spray, 분무기)를 사용하고, 바를 때에는 래커 : 시너 = 1 : 1(용량비)로 섞어서 사용한다.

05 |

다음 도료 중 건조 시간이 가장 긴 것은?

① 유성 페인트　　　　② 멜라민 수지 도료
③ 래커　　　　　　　④ 수성 페인트

해설 유성 페인트는 건성유(아마인유, 대마유, 들기름, 동유, 콩기름)를 가열 처리한 보일유에 안료를 혼합하고 건조제(코발트, 망간, 납 등이 쓰이며 건조 속도를 촉진 또는 조절), 용제(테레빈유, 벤젠 등이 쓰이며 시공을 용이하게 하고, 귀얄질을 쉽게 한다)를 첨가하여 제조한다. 건조성 지방유 등 유량을 늘리면 광택과 내구력이 증가되나 건조가 늦고, 용제를 늘리면 건조가 빠르고 귀얄질이 잘 되나, 옥외 도장 시 내구력을 떨어뜨린다.

06 |

천연수지, 합성수지 또는 역청질들을 건성유와 같이 열반응시켜 건조제를 넣고 용제에 녹인 것은?

① 페인트　　　　　　② 래커
③ 에나멜　　　　　　④ 바니시

해설 페인트는 안료와 건조성 지방유, 액상의 합성수지 또는 바니시 등의 전색제를 주원료로 하는 도장재료이고, 래커는 합성수지를 주체로 한 것으로 휘발성 바니시의 일종이며, 에나멜은 안료에 오일 바니시를 반죽

한 액상으로서 유성 페인트와 오일 바니시의 중간 제품이다.

07 |

유용성 수지를 건성유에 가열·용해하여 이것을 휘발성 용제로 희석한 것은?

① 보일유　　　　　　② 유성 페인트
③ 유성 바니시　　　　④ 수성 페인트

해설 보일유는 건성유와 건조제를 혼합한 기름이고, 유성 페인트는 안료, 보일드유(건성유+건조제) 및 희석제로 구성되며, 수성 페인트는 소석고, 안료, 접착제를 혼합한 것을 사용할 때, 물로 녹여 이용하는 도료이다.

08 |

도료 중 주로 목재면의 투명도장에 쓰이고 오일 니스에 비하여 도막이 얇으나 견고하며, 담색으로서 우아한 광택이 있고 내부용으로 쓰이는 것은?

① 클리어 래커(clear lacquer)
② 에나멜 래커(enamel lacquer)
③ 에나멜 페인트(enamel paint)
④ 하이 솔리드 래커(high solid lacquer)

해설 에나멜 래커는 클리어 래커에 안료를 혼합한 불투명 도료이고, 에나멜 페인트는 안료에 오일 바니시를 반죽한 도료이며, 하이 솔리드 래커는 보통 래커보다 니트로셀룰로오스와 수지나 가소제의 함유량을 많게 한 도료이다.

09 |

다음 도료 중 내수성이 가장 나쁜 도료는?

① 수성 페인트
② 유성 바니시
③ 염화비닐 수지 도료
④ 알루미늄 페인트

해설 수성 페인트는 소석고, 안료, 접착제를 혼합한 것을 사용할 때 물로 녹여 이용하는 페인트로 내수성, 내구성에서 가장 떨어지고, 건물 외부 등 물에 접하는 곳에는 부적당하다.

10 |

유성 에나멜 페인트에 관한 설명으로 옳지 않은 것은?

① 유성 바니시에 안료를 첨가한 것을 말한다.
② 내알칼리성이 우수하여 콘크리트 면에 주로 사용된다.
③ 유성 페인트와 비교하여 건조시간, 도막의 평활 정도가 우수하다.
④ 유성 페인트와 비교하여 광택, 경도가 우수하다.

해설 유성 에나멜 페인트는 유성 바니시를 매개로 하여 안료를 첨가한 것으로 성능은 사용하는 바니시에 따라 달라지며, 내알칼리성이 약하고 유성 페인트와 비교하여 건조시간, 도막의 평활정도, 광택, 경도 등이 뛰어나다. 또한, 내알칼리성이 약하므로 콘크리트 면에 사용이 부적합하다.

11 |

합성수지 도료를 유성 페인트와 비교한 설명으로 옳지 않은 것은?

① 건조시간이 빠르고 도막이 단단하다.
② 도막은 인화할 염려가 적어 방화성이 우수하다.
③ 비교적 두꺼운 도막을 만들 수 있다.
④ 내산, 내알칼리성이 있어 콘크리트면에 바를 수 있다.

해설 합성수지 도료는 건조시간이 빠르고, 도막이 단단하며, 도막은 인화할 염려가 없어서 방화성이 있다. 또한, 내산, 내알칼리성이 있어 콘크리트나 플라스터 면에 바를 수 있고, 투명한 합성수지를 사용하면 더욱 선명한 색을 낼 수 있다. 그러나 비교적 두꺼운 도막을 만들 수 없다.

12 |

다음 도장재료 중 물이 증발하여 수지 입자가 굳는 융착 건조 경화를 하는 것은?

① 알키드수지
② 에폭시수지
③ 불소수지 도료
④ 합성수지 에멀션 페인트

해설 합성수지 에멀션 페인트는 물을 사용하므로 화재, 폭발의 위험이 없고 용제의 냄새가 없어 위생적이며 작업성이 좋을 뿐만 아니라 내알칼리성이 강하여 콘크리트, 모르타르, 플라스터 등에도 칠할 수 있는 이점이 있어 옥내 · 외 도장에 사용한다.

13 |

수성 페인트에 합성수지와 유화제를 섞은 것으로서 실내 · 외 어느 곳에서나 매우 광범위하게 사용되며, 피막의 먼지 등으로 오염된 것을 비눗물로도 쉽게 제거할 수 있는 장점을 가진 것은?

① 에나멜 페인트
② 래커 에나멜
③ 에멀션 페인트
④ 클리어 래커

해설 에나멜 페인트는 안료에 오일 바니시를 반죽한 도료이고, 래커 에나멜은 클리어 래커에 안료를 혼합한 불투명 도료이며, 클리어 래커는 주로 목재면의 투명 도장에 사용되고, 오일 바시니에 비하여 도막은 얇으나 견고하고, 담색으로 내수성, 내후성은 약간 떨어지며, 내부용으로 주로 사용된다.

14 |

내산 · 내알칼리성이 특히 우수하고 내마모성이 좋아 콘크리트 및 모르타르 바탕면 등에 사용되는 합성수지 도료는?

① 요소수지 도료
② 에폭시수지 도료
③ 알키드수지 도료
④ 멜라민수지 도료

해설 요소수지 도료는 상온에서 사용이 가능하고, 접착성이 크나, 내수성이 약하며, 가격이 싸다. 알키드수지 도료는 유변성 알키드수지를 도막형성요소로 하는 자연 건조 도료로서, 부착성, 내후성, 건조성, 보색성, 다른 도료와의 혼합성, 용해성 등이 좋다. 멜라민수지 도료는 내열성, 내수성 및 접착성이 크고, 착색의 염려가 없다.

15 |

다음 중 금속의 부식 발생을 제어하기 위해 사용되는 방청도료와 가장 거리가 먼 것은?

① 광명단 페인트
② 유성 페인트
③ 크롬산 아연
④ 수성 페인트

해설 방청도료의 종류에는 광명단 도료, 방화 산화철 도료, 알루미늄 도료, 역청질 도료, 워시 프라이머, 징크로메이트(크롬산) 도료, 규산염 도료 및 유성 페인트 등이 있다.

16 |

합성수지를 전색제로 쓰고 소량의 안료와 인산을 첨가한 도료는?

① 워시 프라이머   ② 오일 프라이머

③ 규산염 도료   ④ 역청질 도료

해설 오일 프라이머는 프라이머 중의 유성의 것으로 기름 바니시와 안료를 혼합한 것이다. 규산염 도료는 규산 나트륨, 규산칼륨 등은 수용성이기 때문에 수용성에서 물을 증발시키면 광택이 있는 도막이 되며, 도막은 공기 중에서 차차 불용성으로 변하므로 규산나트륨의 수용액에 안료를 혼합하여 도료를 제조한 것이다. 역청질 도료는 역청질의 종류 및 기름의 혼입에 따라 녹막이 효과는 달라지고 타르, 피치 등을 사용한 것은 수중에서도 녹막이 효과가 크다.

17 |

다음의 각종 도료에 대한 설명 중 옳지 않은 것은?

① 유성 페인트의 도막은 견고하나 바탕의 재질을 살릴 수 없다.

② 유성 에나멜 페인트는 도막이 견고할 뿐만 아니라 광택도 좋다.

③ 광명단은 철재의 방청제는 물론 목재의 방부제로도 사용된다.

④ 알루미늄 페인트는 금속 알루미늄 분말과 유성 바니시로 구성된다.

해설 광명단(철재의 표면에 녹이 스는 것을 방지하고 철재와의 부착성을 높이기 위한 방청도료로, 함연 방청 도료, 방청 산화철 도료, 규산염 도료, 크롬산아연 및 워시 프라이머 등이 있다)은 철재의 방청제로는 사용되나, 목재의 방부제(크레오소트, 콜타르, 아스팔트, 펜타클로로페놀 및 페인트, 황산구리용액, 염화아연용액, 염화 제2수은용액 및 플루오르화나트륨용액 등)로는 부적합하다.

18 |

합성수지 도료의 특성에 관한 설명으로 옳지 않은 것은?

① 건조시간이 빠르고 도막이 단단하다.

② 내산성, 내알칼리성이 있어 콘크리트, 모르타르 면에 바를 수 있다.

③ 도막은 인화할 염려가 있어 방화성이 작은 단점이 있다.

④ 투명한 합성수지를 사용하면 더욱 선명한 색을 낼 수 있다.

해설 합성수지 도료(안료와 인공수지류 및 휘발성 용제를 주원료로 한 것)는 건조시간이 빠르고 도막이 단단하며, 투명한 합성수지를 사용하면 극히 선명한 색을 낼 수 있다. 내산성, 내알칼리성이 있어 모르타르, 콘크리트나 플라스터면에 바를 수 있고, 도막은 인화할 염려가 없어서 페인트와 바니시보다는 더욱 방화성이 있다.

19 |

합성수지와 체질안료를 혼합한 입체무늬 모양을 내는 뿜칠용 도료로 콘크리트 및 모르타르 바탕에 도장하는 도료는?

① 본타일   ② 다채무늬 도료

③ 규산염 도료   ④ 알루미늄 도료

해설 다채무늬 도료는 한 번 칠하여 두 가지 이상의 다채로운 표면을 형성하는 도료이다. 규산염 도료는 규산나트륨, 규산칼륨 등은 수용성이기 때문에 수용성에서 물을 증발시키면 광택이 있는 도막이 되며, 도막은 공기 중에서 차차 불용성으로 변하므로 규산나트륨의 수용액에 안료를 혼합하여 도료를 제조한 것이다. 알루미늄 도료는 알루미늄 분말을 안료로 한 것으로 방청과 광선이나 열을 반사하는 효과를 내는 도료이다.

20 |

표준시방서에 따른 에폭시계 도료 도장의 종류 중 내수, 내해수를 목적으로 사용할 때 가장 적합한 것은?

① 에폭시 에스테르 도료

② 2액형 에폭시 도료

③ 2액형 후도막 에폭시 도료

④ 2액형 타르 에폭시 도료

해설 ① 에폭시 에스테르 도료는 미약한 내산, 내알칼리가 목적일 때 사용하는 도료로서 철재면에 사용한다.
② 2액형 에폭시 도료와 ③ 2액형 후도막 에폭시 도료는 내산, 내알칼리, 내수가 목적일 때 사용하는 도료로서 철, 아연도금면이나 콘크리트, 모르타르면에 사용한다.

21

도료의 저장 중 온도의 상승 및 저하의 반복 작용에 의해 도료 내에 작은 결정이 무수히 발생하며 도장 시 도막에 좁쌀모양이 생기는 현상은?

① skinning
② seeding
③ bodying
④ sagging

해설 ① skinning(피막현상)은 도장재료의 저장 중에 발생하는 결함으로 피막을 형성하는 결함이다.
③ bodying(증점현상)은 도장재료의 저장 중에 발생하는 결함으로 점도가 상승하는 결함이다.
④ sagging(흘러내림)은 시공 중에 발생하는 결함으로 도장재료가 흘러내림으로서 발생하는 결함이다.

22

도장공사에 관한 주의사항으로 옳지 않은 것은?

① 바탕의 건조가 불충분하거나 공기의 습도가 높을 때는 시공하지 않는다.
② 초벌부터 정벌까지 같은 색으로 시공해야 한다.
③ 야간은 색을 잘못 칠할 염려가 있으므로 시공하지 않는다.
④ 직사광선은 가급적 피하고 도막이 손상될 우려가 있을 때에는 칠하지 않는다.

해설 초벌, 재벌 및 정벌의 색깔을 3회에 걸쳐서 다음 칠을 하였는지 안 하였는지 구별하기 위해 처음에는 연하게 최종적으로 원하는 색으로 진하게 칠한다.

23

도장공사 시 유의사항으로 옳지 않은 것은?

① 도장마감은 도막이 너무 두껍지 않도록 얇게 몇 회로 나누어 실시한다.
② 도장을 수회 반복할 때에는 칠의 색을 동일하게 하여 혼동을 방지해야 한다.

③ 칠하는 장소에서 저온, 다습하고 환기가 충분하지 못할 때는 도장작업을 금지해야 한다.
④ 도장 후 기름, 산, 수지, 알칼리 등의 유해물이 배어 나오거나 녹아 나올 때에는 재시공한다.

해설 도장을 수회 반복할 때에는 칠의 색을 상이하게 하여 혼동을 방지해야 한다.

24

도장공사에 관한 사항 중 옳지 않은 것은?

① 유성 페인트보다 합성수지계의 도료가 공정능률이 좋다.
② 뿜칠은 보통 30cm 거리로 칠면에 직각으로 일정 속도로 이행(移行)한다.
③ 뿜칠은 겹쳐지면 두께가 틀려지므로 절대 겹쳐서는 안 된다.
④ 여름은 겨울보다 건조제를 적게 넣는다.

해설 뿜칠은 1/2~1/3 정도의 너비로 겹치게 칠하고, 방향을 직교 교차시켜 칠두께를 균등하게 한다.

25

페인트공사에 관한 주의사항으로서 옳지 않은 것은?

① 바탕의 건조가 불충분한 경우 또는 공기 중의 습도가 큰 경우에는 도장을 하지 않을 것
② 건조를 빨리하기 위해 가능한 한 바람이 강한 날을 선택하여 도장할 것
③ 야간은 색조를 분간하기 어려우므로 분별하기 어려운 색의 도장을 하지 않을 것
④ 바름횟수를 확실히 하기 위해 밑칠의 색을 층마다 조금씩 변화시킬 것

해설 바람이 강한 날은 도장공사를 중지해야 한다.

26

칠공사에 관한 설명 중 옳지 않은 것은?

① 한랭 시나 습기를 가진 면은 작업을 하지 않는다.
② 초벌부터 정벌까지 같은 색으로 도장해야 한다.
③ 강한 바람이 불 때는 먼지가 묻게 되므로 외부 공사를 하지 않는다.
④ 야간은 색을 잘못 칠할 염려가 있으므로 칠하지 않는 것이 좋다.

해설 초벌, 재벌 및 정벌의 색상을 3회에 걸쳐서 다음 칠을 하였는지 안 하였는지 구별하기 위해 처음에는 연하게 칠하고 최종적으로 원하는 색으로 진하게 칠한다.

27 |

도장시공 전 및 도료 사용 시 주의사항으로 옳지 않은 것은?

① 도료는 사용 전 잘 교반하여 균일하게 한 후 사용하고, 과도한 희석은 피한다.

② 기온이 5도 이하이거나 상대습도 85% 이상인 환경이 도장하기에 가장 적합하다.

③ 하도용 도료와 적합한 상도용 도료를 선택하고 층간 밀착성이 양호해야 한다.

④ 소지조정, 표면처리의 방법에 따라 녹이나 기름기 제거, 표면의 거칠기 정도를 관리한다.

해설 기온이 5℃ 미만이거나 상대습도 85% 이상인 환경에서는 도장을 중지해야 한다.

28 |

페인트칠의 경우 초벌과 재벌 등을 바를 때마다 그 색을 약간씩 다르게 하는 이유는?

① 희망하는 색을 얻기 위해

② 색이 진하게 되는 것을 방지하기 위해

③ 착색안료를 낭비하지 않고 경제적으로 하기 위해

④ 다음 칠을 하였는지 안 하였는지 구별하기 위해

해설 초벌, 재벌 및 정벌의 색상을 3회에 걸쳐서 다음 칠을 하였는지 안 하였는지 구별하기 위해 처음에는 연하게 하고, 최종적으로 원하는 색으로 진하게 칠한다.

29 |

다음은 어떤 도장 결함의 원인을 설명한 것인가?

초벌바름에 염료가 들어 있을 때, 바탕재 표면에 기름이 묻어 있을 때, 역청질 도료를 초벌바름한 위에 도장할 때

① 번짐(브리트)　　② 색분리
③ 주름　　　　　　④ 리프팅

해설 색분리(색분해, 색얼룩)는 두 가지 이상의 안료를 넣은 도료를 도포하였을 때, 도막표면의 비중이 가벼운 안료가 분리되어 표면에 떠올라 처음의 색과 다르게 되는 현상이다. 주름은 건조 도막에 주름과 같은 무늬가 나타나는 현상으로 상도의 용제가 하도의 도막을 용해하였거나, 건조가 불완전한 도막 위에 재도장되었을 때 발생한다. 리프팅(부풀음)은 겉칠이 밑칠의 도료를 침해하여 도막이 벗겨지거나, 위로 떠오르거나 주름이 잡히는 현상이다.

30 |

건축공사 뿜도장 공법에 대한 설명으로 틀린 것은?

① 뿜도장 거리는 뿜도장면에서 300mm를 표준으로 하고 압력에 따라 가감한다.

② 매 회의 에어 스프레이는 붓 도장과 동등한 정도의 두께로 하고, 2회분의 도막두께를 한 번에 도장하지 않는다.

③ 각 회의 뿜도장 방향은 제1회 때와 제2회 때를 서로 평행하게 진행시켜서 뿜칠을 해야 한다.

④ 뿜도장할 때에는 항상 평행이동하면서 운행의 한 줄마다 뿜도장 너비의 1/3 정도를 겹쳐 뿜는다.

해설 각 회의 뿜도장 방향은 제1회 때와 제2회 때를 서로 직교하게 진행시켜서 뿜칠을 해야 한다.

31 |

도장공사에서 뿜칠에 대한 설명으로 옳지 않은 것은?

① 큰 면적을 균등하게 도장할 수 있다.

② 뿜칠은 보통 30cm 거리에서 칠면에 직각으로 속도가 일정하게 이행한다.

③ 뿜칠은 도막두께를 일정하게 유지하기 위해 겹치지 않도록 순차적으로 이행한다.

④ 뿜칠 압력이 낮으면 거칠고, 높으면 칠의 유실이 많다.

해설 뿜칠은 도막두께를 일정하게 유지하기 위해 1/2~1/3 정도 겹치도록 순차적으로 이행한다.

32 |

스프레이건을 사용한 뿜칠 마무리를 할 경우 가장 적당한 도료는?

① 유성 페인트
② 래커(lacquer)
③ 바니시(varnish)
④ 에나멜(enamel)

해설 래커는 특별한 초벌 공정이 필요하며, 또 심한 속건성 이어서 솔로 바르기가 힘들기 때문에 스프레이를 사용한다. 바를 때는 래커와 시너의 비를 1:1로 섞어서 쓰며, 목재면 또는 금속면 등의 외부용에 쓰인다.

33 |

목재의 무늬나 바탕의 특징을 잘 나타내는 마무리 도장은?

① 에나멜칠
② 클리어 래커칠
③ 오일 스테인칠
④ 유성 페인트칠

해설 클리어 래커칠은 래커에 안료를 가하지 않은 래커의 일종으로 주로 목재면의 투명 도장에 쓰이며, 오일 바니시에 비하여 도막은 얇으나 견고하고, 담색으로서 우아한 광택이 있다. 내수성, 내후성은 약간 떨어지고, 내부용으로 사용한다.

34 |

다음 금속재료 중 건축재료로서 내구성 증대와 미관을 좋게 하기 위한 일반적인 표면처리방법으로 쓰이지 않는 것은?

① 철강재 : 방청도장 유성 페인트칠
② 알루미늄재 : 내알칼리성 절연 피막처리
③ 동판 : 아연도금
④ 철판 : 에나멜 소부(燒付) 도장

해설 동판은 표면처리가 불필요하고, 철판은 아연도금으로 처리한다.

8 미장공사

01 |

미장 바탕이 갖추어야 할 조건으로 옳지 않은 것은?

① 바름층과 유해한 화학반응을 하지 않을 것
② 바름층을 지지하는데 필요한 접착강도를 얻을 수 있을 것
③ 바름층보다 강도, 강성이 크지 않을 것
④ 바름층의 경화, 건조를 방해하지 않을 것

해설 미장 바탕의 조건은 ①, ②, ④ 이외에 미장 바름을 지지하는 데 필요한 강도와 강성(바름층보다 강도, 강성이 클 것)이 있어야 하고, 온도, 습도에 의한 팽창과 수축이 작아야 하며, 바름 바탕의 요철, 접합부의 어긋남, 균열, 화학반응, 흡수 등에 의한 약화가 생기지 않아야 한다.

02 |

미장재료의 결합재에 대한 설명으로 옳지 않은 것은?

① 석고계 플라스터는 소석고에 경화시간을 조절할 수 있는 소석회 등의 혼화재를 미리 혼합하거나 사용 시 혼합해 사용하는 것을 말한다.
② 보드용 플라스터는 사용 시 모래를 혼합해 반죽하는 것으로 바탕이 보드를 대상으로 하기 때문에 부착력이 매우 크다.
③ 돌로마이트 플라스터는 미분쇄한 소석회 또는 사용 시 생석회를 물에 잘 연화한 석회크림에 해초 등을 끓인 용액 또는 수지 접착액과 혼합해 사용하는 것이다.
④ 혼합석고 플라스터 중 마감바름용은 사용 시 골재와 혼합해 사용하고, 초벌바름용은 물만 이용해 비벼 사용한다.

해설 혼합석고 플라스터 중 초벌 및 재벌바름용은 사용 시 골재(모래)와 혼합해 사용하고, 정벌바름용은 물만 이용해 비벼 사용한다.

03 |

다음 미장재료 중 공기 중의 탄산가스와 반응하여 화학변화를 일으켜 경화하는 것은?

① 소석회 ② 시멘트 모르타르

③ 혼합석고 플라스터 ④ 경석고 플라스터

해설 시멘트 모르타르, 혼합석고 플라스터 및 경석고 플라스터는 수경성(수화 작용에 충분한 물만 있으면 공기 중에서나 수중에서 굳어지는 성질)의 재료이고, 소석회는 기경성(충분한 물이 있더라도 공기 중에서만 경화하고, 수중에서는 굳어지지 않는 성질)의 재료이다.

04 |

다음 중 기경성이 아닌 미장재료는?

① 소석회 ② 시멘트 모르타르

③ 회반죽 ④ 돌로마이트 플라스터

해설 미장재료의 구분

구분	분류		고결재
수경성	시멘트계	시멘트 모르타르, 인조석, 테라초 현장바름	포틀랜드 시멘트
	석고계 플라스터	혼합 석고, 보드용, 크림용 석고 플라스터, 킨즈(경석고 플라스터) 시멘트	$CaSO_4 \cdot \frac{1}{2}H_2O$, 황산칼슘
기경성	석회계 플라스터	회반죽, 돌로마이트 플라스터, 회사벽	돌로마이트, 소석회
		흙반죽, 섬유벽	점토, 합성수지풀
특수 재료	합성수지 플라스터, 마그네시아 시멘트		합성수지, 마그네시아

05 |

다음 중 수경성 미장재료에 해당되는 것은?

① 석고 플라스터 ② 돌로마이트 플라스터

③ 소석회 ④ 회반죽

해설 석회계 미장재료(돌로마이트 플라스터, 회반죽, 회사벽)와 흙반죽, 섬유벽 등은 기경성(충분한 물이 있더라도 공기 중에서만 경화하고 수중에서는 경화하지 않는 성질)의 재료이고, 수경성(충분한 물만 있으면 공기 중이나 수중에서 경화하는 성질)의 재료에는 시멘

트계와 석고계(혼합 · 보드용석고 · 크림용 석고플라스터 · 킨즈 시멘트 등) 등이 있다.

06 |

다음의 미장재료 중 기경성으로만 조합된 것은?

① 회반죽, 석고 플라스터, 돌로마이트 플라스터

② 시멘트 모르타르, 석고 플라스터, 회반죽

③ 석고 플라스터, 돌로마이트 플라스터, 진흙

④ 진흙, 회반죽, 돌로마이트 플라스터

해설 ① 회반죽 · 돌로마이트 플라스터 : 기경성, 석고 플라스터 : 수경성
② 시멘트 모르타르 · 석고 플라스터 : 수경성, 회반죽 : 기경성
③ 석고 플라스터 : 수경성, 돌로마이트 플라스터 · 진흙 : 기경성

07 |

미장재료 중에서 공기 중의 탄산가스와 반응하여 굳어지는 것은?

① 보통 시멘트 ② 석고 플라스터

③ 소석회 ④ 킨즈 시멘트

해설 보통 시멘트, 석고 플라스터, 킨즈 시멘트(경석고 플라스터)는 수경성(충분한 물만 있으면 공기 중이나 수중에서 경화하는 성질)이고, 석고 플라스터는 기경성(충분한 물이 있더라도 공기 중에서만 경화하고 수중에서는 경화하지 않는 성질)의 재료이다.

08 |

미장재료의 경화에 대한 설명으로 틀린 것은?

① 석회는 수중에서 경화하지 않는다.

② 소석고는 물을 가하면 석고 성분으로 환원해 경화한다.

③ 무수석고 플라스터는 응결시간이 길고 응결경화에 의한 수축이 거의 없다.

④ 마그네시아 시멘트는 수경성 물질이다.

해설 마그네시아 시멘트는 공기와 물에서는 경화하지 않으나, 염화마그네슘 용액과 섞어서 반죽하면 응결, 경화하는 특수한 미장재료이다.

09 |

연성(軟性)시멘트 모르타르 미장에 관한 설명으로 옳지 않은 것은?

① 미장 바름을 쉽게 하기 위해 혼화제를 첨가하여 비빈다.

② 경화 후에는 못질이 쉽다.

③ 벽의 졸대붙임 바탕에 쓰인다.

④ 지붕잇기 바탕 등에 쓰인다.

해설 연성(인장하중을 받으면 파괴될 때까지 큰 늘음을 나타내는 성질)시멘트 모르타르는 미장바름을 쉽게 하기 위해 혼화제를 첨가하지 않는다.

10 |

응결과 경화의 속도가 소석고에 비하여 매우 늦어 경화촉진제로 화학 처리하여 사용하며 경화 후 강도와 경도가 높고 광택을 갖는 미장재료는?

① 경석고 플라스터
② 보드용 플라스터

③ 돌로마이트 플라스터
④ 회반죽

해설 경석고 플라스터(킨즈 시멘트)는 무수 석고를 말하는 것으로 응결, 경화가 소석고에 비하여 극히 늦기 때문에 경화촉진제(명반, 붕사 등)를 섞어서 만든 것으로 경화한 것은 강도가 극히 크고, 표면경도가 커서 광택이 있으며, 촉진제가 사용되므로 보통 산성을 나타내어 금속재료를 부식시킨다.

11 |

원칙적으로 풀 또는 여물을 사용하지 않고 물로 연화하여 사용하는 것으로 공기 중의 탄산가스와 결합하여 경화하는 미장재료는?

① 회반죽

② 돌로마이트 플라스터

③ 혼합 석고 플라스터

④ 보드용 석고 플라스터

해설 회반죽은 소석회, 해초풀, 여물, 모래(초벌과 재벌에 사용하고, 정벌 시는 사용하지 않는다) 등을 혼합하여 바르는 미장재료로서 목조 바탕, 콘크리트 블록 및 벽돌 바탕 등에 사용한다. 건조, 경화할 때의 수축률이 크기 때문에 삼여물로 균열을 분산, 미세화한다. 혼합

석고 플라스터는 물만 혼합하여 사용하는 석고 플라스터로서 가수 후 정벌은 2시간, 초벌용은 4시간 이상 경과한 것을 사용하지 않는다. 보드용 석고 플라스터는 석고의 순도가 가장 높고 라스 보드 바탕용으로 쓰이며, 혼합 후에 즉시 사용해야 한다.

12 |

미장재료 중 간수($MgCl_2$)와 혼합하여 응결경화성이 생기는 것은?

① 킨스 시멘트
② 소석고

③ 소석회
④ 마그네시아 시멘트

해설 마그네시아 시멘트는 산화마그네슘과 염화마그네슘(간수, $MgCl_2$)을 혼합한 것으로 산화마그네슘은 물과 혼합하면 경화하지 않으나, 염화마그네슘 용액과 혼합하면 응결, 경화가 잘 되는 성질을 이용한 것으로, 강도가 크고 반투명이나 흡습성이 크고 백화가 잘 생기며 철을 부식시키기 쉽고, 수축성이 크다.

13 |

돌로마이트 플라스터의 구성 요소에 해당하지 않는 것은?

① 마그네시아 석회
② 모래

③ 해초풀
④ 여물

해설 돌로마이트 플라스터는 돌로마이트(마그네시아)석회(소석회보다 점성이 커서 풀이 필요 없고, 변색, 냄새, 곰팡이가 없으며), 모래, 여물, 때로는 시멘트를 혼합하여 만든 미장재료로서 경화 시에 수축률이 가장 커서 균열이 집중적으로 크게 생기므로 여물을 사용한다.

14 |

미장재료 중 돌로마이트 플라스터에 대한 설명으로 옳지 않은 것은?

① 회반죽에 비하여 조기 강도 및 최종 강도가 크다.

② 소석회에 비하여 점성이 높고 작업성이 좋다.

③ 풀이 필요하지 않아 변색, 냄새, 곰팡이가 없으며, 응결 시간이 길다.

④ 건조 수축이 적어 균열이 없으며, 치수성이 우수하다.

해설 돌로마이트 플라스터는 소석회보다 점성이 커서 풀이 필요 없고, 변색, 냄새, 곰팡이가 없으며 돌로마이트 석회, 모래, 여물, 때로는 시멘트를 혼합하여 만든 바름 재료로서 마감표면의 경도가 회반죽보다 크다. 또한 건조, 경화 시에 수축률이 가장 커서 균열이 집중적으로 크게 생기므로 여물을 사용하는데 요즘에는 무수축성의 석고 플라스터를 혼입하여 사용한다.

15 |

돌로마이트에 화강석 부스러기, 색모래, 안료 등을 섞어 정벌바름하고 충분히 굳지 않은 때에 표면에 거친 솔, 얼레빗 같은 것으로 긁어 거친 면으로 마무리한 것은?

① 리신바름   ② 러프코트
③ 섬유벽 바름   ④ 회반죽 바름

해설 러프코트(거친 바름, 거친면 마무리)는 시멘트, 모래, 잔자갈, 안료 등을 섞어 이긴 것을 바탕 바름이 마르기 전에 뿌려 붙이거나 또는 바른 것으로 일종의 인조석이고, 섬유벽 바름은 각종 섬유상의 물질 조각(목면, 펄프, 인견, 각종 합성섬유, 톱밥, 코르크분, 왕겨, 수목의 껍질, 암면 등)을 호료(점성을 높이는 물질)로 접합해서 벽에 바르는 것을 총칭한다.
회반죽 바름은 소석회, 해초풀, 여물, 모래(초벌과 재벌에 사용하고, 정벌 시는 사용하지 않는다) 등을 혼합하여 바르는 미장재료로서 목조 바탕, 콘크리트 블록 및 벽돌 바탕 등에 사용한다.

16 |

다음 중 지하실과 같이 공기의 유통이 나쁜 장소의 미장공사에 적당한 재료는?

① 시멘트 모르타르   ② 회반죽
③ 돌로마이트 플라스터   ④ 회사벽

해설 회반죽은 소석회, 해초풀, 여물, 모래(초벌과 재벌에 사용하고, 정벌 시는 사용하지 않는다) 등을 혼합하여 바르는 미장재료로서 목조 바탕, 콘크리트 블록 및 벽돌 바탕 등에 사용한다. 돌로마이트 플라스터는 돌로마이트(마그네시아)석회(소석회보다 점성이 커서 풀이 필요 없고, 변색, 냄새, 곰팡이가 없으며), 모래, 여물, 때로는 시멘트를 혼합하여 만든 미장재료이다. 회사벽은 한식 목조 가옥의 외벽 마감용으로 외를 엮고 진흙과 짚여물을 섞어서 반죽한 것으로 외벽 마감 바름을 한다.

17 |

소석회에 모래, 해초풀, 여물 등을 혼합하여 바르는 미장재료로서 목조 바탕, 콘크리트 블록 및 벽돌 바탕 등에 사용되는 것은?

① 회반죽
② 돌로마이트 플라스터
③ 시멘트 모르타르
④ 석고 플라스터

해설 돌로마이트 플라스터는 돌로마이트(마그네시아 석회)에 모래와 여물을 섞어 반죽한 바름벽 재료이고, 시멘트 모르타르는 시멘트를 고결재로, 모래를 골재로 하여 이를 혼합해서 물 반죽하여 사용하는 미장재료이며, 석고 플라스터는 석고를 주원료로 하고 혼화제(돌로마이트 플라스터, 점토 등), 접착제(풀), 응결시간 조절재(아교질 등)등을 혼합한 플라스터로서 벽, 천장의 미장재료이다.

18 |

다음 중 회반죽 바름용 재료와 관련 없는 것은?

① 종석   ② 해초풀
③ 여물   ④ 소석회

해설 회반죽은 소석회, 풀(해초풀), 여물(균열 및 박리 방지), 모래(초벌, 재벌바름에만 섞고, 정벌바름에는 사용하지 않는다) 등을 혼합하여 바르는 미장재료로서 건조, 경화할 때의 수축률이 크기 때문에 삼여물로 균열을 분산, 미세화하는 것이다. 종석은 인조석의 원료로써 대리석, 화강암 및 사문암의 쇄석 등을 사용한다.

19 |

회반죽 바름을 한 벽체는 공기 중의 무엇과 반응하여 경화하는가?

① 탄산가스   ② 산소
③ 질소   ④ 수소

해설 회반죽[소석회, 해초풀, 여물, 모래(초벌과 재벌에 사용하고, 정벌 시는 사용하지 않는다) 등을 혼합하여 바르는 미장재료]의 경화 작용은 기경성으로 충분한 물이 있더라도 공기 중의 이산화탄소(탄산가스)와 결합하여야만 경화하고, 수중에서는 굳어지지 않는다.

20

미장재료 중 무수축으로 경화되며 화재 발생 시 결합수가 분해되어 열을 흡수하기 때문에 내화성을 나타내는 것은?

① 시멘트 모르타르
② 석고 플라스터
③ 돌로마이트 플라스터
④ 마그네시아 시멘트 바름

해설 석고 플라스터는 소석고 또는 경석고(킨즈 시멘트)를 주원료로 한 미장재료로서 균열이 매우 작은 무수축으로 경화되고, 화재 발생 시 결합수가 분해되어 열을 흡수하므로 내화성이 있는 미장재료이다.

21

벽면의 미장재료가 다음과 같을 때 유성 페인트칠을 가장 빨리 할 수 있는 재료는?

① 콘크리트
② 시멘트 모르타르
③ 회반죽
④ 석고 플라스터

해설 석고 플라스터는 순수한 석고의 미장재료로서 결합(빠른 응결과 체적 팽창)을 조절하기 위한 혼합재로 석회, 돌로마이트, 점토 등을 섞는다. 약한 산성으로 접촉된 목재의 부식을 방지한다. 특히, 유성 페인트를 즉시 칠할 수 있다.

22

미장재료 중 고온 소성의 무수 석고를 특별한 화학 처리를 한 것으로 킨즈 시멘트라고도 불리우는 것은?

① 순석고 플라스터
② 혼합 석고 플라스터
③ 보드용 석고 플라스터
④ 경석고 플라스터

해설 순석고 플라스터는 소석고와 석회죽을 혼합한 플라스터로서 석회죽은 응결지연제, 작업성 증진의 역할을 하며, 응결시간의 범위는 40~80분 정도이므로 작업상 불편이 없으나 현장에서 석회죽을 만들어야 하는 단점이 있다. 혼합 석고 플라스터는 물만 혼합하여 사용하는

석고 플라스터로서 가수 후 정벌은 2시간, 초벌용은 4시간 이상 경과한 것을 사용하지 않는다. 보드용 석고 플라스터는 석고의 순도가 가장 높고 라스 보드 바탕용으로 쓰이며, 혼합 후에 즉시 사용해야 한다.

23

석고 플라스터의 일종으로 정벌용과 초벌용이 있으며 정벌용은 물만으로 비비나 초벌용은 사용 시 골재를 가하고 물을 혼합하여 사용하는 것으로 단순히 플라스터라고 말할 경우에 지칭되는 것은?

① 순석고 플라스터
② 경석고 플라스터
③ 혼합 석고 플라스터
④ 보드용 플라스터

해설 순석고 플라스터는 소석고와 석회죽을 혼합한 플라스터로서 석회죽은 응결지연제, 작업성 증진의 역할을 하며, 응결시간의 범위는 40~80분 정도이므로 작업상 불편이 없으나 현장에서 석회죽을 만들어야 하는 단점이 있다. 킨즈 시멘트(경석고 플라스터)는 무수 석고가 주재료이다. 경화한 것은 강도와 표면 경도가 큰 재료로서 응결, 경화가 소석고에 비하여 극히 늦기 때문에 명반, 붕사 등의 경화촉진제를 섞어서 만든 것이다. 경화한 것은 강도가 크고, 표면의 경도가 커서 광택이 있다. 촉진제가 사용되므로 보통 산성을 나타내어 금속재료를 부식시킨다. 보드용 석고 플라스터는 석고의 순도가 가장 높고 라스 보드 바탕용으로 쓰이며, 혼합 후에 즉시 사용해야 한다.

24

석고 플라스터에 대한 설명으로 옳지 않은 것은?

① 시멘트에 비해 경화 속도가 느리다.
② 내화성을 갖는다.
③ 경화, 건조 시 치수 안정성을 갖는다.
④ 물에 용해되는 성질이 있어 물을 사용하는 장소에는 부적합하다.

해설 석고 플라스터는 수경성(물과 화합하여 굳어지는 성질)으로 시멘트에 비해 경화 속도 즉, 응결이 매우 빠르다.

25

미장재료 중 산성을 띠고 있어 못의 녹 발생에 주의해야 하는 것은?

① 석고 플라스터
② 돌로마이트 플라스터
③ 회반죽
④ 시멘트 모르타르

해설 돌로마이트 플라스터는 돌로마이트(마그네시아 석회)에 모래와 여물을 섞어 반죽한 바름벽 재료이다. 시멘트 모르타르는 시멘트를 고결재로, 모래를 골재로 하여 이를 혼합해서 물 반죽하여 사용하는 미장재료이다. 경석고 플라스터(킨즈 시멘트)는 산성 재료로서 철류와 접촉하면 부식작용이 발생하므로 철제인 못의 사용에 주의하여야 한다.

26

석고보드에 관한 설명으로 옳지 않은 것은?

① 소석고와 혼화제를 반죽하여 2장의 강인한 보드용 원지 사이에 채워 만든다.
② 내화성 및 차음성은 낮으나 외부충격에 매우 강하다.
③ 벽, 천장 칸막이 벽 등에 주로 사용된다.
④ 성능에 따라 방수석고보드, 미장석고보드, 방균석고보드 등으로 나뉠 수 있다.

해설 석고보드는 소석고를 주원료로 하고, 이에 경량, 탄성을 주기 위해 톱밥, 펄라이트 및 섬유 등을 혼합하여 이 혼합물을 물로 이겨 양면에 두꺼운 종이를 밀착, 판상으로 성형한 것이다. 특성으로는 불연성, 무수축성, 단열성, 경제성, 경량성, 시공성, 방부성, 방충성, 차음성 및 방화성이 있고, 팽창 및 수축의 변형이 작으며 단열성이 높다. 특히 가공이 쉽고 열전도율이 작으며, 난연성이 있고 유성 페인트로 마감할 수 있다. 다만 흡수로 인해 강도가 현저하게 저하되는 단점이 있다. 특히, 내화성 및 차음성은 높으나 외부충격에 매우 약하다.

27

미장재료의 응결시간을 단축시킬 목적으로 첨가하는 촉진제의 종류로 옳은 것은?

① 옥시카르본산   ② 폴리알코올류
③ 마그네시아염   ④ 염화칼슘

해설 미장재료의 촉진제(응결시간의 단축을 위한 혼화재료)에는 염화석회, 물유리 등이 있고, 급결제(응결시간을 신속히 단축시키는 혼화재료)에는 염화칼슘, 규산소다 등이 있다.

28

다음의 미장재료에 관한 설명 중 틀린 것은 어느 것인가?

① 생석회에 물을 첨가하면 소석회가 된다.
② 돌로마이트 플라스터는 응결시간이 짧으므로 지연제를 첨가한다.
③ 회반죽은 소석회에 모래, 해초풀, 여물 등을 혼합한 것이다.
④ 반수석고는 가수 후 20~30분에 급속 경화한다.

해설 돌로마이트 플라스터는 소석회보다 점성이 커서 풀이 필요 없고, 변색, 냄새, 곰팡이가 없으며 돌로마이트 석회, 모래, 여물, 때로는 시멘트를 혼합하여 만든 바름 재료로서 마감표면의 경도가 회반죽보다 크며, 보수성이 크고 응결시간이 길어 바르기 쉽다. 또한 건조, 경화 시에 수축률이 가장 커서 균열이 집중적으로 크게 생기므로 여물을 사용하는데 요즘에는 무수축성의 석고 플라스터를 혼입하여 사용한다.

29

셀프 레벨링재에 관한 설명으로 옳지 않은 것은?

① 석고계 셀프 레벨링재는 석고, 모래, 경화 지연제 및 유동화제로 구성된다.
② 시멘트계 셀프 레벨링재는 포틀랜드 시멘트, 모래, 분산제 및 유동화제로 구성된다.
③ 석고계 셀프 레벨링재는 차수성이 좋아 옥외 및 실내에서 모두 사용한다.
④ 셀프 레벨링재 시공 후 요철부는 연마기로 다듬고, 기포는 된비빔 석고로 보수한다.

해설 석고계 셀프 레벨링재는 내수성이 좋지 않아 물이 닿지 않는 실내에서만 사용한다.

30

미장공사에 관한 설명으로 옳지 않은 것은?

① 미장재료는 미화, 보호, 방습 등을 위하여 내·외벽, 바닥, 천장 등에 흙손 또는 뿜칠에 의해 일정한 두께로 발라 마감하는 재료를 말한다.
② 일반적으로 미장재료는 한 번에 두껍게 발라서 흘러내림 등의 문제가 발생하지 않게 한다.
③ 미장재료의 배합은 원칙적으로 바탕에 가까운 바름층일수록 부배합, 정벌바름에 가까울수록 빈배합으로 한다.
④ 미장공사 시 바탕면은 거칠게 하고 바름면은 평활하게 한다.

해설 미장공사에서 일반적으로 미장재료는 얇게 여러 번 바르는 것이 바람직하다.

31

미장공사의 균열을 방지하는 방법으로 옳지 않은 것은?

① 각층 바르기를 되도록 두껍게 한다.
② 초벌, 재벌에는 조골재를 사용함이 좋다.
③ 필요 이상 시멘트 등의 미세재료를 많이 쓰지 않는다.
④ 콘크리트 바탕에는 물축이기를 하고 미장공사를 한다.

해설 각층 바르기를 되도록 얇게 한다.

32

미장공사에서 균열을 방지하기 위하여 고려해야 할 사항 중 옳지 않은 것은?

① 바름면은 바람 또는 직사광선 등에 의한 급속한 건조를 피한다.
② 1회의 바름두께는 가급적 얇게 한다.
③ 쇠 흙손질을 충분히 한다.
④ 모르타르 바름의 정벌바름은 초벌바름보다 부배합으로 한다.

해설 모르타르 바름의 정벌바름은 초벌바름보다 빈배합으로 한다.

33

석고 플라스터 바름에 대한 설명으로 옳지 않은 것은?

① 보드용 플라스터는 초벌바름, 재벌바름의 경우 물을 가한 후 2시간 이상 경과한 것은 사용할 수 없다.
② 실내온도가 10℃ 이하일 때는 공사를 중단한다.
③ 바름작업 중에는 될 수 있는 한 통풍을 방지한다.
④ 바름작업이 끝난 후 실내를 밀폐하지 않고 가열과 동시에 환기하여 바름면이 서서히 건조되도록 한다.

해설 석고 플라스터 바름은 실내 온도가 5℃ 이하일 때에는 공사를 중단하거나 난방하여 5℃ 이상으로 유지한다. 정벌바름 후 난방할 때는 바름면이 오염되지 않도록 주의하며, 실내를 밀폐하지 않고 가열과 동시에 환기하여 바름면이 서서히 건조되도록 한다.

34

회반죽 바름공사에 관한 기술 중 옳지 않은 것은?

① 긴결재료는 여물을 사용한다.
② 초벌바름이 건조한 후에 재벌바름을 한다.
③ 회반죽을 바른 후 창문을 개방하여 통풍이 잘되게 한다.
④ 석회를 모래와 마른 비빔한 것에 해초풀물과 여물을 넣어 잘 비빈다.

해설 회반죽을 바른 후 창문을 폐쇄하여 통풍이 잘되지 않게 한다.

35

미장공법 중 균열이 가장 적게 생기는 것은?

① 회반죽 바름
② 소석고 플라스터 바름
③ 경석고 플라스터 바름
④ 마그네시아 시멘트 바름

해설 경석고 플라스터는 응결이 대단히 느리므로 명반 등을 촉진제로 배합한 것이다. 약간 붉은 빛을 띤 백색을 나타내며, 균열이 가장 작게 생긴다.

36 |

다음 중 공기의 유통이 좋지 않은 지하실과 같이 밀폐된 방에 사용하는 미장 마무리 재료로 가장 적합하지 않은 것은?

① 돌로마이트 플라스터
② 혼합 석고 플라스터
③ 시멘트 모르타르
④ 경석고 플라스터

해설 돌로마이트 플라스터 바름은 기경성, 즉 탄산가스와 화합해서 경화하는 성질을 갖고 있는 미장재료이므로 지하실의 외벽 부분, 습기와 접하고 있는 곳 및 밀폐된 장소에는 부적당하다.

37 |

라스 바탕 외벽 모르타르 바름의 건조균열을 가급적 없게 하는 방법으로서 옳지 않은 것은?

① 졸대는 잘 건조한 것을 선택하며 두꺼운 것이 좋다.
② 졸대는 구체에 충분히 견고하게 못으로 박고 개구부 직상에서는 이음을 피한다.
③ 모르타르용 모래는 가급적 잔 것을 사용하고 건조면은 적당히 물축이기를 한 후 초벌 먹임한다.
④ 모르타르 배합비는 1 : 3 정도로 하여 이질재의 바탕은 동일 평면으로 마무리되는 것을 피한다.

해설 모르타르용 모래는 가급적 거친 것을 사용하고 건조면은 적당히 물축이기를 한 후 초벌 먹임한다.

38 |

석고 플라스터에 대한 기술 중 틀린 것은 어느 것인가?

① 석고 플라스터는 경화지연제를 넣어서 경화시간을 너무 빠르지 않게 한다.
② 라스 보드를 바탕으로 할 경우 일반적으로 초벌에는 부착용 순 플라스터를 사용한다.
③ 석고 플라스터는 공기 중의 탄산가스를 흡수하여 표면에서 서서히 경화한다.
④ 시공 중에는 될 수 있는 한 통풍을 피하고 경화후에는 적당한 통풍을 시켜야 한다.

해설 석고 플라스터는 수경성(물과 결합하여 경화)이고, 경화시간이 빠르다.

39 |

돌로마이트 플라스터에 관한 기술 중 옳지 않은 것은?

① 돌로마이트 플라스터에 10~20% 소석고를 가해서 균열을 감소시킨다.
② 바름두께가 균일하지 못하면 균열이 발생하기 쉽다.
③ 돌로마이트 플라스터는 수경성이므로 해초풀물을 적당한 비율로 배합해서 사용한다.
④ 돌로마이트 플라스터는 초벌 후 5일 경과하여 고르기를 한다.

해설 돌로마이트 플라스터는 기경성이므로 해초풀물을 사용하지 않는다.

40 |

돌로마이트 플라스터 바름에 대한 설명으로 옳지 않은 것은?

① 실내온도가 5℃ 이하일 때는 공사를 중단하거나 난방하여 5℃ 이상으로 유지한다.
② 정벌바름용 반죽은 물과 혼합한 후 2시간 정도 지난 다음 사용하는 것이 바람직하다.
③ 초벌바름에 균열이 없을 때에는 고름질하고 나서 7일 이상 경과한 후 재벌바름한다.
④ 재벌바름이 지나치게 건조할 때는 적당히 물을 뿌리고 정벌바름한다.

해설 돌로마이트 플라스터의 바름에 있어서 정벌바름용 반죽은 물과 혼합한 후 12시간 정도 지난 다음 사용하는 것이 바람직하고, 시멘트와 혼합한 정벌바름 반죽은 2시간 이상 경과한 것은 사용할 수 없다.

41 |

다음 미장재료로 동일 두께의 미장을 하였을 때 균열이 가장 크게 나타나는 것은?

① 1 : 3 모르타르   ② 킨즈 시멘트
③ 석고 플라스터   ④ 돌로마이트 플라스터

돌로마이트 플라스터는 백운석(탄산마그네슘을 상당
량 함유하고 있는 석회석)을 원료로 하여 소석회와 같
은 방법으로 제조하며, 경화가 늦고, 건조·경화 시에
수축률이 커서 균열이 집중적으로 크게 생기므로 여물
을 사용하는데, 최근에는 무수축성의 석고 플라스터를
혼입하여 사용한다.

42

셀프 레벨링재 바름에 대한 설명으로 옳지 않은 것은?

① 재료는 대부분 기배합 상태로 이용되며, 석고계
재료는 물이 닿지 않는 실내에서만 사용한다.

② 모든 재료의 보관은 밀봉 상태로 건조시켜 보관
해야 하며, 직사광선이 닿지 않도록 한다.

③ 경화 후 이어치기 부분의 돌출 및 기포 흔적이
남아 있는 주변의 튀어나온 부위는 연마기로 갈
아서 평탄하게 하고, 오목하게 들어간 부분 등
은 된비빔 셀프 레벨링재를 이용하여 보수한다.

④ 셀프 레벨링재의 표면에 물결무늬가 생기지 않
도록 창문 등을 밀폐하여 통풍과 기류를 차단하
고, 시공 중이나 시공 완료 후 기온이 10℃ 이하
가 되지 않도록 한다.

셀프 레벨링재의 표면에 물결무늬가 생기지 않도록 창
문 등을 밀폐하여 통풍과 기류를 차단하고, 시공 중이나
시공 완료 후 기온이 5℃ 이하가 되지 않도록 한다.

43

돌로마이트 플라스터 바름에 대한 설명 중 옳지 않
은 것은?

① 정벌바름은 반죽하여 12시간 정도 지난 후 사용
한다.

② 바름두께가 균일하지 못하면 균열이 발생하기
쉽다.

③ 돌로마이트 플라스터는 수경성이므로 해초풀물
을 적당한 비율로 배합해서 사용해야 한다.

④ 시멘트와 혼합하여 2시간 이상 경과한 것은 사
용할 수 없다.

돌로마이트 플라스터는 기경성이므로 해초풀물을 사
용하지 않는다.

PART 4

실내디자인 환경

ENGINEER INTERIOR ARCHITECTURE

I. 실내디자인 자료조사 분석
II. 실내디자인 조명계획
III. 실내디자인 설비계획

| 적중예상문제 |

실내디자인 환경

Ⅰ 실내디자인 자료조사 분석

1 주변 환경 조사

1. 열 및 습기환경

01 |

기온의 연교차에 대한 설명으로 맞는 것은 어느 것인가?

① 1년 중 가장 더운 시각과 가장 추운 시각의 차이
② 1년 중 가장 더운 날과 가장 추운 날의 평균기온 차이
③ 1년 중 가장 더운 날 10일과 가장 추운 날 10일의 평균기온 차이
④ 1년 중 가장 더운 달과 가장 추운 달의 월평균 기온 차이

해설 일교차와 연교차
ⓐ 일교차 : 하루 중 최고 기온과 최저 기온의 차이를 말하며 오후 2시경이 최고, 해 뜰 무렵에 최저가 된다. 해안보다는 내륙으로 갈수록 일교차가 심하며 고위도 지방으로 갈수록 커진다.
ⓑ 연교차 : 일년 중 가장 더운 달과 가장 추운 달의 평균 기온의 차이를 말하며, 우리나라에서는 보통 7월 달에 가장 고온을 보이고, 1월 달에 가장 춥다. 연교차는 북쪽으로 갈수록 커지며 내륙지방으로 갈수록 심해진다.

02 |

일사, 일조 조정을 위해 수평 루버보다 수직 루버의 설치가 더 효과적인 방위로만 연결된 것은?

① 동면과 서면
② 남면과 북면
③ 동면과 북면
④ 서면과 남면

해설 루버의 종류와 용도
ⓐ 루버의 종류 : 수평 루버, 수직 루버, 격자 루버, 가동 루버 등이 있다.
ⓑ 방향에 따른 루버의 용도
 • 남면과 북면 : 태양의 고도 변화가 크지 않으므로 수평 루버를 사용한다.
 • 동면과 서면 : 태양의 방위각을 위한 일조 조절을 위해 수직 루버를 사용한다.
ⓒ 격자 루버는 수직 수평이 혼합된 것이고, 가동 루버는 태양의 위치에 따라 조절되는 것을 말한다.

03 |

다음과 같은 [조건]에서 두께 20cm인 콘크리트벽체를 통과한 손실열량은?

[조건]
• 실내공기온도 : 20℃
• 외기온도 : 2℃
• 내표면 열전달률 : 11W/m^2 · K
• 외표면 열전달률 : 22W/m^2 · K
• 콘크리트의 열전도율 : 1.56W/m · K

① 약 45W/m^2
② 약 58W/m^2
③ 약 68W/m^2
④ 약 75W/m^2

해설 Q(손실열량)$=K$(열관류율)A(벽면적)Δt(온도의 변화량), 즉 $Q=KA\Delta t$

$$\frac{1}{K}=\frac{1}{\alpha_i(\text{내표면 열전달률})}+\sum\frac{d(\text{재료의 두께})}{\lambda(\text{재료의 열전도율})}$$
$$+\frac{1}{\alpha_o(\text{외표면 열전달률})}$$

$$\therefore \ Q=KA\Delta t=\frac{1}{\dfrac{1}{\alpha_i}+\dfrac{d}{\lambda}+\dfrac{1}{\alpha_o}}\times A\times \Delta t$$

$$=\frac{1}{\dfrac{1}{11}+\dfrac{0.2}{1.56}+\dfrac{1}{22}}\times 1\times(20-2)$$

$$=68.272\text{W/m}^2\text{K}$$

정답 01. ④ 02. ① 03. ③

04

구조체를 통한 열손실량을 줄이기 위한 방안으로 옳지 않은 것은?

① 외표면적을 줄인다.
② 단열재의 두께를 증가시킨다.
③ 구조체의 열관류율을 적게 한다.
④ 중공층 양측 표면에 복사율이 큰 재료를 사용한다.

해설 구조체를 통한 열손실량을 줄이기 위한 방안으로 중공층 양측 표면에 복사율(물체의 표면으로부터 방출되는 복사량과 동일 온도의 흑체로부터 방출되는 양에 대한 비율)이 작은 재료를 사용하거나, 열전도율이 큰 재료를 사용하면 열손실량이 늘어나므로 열전도율이 작은 재료를 사용하여야 한다.

05

유효온도(effective temperature)에 대한 기술로 옳은 것은?

① 환경측 요소 중에서 기온, 습도, 기류 등의 감각과 동일한 감각을 주는 포화공기의 온도이다.
② 환경의 불쾌감을 표시하는 척도로서 등온감각이라고 한다.
③ 겨울철 한국인의 보통 착의 시에 있어서 쾌적범위는 20~24℃이다.
④ Gagge와 Winslow에 의해 고안되었다.

해설 유효온도(ET ; Effective Temperature)는 기온, 습도, 기류(풍속)의 3요소가 체감에 미치는 총합 효과를 나타내는 단일지표이다. 그러나 ET는 저온역에서는 습도의 영향이 과대하고, 고온역에서는 과소하며 열복사의 영향이 고려되지 않는다는 것을 고려하여 글로브온도를 건구온도 대신에 사용하고, 상당습구온도를 습구온도 대신에 사용하여 ET를 구하는 수정유효온도(CET ; Corrected Effective Temperature)를 구한다.

06

외단열과 내단열 공법에 관한 설명으로 옳지 않은 것은?

① 내단열은 외단열에 비해 실온 변동이 작다.
② 내단열로 하면 내부 결로의 발생 위험이 크다.
③ 외단열로 하면 건물의 열교 현상을 방지할 수 있다.

④ 단시간 간헐 난방을 하는 공간은 외단열보다는 내단열이 유리하다.

해설 단열 공법
ⓐ 외단열(단열재를 실외에 가깝게 설치하는 경우)
• 실온 변동이 작고 표면 결로가 생기지 않는다.
• 열교 부분을 처리하기 쉽다.
• 단열재와 외장재의 경계면이 결로하기 때문에 방습층을 설치해야 한다.
ⓑ 내단열(단열재를 실내에 가깝게 설치하는 경우)
• 실온 변동이 크고 내부 결로 발생의 우려가 있다.
• 방의 사용 시간이 짧은 경우 난방에 유리하다.
• 야간에 차가운 공기를 도입하지 않을 경우 축열 부하가 외단열보다 작아질 우려가 있다.

07

일조의 직접적 효과에 속하지 않는 것은?

① 광 효과
② 열 효과
③ 환기 효과
④ 보건 · 위생적 효과

해설 광선의 종류와 효과
ⓐ 자외선 : 화학선이라고도 하며 살균 작용 및 생물의 생육, 화학작용에 영향을 준다. 파장은 130~4,000Å 정도이다.
ⓑ 가시광선 : 빛의 시각적 효과를 주는 광선으로 채광에 관계된다. 파장은 4,000~7,700Å이다.
ⓒ 적외선 : 열선이라고도 하며, 광선의 열적 효과를 주고 일사량 및 기온에 영향을 준다. 파장은 7,700~4×10⁶Å 정도로 가장 길다.
ⓓ 도르노선 : 인체의 건강에 가장 큰 영향을 주는 자외선의 일종으로, 파장의 범위는 2,900~3,200Å이다.

08

다음 중 자외선의 주된 작용에 속하지 않는 것은?

① 살균작용
② 화학적 작용
③ 생물의 생육작용
④ 일사에 의한 난방작용

해설 광선 중 자외선은 화학선이라고도 하며 살균작용 및 생물의 생육, 화학작용에 영향을 준다. 파장은 130~4,000Å 정도이다. 일사에 의한 난방작용은 열선인 적외선의 역할이다.

09 ▮

자외선 중 도르노선은 어느 범위를 말하는가?

① 120~200nm
② 200~290nm
③ 290~320nm
④ 320~400nm

해설 태양광선 중에서 도르노선은 290~310나노미터(nm)정도, 파장의 범위는 2,900~3,200 Å의 자외선으로 인체의 건강에 가장 큰 영향을 주고, 가장 치료력이 큰 자외선으로 소독 작용과 비타민 D 생성 작용을 하지만, 피부에 홍반을 남겨 나중에 색소가 침착된다.

10 ▮

인동간격의 결정 시 고려해야 할 사항과 가장 거리가 먼 것은?

① 태양의 고도
② 대지 경사도
③ 전면 건물의 연면적
④ 건물의 방위각

해설 인동간격은 이웃하는 두 건물 사이의 거리를 말하며 동지 때 최소한 4시간의 일조를 확보하기 위하여 최소한의 인동간격을 두며 건물의 높이, 태양의 고도, 건물의 방위각, 태양의 방위각, 대지의 경사도, 그 지방의 위도 등을 고려하여야 한다.

11 ▮

일조의 확보와 관련하여 공동주택의 인동간격 결정과 가장 관계가 깊은 것은?

① 춘분
② 하지
③ 추분
④ 동지

해설 공동주택의 일조를 확보하기 위한 인동간격 결정 시 동지를 기준으로 하여 최소 4시간 이상의 일조량을 확보하여야 한다.

12 ▮

차양 장치에 대한 설명 중 틀린 것은?

① 수평 차양 장치는 남향창에 설치하는 것이 유리하다.
② 외부 차양 장치보다 내부 차양 장치가 직사광선 차단에 더 효과적이다.
③ 수직 차양은 남향보다 동, 서향의 창에서 유리하다.
④ 차양 장치를 적절히 이용하면 자연채광을 유효하게 활용할 수 있다.

해설 차양 장치(태양 일사의 실내 유입을 차단하기 위하여 설치한 장치)는 내부 차양 장치보다 외부 차양 장치가 직사광선 차단에 더 효과적이다.

13 ▮

겨울철이 여름철에 비해 남향의 창에 대한 일사량이 많은 이유로 가장 옳은 것은?

① 일출, 일몰이 남에 가까우므로
② 대기층에 수분이 적기 때문에
③ 태양의 고도가 낮기 때문에
④ 오존층의 두께가 얇기 때문에

해설 방위와 일사량
⑦ 여름철 : 태양의 고도가 높으므로 수평면의 일사량이 매우 크고 남쪽 수직면에 대한 일사량은 적으며, 오전의 동쪽 수직면, 오후의 서쪽 수직면에 일사량이 많다.
ⓒ 겨울철 : 태양의 고도가 낮으므로 수평면보다 남쪽의 수직면에 일사량이 많다.

14 ▮

균시차에 관한 설명으로 옳은 것은?

① 균시차는 항상 일정하다.
② 진태양시와 평균태양시의 차를 말한다.
③ 중앙표준시와 평균태양시의 차를 말한다.
④ 진태양시의 10년간 평균값에서 중앙표준시를 뺀 값이다.

해설 균시차는 진태양시(어느 지방에서의 태양의 남중시에서 다음날 남중시까지의 시간)와 평균태양시(진태양시를 1년간에 걸쳐 평균한 값에서 1일을 24시간으로 한 것)의 차이다.

15|

다음 일사계획에 관한 설명 중 옳지 않은 것은?

① 일사량을 줄이려면 동서축이 길고 급경사 박공 지붕을 가진 건물 형태가 유리하다.

② 겨울철의 난방부하를 줄이기 위해 직달일사를 최대한 도입해야 한다.

③ 난방 기간 중에 최대의 일사를 받기 위하여 남향이 유리하다.

④ 건물 주변에 활엽수보다는 침엽수를 심는 것이 유리하다.

해설 일사조절의 방법에는 방위, 형태계획(외피면적과 체적의 비, 바닥면적 또는 체적에 대한 외피면적의 비, 평면 밀집비, 체적비, 최적 형태 등), 노출된 건축물 표면의 처리 또한 중요하다. 차양 장치나 수목(건물의 주변에 침엽수보다 활엽수를 심는 것이 유리), 블라인드, 커튼 등이 있거나 불투명의 벽체, 열선흡수유리 등 일사조절 방식에 의해서 일사량 조절 효과를 높일 수 있다.

16|

다음 중 차폐계수가 가장 큰 유리의 종류는? [단, ( ) 안의 수치는 유리의 두께임]

① 보통유리(3mm)
② 흡열유리(3mm)
③ 흡열유리(6mm)
④ 흡열유리(12mm)

해설 유리의 차폐계수를 보면, 보통유리는 1.0 정도이고, 흡열유리 중 3mm는 0.84, 6mm는 0.69, 12mm는 0.53 정도이다.

17|

다음 중 미기후(micro-climate)에 영향을 미치는 요소가 아닌 것은?

① 지형의 방위 및 형상
② 인간과 환경심리학
③ 지표면의 상태
④ 인공적 구조물의 배치

해설 미기후(微氣候: Microclimate)는 도시, 교외 또는 한 건물이 위치한 곳의 기후 특성으로 지형(Topography, 경사도, 방위, 풍우의 정도, 해발, 언덕, 계곡 등), 지표면[Ground surface, 자연 상태 또는 인공적(삼림, 관목 지역, 초원, 포장, 수면)인 정도의 여부에 따라 지표면 반사율, 침투율, 토양 온도, 토질까지 영향을 받으며, 이것은 식물에 영향을 미치고 식물은 다시 기후에 영향을 미친다] 및 3차원적 물체(나무, 울타리, 벽, 건물 등은 기류에 영향) 등이 있다.

18|

열의 이동(전열)에 관한 설명 중 옳지 않은 것은?

① 열은 온도가 높은 곳에서 낮은 곳으로 이동한다.

② 유체와 고체 사이의 열의 이동을 열전도라고 한다.

③ 일반적으로 액체는 고체보다 열전도율이 작다.

④ 열전도율은 물체의 고유성질로서 전도에 의한 열의 이동정도를 표시한다.

해설 열전도는 열이 고체 속에서 고온부로부터 저온부로 이동해가는 현상으로, 고체와 고체 사이의 열의 이동이고, 열전달은 열이 고체의 표면으로부터 기체로, 또는 기체로부터 고체의 표면으로 열이 이동해가는 현상이다.

19|

인체의 열 방출과정 중 일반적으로 가장 높은 비율을 차지하는 것은? (단, 전도에 의한 손실이 없는 경우)

① 관류
② 복사
③ 대류
④ 증발

해설 인체의 열손실 요인에는 인체 표면의 열복사가 45%, 인체 주위의 공기의 대류는 30%, 인체 표면의 수분 증발은 25%, 호흡 작용은 약간이며, 가장 높은 비율을 차지하는 것은 복사이다.

20|

열복사에 관한 설명으로 옳지 않은 것은?

① 완전 흑체의 복사율은 1이다.

② Stefan-Boltzmann 법칙과 관계있다.

③ 복사 에너지는 표면 절대 온도의 4승에 비례한다.

④ 같은 재료는 표면 마감 정도가 달라도 복사율은 동일하다.

해설 열복사는 어떤 물체에서 발생하는 열에너지가 전달 매개체가 없이 직접 다른 물체에 도달하는 것으로 표면이 거친 재질의 것은 매끈한 재질의 것보다 넓은 면적을 가지므로 많은 열을 흡수 또는 방사한다. 예로서, 난방기의 방열기를 볼 수 있다. 즉, 복사율과 복사열량이 달라진다.

21 |

다음 중 열복사의 성질과 관계없는 것은?

① Stefan-Boltzmann 법칙
② Kirchhoff 법칙
③ 표면의 흡수율
④ Newton의 냉각 법칙

해설 스테판-볼츠만의 법칙은 흑체가 내놓는 열복사 에너지의 총량은 그 절대온도를 T라 할 때 T^4에 비례한다는 법칙으로 표면의 흡수율은 재질과 색상에 따라 달라진다. 뉴턴의 냉각 법칙은 물체가 복사에 의하여 잃어버리는 열량은 그 물체와 주위의 온도차에 비례한다는 법칙(온도차가 적은 경우에만 해당)이다. 또한, 키르히호프의 법칙은 회로 내의 어느 점을 취해도 그 곳에 흘러 들어오거나 흘러나가는 전류를 음양의 부호를 붙여 구별하면, 들어오고 나가는 전류의 총계는 0이 된다는 전기 법칙이다.

22 |

복사에 의한 열전달에 관한 설명으로 부적당한 것은?

① 복사의 열전달은 진공 상태에서도 일어난다.
② 복사 열량은 표면 재질 상태와는 무관하다.
③ 복사 열량은 물체의 내부 상태와 무관하다.
④ 고온 물체 표면에서 저온 물체 표면으로 열이 직접 복사되는 것이다.

해설 열복사는 어떤 물체에서 발생하는 열에너지가 전달 매개체가 없이 직접 다른 물체에 도달하는 것으로 표면이 거친 재질의 것은 매끈한 재질의 것보다 넓은 면적을 가지므로 많은 열을 흡수 또는 방사한다. 예로서, 난방기의 방열기를 볼 수 있다. 즉, 복사율과 복사열량이 달라진다.

23 |

복사에 의한 전열에 관한 설명으로 옳은 것은?

① 고체 표면과 유체 사이의 열전달 현상이다.
② 일반적으로 흡수율이 작은 표면은 복사율이 크다.
③ 물체에서 복사되는 열량은 그 표면의 절대온도의 2승에 비례한다.
④ 알루미늄막과 같은 금속의 연마면은 복사율이 0.02 정도로 매우 작다.

해설 복사는 고온의 물체에서 저온의 물체로 직접 전달되는 현상이고, 흡수율이 작은 표면은 복사열이 작으며, 물체에서 복사되는 열량은 그 표면의 절대온도의 4승에 비례한다.

24 |

스테판-볼츠만의 법칙에 관한 설명으로 옳은 것은?

① 물체에서 복사되는 열량은 그 표면의 절대온도에 반비례한다.
② 물체에서 복사되는 열량은 그 표면의 절대온도의 2승에 비례한다.
③ 물체에서 복사되는 열량은 그 표면의 절대온도의 3승에 비례한다.
④ 물체에서 복사되는 열량은 그 표면의 절대온도의 4승에 비례한다.

해설 스테판-볼츠만의 법칙은 흑체(黑體)가 내놓는 열복사 에너지의 총량은 그 표면의 절대온도를 T라 할 때 T^4에 비례한다는 법칙으로 열복사의 성질과 관계가 깊다.

25 |

다음 중 불쾌지수의 결정 요소로만 구성된 것은?

① 기온, 습도
② 기온, 기류
③ 습도, 기류
④ 기온, 복사열

해설 불쾌지수=(건구온도+습구온도)×0.72+40.6의 식으로 산정하며, 현상은 다음과 같다.
ㄱ 75DI 이상 : 약간의 더위를 느끼고, 주민의 10% 정도가 불쾌감을 느낀다.
ㄴ 80DI 이상 : 땀이 나고, 거의 모든 사람이 불쾌감을 느낀다.
ㄷ 85DI 이상 : 견딜 수 없을 만큼 더위를 느끼게 된다.

26 |

열에 의하여 쾌적감이나 불쾌감을 느끼는 물리적 온열 4요소가 옳게 나열된 것은?

① 기온, 기류, 습도, 복사열
② 기온, 기류, 복사열, 착의량
③ 기온, 복사열, 습도, 활동량
④ 기온, 기류, 습도, 활동량

해설 물리적 온열 4요소

ㄱ 기온 : 인체의 쾌적 환경에 가장 큰 영향을 미치는 요소이며, 건구온도의 쾌적 범위는 16~28℃이다.

ㄴ 습도 : 상대습도가 가장 큰 영향을 미치며, 보통 상대습도(RH)가 20~60%에서 쾌적감을 느낀다. 추울 때 공기가 건조하면 더 춥게 느껴지며, 더울 때 상대습도가 60% 이상이면 증발이 잘 되지 않기 때문에 더욱 덥게 느껴진다.

ㄷ 기류(풍속) : 기온이 일정한 경우 기류에 의해 열적 효과가 발생한다. 보통 0.5m/sec에서 쾌적감을 느끼고 1.5m/sec 이상이면 불쾌감이 느껴진다.

ㄹ 복사열 : 기온 다음으로 중요한 요소이며, 주어진 환경에서 평균 복사 온도는 기온보다 두 배 정도 영향을 미친다. 가장 쾌적한 상태는 복사 온도가 기온보다 2℃ 정도 높을 때이다.

27 |

다음의 열 환경 지표 중 복사열의 영향을 고려하지 않은 것은?

① 유효온도
② 작용온도
③ 등가온도
④ 수정유효온도

해설 열 환경 지표

구분	기온	습도	기류	복사열
유효온도	○	○	○	×
수정·신·표준 유효온도, 등가감각온도	○	○	○	○
작용(효과)·등가·합성 온도	○	×	○	○

28 |

다음의 온열 환경 지표들 중에서 기온, 습도, 기류, 평균 복사온도의 영향을 동시에 고려하여 표현한 것은?

① 유효온도
② 흑구온도
③ 수정유효온도
④ 불쾌지수

해설 유효온도(감각, 효과, 체감온도)는 상대습도 100%, 풍속 0m/s인 임의의 온도를 기준으로 정의한 것으로 온도, 습도, 기류의 3가지 요소의 조합에 의한 체감을 표시하는 척도이다.
흑구온도는 기온, 기류, 평균복사온도를 종합한 지표이다.

불쾌지수는 기상 상태로 인하여 불쾌감을 느끼는 정도를 말하고, 건구온도, 습구온도, 기류의 상태를 통해 나타낸다.

29 |

온열 환경 지표 중 유효온도에 관한 설명으로 옳은 것은?

① 실내습도는 유효온도에 영향을 미치지 않는다.
② 실내 거주자의 착의량 및 대사량에 의해 영향을 받는 지표이다.
③ 실내 주위 벽면과의 복사열 교환에 의한 영향을 고려한 지표이다.
④ 다수의 피험자의 실제 체감에서 구한 것이며 계측기에 의한 것이 아니다.

해설 ① 실내습도는 유효온도에 영향을 미치고, ② 신유효 온도, ③ 수정유효온도(무감지표)에 대한 설명이다.

30 |

다음 중 주관적 온열 환경 요소가 아닌 것은?

① 착의상태
② 활동
③ 복사열
④ 환경에 대한 적응도

해설 주관적 온열 요소

ㄱ 착의상태 : 의복의 단열값을 clo로 나타낸다.
ㄴ 활동상태 : 활동량이 많을수록 낮은 기온에 의해 쾌적도가 증가한다.
ㄷ 기타 : 복사열, 성별, 연령, 신체조건, 피하지방량, 재실시간, 사용자 밀도 등에 따라 달라진다.

31 |

주관적 온열 요소 중 인체의 활동상태의 단위로 사용되는 것은?

① W
② RH
③ met
④ clo

해설 clo는 의류의 열절연성(단열성)을 나타내는 단위로서 온도 21℃, 상대습도 50%에 있어서 기류속도가 5cm/s 이하인 실내에서 인체 표면에서의 방열량이 1met(50kcal/m²h)의 대사와 평행되는 착의상태를 기준으로 한다.

32

타임래그(time-lag)에 관한 설명으로 옳지 않은 것은?

① 건물 외피의 열용량이 클수록 타임래그는 길어진다.
② 실내 기온의 변화가 외기온의 변화보다 늦어지는 현상이다.
③ 일반적으로 건물 외피를 구성하는 재료의 밀도가 클수록 타임래그는 길어진다.
④ 실내외 온도차에 직접적인 영향을 받으며, 온도차가 클수록 타임래그는 길어진다.

해설 타임래그(time lag, 시간지연)는 실내 기온의 변화가 외부 기온의 변화보다 늦어지는 현상으로 실내·외의 온도차에 직접적인 영향을 받으나, 온도차가 클수록 타임래그는 짧아지고, 건물 외피의 열용량과 외피를 구성하는 재료의 밀도가 클수록 타임래그는 길어진다.

33

중량 건축물일수록 시간지체(time-lag) 현상이 커지는데, 이를 평가하기 위한 척도는?

① 열용량
② 열전도율
③ 등가온도
④ 표면 복사율

해설 타임래그(time lag, 시간지연)은 실내 기온의 변화가 외부 기온의 변화보다 늦어지는 현상으로 실내·외의 온도차에 직접적인 영향을 받으나, 온도차가 클수록 타임래그는 짧아지고, 건물 외피의 열용량과 외피를 구성하는 재료의 밀도가 클수록 타임래그는 길어진다. 즉, 타임래그를 결정하는 요소는 열용량(물체에 열을 저장할 수 있는 용량)이다.

34

착의량의 총 열저항값은 각 의복의 열저항값을 합산한 후, 다음 어느 계수를 곱하여 구하는가?

① 1.21
② 1.02
③ 0.82
④ 0.61

해설 착의량의 총 clo=0.82Σ(각 의복의 clo)

35

clo는 다음 중 어느 것을 나타내는 단위인가?

① 착의량
② 대사량
③ 복사열량
④ 수증기량

해설 clo는 의류의 열절연성(단열성)을 나타내는 단위로서 온도 21℃, 상대습도 50%에 있어서 기류속도가 5cm/s 이하인 실내에서 인체 표면에서의 방열량이 1met($50kcal/m^2h$)의 대사와 평행되는 착의상태를 기준으로 한다.

36

열쾌적에 대한 기술 중 옳지 않은 것은?

① 건구온도의 최적 범위는 약 16~28℃이다.
② 추울 때 습도가 높으면 더욱 춥게 느껴진다.
③ 실내에 공기의 흐름이 전혀 없는 경우 천장 부분과 바닥 부분에 공기층의 분리 현상이 생긴다.
④ 더운 상태에서는 대개 풍속 1m/s 정도에서 쾌적함을 느낀다.

해설 습도의 영향으로 상대습도(RH)가 30~60%에서 쾌적함을 느낀다. 추울 때 건조하면 더 춥게 느껴지며, 더울 때 습도가 높으면 더 덥게 느껴진다. 습도가 높으면 유효온도는 높아지고, 풍속이 빨라지면 유효온도는 낮아진다.

37

실내에 있어서 인체 표면과 벽·천장·바닥면 등 주 벽면과의 열복사가 재실자의 쾌적감에 미치는 영향을 측정하기 위하여 Vernon에 의해 고안된 온도계는?

① 자기 온도계
② 카타 온도계
③ 글로브 온도계
④ 아스만 온도계

해설 자기 온도계는 스프링 장치로 천천히 회전하는 드럼 표면에 종이를 붙이고, 링크시스템으로 온도의 변화를 펜 끝의 변위로 바꾸어 자동적으로 종이 위에 온도의 변화를 나타내는 온도계이고, 카타 온도계는 알코올 온도계의 일종으로 구부가 크며, 건구의 것과 거즈를 감은 습구의 것이 있는 온도계이며, 아스만 온도계는 구부에 일정 속도의 바람을 받게 하고 측정시간을 단축하면서 정확한 온도를 측정하는 온도계이다.

38

다음 중 습공기선도의 구성에 속하지 않는 것은?

① 비열 ② 절대습도
③ 습구온도 ④ 상대습도

해설 습공기선도에서 알 수 있는 사항은 습도(절대습도, 비습도, 상대습도 등), 온도(건구온도, 습구온도, 노점온도 등), 엔탈피, 수증기 분압, 비체적, 열수분비 및 현열비 등이 있고, 비열, 열용량, 습공기의 기류 및 열관류율은 알 수 없는 사항이다.

39

습공기를 가습하였을 때의 상태 변화로 옳은 것은? (단, 건구온도는 일정하다.)

① 엔탈피가 커진다.
② 노점온도가 낮아진다.
③ 습구온도가 낮아진다.
④ 절대습도가 작아진다.

해설 건구온도가 일정한 경우, 습공기를 가습하였을 때의 상태 변화는 엔탈피, 비체적, 노점온도 및 습구온도는 커지고, 절대습도는 변함이 없다.

40

상대습도를 높였을 때 나타나는 습공기의 상태 변화로 옳은 것은? (단, 건구온도는 일정하다.)

① 노점온도가 높아진다.
② 습구온도가 낮아진다.
③ 절대습도가 작아진다.
④ 엔탈피가 낮아진다.

해설 습공기의 상대습도를 높이면 노점온도, 습구온도 및 엔탈피는 높아지고, 절대습도는 변함이 없다.

41

습공기에 관한 설명으로 옳은 것은?

① 영의 상태의 습공기를 가열하면 습공기의 상대습도는 높아진다.
② 영의 상태의 습공기를 가열하면 습공기의 절대습도는 낮아진다.

③ 영의 상태의 습공기를 가습하면 습공기의 엔탈피는 높아진다.
④ 영의 상태의 습공기를 가습하면 습공기의 비체적은 낮아진다.

해설 ① 습공기를 가열하면 습공기의 상대습도는 낮아진다.
② 습공기를 가열하면 습공기의 절대습도는 변함이 없다.
④ 습공기를 가습하면 습공기의 비체적은 높아진다.

42

절대습도를 가장 올바르게 표현한 것은?

① 포화수증기량에 대한 백분율
② 습공기 1kg당 포함된 수증기의 질량
③ 일정한 온도에서 더 이상 포함할 수 없는 수증기량
④ 습공기를 구성하고 있는 건공기 1kg당 포함된 수증기의 질량

해설 절대습도는 건공기 1kg당 수증기량으로 표시한다.
① 상대습도에 대한 설명이다.
③ 포화 공기에 대한 설명이다.

43

20℃, 상대습도 80%인 수증기압의 공기를 30℃로 했을 때의 상대습도(%)는? (단, 20℃, 30℃의 포화수증기압은 각각 17.53mmHg, 31.83mmHg이다.)

① 69 ② 55
③ 44 ④ 36

해설 상대습도

$$= \frac{공기의\ 수증기\ 분압}{같은\ 온도에서의\ 포화공기의\ 수증기분압} \times 100(\%)$$

이므로
20℃의 포화수증기압은 17.53mmHg이고, 상대습도는 80%이므로,
공기의 수증기 분압

$$= \frac{상대습도 \times 같은\ 온도에서의\ 포화공기의\ 수증기\ 분압}{100}$$

$$= \frac{80 \times 17.53}{100} = 14.02 \text{mmHg}$$

$$\therefore 30℃의\ 상대습도 = \frac{14.02}{31.83} \times 100 = 44.05\%$$

44 |

포화 공기(saturated air)에 관한 설명으로 옳은 것은?

① 대기가 수증기를 포함하지 않은 공기
② 주어진 온도에서 최소한의 수증기를 함유한 공기
③ 주어진 온도에서 최대한의 수증기를 함유한 공기
④ 대기 중에 포함된 수증기의 양을 공기 선도에 표기한 공기

해설 포화 공기(습공기)는 어떤 온도에서 최대한도의 수증기를 가진 습공기를 말하고, 그 온도는 수증기 분압에 대한 포화증기의 온도와 동일하다.
① 건조(건)공기에 대한 설명이다.

45 |

벽체의 전열에 관한 설명으로 옳은 것은?

① 열전도율은 기체가 가장 크며 고체가 가장 작다.
② 공기층의 단열효과는 그 기밀성과는 관계가 없다.
③ 단열재는 물에 젖어도 단열 성능은 변하지 않는다.
④ 일반적으로 벽체에서의 열관류현상은 열전달–열전도–열전달의 과정을 거친다.

해설 열전도율은 고체 또는 정지된 유체 안에서 온도차에 의해 열이 전달되어가는 경우 열이 얼마나 잘 전달되는가를 나타내는 물성치이고, 공기층의 단열효과는 그 기밀성과 관계가 밀접(매우 깊다)하고, 단열재는 물에 젖으면 열전도율이 커지므로 단열 성능이 저하된다.

46 |

전열의 유형에 해당하지 않는 것은?

① 전도   ② 대류
③ 복사   ④ 현열

해설 열의 이동에서 전도는 열이 물질을 따라 고온부에서 저온부로 전달되는 현상으로 원인은 구성 원자의 운동에너지의 전달이다. 대류는 액체나 기체가 열을 받으면 열팽창에 의하여 밀도가 낮아져서 순환 운동을 통해 열에너지가 이동하는 현상이다. 복사는 고온의 물체로부터 열에너지가 전자기파의 형태로 방사되어 직접 열에너지가 전달되는 현상 또는 어떤 물체에 발생하는 열에너지가 전달 매개체 없이 직접 다른 물체에 도달하는 현상이다. 또한, 현열은 물질을 가열이나 냉각했을 때 상변화 없이 온도변화에만 사용되는 열량이다.

47 |

사막과 같은 고온건조 기후 조건에 적용된 건축계획의 요점에 해당되지 않는 것은?

① 지붕 및 외벽의 색채는 가능한 밝은 것이 좋다.
② 건물의 배치는 밀집시키는 것이 좋다.
③ 외벽의 벽체는 축열벽 구조로 하는 것이 좋다.
④ 외벽의 개구부는 가능한 넓게 하는 것이 좋다.

해설 건축물과 기후 조건
㉠ 고온건조 기후 : 사막에서 주로 일어나는 현상으로 일교차가 심하고 모래, 먼지, 바람이 많이 분다. 건축물은 중정식이 좋고 단열 성능이 높으며 개구부가 작고 밝은색이 적당하다.
㉡ 고온다습 기후 : 비가 많이 오고 기온 및 습도가 높으므로 통풍 및 환기가 잘 되는 높은 곳이나 남북향으로 개구부가 많아야 하고 천장은 반사성이 큰 재료가 적당하다.
㉢ 한랭 기후 : 기온이 낮고 바람이 많으며 눈이 많이 오므로 외표면의 면적을 작게 하고, 개구부는 가능한 한 2중 구조로 하는 것이 좋다.

48 |

다음 중 단열의 메커니즘에 속하지 않는 것은?

① 용량형 단열   ② 반사형 단열
③ 저항형 단열   ④ 투과형 단열

해설 단열(대류, 전도, 복사 등의 열전달 요소를 이용하여 열류를 차단하는 것)의 메커니즘에는 저항형 단열(기포형), 반사형 단열(순간적인 효과) 및 용량형 단열(시간의 함수로써 작용) 등이 있다.

49 |

단열재가 갖추어야 할 요건으로 옳지 않은 것은?

① 경제적이고 시공이 용이할 것
② 가벼우며 기계적 강도가 우수할 것
③ 열전도율, 흡수율, 수증기 투과율이 높을 것
④ 내구성, 내열성, 내식성이 우수하고 냄새가 없을 것

해설 단열재의 조건은 ①, ②, ④ 이외에 열전도율, 흡수율, 수증기 투과율이 낮고, 품질의 편차가 적어야 한다.

50

건물의 단열재는 흡습성이 없는 것이 바람직한데, 다음 중 그 이유로 가장 알맞은 것은?

① 단열재에 수분이 침투하면 시공이 불편하기 때문에
② 단열새에 수분이 침투하면 단열재가 팽창하기 때문에
③ 단열재에 수분이 침투하면 열전도율이 크게 증가하기 때문에
④ 단열재에 수분이 침투하면 열교현상이 발생하지 않기 때문에

해설 건물의 단열재에 수분이 침투하면 열전도율이 증대(단열성이 감소)되므로 이를 방지하기 위하여 단열재는 흡습, 흡수성이 없는 것을 사용해야 한다.

51

두께 20cm의 철근콘크리트 벽체의 내측 표면온도가 15℃, 외측 표면온도가 5℃일 때, 이 벽체를 통과하는 단위 면적당 열량은? (단, 벽체의 열전도율은 1.3W/m · K이다.)

① 6.5W
② 13W
③ 65W
④ 130W

해설 Q(전도열량)

$$= \lambda(\text{열전도율}) \cdot \frac{\Delta t(\text{온도 차})}{d(\text{벽체의 두께})} \cdot A(\text{벽체의 면적}) \cdot T(\text{시간})$$

$$Q = \lambda \frac{\Delta t}{d} AT = 1.3 \times \frac{(15-5)}{0.2} \times 1 \times 1 = 65 \text{W/m}^2$$

52

다음과 같은 조건에서 두께 15cm인 콘크리트벽체를 통과한 손실열량은?

- 실내공기온도 : 18℃
- 외기온도 : 2℃
- 내표면 열전달률 : 11W/m² · K
- 외표면 열전달률 : 22W/m² · K
- 콘크리트의 열전도율 : 1.56W/m · K

① 약 45W/m²
② 약 58W/m²
③ 약 69W/m²
④ 약 75W/m²

해설 Q(손실열량)$= K$(열관류율)A(벽면적)Δt(온도의 변화량)이다, 즉 $Q = KA\Delta t$ 이고,

$$\frac{1}{K} = \frac{1}{\alpha_i(\text{내표면 열전달률})} + \sum \frac{d(\text{재료의 두께})}{\lambda(\text{재료의 열전도율})} + \frac{1}{\alpha_o(\text{외표면 열전달율})} \text{이다.}$$

그러므로, $Q = KA\Delta t = \dfrac{1}{\dfrac{1}{\alpha_i} + \dfrac{d}{\lambda} + \dfrac{1}{\alpha_o}} \times A \times \Delta t$

$$= \frac{1}{\dfrac{1}{11} + \dfrac{0.15}{1.56} + \dfrac{1}{22}} \times 1 \times (18-2)$$

$$= 68.8 \fallingdotseq 69 \text{W/m}^2 \cdot \text{K}$$

$\therefore \dfrac{1}{K} = \sum \dfrac{d}{\lambda} = \dfrac{1}{11} + \dfrac{0.15}{1.56} + \dfrac{1}{22}$

$$= 0.2325 \text{m}^2\text{K/W} = 4.3 \text{W/m}^2\text{K} \text{이고,}$$

$A = 1 \text{m}^2$, $\Delta t = 18 - 2 = 16 ℃ $ 이므로

$Q = KA\Delta t = 4.3 \times 1 \times 16 = 68.8 \text{W/m}^2$

$\fallingdotseq 69 \text{W/m}^2$

53

열전도 저항이 0.1mK/W인 벽체의 양측 표면온도가 각각 20℃, 10℃일 때, 벽면적 10m²를 통해 하루 동안 전도되는 열량은?

① 66,400kJ
② 76,640kJ
③ 86,400kJ
④ 96,400kJ

해설 Q(전도열량)

$$= \lambda(\text{열전도율}) \cdot \frac{\Delta t(\text{온도 차})}{d(\text{벽체의 두께})} \cdot A(\text{벽체의 면적}) \cdot T(\text{시간})$$

여기서, 열전도 저항$= \dfrac{\text{벽체의 두께}}{\text{열전도율}}$ 이다.

즉 열전도 저항은 열전도율에 반비례하고, 벽두께에 비례하므로 열전도 저항은 $\dfrac{d}{\lambda}$ 이다.

그러므로, $Q = \lambda \dfrac{\Delta t}{d} AT = \dfrac{\lambda}{d} \Delta t AT = \dfrac{1}{\dfrac{d}{\lambda}} \Delta t AT$

$$= \frac{1}{0.1} \times (20-10) \times 10 \times (24 \times 60 \times 60)$$

$$= 86,400,000 \text{J} = 86,400 \text{kJ}$$

54 |

열전도율에 관한 설명으로 옳은 것은?

① 열전도율의 단위는 $W/m^2 \cdot K$이다.

② 열전도율의 역수를 열전도 저항이라고 한다.

③ 액체는 고체보다 열전도율이 크고, 기체는 더욱 더 크다.

④ 열전도율이란 두께 1cm판의 양면에 1℃의 온도 차가 있을 때 $1cm^2$의 표면적으로 통해 흐르는 열량을 나타낸 것이다.

해설 열전도율은 두께 1m, 표면적 $1m^2$인 재료를 사이에 두고 온도차가 1℃일 때 재료를 통과하는 열의 흐름을 측정한 것으로 단위는 $W/m \cdot K$이고, 액체는 고체보다 열전도율이 작고, 기체는 더욱 더 작다.

55 |

다음 그림과 같은 벽체의 열관류율은?

타일10mm　　모르타르 10mm

콘크리트180mm

• 열전도율(W/m · K)
 – 콘크리트 : 0.95
 – 모르타르 : 1.12
 – 타일 : 1.1
• 열전달률(W/m · K)
 – 외기측 : 20
 – 실내측 : 8

① $2.61W/m \cdot K$ 　　② $2.61W/m^2 \cdot K$
③ $0.004W/m \cdot K$ 　　④ $0.004W/m^2 \cdot K$

해설 K(열관류율)을 구하기 위하여

$$\frac{1}{K} = \frac{1}{\alpha_i} + \sum \frac{d}{\lambda} + \frac{1}{\alpha_o}$$
$$= \frac{1}{20} + \left(\frac{0.01}{1.1} + \frac{0.18}{0.95} + \frac{0.01}{1.12} \right) + \frac{1}{8} = 0.3825$$이므로,

$$K = \frac{1}{0.3825} = 2.6144W/m^2 \cdot K$$

56 |

다음과 같이 구성된 구조체에서 $1m^2$당 열관류량은? (단, 실내온도 25℃, 외기온도 10℃, 내표면 열전달률 $8W/m^2 \cdot K$, 외표면 열전달률 $20W/m^2 \cdot K$이다.)

재료	열전도율(W/m · K)	두께(mm)
석고	0.1	10
콘크리트	1.3	150
모르타르	1.1	15

① 15.66W
② 21.36W
③ 25.36W
④ 37.13W

해설 Q(열관류량)
 $= K$(열관류율)A(표면적)Δt(온도의 변화량)
 이므로, 열관류율을 산정하여야 한다.
$$\frac{1}{K} = \frac{1}{\alpha_i} + \sum \frac{d}{\lambda} + \frac{1}{\alpha_o} = \frac{1}{8} + \left(\frac{0.01}{0.1} + \frac{0.15}{1.3} + \frac{0.015}{1.1} \right)$$
$$+ \frac{1}{20} = 0.404m^2K/W$$이므로
 $K = 2.475W/m^2K$이고,
 $A = 1m^2$, $\Delta t = (25 - 10) = 15℃$이다.
 그러므로, $Q = KA\Delta t = 2.475 \times 1 \times 15 = 37.125W$

57 |

크기가 2m×0.8m, 두께 40mm, 열전도율이 0.14 W/m · K인 목재문의 내측 표면온도가 15℃, 외측 표면온도가 5℃일 때, 이 문을 통하여 1초 동안에 흐르는 전도열량은?

① 0.056W
② 0.56W
③ 5.6W
④ 56W

해설 Q(열전도량)$= \lambda$(열전도율)$\times \dfrac{\Delta t(\text{온도의 변화량})}{d(\text{벽체의 두께})}$
 $\times A$(벽체의 면적)$\times H$(시간)이다. 즉,
$$Q = \lambda \frac{\Delta t}{d} Ah = 0.14 \times \frac{(15-5)}{0.04} \times (2 \times 0.8) \times 1 = 56W$$

58

그림과 같은 구조를 갖는 벽체의 열관류 저항은?

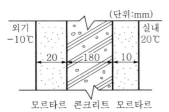

모르타르 콘크리트 모르타르

- 실내측 표면 열전달률 : 9.3W/m^2 · K
- 실외측 표면 열전달률 : 23.2W/m^2 · K
- 콘크리트 열전도율 : 1.6W/m · K
- 모르타르 열전도율 : 1.5W/m · K

① 0.14m^2 · K/W
② 0.28m^2 · K/W
③ 0.42m^2 · K/W
④ 0.56m^2 · K/W

해설 $\dfrac{1}{K}$(열관류 저항) $= \dfrac{1}{\alpha_i} + \sum \dfrac{d}{\lambda} + \dfrac{1}{\alpha_o}$

$= \dfrac{1}{9.3} + \left(\dfrac{0.02}{1.6} + \dfrac{0.18}{1.5} + \dfrac{0.01}{1.6} \right) + \dfrac{1}{23.2}$

$= 0.28$m^2 · K/W

59

두께 10cm의 경량 콘크리트 벽체의 열관류율은?
(단, 경량 콘크리트 벽체의 열전도율 0.17W/m · K,
실내측 표면 열전달률 9.28W/m^2 · K, 실외측 표면
열전달률 23.2W/m^2 · K이다.)

① 0.85W/m^2 · K
② 1.35W/m^2 · K
③ 1.85W/m^2 · K
④ 2.15W/m^2 · K

해설 $\dfrac{1}{K}$(열관류율) $=$

$\dfrac{1}{\alpha_i} + \dfrac{d}{\lambda} + \dfrac{1}{\alpha_o} = \dfrac{1}{9.28} + \dfrac{0.1}{0.17} + \dfrac{1}{23.2} = 0.739$

그러므로, $K = \dfrac{1}{0.739} ≒ 1.353$W/m^{2}K이다.

60

건물 외벽의 열관류 저항값을 높이는 방법으로 옳지
않은 것은?

① 벽체 내에 공기층을 둔다.
② 벽체에 단열재를 사용한다.

③ 열전도율이 낮은 재료를 사용한다.
④ 외벽의 표면 열전달률을 크게 유지한다.

해설 벽체의 열관류 저항 $\left(\dfrac{1}{K} \right) = \dfrac{1}{\alpha_i} + \sum \dfrac{d}{\lambda} + \dfrac{1}{\alpha_o}$

여기서, α_o : 실외측 표면 열전달률
α_i : 실내측 표면 열전달률
d : 벽체 구성 재료의 두께
λ : 벽체 구성 재료의 열전도율
즉, 열관류 저항값은 d(벽체 구성 재료의 두께)에 비
례하고, α_o(실외측 표면 열전달률), α_i(실내측 표면
열전달률) 및 λ(벽체 구성 재료의 열전도율)에 반비례
함을 알 수 있다.

61

다음 용어의 단위가 옳지 않은 것은?

① 열관류 저항 : (m^2 · K)/W
② 열전달률 : W/(m^2 · K)
③ 열전도율 : W/(m^2 · K)
④ 열관류율 : W/(m^2 · K)

해설 열전도율은 열이 어떤 물체에 전달되면 물체 자체의
물질이 이동하는 것이 아니라 고온의 부분에서 저온의
부분으로 열이 이동하는 현상으로 단위는 Kcal/mh℃
또는 W/m · K이다.

62

다음과 같은 [조건]에 있는 벽체의 실내측 표면온도는?

[조건]
- 외기온도 : −10℃
- 실내공기온도 : 20℃
- 벽체의 열관류율 : 1.5W/m^2 · K
- 벽체의 내표면 열전달률 : 9W/m^2 · K

① 10℃
② 15℃
③ 20℃
④ 25℃

해설 벽체의 실내 표면온도를 구하기 위하여 우선, 외벽을
통한 열관류량 또는 열취득량($Q_1 = KA\Delta t$)과 표면 열
전달량($Q_2 = HA\Delta t$)은 동일하므로 단위 면적당을 기
준으로 구한다.
그러므로 $Q_1 = KA\Delta t = 1.5 \times 1 \times [20 - (-10)]$이고, 여
기서, 실내의 표면온도를 t℃라고 하면,
$Q_2 = KA\Delta t = 9 \times 1 \times [20 - t]$이다.

그런데, $Q_1 = Q_2$에 의해서 $1.5 \times 1 \times [20-(-10)]$
$$= 9 \times 1 \times [20-t]$$
$$\therefore t = 20 - \frac{1.5 \times 1 \times [20-(-10)]}{9 \times 1} = 15℃$$

63 |

일반적인 기건 상태에 있어 건축재료의 열전도율에 관한 수치로 틀린 것은?

① 판유리 – 0.8W/m · K
② 합판 – 0.16W/m · K
③ 모르타르 – 1.4W/m · K
④ 알루미늄 – 43W/m · K

해설 알루미늄의 열전도율은 186W/m · K 정도이다.

64 |

다음의 건축재료 중 열전도율이 가장 작은 것은?

① 타일
② 합판
③ 강재
④ 점토벽돌

해설 건축재료의 열전도율을 보면, 타일은 1.3W/m · K, 합판은 0.15W/m · K, 강재는 53W/m · K, 점토벽돌은 0.96W/m · K 이다.

65 |

겨울철 벽체를 통해 실내에서 실외로 빠져나가는 관류열 부하를 계산할 때 필요하지 않은 요소는?

① 실내온도
② 실내습도
③ 벽체두께
④ 내표면 열전달률

해설 열관류율 산정 시 필요한 요소에는 실내 · 외 열전달률, 공기층의 열저항, 재료의 두께 및 재료의 열전도율 등이고, 열관류 부하 산정 시에는 열관류율(표면열전달율, 열전도율, 부재의 두께 등), 실내 · 외온도, 단면적 등이 있다.

66 |

다음 중 건물의 에너지절약 방법과 가장 거리가 먼 것은?

① 열전도율이 높은 재료를 사용한다.
② 창호는 기밀하게 한다.

③ 열효율이 좋은 기기를 사용한다.
④ 태양 에너지를 이용하는 설계를 한다.

해설 열전도율(고체 또는 정지된 유체 안에서 온도차에 의해 열이 전달되어가는 경우 열이 얼마나 잘 전달되는가를 나타내는 물성치)이 높은 재료를 사용하면 열을 잘 전하므로 실내의 냉난방에 매우 불리하다.

67 |

건축물의 에너지절약을 위한 계획 내용으로 옳지 않은 것은?

① 건축물은 남향 또는 남동향으로 배치한다.
② 공동주택은 인동간격을 넓게 하여 저층부의 일사 수열량을 증대시킨다.
③ 건축물의 체적에 대한 외피 면적의 비 또는 연면적에 대한 외피 면적의 비는 가능한 한 크게 한다.
④ 거실의 충고 및 반자 높이는 실의 용도와 기능에 지장을 주지 않는 범위 내에서 가능한 낮게 한다.

해설 건축물의 에너지 절약을 위해 건축물의 체적에 대한 외피(거실 또는 거실 외 공간을 둘러싸고 있는 벽 · 지붕 · 바닥 · 창 및 문 등으로서 외기에 직접 면하는 부위)면적의 비 또는 연면적에 대한 외피면적의 비는 가능한 작게 한다(건축물의 에너지절약설계기준 제7조).

68 |

건축물의 단열계획에 관한 설명으로 옳지 않은 것은?

① 외피의 모서리 부분은 열교가 발생하지 않도록 단열재를 연속적으로 설치한다.
② 외벽 부위는 내단열로 시공하는 것이 외단열로 시공하는 것보다 단열에 효과적이다.
③ 건물의 창 및 문은 가능한 작게 설계하고, 특히 열손실이 많은 북측 거실의 창 및 문의 면적은 최소화한다.
④ 발코니 확장을 하는 공동주택이나 창 및 문의 면적이 큰 건물에는 단열성이 우수한 로이(Low–E) 복층창이나 삼중창 이상의 단열 성능을 갖는 창을 설치한다.

해설 건축물의 단열에 있어서 외벽 부위는 외단열로 시공하는 것이 내단열로 시공하는 것보다 단열에 효과적이다. 즉, 외단열이 단열 성능이 좋다.

69 |

건축물의 에너지절약을 위한 단열계획으로 옳지 않은 것은?

① 외벽 부위는 외단열로 시공한다.

② 외피의 모서리 부분은 열교가 발생하지 않도록 단열재를 연속적으로 설치한다.

③ 건물의 창호는 가능한 작게 설계하되, 열손실이 적은 북측의 창면적은 가능한 크게 한다.

④ 창호면적이 큰 건물에는 단열성이 우수한 로이(Low-E) 복층창이나 삼중창 이상의 단열 성능을 갖는 창호를 설치한다.

해설 관련 법규 : 에너지절약기준 제7조, 해설 법규 : 에너지절약기준 제7조 3호 라목
건물의 창 및 문은 가능한 작게 설계하고, 특히 열손실이 많은 북측 거실의 창 및 문의 면적은 최소화한다.

70 |

벽체의 단열에 관한 기술 중 옳지 않은 것은?

① 외벽 모서리 부분의 열관류율은 다른 부분의 열관류율보다 큰 것이 보통이다.

② 밀폐된 공기층이 있는 경우 벽체의 단열효과는 공기층의 두께에 비례하여 커진다.

③ 벽체 표면의 열전달률은 조건에 따라 달라진다.

④ 동일 벽체라 하더라도 계절에 따라 열관류율은 달라진다.

해설 단열효과는 밀도가 클수록 작아지고, 재료가 두꺼울수록, 열전도율이 작을수록, 흡수성이 작을수록 효과가 크다. 특히, 공기층이 너무 두꺼우면 대류 현상으로 단열효과가 떨어진다.

71 |

어느 중공벽의 열관류율 값이 1.0W/m² · K이다. 이 벽체에 단열재를 덧붙여서 열관류율 값을 0.5W/m² · K로 낮추려 할 때 요구되는 단열재의 두께는? (단, 단열재의 열전도율은 0.032W/m · K이다.)

① 약 22mm

② 약 27mm

③ 약 32mm

④ 약 37mm

해설 열관류 저항(R)은 열관류율(K)의 역수이고, 물체의 두께(d)를 열전도율로 나눈 값이므로, 단열재 두께의 산정을 위해서는 열관류 저항의 차이를 구하여야 한다.

㉠ 열관류 저항의 차이를 구한다.

• 열관류율이 1.0W/m²K인 경우 : 열관류 저항(R)
$$= \frac{1}{열관류율} = \frac{1}{1} = 1.0 m^2 K/W이다.$$

• 열관류율이 0.5W/m²K인 경우 : 열관류 저항(R)
$$= \frac{1}{열관류율} = \frac{1}{0.5} = 2.0 m^2 K/W이다.$$

㉡ 열관류 저항의 차이는 2.0-1.0=1.0m²K/W이고, 열전도율은 0.032W/m²K이다.

그러므로 d(물체의 두께)=λ(열전도율)$\times \Delta R$(열관류 저항의 차이)=0.032×1.0=0.032m=32mm

72 |

외단열 공법에 관한 설명으로 옳은 것은?

① 실온 변동이 크다.

② 표면 결로가 발생되기 쉽다.

③ 건물의 열교현상을 방지하기 쉽다.

④ 단시간 난방이 필요한 건물에 유리하다.

해설 외단열(단열재를 실외에 가깝게 설치하는 경우)은 실온의 변동이 적고, 열교, 표면 결로, 내부 결로 등을 방지할 수 있으며, 단시간에 난방이 필요한 건물에 불리하다.

73 |

벽체의 열관류율을 작게 하여 단열효과를 얻고자 할 때, 그 방법으로 옳지 않은 것은?

① 흡수성이 큰 재료를 사용한다.

② 벽체 내부에 공기층을 구성한다.

③ 열전도율이 작은 재료를 선택한다.

④ 벽체 구성 재료의 두께를 두껍게 한다.

해설 흡수성이 큰 재료는 벽체의 열관류율과 열전도율을 크게 하여 단열효과가 좋지 않다.

74 |

벽체의 단열효과를 높이기 위한 방법으로 가장 알맞은 것은?

① 열교현상을 발생시킨다.
② 벽체 내부에 공기층을 설치한다.
③ 벽 구성 재료의 두께를 얇게 한다.
④ 열전도율이 높은 재료를 사용한다.

해설 벽체의 단열효과를 높이기 위해서는 열교현상을 방지하고, 벽 구성 재료의 두께를 두껍게 하며, 열전도율이 낮은 재료를 사용한다. 특히, 벽체 내부에 공기층을 두어 열전도율을 낮춘다.

75 |

결로에 관한 설명으로 옳지 않은 것은?

① 외측단열공법으로 시공하는 경우 내부 결로 방지에 효과가 있다.
② 겨울철 결로는 일반적으로 단열성 부족이 원인이 되어 발생한다.
③ 내부 결로가 발생할 경우 벽체 내의 함수율은 낮아지며 열전도율은 커진다.
④ 실내에서 발생하는 수증기를 억제할 경우 표면 결로 방지에 효과가 있다.

해설 결로 현상은 습도가 높은 공기를 냉각하면 공기 중의 수분이 그 이상은 수증기로 존재할 수 없는 한계를 노점온도라 하며, 이 공기가 노점온도 이하의 차가운 벽면 등에 닿으면 그 벽면에 물방울이 생기는 현상으로 내부 결로가 발생할 경우, 벽체 내의 함수율은 높아지고, 열전도율은 커진다.

76 |

벽체의 내부 결로에 관한 설명으로 옳지 않은 것은?

① 단열적 벽체일수록 발생하기 쉽다.
② 벽체 내부로 수증기의 침입을 억제하면 내부 결로 방지에 효과가 있다.
③ 벽체 내부온도가 노점온도 이상이 되도록 단열을 강화할 경우 내부 결로 방지에 효과적이다.
④ 내측단열공법으로 하는 경우가 외측단열공법으로 하는 경우보다 내부 결로 방지에 효과적이다.

해설 내부 결로(벽체의 실내 측 표면이 실내 공기의 이슬점 이하로 되지 않았을 때에는 벽체의 표면은 결로하지 않으나, 수증기가 벽체 내부에서 결로하는 현상)의 방지는 외측단열공법이 내부단열공법보다 효과적이다. 즉, 고온(실내)측에는 방습층, 저온(실외)측에는 단열재를 설치한다.

77 |

다음 중 결로 발생의 직접적인 원인과 가장 거리가 먼 것은?

① 건물 외벽의 단열상태불량
② 환기의 부족
③ 실내습기의 과다발생
④ 실내측 표면온도 상승

해설 결로 현상은 습도가 높은 공기를 냉각하면 공기 중의 수분이 그 이상은 수증기로 존재할 수 없는 한계를 노점온도라 하며, 이 공기가 노점온도 이하의 차가운 벽면 등에 닿으면 그 벽면에 물방울이 생기는 현상으로 결로 방지 대책에는 환기[습한 공기를 제거하고·실내의 결로를 방지한다. 습기가 발생하는 곳(부엌, 욕실 등)에서 발생하는 습기를 다른 실로 전달되지 않도록 환기창을 자동문으로 한다], 난방(건축물 내부의 표면온도를 올리고 실내기온을 노점온도 이상으로 유지하며, 난방에 있어서 단시간 내에 높은 온도로 난방을 하는 것보다 낮은 온도로 오랫동안 난방을 하는 것이 유리) 및 단열(중량 구조의 내부에 설치한 단열재는 난방 시 실내의 표면온도를 신속히 올릴 수 있으며, 중공벽 내부의 실내측에 단열재를 시공한 벽은 외측 부분의 온도가 낮기 때문에 이곳에 생기는 내부 결로 방지를 위하여 단열재의 고온측에 방습층을 설치하는 것이 바람직하다) 등이 있다.

78 |

겨울철 벽체에 표면 결로가 발생하는 원인으로 볼 수 없는 것은?

① 실내습기 발생
② 실내 환기량 부족
③ 벽체의 단열성 부족
④ 실내 벽체 표면온도 상승

해설 표면 결로는 습공기의 노점온도와 같거나, 그 보다 낮은 온도의 표면 또는 재료의 내부에서 발생하므로 실내 벽체의 표면온도 상승은 표면 결로 방지법의 일종이다.

79

겨울철 실내 유리창 표면에 발생하기 쉬운 결로를 방지할 수 있는 방법이 아닌 것은?

① 실내에서 발생하는 가습량을 억제한다.
② 이중유리로 하여 유리창의 단열 성능을 높인다.
③ 실내공기의 움직임을 억제한다.
④ 난방기기를 이용하여 유리창 표면온도를 높인다.

해설 결로의 원인에는 ①, ② 및 ④ 등이 있고, 결로의 방지 대책으로는 환기(실내공기의 움직임을 촉진), 난방(실내측의 표면 온도의 상승) 및 단열 등이 있다.

80

표면 결로의 발생방지방법에 관한 설명으로 옳지 않은 것은?

① 단열 강화에 의해 실내측 표면온도를 상승시킨다.
② 직접가열이나 기류촉진에 의해 표면온도를 상승시킨다.
③ 수증기 발생이 많은 부엌이나 화장실에 배기구나 배기팬을 설치한다.
④ 높은 온도로 난방시간을 짧게 하는 것이 낮은 온도로 난방시간을 길게 하는 것보다 결로 발생 방지에 효과적이다.

해설 결로 방지대책에는 환기, 난방(건축물 내부의 표면온도를 올리고 실내기온을 노점온도 이상으로 유지하며, 난방에 있어서 단시간 내에 높은 온도로 난방을 하는 것보다 낮은 온도로 오랫동안 난방을 하는 것이 유리) 및 단열 등이 있다.

81

건축물의 내부 결로 방지대책으로 옳지 않은 것은?

① 벽체의 열관류 저항을 낮춘다.
② 단열 공법은 외단열 공법으로 시공한다.
③ 벽체 내부로 수증기의 침입을 억제한다.
④ 벽체 내부온도가 노점온도 이상이 되도록 한다.

해설 결로의 방지대책으로는 환기, 난방 및 단열(벽체의 열관류 저항을 높여야 단열효과가 증대) 등이 있다.

82

건축물 외벽의 결로 방지방법으로 옳지 않은 것은?

① 냉교 현상을 없앤다.
② 실내에서 발생하는 수증기를 억제한다.
③ 벽의 방습층은 가능한 실내측에 가깝게 설치한다.
④ 실내벽 표면온도는 실내 공기의 노점온도보다 낮게 한다.

해설 건축물의 외벽의 결로 방지방법은 냉교 현상을 없애고, 실내의 수증기 양을 줄이며, 방습층은 가능한 실내측(고온측)에 설치한다. 특히, 실내벽 표면온도는 실내공기의 노점온도보다 높게 한다. 즉 결로 방지를 위해서 난방을 하여 실내 벽면의 노점온도를 높게 한다.

83

표면 결로의 방지대책으로 옳지 않은 것은?

① 실내측 표면온도를 낮게 유지한다.
② 실내에서 발생하는 수증기를 억제한다.
③ 환기에 의해 실내절대습도를 저하한다.
④ 벽 근처 공기층의 기류가 정체되지 않도록 유지한다.

해설 표면 결로의 방지대책으로는 실내측에 발생하는 수증기를 억제하고, 환기에 의해 실내절대습도를 저하시키며, 벽 근처의 공기층의 기류가 정체하지 않도록 하여야 한다. 특히, 실내측 표면온도를 높게 유지한다. 즉 결로 방지를 위해서 난방을 하여 실내 벽면의 노점온도를 높게 한다.

84

공동주택에서의 결로 방지방법으로 옳지 않은 것은?

① 주방 벽 근처의 공기를 순환시킨다.
② 실내 세탁을 할 경우, 수증기 발생을 고려하여 적절히 환기한다.
③ 발코니 측벽의 경우, 열손실이 많으므로 물건 등을 쌓아서 막아 둔다.
④ 실내공기의 포화수증기량은 온도가 높을수록 많으므로 난방을 하여 상대습도를 낮춘다.

해설 결로의 발생 원인에는 실내·외의 온도차, 실내 수증기의 과다 발생, 생활 습관에 의한 환기 부족, 구조체의 열적 특성 및 시공 불량 등이 있고, 결로의 방지대책으로는 난방, 단열 및 환기 등이 있다. 그러므로, 발코니 측벽에 물건을 쌓아두는 행위는 환기를 저해하므로 결로가 발생하는 원인이 된다.

85 |

벽체의 표면 결로 방지대책으로 옳지 않은 것은?

① 실내에서 발생하는 수증기를 억제한다.
② 기밀에 의해 실내절대습도를 상승시킨다.
③ 단열 강화에 의해 실내측 표면온도를 상승시킨다.
④ 직접 가열이나 기류 촉진에 의해 표면온도를 상승시킨다.

해설 표면 결로 방지대책은 난방, 단열, 환기 등이고, ①, ③, ④ 이외에 환기에 의한 실내절대습도를 하강시켜야 한다.

86 |

겨울철 내부 결로의 위험이 있는 구조체에 방습재 및 단열재의 사용이 가장 올바른 것은?

① 단열재는 고온측, 방습재는 저온측
② 단열재는 저온측, 방습재는 고온측
③ 단열재, 방습재 모두 고온측
④ 단열재, 방습재 모두 저온측

해설 벽체의 단열 성능을 증대시키기 위하여 외단열 방식(단열재를 외부쪽에 설치하는 방식)을 사용하므로 단열재는 외부(저온)측에, 방습재는 실내(고온)측에 설치한다.

2. 공기환경

01 |

실내공기질 관리법령에 따른 신축 공동주택의 실내공기질 측정항목에 속하지 않는 것은?

① 벤젠   ② 라돈
③ 자일렌   ④ 에틸렌

해설 신축 공동주택의 실내공기질 권고기준은 폼알데하이드($210\mu g/m^3$ 이하), 벤젠($30\mu g/m^3$ 이하), 톨루엔($1,000\mu g/m^3$ 이하), 에틸벤젠($360\mu g/m^3$ 이하), 자일

렌($700\mu g/m^3$ 이하), 스티렌($300\mu g/m^3$ 이하) 및 라돈($148Bq/m^3$ 이하) 등이 있다. (실내공기질 관리법 시행규칙 7조의2, 별표 4의2)

02 |

다중이용시설 중 대규모 점포의 실내공기질 유지기준에 따른 이산화탄소의 기준 농도는?

① 1,000ppm 이하
② 1,500ppm 이하
③ 2,000ppm 이하
④ 3,000ppm 이하

해설 대규모 점포의 실내공기질 유지기준은 미세먼지 : (PM10 : $100\mu g/m^3$ 이하, PM25 : $50\mu g/m^3$ 이하), 이산화탄소 : 1,000ppm 이하, 폼알데하이드 : $100\mu g/m^3$ 이하, 일산화탄소 : 10ppm 이하이다(실내공기질 관리법 시행규칙 제3조, 별표2).

03 |

다음 중에서 설명이 부적합한 것은?

① 부유 분진은 실내 환경 기준에 규정되어 있다.
② 영화관은 실에서의 환기를 중요시 하여야 한다.
③ 모니터 루프는 풍향에 좌우된다.
④ 라돈은 실내에서 검출되는 오염물질이 아니다.

해설 라돈은 건축물의 구조체인 콘크리트에서 검출되는 오염물질로서 실내에서 검출되는 오염물질이다.

04 |

환기의 목적에 관한 기술 중 옳지 않은 것은?

① 실내에서 발생된 오염물질을 제거하기 위한 것
② 실내에서 발생된 열, 수분 등을 제거하기 위한 것
③ 적당한 기류 속도를 확보하여 인체의 쾌적성을 부여하기 위한 것
④ 실내의 온·습도 조건을 일정하게 유지하기 위한 것

해설 환기의 목적에는 신선한 공기의 공급, 실내 공기의 정화, 실내에서 발생된 열, 수증기(수분), 오염물질, 취기 등을 제거함에 목적이 있다.
③ 공기조화의 목적이라고 할 수 있다.

게 하는 문이며, 여닫이문은 여닫이(돌쩌귀나 정첩 등으로 창이나 문을 달아 열어젖히는 것)로 된 문이다.

05 |

환기에 관한 설명으로 옳지 않은 것은?

① 치환환기는 공기의 온도차에 따른 환기력을 이용한 자연환기와 함께 기계환기를 조합한 환기방식이다.

② 건물의 상부와 하부에 개구부가 있을 경우, 실내외 온도차에 의한 환기량은 두 개구부 수직거리의 제곱근에 비례한다.

③ 전반환기는 실 전체의 기류분포를 고려하면서, 실내에서 발생하는 오염 공기의 희석, 확산, 배출이 이루어지도록 하는 환기방식이다.

④ 건물의 실내온도가 외기온도보다 높고, 실외에 바람이 없을 경우, 외기는 건물 상부의 개구부로 들어오고, 건물 하부의 개구부로 나가면서 환기가 이루어진다.

해설 환기에 있어서 건물의 실내온도가 외기온도보다 높고 실외의 바람이 없는 경우, 외기는 건물 하부의 개구부로 들어오고 건물 상부의 개구부로 나가면서 환기가 이루어진다.

06 |

굴뚝 효과(stack effect)의 가장 주된 발생원은?

① 온도차   ② 유속차

③ 습도차   ④ 풍향차

해설 굴뚝 효과(폭에 비해 높이가 높은 실내 공간에서 실내 공기의 온도가 외기 기온보다 높은 경우 위쪽에서 공기가 유출하고 아래쪽에서 유입하는 현상)는 실내·외의 온도차에 비례하므로 여름철보다 겨울철에 더 활발하게 발생한다.

07 |

실내외의 공기 유출의 방지 효과와 아울러 출입 인원을 조절할 목적으로 설치하는 문은?

① 회전문   ② 미서기문

③ 미닫이문   ④ 여닫이문

해설 미서기문은 윗틀과 밑틀에 두 줄로 홈을 파서 문 한 짝을 다른 한 짝 옆에 밀어붙이게 한 문이고, 미닫이문은 문짝을 두꺼비집이나 벽 쪽으로 밀어 넣어 여닫

08 |

여름철 일사를 받는 대공간인 아트리움에서 주로 발생하는 자연환기의 종류는?

① 풍속차에 의한 환기

② 개구부 틈새에 의한 환기

③ 사람의 호흡에 의한 환기

④ 공기의 밀도차에 의한 환기

해설 여름철 일사를 받는 대공간이 아트리움에서 주로 발생하는 자연환기법은 중력환기법으로 실내·외의 온도차에 의한 공기의 밀도차에 의하여 발생하는 환기법이다.

09 |

건물 실내의 환기에 관한 설명으로 옳지 않은 것은?

① 풍력환기량은 풍속에 비례한다.

② 자연환기량은 실내외의 온도차가 클수록 많아진다.

③ 유출구에 비해 유입구의 크기를 증가시킬수록 환기량이 크게 증가된다.

④ 동일 면적의 개구부일지라도 1개 있을 때보다 2개로 하면 환기량이 증가된다.

해설 건물의 실내 환기에 있어서 유입구에 비해 유출구의 크기가 증가할수록 유속과 환기량이 약간 증가하나, 유출구에 비해 유입구의 크기를 증가시킬수록 공기의 정체 현상이 발생할 수 있다.

10 |

자연환기에 관한 설명으로 옳은 것은?

① 중력환기량은 개구부 면적이 크면 클수록 감소한다.

② 풍력환기량은 벽면으로 불어오는 바람의 속도에 반비례한다.

③ 중력환기는 실내외의 온도차에 의한 공기의 밀도차가 원동력이 된다.

④ 많은 환기량을 요하는 실에는 기계환기를 사용하지 않고 자연환기를 사용하여야 한다.

해설 ① 중력환기량은 개구부의 면적이 크면 클수록 증가한다.

② 풍력환기량은 벽면으로 불어오는 바람의 속도에 비례한다.
④ 많은 환기량을 요하는 실에는 자연환기를 사용하지 않고, 기계환기를 사용하여야 한다.

11 |

자연환기에 관한 설명으로 옳지 않은 것은?

① 풍력환기는 건물의 외벽면에 가해지는 풍압이 원동력이 된다.
② 일반적으로 공기 유입구와 유출구 높이의 차가 클수록 중력환기량은 많아진다.
③ 자연환기량은 개구부의 위치와 관련이 있으며, 개구부의 면적에는 영향을 받지 않는다.
④ 바람이 있을 때에는 중력환기와 풍력환기가 경합하므로 양자가 서로 다른 것을 상쇄하지 않도록 개구부의 위치에 주의한다.

해설 자연환기 중 **중력환기**(실내 공기와 건물 주변 외기와의 온도차에 의한 공기의 비중량 차에 의해서 환기)와 **풍력환기**(건물에 풍압이 작용할 때, 창의 틈새나 환기구 등의 개구부가 있으면 풍압이 높은 쪽에서 낮은 쪽으로 공기가 흘러 환기)는 2개의 창을 한 쪽 벽면에 설치하는 것이 양쪽 벽에 대면하여 설치하는 것보다 비효과적이다. 즉, 양쪽 벽에 대면하여 설치하는 것이 가장 효과적이다. 일반적으로 공기 유입구와 유출구 높이의 차가 클수록 중력환기량은 적어진다.

12 |

자연환기에 대한 설명으로 옳은 것은?

① 풍력환기는 실개구부의 배치에 따라 차이가 거의 없다.
② 무풍 시에는 중력환기 작용이 자연환기의 주요한 원동력이 된다.
③ 실내·외의 온도차에 의한 환기는 실내·외의 공기 밀도의 차이에 따른 풍력차가 생기기 때문이다.
④ 저온의 실내 공기는 실외로 나가고, 동량의 실외 공기가 실내로 들어오게 된다.

해설 ① 풍력환기는 실개구부의 배치에 따라 **차이가 심하다.**
③ 실내·외의 온도차에 의한 환기는 실내·외의 공기 밀도의 차이에 따른 **압력차**가 생기기 때문이다.

④ 고온의 실내 공기는 실외로 나가고, 동량의 실외 공기가 실내로 들어오게 된다.

13 |

풍력에 의한 환기량을 계산하려고 한다. 건물이 받고 있는 풍속만을 2배로 증가시켰을 경우 환기량의 변화는? (단, 기타 조건은 동일함)

① 1배 증가 ② 2배 증가
③ 4배 증가 ④ 8배 증가

해설 V_s(풍력에 의한 환기량)

$= \alpha A \sqrt{\dfrac{2g}{\gamma}(P_A - P_N)} = \alpha A \sqrt{C_1 - C_2}\, v(\text{m}^3/\text{h})$이다.

여기서, P_A, P_N : 풍상측, 풍하측의 풍압(kg/cm^3)
$\alpha_1 A_1$, $\alpha_2 A_2$: 풍상측, 풍하측의 실효 면적 (m^2)
C_1, C_2 : 풍상측, 풍하측의 풍압계수
v : 외부 풍의 기준 풍속(m/s)
즉, 풍력에 의한 환기량은 풍속에 비례하므로 풍속이 2배로 증가하면, 환기량은 2배로 증가한다.

14 |

실내외의 온도차에 의한 공기 밀도의 차이가 원동력이 되는 환기방식은?

① 중력환기 ② 풍력환기
③ 기계환기 ④ 국소환기

해설 환기의 방식에는 자연환기와 기계환기 등이 있고, 자연환기는 중력환기와 풍력환기로 나누며, 중력환기는 실내·외의 온도차에 의해 공기의 밀도 차이가 원동력이 되어 환기하는 방식이다.

15 |

중력환기에 관한 설명으로 옳지 않은 것은?

① 환기량은 개구부 면적에 비례하여 증가한다.
② 실내외의 온도차에 의한 공기의 밀도차가 원동력이 된다.
③ 개구부의 전후에 압력차가 있으면 고압측에서 저압측으로 공기가 흐른다.
④ 어떤 경우에서도 중성대의 하부가 공기의 유입측, 상부가 공기의 유출측이 된다.

해설 중력환기(실내 공기와 건물 주변 외기와의 온도차에 의한 공기의 비중량 차에 의해서 환기하는 방식)는 실내의 온도가 높으면 공기는 상부로 유출되고 하부로부터 유입하는 경우가 되고, 그 반대의 경우는 상부로부터 유입되고 하부로 유출된다. 즉 온도의 변화에 따라서 유입측과 유출측이 변화한다.

16 |

건물에 풍압이 작용할 때, 창의 틈새나 환기구 등의 개구부가 있으면 풍압이 높은 쪽에서 낮은 쪽으로 공기가 흐름으로써 환기하는 방식은?

① 풍력환기
② 중력환기
③ 기계환기
④ 국소환기

해설 환기의 방식에는 자연환기와 기계환기 등이 있고, 자연환기는 중력환기(실내 공기와 건물 주변 외기와의 온도차에 의한 공기의 비중량 차에 의해서 환기)와 풍력환기(건물에 풍압이 작용할 때, 창의 틈새나 환기구 등의 개구부가 있으면 풍압이 높은 쪽에서 낮은 쪽으로 공기가 흘러 환기)로 나누며, 기계환기는 제1종 환기(급기팬과 배기팬의 조합), 제2종 환기(급기팬과 자연배기의 조합) 및 제3종 환기(자연급기와 배기팬의 조합)로 구분한다.

17 |

열이나 유해물질이 실내에 널리 산재되어 있거나 이동되는 경우에 급기로 실내의 공기를 희석하여 배출시키는 환기방법은?

① 상향환기
② 전체환기
③ 국소환기
④ 집중환기

해설 상향환기는 흡기구를 하부, 배기구는 상부에 만들어 기류가 상향되게 만든 환기방식이다. 국소환기는 부분적으로 오염물질을 발생하는 장소(열, 유해가스, 분진 등)에 있어서 전체적으로 확산하는 것을 방지하기 위하여 발생하는 장소에 대해서 배기하는 것이며, 전체(희석)환기는 오염물질이 실내에서 전체적으로 발생되거나, 분포되는 경우에 사용하는 환기방식이다.

18 |

다음 설명에 알맞은 환기방식은?

• 배기용 송풍기를 설치하여 실내 공기를 강제적으로 배출시키는 방법으로 실내는 부압이 된다.
• 화장실, 욕실 등의 환기에 적합하다.

① 제1종 환기
② 제2종 환기
③ 제3종 환기
④ 제4종 환기

해설 환기방식의 종류

㉠ 제1종 환기(병용식) : 급기는 송풍기, 배기는 배풍기로서 환기량은 일정하고, 실내·외의 압력차는 임의로서 병원의 수술실 등 모든 경우에 사용한다.
㉡ 제2종 환기(압입식) : 급기는 송풍기, 배기는 배기구로서 환기량은 일정하고, 실내·외의 압력차는 정압으로서 반도체 공장과 무균실 등에 사용한다.
㉢ 제3종 환기(흡출식) : 급기는 급기구, 배기는 배풍기로서 환기량은 일정하고, 실내·외의 압력차는 부압으로서 기계실, 주차장, 유독 가스 및 냄새가 발생하는 곳(주방, 화장실 등)에 사용한다.

19 |

다음 설명에 알맞은 환기법은?

• 실내의 압력이 외부보다 높아지고 공기가 실외에서 유입되는 경우가 적다.
• 병원의 수술실과 같이 외부의 오염공기 침입을 피하는 실에 이용된다.

① 급기팬과 배기팬의 조합
② 급기팬과 자연배기의 조합
③ 자연급기와 배기팬의 조합
④ 자연급기와 자연배기의 조합

해설 환기방식

구분	제1종 기계환기	제2종 기계환기	제3종 기계환기
급기	급기팬	급기팬	자연급기
배기	배기팬	자연배기	배기팬
환기량	일정		
실내·외 압력차	임의	정압	부압

20 |

화장실, 주방, 욕실 등에 주로 사용되며 취기나 증기가 다른 실로 새어나감을 방지할 수 있는 환기방식은?

① 자연환기
② 급기팬과 배기팬의 조합
③ 자연급기와 배기팬의 조합
④ 급기팬과 자연배기의 조합

해설 제1종 환기방식(압입, 흡출병용방식)은 송풍기와 배풍기를 사용하여 환기량이 일정하며, 실내·외의 압력차는 임의로 환기 효과가 가장 크고, 병원의 수술실에 사용되고, 제2종 환기방식(압입식)은 송풍기와 배기구를 사용하여 환기량이 일정하며, 실내·외의 압력차는 정압(+)으로 반도체 공장, 보일러실, 무균실에 사용된다. 문제의 환기방법은 제3종 환기법(자연급기와 배기팬으로 구성)을 사용해야 한다.

21 |

종합병원에서 공기압을 고려한 환기계획으로 옳지 않은 것은?

① 주방은 음압을 유지한다.
② 제약실은 양압을 유지한다.
③ 수술실은 음압을 유지한다.
④ 중환자실은 양압을 유지한다.

해설 정(양)압을 유지하여야 하는 공간은 공장의 무균실, 반도체 공장 제약실, 수술실, 중환자실 및 클린룸 등이 있고, 부(음)압을 유지하여야 하는 공간은 화장실, 욕실 및 주방 등이 있다.

22 |

다음 중 실내압력을 정압(+)으로 유지하여야 바람직한 공간은?

① 주방   ② 화장실
③ 수술실   ④ 회의실

해설 제2종 환기방식(압입식)은 급기는 송풍기, 배기는 급기구를 이용하여 실내를 정압(+)으로 유지하여야 하는 수술실과 같은 경우에 사용하는 공기의 오염을 방지하기 위한 환기방식이고, 화장실, 주방, 기계실, 주차장 및 취기나 유독가스가 발생하는 실은 제3종 환기(흡출식)방식을 사용한다.

23 |

다음 중 병원의 수술실, 클린룸에 가장 바람직한 환기방식은?

① 동일한 풍량의 송풍기와 배풍기를 동시에 강제적으로 가동하는 방식
② 송풍기 및 배풍기를 설치하지 않고 자연적으로 환기를 실시하는 방식
③ 송풍기로 실내에 급기를 실시하고 배기구를 통하여 자연적으로 유출시키는 방식
④ 배풍기로 실내로부터 배기를 실시하고 급기구를 통하여 자연적으로 유입하는 방식

해설 정압(+)을 유지하여야 하는 공간은 공장의 무균실, 반도체 공장 및 수술실, 클린룸 등이 있고, 환기방식은 압입식(제2종 환기법으로 급기는 급기팬, 배기는 자연배기방식)이다. 부압(-)을 유지하여야 하는 공간은 화장실, 욕실 및 주방 등이 있고, 환기방식은 흡출식(제3종 환기법으로 급기는 자연 급기, 배기는 배기팬을 사용하는 방식)이다.

24 |

다음 중 건물 증후군(Sick Building Syndrome)과 가장 밀접한 관계가 있는 것은?

① VOCs   ② 기온
③ 습도   ④ 일사량

해설 건물 증후군의 요인으로는 환기, 냉·난방 시스템의 결함, 건축자재의 함유 성분, 휘발성유기화합물(VOCs, Volatile Organic Compounds) 및 곰팡이의 오염물질 등이 있다.

25 |

환기설비에 관한 설명으로 옳지 않은 것은?

① 화장실은 독립된 환기계통으로 한다.
② 파이프 샤프트는 환기 덕트로 이용하지 않는다.
③ 욕실환기는 기계환기를 원칙으로 하며 자연환기로 하지 않는다.
④ 전열교환기를 사용하는 경우 악취나 오염물질을 수반하는 배기는 사용하지 않는다.

26 |

$6m \times 9m \times 3m$의 공간에 재실자가 30명, 개방형 가스스토브에 의한 CO_2 발생량이 $0.5m^3/h$이었다. 이 때 실내 평균 CO_2 농도가 5,000ppm이면 이 방의 환기 횟수는? (단, 재실자 1인당 CO_2 발생량은 18L/h인, 외기 CO_2 농도는 400ppm으로 한다.)

① 1.4회/h   ② 2.8회/h

③ 3.6회/h   ④ 4.2회/h

해설 n(환기횟수) $= \dfrac{Q(\text{환기량})}{V(\text{실의 체적})}$

$Q(\text{환기량}) = \dfrac{\text{오염량}}{\text{허용농도}}$

$= \dfrac{0.018 \times 30 + 0.5}{\dfrac{5,000}{1,000,000} - \dfrac{400}{1,000,000}}$

$= 226.087m^3/h$

$V = 6 \times 9 \times 3 = 163m^3$

$\therefore n = \dfrac{Q}{V} = \dfrac{226.087}{163} = 1.387 ≒ 1.4회/h$

27 |

수증기의 제거를 목적으로 환기를 하려고 한다. 수증기 발생량이 12kg/h이고 환기의 절대습도가 0.008kg/kg'일 때 실내절대습도를 0.01kg/kg'으로 유지하기 위한 환기량은? (단, 공기의 밀도는 $1.2kg/m^3$이다.)

① 4,800m^3/h ② 5,000m^3/h

③ 5,200m^3/h ④ 5,400m^3/h

해설 Q(환기량)

$= \dfrac{\text{수증기의 발생량}}{\text{공기의 비중량} \times (\text{허용 실내절대습도} - \text{신선 공기 절대습도})}$

$= \dfrac{12}{1.2 \times (0.01 - 0.008)} = 5,000m^3/h$

28 |

실내에 발생열량이 70W인 기기가 있을 때, 실내 공기를 20℃로 유지하기 위해 필요한 환기량은? (단, 외기온도 10℃, 공기의 밀도 $1.2kg/m^3$, 공기의 정압비열 1.01kJ/kg · K)

① 10.8m^3/h

② 20.8m^3/h

③ 30.8m^3/h

④ 40.8m^3/h

해설 외기부하의 산정

$Q(\text{현열부하}) = c(\text{비열})m(\text{중량})\Delta t(\text{온도의 변화량})$
$= c(\text{비열})\rho(\text{밀도})V(\text{체적})\Delta t(\text{온도의 변화량})$이다.

그러므로, $V = \dfrac{Q}{c\rho\Delta t} = \dfrac{\dfrac{70}{1,000}}{1.01 \times 1.2 \times (20 - 10)}$

$= 0.005775m^3/s = 20.792m^3/h$

여기서, 1,000은 J을 kJ로 변환하기 위한 계수이다.

29 |

1,000명을 수용하는 강당에서 실온을 20℃로 유지하기 위한 필요 환기량은? (단, 외기온도 10℃, 1인당 발열량 30W, 공기의 비열 1.21kJ/m^3 · K이다.)

① 2,479.3m^3/h ② 5,427.6m^3/h

③ 8,925.6m^3/h ④ 9,842.5m^3/h

해설 Q(소요 환기량)

$= \dfrac{H_i(\text{손실 열량, } W)}{\rho(\text{공기의 밀도})C_p(\text{정압 비열})\Delta t(\text{온도의 변화량})}$

즉, $Q = \dfrac{H_i}{\rho C_p \Delta t} = \dfrac{\dfrac{1,000 \times 30}{1,000} \times 3,600}{1.21 \times 1.01 \times (20 - 10)}$

$= 8,837.247m^3/h = 8,837.247m^3/h$

또한, 이 문제에서 보기의 값과 계산한 값의 차이가 발생하는 이유는 정압비열은 1.01KJ/kg · K이나, 1.0KJ/kg · K로 보고 산정한 것에서 발생하는 차이이다.

즉, $Q = \dfrac{H_i}{\rho C_p \Delta t} = \dfrac{\dfrac{1,000 \times 30}{1,000} \times 3,600}{1.21 \times 1.0 \times (20 - 10)}$

$= 8,925.619m^3/h$

30 |

자연환기를 위한 개구부 위치 설명 중 옳은 것은?

① 환기가 잘 이루어지려면 위치에 관계없이 개구부가 2개소가 있으면 된다.
② 자연환기는 온도차에 의한 환기와 바람에 의한 환기 두 가지 방법 중에서 한 방법으로만 이루어진다.
③ 바람에 의한 환기는 바람의 후면(Leeward)에서는 개구부 위치에 영향을 적게 받는다.
④ 개구부의 병렬합성과 직렬합성은 개구부 실효면적의 합으로 통풍량을 구한다.

해설 ① 환기가 잘 이루어지려면 위치에 관계있고, 개구부가 한 쪽에 2개소가 있는 것보다 대면 방향으로 2개소가 있는 것이 좋다.
② 자연환기는 중력환기(온도차에 의한 환기)와 풍력환기(바람에 의한 환기)가 동시에 이루어진다.
④ 개구부의 병렬합성은 동일 벽면 상에 2개 이상의 개구부가 있으면 그 벽면을 통과하는 풍량은 각각의 개구부를 통과하는 풍량의 합으로 산정하고, 직렬합성은 몇 개의 개구부를 바람이 순차적으로 통과하는 경우로서 각 실을 통과하는 풍량은 동일하므로 각 실의 압력차에 의한다.

31 |

다음 중 자연환기를 용이하게 하기 위한 건물구조가 아닌 것은?

① Windscoop   ② Pantheon
③ 한옥의 대청   ④ Igloo

해설 Igloo는 에스키모의 주거의 일종으로 빙설을 이용한 집, 목재나 석재, 잔디를 이용한 집, 짐승의 가죽으로 만든 집 등을 통틀어서 의미한다.

3. 빛환경

01 |

빛환경의 설명으로 옳지 않은 것은?

① 실내 조명설계에서는 소요조도의 설정을 우선적으로 고려한다.

② 현휘감(glare)을 방지하기 위하여 광원의 휘도를 높게 하여야 한다.
③ 조명설계에서 광속은 조명률에 반비례한다.
④ 에너지절약을 위하여 고효율 조명기구를 채택한다.

해설 현휘(눈부심)현상의 방지법
㉠ 진열창의 내부를 밝게 한다. 즉, 외부보다 진열창의 배경을 밝게 하거나, 천장으로부터 천공광을 받아들이거나 인공조명을 한다(손님이 서 있는 쪽의 조도를 낮추거나, 진열창 속의 밝기는 밖의 조명보다 밝아야 한다).
㉡ 쇼윈도의 외부 부분에 차양을 뽑아서 외부를 어둡게 그늘 지운다. 즉, 진열창이 만입형인 경우 효과적이다.
㉢ 유리면을 경사시켜 비치는 부분을 위쪽으로 가게 한다.
㉣ 특수한 곡면유리를 사용하고, 눈에 입사하는 광속(광원의 휘도를 낮게)을 작게 하며, 진열창 속의 광원의 위치는 감추어지도록 한다.

02 |

다음 설명 중 옳은 것을 고르면?,

① 명순응일 때 555nm 파장의 빛이 가장 시감도가 높다.
② 전자파 또는 입자에 의해서 에너지를 방출시키는 현상을 방사라 한다.
③ 야간에 자연 빛을 이용한 경우를 주광조명 또는 채광이라 한다.
④ 사람이 밝음을 느끼는 전자파의 파장은 780nm 이상이다.

해설 명순응과 암순응
㉠ 명순응 : 어두운 곳에서 밝은 곳으로 가면 처음에 잘 보이지 않다가 차츰 정상으로 돌아가는 현상으로 추상체의 작용이며, 555nm 파장에 가장 민감하다.
㉡ 암순응 : 밝은 곳에서 어두운 곳으로 가면 차츰 보이게 되는 현상으로 간상체의 작용이며, 512nm의 파장에서 가장 민감하다.

03 |

태양광선에 관한 설명 중 옳지 않은 것은?

① 자외선은 일명 화학선이라고 하며, 특히 420~ 450nm의 자외선을 건강선이라고 한다.

② 조명학적 의미를 갖는 광선을 가시광선이라고 한다.

③ 파장이 가장 긴(770~4,000nm) 광선을 적외선 이라고 한다.

④ 열적 효과를 갖는 태양광선은 적외선이다.

> **해설** 도르노선은 인체의 건강에 가장 큰 영향을 주는 자외선의 일종으로, 파장의 범위는 290~310nm(2,900~3,200 Å)이다.

04 |

지구에 도달하는 자외선 가운데 인간의 건강과 깊은 관계가 있으며 건강선이라고도 불리는 것은?

① X선   ② 가시광선
③ 감마선   ④ 도르노선

> **해설** 도르노선은 인체의 건강에 가장 큰 영향을 주는 자외선의 일종으로, 파장의 범위는 290~310nm(2,900~ 3,200Å)이다.

05 |

건물의 열평형 유지와 가장 관계가 없는 것은?

① 내부 열취득

② 환기에 의한 열취득

③ 실내외 온도차에 의한 열교환

④ 결로에 의한 열손실

> **해설** 건물의 열평형(온도가 서로 다른 두 물체 사이에서 열이 이동하여 두 물체의 온도가 같아지는 상태) 유지와 결로 (실내의 습한 공기가 차가운 벽이나 천장 등과 접촉할 때 이슬이 맺히는 현상)에 의한 손실과는 무관하다.

06 |

측광량(測光量)을 표시하는 단위의 연결로 옳지 않은 것은?

① 휘도 – candela/m^2 ② 광도 – candela
③ 조도 – lux   ④ 광속 – watt

> **해설** 광속(Luminous flux, Lumen ; lm, ϕ)은 광원에서 발생되는 총 발광량으로, 기본 단위는 lm(루멘)으로 표시된다. 1Watt(기호 W)는 1초 동안의 1줄(N · m)에 해당하는 일률의 SI 단위계 단위이다.

07 |

조명 용어와 사용 단위의 연결이 옳은 것은?

① 광속 : 루멘(lm)

② 조도 : 칸델라(cd)

③ 휘도 : 룩스(lx)

④ 광도 : 데시벨(dB)

> **해설** 조도는 룩스(lx), 휘도는 cd/m^2, 광도는 칸델라(cd)이고, 데시벨(dB)은 음의 세기 레벨의 단위이다.

08 |

휘도의 단위로 옳은 것은?

① cd   ② cd/m^2
③ lm   ④ lm/m^2

> **해설** ① 광도(광원에서 한 방향을 향해 단위 입체각당 발산되는 광속)의 단위
> ③ 광속(방사속을 눈의 표준 시감도에 의해 측정한 량)의 단위
> ④ 광속발산도(발광면의 단위면적당 발산하는 광속)의 단위
> 휘도(단위면적당의 광도)의 단위는 cd/m^2

09 |

수조면의 단위면적에 입사하는 광속으로 정의되는 용어는?

① 조도   ② 광도
③ 휘도   ④ 광속발산도

> **해설** 광도는 어떤 광원에서 발산하는 빛의 세기이고, 휘도는 빛을 발산하는 면의 단위면적당의 광도이며, 광속발산도는 면으로부터 빛이 발산되는 정도를 나타내는 측광량이다.

10 |

다음 중 명시적 조명의 적용이 가장 곤란한 곳은?

① 교실
② 서재
③ 집무실
④ 레스토랑

해설 명시 조명(과학적으로 보기 쉽고, 쾌적하며 피로하지 않은 광환경을 조절하기 위한 조명)을 적용해야 하는 곳은 학교의 교실, 사무실, 작업실, 서재, 공장 등이고, 분위기(장식, 분위기 조성을 위한 조명) 조명을 적용해야 하는 곳은 레스토랑 등이 있다.

11 |

조도에 관한 설명 중 옳지 않은 것은?

① 조도는 피도면 경사각의 sine값에 비례한다.
② 조도는 광도에 비례한다.
③ 조도는 광원으로부터 떨어진 거리의 제곱에 반비례한다.
④ 입사 광속의 면적당 밀도가 높을수록 조도는 커진다.

해설 입사가 여현의 법칙에 의해 광속을 받는 면이 수직이 아니고 각도 θ만큼 기울어져 있는 경우, 그 면의 조도는 피도면 경사각의 $\cos\theta$(입사각)값에 비례한다.

12 |

할로겐 램프에 관한 설명으로 옳지 않은 것은?

① 휘도가 낮다.
② 형광램프에 비해 수명이 짧다.
③ 흑화가 거의 일어나지 않는다.
④ 광속이나 색온도의 저하가 적다.

해설 할로겐 전구는 연색성이 우수하고, 수명이 길며, 효율이 높을 뿐만 아니라 매우 작고, 컴팩트하게 디자인되어 있으므로 백화점, 전시장, 화랑, 박물관, 극장, 거실 등에서의 스포트 조명과 인테리어 조명의 광원으로 주로 사용되고 있다. 특히, 휘도가 높다.

13 |

조명기구 중 광원의 효율이 가장 좋은 것은?

① 형광등   ② 수은등
③ 나트륨등   ④ 백열등

해설 램프의 효율을 보면, 백열전구 : 7~22 lm/W, 형광등 : 48~80 lm/W, 나트륨등 : 80~150 lm/W, 할로겐 램프 : 20~22 lm/W, 수은등 : 30~55 lm/W이다.

14 |

광원의 연색성에 관한 설명으로 옳지 않은 것은?

① 연색성을 수치로 나타낸 것을 연색평가수라고 한다.
② 고압 수은 램프의 평균연색평가수(Ra)는 100이다.
③ 평균연색평가수(Ra)가 100에 가까울수록 연색성이 좋다.
④ 물체가 광원에 의하여 조명될 때, 그 물체의 색의 보임을 정하는 광원의 성질을 말한다.

해설 광원의 연색성[광원을 평가하는 경우에 사용하는 용어로서 광원의 질을 나타내고, 광원이 백색(한결같은 분광 분포)에서 벗어남에 따라 연색성이 나빠진다.]평가수를 보면, 태양과 백열전구는 100, 주광색 형광 램프는 77, 백색 형광 램프는 63, 고압 수은등은 25~45, 메탈할라이드 램프는 70, 고압 나트륨등은 22 정도이다. 또한, 연색성이 좋은 것부터 나쁜 것 순으로 나열하면, 백열전구→주광색 형광 램프→메탈할라이드 램프→백색 형광 램프→수은등→나트륨 램프의 순이다.

15 |

다음 중 평균연색평가수가 가장 낮은 광원은?

① 할로겐 램프   ② 주광색 형광등
③ 고압 나트륨 램프   ④ 메탈할라이드 램프

해설 광원의 연색성[광원을 평가하는 경우에 사용하는 용어로서 광원의 질을 나타내고, 광원이 백색(한결같은 분광 분포)에서 벗어남에 따라 연색성이 나빠진다]이 좋은 것부터 나쁜 것 순으로 나열하면, 백열전구 → 주광색 형광 램프 → 메탈할라이드 램프 → 백색 형광 램프 → 수은등 → 나트륨 램프의 순이다.

16

다음의 광원 중 일반적으로 연색성이 가장 우수한 것은?

① LED 램프　　　　② 할로겐 전구
③ 고압 수은 램프　　④ 고압 나트륨 램프

해설 할로겐 전구는 연색성이 우수하고, 수명이 길며, 효율이 높을 뿐만 아니라 매우 작고, 컴팩트하게 디자인되어 있으므로 백화점, 전시장, 화랑, 박물관, 극장, 거실 등에서의 스포트 조명과 인테리어 조명의 광원으로 주로 사용되고 있다. 특히, 휘도가 높다.

17

다음의 광원 중 평균연색평가수(Ra)가 가장 낮은 것은?

① 할로겐 램프
② 주광색 형광등
③ 고압 나트륨 램프
④ 메탈할라이드 램프

해설 광원의 연색성[광원을 평가하는 경우에 사용하는 용어로서 광원의 질을 나타내고, 광원이 백색(한결같은 분광 분포)에서 벗어남에 따라 연색성이 나빠진다.]이 좋은 것부터 나쁜 것 순으로 나열하면, **백열전구 → 주광색 형광 램프 → 메탈할라이드 램프 → 백색 형광 램프 → 수은등 → 나트륨 램프**의 순이다.

18

광원의 광색 및 색온도에 관한 설명으로 옳지 않은 것은?

① 색온도가 낮은 광색은 따뜻하게 느껴진다.
② 일반적으로 광색을 나타내는데 색온도를 사용한다.
③ 주광색 형광 램프에 비해 할로겐 전구의 색온도가 높다.
④ 일반적으로 조도가 낮은 곳에서는 색온도가 낮은 광색이 좋다.

해설 주광색 형광 램프의 색온도(6,500K), 할로겐 전구의 색온도(2,900~3,000K)를 비교해보면 주광색 형광 램프의 색온도가 할로겐 전구의 색온도보다 높다.

19

각종 광원에 관한 설명으로 옳지 않은 것은?

① 형광 램프는 점등 장치를 필요로 한다.
② 고압 수은 램프는 광속이 큰 것과 수명이 긴 것이 특징이다.
③ 할로겐 전구는 소형화가 가능하나 연색성이 나쁘다는 단점이 있다.
④ LED 램프는 긴 수명, 낮은 소비 전력, 높은 신뢰성 등의 장점이 있다.

해설 할로겐 전구는 연색성이 우수하고, 수명이 길며, 효율이 높을 뿐만 아니라 매우 작고, 컴팩트하게 디자인되어 있으므로 백화점, 전시장, 화랑, 박물관, 극장, 거실 등에서의 스포트 조명과 인테리어 조명의 광원으로 주로 사용되고 있다. 특히, 휘도가 높다.

20

조명설비의 광원에 관한 설명으로 옳지 않은 것은?

① 형광 램프는 점등장치를 필요로 한다.
② 고압 나트륨 램프는 할로겐 전구에 비해 연색성이 좋다.
③ 고압 수은 램프는 광속이 큰 것과 수명이 긴 것이 특징이다.
④ LED 램프는 수명이 길고 소비 전력이 작다는 장점이 있다.

해설 고압 나트륨 램프는 할로겐 전구에 비해 연색성(빛의 분광 특성이 색의 보임에 미치는 효과)이 좋지 않아, 색의 구별이 난이하다. 연색성이 가장 우수한 등은 주광색 형광 램프이다.

21

균일한 1cd의 점광원으로부터 방사되는 전 광속은?

① $1\pi\,\mathrm{lm}$
② $2\pi\,\mathrm{lm}$
③ $3\pi\,\mathrm{lm}$
④ $4\pi\,\mathrm{lm}$

해설 1cd의 광도를 가진 광원에서 방사되는 전 광속은 4π(12.57)루멘(Lumen)이다.

22 |

점광원으로부터 일정거리 떨어진 수평면의 조도에 관한 설명으로 옳지 않은 것은?

① 광원의 광도에 비례한다.
② 거리의 제곱에 반비례한다.
③ $\cos\theta$(입사각)에 비례한다.
④ 측정점의 반사율에 반비례한다.

해설 조도는 광원의 광도에 비례하고, 거리의 역자승 법칙에 의해 거리의 제곱에 반비례하며, 입사각 여현의 법칙에 의해 $\cos\theta$(입사각)에 비례한다.

23 |

지름이 4m인 원형 탁자 중심 바로 위 1.5m의 위치에 1,000cd의 백열등이 설치되어 있을 때, 이 탁자 끝부분의 조도는? (단, 백열등을 점광원으로 가정하여 반사광은 무시한다.)

① 400lx
② 160lx
③ 128lx
④ 96lx

해설 수직면의 조도(Lux)= $\dfrac{C(광도)}{l^2(광원과\ 조사면과의\ 거리)}$ 이고, 경사면의 조도=수직면의 조도 $\times \cos\theta$이다. 즉, 수직면의 조도= $\dfrac{C}{l^2}$ 에서 $C=1,000cd$, $l=\sqrt{2^2+1.5^2}=2.5m$ 이므로, 수직면의 조도= $\dfrac{C}{l^2} = \dfrac{1,000}{2.5^2} = 160\text{lux}$ 이고, $\cos\theta = \dfrac{1.5}{2.5} = \dfrac{3}{5}$ 이므로, 경사면의 조도= $160 \times \dfrac{3}{5} = 96\text{lux}$ 이다.

24 |

총광속이 2,000lm인 구형 점광원으로부터 수직방향으로 2m 떨어진 지점의 조도는?

① 40lx
② 50lx
③ 60lx
④ 70lx

해설 1cd의 광도를 가진 광원에서 방사되는 전 광속은 4π루멘이므로 2,000루멘을 cd로 환산하면, $\dfrac{2,000}{4\pi} = 160cd$ 이므로, $E(조도) = \dfrac{I(광원의\ 광도)}{d^2(광원으로부터의\ 거리^2)}$ $= \dfrac{160}{2^2} = 40$룩스이다.

25 |

1,000cd의 전등이 2m 직하에 있는 책상 표면을 비추고 있을 때, 이 책상 표면의 조도는?

① 200lx
② 250lx
③ 500lx
④ 1,000lx

해설 $E(조도) = \dfrac{I(광도)}{d^2(거리^2)} = \dfrac{1,000}{2^2} = 250\text{lx}$

26 |

광도가 1,500cd인 전등에서 5m 거리에 있는 표면에서의 조도는?

① 15lx
② 30lx
③ 60lx
④ 120lx

해설 $E(조도) = \dfrac{F(광도)}{d^2(거리^2)} = \dfrac{1,500}{5^2} = 60\text{lx}$

27 |

점광원으로부터 수조면의 거리가 4배로 증가할 경우 조도는 어떻게 변화하는가?

① 2배로 증가한다.
② 4배로 증가한다.
③ 1/4로 감소한다.
④ 1/16로 감소한다.

해설 거리의 역자승 법칙에 의하여 조도= $\dfrac{광도(칸델라)}{거리^2(m^2)}$ 이다. 즉, 조도는 광도에 비례하고, 거리의 제곱에 반비례함을 알 수 있다. 광도는 일정하고, 거리는 4배로 증가하였으므로 조도 $= \dfrac{일정}{4^2} = \dfrac{일정}{16}$ 이다. 그러므로 조도는 $\dfrac{1}{16}$ 이 됨을 알 수 있다.

28 |

조명설비 관련 용어 중 다음 식과 같이 표현되는 것은?

$$\frac{수평면상의\ 최소\ 조도}{수평면상의\ 평균\ 조도}$$

① 균제도
② 시감도
③ 조명률
④ 색온도

해설 균제도란 조명도 분포의 균제 정도로서 실내의 최고 조도에 대한 실내의 최저 조도의 비이다. 즉,

$$균제도 = \frac{실내의 \ 최저 \ 조도}{실내의 \ 최고 \ 조도} 이다.$$

29 |

어느 실내에서 수평면 조도를 측정하여 다음 값을 얻었다. 이 실의 균제도는?

> 최고 조도 : 2,000lx, 최저 조도 : 200lx

① 0.1   ② 2

③ 4   ④ 10

해설 균제도(조명도 분포의 균제 정도로서 실내의 최고 조도에 대한 실내의 최저 조도의 비이다. 즉,

$$균제도 = \frac{실내의 \ 최저 \ 조도}{실내의 \ 최고 \ 조도} = \frac{200}{2,000} = 0.1$$

30 |

조명시설에서 보수율의 정의로 가장 알맞은 것은?

① 점광원에서의 조도율
② 광속 총량에 대한 작업면의 빛의 양의 비율
③ 실의 가로, 세로, 광원의 높이 관계를 나타낸 지수
④ 조명시설을 어느 기간 사용한 후의 작업면 상의 평균 조도와 초기 조도와의 비

해설 조명설비에 있어서 보수율이란 조명시설의 투명도의 저하를 의미하는 것으로, 어느 기간 사용한 후의 작업 면 상의 평균 조도와 초기 조도와의 비, 즉

$$보수율 = \frac{사용 \ 후의 \ 평균 \ 조도}{초기 \ 조도} 이다.$$

③ 실지수에 대한 설명이다.

31 |

조명설계를 위해 실지수를 계산하고자 한다. 실의 폭 10m, 안길이 5m, 작업면에서 광원까지의 높이가 2m라면 실지수는 얼마인가?

① 1.10   ② 1.43

③ 1.67   ④ 2.33

해설 실(방)지수는 조명설계에 있어서 방의 크기, 광원의 위치와 관련한 지수로서

$$실(방)지수 = \frac{XY}{H(X+Y)} 이다.$$

여기서, X : 실의 가로 길이
        Y : 실의 세로 길이
        H : 작업면에서 광원까지의 높이이다.

그러므로, $실(방)지수 = \dfrac{XY}{H(X+Y)}$

$$= \frac{10 \times 5}{2 \times (10+5)} = 1.666 ≒ 1.67$$

32 |

다음 중 실내의 조명설계 순서에서 가장 먼저 고려하여야 할 사항은?

① 조명기구 배치   ② 소요조도 결정

③ 조명방식 결정   ④ 소요전등수 결정

해설 조명설계의 순서는 ① 소요조도의 결정 → ② 전등 종류의 결정 → ③ 조명방식 및 조명기구 → ④ 광원의 크기와 그 배치 → ⑤ 광속 계산의 순이다.

33 |

거실 용도에 따른 조도기준에 따라 높은 조도에서 낮은 조도기준의 순서대로 바르게 배열된 것은?

> A : 독서   B : 설계 · 제도
> C : 공연 · 관람   D : 일반사무

① A-B-C-D   ② B-A-D-C

③ B-D-A-C   ④ A-B-D-C

해설 거실의 용도에 따른 조도기준

구분	700lux	300lux	150lux	70lux	30lux
거주			독서, 식사, 조리	기타	
집무	설계, 제도, 계산	일반사무	기타		
작업	검사, 시험, 정밀검사, 수술	일반작업, 제조, 판매	포장, 세척	기타	
집회		회의	집회	공연, 관람	
오락			오락일반		기타

34

조명기구의 배치에 있어 직접조명의 경우 벽과 조명기구 중심까지의 거리 S로서 가장 적절한 것은? (단, 벽면을 이용하지 않을 경우로, H는 작업면에서 조명 기구까지의 높이)

① $S \leq \dfrac{H}{2}$ ② $S \leq H$

③ $S \leq 1.5H$ ④ $S \leq 2H$

해설 광원의 간격
- ㉠ S(광원 상호 간의 간격)$=1.5H$(작업면으로부터 광원까지의 거리)
- ㉡ S_0(벽면을 사용하지 않는 경우로서 벽과 광원 사이의 거리)$=\dfrac{H}{2}$
- ㉢ S_0(벽면을 사용하는 경우로서 벽과 광원 사이의 거리)$=\dfrac{H}{3}$

35

가로 9m, 세로 9m, 높이가 3.3m인 교실이 있다. 여기에 광속이 3,200lm인 형광등을 설치하여 평균조도 500lx를 얻고자 할 때 필요한 램프의 개수는? (단, 보수율은 0.8, 조명률은 0.60이다.)

① 20개   ② 27개
③ 35개   ④ 42개

해설 광속의 산정

$$F_0 = \frac{EA}{UM}\,(\mathrm{lm}), \quad NF = \frac{AED}{U} = \frac{EA}{UM}\,(\mathrm{lm})$$

여기서, F_0 : 총광속
        E : 평균조도(lx)
        A : 실내면적(m)
        U : 조명률
        M : 보수율(유지율)
        D : 감광보상률$=\dfrac{1}{M}$
        N : 소요등 수(개)
        F : 1등당 광속(lm)

위의 식에서 알 수 있듯이
$$N = \frac{EA}{FUM} = \frac{500 \times 9 \times 9}{3,200 \times 0.6 \times 0.8} = 26.367$$
$\fallingdotseq 27$개이다.

36

가로 9m, 세로 12m, 높이 2.7m인 강의실에 32W 형광램프(광속 2,560lm) 30대가 설치되어 있다. 이 강의실 평균조도를 500lx로 하려고 할 때 추가해야 할 32W 형광램프 대수는? (단, 보수율 0.67, 조명률 0.6)

① 5대   ② 11대
③ 17대   ④ 23대

해설 필요한 조명기구의 개수와 조명률을 개선할 경우 광원의 개수 감소 수 산정

$$F_0 = \frac{EA}{UM}\,(\mathrm{lm}), \quad NF = \frac{AED}{U} = \frac{EA}{UM}\,(\mathrm{lm})$$

여기서, F_0 : 총광속, E : 평균조도(lx)
       A : 실내면적(m), U : 조명률
       D : 감광보상률, M : 보수율(유지율)
       N : 소요등 수(개), F : 1등당 광속(lm)

$$E = \frac{NFUM}{A} = \frac{30 \times 2,560 \times 0.6 \times 0.67}{9 \times 12} = 285.86\mathrm{lx}$$

500lx를 만들기 위하여 현재 설치된 등에 의한 조도를 구하면, 필요 조도$=500 - 285.86 = 214.14$lx 이다.

이를 확보(214.14lx)하기 위한 소요등의 수
$$= \frac{EA}{FUM} = \frac{214.14 \times 9 \times 12}{2,560 \times 0.6 \times 0.67} = 22.47 \fallingdotseq 23 \text{개}$$

37

다음 중 빛환경에 있어 현휘의 발생원인과 가장 거리가 먼 것은?

① 광속 발산속도가 일정할 때
② 시야내의 휘도 차이가 큰 경우
③ 반사면으로부터 광원이 눈에 들어올 때
④ 작업대와 작업대 면의 휘도대비가 큰 경우

해설 피막 현휘(불쾌 글레어) 현상

진열창의 내부가 어둡고 외부가 밝을 때에는 유리면은 거울과 같이 비추어서 내부에 진열된 상품이 보이지 않게 된다. 이것을 피막 현휘 현상이라 한다. 쇼윈도의 계획은 이를 방지하기 위하여 방법을 강구해야 한다. 현휘 현상의 발생 원인은 다음과 같다.
- ㉠ 맑은 천공
- ㉡ 맞서 있는 밝은 건축물의 벽면
- ㉢ 밝은 보도면의 휘도가 진열품의 유리면에서의 휘도에 비하여 큰 경우
- ㉣ 보통 외부 조도가 내부 조도의 10~30배에 달하는 경우

38 |

불쾌 글레어의 원인과 가장 거리가 먼 것은?

① 휘도가 높은 광원
② 시선 부근에 노출된 광원
③ 눈에 입사하는 광속의 과다
④ 물체와 그 주위 사이의 저휘도 대비

해설 불쾌 글레어(discomfort glare, 눈부심, 현휘)의 원인은 물체와 그 주위 사이의 고휘도 대비, 광원의 크기와 휘도가 클수록, 광원이 시선에 가까울수록, 배경이 어둡고 눈이 암순응될수록 강한 경우 등이고, 저휘도 광원은 눈부심을 방지하는 효과가 있다.

39 |

조명에서 눈부심(glare)에 관한 설명으로 옳지 않은 것은?

① 휘도가 낮을수록 눈부시다.
② 빛남이 시선에 가까울수록 눈부시다.
③ 빛나는 면의 크기가 클수록 눈부시다.
④ 보이는 물체의 주위가 어둡고 시력이 낮아질수록 눈부시다.

해설 조명에서 눈부심(현휘 현상)은 휘도가 높을수록 심해진다. 즉 휘도가 높을수록 눈부시다.

40 |

눈부심(Glare)에 관한 설명으로 옳지 않은 것은?

① 광원의 휘도가 높을수록 눈부시다.
② 광원이 시선에 가까울수록 눈부시다.
③ 빛나는 면의 크기가 작을수록 눈부시다.
④ 눈에 입사하는 광속이 과다할수록 눈부시다.

해설 눈부심(현휘, glare) 현상은 빛나는 면의 크기가 클수록 커진다.

41 |

조명에서 발생하는 눈부심에 관한 설명으로 옳지 않은 것은?

① 광원의 크기가 클수록 눈부심이 강하다.

② 광원의 휘도가 작을수록 눈부심이 강하다.
③ 광원이 시선에 가까울수록 눈부심이 강하다.
④ 배경이 어둡고 눈이 암순응될수록 눈부심이 강하다.

해설 조명설비에서 광원의 휘도가 높을수록 눈부심이 강하다.

42 |

실내에서 눈부심(glare)을 방지하기 위한 방법으로 옳지 않은 것은?

① 휘도가 낮은 광원을 사용한다.
② 고휘도의 물체가 시야 속에 들어오지 않게 한다.
③ 플라스틱 커버가 되어 있는 조명기구를 선정한다.
④ 시선을 중심으로 30° 범위 내의 글레어 존에 광원을 설치한다.

해설 눈부심(glare)을 방지하기 위한 방법으로 글레어존(시선을 중심으로 30° 범위)에 광원을 설치하지 않아야 한다.

43 |

주광률을 가장 올바르게 설명한 것은?

① 복사로서 전파하는 에너지의 시간적 비율
② 시야 내에 휘도의 고르지 못한 정도를 나타내는 값
③ 실내의 조도가 옥외의 조도 몇 %에 해당하는가를 나타내는 값
④ 빛을 발산하는 면을 어느 방향에서 보았을 때 그 밝기를 나타내는 정도

해설 주광률은 채광에 의한 실내의 조도는 창의 재료나 구조, 수조점과 기하학적인 관계, 천공의 휘도와 분포 등에 의해 결정된다. 따라서, 조도를 대신하는 채광계획의 지표로서 주광률이 사용된다.
$$주광률 = \frac{옥내의\ 조도}{실외의\ 조도} \times 100(\%)$$

44 |

실내 조도가 옥외 조도의 몇 %에 해당하는가를 나타내는 값은?

① 주광률   ② 보수율
③ 반사율   ④ 조명률

해설 보수율은 조명시설을 일정기간 동안 사용한 후의 작업면 평균 조도와 초기 평균 조도와의 비율이고, 반사율은 빛이 두 개의 매질의 경계에서(색 성분의 진동수를 바꾸지 않고) 원래의 매질로 되돌아가는 비율이며, 조명률은 광원의 광속에 대한 작업면에 도달하는 광속의 비율이다.

45 |

실내 어느 한 점의 수평면 조도가 200lx이고, 이때 옥외 전천공 수평면 조도가 20,000lx인 경우, 이 점의 주광률은?

① 0.01% ② 0.1%
③ 1% ④ 10%

해설 주광률

채광에서 실내의 조도가 옥외의 조도 몇 %에 해당하는가를 나타내는 값으로 $\dfrac{실내의\ 조도}{옥외의\ 조도} \times 100(\%)$이다.

그러므로, 주광률 $= \dfrac{실내의\ 조도}{옥외의\ 조도} \times 100(\%)$

$= \dfrac{200}{20,000} \times 100 = 1\%$

46 |

건축물의 주광(晝光) 이용계획에 관한 설명으로 가장 거리가 먼 것은?

① 양측 채광을 한다.
② 천창은 현휘를 감소하기 위해 밝은 색이나 흰색으로 마감한다.
③ 높은 곳에서 주광을 사입시키며, 창문의 높이는 최소한 실 깊이의 1/3 이상에 오도록 설치한다.
④ 주광을 확산·분산시킨다.

해설 주광설계 시 주의사항은 양측창 채광이나 천창, 고창 등을 이용하여 주광을 확산, 분산시키고, 천창은 밝은 색으로 마감하고 빛을 확산하는 장치를 두며, 눈부심을 방지하기 위해 예각 모서리의 개구부는 피한다. 또한, 주광을 실내 깊이 삽입시키기 위해 곡면 또는 평면경을 사용하고, 주요 작업면에는 직사광선을 피하고, 작업 위치는 창과 평행하게 하고 창 가까이 둔다. 또한, 창문의 높이는 최소한 실 깊이의 1/2 이상에 오도록 설치한다.

47 |

다음의 시각 환경에 관련된 설명 중에서 틀린 것은?

① 명순응은 암순응에 비해 보다 급격히 일어난다.
② 추상체는 밝은 곳에서 간상체는 어두운 곳에서 기능을 잘 발휘한다.
③ 가시도는 물체 크기, 휘도 레벨, 보는 시간, 조도레벨이 증가할수록 향상된다.
④ 시각 휘도가 낮아질 때 스펙트럼의 청색부에 대한 비시감도가 적색부에 비해 감소한다.

해설 시각 휘도가 낮아질 때 스펙트럼의 청색부에 대한 비시감도가 적색부에 비해 증가한다.

48 |

에너지절약을 위한 조명설계에 관한 설명 중 틀린 것은?

① 각 작업의 필요에 따라 국부적으로 선택조명을 한다.
② 가능한 한 동일 조도를 요하는 시작업으로 조닝(zoning)한다.
③ 선 인공조명, 후 주광시스템으로 설계한다.
④ 각 실별 조도는 조도기준에 따라 설계한다.

해설 에너지절약을 위한 조명설계에 있어서 먼저 주광 시스템, 나중에 인공조명으로 설계하는 것이 바람직하다.

49 |

건축화 조명시스템에 관한 내용으로 옳지 않은 것은?

① 건축과 조명의 일체화가 이루어진다.
② 실내 분위기 연출에 유리하다.
③ 조명효율이 대단히 높아진다.
④ 설치비용이 비교적 높게 든다.

해설 건축화 조명은 천장, 벽, 기둥과 같은 건축물의 내부에 광원을 넣어서 건물의 내부와 일체식으로 만든 조명 방식이다. 장점에는 쾌적한 빛환경이 가능하고, 현대적 이미지에 알맞으며, 빛이 확산되어 음영이 부드럽다. 단점에는 시설비 및 유지비가 많이 들고, 직접조명보다 조명효율이 낮다.

50

건축화 조명에 관한 설명으로 옳지 않은 것은?

① 조명기구의 배치방식에 의하면 대부분 전반조명 방식에 해당된다.
② 건축물의 천장이나 벽을 조명기구 겸용으로 마무리하는 것이다.
③ 천장면 이용방식으로는 코너조명, 코니스조명, 밸런스조명 등이 있다.
④ 조명기구 독립설치방식에 비해 빛의 공간배분 및 미관상 뛰어난 조명효과가 있다.

해설 건축화 조명방식 중 천장면을 광원으로 이용하는 방식에는 광천장조명, 루버조명, 코브조명 등이 있고, 벽면을 광원으로 이용하는 방식에 코니스조명, 밸런스조명, 광벽(광창)조명 등이 있다. 코너조명은 코너 부분(천장과 벽면, 벽면과 벽면)에 부착하여 천장면과 벽면의 반사로 조명하는 방식이다.

51

다음 설명에 알맞은 건축화 조명방식은?

• 벽면 전체 또는 일부분을 광원화하는 방식이다.
• 광원을 넓은 벽면에 매입함으로서 비스타(vista)적인 효과를 낼 수 있으며 시선의 배경으로 작용할 수 있다.

① 코브조명
② 광창조명
③ 코퍼조명
④ 광천장조명

해설 코브조명은 천장의 구석에 광원을 배치하여 천장면에서 빛이 반사되도록 하는 방식이고, 코퍼조명은 천장면을 여러 형태의 사각, 동그라미 등으로 오려내고 다양한 형태의 매입기구를 취부하여 실내의 단조로움을 피하는 방식이며, 광천장조명은 천장을 확산투과 혹은 지향성 투과패널로 덮고, 천장 내부에 광원을 일정한 간격으로 배치하는 방식이다.

52

다음 설명에 알맞은 건축화 조명의 종류는?

벽에 형광등기구를 설치해 목재, 금속판 및 투과율이 낮은 재료로 광원을 숨기며 직접광은 아래쪽 벽이나 커튼을, 위쪽은 천장을 비추는 분위기 조명

① 코브조명
② 광창조명
③ 광천장조명
④ 밸런스조명

해설 코브조명은 천장 구석에 광원을 배치하여 천장면에서 빛이 반사되도록 하는 조명방식이다. 광창(광벽)조명은 건축화 조명방식 중 광원을 넓은 면적의 벽면에 매입하여 조명하는 방식이다. 광천장조명은 천장을 확산투과 혹은 지향성 투과패널로 덮고, 천장 내부에 광원을 일정한 간격으로 배치한 것이다.

53

다음 설명에 알맞은 조명방식은?

작업구역에는 전용의 국부조명방식으로 조명하고, 기타 주변 환경에 대하여는 간접조명과 같은 낮은 조도 레벨로 조명하는 방식을 말한다.

① TAL 조명방식
② 건축화 조명방식
③ 플로어형 조명방식
④ LED 램프 조명방식

해설 국부전반병용 조명방식(Task and Ambient Lighting : TAL)은 작업구역에는 전용의 국부조명방식으로 조명하고, 기타 주변 환경에 대하여는 간접조명과 같은 낮은 조도 레벨로 조명하는 방식이다. LED(light-emitting diode)조명은 LED(전류를 흐르게 할 때 적외선이나 가시광선을 방출하는 반도체 장치)를 이용한 조명방식이고, 전반 조명방식은 상향 광속을 40~60%, 하향 광속을 60~40% 정도로 배광하는 방식이며, 건축화 조명방식은 조명기구로서의 형태를 취하지 않고, 건물(천장, 벽, 기둥 등) 중에 일체로 하여 조합시키는 방식이다.

54

직접조명방식에 관한 설명으로 옳지 않은 것은?

① 조명률이 높다.
② 실내 반사율의 영향이 크다.
③ 국부적으로 고조도를 얻기 편리하다.
④ 그림자가 강하게 생기는 단점이 있다.

해설 직접조명[대부분의 발산광속을 아래 방향(90~100%)으로 확산시키는 방식]의 특징
ⓒ 장점
• 조명률이 좋고, 먼지에 의한 감광이 적다.

- 자외선 조명을 할 수 있고, 설비비가 일반적으로 싸다.
- 집중적으로 밝게 할 때 유리하다.
  © 단점
  - 글로브를 사용하지 않을 경우 눈부심이 크고, 음영이 강하게 된다.
  - 실내 전체적으로 볼 때, 밝고 어둠의 차이가 크다.

55 |

간접조명에 관한 설명으로 옳지 않은 것은?

① 조명률이 낮다.
② 실내 반사율의 영향이 크다.
③ 높은 조도가 요구되는 전반조명에는 적합하지 않다.
④ 그림자가 거의 형성되지 않으며 국부조명에 적합하다.

해설 간접조명[대부분의 발산광속을 위 방향(90~100%)으로 확산시키는 방식]의 특징
  ㉠ 장점
  - 균일한 조명도를 얻을 수 있다.
  - 빛이 부드러우므로 눈에 대한 피로가 적다.
  © 단점
  - 조명효율이 나쁘고, 침울한 분위기가 될 염려가 있다.
  - 먼지가 기구에 쌓여 감광이 되기 쉽고, 벽이나 천장면의 영향을 받는다. 즉, 천정과 윗벽이 광원의 역할을 한다.

56 |

직접조명과 간접조명에 관한 설명으로 옳지 않은 것은?

① 간접조명보다 직접조명의 조명효율이 더 높다.
② 동일 조도를 얻기 위한 시설비는 직접조명이 더 많이 든다.
③ 간접조명은 그림자가 거의 형성되지 않고, 부드러운 빛으로 안정된 조명을 할 수 있다.
④ 직접조명은 국부적으로 고조도를 얻기 편리하다.

해설 직접조명[대부분의 발산광속을 아래 방향(90~100%)으로 확산시키는 방식]은 간접조명[대부분의 발산광속을 위 방향(90~100%)으로 확산시키는 방식]보다 동일 조도를 얻기 위한 시설비가 적게 든다.

57 |

다음의 조명에 관한 설명 중 ( ) 안에 들어갈 용어가 옳게 연결된 것은?

실내 전체를 거의 똑같이 조명하는 경우를 (①)이라 하고, 어느 부분만을 강하게 조명하는 방법을 (②)이라 한다.

① ① 직접조명, ② 간접조명
② ① 직접조명, ② 국부조명
③ ① 전반조명, ② 직접조명
④ ① 전반조명, ② 국부조명

해설 조명의 종류 중 실내 전체를 거의 똑같이 조명하는 경우를 전반조명이라 하고, 어느 부분만을 강하게 조명하는 방법을 국부조명이라고 한다.

58 |

채광설계에 관한 기술 중 옳지 못한 것은?

① 시간의 변화에 따른 조도 변화가 적을 것
② 직사일광의 실내 유입을 방지할 것
③ 벽면의 반사율을 천장면보다 높일 것
④ 실의 작업내용에 따라 적정조도를 유지할 것

해설 채광설계에 있어서, 자연광선을 이용하여 빛이 필요한 공간의 실내 환경을 적절하게 유지하는 것을 말하는 것으로 다음과 같은 내용을 고려해야 한다.
  ㉠ 시간에 따라 조도의 변화가 심하지 않고, 눈부심이 적도록 할 것
  © 가능한 한 직사광선이 입사되지 않도록 하고, 천장의 반사율이 벽보다 커야 할 것
  © 적당한 조도를 유지하고, 반사율은 천장, 벽, 바닥의 순서로 클 것

59 |

채광방식에 관한 기술로 옳은 것은?

① 측창채광(side lighting)은 구조와 시공이 불리하다.
② 천창채광(top lighting)은 비처리에 유리하다.
③ 측창채광(side lighting)은 조도분포가 균일하다.
④ 천창채광(top lighting)은 조도분포의 불균형을 해소한다.

해설 천창채광은 지붕면에 있는 수평 또는 수평에 가까운 천창에 의한 채광방식으로 장점에는 채광량이 많으므로, 방구석의 저조도 해소, 조도분포의 불균형 해소, 즉 조도가 균등하다. 방구석의 주광선 방향의 저각도 해소된다. 단점으로는 시선 방향의 시야가 차단되므로 폐쇄된 분위기가 되기 쉽고, 천창은 평면계획상 어렵고 구조, 시공, 특히 비의 처리가 어려우며, 일반화된 채광법이 아니다.

60 |

건축적 채광의 방법 중 측광(lateral lighting)에 관한 설명으로 옳은 것은?

① 통풍·차열에 불리하다.
② 편측채광의 경우 조도분포가 불균일하다.
③ 구조·시공이 어려우며 비막이에 불리하다.
④ 근린의 상황에 따라 채광을 방해받는 경우가 없다.

해설 측창채광의 특성은 통풍과 차열에 유리하고 구조와 시공이 쉬우며, 비막이에 유리하다. 근린 상황에 따라 채광에 방해를 받는 경우가 있고, 편측채광의 경우에는 조도분포가 불균일하다.

61 |

건축적 채광방식 중 천창채광에 관한 설명으로 옳지 않은 것은?

① 비막이에 불리하다.
② 통풍 및 차열에 유리하다.
③ 조도분포의 균일화에 유리하다.
④ 근린의 상황에 따라 채광을 방해받는 경우가 적다.

해설 천창채광은 ①, ③, ④ 이외에 통풍 및 차열에 불리하다.

62 |

측창채광에 관한 설명으로 옳은 것은?

① 천창채광에 비해 채광량이 많다.
② 천창채광에 비해 비막이에 불리하다.
③ 편측채광의 경우 실내 조도 분포가 균일하다.
④ 근린의 상황에 의해 채광을 방해받을 수 있다.

해설 천창(천장 부분에 채광창을 설치한 방식)채광은 측창채광에 비해 채광량이 3배 정도로 많고, 측창채광은

천창채광에 비해 비막이에 유리하며, 편측채광은 실내 조도분포가 매우 불균일하다.

63 |

측창채광과 비교한 천창채광의 특징에 관한 설명으로 옳지 않은 것은?

① 비막이에 불리하다.
② 채광량 확보에 불리하다.
③ 조도분포의 균일화에 유리하다.
④ 근린의 상황에 따라 채광을 방해받는 경우가 적다.

해설 측창채광과 비교한 천창채광은 채광량의 확보가 유리하고, 항상 일정한 조도를 유지할 수 있다.

64 |

자연채광방식에 관한 설명으로 옳지 않은 것은?

① 편측채광은 조도분포가 불균일하며 실 안쪽의 조도가 부족한 경향이 많다.
② 측창채광은 통풍에 유리하나 근린의 상황에 의해 채광 방해가 발생할 수 있다.
③ 천창채광은 비막이에 유리하며 좁은 실에서 개방된 분위기의 조성이 용이하다.
④ 정측채광은 실내 벽면에 높은 조도가 바람직한 미술관이나 넓은 작업면에 주광률 분포의 균일성이 요구되는 공장 등에 사용된다.

해설 천창채광은 지붕면에 있는 수평 또는 수평에 가까운 천창에 의한 채광방식으로 장점에는 채광량이 많으므로, 방구석의 저조도 해소, 조도분포의 불균형 해소, 즉 조도가 균등하다. 방구석의 주광선 방향의 저각도 해소된다. 단점으로는 시선 방향의 시야가 차단되므로 폐쇄된 분위기가 되기 쉽고, 천창은 평면계획상 어렵고 구조, 시공, 특히 비의 처리가 어려우며, 일반화된 채광법이 아니다.

65 |

밝은 창문을 배경으로 한 경우 물체 등이 잘 보이지 않는 현상을 의미하는 것은?

① 실루엣 현상
② 마스킹 현상
③ 스컬러 현상
④ 글레어 인덱스 현상

해설 마스킹(Masking) 현상은 두 가지 이상의 음이 동시에 발생할 때 어느 한 쪽 때문에 다른 쪽 음이 들리지 않게 되는 현상으로 '음의 은폐 작용'이라고도 한다. 글레어 인덱스 현상은 글레어(눈부심 또는 현휘)에 의해 불쾌감을 표시하는 현상이다.

4. 음환경

01

다음 중 음의 3요소에 속하지 않는 것은?

① 음색
② 음의 폭
③ 음의 고저
④ 음의 크기

해설 음의 3요소에는 음의 높이, 음의 세기(크기) 및 음색 등의 3가지가 있다.

02

다음 중 음의 고저 감각에 가장 주된 영향을 주는 요소는?

① 음색
② 음의 크기
③ 음의 주파수
④ 음의 전파속도

해설 음색은 음의 높낮이가 같아도 사람이나 악기에 따라 달리 나타나는 소리의 특질이나 맵시이다. 음의 크기는 음의 대소를 표현하는 양을 말하고, 통상 정상적인 귀가 이것과 동등한 크기로 감지하는 기준음(1,000Hz)의 평면 진행 정현파의 강도의 레벨의 값(데시벨 값)을 그의 음의 크기의 레벨값으로 정한다. 음의 전파속도는 진동수, 세기, 기압의 변화에는 큰 관계가 없으나, 온도(1℃ 상승함에 따라 약 0.6m/s씩 빨라진다)에는 크게 영향을 받는다.

03

음에 관한 다음 기술 중 틀린 것은?

① 음세기레벨을 40dB 내리는 데에는 음의 세기를 1/1,000로 해야 한다.
② 인간의 감각은 80phon과 70phon의 소음차는 60phon과 50phon의 소음차와 같게 들린다.
③ 1대에 70dB의 소음을 내는 기계를 4대 넣으면 실내의 소음 레벨은 약 76dB이 된다.

④ 95dB의 소음과 80dB의 소음이 동시에 존재해도 합계 레벨은 약 95dB이다.

해설 음의 세기 $= 10\log\dfrac{I(음의 세기)}{I_s(기준음의 세기)} = 10\log\dfrac{x}{10^{-12}}$
$= 40$dB에 의해서. $x = 10^{-8}$이다.
그러므로, 음세기레벨을 40dB 내리는 데에는 음의 세기를 10,000배로 해야 한다.

04

음에 관한 설명으로 옳지 않은 것은?

① 음의 공기 중 전파 속도는 기온이 높을수록 빨라진다.
② 음의 고저는 음파의 기본음이 가지는 기본 주파수에 의해서 결정된다.
③ 음파는 횡파이며, 음의 크기는 음파를 구성하는 고조파의 크기에 의해 결정된다.
④ 회절은 낮은 주파수의 음일수록 현저하게 나타나지만 주파수가 높아질수록 회절을 일으키기 어렵게 된다.

해설 음파는 종파이고, 음의 크기는 청각의 감각량으로 음파의 진동, 진폭의 대소에 따라서 결정된다.

05

음의 성질에 관한 설명으로 옳지 않은 것은?

① 음의 파장은 음속과 주파수를 곱한 값이다.
② 인간의 가청 주파수의 범위는 20~20,000Hz이다.
③ 마스킹 효과(masking effect)는 음파의 간섭에 의해 일어난다.
④ 음파가 한 매질에서 타 매질로 통과할 때 구부러지는 현상을 음의 굴절이라 한다.

해설 $\lambda(음의 파장) = \dfrac{v(음속)}{f(주파수)}$ 이다. 즉 음의 파장은 음속을 주파수로 나눈 값이다.

06

음의 크기 레벨 산정에 기준이 되는 순음의 주파수는?

① 10Hz
② 100Hz
③ 500Hz
④ 1,000Hz

해설 무한이 많은 음 중에서 보통 대표적인 음은 주파수 (Cycle, 진동수)가 각각 64, 128, 256, 512, 1,024, 2,048, 4,096이며, 피아노 건반의 도에 해당하는 순음이라고 할 수 있다. 이 중에서 128, 12, 2,048의 3개를 가지고 각각 저음, 중음, 고음을 대표하는 것으로 사용되고, 512의 음은 실내 또는 재료 등의 표준음으로 사용된다. 음의 크기 레벨의 기준이 되는 순음의 주파수는 1,000Hz이다.

07 |

실내 또는 재료 등의 음향적 성질을 표시할 때 표준음으로 사용되는 주파수는?

① 128cycle

② 256cycle

③ 512cycle

④ 1,000cycle

해설 무한이 많은 음 중에서 보통 대표적인 음은 주파수 (Cycle, 진동수)가 각각 64, 128, 256, 512, 1,024, 2,048, 4,096이며, 실내 또는 재료 등의 음향적 성질을 표시할 때 표준음은 512cycle, 청각을 고려할 경우에는 1,000cycle의 음을 표준음으로 한다.

08 |

다음 설명에 알맞은 음과 관련된 현상은?

• 서로 다른 음원에서의 음이 중첩되면 합성되어 음은 쌍방의 상황에 따라 강해진다든지, 약해진다든지 한다.
• 2개의 스피커에서 같은 음을 발생하면 음이 크게 들리는 곳과 작게 들리는 곳이 생긴다.

① 음의 간섭

② 음의 굴절

③ 음의 반사

④ 음의 회절

해설 음의 굴절은 음파가 대기 중에서 매질을 통과할 때 온도 변화로 인하여 굴절하는 현상이고, 음의 반사는 음파가 어느 표면에 부딪쳐서 반사할 때는 입사한 음의 일부는 흡음, 투과되고 나머지는 반사하게 되는 현상이며, 음의 회절은 파동은 진행 중에 장애물이 있으면 직진하지 않고, 그 뒤쪽으로 돌아가는 현상이다.

09 |

다음의 설명에 알맞은 음의 성질은?

음파는 파동의 하나이기 때문에 물체가 진행방향을 가로막고 있다고 해도 그 물체의 후면에도 전달된다.

① 반사

② 흡음

③ 간섭

④ 회절

해설 음의 반사는 음파가 어느 표면에 부딪쳐서 반사할 때 입사한 음에너지의 일부는 흡음되거나 투과되고 나머지는 반사되는 현상이고, 흡음은 음의 입사 에너지가 열에너지로 변화하는 현상이다. 음의 간섭은 서로 다른 음원에서의 음이 중첩되며 합성되어 음이 쌍방의 상황에 따라 강해지거나 약해지는 현상이다.

10 |

다음 중 음향 장애현상에 속하지 않는 것은?

① 음의 반향

② 음의 공명

③ 음의 음영

④ 음의 잔향

해설 잔향이란 음이 벽에 몇 번씩이나 반사하여 연주가 끝난 후에도 실내에 음이 남아 있는 현상을 말하고, 그 정도를 나타내기 위하여 잔향시간을 사용하고 있다.

11 |

다음 중 음향 장해현상의 하나인 공명을 피하기 위한 대책으로 가장 알맞은 것은?

① 흡음재를 분산 배치시킨다.

② 실의 마감을 반사재 중심으로 구성한다.

③ 실의 표면을 매끄러운 재료로 구성한다.

④ 실의 평면 크기 비율(가로 : 세로)을 1 : 3 이상으로 한다.

해설 음의 공명 현상과 방지법

공명 현상은 음을 발생하는 하나의 음원으로부터 나오는 음에너지를 다른 물체가 흡수하여 소리를 냄으로써 특정 주파수의 음량이 증가되는 현상으로 공명의 방지법은 다음과 같다.

㉠ 실의 형태를 계획(실의 높이 : 폭 : 길이 = 1 : 1.5 : 2.5)하고, 흡음재를 분산 배치한다.

㉡ 음향학적으로 실의 각부의 치수가 바람직한 비례를 갖도록 한다.

ⓒ 표면의 불규칙성을 이용하고, 실의 주벽면을 불규
칙한 형태로 설계한다.

12 |

음파는 파동의 하나이기 때문에 물체가 진행방향을
가로막고 있다고 해도 그 물체의 후면에도 전달된다.
이러한 현상을 무엇이라 하는가?

① 잔향　　　　　　② 굴절
③ 회절　　　　　　④ 간섭

해설 잔향이란 음이 벽에 몇 번씩이나 반사하여 연주가 끝
난 후에도 실내에 음이 남아 있는 현상을 말하고, 그
정도를 나타내기 위하여 잔향시간을 사용하고 있다.
굴절은 음파가 대기 중에서 매질을 통과할 때 온도 변
화로 인하여 굴절하는 현상이다. 간섭은 서로 다른 음
원에서의 음이 중첩되며 합성되어 음이 쌍방의 상황에
따라 강해지거나 약해지는 현상이다.

13 |

음파는 매질이 다른 곳을 통과할 때 전파 속도가 달
라져서 그 진행방향이 변화되는데, 이러한 현상을
무엇이라 하는가?

① 흡음　　　　　　② 간섭
③ 회절　　　　　　④ 굴절

해설 흡음은 음파가 재료에 부딪히면 입사음의 에너지 일부
가 여러 가지 흡음 재료 및 기구에 의해 다른 에너지
로 변화되고 흡수되는 현상이고, 간섭은 양쪽에서 나
온 음이 강하게 또는 약하게 하는 현상이며, 회절은
파동을 진행 중에 장애물이 있으면 직진하지 않고, 그
뒤쪽으로 돌아가는 현상이다.

14 |

음파가 재료에 부딪히면 입사음의 에너지 일부가 여
러 가지 재료 및 기구에 의해 다른 에너지로 변화되
고 흡수되는 현상을 무엇이라고 하는가?

① 음의 반사
② 음의 굴절
③ 흡음
④ 음의 회절

해설 음의 반사는 음파가 어느 표면에 부딪쳐서 반사할 때
입사한 음에너지의 일부는 흡음되거나 투과되고 나머
지는 반사되는 현상이고, 음의 굴절은 음파가 대기 중
에서 매질을 통과할 때 온도 변화로 인하여 굴절하는
현상이고, 음의 회절은 파동은 진행 중에 장애물이 있
으면 직진하지 않고, 그 뒤쪽으로 돌아가는 현상이다.

15 |

사람이 말을 할 때 어느 정도 정확하게 청취할 수 있
는가를 표시하는 기준을 나타내는 것은?

① 주파수　　　　　② 실지수
③ 지향성　　　　　④ 명료도

해설 주파수는 교류의 전파나 전자파 또는 진동 등이 주기
적으로 매초 동안에 반복되는 횟수로서 단위는 Hz를
사용한다. 실지수는 실(방)지수는 조명설계에 있어서
방의 크기, 광원의 위치와 관련한 지수로서

$$실(방)지수 = \frac{X(방의\ 가로길이)\ Y(방의\ 세로길이)}{H(방의\ 높이)(X+Y)}$$ 이

다. 지향성은 음이 항상 일정한 대상을 지향(일정한 목
표)하고 있은 성질로서, 즉 파장이 짧고 음에너지가 작
은 고주파 수의 경우는 파장이 길고 음에너지가 큰 저
주파 수에 비해 배후 방향으로의 음압 레벨이 저하하는
특성을 말한다.

16 |

음의 세기 단위는 어느 것인가?

① dB　　　　　　② phon
③ W/m²　　　　　④ N/m²

해설 음의 기초량과 단위

구분	음의 세기	음의 세기 레벨	음압	음압 레벨	음의 크기	음의 크기 레벨
단위	W/m²	dB	N/m² (Pa)	dB	sone	phon

17 |

음의 대소를 나타내는 감각량을 음의 크기라고 한다.
음의 크기의 단위는?

① dB　　　　　　② lm
③ sone　　　　　④ phon

해설 음의 기초량과 단위

구분	음의 세기	음의 세기 레벨	음압	음압 레벨	음의 크기	음의 크기 레벨
단위	W/m²	dB	N/m² (Pa)	dB	sone	phon

18 |

다음 중 단위로 데시벨(dB)을 사용하지 않는 것은?

① 소음 레벨　　　　　② 음압 레벨
③ 음의 세기 레벨　　　④ 음의 크기 레벨

해설 음의 기초량과 단위

구분	음의 세기	음의 세기 레벨	음압	음압 레벨	음의 크기	음의 크기 레벨
단위	W/m²	dB	N/m² (Pa)	dB	sone	phon

19 |

주파수가 150Hz이고, 전파 속도가 60m/s인 파동의 파장은 얼마인가?

① 0.25m　　　　　② 0.40m
③ 0.55m　　　　　④ 2.50m

해설 $\lambda(음의\ 파장) = \dfrac{v(음속)}{f(주파수)} = \dfrac{60}{150} = 0.4\text{m}$

20 |

공기 중의 음속이 344m/s, 주파수가 450Hz일 때 음의 파장(m)은?

① 0.33　　　　　② 0.76
③ 1.31　　　　　④ 6.25

해설 $\lambda(음의\ 파장) = \dfrac{v(음속)}{f(주파수)} = \dfrac{344}{450} = 0.7644\text{m}$

21 |

투과 손실에 관한 설명으로 옳지 않은 것은?

① 간벽의 차음 성능을 나타낸다.
② 공진이 발생되면 투과 손실이 저하된다.
③ 일치 효과가 발생할수록 투과 손실은 증가한다.
④ 단일 벽체의 질량이 클수록 투과 손실은 증가한다.

해설 투과 손실이란 간벽의 차음 성능을 나타내고, 공진(공명)과 일치 효과(소리가 일치하는 현상)가 발생할수록 투과 손실은 저하하며, 단열 벽체의 질량이 클수록 투과 손실은 증가한다.

22 |

임의 주파수에서 벽체를 통해 입사 음에너지의 1%가 투과하였을 때 이 주파수에서 벽체의 음 투과손실은?

① 10dB
② 20dB
③ 30dB
④ 40dB

해설 $TL(투과손실) = 10\log\left(\dfrac{1}{\tau(투과율)}\right)$

투과율이 $1\% = \dfrac{1}{100}$

$TL = 10\log\left(\dfrac{1}{\tau}\right) = 10\log\dfrac{1}{\dfrac{1}{100}} = 10\log 100 = 10\log 10^2$

$= 20\text{dB}$

23 |

음의 세기가 10^{-10}W/m²인 음의 세기 레벨은? (단, 기준음의 세기는 10^{-12}W/m²이다.)

① 10dB　　　　　② 20dB
③ 30dB　　　　　④ 40dB

해설 음의 세기

$= 10\log\dfrac{I(음의\ 세기)}{I_s(기준음의\ 세기)} = 10\log\dfrac{10^{-10}}{10^{-12}} = 20\text{dB}$

24 |

강당의 환기용 천장 디퓨저에서의 음압 레벨이 500Hz에서 35dB이다. 이 디퓨저가 모두 10개 있을 때 환기구 전체에서 발생하는 음압 레벨은 얼마인가?

① 40dB　　　　　② 45dB
③ 50dB　　　　　④ 55dB

정답 18. ④　19. ②　20. ②　21. ③　22. ②　23. ②　24. ②

해설 $SPL = SPL_1 + 10\log n = 35 + 10\log 10 = 45dB$

여기서, SPL : 전체 음압 레벨

SPL_1 : 1개 음원의 음압 레벨

n : 음원의 수

25

소음 평가방법 중 Beranek에 의해 제안되었으며 옥타브 분석법에 의한 소음허용치로 실내소음허용치로 사용되는 것은?

① NRN   ② dB(A)

③ TNI   ④ NC

해설 NRN(소음평가지수)은 소음의 청력장애, 회화장애, 시끄러움의 3개 관점에서 평가하여 ISO가 1961년에 제안한 것이다. dB은 음의 세기 레벨과 음압 레벨의 단위이다. TNI(Traffic Noise Index)는 도로교통소음에 대한 교통소음지수이다.

26

배경 소음에 관한 설명으로 옳은 것은?

① 저주파수 영역에서의 소음

② 고주파수 영역에서의 소음

③ 측정 대상음 이외의 주위 소음

④ 어느 장소에서나 일정한 소음

해설 배경 소음(한 장소에 있어서 특정의 음을 대상으로 생각할 경우, 대상 소음이 없을 때 그 장소의 소음을 대상 소음에 대한 배경 소음이라고 한다.)은 측정 대상음(시험 대상 기기) 이외의 주위 소음을 의미한다.

27

소음의 분류 중 음압 레벨의 변동 폭이 좁고, 측정자가 귀로 들었을 때 음의 크기가 변동하고 있다고 생각되지 않는 종류의 음은?

① 변동 소음   ② 간헐 소음

③ 충격 소음   ④ 정상 소음

해설 변동 소음은 시간에 따라 소음의 변화 폭이 큰 소음이고, 간헐 소음은 간헐적으로 발행하는 소음이며, 충격 소음은 짧은 시간 동안에 발생(폭발음, 타격음 등)하는 높은 세기의 소음 또는 층 사이의 칸막이나 벽체를

두드려서 생기는 소음으로 방 안에서 사람이 걸어갈 때나 물체가 방바닥에 떨어질 때 그 아래층에서 들리는 소리 따위를 말한다.

28

측정 소음도에 배경 소음을 보정한 후 얻어진 소음도를 의미하는 것은?

① 배경 소음도   ② 대상 소음도

③ 평가 소음도   ④ 등가 소음도

해설 배경 소음도는 측정 소음도의 측정 위치에서 대상 소음이 없을 때 이 시험방법에서 정한 측정방법으로 측정한 소음도 및 등가 소음도 등을 말한다. 평가 소음도는 대상 소음도에 충격음, 관련시간대에 대한 측정 소음 발생시간의 백분율, 시간별, 지역별 등의 보정치를 보정한 후 얻어진 소음도이다. 등가 소음도는 임의의 측정시간 동안 발생한 변동 소음의 총에너지를 같은 시간 내의 정상 소음의 에너지로 등가하여 얻어진 소음도이다.

29

다음 중 건축물의 소음 대책과 가장 거리가 먼 것은? (단, 소음원이 외부에 있는 경우)

① 창문의 밀폐도를 높인다.

② 실내의 흡음률을 줄인다.

③ 벽체의 중량을 크게 한다.

④ 소음원의 음원 세기를 줄인다.

해설 건축물의 소음 대책으로 소음원이 외부에 있는 경우 실내의 흡음률을 증대시킨다.

30

같은 주파수 음의 간섭에 의해서 입사음파가 반사음파와 중첩되어 음압의 변동이 고정되는 현상은?

① 마스킹 현상   ② 정재파 현상

③ 피드백 현상   ④ 플러터 에코 현상

해설 마스킹 현상은 2가지의 음이 동시에 귀에 들어와서 한쪽의 음 때문에 음이 작게 들리는 현상이고, 피드백 현상은 음의 증폭 과정에서 마이크로폰을 통한 증폭기를 거쳐서 확성기에서 나온 소리가 다시 마이크로폰에 잡혀 와서 큰 소리로 울리게 되어 소음이 되는 현상이

며, 플러터 에코 현상은 박수 소리나 발자국 소리가 천장과 바닥면 및 옆 벽과 옆 벽 사이에서 왕복 반사하여 독특한 음색을 울리는 현상이다.

31

어느 음을 듣고자 할 때, 다른 음에 의하여 듣고자 하는 음이 작게 들리거나 아예 들리지 않는 현상은?

① 마스킹(Masking) 현상
② 피드백(Feed back) 현상
③ 플러터 에코(Flutter Echo) 현상
④ 얼룩무늬(Pattern Staining) 현상

해설 피드백(Feed back) 현상은 반사된 음이 되돌아와 원음과 합류되어 또 다시 반사되는 현상이고, 플러터 에코(Flutter Echo) 현상은 마주보는 평행한 면이나 오목한 면에 의한 반복 반사 현상이며, 얼룩무늬 현상(Pattern Staining)은 도막면에 다른 큰 부분과 틀리는 색이 작은 부분 발생하는 현상이다.

32

마스킹(masking) 효과에 관한 설명으로 옳은 것은?

① 옆벽 사이를 왕복 반사하여 독특한 음색이 울리는 현상
② 입사음의 진동수가 벽의 진동수와 일치되어 같은 소리를 내는 현상
③ 일정한 크기의 음을 갑자기 멈출 때 그 음이 수 초간 남아있는 현상
④ 크고 작은 두 소리를 동시에 들을 때 큰 소리만 듣고 작은 소리는 듣지 못하는 현상

해설 ① 플러터 에코 현상, ② 공명 현상, ③ 잔향 현상, ④ 마스킹 효과에 대한 설명이다.

33

마스킹(masking) 효과에 관한 설명으로 옳은 것은?

① 초기 반사음보다 늦게 도래하는 반사음의 효과
② 입사음의 진동수가 벽의 진동수와 일치되어 같은 소리를 내는 현상
③ 어떤 음의 방해로 인하여 다른 음에 대한 가청 임계값이 증가하는 현상

④ 음파가 어떤 매질을 진행할 때 다른 매질의 경계면에 도달하여 진행 방향이 변하는 현상

해설 ① 잔향음, ② 공명, ③ 마스킹(masking) 효과, ④ 음의 굴절에 대한 설명이다.

34

다공질재 흡음재료에 관한 설명으로 옳지 않은 것은?

① 주파수가 낮을수록 흡음률이 높아진다.
② 표면마감처리방법에 의해 흡음 특성이 변한다.
③ 두께를 늘리면 저주파수의 흡음률이 높아진다.
④ 강성벽 앞면의 공기층 두께를 증가시키면 저주파수의 흡음률이 높아진다.

해설 다공질 흡음재료는 재료에 음파가 입사하면 재료 내부의 공기진동으로 인하여 점성마찰이 생기고, 음에너지가 열에너지로 변환되어 흡음되는 재료이다. 다공질 흡음재료(광물면인 글라스울, 암면, 식물성 섬유류, 발포 플라스틱과 같이 표면에 미세한 구멍이 있는 재료)는 중·고주파수에서의 흡음률은 크지만, 저주파수에서는 급격히 저하한다. 즉, 주파수가 낮을수록 흡음률이 낮아진다.

35

흡음재료 중 연속기포 다공질재료에 관한 설명으로 옳지 않은 것은?

① 유리면, 암면 등이 사용된다.
② 중·고음역에서 높은 흡음률을 나타낸다.
③ 일반적으로 두께를 늘리면 흡음률이 커진다.
④ 재료 표면의 공극을 막는 표면 처리를 할 경우 흡음률이 커진다.

해설 흡음재료 중 연속기포 다공질재의 흡음성능은 다공질 정도와 재료의 두께에 영향을 받을 뿐만 아니라 그 재질이 갖고 있는 공기유동저항성에 크게 좌우된다. 따라서 흡음재의 재료 표면의 공극을 막는 표면 처리를 할 경우 흡음률이 감소한다.

36

연속기포 다공질 흡음재료에 속하지 않는 것은?

① 암면
② 유리면
③ 석고보드
④ 목모시멘트판

해설 연속기포 다공질 단열재의 종류에는 펄라이트판, 규산칼슘판(규조토), 탄화코르크, 암면, 유리면, 목모시멘트판 등이 있고, 석고보드는 소석고를 주원료로 하고, 이에 경량, 탄성을 주기 위해 톱밥, 펄라이트 및 섬유 등을 혼합하여 이 혼합물을 물로 이겨 양면에 두꺼운 종이를 밀착, 판상으로 성형한 것으로 보드류(바탕재나 구조재에 부착시켜 사용)에 속한다.

37 |

흡음재료 중 연속기포 다공질재에 관한 설명으로 옳지 않은 것은?

① 표면마감처리방법에 의해 흡음 특성이 변한다.
② 일반적으로 두께를 늘리면 흡음률은 작아진다.
③ 배후공기층은 중저음역의 흡음성능에 유효하다.
④ 재료로는 유리면, 암면, 펠트, 연질 섬유판 등이 있다.

해설 흡음재료 중 연속기포 다공질재의 흡음성능은 다공질 정도와 재료의 두께에 영향을 받을 뿐만 아니라 그 재질이 갖고 있는 공기유동저항성에 크게 좌우된다. 따라서, 흡음재의 두께가 두꺼울수록 흡음률이 증가한다.

38 |

흡음재료 중 연속기포 다공질재료에 관한 설명으로 옳지 않은 것은?

① 유리면, 암면, 연질 섬유판 등이 있다.
② 표면을 도장하면 흡음 효과가 높아진다.
③ 중·고음역에서 높은 흡음률을 나타낸다.
④ 일반적으로 두께를 늘리면 흡음률은 커진다.

해설 다공질재료의 표면이 다른 재료에 의하여 피복되어 통기성이 저해되면 중·고주파수에서의 흡음률이 저하된다.

39 |

판진동 흡음재에 관한 설명으로 옳지 않은 것은?

① 낮은 주파수 대역에 유효하다.
② 막 진동하기 쉬운 얇은 것일수록 흡음률이 작다.
③ 재료의 부착방법과 배후조건에 의해 특성이 달라진다.

④ 판이 두껍거나 배후공기층이 클수록 공명 주파수의 범위가 저음역으로 이동한다.

해설 판진동 흡음재는 얇은 판에 음파가 입사하면 판진동이 일어나서 음의 에너지 일부가 그 내부 마찰에 의해서 소비됨으로써 흡음되는 원리를 갖고 있는 흡음재이므로, 막 진동하기 쉬운 얇은 것일수록 흡음률이 크다.

40 |

흡음재료의 특성에 관한 설명으로 옳지 않은 것은?

① 다공성 흡음재는 중고음역에서의 흡음률이 크다.
② 판진동 흡음재는 일반적으로 얇을수록 흡음률이 크다.
③ 판진동 흡음재의 경우, 흡음판을 기밀하게 접착하는 것이 못으로 고정하는 것보다 흡음률이 크다.
④ 다공성 흡음재는 재료의 두께나 공기층 두께를 증가시킴으로써 저주파수의 흡음률을 증가시킬 수 있다.

해설 판(막)진동 흡음재는 얇고 기밀한 판에 음이 입사되면 판진동과 막진동이 일어나 음에너지의 일부가 판의 내부 마찰로 인해 감쇄된다. 그러므로, 흡음판을 기밀하게 접착하는 것이 못으로 고정하는 것보다 흡음률이 작다.

41 |

각종 흡음재에 관한 설명으로 옳은 것은?

① 판진동 흡음재는 고음역의 흡음재로 유용하다.
② 다공성 흡음재는 재료의 두께를 감소시킴으로써 고주파수에서의 흡음률을 증가시킬 수 있다.
③ 판진동 흡음재는 강성벽의 표면에 밀실하게 부착하여 사용하는 것이 흡음률 향상에 효과적이다.
④ 다공성 흡음재의 표면을 다른 재료로 피복하여 통기성을 낮출 경우 중·고주파수에서의 흡음률이 저하된다.

해설 ① 판진동 흡음재는 저음역 흡음재로 유용하다.
② 다공성 흡음재는 재료의 두께를 증가시키므로 저주파수의 흡음률을 증가시킬 수 있다.
③ 판진동 흡음재는 강성벽의 표면에 밀실하게 부착하는 것보다 못 등으로 고정하는 것이 판진동하기 쉬우므로 흡음률이 향상된다.

42

흡음재료에 관한 설명 중 옳지 않은 것은?

① 다공성 흡음재는 특히 중·고음역에서 흡음성이 좋다.
② 판상 흡음재는 막 진동하기 쉬운 얇은 것일수록 흡음률이 크다.
③ 판상 흡음재는 재료의 부착 방법과 배후 조건에 의해 특성이 달라진다.
④ 판상 흡음재는 판이 두껍거나 배후 공기층이 클수록 공명 주파수의 범위가 고음역으로 이동한다.

해설 판(막)진동 흡음재는 얇고 기밀한 판에 음이 입사되면 판진동과 막진동이 일어나 음에너지의 일부가 판의 내부 마찰로 인해 감쇄된다. 판(막)상 흡음재는 판이 두껍거나 배후 공기층이 클수록 공명 주파수의 범위가 저음역으로 이동한다.

43

다음 중 차음 재료에 요구되는 성질과 가장 거리가 먼 것은?

① 공기의 유통이 없이 비교적 밀실의 재질을 지니고 있다.
② 공기 중을 전파하는 음파의 차단에 관하여 특질을 갖추고 있다.
③ 연속기포 다공질재료로서 공기 중을 전파하여 입사한 음파의 투과가 용이하다.
④ 실용적으로 사용하기 편리한 재료이고, 차음의 목적에 따라 천장, 벽, 바닥 등의 구성 재료가 될 수 있다.

해설 차음 재료는 소리를 차단하는 재료로서 일반적으로 밀실하고, 비중이 크며, 단단한 재료이다. 연속기포 다공질재료는 음을 흡수하는 흡음재에 대한 성질로서, 공기 중을 전파하여 입사한 음파의 투과가 난해하다.

44

차음 대책으로 옳지 않은 것은?

① 배수관에 차음 시트를 설치한다.
② 면밀도가 높은 재료를 사용한다.
③ 무겁고 두꺼운 재료를 사용한다.
④ 투과손실이 작은 재료를 사용한다.

해설 음향 투과손실(투과율 $=\dfrac{I_t(\text{투과음의 세기})}{I_i(\text{입사음의 세기})}$의 역수로 대수표시한 것으로 재료의 차음 성능을 나타낸다)값이 큰 재료일수록 차음 성능이 우수함을 나타내므로 투과손실이 큰 재료를 사용하는 것이 차음 대책의 하나이다.

45

벽체의 차음성을 높이기 위한 방법으로 옳지 않은 것은?

① 벽체의 기밀성을 높인다.
② 벽체의 투과손실을 작게 한다.
③ 벽체는 되도록 무거운 재료를 사용한다.
④ 공명효과 및 일치효과가 발생되지 않도록 벽체를 설계한다.

해설 벽체의 차음성을 높이기 위한 방법으로는 ①, ③, ④ 이외에 벽체의 투과손실(입사음의 강도 레벨과 투과음의 강도 레벨과의 차이)을 크게 하여야 한다. 즉, 투과손실 값이 큰 재료일수록 차음성능이 우수함을 나타낸다.

46

바닥 충격음에 대한 차음 대책으로 옳지 않은 것은?

① 뜬바닥 구조를 활용한다.
② 투과손실이 작은 재료를 사용한다.
③ 쿠션성이 있는 바닥 마감재를 사용한다.
④ 천장 반자 시공에 의한 이중 천장을 설치한다.

해설 바닥 충격음에 대한 차음 대책에는 ①, ③, ④ 이외에 소음을 구조체와 분리하고, 슬래브의 중량을 증가시키며, 투과손실이 큰 재료를 사용하여 차음 성능을 향상시킨다.

47

잔향시간의 정의로서 맞게 서술된 것은?

① 음에너지가 1/100만으로 감소될 때까지의 시간
② 음에너지가 1/200만으로 감소될 때까지의 시간
③ 음에너지가 30dB 감소될 때까지의 시간
④ 음에너지가 100dB 감소될 때까지의 시간

해설 잔향(음원에서 소리가 그치더라도 일정시간 동안은 음이 남아있는 현상)시간은 음의 발생을 중지시킨 후 실내

평균에너지 밀도가 최초 값보다 60dB 감소하는데 걸리는 시간을 말하고, 이는 음에너지가 1/1,000,000 $\left(\dfrac{1}{10^6}=10^{-6}\right)$ 이하로 감소되는 데 걸리는 시간을 말한다.

48 |

다음의 잔향시간에 관한 설명 중 (   ) 안에 알맞은 것은?

> 실내에 있는 음원에서 정상음을 발생하여 실내의 음향 에너지 밀도가 정상 상태가 된 후 음원을 정지하면 수음점에서의 음향 에너지 밀도는 지수적으로 감쇠한다. 이때 음향 에너지 밀도가 정상 상태일 때의 (   )이 되는데 요하는 시간이 잔향시간이다.

① $\dfrac{1}{10^2}$ ② $\dfrac{1}{10^4}$
③ $\dfrac{1}{10^6}$ ④ $\dfrac{1}{10^8}$

해설 잔향(음원에서 소리가 그치더라도 일정시간 동안은 음이 남아있는 현상)시간은 음의 발생을 중지시킨 후 실내 평균에너지 밀도가 최초 값보다 60dB 감소하는데 걸리는 시간을 말하고, 이는 음에너지가 1/1,000,000 $\left(\dfrac{1}{10^6}=10^{-6}\right)$ 이하로 감소되는 데 걸리는 시간을 말한다.

49 |

잔향시간에 관한 설명으로 옳지 않은 것은?
① 잔향시간은 실용적에 영향을 받는다.
② 잔향시간은 실의 흡음력에 반비례한다.
③ 잔향시간이 길수록 명료도는 좋아진다.
④ 적정잔향시간은 실의 용도에 따라 결정된다.

해설 잔향시간(음원에서 소리가 끝난 후 실내에서 음의 에너지가 그 백만분의 일이 될 때까지의 시간 또는 음에너지의 밀도가 60dB 감소하는 데 소요되는 시간)은 실의 체적, 벽면의 흡음도에 따라 결정되며, 실의 형태와는 관계가 없다. 즉, 실용적에 비례하고, 실의 흡음력에 반비례한다. 적정 잔향시간이 실의 용도에 따라 달라지는 이유는 명료도(사람이 말을 할 때, 어느 정도 정확하게 청취하였는가를 표시하는 기준)를 좋게 하기 위함으로 잔향시간이 길면 명료도가 저하(나빠지게)된다.

50 |

음의 잔향시간에 관한 설명으로 옳지 않은 것은?
① 실용적이 클수록 잔향시간은 커진다.
② 실의 사용 목적과 상관없이 최적잔향시간은 동일하다.
③ 실내 벽면의 흡음률이 높을수록 잔향시간은 짧아진다.
④ 잔향시간이란 음이 발생하여 60dB 낮아지는데 소요되는 시간을 말한다.

해설 최적 잔향시간은 그 방의 사용 목적에 따라 적당한 길이를 필요로 하고, 같은 용도의 방이라도 용적이 클수록 긴 것이 좋다. 예 오디토리움에서 강연할 때의 최적 잔향시간은 1초 정도이다.

51 |

잔향시간에 관한 설명으로 옳은 것은?
① 잔향시간은 일반적으로 실의 용적에 비례한다.
② 잔향시간이 짧을수록 음의 명료도가 저하된다.
③ 음악을 위한 공간일수록 잔향시간이 짧아야 한다.
④ 평균 음에너지 밀도가 6dB 감소하는 데 걸리는 시간을 의미한다.

해설 잔향시간[음원에서 소리가 끝난 후, 실내에 음의 에너지가 그 백만분의 1이 될 때까지의 시간 또는 실내에 남은 음의 에너지가 60dB(최초값-60dB)감소하기까지 소요된 시간]은 실용적에 비례하고 흡음력에 반비례한다.
② 잔향시간이 길수록 음의 명료도는 저하된다.
③ 음악을 위한 공간일수록 잔향시간이 길어야 한다.
④ 최초 음에너지 밀도가 60dB 감소하는데 걸리는 시간이다.

52 |

흡음 및 차음에 관한 설명으로 옳지 않은 것은?
① 벽의 차음성능은 투과손실이 클수록 높다.
② 차음성능이 높은 재료는 대부분 흡음성능도 높다.
③ 실내 벽면의 흡음률이 높아지면 잔향시간은 짧아진다.
④ 철근콘크리트벽은 동일한 두께의 경량 콘크리트벽보다 차음성능이 높다.

해설 차음성능이 높은 재료는 흡음성능이 낮다. 즉, 소리를 반사한다.

53

실내음향에 관한 설명으로 옳지 않은 것은?

① 잔향시간은 실내 용적이 클수록 길어진다.
② 잔향시간은 실내의 흡음력이 작을수록 길어진다.
③ 강당과 음악당의 최적 잔향시간을 비교하면 강당의 잔향시간이 더 길어야 한다.
④ 잔향시간이란 실내의 음압레벨이 초기값보다 60dB 감쇠할 때까지의 시간을 말한다.

해설 강당과 음악당의 최적 잔향시간을 비교하면, 강당의 잔향시간이 짧아야(음의 명료도를 증대시키기 하기 위함) 한다.

54

실내음향계획에서 고려할 사항 중 가장 거리가 먼 것은?

① 실용적의 크기
② 실내 기온
③ 단면의 형태와 벽체의 구조
④ 실내의 마감재료

해설 실내음향계획 시에는 실의 용적, 실의 형태 및 단면 형태, 실내의 마감재료, 실의 용도 등을 고려해야 한다.

55

실내의 음향계획에 관한 설명으로 옳지 않은 것은?

① 불필요한 반향이 있어서는 안 된다.
② 음은 실내에 동일하게 가도록 한다.
③ 잔향시간은 청중의 다소와는 무관하다.
④ 반사음이 일부분으로 집중되는 것은 좋지 않다.

해설 잔향시간은 실의 용적에 비례하고 흡음력에 반비례하며, 청중의 의복과 몸은 흡음력을 가지므로 잔향시간에 영향을 준다. 그러므로 잔향시간과 청중의 다소는 관계가 깊다.

56

음향계획이 요구되는 실의 형태계획에 관한 설명 중 틀린 것은?

① 평면계획에서 객석은 실의 중심축으로부터 각각 70° 이내에 위치시킨다.
② 부정형, 비대칭형 평면은 음 확산을 위하여 대체로 효과가 좋다.
③ 일반적으로 음원에 가까운 부분에는 확산성을, 후면에는 반사성을 갖도록 한다.
④ 천장이 평행한 경우에는 플러터 에코(fultter echo)의 발생이 용이하므로 천장을 경사지게 한다.

해설 일반적으로 음원에 가까운 부분에는 반사재(확산성)를를, 후면에는 흡음재(흡음성)를 갖도록 한다.

57

다음 중 잔향시간과 가장 관계가 먼 것은?

① 실 체적
② 실내의 흡음력
③ 공기의 흡음력
④ 슈테판–볼츠만 상수

해설 잔향시간[음원에서 소리가 끝난 후, 실내에 음의 에너지가 그 백만분의 1이 될 때까지의 시간 또는 실내에 남은 음의 에너지가 60dB(최초값-60dB)감소하기까지 소요된 시간]은 실용적에 비례하고 흡음력에 반비례한다. 슈테판–볼츠만 법칙은 흑체(黑體)가 내놓는 열복사 에너지의 총량은 그 절대온도를 T라 할 때 T^4에 비례한다는 법칙이다.

58

임의의 실내공간이 사빈(Sabine)의 잔향 이론에 따른다고 가정할 때, 실용적이 2배로 증가하면 잔향시간은?

① 1/2로 감소
② 1/4로 감소
③ 2배 증가
④ 4배 증가

해설 $T(\text{잔향시간}) = 0.162 \times \dfrac{V(\text{실의 체적})}{A(\text{실의 흡음력})}$ 이다.
그러므로, 잔향시간은 실의 체적에 비례하고, 실의 흡음력에 반비례하므로, 실용적이 2배 증가하면, 잔향시간도 2배로 증가한다.

59

실의 용적이 5,000mm^{3}이고 실내의 총흡음력이 500 m^{2}일 경우, Sabine의 잔향식에 의한 잔향시간은?

① 0.4초　　　　② 1.0초
③ 1.6초　　　　④ 2.2초

해설 Sabine의 잔향식

$$잔향시간 = 0.164 \times \frac{실용적}{실내의\ 총흡음력}$$
$$= 0.164 \times \frac{5,000}{500} = 1.64초$$

60

용적 3,000m^3, 잔향시간 1.6초인 실이 있다. 잔향시간을 0.6초로 조정하려고 할 때, 이 실에 추가로 필요한 흡음력은? (단, sabine의 식을 이용)

① 약 500m^2　　　② 약 600m^2
③ 약 700m^2　　　④ 약 800m^2

해설 여분의 흡음력은 잔향시간의 흡음력을 산정하여 계산한다.

ⓐ 잔향시간이 1.6초인 경우의 흡음력 산정

　잔향시간(T) $= 0.164 \times \dfrac{실용적(\mathrm{m}^3)}{흡음력(\mathrm{m}^2)}$ 에서,

　$T = 1.6$이므로 $1.6 = 0.164 \times \dfrac{3,000}{A}$

　$\therefore A = \dfrac{0.164 \times 3,000}{1.6} = 307.5\mathrm{m}^2$

ⓑ 잔향시간이 0.6초인 경우의 흡음력 산정

　잔향시간(T) $= 0.164 \times \dfrac{실용적(\mathrm{m}^3)}{흡음력(\mathrm{m}^2)}$ 에서,

　$T = 0.6$이므로 $0.6 = 0.164 \times \dfrac{3,000}{A}$

　$\therefore A = \dfrac{0.164 \times 3,000}{0.6} = 820\mathrm{m}^2$

그러므로, 여분의 흡음력 $= 820 - 307.5 = 512.5\mathrm{m}^2$ 증대시켜야 한다.

61

용적이 5,000m^{3}인 극장의 잔향시간을 1.6초에서 0.8초로 줄이기 위해 추가로 필요한 흡음력은? (단, sabine의 잔향시간 계산식 사용)

① 약 200m^2　　　② 약 500m^2
③ 약 1,000m^2　　④ 약 1,500m^2

해설 $잔향시간 = 0.164 \times \dfrac{실의\ 용적(\mathrm{m}^3)}{흡음력(\mathrm{m}^2)}$

$\quad\quad\quad = 0.164 \times \dfrac{실의\ 용적(\mathrm{m}^3)}{실의\ 표면적 \times 흡음률}$ 이다.

그런데, 잔향시간이 1.6초에서 0.8초로 줄이기 위한 흡음력을 산정하기 위하여 다음과 같이 구한다.

ⓐ 잔향시간이 1.6초인 경우의 흡음력 산정

　$1.6 = 0.164 \times \dfrac{5,000}{흡음력}$

　$\therefore 흡음력 = \dfrac{0.164 \times 5,000}{1.6} = 512.5\mathrm{m}^2$

ⓑ 잔향시간이 0.8초인 경우의 흡음력 산정

　$0.8 = 0.164 \times \dfrac{5,000}{흡음력}$

　$\therefore 흡음력 = \dfrac{0.164 \times 5,000}{0.8} = 1,025\mathrm{m}^2$

그러므로, 추가 흡음력 $= 1,025 - 512.5 = 512.5\mathrm{m}^2$ 이다.

62

다음 중 일반적으로 요구되는 최적 잔향시간이 가장 짧은 곳은?

① 콘서트홀　　　② 가톨릭교회
③ TV스튜디오　　④ 오페라하우스

해설 최적 잔향시간은 음성을 잘 듣기 위해서는 잔향시간이 짧아야 하고, 음향을 잘 듣기 위해서는 잔향시간이 길어야 하므로, 잔향시간이 짧은 것부터 긴 것의 순으로 나열하면, TV스튜디오 → 가톨릭교회 → 콘서트홀 → 오페라하우스의 순이다.

63

콘서트홀의 실내음향설계에 관한 설명으로 옳지 않은 것은?

① 모든 관객석에서 직접음 · 초기반사음을 차단하여야 한다.
② 일반적으로 콘서트홀은 회의실에 비해 긴 잔향시간이 요구된다.
③ 반향 등의 음향장애가 발생하지 않도록 실내 각 부재의 크기 · 형상 · 마감을 검토한다.
④ 기본설계 단계에서 실의 크기나 치수비 등의 결정 시 음향적으로 충분한 검토가 필요하다.

해설 콘서트홀의 실내음향설계에 있어서 직접음이 도달한 직후 관객석에 도달하는 초기반사음은 직접음의 청취를 보강하는 역할을 한다. 직접음을 보강하는 데 초기반사음의 에너지가 전체 도달음의 에너지에서 차지하는 비율을 초기음 에너지 비율이라고 하며, 음의 명확성을 위해서는 초기음 에너지 비율이 높아야 한다.

2 건축법령 분석

01

건축법령에서 정의하는, 다음에 해당하는 용어는?

> 기존 건축물의 전부 또는 일부[내력벽·기둥·보·지붕틀(한옥의 경우에는 지붕틀의 범위에서 서까래는 제외) 중 셋 이상이 포함되는 경우를 말한다]를 해체하고 그 대지에 종전과 같은 규모의 범위에서 건축물을 다시 축조하는 것을 말한다.

① 신축
② 개축
③ 증축
④ 재축

해설 관련 법규 : 건축법 제2조, 영 제2조, 해설 법규 : 영 제2조 3호
- ㉠ "신축"이란 건축물이 없는 대지(기존 건축물이 해체되거나 멸실된 대지를 포함)에 새로 건축물을 축조하는 것[부속건축물만 있는 대지에 새로 주된 건축물을 축조하는 것을 포함하되, 개축 또는 재축하는 것은 제외]을 말한다.
- ㉡ "증축"이란 기존 건축물이 있는 대지에서 건축물의 건축면적, 연면적, 층수 또는 높이를 늘리는 것을 말한다.
- ㉢ "재축"이란 건축물이 천재지변이나 그 밖의 재해로 멸실된 경우 그 대지에 다음의 요건을 모두 갖추어 다시 축조하는 것을 말한다.
  - 연면적 합계는 종전 규모 이하로 할 것
  - 동수, 층수 및 높이는 다음의 어느 하나에 해당할 것
    - 동수, 층수 및 높이가 모두 종전 규모 이하일 것
    - 동수, 층수 또는 높이의 어느 하나가 종전 규모를 초과하는 경우에는 해당 동수, 층수 및 높이가 건축법, 이 영 또는 건축조례에 모두 적합할 것

02

건축물을 건축하거나 대수선하는 경우 건축물의 건축주가 착공 신고를 하는 때에 해당 건축물의 설계자로부터 구조 안전의 확인 서류를 받아 허가권자에게 제출하여야 하는 경우의 법령 기준으로 틀린 것은?

① 층수가 2층(주요구조부인 기둥과 보를 설치하는 건축물로서 그 기둥과 보가 목재인 목구조 건축물의 경우에는 3층)] 이상인 건축물

② 연면적 500m² 이상인 건축물(다만, 창고, 축사, 작물재배사 및 표준설계도서에 따라 건축하는 건축물은 제외)
③ 높이가 13m 이상인 건축물
④ 기둥과 기둥 사이의 거리가 10m 이상인 건축물

해설 관련 법규 : 건축법 제48조, 영 제32조, 해설 법규 : 영 제32조 ②항 2호
구조 안전을 확인한 건축물 중 건축물의 건축주가 착공신고를 하는 때에 건축물의 설계자로부터 구조 안전의 확인 서류를 받아 허가권자에게 제출하여야 하는 경우는 다음과 같고, 표준설계도서에 따라 건축하는 건축물은 제외한다.
- ㉠ 층수가 2층[주요구조부인 기둥과 보를 설치하는 건축물로서 그 기둥과 보가 목재인 목구조 건축물("목구조 건축물")의 경우에는 3층] 이상인 건축물
- ㉡ 연면적이 200m²(목구조 건축물의 경우에는 500m²) 이상인 건축물. 다만, 창고, 축사, 작물 재배사는 제외한다.
- ㉢ 높이가 13m 이상, 처마높이가 9m 이상, 기둥과 기둥 사이의 거리가 10m 이상인 건축물
- ㉣ 국가적 문화유산으로 보존할 가치가 있는 건축물로서 국토교통부령으로 정하는 것
- ㉤ 단독주택 및 공동주택

03

건축물의 건축주가 착공 신고를 하는 때에 해당 건축물의 설계자로부터 구조 안전의 확인 서류를 받아 허가권자에게 제출하여야 하는 건축물의 기준으로 옳지 않은 것은?

① 처마 높이가 9m 이상인 건축물
② 연면적이 300m² 이상인 건축물(다만, 창고, 축사, 작물 재배사는 제외)
③ 기둥과 기둥 사이의 거리가 10m 이상인 건축물
④ 국가적 문화유산으로 보존할 가치가 있는 건축물로서 국토교통부령으로 정하는 것

해설 관련 법규 : 건축법 제48조, 영 제32조, 해설 법규 : 영 제32조 ②항
구조 안전을 확인한 건축물 중 다음의 어느 하나에 해당하는 건축물의 건축주는 해당 건축물의 설계자로부터 구조 안전의 확인 서류를 받아 착공신고를 하는 때에 그 확인 서류를 허가권자에게 제출하여야 하는 경우는 연면적이 200m²(목구조 건축물의 경우에는 500m²) 이상인 건축물. 다만, 창고, 축사, 작물 재배사는 제외한다.

04 |

건축물의 건축주가 관련 법령에 따른 착공 신고를 하는 때에 해당 건축물의 설계자로부터 구조 안전의 확인 서류를 받아 허가권자에게 제출하여야 하는 경우의 건축물 기준으로 옳지 않은 것은?

① 층수가 2층 이상인 건축물(목구조 건축물 제외)
② 높이가 13m 이상인 건축물
③ 처마 높이가 9m 이상인 건축물
④ 기둥과 기둥 사이의 거리가 9m 이상인 건축물

해설 관련 법규 : 건축법 제48조, 영 제32조, 해설 법규 : 영 제32조 ②항
구조 안전을 확인한 건축물 중 다음의 어느 하나에 해당하는 건축물의 건축주는 해당 건축물의 설계자로부터 구조 안전의 확인 서류를 받아 착공신고를 하는 때에 그 확인 서류를 허가권자에게 제출하여야 하는 경우는 기둥과 기둥 사이의 거리가 10m 이상인 건축물이다.

05 |

건축물의 피난층 외의 층에서는 피난층 또는 지상으로 통하는 직통계단을 거실의 각 부분으로부터 계단에 이르는 보행거리가 최대 얼마 이하가 되도록 설치하여야 하는가?

① 20m
② 30m
③ 40m
④ 50m

해설 관련 법규 : 법 제49조, 영 제34조, 해설 법규 : 영 제34조 ①항
건축물의 피난층(직접 지상으로 통하는 출입구가 있는 층 및 피난안전구역) 외의 층에서는 피난층 또는 지상으로 통하는 직통계단(경사로를 포함)을 거실의 각 부분으로부터 계단(거실로부터 가장 가까운 거리에 있는 1개소의 계단)에 이르는 보행거리가 30m 이하가 되도록 설치해야 한다. 다만, 건축물(지하층에 설치하는 것으로서 바닥면적의 합계가 300m² 이상인 공연장·집회장·관람장 및 전시장은 제외)의 주요구조부가 내화구조 또는 불연재료로 된 건축물은 그 보행거리가 50m(층수가 16층 이상인 공동주택의 경우 16층 이상인 층에 대해서는 40m) 이하가 되도록 설치할 수 있으며, 자동화 생산시설에 스프링클러 등 자동식 소화설비를 설치한 공장으로서 국토교통부령으로 정하는 공장인 경우에는 그 보행거리가 75m(무인화 공장인 경우에는 100m) 이하가 되도록 설치할 수 있다.

06 |

다음은 건축법 시행령 중 피난계단의 설치에 관한 내용이다. 빈칸에 공통으로 들어갈 내용으로 옳은 것은?

법 제49조 제1항에 따라 5층 이상 또는 지하 2층 이하인 층에 설치하는 직통계단은 국토교통부령으로 정하는 기준에 따라 피난계단 또는 특별피난계단으로 설치하여야 한다. 다만, 건축물의 주요구조부가 내화구조 또는 불연재료로 되어 있는 경우로서 다음 각 호의 어느 하나에 해당하는 경우에는 그러하지 아니하다.
1. 5층 이상인 층의 바닥면적의 합계가 ( ) 제곱미터 이하인 경우
2. 5층 이상인 층의 바닥면적 ( )제곱미터 이내마다 방화구획이 되어 있는 경우

① 100
② 150
③ 200
④ 300

해설 관련 법규 : 건축법 제49조, 영 제35조, 해설 법규 : 영 제35조 ①항
5층 이상 또는 지하 2층 이하인 층에 설치하는 직통계단은 국토교통부령으로 정하는 기준에 따라 피난계단 또는 특별피난계단으로 설치하여야 한다. 다만, 건축물의 주요 구조부가 내화구조 또는 불연재료로 되어 있는 경우로서 다음에 해당하는 경우에는 그러하지 아니하다.
㉠ 5층 이상인 층의 바닥면적의 합계가 200m² 이하인 경우
㉡ 5층 이상인 층의 바닥면적 200m² 이내마다 방화구획이 되어 있는 경우

07 |

건축물의 내부에 설치하는 피난계단의 구조에 대한 기준으로 옳지 않은 것은?

① 계단실은 창문·출입구 기타 개구부를 제외한 당해 건축물의 다른 부분과 내화구조의 벽으로 구획할 것
② 계단실의 바깥쪽과 접하는 창문 등은 당해 건축물의 다른 부분에 설치하는 창문 등으로부터 2m 이상의 거리를 두고 설치할 것
③ 계단실의 실내에 접하는 부분은 난연 재료로 할 것
④ 건축물의 내부와 접하는 계단실의 창문 등은 망이 들어있는 유리의 붙박이창으로서 그 면적을 각각 1m² 이하로 할 것

정답 04.④ 05.② 06.③ 07.③

해설 관련 법규 : 건축법 제49조, 영 제35조, 피난 · 방화규칙 제9조, 해설 법규 : 피난 · 방화규칙 제9조 ②항 1호 나목

건축물의 내부에 설치하는 피난계단은 계단실의 실내에 접하는 부분(바닥 및 반자 등 실내에 면한 모든 부분)의 마감(마감을 위한 바탕을 포함)은 불연재료로 할 것

08

피난계단 및 특별피난계단의 구조에서 계단실의 실내에 접하는 부분의 마감에 쓰이는 재료는?

① 내화재료 ② 불연재료
③ 준불연재료 ④ 난연재료

해설 관련 법규 : 건축법 제49조, 영 제35조, 피난 · 방화규칙 제9조, 해설 법규 : 피난 · 방화규칙 제9조 ②항 1호 나목

건축물의 내부에 설치하는 피난계단 및 특별피난계단은 계단실의 실내에 접하는 부분(바닥 및 반자 등 실내에 면한 모든 부분)의 마감(마감을 위한 바탕을 포함)을 불연재료로 할 것

09

특별피난계단의 구조에 관한 기준 중 옳지 않은 것은?

① 계단실 및 부속실의 실내에 접하는 부분의 마감은 불연 재료로 할 것
② 계단실에는 노대 또는 부속실에 접하는 부분 외에는 건축물의 내부와 접하는 창문 등을 설치하지 아니할 것
③ 건축물의 내부에서 부속실로 통하는 출입구에는 30분방화문을 설치할 것
④ 출입구의 유효 너비는 0.9m 이상으로 할 것

해설 관련 법규 : 건축법 제49조, 영 제35조, 피난 · 방화규칙 제9조, 해설 법규 : 피난 · 방화규칙 제9조 ②항 3호

건축물의 내부에서 노대 또는 부속실로 통하는 출입구에는 60+방화문(연기 및 불꽃을 차단할 수 있는 시간이 60분 이상이고, 열을 차단할 수 있는 시간이 30분 이상인 방화문)또는 60분방화문(연기 및 불꽃을 차단할 수 있는 시간이 60분 이상인 방화문)을 설치하고, 노대 또는 부속실로부터 계단실로 통하는 출입구에는 60+방화문, 60분방화문 또는 30분방화문을 설치할 것. 이 경우 방화문은 언제나 닫힌 상태를 유지하거나 화재로 인한

연기 또는 불꽃을 감지하여 자동적으로 닫히는 구조로 해야 하고, 연기 또는 불꽃으로 감지하여 자동적으로 닫히는 구조로 할 수 없는 경우에는 온도를 감지하여 자동적으로 닫히는 구조로 할 수 있다.

10

건축물의 3층 이상의 층으로서 문화 및 집회시설의 공연장이나 위락시설 중 주점영업의 용도에 쓰이는 층으로 그 층 거실의 바닥면적의 합계가 몇 m² 이상일 때 옥외 피난계단을 설치하여야 하는가?

① 200m² 이상 ② 300m² 이상
③ 400m² 이상 ④ 500m² 이상

해설 관련 법규 : 건축법 제49조, 영 제36조, 해설 법규 : 영 제36조 1호

제2종 근린생활시설 중 공연장(해당 용도로 쓰는 바닥면적의 합계가 300m² 이상인 경우만 해당), 문화 및 집회시설 중 공연장이나 위락시설 중 주점영업의 용도로 쓰는 층으로서 그 층 거실의 바닥면적의 합계가 300m² 이상인 건축물과 문화 및 집회시설 중 집회장의 용도로 쓰는 층으로서 그 층 거실의 바닥면적의 합계가 1,000m² 이상인 건축물은 옥외 피난계단을 설치하여야 한다.

11

건축물의 바깥쪽에 설치하는 피난계단의 구조에 관한 기준으로 옳지 않은 것은?

① 계단은 그 계단으로 통하는 출입구 외의 창문 등(망이 들어 있는 유리의 붙박이창으로서 그 면적이 각각 1m² 이하인 것을 제외한다)으로부터 2m 이상의 거리를 두고 설치할 것
② 건축물의 내부에서 계단으로 통하는 출입구에는 30분방화문을 설치할 것
③ 계단의 유효너비는 0.9m 이상으로 할 것
④ 계단은 내화구조로 하고 지상까지 직접 연결되도록 할 것

해설 관련 법규 : 건축법 제49조, 영 제35조, 피난 · 방화규칙 제9조, 해설 법규 : 피난 · 방화규칙 제9조 ②항 2호

건축물의 바깥쪽에 설치하는 피난계단의 구조는 ①, ③, ④ 이외에 건축물의 내부에서 계단으로 통하는 출입구에는 60+방화문(연기 및 불꽃을 차단할 수 있는 시간이 60분 이상이고, 열을 차단할 수 있는 시간이 30분 이상인 방화문)또는 60분방화문(연기 및 불꽃을

차단할 수 있는 시간이 60분 이상인 방화문)을 설치할 것이 해당된다.

12 |

다음은 지하층과 피난층 사이의 개방공간 설치에 대한 건축 관계 법령이다. ( ) 안에 알맞은 것은?

> 바닥면적의 합계가 ( ) 이상인 공연장·집회장·관람장 또는 전시장을 지하층에 설치하는 경우에는 각실에 있는 자가 지하층 각 층에서 건축물 밖으로 피난하여 옥외 계단 또는 경사로 등을 이용하여 피난층으로 대피할 수 있도록 천장이 개방된 외부 공간을 설치하여야 한다.

① 500m²
② 1,000m²
③ 3,000m²
④ 5,000m²

해설 관련 법규 : 건축법 제49조, 영 제37조, 해설 법규 : 영 제37조
지하층과 피난층 사이의 개방공간을 설치를 하여야 하는 건축물은 바닥면적의 합계가 3,000m² 이상인 공연장·집회장·관람장, 또는 전시장을 지하층에 설치하는 경우에는 각 실에 있는 자가 지하층 각 층에서 건축물 밖으로 피난하여 옥외 계단 또는 경사로 등을 이용하여 피난층으로 대피할 수 있도록 천장이 개방된 외부 공간을 설치하여야 한다.

13 |

바닥면적이 300m² 이상인 공연장의 개별 관람실 출구의 설치기준으로 옳지 않은 것은?

① 출구는 관람실별 2개소 이상 설치해야 한다.
② 관람실 또는 집회실로부터 바깥쪽으로의 출구로 쓰이는 문은 안여닫이로 하여야 한다.
③ 각 출구의 유효너비는 1.5m 이상으로 하여야 한다.
④ 개별 관람석 출구의 유효너비의 합계는 개별 관람석의 바닥면적 100m²마다 0.6m의 비율로 산정한 너비 이상으로 한다.

해설 관련 법규 : 건축법 제49조, 영 제38조, 피난·방화규칙 제10조, 해설 법규 : 피난·방화규칙 제10조 ①항
건축물의 관람실 또는 집회실로부터 바깥쪽으로의 출구로 쓰이는 문은 안여닫이로 해서는 안 된다 즉, 바깥여닫이로 하여야 한다.

14 |

문화 및 집회시설 중 공연장의 개별 관람실의 바깥쪽에 있어 그 양쪽 및 뒤쪽에 각각 복도를 설치하여야 하는 최소 바닥면적의 기준으로 옳은 것은?

① 개별 관람실의 바닥면적이 300m² 이상
② 개별 관람실의 바닥면적이 400m² 이상
③ 개별 관람실의 바닥면적이 500m² 이상
④ 개별 관람실의 바닥면적이 600m² 이상

해설 관련 법규 : 건축법 제49조, 영 제48조, 피난·방화규칙 제15조의2, 해설 법규 : 피난·방화규칙 제15조의2 ③항
문화 및 집회시설 중 공연장에 설치하는 복도는 다음의 기준에 적합하여야 한다.
㉠ 공연장의 개별 관람실(바닥면적이 300m² 이상인 경우에 한정)의 바깥쪽에는 그 양쪽 및 뒤쪽에 각각 복도를 설치할 것
㉡ 하나의 층에 개별 관람실(바닥면적이 300m² 미만인 경우에 한정)을 2개소 이상 연속하여 설치하는 경우에는 그 관람석의 바깥쪽의 앞쪽과 뒤쪽에 각각 복도를 설치할 것

15 |

판매시설의 당해 용도로 쓰이는 층의 최대 바닥면적이 500m²일 때 피난층에 설치하는 건축물의 바깥쪽으로 나가는 출구의 유효 너비 합계는 최소 얼마 이상인가?

① 2.5m
② 3m
③ 3.5m
④ 5m

해설 관련 법규 : 건축법 제49조, 영 제39조, 피난·방화규칙 제11조, 해설 법규 : 피난·방화규칙 제11조 ④항
판매시설의 용도에 쓰이는 피난층에 설치하는 건축물의 바깥쪽으로의 출구의 유효너비의 합계는 해당 용도에 쓰이는 바닥면적이 최대인 층에 있어서의 해당 용도의 바닥면적 100m²마다 0.6m의 비율로 산정한 너비 이상으로 하여야 한다.
∴ 출구의 유효너비의 합계
$$= \frac{\text{최대인 층의 바닥면적}}{100m^2} \times 0.6m$$
$$= \frac{500}{100} \times 0.6m = 3.0m \text{ 이다.}$$

16

다음은 건축물 바깥쪽으로의 출구의 설치기준에 관한 법령이다. 빈칸에 알맞은 내용으로 옳은 것은?

> 판매시설의 용도에 쓰이는 피난층에 설치하는 건축물의 바깥쪽으로의 출구의 유효너비의 합계는 해당 용도에 쓰이는 바닥면적이 최대인 층에 있어서의 해당 용도의 바닥면적 100m²마다 (   )의 비율로 산정한 너비 이상으로 하여야 한다.

① 0.5m   ② 0.6m
③ 0.7m   ④ 0.8m

해설 관련 법규 : 건축법 제49조, 영 제39조, 피난 · 방화규칙 제11조, 해설 법규 : 피난 · 방화규칙 제11조 ④항
판매시설의 용도에 쓰이는 피난층에 설치하는 건축물의 바깥쪽으로의 출구의 유효너비의 합계는 해당 용도에 쓰이는 바닥면적이 최대인 층에 있어서의 해당 용도의 바닥면적 100m²마다 0.6m의 비율로 산정한 너비 이상으로 하여야 한다.

17

건축물의 피난시설과 관련하여 건축물로부터 바깥쪽으로 나가는 출구를 설치하여야 하는 대상 건축물이 아닌 것은?

① 장례시설
② 위락시설
③ 문화 및 집회시설 중 전시장
④ 승강기를 설치하여야 하는 건축물

해설 관련 법규 : 건축법 제49조, 영 제39조, 해설 법규 : 영 제39조 ①항
제2종 근린생활시설 중 공연장 · 종교집회장 · 인터넷컴퓨터게임시설제공업소(해당 용도로 쓰는 바닥면적의 합계가 각각 300m² 이상인 경우만 해당), 문화 및 집회시설(전시장 및 동 · 식물원은 제외), 종교시설, 판매시설, 업무시설 중 국가 또는 지방자치단체의 청사, 위락시설, 연면적이 5,000m² 이상인 창고시설, 교육연구시설 중 학교, 장례시설, 승강기를 설치하여야 하는 건축물로부터 바깥쪽으로 나가는 출구를 설치하여야 한다.

18

건축물의 피난시설 설치와 관련하여 국토교통부령이 정하는 기준에 따라 건축물로부터 바깥쪽으로 나가는 출구를 설치하여야 하는 대상이 아닌 것은?

① 위락시설
② 교육연구시설 중 학교
③ 연면적이 3,000m²인 창고시설
④ 업무시설 중 국가 또는 지방자치단체의 청사

해설 관련 법규 : 건축법 제49조, 영 제39조, 해설 법규 : 영 제39조 ①항
제2종 근린생활시설 중 공연장 · 종교집회장 · 인터넷컴퓨터게임시설제공업소(해당 용도로 쓰는 바닥면적의 합계가 각각 300m² 이상인 경우만 해당), 문화 및 집회시설(전시장 및 동 · 식물원은 제외), 종교시설, 판매시설, 업무시설 중 국가 또는 지방자치단체의 청사, 위락시설, 연면적이 5,000m² 이상인 창고시설, 교육연구시설 중 학교, 장례시설, 승강기를 설치하여야 하는 건축물로부터 바깥쪽으로 나가는 출구를 설치하여야 한다.

19

문화 및 집회시설 중 공연장의 개별 관람실 바닥면적이 600m²인 경우, 이 개별 관람실에 설치하여야 하는 출구의 최소 개소는? (단, 각 출구의 유효 너비를 1.5m로 하는 경우)

① 1개소   ② 2개소
③ 3개소   ④ 4개소

해설 관련 법규 : 법 제49조, 영 제38조, 피난 · 방화규칙 제10조, 해설 법규 : 피난 · 방화규칙 제10조 ②항
개별 관람실 출구의 유효너비 합계는 개별 관람실의 바닥면적 100m²마다 0.6m의 비율로 산정한 너비 이상으로 하여야 한다.
즉, 관람실 출구의 유효 너비 합계
$$= \frac{\text{개별 관람석의 면적}}{100} \times 0.6m = \frac{600}{100} \times 0.6m = 3.6m$$
이상이다. 그런데, 출구의 최소 개수
$$= \frac{\text{출구 유효 너비의 합계}}{\text{출구의 유효 너비}} = \frac{3.6}{1.5} = 2.4 \text{개} \rightarrow 3 \text{개소}$$
이다.

20 |

평지로 된 대지에 판매시설의 용도로 사용되는 지상 6층인 건축물의 피난층에 설치하는 바깥쪽으로의 출구 유효너비의 합계는 최소 얼마 이상으로 하여야 하는가? (단, 각 층의 바닥면적은 1층과 2층은 각각 1,000m²이고, 3층부터 6층까지는 각각 1,500m²이다.)

① 6m ② 9m
③ 12m ④ 36m

해설 관련 법규 : 법 제49조, 영 제39조, 피난 · 방화규칙 제11조, 해설 법규 : 피난 · 방화규칙 제11조 ④항
판매시설의 용도에 쓰이는 피난층에 설치하는 건축물의 바깥쪽으로의 출구의 유효너비의 합계는 해당 용도에 쓰이는 바닥면적이 최대인 층에 있어서의 해당 용도의 바닥면적 100m²마다 0.6m의 비율로 산정한 너비 이상으로 하여야 한다.
그러므로, 출구의 유효 너비의 합계

$$\geq \frac{\text{바닥면적이 최대인층의 바닥면적}}{100} \times 0.6 \text{m}$$

$$= \frac{1,500}{100} \times 0.6 = 9 \text{m 이상}$$

21 |

건축물의 피난층으로부터 건축물의 바깥쪽에 이르는 통로에 경사로를 설치하여야 하는 건축물이 아닌 것은?

① 승강기를 설치하여야 하는 건축물
② 교육연구시설 중 학교
③ 연면적 3,000m²인 판매 시설
④ 제1종 근린 생활 시설 중 마을 회관

해설 관련 법규 : 법 제48조, 영 제39조, 피난 · 방화규칙 제11조, 해설 법규 : 피난 · 방화규칙 제11조 ⑤항
다음의 하나에 해당하는 건축물의 피난층 또는 피난층의 승강장으로부터 건축물의 바깥쪽에 이르는 통로에는 경사로를 설치하여야 한다.
㉠ 제1종 근린생활시설 중 지역자치센터 · 파출소 · 지구대 · 소방서 · 우체국 · 방송국 · 보건소 · 공공도서관 · 지역건강보험조합 기타 이와 유사한 것으로서 동일한 건축물 안에서 당해 용도에 쓰이는 바닥면적의 합계가 1,000m² 미만인 것
㉡ 제1종 근린생활시설 중 마을회관 · 마을공동작업소 · 마을공동구판장 · 변전소 · 양수장 · 정수장 · 대피소 · 공중화장실 기타 이와 유사한 것

㉢ 연면적이 5,000m² 이상인 판매시설, 운수시설
㉣ 교육연구시설 중 학교
㉤ 업무시설 중 국가 또는 지방자치단체의 청사와 외국공관의 건축물로서 제1종 근린생활시설에 해당하지 아니하는 것
㉥ 승강기를 설치하여야 하는 건축물

22 |

건축물에 설치하는 회전문의 설치기준으로 옳지 않은 것은?

① 회전문의 위치는 계단이나 에스컬레이터로부터 2m 이상 거리를 둘 것
② 회전문의 회전속도는 분당회전수가 8회를 넘지 아니하도록 할 것
③ 회전문과 문틀 사이는 5cm 이상 간격을 확보하고 틈 사이를 고무와 고무펠트의 조합체 등을 사용하여 신체나 물건 등에 손상이 없도록 할 것
④ 회전문은 사용에 편리하게 양 방향으로 회전할 수 있는 구조로 할 것

해설 관련 법규 : 건축법 제49조, 영 제39조, 피난 · 방화규칙 제12조, 해설 법규 : 피난 · 방화규칙 제12조 3호
회전문은 출입에 지장이 없도록 일정한 방향으로 회전하는 구조일 것

23 |

다음은 피난용도의 옥상광장을 설치하기 위한 건축법령이다. ( ) 안에 들어갈 내용을 옳은 것은?

( ) 이상인 층이 제2종 근린생활시설 중 공연장 · 종교집회장 · 인터넷컴퓨터게임시설제공업소(해당 용도로 쓰는 바닥면적의 합계가 각각 300m² 이상인 경우만 해당), 문화 및 집회시설(전시장 및 동 · 식물원은 제외한다), 종교시설, 판매시설, 위락시설 중 주점영업 또는 장례시설의 용도로 쓰는 경우에는 피난 용도로 쓸 수 있는 광장을 옥상에 설치하여야 한다.

① 5층 ② 6층
③ 7층 ④ 11층

정답 20. ② 21. ③ 22. ④ 23. ①

관련 법규 : 건축법 제49조, 영 제40조, 해설 법규 : 영
제40조 ②항

5층 이상인 층이 제2종 근린생활시설 중 공연장 · 종
교집회장 · 인터넷컴퓨터게임시설제공업소(해당 용도
로 쓰는 바닥면적의 합계가 각각 300m² 이상인 경우
만 해당), 문화 및 집회시설(전시장 및 동 · 식물원은
제외), 종교시설, 판매시설, 위락시설 중 주점영업 또
는 장례시설의 용도로 쓰는 경우에는 피난 용도로 쓸
수 있는 광장을 옥상에 설치하여야 한다.

24

건축물에 설치하는 헬리포트의 설치 기준으로 옳지
않은 것은?

① 헬리포트의 길이와 너비는 각각 22m 이상으로
할 것
② 헬리포트의 중심으로부터 반경 12m 이내에는
헬리콥터의 이 · 착륙에 장애가 되는 건축물, 공
작물, 조경시설 또는 난간 등을 설치하지 아니
할 것
③ 헬리포트의 주위한계선은 백색으로 하되, 그 선
의 너비는 38cm로 할 것
④ 헬리포트 중앙부분에는 지름 6m의 Ⓗ 표시를
백색으로 할 것

관련 법규 : 건축법 제49조, 영 제40조, 피난 · 방화규칙
제13조, 해설 법규 : 피난 · 방화규칙 제13조 ①항 4호

헬리포트의 중앙부분에는 지름 8m의 "H"표지를 백색
으로 하되, "H"표지의 선의 너비는 38cm로, "O"표지
의 선의 너비는 60cm로 할 것

25

공동주택 중 아파트로서 4층 이상인 층의 각 세대가
2개 이상의 직통계단을 사용할 수 없는 경우에는 발코
니에 인접 세대와 공동으로 또는 각 세대별로 일정 요
건을 모두 갖춘 대피공간을 하나 이상 설치하여야 하
는데 이 요건에 관한 설명으로 옳지 않은 것은?

① 대피공간은 실내의 다른 부분과 방화구획으로
구획될 것
② 대피공간의 바닥면적은 인접 세대와 공동으로
설치하는 경우에는 4m² 이상일 것

③ 대피공간의 바닥면적은 각 세대별로 설치하는
경우에는 2m² 이상일 것
④ 대피공간은 바깥의 공기와 접할 것

관련 법규 : 건축법 제49조, 영 제46조, 해설 법규 : 영
제46조 ④항 3호

대피공간의 바닥면적은 인접 세대와 공동으로 설치하
는 경우에는 3m² 이상, 각 세대별로 설치하는 경우에
는 2m² 이상일 것

26

계단 및 계단참의 너비(옥내계단에 한함)가 최소
150cm 이상 되어야 하는 것은?

① 초등학교의 학생용 계단
② 집회장의 계단
③ 판매시설 중 도매시장의 계단
④ 바로 위층부터 최상층까지의 거실의 바닥면적
합계가 200m² 이상인 지상층의 계단

관련 법규 : 영 제48조, 피난 · 방화규칙 제15조, 해설
법규 : 피난 · 방화규칙 제15조 ②항 1호

계단을 설치하는 경우 계단 및 계단참의 너비(옥내계
단에 한정), 계단의 단높이 및 단너비의 칫수는 다음
의 기준에 적합해야 한다. 이 경우 돌음계단의 단너비
는 그 좁은 너비의 끝부분으로부터 30cm의 위치에서
측정한다.

㉠ 초등학교의 계단인 경우에는 계단 및 계단참의 유
효너비는 150cm 이상, 단높이는 16cm 이하, 단너
비는 26cm 이상으로 할 것
㉡ 중 · 고등학교의 계단인 경우에는 계단 및 계단참의
유효너비는 150cm 이상, 단높이는 18cm 이하, 단
너비는 26cm 이상으로 할 것
㉢ 문화 및 집회시설(공연장 · 집회장 및 관람장에 한
함) · 판매시설 기타 이와 유사한 용도에 쓰이는 건
축물의 계단인 경우에는 계단 및 계단참의 유효너
비를 120cm 이상으로 할 것
㉣ 제㉠부터 제㉢까지의 건축물 외의 건축물의 계단으
로서 다음의 어느 하나에 해당하는 층의 계단인 경
우에는 계단 및 계단참은 유효너비를 120cm 이상
으로 할 것
• 계단을 설치하려는 층이 지상층인 경우 : 해당 층
의 바로 위층부터 최상층(상부층 중 피난층이 있
는 경우에는 그 아래층)까지의 거실 바닥면적의
합계가 200m² 이상인 경우
• 계단을 설치하려는 층이 지하층인 경우 : 지하층
거실 바닥면적의 합계가 100m² 이상인 경우

ⓜ 기타의 계단인 경우에는 계단 및 계단참의 유효너
비를 60cm 이상으로 할 것

27 |

건축물의 구분에 따른 복도의 유효너비 기준으로 옳
은 것은? (단, 양옆에 거실이 있는 복도)

① 중학교 – 2.1미터 이상
② 고등학교 – 2.1미터 이상
③ 공동주택 – 1.8미터 이상
④ 초등학교 – 2.1미터 이상

해설 관련 법규 : 영 제48조, 피난 · 방화규칙 제15조의2, 해
설 법규 : 피난 · 방화규칙 제15조의2 ①항

구분	양옆에 거실이 있는 복도	기타의 복도
유치원, 초등학교, 중학교, 고등학교	2.4m 이상	1.8m 이상
공동주택, 오피스텔	1.8m 이상	
당해 층 거실의 바닥면적 합계가 200m² 이상인 경우	1.5m 이상 (의료시설의 복도 1.8m 이상)	1.2m 이상

28 |

계단을 대체하여 설치하는 경사로의 경사도 기준은?

① 1 : 6을 넘지 아니할 것
② 1 : 7을 넘지 아니할 것
③ 1 : 8을 넘지 아니할 것
④ 1 : 9을 넘지 아니할 것

해설 관련 법규 : 영 제48조, 피난 · 방화규칙 제15조, 해설
법규 : 피난 · 방화규칙 제15조 ⑤항
계단을 대체하여 설치하는 경사로는 다음의 기준에 적
합하게 설치하여야 한다.
ⓜ 경사도는 1 : 8을 넘지 아니할 것
ⓛ 표면을 거친 면으로 하거나 미끄러지지 아니하는
재료로 마감할 것
ⓒ 경사로의 직선 및 굴절부분의 유효너비는 「장애
인 · 노인 · 임산부등의 편의증진보장에 관한 법률」
이 정하는 기준에 적합할 것

29 |

종교시설인 건축물의 주계단 · 피난계단 또는 특별피
난계단에서 난간이 없는 경우에 손잡이를 설치하고
자 할 때 손잡이는 벽 등으로부터 최소 얼마 이상 떨
어져 설치해야 하는가?

① 3cm
② 5cm
③ 8cm
④ 10cm

해설 관련 법규 : 건축법 시행령 제48조, 피난 · 방화규칙 제
15조, 해설 법규 : 피난 · 방화규칙 제15조 ④항
난간 · 벽 등의 손잡이와 바닥마감은 다음의 기준에 적
합하게 설치하여야 한다.
ⓜ 손잡이는 최대지름이 3.2cm 이상 3.8cm 이하인
원형 또는 타원형의 단면으로 할 것
ⓛ 손잡이는 벽 등으로부터 5cm 이상 떨어지도록 하
고, 계단으로부터의 높이는 85cm가 되도록 할 것
ⓒ 계단이 끝나는 수평부분에서의 손잡이는 바깥쪽으
로 30cm 이상 나오도록 설치할 것

30 |

관람실 또는 집회실로부터의 출구를 건축 관계 법령에
따라 설치하여야 하는 건축물의 용도가 아닌 것은?

① 종교시설
② 장례시설
③ 위락시설
④ 문화 및 집회시설 중 전시장

해설 관련 법규 : 건축법 제49조, 영 제38조, 해설 법규 : 영
제38조
제2종 근린생활시설 중 공연장 · 종교집회장(해당 용
도로 쓰는 바닥면적의 합계가 각각 300m² 이상인 경
우만 해당), 문화 및 집회시설(전시장 및 동 · 식물원
은 제외), 종교시설, 위락시설 및 장례시설의 건축물
에는 국토교통부령으로 정하는 기준에 따라 관람실 또
는 집회실로부터의 출구를 설치하여야 한다.

31

문화 및 집회시설(전시장 및 동·식물원 제외) 용도에 쓰이는 건축물의 관람실 또는 집회실의 바닥면적이 200m² 이상인 경우 반자의 높이는 최소 얼마 이상인가?

① 2.1m
② 2.7m
③ 3.6m
④ 4.0m

해설 관련 법규 : 건축법 제49조, 영 제50조, 피난·방화규칙 제16조, 해설 법규 : 피난·방화규칙 제16조 ②항
문화 및 집회시설(전시장 및 동·식물원은 제외), 종교시설, 장례식장 또는 위락시설 중 유흥주점의 용도에 쓰이는 건축물의 관람실 또는 집회실로서 그 바닥면적이 200m² 이상인 것의 반자높이는 4m(노대의 아랫부분의 높이는 2.7m) 이상이어야 한다. 다만, 기계환기장치를 설치한 경우에는 그러하지 아니하다.

32

거실의 채광 및 환기에 관한 규정으로 옳지 않은 것은?

① 채광을 위하여 거실에 설치하는 창문 등의 면적은 그 거실의 바닥면적의 1/20 이상이어야 한다.
② 환기를 위하여 거실에 설치하는 창문 등의 면적은 그 거실의 바닥면적의 1/20 이상이어야 한다.
③ 채광 및 환기를 위하여 거실에 설치하는 창문 등의 면적을 정하는 경우 수시로 개방할 수 있는 미닫이로 구획된 2개의 거실은 이를 1개의 거실로 본다.
④ 오피스텔에 거실 바닥으로부터 높이 1.2m 이하 부분에 여닫을 수 있는 창문을 설치하는 경우에는 국토해양부령으로 정하는 기준에 따라 추락방지를 위한 안전시설을 설치해야 한다.

해설 관련 법규 : 영 제51조, 피난·방화규칙 제17조, 해설 법규 : 피난·방화규칙 제17조 ①항
채광을 위하여 거실에 설치하는 창문 등의 면적은 그 거실의 바닥면적의 1/10 이상이어야 한다. 다만, 거실의 용도에 따라 기준 조도 이상의 조명장치를 설치하는 경우에는 그러하지 아니하다.

33

단독주택 및 공동주택의 거실에 환기를 위하여 설치하는 창문 등의 면적은 최소 얼마 이상이어야 하는가? (단, 기계환기장치 및 중앙관리방식의 공기조화설비를 설치하지 않은 경우)

① 거실 바닥면적의 5분의 1
② 거실 바닥면적의 10분의 1
③ 거실 바닥면적의 15분의 1
④ 거실 바닥면적의 20분의 1

해설 관련 법규 : 영 제51조, 피난·방화규칙 제17조, 해설 법규 : 피난·방화규칙 제17조 ②항
환기를 위하여 거실에 설치하는 창문 등의 면적은 그 거실의 바닥면적의 1/20 이상이어야 한다. 다만, 기계환기장치 및 중앙관리방식의 공기조화설비를 설치하는 경우에는 그러하지 아니하다.

34

학교 교실의 채광을 위하여 설치하는 창문 등의 면적은 교실 바닥면적의 최소 얼마 이상이어야 하는가? (단, 거실의 용도에 따른 기준 조도 이상의 조명장치를 설치한 경우는 제외한다.)

① 1/5
② 1/8
③ 1/10
④ 1/20

해설 관련 법규 : 건축법 제49조 제3항, 영 제51조, 피난·방화규칙 제17조, 해설 법규 : 피난·방화규칙 제17조 ①, ②항
㉠ 채광을 위하여 거실에 설치하는 창문 등의 면적은 그 거실의 바닥면적의 1/10 이상이어야 한다. 다만, 거실의 용도에 따라 기준 조도 이상의 조명장치를 설치하는 경우에는 그러하지 아니하다.
㉡ 환기를 위하여 거실에 설치하는 창문 등의 면적은 그 거실의 바닥면적의 1/20 이상이어야 한다. 다만, 기계환기장치 및 중앙관리방식의 공기조화설비를 설치하는 경우에는 그러하지 아니하다.

35

건축물의 피난 · 방화구조 등의 기준에 관한 규칙상 거실의 용도에 따른 조도기준이 높은 것에서 낮은 순서로 올바르게 나열된 것은? (단, 바닥에서 85cm의 높이에 있는 수평선의 조도)

① 거주(독서) – 작업(검사) – 집무(일반사무) – 집회(공연 · 관람)
② 작업(검사) – 거주(독서) – 집무(일반사무) – 집회(공연 · 관람)
③ 작업(검사) – 집무(일반사무) – 거주(독서) – 집회(공연 · 관람)
④ 집회(공연 · 관람) – 거주(독서) – 집무(일반사무) – 작업(검사)

> **해설** 관련 법규 : 건축법 제49조, 영 제51조, 피난 · 방화규칙 제17조, (별표 1의3), 해설 법규 : 피난 · 방화규칙 (별표 1의3)
> 거실의 용도에 따른 조도기준

구분	700lux	300lux	150lux	70lux	30lux
거주			독서, 식사, 조리	기타	
집무	설계, 제도, 계산	일반사무	기타		
작업	검사, 시험, 정밀검사, 수술	일반작업, 제조, 판매	포장, 세척	기타	
집회		회의	집회	공연, 관람	
오락			오락 일반		기타

36

다음 중 거실의 용도에 따른 조도기준이 가장 높은 것은?

① 독서   ② 일반사무
③ 제도   ④ 회의

> **해설** 관련 법규 : 건축법 제49조, 영 제51조, 피난 · 방화규칙 제17조, (별표 1의3), 해설 법규 : (별표 1의3)
> 거실의 용도에 따른 조도기준은 독서는 150룩스, 일반사무는 300룩스, 제도는 700룩스, 회의는 300룩스이다.

37

건축물의 피난 · 방화구조 등의 기준에 관한 규칙상 거실의 용도 구분에 따른 조도기준이 잘못 연결된 것은? (단, 바닥에서 85센티미터의 높이에 있는 수평면의 조도이며, 답지항은 거실의 용도 구분에서 대분류 – 소분류 – 조도의 순임)

① 집회 – 회의 – 300룩스
② 작업 – 포장 · 세척 – 150룩스
③ 집무 – 일반사무 – 300룩스
④ 오락 – 오락일반 – 200룩스

> **해설** 관련 법규 : 건축법령 제51조, 피난 · 방화규칙 제17조, 해설 법규 : 피난 · 방화규칙 제17조
> 오락 중 오락일반 경우의 조도는 150룩스이다.

38

바닥으로부터 높이 1m까지 안벽 마감을 내수재료로 하여야 하는 대상이 아닌 것은?

① 제1종 근린생활시설 중 치과의원의 치료실
② 제2종 근린생활시설 중 휴게음식점의 조리장
③ 제1종 근린생활시설 중 목욕장의 욕실
④ 제2종 근린생활시설 중 일반음식점의 조리장

> **해설** 관련 법규 : 법 제49조, 영 제52조, 피난 · 방화규칙 제18조, 해설 법규 : 영 제52조, 피난 · 방화규칙 제18조
> 다음의 어느 하나에 해당하는 거실 · 욕실 또는 조리장의 바닥 부분에는 국토교통부령으로 정하는 기준에 따라 방습을 위한 조치를 하여야 한다.
> ㉠ 건축물의 최하층에 있는 거실(바닥이 목조인 경우만 해당한다)바닥의 높이는 지표면으로부터 45cm 이상으로 하여야 한다. 다만, 지표면을 콘크리트바닥으로 설치하는 등 방습을 위한 조치를 하는 경우에는 그러하지 아니하다.
> ㉡ 욕실 또는 조리장의 바닥과 그 바닥으로부터 높이 1m까지의 안벽의 마감은 이를 내수재료로 하여야 한다.
> • 제1종 근린생활시설중 목욕장의 욕실과 휴게음식점의 조리장
> • 제2종 근린생활시설중 일반음식점 및 휴게음식점의 조리장과 숙박시설의 욕실

39

제2종 근린생활시설 중 일반음식점 및 휴게음식점의 조리장의 안벽은 바닥으로부터 얼마의 높이까지 내수재료로 마감하여야 하는가?

① 0.3m　　　　　② 0.5m
③ 1m　　　　　　④ 1.2m

해설 관련 법규 : 건축법 제49조, 영 제52조, 피난·방화규칙 제18조, 해설 법규 : 피난·방화규칙 제18조 ②항
제1종 근린생활시설 중 목욕장의 욕실과 휴게음식점의 조리장과 제2종 근린생활시설 중 일반음식점 및 휴게음식점의 조리장과 숙박시설의 욕실의 바닥과 그 바닥으로부터 높이 1m까지의 안벽의 마감은 이를 내수재료로 하여야 한다.

40

건축물에 설치하는 경계벽이 소리를 차단하는데 장애가 되는 부분이 없도록 하여야 하는 구조기준으로 옳지 않은 것은?

① 철근콘크리트조로서 두께가 10cm 이상인 것
② 무근콘크리트조로서 두께가 10cm 이상인 것
③ 콘크리트블록조로서 두께가 19cm 이상인 것
④ 벽돌조로서 두께가 15cm 이상인 것

해설 관련 법규 : 건축법 제49조, 피난·방화규칙 제19조, 해설 법규 : 피난·방화규칙 제19조 ②항
경계벽의 구조
경계벽은 소리를 차단하는데 장애가 되는 부분이 없도록 다음의 어느 하나에 해당하는 구조로 하여야 한다. 다만, 다가구주택 및 공동주택의 세대간의 경계벽인 경우에는 「주택건설기준 등에 관한 규정」에 따른다.
㉠ 철근콘크리트조·철골철근콘크리트조로서 두께가 10cm 이상인 것
㉡ 무근콘크리트조 또는 석조로서 두께가 10cm(시멘트모르타르·회반죽 또는 석고플라스터의 바름두께를 포함)이상인 것
㉢ 콘크리트블록조 또는 벽돌조로서 두께가 19cm 이상인 것
㉣ ㉠ 내지 ㉢의 것 외에 국토교통부장관이 정하여 고시하는 기준에 따라 국토교통부장관이 지정하는 자 또는 한국건설기술연구원장이 실시하는 품질시험에서 그 성능이 확인된 것
㉤ 한국건설기술연구원장이 인정기준에 따라 인정하는 것

41

숙박시설의 객실 간 경계벽의 구조 및 설치기준으로 틀린 것은?

① 내화구조로 하여야 한다.
② 지붕밑 또는 바로 위층의 바닥판까지 닿게 한다.
③ 철근콘크리트 구조의 경우에는 그 두께가 10cm 이상이어야 한다.
④ 목조의 경우에는 그 두께가 15cm 이상이어야 한다.

해설 관련 법규 : 건축법 제49조, 영 제53조, 피난·방화규칙 제19조, 해설 법규 : 피난·방화규칙 제19조 ②항
숙박시설의 객실 간 경계벽은 소리를 차단하는데 장애가 되는 부분이 없도록 철근콘크리트조·철골철근콘크리트조·무근콘크리트조 또는 석조, 콘크리트블록조 또는 벽돌조 이외의 구조에는 국토교통부장관이 정하여 고시하는 기준에 따라 국토교통부장관이 지정하는 자 또는 한국건설기술연구원장이 실시하는 품질시험에서 그 성능이 확인된 것이어야 한다.

42

숙박시설의 객실 간 경계벽의 구조 및 설치기준으로 옳지 않은 것은?

① 내화구조로 하여야 한다.
② 지붕밑 또는 바로 위층의 바닥판까지 닿게 한다.
③ 무근콘크리트조 또는 석조의 경우에는 그 두께가 10cm 이상이어야 한다.
④ 콘크리트블록조의 경우에는 그 두께가 15cm 이상이어야 한다.

해설 관련 법규 : 건축법 제49조, 피난·방화규칙 제19조, 해설 법규 : 피난·방화규칙 제19조 ②항
경계벽은 소리를 차단하는데 장애가 되는 부분이 없도록 콘크리트블록조 또는 벽돌조로서 두께가 19cm 이상이어야 한다.

43 |

국토해양부령이 정하는 내화구조에 해당하는 기준으로 옳은 것은? (단, 벽의 경우)

① 철근콘크리트조 또는 철골철근콘크리트조로서 두께가 5cm 이상인 것

② 철재로 보강된 콘크리트블록조·벽돌조 또는 석조로서 철재에 덮은 콘크리트블록 등의 두께가 5cm 이상인 것

③ 벽돌조로서 두께가 10cm 이상인 것

④ 고온·고압의 증기로 양생된 경량기포 콘크리트 패널 또는 경량기포 콘크리트블록조로서 두께가 5cm 이상인 것

해설 관련 법규 : 영 제2조, 피난·방화규칙 제3조, 해설 법규 : 피난·방화규칙 제3조
① 철근콘크리트조 또는 철골철근콘크리트조로서 두께가 10cm 이상인 것
③ 벽돌조로서 두께가 19cm 이상인 것
④ 고온·고압의 증기로 양생된 경량 기포 콘크리트 패널 또는 경량 기포 콘크리트 블록조로서 두께가 10cm 이상인 것

44 |

외벽 중 비내력벽의 경우 내화구조로 인정받기 위한 기준으로 옳지 않은 것은?

① 철근콘크리트조 또는 철골철근콘크리트조로서 두께가 7cm 이상인 것

② 골구를 철골조로 하고 그 양면을 두께 3cm 이상의 철망모르타르 또는 두께 4cm 이상의 콘크리트블록·벽돌 또는 석재로 덮은 것

③ 철재로 보강된 콘크리트블록조·벽돌조 또는 석조로서 철재에 덮은 콘크리트블록 등의 두께가 4cm 이상인 것

④ 무근콘크리트조·콘크리트블록조·벽돌조 또는 석조로서 그 두께가 5cm 이상인 것

해설 관련 법규 : 영 제2조, 피난·방화규칙 제3조, 해설 법규 : 피난·방화규칙 제3조 2호
외벽 중 비내력벽의 경우에는 무근콘크리트조·콘크리트블록조·벽돌조 또는 석조로서 그 두께가 7cm 이상인 것이어야 내화구조에 속한다.

45 |

건축 관계 법규상 내화구조로 인정될 수 없는 것은?

① 철재로 보강된 유리블록 또는 망입유리로 된 지붕

② 단면이 30cm×30cm인 철근콘크리트조 기둥

③ 벽돌조로서 두께가 15cm인 벽

④ 철골조로 된 계단

해설 관련 법규 : 영 제2조, 피난·방화규칙 제3조, 해설 법규 : 피난·방화규칙 제3조
내화구조의 벽은 벽돌조로서 두께가 19cm 이상인 것이다.

46 |

내화구조의 성능기준에 따른 건축물 구성부재의 품질시험을 실시할 경우 내화시간기준이 가장 낮은 구성부재는? (단, 주거시설의 경우이며, 층수/최고높이(m)의 기준은 부재간 동일작용)

① 기둥

② 내벽을 구성하는 내력벽

③ 지붕틀

④ 바닥

해설 관련 법규 : 건축법 제50조, 피난·방화규칙 제3조, (별표 1), 해설 법규 : (별표 1)
내화구조의 성능기준

(단위 : 시간)

용도 구성 부재			벽						보·기둥	바닥	지붕틀
			외벽			내벽					
				비내력				비내력			
용도구분		용도 규모 층수/최고높이(m)	내력벽	연소우려가 있는 부분	연소우려가 없는 부분	내력벽	간막이벽	승강기·계단실의 수직벽			
주거시설	단독주택 중 다중주택·다가구주택·공관, 공동주택, 숙박시설, 의료시설	12/50 초과	2	1	0.5	2	2	2	3	2	1
		이하	2	1	0.5	2	1	1	2	2	0.5
		4/20 이하	1	1	0.5	1	1	1	1	1	0.5

47 |

다음 건축물 중 주요구조부를 내화구조로 하여야 하는 최소 바닥면적의 합계 기준이 가장 큰 것은? (단, 연면적 50m²를 넘는 2층 이상 건축물에 한한다.)

① 위락시설
② 문화 및 집회시설 중 전시장
③ 공장
④ 운수시설

> **해설** 관련 법규 : 건축법 제50조, 영 제56조, 해설 법규 : 영 제56조 ①항 2호
> 문화 및 집회시설 중 전시장 또는 동·식물원, 판매시설, 운수시설, 교육연구시설에 설치하는 체육관·강당, 수련시설, 운동시설 중 체육관·운동장, 위락시설(주점영업의 용도로 쓰는 것은 제외), 창고시설, 위험물저장 및 처리시설, 자동차 관련 시설, 방송통신시설 중 방송국·전신전화국·촬영소, 묘지 관련 시설 중 화장시설·동물화장시설 또는 관광휴게시설의 용도로 쓰는 건축물로서 그 용도로 쓰는 바닥면적의 합계가 500m² 이상인 건축물은 주요구조부를 내화구조로 하여야 한다.
> 공장의 용도로 쓰는 경우에는 바닥면적의 합계가 2,000m² 이상이다.

48 |

다음은 주요 구조부를 내화구조로 하여야 하는 건축물에 대한 조항이다. ( ) 안에 들어갈 내용으로 옳은 것은?

> 문화 및 집회 시설(전시장 및 동·식물원은 제외), 종교시설, 위락시설 중 주점영업 및 장례시설의 용도로 쓰는 건축물로서 관람실 또는 집회실의 바닥면적의 합계가 ( ) 이상인 건축물

① 100m²
② 150m²
③ 200m²
④ 300m²

> **해설** 관련 법규 : 건축법 제50조, 영 제56조, 해설 법규 : 영 제56조 ①항 1호
> 제2종 근린생활시설 중 공연장·종교집회장(해당 용도로 쓰는 바닥면적의 합계가 각각 300제곱미터 이상인 경우만 해당), 문화 및 집회시설(전시장 및 동·식물원은 제외), 종교시설, 위락시설 중 주점영업 및 장례시설의 용도로 쓰는 건축물로서 관람실 또는 집회실

의 바닥면적의 합계가 200m²(옥외관람석의 경우에는 1,000m²) 이상인 건축물은 주요구조부를 내화구조로 하여야 한다.

49 |

주요구조부를 내화구조로 하여야 하는 대상 건축물의 기준으로 옳지 않은 것은?

① 문화 및 집회시설 중 전시장의 용도로 쓰는 건축물로서 그 용도로 쓰는 바닥면적의 합계가 500m² 이상인 건축물
② 창고시설의 용도로 쓰는 건축물로서 그 용도로 쓰는 바닥면적의 합계가 500m² 이상인 건축물
③ 공장의 용도로 쓰는 건축물로서 그 용도로 쓰는 바닥면적의 합계가 1,000m² 이상인 건축물
④ 운동시설 중 체육관의 용도로 쓰는 건축물로서 그 용도로 쓰는 바닥면적의 합계가 500m² 이상인 건축물

> **해설** 관련 법규 : 건축법 제50조, 영 제56조, 해설 법규 : 영 제56조 ①항 3호
> 공장의 용도로 쓰는 건축물로서 그 용도로 쓰는 바닥면적의 합계가 2,000m² 이상인 건축물은 주요구조부를 내화구조로 하여야 한다. 다만, 화재의 위험이 적은 공장으로서 국토교통부령으로 정하는 공장은 제외한다.

50 |

건축물의 피난·방화구조 등의 기준에 관한 규칙에 따른 방화구조의 기준으로 옳지 않은 것은?

① 철망모르타르로서 그 바름두께가 2cm 이상인 것
② 석고판 위에 시멘트모르타르 또는 회반죽을 바른 것으로서 그 두께의 합계가 1.5cm 이상인 것
③ 시멘트모르타르 위에 타일을 붙인 것으로서 그 두께의 합계가 2.5cm 이상인 것
④ 심벽에 흙으로 맞벽치기한 것

> **해설** 관련 법규 : 건축법 제2조, 영 제2조, 피난·방화규칙 제4조, 해설 법규 : 피난·방화규칙 제4조 2호
> 건축물의 피난·방화구조 등의 기준에 관한 규칙에 따른 방화구조의 기준은 석고판 위에 시멘트모르타르 또는 회반죽을 바른 것으로서 그 두께의 합계가 2.5cm 이상인 것이다.

51 |

건축법령상 방화구획을 설치하는 목적으로 가장 적합한 것은?

① 이웃 건축물로부터의 인화 방지
② 동일 건축물 내에서의 화재확산 방지
③ 화재시 건축물의 붕괴 방지
④ 화재시 화재진압의 원활

해설 건축법령상 방화구획을 설치하는 목적은 동일 건축물 내에서 화재확산 방지를 위함이다.

52 |

내화구조로 된 바닥·벽으로 구획을 하여야 하는 건축물의 최소 연면적 기준은?

① 500m^2 이상   ② 800m^2 이상
③ 1,000m^2 이상   ④ 2,000m^2 이상

해설 관련 법규 : 법 제49조, 영 제46조, 해설 법규 : 영 제46조
주요구조부가 내화구조 또는 불연재료로 된 건축물로서 연면적이 1,000m^{2}를 넘는 것은 국토교통부령으로 정하는 기준에 따라 다음의 구조물로 구획(방화 구획)해야 한다. 다만, 「원자력안전법」에 따른 원자로 및 관계시설은 「원자력안전법」에서 정하는 바에 따른다.
㉠ 내화구조로 된 바닥·벽
㉡ 60분+방화문(연기 및 불꽃을 차단할 수 있는 시간이 60분 이상이고, 열을 차단할 수 있는 시간이 30분 이상인 방화문), 60분방화문(연기 및 불꽃을 차단할 수 있는 시간이 60분 이상인 방화문) 또는 자동방화셔터(국토교통부령으로 정하는 기준에 적합한 것)

53 |

면적이 1,000m^{2}인 업무시설의 11층은 최소 몇 개의 영역으로 방화구획하여야 하는가?

① 2개의 영역으로 구획   ② 3개의 영역으로 구획
③ 5개의 영역으로 구획   ④ 층간 방화구획

해설 관련 법규 : 건축법 제49조, 영 제46조, 피난·방화규칙 제14조, 해설 법규 : 영 제46조, 피난·방화규칙 제14조 ①항 3호
방화구획에 있어서 11층 이상의 층은 바닥면적 200m^2(스프링클러 및 기타 이와 유사한 자동식 소화설비를 설치한 경우에는 600m^2) 이내마다 구획할 것. 다만, 벽 및 반자의 실내에 접하는 부분의 마감을 불연재료로 한 경우에는 바닥면적 500m^2(스프링클러 및 기타 이와 유사한 자동식 소화설비를 설치한 경우에는 1,500m^2) 이내마다 구획하여야 한다.
위의 규정에 의하여 바닥면적 200m^2 이내마다 구획하여야 하므로 1,000÷200=5개 영역으로 구획하여야 한다.

54 |

실내 마감이 불연재료이고 자동식 소화설비가 설치된 각 층 바닥면적이 1,000m^{2}인 업무시설의 11층은 최소 몇 개의 영역으로 방화 구획하여야 하는가?

① 층간 방화 구획
② 2개의 영역으로 구획
③ 3개의 영역으로 구획
④ 5개의 영역으로 구획

해설 관련 법규 : 건축법 제49조, 영 제46조, 피난·방화규칙 제14조, 해설 법규 : 피난·방화규칙 제14조 ①항
11층 이상의 층은 바닥면적 200m^2(스프링클러 기타 이와 유사한 자동식 소화설비를 설치한 경우에는 600m^2) 이내마다 구획할 것. 다만, 벽 및 반자의 실내에 접하는 부분의 마감을 불연 재료로 한 경우에는 바닥면적 500m^2(스프링클러 기타 이와 유사한 자동식 소화설비를 설치한 경우에는 1,500m^2) 이내마다 구획하여야 한다.
위의 규정에 의하여 1,500m^{2}마다 방화구획을 하여야 하나, 바닥면적이 1,000m^{2}이므로 층마다 구획한다. 왜냐하면, 매층마다 구획할 것(제14조 ①항 2호의 규정)의 규정에 의하여 층마다 구획한다.

55 |

방화구획의 설치기준으로 옳지 않은 것은?

① 주요구조부가 내화구조 또는 불연재료로 된 건축물로서 연면적 1,000m^{2}가 넘는 건축물에 해당된다.
② 방화구획은 내화구조의 바닥, 벽 및 60+방화문, 60분방화문으로 구획하여야 한다.
③ 기준에 적합한 자동방화셔터로도 방화구획을 할 수 있다.
④ 주요구조부가 내화구조 또는 불연재료로 된 주차장에 반드시 설치하여야 한다.

해설 관련 법규 : 법 제49조, 영 제46조, 해설 법규 : 영 제46조 ②항 6호

다음의 어느 하나에 해당하는 건축물의 부분에는 방화구획의 설치 규정을 적용하지 않거나 그 사용에 지장이 없는 범위에서 방화구획의 설치 규정을 완화하여 적용할 수 있다.

ⓐ 문화 및 집회시설(동·식물원은 제외), 종교시설, 운동시설 또는 장례시설의 용도로 쓰는 거실로서 시선 및 활동공간의 확보를 위하여 불가피한 부분

ⓑ 물품의 제조·가공 및 운반 등(보관은 제외)에 필요한 고정식 대형기기 또는 설비의 설치를 위하여 불가피한 부분. 다만, 지하층인 경우에는 지하층의 외벽 한쪽 면(지하층의 바닥면에서 지상층 바닥 아래면까지의 외벽 면적 중 1/4 이상이 되는 면) 전체가 건물 밖으로 개방되어 보행과 자동차의 진입·출입이 가능한 경우에 한정한다.

ⓒ 계단실·복도 또는 승강기의 승강장 및 승강로로서 그 건축물의 다른 부분과 방화구획으로 구획된 부분. 다만, 해당 부분에 위치하는 설비배관 등이 바닥을 관통하는 부분은 제외한다.

ⓓ 건축물의 최상층 또는 피난층으로서 대규모 회의장·강당·스카이라운지·로비 또는 피난안전구역 등의 용도로 쓰는 부분으로서 그 용도로 사용하기 위하여 불가피한 부분

ⓔ 복층형 공동주택의 세대별 층간 바닥 부분

ⓕ **주요구조부가 내화구조 또는 불연재료로 된 주차장**

ⓖ 단독주택, 동물 및 식물 관련 시설 또는 교정 및 군사시설 중 군사시설(집회, 체육, 창고 등의 용도로 사용되는 시설만 해당한다)로 쓰는 건축물

ⓗ 건축물의 1층과 2층의 일부를 동일한 용도로 사용하며 그 건축물의 다른 부분과 방화구획으로 구획된 부분(바닥면적의 합계가 500m² 이하인 경우로 한정한다)

56

건축법 시행령 제46조(방화구획 등의 설치)에서 방화구획의 규정을 완화하여 적용할 수 있는 부분이 아닌 것은?

① 단독주택

② 복층형 공동주택의 세대별 층간 바닥 부분

③ 주요구조부가 내화구조 또는 불연재료로 된 주차장

④ 교정 및 군사시설 중 군사 시설로써 집회, 체육, 창고 등의 용도로 사용되는 시설을 제외한 나머지 시설물

해설 관련 법규 : 건축법 제49조, 영 제46조, 해설 법규 : 영 제46조 ②항 7호

건축법 시행령 제46조(방화구획 등의 설치)에서 방화구획의 규정을 완화하여 적용할 수 있는 부분은 단독주택, 동물 및 식물 관련 시설 또는 교정 및 군사시설 중 군사시설(집회, 체육, 창고 등의 용도로 사용되는 시설만 해당)로 쓰는 건축물이다.

57

방화벽의 구조에 대한 기준 내용으로 옳지 않은 것은?

① 내화구조로서 홀로 설 수 있는 구조일 것

② 방화벽에 설치하는 출입문의 너비 및 높이는 각각 2.5m 이하로 할 것

③ 방화벽에 설치하는 출입문에는 30분방화문을 설치할 것

④ 방화벽의 양쪽 끝과 위쪽 끝을 건축물의 외벽 및 지붕면으로부터 0.5m 이상 튀어나오게 할 것

해설 관련 법규 : 건축법 제50조, 영 제57조, 피난·방화규칙 제21조, 해설 법규 : 피난·방화규칙 제21조

건축물에 설치하는 방화벽은 다음의 기준에 적합해야 한다.

ⓐ 내화구조로서 홀로 설 수 있는 구조일 것

ⓑ 방화벽의 양쪽 끝과 윗쪽 끝을 건축물의 외벽면 및 지붕면으로부터 0.5m 이상 튀어 나오게 할 것

ⓒ 방화벽에 설치하는 출입문의 너비 및 높이는 각각 2.5m 이하로 하고, 해당 출입문에는 60+방화문 또는 60분방화문을 설치할 것

58

피난용승강기 승강장의 구조에 관한 기준으로 옳지 않은 것은?

① 승강장의 출입구를 제외한 부분은 해당 건축물의 다른 부분과 내화구조의 바닥 및 벽으로 구획할 것

② 승강장은 각 층의 내부와 연결될 수 있도록 하되, 그 출입구에는 60+방화문 또는 60분방화문을 설치할 것. 이 경우 방화문은 언제나 닫힌 상태를 유지할 수 있는 구조이어야 한다.

③ 배연설비를 설치할 것

④ 실내에 접하는 부분(바닥 및 반자 등 실내에 면한 모든 부분을 말한다)의 마감(마감을 위한 바탕을 포함)은 난연재료로 할 것

관련 법규 : 건축법 제64조, 피난·방화규칙 제30조, 해설 법규 : 피난·방화규칙 제30조 1호
피난용승강기 승강장의 구조
㉠ 승강장의 출입구를 제외한 부분은 해당 건축물의 다른 부분과 내화구조의 바닥 및 벽으로 구획할 것
㉡ 승강장은 각 층의 내부와 연결될 수 있도록 하되, 그 출입구에는 60+방화문 또는 60분방화문을 설치할 것. 이 경우 방화문은 언제나 닫힌 상태를 유지할 수 있는 구조이어야 한다.
㉢ 실내에 접하는 부분(바닥 및 반자 등 실내에 면한 모든 부분)의 마감(마감을 위한 바탕을 포함)은 불연재료로 할 것
㉣ 「건축물의 설비기준 등에 관한 규칙」에 따른 배연설비를 설치할 것. 다만, 제연설비를 설치한 경우에는 배연설비를 설치하지 아니할 수 있다.

59 |

건축법 시행령에서 노유자시설 중 아동 관련 시설 또는 노인복지시설과 판매시설 중 도매시장 또는 소매시장을 같은 건축물 안에 함께 설치할 수 없도록 한 이유는?

① 방화에 장애가 되는 용도로 제한하기 위해서
② 설비설치 기준이 상이하므로
③ 차음, 소음 기준을 확보하기 위해서
④ 건축물의 구조 안전을 위해서

관련 법규 : 건축법 제49조, 영 제47조, 해설 법규 : 영 제47조 ②항
다음의 어느 하나에 해당하는 용도의 시설은 같은 건축물에 함께 설치할 수 없다.
㉠ 노유자시설 중 아동 관련 시설 또는 노인복지시설과 판매시설 중 도매시장 또는 소매시장
㉡ 단독주택(다중주택, 다가구주택에 한정), 공동주택, 제1종 근린생활시설 중 조산원 또는 산후조리원과 제2종 근린생활시설 중 다중생활시설

60 |

건축물의 내부 마감재료를 방화상 지장이 없는 재료로 하여야 하는 대상 건축물이 아닌 것은?

① 판매시설
② 위험물 저장 및 처리시설
③ 단독주택 중 공관
④ 6층의 거실 바닥면적의 합계가 500m^{2}인 건축물

관련 법규 : 법 제52조, 영 제61조, 해설 법규 : 영 제61조
다음에서 정하는 용도 및 규모의 건축물의 벽, 반자, 지붕(반자가 없는 경우에 한정) 등 내부의 마감재료[복합자재의 경우 심재(心材)를 포함]는 방화에 지장이 없는 재료로 하되, 「실내공기질 관리법」에 따른 실내공기질 유지기준 및 권고기준을 고려하고 관계 중앙행정기관의 장과 협의하여 국토교통부령으로 정하는 기준에 따른 것이어야 한다. 다만, ㉠, ㉡, ㉢부터 ㉺까지의 어느 하나에 해당하는 건축물(㉙에 해당하는 건축물은 제외)의 주요구조부가 내화구조 또는 불연재료로 되어 있고 그 거실의 바닥면적(스프링클러나 그 밖에 이와 비슷한 자동식 소화설비를 설치한 바닥면적을 뺀 면적) 200m^2 이내마다 방화구획이 되어 있는 건축물은 제외한다.
㉠ 단독주택 중 다중주택·다가구주택
㉡ 공동주택
㉢ 제2종 근린생활시설 중 공연장·종교집회장·인터넷컴퓨터게임시설제공업소·학원·독서실·당구장·다중생활시설의 용도로 쓰는 건축물
㉣ 발전시설, 방송통신시설(방송국·촬영소의 용도로 쓰는 건축물로 한정)
㉤ 공장, 창고시설, 위험물 저장 및 처리 시설(자가난방과 자가발전 등의 용도로 쓰는 시설을 포함), 자동차 관련 시설의 용도로 쓰는 건축물
㉥ 5층 이상인 층 거실의 바닥면적의 합계가 500m^2 이상인 건축물
㉦ 문화 및 집회시설, 종교시설, 판매시설, 운수시설, 의료시설, 교육연구시설 중 학교·학원, 노유자시설, 수련시설, 업무시설 중 오피스텔, 숙박시설, 위락시설, 장례시설
㉧ 「다중이용업소의 안전관리에 관한 특별법 시행령」에 따른 다중이용업의 용도로 쓰는 건축물

61 |

건축물 지하층에 환기설비를 설치해야 하는 거실바닥면적 합계의 최소기준은?

① 200m^2 이상
② 500m^2 이상
③ 1,000m^2 이상
④ 2,000m^2 이상

관련 법규 : 건축법 제53조, 피난·방화규칙 제25조, 해설 법규 : 피난·방화규칙 제25조 ①항
지하층의 구조
㉠ 거실의 바닥면적이 50m^2 이상인 층에는 직통계단 외에 피난층 또는 지상으로 통하는 비상탈출구 및 환기통을 설치할 것. 다만, 직통계단이 2개소 이상 설치되어 있는 경우에는 그러하지 아니하다.

ⓛ 제2종 근린생활시설 중 공연장·단란주점·당구장·노래연습장, 문화 및 집회시설 중 예식장·공연장, 수련시설 중 생활권수련시설·자연권수련시설, 숙박시설 중 여관·여인숙, 위락시설 중 단란주점·유흥주점 또는「다중이용업소의 안전관리에 관한 특별법 시행령」에 따른 다중이용업의 용도에 쓰이는 층으로서 그 층의 거실의 바닥면적의 합계가 50m² 이상인 건축물에는 직통계단을 2개소 이상 설치할 것

ⓒ 바닥면적이 1,000m² 이상인 층에는 피난층 또는 지상으로 통하는 직통계단을 방화구획으로 구획되는 각 부분마다 1개소 이상 설치하되, 이를 피난계단 또는 특별피난계단의 구조로 할 것

ⓔ 거실의 바닥면적의 합계가 1,000m² 이상인 층에는 환기설비를 설치할 것

ⓜ 지하층의 바닥면적이 300m² 이상인 층에는 식수공급을 위한 급수전을 1개소이상 설치할 것

ⓔ 비상탈출구의 진입부분 및 피난통로에는 통행에 지장이 있는 물건을 방치하거나 시설물을 설치하지 아니할 것

ⓜ 비상탈출구의 유도등과 피난통로의 비상조명등의 설치는 소방법령이 정하는 바에 의할 것

63 |

건축물에 설치하는 지하층 비상탈출구의 유효너비 및 유효높이의 기준으로 옳은 것은?

① 유효너비 0.75m 이상, 유효높이 1.5m 이상
② 유효너비 0.75m 이상, 유효높이 1.8m 이상
③ 유효너비 1.0m 이상, 유효높이 1.5m 이상
④ 유효너비 1.0m 이상, 유효높이 1.8m 이상

해설 관련 법규 : 건축법 제53조, 피난·방화규칙 제25조, 해설 법규 : 피난·방화규칙 제25조 ②항 1호
지하층에 설치하는 비상탈출구의 유효너비는 0.75m 이상, 유효높이는 1.5m 이상이어야 한다.

62 |

건축물에 설치하는 지하층의 비상탈출구에 관한 기준으로 옳지 않은 것은?

① 비상탈출구에서 피난층 또는 지상으로 통하는 복도나 직통 계단까지 이르는 피난 통로의 유효너비는 최소 0.9m 이상으로 할 것

② 비상탈출구의 문은 피난방향으로 열리도록 할 것

③ 비상탈출구는 출입구로부터 3m 이상 떨어진 곳에 설치할 것

④ 비상탈출구의 유효너비는 0.75m 이상으로 하고, 유효높이는 1.5m 이상으로 할 것

해설 관련 법규 : 건축법 제53조, 피난·방화규칙 제25조, 해설 법규 : 피난·방화규칙 제25조 ②항 5호
지하층의 비상탈출구는 ②, ③, ④ 이외에 다음의 기준에 적합하여야 한다. 다만, 주택의 경우에는 그러하지 아니하다.

ⓐ 비상탈출구의 문은 피난방향으로 열리도록 하고, 실내에서 항상 열 수 있는 구조로 하여야 하며, 내부 및 외부에는 비상탈출구의 표시를 할 것

ⓑ 지하층의 바닥으로부터 비상탈출구의 아랫부분까지의 높이가 1.2m 이상이 되는 경우에는 벽체에 발판의 너비가 20cm 이상인 사다리를 설치할 것

ⓒ 비상탈출구는 피난층 또는 지상으로 통하는 복도나 직통계단에 직접 접하거나 통로 등으로 연결될 수 있도록 설치하여야 하며, 피난층 또는 지상으로 통하는 복도나 직통계단까지 이르는 피난통로의 유효너비는 0.75m 이상으로 하고, 피난통로의 실내에 접하는 부분의 마감과 그 바탕은 불연재료로 할 것

64 |

공동주택과 오피스텔의 난방설비를 개별난방 방식으로 하는 경우의 기준으로 옳지 않은 것은?

① 보일러실의 윗부분에는 그 면적이 0.2m² 이상인 환기창을 설치한다.

② 보일러실의 윗부분과 아랫부분에는 각각 지름 10cm 이상의 공기흡입구 및 배기구를 항상 열려있는 상태로 바깥공기에 접하도록 설치한다.

③ 기름보일러를 설치하는 경우에는 기름저장소를 보일러실 외의 다른 곳에 설치한다.

④ 보일러의 연도는 내화구조로서 공동연도로 설치한다.

해설 관련 법규 : 영 제87조, 설비기준규칙 제13조, 해설 법규 : 설비기준규칙 제13조 ①항
공동주택과 오피스텔의 난방설비를 개별난방방식으로 하는 경우에는 다음의 기준에 적합하여야 한다.

ⓐ 보일러는 거실외의 곳에 설치하되, 보일러를 설치하는 곳과 거실 사이의 경계벽은 출입구를 제외하고는 내화구조의 벽으로 구획할 것

ⓑ 보일러실의 윗부분에는 그 면적이 0.5m² 이상인 환기창을 설치하고, 보일러실의 윗부분과 아랫부분에는 각각 지름 10cm 이상의 공기흡입구 및 배기구를 항상

열려있는 상태로 바깥공기에 접하도록 설치할 것. 다만, 전기보일러의 경우에는 그러하지 아니하다.

ⓒ 보일러실과 거실 사이의 출입구는 그 출입구가 닫힌 경우에는 보일러가스가 거실에 들어갈 수 없는 구조로 할 것

ⓔ 기름보일러를 설치하는 경우에는 기름저장소를 보일러실 외의 다른 곳에 설치할 것

ⓜ 오피스텔의 경우에는 난방구획을 방화구획으로 구획할 것

ⓗ 보일러의 연도는 내화구조로서 공동연도로 설치할 것

65 |

난방설비를 개별난방방식으로 하는 경우에 난방 구획마다 내화구조의 벽·바닥과 갑종방화문으로 된 출입문으로 구획하여야 하는 건축물은?

① 공동주택　　　　② 오피스텔
③ 숙박시설　　　　④ 학교

해설 관련 법규 : 영 제87조, 설비기준규칙 제13조, 해설 법규 : 설비기준규칙 제13조 ②항
난방설비를 개별난방방식으로 하는 오피스텔의 경우에는 난방구획마다 내화구조로 된 벽·바닥과 갑종방화문으로 된 출입문으로 구획하여야 한다.

66 |

공동주택과 오피스텔의 난방설비를 개별난방방식으로 하는 경우에 대한 기준으로 옳은 것은?

① 보일러의 연도는 개별연도로 설치한다.
② 보일러실의 공기흡입구와 배기구는 사용 중이지 않을 경우는 닫힌 구조로 한다.
③ 기름보일러를 설치하는 경우에는 기름저장소를 보일러실 내부에 배치한다.
④ 보일러실과 거실 사이의 경계벽은 출입구를 제외하고는 내화구조의 벽으로 구획한다.

해설 관련 법규 : 건축법 제62조, 영 제87조, 설비기준규칙 제13조, 해설 법규 : 설비기준규칙 제13조 ①항
① 보일러의 연도는 내화구조로서 공동연도로 설치한다.
② 보일러실의 공기흡입구와 배기구는 항상 열려있는 상태로 바깥공기에 접하도록 설치할 것. 다만, 전기보일러의 경우에는 그러하지 아니하다.
③ 기름보일러를 설치하는 경우에는 기름저장소를 보일러실외의 다른 곳에 설치하여야 한다.

67 |

6층 이상인 건축물로서 배연설비를 설치하여야 하는 대상이 아닌 것은?

① 수련시설 중 유스호스텔
② 운동시설
③ 의료시설 중 전염병원
④ 관광휴게시설

해설 관련 법규 : 건축법 제62조, 영 제51조, 해설 법규 : 영 제51조
다음의 건축물의 거실(피난층의 거실은 제외)에는 배연설비를 설치하여야 한다.
㉮ 6층 이상인 건축물로서 다음의 어느 하나에 해당하는 용도로 쓰는 건축물
　㉠ 제2종 근린생활시설 중 공연장, 종교집회장, 인터넷컴퓨터게임시설제공업소 및 다중생활시설 (공연장, 종교집회장 및 인터넷컴퓨터게임시설제공업소는 해당 용도로 쓰는 바닥면적의 합계가 각각 300m^2 이상인 경우만 해당한다)
　㉡ 문화 및 집회시설, 종교시설, 판매시설, 운수시설, 의료시설(요양병원 및 정신병원은 제외), 교육연구시설 중 연구소
　㉢ 노유자시설 중 아동 관련 시설, 노인복지시설 (노인요양시설은 제외)
　㉣ 수련시설 중 유스호스텔, 운동시설, 업무시설, 숙박시설, 위락시설, 관광휴게시설 및 장례시설
㉯ 다음의 어느 하나에 해당하는 용도로 쓰는 건축물
　㉠ 의료시설 중 요양병원 및 정신병원
　㉡ 노유자시설 중 노인요양시설·장애인 거주시설 및 장애인 의료재활시설
　㉢ 제1종 근린생활시설 중 산후조리원

68 |

다음 중 건축물의 설비기준 등에 관한 규칙에서 배연설비와 관련된 기준으로 정하고 있는 내용이 아닌 것은? (단, 기계식 배연설비를 설치하지 않은 경우)

① 환기창 설치에 따른 바닥면적 산정기준
② 배연창의 유효면적 산정기준
③ 배연창의 수직위치
④ 배연창의 재료

해설 관련 법규 : 법 제49조, 설비기준규칙 제14조, 해설 법규 : 설비기준규칙 제14조 ①항
배연설비를 설치하여야 하는 건축물에는 다음의 기준

에 적합하게 배연설비를 설치해야 한다. 다만, 피난층인 경우에는 그렇지 않다.

㉠ 건축물이 방화구획으로 구획된 경우에는 그 구획마다 1개소 이상의 배연창을 설치하되, 배연창의 상변과 천장 또는 반자로부터 수직거리가 0.9m 이내일 것. 다만, 반자높이가 바닥으로부터 3m 이상인 경우에는 배연창의 하변이 바닥으로부터 2.1m 이상의 위치에 놓이도록 설치하여야 한다.

㉡ 배연창의 유효면적은 산정기준에 의하여 산정된 면적이 1m² 이상으로서 그 면적의 합계가 당해 건축물의 바닥면적(방화구획이 설치된 경우에는 그 구획된 부분의 바닥면적)의 1/100 이상일 것. 이 경우 바닥면적의 산정에 있어서 거실바닥면적의 1/20 이상으로 환기창을 설치한 거실의 면적은 이에 산입하지 아니한다.

㉢ 배연구는 연기감지기 또는 열감지기에 의하여 자동으로 열 수 있는 구조로 하되, 손으로도 열고 닫을 수 있도록 할 것

㉣ 배연구는 예비전원에 의하여 열 수 있도록 할 것

㉤ 기계식 배연설비를 하는 경우에는 ㉠ 내지 ㉣의 규정에도 불구하고 소방관계법령의 규정에 적합하도록 할 것

69

배연설비 설치와 관련하여 배연창의 유효면적은 1m² 이상으로서 그 면적의 합계가 건축물 바닥면적의 최소 얼마 이상으로 하여야 하는가? (단, 기계식 배연설비를 설치하지 않은 경우)

① 1/10 이상

② 1/20 이상

③ 1/100 이상

④ 1/200 이상

해설 관련 법규 : 건축법 제62조, 영 제51조, 설비기준규칙 제14조, 해설 법규 : 설비기준규칙 제14조 ①항 2호
배연창의 유효면적은 산정기준에 의하여 산정된 면적이 1m² 이상으로서 그 면적의 합계가 당해 건축물의 바닥면적(방화구획이 설치된 경우에는 그 구획된 부분의 바닥면적)의 1/100 이상일 것. 이 경우 바닥면적의 산정에 있어서 거실바닥면적의 1/20 이상으로 환기창을 설치한 거실의 면적은 이에 산입하지 아니한다.

70

건축물에 설치하는 급수 · 배수 등의 용도로 쓰는 배관설비의 설치 및 구조기준으로 옳지 않은 것은?

① 어떠한 경우라도 배관설비가 건축물의 주요부분을 관통하지 않도록 할 것

② 배관설비를 콘크리트에 묻는 경우 부식의 우려가 있는 재료는 부식방지조치를 할 것

③ 승강기의 승강로 안에는 승강기의 운행에 필요한 배관설비 외의 배관설비를 설치하지 아니할 것

④ 압력탱크 및 급탕설비에는 폭발 등의 위험을 막을 수 있는 시설을 설치할 것

해설 관련 법규 : 건축법 제62조, 설비기준규칙 제17조, 해설 법규 : 설비기준규칙 제17조 ①항 2호
건축물에 설치하는 급수 · 배수 등의 용도로 쓰는 배관설비의 설치 및 구조의 기준은 ②, ③, ④ 이외에 건축물의 주요부분을 관통하여 배관하는 경우에는 건축물의 구조내력에 지장이 없도록 할 것이 해당된다.

71

건축물에 설치하여 배수의 용도로 쓰는 배관설비의 설치 및 구조기준으로 옳지 않은 것은?

① 배관설비에는 배수트랩 · 통기관을 설치하는 등 위생에 지장이 없도록 할 것

② 지하실 등 공공하수도로 자연배수를 할 수 없는 곳에는 배수용량에 맞는 강제배수시설을 설치할 것

③ 콘크리트구조체에 배관을 매설하거나 배관이 콘크리트구조체를 관통할 경우에는 구조체에 덧관을 미리 매설하는 등 배관의 부식을 방지하고 그 수선 및 교체가 용이하도록 할 것

④ 우수관과 오수관은 하나로 연결하여 배관할 것

해설 관련 법규 : 건축법 제62조, 영 제87조, 설비기준규칙 제17조, 해설 법규 : 설비기준규칙 제17조 ②항
배관설비로서 배수용으로 쓰이는 배관설비는 ①, ②, ③ 이외에 배출시키는 빗물 또는 오수의 양 및 수질에 따라 그에 적당한 용량 및 경사를 지게 하거나 그에 적합한 재질을 사용할 것. 배관설비의 오수에 접하는 부분은 내수재료를 사용할 것. 우수관과 오수관은 분리하여 배관할 것 등이 있다.

72

30세대의 공동주택을 신축할 경우 시간당 최소 몇 회 이상의 환기가 이루어질 수 있도록 자연환기설비 또는 기계환기설비를 설치하여야 하는가?

① 0.5회

② 0.6회

③ 0.7회

④ 0.8회

해설 관련 법규 : 건축법 제62조, 영 제87조, 설비기준규칙 제11조, 해설 법규 : 설비기준규칙 제11조 ①항
신축 또는 리모델링하는 30세대 이상의 공동주택 또는 주택을 주택 외의 시설과 동일건축물로 건축하는 경우로서 주택이 30세대 이상인 건축물에 해당하는 주택 또는 건축물("신축공동주택 등")은 시간당 0.5회 이상의 환기가 이루어질 수 있도록 자연환기설비 또는 기계환기설비를 설치하여야 한다.

73

건축물에 설치하는 피뢰설비에 관한 기준 내용으로 옳은 것은?

① 낙뢰의 우려가 있는 건축물 또는 높이 20m 이상의 건축물에 설치해야 한다.
② 위험물저장 및 처리시설에 설치하는 피뢰설비는 한국산업규격이 정하는 보호 등급 1 이상이어야 한다.
③ 돌침은 건축물의 맨 윗부분으로부터 20cm 이상 돌출시켜 설치한다.
④ 피뢰설비의 재료는 최소 단면적이 피복이 없는 동선을 기준으로 수뢰부 30mm² 이상, 인하도선 15mm² 이상이어야 한다.

해설 관련 법규 : 영 제87조, 설비기준규칙 제20조, 해설 법규 : 설비기준규칙 제20조
피뢰설비
낙뢰의 우려가 있는 건축물, 높이 20m 이상의 건축물 또는 공작물로서 높이 20m 이상의 공작물(건축물에 따른 공작물을 설치하여 그 전체 높이가 20m 이상인 것을 포함)에는 다음의 기준에 적합하게 피뢰설비를 설치하여야 한다.
㉠ 피뢰설비는 한국산업표준이 정하는 피뢰레벨 등급에 적합한 피뢰설비일 것. 다만, **위험물저장 및 처리시설에 설치하는 피뢰설비는 한국산업표준이 정하는 피뢰시스템레벨 II 이상이어야 한다.**
㉡ **돌침은 건축물의 맨 윗부분으로부터 25cm 이상 돌출시켜 설치하되**, 「건축물의 구조기준 등에 관한 규칙」에 따른 설계하중에 견딜 수 있는 구조일 것
㉢ 피뢰설비의 재료는 최소 단면적이 피복이 없는 동선을 기준으로 수뢰부, 인하도선 및 접지극은 50mm² 이상이거나 이와 동등 이상의 성능을 갖출 것
㉣ 피뢰설비의 인하도선을 대신하여 철골조의 철골구조물과 철근콘크리트조의 철근구조체 등을 사용하는 경우에는 전기적 연속성이 보장될 것. 이 경우 전기적 연속성이 있다고 판단되기 위하여는 건축

물 금속 구조체의 최상단부와 지표레벨 사이의 전기저항이 0.2Ω 이하이어야 한다.
㉤ 측면 낙뢰를 방지하기 위하여 높이가 60m를 초과하는 건축물 등에는 지면에서 건축물 높이의 4/5가 되는 지점부터 최상단부분까지의 측면에 수뢰부를 설치하여야 하며, 지표레벨에서 최상단부의 높이가 150m를 초과하는 건축물은 120m 지점부터 최상단부분까지의 측면에 수뢰부를 설치할 것. 다만, 건축물의 외벽이 금속부재(部材)로 마감되고, 금속부재 상호 간에 ㉣의 후단에 적합한 전기적 연속성이 보장되며 피뢰시스템레벨 등급에 적합하게 설치하여 인하도선에 연결한 경우에는 측면 수뢰부가 설치된 것으로 본다.
㉥ 접지(接地)는 환경오염을 일으킬 수 있는 시공방법이나 화학 첨가물 등을 사용하지 아니할 것
㉦ 급수·급탕·난방·가스 등을 공급하기 위하여 건축물에 설치하는 금속배관 및 금속재 설비는 전위가 균등하게 이루어지도록 전기적으로 접속할 것
㉧ 전기설비의 접지계통과 건축물의 피뢰설비 및 통신설비 등의 접지극을 공용하는 통합접지공사를 하는 경우에는 낙뢰 등으로 인한 과전압으로부터 전기설비 등을 보호하기 위하여 한국산업표준에 적합한 서지보호장치(SPD)를 설치할 것

74

피뢰설비 설치기준으로 옳지 않은 것은?

① 피뢰설비의 재료는 최소 단면적이 피복이 없는 동선을 기준으로 수뢰부, 인하도선 및 접지극은 30mm² 이상이거나 이와 동등 이상의 성능을 갖출 것
② 돌침은 건축물의 맨 윗부분으로부터 25cm 이상 돌출시켜 설치하되, 「건축물의 구조기준 등에 관한 규칙」 제9조에 따른 설계하중에 견딜 수 있는 구조일 것
③ 피뢰설비는 한국산업표준이 정하는 피뢰레벨 등급에 적합한 피뢰설비일 것
④ 피뢰설비의 인하도선을 대신하여 철골조의 철골구조물과 철근콘크리트조의 철근구조체 등을 사용하는 경우에는 전기적 연속성이 보장될 것

해설 관련 법규 : 영 제87조, 설비기준규칙 제20조, 해설 법규 : 설비기준규칙 제20조 3호
피뢰설비의 재료는 최소 단면적이 피복이 없는 동선을 기준으로 수뢰부, 인하도선 및 접지극은 50mm² 이상이거나 이와 동등 이상의 성능을 갖출 것

75 |

건축법상 승용 승강기를 설치하여야 하는 대상건축물의 선정 기준은?

① 건축물의 용도와 거실 바닥면적
② 층수와 연면적
③ 층수와 거실 바닥면적의 합계
④ 건축물의 용도와 연면적

해설 관련 법규 : 건축법 제64조, 영 제89조, 해설 법규 : 법 제64조
승용 승강기 설치대상 건축물은 층수가 6층 이상으로서 연면적이 2,000m² 이상인 건축물이다.

76 |

다음 중 승용 승강기를 설치하여야 하는 건축물에서 승용 승강기 설치대수의 기준이 되는 것은?

① 건축 면적
② 연면적
③ 6층 이상의 바닥면적의 합계
④ 6층 이상의 거실면적의 합계

해설 관련 법규 : 건축법 제64조, 영 제89조, 해설 법규 : 영 제89조
건축주는 6층 이상으로서 연면적이 2,000m² 이상인 건축물(대통령령이 정하는 건축물은 제외)을 건축하려면 승용 승강기를 설치하여야 하나, 승용 승강기의 설치 대수는 6층 이상의 거실면적의 합계를 기준으로 하여 산정한다.

77 |

6층 이상의 거실면적의 합계가 2,000m²인 건축물 중 승용 승강기를 가장 적게 설치할 수 있는 건축물의 용도는? (단, 15인승 승용 승강기의 경우)

① 위락시설
② 문화 및 집회 시설 중 공연장
③ 판매시설
④ 의료시설

해설 관련 법규 : 건축법 제64조, 영 제89조, 설비기준규칙 제5조, (별표 1의2), 해설 법규 : 설비기준규칙, (별표 1의2)

승용 승강기를 많이 설치하는 것부터 적게 설치하는 순으로 나열하면, 문화 및 집회시설(공연장, 집회장 및 관람장에 한함), 판매시설, 의료시설 → 문화 및 집회시설(전시장 및 동·식물원에 한함), 업무시설, 숙박시설, 위락시설 → 공동주택, 교육연구시설, 노유자시설 및 그 밖의 시설의 순이다.

78 |

지하 3층 지상 12층 규모의 전신전화국으로 각 층의 바닥면적은 2,000m²이고 각 층 거실 면적은 각 층 바닥면적의 80%일 경우 최소로 필요한 승용 승강기 대수는? (단, 승용 승강기는 15인승이며 각 층의 층고는 4m임)

① 3대   ② 4대
③ 5대   ④ 6대

해설 관련 법규 : 건축법 제64조, 영 제89조, 해설 법규 : 영 제89조
전신전화국은 기타 시설에 속하므로 승강기 설치 대수 $=1+\dfrac{A-3,000}{3,000}$ 이다.

그런데 A(6층 이상의 거실 면적의 합계)
$=2,000\times(12-5)\times 0.8=11,200m^2$이므로

승강기 설치 대수 $=1+\dfrac{A-3,000}{3,000}$

$=1+\dfrac{11,200-3,000}{3,000}$

$=3.73$대 → 4대 이상이다.

79 |

6층 이상의 거실면적의 합계가 9,000m² 이상인 의료 시설의 승용 승강기 설치대수의 최소 기준으로 옳은 것은? (단, 8인승 이상 15인승 이하의 승강기를 기준으로 한다.)

① 2대 이상   ② 3대 이상
③ 4대 이상   ④ 5대 이상

해설 의료시설의 승용 승강기 설치대수는 기본 2대에 3,000m²를 넘는 2,000m²마다 1대씩 증가한다.
즉, 승용 승강기 설치대수
$=2+\dfrac{6층\ 이상의\ 거실\ 면적의\ 합계-3,000}{2,000}$ 대이다.
그런데, 6층 이상의 거실면적의 합계가 9,000m²이므로 승용 승강기 설치대수

$$= 2 + \frac{6층\ 이상의\ 거실면적의\ 합계 - 3,000}{2,000}$$

$$= 2 + \frac{9,000 - 3,000}{2,000} = 5대\ 이상이다.$$

80

문화 및 집회시설 중 공연장의 각 층별 거실면적이 1,000m²일 때, 이 공연장에 설치하여야 하는 승용 승강기의 최소 대수는? (단, 공연장의 층수는 10층이며, 8인승 이상 15인승 이하 승강기 적용)

① 3대 　　　　　　② 4대
③ 5대 　　　　　　④ 6대

해설 관련 법규 : 건축법 제64조, 영 제89조, 설비기준규칙 제5조, (별표 1의2), 해설 법규 : 설비기준규칙, (별표 1의2)

문화 및 집회시설 중 공연장의 승용 승강기 설치대수는 기본 2대에 3,000m²를 초과하는 2,000m²마다 1대씩 추가하여야 한다.

승용 승강기의 설치대수

$$= 2 + \frac{6층\ 이상의\ 거실면적의\ 합계 - 3,000}{2,000}$$

$$= 2 + \frac{1,000 \times (10-5) - 3,000}{2,000}$$

$$= 3대\ 이상$$

81

6층 이상의 거실면적의 합계가 12,000m²인 교육연구시설에 설치하여야 할 승용 승강기의 최소 설치대수는? (단, 8인승 이상 15인승 이하의 승강기 기준)

① 2대 　　　　　　② 3대
③ 4대 　　　　　　④ 5대

해설 관련 법규 : 건축법 제64조, 영 제89조, 설비기준규칙 제5조, (별표 1의2), 해설 법규 : 설비기준규칙, (별표 1의2)

교육연구시설의 승용 승강기 설치 대수는 기본 2대에 3,000m²를 초과하는 2,000m²마다 1대씩 추가하여야 한다.

승용 승강기의 설치 대수

$$= 1 + \frac{6층\ 이상의\ 거실면적의\ 합계 - 3,000}{3,000}$$

$$= 1 + \frac{12,000 - 3,000}{3,000}$$

$$= 4대\ 이상$$

82

30층 호텔을 건축하는 경우에 6층 이상의 거실면적의 합계가 25,000m²이다. 16인승 승용 승강기로 설치하는 경우에는 최소 몇 대 이상을 설치하여야 하는가?

① 6대 　　　　　　② 8대
③ 10대 　　　　　　④ 12대

해설 관련 법규 : 건축법 제64조, 영 제89조, 설비기준규칙 제5조, (별표 1의2), 해설 법규 : 설비기준규칙, (별표 1의2)

숙박시설(호텔)의 승용 승강기의 설치 대수

$$= 1 + \frac{6층\ 이상의\ 거실면적의\ 합계 - 3,000}{2,000}\ 이다.$$

6층 이상의 거실면적의 합계가 25,000m²이므로,

승강기 설치 대수 $= 1 + \frac{25,000 - 3,000}{2,000} = 12대\ 이상이$

나, 16인승의 승강기를 설치하므로 $12 \times \frac{1}{2} = 6대\ 이상$ 이다.

83

비상용 승강기를 설치하지 아니할 수 있는 건축물의 바닥면적 기준으로 옳은 것은?

① 높이 31m를 넘은 각 층의 바닥면적의 합계가 300m² 이하인 건축물
② 높이 31m를 넘는 각 층의 바닥면적의 합계가 500m² 이하인 건축물
③ 높이 31m를 넘는 각 층의 바닥면적의 합계가 1,000m² 이하인 건축물
④ 높이 31m를 넘는 각 층의 바닥면적의 합계가 1,500m² 이하인 건축물

해설 관련 법규 : 건축법 제64조, 영 제90조, 설비기준규칙 제9조, 해설 법규 : 설비기준규칙 제9조

비상용 승강기를 설치하지 아니할 수 있는 건축물은 다음과 같다.

㉠ 높이 31m를 넘는 각 층을 거실 외의 용도로 쓰는 건축물
㉡ 높이 31m를 넘는 각 층의 바닥면적의 합계가 500m² 이하인 건축물
㉢ 높이 31m를 넘는 층수가 4개 층 이하로서 해당 각 층의 바닥면적의 합계가 200m²(벽 및 반자가 접하는 부분의 마감을 불연재료로 한 경우에는 500m²) 이내마다 방화구획으로 구획한 건축물

84 |

5층 이상이며 연면적이 2,000m² 이상인 건축물에서 비상용 승강기를 추가로 설치하여야 하는 건축물의 높이 관련 기준으로 옳은 것은?

① 높이 25m 초과

② 높이 27m 초과

③ 높이 29m 초과

④ 높이 31m 초과

해설 관련 법규 : 건축법 제64조, 영 제90조, 해설 법규 : 영 제90조

높이 31m를 넘는 건축물에는 다음의 기준에 따른 대수 이상의 비상용 승강기(비상용 승강기의 승강장 및 승강로를 포함)를 설치하여야 한다. 다만, 승용 승강기를 비상용 승강기의 구조로 하는 경우에는 그러지 아니하다.

㉠ 높이 31m를 넘는 각 층의 바닥면적 중 최대 바닥면적이 1,500m² 이하인 건축물 : 1대 이상

㉡ 높이 31m를 넘는 각 층의 바닥면적 중 최대 바닥면적이 1,500m²를 넘는 건축물 : 1대에 1,500m²를 넘는 3,000m² 이내마다 1대씩 더한 대수 이상

85 |

1층의 층고는 5m, 2층부터 11층까지의 층고는 3m, 각 층의 바닥면적은 2,000m²인 업무시설에 설치하여야 하는 비상용 승강기의 최소 대수는?

① 설치 대상이 아님

② 1대

③ 2대

④ 3대

해설 관련 법규 : 건축법 제64조, 영 제90조, 해설 법규 : 영 제90조

높이 31m를 넘는 건축물에는 다음의 기준에 따른 대수 이상의 비상용 승강기(비상용 승강기의 승강장 및 승강로를 포함)를 설치하여야 한다. 다만, 승용 승강기를 비상용 승강기의 구조로 하는 경우에는 그러지 아니하다.

㉠ 건축물의 높이는 $5+(11-2+1) \times 3 = 35m$이므로 31m를 넘는 건축물이다.

㉡ 최대 바닥면적이 2,000m²(1,500m²를 넘는)인 건축물이므로 1대에 1,500m²를 넘는 3,000m² 이내마다 1대씩 더한 대수 이상 즉 2대 이상이다.

86 |

1층의 층고는 4m, 2층부터 11층까지의 층고는 3.5m, 각 층의 바닥면적은 2,000m²인 업무시설에 설치하여야 하는 비상용 승강기의 최소 대수는?

① 설치 대상이 아님 ② 1대

③ 2대 ④ 3대

해설 관련 법규 : 건축법 제64조, 영 제90조, 해설 법규 : 영 제90조 ①항 1호

비상용 승강기의 대수

$$= 1 + \frac{31m를 넘는 각 층 중 최대바닥면적 - 1,500}{3,000}$$

(소수점 이하 무조건 올림)

그런데, 31m를 넘는 각 층 중 최대바닥면적은 2,000m²이므로,

비상용 승강기의 대수 $= 1 + \dfrac{2,000 - 1,500}{3,000} = 1.167$대 이상이므로 2대 이상이다.

87 |

비상용 승강기 승강장의 구조기준으로 옳지 않은 것은?

① 승강장은 각 층의 내부와 연결될 수 있도록 하되, 그 출입구(승강로의 출입구를 제외한다)에는 갑종방화문을 설치할 것

② 벽 및 반자가 실내에 접하는 부분의 마감재료(마감을 위한 바탕을 포함한다)는 난연재료로 할 것

③ 채광이 되는 창문이 있거나 예비전원에 의한 조명설비를 할 것

④ 승강장 출입구 부근의 잘 보이는 곳에 당해 승강기가 비상용 승강기임을 알 수 있는 표지를 할 것

해설 관련 법규 : 건축법 제64조, 설비기준규칙 제10조, 해설 법규 : 설비기준규칙 제10조 2호

비상용 승강기 승강장의 구조는 ①, ③, ④ 이외에 다음의 기준에 적합하여야 한다.

㉠ 승강장의 창문·출입구 기타 개구부를 제외한 부분은 당해 건축물의 다른 부분과 내화구조의 바닥 및 벽으로 구획할 것. 다만, 공동주택의 경우에는 승강장과 특별피난계단(「건축물의 피난·방화구조 등의 기준에 관한 규칙」의 규정에 의한 특별피난계단)의 부속실과의 겸용부분을 특별피난계단의 계단실과 별도로 구획하는 때에는 승강장을 특별피난계단의 부속실과 겸용할 수 있다.

ⓛ 노대 또는 외부를 향하여 열 수 있는 창문이나 배연설비를 설치할 것
ⓒ 벽 및 반자가 실내에 접하는 부분의 마감재료(마감을 위한 바탕을 포함한다)는 불연재료로 할 것
ⓔ 승강장의 바닥면적은 비상용 승강기 1대에 대하여 $6m^2$ 이상으로 할 것. 다만, 옥외에 승강장을 설치하는 경우에는 그러하지 아니하다.
ⓜ 피난층이 있는 승강장의 출입구(승강장이 없는 경우에는 승강로의 출입구)로부터 도로 또는 공지(공원·광장 기타 이와 유사한 것으로서 피난 및 소화를 위한 당해 대지에의 출입에 지장이 없는 것)에 이르는 거리가 30m 이하일 것

88 | ▭▭▭

상업지역 및 주거지역에서 건축물에 설치하는 냉방시설 및 환기시설의 배기구는 도로면으로부터 몇 m 이상의 높이에 설치해야 하는가?

① 1.8m 이상
② 2m 이상
③ 3m 이상
④ 4.5m 이상

해설 관련 법규 : 건축법 제4조, 설비기준규칙 제23조, 해설 법규 : 설비기준규칙 제23조 ③항
상업지역 및 주거지역에서 건축물에 설치하는 냉방시설 및 환기시설의 배기구와 배기장치의 설치는 다음의 기준에 모두 적합하여야 한다.
㉮ 배기구는 도로면으로부터 2m 이상의 높이에 설치할 것
㉯ 배기장치에서 나오는 열기가 인근 건축물의 거주자나 보행자에게 직접 닿지 아니하도록 할 것
㉰ 건축물의 외벽에 배기구 또는 배기장치를 설치할 때에는 외벽 또는 다음의 기준에 적합한 지지대 등 보호장치와 분리되지 아니하도록 견고하게 연결하여 배기구 또는 배기장치가 떨어지는 것을 방지할 수 있도록 할 것
　ⓐ 배기구 또는 배기장치를 지탱할 수 있는 구조일 것
　ⓑ 부식을 방지할 수 있는 자재를 사용하거나 도장(塗裝)할 것

89 | ▭▭▭

건축물의 설계자가 건축물에 대한 구조의 안전을 확인하는 경우에 건축구조기술사의 협력을 받아야 하는 경우에 해당되지 않는 것은?

① 6층 이상인 건축물
② 다중이용 건축물
③ 특수구조 건축물
④ 깊이 10m 이상의 토지 굴착공사

해설 관련 법규 : 법 제67조, 영 제32조, 영 제91조의3, 해설 법규 : 영 제91조의3 ①항
다음의 어느 하나에 해당하는 건축물의 설계자는 해당 건축물에 대한 구조의 안전을 확인하는 경우에는 건축구조기술사의 협력을 받아야 한다.
㉠ 6층 이상인 건축물
㉡ 특수구조 건축물
㉢ 다중이용 건축물
㉣ 준다중이용 건축물
㉤ 3층 이상의 필로티형식 건축물
㉥ 국토교통부령으로 정하는 건축물
※ 깊이 10m 이상의 토지 굴착공사 또는 높이 5m 이상의 옹벽 등의 공사를 수반하는 건축물의 설계자 및 공사 감리자는 토지 굴착 등에 관하여 국토교통부령으로 정하는 바에 따라 「기술사법」에 따른 토목 분야 기술사 또는 국토개발 분야의 지질 및 기반 기술사의 협력을 받아야 한다.

3 소방시설의 설치 및 관리에 관한 법령 분석

01 |

소방시설법에서 정의하는 다음 내용에 해당하는 용어는?

> 소방시설 등을 구성하거나 소방용으로 사용되는 제품 또는 기기로서 대통령령으로 정하는 것을 말한다.

① 특정소방대상물　　② 소화설비
③ 소방용품　　　　　④ 소화용수설비

해설 관련 법규 : 소방시설법 제2조, 해설 법규 : 소방시설법 제2조
특정소방대상물은 소방시설을 설치하여야 하는 소방대상물로서 대통령령으로 정하는 것을 말한다. 소화설비는 물 또는 그 밖의 소화약제를 사용하여 소화하는 기계·기구 또는 설비이다. 소화용수설비는 화재를 진압하는 데 필요한 물을 공급하거나 저장하는 설비이다.

02 |

각 소방시설의 종류별 연결이 옳지 않은 것은?

① 소화설비 – 옥내소화전설비
② 피난구조설비 – 자동화재속보설비
③ 소화용수설비 – 소화수조
④ 소화활동설비 – 제연설비

해설 관련 법규 : 소방시설법 제2조, 영 제3조, (별표 1), 해설 법규 : (별표 1)
경보설비(화재발생 사실을 통보하는 기계·기구 또는 설비)의 종류에는 단독경보형 감지기, 비상경보설비(비상벨, 자동식사이렌설비), 시각경보기, 자동화재탐지설비, 비상방송설비, **자동화재속보설비**, 통합감시시설, 누전경보기, 가스누설경보기 등이 있다.

03 |

소방시설 중 소화설비에 해당하는 것은?

① 자동화재탐지설비
② 연결송수관설비
③ 연결살수설비
④ 소화기구

해설 관련 법규 : 소방시설법 제2조, 영 제3조, (별표 1), 해설 법규 : (별표 1)
소화설비의 종류에는 소화기구, 자동소화장치, 옥내 소화전설비, 스프링클러설비 등, 물분무등소화설비, 옥외소화전설비 등이 있고, 자동화재탐지설비는 경보설비에, 연결송수관설비와 연결살수설비는 소화활동설비에 속한다.

04 |

소방시설의 종류에 따른 설비의 명칭으로 옳은 것은?

① 경보설비 : 무선통신보조설비
② 소화활동설비 : 유도등
③ 소화설비 : 옥외소화전설비
④ 소화용수설비 : 연결살수설비

해설 관련 법규 : 소방시설법 제2조, 영 제3조, (별표 1), 해설 법규 : (별표 1) 1, 4, 5호
무선통신보조설비는 소화활동설비, 유도등은 피난구조설비, 연결살수설비는 소화활동설비에 속한다.

05 |

소방시설 중 경보설비의 종류에 해당하지 않는 것은?

① 비상방송설비　　② 자동화재탐지설비
③ 자동화재속보설비　④ 무선통신보조설비

해설 관련 법규 : 소방시설법 제2조, 영 제3조, 해설 법규 : 영 제3조, (별표 1) 2호
경보설비(화재 발생 사실을 통보하는 기계·기구 또는 설비)에는 단독경보형 감지기, 비상경보설비(비상벨설비, 자동식사이렌설비), 시각경보기, 자동화재탐지설비, 비상방송설비, 자동화재속보설비, 통합감시시설, 누전경보기, 가스누설경보기 등이 있고, 무선통신보조설비는 소화활동설비에 속한다.

06 |

화재가 발생할 경우 사용하는 피난구조설비(피난하기 위하여 사용하는 기구 또는 설비)에 해당되지 않는 것은?

① 자동화재속보설비　② 인공소생기
③ 비상조명등　　　　④ 완강기

해설 관련 법규 : 소방시설법 제2조, 영 제3조, (별표 1), 해설 법규 : (별표 1) 3호
피난구조설비는 화재가 발생한 경우, 피난하기 위하여 사용하는 기구 또는 설비로서 피난기구(피난사다리, 구조대, 완강기 등), 인명구조기구[방열복, 방화복(안전모, 보호장갑, 안전화를 포함), 공기호흡기, 인공소생기], 유도등(피난유도선, 피난구유도등, 통로유도등, 객석유도등, 유도표지 등), 비상조명등 및 휴대용 비상조명등 등이 있고, **자동화재속보설비는 경보설비**에 속한다.

07

소방시설의 종류 중 피난구조설비에 해당하는 것은?

① 비상조명등   ② 자동화재속보설비
③ 가스누설경보기   ④ 무선통신보조설비

해설 관련 법규 : 소방시설법 제2조, 영 제3조, (별표 1), 해설 법규 : (별표 1) 3호
소방시설 중 **피난구조설비**(화재가 발생한 경우, 피난하기 위하여 사용하는 기구 또는 설비)에는 피난기구(피난사다리, 구조대, 완강기 등), 인명구조기구[방열복, 방화복(안전모, 보호장갑, 안전화를 포함), 공기호흡기, 인공소생기], 유도등(피난유도선, 피난구유도등, 통로유도등, 객석유도등, 유도 표지 등), 비상조명등 및 휴대용 비상조명등 등이 있고, 자동화재속보설비와 가스누설경보기는 경보설비, 무선통신보조설비는 소화활동설비에 속한다.

08

소방용품 중 피난구조설비를 구성하는 제품 또는 기기와 가장 거리가 먼 것은?

① 발신기   ② 구조대
③ 완강기   ④ 통로유도등

해설 관련 법규 : 소방시설법 제2조, 영 제3조, (별표 1), 해설 법규 : (별표 1) 3호
피난구조설비(화재가 발생할 경우 피난하기 위하여 사용하는 기구 또는 설비)의 종류에는 피난기구(피난사다리, 구조대, 완강기 등), 인명구조기구(방열복, 방화복(안전모, 보호장갑 및 안전화를 포함), 공기호흡기, 인공소생기, 유도등(피난유도선, 피난구유도등, 통로유도등, 객석유도등, 유도표지), 비상조명등 및 휴대용비상조명등 등이 있다.

09

화재가 발생할 경우 사용하는 피난구조설비(피난하기 위하여 사용하는 기구 또는 설비)를 구성하는 제품 또는 기기에 해당되지 않는 것은?

① 누전경보기   ② 공기호흡기
③ 통로유도등   ④ 완강기

해설 관련 법규 : 소방시설법 제2조, 영 제3조, (별표 1), 해설 법규 : (별표 1) 3호
소방시설 중 피난구조설비(화재가 발생한 경우, 피난하기 위하여 사용하는 기구 또는 설비)에는 피난기구(피난사다리, 구조대, 완강기 등), 인명구조기구[방열복, 방화복(안전모, 보호장갑, 안전화를 포함), 공기호흡기, 인공소생기], 유도등(피난유도선, 피난구유도등, 통로유도등, 객석유도등, 유도 표지 등), 비상조명등 및 휴대용 비상조명등 등이 있고, 누전경보기는 경보설비에 속한다.

10

다음 중 소화활동설비에 속하지 않는 것은?

① 연결송수관설비   ② 스프링클러설비
③ 연결살수설비   ④ 비상콘센트설비

해설 관련 법규 : 소방시설법 제2조, 영 제3조, (별표 1), 해설 법규 : (별표 1) 5호
소화활동설비(화재를 진압하거나 인명구조활동을 위하여 사용하는 설비)의 종류에는 제연설비, 연결송수관설비, 연결살수설비, 비상콘센트설비, 무선통신보조설비, 연소방지설비 등이 있고, 스프링클러설비는 소화설비에 속한다.

11

다음 소방시설 중 소화활동설비에 해당하는 것은?

① 비상콘센트설비   ② 옥내소화전설비
③ 비상조명등   ④ 피난사다리

해설 관련 법규 : 소방시설법 제2조, 영 제3조, (별표 1), 해설 법규 : (별표 1) 5호
소화활동설비(화재를 진압하거나 인명구조활동을 위하여 사용하는 설비)의 종류에는 제연설비, 연결송수관설비, 연결살수설비, 비상콘센트설비, 무선통신보조설비, 연소방지설비 등이 있고, 옥내소화전설비는 소화설비, 비상조명등과 피난사다리는 피난구조설비에 속한다.

정답 07. ①   08. ①   09. ①   10. ②   11. ①

12 |

다음 중 각 소방시설의 종류별 연결이 옳지 않은 것은?

① 소화설비 – 옥내소화전설비
② 피난구조설비 – 자동화재속보설비
③ 소화용수설비 – 소화수조
④ 소화활동설비 – 제연설비

해설 관련 법규 : 소방시설법 제2조, 영 제3조, (별표 1), 해설 법규 : (별표 1) 3호
소방시설 중 피난구조설비(화재가 발생한 경우, 피난하기 위하여 사용하는 기구 또는 설비)에는 피난기구(피난사다리, 구조대, 완강기 등), 인명구조기구[방열복, 방화복(안전모, 보호장갑, 안전화를 포함), 공기호흡기, 인공소생기], 유도등(피난유도선, 피난구유도등, 통로유도등, 객석유도등, 유도 표지 등), 비상조명등 및 휴대용 비상조명등 등이 있고, 자동화재속보설비는 경보설비에 속한다.

13 |

소방시설의 관계가 서로 잘못 짝지어진 것은?

① 소화설비 – 스프링클러설비
② 경보설비 – 자동화재탐지설비
③ 피난구조설비 – 유도등 및 유도표지
④ 소화활동설비 – 옥내소화전설비

해설 관련 법규 : 소방시설법 제2조, 영 제3조, (별표 1), 해설 법규 : (별표 1) 3호
소화활동설비(화재를 진압하거나 인명구조활동을 위하여 사용하는 설비)의 종류에는 제연설비, 연결송수관설비, 연결살수설비, 비상콘센트설비, 무선통신보조설비, 연소방지설비 등이 있고, 옥내소화전설비는 소화설비에 속한다.

14 |

대통령령으로 정하는 특정소방대상물(신축하는 것만 해당)에 소방시설을 설치하려는 자는 그 용도, 위치, 구조, 수용 인원, 가연물(可燃物)의 종류 및 양 등을 고려하여 설계하여야 하는데 이와 같은 설계를 무엇이라 하는가?

① 소방시설 특수설계　　② 최적화설계
③ 성능위주설계　　④ 소방시설 정밀설계

해설 관련 법규 : 소방시설법 제9조의3, 해설 법규 : 소방시설법 제9조의3
대통령령으로 정하는 특정소방대상물(신축하는 것만 해당)에 소방시설을 설치하려는 자는 그 용도, 위치, 구조, 수용 인원, 가연물(可燃物)의 종류 및 양 등을 고려하여 설계("성능위주설계")하여야 한다.

15 |

소방관서장은 화재안전조사를 실시하려면 며칠 동안 관계인에게 조사대상, 조사기간 및 조사사유 등을 공개하여야 하는가?

① 5일　　② 7일
③ 10일　　④ 15일

해설 관련 법규 : 화재예방법 제8조, 해설 법규 : 화재예방법 제8조
소방관서장은 화재안전조사를 실시하려는 경우 사전에 관계인에게 조사대상, 조사기간 및 조사사유 등을 우편, 전화, 이메일 또는 문자전송 등을 통하여 통지하고 이를 소방청, 소방본부, 소방서의 인터넷 홈페이지에 7일 이상 공개하여야 한다. 다만, 다음의 어느 하나에 해당하는 경우에는 그러하지 아니하다.
㉠ 화재가 발생할 우려가 뚜렷하여 긴급하게 조사할 필요가 있는 경우
㉡ 화재안전조사의 실시를 사전에 통지하거나 공개하면 조사목적을 달성할 수 없다고 인정되는 경우

16 |

소방시설법령에 의한 무창층에 대한 정의로 옳은 것은?

① 무창층이란 창이 없는 층을 말한다.
② 무창층이란 창을 포함한 개구부가 없는 층을 말한다.
③ 무창층이란 일정한 요건을 갖춘 창 면적의 합계가 해당 층의 바닥면적의 1/50 이하가 되는 층을 말한다.
④ 무창층이란 일정한 요건을 갖춘 개구부 면적의 합계가 해당 층의 바닥면적의 1/30 이하가 되는 층을 말한다.

해설 관련 법규 : 영 제2조, 해설 법규 : 영 제2조 1호
"무창층"이란 지상층 중 다음의 요건을 모두 갖춘 개구부(건축물에서 채광 · 환기 · 통풍 또는 출입 등을 위하여 만든 창 · 출입구, 그 밖에 이와 비슷한 것)의 면적의 합계가 해당 층의 바닥면적(「건축법 시행령」에 따라 산정된 면적)의 1/30 이하가 되는 층을 말한다.

ⓐ 크기는 지름 50cm 이상의 원이 내접할 수 있는 크기일 것

ⓑ 해당 층의 바닥면으로부터 개구부 밑부분까지의 높이가 1.2m 이내일 것

ⓒ 도로 또는 차량이 진입할 수 있는 빈터를 향할 것

ⓓ 화재 시 건축물로부터 쉽게 피난할 수 있도록 창살이나 그 밖의 장애물이 설치되지 아니할 것

ⓔ 내부 또는 외부에서 쉽게 부수거나 열 수 있을 것

17 |

소방시설법령에 따라 무창층은 특정 조건을 가진 개구부 합계의 기준에 따라 판단하도록 되어 있는데 이 개구부의 요건으로 옳지 않은 것은?

① 크기는 지름 50cm 이상의 원이 내접(內接)할 수 있는 크기일 것

② 해당 층의 바닥면으로부터 개구부 밑부분까지의 높이가 1.2m 이내일 것

③ 도로 또는 차량이 진입할 수 있는 빈터를 향할 것

④ 내부 또는 외부에서 쉽게 파괴되지 않도록 할 것

해설 관련 법규 : 영 제2조, 해설 법규 : 영 제2조 1호
무창층의 조건은 ①, ②, ③ 외에 화재 시 건축물로부터 쉽게 피난할 수 있도록 창살이나 그 밖의 장애물이 설치되지 아니하고, 내부 또는 외부에서 쉽게 부수거나 열 수 있을 것이 해당된다.

18 |

화재예방정책을 체계적 · 효율적으로 추진하고 이에 필요한 기반 확충을 위하여 화재의 예방 및 안전관리에 관한 기본계획을 수립 · 시행하는 자는?

① 소방청장

② 시 · 도지사

③ 소방본부장 또는 소방서장

④ 국무총리

해설 관련 법규 : 화재예방법 제4조, 해설 법규 : 화재예방법 제4조
소방청장은 화재예방정책을 체계적 · 효율적으로 추진하고 이에 필요한 기반 확충을 위하여 화재의 예방 및 안전관리에 관한 계획을 5년마다 수립 · 시행하여야 한다

19 |

'화재안전조사의 연기사유'가 될 수 없는 것은 어느 것인가?

① 태풍, 홍수 등 재난이 발생하여 소방대상물을 관리하기가 매우 어려운 경우

② 관계인이 질병, 장기출장 등으로 조사에 참여할 수 없는 경우

③ 권한 있는 기관에 자체점검기록부, 교육 · 훈련 일지 등 화재안전조사에 필요한 장부 · 서류 등이 압수되거나 영치되어 있는 경우

④ 소방본부장 또는 소방서장으로부터 피난시설, 방화 구획 및 방화시설의 유지 · 관리에 대한 시정 보완을 통보받은 후 불가피하게 연기해야 하는 경우

해설 관련 법규 : 화재예방법 제8조, 영 제9조, 해설 법규 : 영 제9조 ①항
화재안전조사의 연기사유는 ①, ②, ③ 등이고, ④는 무관하다.

20 |

특정소방대상물 중 교육연구시설에 해당하는 것은?

① 무도학원

② 자동차정비학원

③ 자동차운전학원

④ 연수원

해설 관련 법규 : 소방시설법 제2조, 영 제5조, (별표 2), 해설 법규 : (별표 2) 8호
교육연구시설에는 학교(초등학교, 중학교, 고등학교, 특수학교, 그 밖에 이에 준하는 학교, 대학, 대학교, 그 밖에 이에 준하는 각종 학교), 교육원(연수원, 그 밖에 이와 비슷한 것을 포함), 직업훈련소, 학원(근린생활시설에 해당하는 것과 자동차운전학원 · 정비학원 및 무도학원은 제외), 연구소(연구소에 준하는 시험소와 계량계측소를 포함), 도서관 등이 있고, 무도학원은 위락시설, 자동차정비학원과 자동차운전학원은 항공기 및 자동차 관련 시설에 속한다.

21 |

건축허가 등을 할 때 미리 소방본부장 또는 소방서장의 동의를 받아야 하는 건축물 등의 범위로 옳지 않은 것은?

① 항공기격납고, 관망탑, 항공관제탑, 방송용 송 · 수신탑

② 승강기 등 기계장치에 의한 주차시설로서 자동차 20대 이상을 주차할 수 있는 시설

③ 연면적이 400m² 이상인 건축물
④ 지하층 또는 무창층이 있는 건축물로서 바닥면적이 100m²(공연장의 경우에는 80m²) 이상인 층이 있는 것

해설 관련 법규 : 소방시설법 제6조, 영 제7조, 해설 법규 : 영 제7조 ①항
건축허가 등을 할 때 미리 소방본부장 또는 소방서장의 동의를 받아야 하는 건축물 등의 범위는 다음과 같다.
ⓐ 연면적(「건축법 시행령」에 따라 산정된 면적)이 400m² 이상인 건축물. 다만, 다음의 어느 하나에 해당하는 시설은 정한 기준 이상인 건축물로 한다.
  • 「학교시설사업 촉진법」에 따라 건축등을 하려는 학교시설 : 100m²
  • 노유자시설 및 수련시설 : 200m²
  • 「정신건강증진 및 정신질환자 복지서비스 지원에 관한 법률」에 따른 정신의료기관(입원실이 없는 정신건강의학과 의원은 제외) : 300m²
  • 「장애인복지법」에 따른 장애인 의료재활시설 : 300m²
  • 층수(「건축법 시행령」에 따라 산정된 층수)가 6층 이상인 건축물
ⓑ 차고·주차장 또는 주차용도로 사용되는 시설로서 다음의 어느 하나에 해당하는 것
  • 차고·주차장으로 사용되는 바닥면적이 200m² 이상인 층이 있는 건축물이나 주차시설
  • 승강기 등 기계장치에 의한 주차시설로서 자동차 20대 이상을 주차할 수 있는 시설
ⓒ 항공기격납고, 관망탑, 항공관제탑, 방송용 송수신탑
ⓓ 지하층 또는 무창층이 있는 건축물로서 바닥면적이 150m²(공연장의 경우에는 100m²) 이상인 층이 있는 것
ⓔ 특정소방대상물 중 조산원, 산후조리원, 전기저장시설, 위험물 저장 및 처리 시설, 지하구

22 |

건축허가 등을 함에 있어서 미리 소방본부장 또는 소방서장의 동의를 받아야 하는 대상건축물이 아닌 것은?

① 항공기 격납고
② 연면적이 500m²인 건축물
③ 지하층 또는 무창층이 있는 건축물로서 바닥면적이 80m²인 층이 있는 것
④ 차고 주차장으로 사용되는 시설로서 차고 주차장으로 사용되는 층 중 바닥면적이 200m²인 층이 있는 시설

해설 관련 법규 : 소방시설법 제6조, 영 제7조, 해설 법규 : 영 제7조 ①항 2호
건축허가 등을 함에 있어서 미리 소방본부장 또는 소방서장의 동의를 받아야 하는 건축물 등의 범위는 지하층 또는 무창층이 있는 건축물로서 바닥면적이 150m²(공연장의 경우에는 100m²) 이상인 층이 있는 것이다.

23 |

업무시설로서 건축허가 등을 함에 있어서 미리 소방본부장 또는 소방서장의 동의를 받아야 하는 대상건축물의 연면적 기준은?

① 연면적이 200m² 이상인 건축물
② 연면적이 300m² 이상인 건축물
③ 연면적이 400m² 이상인 건축물
④ 연면적이 500m² 이상인 건축물

해설 관련 법규 : 소방시설법 제6조, 영 제7조, 해설 법규 : 영 제7조 ①항 1호
건축허가 등을 함에 있어서 미리 소방본부장 또는 소방서장의 동의를 받아야 하는 건축물 연면적(「건축법 시행령」에 따라 산정된 면적)이 400m² 이상인 건축물이다.

24 |

건축허가 등을 함에 있어서 미리 소방본부장 또는 소방서장의 동의를 받아야 하는 대상건축물 등에 속하지 않는 것은?

① 항공기 격납고
② 연면적 400m²인 건축물
③ 수련시설 및 노유자시설로서 연면적 150m²인 건축물
④ 지하층 또는 무창층이 있는 건축물로서 바닥면적이 150m²인 층이 있는 것

해설 관련 법규 : 소방시설법 제6조, 영 제7조, 해설 법규 : 영 제7조 ①항 1호
건축허가 등을 함에 있어서 미리 소방본부장 또는 소방서장의 동의를 받아야 하는 건축물 연면적(「건축법 시행령」에 따라 산정된 면적)이 400m² (학교시설은 100m², 노유자시설 및 수련시설은 200m², 정신의료기관(입원실이 없는 정신건강의학과 의원은 제외) 및 장애인 의료재활시설은 300m²)이상인 건축물이다.

25

건축허가 등을 할 때 미리 소방본부장 또는 소방서장의 동의를 받아야 하는 건축물 등의 범위(기준)로 옳지 않은 것은?

① 연면적이 250m² 이상인 정신의료기관
② 연면적이 200m² 이상인 노유자시설
③ 연면적이 200m² 이상인 수련시설
④ 연면적이 300m² 이상인 장애인 의료재활시설

해설 관련 법규 : 소방시설법 제6조, 영 제7조, 해설 법규 : 영 제7조 ①항 1호
건축허가 등을 할 때 미리 소방본부장 또는 소방서장의 동의를 받아야 하는 건축물은 연면적(「건축법 시행령」에 따라 산정된 면적)이 400m² 이상인 건축물이나, 학교시설은 100m² 이상, 노유자시설 및 수련시설은 200m² 이상, 정신의료기관(입원실이 없는 정신건강의학과 의원은 제외) 및 장애인 의료재활시설은 300m² 이상이다.

26

건축허가 등을 할 때 미리 소방본부장 또는 소방서장의 동의를 받아야 하는 건축물의 최소 연면적 기준으로 옳은 것은?

① 400m² 이상
② 500m² 이상
③ 600m² 이상
④ 700m² 이상

해설 관련 법규 : 소방시설법 제6조, 영 제7조, 해설 법규 : 영 제7조 ①항 1호
건축허가 등을 할 때 미리 소방본부장 또는 소방서장의 동의를 받아야 하는 건축물은 연면적(「건축법 시행령」에 따라 산정된 면적)이 400m² 이상인 건축물이나, 학교시설은 100m² 이상, 노유자시설 및 수련시설은 200m² 이상, 정신의료기관(입원실이 없는 정신건강의학과 의원은 제외) 및 장애인 의료재활시설은 300m² 이상이다.

27

건축허가 등을 할 때 미리 소방본부장 또는 소방서장의 동의를 받아야 하는 건축물 등의 범위기준으로 옳지 않은 것은?

① 노유자시설 및 수련시설로서 연면적이 200m² 이상인 것
② 차고·주차장으로 사용되는 바닥면적이 200m² 이상인 층이 있는 건축물이나 주차시설
③ 승강기 등 기계장치에 의한 주차시설로서 자동차 15대 이상을 주차할 수 있는 시설
④ 지하층 또는 무창층이 있는 건축물로서 바닥면적이 150m² 이상인 층이 있는 것

해설 관련 법규 : 소방시설법 제6조, 영 제7조, 해설 법규 : 영 제7조 ①항
㉠ 건축허가 등을 함에 있어서 미리 소방본부장 또는 소방서장의 동의를 받아야 하는 건축물 연면적(「건축법 시행령」에 따라 산정된 면적)이 400m² [학교시설은 100m², 노유자시설 및 수련시설은 200m², 정신의료기관(입원실이 없는 정신건강의학과 의원은 제외) 및 장애인 의료재활시설은 300m²] 이상인 건축물이다.
㉡ 차고·주차장 또는 주차용도로 사용되는 시설로서 다음의 어느 하나에 해당하는 것
  • 차고·주차장으로 사용되는 바닥면적이 200m² 이상인 층이 있는 건축물이나 주차시설
  • 승강기 등 기계장치에 의한 주차시설로서 자동차 20대 이상을 주차할 수 있는 시설

28

건축물의 건축허가 등에 대한 행정기관의 동의 요구를 받은 소방본부장 또는 소방서장은 건축허가 등의 동의요구서류를 접수한 날부터 얼마 이내에 동의여부를 회신하여야 하는가? (단, 특급 소방안전관리대상물이 아닌 경우)

① 3일 이내
② 4일 이내
③ 5일 이내
④ 6일 이내

해설 관련 법규 : 소방시설법 제6조, 규칙 제3조, 해설 법규 : 규칙 제3조 ③항
신축·증축·개축·재축·이전·용도변경 또는 대수선의 허가·협의 및 사용승인("건축허가등") 등에 대한 행정기관의 동의요구를 받은 소방본부장 또는 소방서장은 건축허가등의 동의요구서류를 접수한 날부터 5일[허가를 신청한 건축물 등이 50층 이상(지하층은 제외)이거나 지상으로부터 높이가 200m 이상인 아파트, 30층 이상(지하층을 포함)이거나 지상으로부터 높이가 120m 이상인 특정소방대상물(아파트는 제외), 특정소방대상물로서 연면적이 200,000m² 이상인 특정소방대상물(아파트는 제외)의 어느 하나에 해당하는 경우에는 10일] 이내에 건축허가 등의 동의여부를 회신하여야 한다.

29

특정소방대상물의 관계인이 대통령령으로 정하여 고시하는 화재안전기준에 따라 소방시설을 설치하는 경우에 고려해야 하는 사항과 가장 거리가 먼 것은?

① 소방대상물의 규모
② 소방대상물의 용도
③ 소방대상물의 수용 인원
④ 소방대상물의 위치

해설 관련 법규 : 소방시설법 제14조, 해설 법규 : 소방시설법 제14조
화재안전기준에 따라 소방시설을 설치하는 경우 고려하여야 할 사항은 특정소방대상물의 규모, 용도 및 수용인원 등이 있고, 소방대상물의 위치와는 무관하다.

30

소방시설법령에 따라 단독주택에 설치하여야 하는 소방시설을 옳게 나타낸 것은?

① 소화기 및 간이스프링클러
② 소화기 및 단독경보형감지기
③ 소화기 및 자동화재탐지설비
④ 소화기 및 간이완강기

해설 관련 법규 : 소방시설법 제10조, 영 제10조, 해설 법규 : 영 제10조
단독주택에 설치하여야 하는 소방시설은 소화기 및 단독경보형감지기 등이 있다.

31

옥내소화전설비를 설치하여야 하는 특정소방대상물의 연면적 최소 기준으로 옳은 것은? (단, 지하가 중 터널은 제외)

① 1,000m² 이상
② 3,000m² 이상
③ 6,000m² 이상
④ 10,000m² 이상

해설 관련 법규 : 소방시설법 제12조, 영 제11조, (별표 4), 해설 법규 : (별표 4) 1호 다목
옥내소화전설비를 설치하여야 하는 특정소방대상물(위험물 저장 및 처리시설 중 가스시설, 지하구 및 방재실 등에서 스프링클러설비 또는 물분무등소화설비를 원격으로 조정할 수 있는 업무시설 중 무인변전소는 제외)은 다음의 어느 하나와 같다.

㉮ 연면적 3,000m² 이상(지하가 중 터널은 제외)이거나 지하층·무창층(축사는 제외) 또는 층수가 4층 이상인 것 중 바닥면적이 600m² 이상인 층이 있는 것은 모든 층
㉯ 지하가 중 터널로서 다음에 해당하는 터널
　㉠ 길이가 1,000m 이상인 터널
　㉡ 예상교통량, 경사도 등 터널의 특성을 고려하여 총리령으로 정하는 터널
㉰ ㉮에 해당하지 않는 근린생활시설, 판매시설, 운수시설, 의료시설, 노유자시설, 업무시설, 숙박시설, 위락시설, 공장, 창고시설, 항공기 및 자동차 관련 시설, 교정 및 군사시설 중 국방·군사시설, 방송통신시설, 발전시설, 장례시설 또는 복합건축물로서 연면적 1,500m² 이상이거나 지하층·무창층 또는 층수가 4층 이상인 층 중 바닥면적이 300m² 이상인 층이 있는 것은 모든 층
㉱ 건축물의 옥상에 설치된 차고 또는 주차장으로서 차고 또는 주차의 용도로 사용되는 부분의 면적이 200m² 이상인 것
㉲ ㉮ 및 ㉰에 해당하지 않는 공장 또는 창고시설로서 「화재의 예방 및 안전관리에 관한 법률 시행령」에서 정하는 수량의 750배 이상의 특수가연물을 저장·취급하는 것

32

다음은 옥내소화전설비를 설치하여야 하는 특정소방대상물에 대한 기준이다. ( ) 안에 알맞은 것은?

건축물의 옥상에 설치된 차고 또는 주차장으로서 차고 또는 주차의 용도로 사용되는 부분의 면적이 ( ) 이상인 것

① 100m² ② 150m²
③ 180m² ④ 200m²

해설 관련 법규 : 소방시설법 제12조, 영 제11조, (별표 4), 해설 법규 : (별표 4) 1호 다목
건축물의 옥상에 설치된 차고 또는 주차장으로서 차고 또는 주차의 용도로 사용되는 부분의 면적이 200m² 이상인 특정소방대상물에는 옥내소화전설비를 설치하여야 한다.

33 |

다음 중 전 층에 스프링클러를 설치하여야 하는 경우가 아닌 것은?

① 수용 인원이 100인 이상인 문화 및 집회시설 및 운동 시설
② 층수가 11층 이상인 특정소방대상물 중 숙박시설
③ 연면적 1,000m² 이상인 판매시설 및 운동시설
④ 연면적 600m² 이상인 노유자시설

해설 관련 법규 : 소방시설법 제12조, 영 제11조, (별표 4),
해설 법규 : (별표 4) 1호 라목
판매시설, 운수시설 및 창고시설(물류터미널에 한함)로서 바닥면적의 합계가 5,000m² 이상이거나 수용인원이 500명 이상인 경우에는 모든 층에 스프링클러설비를 설치해야 한다.

34 |

스프링클러설비를 설치하여야 하는 특정소방대상물 중 스프링클러설비를 모든 층에 설치하여야 하는 수용인원의 기준으로 옳은 것은? (단, 문화 및 집회시설로서 동·식물원은 제외)

① 50명 이상   ② 100명 이상
③ 200명 이상   ④ 300명 이상

해설 관련 법규 : 소방시설법 제12조, 영 제11조, (별표 4),
해설 법규 : (별표 4) 1호 라목
스프링클러설비를 설치하여야 하는 특정소방대상물(위험물 저장 및 처리 시설 중 가스시설 또는 지하구는 제외)은 다음의 어느 하나와 같다.
ⓒ 문화 및 집회시설(동·식물원은 제외), 종교시설(주요구조부가 목조인 것은 제외), 운동시설(물놀이형 시설은 제외)로서 다음의 어느 하나에 해당하는 경우에는 모든 층
  ㉮ 수용인원이 100명 이상인 것
  ㉯ 영화상영관의 용도로 쓰이는 층의 바닥면적이 지하층 또는 무창층인 경우에는 500m² 이상, 그 밖의 층의 경우에는 1,000m² 이상인 것
  ㉰ 무대부가 지하층·무창층 또는 4층 이상의 층에 있는 경우에는 무대부의 면적이 300m² 이상인 것
  ㉱ 무대부가 ㉰외의 층에 있는 경우에는 무대부의 면적이 500m² 이상인 것
ⓛ 판매시설, 운수시설 및 창고시설(물류터미널에 한정)로서 바닥면적의 합계가 5,000m² 이상이거나 수용인원이 500명 이상인 경우에는 모든 층

ⓒ 층수가 6층 이상인 특정소방대상물의 경우에는 모든 층. 다만, 다음의 어느 하나에 해당하는 경우에는 제외한다.
  ㉮ 주택 관련 법령에 따라 기존의 아파트 등을 리모델링하는 경우로서 건축물의 연면적 및 층높이가 변경되지 않는 경우. 이 경우 해당 아파트 등의 사용검사 당시의 소방시설의 설치에 관한 대통령령 또는 화재안전기준을 적용한다.
  ㉯ 스프링클러설비가 없는 기존의 특정소방대상물을 용도변경하는 경우. 다만, 규정에 해당하는 특정소방대상물로 용도변경하는 경우에는 해당 규정에 따라 스프링클러설비를 설치한다.
ⓔ 근린생활시설 중 조산원 및 산후조리원, 의료시설 중 정신의료기관, 의료시설 중 종합병원, 병원, 치과병원, 한방병원 및 요양병원, 노유자시설, 숙박이 가능한 수련시설, 숙박시설의 바닥면적의 합계가 600m² 이상인 것은 모든 층
ⓜ 창고시설(물류터미널은 제외)로서 바닥면적 합계가 5,000m² 이상인 경우에는 모든 층
ⓗ 천장 또는 반자(반자가 없는 경우에는 지붕의 옥내에 면하는 부분)의 높이가 10m를 넘는 랙식 창고(rack warehouse)(물건을 수납할 수 있는 선반이나 이와 비슷한 것을 갖춘 것)로서 바닥면적의 합계가 1,500m² 이상인 경우에는 모든 층
ⓢ 특정소방대상물의 지하층·무창층(축사는 제외) 또는 층수가 4층 이상 층으로서 바닥면적이 1,000m² 이상인 층
ⓞ 공장 또는 창고시설로서 다음의 어느 하나에 해당하는 시설
  ㉮ 「화재의 예방 및 안전관리에 관한 법률 시행령」에서 정하는 수량의 1,000배 이상의 특수가연물을 저장·취급하는 시설
  ㉯ 「원자력안전법 시행령」에 따른 중·저준위방사성폐기물의 저장시설 중 소화수를 수집·처리하는 설비가 있는 저장시설
ⓩ 지붕 또는 외벽이 불연재료가 아니거나 내화구조가 아닌 공장 또는 창고시설로서 다음의 어느 하나에 해당하는 것
  ㉮ 창고시설(물류터미널에 한정) 중 ⓛ에 해당하지 않는 것으로서 바닥면적의 합계가 2,500m² 이상이거나 수용인원이 250명 이상인 것
  ㉯ 창고시설(물류터미널은 제외) 중 ⓜ에 해당하지 않는 것으로서 바닥면적의 합계가 2,500m² 이상인 것
  ㉰ 랙식 창고시설 중 ⓗ에 해당하지 않는 것으로서 바닥면적의 합계가 750m² 이상인 것
  ㉱ 공장 또는 창고시설 중 ⓢ에 해당하지 않는 것으로서 지하층·무창층 또는 층수가 4층 이상인 것 중 바닥면적이 500m² 이상인 것

⑩ 공장 또는 창고시설 중 ⑩의 ㉮에 해당하지 않는 것으로서 「화재의 예방 및 안전관리에 관한 법률 시행령」에서 정하는 수량의 500배 이상의 특수가연물을 저장·취급하는 시설

㉜ 지하가(터널은 제외)로서 연면적 1,000m² 이상인 것

㉡ 기숙사(교육연구시설·수련시설 내에 있는 학생 수용을 위한 것) 또는 복합건축물로서 연면적 5,000m² 이상인 경우에는 모든 층

㉤ 교정 및 군사시설 중 다음의 어느 하나에 해당하는 경우에는 해당 장소

　㉮ 보호감호소, 교도소, 구치소 및 그 지소, 보호관찰소, 갱생보호시설, 치료감호시설, 소년원 및 소년분류심사원의 수용거실

　㉯ 「출입국관리법」에 따른 보호시설(외국인보호소의 경우에는 보호대상자의 생활공간으로 한정)로 사용하는 부분. 다만, 보호시설이 임차건물에 있는 경우는 제외한다.

　㉰ 「경찰관 직무집행법」에 따른 유치장

㉣ 발전시설 중 전기저장시설, 모든 스프링클러설치 특정소방대상물에 부속된 보일러실 또는 연결통로 등이다.

35 |

다음 중 모든 층에 스프링클러를 설치하여야 하는 경우가 아닌 것은?

① 문화 및 집회시설(동·식물원은 제외)로서 수용인원이 100명 이상인 것
② 층수가 6층 이상인 특정소방대상물
③ 판매시설로서 바닥면적의 합계가 1,000m² 이상인 것
④ 노유자시설의 용도로 사용되는 곳의 바닥면적의 합계가 600m² 이상인 것

해설 관련 법규 : 소방시설법 제12조, 영 제11조, (별표 4), 해설 법규 : (별표 4) 1호 라목
스프링클러설비를 설치하여야 하는 특정소방대상물은 판매시설, 운수시설 및 창고시설(물류터미널에 한정)로서 바닥면적의 합계가 5,000m² 이상이거나 수용인원이 500명 이상인 경우에는 모든 층이다.

36 |

스프링클러설비를 설치하여야 하는 특정소방대상물의 기준으로 옳지 않은 것은?

① 의료시설 중 정신의료기관으로서 해당 용도로 사용되는 바닥면적 합계가 400m² 이상인 것 → 모든 층

② 판매시설, 운수시설 및 창고시설(물류터미널에 한정)로서 바닥면적 합계가 5,000m² 이상인 경우 → 모든 층

③ 층수가 6층 이상인 특정소방대상물의 경우 → 모든 층

④ 문화 및 집회시설(동·식물원은 제외한다)로서 무대부가 지하층·무창층 또는 4층 이상의 층에 있는 경우에는 무대부의 면적이 300m² 이상인 것 → 모든 층

해설 관련 법규 : 소방시설법 제12조, 영 제11조, (별표 4), 해설 법규 : (별표 4) 1호 라목
스프링클러설비를 설치하여야 하는 특정소방대상물은 의료시설 중 정신의료기관, 의료시설 중 종합병원, 병원, 치과병원, 한방병원 및 요양병원, 노유자시설, 숙박이 가능한 수련시설, 숙박시설에 해당하는 용도로 사용되는 시설의 바닥면적의 합계가 600m² 이상인 것은 모든 층이다.

37 |

특정소방대상물 중 문화 및 집회시설, 종교시설, 운동시설로서 스프링클러설비를 전 층에 설치하여야 하는 기준으로 옳지 않은 것은?

① 수용인원이 100명 이상인 것
② 영화상영관의 용도로 쓰이는 층의 바닥면적이 지하층 또는 무창층인 경우 300m² 이상인 것
③ 무대부가 지하층·무창층 또는 4층 이상의 층에 있는 경우에는 무대부의 면적이 300m² 이상인 것
④ 무대부가 지하층·무창층 또는 4층 이상의 층에 있지 않은 경우에는 무대부의 면적이 500m² 이상인 것

해설 관련 법규 : 소방시설법 제12조, 영 제11조, (별표 4), 해설 법규 : (별표 4) 1호 라목
스프링클러설비를 전 층에 설치하여야 하는 기준은 영화상영관의 용도로 쓰이는 층의 바닥면적이 지하층 또는 무창층인 경우에는 500m² 이상, 그 밖의 층의 경우에는 1,000m² 이상인 것이다.

38 |

간이스프링클러설비를 설치하여야 하는 특정소방대상물의 연면적 기준으로 옳은 것은? (단, 교육연구시설 내 합숙소의 경우)

① 50m² 이상   ② 100m² 이상
③ 150m² 이상   ④ 200m² 이상

해설 관련 법규 : 소방시설법 제12조, 영 제11조, (별표 4), 해설 법규 : (별표 4) 1호 마목
간이스프링클러설비를 설치하여야 하는 특정소방대상물은 다음의 어느 하나와 같다.
㉠ 근린생활시설 중 다음의 어느 하나에 해당하는 것
　㉮ 근린생활시설로 사용하는 부분의 바닥면적 합계가 1,000m² 이상인 것은 모든 층
　㉯ 의원, 치과의원 및 한의원으로서 입원실이 있는 시설
　㉰ 조산원 및 산후조리원으로서 연면적 600m² 미만인 시설
㉡ 교육연구시설 내에 합숙소로서 연면적 100m² 이상인 경우에는 모든 층
㉢ 의료시설 중 다음의 어느 하나에 해당하는 시설
　㉮ 종합병원, 병원, 치과병원, 한방병원 및 요양병원(의료재활시설은 제외)으로 사용되는 바닥면적의 합계가 600m² 미만인 시설
　㉯ 정신의료기관 또는 의료재활시설로 사용되는 바닥면적의 합계가 300m² 이상 600m² 미만인 시설
　㉰ 정신의료기관 또는 의료재활시설로 사용되는 바닥면적의 합계가 300m² 미만이고, 창살(철재·플라스틱 또는 목재 등으로 사람의 탈출 등을 막기 위하여 설치한 것을 말하며, 화재 시 자동으로 열리는 구조로 되어 있는 창살은 제외)이 설치된 시설
㉣ 노유자시설로서 다음의 어느 하나에 해당하는 시설
　㉮ 노유자생활시설(단독주택 또는 공동주택에 설치되는 시설은 제외)
　㉯ ㉮에 해당하지 않는 노유자시설로 해당 시설로 사용하는 바닥면적의 합계가 300m² 이상 600m² 미만인 시설
　㉰ ㉮에 해당하지 않는 노유자시설로 해당 시설로 사용하는 바닥면적의 합계가 300m² 미만이고, 창살(철재·플라스틱 또는 목재 등으로 사람의 탈출 등을 막기 위하여 설치한 것을 말하며, 화재 시 자동으로 열리는 구조로 되어 있는 창살은 제외)이 설치된 시설
㉤ 건물을 임차하여 「출입국관리법」에 따른 보호시설로 사용하는 부분
㉥ 숙박시설로 사용되는 바닥면적의 합계가 300m² 이상 600m² 미만인 시설
㉦ 복합건축물(하나의 건축물이 주택의 용도와 함께 사용되는 복합건축물만 해당)로서 연면적 1,000m² 이상인 것은 모든 층

39 |

특정소방대상물에 설치된 축전지실·통신기기실·전산실 등에 설치하여야 하는 소화설비는? (단, 바닥면적이 300m² 이상일 것)

① 물분무등소화설비
② 스프링클러설비
③ 수동식소화기
④ 옥내소화전설비

해설 관련 법규 : 소방시설법 제12조, 영 제11조, (별표 4), 해설 법규 : (별표 4) 1호 바목
물분무등소화설비를 설치하여야 하는 특정소방대상물(위험물 저장 및 처리 시설 중 가스시설 또는 지하구는 제외)은 다음의 어느 하나와 같다.
㉠ 항공기 및 자동차 관련 시설 중 항공기격납고
㉡ 차고, 주차용 건축물 또는 철골 조립식 주차시설. 이 경우 연면적 800m² 이상인 것만 해당한다.
㉢ 건축물 내부에 설치된 차고 또는 주차장으로서 차고 또는 주차의 용도로 사용되는 부분의 바닥면적이 200m² 이상인 층
㉣ 기계장치에 의한 주차시설을 이용하여 20대 이상의 차량을 주차할 수 있는 것
㉤ 특정소방대상물에 설치된 전기실·발전실·변전실(가연성 절연유를 사용하지 않는 변압기·전류차단기 등의 전기기기와 가연성 피복을 사용하지 않은 전선 및 케이블만을 설치한 전기실·발전실 및 변전실은 제외)·축전지실·통신기기실 또는 전산실, 그 밖에 이와 비슷한 것으로서 바닥면적이 300m² 이상인 것[하나의 방화구획 내에 둘 이상의 실이 설치되어 있는 경우에는 이를 하나의 실로 보아 바닥면적을 산정]. 다만, 내화구조로 된 공정제어실 내에 설치된 주조정실로서 양압시설이 설치되고 전기기기에 220V 이하인 저전압이 사용되며 종업원이 24시간 상주하는 곳은 제외한다.
㉥ 소화수를 수집·처리하는 설비가 설치되어 있지 않은 중·저준위방사성폐기물의 저장시설. 다만, 이 경우에는 이산화탄소소화설비, 할론소화설비 또는 할로겐화합물 및 불활성기체 소화설비를 설치하여야 한다.
㉦ 지하가 중 예상 교통량, 경사도 등 터널의 특성을 고려하여 행정안전부령으로 정하는 터널. 다만, 이 경우에는 물분무소화설비를 설치하여야 한다.
㉧ 「문화재보호법」에 따른 지정문화재 중 소방청장이 문화재청장과 협의하여 정하는 것

40

다음 중 비상경보설비를 설치하여야 할 특정소방 대상물 기준으로 옳지 않은 것은?

① 무창층 – 바닥면적 150m^2 이상
② 지하층 – 바닥면적 150m^2 이상
③ 옥내작업장 – 작업하는 근로자수가 50명 이상
④ 지하가 중 터널 – 길이 300m 이상

해설 관련 법규 : 소방시설법 제12조, 영 제11조, (별표 4), 해설 법규 : (별표 4) 2호 나목
비상경보설비를 설치하여야 할 특정소방대상물(지하구, 모래·석재 등 불연재료 창고 및 위험물 저장·처리 시설 중 가스시설은 제외)은 다음의 어느 하나와 같다.
㉠ 연면적 400m^2(지하가 중 터널 또는 사람이 거주하지 않거나 벽이 없는 축사 등 동·식물 관련시설은 제외) 이상이거나 지하층 또는 무창층의 바닥면적이 150m^2(공연장의 경우 100m^2) 이상인 것은 모든 층
㉡ 지하가 중 터널로서 길이가 500m 이상인 것
㉢ 50명 이상의 근로자가 작업하는 옥내 작업장

41

비상경보설비를 설치하여야 할 특정소방대상물의 기준으로 옳지 않은 것은?

① 무창층의 바닥면적이 200m^2 이상인 것
② 지하층의 바닥면적이 150m^2 이상인 것
③ 50명 이상의 근로자가 작업하는 옥내 작업장
④ 지하가 중 터널로서 길이가 500m 이상인 것

해설 관련 법규 : 소방시설법 제12조, 영 제11조, (별표 4), 해설 법규 : (별표 4) 2호 나목
비상경보설비의 설치는 ②, ③, ④ 이외에 연면적 400m^2 (지하가 중 터널 또는 사람이 거주하지 않거나 벽이 없는 축사 등 동·식물 관련시설은 제외) 이상이거나 지하층 또는 무창층의 바닥면적이 150m^2(공연장의 경우 100m^2) 이상인 것에 설치하여야 한다.

42

비상경보설비를 설치하여야 할 특정소방대상물의 연면적 기준은? (단, 지하가 중 터널 또는 사람이 거주하지 않거나 벽이 없는 축사 등 동·식물 관련시설은 제외한다.)

① 300m^2 이상
② 400m^2 이상
③ 500m^2 이상
④ 600m^2 이상

해설 관련 법규 : 소방시설법 제12조, 영 제11조, (별표 4), 해설 법규 : (별표 4) 2호 나목
비상경보설비의 설치는 연면적 400m^2(지하가 중 터널 또는 사람이 거주하지 않거나 벽이 없는 축사 등 동·식물 관련시설은 제외) 이상이거나 지하층 또는 무창층의 바닥면적이 150m^2(공연장의 경우 100m^2) 이상인 것에 설치하여야 한다.

43

특정소방대상물에 피난기구를 반드시 설치하여야 하는 층은?

① 지상 1층
② 지상 2층
③ 지상 6층
④ 지상 11층

해설 관련 법규 : 소방시설법 제12조, 영 제11조, 해설 법규 : 영 제11조, (별표 4) 3호 가목
피난기구는 특정소방대상물의 모든 층에 화재안전기준에 적합한 것으로 설치하여야 한다. 다만, 피난층, 지상 1층, 지상 2층(노유자시설 중 피난층이 아닌 지상 1층과 피난층이 아닌 지상 2층은 제외) 및 층수가 11층 이상인 층과 위험물 저장 및 처리시설 중 가스시설, 지하가 중 터널 또는 지하구의 경우에는 그러하지 아니하다.

44

소방시설 중 피난구조설비 중 인명구조기구의 설치기준은?

① 지하층을 포함하는 층수가 5층 이상인 관광호텔 및 7층 이상인 병원
② 지하층을 포함하는 층수가 7층 이상인 관광호텔 및 5층 이상인 병원
③ 지하층을 포함하는 층수가 5층 이상인 극장 및 7층 이상인 예식장
④ 지하층을 포함하는 층수가 7층 이상인 극장 및 5층 이상인 예식장

해설 관련 법규 : 소방시설법 제12조, 영 제11조, 해설 법규 : 영 제11조, (별표 4) 3호 나목
인명구조기구를 설치하여야 하는 특정소방대상물은 다음의 어느 하나와 같다.
㉠ 방열복 또는 방화복(안전모, 보호장갑 및 안전화를 포함), 인공소생기 및 공기호흡기를 설치하여야 하

는 특정소방대상물 : 지하층을 포함하는 층수가 7
층 이상인 관광호텔 용도로 사용하는 층
ⓒ 방열복 또는 방화복(안전모, 보호장갑 및 안전화를
포함) 및 공기호흡기를 설치하여야 하는 특정소방대
상물 : 지하층을 포함하는 층수가 5층 이상인 병원
ⓒ 공기호흡기를 설치하여야 하는 특정소방대상물 : 수
용인원 100명 이상인 문화 및 집회시설 중 영화상영
관, 판매시설 중 대규모점포, 운수시설 중 지하역사,
지하가 중 지하상가, 물분무 소화설비 및 화재안전기
준에 따라 이산화탄소소화설비(호스릴이산화탄소소
화설비는 제외)를 설치하여야 하는 특정소방대상물

45 |

소화활동설비 중 연결송수관설비를 설치하여야 하는
특정소방대상물의 층수 및 연면적 기준으로 옳은 것
은? (단, 위험물저장 및 처리시설 중 가스시설 또는
지하구는 제외)

① 층수가 5층 이상으로서 연면적 6,000m² 이상
인 것

② 층수가 5층 이상으로서 연면적 10,000m² 이상
인 것

③ 층수가 7층 이상으로서 연면적 6,000m² 이상
인 것

④ 층수가 7층 이상으로서 연면적 10,000m² 이상
인 것

해설 관련 법규 : 소방시설법 영 제11조, (별표 4), 해설 법
규 : (별표 4) 5호 나목
연결송수관설비를 설치하여야 하는 특정소방대상물
(위험물 저장 및 처리 시설 중 가스시설 또는 지하구
는 제외)은 다음의 어느 하나와 같다.
㉠ 층수가 5층 이상으로서 연면적 6,000m² 이상인 것
ⓒ ㉠에 해당하지 않는 특정소방대상물로서 지하층을
포함하는 층수가 7층 이상인 경우에는 모든 층
ⓒ ㉠ 및 ⓒ에 해당하지 않는 특정소방대상물로서 지
하층의 층수가 3층 이상이고 지하층의 바닥면적의
합계가 1,000m² 이상인 경우에는 모든 층
ⓔ 지하가 중 터널로서 길이가 1,000m 이상인 것

46 |

물분무등소화설비를 설치하여야 할 차고, 주차장에
어떤 소방시설을 화재안전기준에 적합하게 설치하면
물분무등소화설비를 면제받을 수 있는가?

① 옥내소화전설비　　　② 연결송수관설비
③ 자동화재탐지설비　　④ 스프링클러설비

해설 관련 법규 : 소방시설법 제13조, 영 제14조, (별표 5)
해설 법규 : (별표 5) 5호
물분무등소화설비의 설치하여야 하는 차고 · 주차장에
스프링클러설비를 화재안전기준에 적합하게 설치한 경
우에는 그 설비의 유효범위 내에서 설치가 면제된다.

47 |

유사 소방시설로 분류되어 설치가 면제되는 기준으
로 옳게 연결된 것은? (단, 유사 소방시설이 화재안
전기준에 적합하게 설치된 경우)

① 연소방지설비 설치 → 간이스프링클러설비 면제

② 물분무등소화설비 설치 → 스프링클러설비 면제

③ 무선통신보조설비 설치 → 비상방송설비 면제

④ 누전경보기 설치 → 비상경보설비 면제

해설 관련 법규 : 소방시설법 제13조, 영 제14조, (별표 5)
해설 법규 : (별표 5)
① 간이스프링클러설비가 면제되는 경우는 연결송수관
설비, ③ 무선통신보조설비가 면제되는 경우는 이동통
신 구내 중계기 선로설비 또는 무선이동중계기, ④ 누
전경보기가 면제되는 경우는 아크경보기, 지락차단장
치를 설치하는 경우이다.

48 |

다음은 소방시설법령에 따른 연소(延燒) 우려가 있
는 건축물의 구조에 해당하는 기준 중 하나이다.
(　　) 안에 들어갈 내용으로 옳은 것은?

> 각각의 건축물이 다른 건축물의 외벽으로부터의 수
> 평거리가 1층의 경우에는 (　A　) 이하, 2층 이상의
> 층의 경우에는 (　B　) 이하인 경우

① A : 5m, B : 10m　　② A : 6m, B : 10m

③ A : 5m, B : 12m　　④ A : 6m, B : 12m

해설 관련 법규 : 규칙 제17조, 해설 법규 : 규칙 제17조
"연소 우려가 있는 구조"는 다음과 같다.
㉠ 건축물대장의 건축물 현황도에 표시된 대지경계선
안에 둘 이상의 건축물이 있는 경우
ⓒ 각각의 건축물이 다른 건축물의 외벽으로부터 수평
거리가 1층의 경우에는 6m 이하, 2층 이상의 층의
경우에는 10m 이하인 경우

ⓒ 개구부가 다른 건축물을 향하여 설치되어 있는 경우

49 |

지진이 발생할 경우 소방시설이 정상적으로 작동될 수 있도록 소방청장이 정하는 내진설계기준에 맞게 설치하여야 하는 소방시설이 아닌 것은? (단, 내진설계기준의 설정대상시설에 소방시설을 설치하는 경우)

① 옥내소화전설비　　　② 스프링클러설비
③ 물분무등소화설비　　④ 무선통신보조설비

해설 관련 법규 : 소방시설법 제7조, 영 제8조, 해설 법규 : 영 제8조 ②항
「지진·화산재해대책법」의 시설 중 대통령령으로 정하는 특정소방대상물에 옥내소화전설비, 스프링클러설비, 물분무등소화설비를 설치하려는 자는 지진이 발생할 경우 소방시설이 정상적으로 작동될 수 있도록 소방청장이 정하는 내진설계기준에 맞게 소방시설을 설치하여야 한다.

50 |

특정소방대상물에 실내장식 등의 목적으로 설치 또는 부착하는 방염대상물품의 방염성능검사를 실시하는 자로 옳은 것은?

① 소방청장　　　　　② 소방서장
③ 소방본부장　　　　④ 행정안전부장관

해설 관련 법규 : 소방시설법 제20조, 제21조, 해설 법규 : 소방시설법 제21조 ①항
특정소방대상물에 실내장식 등의 목적으로 설치 또는 부착하는 물품으로 특정소방대상물에서 사용하는 방염대상물품은 소방청장(대통령령으로 정하는 방염대상물품의 경우에는 시·도지사)이 실시하는 방염성능검사를 받은 것이어야 한다.

51 |

방염성능기준 이상의 실내장식물을 설치하여야 하는 특정소방대상물에 해당하지 않는 것은?

① 아파트를 제외한 11층 이상 건축물
② 다중이용업의 영업장
③ 옥내에 있는 수영장
④ 노유자시설

해설 관련 법규 : 소방시설법 제20조, 영 제30조, 해설 법규 : 영 제30조
방염성능기준 이상의 실내장식물 등을 설치하여야 하는 소방대상물은 다음과 같다.
ⓐ 근린생활시설 중 의원, 조산원, 산후조리원, 체력단련장, 공연장 및 종교집회장
ⓑ 건축물의 옥내에 있는 시설로서 문화 및 집회시설, 종교시설, 운동시설(수영장은 제외)
ⓒ 의료시설, 교육연구시설 중 합숙소, 노유자시설, 숙박이 가능한 수련시설, 숙박시설, 방송통신시설 중 방송국 및 촬영소, 다중이용업소
ⓓ ⓐ부터 ⓒ까지의 시설에 해당하지 않는 것으로서 층수가 11층 이상인 것(아파트는 제외)

52 |

방염성능기준 이상의 실내장식물 등을 설치하여야 하는 특정소방대상물에 해당되지 않는 것은?

① 근린생활시설 중 체력단련장
② 의료시설 중 종합병원
③ 층수가 15층인 아파트
④ 숙박이 가능한 수련시설

해설 관련 법규 : 소방시설법 제20조, 영 제30조, 해설 법규 : 영 제30조
방염성능기준 이상의 실내장식물을 등을 설치하여야 하는 소방대상물 중 건축물의 옥내에 있는 운동시설 중 수영장과 층수가 11층 이상 소방대상물 중 아파트는 제외한다.

53 |

방염성능기준 이상의 실내장식물 등을 설치하여야 하는 특정소방대상물에 해당되지 않는 것은?

① 의료시설 중 종합병원
② 건축물의 옥내에 있는 운동시설(수영장은 제외)
③ 11층 이상인 아파트
④ 교육연구시설 중 합숙소

해설 관련 법규 : 소방시설법 제20조, 영 제30조, 해설 법규 : 영 제30조
방염성능기준 이상의 실내장식물을 등을 설치하여야 하는 소방대상물 중 건축물의 옥내에 있는 운동시설 중 수영장과 층수가 11층 이상 소방대상물 중 아파트는 제외한다.

54 |

방염성능기준 이상의 실내장식물 등을 설치하여야 하는 특정소방대상물이 아닌 것은?

① 근린생활시설 중 체력단련장
② 건축물의 옥내에 있는 종교시설
③ 의료시설 중 종합병원
④ 층수가 11층 이상인 아파트

해설 관련 법규 : 소방시설법 제20조, 영 제30조, 해설 법규 : 영 제30조
방염성능기준 이상의 실내장식물 등을 설치하여야 하는 소방대상물은 다음과 같다.
㉠ 근린생활시설 중 의원, 조산원, 산후조리원, 체력단련장, 공연장 및 종교집회장
㉡ 건축물의 옥내에 있는 시설로서 문화 및 집회시설, 종교시설, 운동시설(수영장은 제외)
㉢ 의료시설, 교육연구시설 중 합숙소, 노유자시설, 숙박이 가능한 수련시설, 숙박시설, 방송통신시설 중 방송국 및 촬영소, 다중이용업소
㉣ ㉠부터 ㉢까지의 시설에 해당하지 않는 것으로서 층수가 11층 이상인 것(아파트는 제외)

55 |

대통령령으로 정하는 방염성능기준 이상의 성능을 보유해야 하는 방염대상물품에 해당되지 않는 것은?

① 창문에 설치하는 커튼류
② 전시용 합판 또는 섬유판
③ 두께가 2mm 미만인 종이 벽지
④ 섬유류 또는 합성수지류 등을 원료로 하여 제작된 소파 · 의자

해설 관련 법규 : 소방시설법 제20조, 영 제31조, 해설 법규 : 영 제31조 ①항 1호
방염대상물품은 다음과 같다.
㉮ 제조 또는 가공 공정에서 방염처리를 한 물품(합판 · 목재류의 경우에는 설치 현장에서 방염처리를 한 것을 포함)으로서 다음의 어느 하나에 해당하는 것
㉠ 창문에 설치하는 커튼류(블라인드를 포함)
㉡ 카펫, 두께가 2mm 미만인 벽지류(종이벽지는 제외)
㉢ 전시용 합판 또는 섬유판, 무대용 합판 또는 섬유판
㉣ 암막 · 무대막(「영화 및 비디오물의 진흥에 관한 법률」에 따른 영화상영관에 설치하는 스크린과 「다중이용업소의 안전관리에 관한 특별법 시행령」에 따른 가상체험 체육시설업에 설치하는 스크린을 포함)

㉤ 섬유류 또는 합성수지류 등을 원료로 하여 제작된 소파 · 의자(「다중이용업소의 안전관리에 관한 특별법 시행령」에 따른 단란주점영업, 유흥주점영업 및 노래연습장업의 영업장에 설치하는 것만 해당)
㉯ 건축물 내부의 천장이나 벽에 부착하거나 설치하는 것으로서 다음의 어느 하나에 해당하는 것. 다만, 가구류(옷장, 찬장, 식탁, 식탁용 의자, 사무용 책상, 사무용 의자, 계산대 및 그 밖에 이와 비슷한 것)와 너비 10cm 이하인 반자돌림대 등과 「건축법」에 따른 내부마감재료는 제외한다.
㉠ 종이류(두께 2mm 이상인 것) · 합성수지류 또는 섬유류를 주원료로 한 물품
㉡ 합판이나 목재
㉢ 공간을 구획하기 위하여 설치하는 간이 칸막이(접이식 등 이동 가능한 벽체나 천장 또는 반자가 실내에 접하는 부분까지 구획하지 아니하는 벽체)
㉣ 흡음이나 방음을 위하여 설치하는 흡음재(흡음용 커튼을 포함) 또는 방음재(방음용 커튼을 포함)

56 |

다음 중 방염성능기준 이상을 확보하여야 하는 방염대상물품이 아닌 것은?

① 창문에 설치하는 커튼류
② 암막 · 무대막
③ 전시용 합판 또는 섬유판
④ 두께가 2mm 미만인 종이벽지

해설 관련 법규 : 소방시설법 제20조, 영 제31조, 해설 법규 : 영 제31조 ①항 1호
방염대상물품은 제조 또는 가공 공정에서 방염처리를 한 물품(합판 · 목재류의 경우에는 설치 현장에서 방염처리를 한 것을 포함)으로서 창문에 설치하는 커튼류(블라인드를 포함), 카펫, 두께가 2mm 미만인 벽지류(종이벽지는 제외), 전시용 합판 또는 섬유판, 무대용 합판 또는 섬유판, 암막 · 무대막(「영화 및 비디오물의 진흥에 관한 법률」에 따른 영화상영관에 설치하는 스크린과 「다중이용업소의 안전관리에 관한 특별법 시행령」에 따른 가상체험 체육시설업에 설치하는 스크린을 포함), 섬유류 또는 합성수지류 등을 원료로 하여 제작된 소파 · 의자(「다중이용업소의 안전관리에 관한 특별법 시행령」에 따른 단란주점영업, 유흥주점영업 및 노래연습장업의 영업장에 설치하는 것만 해당) 등이 있다.

57 |

대통령령으로 정하는 방염성능기준 이상의 성능을 보유하여야 하는 방염대상물품에 해당되지 않는 것은?

① 창문에 설치하는 커튼류

② 전시용 합판 또는 섬유판

③ 두께가 2mm 미만인 종이벽지

④ 섬유류 또는 합성수지류 등을 원료로 하여 제작된 소파 · 의자

해설 관련 법규 : 소방시설법 제20조, 영 제31조, 해설 법규 : 영 제31조 ①항 1호

방염대상물품은 제조 또는 가공 공정에서 방염처리를 한 물품(합판 · 목재류의 경우에는 설치 현장에서 방염처리를 한 것을 포함)으로서 ①, ②, ④ 이외에 카펫, 두께가 2mm 미만인 벽지류(종이벽지는 제외), 암막 · 무대막(영화상영관에 설치하는 스크린과 골프 연습장업에 설치하는 스크린을 포함) 등이 있다.

58 |

방염대상물품의 방염성능기준으로 옳지 않은 것은?

① 탄화한 면적은 50cm² 이내, 탄화한 길이는 20cm 이내일 것

② 버너 불꽃을 제거한 때부터 불꽃을 올리지 아니하고 연소하는 상태가 그칠 때까지 시간은 30초 이내일 것

③ 버너 불꽃을 제거한 때부터 불꽃을 올리며 연소하는 상태가 그칠 때까지 시간은 20초 이내일 것

④ 불꽃에 의하여 완전히 녹을 때까지 불꽃의 접촉 횟수는 2회 이상일 것

해설 관련 법규 : 소방시설법 제20조, 영 제31조, 해설 법규 : 영 제31조 ②항

방염성능기준은 다음의 기준에 따르되, 방염대상물품의 종류에 따른 구체적인 방염성능기준은 다음의 기준의 범위에서 소방청장이 정하여 고시하는 바에 따른다.

㉠ 버너의 불꽃을 제거한 때부터 불꽃을 올리며 연소하는 상태가 그칠 때까지 시간은 20초 이내일 것

㉡ 버너의 불꽃을 제거한 때부터 불꽃을 올리지 아니하고 연소하는 상태가 그칠 때까지 시간은 30초 이내일 것

㉢ 탄화한 면적은 50cm² 이내, 탄화한 길이는 20cm 이내일 것

㉣ 불꽃에 의하여 완전히 녹을 때까지 불꽃의 접촉 횟수는 3회 이상일 것

㉤ 소방청장이 정하여 고시한 방법으로 발연량을 측정하는 경우 최대연기밀도는 400 이하일 것

59 |

커튼, 실내장식물 등의 방염대상물품의 방염성능기준 중 불꽃에 의하여 완전히 녹을 때까지 불꽃의 접촉 횟수는 몇 회 이상인가?

① 2회　　　　　　② 3회

③ 5회　　　　　　④ 7회

해설 관련 법규 : 소방시설법 제20조, 영 제31조, 해설 법규 : 영 제31조 ②항 4호

방염성능기준에서 불꽃에 의하여 완전히 녹을 때까지 불꽃의 접촉 횟수는 3회 이상이다.

60 |

아파트가 특급 소방안전관리대상물로 되기 위한 기준으로 옳은 것은?

① 50층 이상(지하층은 제외한다)이거나 지상으로부터 높이가 200m 이상인 아파트

② 30층 이상(지하층은 제외한다)이거나 지상으로부터 높이가 120m 이상인 아파트

③ 25층 이상(지하층은 제외한다)이거나 지상으로부터 높이가 100m 이상인 아파트

④ 연면적 200,000m² 이상인 아파트

해설 관련 법규 : 화재예방법 제24조, 영 제26조, 해설 법규 : 영 제26조 1호

특급 소방안전관리대상물은 다음과 같다.

특정소방대상물(공동주택, 근린생활시설, 문화 및 집회시설, 종교시설, 판매시설, 운수시설, 의료시설, 교육연구시설, 노유자시설, 수련시설, 운동시설, 업무시설, 숙박시설 등의 소방대상물) 중 다음의 어느 하나에 해당하는 것

㉠ 50층 이상(지하층은 제외)이거나 지상으로부터 높이가 200m 이상인 아파트

㉡ 30층 이상(지하층은 포함)이거나 지상으로부터 높이가 120m 이상인 특정소방대상물(아파트는 제외)

㉢ ㉡에 해당하지 아니하는 특정소방대상물로서 연면적이 100,000m² 이상인 특정소방대상물(아파트는 제외)

61 |

소방시설법령상 1급 소방안전관리 대상물에 해당되지 않는 것은?

① 30층 이하이거나 지상으로부터 높이가 120m 미만인 아파트

② 연면적 15,000m² 이상인 특정소방대상물(아파트는 제외)

③ 연면적 15,000m² 미만인 특정소방대상물로서 층수가 11층 이상인 것(아파트는 제외)

④ 가연성가스를 1,000t 이상 저장·취급하는 시설

해설 관련 법규 : 화재예방법 제24조, 영 제25조, 해설 법규 : 영 제25조(별표 4)

1급 소방안전관리대상물은 다음과 같다.
특정소방대상물 중 특급 소방안전관리대상물을 제외한 다음의 어느 하나에 해당하는 것으로서 동·식물원, 철강 등 불연성 물품을 저장·취급하는 창고, 위험물 저장 및 처리 시설 중 위험물 제조소 등, 지하구를 제외한 것

ㄱ 30층 이상(지하층은 제외)이거나 지상으로부터 높이가 120m 이상인 아파트

ㄴ 연면적 15,000m² 이상인 특정소방대상물(아파트는 제외)

ㄷ ㄴ에 해당하지 아니하는 특정소방대상물로서 층수가 11층 이상인 특정소방대상물(아파트는 제외)

ㄹ 가연성 가스를 1,000t 이상 저장·취급하는 시설

62 |

다음 중 소방시설관리사시험에 응시할 수 있는 사람으로 옳지 않은 것은?

① 소방기술사·건축사·건축기계설비기술사·건축전기설비기술사 또는 공조냉동기계기술사

② 위험물기능장, 소방설비기사

③ 「국가과학기술 경쟁력 강화를 위한 이공계지원 특별법」에 따른 이공계 분야의 박사학위를 취득한 사람

④ 소방설비산업기사 또는 소방공무원 등 소방청장이 정하여 고시하는 사람 중 소방에 관한 실무경력(자격 취득 후의 실무경력으로 한정한다)이 5년 이상인 사람

해설 소방시설법 제25조, 영 제37조, 해설 법규: 소방시설 영 제37조 6호

소방시설관리사시험("관리사시험")에 응시할 수 있는 사람은 다음과 같다.

ㄱ 소방기술사·건축사·건축기계설비기술사·건축전기설비기술사 또는 공조냉동기계기술사

ㄴ 위험물기능장, 소방설비기사

ㄷ 「국가과학기술 경쟁력 강화를 위한 이공계지원 특별법」에 따른 이공계 분야의 박사학위를 취득한 사람

ㄹ 소방청장이 정하여 고시하는 소방안전 관련 분야의 석사 이상의 학위를 취득한 사람

ㅁ 소방설비산업기사 또는 소방공무원 등 소방청장이 정하여 고시하는 사람 중 소방에 관한 실무경력(자격 취득 후의 실무경력으로 한정한다)이 3년 이상인 사람

63 |

특급 소방안전관리대상물에 두어야 할 소방안전관리자의 선임대상자가 되기 위한 기준으로 옳지 않은 것은?

① 소방기술사

② 5년 이상 1급 소방안전관리 대상물의 소방안전관리자로 근무한 실무경력이 있고 소방청장이 실시하는 특급 소방안전관리대상물의 소방안전관리에 관한 시험에 합격한 사람

③ 소방공무원으로 15년 이상 근무한 경력이 있는 자

④ 소방설비기사의 자격을 취득한 후 5년 이상 1급 소방안전관리대상물의 소방안전관리자로 근무한 실무경력이 있는 사람

해설 관련 법규 : 화재예방법 제20조, 영 제25조, 해설 법규 : 영 제25조 (별표 4)

특급 소방안전관리대상물의 관계인은 다음의 어느 하나에 해당하는 사람 중에서 소방안전관리자를 선임해야 한다.

ㄱ 소방기술사 또는 소방시설관리사의 자격이 있는 사람

ㄴ 소방설비기사의 자격을 취득한 후 5년 이상 1급 소방안전관리대상물의 소방안전관리자로 근무한 실무경력(소방안전관리자로 선임되어 근무한 경력은 제외)이 있는 사람

ㄷ 소방설비산업기사의 자격을 취득한 후 7년 이상 1급 소방안전관리대상물의 소방안전관리자로 근무한 실무경력이 있는 사람

ㄹ 소방공무원으로 20년 이상 근무한 경력이 있는 사람

ㅁ 소방청장이 실시하는 특급 소방안전관리대상물의 소방안전관리에 관한 시험에 합격한 사람

64 |

☐☐☐

특정소방대상물의 관계인과 소방안전관리대상물의 소방안전관리자의 업무 중 소방안전관리대상물의 경우에만 해당하는 것이 아닌 것은?

① 소방계획서의 작성 및 시행
② 자위소방대 및 초기대응체계의 구성 · 운영 · 교육
③ 피난시설, 방화구획 및 방화시설의 유지 · 관리
④ 소방훈련 및 교육

해설 관련법규 : 화재예방법 제24조, 해설법규 : 화재예방법 제24조 ⑥항
특정소방대상물의 관계인과 소방안전관리대상물의 소방안전관리자의 업무 중 소방안전관리대상물의 경우에만 해당되는 업무
㉠ 피난계획에 관한 사항
㉡ 소방계획서의 작성 및 시행
㉢ 자위소방대 및 초기대응체계의 구성, 운영 및 교육
㉣ 소방훈련 및 교육
㉤ 소방안전관리에 관한 업무수행에 관한 기록 · 유지

Ⅱ 실내디자인 조명계획

01 |

작업 대상물의 수평면상 조도 균일 정도를 표시하는 척도로서, 다음과 같은 식으로 표현되는 것은?

$$\frac{\text{수평면상의 최소 조도(lx)}}{\text{수평면상의 평균 조도(lx)}}$$

① 색온도   ② 균제도
③ 분광분포   ④ 전등효율

해설 색온도는 램프 등 빛의 색을 나타내는 하나의 지표로 켈빈온도(K)로 나타내고, 분광분포는 빛의 계측용어 중 하나로서 단위파장에 대한 방사량의 상대값과 파장과의 관계이며, 전등효율은 전등의 전 소비전력에 대한 전 발산광속의 비율을 의미한다.

02 |

조명설비에서 불쾌 글레어(discomfort glare)의 원인과 가장 거리가 먼 것은?

① 휘도가 낮은 광원
② 시선 부근에 노출된 광원
③ 눈에 입사하는 광속의 과다
④ 물체와 그 주위 사이의 고휘도 대비

해설 조명설비의 눈부심(현휘) 현상의 발생 원인은 순응의 결핍, 눈에 입사하는 광속의 과다 노출 및 시선 부근에 노출된 광원 등이고, 저휘도 광원은 눈부심을 방지하는 효과가 있다.

03 |

조명설비에서 눈부심에 관한 설명으로 옳지 않은 것은?

① 광원의 크기가 클수록 눈부심이 강하다.
② 광원의 휘도가 작을수록 눈부심이 강하다.
③ 광원이 시선에 가까울수록 눈부심이 강하다.
④ 배경이 어둡고 눈이 암순응 될수록 눈부심이 강하다.

해설 조명설비의 눈부심(glare, 현휘)은 광원의 크기와 휘도가 클수록, 광원이 시선에 가까울수록, 배경이 어둡고 눈이 암순응 될수록 눈부심이 강하다.

04 |

기구 배치에 의한 조명방식 중 작업면상의 필요한 장소, 즉 어떤 특별한 면을 부분 조명하는 방식은?

① 전반조명   ② 국부조명
③ 직접조명   ④ 간접조명

해설 전반조명은 사무실과 공장 등과 같이 작업면의 전체에 균일한 조도를 얻고자 하는 경우에 사용하는 조명방식이다. 직접조명은 조명방식 중 가장 간단하고 적은 전력으로 높은 조도를 얻을 수 있으나, 방 전체의 균일한 조도를 얻기 어렵고, 물체에 강한 음영이 생기므로 눈이 쉽게 피로해지는 방식이다. 간접조명은 조명의 능률은 조금 떨어지나 음영이 부드럽고, 균일한 조도를 얻을 수 있어 안정된 분위기를 유지할 수 있으며 천장과 윗벽이 광원의 역할을 하는 조명방식이다.

05 |

정밀작업이 요구되는 공장에 적당한 조명방식은?

① 국부조명   ② 전반조명
③ 간접조명   ④ 전반·국부병용조명

해설 국부조명은 조명방식 중 가장 간단하고 적은 전력으로 높은 조도를 얻을 수 있으나 방 전체의 균일한 조도를 얻기 어렵고, 물체의 강한 음영이 생기므로 눈이 쉽게 피로해지는 방식으로 작업면상의 필요한 장소, 즉 어떤 특별한 면을 부분 조명하는 방식이다. 전반·국부병용조명은 전반조명과 국부조명을 병용한 매우 경제적인 조명방식으로 정밀작업이 요구되는 공장에 적합한 형식이다.

06 |

조명기구 중 천장과 윗벽 부분이 광원의 역할을 하며, 조도가 균일하고 음영이 유연하나 조명률이 낮은 특성을 갖는 것은?

① 직접조명기구   ② 반직접조명기구
③ 간접조명기구   ④ 전확산조명기구

해설 직접조명이란 조명방식 중 거의 모든 광속을 위 방향으로 향하게 발산하여 천장 및 윗벽 부분에서 반사되어 방의 아래 각 부분으로 확산시키는 방식이다. 간접조명은 조명기구 중 천장과 윗벽 부분이 광원의 역할을 하며, 조도가 균일하고 음영이 유연하나 조명률이 낮은 특성을 갖는 조명방식이다.

07 |

조명방식 중 거의 모든 광속을 위 방향으로 향하게 발산하여 천장 및 윗벽 부분에서 반사되어 방의 아래 각 부분으로 확산시키는 방식은?

① 직접조명　　　　② 반직접조명
③ 간접조명　　　　④ 국부조명

해설 조명기구의 배광 분류

구분	직접조명	반직접조명	국부조명	간접조명
위 방향	0~10%	10~40%	0%	90~100%
아래 방향	100~90%	90~60%	100%	10~0%

08 |

광원에서의 발산광속 중 60~90%는 위 방향으로 향하여 천장이나 윗벽 부분에서 반사되고, 나머지 빛이 아래 방향으로 향하는 방식의 조명기구는?

① 직접조명기구　　　② 반직접조명기구
③ 전반확산조명기구　④ 반간접조명기구

해설 조명기구의 배광 분류

구분	직접조명	반직접조명	전반확산조명	직간접조명	반간접조명	간접조명
위 방향	0~10%	10~40%	40~60%	40~60%	60~90%	90~100%
아래 방향	100~90%	90~60%	60~40%	60~40%	40~10%	10~0%

09 |

조명기구를 건축 내장재의 일부 마무리로서 건축 의장과 조명기구를 일체화하는 조명방식을 의미하는 것은?

① 전반조명　　　　② 간접조명
③ 건축화조명　　　④ 확산조명

해설 건축화조명은 조명기구를 건축 내장(벽, 천장 및 기둥 등)재의 일부 마무리로서 건축 의장과 조명기구를 일체화하는 조명방식이다. 확산조명은 유백색의 플라스틱 패널 등으로 등을 덮어 빛을 확산시키는 조명방식이다.

10 |

조명기구의 배광에 따른 분류 중 직접조명형에 대한 설명으로 옳은 것은?

① 상향 광속과 하향 광속이 거의 동일하다.
② 천장을 주광원으로 이용하므로 천장의 색에 대한 고려가 필요하다.
③ 매우 넓은 면적이 광원으로서 역할을 하기 때문에 직사 눈부심이 없다.
④ 작업면에 고조도를 얻을 수 있으나 심한 휘도차 및 짙은 그림자가 생긴다.

해설 직접조명은 하향 광속이 90%, 상향 광속이 10%이고, ②, ③은 건축화조명에 대한 설명이다.

11 |

직접조명방식에 관한 설명으로 옳은 것은?

① 조명률이 크다.
② 실내면 반사율의 영향이 크다.
③ 분위기를 중요시하는 조명에 적합하다.
④ 발산광속 중 상향 광속이 90~100%, 하향 광속이 0~10% 정도이다.

해설 실내면 반사율의 영향이 적고, 분위기를 중요시하는 조명에 부적합하며, 발산광속 중 하향 광속이 90~100%, 상향 광속이 0~10% 정도이다.

12 |

간접조명방식에 관한 설명 중 옳지 않은 것은?

① 직사 눈부심이 없다.
② 작업면에 고조도를 얻을 수 있으나 휘도 차가 크다.
③ 거의 대부분의 발산광속을 위 방향으로 확산시키는 방식이다.
④ 천장, 벽면 등이 밝은 색이 되어야 하고, 빛이 잘 확산되도록 하여야 한다.

해설 직접조명방식은 작업면에 고조도를 얻을 수 있으나 휘도 차가 크고, 간접조명방식은 작업면에 고조도를 얻을 수 없으나 휘도 차가 작다.

13

간접조명기구에 대한 설명 중 옳지 않은 것은?

① 직사 눈부심이 없다.
② 매우 넓은 면적이 광원으로서의 역할을 한다.
③ 일반적으로 발산광속 중 상향 광속이 90~100% 정도이다.
④ 천장, 벽면 등은 어두운 색으로 빛이 잘 흡수되도록 해야 한다.

해설 천장, 벽면 등은 밝은 색으로 빛이 잘 반사되도록 해야 한다.

14

간접조명방식에 관한 설명으로 옳지 않은 것은?

① 조명률이 높다.
② 실내면 반사율의 영향이 크다.
③ 분위기를 중요시하는 조명에 적합하다.
④ 그림자가 적고 글레어가 적은 조명이 가능하다.

해설 조명률이 낮다.

15

조명설비의 설명으로 맞는 것은?

① 직접조명은 하향 광속이 10% 이하이다.
② 간접조명은 하향 광속이 90% 이상이다.
③ 전반확산조명은 교실이나 사무실에는 적당하지 않다.
④ 반간접조명은 세밀한 일을 오랫동안 해야 되는 작업실에 적당하다.

해설 직접조명은 하향 광속이 90% 이상이고, 간접조명은 하향 광속이 10% 이하이며, 전반확산조명은 교실이나 사무실에는 적당하다.

16

조명방식에 대한 설명 중 틀린 것은?

① 전반조명은 전체적으로 균일한 조도를 얻을 수 있다.
② 직접조명방식은 강한 음영이 생기지만 경제적이다.
③ 간접조명방식은 조명 능률이 떨어진다.
④ 국부조명은 부분적으로 높은 조도를 얻을 수 있으므로 눈의 피로가 적다.

해설 국부조명은 부분적으로 높은 조도를 얻을 수 있으므로 눈의 피로가 심하다.

17

형광등 점등방식의 종류에 해당되지 않는 것은?

① 횡기식　　　　② 예열 기동형
③ 즉시 기동형　　④ 순시 기동형

해설 형광등의 점등방식에는 누름 버튼식, 글로 스타트식(예열 기동형), 래피드 스타트식(즉시 기동형), 전자 스타트식(순시 점등 방식) 등이 있다.

18

다음의 광원 중 연색성이 가장 좋은 것은?

① 메탈할라이드 램프　② 나트륨 램프
③ 주광색 형광 램프　　④ 고압 수은등

해설 연색성은 광원을 평가하는 경우에 사용하는 용어로서 광원의 질을 나타내고, 광원이 백색(한결같은 분광 분포)에서 벗어남에 따라 연색성이 나빠진다. 또한, 연색성이 좋은 것부터 나쁜 것 순으로 나열하면 백열전구 → 주광색 형광 램프 → 메탈할라이드 램프 → 백색 형광등 → 수은등 → 나트륨 램프의 순이다.

19

다음 중 상점의 내부 조명으로 사용이 가장 부적합한 것은?

① 백열전구　　　② 형광 램프
③ 할로겐 램프　　④ 고압 나트륨등

> **해설** 고압 나트륨등은 천장이 높은 옥내·옥외 조명, 도로 조명에 사용한다.

20 |

할로겐 램프에 관한 설명으로 옳지 않은 것은?

① 백열전구에 비해 수명이 길다.
② 연색성이 좋고 설치가 용이하다.
③ 흑화가 거의 일어나지 않고 광속이나 색 온도의 저하가 적다.
④ 휘도가 낮아 시야에 광원이 직접 들어오도록 계획해도 무방하다.

> **해설** 할로겐 램프는 휘도가 높아 시야에 광원이 직접 들어오지 않도록 계획해야 한다.

21 |

천장이 높은 옥내, 연색성이 요구되는 옥외, 미술관 등에 가장 적합한 광원은?

① 백열전구   ② 형광등
③ 나트륨등   ④ 메탈할라이드등

> **해설** 백열전구는 조명 전반, 각종 특수 용도용, 형광등은 조명 전반, 각종 특수용, 나트륨등은 천장이 높은 옥내·옥외 조명, 도로 조명 등, 메탈할라이드등은 천장이 높은 옥내, 연색성이 요구되는 옥외 조명, 미술관, 호텔, 상점, 공장 및 체육관 등에 사용한다.

22 |

다음 광원 중 한 등당의 광속이 많고 수명이 긴 점과 연색성이 양호한 점으로 인해서 연색성을 중요하게 고려하는 높은 천장, 옥외 조명 등에 적합한 것은?

① 메탈할라이드 램프   ② 형광등
③ 고압 수은등   ④ 나트륨등

> **해설** 메탈할라이드 램프는 광원 중 한 등당의 광속이 많고 수명이 긴 점과 연색성이 양호한 점으로 인해서 연색성을 중요하게 고려하는 옥외 조명, 천장이 높은 옥내, 미술관, 호텔, 상점, 공장 및 체육관 등에 사용하고, 고압 수은등은 도로 조명, 높은 천장의 공장 조명 등에 사용한다.

23 |

건축화조명 중 천장 전면에 광원 또는 조명기구를 배치하고, 발광면을 확산 투과성 플라스틱판이나 루버 등으로 전면을 가리는 조명방법은?

① 다운라이트조명   ② 코니스조명
③ 밸런스조명   ④ 광천장조명

> **해설** 다운라이트조명은 천장면에 작은 구멍을 많이 뚫어 그 속에 여러 형태의 등기구를 매입한 것이다. 코니스조명은 연속열 조명기구를 벽에 평행이 되도록 천장의 구석에 눈가림판을 설치하여 아래 방향으로 빛을 보내 벽 또는 창을 조명하는 방식이다. 밸런스조명은 연속열 조명기구를 창틀 위에 벽과 평행으로 눈가림판과 같이 설치하여 창의 커튼이나 창 위의 벽체와 천장을 조명하는 방식이다.

24 |

조명설비에 대한 설명 중 옳지 않은 것은?

① 나트륨등은 도로 조명, 터널 조명에 적합하다.
② 전반확산조명기구는 광원에서 발산 광속이 모든 방향으로 골고루 확산되도록 하는 데 사용하는 조명기구이다.
③ 일반적으로 형광등은 백열등에 비하여 열을 많이 발산하며 전원 전압의 변동에 대하여 광속 변동이 많다.
④ 조명기구를 건축 내장재의 일부 마무리로서 건축 의장과 조명기구를 일체화하는 조명방식을 건축화조명이라고 한다.

> **해설** 일반적으로 형광등은 백열등에 비하여 열방사가 적고, 전원 전압의 변동에 대한 광속의 변동이 적다.

25 |

조명기구에 대한 설명 중 옳지 않은 것은?

① 광원을 고정하거나 보호할 수 있다.
② 광원의 배광을 조절할 수 없다.
③ 직접조명기구는 작업면에서 높은 조도를 얻을 수 있다.
④ 일반적으로 반직접조명기구는 밑바닥이 개방되어 있으며, 갓은 우유빛 유리나 반투명 플라스틱으로 되어 있다.

26 |

인공 광원의 효율에 대한 설명으로 적합한 것은?

① 광속을 광원의 용량(전력)으로 나눈 값이다.
② 백열등의 광속을 100으로 본 각 광원의 광속비를 말한다.
③ 전 광속에 대한 하향 광속의 비를 말한다.
④ 인공 광원의 유효 수명을 말한다.

해설 인공 광원의 효율이란 광속을 광원의 용량(전력)으로 나눈 값을 말한다.

27 |

천장면에 작은 구멍을 많이 뚫어 그 속에 여러 형태의 하면 개방형, 하면 루버형, 하면 확산형, 반사형 전구 등의 등기구를 매입하는 건축화 조명방식은?

① 다운라이트조명   ② 루버천장조명
③ 밸런스조명   ④ 코브조명

해설 루버천장조명은 천장에 전등을 설치하고 등의 하단에 루버를 설치하는 조명방식이다. 밸런스조명은 연속열 조명기구를 창틀 위에 벽과 평행으로 눈가림판과 같이 설치하여 창의 커튼이나 창 위의 벽체와 천장을 조명하는 방식이다. 코브조명은 확산 차폐형으로 간접조명이나 간접조명기구를 사용하지 않고 천장 또는 벽의 구조로 만든 조명방식이다.

28 |

다음의 건축화조명 중 천장면 이용 방식에 속하지 않는 것은?

① 광창조명   ② 코브조명
③ 코퍼조명   ④ 광천장조명

해설 건축화 조명방식 중 천장면 이용 방식에는 천장면을 광원으로 하는 코브조명, 루버천장조명 및 광천장조명 등이 있다. 천장에 매입하는 광원조명으로 코퍼조명, 다운라이트조명 등이 있다. 광창조명은 광원(넓은 사각형)을 벽면(창문 부분)에 설치하는 건축화 조명방식이다.

29 |

다음은 거실통로유도등의 설치 기준에 대한 내용이다. ( ) 안에 알맞은 것은?

바닥으로부터 높이 (㉮)m 이상의 위치에 설치할 것. 다만, 거실통로에 기둥이 설치된 경우에는 기둥부분의 바닥으로부터 높이 (㉯)m 이하의 위치에 설치할 수 있다.

① ㉮ 1.5m, ㉯ 1.5m   ② ㉮ 1.5m, ㉯ 2.0m
③ ㉮ 2.0m, ㉯ 1.5m   ④ ㉮ 2.0m, ㉯ 2.0m

해설 거실통로유도등의 설치 기준에서 바닥으로부터 높이 1.5m 이상의 위치에 설치할 것. 다만, 거실통로에 기둥이 설치된 경우에는 기둥부분의 바닥으로부터 높이 1.5m 이하의 위치에 설치할 수 있다.

30 |

광원에 의해 비춰진 면의 밝기 정도를 나타내는 것은?

① 휘도   ② 광도
③ 조도   ④ 광속 발산도

해설 휘도는 빛을 방사할 때의 표면의 밝기 정도이고, 광도는 광원에서의 빛의 세기이며, 광속 발산도는 어떤 물체의 표면으로부터 방사되는 광속 밀도를 의미한다.

31 |

인공 조명설계에서 가장 먼저 결정해야 할 요소는?

① 조명방식   ② 소요 조도
③ 광원   ④ 조명기구의 배치

해설 인공 조명설치 순서는 소요 조도의 결정 → 전등 종류의 결정 → 조명방식 및 조명기구의 선정 → 광원의 크기와 그 배치 → 광속의 계산 순이다.

32 |

옥내 조명의 설계 순서로 옳은 것은?

A : 소요 조도 계산
B : 조명방식, 광원의 선정
C : 조명기구의 선정
D : 조명기구의 배치 결정

① A - B - C - D   ② A - D - C - B
③ B - C - A - D   ④ A - C - D - B

조명 설계의 순서는 소요 조도의 결정 → 전등 종류의 결정 → 조명방식 및 조명기구 → 광원의 크기와 그 배치 → 광속 계산의 순이다.

33

백열전구에 게터(getter)를 사용하는 가장 주된 이유는?

① 효율을 개선하기 위하여
② 광속을 증대시키기 위하여
③ 전력을 감소시키기 위하여
④ 수명을 증대시키기 위하여

게터(getter)는 유리구 내부에 넣어 진공도 또는 봉입가스의 순도를 높이고 흑화를 감소시키기 위한 화학물질로서 백열전구의 필라멘트의 산화작용을 방지하여 전구의 수명을 증대시키는 역할을 한다.

34

다음 중 조명률에 영향을 끼치는 요소로 볼 수 없는 것은?

① 실의 크기
② 마감재의 반사율
③ 조명기구의 배광
④ 글레어(glare)의 크기

조명률(%) = $\frac{작업면의\ 광속}{광원의\ 광속} \times 100(\%)$ 즉, 조명률에 영향을 끼치는 요인에는 실의 크기, 마감재의 반사율, 조명기구의 배광 등이 있다. 글레어의 크기와 광원 사이의 간격과는 무관하다.

35

인공조명을 설계할 때 시간이 지남에 따라 광원에 먼지가 묻고 벽면의 반사율 저하로 어두워지는데 이를 고려한 계수는?

① 감광보상률
② 조명률
③ 실지수
④ 광도

감광보상률은 조명기구 사용 중에 광원의 능률 저하 또는 기구의 오손 등으로 조도가 점차 저하하므로 광원의 교환 또는 기구의 소제를 할 때까지 필요로 하는 조도를 유지할 수 있도록 미리 여유를 두기 위한 비율로서 유지(보수)율의 역수이고, 실지수는 조명설계 시 실의 크기에 관한 지수이며, 실계수는 광속 발산도를 검토하는 경우에 사용하는 계수이다.

36

어느 실에 필요한 조명기구의 개수를 구하고자 한다. 그 실의 바닥면적을 A, 평균조도를 E, 조명률을 U, 보수율을 M, 기구 1개의 광속(光束)을 F라고 할 때 조명기구 개수의 적절한 산정식은?

① $\frac{EAM}{FU}$
② $\frac{EAF}{UM}$
③ $\frac{EA}{FUM}$
④ $\frac{E}{AFUM}$

광속의 산정

$$F_0 = \frac{EA}{UM}(\text{lm}), \quad NF = \frac{AED}{U} = \frac{EA}{UM}(\text{lm})$$

여기서, F_0 : 총광속, E : 평균조도(lx)
A : 실내면적(m), U : 조명률
M : 보수율(유지율), N : 소요등 수(개)
F : 1등당 광속(lm)

위의 식에서 알 수 있듯이 $N = \frac{EA}{FUM}$이다.

37

면적이 100m²인 어느 강당의 야간 평균 소요 조도가 300lx이다. 광속이 2,000lm인 형광등을 사용할 경우, 필요한 개수는? (단, 조명률은 60%이고, 감광보상률은 1.50이다.)

① 30
② 34
③ 38
④ 42

$N = \frac{AED}{UF}$이므로

$$N = \frac{AED}{UF} = \frac{100 \times 300 \times 1.5}{0.6 \times 2,000} = 37.5 ≒ 38개$$

38

사무실의 평균조도를 300lx로 설계하고자 한다. 다음과 같은 [조건]에서의 조명률을 0.6에서 0.7로 개선할 경우 광원의 개수는 얼마만큼 줄일 수 있는가?

[조건]
• 광원의 광속 : 3,000lm
• 개실의 면적 : 600m²
• 보수율(유지율) : 0.5

① 15개
② 18개
③ 25개
④ 28개

광원의 개수 산정

㉠ 조명률을 0.6으로 하는 경우

$$N = \frac{AED}{UF} = \frac{300 \times 600}{0.6 \times 0.5 \times 3,000} = 200개$$

㉡ 조명률을 0.7로 하는 경우

$$N = \frac{AED}{UF} = \frac{300 \times 600}{0.7 \times 0.5 \times 3,000} = 172개$$

㉠과 ㉡에서 200−172=28개이다.

39 |

지상 6m 되는 곳에 점광원이 있다. 그 광도는 각 방향에 균등하게 100cd라고 한다. 직하면의 조도로 적당한 것은?

① 2.8lux   ② 4.7lux

③ 6.8lux   ④ 8.7lux

해설 $\text{조도} = \dfrac{광도(칸델라)}{거리^2(\text{m}^2)}$ 이다.

광도는 100cd이고, 거리는 6m이므로

$$\therefore \text{조도} = \frac{100}{6^2} = 2.77 = 2.8lux$$

40 |

폭 7m, 길이 10m, 천장 높이 3.5m인 어느 교실의 야간 평균조도가 100lx가 되려면 필요한 형광등의 개수는? (단, 사용되는 형광등 1개당의 광속은 2,000lm, 조명률은 50%, 감광 보상률은 1.5이다.)

① 5개   ② 11개

③ 16개   ④ 23개

해설 N(조명등 개수)

$= \dfrac{E(조도) A(실의 면적)}{F(조명등 \ 1개의 광속) U(조명률) M(유지율)}$ 이다.

즉, $N = \dfrac{EA}{FUM} = \dfrac{EAD}{FU}$ 에서

$E = 100$, $A = 7 \times 10 = 70\text{m}^2$

$D = \dfrac{1}{M} = 1.5$, $F = 2,000$, $U = 50\% = 0.5$

$$\therefore N = \frac{EAD}{FU} = \frac{100 \times 70 \times 1.5}{2,000 \times 0.5} = 10.5(개) ≒ 11개$$

41 |

광속 3,000lm인 백열전구로부터 2m 떨어진 책상에서 조도를 측정하였더니 200lx가 되었다. 이 책상을 백열전구로부터 4m 떨어진 곳에 놓으면 그 책상에서의 조도는?

① 100lx   ② 75lx

③ 50lx   ④ 25lx

해설 조도는 거리의 제곱에 반비례하므로, 거리가 2m에서 4m, 즉 2배이므로 조도는 $\dfrac{1}{4}$ 배가 된다. 즉, $200 \times \dfrac{1}{4} = 50lx$

42 |

광속이 2,000lm인 백열전구로부터 4m 떨어진 책상에서 조도를 측정하였더니 100lx가 되었다. 이 책상의 조도를 400lx가 되도록 하려고 할 때 광원과 책상과의 거리로 옳은 것은?

① 2m   ② 3m

③ 0.5m   ④ 1m

해설 $\text{조도} = \dfrac{광속}{거리^2}$ 이다. 그런데, 광속이 일정하면, 조도는 거리의 제곱에 반비례하므로 거리가 조도가 4배가 되려면 거리가 $\dfrac{1}{\left(\dfrac{1}{2}\right)^2} = 4$가 되어야 한다. 즉 거리가 $\dfrac{1}{2}$ 이므로 $4 \times \dfrac{1}{2} = 2m$이다.

Ⅲ 실내디자인 설비계획

01 |

물의 경도는 물속에 녹아 있는 칼슘, 마그네슘 등의 염류의 양을 무엇의 농도로 환산하여 나타낸 것인가?

① 탄산칼륨
② 탄산칼슘
③ 탄산나트륨
④ 탄산마그네슘

해설 경도란 물속에 남아있는 Mg^{++}의 양을 이것에 대응하는 탄산칼슘($CaCO_3$)의 백만분율(ppm)로 환산한 것으로 $1ppm = \dfrac{1}{1,000,000} = \dfrac{1mg}{1l} = \dfrac{1mg}{1,000,000mg}$ 이다. 또한, 1(L)의 물속에 탄산칼슘이 10(mg) 포함되어 있는 상태를 1도(10ppm)라고 한다.

02 |

급수방식 중 수도직결방식에 관한 설명으로 옳지 않은 것은?

① 고층으로의 급수가 어렵다.
② 급수압력이 항상 일정하다.
③ 정전으로 인한 단수의 염려가 없다.
④ 위생성 측면에서 바람직한 방식이다.

해설 수도직결방식(수도본관으로부터 수도관을 인입하여 수도본관의 수압에 의해서 건물 내의 필요한 곳에 직접 급수하는 방식)은 급수압력이 일정하지 못하다.

03 |

다음 설명에 알맞은 급수방식은?

- 위생성 및 유지·관리 측면에서 가장 바람직한 방식이다.
- 정전으로 인한 단수의 염려가 없다.
- 고층으로의 급수가 어렵다.

① 고가탱크방식
② 압력탱크방식
③ 수도직결방식
④ 펌프직송방식

해설 고가탱크방식은 대규모의 급수 수요에 쉽게 대응할 수 있고, 급수 압력이 일정하며, 단수 시에도 일정량의 급

수를 계속할 수 있다. 압력탱크방식은 탱크를 높은 곳에 설치하지 않아도 되며, 시설비 및 유지관리비가 많이 들고 정전 시에 급수가 불가능하며, 최고·최저 압력에 따라 급수압이 일정치 않다. 펌프직송방식은 부하 설계와 기기의 선정이 적절하지 못하면 에너지 낭비가 크고, 상향 공급방식이 일반적이며, 자동제어에 필요한 설비비가 많이 들고, 유지관리가 복잡하다.

04 |

다음의 옥내급수방식 중 위생성 및 유지·관리 측면에서 가장 바람직한 방식은?

① 수도직결방식
② 압력탱크방식
③ 고가탱크방식
④ 펌프직송방식

해설 압력탱크방식은 탱크를 높은 곳에 설치하지 않아도 되며, 시설비 및 유지관리비가 많이 들고 정전 시에 급수가 불가능하며, 최고·최저 압력에 따라 급수압이 일정치 않다. 고가탱크방식은 대규모의 급수 수요에 쉽게 대응할 수 있고, 급수 압력이 일정하며, 단수 시에도 일정량의 급수를 계속할 수 있다. 펌프직송방식은 부하 설계와 기기의 선정이 적절하지 못하면 에너지 낭비가 크고, 상향 공급방식이 일반적이며, 자동제어에 필요한 설비비가 많이 들고, 유지관리가 복잡하다.

05 |

다음의 급수방식 중 수질오염의 가능성이 가장 큰 것은?

① 수도직결방식
② 고가탱크방식
③ 압력탱크방식
④ 탱크가 없는 부스터 방식

해설 수도직결방식은 위생성 및 유지·관리 측면에서 가장 바람직한 방식으로 정전으로 인한 단수의 염려가 없고, 고층으로의 급수가 어렵다. 압력탱크방식은 탱크를 높은 곳에 설치하지 않아도 되며, 시설비 및 유지관리비가 많이 들고 정전 시에 급수가 불가능하며, 최고·최저 압력에 따라 급수압이 일정치 않다. 탱크가 없는 부스터 방식은 부하 설계와 기기의 선정이 적절하지 못하면 에너지 낭비가 크고, 상향 공급방식이 일반적이며, 자동제어에 필요한 설비비가 많이 들고, 유지관리가 복잡하다.

06 |

급수방식 중 고가수조방식에 관한 설명으로 옳지 않은 것은?

① 급수압력이 일정하다.
② 단수 시에도 일정량의 급수가 가능하다.
③ 대규모의 급수 수요에 쉽게 대응할 수 있다.
④ 위생성 및 유지 · 관리 측면에서 가장 바람직한 방식이다.

해설 ④ 위생성 및 유지 · 관리 측면에서 가장 바람직한 급수방식은 수도직결방식이고, 고가수조방식은 물의 오염도가 가장 높은 단점이 있다.

07 |

급수방식 중 압력탱크방식에 관한 설명으로 옳지 않은 것은?

① 급수공급압력이 일정하다.
② 단수 시에 일정량의 급수가 가능하다.
③ 일반적으로 상향급수배관방식을 사용한다.
④ 고가탱크방식을 적용하기 어려운 경우에 사용된다.

해설 급수방식 중 압력탱크방식은 탱크에 압력을 주어 급수하므로 급수공급압력이 일정하지 못하다.

08 |

급수방식에 관한 설명으로 옳지 않은 것은?

① 고가수조방식은 단수 시에도 일정량의 급수가 가능하다.
② 압력수조방식은 급수공급압력이 일정하다는 장점이 있다.
③ 수도직결방식은 위생 및 유지 · 관리 측면에서 가장 바람직한 방식이다.
④ 펌프직송방식은 펌프의 운전방식에 따라 정속방식과 변속방식으로 구분할 수 있다.

해설 급수방식 중 고가수조방식은 급수공급압력이 일정하고, 취급이 간단한 장점이 있으나, 압력수조방식은 급수공급압력의 변화가 심하고, 취급이 까다로운 단점이 있다.

09 |

다음 급수방식의 조합 중 가장 에너지 절약적인 방식은?

① 저층부 수도직결방식과 고층부 고가탱크방식
② 저층부 수도직결방식과 고층부 압력탱크방식
③ 저층부 압력탱크방식과 고층부 펌프직송방식
④ 저층부 펌프직송방식과 고층부 고가탱크방식

해설 에너지 절약이 유리한 것부터 불리한 것의 순으로 나열하면 수도직결방식 → 고가탱크방식 → 압력탱크방식 → 탱크가 없는 부스터방식의 순이다.

10 |

일반적으로 하향급수 배관방식으로 사용하는 급수방식은?

① 고가수조방식   ② 수도직결방식
③ 압력수조방식   ④ 펌프직송방식

해설 고가수조의 급수방식은 상수원(수돗물, 우물물) → 저수탱크 → 양수펌프 → 고가탱크 → 위생기구의 순으로 급수하므로 하향급수 배관방식을 사용하는 방식이다.

11 |

급수, 급탕, 배수설비 등 건축설비에서 주로 사용되는 펌프는?

① 사류펌프   ② 축류펌프
③ 원심식 펌프   ④ 왕복식 펌프

해설 터보형 펌프(임펠러 즉 회전차에 의해 회전하므로 에너지의 교환이 이루어지는 펌프)의 종류에는 원심식 펌프(벌류트, 터빈, 라인펌프, 수중펌프 등으로 급수, 급탕, 배수설비 등에 사용), 사류식 펌프(상 · 하수도용, 냉각수 순환용, 공업 용수용 등에 사용) 및 축류식 펌프(양정이 10m 이하로 낮고, 송출량이 많은 경우에 사용) 등이 있다. 특히, 특수형의 펌프에는 와류, 관성류, 기포, 수격, 제트, 전자, 점성 및 마찰펌프 등이 있다.

12 |

터보형 펌프에 속하지 않는 것은?

① 터빈펌프   ② 사류펌프
③ 벌류트펌프   ④ 피스톤펌프

해설 터보형 펌프(임펠러 즉 회전차에 의해 회전하므로 에너지의 교환이 이루어지는 펌프)의 종류에는 원심식 펌프(벌류트, 터빈, 라인펌프, 수중펌프 등으로 급수, 급탕, 배수설비 등에 사용), 사류식 펌프(상·하수도용, 냉각수 순환용, 공업 용수용 등에 사용) 및 축류식 펌프(양정이 10m 이하로 낮고, 송출량이 많은 경우에 사용) 등이 있고, **피스톤펌프는 왕복동식 펌프**(실린더 속에 피스톤, 플런저 또는 버킷 등을 왕복시켜 물을 퍼 올리고 보내는 펌프)에 속한다.

13 |

원심식 펌프의 일종으로 회전차 주위에 디퓨저인 안내 날개를 갖고 있는 펌프로 옳은 것은?

① 기어펌프
② 피스톤펌프
③ 벌류트펌프
④ 터빈펌프

해설 기어펌프는 2개의 기어를 맞물려 기어 공간에 고인 유체를 기어 회전에 의한 케이싱 내면에 따라 송출하는 펌프이다. **피스톤펌프**는 피스톤의 왕복 운동에 의하여 흡수 및 토출을 하는 펌프이다. **벌류트펌프**는 원심식 펌프의 일종으로 와권 케이싱과 회전차로 구성되는 펌프이다.

14 |

급수배관의 설계 및 시공상의 주의점에 관한 설명으로 옳지 않은 것은?

① 수평배관에는 공기나 오물이 정체하지 않도록 한다.
② 수평주관은 기울기를 주지 않고, 가능한 한 수평이 되도록 배관한다.
③ 주배관에는 적당한 위치에 플랜지 이음을 하여 보수점검을 용이하게 한다.
④ 음료용 급수관과 다른 용도의 배관이 크로스 커넥션(Cross Connection) 되지 않도록 한다.

해설 급수설비의 급수배관은 고장 수리, 관내 공기빼기, 겨울철의 동파 방지 등을 위하여 관 속의 물을 완전히 제거할 수 있도록 1/150~1/250 정도의 구배로 시공하여야 한다.

15 |

급탕설비에 관한 설명으로 옳은 것은?

① 중앙식 급탕방식은 소규모 건물에 유리하다.
② 개별식 급탕방식은 가열기의 설치공간이 필요 없다.
③ 중앙식 급탕방식의 간접가열식은 소규모 건물에 주로 사용된다.
④ 중앙식 급탕방식의 직접가열식은 보일러 안에 스케일 부착의 우려가 있다.

해설 ① 중앙식 급탕방식은 대규모 건물에 유리하다.
② 개별식 급탕방식은 가열기의 설치 공간이 필요하다.
③ 중앙식 급탕방식의 간접가열식은 대규모 건물에 주로 사용된다.

16 |

개별급탕방식에 관한 설명으로 옳지 않은 것은?

① 배관의 열손실이 적다.
② 시설비가 비교적 싸다.
③ 규모가 큰 건축물에 유리하다.
④ 높은 온도의 물을 수시로 얻을 수 있다.

해설 개별급탕방식은 가열기, 배관 등 설비 규모가 작고, 배관 및 기기로부터의 열손실이 거의 없으며, 건물 완공 후 급탕 개소의 증설이 용이한 방식이다. 특히, 규모가 작은 건축물에 사용하는 방식이다.

17 |

중앙식 급탕방식에 관한 설명으로 옳지 않은 것은?

① 배관 및 기기로부터의 열손실이 많다.
② 급탕 개소마다 가열기의 설치 스페이스가 필요하다.
③ 시공 후 기구 증설에 따른 배관변경 공사를 하기 어렵다.
④ 기구의 동시이용률을 고려하여 가열 장치의 총 용량을 적게 할 수 있다.

해설 중앙식 급탕방식은 일정한 장소에 급탕설비를 갖추고 급탕 배관에 의해 각 사용 개소에 급탕하는 방식이므로 급탕 개소마다 가열기의 설치 스페이스가 필요하지 않다.

18 |

간접가열식 급탕방법에 관한 설명으로 옳지 않은 것은?

① 열효율은 직접가열식에 비해 낮다.
② 가열 보일러로 저압 보일러의 사용이 가능하다.
③ 가열 보일러는 난방용 보일러와 겸용할 수 없다.
④ 저탕조는 가열코일을 내장하는 등 구조가 약간 복잡하다.

해설 간접가열식 급탕방식(열매를 저탕조 속의 가열코일에 공급하여 그 열로 저탕조 속의 급수된 물을 간접적으로 가열하여 급탕하는 방식)은 난방용 보일러로 급탕까지 가능하므로 보일러 설치비용이 절감(급탕용 보일러와 난방용 보일러를 동시에 사용)된다.

19 |

국소식 급탕방식에 관한 설명으로 옳지 않은 것은?

① 급탕 개소마다 가열기의 설치 스페이스가 필요하다.
② 급탕 개소가 적은 비교적 소규모의 건물에 채용된다.
③ 급탕 배관의 길이가 길어 배관으로부터의 열손실이 크다.
④ 용도에 따라 필요한 개소에서 필요한 온도의 탕을 비교적 간단하게 얻을 수 있다.

해설 국소식(개별식) 급탕방식은 급탕 배관의 길이가 짧아 배관으로부터의 열손실이 작다.

20 |

급탕 배관의 설계 및 시공상의 주의점으로 옳지 않은 것은?

① 중앙식 급탕설비는 원칙적으로 강제 순환 방식으로 한다.
② 수시로 원하는 온도의 탕을 얻을 수 있도록 단관식으로 한다.
③ 관의 신축을 고려하여 건물의 벽 관통 부분의 배관에는 슬리브를 설치한다.
④ 순환식 배관에서 탕의 순환을 방해하는 공기가 정체하지 않도록 수평관에는 일정한 구배를 둔다.

해설 단관식(급탕관과 반탕관이 하나의 관으로 이루어진 방식)은 보통 우리 가정에서 사용하는 방식으로 급탕전을 개방하면 즉시 따뜻한 물이 나오지 않고, 어느 정도의 시간이 지나면 따뜻한 물이 나오는 형식이고, 복관식(급탕관과 반탕관이 하나의 관으로 이루어진 방식)은 보통 우리 목욕탕에서 사용하는 방식으로 급탕전을 개방하면 즉시 뜨거운 물이 나오는 방식이다.

21 |

0.5L의 물을 5℃에서 60℃로 올리는데 필요한 열량은? (단, 물의 비열은 4.2kJ/kg · K, 물의 밀도는 1kg/L이다.)

① 63.0kJ   ② 115.5kJ
③ 127.5kJ   ④ 180.0kJ

해설 Q(소요 열량)$= c$(비열)m(질량)Δt(온도의 변화량)이다.
즉, $Q = cm\Delta t = 4.2 \times 0.5 \times (60-5) = 115.5kJ$

22 |

급탕량의 산정방식에 속하지 않는 것은?

① 급탕 단위에 의한 방법
② 사용 기구수로부터 산정하는 방법
③ 사용 인원수로부터 산정하는 방법
④ 저탕조의 용량으로부터 산정하는 방법

해설 급탕량의 산정방식에는 사용 기구수, 사용 인원수, 급탕 단위에 의한 방법 등이 있고, 저탕조의 용량과는 무관하다.

23 |

배수트랩에 관한 설명으로 옳지 않은 것은?

① 트랩은 배수능력을 촉진시킨다.
② 관 트랩에는 P트랩, S트랩, U트랩 등이 있다.
③ 트랩은 기구에 가능한 한 근접하여 설치하는 것이 좋다.
④ 트랩의 유효봉수 깊이가 너무 낮으면 봉수가 손실되기 쉽다.

해설 트랩은 배수관에 설치하므로 배수능력을 저하시키나, 하수가스, 악취 및 벌레 등이 실내로 침입하는 것을 막기 위하여 설치하는 배수관의 부품이다.

정답 18. ③ 19. ③ 20. ② 21. ② 22. ④ 23. ①

24 |

다음에서 주방 배수용 트랩으로 적합한 것은?

① U트랩
② 그리스트랩
③ 가솔린트랩
④ 모발 포집기

해설 트랩은 배수관 속의 악취, 유독가스 및 벌레 등이 실내로 침투하는 것을 방지하기 위하여 배수 계통의 일부에 봉수가 고이게 하는 기구로서 종류는 S트랩(세면기, 대변기 등), P트랩(위생기구), U트랩(가로 배관), 드럼트랩(drum trap, 가옥트랩으로 옥내 배수 수평주관의 말단 등 가옥 내 배수 기구에 부착하여 공공하수관으로부터 해로운 가스가 집 안으로 침입하는 것을 방지하는 데 사용하는 트랩으로 부엌용 개수기류), 벨트랩(bell trap, 욕실 바닥의 물을 배수) 및 그리스 포집기(배수설비에 사용되는 포집기 중 레스토랑의 주방 등에서 배출되는 배수 중의 유지분을 포집하는데 사용) 등이 있다.

25 |

호텔의 주방이나 레스토랑의 주방에서 배출되는 배수 중의 유지분을 포집하기 위하여 사용되는 포집기는?

① 플라스터 포집기
② 헤어 포집기
③ 오일 포집기
④ 그리스 포집기

해설 플라스터 포집기는 병원의 치과 또는 외과의 깁스실에 설치하는 저집기로서 금속재의 부스러기나 플라스터를 걸러내는 포집기이다. 헤어 포집기는 미용실, 이용실, 풀장, 공중 목욕탕의 배수에 함유된 머리카락이나 미용약제 등을 저지 회수하는 포집기이다. 오일 포집기는 휘발성의 기름을 취급하는 차고 등지에서 사용하는 것으로 가솔린을 트랩의 수면에 띄워 배기관을 통하여 휘발 방산하는 포집기이다.

26 |

다음 중 배수트랩 내의 봉수 파괴 원인과 가장 관계가 먼 것은?

① 증발 현상
② 모세관 현상
③ 서징 현상
④ 자기 사이펀 작용

해설 트랩의 봉수 파괴 원인에는 자기 사이펀 작용, 역압에 의한 흡출(유인 사이펀) 작용, 모세관 현상, 증발작용 및 분출작용 등이다. 서징 현상은 원심 압축기나 펌프 등에서 유체의 토출압력이나 토출량의 변동으로 인해

진동이나 소음이 발생하는 현상으로 봉수 파괴 원인과는 무관하다.

27 |

다음 중 배수트랩의 봉수 파괴 원인과 가장 거리가 먼 것은?

① 수격 작용
② 분출 작용
③ 모세관 현상
④ 유인 사이펀 작용

해설 트랩의 봉수 파괴 원인에는 자기 사이펀 작용, 역압에 의한 흡출(유인 사이펀) 작용, 모세관 현상, 증발작용 및 분출작용 등이다. 수격작용은 일정한 압력과 유속으로 배관계통을 흐르는 비압축성 유체가 급격히 차단될 때 발생하고, 수격작용(워터 해머)에 의한 압력파는 그 힘이 소멸될 때까지 소음과 진동을 유발시킨다.

28 |

다음 중 배수설비에서 봉수가 자기 사이펀 작용에 의해 파괴되는 것을 방지하기 위한 방법으로 가장 적절한 것은?

① S트랩을 사용한다.
② 각개 통기관을 설치한다.
③ 트랩 출구의 모발 등을 제거한다.
④ 봉수의 깊이를 15cm 이상으로 깊게 유지한다.

해설 트랩의 봉수 파괴 원인 중 자기 사이펀 작용(기구의 배수관이나 이것을 연결하는 배수 수직관 속이 모두 만수 상태로 흐르면 위생기구의 밑에 있는 트랩 내의 배수는 강한 사이펀 작용으로 흡입되어 봉수가 파괴되는 현상)을 방지하기 위해서는 **통기관을 설치**하여야 한다.

29 |

배수관에 설치되는 트랩 내의 봉수 깊이로서 가장 적절한 것은?

① 50mm 이하
② 50~100mm
③ 150~200mm
④ 200mm 이상

해설 봉수 깊이는 50mm 이상 100mm 이하로 하고, 기구 내장 트랩의 내벽 및 배수로의 단면 형상에 급격한 변화가 없어야 한다.

30 |

다음 중 통기관의 설치 목적과 가장 거리가 먼 것은?

① 배수계통 내의 배수 및 공기의 흐름을 원활히 한다.

② 증발 현상에 의해 트랩 봉수가 파괴되는 것을 방지한다.

③ 사이펀 작용에 의해 트랩 봉수가 파괴되는 것을 방지한다.

④ 배수관 계통의 환기를 도모하여 관 내를 청결하게 유지한다.

해설 통기관의 역할은 봉수를 유지함으로써 트랩의 기능을 다하기 위하여 트랩 가까이에 통기관을 세워 트랩의 봉수 파괴를 방지하고, 배수의 흐름을 원활히 하며, 배수관 내의 환기를 도모한다. 통기관으로부터 봉수를 보호할 수 없는 경우는 증발 현상과 모세관 현상에 의한 봉수 파괴이다.

31 |

다음 중 배수관에 통기관을 설치하는 목적과 가장 거리가 먼 것은?

① 트랩의 봉수를 보호한다.

② 배수관의 신축을 흡수한다.

③ 배수관 내 기압을 일정하게 유지한다.

④ 배수관 내의 배수흐름을 원활히 한다.

해설 통기관의 역할은 봉수를 유지함으로써 트랩의 기능을 다하기 위하여 트랩 가까이에 통기관을 세워 트랩의 봉수 파괴를 방지하고, 배수의 흐름을 원활히 하며, 배수관 내의 환기를 도모한다. 또한, 신축이음의 역할은 배관의 신축 팽창량을 흡수하기 위하여 사용하고 배관에서 길이 방향의 팽창량을 흡수하는 역할을 하는 이음이며 배관과 배관을 이어주는 역할도하고 신축이음이 없으면 배관이 틀어지거나 터져버릴 수 있게 때문에 사용한다. 대표적으로 루프(곡관)형, 슬리브(미끄럼)형, 벨로즈형, 스위블형 신축이음 4가지로 나눌 수 있다.

32 |

통기관의 설치 목적으로 옳지 않은 것은?

① 배수관 내의 물의 흐름을 원활히 한다.

② 은폐된 배수관의 수리를 용이하게 한다.

③ 사이펀 작용 및 배압으로부터 트랩의 봉수를 보호한다.

④ 배수관 내에 신선한 공기를 유통시켜 관 내의 청결을 유지한다.

해설 통기관의 역할은 봉수를 유지함으로써 트랩의 기능을 다하기 위하여 트랩 가까이에 통기관을 세워 트랩의 봉수 파괴를 방지하고, 배수의 흐름을 원활히 하며, 배수관 내의 환기를 도모한다. 배수관의 수리를 위해서는 유니언(관을 회전시킬 수 없을 때 너트를 회전시키는 것만으로 접속 또는 분리가 가능하므로 관 고정개소나 분해 수리 등을 필요로 하는 곳에 사용)을 사용한다.

33 |

통기관의 설치 목적으로 적합하지 않은 것은?

① 배수관 내에 배수의 흐름을 원활하게 한다.

② 스케일 부착에 의한 배수관 폐쇄의 보수, 점검을 용이하게 한다.

③ 배수관 내에 신선한 공기를 유통시켜 배수관 내를 청결하게 한다.

④ 트랩 봉수가 파괴되는 것을 방지한다.

해설 스케일 부착에 의한 배수관 폐쇄의 보수, 점검을 용이하게 하는 것과 통기관의 설치와는 무관하다.

34 |

배수설비의 통기관에 관한 설명으로 옳지 않은 것은?

① 배수계통 내의 배수 및 공기의 흐름을 원활히 한다.

② 배수관 계통의 환기를 도모하여 관내를 청결하게 유지한다.

③ 배수관을 막히게 하는 물질을 물리적으로 분리하여 수거한다.

④ 사이펀 작용 및 배압에 의해 트랩 봉수가 파괴되는 것을 방지한다.

해설 통기관의 역할은 트랩의 봉수 파괴를 방지(증발과 모세관 현상에 의한 봉수 파괴는 방지가 불가능)하고, 배수 및 공기의 흐름을 원활히 하며, 배수관 내의 환기를 도모하여 관내를 청결하게 한다.

 정답 30. ② 31. ② 32. ② 33. ② 34. ③

35

건축물 배수시스템의 통기관에 관한 설명으로 옳지 않은 것은?

① 결합통기관은 배수수직관과 통기수직관을 연결한 통기관이다.
② 회로(루프)통기관은 배수횡지관 최하류와 배수수직관을 연결한 것이다.
③ 신정통기관은 배수수직관을 상부로 연장하여 옥상 등에 개구한 것이다.
④ 특수통기방식(섹스티아 방식, 소벤트 방식)은 통기수직관을 설치할 필요가 없다.

> **해설** 루프(회로 또는 환상) 통기관은 2개 이상의 트랩을 보호하기 위해서 최상류에 있는 기구 배수관을 배수 수평 지관에 연결한 다음에 하류측에서 통기관을 세워 통기수직관과 연결한 통기관으로 통기수직관과 최상류 기구까지의 루프 통기관의 연장은 7.5m 이내가 되어야 한다.

36

통기관의 관경 산정에 관한 설명으로 옳지 않은 것은?

① 신정 통기관의 관경은 배수 수직관의 관경보다 작게 해서는 안 된다.
② 각개 통기관의 관경은 그것이 접속되는 배수관 관경보다 작게 해서는 안 된다.
③ 결합 통기관의 관경은 통기 수직관과 배수 수직관 중 작은 쪽 관경 이상으로 한다.
④ 루프 통기관의 관경은 배수 수평 지관과 통기 수직관 중 작은 쪽 관경의 1/2 이상으로 한다.

> **해설** 각개 통기관의 관경은 그것이 접속되는 배수관 관경의 1/2 이상 또는 32mm 이상으로 하여야 한다.

37

배수수직관 내의 압력변화를 방지 또는 완화하기 위해, 배수수직관으로부터 분기·입상하여 통기수직관에 접속하는 통기관은?

① 각개통기관   ② 루프통기관
③ 결합통기관   ④ 신정통기관

> **해설** 각개통기관은 기구 하나하나마다 설치하는 통기관이다. 루프(회로 또는 환상)통기관(Loop vent system)은 2개 이상인 기구 트랩의 봉수를 보호하기 위하여 설치하는 통기관이다. 신정 통기관은 배수수직관의 상부를 그대로 연장하여 대기에 개방하게 한 것으로 배수수직관이 통기관의 역할까지 하도록 한 통기관이다.

38

플러시 밸브식 대변기에 관한 설명으로 옳지 않은 것은?

① 대변기의 연속 사용이 가능하다.
② 일반 가정용으로 주로 사용된다.
③ 화장실을 넓게 사용할 수 있다는 장점이 있다.
④ 세정음은 유수음도 포함되기 때문에 소음이 크다.

> **해설** 플러시 밸브(급수관으로부터 직접 나오는 물을 사용하여 변기 등 설비품을 씻는 데 사용하는 밸브로서, 한 번 핸들을 누르면 급수의 압력으로 일정량의 물이 나온 후 자동적으로 잠기도록 된 밸브이)식의 대변기는 수압 제한이 가장 많고, 급수관의 관경이 25mm 이상이므로 일반 가정에서는 사용이 불가능하다.

39

다음 설명에 알맞은 대변기의 세정 방식은?

> 바닥으로부터 1.6m 이상 높은 위치에 탱크를 설치하고 볼 탭을 통하여 공급된 일정량의 물을 저장하고 있다가 핸들 또는 레버의 조작에 의해 낙차에 의한 수압으로 대변기를 세척하는 방식

① 세출식   ② 세락식
③ 로탱크식   ④ 하이탱크식

> **해설** 세출식은 오물을 일단 변기의 얕은 수면에 받아 변기 가장자리에서 나오는 세정수로 오물을 씻어 내리는 방식으로 다량의 물을 사용하고 냄새가 발산되는 방식이고, 세락식은 물의 낙차에 의하여 오물을 배출하는 형식으로 취기의 발산이 비교적 적고 유수면이 좁아 더러워지기 쉽지만 일반 양식 변기에 가장 많은 형식이며, 로탱크식은 소음이 적어 주택, 호텔 등에 사용되고, 변기의 설치 면적이 다수 크며, 탱크의 높이가 낮아 세정관은 50mm 이상의 굵기로 한다.

40 |

다음 중 간접배수를 하지 않아도 되는 것은?

① 소변기　　　　　② 수음기
③ 세탁기　　　　　④ 탈수기

해설 간접배수(각 기구에서의 배수를 일반 배수 계통에 직결하지 않고, 물받이 사이에 공간을 두고 배수하는 것으로 기구의 사용 상태나 관 막힘 등에 따라 하수 가스나 오수가 역류해서 음식물을 오염시키는 위험이나 배수관 내의 압력을 가할 염려를 막기 위한 것)는 식품 관계(수음기), 냉·난방, 소화, 소독(세탁기, 탈수기), 취사기기 등의 배수 배관에 이용된다.

41 |

배관재료 중 내압성, 내마모성이 우수하고 가스 공급관, 지하 매설관, 오수 배수관 등에 사용되는 것은?

① 동관　　　　　② 배관용 탄소강관
③ 연관　　　　　④ 주철관

해설 동관은 건축물의 급수관, 급탕관, 난방배관, 급유관, 압력계관, 냉매관, 열교환기용관 등에 사용하고, 배관용 탄소강관은 사용 압력이 비교적 낮은 물, 기름, 가스, 공기, 증기 등의 배관용에 사용하며, 연관은 화공배관, 가스배관, 수도관, 기구 배수관용으로 사용된다.

42 |

다음 중 습공기 선도에 표현되어 있지 않은 것은?

① 엔탈피　　　　　② 습구온도
③ 노점온도　　　　④ 산소함유량

해설 습공기 선도에 나타나는 것은 온도(건구, 습구, 노점온도), 습도(절대, 상대), 수증기 분압, 엔탈피, 비체적, 현열비 및 열수분비 등이 있다. 산소함유량과는 무관하다.

43 |

대기압 조건에서 현열과 잠열에 관한 설명으로 옳지 않은 것은?

① 0℃ 얼음을 100℃ 물로 만들기 위해서는 현열만 필요하다.
② −10℃ 얼음을 0℃ 얼음으로 만들기 위해서는 현열만 필요하다.

③ 100℃ 물을 100℃ 수증기로 만들기 위해서는 잠열만 필요하다.
④ 0℃ 얼음을 100℃ 수증기로 만들기 위해서는 현열과 잠열이 필요하다.

해설

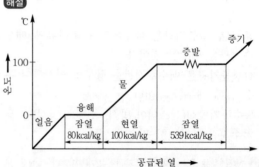

0℃의 얼음이 융해되기 위해서는 잠열이 필요하고, 0℃의 물을 100℃의 물로 되기 위해서는 현열이 필요하므로 0℃ 얼음을 100℃ 물로 만들기 위해서는 현열과 잠열이 모두 필요하다.

44 |

온수난방방식에 관한 설명으로 옳지 않은 것은?

① 증기난방에 비해 예열시간이 짧다.
② 온수의 현열을 이용하여 난방하는 방식이다.
③ 한랭지에서는 운전정지 중에 동결의 위험이 있다.
④ 보일러 정지 후에는 여열이 남아 있어 실내 난방이 어느 정도 지속된다.

해설 온수난방
현열(sensible heat)을 이용한 난방으로, 보일러에서 가열된 온수를 복관식 또는 단관식의 배관을 통하여 방열기에 공급하여 난방하는 방식으로 온수난방의 장점과 단점은 다음과 같다.
㉠ 장점
• 난방 부하의 변동에 따라 온수온도와 온수의 순환 수량을 쉽게 조절할 수 있다.
• 현열을 이용한 난방이므로 증기난방에 비해 쾌감도가 높다.
• 방열기 표면온도가 낮으므로 표면에 부착된 먼지가 타서 냄새나는 일이 적고, 화상을 입을 염려가 없다.
• 난방을 정지하여도 난방효과가 잠시 지속되고, 보일러 취급이 안전하고 용이하다.

ⓛ 단점
 • 증기난방에 비해 방열면적과 배관이 크고 설비비가 많이 든다.
 • 열용량이 크기 때문에 온수순환시간과 예열시간이 길다.
 • 한랭 시 난방을 정지하였을 경우 동결이 우려된다.

45 |

온수난방 배관에서 리버스 리턴(Reverse Return) 방식을 사용하는 가장 주된 이유는?

① 배관 길이를 짧게 하기 위해
② 배관의 부식을 방지하기 위해
③ 배관의 신축을 흡수하기 위해
④ 온수의 유량 분배를 균일하게 하기 위해

해설 역환수 방식(리버스 리턴 방식)은 온수난방에서 복관식 배관법의 하나로, 열원에서 방열기까지 보내는 관과 되돌리는 관의 길이를 거의 같게 하는 방식이다. 마찰저항을 균등하게 하여 방열기 위치에 상관이 없고, 냉·온수가 평균적(온수의 유량 분배를 균일)으로 흘러 순환이 국부적으로 일어나지 않도록 하는 방식이다.

46 |

증기난방방식에 관한 설명으로 옳지 않은 것은?

① 한랭지에서 동결의 우려가 적다.
② 온수난방에 비하여 예열시간이 짧다.
③ 부하변동에 따른 실내방열량의 제어가 용이하다.
④ 열매온도가 높으므로 온수난방에 비하여 방열기의 방열면적이 작아진다.

해설 증기난방
 증기난방은 보일러에서 물을 가열하여 발생한 증기를 배관에 의하여 각 실에 설치된 방열기로 보내어 이 수증기의 **증발잠열로** 난방하는 방식으로 방열기 내에서 수증기는 증발잠열을 빼앗기므로 응축되며, 이 응축수는 트랩에서 증기와 분리되어 환수관을 통하여 보일러에 환수되며, 응축수 환수 방식에는 중력 환수식, 기계 환수식 및 진공 환수식 등이 있다. 장·단점과 종류는 다음과 같다.
ⓛ 장점
 • 증발잠열을 이용하기 때문에 열의 운반능력이 크다.
 • 예열시간이 온수난방에 비해 짧고, 증기의 순환이 빠르다.
 • 방열면적을 온수난방보다 작게 할 수 있고, 설비비와 유지비가 싸다.

ⓛ 단점
 • 난방의 쾌감도가 낮고, 난방부하의 변동에 따라 방열량의 조절이 곤란하다.
 • 소음이 많이 나고, 보일러의 취급 기술이 필요하다.

47 |

다음 중 천장고가 높은 건물에 가장 적합한 난방방식은?

① 증기난방　　　　② 온수난방
③ 온풍난방　　　　④ 복사난방

해설 복사난방
 복사난방(panel heating)은 건축 구조체(천장, 바닥, 벽 등)에 동판, 강판, 폴리에틸렌관 등으로 코일(coil)을 배관하여 가열면을 형성하고, 여기에 온수 또는 증기를 통하여 가열면의 온도를 높여서 복사열에 의한 난방을 하는 것으로, 쾌감온도가 높은 난방방식으로 장·단점은 다음과 같다.
㉠ 장점
 • 대류식 난방방식은 바닥면에 가까울수록 온도가 낮고 천장면에 가까울수록 온도가 높아지는 데 비해, 복사난방방식은 실내의 온도 분포가 균등하고 쾌감도가 높다.
 • 방열기가 필요치 않으며, 바닥면의 이용도가 높다.
 • 방이 개방 상태에서도 난방효과가 있으며, 평균 온도가 낮기 때문에 동일 발열량에 대해서 손실 열량이 비교적 적다.
 • 대류가 적으므로 바닥면의 먼지가 상승하지 않는다.
ⓛ 단점
 • 가열 코일에 매설하는 관계상 시공, 수리와 방의 모양을 바꿀 때 불편하며, 건축 벽체의 특수 시공이 필요하므로 설비비가 많이 든다.
 • 회벽 표면에 균열이 생기기 쉽고, 매설 배관이 고장났을 때 발견하기가 곤란하다.
 • 열손실을 막기 위한 단열층이 필요하다.
 • 열용량이 크기 때문에 외기온도의 급변에 대해서 곧 발열량을 조절할 수 없다.

48 |

복사난방에 관한 설명으로 옳은 것은?

① 천장이 높은 방의 난방은 불가능하다.
② 실내의 쾌감도가 다른 방식에 비하여 가장 낮다.
③ 외기 침입이 있는 곳에서는 난방감을 얻을 수 없다.
④ 열용량이 크기 때문에 방열량 조절에 시간이 걸린다.

해설 복사난방(바닥, 천장, 벽 등에 온수나 증기를 통하는 관을 매설하여 방열면으로 사용하며, 복사열에 의해 실내를 난방하는 방식)은 천장이 높은 방의 난방에 적합하고, 실을 개방(외기의 침입)하여도 난방효과가 높으며, 실내의 온도 분포가 균등하여 쾌감도가 높다.

49 |

대류난방과 바닥복사난방의 비교 설명으로 옳지 않은 것은?

① 예열시간은 대류난방이 짧다.
② 실내 상하온도차는 바닥복사난방이 작다.
③ 거주자의 쾌적성은 대류난방이 우수하다.
④ 바닥복사난방은 난방코일의 고장 시 수리가 어렵다.

해설 복사난방은 방열기를 설치하지 않아 실내 바닥면의 이용도가 높으며 실내의 온도 분포가 균등하고 대류 난방에 비해 쾌감도(거주자의 쾌적성)가 높은 난방방식이다.

50 |

다음 설명에 알맞은 보일러의 종류는?

- 수직으로 세운 드럼 내에 연관 또는 수관이 있는 소규모의 패키지형으로 되어 있다.
- 설치 면적이 작고 취급이 용이하나 사용 압력이 낮다.

① 입형 보일러
② 수관 보일러
③ 관류 보일러
④ 주철제 보일러

해설 수관 보일러는 효율이 80~90% 정도이다. 대규모 병원 · 호텔의 고압 증기를 필요로 하는 곳에 적용하고 급탕 및 지역난방용으로 사용한다. 관류 보일러는 보유 수량이 적어 예열시간이 짧으며, 주철제 보일러는 사용 내압이 낮아 저압용으로 주로 사용한다. 주철제 보일러는 증기와 온수를 사용해 중 · 소 건물의 급탕 및 난방용으로 주로 저압에 사용한다.

51 |

다음 설명에 알맞은 보일러의 출력은?

연속해서 운전할 수 있는 보일러의 능력으로서 난방부하, 급탕부하, 배관부하, 예열부하의 합이며, 일반적으로 보일러 선정 시에 기준이 된다.

① 상용출력
② 정격출력
③ 정미출력
④ 과부하출력

해설 보일러의 출력
　㉠ 보일러의 전 부하 또는 정격출력 = 난방부하 + 급탕 · 급기부하 + 배관부하 + 예열부하
　㉡ 보일러의 상용출력 = 보일러의 전 부하(정격출력) − 예열부하 = 난방부하 + 급탕 · 급기부하 + 배관부하
　㉢ 보일러의 정미출력 = 난방부하 + 급탕 · 급기부하

52 |

흡수식 냉동기의 특징으로 옳지 않은 것은?

① 흡수제와 흡수작용에 의해서 냉동을 행한다.
② 소음 및 진동이 작다.
③ 온수공급도 행할 수 있다.
④ 동일 용량의 압축식과 비교시 냉각탑의 냉동능력이 작아도 된다.

해설 흡수식 냉동기는 열원을 증기나 고온수로 사용하므로 기계적 에너지가 아닌 열에너지에 의해 냉동효과를 얻고, 구조는 증발기, 흡수기, 재생기(발생기), 응축기 등으로 구성되어 있으며, 비열량이 압축식 냉동기에 비해 2배 이상이고, 냉각탑의 냉각능력도 커야 된다.

53 |

기계적 에너지가 아닌 열에너지의 의해 냉동효과를 얻는 냉동기는?

① 터보식 냉동기
② 흡수식 냉동기
③ 스크류식 냉동기
④ 왕복동식 냉동기

해설 흡수식 냉동기는 열원을 증기나 고온수로 사용하므로, 기계적 에너지가 아닌 열에너지(증기, 고온수)를 이용하여 냉동효과를 얻는다. 왕복동(레시프로)식, 원심력(터보)식, 회전(스크류)식 등은 압축식 냉동기이다.

54 |

임펠러의 원심력에 의해 냉매가스를 압축하는 것으로, 중·대형 규모의 중앙식 공조에서 냉방용으로 사용되는 냉동기는?

① 터보식 냉동기　　② 흡수식 냉동기
③ 스크류식 냉동기　④ 왕복동식 냉동기

해설 흡수식 냉동기는 사용시간이 짧은 경우에 사용된다. 스크류식 냉동기는 공기 열원히트 펌프용으로 사용된다. 왕복동식 냉동기는 중소 규모의 건축 또는 객실용으로 사용된다.

55 |

A실의 냉방 부하를 계산한 결과 현열 부하가 8,000W이다. 취출 공기 온도를 18℃로 할 경우 송풍량은? (단, 실온은 26℃, 공기의 밀도는 1.2kg/m³, 공기의 비열은 1.01kJ/kg·K이다.)

① 약 825m³/h　　　② 약 1,560m³/h
③ 약 2,970m³/h　　④ 약 4,340m³/h

해설 계산 문제를 풀이하는 경우, 단위 통일에 유의하여야 한다.
Q_s(현열 부하)$= c$(비열)m(질량)Δt(온도의 변화량)
$= c$(비열)ρ(밀도)V(체적)Δt(온도의 변화량)이다.
즉, $Q_s = cm\Delta t = c\rho V\Delta t$이다. 그러므로,

$$V(\text{송풍량}) = \frac{Q_s}{c\rho \Delta t}$$

$$= \frac{8,000 \times 3,600}{1.01 \times 1.2 \times (26-18) \times 1,000}$$

$$= 2,970.2 \text{m}^3/\text{h}$$

여기서, 1,000은 kJ를 J로, 3,600은 초를 시간으로 바꾸는 숫자이다.

56 |

A실의 냉방부하를 계산한 결과 현열부하가 5,000W이다. 취출공기온도를 16℃로 할 경우 송풍량은? (단, 실온은 26℃, 공기의 밀도는 1.2kg/m³, 공기의 비열은 1.01kJ/kg·K이다.)

① 약 825m³/h　　　② 약 1,240m³/h
③ 약 1,485m³/h　　④ 약 2,340m³/h

해설 Q(열량)$= c$(비열)m(질량)Δt(온도의 변화량)
$= c$(비열)ρ(밀도)V(체적)Δt(온도의 변화량)이다.
그러므로, $V = \dfrac{Q}{c\rho \Delta t}$에서,
$Q = 5,000\text{W} = 5,000\text{J/s} = 5\text{kJ/s}$, $c = 1.01\text{kJ/m}^3\text{K}$,
$\rho = 1.2\text{kg/m}^3$, $\Delta t = 26 - 16 = 10℃$이다.
그러므로, $V = \dfrac{Q}{c\rho \Delta t} = \dfrac{5}{1.01 \times 1.2 \times 10}$
$= 0.413\text{m}^3/\text{s} = 1,486.8\text{m}^3/\text{h}$

57 |

다음 중 신축 공동주택의 실내공기질 측정항목에 속하지 않는 것은? (단, 100세대 이상인 경우)

① 벤젠　　　　　　② 클로로포름
③ 톨루엔　　　　　④ 에틸벤젠

해설 신축 공동주택의 실내공기질 권고기준은 폼알데하이드(210μg/m³ 이하), 벤젠(30μg/m³ 이하), 톨루엔(1,000μg/m³ 이하), 에틸벤젠(360μg/m³ 이하), 자일렌(700μg/m³ 이하), 스티렌(300μg/m³ 이하) 및 라돈(148Bq/m³ 이하) 등이 있다(실내공기질 관리법 시행규칙 7조의2, 별표 4의2).

58 |

다음 중 실내공기의 흡입구용으로만 사용되는 것은?

① 팬형　　　　　　② 머시룸형
③ 브리즈 라인형　④ 아네모스탯형

해설 취출구의 종류에는 날개격자형(유니버설형), 다공판형, 슬롯형(선형취출구), 노즐형, 팬형 및 아네모형 등이 있고, 흡입구의 종류에는 머시룸형, 펀칭형 등이 있다.

59 |

다음 설명에 알맞은 공기조화설비의 취출구는?

- 확산형 취출구의 일종으로 몇 개의 콘(cone)이 있어서 1차 공기에 의한 2차 공기의 유인 성능이 좋다.
- 확산 반경이 크고 도달거리가 짧기 때문에 천장 취출구로 많이 사용된다.

① 팬형　　　　　　② 노즐형
③ 아네모스탯형　　④ 브리즈 라인형

해설 팬형은 구조가 간단하여 유도비가 작고 풍량의 조절도 불가능하므로 오래 전부터 사용하였으나 최근에는 사용되지 않고, 노즐형은 도달거리가 길기 때문에 실내 공간이 넓은 경우에 벽면에 부착하여 횡방향으로 취출하는 경우가 많고, 소음이 적기 때문에 취출풍속을 5m/s 이상으로 사용하며, 소음규제가 심한 방송국의 스튜디오나 음악 감상실 등에 저속 취출을 하여 사용되는 취출구이다. 브리즈 라인형은 외부 존의 천장 또는 창틀에 설치하여 출입구의 에어 커튼 역할을 하는 취출구이다.

60 |

공기조화방식 중 전공기 방식(all air system)에 해당되지 않는 것은?

① 단일 덕트 방식
② 2중 덕트 방식
③ 멀티 존 유닛 방식
④ 팬 코일 유닛 방식

해설 전공기 방식에는 단일덕트 정풍량 방식, 단일덕트 변풍량 방식, 이중덕트 방식, 멀티존 유닛 방식, 유인 유닛 전공기 방식 등이 있고, 수·공기방식에는 팬코일 유닛·덕트 병용식, 각층 유닛 방식, 유인 유닛 방식, 복사패널 덕트·병용식 등이 있으며, 전수 방식에는 팬코일 유닛 방식, 냉매 방식에는 패키지(소형 유닛형, 덕트 병용)방식이 있다.

61 |

공기조화방식 중 전공기 방식에 대한 설명으로 옳지 않은 것은?

① 중간기에 외기 냉방이 가능하다.
② 실내에 배관으로 인한 누수의 염려가 없다.
③ 덕트 스페이스가 필요없다.
④ 실내 유효 스페이스를 넓힐 수 있다.

해설 전공기식(공기 조화기로 냉·온풍을 만들어 송풍하는 방식으로 전공기 방식에는 단일덕트, 이중덕트, 각 층 유닛방식 및 멀티존 유닛 방식 등)의 특징은 ①, ②, ④ 이외에 열 반송을 위한 공간(덕트 스페이스)이 증가하고, 반송 동력이 증가하며 실내환경이 좋으나 개별 제어가 어렵다.

62 |

공기조화방식 중 단일 덕트 재열방식에 관한 설명으로 옳지 않은 것은?

① 전수방식의 특성이 있다.
② 재열기의 설치 공간이 필요하다.
③ 잠열부하가 많은 경우나 장마철 등의 공조에 적합하다.
④ 부하특성이 다른 여러 개의 실이나 존이 있는 건물에 적합하다.

해설 단일덕트 재열방식은 냉방 시에는 중앙공조기로부터 냉풍을 급기하여 현열 부하가 적게 된 존을 재열해서 실온의 과냉을 방지할 수 있고, 난방 시에는 중앙공조기의 가열코일에서 1차로 가열하고, 필요에 따라 덕트 속의 재열기에서 2차 가열하는 방식으로 전공기 방식이다.

63 |

공기조화방식 중 이중 덕트 방식에 대한 설명으로 옳지 않은 것은?

① 전공기 방식의 특징이 있다.
② 혼합 상자에서 소음과 진동이 생긴다.
③ 부하 특성이 다른 다수의 실이나 존에는 적용할 수 없다.
④ 냉·온풍의 혼합으로 인한 혼합 손실이 있어서 에너지 소비량이 많다.

해설 이중덕트 방식(냉풍과 온풍을 각각의 덕트로 보낸 후 말단의 혼합상자에서 냉·온풍을 열부하에 맞게 혼합하여 각 실에 송풍하는 방식)의 특징은 ①, ②, ④ 이외에 각 실별로 또는 존별로 온습도의 개별제어가 가능하고, 냉·난방을 동시에 할 수 있으며, 융통성의 계획이 가능하다. 반면에 단점으로는 운전비가 많이 들고, 설비비가 증가하며, 덕트의 면적이 증대된다. 또한, 혼합 손실이 크다.

64 |

다음 설명에 알맞은 공기조화방식은?

- 전공기 방식이다.
- 부하 특성이 다른 다수의 실이나 존에도 적용할 수 있다.
- 냉·온풍의 혼합으로 인한 혼합 손실이 있어서 에너지 소비량이 많다.

① 단일 덕트 방식
② 이중 덕트 방식
③ 유인 유닛 방식
④ 팬 코일 유닛 방식

해설 단일 덕트 방식은 1개의 공조기에 1개의 급기 덕트만 연결되어 여름에는 냉풍, 겨울에는 온풍을 송풍하여 공기조화하는 방식이다. 유인 유닛 방식은 중앙에 설치된 1차 공기조화기에서 냉각감습 또는 가열가습한 1차 공기를 고속·고압으로 실내 유인 유닛에 보내어 유닛의 노즐에서 불어내고 그 압력으로 실내의 2차 공기를 유인하여 혼합분출한다. 유인된 2차 공기는 유닛 내의 코일에 의해 냉각·가열하는 방식이다. 팬 코일 유닛 방식은 전동기 직결의 소형 송풍기, 냉·온수 코일 및 필터(filter) 등을 갖춘 실내형 소형 공조기(fan-coil unit)를 각 실에 설치하여 중앙 기계실로부터 냉수 또는 온수를 받아서 공기 조화를 하는 전수 방식이다.

65 |

공기조화방식 중 2중 덕트 변풍량 방식에 대한 설명으로 옳지 않은 것은?

① 정풍량 2중 덕트 방식 보다는 에너지 절감 효과가 있다.
② 최소 풍량이 취출되어도 실내 온도는 설정 온도 범위를 유지한다.
③ 변풍량 유닛의 설치 공간이 필요하다.
④ 외기 풍량을 많이 필요로 하는 실에는 적용할 수 없다.

해설 2중 덕트 변풍량 방식은 중간기에 외기를 사용하므로 외기 풍량을 많이 필요로 해도 사용이 가능하며, 고속 송풍에도 가능한 방식이다. 특히, 다수의 실, 다수의 존에 적합하다.

66 |

공기조화방식 중 이중 덕트 방식에 관한 설명으로 옳지 않은 것은?

① 전공기 방식이다.
② 부하 특성이 다른 다수의 실이나 존에도 적용할 수 있다.
③ 덕트 샤프트나 덕트 스페이스가 필요 없거나 작아도 된다.
④ 냉·온풍의 혼합으로 인한 혼합손실이 있어서 에너지 소비량이 많다.

해설 이중 덕트 방식(전공기 방식에 속하며, 냉풍과 온풍을 각각 별개의 덕트를 통해 각 실이나 존으로 송풍하고 냉·난방 부하에 따라 냉풍과 온풍을 혼합상자에서 혼합하여 취출시키는 공기조화방식)은 ①, ②, ④ 이외에 각 실별 또는 존별로 온·습도의 개별제어가 가능하고, 냉·난방을 동시에 할 수 있으며, 융통성의 계획이 가능하다. 반면에 단점으로는 운전비가 많이 들고, 설비비가 증가하며, 덕트(덕트 샤프트나 덕트 스페이스)의 면적이 증대된다. 또한, 혼합 손실이 크다.

67 |

공기조화방식 중 이중 덕트 방식에 관한 설명으로 옳지 않은 것은?

① 전수방식의 특성이 있다.
② 냉·온풍의 혼합으로 인한 혼합손실이 있다.
③ 부하 특성이 다른 다수의 실이나 존에 적용할 수 있다.
④ 단일 덕트 방식에 비해 덕트 샤프트 및 덕트 스페이스를 크게 차지한다.

해설 이중 덕트 방식은 냉풍과 온풍의 2개의 풍도를 설비하여 말단에 설치한 혼합 유닛(냉풍과 온풍을 실내의 챔버에서 자동으로 혼합)으로 냉풍과 온풍을 합해 송풍함으로써 공기조화를 하는 방식으로 전공기 방식이다.

68 |

공기조화방식에 관한 설명으로 옳지 않은 것은?

① 멀티 존 유닛방식은 전공기 방식에 속한다.
② 단일 덕트 방식은 각 실이나 존의 부하변동에 대응이 용이하다.
③ 팬 코일 유닛 방식은 각 실에 수배관으로 인한 누수의 우려가 있다.
④ 이중 덕트 방식은 냉온풍의 혼합으로 인한 혼합 손실이 있어서 에너지 소비량이 많다.

해설 단일 덕트 방식은 부하 특성이 다른 여러 개의 실이나 존이 있는 건물에 적용하기가 곤란하고, 실내 부하가 감소될 경우에 송풍량을 줄이면 실내공기의 오염이 심하며, 각 실이나 존의 부하 변동에 즉시 대응할 수 없다.

69 |

다음 중 축동력이 가장 적게 소요되는 송풍기 풍량 제어 방법은?

① 회전수 제어
② 토출 댐퍼 제어
③ 흡입 댐퍼 제어
④ 흡입 베인 제어

해설 에너지 소비가 적은 것부터 많은 것의 순으로 나열하면, 회전수(가변속) 제어 → 흡입 베인 제어 → 흡입 댐퍼 제어 → 토출 댐퍼 제어의 순으로 회전수(가변속) 제어가 에너지 소요가 가장 적고, 토출 댐퍼 제어가 가장 크다.

70 |

다음 설명에 알맞은 공기조화용 송풍기의 종류는?

* 저속덕트용으로 사용된다.
* 동일 용량에 대하여 송풍기 용량이 적다.
* 날개의 끝부분이 회전방향으로 굽은 전곡형이다.

① 익형
② 다익형
③ 관류형
④ 방사형

해설 송풍기의 종류 중 익형은 공기가 원활하게 흐를 수 있도록 날개의 단면을 유선형태로 만든 것으로 소음과 크기가 작다. 관류형은 날개는 후곡형으로 원심력에

의한 송풍기의 기류가 축방향으로 안내되어 정압이 낮고, 송풍량이 적다. 방사형은 두꺼운 평판으로 큰 직선 날개를 방사형으로 축에 부착한 것으로 교환이 가능하나, 소음이 심하다.

71 |

전기사업법령에 따른 저압의 범위로 옳은 것은?

① 직류 1,000V 이하, 교류 1,000V 이하
② 직류 1,000V 이하, 교류 500V 이하
③ 직류 1,000V 이하, 교류 1,500V 이하
④ 직류 1,500V 이하, 교류 1,000V 이하

해설 전압의 구분

구분	저압	고압	특고압
직류	1,500V 이하	1,500~7,000V	7,000V 초과
교류	1,000V 이하	1,000~7,000V	

72 |

최대 수요 전력을 구하기 위한 것으로, 최대 수요 전력의 총부하 용량에 대한 비율을 백분율로 나타낸 것은?

① 부하율
② 부등률
③ 수용률
④ 감광보상률

해설 $= \dfrac{평균\ 수용\ 전력}{최대\ 수용\ 전력} \times 100(\%)$로서 0.25~0.6 정도이고, 부등률 $= \dfrac{최대\ 수용\ 전력의\ 합}{합성\ 최대\ 수용\ 전력} \times 100\%$로서 1.1~1.5 정도이며, 감광보상률은 조명기구가 사용 중에 광원의 능률 저하 또는 기구의 오손 등으로 조도가 점차 저하되므로 광원을 교환하거나 기구를 소제할 때까지 필요로 하는 조도를 유지할 수 있도록 미리 여유를 두는 비율이다.

73 |

건물 내 발전기실에 대한 설명으로 적절하지 않은 것은?

① 부하중심에 가까울 것
② 습기, 먼지가 적은 장소일 것
③ 천장 높이는 보 아래 3.0m 이상일 것
④ 안전을 고려하여 축전실과 떨어져 있을 것

발전실의 위치

　　㉠ 통풍과 채광이 양호하고, 침수 또는 습기의 우려가 없으며, 먼지가 적은 장소이어야 한다. 또한, 천장의 높이는 3.5m 이상으로 하고, 고압인 경우에는 보 아래 3m 이상, 특고압의 경우에는 보 아래 4.5m 이상이어야 한다.

　　㉡ 위치는 부하의 중심이어야 하고, 장래의 증설에 적합하며, 능률과 인진도가 높은 장소이어야 한다. 특히, 안전을 고려하여 축전실과 근접시켜야 한다.

74

변전실의 위치 결정 시 고려할 사항으로 옳지 않은 것은?

① 부하의 중심 위치에서 멀 것
② 외부로부터 전원의 인입이 편리할 것
③ 발전기실, 축전지실과 인접한 장소일 것
④ 기기를 반입, 반출하는데 지장이 없을 것

변전실의 위치 결정 시 고려할 사항은 발전기실, 축전지실과 인접한 장소일 것. 습기나 먼지, 염해, 유독가스의 발생이 적은 장소일 것. 외부로부터 전원의 인입이 편리하고 기기를 반입, 반출하는 데 지장이 없을 것. 부하의 중심 위치에 있을 것 등이다.

75

전기설비용 시설 공간(실)에 관한 설명으로 옳지 않은 것은?

① 변전실은 부하의 중심에 설치한다.
② 발전기실은 변전실에서 멀리 떨어진 곳에 설치한다.
③ 중앙감시실은 일반적으로 방재센터와 겸하도록 한다.
④ 전기샤프트는 각 층에서 가능한 한 공급대상의 중심에 위치하도록 한다.

발전기실은 변전실과 근접한 곳에 설치하여 점검이 편리하도록 하는 것이 가장 바람직하다.

과년도 출제문제

ENGINEER INTERIOR ARCHITECTURE

 실내디자인 계획

01 |

고정창에 관한 설명으로 옳지 않은 것은?

① 적정한 자연 환기량 확보를 위해 사용된다.
② 크기에 관계없이 자유롭게 디자인할 수 있다.
③ 형태에 관계없이 자유롭게 디자인할 수 있다.
④ 유리와 같이 투명재료일 경우 창이 있는 것을 알지 못해 부딪힐 위험이 있다.

해설 고정창(붙박이창)
창을 열지 못하도록 고정된 창으로 채광과 조망을 위하여 형태와 크기를 자유롭게 디자인할 수 있으며, 시각적으로 내·외부 공간을 연장시켜 주므로 실내공간을 더 넓게 보이게 하는 장점이 있다.

02 |

디자인의 원리에 관한 설명으로 옳은 것은?

① 균형은 정적인 경우에만 시각적 안정성을 가져올 수 있다.
② 강조는 힘의 조절로서 전체 조화를 파괴하는데 주로 사용된다.
③ 리듬은 청각의 원리가 시각적으로 표현된 것이라 할 수 있다.
④ 통일과 변화는 서로 대립되는 관계로, 동시 사용이 불가능하다.

해설 ① 균형(Balance) : 실내공간에 편안함과 침착함 및 안정감을 주며, 눈이 지각하는 것처럼 중량감을 느끼도록 한다.

② 강조(Emphasis) : 시각적으로 중요한 것과 그렇지 않은 것을 구별하는 것을 말한다. 흥미나 관심으로 눈이 상대적으로 오래 머무는 곳이며, 한 공간에서의 통일감과 질서를 느끼게 한다.
③ 리듬(Rhythm) : 음악적 감각인 청각적 원리를 시각적으로 표현하는 것으로, 부분과 부분 사이에 시각적으로 강약의 힘이 규칙적으로 연속될 때 나타나며 규칙적인 요소들의 반복으로 나타나는 통제된 운동감이다.
④ 통일과 변화 : 서로 대립하는 관계가 아니라 상호 유기적인 관계 속에서 성립되는 것이다.

03 |

다음 설명에 알맞은 특수전시기법은?

• 연속적인 주제를 연관성 있게 표현하기 위해 선(線)으로 연출하는 전시기법이다.
• 전체의 맥락이 중요하다고 생각될 때 사용된다.

① 디오라마 전시
② 파노라마 전시
③ 아일랜드 전시
④ 하모니카 전시

해설 ① 디오라마(Diorama) 전시 : 깊이가 깊은 벽장 형식으로 구성하여 어떤 상황을 배경과 실물 또는 모형으로 재현하는 수법으로, 현장감과 공간을 표현하고 배경에 맞는 투시적 효과와 상황을 만든다.
③ 아일랜드(Island) 전시 : 사방에서 감상해야 할 필요가 있는 조각물이나 모형을 전시하기 위해 벽면에서 띄어놓아 전시하는 방법으로, 관람자의 동선을 자유롭게 변화시킬 수 있어 전시 공간을 다양하게 사용할 수 있다.
④ 하모니카(Harmonica) 전시 : 사각형 평면을 반복시켜 전시 공간을 구획하는 가장 기본적인 공간 구성 방법으로, 벽면의 진열장 전시에서 전시 항목이 짧고 명확할 때 채택하면 전시 효율을 높일 수 있다.

04 |

질감(texture)에 관한 설명으로 옳지 않은 것은?

① 시각으로만 지각할 수 있는 어떤 물체 표면상의 특징을 말한다.
② 질감의 선택에서 중요한 것은 스케일, 빛의 반사와 흡수 등이다.
③ 효과적인 질감 표현을 위해서는 색채와 조명을 동시에 고려해야 한다.
④ 나무, 돌, 흙 등의 자연 재료는 인공적인 재료에 비해 따뜻함과 친근감을 준다.

해설 질감(Texture)
어떤 물체가 가진 표면상의 특징으로서 만져보거나 눈으로만 보아도 알 수 있는 촉각적, 시각적으로 지각되는 재질감을 말한다.
㉠ 따뜻함과 차가움, 거칠고 부드러움, 가벼움과 무거움 등의 느낌을 말한다.
㉡ 색채와 조명을 동시에 고려했을 때 효과적이다.
㉢ 매끄러운 재질을 사용하면 빛을 많이 반사하므로 가볍고 환한 느낌을 주며, 거칠면 거칠수록 많은 빛을 흡수하여 무겁고 안정된 느낌을 준다.
㉣ 나무, 돌, 흙 등의 자연 재료는 따뜻함과 친근감을 준다.
㉤ 단일 색상의 실내에서는 질감 대비를 통하여 풍부한 변화와 드라마틱한 분위기를 연출할 수 있다.

05 |

다음 각 공간의 관계가 주택 평면계획 시 고려되는 인접의 원칙에 속하지 않는 것은?

① 거실 – 현관
② 식당 – 주방
③ 거실 – 식당
④ 침실 – 다용도실

해설 • 침실 : 소음원이 있는 쪽은 피하고, 정원 등의 공지에 면하도록 하는 것이 좋으며, 평면상의 위치로는 동적인 공간과 정적인 공간 사이에 욕실, 화장실 등을 두어 분리하는 경우가 많다.
• 식사실 : 취침과 식사를 분리하면서 가족의 역할을 하며, 즐거운 시간을 만들기 위해서는 통풍, 조망, 채광 등을 고려하여야 하고 위치는 거실을 가깝게 배치하는 것이 이용하는데 편리하고 기본적으로 주방과 근접 배치하는 것이 좋다.
• 다용도실은 부엌에 근접하여 배치하는 것이 좋다.

06 |

단독주택의 부엌에 관한 설명으로 옳은 것은?

① 작업대의 배치유형 중 일렬형은 대규모 부엌에 주로 이용된다.
② 일반적으로 부엌의 크기는 주택 연면적의 3% 정도가 가장 적당하다.
③ 일반적으로 작업대의 높이는 500~600mm, 깊이는 750~800mm가 적당하다.
④ 작업대는 능률적인 작업을 위해 준비대 → 개수대 → 조리대 → 가열대 → 배선대 순서로 배치한다.

해설 • 일렬형 : 소규모 부엌 형태에 알맞은 형식으로 동선의 혼란이 없고 한 눈에 작업 내용을 알아볼 수 있는 이점이 있다. 작업대 전체 길이가 2,700mm 이상이 넘지 않도록 한다.
• 부엌의 크기 : 주택의 크기, 가족 수, 식생활의 방식, 생활수준에 따라 다르나 일반적으로 주택 면적의 10%로 한다.
• 작업대의 깊이는 50cm 이상으로 하되 60cm이 넘지 않도록 하고 작업대의 높이는 82~85cm 정도(85cm를 기준으로 2~3cm 범위에서 조정)로 한다.

07 |

주택의 동선계획에 관한 설명으로 옳지 않은 것은?

① 가사노동의 동선은 가능한 남측에 위치시키도록 한다.
② 사용빈도가 높은 공간은 동선을 길게 처리하는 것이 좋다.
③ 동선이 교차하는 곳은 공간적 두께를 크게 하는 것이 좋다.
④ 개인, 사회, 가사노동권 등의 동선은 상호간 분리하는 것이 좋다.

해설 동선계획
㉠ 중요한 동선부터 우선 처리한다.
㉡ 교통량이 많은 동선은 직선으로 최단 거리로 한다.
㉢ 빈도와 하중이 큰 동선은 중요한 동선으로 처리한다.
㉣ 서로 다른 동선은 가능한 분리하고 필요 이상의 교차는 피해야 한다.

08

생활에 적합한 건축을 위해 인체와 관련된 모듈의 사용에 있어 단순한 길이의 배수보다는 황금비례를 이용함이 타당하다고 주장한 사람은?

① 알바 알토
② 르 코르뷔지에
③ 발터 그로피우스
④ 미스 반 데어 로에

> **해설** 건축가 르 코르뷔지에는 인간생활에 적합한 건축을 위해 건축에 인체 치수를 고려한 황금비례를 적용해야 한다고 주장하였다. 모듈러를 창안하여 건축의 공업화에 적용하였다.

09

다음 중 VMD의 목적과 가장 거리가 먼 것은?

① 상품의 이미지를 높인다.
② 차별화 전략으로 활용한다.
③ 매장구성의 개성화를 추구한다.
④ 효율적인 유지보수가 용이하다.

> **해설** VMD(Visual Merchandising)
> 상품계획, 상점계획, 판촉 등을 시각화시켜 상점 이미지를 고객에게 인식시키는 판매 전략으로 상점의 이미지 형성, 타 상점과의 차별화, 자기 상점의 주장 과정으로 전개된다.

10

POE(Post−Occupancy Evaluation)의 의미로 가장 알맞은 것은?

① 건축물을 사용해 본 후에 평가하는 것이다.
② 낙후 건축물의 이상 유무를 평가하는 것이다.
③ 건축물을 사용하기 전에 성능을 예상하는 것이다.
④ 건축도면 완성 후 건축주가 도면의 적정성을 평가하는 것이다.

> **해설** 거주 후 평가(POE : Post Occupancy Evaluation)
> 사용 중인 건물에 대하여 사용자들의 반응을 연구하여 건물에 대한 평가와 다음에 건물의 개조나 유사 건물의 신축에서 최적의 환경을 창출하는 방법을 연구하는 과정을 말한다.

11

건축제도에서 다음과 같은 재료 구조 표시 기호(단면용)가 의미하는 것은?

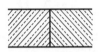

① 벽돌 ② 석재
③ 인조석 ④ 치장재

> **해설** 재료 구조 표시 기호(단면용)

구분	원칙으로 사용	준용
지반		
잡석다짐		
자갈, 모래	자갈 / 모래	자갈, 모래 섞기
석재	석재 / 인조석	
콘크리트, 철근콘크리트		
벽돌		
블록		
목재	구조재 / 보조재 / 치장재	유심재 / 거심재

12 |

그리스의 오더 중 기단부는 단 사이에 수평 홈이 있으며, 주두는 소용돌이 형태의 나선형인 볼류트로 구성된 것은?

① 도릭 오더
② 이오닉 오더
③ 터스칸 오더
④ 코리티안 오더

해설 ① 도릭 오더
  ㉠ 가장 오래된 주범양식으로 고대 이집트 베니하산의 아멘－엠－헤트 암굴분묘의 16각 석주에서 유래
  ㉡ 가장 단순하고 간단한 양식으로 직선적이고 장중하며 남성적인 느낌
  ㉢ 주신에는 착시현상의 교정을 위해 배흘림 기법을 적용하고, 골 줄을 새겨 체감과 수직성을 강조하였으며 주초가 없음
  ㉣ 세 가지 오더 중 가장 비례 관계가 크고 기둥의 높이는 기둥의 하부 지름의 4.5~6배
② 이오닉 오더
  ㉠ 소용돌이 형상의 주두가 특징으로 우아하고 경쾌하며, 곡선적이며 여성적인 느낌
  ㉡ 주초에는 2~3개의 몰딩이 있고, 배흘림이 약하며 주신에 골 줄을 새김으로 장식이 있어 도리아식보다 섬세하고 곡선적임
  ㉢ 기둥의 높이는 기둥 하부 지름의 8~11배이며 기둥의 간격이 이전보다 넓어짐
③ 터스칸 오더
  ㉠ 로마에서 사용된 오더양식
  ㉡ 도릭 오더와 크게 구별되지 않으며 실제의 도릭 오더를 간소화시킨 것이라 할 수 있고 장중함이나 세련감은 없음
④ 코리티안 오더
  ㉠ 세 가지 양식 중 가장 후에 발전
  ㉡ 주두를 아칸더스 나뭇잎 형상으로 장식하여 세 가지 주범양식 중 가장 장식적이고 화려한 느낌

13 |

스테인드 글라스(Stained Glass)에 관한 설명으로 옳지 않은 것은?

① 스테인드 글라스는 빛의 투과광을 주로 이용한다.
② 르네상스 시대에 스테인드 글라스 예술이 대규모로 활성화되었다.
③ 스테인드 글라스의 기원은 로마시대 초기의 교회 건물내부에서 찾아볼 수 있다.

④ 아르누보를 통해 스테인드 글라스 예술이 부활하였으나 곧 근대건축운동에 의해 쇠퇴하였다.

해설 스테인드 글라스는 초기 기독교 건축에서부터 비잔틴을 거쳐 로마네스크 건축에서 적극적으로 사용하기 시작하여, 고딕 건축에서 교회 건축을 완성함으로써 역사상 종교 건축의 절정기를 이루었다.

14 |

사무소 건축의 평면유형에 관한 설명으로 옳지 않은 것은?

① 2중지역 배치는 중복도식의 형태를 갖는다.
② 3중지역 배치는 저층의 소규모 사무소에 주로 적용된다.
③ 2중지역 배치에서 복도는 동서 방향으로 하는 것이 좋다.
④ 단일지역 배치는 경제성보다는 쾌적한 환경이나 분위기 등이 필요한 곳에 적합한 유형이다.

해설 사무소 건축의 복도 형태에 의한 평면유형
  ㉠ 단일지역 배치(single zone layout, 편복도식)
    • 복도의 한쪽에만 사무실을 둔 형식(소규모)으로, 자연채광이 좋으며 비교적 고가이다.
    • 통풍이 유리하고 경제성보다 건강이나 분위기 등이 필요한 곳에 많이 적용된다.
  ㉡ 2중지역 배치(double zone layout, 중복도식)
    • 동·서 방향으로 사무실을 둔 형식(중규모)이다.
    • 주계단과 부계단을 두어 사용할 수 있고, 유틸리티 코어의 설계에 주의가 필요하다.
    • 인공조명, 환기설비가 필요하나, 임대비율이 높다.
  ㉢ 3중지역 배치(triple zone layout, 2중 복도식)
    • 대여 사무실을 포함하는 건물에는 적합하지 않으며 일반적인 특성상 전용 사무실이 위주인 고층 건물에서 사용된다.
    • 교통 시설, 위생 설비는 건물 내부의 중심 지역(3지역)에 위치하여 사무실은 외벽을 따라서 배치한다.
    • 사무소 내부 지역에 인공조명, 기계 설비가 필요하다.

15 |

결정된 디자인으로 견적, 입찰, 시공 등 설계 이후의 후속 작업과 시공을 위한 제반 도서를 제작하는 설계 과정은?

① 기획설계
② 기본설계
③ 실시설계
④ 기본계획

결정된 설계도로 시공 및 제작을 위한 도면을 작성하는 단계로 단면, 천장, 입면, 전개도, 재료마감표, 상세도, 창호도, 사인, 그래픽 등과 설비설계도 및 난방부하도, 시방서를 작성한다.

16 |

상점의 쇼윈도에 관한 설명으로 옳지 않은 것은?

① 쇼윈도의 평면 형식 중 만입형은 점두의 진열면이 크다.
② 쇼윈도의 진열 바닥 높이는 일반적으로 상품의 종류에 따라 결정된다.
③ 쇼윈도의 단면 형식 중 다층형은 넓은 도로 폭을 지닌 상점에 적용하는 것이 좋다.
④ 쇼윈도의 배면 처리 형식 중 개방형은 폐쇄형에 비해 쇼윈도 진열 자체에 대한 주목성이 강조된다.

해설 쇼윈도의 배면 처리 형식에서 개방형은 상점 내부가 보이므로 폐쇄형에 비해 상품에 대한 주목성이 떨어진다.

17 |

실내공간 구성요소 중 벽(wall)에 관한 설명으로 옳지 않은 것은?

① 공간을 에워싸는 수직적 요소이다.
② 다른 요소에 비해 조형적으로 가장 자유롭다.
③ 외부세계에 대한 침입 방어의 기능을 갖는다.
④ 가구, 조명 등 실내에 놓여지는 설치물에 대해 배경적 요소가 된다.

해설 다른 요소에 비하여 조형적으로 자유도가 높은 것은 천장과 바닥, 지붕으로 형태나 색채와 다양성을 통하여 시대적 양식의 변화가 다양하다.

18 |

포겐도르프 도형과 관련된 착시의 유형은?

① 방향의 착시
② 길이의 착시
③ 다의도형 착시
④ 역리도형 착시

해설 포겐도르프 도형

사선이 2줄의 평행선으로 중단되면 서로 어긋나 보이는 현상이다. (방향의 착시)

19 |

실내 기본요소 중 천장에 관한 설명으로 옳은 것은?

① 바닥과 함께 실내공간을 구성하는 수직적 요소이다.
② 바닥이나 벽에 비해 접촉빈도가 높으며 공간의 크기에 영향을 끼친다.
③ 천장을 낮추면 친근하고 아늑한 공간이 되고 높이면 확대감을 줄 수 있다.
④ 바닥은 시대와 양식에 의한 변화가 현저한데 비해 천장은 매우 고정적이다.

해설 천장(ceiling)

천장은 바닥과 함께 실내공간을 형성하는 수평적 요소로서 다양한 형태나 패턴 처리로 공간의 형태를 변화시킬 수 있다. 즉 천장이 낮으면 친근하고 포근하며 아늑한 공간이 될 뿐만 아니라 공간의 영역 구분이 가능하며, 천장을 높이면 시원함과 확대감 및 풍만감을 주어 공간의 활성화를 기대할 수 있다. 또한 내림 천장 등 천장의 고저차나 천창(skylight)을 설치하여 정적인 실내공간 분위기를 동적인 공간으로 활성화할 수가 있다.

20 |

사무소 건축의 실단위계획 중 개실시스템에 관한 설명으로 옳지 않은 것은?

① 독립성 확보가 용이하다.
② 공간의 길이에 변화를 줄 수 있다.
③ 전면적을 유효하게 이용할 수 있어 공간절약상 유리하다.
④ 연속된 복도 때문에 공간의 깊이에 변화를 줄 수 없다.

해설 • 개실 사무소(single office : 복도형) : 복도를 통하여 각층의 여러 부분으로 들어가는 방법으로 독립성과 쾌적성 및 자연 채광 조건이 좋으나 공사비가 비교적 높으며 방 길이에는 변화를 줄 수 있지만 연속된 복도 때문에 방 깊이에는 변화를 줄 수 없다.
• 개방식 계획(open plan) : 보편적으로 개방된 대규모 공간을 기본적으로 계획하고 그 내부에 작은 개실들을 분리하여 구성하는 형식이다. 이 유형은 모든 면적을 유용하게 이용할 수 있으며, 칸막이벽이 없는 관계로 공사비가 저렴하다는 특성이 있다.

2과목 실내디자인 색채 및 사용자 행태분석

21 |

아파트 건축물의 색채 계획 시 고려해야 할 사항이 아닌 것은?

① 개인적인 기호에 의하지 않고 객관성이 있어야 한다.
② 주변에서 가장 부각될 수 있게 독특한 색채를 사용한다.
③ 전체적으로 질서가 있어야 하며 적당한 변화가 있어야 한다.
④ 주거민을 위한 편안한 색채 디자인이 되어야 한다.

해설 공공건축공간은 많은 사람이 이용하는 생활공간이므로 주변 환경과 건물 목적에 맞는 색채 환경을 만들어야 한다.

22 |

디지털 색채 시스템 중 HSB시스템에 대한 설명으로 틀린 것은?

① 먼셀의 색채개념인 색상, 명도, 채도를 중심으로 선택하도록 되어 있다.
② 프로그램 상에서는 H모드, S모드, B모드를 볼 수 있다.
③ H모드는 색상을 선택하는 방법이다.
④ B모드는 채도 즉, 색채의 포화도를 선택하는 방법이다.

해설 HSB 형식
색을 구성하는 방법의 하나로, 색상(Hue), 채도(Saturation), 명도(Brightness/Value)의 3요소로 구성된다. B가 파랑과 약자가 중복되기 때문에 HSV라고도 많이 표기하며 HSL이라는 표기도 종종 쓰인다.

23 |

먼셀 색체계에 관한 설명 중 잘못된 것은?

① R, Y, G, B, P의 5색과 그 보색인 5색을 추가하여 10색상을 기본으로 만든 것이다.
② 무채색의 명도는 숫자 앞에 N을 붙인다.
③ 채도 단위는 2단위를 기본으로 하였으나 저채도 부분에서는 실용적으로 1과 3을 추가하였다.
④ 유채색의 명도는 0.5 단위로 배열되어 0.5부터 9.5까지 19단계로 하였다.

해설 먼셀의 기본 5색상은 R(빨강), Y(노랑), G(녹색), B(파랑), P(보라)에서 그 사이에 BG(청록), PB(남색), RP(자주), YR(주황), GY(연두)의 다섯 가지 색상을 더하여 기본 10색상을 만들었다.
• 명도 단계는 11단계로 구분하는데, 검정은 0으로서 명도가 가장 낮고, 흰색은 10으로서 명도가 가장 높다.
• 채도는 색상이 있는 유채색에만 있고 무채색에는 없다.
• 채도 단계는 모두 14단계로 구분하는데, 가장 낮은 채도가 1이고, 가장 높은 채도는 14이다(채도가 14인 색−노랑, 빨강).
• 무채색의 명도는 N을 붙이며, 평균 명도 N5가 되는 색들이 잘 조화된다.

24 |

빛의 성질과 색의 지각에 관한 설명 중 틀린 것은?

① 노란 바나나의 색을 지각하는 것은 빛의 반사와 관계가 있다.
② 파란 셀로판지를 통해 색을 지각하는 것은 빛의 투과와 관계가 있다.
③ 검은 도화지의 색을 지각하는 것은 빛의 흡수와 관계가 있다.
④ 하늘의 무지개 색을 지각하는 것은 빛의 회절과 관계가 있다.

해설 ①, ③ 표면색(물체색)에 관한 설명으로 물체의 표면에서 빛을 반사하거나 흡수하여 나타내는 색이다.
② 투과색에 관한 설명으로 색유리와 같이 빛을 투과하여 나타내는 색이다.
④ 소나기 후에 공기 중의 물방울에 빛이 굴절하여 하늘에 나타나는 무지개에 대한 설명이다.

25 |

다음 중 가장 가벼운 느낌을 주는 배색은?

① 파랑 – 검정
② 노랑 – 흰색
③ 빨강 – 보라
④ 청록 – 초록

해설 • 난색(warm color)은 고명도, 고채도, 난색 계통의 색상(빨강, 노랑, 주황)은 장파장 계열로 시감도가 좋고 진출·팽창, 가벼워 보이고, 흥분을 일으키며, 스피드감을 준다.
• 한색은 저명도, 저채도, 한색 계통의 색상(청록, 파랑, 청자)은 단파장 쪽의 색이며 이들 색상은 수축, 후퇴성이 있고 심리적으로 긴장감을 가진 색이다.
• 무채색인 흰색은 가볍게 팽창해 보이고, 검은색은 무겁게 축소해 보인다.

26 |

색에 관한 설명 중 잘못된 것은?

① 황색은 녹색보다 진출하여 보인다.
② 주황색은 녹색보다 따뜻하게 느껴진다.
③ 황색은 청색보다 커 보인다.
④ 황색은 녹색보다 무겁게 느껴진다.

해설 색채에 의한 무게의 느낌(중량감)은 주로 명도에 따라 좌우된다. 높은 명도의 색(빨강, 주황, 노랑)은 가볍게, 낮은 명도의 색은 무겁게 느껴진다.

27 |

다음 중 색채조절의 목표가 아닌 것은?

① 안정성
② 독창성
③ 능률성
④ 심미성

해설 공공건축공간의 색채 환경을 위한 색채조절 시 고려 사항으로는 능률성, 안정성, 쾌적성이 있다.

28 |

PANTONE 색표집에 대한 설명으로 틀린 것은?

① 색의 기본 속성에 따라 논리적인 순서로 배열되어 있다.
② 1963년 미국의 로렌스 하버트가 고안하였다.
③ 매년 올해의 컬러를 발표하여 다양한 분야의 트렌드를 제안하고 있다.
④ 인쇄 및 소재별 잉크를 조색하여 제작한 실용적인 색표집이다.

해설 팬톤(PANTONE)은 1956년에 뉴저지 Manoocie에 위치한 M&J Levine Advertising의 작은 인쇄 회사에서 시작되었다. 로렌스 허버트(Lawrence Herbert)는 파트타임 직원이 되어 본인의 전공인 화학을 살려 회사의 안료 재고 및 컬러 잉크 생산을 체계화하고 단순화하였다.
1963년에 그래픽 아트 커뮤니티의 정확한 색상 매칭, 생산과 관련된 문제를 해결하기 위해 컬러 식별과 매칭, 컬러 커뮤니케이션을 위한 혁신적인 시스템 팬톤 컬러 매칭시스템(PMS : Pantone Matching System)을 만들었다. 1964년에 디자인 시장을 위한 팬톤 색일람표(PANTONE Color Specifier)를 개발하면서 전 세계 디자이너, 미술가, 제조업자들이 공통으로 사용하는 색채 언어의 시초가 되었다.
2000년부터 매해 12월마다 '올해의 색(Color of the year)'을 발표하는데 일 년에 두 번 유럽의 각국 수도에서 여러 국가의 컬러 표준 그룹의 대표자 모임을 개최하여 2일 간의 발표와 논쟁 끝에 다음 해의 색을 결정하게 된다.

29 |

색채가 지닌 심리적, 생리적, 물리학적 성질을 잘 활용하는 일을 색채조절(Color Conditioning)이라고 한다. 다음 중 색채조절이 특히 중요시되는 곳은?

① 옷가게
② 공부방
③ 식료품점
④ 생산공장

해설 사무실, 공장, 학교, 병원, 도서관 등의 공공건축공간은 많은 사람이 이용하는 생활공간이므로 목적에 맞는 색채 환경을 만들어야 한다. 따라서 색 자체가 가지고 있는 심리적, 물리적, 생리적 성질을 이용하여 인간의 생활이나 작업 분위기, 환경을 보다 쾌적하고 안전하며, 능률적인 것으로 만들기 위하여 각 색채의 기능을 조절하는 것이 색채조절이다.

30 |

색료의 3원색을 혼합한 이론상의 결과는?

① 초록　　　　　　　② 검정
③ 하양　　　　　　　④ 시안

해설 색료 3원색인 자주(M), 노랑(Y), 청록(C)을 혼합하면 검정(BL : Black)에 가까운 회색이 된다.

31 |

소파의 골격에 쿠션성이 좋도록 솜, 스펀지 등의 속을 많이 채워 넣고 천으로 감싼 소파로, 구조, 형태 및 사용상 안락성이 매우 큰 것은?

① 스툴　　　　　　　② 카우치
③ 풀업체어　　　　　④ 체스터필드

해설 ① 스툴(Stool) : 등받이가 없고 좌판과 다리만 있는 형태의 의자를 말한다.
② 카우치(Couch) : 고대 로마시대에 음식물을 먹거나 잠을 자기 위해 사용했던 긴 의자로 몸을 기댈 수 있고 소파와 침대를 겸용할 수 있도록 좌판 한쪽을 올린 소파이다.
③ 풀업체어(pull-up chair) : 필요에 따라 이동시켜 사용할 수 있는 간이 의자로서 일반적으로 벤치라 하며, 그리 크지 않고 가벼운 형태를 갖는다. 이 의자는 잡기 편해야 하고 들어올리기에 가벼워야 하며, 이리저리 옮기므로 튼튼해야 한다.

32 |

시스템 가구에 관한 설명으로 옳지 않은 것은?

① 단순미가 강조된 가구로 수납기능은 떨어진다.
② 규격화된 단위 구성재의 결합으로 가구의 통일과 조화를 도모할 수 있다.
③ 기능에 따라 여러 가지 형태로 조립, 해체가 가능하여 배치의 합리성을 도모할 수 있다.
④ 모듈계획을 근간으로 규격화된 부품을 구성하여 시공기간 단축 등의 효과를 가져올 수 있다.

해설 시스템 가구(System furniture)
이동식 가구의 일종으로 인체 치수와 동작을 위한 치수 등을 고려하여 규격화(modular)된 디자인으로 각 유닛이 조합하여 전체 가구를 구성하는 것으로 대량생산이 가능하여 생산비가 저렴하고, 형태나 성격 또는 기능에 따라 여러 가지 형태로 조립, 해체가 가능하여 다양하게 배치를 할 수 있어 자유롭고, 합리적이며 융통성이 큰 다목적용 공간 구성이 가능하다.

33 |

인간기준(human criteria)의 유형에 해당하지 않는 것은?

① 인간성능 척도　　　② 체계의 성능
③ 주관적 반응　　　　④ 생리학적 지표

해설 인간기준의 유형에는 인간성능 척도, 주관적 반응, 생리학적 지표, 사고빈도가 있다.

34 |

인체 골격의 주요 기능으로 볼 수 없는 것은?

① 감각정보를 뇌와 척수로 전달한다.
② 신체를 지지하고 형상을 유지한다.
③ 골격 내부의 골수는 조혈작용을 한다.
④ 골격근의 기동적 수축에 따라 운동을 한다.

해설 골격계의 기능
㉠ 지지(support) : 골격은 인체의 연한 조직과 기관들이 부착된 견고한 틀을 이루고 있다.
㉡ 보호(protection) : 두개골과 척추는 뇌와 척수를 감싸고 있다. 흉곽은 심장, 허파, 대동맥, 간, 지라를 보호하며, 골반강은 골반의 내장들을 지지하고 보호한다.
㉢ 인체의 운동(body movement) : 뼈들은 대부분의 골격근들을 위한 부착 장소를 제공한다.
㉣ 조혈(hemopoiesis) : 혈액세포를 만드는 과정을 조혈이라고 한다. 조혈은 뼈의 내부에 있는 골수라는 조직에서 일어난다.
㉤ 무기물 저장고(mineral storage) : 뼈의 무기질들은 주로 칼슘과 인으로 구성되어 있다.

35 |

신체동작의 유형 중 굽은 팔꿈치를 펴는 동작과 같이 관절이 만드는 각도가 증가하는 동작은?

① 굴곡(flexion)　　　② 내전(adduction)
③ 외전(abduction)　　④ 신전(extension)

해설 신체 각 부위의 운동

ㄱ 굴곡(flexion) : 신체의 각 부위 간의 각도를 감소시키는 동작

ㄴ 신전(extension) : 신체의 각 부위 간의 각도가 증가하는 동작

ㄷ 외전(abduction) : 신체의 중심이나 신체의 부분이 붙어있는 부위에서 멀어지는 방향으로 움직이는 동작

ㄹ 내전(adduction) : 몸의 중심선상으로의 이동

ㅁ 내선(medial rotation) : 몸의 바깥에서 중앙으로 회전하는 운동

ㅂ 외선(lateral rotation) : 몸의 중앙에서 바깥으로 회전하는 운동

36

눈의 구조와 기능에 관한 설명으로 옳은 것은?

① 간상세포는 색을 구별한다.

② 눈의 초점은 수정체의 두께가 조절되어 맞춰진다.

③ 어두운 상태에서는 주로 원추세포가 사용된다.

④ 빛이 망막의 전방에서 맺히는 현상을 원시라고 한다.

해설
- 간상체(간상세포) : 망막 주변 표면에 널리 분포되어 있으며, 세포는 1.1~1.25억 개 정도로 추산되고 전색맹으로서 검정색, 백색, 회색만을 감지하는데 밝고 어두움인 명암 정보를 처리하고 초록색에 가장 예민하다.
- 추상체(추상세포, 원추세포) : 밝은 곳에서 시각과 색을 구별하며 망막의 중앙부에 많이 분포되어 있으며, 세포는 600~700백만 개 정도이다.
- 근시 : 안구 길이가 너무 길거나 수정체가 두꺼워진 상태로 남아 있어 상이 망막 앞에 맺히는 현상이다.
- 원시 : 안구 길이가 짧거나 수정체가 얇아진 상태로 남아 있어 상이 망막 뒤에 맺히는 현상이다.

37

인체측정 자료의 적용 시 극단치 설계 방식의 최소 치수로 설계해야 할 사항이 아닌 것은?

① 선반의 높이

② 조종 장치까지의 거리

③ 등산용 로프의 강도

④ 엘리베이터 조작 버튼의 높이

해설 인체측정치 적용의 원칙

ㄱ 최소 집단치 설계
- 인체계측 변수 분포의 1%, 5%, 10% 같은 하위 백분위수를 기준으로 하며, 도달거리에 관련된 설계에 사용된다.
- 최소 집단치로 측정해야 할 사항은 조종 장치까지의 거리, 선반의 높이, 엘리베이터 조작 버튼의 높이, 의자의 높이, 버스의 손잡이, 좌식 방에서의 창턱 높이 등이 해당한다.

ㄴ 최대 집단치 설계
- 대상 집단에 대한 인체계측 변수의 상위 백분위수를 기준으로 하며 90%, 95%, 99%치가 사용된다.
- 최대 집단치로 측정해야 할 사항은 문, 탈출구, 통로, 시내버스의 천장 높이 등의 여유 공간과 그네, 줄사다리와 같은 지지물, 등산용 로프의 강도 등이 있다.

38

신체활동의 에너지 소비량에 대한 설명으로 옳지 않은 것은?

① 작업 효율은 에너지 소비량에 반비례한다.

② 신체활동에 따른 에너지 소비량에는 개인차가 있다.

③ 어떤 작업에 대한 에너지가(價)는 수행방법에 따라 달라진다.

④ 신체적 동작 속도가 증가하면 에너지 소비량은 감소한다.

해설 안정 상태에서 생명을 유지하기 위하여 필요한 최소한의 작용을 유지하기 위해 소비되는 대사량을 기초 대사량이라고 하며 신체적 동작 속도가 증가하면 에너지 소비량은 증가한다.

39

생리적 상태 변동을 전류로 변환하여 측정되는 것으로 뇌파 전위도를 기록하는 것은?

① EEG

② EMG

③ ECG

④ EOG

해설
① 뇌파 기록(EEG : 정신활동의 척도)−뇌의 기능 상태를 알아보기 위한 뇌파 검사
② 근전도(EMG : 국소적 근육 활동의 척도)−근육의 상태를 알아보기 위한 근전도 검사
③ 심전도(ECG 또는 EKG : 심장 활동의 척도)−심장 박동수를 알아보기 위한 심전도 검사
④ 안구전위도(EOG : 안구 활동의 척도)−눈동자의 움직임을 알아보기 위한 안전도 검사

40 |

실현가능성이 동일한 4개의 대안이 있을 경우 총 정보량은 몇 bit인가?

① 0.5 　　　　　　② 1

③ 2 　　　　　　　④ 4

해설 $H = \log_2 N = \log_2 4 = 2\text{bit}$
총 정보량(H), 동일한 대안(N)

3과목 실내디자인 시공 및 재료

41 |

다음은 공사현장에서 이루어지는 업무에 관한 설명이다. 이 업무의 명칭으로 옳은 것은?

> 공사 내용을 분석하고 공사 관리의 목적을 명확히 제시하여 작업의 순서를 반영하며 실내 공사의 작업을 세분화하고 집약시킨다. 공사의 종류에 따라 기술적인 순서와 상호관계를 정리하고 설계도서, 시방서, 물량산출서, 견적서를 기초로 작업에 투여되는 인력, 장비, 자재의 수량을 비교 검토한다.

① 실행예산편성 　　② 공정계획
③ 작업일보작성 　　④ 입찰참가신청

해설 공정계획이란 건축물을 지정된 공사기간 내에 공사 예산에 맞추어 정밀도가 높고 좋은 품질의 시공을 위해 세우는 계획으로 공사의 전체 및 부분의 파악이 쉽고, 문제점의 발견이 가능하며 공사 진행 및 작업 순서의 개선, 수정이 용이하도록 해야 한다.

42 |

표준형 시멘트 벽돌을 사용하여 1.5B쌓기로 벽을 쌓았을 때 벽의 두께로 가장 적합한 것은?

① 150mm 　　　　② 190mm
③ 290mm 　　　　④ 320mm

해설 표준형 벽돌의 규격은 190mm×90mm×57mm이고, 벽돌벽 두께는 1.0B=190mm(벽돌의 길이), 0.5B= 90mm(벽돌의 너비), 줄눈은 10mm이다.
그러므로, 1.5B=1.0B+10mm+0.5B=190+10+90= 290mm이다.

43 |

셀프레벨링재에 관한 설명으로 옳지 않은 것은?

① 석고계 셀프레벨링재는 석고, 모래, 경화지연제 및 유동화제로 구성된다.
② 시멘트계 셀프레벨링재는 포틀랜드시멘트, 모래, 분산제 및 유동화제로 구성된다.
③ 석고계 셀프레벨링재는 차수성이 좋아 옥외 및 실내에서 모두 사용한다.
④ 셀프레벨링재 시공 후 요철부는 연마기로 다듬고, 기포는 된비빔 석고로 보수한다.

해설 석고계 셀프레벨링재(석고에 모래, 경화지연제, 유동화제 등 각종 혼화제를 혼합하여 자체 평탄성이 있는 것)는 내수성이 좋지 않아 물이 닿지 않는 실내 부분에만 사용이 가능하고, 재료의 보관은 밀봉상태로 건조하게 보관하여야 하며, 직사광선으로부터 보호해야 한다.

44 |

목재의 일반적인 성질에 관한 설명으로 옳지 않은 것은?

① 일반적으로 대부분의 목재가 인장강도에 비하여 압축강도가 크다.
② 섬유방향에 평행하게 힘을 가한 경우가 직각으로 가하는 경우보다 압축강도가 크다.
③ 생목재를 건조할 경우 함수율이 30% 이상에서는 목재가 수축을 일으키지 않는다.
④ 일반적으로 목재의 기건상태에서의 함수율은 10~15%이다.

해설 목재의 강도를 큰 것부터 작은 순서로 나열하면 섬유방향과 평행방향의 인장강도 → 섬유방향과 평행방향의 압축강도 → 섬유방향과 직각방향의 인장강도 → 섬유방향과 직각방향의 압축강도 순이고, 또한 인장강도 → 휨강도 → 압축강도 → 전단강도의 순이다.

45 |

파손방지, 도난방지 또는 진동이 심한 장소에 적합한 망입(網入)유리의 제조 시 사용되지 않는 금속선은?

① 철선 ② 황동선
③ 청동선 ④ 알루미늄선

> **해설** 망입유리는 용융유리 사이에 금속그물(지름이 0.4mm 이상의 철선, 놋쇠(황동)선, 아연선, 구리선, 알루미늄선)을 넣어 롤러로 압연하여 만든 판유리로서 도난방지, 화재방지 및 파편에 의한 부상방지 등의 목적으로 사용한다.

46 |

공사 감리자가 시공의 적정성을 판단하기 위하여 수행하는 업무가 아닌 것은?

① 소방 완비 대상에 포함될 경우 법에 따른 적합한 설비를 하였는지를 확인하고 시공자가 관할 관청에 점검을 받도록 지도한다.
② 설계도서에 준하여 시공되었는지에 대한 내용으로 체크리스트에 작성하고 이를 활용하여 시공의 적정성을 점검한다.
③ 현장에서 제작 설치되는 제품의 규격과 제작 과정, 제작물의 작동 상태 등을 점검한다.
④ 감리자가 직접 준공 도서를 작성하고 준공도서에 근거하여 시공 적정성을 파악한다.

> **해설** 감리자는 시공자가 작성 제출한 준공도면이 실제 시공된 대로 작성되었는지의 여부를 검토·확인하여 발주청에 제출하여야 한다. 준공도면은 계약에 정한 방법으로 작성되어야 하며, 모든 준공도면에는 감리자의 확인, 서명이 있어야 한다.

47 |

수지성형품 중에서 표면경도가 크고 아름다운 광택을 지니면서 착색이 자유롭고 내열성이 우수한 것으로 마감재, 전기부품 등에 활용되는 수지는?

① 멜라민수지 ② 에폭시수지
③ 폴리우레탄수지 ④ 실리콘수지

> **해설** 에폭시수지는 접착성이 매우 우수하고, 경화할 때 휘발물의 발생이 없으므로 용적의 감소가 극히 적으며, 금속, 유리, 플라스틱, 도자기, 목재, 고무 등에 우수한 접착성을 나타낸다. 특히, 알루미늄과 같은 경금속의 접착에 가장 좋다. 내약품성, 내화학성, 내용제성이 뛰어나고, 산·알칼리에 강하다. 자연 경화 또는 저온 소부시에는 경화시간이 길어서 최고 강도를 나타내기에는 1주일 이상이 필요하다. 폴리우레탄수지는 우레탄을 결합하여 만드는 열가소성 수지이다. 실리콘수지는 금속 규소와 염소에서 염화 규소를 만들고, 여기에 그라냐르 시약을 가하여 단량체에 해당하는 클로로실란을 만들어 액체, 고무, 수지를 얻을 수 있다. 특성은 내후성, 내화학성, 내열성과 내한성이 우수하고, 온도에 안정(−80~250℃)하며, 전기 절연성과 내수성이 좋다. 용도로는 기름, 고무 및 수지로 사용하고, 접착제와 도료로 사용한다.

48 |

보강 블록조에서 내력벽 길이의 총합계가 45m이고, 그 층의 건물면적이 300m²일 경우 내력벽의 벽량은?

① 10cm/m²
② 15cm/m²
③ 30cm/m²
④ 45cm/m²

> **해설** 벽량이란 건축물의 각 층에 있어서 건축물의 길이방향 또는 너비방향의 보강블록구조인 내력벽의 길이(대린벽의 경우에는 그 접합된 부분의 각 중심을 이은 선의 길이)는 각각 그 방향의 내력벽의 길이의 합계가 그 층의 바닥면적 1m²에 대하여 0.15m 이상이 되도록 하되, 그 내력벽으로 둘러싸인 부분의 바닥면적은 80m²를 넘을 수 없다.
>
> 그러므로, 벽량 $= \dfrac{\text{내력벽의 길이의 합계}}{\text{바닥면적}} = \dfrac{45m}{300m^2}$
>
> $= \dfrac{4,500cm}{300m^2} = 15cm/m^2$ 이다.

49 |

강재의 응력−변형률 곡선에서 항복비란 항복점과 무엇에 대한 비율을 의미하는가?

① 인장강도점 ② 탄성한계점
③ 피로강도점 ④ 비례한계점

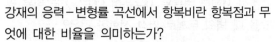

해설 강재의 응력과 변형률과의 곡선에서 인장강도에 대한 항복점(통상은 상항복점), 또는 내력의 비율을 항복비라고 말한다. 또한, 파괴강도에 대하는 하항복점의 비율도 항복비라고 불리는 경우가 있다.

즉, 항복비 = $\dfrac{항복점}{인장강도}$ 이다.

50 |

다음 점토제품 중 소성온도가 높은 것에서 낮은 순서로 옳게 배열된 것은?

① 자기 – 석기 – 도기 – 토기
② 자기 – 도기 – 석기 – 토기
③ 도기 – 자기 – 석기 – 토기
④ 도기 – 석기 – 자기 – 토기

해설 흡수율이 작은 것부터 큰 것의 순으로 나열하면, 자기 < 석기 < 도기 < 토기이고, 소성온도가 낮은 것부터 높은 것의 순으로 나열하면, 토기(790~1,000℃) < 도기(1,100~1,230℃) < 석기(1,160~1,350℃) < 자기(1,230~1,460℃)의 순이다.

51 |

공사원가계산서에 표기되는 비목 중 순공사원가에 해당되지 않는 것은?

① 직접재료비　　　② 노무비
③ 경비　　　　　　④ 일반관리비

해설 총공사비는 총원가와 부가 이윤으로 구성된다. 총원가는 공사원가와 일반관리비 부담금으로 구성된다. 공사원가는 직접 공사비와 간접 공사비로 구성되고, 직접 공사비에는 재료비, 노무비, 외주비, 경비가 포함되고, 간접 공사비는 공통 경비이다.

52 |

얇은 강판에 마름모꼴의 구멍을 연속적으로 뚫어 그물처럼 만든 것으로 천장·벽 등의 미장바탕에 사용되는 것은?

① 메탈라스　　　　② 인서트
③ 코너비드　　　　④ 논슬립

해설 인서트는 콘크리트 타설 후 달대를 매달기 위하여 사전에 매설시키는 부품이다. 코너비드는 기둥 모서리 및 벽체 모서리 면에 미장을 쉽게 하고 모서리를 보호할 목적으로 설치하며, 아연 도금제와 황동제가 있다. 논슬립(미끄럼막이)은 미끄럼을 방지하기 위하여 계단의 코 부분에 사용하며 놋쇠, 황동제 및 스테인리스 강재 등이 있다.

53 |

아스팔트 방수시공을 할 때 바탕재와의 밀착용으로 사용하는 것은?

① 아스팔트 컴파운드
② 아스팔트 모르타르
③ 아스팔트 프라이머
④ 아스팔트 루핑

해설 아스팔트 컴파운드는 블로운 아스팔트의 성능(내열성, 점성, 내구성 등)을 개량하기 위해 동·식물성 유지와 광물질 미분 등을 혼입하여 만든 것으로 방수 재료, 아스팔트 방수 공사에 사용된다. 아스팔트 모르타르는 아스팔트에 모래, 활석, 석회석 등의 분말을 가열, 혼합하여 만든 혼합물로서 방습, 보온성 등이 있고, 내마모성이 양호하다. 아스팔트 루핑은 아스팔트 펠트의 양면에 아스팔트 컴파운드를 피복한 다음, 그 위에 활석 또는 운석 분말을 부착시킨 것으로, 유연하므로 온도의 상승에 따라 유연성이 증대되고, 방수·방습성이 펠트보다 우수하며, 표층의 아스팔트 컴파운드 때문에 내후성이 크다.

54 |

다음 도료 중 내알칼리성이 가장 적은 도료는?

① 페놀수지도료
② 멜라민수지도료
③ 초산비닐도료
④ 프탈산수지에나멜

해설 에나멜은 안료에 오일 바니시를 반죽한 액상으로서 유성 페인트와 오일 바니시의 중간 제품으로 내알칼리성이 매우 약하다.

55

실내건축공사 시 주로 사용되는 이동식비계의 안전조치에 관한 설명으로 옳지 않은 것은?

① 갑작스런 이동 및 전도를 방지하기 위하여 아웃트리거(outrigger)를 설치한다.
② 작업발판 위에서 사다리를 안전하게 사용할 수 있도록 작업발판은 항상 수평을 유지한다.
③ 작업발판의 최대적재하중은 250kg을 초과하지 않도록 한다.
④ 비계의 최상부에서 작업을 하는 경우에는 안전난간을 설치한다.

해설 이동식비계(산업안전보건기준에 관한 규칙 제68조)
사업주는 이동식비계를 조립하여 작업을 하는 경우에는 다음의 사항을 준수하여야 한다.
㉠ 이동식비계의 바퀴에는 뜻밖의 갑작스러운 이동 또는 전도를 방지하기 위하여 브레이크·쐐기 등으로 바퀴를 고정시킨 다음 비계의 일부를 견고한 시설물에 고정하거나 아웃트리거(outrigger, 전도방지용 지지대)를 설치하는 등 필요한 조치를 할 것
㉡ 승강용사다리는 견고하게 설치할 것
㉢ 비계의 최상부에서 작업을 하는 경우에는 안전난간을 설치할 것
㉣ **작업발판은 항상 수평을 유지**하고 작업발판 위에서 안전난간을 딛고 작업을 하거나 받침대 또는 사다리를 사용하여 작업하지 않도록 할 것
㉤ 작업발판의 최대적재하중은 250kg을 초과하지 않도록 할 것

56

미장공사 시 사용되는 시멘트 모르타르 바름에 관한 설명으로 옳지 않은 것은?

① 시멘트와 모래를 혼합하고, 물을 부어서 잘 섞도록 하며, 비빔은 기계로 하는 것을 원칙으로 한다.
② 1회 비빔량은 2시간 이내 사용할 수 있는 양으로 한다.
③ 초벌바름 또는 라스먹임은 2주일 이상 방치하여 바름면 또는 라스의 겹침 부분에서 생길 수 있는 균열이나 처짐 등 흠을 충분히 발생시킨다.

④ 바름두께가 너무 얇을 경우에는 고름질을 하고 고름질 후에는 전면에서 거친면이 생기지 않도록 한다.

해설 바름두께가 너무 두껍거나 요철이 심할 때에는 고름질(바름두께 또는 마감두께가 두꺼울 때 혹은 요철이 심할 때 적정한 바름두께 또는 마감두께가 될 수 있도록 초벌바름 위에 발라 붙여 주는 것 또는 그 바름층)을 한다. 초벌바름에 이어서 고름질을 한 다음에는 초벌바름과 같은 방치기간을 둔다. 고름질 후에는 쇠갈퀴 등으로 전면을 거칠게 긁어 놓는다.

57

동바리 마루에서 마루널 바로 밑에 오는 부재는 무엇인가?

① 동바리   ② 멍에
③ 장선   ④ 동바리돌

해설 동바리마루 구조는 하단부터 상단으로 나열하면, 동바리돌 → 동바리 → 멍에 → 장선 → 마룻널의 순이고, 납작마루 구조는 호박돌 → 멍에 → 장선 → 마룻널의 순이다.

58

타일공사 시 보양에 관한 설명으로 옳지 않은 것은?

① 타일을 붙인 후 3일간은 진동이나 보행을 금한다.
② 줄눈을 넣은 후 경화 불량의 우려가 있거나 24시간 이내에 비가 올 우려가 있는 경우에는 폴리에틸렌 필름 등으로 차단·보양한다.
③ 외부 타일 붙임인 경우에 태양의 직사광선을 최대한 받아 적정한 강도가 발현되도록 한다.
④ 한중공사 시 시공면 보호를 위해 외기의 기온이 2℃ 이하일 때에는 타일작업장 내의 온도가 10℃ 이상이 되도록 임시로 시공부분을 보양하여야 한다.

해설 타일시공 시 보양에 있어서 외부 타일 붙임인 경우, 일광의 직사 또는 풍우 등으로 손상을 받을 염려가 있는 곳은 시트 등 적절한 것을 사용하여 보양한다.

59

할렬인장강도시험에서는 재하 하중이 120kN에서 파괴된 지름 100mm, 길이 200mm인 콘크리트 시험체의 인장강도는?

① 약 2.0MPa

② 약 2.4MPa

③ 약 3.0MPa

④ 약 3.8MPa

해설 할렬인장강도시험에서의 인장강도 산정

$$인장강도 = \frac{2P(재하\ 하중)}{\pi D(직경)L(길이)} = \frac{2 \times 120,000}{\pi \times 100 \times 200}$$
$$= 3.82 N/mm^2 = 3.82\ MPa$$

60

운모계 광석을 800~1,000℃ 정도로 가열 팽창시켜 체적이 5~6배로 된 다공질 경석으로 시멘트와 배합하여 콘크리트블록, 벽돌 등을 제조하는데 사용되는 것은?

① 암면(rock wool)

② 질석(vermiculite)

③ 트래버틴(travertine)

④ 석면(asbestos)

해설 암면은 석회, 규산을 주성분으로 안산암, 사문암, 현무암을 원료로 하여 이를 고열로 녹여 작은 구멍을 통하여 분출시킨 것을 고압 공기로 불어 날리면 솜 모양이 되는 것이다. 흡음·단열·보온성 등이 우수한 불연재로서 열이나 음향의 차단재로 널리 쓰인다. 트래버틴은 대리석의 한 종류로서 다공질이며, 석질이 균일하지 못하고, 암갈(황갈)색의 무늬가 있고, 석판으로 만들어 물갈기를 하면 평활하고 광택이 나는 부분과 구멍, 골이 진 부분이 있어 특수한 실내 장식재로 이용된다. 석면은 사문암이나 각섬암이 열과 압력을 받아 변질되어 섬유상으로 된 변성암이다.

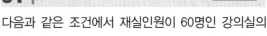

4과목 실내디자인 환경

61

다음과 같은 조건에서 재실인원이 60명인 강의실의 필요 환기량은?

> [조건]
> • 대기중의 탄산가스 농도 : 300ppm
> • 실내의 탄산가스 허용농도 : 1,000ppm
> • 1인당 탄산가스 토출량 : 0.017m³/h

① 약 665m³/h

② 약 845m³/h

③ 약 1,085m³/h

④ 약 1,460m³/h

해설 Q(필요 환기량)

$$= \frac{유해가스\ 발생량}{유해가스의\ 허용농도 - 급기\ 중의\ 가스농도} 이다.$$

그러므로,

$$Q = \frac{0.017 \times 60}{\frac{1,000}{1,000,000} - \frac{300}{1,000,000}} = 1,457.14 m^3/h$$

여기서, $1,000ppm = \frac{1,000}{1,000,000}$ 이고,

$300ppm = \frac{300}{1,000,000}$ 이다.

62

천장에 매달려 조명하는 조명방식으로 조명기구 자체가 빛을 발하는 액세서리 역할을 하는 것은?

① 코브(cove)

② 브라켓(bracket)

③ 펜던트(pendant)

④ 코니스(cornice)

해설 코브 조명은 건축화 조명방식 중 광원의 빛이 천장 또는 벽면으로 가려지게 하여 반사광으로 간접 조명하는 방식 또는 확산 차폐형으로 간접 조명이지만 간접 조명 기구를 사용하지 않고 천장 또는 벽의 구조로 만든 조명이다. 브라켓(벽이나 구조체 등에서 돌출시켜 덕트나 파이프를 지지하고 기기류를 매달게 하는 지지 구조재) 조명은 브라켓에 부착한 등을 말한다. 코니스 조명은 벽면 조명으로 연속열 조명기구를 벽에 평행이 되도록 천장의 구석에 눈가림판을 설치하여 아래 방향으로 빛을 보내 벽 또는 창을 조명하는 방식이다.

63 |

다음은 소화기구의 설치에 관한 기준 내용이다. ( ) 안에 알맞은 것은?

> 각층마다 설치하되, 특정소방대상물의 각 부분으로부터 1개의 소화기까지의 보행거리가 소형소화기의 경우에는 (㉠) 이내, 대형소화기의 경우에는 (㉡) 이내가 되도록 배치할 것. 다만, 가연성물질이 없는 작업장의 경우에는 작업장의 실정에 맞게 보행거리를 완화하여 배치할 수 있다.

① ㉠ 15m, ㉡ 20m   ② ㉠ 20m, ㉡ 15m
③ ㉠ 20m, ㉡ 30m   ④ ㉠ 30m, ㉡ 20m

해설 소화기구의 설치[소화기구 및 자동소화장치의 화재안전기준(NFSC 101) 제4조]
각층마다 설치하되, 특정소방대상물의 각 부분으로부터 1개의 소화기까지의 보행거리가 소형소화기의 경우에는 20m 이내, 대형소화기의 경우에는 30m 이내가 되도록 배치할 것. 다만, 가연성물질이 없는 작업장의 경우에는 작업장의 실정에 맞게 보행거리를 완화하여 배치할 수 있다.

64 |

저압옥내배선 공사 중 점검할 수 없는 은폐된 장소에서 시설할 수 없는 공사는?

① 금속관공사
② 케이블공사
③ 금속덕트공사
④ 합성수지관(CD관 제외)공사

해설 금속관공사는 케이블공사와 함께 건축물의 종류나 장소(철근콘크리트 매설공사에 많이 사용하며, 습기나 먼지가 있는 장소 등)에 구애됨이 없이 시공이 가능한 공사방법이다. 합성수지관공사는 전개 장소, 은폐 장소(점검 가능 및 점검 불가능 장소), 건조 장소 및 습윤 장소 모든 곳에서 사용할 수 있다. 또한, 금속덕트공사는 절연 효력(600V의 고무 절연선 또는 600V의 비닐 절연 전선)이 있는 전선을 금속덕트 속에 넣고 노출시켜서 설치한다.

65 |

일반적으로 하향급수 배관방식을 사용하는 급수방식은?

① 고가수조방식   ② 수도직결방식
③ 압력수조방식   ④ 펌프직송방식

해설 고가(옥상)탱크방식은 물을 지하 저수탱크에 받아 이것을 양수 펌프로 건물의 옥상에 설치된 고가 탱크에 양수하여 높이차에 의한 수압을 이용(하향급수방식)하므로 급수 압력이 일정하고, 단수 시에도 급수가 가능하며, 수압의 과다에 따른 밸브류, 급수관 등 배관 부품의 파손이 적고, 대규모 급수 수요에 대응하는 데 적합한 설비이다. 수도직결방식, 압력탱크방식 및 펌프직송방식은 일반적으로 상향급수방식에 속한다.

66 |

건축적 채광방식 중 측창채광에 관한 설명으로 옳은 것은?

① 통풍, 차열에 유리하다.
② 근린 상황에 따른 채광 방해가 없다.
③ 편측채광의 경우 실내 조도분포가 균일하다.
④ 투명 부분을 설치하더라도 해방감이 들지 않는다.

해설 측창채광의 특성은 통풍과 차열에 유리하고 구조와 시공이 쉬우며, 비막이에 유리하다. 근린 상황에 따라 채광에 방해를 받는 경우가 있고, 편측채광의 경우에는 조도분포가 불균일하다.

67 |

인터폰 설비의 통화망 구성방식에 따른 분류에 속하지 않는 것은?

① 모자식   ② 상호식
③ 교차식   ④ 복합식

해설 인터폰의 작동 및 접속 방식

구분		분류
작동원리		프레스토크
		동시통화
접속 방식	모자식	한 대의 모기에 여러 대의 자기를 접속
	상호식	어느 기계에서나 임의로 통화가 가능한 형식
	복합식	모자식과 상호식의 복합방식으로 모기 상호 간 통화가 가능하고, 모기에 접속된 모자 간에도 통화가 가능

정답 63. ③ 64. ③ 65. ① 66. ① 67. ③

68 |

음의 세기레벨이 30dB인 음의 세기는? (단, 기준음의 세기는 10^{-12}W/m²이다.)

① 10^{-12} W/m²

② 10^{-9} W/m²

③ 10^{-6} W/m²

④ 10^{-3} W/m²

해설 음원의 power level

음을 발휘하는 것의 음향출력(W)과 기준이 되는 음향출력(W_1)의 비의 상용대수가 10배인 음원을 power level이라고 하며, 단위는 dB이다.

power level$=10\log\dfrac{W}{W_1}$ 이므로

$30=10\log\left(\dfrac{W}{10^{-12}}\right)$

∴ $W=10^{-9}$ W/m²이다.

69 |

다음 중 습공기선도에 표현되어 있지 않은 것은?

① 비열

② 엔탈피

③ 절대습도

④ 습구온도

해설 습공기선도에서 알 수 있는 사항은 습도(절대습도, 비습도, 상대습도 등), 온도(건구온도, 습구온도, 노점온도 등), 엔탈피, 수증기분압, 비체적, 열수분비 및 현열비 등이 있고, 비열, 열용량, 습공기의 기류 및 열관류율은 알 수 없는 사항이다.

70 |

온수난방에 관한 설명으로 옳은 것은?

① 추운 지방에서도 동결의 우려가 없다.

② 온수의 잠열을 이용하여 난방하는 방식이다.

③ 증기난방에 비하여 열용량이 커서 예열시간이 길다.

④ 증기난방에 비하여 난방부하 변동에 따른 온도 조절이 어렵다.

해설 온수난방(현열을 이용한 난방으로, 보일러에서 가열된 온수를 복관식 또는 단관식의 배관을 통하여 방열기에 공급하여 난방하는 방식)은 증기난방(보일러에서 물을 가열하여 발생한 증기를 배관에 의하여 각 실에 설치된 방열기로 보내어 이 수증기의 증발 잠열로 난방하는 방식)에 비해 난방부하의 변동에 따른 온도 조절이 쉽고, 추운 지방에서는 동결의 우려가 있다.

71 |

실내공기질 관리법령에 따른 신축 공동주택의 실내공기질 측정항목에 속하지 않는 것은?

① 오존　　　　　② 벤젠

③ 라돈　　　　　④ 폼알데하이드

해설 신축 공동주택의 실내공기질 권고기준은 폼알데하이드(210g/m³ 이하), 벤젠(30g/m³ 이하), 톨루엔(1,000g/m³ 이하), 에틸벤젠(360g/m³ 이하), 자일렌(700g/m³ 이하), 스티렌(300g/m³ 이하) 및 라돈(148Bq/m³ 이하) 등이 있다(실내공기질 관리법 시행규칙 제7조의2, 별표 4의2).

72 |

건축물의 면적 및 높이 등의 산정 원칙으로 옳지 않은 것은?

① 대지면적은 대지의 수평투영면적으로 한다.

② 건축물의 높이는 지표면으로부터 그 건축물의 상단까지의 높이로 한다.

③ 건축면적은 건축물의 외벽의 중심선으로 둘러싸인 부분의 수평투영면적으로 한다.

④ 용적률을 산정할 때의 연면적은 지하층의 면적을 포함한 건축물 각 층의 바닥면적의 합계로 한다.

해설 관련 법규 : 건축법 제84조, 영 제119조, 해설 법규 : 영 제119조 ①항 4호

용적률 산정 시 연면적에서 제외되는 부분은 지하층의 면적, 지상층의 주차용(해당 건축물의 부속용도로만 한함), 초고층 건축물과 준초고층 건축물에 설치하는 피난안전구역의 면적, 건축물의 경사지붕 아래에 설치하는 대피공간의 면적 등이다.

73 |

공동주택 중 아파트로서 4층 이상인 층의 각 세대가 2개 이상의 직통계단을 사용할 수 없는 경우에는 발코니에 인접 세대와 공동으로 또는 각 세대별로 일정 요건을 모두 갖춘 대피공간을 하나 이상 설치하여야 하는데, 대피공간이 갖추어야 할 일정 요건으로 옳지 않은 것은?

① 대피공간은 바깥의 공기와 접할 것
② 대피공간은 실내의 다른 부분과 방화구획으로 구획될 것
③ 대피공간의 바닥면적은 각 세대별로 설치하는 경우에는 $2m^2$ 이상일 것
④ 대피공간의 바닥면적은 인접 세대와 공동으로 설치하는 경우에는 $2.5m^2$ 이상일 것

> **해설** 관련 법규 : 건축법 제49조, 영 제46조, 해설 법규 : 영 제46조 ④항 3호
> 대피공간의 바닥면적은 인접 세대와 공동으로 설치하는 경우에는 $3m^2$ 이상, 각 세대별로 설치하는 경우에는 $2m^2$ 이상일 것

74 |

욕실 또는 조리장의 바닥과 그 바닥으로부터 높이 1m까지의 안쪽벽의 마감을 내수재료로 하여야 하는 대상에 속하지 않는 것은?

① 기숙사의 욕실
② 숙박시설의 욕실
③ 제1종 근린생활시설 중 목욕장의 욕실
④ 제2종 근린생활시설 중 일반음식점의 조리장

> **해설** 관련 법규 : 건축법 제49조, 영 제52조, 피난·방화규칙 제18조,
> 해설 법규 : 피난·방화규칙 제18조
> 다음의 어느 하나에 해당하는 욕실 또는 조리장의 바닥과 그 바닥으로부터 높이 1m까지의 안쪽벽의 마감은 이를 내수재료로 해야 한다.
> ① 제1종 근린생활시설 중 목욕장의 욕실과 휴게음식점의 조리장
> ② 제2종 근린생활시설 중 일반음식점 및 휴게음식점의 조리장과 숙박시설의 욕실

75 |

급수·배수·환기·난방 등의 건축설비를 건축물에 설치하는 경우 건축기계설비기술사 또는 공조냉동기계기술사의 협력을 받아야 하는 대상 건축물에 속하지 않는 것은?

① 연립주택
② 판매시설로서 해당 용도에 사용되는 바닥면적의 합계가 $2,000m^2$인 건축물
③ 의료시설로서 해당 용도에 사용되는 바닥면적의 합계가 $2,000m^2$인 건축물
④ 숙박시설로서 해당 용도에 사용되는 바닥면적의 합계가 $2,000m^2$인 건축물

> **해설** 관련 법규 : 건축법 제67조, 영 제91조의3, 설비규칙 제2조,
> 해설 법규 : 설비규칙 제2조
> 관계전문기술자(건축기계설비기술사 또는 공조냉동기계기술사)의 협력을 받아야 하는 건축물은 기숙사, 의료시설, 유스호스텔 및 숙박시설은 해당 용도로 사용되는 바닥면적의 합계가 $2,000m^2$ 이상이고, 판매시설, 연구소, 업무시설은 바닥면적의 합계가 $3,000m^2$ 이상인 건축물이다.

76 |

다음의 소방시설 중 소화활동설비에 속하는 것은?

① 방화복
② 연결살수설비
③ 옥외소화전설비
④ 자동화재속보설비

> **해설** 관련 법규 : 소방시설법 시행령 제3조, 해설 법규 : 영 제3조, (별표 1)
> 소방시설 중 소화활동설비(화재를 진압하거나 인명구조 활동을 위하여 사용하는 설비)의 종류에는 제연설비, 연결송수관설비, 연결살수설비, 비상콘센트설비, 무선통신보조설비 및 연소방지설비 등이 있고, 방화복은 피난구조설비의 인명구조기구, 옥외소화전설비는 소화설비, 자동화재속보설비는 경보설비에 속한다.

77 |

건축법령상 건축물의 용도와 건축물의 연결이 옳지 않은 것은?

① 숙박시설 – 휴양 콘도미니엄
② 제1종 근린생활시설 – 치과의원
③ 동물 및 식물 관련 시설 – 동물원
④ 제2종 근린생활시설 – 노래연습장

해설 관련 법규 : 건축법 제2조, 영 제3조의5, 해설 법규 : (별표 1)

동물원은 문화 및 집회시설에 속하고, 동물 및 식물 관련 시설에는 축사(양잠, 양봉, 양어, 양돈, 양계, 곤충 사육시설 및 부화장 등을 포함), 가축시설(가축용 운동시설, 인공수정센터, 관리사, 가축용 창고, 가축시장, 동물검역소, 실험동물 사육시설, 그 밖에 이와 비슷한 것), 도축장, 도계장, 작물 재배사, 종묘배양시설, 화초 및 분재 등의 온실, 동물 또는 식물과 관련된 앞의 시설과 비슷한 것(동·식물원은 제외) 등이 해당된다.

78 |

비상용승강기 승강장의 구조에 관한 기준 내용으로 옳지 않은 것은?

① 채광이 되는 창문이 있거나 예비전원에 의한 조명설비를 할 것
② 노대 또는 외부를 향하여 열 수 있는 창문이나 배연설비를 설치할 것
③ 옥내 승강장의 바닥면적은 비상용승강기 1대에 대하여 6m² 이상으로 할 것
④ 벽 및 반자가 실내에 접하는 부분의 마감재료(마감을 위한 바탕은 제외한다)는 불연재료로 할 것

해설 관련 법규 : 건축법 제64조, 설비규칙 제10조, 해설 법규 : 설비규칙 제10조 2호 라목

비상용 승강기의 승강장은 벽 및 반자가 실내에 접하는 부분의 마감재료(마감을 위한 바탕을 포함)는 불연재료로 할 것

79 |

건축물의 건축허가등을 할 때 미리 소방본부장 또는 소방서장의 동의를 받아야 하는 건축물의 연면적 기준은? (단, 업무시설의 경우)

① 100m² 이상   ② 200m² 이상
③ 300m² 이상   ④ 400m² 이상

해설 관련 법규 : 소방시설법 제7조, 영 제12조, 해설 법규 : 영 제12조 ①항 1호

건축허가 등을 할 때 미리 소방본부장 또는 소방서장의 동의를 받아야 하는 건축물은 연면적(「건축법 시행령」에 따라 산정된 면적)이 400m² 이상인 건축물이나, 학교시설은 100m² 이상, 노유자시설 및 수련시설은 200m² 이상, 정신의료기관(입원실이 없는 정신건강의학과 의원은 제외)은 300m² 이상, 장애인 의료재활시설은 300m² 이상이다.

80 |

문화 및 집회시설 중 공연장의 개별 관람실의 바닥면적이 1,000m²일 때, 개별 관람실 출구의 유효너비의 합계는 최소 얼마 이상으로 하여야 하는가?

① 4m   ② 5m
③ 6m   ④ 8m

해설 관련 법규 : 건축법 제49조, 영 제38조, 피난방화규칙 제10조, 해설 법규 : 피난방화규칙 제10조 ②항 3호

문화 및 집회시설 중 공연장의 개별 관람실(바닥면적이 300m² 이상인 것에 한한다)출구의 유효너비의 합계는 개별 관람실의 바닥면적 100m²마다 0.6m의 비율로 산정한 너비 이상으로 하여야 한다.

그러므로, 출구의 유효너비의 합계

$$= \frac{\text{최대인 층의 바닥면적}}{100} \times 0.6$$

$$= \frac{1,000}{100} \times 0.6 = 6\text{m 이상}$$

최근 기출문제

2022. 4. 24. 제2회 시행

 실내디자인 계획

01

상점의 디스플레이 기법으로서 VMD(Visual merchandising)의 구성요소에 속하지 않는 것은?

① IP(Item Presentation)
② VP(Visual Presentation)
③ SP(Special Presentation)
④ PP(Point of sale Presentation)

해설 VMD(Visual Merchandising)

㉠ 상품계획, 상점계획, 판촉 등을 시각화시켜 상점 이미지를 고객에게 인식시키는 판매전략으로 상점의 이미지 형성, 타 상점과의 차별화, 자기 상점의 주장 과정으로 전개된다.
㉡ VMD(Visual Merchandising) 요소
　• VP(Visual Presentation) : 상점 연출의 종합적 표현으로, 상점과 상품의 이미지를 높인다. (쇼윈도, 층별 메인 스테이지)
　• PP(Point of sale Presentation) : 블록별 상품 이미지를 높이며, 상품의 중요점을 표현한다. (테이블, 벽면 상단, 집기류 상판)
　• IP(Item Presentation) : 상품을 분리·정리하여 구매하기 쉽고 판매하기 쉬운 매장을 만든다. (행거, 선반, 쇼케이스)

02

대칭적 균형에 관한 설명으로 옳지 않은 것은?

① 가장 완전한 균형의 상태이다.
② 공간에 질서를 주기가 용이하다.
③ 완고하거나 여유, 변화가 없이 엄격, 경직될 수 있다.
④ 풍부한 개성을 표현할 수 있어 능동의 균형이라고도 한다.

해설 균형(Balance)

균형은 실내공간에 편안감과 침착함 및 안정감을 주며, 눈이 지각하는 것처럼 중량감을 느끼도록 한다.
㉠ 대칭적 균형(Symmetry balance) – 정형적 균형(Formal balance) : 형태나 크기, 위치 등이 축을 중심으로 양편에 균등하게 놓이는 경우로 안정감과 엄숙함, 완고함, 단순함 등의 느낌을 주며, 공간에 질서를 부여하고 보다 정적이며, 부드러운 느낌을 주나 활기가 부족하고 비독창적이 되기 쉽다.
㉡ 비대칭적 균형(Asymmetry balance) – 비정형적 균형(Unformal balance) : 물리적으로 불균형이지만 시각적으로는 균형을 이루는 것으로 자유분방하고 경우에 따라서 아름답고 미묘한 처리가 가능하며, 긴장감, 율동감 등의 생명감을 느끼는 효과가 있다. 능동적 균형이라고도 한다.

03

사무소 건축의 실단위계획 중 개실시스템에 관한 설명으로 옳은 것은?

① 공용의 커뮤니티 형성이 쉽다.
② 독립성과 쾌적감의 이점이 있다.
③ 전면적을 유용하게 이용할 수 있다.
④ 칸막이벽이 없어 공사비가 저렴하다.

해설 • 개실 사무소(single office : 복도형) : 복도를 통하여 각 층의 여러 부분으로 들어가는 방법으로 독립성과 쾌적성 및 자연 채광 조건이 좋으나 공사비가 비교적 높으며 방 길이에는 변화를 줄 수 있지만 연속된 복도 때문에 방 깊이에는 변화를 줄 수 없다.
• 개방식 계획(open plan) : 보편적으로 개방된 대규모 공간을 기본적으로 계획하고 그 내부에 작은 개실들을 분리하여 구성하는 형식이다. 이 유형은 모든 면적을 유용하게 이용할 수 있으며, 칸막이벽이 없는 관계로 공사비가 저렴하다는 특성이 있다.

04 |

디자인 요소 중 점에 관한 설명으로 옳지 않은 것은?

① 기하학적으로 점은 크기와 위치만 있다.
② 많은 점을 일렬로 근접시키면 선으로 지각된다.
③ 공간에 한 점을 두면 구심점으로서 집중효과가 생긴다.
④ 같은 크기의 점이라도 놓이는 공간의 위치와 크기에 따라 각각 다르게 지각된다.

해설 점은 공간 내의 위치만을 표시할 뿐 크기, 길이, 폭, 깊이 등이 없고 어떤 공간도 형성하지 않는다.

05 |

"Less is More"와 Universal Space(보편적 공간)의 개념을 주장한 건축가는?

① 르 코르뷔지에
② 루이스 설리반
③ 미스 반 데어 로에
④ 프랭크 로이드 라이트

해설 미스 반 데어 로에(Mies van der Rohe, 1886년 3월 27일~1969년 8월 17일)는 독일 건축가로 극적인 명확성과 단순성으로 나타나는 주요한 20세기 건축양식을 만들어 냈다. 그의 건물은 공업용 강철과 판유리와 같은 현대적인 재료들로 만들어져 내부 공간을 정의하였다.
최소한의 구조 골격이 그 안에 포함된 거침없는 열린 공간의 자유에 대해 조화를 이루는 건축을 위해 노력하였다. 그의 건물을 "피부와 뼈(skin and bones)" 건축으로 불렀다. 미스는 이성적인 접근으로 건축설계의 창조적 과정을 인도하려고 노력했고, 이는 그의 격언인 "Less is More(적을수록 많다)"와 "God is in the details(신은 상세 안에 있다)"로 잘 알려져 있다.

06 |

건축제도의 글자 및 치수에 관한 설명으로 옳지 않은 것은?

① 숫자는 아라비아 숫자를 원칙으로 한다.
② 문장은 왼쪽에서부터 가로쓰기를 원칙으로 한다.
③ 치수 기입은 치수선 중앙 윗부분에 기입하는 것이 원칙이다.
④ 글자체는 수직 또는 15° 경사의 명조체로 쓰는 것을 원칙으로 한다.

해설 건축제도의 글자와 치수
ⓐ 글자와 숫자는 왼쪽에서부터 가로쓰기를 원칙으로 한다.
ⓑ 글자체는 고딕체로 하고, 수직 또는 15° 경사로 쓰는 것을 원칙으로 한다.
ⓒ 글자의 크기는 높이로 표시하고 20, 16, 12.5, 10, 8, 6.3, 5, 4, 3.2, 2.5, 2mm의 11종류로 한다.
ⓓ 숫자는 네 자리 이상일 때 세 자리마다 자릿점을 찍고 간격을 두어 표시한다.
ⓔ 치수는 치수선에 평행하고 치수선 위의 가운데 기재한다.
ⓕ 치수의 단위는 mm를 기준으로 한다.

07 |

주방 작업대의 배치 유형 중 ㄷ자형에 관한 설명으로 옳은 것은?

① 인접한 세 벽면에 작업대를 붙여 배치한 형태이다.
② 두 벽면을 따라 작업이 전개되는 전통적인 형태이다.
③ 좁은 면적 이용에 효과적이므로 소규모 부엌에 주로 이용된다.
④ 작업 동선이 길고 조리 면적은 좁지만 다수의 인원이 함께 작업할 수 있다.

해설 ㄷ자형
부엌 내의 세 벽면을 이용하여 작업대를 배치한 형태로써 매우 효율적인 형태가 된다. 다른 동선과 완전 분리가 가능하며 ㄷ자형의 사이를 1,000~1,500mm 정도 확보하는 것이 좋으나 외부로 통하는 출입구의 설치가 곤란하다.

08 |

실내공간 구성요소 중 벽(wall)에 관한 설명으로 옳지 않은 것은?

① 시각적 대상물이 되거나 공간에 초점적 요소가 되기도 한다.
② 가구, 조명 등 실내에 놓여지는 설치물에 대해 배경적 요소가 되기도 한다.
③ 벽은 공간을 에워싸는 수직적 요소로 수평 방향을 차단하여 공간을 형성한다.
④ 다른 요소들이 시대와 양식에 의한 변화가 현저한 데 비해 벽은 매우 고정적이다.

해설 벽(Wall)

인간의 시선과 동작을 차단하며, 공기의 움직임을 제어할 수 있는 실내공간을 형성하는 수직 구성요소로서 가장 먼저 눈에 지각되므로 벽의 재질감, 색채, 패턴, 조명 등에 의하여 공간이 갖는 기본적인 성격을 결정짓는다. 따라서 시대적으로 다양한 형태의 구성과 재료의 변화에 따라 자유롭게 표현되었다.

09 |

실내디자인의 계획 조건을 외부적 조건과 내부적 조건으로 구분할 경우, 다음 중 외부적 조건에 속하지 않는 것은?

① 입지적 조건 ② 경제적 조건
③ 건축적 조건 ④ 설비적 조건

해설 내부적 조건
  ㉠ 사용자의 요구사항 파악(공간사용자의 수)
  ㉡ 고객의 예산(경제적 조건)
  ㉢ 주어진 공간의 법적 제한 사항 및 주변 환경
  ㉣ 건축의 3대 요소에 부합
  ※ 외부적 조건
    ㉠ 입지적 조건 : 계획대상지역에 대한 교통수단, 도로관계, 상권 등 지역의 규모와 방위, 기후, 일조조건 등 자연적 조건
    ㉡ 건축적 조건 : 공간의 형태, 규모, 건물의 주 출입구에서 대상공간까지의 접근, 천장고, 창문, 문 등 개구부의 위치와 치수, 채광상태, 방음상태, 층수, 규모, 마감재료 상태, 파사드, 비상구 등
    ㉢ 설비적 조건 : 계획대상건물의 위생설비의 설치물, 배관 위치, 급·배수설비의 상하수도 관의 위치, 환기, 냉·난방설비의 위치와 방법, 소화설비의 위치와 방화구획, 전기설비시설 등
    ㉣ 기타 : 건물주와 의뢰인의 친밀도, 임차계약관계, 건물등기, 건물관리자의 요구사항 등

10 |

블라인드(blind)에 관한 설명으로 옳지 않은 것은?

① 롤 블라인드는 쉐이드라고도 한다.
② 베네시안 블라인드는 수평형 블라인드이다.
③ 로만 블라인드는 날개의 각도로 채광량을 조절한다.
④ 베네시안 블라인드는 날개 사이에 먼지가 쌓이기 쉽다.

해설 로만 블라인드(roman blind)

천의 내부에 설치된 풀 코드나 체인에 의해 당겨져 아래가 접혀 올라가므로 풍성한 느낌과 우아한 실내 분위기를 만든다.

11 |

상업공간의 설계 시 고려되는 고객의 구매심리(AIDMA)에 속하지 않는 것은?

① Attention
② Interest
③ Design
④ Memory

해설 소비자의 구매심리 5단계(AIDMA 법칙)
  ㉠ 주의(Attention ; A) : 상품에 대한 관심으로 주의를 갖게 한다.
  ㉡ 흥미(Interest ; I) : 상품에 대한 흥미를 갖게 한다.
  ㉢ 욕망(Desire ; D) : 상품구매에 대한 강한 욕망을 갖게 한다.
  ㉣ 기억(Memory ; M) : 상품구매에 대한 신뢰성을 갖고 기억한다.
  ㉤ 행동(Action ; A) : 구매행위를 실행케 한다.
  ※ 사람이 행동하기까지 주의(attention), 흥미(interest), 욕망(desire), 기억(memory), 행동(action)의 순위가 있다는 법칙을 AIDMA라고 하며, AIDMA의 기억(memory) 대신 확신(conviction)을 써서 'AIDCA'라고도 한다.

12 |

설치위치에 따른 창의 종류에 관한 설명으로 옳지 않은 것은?

① 편측창은 실 전체의 조도분포가 비교적 균일하지 못하다는 단점이 있다.
② 천창은 같은 면적의 측창보다 광량이 많으며 조도분포도 비교적 균일하다.
③ 고창은 천장면 가까이에 높게 위치한 창으로 주로 환기를 목적으로 설치된다.
④ 정측창은 직사광선의 실내 유입이 많아 미술관, 박물관에서는 사용이 곤란하다.

해설 정측창은 지붕면에 수직 또는 수직에 가까운 창으로 측창을 이용하기 곤란한 공장이나 수직면의 조명도를 높이기 위한 미술관, 박물관 등에서 사용한다.

13 |

이질의 각 구성요소들이 전체로서 동일한 이미지를 갖게 하는 것으로, 변화와 함께 모든 조형에 대한 미의 근원이 되는 실내디자인의 구성원리는?

① 대비
② 조화
③ 리듬
④ 통일

해설 통일성은 공간이든 물체든 질서가 있고 미적으로 즐거움을 주는 전체가 창조되도록 그 부분 등을 선택하고 배열함으로써 이루어진다. 통일은 변화(Variety)와 함께 모든 조형에 대한 미의 근원이 된다.

14 |

아르누보 디자인에 관한 설명으로 옳지 않은 것은?

① 정직한 디자인과 장인정신 강조
② 색감이 풍부한 일본 예술의 영향
③ 지역의 문화적 전통을 디자인에서 배제
④ 바로크의 조형적 형태와 로코코의 비대칭원리 적용

해설 아르누보 디자인

1890년대에서 1910년 사이 전 유럽에 걸쳐 유행되어 과거의 모든 양식을 배제하고 새로운 양식을 창조하는 것이 목표였다.
㉠ 과거로부터 완전히 자유롭지 못하였고, 간접적으로 고딕, 로코코, 바로크 각각의 양식으로부터 영향을 받았다.
㉡ 선적이고 색감이 풍부한 일본의 영향을 받았다.
㉢ 각 나라의 지역적 문화 전통이 디자인에 영향을 주었다.
㉣ 모티브로는 추상적인 동물 형태, 똘똘 말린 나선형, 리본, 채찍 곡선, 백합꽃 등이 주로 사용되었다.

15 |

현장감을 가장 실감나게 표현하는 방법으로 하나의 사실 또는 주제의 시간상황을 일정한 시간에 고정시켜 연출하는 전시공간의 특수전시기법은?

① 디오라마 전시
② 파노라마 전시
③ 아일랜드 전시
④ 하모니카 전시

해설 ② 파노라마(Panorama) 전시 : 연속적인 주제를 선적으로 구성하여 연계성 깊게 연출하는 방법으로 단일화 정황을 파노라마로 연출하는 방법, 시각적 연속성을 위한 플로우차트로 구성하는 방법, 사건과 인물의 맥락을 전시하기 위해 수평으로 연속된 화면을 구성하는 방법 등이 있다.
③ 아일랜드(Island) 전시 : 사방에서 감상해야 할 필요가 있는 조각물이나 모형을 전시하기 위해 벽면에서 띄어놓아 전시하는 방법으로, 관람자의 동선을 자유롭게 변화시킬 수 있어 전시공간을 다양하게 사용할 수 있다.
④ 하모니카(Harmonica) 전시 : 사각형 평면을 반복시켜 전시공간을 구획하는 가장 기본적인 공간 구성방법으로, 벽면의 진열장 전시에서 전시항목이 짧고 명확할 때 채택하면 전시효율을 높일 수 있다.

16 |

사무소 건축과 관련하여 다음 설명에 알맞은 용어는?

• 고대 로마 건축의 실내에 설치된 넓은 마당 또는 주위에 건물이 둘러 있는 안마당을 의미한다.
• 실내에 자연광을 유입시켜 여러 환경적 이점을 갖게 할 수 있다.

① 코어
② 바실리카
③ 아트리움
④ 오피스 랜드스케이프

해설 아트리움(Atrium)

고대 로마 건축의 실내에 설치된 넓은 마당 또는 주위에 건물이 둘러있는 안마당을 뜻하며, 현대 건축에서는 실내에 자연광을 유입시켜 옥외 공간의 분위기를 조성하기 위하여 설치한 자그마한 정원이나 연못이 딸린 정원을 뜻한다.
㉠ 실내 조경을 통한 자연요소의 도입으로 근무자의 정서를 함양시킨다.
㉡ 풍부한 빛 환경의 조건에 있어 전력 에너지의 절약이 이루어진다.
㉢ 아트리움은 방위와 관련되지만, 어느 정도 공기 조화의 자연화가 가능하다.
㉣ 각종 이벤트가 가능할 만한 공간적 성능이 마련된다.
㉤ 내부 공간의 긴장감을 이완(弛緩)시키는 지각적 카타르시스가 가능하다.

17 |

단독주택의 현관에 관한 설명으로 옳지 않은 것은?

① 복도나 계단실 같은 연결 통로에 근접시켜 배치한다.
② 거실이나 침실의 내부와 직접 접하여 연결되도록 배치한다.
③ 현관의 위치는 도로와의 관계, 대지의 형태 등에 의해 결정된다.
④ 바닥 마감재료는 내수성이 강한 석재, 타일, 인조석 등이 바람직하다.

해설 주택 내·외부의 동선이 연결되는 곳으로 거실이나 침실에 직접 연결하지 않도록 하며 출입문과 출입문 밖의 포치(porch), 출입문 안의 현관, 홀 등으로 구성된다.

18 |

주택의 부엌가구 배치에 관한 설명으로 옳지 않은 것은?

① ㄷ자형의 작업대의 통로폭은 1,200~1,500mm가 적당하다.
② 작업면이 넓어 작업효율이 가장 좋은 작업대의 배치는 ㄴ자형 배치이다.
③ 냉장고, 개수대, 가열대를 연결하는 작업삼각형의 각 변의 합은 6,600mm를 넘지 않도록 한다.
④ 작업대는 작업순서에 따라 준비대, 개수대, 조리대, 가열대, 배선대의 순으로 배열하는 것이 효율적이다.

해설 ㄷ자형 부엌과 ㄱ자형 부엌
　㉠ ㄷ자형 : 부엌 내의 세 벽면을 이용하여 작업대를 배치한 형태로써 매우 효율적인 형태가 된다. 다른 동선과 완전 분리가 가능하며 ㄷ자형의 사이를 1,000~1,500mm 정도 확보하는 것이 좋으나 외부로 통하는 출입구의 설치가 곤란하다.
　㉡ ㄱ자(L자, 코너)형 : 정방형의 부엌에 적당하며, 두 벽면을 이용하여 작업대를 배치한 형태로, 한쪽 면에 싱크대를, 다른 면에는 가스레인지를 설치하면 능률적이며, 작업대를 설치하지 않은 남은 공간을 식사나 세탁 등의 용도로 사용할 수 있다. 비교적 넓은 부엌에서 능률이 높으나 두 면의 어느 쪽도 너무 길어지지 않도록 하고 모서리 부분의 이용도가 낮다.

19 |

뮐러리어 도형과 관련된 착시의 종류는?

① 방향의 착시
② 길이의 착시
③ 다의도형 착시
④ 위치에 의한 착시

해설 뮐러리어 착시(M　ller–Lyer illusion)
독일의 사회학자이자 심리학자인 프란츠 뮐러리어(Franz Müller–Lyer, 1857~1916)가 발견한 유명한 기하학적인 착시현상으로 두 선분은 같은 길이이지만 양끝에 붙어 있는 화살표의 영향으로 길이가 다르게 보인다. 그림을 보면 아래쪽의 선분이 더 길어 보이는 게 특징이다.

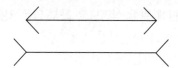

20 |

다음의 건축제도 평면표시기호 중 미닫이창을 나타내는 것은?

①
②
③
④

해설
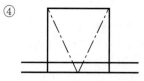
① 망사창
② 셔터창
③ 연속창

정답 17. ② 18. ② 19. ② 20. ④

21

문·스펜서(Moon·Spencer)의 색채조화론에서 조화가 되는 색의 관계에 해당되지 않는 것은?

① 통일조화　　　　② 대비조화
③ 동일조화　　　　④ 유사조화

해설 문·스펜서의 색채조화론
　⊙ 조화, 부조화의 종류 : 조화에는 동일조화(identity), 유사조화(similarity), 대비조화(contrast)가 있고, 부조화에는 제1부조화(first ambiguity), 제2부조화(second ambiguity), 눈부심(glare)이 있다.
　⊙ 면적효과 : 작은 면적의 강한 색과 큰 면적의 약한 색은 조화를 이룬다.
　⊙ 미도(美度 ; aesthetic measure) $M = O$(질서성의 요소 ; element of order)/C(복잡성의 요소 ; element of complexity), 이 식에서 C가 최소일 때 M이 최대가 되는 것이다. M이 0.5 이상이 되면 그 배색은 좋다고 한다.
　⊙ 균형 있게 선택된 무채색의 배색은 아름다움을 나타낸다.
　⊙ 동일 색상은 조화를 이룬다.
　⊙ 색상 채도를 일정하게 하고 명도만 변화시킨 경우 많은 색상 사용 시보다 미도가 높다.

22

색의 명시성에 주요인이 되는 것은?

① 연상의 차이　　　② 색상의 차이
③ 채도의 차이　　　④ 명도의 차이

해설 명시도는 주위 색과의 차이에 의존하고 3속성의 차가 커질수록 높아지며, 3속성 중 특히 명시도의 요인이 되는 것은 명도차이다.

23

같은 형태(形態), 같은 면적에서 그 크기가 가장 크게 보이는 색은? (단, 그 색이 동일한 배경색 위에 있을 때)

① 고명도의 청색　　② 고명도의 녹색
③ 고명도의 황색　　④ 고명도의 자색

해설 고명도, 고채도, 난색계의 색은 진출·팽창되어 보이고, 저명도, 저채도, 한색계의 색은 후퇴·수축되어 보이며, 배경색은 채도가 낮은 것에 비해 높은 색이 진출성이 있다.

24

환경 색채디자인을 진행하기 위한 과정이 순서대로 나열된 것은?

① 색채 설계 → 입지 조건 조사 분석 → 환경 색채 조사 분석 → 색채결정 및 시공
② 환경 색채 조사 분석 → 색채 설계 → 입지 조건 조사 분석 → 색채결정 및 시공
③ 입지 조건 조사 분석 → 색채 설계 → 환경 색채 조사 분석 → 색채결정 및 시공
④ 입지 조건 조사 분석 → 환경 색채 조사 분석 → 색채 설계 → 색채결정 및 시공

해설 환경 색채디자인의 과정
　입지 조건 조사 분석 → 환경 색채 조사 분석 → 색채 설계 → 색채결정 및 시공

25

먼셀 기호 5YR 7/2의 의미는?

① 색상은 주황의 중심색, 채도 7, 명도 2
② 색상은 빨간 기미를 띤 노랑, 명도 7, 채도 2
③ 색상은 노란 기미를 띤 빨강, 명도 2, 채도 7
④ 색상은 주황의 중심색, 명도 7, 채도 2

해설 먼셀 색의 표시기호는 색상(H), 명도(V)/채도(C)의 순으로 기재하므로 5YR 7/2에서 5YR은 주황의 중심색으로 명도는 7, 채도는 2이다.

26

조명에 의하여 물체의 색을 결정하는 광원의 성질은?

① 조명성　　　　② 기능성
③ 연색성　　　　④ 조색성

해설 백열등 아래에서는 물체의 색이 따뜻한 색으로 기울고, 같은 물체의 색도 형광등 아래에서는 차가운 색으로 기울어져 보이듯이 조명에 의하여 물체의 색을 결정하는 광원의 성질을 연색성이라 한다.

27 |

다음 중 두 색료를 혼합하여 무채색이 되는 것은?

① 검정 + 보라
② 주황 + 노랑
③ 회색 + 초록
④ 청록 + 빨강

해설 빨강(Red) - 청록(Cyan), 파랑(Blue)-노랑(Yellow), 녹색(Green)-자주(Magenta)의 관계는 서로 보색관계이며 혼합하면 무채색인 회색이나 검정색이 된다.

28 |

색채계획 과정에서 디자인에 적용하기 위하여 컬러 매뉴얼(color manual)을 작성하는데 가장 필요한 능력은?

① 색채조색 능력
② 색채구성 능력
③ 컬러이미지의 계획 능력
④ 아트디렉션의 능력

해설 색채계획단계
- ㉠ 색채환경분석 - 색채변별 능력, 색채조색 능력, 자료수집 능력
  - 경쟁업체의 사용색채 분석
  - 색채재료의 사용색 분석
  - 색채 예측 데이터의 분석
- ㉡ 색채심리분석 - 심리조사 능력, 색채구성 능력
  - 기업 이미지의 측정
  - 컬러 이미지의 측정
  - 유행 이미지의 측정
  - 색채 기호의 측정
  - 상품 이미지의 측정
  - 전시물 이미지의 측정
  - 광고물 이미지의 측정
- ㉢ 색채전달계획 - 컬러이미지의 계획 능력, 컬러컨설턴트의 능력, 마케팅 능력
  - 판매 데이터와 대조
  - 색 재현의 코디네이션
  - 기업의 이상상 책정
  - 상품이미지의 예측 계획
  - 소비계층의 선택 계획
  - 컬러이미지의 등가 변환
  - 유행 요인의 코디네이션
  - 기업 색채의 결정
  - 상품 색채의 결정
  - 광고물 색체의 결정
  - 타사 계획과의 차별화
- ㉣ 디자인에 적용 - 아트디렉션(Art Direction)의 능력
  - 색채 규격과 색채 시방
  - 컬러매뉴얼 작성

29 |

정확한 색채를 실현하기 위한 컬러 매니지먼트 시스템(CMS)의 필요조건으로 옳은 것은?

① 컬러 매니지먼트 시스템은 복잡해서 전문가만 이용할 수 있도록 해야 한다.
② 처리속도는 중요하지 않다.
③ 컬러로 된 그래픽의 작성이나 화상의 준비에 각종 프로그램과의 호환성을 필요로 한다.
④ 컬러 매니지먼트에 필요한 데이터를 사용자 자신이 입력할 수는 없다.

해설 ① 컬러 매니지먼트 시스템은 색 영역을 명료하게 단순화하여 누구나 사용할 수 있도록 한다.
② 처리속도가 빨라야 한다.
④ 컬러 매니지먼트에 필요한 데이터를 사용자가 입력할 수 있도록 한다.

30 |

공공건축공간(공장, 학교, 병원 등)의 색채환경을 위한 색채조절 시 고려해야 할 사항으로 거리가 먼 것은?

① 능률성
② 안전성
③ 쾌적성
④ 내구성

해설 공공건축공간의 색채환경을 위한 색채조절 시 고려 사항으로는 능률성, 안전성, 쾌적성이다.

31 |

의자 및 소파에 관한 설명으로 옳지 않은 것은?

① 스툴은 등받이와 팔걸이가 없는 형태의 보조의자이다.
② 체스터필드는 사용상 안락성이 매우 크고 비교적 크기가 크다.
③ 풀업 체어는 필요에 따라 이동시켜 사용할 수 있는 간이 의자이다.
④ 세티는 고대 로마시대에 음식물을 먹거나 잠을 자기 위해 사용했던 긴 의자이다.

해설 세티(settee) : 러브 시트와 달리 동일한 2개의 의자를 나란히 놓아 2인이 앉을 수 있도록 한 의자이다.

※ 카우치(Couch) : 고대 로마시대에 음식물을 먹거나 잠을 자기 위해 사용했던 긴 의자로 몸을 기댈 수 있고 소파와 침대를 겸용할 수 있도록 좌판 한 쪽을 올린 소파이다.

32 |

특정한 사용목적이나 많은 물품을 수납하기 위해 건축화된 가구를 의미하는 것은?

① 유닛가구
② 모듈러가구
③ 붙박이가구
④ 수납용가구

해설 붙박이가구(Built in furniture)

건축물을 지을 때부터 미리 계획하여 함께 설치하는 가구로 고정가구라고도 하며, 특정한 사용 목적이나 많은 물품을 수납하기 위해 건축화된 가구로 공간의 효율성을 높일 수 있는 가구이다.

33 |

인간의 눈 구조 중 망막의 감각세포에서 모양과 색을 인식할 수 있는 것은?

① 홍채
② 초자체
③ 원추세포
④ 간상세포

해설 ① 홍채 : 동공을 여닫으면서 안구에 들어오는 빛의 양을 조절한다. 카메라의 조리개와 같은 역할을 한다.
② 초자체(유리체) : 무색투명한 젤리 상태의 물질로 안구 모양을 보존한다.
③ 추상체(추상세포, 원추세포, 원추체 ; cone cell) : 낮처럼 빛이 많을 때의 시각과 색의 감각을 담당하고 있으며, 망막 중심 부근에 5~7백만 개의 세포로서 가장 조밀하고 주변으로 갈수록 적게 된다.
④ 간상체(간상세포) : 망막 주변 표면에 널리 분포되어 있으며, 세포는 1.1~1.25억 개 정도로 추산되고 전색맹으로서 흑색, 백색, 회색만을 감지하는데 명암정보를 처리하고 초록색에 가장 예민하다.

34 |

인간–기계시스템(man–machine system)을 수동, 자동, 기계화체계로 분류할 때 기계화체계의 예시로 적합한 것은?

① 자동교환기
② 자동차의 운전
③ 컴퓨터공정제어
④ 장인과 공구의 사용

해설 인간–기계체계의 분류
㉠ 수동체계 : 표시장치로부터 정보를 얻어 인간이 조종장치를 통해 기계를 통제한다. 수공구, 기타 보조물(신체적 힘이 동력원)–장인과 공구의 사용
㉡ 기계화체계 : 반자동체계, 수동식 동력제어장치가 공작기계와 같이 고도로 통합된 부품으로 구성–자동차의 운전
㉢ 자동화체계 : 기계 자체가 감지, 정보처리 및 의사결정행동을 포함한 모든 업무수행–자동교환기, 컴퓨터공정제어

35 |

근육 운동 시작 직후 혐기성 대사에 의하여 공급되어 소비되는 에너지원이 아닌 것은?

① 지방
② 글리코겐
③ 크레아틴 인산(CP)
④ 아데노신 삼인산(ATP)

해설 근육 운동이 시작되면 근육 내에 저장된 에너지원인 아데노신 삼인산(ATP), 아데노신 이인산(ADP), 인산염(P)이 분해될 때 에너지가 발생되며, 운동 전에는 글리코겐을 최대한 축척시키는 것이 유리하고, 강한 운동을 수행시키기 위해 크레아틴 보충제를 섭취하는 것이 유리하다.

36 |

의자 좌면의 너비를 결정하는데 가장 적합한 규격은?

① 사용자의 평균 엉덩이 너비에 맞도록 규격을 정한다.
② 사용자의 중위수(median) 엉덩이 너비에 맞도록 규격을 정한다.
③ 사용자의 5퍼센타일(percentile) 엉덩이 너비에 맞도록 규격을 정한다.
④ 사용자의 95퍼센타일(percentile) 엉덩이 너비에 맞도록 규격을 정한다.

의자 좌면의 크기는 사용자의 95퍼센타일(백분위수 ; percentile) 엉덩이 너비에 맞도록 규격을 정한다. 즉 퍼센타일(percentile)은 일정한 부위의 신체 규격을 가진 사람들과 이보다 작은 사람들의 비율을 말한다.

37 |

인간공학적 효과를 평가하는 기준과 가장 거리가 먼 것은?

① 체계의 상징성
② 훈련비용의 절감
③ 사용편의성의 향상
④ 사고나 오용으로부터의 손실 감소

인간공학적 효과를 판정하는 기준
　ㄱ 성능의 향상
　ㄴ 훈련비용의 절감
　ㄷ 인력 이용률의 향상
　ㄹ 사고 및 오용으로부터의 손실 감소
　ㅁ 생산 및 보전의 경제성 증대
　ㅂ 사용자의 편의성 향상

38 |

신체 동작의 유형 중 굴곡(flexion)에 해당하는 것은?

① 팔꿈치 굽히기
② 굽힌 팔꿈치 펴기
③ 다리를 옆으로 들기
④ 수평으로 편 팔을 수직으로 내리기

신체 동작의 유형
　ㄱ 굴곡(flexion) : 부위 간의 각도를 감소시키거나 굽히는 동작
　ㄴ 신전(extension) : 부위 간의 각도를 증가시키는 동작으로 굴곡에서 정상으로 돌아오는 동작
　ㄷ 외전(abduction) : 몸의 중심으로부터 이동하는 동작
　ㄹ 내전(adduction) : 몸의 중심선상으로의 이동

39 |

근수축의 종류 중 중추신경으로부터 오는 흥분충동을 받을 때 항상 약한 수축상태를 지속하고 있는 것은?

① 연축(twitch)
② 긴장(tones)
③ 강축(tetanus)
④ 강직(rigor)

① 연축(攣縮 ; twitch) : 순간적인 자극으로 근육이 오므라들었다가 이완되어 다시 본래의 상태로 되돌아가는 과정
② 긴장(緊張 ; tones) : 골격 근육이 일정한 수축상태에 지속적으로 있거나 감정, 감각, 행동의 원인이 되는 심리적 상태
③ 강축(强縮 ; tetanus) : 근육에 적당한 빈도로 반복 자극을 줄 때 연속적인 단일 수축에 가중이 일어나 크고 지속적인 수축이 일어나는 상태
④ 강직(强直 ; rigor) : 근육, 특히 척추동물의 골격근이 여러 원인에 의해 지속적으로 수축, 경화되는 상태

40 |

정신적 피로도를 측정할 수 있는 방법으로 가장 거리가 먼 것은?

① 대뇌피질활동 측정
② 호흡순환기능 측정
③ 근전도(EMG) 측정
④ 점멸융합주파수(Flicker) 측정

• 정신활동의 척도 : 뇌파기록(EGG) 및 뇌전도(EEG), 부정맥 측정법, 점멸융합주파수(flicker fusion frequence, 플리커치)를 측정한다.
• 국부 근육활동의 척도 : 활동 근육의 피부 표면에 전극을 설치하고 근육 수축에서 생기는 전기적 활성(electric activity)을 기록하는 방법으로 근전도법(EMG)이라 하며, 근육이 피로해지기 시작하면 EMG 신호의 저주파수 범위의 활성이 증가하고, 고주파수 범위의 활성이 감소한다.

 실내디자인 시공 및 재료

41 |

다음 석재 중 구조용으로 가장 적합하지 않은 것은?

① 사문암
② 화강암
③ 안산암
④ 사암

사문암은 흑녹색의 치밀한 화강석인 감람석 중에 포함되어 있던 철분이 변질되어 흑녹색 바탕에 적갈색의 무늬를 가진 것으로 물갈기를 하면 광택이 나므로 대리석의 대용으로 사용(고급 장식재)된다.

42 |

금속제품에 관한 설명으로 옳지 않은 것은?

① 스테인리스 강판은 내식성 및 내마모성이 우수하고 강도가 높을 뿐만 아니라 장식적으로도 광택이 미려하다.

② 메탈폼은 금속재의 콘크리트용 거푸집으로서 치장 콘크리트 등에 사용된다.

③ 조이너는 벽, 기둥 등의 모서리 부분에 미장바름을 보호하기 위하여 묻어 붙인 것으로 모서리쇠라고도 한다.

④ 꺾쇠는 강봉 토막의 양 끝을 뾰족하게 하고, ㄷ자형으로 구부려 2개의 부재를 잇거나 엇갈리게 고정시킬 때 사용된다.

해설 조이너는 텍스, 보드, 금속판, 합성수지판 등의 줄눈에 대어 붙이는 것으로서, 아연도금 철판제, 알루미늄제, 황동제, 플라스틱제 등이 있고, 벽, 기둥 등의 모서리 부분에 미장바름을 보호하기 위하여 묻어 붙인 것으로 모서리쇠라고 하는 것은 코너비드이다.

43 |

목구조의 부재특성에 관한 설명으로 옳지 않은 것은?

① 가공 및 보수가 용이하며, 공사를 신속히 할 수 있다.

② 천연재료이므로 옹이, 엇결 등의 결점이 있다.

③ 일반적으로 중량에 비해 그 허용강도가 크고, 휨에 대하여 강한 편이다.

④ 인장력에 대한 저항성능은 압축력, 전단력에 대한 저항성능에 비하여 약하다.

해설 목재의 특성 중 인장력에 대한 저항능력은 휨력, 압축력, 전단력 등에 대한 저항능력에 비하여 매우 크다. 즉, 목재의 강도를 큰 것부터 작은 것의 순으로 나열하면, 인장강도 → 휨강도 → 압축강도 → 전단강도의 순이다.

44 |

목재에 주입시켜 인화점을 높이는 방화제와 가장 거리가 먼 것은?

① 물유리   ② 붕산암모늄

③ 인산나트륨   ④ 인산암모늄

해설 목재의 방화제 종류 중 무기염류에는 황산염, 인산염, 인산나트륨, 염화염, 붕산염, 중크롬산염, 텅스텐산염, 규산염 등이 있고, 유기염류에는 초산염, 수산염, 유기질(사탕, 당밀, 단백질, 전분 등) 등이 있다. 또한, 물유리는 다양한 색(무색에서 백색이나 회백색 등)을 가지며 유리와 비슷하나 물에 용해되어 시럽 상태의 액체를 형성하는 수정처럼 생긴 덩어리로서 규산나트륨, 가용유리라고도 한다.

45 |

타일공사의 바탕처리에 관한 설명으로 옳지 않은 것은?

① 타일을 붙이기 전에 바탕의 들뜸, 균열 등을 검사하여 불량 부분은 보수한다.

② 여름에 외장타일을 붙일 경우에는 하루 전에 바탕면에 물을 적시는 행위를 금하도록 한다.

③ 타일붙임 바탕에는 뿜칠 또는 솔을 사용하여 물을 골고루 뿌린다.

④ 타일을 붙이기 전에 불순물을 제거한다.

해설 타일공사의 바탕처리(물축이기 및 청소) 시에는 ①, ③ 및 ④ 이외에 여름에 외장타일을 붙일 경우에는 하루 전에 바탕면에 물을 충분히 적셔두고, 타일붙임 바탕의 건조상태에 따라 뿜칠 또는 솔을 사용하여 물을 골고루 뿌린다. 이때 물의 양은 바탕의 습윤상태에 따라 공사시방서에 따른다. 또한, 흡수성이 있는 타일에는 제조업자의 시방에 따라 물을 축여 사용한다.

46 |

원가 절감을 목적으로 공사계약 후 당해 공사의 현장 여건 및 사전조사 등을 분석한 이후 공사 수행을 위하여 세부적으로 작성하는 예산은?

① 추경예산   ② 변경예산

③ 실행예산   ④ 도급예산

해설 추경예산은 예산이 성립한 이후에 생긴 부득이한 사유로 인해 이미 성립된 예산에 변경을 가하는 예산이다.

47 |

벽체 초벌미장에 대한 검측 내용으로 옳지 않은 것은?

① 하절기에는 초벌미장 후 살수양생을 검토한다.

② 벽체의 선형 및 평활도를 위하여 규준점을 설치한다.

③ 면 잡은 후 쇠빗 등으로 가늘고 고르게 긁어준다.

④ 신속한 건조를 위하여 통풍이 잘 되도록 조치한다.

해설 미장바름에 있어서 조기에 건조될 우려가 있는 경우에는 통풍, 일사를 피하도록 시트 등으로 가려서 보양하여야 한다.

48

시멘트의 발열량을 저감시킬 목적으로 제조한 시멘트로 수축이 작고 화학저항성이 크며 주로 매스콘크리트용으로 사용되는 것은?

① 중용열 포틀랜드 시멘트
② 조강 포틀랜드 시멘트
③ 백색 포틀랜드 시멘트
④ 팽창 시멘트

해설 조강 포틀랜드 시멘트는 원료 중에 규산삼칼슘(C_3S)의 함유량이 많아 보통 포틀랜드 시멘트에 비하여 경화가 빠르고 조기강도(낮은 온도에서도 강도 발현이 크다.)가 크다. 조기강도가 크므로 재령 7일이면 보통 포틀랜드 시멘트의 28일 정도의 강도를 나타낸다. 또 조강 포틀랜드 시멘트는 분말도가 커서 수화열이 크고, 이 시멘트를 사용하면 공사기간을 단축시킬 수 있다. 백색 포틀랜드 시멘트는 철분이 거의 없는 백색 점토를 사용하여 시멘트에 포함되어 있는 산화철, 마그네시아의 함유량을 제한한 시멘트로서, 보통 포틀랜드 시멘트와 재질은 거의 같으며, 건축물의 표면(내·외면) 마감, 도장에 주로 사용하고 구조체에는 거의 사용하지 않는다. 인조석 제조에 주로 사용된다. 팽창 시멘트는 미리 적당량의 팽창제를 혼합하여 균열을 방지하고 건조수축을 소멸시키기 위해 만든 시멘트로서 강도의 발현이 빠를수록 팽창은 느리게 진행된다.

49

타일공사의 동시줄눈붙이기 공법에 관한 설명으로 옳지 않은 것은? (단, KCS 기준)

① 붙임 모르타르를 바탕면에 5mm~8mm로 바르고 자막대로 눌러 평탄하게 고른다.
② 1회 붙임 면적은 $4.5m^2$ 이하로 하고 붙임 시간은 60분 이내로 한다.
③ 줄눈의 수정은 타일 붙임 후 15분 이내에 실시하고, 붙임 후 30분 이상이 경과했을 때에는 그 부분의 모르타르를 제거하여 다시 붙인다.
④ 타일의 줄눈 부위에 올라온 붙임 모르타르의 경화 정도를 보아 줄눈흙손으로 충분히 눌러 빈틈이 생기지 않도록 한다.

해설 타일공사의 동시줄눈붙이기는 ①, ③ 및 ④ 이외에 1회 붙임 면적은 $1.5 m^2$ 이하로 하고 붙임 시간은 20분 이내로 한다. 타일은 한 장씩 붙이고 반드시 타일면에 수직하여 충격 공구로 좌우, 중앙의 3점에 충격을 가해 붙임 모르타르 안에 타일이 박히도록 하며 타일의 줄눈 부위에 붙임 모르타르가 타일 두께의 2/3 이상 올라오도록 한다. 충격 공구의 머리 부분은 대($\phi\,50\,mm$), 소($\phi\,20\,mm$) 중 한 가지를 선택하여 사용한다.

50

실내건축공사 공정별 내역서에서 각 품목에 따라 확인할 수 있는 정보로 옳지 않은 것은?

① 품명
② 규격
③ 제조일자
④ 단가

해설 공정내역서에는 공사기간, 총공사금액, 공사담당자, 연락처, 날짜, 공사명, 품목(품명, 규격, 단가), 인원 및 특이 사항 등을 작성한다.

51

다음 그림과 같은 보강블록조의 평면도에서 x축 방향의 벽량을 구하면? (단, 벽체두께는 150mm이며, 그림의 모든 단위는 mm임)

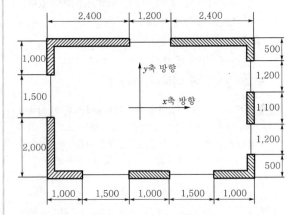

① 23.9cm/m^2
② 28.9cm/m^2
③ 31.9cm/m^2
④ 34.9cm/m^2

해설 보강블록조 내력벽의 벽량(내력벽 길이의 총합계를 그 층의 건물면적으로 나눈 값으로, 즉 단위면적에 대한 그 면적 내에 있는 내력벽의 비)은 보통 15cm/m^2 이상으로 하고, 벽량의 산출식은 다음과 같다.
내력벽의 전체 길이
$= 2,400 + 2,400 + 1,000 + 1,000 + 1,000$
$= 7,800$mm $= 780$cm
그 층의 바닥면적
$= 6,000 \times 4,500 = 27,000,000mm^2 = 27$m^2
벽량 $= \dfrac{\text{내력벽의 전체 길이(cm)}}{\text{그 층의 바닥면적(m}^2\text{)}} = \dfrac{780\text{cm}}{27\text{m}^2}$
$\fallingdotseq 28.9$cm/m^2

52 |

2장 이상의 판유리 등을 나란히 넣고, 그 틈새에 대기압에 가까운 압력의 건조한 공기를 채우고 그 주변을 밀봉·봉착한 것은?

① 열선흡수유리　　② 배강도 유리
③ 강화유리　　　　④ 복층유리

해설 열선흡수유리(단열유리)는 철, 니켈, 크롬 등을 가하여 만든 유리로 흔히 엷은 청색을 띠고, 태양광선 중 열선(적외선)을 흡수하므로 서향의 창, 차량의 창 등의 단열에 이용된다. 강화유리는 유리를 500~600℃로 가열한 다음 특수장치를 이용하여 균등하게 급격히 냉각시킨 유리이다. 이와 같은 열처리로 인하여 그 강도가 보통 유리의 3~5배에 이르며, 특히 충격강도는 보통 유리의 7~8배나 된다. 또 파괴되면 열처리에 의한 내응력 때문에 모래처럼 잘게 부서지므로 유리 파편에 의한 부상이 적다. 이 성질을 이용하여 자동차의 창유리, 통유리문 등 깨어지면 위험한 곳에 쓰인다. 열처리를 한 후에는 현장에서 절단 등 가공을 할 수 없으므로 사전에 소요 치수대로 절단, 가공하여 열처리를 하여 생산하는 유리이다. 배강도 유리는 판유리를 열처리하여 유리 표면에 적절한 크기의 압력 응력층을 만들어 파괴강도를 증대시키고, 파손되었을 때 재료인 판유리와 유사하게 깨지도록 한 것이다.

53 |

점토제품의 품질에 관한 설명으로 옳지 않은 것은?

① 점토소성벽돌 표면의 은회색 그라우트는 소성이 불충분할 때 발생한다.
② 포장도로용 벽돌이나 타일은 내마모성의 보유가 매우 중요하다.
③ 점토 벽돌의 품질은 압축강도, 흡수율 등으로 평가할 수 있다.
④ 화학적 안정성은 고온에서 소성한 제품이 유리하다.

해설 점토소성벽돌의 색상은 철산화물 또는 석회물질에 의해 나타나며, 철산화물이 많으면 적색이 되고, 석회물질이 많으면 황색을 띠게 된다. 특히, 과소품인 경우 은회색 그라우트가 발생한다.

54 |

표면건조포화상태의 잔골재 500g을 건조시켜 기건상태에서 측정한 결과 460g, 절대건조상태에서 측정한 결과 440g이었다. 잔골재의 흡수율은?

① 8%　　　　　　② 8.7%
③ 12%　　　　　④ 13.6%

해설 흡수율 $= \dfrac{\text{흡수량}}{\text{절대건조상태의 중량}}$
$= \dfrac{(\text{표면건조포화상태의 중량} - \text{절건상태의 중량})}{\text{절대건조상태의 중량}}$
$= \dfrac{500 - 440}{440} \times 100 = 13.64\%$

55 |

미장재료 중 고온소성의 무수석고를 특별한 화학처리 한 것으로 킨즈시멘트라고도 불리우는 것은?

① 순석고 플라스터
② 혼합석고 플라스터
③ 보드용 석고 플라스터
④ 경석고 플라스터

해설 순석고(크림용 석고) 플라스터는 소석고와 석회죽을 혼합한 플라스터로서, 석회죽, 응결지연제, 작업성 증진의 역할을 하며, 응결시간 범위도 40~80분 정도이므로 작업상 별로 불편한 점이 없다. 혼합석고 플라스터는 석고 플라스터 중 가장 많이 사용되는 것으로 소석고에 적절한 작업성을 주기 위하여 소석회, 돌로마이트 플라스터, 응결지연제로 아교질 재료를 공장에서 미리 섞어 만든 것이다. 보드용 석고 플라스터는 소석고의 함유량을 많게 하여 접착성 강도를 크게 한 것으로 주로 석고보드 바탕의 초벌바름용 재료이다.

56 |

목재바탕의 무늬를 돋보이게 할 수 있는 도료는?

① 클리어래커　　　② 에나멜페인트
③ 수성페인트　　　④ 유성페인트

해설 클리어래커는 주로 목재면의 투명 도장에 쓰이고, 오일 바니시에 비하여 도막은 얇으나 견고하고 담색으로서 우아한 광택이 있다. 내수성, 내후성은 약간 떨어지고, 내부용으로 사용한다.

57 |

안전관리 총괄책임자의 직무에 해당하지 않는 것은?

① 작업 진행상황을 관찰하고 세부 기술에 관한 지도 및 조언을 한다.
② 안전관리계획서의 작성 제출 및 안전관리를 총괄한다.
③ 안전관리 관계자의 직무를 감독한다.
④ 안전관리비의 편성과 집행 내용을 확인한다.

해설 작업의 진행상황을 관찰하고, 세부 기술에 관한 지도와 조언을 하는 직무는 안전관리자의 직무에 속한다.

58 |

표준시방서(KCS)에 따른 블라인드의 종류에 해당되지 않는 것은?

① 가로 당김 블라인드
② 세로 당김 블라인드
③ 두루마리 블라인드
④ 베네치안 블라인드

해설 블라인드의 종류(KCS 41 51 06 : 2021 커튼 및 블라인드 공사 규정)

종별 구분	A종	B종	C종
베네치안 블라인드	슬랫은 KS D 3751의 STC 5 또는 6으로 하고, 두께 0.1mm 내외, 폭 50mm 내외	슬랫은 플라스틱 0.5mm 내외, 너비 50mm 내외	
두루마리 블라인드		천은 순면 블라인드 클로스 또는 화섬으로서 위와 동등 이상의 품질	천은 비닐 레더, 두께 0.2~0.3mm
가로 당김 블라인드		천은 순면 카라크 상등품, 순면 포플린 또는 화섬으로서 위와 동등 이상의 품질	천은 비닐필름, 두께 0.1~0.15mm

59 |

방사선 차단용으로 사용되는 시멘트 모르타르로 옳은 것은?

① 질석 모르타르
② 아스팔트 모르타르
③ 바라이트 모르타르
④ 활석면 모르타르

해설 질석 모르타르는 모르타르에 질석을 포함시킨 모르타르로서 단열용, 아스팔트 모르타르는 모르타르에 아스팔트를 포함시킨 모르타르로서 내산 바닥용, 활석면 모르타르는 모르타르에 석면을 포함시킨 모르타르로서 불연용으로 사용된다.

60 |

건축용으로 판재지붕에 많이 사용되는 금속재는?

① 철
② 동
③ 주석
④ 니켈

해설 구리(동)는 원광석(휘동광, 황동광 등)을 용광로나 전로에서 거친 구리물(조동)로 만들고, 이것을 전기분해하여 구리로 정련하며, 연성과 전성이 커서 선재나 판재로 만들기가 쉽다. 열이나 전기전도율이 크고, 건조한 공기에서는 산화하지 않으며, 습기를 받으면 이산화탄소의 작용으로 인하여 부식하여 녹청색을 띠나, 내부까지는 부식하지 않는다. 또한, 암모니아 등의 알칼리성 용액에는 잘 침식되고, 진한 황산에는 잘 용해되며, 용도로는 지붕(건축용 박판으로 제작), 홈통, 철사, 못, 철망 등의 제조에 사용된다. 주석은 식료품이나 음료수용 금속재료의 방식 피복재료, 니켈은 합금과 도금에 사용한다.

4과목 실내디자인 환경

61 |

실내 조도가 옥외 조도의 몇 %에 해당하는가를 나타내는 값은?

① 주광률
② 보수율
③ 반사율
④ 조명률

해설 보수율은 조명시설을 일정 기간 동안 사용한 후의 작업면 평균 조도와 초기 평균 조도와의 비로서 1보다 작다. 반사율은 어떤 물체에 입사하는 복사속과 그 물체에서 반사하는 복사속과의 비이다. 조명률은 광원으로부터 조사되는 광속의 양에 대해 조사면에서 유효하게 이용되는 광속의 양의 정도로서 다음과 같이 구한다.

조명률(U)

$$= \frac{A(\text{조사면의 면적})E(\text{조사면의 조도})}{F(\text{조사광속})} \times 100(\%)$$

62 |

옥내소화전설비용 수조에 관한 설명으로 옳지 않은 것은?

① 수조의 내측에 수위계를 설치할 것
② 수조의 밑 부분에는 청소용 배수밸브 또는 배수관을 설치할 것
③ 수조는 동결방지조치를 하거나 동결의 우려가 없는 장소에 설치할 것
④ 수조의 상단이 바닥보다 높은 때에는 수조의 외측에 고정식 사다리를 설치할 것

해설 옥내소화전설비용 수조의 외측에 수위계를 설치할 것. 다만, 구조상 불가피한 경우에는 수조의 맨홀 등을 통하여 수조 안의 물의 양을 쉽게 확인할 수 있도록 하여야 한다. 〈NFSC 109 제4조 ⑥항〉

63 |

다음 중 건축물의 소음대책과 가장 거리가 먼 것은? (단, 소음원이 외부에 있는 경우)

① 창문의 밀폐도를 높인다.
② 실내의 흡음률을 줄인다.
③ 벽체의 중량을 크게 한다.
④ 소음원의 음원세기를 줄인다.

해설 건축물의 소음대책은 소음원을 제거하거나 소음원 레벨을 저감(창문의 밀폐도를 증가, 벽체의 중량 증가, 소음원의 음원세기 저하 등)시키는 소음원 대책이 가장 바람직하나, 한계가 있으므로 차선의 대책으로는 경로대책(소음원과 소음에 노출된 사람의 사이에 전달경로를 차단하는 방법)으로 방음벽을 설치하거나, 수림대를 조성하는 방법 등이 있다. 실내의 흡음률을 줄이는 것은 잔향시간과 관계가 깊다.

64 |

점광원으로부터 수조면의 거리가 4배로 증가할 경우 조도는 어떻게 변화하는가?

① 2배로 증가한다.
② 4배로 증가한다.
③ 1/4로 감소한다.
④ 1/16로 감소한다.

해설 조도 = $\frac{\text{광도}}{(\text{거리})^2}$ 이다. 즉, 조도는 광도에 비례하고, 거리의 제곱에 반비례하므로 거리가 4배가 되면 $\frac{1}{4^2} = \frac{1}{16}$ 이 된다.

65 |

급탕배관의 설계 및 시공상의 주의점으로 옳지 않은 것은?

① 중앙식 급탕설비는 원칙적으로 강제순환방식으로 한다.
② 수시로 원하는 온도의 탕을 얻을 수 있도록 단관식으로 한다.
③ 관의 신축을 고려하여 건물의 벽관통부분의 배관에는 슬리브를 설치한다.
④ 순환식 배관에서 탕의 순환을 방해하는 공기가 정체하지 않도록 수평관에는 일정한 구배를 둔다.

해설 수시로 원하는 온도의 탕을 얻을 수 있도록 복관식(순환식, 2관식, 공급관과 환수관을 설치)으로 하여야 한다.

66 |

복사난방에 관한 설명으로 옳은 것은?

① 천장이 높은 방의 난방은 불가능하다.
② 실내의 쾌감도가 다른 방식에 비하여 가장 낮다.
③ 열용량이 크기 때문에 방열량 조절에 시간이 걸린다.
④ 외기 침입이 있는 곳에서는 난방감을 얻을 수 없다.

해설 ① 천장이 높은 방의 난방은 가능하다.
② 실내의 쾌감도가 다른 방식에 비해 가장 높다.
④ 외기 침입이 있는 곳에서도 난방감을 얻을 수 있다.

67 |

다중이용시설 중 실내주차장의 경우, 이산화탄소의 실내공기질 유지기준으로 옳은 것은?

① 100ppm 이하
② 500ppm 이하
③ 1,000ppm 이하
④ 2,000ppm 이하

해설 다중이용시설 중 실내주차장의 경우, 이산화탄소의 실내공기질 유지기준은 1,000ppm 이하이다. 〈실내공기질 관리법 시행규칙 제3조, (별표 2)의 규정〉

68 |

다음의 공기조화방식 중 전공기방식에 속하지 않는 것은?

① 단일덕트방식
② 2중덕트방식
③ 팬코일유닛방식
④ 멀티존유닛방식

해설 전공기방식은 단일덕트방식(변풍량, 정풍량), 이중덕트방식, 멀티존유닛방식 등이 있고, 공기·수방식은 팬코일유닛덕트병용방식, 각 층 유닛방식, 유인유닛방식, 복사냉·난방덕트병용방식 등이 있다. 수방식은 팬코일유닛방식, 개별식인 냉매방식에는 패키지유닛방식이 있다.

69 |

표면결로의 발생 방지 방법에 관한 설명으로 옳지 않은 것은?

① 단열 강화에 의해 표면온도를 상승시킨다.
② 직접가열이나 기류촉진에 의해 표면온도를 상승시킨다.
③ 수증기 발생이 많은 부엌이나 화장실에 배기구나 배기팬을 설치한다.
④ 높은 온도로 난방시간을 짧게 하는 것이 낮은 온도로 난방시간을 길게 하는 것보다 결로 발생 방지에 효과적이다.

해설 낮은 온도로 난방시간을 길게 하는 것이 높은 온도로 난방시간을 짧게 하는 것보다 결로 방지에 유효하다.

70 |

전기시설물의 감전방지, 기기손상방지, 보호계전기의 동작확보를 위해 실시하는 공사는?

① 접지공사
② 승압공사
③ 전압강하공사
④ 트래킹(Tracking)공사

해설 접지공사의 목적에는 감전의 방지(전기기기의 금속제 외함 등의 접지), 기기의 손상방지(뇌전류 또는 고·저압 혼촉에 의하여 침입하는 이상전압을 접지선을 통하여 방류) 및 보호계전기의 동작확보(지락계전기의 동작에 의하여 전로와 기기를 보호) 등이 있다.

71 |

전기설비용 시설공간(실)에 관한 설명으로 옳지 않은 것은?

① 변전실은 부하의 중심에 설치한다.
② 발전기실은 변전실에서 멀리 떨어진 곳에 설치한다.
③ 중앙감시실은 일반적으로 방재센터와 겸하도록 한다.
④ 전기샤프트는 각 층에서 가능한 한 공급대상의 중심에 위치하도록 한다.

해설 발전기실은 급·배수가 용이하고 습도가 적고, 실내 환기를 충분히 행할 수 있도록 하며, 연도의 길이를 짧게 할 수 있도록 가급적 배출구에 가까이 위치하여야 하며, 특히, 변전실에 가까워야 한다.

72 |

문화 및 집회시설 중 공연장의 개별 관람실 출구의 설치에 관한 기준 내용으로 옳지 않은 것은? (단, 개별 관람실의 바닥면적은 300m² 이상이다.)

① 관람실별 2개소 이상 설치할 것
② 각 출구의 유효너비는 1.5m 이상으로 할 것
③ 관람실로부터 바깥쪽으로의 출구로 쓰이는 문은 안여닫이로 할 것
④ 개별 관람실 출구의 유효너비의 합계는 개별 관람실의 바닥면적 100m²마다 0.6m의 비율로 산정한 너비 이상으로 할 것

해설 관련 법규 : 건축법 제49조, 영 제38조, 피난·방화규칙 제10조, 해설 법규 : 피난·방화규칙 제10조 ①항

제2종 근린생활시설 중 공연장·종교집회장(해당 용도로 쓰는 바닥면적의 합계가 각각 300m² 이상인 경우만 해당), 문화 및 집회시설(전시장 및 동·식물원은 제외), 종교시설, 위락시설, 장례시설의 하나에 해당하는 건축물의 관람실 또는 집회실로부터 바깥쪽으로의 출구로 쓰이는 문은 안여닫이로 하여서는 아니 된다.

73 |

다음의 소방시설 중 소화설비에 속하는 것은?

① 소화기구　　　　　② 연결살수설비
③ 연결송수관설비　　④ 자동화재탐지설비

해설 관련 법규 : 소방시설법 제2조, 영 제3조, (별표 1)
해설 법규 : 영 제3조, (별표 1)
소방시설 중 소화설비(물 또는 그 밖의 소화약제를 사용하여 소화하는 기계·기구 또는 설비)의 종류에는 소화기구, 자동소화장치, 옥내소화전설비, 스프링클러설비, 물분무등소화설비, 옥외소화전설비 등이 있고, 연결송수관설비와 연결살수설비는 소화활동설비, 자동화재탐지설비는 경보설비에 속한다.

74 |

건축물의 바깥쪽에 설치하는 피난계단의 구조에 관한 기준 내용으로 옳지 않은 것은?

① 계단의 유효너비는 0.9m 이상으로 할 것
② 계단실에는 예비전원에 의한 조명설비를 할 것
③ 계단은 내화구조로 하고 지상까지 직접 연결되도록 할 것
④ 건축물의 내부에서 계단으로 통하는 출입구에는 60＋방화문 또는 60분방화문을 설치할 것

해설 관련 법규 : 건축법 제49조, 영 제35조, 피난·방화규칙 제9조, 해설 법규 : 피난·방화규칙 제9조 2호
계단실에는 예비전원에 의한 조명설비를 설치할 것의 규정은 건축물의 내부에 설치하는 피난계단의 구조와 특별피난계단의 구조에 해당되며, 건축물의 바깥쪽에 설치하는 피난계단의 구조는 ①, ③ 및 ④ 이외에 계단은 그 계단으로 통하는 출입구 외의 창문 등(망이 들어 있는 유리의 붙박이창으로서 그 면적이 각각 1m² 이하인 것을 제외)으로부터 2m 이상의 거리를 두고 설치할 것 등이 해당된다.

75 |

다음은 옥내소화전설비를 설치하여야 하는 특정소방대상물에 관한 기준 내용이다. (　　) 안에 알맞은 것은?

건축물의 옥상에 설치된 차고 또는 주차장으로서 차고 또는 주차의 용도로 사용되는 부분의 면적이 (　　) 이상인 것

① 100m²　　　　　② 150m²
③ 180m²　　　　　④ 200m²

해설 관련 법규 : 소방시설법 제9조, 영 제15조, (별표 5)
해설 법규 : 영 제15조, (별표 5)
건축물의 옥상에 설치된 차고 또는 주차장으로서 차고 또는 주차의 용도로 사용되는 부분의 면적이 200m² 이상인 것에는 옥내소화전설비를 설치하여야 한다.

76 |

건축법령상 다음과 같이 정의되는 용어는?

건축물의 노후화를 억제하거나 기능 향상 등을 위하여 대수선하거나 건축물의 일부를 증축 또는 개축하는 행위

① 재축　　　　　② 유지보수
③ 리모델링　　　④ 리노베이션

해설 관련 법규 : 건축법 제2조, 영 제2조
해설 법규 : 영 제2조
"재축"이란 건축물이 천재지변이나 그 밖의 재해로 멸실된 경우 그 대지에 연면적 합계는 종전 규모 이하로 할 것과 동수, 층수 및 높이가 모두 종전 규모 이하일 것이며, 동수, 층수 또는 높이의 어느 하나가 종전 규모를 초과하는 경우에는 해당 동수, 층수 및 높이가 건축법, 이 영 또는 건축조례에 모두 적합할 것의 요건을 모두 갖추어 다시 축조하는 것을 말한다.

77 |

신축 또는 리모델링하는 공동주택은 시간당 최소 몇 회 이상의 환기가 이루어질 수 있도록 자연환기설비 또는 기계환기설비를 설치해야 하는가? (단, 30세대 이상의 공동주택의 경우)

① 0.3회　　　　　② 0.5회
③ 0.7회　　　　　④ 1.0회

관련 법규 : 건축법 제62조, 영 제87조, 설비규칙 제11조

해설 법규 : 설비규칙 제11조

신축 또는 리모델링하는 30세대 이상의 공동주택 또는 주택을 주택 외의 시설과 동일건축물로 건축하는 경우로서 주택이 30세대 이상인 건축물에 해당하는 주택 또는 건축물("신축공동주택 등")은 시간당 0.5회 이상의 환기가 이루어질 수 있도록 자연환기설비 또는 기계환기설비를 설치하여야 한다.

78

다음 중 방화에 장애가 되는 용도제한과 관련하여 같은 건축물에 함께 설치할 수 없는 것은?

① 문화 및 집회시설 중 공연장과 위락시설
② 노유자시설 중 노인복지시설과 의료시설
③ 제1종 근린생활시설 중 산후조리원과 공동주택
④ 노유자시설 중 아동관련시설과 판매시설 중 도매시장

관련 법규 : 건축법 제49조, 영 제47조

해설 법규: 영 제47조

① 의료시설, 노유자시설(아동 관련 시설 및 노인복지시설만 해당), 공동주택, 장례시설 또는 제1종 근린생활시설(산후조리원만 해당)과 위락시설, 위험물저장 및 처리시설, 공장 또는 자동차 관련 시설(정비공장만 해당)은 같은 건축물에 함께 설치할 수 없다.

② 다음의 어느 하나에 해당하는 용도의 시설은 같은 건축물에 함께 설치할 수 없다.
  1. 노유자시설 중 아동 관련 시설 또는 노인복지시설과 판매시설 중 도매시장 또는 소매시장
  2. 단독주택(다중주택, 다가구주택에 한정), 공동주택, 제1종 근린생활시설 중 조산원 또는 산후조리원과 제2종 근린생활시설 중 다중생활시설

79

다음은 지하층과 피난층 사이의 개방공간 설치에 대한 기준 내용이다. (   ) 안에 알맞은 것은?

바닥면적의 합계가 (   ) 이상인 공연장 · 집회장 · 관람장 또는 전시장을 지하층에 설치하는 경우에는 각 실에 있는 자가 지하층 각 층에서 건축물 밖으로 피난하여 옥외 계단 또는 경사로 등을 이용하여 피난층으로 대피할 수 있도록 천장이 개방된 외부 공간을 설치하여야 한다.

① 500m² 　　　　② 1,000m²
③ 3,000m² 　　　④ 5,000m²

관련 법규 : 건축법 제49조, 영 제37조

해설 법규 : 영 제37조

바닥면적의 합계가 3,000m² 이상인 공연장 · 집회장 · 관람장 또는 전시장을 지하층에 설치하는 경우에는 각 실에 있는 자가 지하층 각 층에서 건축물 밖으로 피난하여 옥외 계단 또는 경사로 등을 이용하여 피난층으로 대피할 수 있도록 천장이 개방된 외부 공간을 설치하여야 한다.

80

각 층의 거실면적이 각각 1,000m²이며 층수가 12층인 업무시설에 설치해야 하는 승용승강기의 최소 대수는? (단, 8인승 승용승강기의 경우)

① 2대 　　　　② 3대
③ 4대 　　　　④ 5대

관련 법규 : 건축법 제64조, 영 제89조, 설비규칙 제5조 (별표 1의2), 해설 법규 : 설비규칙 제5조, (별표 1의2)

업무시설의 승용승강기 설치대수는 1대에 3,000m²를 초과하는 경우에는 그 초과하는 매 2,000m² 이내마다 1대를 더한 대수로 산정한다. 즉,

$$설치대수 = 1 + \frac{6층\ 이상의\ 거실\ 면적의\ 합계 - 3,000}{2,000}$$

이고, 6층 이상의 거실의 바닥면적은
$1,000 \times (12-5) = 7,000m²$이다.

∴ 설치대수

$$= 1 + \frac{6층\ 이상의\ 거실면적의\ 합계 - 3,000}{2,000}$$

$$= 1 + \frac{7,000 - 3,000}{2,000} = 3대$$

1과목 실내디자인 계획

01 |

디자인 요소 중 점에 관한 설명으로 옳은 것은?

① 면의 한계, 면들의 교차에서 나타난다.
② 기하학적으로 크기가 없고 위치만 있다.
③ 두 점의 크기가 같을 때 주의력은 한 점에만 작용한다.
④ 배경의 중심에 있는 점은 동적인 효과를 느끼게 한다.

해설
• 점은 선의 양끝, 교차, 굴절, 면과 선의 교차에서도 나타난다.
• 점은 공간 내의 위치만을 표시할 뿐 크기, 길이, 폭, 깊이 등도 없고 어떤 공간도 형성하지 않는다.
• 점의 크기가 다를 때에는 주의력은 작은 점에서 큰 점으로 이행되며 큰 점이 작은 점을 끌어당기는 것처럼 지각된다.
• 면 또는 공간에 1개의 점이 주어지면 그 부분에 시각적인 힘이 생기고 점은 면이나 공간 내에서 안정된다.

02 |

천창(天窓)에 관한 설명으로 옳지 않은 것은?

① 차열, 통풍에 유리하다.
② 벽면의 활용성을 높일 수 있다.
③ 건축계획의 자유도가 증가한다.
④ 밀집된 건물에 둘러싸여 있어도 일정량의 채광을 확보할 수 있다.

해설 천창(Skylight, Toplight)
지붕면, 천장면에 수평 또는 수평에 가깝게 채광을 목적으로 설치하는 창이다.
㉠ 장점 : 채광량이 많아서 매우 유리하다.(측창의 3배 효과가 있다.)

• 조명도가 균일하다.
• 채광상 이웃 건물에 의한 영향을 거의 받지 않는다.
㉡ 단점 : 평면 계획과 시공, 관리가 어렵고, 빗물이 새기 쉽다.
• 비개방적이고 폐쇄된 느낌을 준다.
• 통풍과 단열에 불리하다.

03 |

고대 그리스 신전 건축에서 사용된 착시 보정 방법으로 옳지 않은 것은?

① 모서리 쪽의 기둥 간격을 넓혔다.
② 기둥의 전체적인 윤곽을 중앙부에서 약간 부풀게 만들었다.
③ 기둥 같은 수직 부재들은 올라가면서 약간 안쪽으로 기울였다.
④ 기단, 아키트레이브, 코니스들이 이루는 긴 수평선들은 약간 위로 볼록하게 만들었다.

해설 모서리의 기둥 간격은 정면에서 볼 때 중앙부에는 벽으로 시선이 차단되고 양쪽 끝은 벽이 없어 시선이 확장되므로 착시로 기둥의 간격이 중앙부보다 양쪽 모서리가 넓게 보이므로 기둥 간격을 좁혀준다. 파르테논 신전의 경우 기둥 간격이 중앙부는 2.4m, 모서리는 1.8m이다.

04 |

사무소 건축의 코어에 관한 설명으로 옳은 것은?

① 양단코어형은 2방향 피난에 이상적인 관계로 방재상 유리하다.
② 편심코어형은 기준층 바닥면적이 작은 경우에 적용이 불가능하다.
③ 독립코어형은 고층, 초고층의 대규모 사무소 건축에 주로 사용된다.
④ 중심코어형은 외코어라고도 하며 코어를 업무 공간에서 별도로 분리시킨 유형이다.

• **양단코어형(분리코어형)** : 한 개의 대공간을 필요로 하는 전용 사무소에 적합하고, 2방향 피난에 이상적이며 방재상 유리하다.
• **편심코어형(평단코어형)** : 기준층 바닥면적이 적은 경우에 적합하며, 바닥면적이 커지면 코어 이외에 피난시설, 설비 샤프트 등이 필요해진다. 너무 저층인 경우 구조상 좋지 않게 된다.
• **독립코어형(외코어형)** : 편심코어형에서 발전된 형이며, 자유로운 사무실 공간을 코어와 관계없이 마련할 수 있고 설비 덕트나 배관을 코어로부터 사무실까지 끌어내는데 제약이 있다. 방재상 불리하고 바닥면적이 커지면 피난시설을 포함한 서브 코어가 필요해진다.
• **중심코어형(중앙코어형)** : 고층, 초고층에 내력벽 및 내진 구조의 역할을 하므로 구조적으로 가장 바람직하며, 바닥면적이 클 경우에 적합하다.

05 |

실내공간을 형성하는 기본 구성요소에 관한 설명으로 옳지 않은 것은?

① 개구부는 벽체를 대신하여 건축구조요소로 사용된다.
② 벽은 공간을 에워싸는 수직적 요소로 수평 방향을 차단하여 공간을 형성하는 기능을 갖는다.
③ 천장은 시각적 흐름이 최종적으로 멈추는 곳으로 내부 공간요소 중 조형적으로 가장 자유롭다.
④ 바닥은 천장과 함께 공간을 구성하는 수평적 요소이며 고저의 차로 공간의 영역을 조정할 수 있다.

개구부
 ㉠ 벽을 구성하지 않는 부분을 총칭한다.
 ㉡ 실내공간의 성격을 규정하는 요소이다(채광, 통풍, 조망).
 ㉢ 동선이나 가구 배치에 결정적인 영향을 미친다.

06 |

단독주택의 현관에 관한 설명으로 옳지 않은 것은?

① 거실, 계단, 공용 화장실과 가까이 위치하는 것이 좋다.
② 거실 일부를 현관으로 만드는 것은 피하도록 한다.
③ 현관의 위치는 도로의 위치와 대지의 형태에 영향을 받는다.
④ 주택 측면에 현관을 배치하였을 때 동선처리가 편리하고 복도길이 단축에 유리하다.

현관의 위치 결정 요소
 ㉠ 도로의 위치   ㉡ 경사로
 ㉢ 대지의 형태   ㉣ 방위와는 무관
 ※ 주택 내·외부의 동선이 연결되는 곳으로 거실이나 침실에 직접 연결하지 않도록 하며 출입문과 출입문 밖의 포치(porch), 출입문 안의 현관, 홀 등으로 구성된다.
 ④ 주택 측면에서 현관의 배치는 복도의 길이와 무관하다.

07 |

주택의 부엌 가구 배치 유형에 관한 설명으로 옳지 않은 것은?

① ㄷ자형은 작업 면이 넓어 작업효율이 좋다.
② 一자형은 좁은 면적 이용에 효과적이므로 소규모 부엌에 주로 이용되는 형식이다.
③ 병렬형은 작업대 사이에 식탁을 설치하여 부엌과 식당을 겸할 때 많이 활용된다.
④ ㄴ자형은 두 벽면에 작업대를 배치한 형태로 한쪽 면에 싱크대를, 다른 면에는 가스레인지를 설치하면 능률적이다.

• **병렬형** : 작업 동선을 단축시킬 수 있지만 몸을 앞뒤로 바꾸면서 작업을 해야 하는 불편이 있어 양쪽 작업대 사이가 너무 길면 오히려 불편하므로 약 1,200~1,500mm가 이상적인 간격이다.
• **ㄱ자(L자, 코너)형** : 정방형의 부엌에 적당하며, 두 벽면을 이용하여 작업대를 배치한 형태로, 한쪽 면에 싱크대를, 다른 면에는 가스레인지를 설치하면 능률적이며, 작업대를 설치하지 않은 남은 공간을 식사나 세탁 등의 용도로 사용할 수 있다. 비교적 넓은 부엌에서 능률이 좋으나 두 면의 어느 쪽도 너무 길어지지 않도록 해야 하고 모서리 부분의 이용도가 낮다.

08 |

미술관 전시실의 순회 유형에 관한 설명으로 옳은 것은?

① 연속 순회형식은 각 전시실을 독립적으로 폐쇄할 수 있다.
② 연속 순회형식은 각각의 전시실에 바로 들어갈 수 있다는 장점이 있다.
③ 중앙홀 형식에서 중앙홀이 크면 동선의 혼란은 없으나 장래의 확장에는 무리가 있다.
④ 갤러리 및 복도형식은 하나의 전시실을 폐쇄하면 전체 동선의 흐름이 막히게 되므로 비교적 소규모 전시실에 적합하다.

전시실의 형식

ⓐ **연속 순회형** : 다각형의 전시실을 연속적으로 동선을 형성하는 형식으로, 단순함과 공간 절약 등 소규모 전시실에 적합하나 많은 실을 순서대로 순회하여야 하며 중간실을 폐쇄하면 동선이 막힌다.

ⓑ **갤러리 및 복도형** : 복도에 의해 각 실을 연결하는 형식으로 복도가 중정을 둘러싸고 회랑을 구성하는 경우도 많으며 필요에 따라 실의 독립적 폐쇄가 가능하다.

ⓒ **중앙홀형** : 중앙에 큰 홀을 두고 그 주위에 전시실을 배치하는 형식으로 부지 이용률이 높고 중앙 홀이 크면 동선의 혼잡이 없다.

09 |

형태(Form)의 지각 심리에 관한 설명으로 옳지 않은 것은?

① 연속성은 유사 배열로 구성된 형들이 연속되어 보이는 하나의 그룹으로 자각되는 법칙이다.

② 반전도형(反轉圖形)은 루빈의 항아리로 설명되며, 배경과 도형이 동시에 지각되는 법칙이다.

③ 유사성은 비슷한 형태, 색채, 규모, 질감, 명암, 패턴의 그룹을 하나의 그룹으로 지각하려는 경향을 말한다.

④ 폐쇄성은 불완전한 형으로 그룹을 폐쇄하거나 완전한 하나의 형, 혹은 그룹으로 지각하려는 경향을 말한다.

해설 Gestalt의 4법칙

ⓐ **접근성(Factor of Proximity)** : 보다 더 가까이 있는 2개 또는 2개 이상의 시각 요소들은 패턴이나 그룹으로 지각될 가능성이 크다는 법칙이다. 즉 공간의 면적이 작으면 작을수록 그것이 형태로 보일 가능성이 크며, 모든 면은 선으로 둘러싸이는데 이러한 선들의 근접성이 크면 클수록 선 안의 면이 모양으로 보일 가능성이 크다.

ⓑ **유사성(Factor of Similarity)** : 형태, 규모, 색채, 질감 등에 있어서 유사한 시각적 요소들이 서로 연관되게 자연스럽게 그룹화(grouping)하여 하나의 패턴으로 보이는 법칙이다. 유사성은 형태, 크기, 위치의 유사성과 의미의 유사성으로 크게 나뉜다.

ⓒ **연속성(Factor of Continuity)** : 유사한 배열이 하나의 그룹화(grouping)로 지각되는 것으로 공동운명의 법칙이라고도 한다.

ⓓ **폐쇄성(Factor of Closure)** : 감각 자료에서 얻어진 형태가 완전한 형태를 이룰 수 있는 방향으로 체계화가 이루어진 것이다. 즉, 시각적 요소들이 어떤 형성을 지각하게 하는 데 있어서 폐쇄된 느낌을 주는 법칙이다.

10 |

VMD(Visual Merchandising)에 관한 설명으로 옳지 않은 것은?

① 다른 상점과 차별화하여 상업공간이 아름답고 개성 있게 하는 것도 VMD의 기본 전개 방법이다.

② VMD의 구성 요소 중 VP는 점포의 주장을 강하게 표현하며 IP는 구매 시점상에 상품정보를 설명한다.

③ 상점의 영업방침을 기본으로 고객의 시각에 비치는 파사드만을 상점의 개성에 따라 통일된 이미지를 만들어 전개한다.

④ 쇼윈도와 VP는 하나의 통일성 있는 방법으로 상점 정책에 맞게 표현되도록 한다.

해설 ⓐ **VMD(Visual Merchandising)** : 상품계획, 상점계획, 판촉 등을 시각화시켜 상점 이미지를 고객에게 인식시키는 판매 전략으로 상점의 이미지 형성, 타 상점과의 차별화, 자기 상점의 주장 과정으로 전개된다.

ⓑ **VMD의 요소**
- 쇼윈도(Show window)
- VP(Visual Presentation) : 상점 점두, 쇼윈도의 이미지 형성 전반에 대한 계획
- IP(Item Presentation) : 상품의 분류, 행거, 선반, 쇼케이스 등
- 매장의 상품 진열

11 |

특수 전시 방법 중 현장감을 실감나게 표현하는 방법으로 하나의 사실 또는 주제의 시간 상황을 고정시켜 연출하는 것은?

① 멀티비전 ② 디오라마 전시
③ 아일랜드 전시 ④ 하모니카 전시

해설 ① **멀티비전(Multivision)** : 여러 대의 모니터를 상하 좌우로 배치하여 큰 화면을 만들어 멀티 디스플레이를 하기 위하여 만든 연출 설비이다.

③ **아일랜드(Island) 전시** : 사방에서 감상해야 할 필요가 있는 조각물이나 모형을 전시하기 위해 벽면에서 띄어놓아 전시하는 방법으로, 관람자의 동선을 자유롭게 변화시킬 수 있어 전시 공간을 다양하게 사용할 수 있다.

④ **하모니카(Harmonica) 전시** : 사각형 평면을 반복시켜 전시 공간을 구획하는 가장 기본적인 공간 구성 방법으로, 벽면의 진열장 전시에서 전시 항목이 짧고 명확할 때 채택하면 전시 효율을 높일 수 있다.

12

건축 도면의 글자 및 치수에 관한 설명으로 옳지 않은 것은?

① 숫자는 아라비아 숫자를 원칙으로 한다.
② 치수는 특별히 명시하지 않는 한 마무리 치수로 표시한다.
③ 글자체는 수직 또는 15° 경사의 고딕체로 쓰는 것을 원칙으로 한다.
④ 치수는 치수선에 평행하게 도면의 오른쪽에서 왼쪽으로 읽을 수 있도록 한다.

해설 건축 도면의 글자 및 치수에서 치수는 치수선에 평행하게 도면의 왼쪽에서 오른쪽으로 읽을 수 있도록 기재한다.

13

공동주택의 평면형식에 관한 설명으로 옳지 않은 것은?

① 계단실형은 거주의 프라이버시가 높다.
② 중복도형은 엘리베이터 이용효율이 높다.
③ 편복도형은 거주성이 균일한 배치구성이 가능하다.
④ 집중형은 대지의 이용률은 낮으나 대규모 세대의 집중적 배치가 가능하다.

해설 공동주택의 평면형식
　ⓐ 집중형 : 중앙에 엘리베이터와 계단을 배치하고, 그 주위에 많은 단위 주거를 집중시켜 배치하는 형식으로 대지의 이용률이 높고 대규모 세대에 적합하다. 단위 주거의 수가 적을 때 탑 모양으로 계단실형에 가까운 모양이 되지만, 단위 주거의 위치에 따라 일조 조건이 불균등해지므로, 평면 계획에서 특별한 배려가 있어야 한다.
　ⓑ 계단실형(홀형) : 계단실 또는 엘리베이터 홀에서 직접 단위 주거로 들어가는 형식으로 단위 주거에 따라 2단위 주거형, 다수 단위 주거형으로 구분하며 1대의 엘리베이터에 대한 이용률이 가장 낮다.
　ⓒ 편복도형 : 엘리베이터 1대당 이용 단위 주거의 수를 늘릴 수 있기 때문에 계단실형보다 효율적이며 공용 복도를 통해 각 세대에 출입하는 형식으로 긴 주동 계획에 이용된다.
　ⓓ 중복도형 : 대지의 이용률이 높아 시가지 내에서 소규모 단위 주거를 고밀도로 계획할 때 적당하고 도심부의 독신자 아파트에도 적합하다.

14

도면 작성 시 사용되는 선에 대한 설명 중 옳지 않은 것은?

① 일점쇄선은 중심선, 절단선, 기준선 등에 쓰인다.
② 파선은 보이지 않는 부분의 모양을 표시하는 선이다.
③ 실선은 치수선, 치수보조선, 인출선 등에 쓰인다.
④ 점선은 파선과 구별선이고 이점쇄선은 실선과 구별선이다.

해설 점선은 파선과 구별할 구별선이고 이점쇄선은 가상선으로 일점쇄선과 구별선이다.

15

비대칭 균형에 관한 설명으로 옳은 것은?

① 완고하거나 여유, 변화가 없이 엄격, 경직될 수 있다.
② 가장 완전한 균형의 상태로 공간에 질서를 주기가 용이하다.
③ 자연스러우며 풍부한 개성을 표현할 수 있어 능동의 균형이라고도 한다.
④ 형이 축을 중심으로 서로 대칭적인 관계로 구성되어 있는 경우를 말한다.

해설 비대칭적 균형(Asymmetry balance) - 비정형적 균형(Unformal balance)
물리적으로 불균형이지만 시각적으로는 균형을 이루는 것으로 자유분방하고 경우에 따라서 아름답고 미묘한 처리가 가능하며, 긴장감, 율동감 등의 생명감을 느끼는 효과가 있다.

16

다음과 같은 특징을 갖는 상점 진열대의 배치형식은?

- 진열대의 설치가 간단하여 경제적이다.
- 매장이 단조롭거나 국부적인 혼란을 일으킬 우려가 있다.

① 복합형　　　　　　② 직렬배치형
③ 환상배열형　　　　④ 굴절배치형

해설 상점의 진열대 배치형식

ㄱ 복합 형식 : 직렬, 굴절, 환상 형식을 적절히 조합시킨 형식으로 뒷면부에 대면 판매 또는 접객 부분을 설치한다. 부인복점, 피혁제품점, 서점 등에 적합하다.

ㄴ 직렬(직선) 형식 : 진열 케이스, 진열대, 진열창 등을 입구부터 안을 향해 직선적으로 구성하는 형식으로 고객의 흐름이 빠르고 부분별 진열이 용이하며 대량 판매가 가능하다. 주로 서점, 침구, 실용의복, 가전, 식기코너 등에 적합하다.

ㄷ 환상 형식 : 중앙 쇼케이스, 테 등으로 직선 또는 곡선에 의한 환상 부분을 설치하며 레지스터리, 포장대 등을 안에 놓는 형식으로 중앙의 대면 부분에서는 소형 상품과 고액 상품을 진열하고 벽에는 대형 상품을 진열한다. 주로 민예품점, 수예품점 등에 적합하다.

ㄹ 굴절 형식 : 진열 케이스 배치와 고객의 동선을 굴절시켜 곡선으로 구성하여 대면 판매와 측면 판매를 조합하여 이루어지도록 한 형식이다. 주로 양품, 모자, 안경, 문구 코너 등에 적합하다.

17 |

공간의 레이아웃에 관한 설명으로 가장 알맞은 것은?

① 조형적 아름다움을 부각하는 작업이다.

② 생활행위를 분석해서 분류하는 작업이다.

③ 공간에서의 이동 패턴을 계획하는 동선계획이다.

④ 공간을 형성하는 부분과 설치되는 물체의 평면상 배치계획이다.

해설 공간의 레이아웃(layout)

생활행위를 분석하여 공간배분계획에 따라 배치하는 것으로 실내디자인의 기본 요소인 바닥, 벽, 천장과 가구, 집기들의 위치를 결정하는 것을 말한다.

ㄱ 공간 상호 간의 연계성(zoning)

ㄴ 출입 형식

ㄷ 동선체계와 시선계획 고려

ㄹ 인체공학적 치수와 가구 설치

18 |

주택 거실의 가구 배치 방법 중 두 벽면을 이용하여 배치하는 형식으로 시선이 마주치지 않아 안정감이 있는 것은?

① 대면형   ② ㄷ자형

③ 코너형   ④ 직선형

해설 거실의 가구 배치 방법

ㄱ 대면형 : 좌석이 서로 마주 보게 배치하는 형식으로서, 서로 시선이 마주쳐 어색한 분위기가 연출 될 수 있다.

ㄴ ㄷ자형(U자형) : 중앙의 탁자를 중심으로 좌석을 정원, 벽난로, TV 등을 향하도록 하는 배치법이다. 시선이 부딪히지 않게 초점을 형성할 수 있어 부드러운 분위기를 만들 수 있다.

ㄷ ㄱ자형(코너형) : 서로 직각이 되도록 배치하는 것으로, 주로 코너 공간을 잘 이용한다. 시선이 부딪히지 않아 심리적 부담감이 적다. 좁은 공간이면서 활동 면적이 커져 공간 활용성이 크다.

ㄹ 직선형(일자형) : 좁은 공간에 좋으나 일렬로 배치하는 방법으로 상대가 보이지 않아 어색한 분위기가 연출될 수 있다.

ㅁ 자유형 : 어떤 유형에도 구애받지 않고 자유롭게 배치한 형태로 개성적인 실내 연출이 가능하다.

19 |

디자인 원리 중 조화를 가장 적절히 표현한 것은?

① 중심축을 경계로 형태의 요소들이 시각적으로 균형을 이루는 상태

② 전체적인 구성방법이 질적, 양적으로 모순 없이 질서를 이루는 것

③ 저울의 원리와 같이 중심축을 경계로 양측이 물리적으로 힘의 안정을 구하는 현상

④ 규칙적인 요소들의 반복으로 디자인에 시각적인 질서를 부여하는 통제된 운동감각

해설 디자인의 원리

ㄱ 대칭(Symmetry) : 형태나 크기, 위치 등이 축을 중심으로 양편에 균등하게 놓이는 경우로 안정감과 엄숙함, 완고함, 단순함 등의 느낌을 주며, 공간에 질서를 부여하고 보다 정적이며 부드러운 느낌을 주나 활기가 부족하고 비독창적이 되기 쉽다.

ㄴ 조화(Harmony) : 두 개 이상의 조형 요소가 부분과 부분 사이, 부분과 전체 사이에서 공통성과 이질성이 공존하면서 감각적으로 융합해 새로운 성격을 창출하며, 쾌적한 아름다움이 성립될 때를 말한다.

ㄷ 균형(balance) : 실내공간에 편안함과 침착함 및 안정감을 주며, 눈이 지각하는 것처럼 중량감을 느끼도록 한다.

ㄹ 리듬(Rhythm) : 음악적 감각인 청각적 원리를 시각적으로 표현하는 것으로, 부분과 부분 사이에 시각적으로 강약의 힘이 규칙적으로 연속될 때 나타나며 규칙적인 요소들의 반복으로 나타나는 통제된 운동감이다.

20 |

사무소 건축에서 개방식 배치의 한 형식으로, 업무와 환경을 경영관리 및 환경적 측면에서 개선하여 배치를 의사 전달과 작업 흐름의 실제적 패턴에 기초를 두는 것은?

① 아트리움(atrium)
② 싱글 오피스(single office)
③ 스마트 시스템(smart system)
④ 오피스 랜드스케이프(office landscape)

해설 오피스 랜드스케이핑(Office landscaping)
개방식 배치 형식으로 배치는 의사 전달과 작업 흐름의 실제적 패턴에 기초로 하여 작업장의 집단을 자유롭게 그룹핑하여 불규칙한 평면을 유도하는 방식으로 칸막이를 제거함으로써 청각적 문제에 주의를 요하게 되며 독립성도 떨어진다.

2과목 실내디자인 색채 및 사용자 행태분석

21 |

디지털 색채 체계에 대한 설명 중 옳은 것은?

① RGB 색 공간에서 각 색의 값은 0~100%로 표기한다.
② RGB 색 공간에서는 모든 원색을 혼합하면 검은색이 된다.
③ L*a*b* 색 공간에서 L*은 명도를, a*는 빨강과 초록을, b*는 노랑과 파랑을 나타낸다.
④ CMYK 색 공간은 RGB 색 공간보다 컬러의 범위가 넓어 RGB 데이터를 CMYK 데이터로 변환하면 컬러가 밝아진다.

해설 디지털 색채 체계
㉠ RGB은 빛의 삼원색을 이용하여 색을 표현하는 방식이다. 색광 혼합(가법 혼색, 가산 혼합)
㉡ RGB 색 공간에서 각 색의 값은 0~255이다.
㉢ RGB 색 공간에서 모든 원색을 혼합할수록 명도가 높아져 백색광에 가까워진다. 즉, 빨강(R)+녹색(G)+파랑(B)=흰색(W : White)
㉣ CMYK(감산혼합)의 색 공간은 RGB나 HSB(HSV) 색 공간보다 표현 가능한 색이 적다.
㉤ CMYK(4도)는 인쇄에 쓰이는 4가지 색을 이용한 잉크 체계를 뜻하며, 각각 시안(Cyan), 마젠타(Magenta), 옐로(Yellow), 블랙(Black)을 나타낸다. (감산혼합)

22 |

물체 표면의 색은 빛이 각 파장에 어떠한 비율로 반사되는가에 따라 판단되는데, 이것을 무엇이라 하는가?

① 분광 분포율
② 분광 반사율
③ 분광 조성
④ 분광

해설 분광 반사율(Spectral reflectance)
물체가 빛에 대하여 반사되는 색의 파장과 투과되는 파장에 대한 분광 분포 비율로 물체색이 결정되는 반사율을 말한다.

23 |

CIE 색도도에 관한 설명 중 틀린 것은?

① 빛의 혼색 실험에 기초한 것이다.
② 백색광은 색도도 중앙에 위치한다.
③ 적, 녹, 청의 3색 광을 혼합하여 3자 극치에 따른 표색 방법이다.
④ 색도도의 모양은 타원형으로 되어 있다.

해설 CIE 색도도(chromaticity diagram)
스펙트럼 궤적과 단색광 궤적으로 둘러싸인 말발굽 형태의 색도도로 그 부분은 실제 광자극의 좌표를 발견할 수 있는 최대색도범위를 나타낸다.
물리학자 T, 야크가 발견하고 후에 H, 헬름홀츠가 확충한 빛의 3원색(R=적, G=녹, B=청자)의 가법 혼색의 원리에 기초를 두고 발전한 것으로 색도도를 사용하여 색을 Yxy의 세 가지 값으로 나타내고 Y가 반사율로 명도에 대응하고 xy가 색도가 된다.

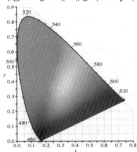

24 |

밝은 곳에 있는 백지와 어두운 곳에 있는 백지를 비교해 볼 때 분명히 후자의 것이 어둡게 보이는데도 불구하고 우리는 둘 다 백지로 받아들인다. 이것은 어떠한 성질 때문인가?

① 명시성
② 항상성
③ 상징성
④ 유목성

해설 ① 명시성 : 같은 거리에 같은 크기의 색이 있을 때 확실하게 보이는 색과 확실히 보이지 않는 색이 있다. 이때 얼마만큼 잘 보이는가를 나타내는 것으로 명시도, 가시성이라고도 한다.

② 상징성 : 색의 연상은 많은 사람에게 공통성을 가지며 전통과 결합되어 일반화되면 하나의 색이 특정한 것을 뜻하는 상징성을 띠게 된다. 예를 들어 빨간색은 흥분, 피, 위험 등의 상징성을 가지고 있다.

③ 유목성 : 어떤 대상을 의도적으로 보고자 하지 않아도 사람의 시선을 끄는 색의 성질로 글자나 기호, 그림글자(픽토그램) 등 알아보기 쉬운 정도를 가리킨다.

25

보색에 대한 설명으로 틀린 것은?

① 보색인 2색은 색상환상에서 90° 위치에 있는 색이다.

② 두 가지 색광을 섞어 백색광이 될 때 이 두 가지 색광을 서로 상대색에 대한 보색이라고 한다.

③ 두 가지 색의 물감을 섞어 회색이 되는 경우 그 두 색은 보색 관계이다.

④ 물감에서 보색의 조합은 빨강－청록, 초록－자주이다.

해설 보색

㉠ 색상환에서 가장 먼 정반대쪽(180°)의 색은 서로 보색 관계이다.

㉡ 보색은 여색이라고도 하는데, 보색인 두 색을 혼합하면 무채색이 된다.

㉢ 빨강(Red)－청록(Cyan), 파랑(Blue)－노랑(Yellow), 녹색(Green)－자주(Magenta)는 서로 보색 관계이다.

26

두 색이 부조화한 색일 경우, 공통의 양상과 성질을 가진 것으로 배색하면 조화한다는 저드의 색채 조화 원리는?

① 질서의 원리   ② 숙지의 원리

③ 유사의 원리   ④ 비모호성의 원리

해설 저드의 색채 조화 4가지 원리

㉠ 질서의 원리 : 색의 체계에서 규칙적으로 선택된 색들끼리 조화된다.

㉡ 숙지의 원리(친근성의 원리) : 사람들에게 쉽게 어울릴 수 있는 배색이 조화된다.

㉢ 동류(공통성, 유사성)의 원리 : 배색된 색들끼리 공통된 양상과 성질(색상, 명도, 채도)이 내포되어 있을 때 조화된다.

㉣ 비모호성(명료성)의 원리 : 색상, 명도, 채도 또는 면적의 차이가 분명한 배색이 조화롭다.

27

모자이크, 직물 등의 병치 혼합에 관한 특징이 아닌 것은?

① 회전 혼합과 같은 평균 혼합이다.

② 중간 혼색으로 가법 혼색에 속한다.

③ 채도가 낮아지는 상태에서 중간색을 얻을 수 있다.

④ 병치 혼합의 원리를 이용한 효과를 '베졸드 효과(Bezold effect)'라고 한다.

해설 병치 혼합

고흐, 쇠라, 시냑 등 인상파 화가들의 표현 기법으로 여러 가지 색이 조밀하게 분포되어 있을 경우에 멀리서 보면 각각의 색들이 주위의 색들과 혼합되어 보이는 현상으로 채도는 그대로 유지되면서 중간색으로 보이거나 선명하고 밝아 보이는 혼합이다. 모자이크, 직물, TV의 영상, 신인상파의 점묘화, 옵아트 등에서 찾아볼 수 있다.

28

색차에 대한 설명 중 틀린 것은?

① 색차(color difference)란 동일한 조건 하에서 계산하거나 측정한 두 색들 간의 차이를 말한다.

② 색차에서 동일한 조건이란 동일한 종류의 조명, 동일한 크기의 시료(샘플), 동일한 주변색, 동일한 관측 시간, 동일한 측색 장비, 동일한 관측자 등을 말한다.

③ 색차의 계산 및 색차의 측정은 색채 관련 학계 및 산업계에서 필수적인 요소이다.

④ 색차의 계산 및 색차의 측정은 컴퓨터를 활용한 원색 재현 과정의 핵심적인 부분은 아니다.

해설 색차(color difference)의 계산 및 측정은 디자인이나 디지털 색 처리에 기본적으로 사용되며 모니터, 컬러 프린터, 스캐너, 카메라 등의 컬러 영상 장비 개발 및 응용 단계에서 정확한 색을 재현하기 위하여 필수적으로 활용되고 있다.

29

낮에는 빨갛게 보이는 물체가 날이 저물어 어두워지면 어둡게 보이고, 또 낮에는 파랗게 보이는 물체가 어두워지면 더 밝게 보이는 것은 무엇 때문인가?

① 연색성   ② 메타메리즘

③ 푸르킨예 현상   ④ 색각 항상

① 연색성 : 조명에 의한 물체색의 보이는 상태 및 물체색의 보이는 상태를 결정하는 광원의 성질을 말한다.
② 메타메리즘(metamerism) : 광원에 따라 물체의 색이 달라져 보이는 것과는 달리 분광 반사율이 다른 2가지의 색이 어떤 광원 아래에서는 같은 색으로 보이는 현상이다.
④ 색의 항상성(color constancy) : 조명이나 관측 조건이 변화함에도 불구하고, 우리는 주어진 물체의 색을 동일한 것으로 간주하는 것이다. 색각 항상이나 색채 불변성이라고도 한다.

30 |

먼셀 표색계에 대한 설명 중 옳은 것은?

① 모든 색은 흑(B)＋백(W)＋순색(C)＝100%가 되는 혼합비에 의하여 구성되어 있다.
② 먼셀의 색상에서 기본색은 빨강, 노랑, 녹색, 파랑, 보라의 5색이다.
③ 먼셀 표색계는 복원추체 모양이다.
④ 무채색 축을 중심으로 24색상을 가진 등색상 삼각형이 배열되어 있다.

 오스트발트 표색계에는 어떤 색상이라도 B+W+C 혼합량이 100%로 되어 있다.
①, ③, ④는 오스트발트 표색계에 대한 설명이다.

31 |

가구를 인체공학적 입장에서 분류하였을 경우에 관한 설명으로 옳지 않은 것은?

① 침대는 인체계 가구이다.
② 책상은 준인체계 가구이다.
③ 수납장은 준인체계 가구이다.
④ 작업용 의자는 인체계 가구이다.

해설 가구의 분류(인체학적)
㉠ 인체계 가구 : 의자, 침대, 소파, 벤치 등과 같이, 가구 자체가 직접 인체를 지지하는 가구로 인체 지지용 가구 또는 에르고믹스(ergonomics)계 가구라 한다.
㉡ 준인체계 가구 : 사람과 물체, 물체와 물체의 관계를 갖는 가구로 테이블, 책상, 조리대, 카운터, 판매대 등 작업용 가구를 말하며 세미 에르고믹스(semi ergonomics)계 가구라고 한다.
㉢ 건축계 가구 : 물체와 물체, 물체와 공간과의 관계를 갖는 가구로 선반, 옷장, 칸막이 등 수납용 가구로 셸터(shelter)계 가구라고도 한다.

32 |

시스템 가구에 관한 설명으로 옳지 않은 것은?

① 단순미가 강조된 가구로 수납기능은 떨어진다.
② 규격화된 단위 구성재의 결합으로 가구의 통일과 조화를 도모할 수 있다.
③ 기능에 따라 여러 가지 형태로 조립, 해체가 가능하여 배치의 합리성을 도모할 수 있다.
④ 모듈 계획을 근간으로 규격화된 부품을 구성하여 시공기간 단축 등의 효과를 가져 올 수 있다.

 시스템 가구(System furniture)
이동식 가구의 일종으로 인체 치수와 동작을 위한 치수 등을 고려하여 규격화(modular)된 디자인으로 각 유닛이 조합하여 전체 가구를 구성하는 것으로 대량생산이 가능하여 생산비가 저렴하고, 형태나 성격 또는 기능에 따라 여러 가지와 배치가 가능하여 자유롭고, 합리적이며 융통성이 큰 다목적용 공간 구성이 가능하다.

33 |

인체의 생리적 부담척도에 해당하지 않는 것은?

① 심박수　　　　　　② 뇌전도
③ 근전도　　　　　　④ 산소 소비량

 생리학적 측정법 및 작업의 종류에 따른 생리학적 측정법
㉠ 생리학적 측정법
• 근전도(EMG) : 근육 활동의 전위차를 기록한 것으로 심장근의 근전도를 특히 심전도라고 하며, 신경활동 전위차의 기록은 ENG라고 한다.
• 피부전기반사(GSR) : 작업부하의 정신적 부담도가 피로와 함께 증대하는 양상을 수장 내측의 전기저항 변화에서 측정하는 것으로 피부전기저항 또는 정신 전류현상이라고도 한다.
• 프릿가 값 : 정신적 부담이 대뇌피질의 활동 수준에 미치고 있는 영향을 측정한 것이다.
㉡ 작업의 종류에 따른 생리학적 측정법
• 정적근력작업 : 에너지대사량과 맥박수(심장수)와의 상관관계 및 시간적 경과, 근전도(ENG) 등
• 동적근력작업 : 에너지대사량, 산소 소비량, CO_2 배출량, 호흡량, 맥박수, 근전도 등
• 신경적 작업 : 맥박수, 피부전기반사, 매회 평균 호흡진폭
• 심적 작업 : 프릿가 값
• 작업부하, 피로 등의 측정 : 호흡량, 근전도, 프릿가 값
• 긴장감 측정 : 맥박수, 피부전기반사

34

관절에서 몸의 뼈와 뼈를 결합시켜 주는 기능을 하는 것은?

① 건(tendon)
② 근육(muscles)
③ 척수(spinal cord)
④ 인대(ligament)

해설 ① 힘줄(건[腱] tendons) : 근육과 뼈를 연결해준다.
② 근육(muscle) : 근육조직은 주로 운동에 관여하는 데 수축성 세포로 이루어진다. 질긴 힘줄로 뼈와 연결한다.
③ 척수(spinel cord) : 척추 뼈 안에 들어 있는 신경세포로 척추에 의해 보호받으며, 척추 내에는 감각 뉴런과 운동 뉴런이 모여 있다. 척수의 가장 중요한 기능은 뇌와 온몸의 신경계를 잇는 역할이다. 즉, 말초 신경계에서 받아들이는 자극은 척수를 통해 뇌로 올라가고, 마찬가지로 뇌에서 보내는 운동 신호는 척수로 내려와서 말초 신경계로 보내진다(자극 → 척수 → 뇌 → 척수 → 반응).
④ 인대(ligament) : 뼈와 뼈를 연결해준다.

35

인간의 눈에 대한 설명으로 옳은 것은?

① 망막을 구성하고 있는 감광 요소 중 간상세포는 색의 구분을 담당한다.
② 황반 부위에는 간상세포가 집중적으로 분포되어 있다.
③ 시각이란 보는 물체에 의한 눈에서의 대각이며, 일반적으로 분($'$) 단위로 나타낸다.
④ 수정체는 눈으로 들어오는 빛의 양을 조절한다.

해설 • 추상체(추상세포, 원추세포, 원추체 cone cell) : 낮처럼 빛이 많을 때의 시각과 색의 감각을 담당하고 있으며, 망막 중심 부근에 5~7백만 개의 세포로서 가장 조밀하고 주변으로 갈수록 적게 된다.
• 간상체(간상세포) : 망막 주변 표면에 널리 분포되어 있으며, 세포는 1.1~1.25억 개 정도로 추산되고 전색맹으로서 흑색, 백색, 회색만을 감지하는 데 명암 정보를 처리하고 초록색에 가장 예민하다.
• 황반 : 망막은 안구의 안쪽을 덮는 신경조직으로, 망막의 중심부에 1.5mm 정도 함몰된 부위로 눈의 중심 시력을 담당하며, 빛이 초점을 맺는 부위로 추상세포가 집중적으로 분포되어 있고 시각정보를 받아들여 대뇌로 보내주어 사물을 인식할 수 있도록 한다. 특히 사물의 명암, 색, 형태를 감지한다.
• 수정체 : 물체의 거리에 따라 먼 곳을 볼 때는 두께가 얇아지고 가까운 곳을 볼 때는 두께가 두꺼워지면서 망막에 상이 분명히 맺히도록 하는 카메라의 렌즈 역할을 한다.

36

다음 중 신체 관절 운동에 관한 설명으로 옳은 것은?

① 내선(medial rotation)이란 신체의 중앙에서 바깥으로 회전하는 운동을 말한다.
② 외선(lateral rotation)이란 신체의 바깥에서 중앙으로 회전하는 운동을 말한다.
③ 외전(abduction)이란 관절에서의 각도가 감소하는 인체 부분의 동작을 말한다.
④ 내전(adduction)이란 신체의 부분이 신체의 중앙이나 그것이 향해있는 방향으로 움직이는 동작을 말한다.

해설 신체 각 부위의 운동
㉠ 내선(medial rotation) : 몸의 바깥에서 중앙으로 회전하는 운동
㉡ 외선(lateral rotation) : 몸의 중앙에서 바깥으로 회전하는 운동
㉢ 외전(abduction) : 몸의 중심이나 붙어있는 부분에서 멀어지는 방향으로 움직이는 동작
㉣ 굴곡(flexion) : 부위 간의 각도를 감소시키거나 굽히는 동작
㉤ 신전(extension) : 부위 간의 각도를 증가시키는 동작으로 굴곡에서 정상으로 돌아오는 동작

37

인체 측정치의 최대 집단치를 적용하는 대상으로 적절하지 않은 것은?

① 탈출구의 넓이
② 출입문의 높이
③ 그네의 지지 하중
④ 버스의 손잡이 높이

해설 인체 측정치 적용의 원칙
㉠ 최대 집단치 설계 – 최대 치수
• 대상집단에 대한 인체계측 변수의 상위 백분위 수를 기준으로 하며 90%, 95%, 99%치가 사용된다.
• 최대 집단치로 측정해야 할 사항은 문, 탈출구, 통로 등의 여유 공간과 그네, 줄사다리와 같은 지지물, 등산용 로프의 강도 등이 있다.
㉡ 최소 집단치 설계 – 최소 치수
• 인체계측 변수 분포의 1%, 5%, 10% 같은 하위 백분위 수를 기준으로 하며, 도달거리에 관련된 설계에 사용된다.
• 조종장치까지의 거리, 선반의 높이, 엘리베이터 조작 버튼의 높이, 의자의 높이, 버스의 손잡이 등이 해당한다.

38 |

기초 대사량에 관한 설명으로 가장 적절한 것은?

① 단위시간당 소비되는 산소 소비량
② 생명 유지에 필요한 단위시간당 에너지량
③ 단위시간 동안 운동한 후 소비된 에너지량
④ 에너지 섭취 시 소요되는 단위시간당 에너지량

해설 기초 대사량
    ㉠ 안정상태에서 생명유지에 필요한 최소한의 작용을 유지하기 위해 소비되는 대사량(에너지량)
    ㉡ 성인의 경우 보통 1,500~1,800kcal/일이며, 기초 대사와 여가에 필요한 대사량은 약 2,300kcal/일이다.

39 |

짐을 나르는 방법에 따른 에너지(산소 소비량)가 가장 높은 것은?

① 배낭 형태로 나른다.
② 머리에 이고 나른다.
③ 양손에 들고 나른다.
④ 등과 가슴을 이용하여 나른다.

해설 짐 나르기에 따른 산소 소비량(=에너지 소비량)
    양손(144) > 목도(129) > 쌀자루(123) > 이마(114) > 배낭(109) > 머리(103) > 등·가슴(100)

40 |

동작경제의 원칙에 있어 작업장의 배치에 관한 원칙에 해당하는 것은?

① 공구의 기능을 결합하여 사용하도록 한다.
② 모든 공구나 재료는 자기 위치에 있도록 한다.
③ 계속적인 곡선 운동보다는 갑작스런 방향 전환을 하여 시간을 절약한다.
④ 눈의 초점을 모아야 작업을 할 수 있는 경우는 가능하면 없애도록 한다.

해설 작업장의 배치에 관한 원칙
    ㉠ 모든 공구나 재료는 지정된 위치에 있도록 한다.
    ㉡ 공구, 재료 및 제어장치는 사용 위치에 가까이 두도록 한다. (정상작업영역, 최대작업영역)
    ㉢ 중력이송원리를 이용한 부품상자(gravity feed bin)나 용기를 이용하여 부품 사용 장소에 가까이 보낼 수 있도록 한다.

㉣ 가능하다면 낙하식 운반(drop delivery) 방법을 사용한다.
㉤ 공구나 재료는 작업동작이 원활하게 수행하도록 그 위치를 정해준다.
㉥ 작업자가 잘 보면서 작업을 할 수 있도록 적절한 조명을 비추어 준다.
㉦ 작업자가 작업 중 앉거나 서는 것을 임의로 할 수 있도록 작업대와 의자 높이가 조정되도록 한다.
㉧ 작업자가 좋은 자세를 취할 수 있도록 높이가 조절되는 의자를 제공한다.

3과목 실내디자인 시공 및 재료

41 |

저급점토, 목탄가루, 톱밥 등을 혼합하여 성형 후 소성한 것으로 단열과 방음성이 우수한 벽돌은?

① 내화벽돌
② 보통벽돌
③ 중량벽돌
④ 경량벽돌

해설 내화벽돌은 높은 온도를 요하는 장소(용광로, 시멘트 및 유리 소성 가마, 굴뚝 등)에 사용하는 벽돌이고, 보통벽돌은 진흙을 빚어 소성하여 만든 벽돌로서 불완전 연소로 구운 검정 벽돌, 완전 연소로 구운 붉은 벽돌 등이 있다.

42 |

다음 미장재료 중 공기 중의 탄산가스와 반응하여 화학변화를 일으켜 경화하는 것은?

① 회반죽
② 시멘트 모르타르
③ 혼합석고 플라스터
④ 경석고 플라스터

해설 시멘트 모르타르, 혼합석고 플라스터 및 경석고 플라스터는 수경성(수화 작용에 충분한 물만 있으면 공기 중에서나 수중에서 굳어지는 성질)의 재료이고, 회반죽은 기경성(충분한 물이 있더라도 공기 중에서만 경화하고, 수중에서는 굳어지지 않는 성질)의 재료이다.

정답 38. ② 39. ③ 40. ② 41. ④ 42. ①

43 |

목조 벽체에 사용되는 가새에 대한 설명으로 옳지 않은 것은?

① 목조 벽체를 수평력에 견디게 하고 안정한 구조로 하기 위해 사용된다.
② 수평 하중이 매우 큰 경우에는 가새보다 버팀대를 사용하는 것이 효과적이다.
③ 주요 건물에서는 한 방향 가새로만 하지 않고 X자 형으로 하여 인장과 압축을 겸비하도록 한다.
④ 가새의 경사는 45°에 가까울수록 횡력 저항에 유리하다.

해설 가새는 수평력에 견디게 하고 수직·수평재의 각도 변형을 방지하여, 안정된 구조로 하기 위한 목적으로 쓰이는 경사재로서 버팀대보다 강하며, 경사는 45°로 한다.

44 |

다음 중 열경화성 수지가 아닌 것은?

① 페놀 수지
② 요소 수지
③ 멜라민 수지
④ 폴리스티렌 수지

해설 합성수지의 분류

열경화성 수지	페놀(베이클라이트) 수지, 요소 수지, 멜라민 수지, 폴리에스테르 수지(알키드 수지, 불포화 폴리에스테르 수지), 실리콘 수지, 에폭시 수지 등
열가소성 수지	염화·초산비닐 수지, 폴리에틸렌 수지, 폴리프로필렌 수지, 폴리스티렌 수지, ABS 수지, 아크릴산 수지, 메타아크릴산 수지
섬유소계 수지	셀룰로이드, 아세트산 섬유소 수지

45 |

유리가 불화수소에 부식하는 성질을 이용하여 판유리 면에 그림, 문자 등을 새긴 유리는?

① 스테인드유리
② 샌드블라스트유리
③ 에칭유리
④ 내열유리

해설 스테인드유리는 색유리나 색을 칠해 무늬나 그림을 나타낸 유리이고, 샌드블라스트유리는 유리면에 오려낸 모양판을 붙이고, 모래를 고압 증기로 뿜어 오려낸 부분은 마모시켜 유리면에 무늬 모양을 만든 판유리이며, 내열유리는 규산분이 많은 유리로 성분은 석영 유리에 가까우며, 열팽창계수가 작고 연화온도가 높아 내열성이 강한 유리이다.

46 |

이동식 비계를 조립하여 작업하는 경우의 준수 사항으로 옳지 않은 것은?

① 이동식 비계의 바퀴를 고정시킨 다음 비계의 일부를 견고한 시설물에 고정하거나 아웃리거를 설치하는 등 필요한 조치를 할 것
② 비계의 최상부에서 작업을 하는 경우에는 안전 난간을 설치할 것
③ 작업발판은 항상 수평을 유지하고 작업발판 위에서 안전난간을 딛고 작업을 하거나 받침대 또는 사다리를 사용하여 작업하지 않도록 할 것
④ 작업발판의 최대적재하중은 250kg을 초과하도록 할 것

해설 작업발판의 최대적재하중은 250kg을 초과하지 않도록 하고, 승강용 사다리는 견고하게 설치할 것(산업안전보건기준에 관한 규칙 제68조)

47 |

도장공사에 있어서 철재면의 바탕 만들기의 방법에 대한 설명 중 옳지 않은 것은?

① 바탕 만들기는 일반적으로 가공장소에서 바탕재 조립 전에 한다.
② 오염, 먼지 등은 닦아내고 단조, 용접, 리벳접합 등의 부분에 부착된 불순물을 스크레이퍼, 와이어 브러시, 내수연마지 등으로 제거한다.
③ 기름, 지방분 등의 부착물은 닦아낸 후, 휘발유, 벤졸, 트리클렌, 솔벤트, 나프탈렌 등의 용제로 씻어 내거나 비눗물로 씻고, 찬물 등으로 다시 씻어 건조한다.
④ 녹떨기 후 또는 화학처리 후에는 철재 면에 부착된 수분을 적당한 방법으로 완전히 건조한다.

철재면의 바탕 만들기의 방법

기름, 지방분 등의 부착물은 닦아낸 후, 휘발유, 벤졸, 트리클렌, 솔벤트, 나프탈렌 등의 용제로 씻어 내거나 비눗물로 씻고, 더운물 등으로 다시 씻어 건조한다.

48 |

다음 중 공사감리자의 업무에 속하지 않는 것은?

① 준공 도면을 직접 작성하여 준공 시 관공서에 제출
② 공사시공자가 설계도서에 따라 적합하게 시공하는지 여부의 확인
③ 공사시공자가 사용하는 건축자재가 관계 법령에 따른 기준에 적합한 건축자재인지 여부의 확인
④ 건축물 및 대지가 이 법 및 관계 법령에 적합하도록 공사시공자 및 건축주를 지도

해설 공사감리지의 업무(건축법 제25조, 영 제19조, 규칙 제19조의2)

공사감리자의 업무는 ②, ③, ④항 이외에 다음 사항이 있다.
㉠ 시공계획 및 공사관리의 적정여부의 확인과 건축공사의 하도급과 관련된 다음의 확인
  • 수급인(하수급인을 포함)이 「건설산업기본법」에 따른 시공자격을 갖춘 건설사업자에게 건축공사를 하도급했는지에 대한 확인
  • 수급인이 「건설산업기본법」에 따라 공사현장에 건설기술인을 배치했는지에 대한 확인
㉡ 공사현장에서의 안전관리의 지도, 공정표의 검토, 상세시공도면의 검토·확인
㉢ 구조물의 위치와 규격의 적정여부의 검토·확인, 품질시험의 실시여부 및 시험성과의 검토·확인, 설계변경의 적정여부의 검토·확인

49 |

안장 맞춤을 올바르게 접합한 것은?

① 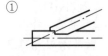   ②

③   ④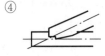

해설 안장 맞춤은 다음과 같다.

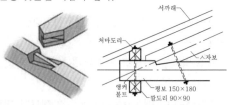

50 |

블록조 벽에 철근콘크리트 테두리보를 설치하는 가장 중요한 이유는?

① 목조 트러스 구조를 올려놓기 위해
② 인방보를 보호하기 위해
③ 내력벽과 일체가 되어 건물의 강성을 높이기 위해
④ 지붕의 하중을 벽체에 균등하게 전달하기 위해

해설 테두리보의 설치는 분산된 벽체를 일체로 하여 하중을 균등히 분포시키고, 세로 철근의 정착 및 집중하중을 받는 부분을 보강하기 위함이다.

51 |

석고 플라스터에 대한 설명으로 옳지 않은 것은?

① 보드용 석고 플라스터는 바탕과의 부착력이 강하고, 석고 라스보드 바탕에 적합하다.
② 수축률이 크고 균열이 쉽게 생긴다.
② 물에 용해되기 때문에 물을 사용하는 부위에는 부적합하다.
③ 가열하면 결정수를 방출하여 온도 상승을 억제하기 때문에 내화성이 있다.

해설 석고는 수축균열을 방지할 수 있는 효과가 있고, 경화속도, 강도 등이 증대되기도 한다.

52 |

타일 시멘트 붙임모르타르의 품질 기준항목에 속하지 않는 것은?

① 개방 시간   ② 흡수율
③ 전단 인장강도   ④ 길이 변화율

해설 타일 시멘트의 품질 기준의 항목에는 위치 교정도(min), 개방 시간(min), 압축 강도(MPa), 흡수율(%), 전단접착 강도(MPa), 길이 변화율(%), 보수율(%) 등이 있다. (KSL 1592 규정)

53|

시방서에 관한 설명으로 옳지 않은 것은?

① 특기시방서는 모든 공사의 공통적인 사항을 국토교통부가 제정한 시방서이다.
② 시방서 작성 시에는 공사 전반에 걸쳐 시공 순서에 맞게 빠짐없이 기재한다.
③ 성능시방서란 목적하는 결과, 성능의 판정기준, 이를 판별할 수 있는 방법을 규정한 시방서이다.
④ 시방서에는 사용재료의 시험검사방법, 시공의 일반사항 및 주의사항, 시공정밀도, 성능의 규정 및 지시 등을 기술한다.

해설 시방서의 종류
시방서는 설계자가 도면에 표시하기 어려운 사항을 자세히 기술하여 설계자의 의사를 충분히 전달하기 위한 문서로서, 종류는 다음과 같다.
ㄱ 일반시방서 : 공사의 기일 등 공사 전반에 걸친 비기술적인 사항을 규정한 시방서이다.
ㄴ 표준시방서 : 모든 공사의 공통적인 사항을 국토교통부가 제정한 시방서이다.
ㄷ 특기시방서 : 특정한 공사별로 건설공사 시공에 필요한 사항을 규정한 시방서이다.
ㄹ 안내시방서 : 공사 시방서를 작성하는 데, 안내 및 지침이 되는 시방서이다.
ㅁ 공사시방서 : 특정공사를 위하여 작성된 시방서를 말하는 것으로 실시 설계도면과 더불어 공사의 내용을 보여주는 시방서이다.

54|

다음은 석재의 버너 마감 공사에 대한 설명이다. 옳지 않은 것은?

① 석재의 종류, 색상, 결, 무늬, 가공형상 등은 마감 정도에 따라 결정한다.
② 원석을 갱쏘(gang-saw) 또는 할석기(diamond blade saw)로 할석하여 표면을 버너 가공한 후 시공도에 의한 크기를 절단한다.
③ 버너 표면 마감요령은 화염온도 약 1,800℃~2,500℃ 불꽃으로 석재판과의 간격을 30mm~40mm 되도록 한다.
④ 석재 표면에 열을 가하여 가공한 후 물 뿌리기를 한다.

해설 석재의 버너 마감에 있어서 석재 표면에 열을 가하여 가공한 후 물 뿌리기를 하지 않는다.

55|

건축재료의 성질에 관한 용어로서 어떤 재료에 외력을 가했을 때 작은 변형만 나타나도 곧 파괴되는 성질을 나타내는 것은?

① 전성　　　　　　② 취성
③ 탄성　　　　　　④ 연성

해설 전성은 어떤 재료를 망치로 치거나 롤러로 누르면 얇게 펴지는 성질을 말한다. 탄성은 재료에 외력이 작용하면 변형이 생기며, 이 외력을 제거하면 재료가 원래의 모양, 크기로 되돌아가는 성질이다. 연성은 어떤 재료에 인장력을 가하였을 때, 파괴되기 전에 큰 늘음 상태를 나타내는 성질을 말한다.

56|

건축용으로는 박판으로 제작하여 지붕 재료로 이용되며, 못 등으로도 이용되나 알칼리성에 약하므로 시멘트, 콘크리트 등에 접하는 곳에서는 부식의 속도가 빠르므로 주의하여야 하는 비철 금속은?

① 동　　　　　　② 납
③ 주석　　　　　④ 니켈

해설 납은 금속 중에서 비교적 비중이 크고 연하며 방사선을 잘 흡수하므로 X선 사용 개소의 천장·바닥에 방호용으로 사용되는 금속이다. 주석은 철판에 도금하여 양철판으로 쓰이며 음료수용 금속 재료의 방식 피복 재료로도 사용되는 금속이다. 니켈은 전성과 연성이 좋고, 내식성이 커서 공기와 습기에 대하여 산화가 잘 되지 않으며, 주로 도금을 하여 장식용으로 쓰일 뿐이며, 대부분 합금하여 사용한다.

57|

온도변화나 수분변화 또는 외력 등에 의하여 건물이나 건물 부위에 발생되는 변형이 타일에 영향을 적게 미치게 하기 위한 바탕면 및 바름층에 설치하는 줄눈으로 옳은 것은?

① 통로줄눈
② 치줄눈
③ 신축조정줄눈
④ 치장줄눈

정답 53. ① 　54. ④ 　55. ② 　56. ① 　57. ③

해설 타일의 줄눈
ㄱ 통로줄눈 : 타일의 줄눈이 잘 맞추어지도록 의도적
으로 수직·수평으로 설치한 줄눈이다.
ㄴ 치줄눈 : 거푸집 면에 타일을 단체로 깔개 붙임할
경우에 타일 줄눈 부위에 설치하는 발포 플라스틱
제 가줄눈이다.
ㄷ 치장줄눈 : 벽돌이나 시멘트 블록의 벽면을 치장으
로 할 때 줄눈을 곱게 발라 마무리한 줄눈이다.

58 |

수밀 콘크리트 공사에 관한 설명으로 옳지 않은 것은?

① 배합은 콘크리트의 소요의 품질이 얻어지는 범위
내에서 단위수량 및 물-결합재비는 되도록 작게
하고, 단위 굵은 골재량은 되도록 크게 한다.

② 소요 슬럼프는 되도록 크게 하되, 210mm를 넘
지 않도록 한다.

③ 연속 타설 시간간격은 외기 온도가 25℃ 이하일
경우에는 2시간을 넘어서는 안 된다.

④ 타설과 관련하여 연직 시공 이음에는 지수판 등
물의 통과 흐름을 차단할 수 있는 방수처리재 등의
재료 및 도구를 사용하는 것을 원칙으로 한다.

해설 수밀 콘크리트 공사에 있어서 콘크리트의 소요 슬럼프
는 가급적 작게 하고, 180mm를 넘지 않도록 하며, 타설
이 용이할 때에는 120mm 이하로 한다.

59 |

다음은 횡선식 공정표에 대한 설명이다. 옳지 않은
것은?

① 개략공정의 내용을 나타내는 데 적합하고, 작성
하기 쉬우며, 간단한 특성이 있다.

② 즉각적으로 보고 이해가 쉽고, 횡선의 길이에
따라 진척도를 판단할 수 있다.

③ 각 공종별 공사와 전체의 공정시기 등이 일목요
연하나, 문제점이 명확하지 못하다.

④ 작업관계가 표현되고, 공사기일이 나타난다.

해설 횡선식 공정표는 작업관계가 표현되지 않고, 공사기일
이 나타나지 않는다.

60 |

트러스 모양의 보로서 웨브에 형강을 사용하지 않고
플레이트 평강을 사용하여 상현재와 하현재의 플랜
지 부분과 직접 접합하여 만든 보로 옳은 것은?

① 래티스보
② 형강보
③ 플레이트보
④ 허니컴보

해설 ② 형강보는 주로 I형강과 H형강을 사용하고, 단면의
크기가 부족한 경우에는 거싯 플레이트를 사용하기도
하고, L형강이나 ㄷ형강은 개구부의 인방이나 도리와
같이 중요하지 않은 부재에 사용하는 보이다.
③ 플레이트보(판보)는 웨브에 철판을 사용하고, 상·
하부에 플랜지 철판을 용접하거나 ㄱ형강을 리벳
으로 접합한 보이다.
④ 허니컴보는 I형강의 웨브를 톱니 모양으로 절단한
후 구멍이 생기도록 맞추고 용접하여 구멍을 각 층
의 배관에 이용하도록 제작한 보이다.

 4과목 **실내디자인 환경**

61 |

열복사에 관한 설명으로 옳지 않은 것은?

① 완전 흑체의 복사율은 1이다.
② Stefan-Boltzmann 법칙과 관계있다.
③ 복사 에너지는 표면 절대 온도의 4승에 비례한다.
④ 동일한 재료는 표면 마감 정도가 달라도 복사율
은 동일하다.

해설 열복사는 어떤 물체에서 발생하는 열에너지가 전달 매
개체 없이 직접 다른 물체에 도달하는 것으로 표면이
거친 재질의 것은 매끈한 재질의 것보다 넓은 면적을
가지므로 많은 열을 흡수 또는 방사한다. 예로, 난방
기의 방열기를 볼 수 있다. 즉, 복사율과 복사열량은
달라진다.

62 |

실내외의 온도차에 의한 공기 밀도의 차이가 원동력
이 되는 환기방식은?

① 중력환기
② 풍력환기
③ 기계환기
④ 국소환기

해설 환기의 방식에는 자연환기와 기계환기 등이 있고, 자연환기는 중력환기(실내 공기와 건물 주변 외기와의 온도차에 의한 공기의 비중량 차에 의해서 환기)와 풍력환기(건물에 풍압이 작용할 때, 창의 틈새나 환기구 등의 개구부가 있으면 풍압이 높은 쪽에서 낮은 쪽으로 공기가 흘러 환기)로 나누며, 기계환기는 제1종 환기(급기팬과 배기팬의 조합), 제2종 환기(급기팬과 자연배기의 조합) 및 제3종 환기(자연급기와 배기팬의 조합)로 구분한다.

63 |

공기조화방식 중 이중 덕트 방식에 대한 설명으로 옳지 않은 것은?

① 전공기 방식의 특징이 있다.
② 혼합 상자에서 소음과 진동이 생긴다.
③ 부하 특성이 다른 다수의 실이나 존에는 적용할 수 없다.
④ 냉·온풍의 혼합으로 인한 혼합 손실이 있어서 에너지 소비량이 많다.

해설 이중 덕트 방식(냉풍과 온풍을 각각의 덕트로 보낸 후 말단의 혼합상자에서 냉·온풍을 열부하에 맞게 혼합하여 각 실에 송풍하는 방식)의 특징은 ①, ②, ④ 이외에 각 실별로 또는 존별로 온습도의 개별제어가 가능하고, 냉·난방을 동시에 할 수 있으며, 융통성의 계획이 가능하다. 반면에 단점으로는 운전비가 많이 들고, 설비비가 증가하며, 덕트의 면적이 증대된다. 또한, 혼합 손실이 크다.

64 |

변전실의 위치 결정 시 고려할 사항으로 옳지 않은 것은?

① 부하의 중심 위치에서 멀 것
② 외부로부터 전원의 인입이 편리할 것
③ 발전기실, 축전지실과 인접한 장소일 것
④ 기기를 반입, 반출하는 데 지장이 없도록 할 것

해설 변전실의 위치 결정 시 고려할 사항은 발전기실, 축전지실과 인접한 장소일 것. 습기나 먼지, 염해, 유독가스의 발생이 적은 장소일 것. 외부로부터 전원의 인입이 편리하고 기기를 반입, 반출하는 데 지장이 없을 것. 특히, 부하의 중심 위치에 있을 것 등이다.

65 |

다음 중 일사차단을 위한 차양과 관계가 없는 것은?

① 수평일사각
② 태양고도
③ 실지수
④ 수직일사각

해설 벽의 방위와 일사량
ⓐ 여름철 : 태양의 고도가 높으므로 수평면의 일사량이 매우 크고 남쪽 수직면에 대한 일사량은 적으며, 오전의 동쪽 수직면, 오후의 서쪽 수직면에 일사량이 많다.
ⓑ 겨울철 : 태양의 고도가 낮으므로 수평면보다 남쪽의 수직면에 일사량이 많다.

66 |

최대 수요 전력을 구하기 위한 것으로, 최대 수요 전력의 총부하 용량에 대한 비율을 백분율로 나타낸 것은?

① 부하율   ② 부등율
③ 수용률   ④ 감광보상률

해설 부하율$=\dfrac{\text{평균 수용 전력}}{\text{최대 수용 전력}}\times 100(\%)$로서 $0.25{\sim}0.6$ 정도이고, **감광보상률**은 조명기구가 사용 중에 광원의 능률 저하 또는 기구의 오손 등으로 조도가 점차 저하되므로 광원을 교환하거나 기구를 소제할 때까지 필요로 하는 조도를 유지할 수 있도록 미리 여유를 두는 비율이며, 부등율$=\dfrac{\text{최대 수용 전력의 합}}{\text{합성 최대 수용 전력}}\times 100\%$로서 $1.1{\sim}1.5$ 정도이다.

67 |

다음 설명에 알맞은 급수방식은?

- 위생성 및 유지·관리 측면에서 가장 바람직한 방식이다.
- 정전으로 인한 단수의 염려가 없다.
- 고층으로의 급수가 어렵다.

① 고가탱크방식   ② 압력탱크방식
③ 수도직결방식   ④ 펌프직송방식

고가탱크방식은 대규모의 급수 수요에 쉽게 대응할 수 있고, 급수 압력이 일정하며, 단수 시에도 일정량의 급수를 계속할 수 있다. 압력탱크방식은 탱크를 높은 곳에 설치하지 않아도 되며, 시설비 및 유지관리비가 많이 들고 정전 시에 급수가 불가능하며, 최고·최저 압력에 따라 급수압이 일정치 않다. 펌프직송방식은 부하 설계와 기기의 선정이 적절하지 못하면 에너지 낭비가 크고, 상향 공급방식이 일반적이며, 자동제어에 필요한 설비가 많이 들고, 유지관리가 복잡하다.

68 |

6층 이상의 거실면적의 합계가 12,000m²인 교육연구시설에 설치하여야 할 승용 승강기의 최소 설치대수는? (단, 8인승 이상 15인승 이하의 승강기 기준)

① 2대
② 3대
③ 4대
④ 5대

관련 법규 : 건축법 제64조, 영 제89조, 설비기준규칙 제5조, (별표 1의2), 해설 법규 : 설비기준규칙, (별표 1의2)
교육연구시설의 승용 승강기 설치대수는 기본 1대에 3,000m²를 초과하는 3,000m²마다 1대씩 추가하여야 한다.
그러므로, 승용 승강기의 설치대수
$= 1 + \dfrac{6층\ 이상의\ 거실면적의\ 합계 - 3,000}{3,000}$
$= 1 + \dfrac{12,000 - 3,000}{3,000} = 4$대 이상

69 |

다음 중 건축법상 제1종 근린생활시설에 해당되지 않는 것은?

① 일반음식점
② 치과의원
③ 마을회관
④ 이용원

관련 법규 : 건축법 제2조, 영 제3조의5, 해설 법규 : 영 제3조의5, (별표 1)
일반음식점은 제2종 근린생활시설에 속한다.

70 |

건축물에 설치하는 회전문의 설치 기준으로 옳지 않은 것은?

① 회전문의 위치는 계단이나 에스컬레이터로부터 2m 이상 거리를 둘 것
② 회전문의 회전 속도는 분당 회전수가 10회를 넘지 아니하도록 할 것
③ 회전문과 문틀 사이는 5cm 이상 간격을 확보하고 틈 사이를 고무와 고무 펠트의 조합체 등을 사용하여 신체나 물건 등에 손상이 없도록 할 것
④ 회전문은 사용에 편리하게 일정한 방향으로 회전할 수 있는 구조로 할 것

관련 법규 : 건축법 제49조, 영 제39조, 피난·방화규칙 제12조, 해설 법규 : 피난·방화규칙 제12조 3호
회전문의 회전 속도는 분당 회전수가 8회를 넘지 아니하도록 할 것

71 |

상업지역 및 주거지역에서 건축물에 설치하는 냉방시설 및 환기시설의 배기구는 도로면으로부터 몇 m 이상의 높이에 설치해야 하는가?

① 1.8m 이상
② 2m 이상
③ 3m 이상
④ 4.5m 이상

관련 법규 : 건축법 제4조, 설비기준규칙 제23조, 해설 법규 : 설비기준규칙 제23조 ③항 1호
상업지역 및 주거지역에서 건축물에 설치하는 냉방시설 및 환기시설의 배기구와 배기장치의 설치는 다음의 기준에 모두 적합하여야 한다.
㉠ 배기구는 도로면으로부터 2m 이상의 높이에 설치할 것
㉡ 배기장치에서 나오는 열기가 인근 건축물의 거주자나 보행자에게 직접 닿지 아니하도록 할 것
㉢ 건축물의 외벽에 배기구 또는 배기장치를 설치할 때에는 외벽 또는 다음의 기준에 적합한 지지대 등 보호장치와 분리되지 아니하도록 견고하게 연결하여 배기구 또는 배기장치가 떨어지는 것을 방지할 수 있도록 할 것
• 배기구 또는 배기장치를 지탱할 수 있는 구조일 것
• 부식을 방지할 수 있는 자재를 사용하거나 도장(塗裝)할 것

72 |

건축물에 건축설비를 설치한 경우 관계전문기술자의 협력을 받아야 하는 대상건축물의 규모로 옳은 것은? (단, 창고시설은 제외)

① 연면적 5,000m² 이상
② 연면적 10,000m² 이상
③ 바닥면적 10,000m² 이상
④ 바닥면적 5,000m² 이상

해설 관련 법규 : 건축법 제67조, 해설 법규 : 영 제91조의3
연면적 10,000m³ 이상인 건축물(창고시설은 제외) 또는 에너지를 대량으로 소비하는 건축물로서 국토교통부령으로 정하는 건축물에 건축설비를 설치하는 경우에는 국토교통부령으로 정하는 바에 따라 다음의 구분에 따른 관계전문기술자의 협력을 받아야 한다.
ㄱ 전기, 승강기(전기 분야만 해당한다) 및 피뢰침 : 「기술사법」에 따라 등록한 건축전기설비기술사 또는 발송배전기술사
ㄴ 급수 · 배수(配水) · 배수(排水) · 환기 · 난방 · 소화 · 배연 · 오물처리 설비 및 승강기(기계 분야만 해당한다) : 「기술사법」에 따라 등록한 건축기계설비기술사 또는 공조냉동기계기술사
ㄷ 가스설비 : 「기술사법」에 따라 등록한 건축기계설비기술사, 공조냉동기계기술사 또는 가스기술사

73 |

건축허가 등을 할 때 미리 소방본부장 또는 소방서장의 동의를 받아야 하는 건축물 등의 범위로 옳지 않은 것은?

① 항공기격납고
② 「학교시설사업 촉진법」에 따라 건축등을 하려는 학교시설 : 100m²
③ 노유자시설 : 200m²
④ 수련시설 : 150m²

해설 관련 법규 : 소방시설법 제7조, 영 제12조, 해설 법규 : 영 제12조 ①항 4호
건축허가등을 할 때 미리 소방본부장 또는 소방서장의 동의를 받아야 하는 건축물 등의 범위는 다음과 같다.
ㄱ 연면적(「건축법」 시행령에 따라 산정된 면적)이 400m² 이상인 건축물. 다만, 다음의 어느 하나에 해당하는 시설은 정한 기준 이상인 건축물로 한다.
• 「학교시설사업 촉진법」에 따라 건축등을 하려는 학교시설 : 100m²
• 노유자시설 및 수련시설 : 200m²

• 정신건강증진 및 정신질환자 복지서비스 지원에 관한 법률에 따른 정신의료기관(입원실이 없는 정신건강의학과 의원은 제외) : 300m²
• 「장애인복지법」에 따른 장애인 의료재활시설 : 300m²
• 층수(「건축법 시행령」에 따라 산정된 층수)가 6층 이상인 건축물
ㄴ 차고 · 주차장 또는 주차용도로 사용되는 시설로서 다음의 어느 하나에 해당하는 것
• 차고 · 주차장으로 사용되는 바닥면적이 200m² 이상인 층이 있는 건축물이나 주차시설
• 승강기 등 기계장치에 의한 주차시설로서 자동차 20대 이상을 주차할 수 있는 시설
ㄷ 항공기격납고, 관망탑, 항공관제탑, 방송용 송수신탑
ㄹ 지하층 또는 무창층이 있는 건축물로서 바닥면적이 150m²(공연장의 경우에는 100m²) 이상인 층이 있는 것
ㅁ 특정소방대상물 중 위험물 저장 및 처리 시설, 지하구

74 |

소방용품 중 피난구조설비를 구성하는 제품 또는 기기와 가장 거리가 먼 것은?

① 누전경보기   ② 구조대
③ 완강기   ④ 통로유도등

해설 관련 법규 : 소방시설법 제2조, 영 제3조, (별표 1), 해설 법규 : 영 제3조, (별표 1) 3호
피난구조설비(화재가 발생할 경우 피난하기 위하여 사용하는 기구 또는 설비)의 종류에는 피난기구(피난사다리, 구조대, 완강기 등), 인명구조기구(방열복, 방화복(안전모, 보호장갑 및 안전화를 포함), 공기호흡기, 인공소생기), 유도등(피난유도선, 피난구유도등, 통로유도등, 객석유도등, 유도표지), 비상조명등 및 휴대용비상조명등 등이 있다. 누전경보기는 경보설비에 속한다.

75 |

건축물에 설치하는 경계벽이 소리를 차단하는데 장애가 되는 부분이 없도록 하여야 하는 구조 기준으로 옳지 않은 것은?

① 철근콘크리트조로서 두께가 10cm 이상인 것
② 무근콘크리트조로서 두께가 10cm 이상인 것
③ 콘크리트블록조로서 두께가 19cm 이상인 것
④ 벽돌조로서 두께가 15cm 이상인 것

해설 관련 법규 : 건축법 제49조, 피난·방화규칙 제19조, 해설 법규 : 피난·방화규칙 제19조 ②항
경계벽의 구조

경계벽은 소리를 차단하는데 장애가 되는 부분이 없도록 다음의 어느 하나에 해당하는 구조로 하여야 한다. 다만, 다가구주택 및 공동주택의 세대간의 경계벽인 경우에는 「주택건설기준 등에 관한 규정」에 따른다.

ⓐ 철근콘크리트조·철골철근콘크리트조로서 두께가 10cm 이상인 것

ⓑ 무근콘크리트조 또는 석조로서 두께가 10cm(시멘트모르타르·회반죽 또는 석고플라스터의 바름두께를 포함) 이상인 것

ⓒ 콘크리트블록조 또는 벽돌조로서 두께가 19cm 이상인 것

ⓓ ⓐ 내지 ⓒ의 것 외에 국토교통부장관이 정하여 고시하는 기준에 따라 국토교통부장관이 지정하는 자 또는 한국건설기술연구원장이 실시하는 품질시험에서 그 성능이 확인된 것

ⓔ 한국건설기술연구원장이 인정기준에 따라 인정하는 것

76 |

다음 중 주요구조부에 속하지 않는 것은?

① 지붕틀
② 내력벽
③ 천장
④ 기둥

해설 관련 법규 : 건축법 제2조, 해설 법규 : 건축법 제2조 7호
"주요구조부"란 내력벽(耐力壁), 기둥, 바닥, 보, 지붕틀 및 주계단(主階段)을 말한다. 다만, 사이 기둥, 최하층 바닥, 작은 보, 차양, 옥외 계단, 그 밖에 이와 유사한 것으로 건축물의 구조상 중요하지 아니한 부분은 제외한다.

77 |

다음 중 음향장해 현상의 하나인 공명을 피하기 위한 대책으로 가장 알맞은 것은?

① 흡음재를 분산 배치시킨다.
② 실의 마감을 반사재 중심으로 구성한다.
③ 실의 표면을 매끄러운 재료로 구성한다.
④ 실의 평면 크기 비율(가로 : 세로)을 1 : 3 이상으로 한다.

해설 음의 공명 현상과 방지법

공명 현상은 음을 발생하는 하나의 음원으로부터 나오는 음에너지를 다른 물체가 흡수하여 소리를 냄으로써 특정 주파수의 음량이 증가되는 현상으로 공명의 방지법은 다음과 같다.

ⓐ 실의 형태를 계획(실의 높이 : 폭 : 길이=1 : 1.5 : 2.5)하고, 흡음재를 분산 배치한다.

ⓑ 음향학적으로 실의 각부의 치수가 바람직한 비례를 갖도록 한다.

ⓒ 표면의 불규칙성을 이용하고, 실의 주벽면을 불규칙한 형태로 설계한다.

78 |

스프링클러설비의 화재안전기준상 다음과 같이 정의되는 용어는?

> 가압된 물이 분사될 때 헤드의 축심을 중심으로 한 반원상에 균일하게 분산시키는 헤드

① 조기반응형 헤드
② 측벽형 스프링클러 헤드
③ 개방형 스프링클러 헤드
④ 폐쇄형 스프링클러 헤드

해설 조기반응형 헤드는 표준형 스프링클러 헤드보다 기류온도 및 기류속도에 조기에 반응하는 헤드이다. 개방형 스프링클러 헤드는 감열체 없이 방수구가 항상 열려져 있는 스프링클러 헤드이다. 폐쇄형 스프링클러 헤드는 정상상태에서 방수구를 막고 있는 감열체가 일정 온도에서 자동적으로 파괴, 용해 또는 이탈됨으로써 방수구가 개방되는 스프링클러 헤드이다.

79 |

통기관의 관경 산정에 관한 설명으로 옳지 않은 것은?

① 신정 통기관의 관경은 배수 수직관의 관경보다 작게 해서는 안 된다.
② 각개 통기관의 관경은 그것이 접속되는 배수관 관경보다 작게 해서는 안 된다.
③ 결합 통기관의 관경은 통기 수직관과 배수 수직관 중 작은 쪽 관경 이상으로 한다.
④ 루프 통기관의 관경은 배수 수평 지관과 통기 수직관 중 작은 쪽 관경의 1/2 이상으로 한다.

해설 각개 통기관의 관경은 그것이 접속되는 관경의 1/2 이상 또는 32mm 이상으로 하여야 한다.

80 |

실내에서 눈부심(glare)을 방지하기 위한 방법으로 옳지 않은 것은?

① 휘도가 낮은 광원을 사용한다.
② 고휘도의 물체가 시야 속에 들어오지 않게 한다.
③ 플라스틱 커버가 되어 있는 조명기구를 선정한다.
④ 시선을 중심으로 30° 범위 내의 글레어 존에 광원을 설치한다.

해설 눈부심(glare)을 방지하기 위한 방법으로 글레어존(시선을 중심으로 30° 범위)에 광원을 설치하지 않아야 한다.

한 번에 합격하기
실내건축기사 필기
적중예상문제

2022. 2. 22. 초 판 1쇄 발행
2023. 3. 15. 1차 개정증보 1판 2쇄 발행

지은이 | 차경석, 정하정
펴낸이 | 이종춘
펴낸곳 | **BM** ㈜도서출판 **성안당**

주소 | 04032 서울시 마포구 양화로 127 첨단빌딩 3층(출판기획 R&D 센터)
| 10881 경기도 파주시 문발로 112 파주 출판 문화도시(제작 및 물류)
전화 | 02) 3142-0036
| 031) 950-6300
팩스 | 031) 955-0510
등록 | 1973. 2. 1. 제406-2005-000046호
출판사 홈페이지 | **www.cyber.co.kr**
ISBN | 978-89-315-6491-4 (13540)
정가 | **28,000원**

이 책을 만든 사람들
기획 | 최옥현
진행 | 김원갑
교정·교열 | 김원갑
전산편집 | 오정은
표지 디자인 | 박원석
홍보 | 김계향, 유미나, 이준영, 정단비
국제부 | 이선민, 조혜란
마케팅 | 구본철, 차정욱, 오영일, 나진호, 강호묵
마케팅 지원 | 장상범
제작 | 김유석